너희들은 바로 걸어라?

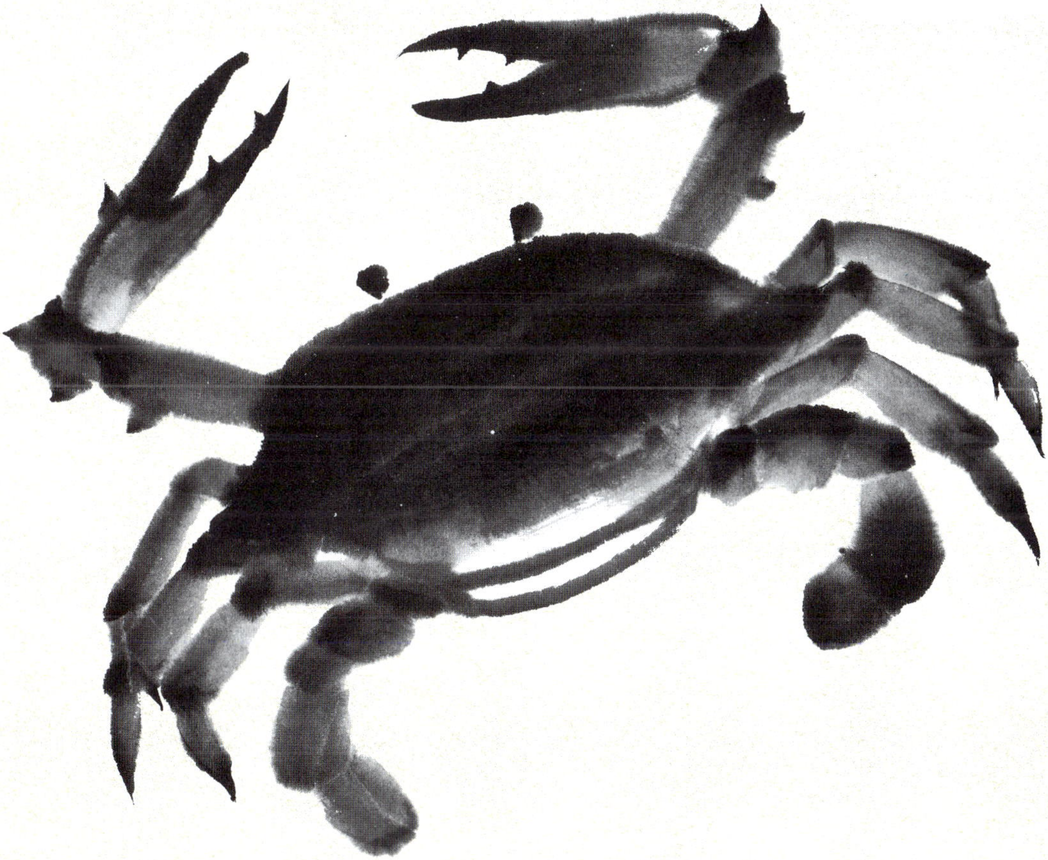

이렇게 해라.
저렇게 해라.
그렇게 하면 안돼……
모두 옳은 말입니다.

그러나 자신은 옆으로 걸으면서
아이들에게는 바로 걸으라는
어미게의 가르침——
우리 함께 생각해볼 일입니다.

아이들은 어른을
보고 배우며 자랍니다.
아이들에 대한 진정한 가르침은
어른들의 솔선수범입니다.

나는 보았다.
흐린 하늘 속 풀밭길 걸어갈 때
새똥처럼 버려진 탄환을, 검은 소나무를
빙빙 하늘 돌던 고추잠자리 같은 전투기가
낙동강을 물들이고
남과 북 북과 남의 심장에
총을 겨누었다.

지금, 시린 발처럼
돌아와 서서 굽어보면
낮게 깔린 하늘 속
우리의 그리운 새떼 새떼처럼
몰려오는 넋들의 아픈 기억의 파편이
물살되어 흐르는 것을
아 저 강은 알고 있다.

서지월

韓國戰爭日誌

KOREAN WAR DIARY

軍事問題研究所

卷 頭 言

軍事問題研究所
理事長 吉 典 植

1950년 6월 北韓의 불법남침으로 발발한 韓國戰爭은 우리 민족사상 그 유례가 없는 同族相殘위 비극이었습니다.

3년여의 피비린내 나는 싸움은 승자도 패자도 없이 민족의 분단을 한층 고착시키고 그 戰禍의 후유증은 오늘도 지속되고 있습니다. 同族의 가슴에 불을 뿜던 총소리가 멎고 어언 38년이 지났음에도 말입니다. 그럼에도 우리 國民의 대부분은 그토록 처참했던 韓國戰爭을 영영 잊어버렸으며 심지어 戰爭의 「歷史的인 眞實」마저 희석, 왜곡시키려 합니다.

특히 北韓이 전쟁도발의 책임을 南韓에 전가시키고자 戰史를 왜곡 날조하고 南韓 「인민의 해방전쟁」으로 美化해서 眞實을 뒤엎으려는 음모를 계속하고 있습니다. 戰場의 증인으로서 진실로 머언 앞날을 우려하지 않을 수 없습니다. 그러나 이와는 달리 韓國은 대부분의 國民이 전쟁의 개념마저도 명확히 이해하지 못한 채 戰爭을 잊어버리려는 실정입니다.

歷史는 되풀이 된다하지만 半萬年이 또한번 지나간다한들 우리 民族史에서 韓國戰爭의 章이 지워지지는 않을 것입니다. 그러므로 韓國戰爭史 또한 眞實되게 記錄되어 保存되어야할 것이며 그것만이 우리의 후손에게 後患을 남기지 않는 길이요 參戰世代의 使命이라고 느낍니다. 1988년 軍事問題研究所 설립이후 韓國戰爭에 깊은 관심을 갖고 戰史의 진실을 밝히려는 노력을 기울여왔던 것도 바로 이러한 관점에서였습니다.

그 일환으로 이번에 「韓國戰爭日誌」를 정리하여 發刊하게 된 것입니다.

韓國戰爭日誌는 1950년 6월 25일 개전이후부터 1953년 7월 27일 총소리가 멎는 순간까지 3년 1개월 2일간의 戰況을 빠짐없이 정리한 것입니다. 이 記錄은 십 수 만의 國軍 전몰장병과 1백만의 민간희생자, 그리고 그 유족들에게 그들의 죽음이 결코 헛된 것이 아니었음을 말해주는 현대판 懲毖錄입니다. 이 방대한 記錄은 韓國戰爭을 이해하려는 모든 분들과 머언 앞날을 위한 社會科學徒의 眞理探究에도 도움이 될 것임을 확신하며 戰場의 모든 증인들의 이름으로 이 記錄을 남기고자 합니다.

「나는 죽었노라 스물다섯 젊은 나이에 대한민국의 아들로 숨을 마치었노라. 질식하는 구름과 원수가 밀어오는 조국의 산맥을 지키다가 드디어 드디어 숨지었노라……」

廣州의 山골짜기에서 陸軍少尉의 죽음앞에서 통곡한 詩人 毛允淑씨의 절규를 되새기며 꽃다운 젊은 나이에 護國의 수호신이 된 國軍용사들의 영전에 바칩니다.

韓國戰爭 발발 41주년을 맞이하며

發 刊 辭

發 行 人　　金 仁 後

韓民族의 歷史를 찬란한 五千年의 歷史라 일컬어 왔습니다.

그러나 어떤 意味에서는 오욕의 歷史로 점철되어 왔다해도 결코 과장된 表現이 아닐것 으로 思料됩니다.

特히 近世에 이르러 壬辰年 日本의 침략은 民族的 矜持와 自存心, 더 나아가 國家의 存亡 마저도 위협을 받게 됨으로 해서 마치 풍전등화의 狀況까지에 이르게 된 것입니다.

더욱이 韓末에 이르러 日本, 淸, 러시아 等 强大國들의 勢力다툼의 터전으로 化해버린 이 江土는 終局에 가서는 을사보호조약이라는 恥辱的인 굴레를 日本으로부터 받을 수 밖에 없었습니다. 다시 말해서 36년간 日本의 植民國으로 轉落할 수 밖에 없었던 恥辱과 悲運을 우리는 이 時點에서 보다 큰 民族的 敎訓으로 삼아야할 것입니다. 어찌 이뿐이겠습니까? 世界 第二次大戰 終戰으로 해서 꿈에 그리던 自主獨立의 歡喜를 맛보는가 했으나 「얄타協定」이라는 한장의 文書조각에 힘없이 무너져, 일찌기 우리 歷史上 그 유래가 없는 外勢에 의한 民族分斷의 아픔을 감수할 수 밖에 없었습니다.

이 모든 것이 弱少民族의 悲痛이요 宿命인 것을 그누가 어찌 하겠습니까. 眞實로 이 分斷이야말로 우리의 뇌리에서 永遠히 지워버릴 수 없는 民族의 悲劇으로서, 同族相殘의 피비린내 나는 오욕의 역사로 바꾸어 놓을 줄 그 누가 짐작이나 했겠습니까, 同族의 뜨거운 가슴에 총부리를 겨누어 온 江土에 피를 뿌렸던 1950년 6월 25일 새벽, 地軸을 흔들며 雷聲처럼 터져나온 탱크의 굉음과 총성, 平和로운 남녁땅을 피빛으로 물드려버린 잔인무도한 만행, 이렇게 해서 韓國戰爭은 始作되었으며, 三年여의 긴 廢墟의 '골'을 지나 멎은 이 戰爭은, 結局 勝者도 敗者도 없는, 오직 民族의 가슴에 깊은 상처만을 남긴채 오늘에 이르렀습니다. 韓國戰爭이 발발한지 四十여 성상이 흐른 이 시점에서 우리는 무엇을 잃고 또 무엇을 얻었을까요.

그 누구도 그 解答을 단적으로 規定지을 수 없는 한국전쟁을 우리는 再照明해 볼 必要가 있으며 그러한 意味에서 한국전쟁일지의 發刊은 매우 뜻있는 것이라 할 수 있겠습니다.

끝으로 本誌發刊에 큰 기여를 도모해 주신 吉典植 理事長任께 깊은 謝意를 드리며 資料提供 및 編輯에 힘을 기울여 주신 편찬위원 여러분께 深深한 謝意를 드립니다.

1991. 5.

激 勵 辭

韓國戰爭이 勃發한지도 어언 40年이 흘렀습니다.

우리 民族史에 커다란 "획"으로 그어질 韓國戰爭이야 말로 本人에게 있어서는 感懷와 憤怒와 懷惡가 담긴것이 아닐수 없습니다.

지금도 눈을 감으면 먼 포성소리와 함성이 들려오듯 귓가에 쟁쟁합니다. 北韓의 金日成 공산집단에 의해 빚어진 전쟁으로서, 同族이 서로 銃뿌리를 겨누며 찌르고, 찔리우고, 마치 원수처럼 처절한 싸움을 벌려야 했던 민족적 不幸을 지금도 몹시 서글프게 생각합니다.

특히 白馬高地전투는 韓國戰爭뿐만 아니라, 世界戰史에서도 유례가 없는 처절했던 戰爭으로서 피. 아간에 수십차례의 攻防이 거듭된 가운데 결국 國軍의 勝利로 大尾를 장식했지만 勝者로서의 기쁨보다는 민족적 울분만이 솟구쳤음을 솔직히 부인할수 없었습니다.

우리는 이 시점에서 지난날의 어둡고 처절했던 전쟁에서 무엇을 잃고 또 무엇을 얻어겠습니까, 本人은 分明히 말할수 있습니다.

韓國戰爭이야 말로 민족의 가슴, 가슴마다에 아픔 상처만을 남겼을뿐 얻은 것이라곤 아무것도 없다는 것을……

먼 훗날 역사가들이 韓國戰爭의 明暗을 사실 그대로 기록하겠지만 작금 軍事問題研究所가 出刊한 韓國戰爭일지야 말로 다양한 구성(日誌. 畵報, 戰況圖. 附錄)으로 얽어진 매우 충실한 戰史資料로 그 價値를 높히 평가 합니다.

특히 본 韓國戰爭일지는 관계 기관이 아닌 순수 민간 차원에서 出刊되었다는데 그 의의를 찾을수 있으며 또한 戰爭勃發에서 휴전까지의 상황이 소상하게 일기 形態로 구성하여 一般 戰史와는 특징지을수 있습니다.

본지의 出刊으로 韓國戰爭史의 연구에 크게 기여 할 것으로 이를 祝賀하며 軍事問題研究所의 무궁한 발전을 기원합니다.

1991. 5.

國會國防委員長　　金　永　善

激勵辭

우리 民族史上 최대의 수난이었던 韓國戰爭이 일어난지도 어언 41주년이 되었습니다. 주지하는 바 이 戰爭은 金日成과 그의 일당이 蘇聯의 지원을 받아 韓半島를 「赤化統一」하겠다는 야욕에서 도발된 戰爭이었습니다.

그리고 3年余의 同族相殘의 비극은 民族史의 수치로 영원히 기록되어질 것입니다.

그러나 이 戰爭은 우리에게 많은 敎訓을 남겨 주었습니다.

특히 共産主義者들의 무자비한 만행은 때와 장소, 대상을 가릴 것 없이 자행되었음을 체험했습니다.

또한 「有備無患」의 교훈은 民主祖國守 의 초석이 되었습니다.

戰爭은 승자도 패자도 없이 休戰으로 총소리만 멎고 긴장의 38년이 지났습니다.

그럼에도 저 休戰線은 세계에서 局地戰발생의 가장 위험한 지대로 지적되고 있습니다. 이 또한 北韓의 폐쇄적인 社會제도와 好戰性때문이요, 赤化統一의 망상을 버리지 않는 統一前線戰略때문입니다.

특히 近年, 北韓이 戰爭도발의 책임을 南韓에 전가시키려는 음모는 특별한 경계를 게을리해서는 아니됩니다.

그것은 駐韓美軍의 철수와 韓國軍의 戰力弱化를 겨냥한 것으로 여겨집니다. 韓國戰爭의 「歷史的 敎訓」을 되새겨야 할 때라고 하겠습니다.

오늘 날 우리 國民의대다수가 戰后世代로서 40年前의 韓國戰爭을 거의 잊어버리고 있는 實情입니다.

戰爭은 戰史에 의해서만 교육이 가능하다는 점에서 戰史資料의 개발은 오늘의 時點에서 절실한 것이 아닐 수 없습니다.

이러한 시기에 軍事問題研究所가 韓國戰爭日誌를 정리하여 발간 한다함은 참으로 시기에 적절한 것이라 思料되옵니다.

또한 이 戰爭日誌는 參戰증인들이 새겨 놓아야할 귀중한 戰史資料로써 그 가치를 의심할 바가 없습니다.

이 日誌를 발간함에 있어서 그 방대한 자료의 수집과, 정리에 애쓴 분들에게 戰爭에 參戰한 증인이며 戰友의 한 사람으로 격려의 말씀을 드리게 되었음을 光榮으로 생각하는 바 입니다.

아무쪼록 이 戰爭日誌가 널리 배포되어 韓國戰爭의 證言 으로 소기의 성과를 거두기를 바라는 바입니다.

1991년 4월 20일

大韓民國創軍同友會 會長
6·25參戰同志會 常任顧問　金　鍾　甲

韓國戰爭日誌의 편찬을 마치며

세월은 흘러갔어도 같은 날짜는 돌아오기 마련인가. 우리 민족의 최대 비극인 韓國戰爭이 터진 그날이 41돌을 헤아리면서 어김없이 또 찾아왔다.

이른바 參戰世代라면 그 누구인들 이날을 맞는 마음이 섬짓하지 않을 리 없겠으나, 이미 老年에 접어든 당시의 서울시내 대학생 출신들은 그때의 惡夢이 되살아 나기 마련이다.

용케도 漢江을 넘어 南行열차의 지붕에라도 매달린 사람은 뒤이어 '국군장교'로 돌변했는가 하면, 미처 빠져 나오지 못하고 서울에 남은 사람은 다락방이나 마루 밑에 구멍을 파고 숨었으나 발각되기 일쑤였고, 영락없이 '義勇軍'이라는 이름으로 人民軍의 총알받이가 되어 戰線으로 끌려갔다.

잔인한 운명의 神은 같은 學科의 同窓을 國軍의 소대장과 人民軍의 전사로 갈라놓는 장난질을 곧잘 했다. 이리하여 그들은 만 3년 한달 이틀 여섯시간 동안을 처절하게 서로 싸웠다.

일찌기 우리 조상들이 이 땅에 삶의 터전을 잡은 뒤로 같은 핏줄을 면면이 이어 온 반만년의 오랜 역사 속에서, 때로는 新羅가 高句麗를 치거나, 또 때로는 高麗가 新羅를 치기도 했으나 사용된 무기는 창과 칼이나 弓矢가 고작이었으므로 그렇게도 엄청났던 民族的 비극은 정말 이지 단 한번도 없었던 것이다.

그럼에도 불구하고 20세기 말엽의 어리석은 후손들은 韓民族의 체질에 전혀 걸맞지 않는 共産主義라는 이데올로기가 그렇게 대단하였던지 따스한 한 핏줄 마저도 외면한 채, 그 날 그들은 242대의 蘇聯製 T-34 신예전차를 앞세운 10개의 보병사단 병력으로 순식간에 38도선을 돌파하고 3일 뒤에는 首都 서울을 아비규환으로 만들었는가 하면 한달 후에는 南韓 전역의 5분의 4 이상을 집어삼키는 同族相殘의 엄청난 죄과를 저지르고 말았던 것이다.

제2차세계대전 이후 오늘날까지 지구촌 곳곳에서 어림잡아 140여회의 大小규모 武力충돌이 일어나기는 했지만 아직까지 한반도에서의 韓國戰爭처럼 그렇게도 처절했던 國際戰 양상은 없었으니, 이 전쟁이야 말로 이 민족이 겪어야 했던 가장 엄청난 비극과 시련이었다.

이 전쟁에서 우리 國軍은 공산군 51만여명을 사살하고 10만을 사로잡는 戰果를 올렸으나, 한편으로는 27만여명이 호국의 영령으로 유명을 달리했으며 89만여명이 戰傷을 입었고, 99만명의 선량한 국민이 사망, 부상, 행방불명 또는 북한군에게 학살·납치 당했다.

또 동시에 61만여棟의 건물이 불탔고, 3백만마리의 가축이 죽는 등 온 나라안이 가히 피보라와 哭소리 구슬픈 폐허로 돌변했다.

시체는 논바닥에서 까마귀 떼와 들개의 먹이가 되어가고 있었으나 치울 엄두를 낼 수가 없었으며 다친 자의 깊은 상처에서는 애벌레가 기어나오기 일쑤였다.

쌍방간이 서로 묻어둔 지뢰가 터질세라 함부로 발길을 옮길 수도 없었던 산과 들에는 괴나리봇짐의 길다란 피난행렬이 줄을 이었고, 남편을 잃은 전쟁 미망인이 눈물도 메마른 채 허우적거리며 따라오는 그 사이로 깡통을 찬 맨발의 전쟁고아가 누비고 있었다.

너무나도 긴 악몽이었다. 가난하기는 했으나 흰옷을 즐겨 입고, 平和를 사랑하던 이 민족의 화려한 江山을 북한의 연극 제목처럼 이른바 '피바다'로 돌변시킨 장본인은 누구일까.

이 전쟁이야말로 不凍港 획득을 위하여 오랜 南進야욕을 품어왔던 소련의 '스탈린 원수'와 한반도 전체 赤化에 혈안이 되었던 蘇聯軍 출신 '金日成 소좌'의 공동작품인 것은 일찌기 온 세계가 일정한 엄연한 사실인 것은 두말할 필요가 없다.

그럼에도 불구하고 이른바 '6·25 北侵'이라는 語不成說을 주장하는 국내일부가 존재하고 있음을 슬퍼한다.

이와 같은 觀點에서 參戰世代의 余生이 다하기 이전에 韓國戰爭의 實相을 남겨야 하겠다는 뜻있는 몇사람이 모여 3년여의 작업끝에 日誌 形態로 집대성한 '韓國戰爭日誌'의 편찬에 참여 한 것이다.

江湖諸位의 聲援을 바라면서….

6·25전쟁 41돌을 맞아

國防大學院

教授　裵名五

韓國戰爭日誌 編纂委員

(가나다順)

金　光　永
　　　　外交安保研究院　圖書館長

金　利　均
　　　　前陸軍軍史研究室長

裵　名　五
　　　　國防大學院　敎　授

劉　官　鍾
　　　　韓國戰爭研究所長

李　興　烈
　　　　軍事問題研究所　研究委員

崔　鍾　泰
　　　　軍事問題研究所　編輯室長

韓國 戰爭의 殘影

• 6·25 40주년을 맞아 건립된
백마고지 전적비

제적봉신 전적비

북괴 고지와 함께 한국전쟁
사상 가장 치열했던 격전지

민통선 … 긴장이 감도는 철원선 민통선에서 모내기를 하는 농부들의 모습

鐵馬는 달리고 싶다 … 이름모를 풀들과 철조망 무성한 격전지

• 한국전쟁중 가장 치열했던 **철의 삼각지의 전흔**

• 철원역에 남겨진 전쟁의 상흔

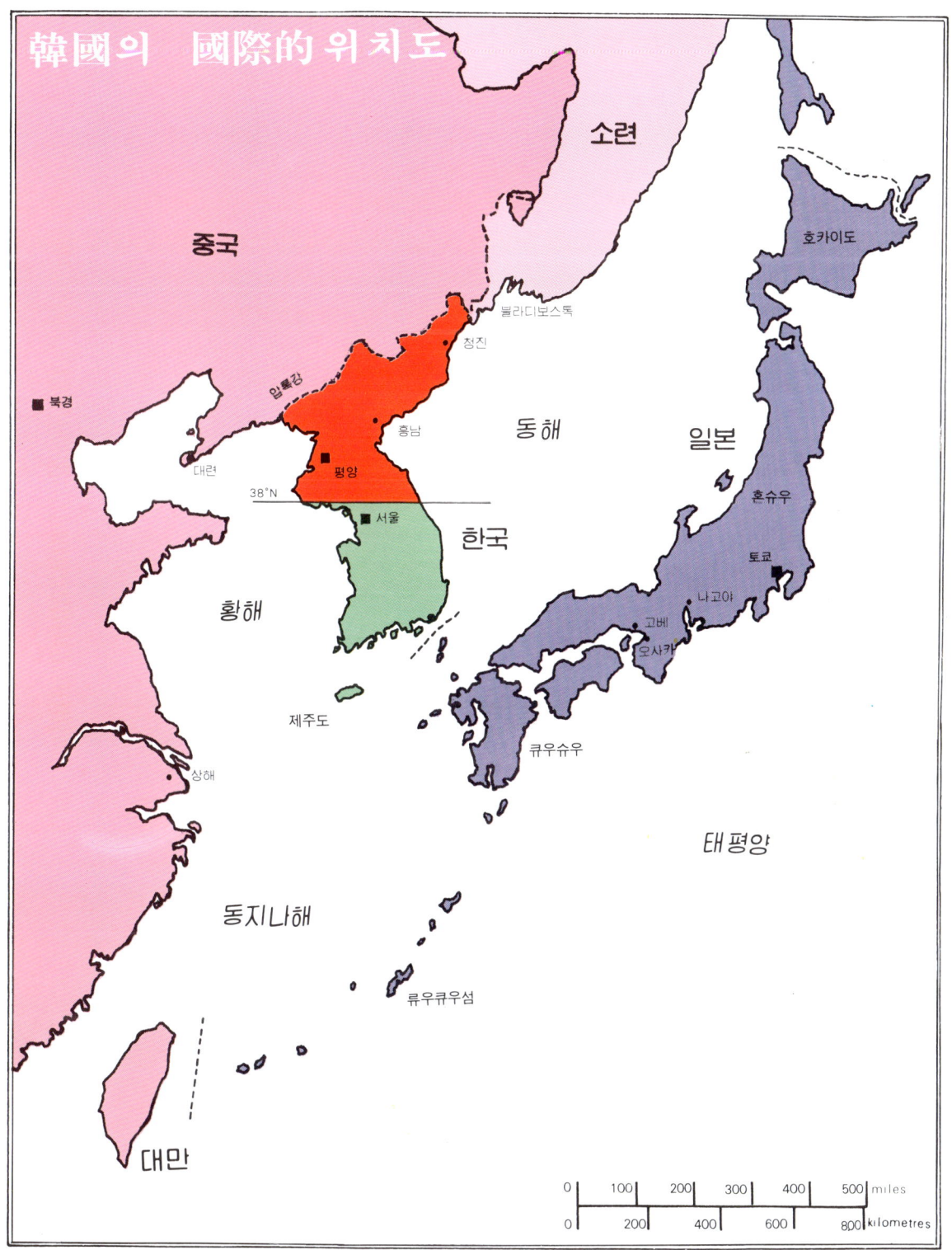

韓國의 國際的 위치도

소련

중국

블라디보스톡

호카이도

청진

압록강

동해

일본

북경

흥남

평양

혼슈우

38°N

대련

서울

한국

토쿄

나고야

황해

고베

오사카

제주도

류우큐우

태평양

상해

동지나해

큐우슈우

류우큐우섬

대만

| 0 | 100 | 200 | 300 | 400 | 500 | miles |
| 0 | 200 | 400 | | 600 | 800 | kilometres |

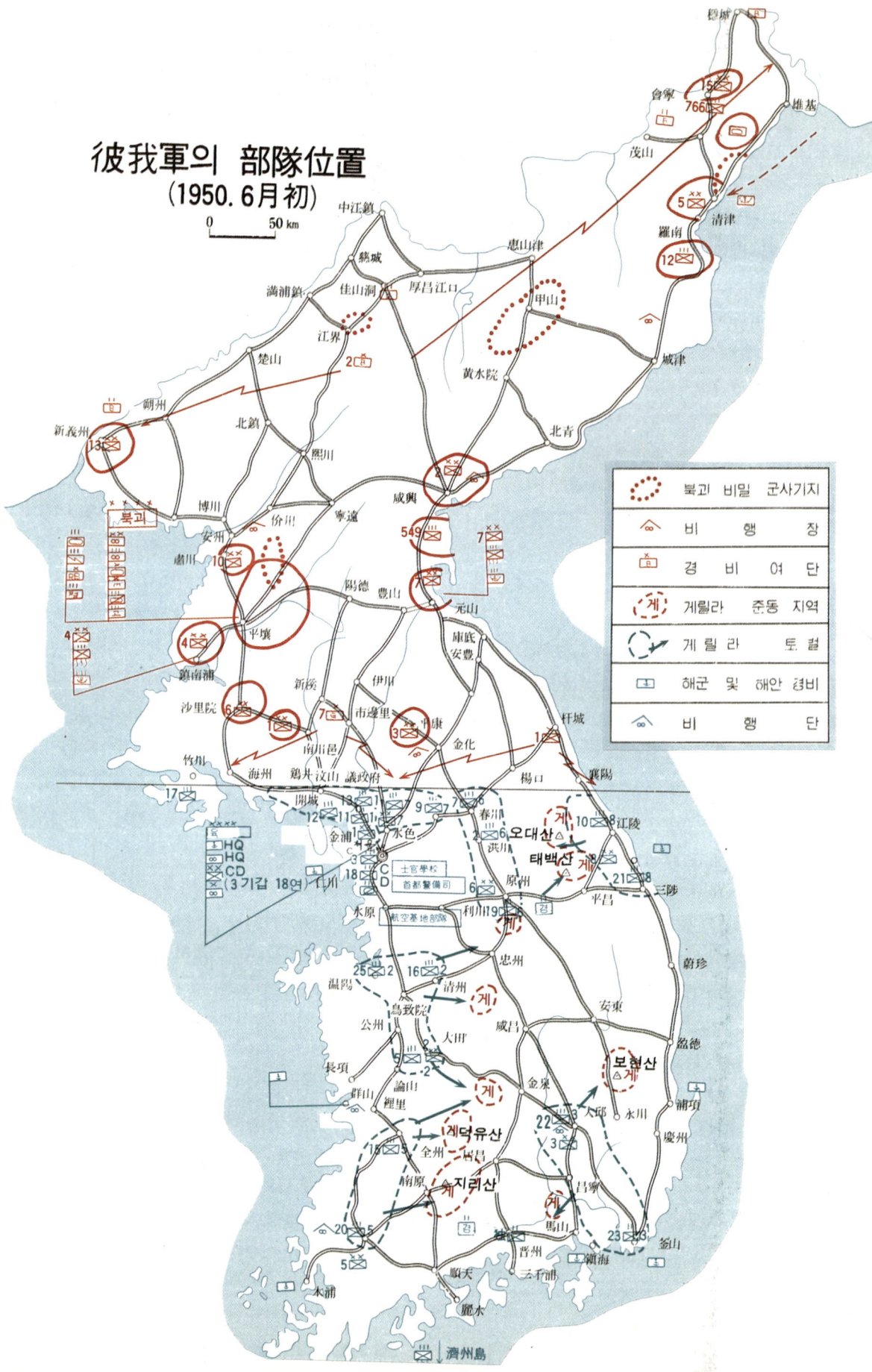

彼我軍의 部隊位置
(1950. 6月初)

0 ——— 50 km

凡例
- 북고 비밀 군사기지
- 비 행 장
- 경 비 여 단
- 게릴라 준동 지역
- 게 릴 라 토 벌
- 해군 및 해안 경비
- 비 행 단

국군은 죽어서 말한다

毛 允 淑

나는 광주 산곡을 헤매다가 문득
혼자 넘어진 국군을 만났다.
산 옆 외따른 골짜기에
혼자 누워 있는 국군을 본다.
아무 말 아무 움직임 없이
하늘을 향해 눈을 감은 국군을 본다.
누런 유니포옴, 햇빛에 반짝이는 어깨의 표지
그대는 자랑스러운 대한민국의 소위였구나.
가슴에선 아직도 더운 피가 뿜어 나온다.

장미 냄새보다 더 짙은 피의 향기여!
엎드려 그 젊은 죽음을 통곡하며
듣노라! 그대가 주고간 마지막 말을…….

나는 죽었노라 스물 다섯 젊은 나이에
대한민국의 아들로 숨을 마치었노라.
질식하는 구름과 원수가 밀어오는
조국의 산맥을 지키다가
드디어 드디어 숨지었노라.

내 손에는 범치 못할 총대 내 머리엔 깨지지 않을 철모가 씌워져
원수와 싸우기에 한 번도 비겁하지 않았노라.
그보다도 내 피 속엔 더 강한 대한의 혼이 소리쳐
달리었노라 산과 골짜기 무덤과 가시 숲을
이순신 같이 나폴레옹 같이 시이저 같이
조국의 위험을 막기 위해 밤낮으로
앞으로 앞으로 진격!
원수를 밀어가며 싸웠노라.

나는 더 가고 싶었노라 저 머나먼 하늘까지
밀어서 밀어서 폭풍우 같이
뻗어가고 싶었노라.

내게는 어머니 아버지 귀여운 동생들도 있노라.
어여삐 사랑하는 소녀도 있었노라.
내 청춘은 봉우리지어 가까운 내 사람들과
이 땅에 살고 싶었나니
아름다운 저 하늘에 무수히 날으는
새 나라의 새들과 함께
자라고 노래하고 싶었노라.
그래서 더 용감히 싸웠노라 그러다가 죽었노라.

아무도 나의 죽음을 아는 이는 없으리라.
그러나 나의 조국 나의 사랑이여!
숨지어 넘어진 이 얼굴의 땀방울을
지나가는 미풍이 이처럼 다정하게 씻어주고
저 푸른 별들이 밤새 내 외로움을 위안해 주지 않는가.

나의 조국의 군복을 입은 채
골짜기 풀 속에 유쾌히 쉬노라.
이제 나는 잠시 피곤한 몸을 쉬고
저 하늘에 날으는 바람을 마시게 되었노라.
나는 자랑스런 내 어머니 조국을 위해 싸웠고
내 조국을 위해 또한 영광스럽게 숨지었노니
여기 내 몸 누운 곳 이름 모를 골짜기에
밤이슬 내리는 풀 속에 아무도 모르게 우는
나이팅게일의 영원한 짝이 되었노라.

바람이여! 저 이름 모를 새들이여!
그대들이 지나는 어느 길 위에서나
고생하는 내 나라의 동포를 만나거든
부디 일러다오, 나를 위해 울지 말고 조국을 위해 울어 달라고.

저 가볍게 날으는 봄나라 새여
혹시 네가 날으는 어느 창가에서
내 사랑하는 소녀를 만나거든
나를 그리워 울지 말고
거룩한 조국을 위해 울어 달라 일러다오.
조국이여! 동포여! 내 사랑하는 소녀여!
나는 그대들의 행복을 위해 간다.
내가 못 이룬 소원 물리치지 못한 원수
나를 위해 내 청춘을 위해 물리쳐다오.

물러감은 비겁하다 항복보다 노예보다 비겁하다.
둘러싼 군사가 다 물러가도 대한민국 국군아! 너만은
이 땅에서 싸워야 이긴다. 이 땅에서 죽어야 한다.
한 번 버린 조국은 다시 오지 않으리라
다시 오지 않으리라 다시 오지 않으리라.
보라 폭풍이 온다, 대한민국이여!
이리와 사자 떼가 강과 산을 넘는다.
운명이라 이 슬픔을 모르는 체하려는가.
아니다, 운명이 아니다 아니 운명이라도 좋다.
우리는 운명보다 강하다! 강하다!
이 원수의 운명을 파괴하라 내 친구여!

그 억센 팔다리 그 붉은 단군의 피와 혼

싸울 곳에 주지 말고 죽을 곳에 죽어서
숨지려는 조국의 생명을 불러일으켜라.
조국을 위해선 이 목숨이 숨질 무덤도 내 시체를 담을
작은 관도 사양하노라.

오래지 않아 거친 바람이 내 몸을 쓸어가고
저 땅의 벌레들이 내 몸을 즐겨 뜯어가도
나는 유쾌히 이들과 함께 벗이 되어
행복해질 조국을 기다리며
이 골짜기 내 나라 땅의 한줌
흙이 되기 소원이노라.

산 옆 외따른 산골짜기에
혼자 누운 국군을 본다.
아무 말 아무 움직임 없이
하늘을 향해 눈을 감은 국군을 본다.
누런 유니포옴, 햇빛에 반짝이는 어깨의 표지
그대는 자랑스런 대한민국의 소위였구나.
가슴에선 아직 더운 피가 뿜어나온다.

장미 냄새보다 더 짙은 피의 향기여!
엎드려 그 젊은 죽음을 통곡하며
나는 듣노라 그대가 주고 간 마지막 말을

(1950. 8 그믐 廣州 산곡에서)

1950년 8월은 人民軍이 탱크를 앞세우고 물밀듯이 祖國의 山河를 유린하고 있을 때이다. 詩人 毛允淑님은 피난길 廣州의 山골짜기에서 陸軍少尉의 죽음앞에 서게 된다. 엎드려 그 젊은 죽음을 통곡하며 그가 들려준 마지막을 그린 작품이다.
  이는 戰亂中의 人間기록이요 戰爭의 기록이다. (편집자)

韓國戰爭日誌

目 次

制限戰爭, 停戰會談(1951년)

第4章

高地쟁탈 白兵戰(1952년)

第5章　　休戰成立

勝者도　敗者도　없는　戰爭　(1953)

第6章

資　料　(기　타)

격동기의 略史

1945. 8. 15 ⇨ 1950. 6.24

目 次

1945년

8월 15일

◇ 日本천황 무조건 항복을 방송.

　呂運亨을 위원장, 安在鴻을 부위원장으로 조선건국준비위원회 발족.

◇ 呂運亨 조선총독부 정무부장, 엔도오와 협의.

◇ 전국서 해방경축 시민 대회.

◇ 長安派 공산당 부활.

8월 17일

◇ 朴順天, 黃信德 등이 건국부녀동맹을 결성.

◇건국준비위원회에서 언론기관을 인수하고 치안권에 대해 방송.

◇ 보안대, 치안대, 학도대 결성.

8월 18일

◇ 李範奭장군, 중국에서 귀국.

◇ 조선 공산주의 청년동맹 결성.

8월 20일

◇ 재건파 조선공산당 재기 조직.

◇ 소련군대 북한의 元山항에 상륙.

8월 22일

◆ 소련군, 平壤에 진주하는 포고문을 발표.

8월 25일

◆ 미군 일부 仁川항에 상륙.

9월 1일

◇조선국민당을 결성. 임시정부의 환국을 환영하는 준비위원회 결성.

◇ 조선학생 연맹 결성.

9월 2일

◆ 미주리 함상에서 일본 항복조인식.

◇ 일본 東京에 연합군 사령부 설치.

◆ 맥아더 사령부, 38선을 경계로 미·소 양군 한국을 분할 점령한다고 발표.

9월 4일

◇趙炳玉·金性洙씨 등, 연합군의 환영준비위원회를 결성.

9월 5일

◇ 건국준비위원회 朝鮮人民共和國수립 발표.

9월 7일

◆ 南韓에 군정을 실시한다고 맥아더사령부 발표.

9월 8일

◆ 하지중장 예하 미군 仁川에 상륙.

9월 16일

◇ 韓國民主黨 결성. 영수에 李承晩, 수석총무에는 宋鎭宇.

◇ 소련군도 38선 이북에 단독 군정을 수립한다고 발표.

9월 19일

◇ 군정청명칭, 在朝鮮 미국육군사령부로 개칭발표.

◇ 공산당 기관지 해방일보를 창간.

9월 23일

◇ 아놀드 군정장관 對 정당 중립을 천명.

9월 24일

◇ 右派 5개정당 통합하여 국민당 결성하고 安在鴻을 위원장으로 선출.

10월 1일

◇ 韓·美貨 환율 50대 1로 책정.

10월 4일

◇ 하지중장, 건준의 呂運亭과 처음 대좌 회담.

10월 5일

◇ 군정청, 경성제대(현 서울大)에 미군 총장 및 교수를 임명.

10월 10일

◇ 군정장관, 人民共和國을 부인하는 성명.

◇ 金日成, 북한에 조선공산당 북한 분국을 설치.

10월 16일

◆ 李承晩 박사 귀국.

10월 17일

◇ 李承晩 박사 민족의 대동단결을 호소하는 귀국 제1성.

◇ 京城帝大를 경성대학으로 개칭.

10월 24일

◇ 국제연합 탄생.

11월 1일

◇ 李承晩 박사 朴憲永과 통일전선문제에 관해 협의.

11월 3일

◇ 平壤서 조선민주당 창당.

11월 7일

◇ 咸興에서 민주학생들 궐기.

◇ 李承晩 박사, 조선인민공화국 주석 취임을 거부함.

11월 23일

◆ 金九 주석등 임시정부 요원 15명 귀국.

◇ 朝鮮日報 복간.

◇ 每日新聞을 서울新聞으로 개칭하고 이 날자로 속간.

◇ 新義州에서 대규모 반공학생 궐기 (사상자 50여명, 80여명 체포).

11월 24일

◆ 金九 주석 환국.

11월 30일

◇ 하지중장, 呂運亨과 人民共和國 해체 문제를 협의.

12월 1일

◇ 東亞日報 복간.

◇ 임시정부 잔류요원 23명 모두 귀국.

◇ 임시정부, 李承晚박사와 협의.

12월 9일

◇ 아놀드 군정장관 해임.

◇ 吳世昌, 金性洙등 대한국민총회 결성.

◇ 대한독립촉성 청년 총연맹 결성.

12월 17일

◇ 모스크바 三相회의 개막.

◇ 신임 군정장관 러치 소장 취임.

12월 23일

◇ 독립촉성중앙협의회 결성하고 회장에 李承晚박사 취임.

12월 26일

◆ 국군 준비대 전국대회 개최.

◇ 李承晚박사 반공, 반탁성명 방송.

12월 27일

◇ 모스크바 三相회의 폐막.

12월 28일

◇ 모스크바 3상회의 결정인 5개년 신탁통치안을 3개국 수도에서 발표.

◇ 임시정부 및 사회단체대표 반탁투쟁을 공동결의.

12월 29일

◇ 신탁 반대 투쟁위원회 결성하고 위원장에 權東鎭 취임.

12월 31일

◇ 신탁 반대 투쟁격화, 전국적으로 파업.

1946년

1월 2일

◇ 하지중장, 미·소공동위원회의 제의.

◇ 조선공산당, 모스크바 3상회의 결정을 지지한다고 표명.

1월 4일

◇ 임정측, 반탁 과도정부 수립을 위한 비상정치회의 소집을 선포.

1월 7일

◇ 한민당, 金性洙씨를 수석총무로 추대.

◇ 반탁학생운동 준비위원회에서 격렬한 반탁데모.

1월 8일

◇ 미·소회담의 소련 대표에 스티코프사령관을 임명.

1월 16일

◇ 미·소공동위원회 회담개최 (미국 대표에 아놀드소장).

1월 18일

◇ 반탁학생들, 서울인민위원회와 人民日報를 기습 (41명 피검).

1월 19일

◇ 경찰, 학병동맹본부 수사(89명 체포).

1월 21일

◇ 군정청 사설 군사단체에 해체명령.

1월 29일

◇ 미·소공동위원회 1차 예비회담에서 분과위원회 설치 합의.

1월 31일

◇ 중간파, 통일정권 촉성회 결성.

2월 1일

◇ 임시정부 계열이 주동, 전국 비상국민회의를 조직.

◇ 맥아더 사령부, 李 王職 폐지.

2월 2일

◇ 각계 최고 대표로 민족 최고 영도자 회의를 개최하자고.

2월 3일

◇ 비상국민회의 13부 임원을 결정 발표.

2월 4일

◇ 비상국민회의 憲法, 선거법등을 기초.

2월 6일

◇ 미·소공동위원회 2차 성명발표. 대표 5명으로 공동위원회를 서울에 설치.

2월 8일

◇ 북조선 임시인민위원회 조직 (위원장에 金日成, 부위원장에 金斗奉).

◇ 대한독립촉성회 결성 (총재에 李承晩).

2월 10일

◇ 미·영·소 얄타협정문 발표.

2월 12일

◇ 呂運亨, 金九 주석 방문해서 비상국무회의 참가를 약속.

2월 13일

◇ 비상국무회의는 李承晩, 金九 등 28명으로 최고정무회의를 구성.

2월 14일

◇ 하지 중장, 자문기관으로 군정청에 南朝鮮民主議院 구성, 의장에 李承晩 박사, 부의장에 金九, 金奎植.

2월 15일

◇ 좌익계 행동통일기관인 민주주의 민족건설 결성(의장에 呂運亨, 부의장 朴憲泳).

2월 17일

◇ 金圭植, 조선민족혁명당 탈당 성명.

2월 26일

◇ 李承晩박사, 민주의원의 미·소공동위원회참가 표명.

2월 27일

◇ 한성일보 창간.

3월 7일

◇ 白南雲이 이끄는 독립동맹, 조선신민당으로 개칭.

3월 10일

◇ 대한 노동총연맹 결성, 의장에 錢鎭漢.

3월 13일

◇ 전 조선문필가 협회 발족, 의장에 鄭寅普, 부의장에 李丙燾.

3월 15일

◇ 南北간에 우편물 교환.

3월 20일

◇ 제1차 미·소공동위원회 개최.
◇ 한국독립당 개편, 위원장에 金九선생.

3월 21일

◇ 李承晩박사, 민주의원 의장직 사표.

3월 22일

◇ 한국독립당과 국민당 통합선언.

4월 11일

◇ 맥아더사령부, 일부 재일교포 일본인 취급할 것으로 언명.

4월 17일

◇ 中外日報 창간.

4월 25일

◇ 조선민주청년동맹 발족.

4월 28일

◇ 하지장군, 신탁 찬반 불구하고 미·소 공위 참가 특권을 부여.

5월 1일

◇ 미·소 공위 성명으로 임시정부 승인.

5월 6일

◇ 미·소 공위 무기 휴회로 스티코프 이한.

5월 11일

◇ 呂運亨, 인민당을 탈당.

5월 15일

◇ 공보국, 조선정판사 위조지폐 적발. 사건 진상을 발표.

5월 18일

◇ 조선공산당 본부 수사.

◇ 해방일보폐쇄.

◇ 조선정판사 폐쇄.

5월 23일

◇ 허가없이 38선 越境을 금지.

5월 28일

◇ 군정청, 통제경제 실시.

6월 2일

◇ 콜레라 전국에 퍼짐.

6월 3일

◇ 李承晩박사, 南韓단독정부 수립계획을 천명.

6월 11일

◇ 군정장관, 남한 단독정부수립을 반대한다고 李承晩박사의 계획을 거부.

6월 19일

◇ 서울국립종합대학안(案) 문교부 발표.

6월 22일

◇ 李範奭장군 귀환.
◇ 曺奉岩 공산당 전향 성명.

6월 24일

◇ 駐 소련 서울영사관 철수하고 미국 영사관 북한 설치 반대.

6월 30일

◇ 하지, 장군 左右합작 통일안을 지지.

7월 4일

◇ 韓·美 우편물 개통.

7월 13일

◇ 左右합작 1차회담 개시.
◇ 濟州島를 道로 승격.

7월 15일

◇ 民統, 愛聯 해체 흡수 통합하고 의장에 李承晩박사, 부의장에 金九선생.

7월 17일

◇ 呂運亨 암살 미수사건 발생.

7월 30일

◇ 전국학생 총연맹 결성 위원장 李哲承.

8월 3일

◇ 呂運亨, 사회민중당을 결성.

8월 28일

◇ 북한, 신민당·공산당을 합작하여 朝鮮勞動黨을 결성.

9월 1일

◇ 學制를 6,6,4 제로 개편.
◇ 전국학생연맹 결성.

9월 5일

◇ 남한에서 공산, 인민, 신민 3당 합당.

9월 6일

◇ 인민, 현대, 중앙일보 등 포고령 위반으로 정간 처분.

9월 7일

◇ 朴憲泳과 李舟河를 지명수배 (8일에 李舟河만 체포됨).

9월 12일

◇ 대한독립청년단 결단.

9월 16일

◇ 李承晩박사, 左右합작을 지지 성명.

9월 18일

◇ 서울시, 자유특별시로 승격.

9월 23일

◇ 남조선 노동당을 결성하고 위원장에 許憲, 부위원장에 朴憲泳을 선출.

9월 24일

◇ 철도종업원 총파업 단행.

9월 26일

◇ 출판노조의 총파업으로 신문들 8일 동안 휴간.

10월 1일

◇ 大邱 10·1폭동 야기. 大邱에 계엄령을 선포, 노동자, 학생 검거.

10월 3일

◇ 李承晩박사의 저격범을 체포.

10월 4일

◇ 大邱형무소에서 죄수 4,000명이 탈옥.

10월 6일

◇ 경향신문 창간.

10월 7일

◇ 左右합작 7개원칙 합의. 呂運亨 행방불명됨.

10월 11일

◇ 하지 장군, 金九선생과 左右합작 등에 관해 협의.

10월 13일

◇ 조선민족청년단 결단, 단장에 李範奭.

◇ 南朝鮮과도입법의원 설치령 포고.

10월 16일

◇ 趙炳玉 경무부장 피습.

◇ 社會勞動黨 발족, 위원장에 呂運亨.

10월 28일

◇ 입법의원, 서울시 선거를 방해.

11월 2일

◇ 민선 입법의원 45명 결정.

11월 13일

◇ 사로당, 남로당 합작 결의.

11월 18일

◇ 金九선생, 左右 합작에 기대한다고.

11월 30일

◇ 西北靑年團 결성 (위원장 文鳳濟).

12월 1일

◇ 李承晩박사 도미.

12월 12일

◇ 과도입법의원 개원, 의장에 金圭植.

12월 18일

◇ 조선청년당 창당.

12월 20일

◇ 입법의원 본회의 개막.

1947년

1월 4일

◇ 하지 장군, 南韓독립약속.

1월 13일

◇ 40여개 민족진영 단체, 반탁 공동 성명.

1월 15일

◇ 입법의원, 반탁을 결의.

1월 16일

◇ 36개 애국단체들 반탁에 대한 중요 성명 발표, 張澤相씨 이에 경고문을 포고.
  하지장군 반탁운동은 조선의 전도에 유해하다고 성명.

1월 18일

◇ 서울시내에 비상경계령 (군정법령 108호 발표).

1월 19일

◇ 하지장군, 입법의원들과 간담.

1월 22일

◇ 지방공무원 보통선거제로 선출.

1월 23일

◇ 북한, 공출에 무성의하다고 1000여명을 체포.

1월 29일

◇ 민족독립전선 결성.

1월 30일

◇ 러치장관, 탁치운동 중지와 폭력행위 중지 요구.

2월 1일

◇ 대법원장, 검찰총장 공동으로 오리(汚吏)와 간상배 숙청을 러치 장관에 건의.

2월 14일

◇ 초대 민정장관에 安在鴻씨 취임.

2월 5일

◇ 하지장군, 모스크바 협정 준행을 강조. 러치장관 미군철수 강력 부인.

2월 7일

◇ 도미중인 李承晩박사, 전문으로 南韓과도정부수립을 발표.

2월 8일

◇ 大邱 검찰청장이하 전직원 사표.

2월 12일

◇ 安민정장관 시정 방침 발표.

2월 14일

◇ 張澤相 수도청장 기자출입금지 조치.

◇ 러치장관, 학생맹휴로 미국인 교수 전원 해임.

2월 15일

◇ 학생맹휴에 관한 경찰력 배제를 문교부장관이 요청.

2월 27일

◇ 하지장군, 남한에 단독정부수립 부인.

3월 1일

◇ 3·1절행사 南大門에서 左右 큰 충돌.

3월 5일

◇ 하지, 워싱턴에서 남한단정은 독립에 장애가 된다고 성명.

3월 15일

◇ 수도청 출입 기자단, 南大門사건 보도로 중대한 파문.

3월 17일

◇ 테러단, 呂運亨의 집을 폭파.

3월 22일

◇ 남한일대에 좌익계 일체 총파업.

3월 28일

◇ 하지, 남한의 민주사회 건설비로 6천8백만달러 원조요구.

3월 29일

◇ 총파업 관계자 2,000여명 검거.

4월 3일

◇ 대통령, 선거해도 주권 미군에 있다고 언명.

4월 11일

◇ 미 마샬국무장관, 소련에 공위 개체를 제의.

4월 22일

◇ 소련, 5월 20일 고등위 개최 제의.

4월 26일

◇ 보스톤 마라톤 대회 우승 경축대회.

5월 1일

◇ 메이데이 기념행사에서 경찰과 충돌.

5월 7일

◇ 메이데이 참가 학생들에게 정학처분.

5월 8일

◇ 경찰, 학원내에 침입 엄금.

5월 13일

◇ 呂運亨 피습받음.

5월 15일

◇ 하지, 전 국민에게 미·소 공동위에 협조하여 통일 달성 이룩하라고 호소.

5월 17일

◇ 군정당국, 공동위원회 기간 집회금지 조처.

5월 19일

◇ 李承晩, 공동위에 불참을 성명.

5월 21일

◇ 미·소공동위원회의 재개.

5월 24일

◇ 근로인민당 결성.

6월 1일

◇ 미·소 공동위 10호 성명.

6월 3일

◇ 입법의원 金奎植의장 사표.
◇ 미군정, 한국기구를 南朝鮮 과도 정부로 개칭키로.

6월 10일

◇ 金九선생, 반탁투쟁위 공동위원회 참가를 거부하고 사표제출.

6월 11일

◇ 韓獨黨 간부 安在鴻 등 80여명 탈당.

6월 13일

◇ 南朝鮮 과도정부, 정무회서 공동위에 협력강조를 성명.
◇ 80개 단체 공동위에 참가서류 제출.

6월 14일

◇ 군정재판 처형자 669명 석방.

6월 15일

◇ 공동위원회 성공을 비는 진정서가 42만 통이라고 발표.

6월 17일

◇ 李承晩박사 우익 정당 사회단체 대표자의 반탁운동 동일보조에 대해 협력 및
분열방지책을 협의.

6월 18일

◇ 반탁투위 대표자대회.

6월 20일

◇ 徐載弼박사, 朝·美 특별 의정관에 취임.

6월 23일

◇ 미군 전차대의 경계속에 반탁대회.

6월 24일

◇ 嚴桓燮 반탁대회 주모자로 체포.

6월 29일

◇ 미·소공위 브라운 미 대표 平壤향발.

7월 1일

◇ 미·소공위 平壤에서 합동회의 개최.

◇ 徐載弼박사 환국.

7월 3일

◇ 李承晩박사, 하지장군과 협조포기선언.

7월 8일

◇ 미·소 공위 본회의 개최.

7월 18일

◇ 申翼熙 한독당 탈당.

7월 19일

◇ 呂運亨 혜화동에서 피살.

◇ 구국대책 위원회 결성.

7월 24일

◇ 呂運亨 피살 저격범 韓智根 체포.

7월 26일

◇ 군정청, 구국대책위에 해산령.

7월 27일

◇ 공동위 철폐 국민대회.

8월 1일

◇ 민족 대표자 대회.

◇ 미국 對조선 원조 1억 1천 만달러 결정.

8월 3일

◇ 呂運亨 인민장, 우이동 장지로.

8월 6일

◇ 조선임시정부 約憲 입법의원 통과.

◇ 呂運亨 기사문제로 新聞人 다수 검거.

8월 9일

◇ 미국 신문인들 미·소 양군 철수 주장.

8월 11일

◇ 좌익진영 대규모의 검거 선풍.

8월 21일

◇ 좌익 500여명 포고령 위반으로 처형.

8월 28일

◇ 웨드마이어특사, 許憲과의 회견을 소련측에 제의.

8월 31일

◇ 대한독립농민 총연맹 결성.

9월 11일

◇ 러치 군정장관 서거.

9월 19일

◇ 신문·정기간행물법 입법의회 통과.

9월 26일

◇ 공위에서 소련대표 48년초 미·소 양군 철수안을 제의.

9월 30일

◇ 李承晩박사, 철군보다 총선을 주장.

10월 3일

◇ 독립촉진전국대회, 李承晚박사 미국에 파견할 것을 결의.

10월 3일

◇ 미 下院 군사조사단 내한.

10월 14일

◇ UN에서 소련 대표, 한국문제 토의 배제를 주장.

10월 17일

◇ UN 미 대표, 한국독립촉진 결의안 제의.

10월 19일

◇ UN에서 소련의 철군문제를 미국이 거부.

10월 21일

◇ 중앙청 기구개편안 발표.

10월 28일

◇ 公娼 폐지령 공포.

10월 30일

◇ 딘소장 군정 장관 취임.
◇ UN위원단 한국파견을 40대0으로 결정.

11월 5일

◇ 전국의 각 열차 연료없어서 대량 운휴.

11월 18일

◇ UN에서 한국총선비용 53만 8천 달러를 가결.

12월 2일

◇ 韓民黨 정치부장 張德秀 피살됨.

12월 6일

◇ UN 韓委단장에 중국대표 湖世澤결정.

12월 16일

◇ 李承晩박사, 민족자결로 총선을 강조.

12월 18일

◇ UN 소련대표 남한에 UN대표 파견을 극력 반대 (거부권).

12월 22일

◇ 金九선생, 南韓단독 정부수립 반대성명.

12월 27일

◇ 테러사건은 군재회부를 언명.

1948년

1월 1일

◇ 趙炳玉경무부장 인민해방군 사건의 진상을 공개 발표.

1월 7일

◇ UN 韓國위원단 입국.

◇ 국민학교 의무교육 실시.

1월 10일

◇ 남한점령행정 미 국무성에 이양.

◇ UN 한국위원단 덕수궁에서 첫회의.

◇ 트루먼대통령 한국원조 7천 5백만달러를 의회에 제출.

1월 14일

◇ UN 韓委 환영식.

1월 17일

◇ 전기요금을 6배 인상.

1월 23일

◇ UN 韓委 북한입국거부를 소련측에서 통고.

1월 25일

◇ 李承晩박사 金九선생 UN 韓委와 회담, 한국의 국권회복은 당연한 것이라고 강조.

1월 29일

◇ 딘장관, 한국민이 원하면 언제나 자유선거 가능하다고 성명.

1월 30일

◇ 딘장관, 安민정장관 공동으로 민주 발전 보장 성명.

2월 4일

◇ UN韓委 위원장에 印度의 메논취임.

2월 6일

◇ 金九선생 金奎植 공동으로 남북협상 방안을 UN韓委에 제안.

2월 8일

◇ 선거 촉진대회 개최.

2월 10일

◇ 金九선생, 삼천만동포에 읍소(泣訴)로 남한 단독정부 수립 반대 성명.

2월 23일

◇ 李박사, 3월 1일까지 선거실시 결정 못하면 독자적으로 추진할 것을 언명.

2월 26일

◇ UN 소총회, 한국 가능한 지역에서 선거할 것을 (미국안)채택.

2월 28일

◇ 하지중장, UN의 결정을 지지.

3월 1일

◇ 하지, 5월 9일 선거실시 발표.

3월 2일

◇ 딘장관, 중앙선거 위원 15명 임명.

3월 4일

◇ UN 안보이사회에서 미 대표, 한국 분할 독립을 주장.

3월 5일

◇ 총선거에 대비한 33인 민족대표 구성.

◇ 총선에 독촉등 애국단체 68개 참가 성명.

3월 8일

◇ 金九선생, 북한에 남북회담 요청 서한.

◇ 민주자주연맹,선거불참성명.

◇ 민독당도 선거불참 성명.

3월 12일

◇ UN 韓委 가능지역 선거안 4 : 2로 가결.

◇ 金九선생, 金奎植씨등 선거반대 성명.

3월 17일

◇ UN韓委, 군정청에 선거자유분위기 보장을 건의.

3월 18일

◇ 입법의원 30명 사퇴.

3월 20일

◇ UN韓委, 정치범 석방 등 자유분위기 보장안을 발표.

3월 25일

◇ 북한, 남북 요인 회담안을 수락.

3월 28일

◇ 남한의 초청장,15명에 전달.

4월 2일

◇ 하지, 선거방안 발표.

4월 3일

◇ 선거일을 5월 10일로 변경발표.

4월 7일

◇ 올림픽선수단 70명 런던올림픽에 파견할 것을 결정 발표.

4월 15일

◇ 趙炳玉 경무부장 형보단 조직 지시.

4월 16일

◇ 총선 입후보자 934명 등록마감.

4월 19일

◇ 金九선생, 金奎植씨 등 남북협상차 북한을 향해 출발.
◇ 평양에서 남북 대표자 연석회의 개최.

4월 28일

◇ UN 韓委 직접 선거 감시를 결정.

5월 1일

◇ 재판 3심제 실시.
◇ 하지장군, 전 국민의 선거 참가를 호소.

5월 6일

◇ 남북협상 공동성명 발표.

5월 8일

◇ 미군, 선거에 대비한 특별 경계령.

5월 10일

◇ 제헌 국회의원 선거.

5월 11일

◇ UN韓委, 金九선생 金奎植등과 회담.

5월 14일

◇ 북한, 남한에 단전실시.

5월 22일

◇ 하지, 북한에 송전해 주기를 요청.

5월 25일

◇ 향보단 해산.

5월 31일

◇ 역사적인 제헌국회개원.

6월 1일

◇ 군정재판 제도를 폐지함.

6월 2일

◇ 미 하원 세출위 한국구제비 1억7천만달러를 지출키로 의결.

6월 7일

◇ 安在鴻 민정장관 퇴임.

6월 8일

◇ 獨島 근해에서 미공군의 오폭사건 발생.

6월 10일

◇ 국회의장에 李承晩박사 피선.

6월 25일

◇ UN 韓委, 국회성립 인준함을 통고.

6월 26일

◇ 미 군법재판소, 在日本 교포 학교장들에게 2~3년까지 금고형을 선고.

7월 1일

◇ 국회에서 국호를 大韓民國으로 결정.

7월 12일

◇ 헌법,국회 통과.

7월 16일

◇ 정부조직법,국회 통과.

7월 17일

◇ 헌법 및 정부조직법을 공포(제헌절).

7월 20일

◇ 대한민국 초대 대통령에 李承晚박사, 부통령에 李始榮선생 피선.

7월 24일

◇ 정·부통령 취임식.

8월 2일

◇ 국무총리에 李範奭 국회에서 인준. 5일까지 조각 완료.

　재무·金度寅/ 법무·李 仁/ 농림·曺奉岩/ 교통·閔희식/ 내무·尹致暎/사
회·錢鎭漢/ 문교·安浩相/ 상공·任永信/ 국방·李範奭/ 체신·尹錫九/ 외무
張澤相/ 공보·김동성/ 법제·俞鎭午.

◇ 국회의장에 申翼熙선생, 부의장 金若水.

◇ 구·미특사에 趙炳玉, 金活蘭씨.

◇ 국회에서 친일반역자처단 특별법을 제정 통과.

8월 7일

◇ 정부기구 11부 4처 66국으로 결정.

8월 11일

◇ UN총회 한국대표에 張勉박사, 張基榮, 金活蘭박사.

8월 15일

◇ 大韓民國 정부 수립 선포식 거행.

◇ 하지장군, 미 군정 폐지 발표.

8월 16일

◇ 韓美 정권이양 회담.

◇ 대통령령 제1호 남조선 과정기구 인수.

8월 23일

◇ 미 무쵸대사 대통령 특사로 내한.

8월 24일

◇ 하지중장 퇴임, 콜터소장 8군사령관에 임명됨.

9월 3일

◇ 미 군정, 한국정부에 경찰권 이양.

9월 7일

◇ 국회에서 年號를 「단기」로 결정.

9월 11일

◇ 韓·美간 재정 정산에 관한 행정협정을 조인.

9월 13일

◇ 韓·美 공동성명 발표, 행정권 완전 이양.

9월 18일

◇ 국회 韓·美행정협정 인준.

9월 27일

◇ 정부수립 대사면 5,000여명 석방.

9월 29일

◇ 金九선생, UN 韓委에 양군 철퇴요청 성명 발표.

9월 30일

◇ 李대통령, 국회에서 시정연설.

10월 11일

◇ 국회 중·고교 분리의 신학제 가결 (6, 4, 2, 4 제).

10월 13일

◇ 국회에서 외군 철수 긴급 동의. 일부 의원들은 반대.

◇ 중·고교 남녀공학제 폐지 (사범학교는 제외).

10월 14일

◇ 국회 지방행정 조직법을 가결 통과.

10월 19일

◇ 李대통령, 맥아더의 초청으로 渡日.

◇ 金九선생, 반탁·외군철수는 애국자의 동일한 맥락에서의 주장임을 강조.

10월 20일

◇ 麗水·順天지구에서 軍部의 큰 반란.

◇ 麗·順事件으로 비상경비사령부를 설치.

10월 27일

◇ 국군 麗·順지구 완전 탈환(진압).

10월 28일

◇ 국회에서 李총리, 麗·順사건 진상보고.

10월 29일

◇ 李대통령, 11월중에 民兵 5만명을 조직하겠다고 언명.

10월 30일

◇ UN 韓委, 총회에 한국의 남북교섭과 평화달성까지 점령군 계속 주둔을 요청.

11월 1일

◇ 麗·順반란 관계 주모자 89명 사형집행.

11월 2일

◇ 金九선생, 미·소 양군 철퇴후 통일정부수립에 대한 성명발표.

11월 4일

◇ 국회, 麗·順반란사건 수습 8개항을 결의.

11월 9일

◇ 국방부, 麗·順반란사건으로 인한 사상자 수는 4,000여명으로 발표.

11월 20일

◇ 국회, 국가보안법을 통과 시킴.

11월 25일

◇ 반민특별법에 의한 조사기관법 국회통과.

11월 26일

◇ 李대통령, 미군 계속 주둔 요청.

12월 1일

◇ 국가보안법, 임시 우편단속법 등 공포.

12월 3일

◇ 맥아더사령부와 한국군 증강에 관한 협의 개시.

12월 4일

◇ 한국정부 UN승인요청 국회에서 가결.

12월 7일

◇ 3개 반민족행위 관계 법령 국회 통과.

12월 9일

◇ UN총회 44 : 6으로 대한민국 승인.

12월 21일

◇ 대한청년단 결성.

◇ 李대통령, 金奎植과 협력 가능성을 언명.

12월 22일

◇ 李대통령, 4부장관 사표수리. 내무장관에 申性模, 사회부장관에 李允榮씨 임명.

12월 29일

◇ 미군, 제7사단 철수를 발표.

12월 30일

◇ 李대통령, 미군 일부 철수에 대한 담화.

◇ 하지장군, 한국 자립때까지 미국의 지도와 원조가 필요하다고 언급.

12월 31일

◇ 정부 각료 임명식 거행.

1949년

1월 1일

◇ ECA 원조 도입개시.

◇ 미국과 중국, 대한민국을 정식 승인.

◇ 미 국무성, 한국의 자립때까지 미군 철수하지 않을 것을 성명.

1월 8일

◇ 반민특위 발족.

◇ 李대통령, 주미대사에 張勉박사 임명.

1월 15일

◇ UN 대표에 趙炳玉박사 임명.

◇ 族青 자진 해체, 韓青과 통합.

1월 18일

◇ 영국, 대한민국을 정식 승인.

1월 23일

◇ 海州에서 반공청년 의거.

2월 3일

◇ 한국, UN에 정식 가입 요청.

2월 5일

◇ UN 韓委 새 위원 내한.

◇ 프랑스, 한국을 정식 승인.

2월 10일

◇ 韓民黨, 민주국민당으로 개편. 당수에 金性洙씨, 申翼熙, 金度寅씨 등 참여.

2월 21일

◇ 반민특위 행위자들 검거에 착수.

3월 3일

◇ 필리핀, 한국을 정식 승인.

3월 8일

◇ 학도호국단 결성.

3월 17일

◇ 언더우드 부인 피살.

3월 22일

◇ 내무장관 金孝錫씨, 국방장관 申性模씨로 경질 발표.

3월 23일

◇ 주한 미 대사에 무쵸 임명.

3월 26일

◇ 韓·日통상 회담 개최.

3월 31일

◇ 對北 교역 금지 조치.

4월 9일

◇ 캐나다, 한국을 정식 승인.

4월 18일

◇ 해병대 창설.

4월 23일

◇ 韓·日통상협정을 조인.

5월 1일

◇ 대한민국 인구조사 실시.

5월 17일

◇ 미, 對韓 원조 2억달러 책정.

5월 20일

◇ 국회, 남로당 푸락치 사건으로 李文元, 崔太圭 등 소장의원을 구속
(후에 부의장 金若水 등 16명 피검).

5월 27일

◇ 칠레, 대한민국 정식 승인.

5월 28일

◇ 미국 군사고문단을 제외하고 미군철수한다고 발표.

6월 2일

◇ 브라질, 대한민국 정식 승인.

6월 3일

◇ 국회, 전국무위원 사임 결의안 가결.

6월 6일

◇ 서울시경, 반민특위 특경대 해체.
◇ 상공·尹普善/ 법무·權昇烈/ 법제·申泰益/ 공보·李哲源으로 경질.
◇ 서울시장에 李起鵬씨 임명.

6월 20일

◇ 뉴질랜드·도미니카, 한국을 정식 승인.

6월 26일

◇ 金九선생 피습,서거(범인 安斗熙).

6월 29일

◇ 미군 철수 완료.

7월 5일

◇ 金九선생 국민장 거행.

7월 7일

◇ 반민특위 조사위원회 총사직.

7월 8일

◇ 李대통령, 태평양동맹 제의.

7월 14일

◇ 볼리비아, 대한민국 정식 승인.

7월 15일

◇ 병역법 국회 통과.

7월 18일

◇ 쿠바, 대한민국 정식 승인.

7월 25일

◇ 네덜란드, 대한민국 정식 승인.

7월 28일

◇ UN 韓委 미군 완전 철수를 확인.

8월 4일

◇ 그리스, 대한민국 정식 승인.

◇ 7일 장총통내한.

8월 20일

◇ 코스타리카, 터어키, 아이티, 호주, 벨기에, 니카라구아 등 대한민국 정식 승인.

8월 26일

◇ 국회의원 반민특위 위반자 없다고 발표.

8월 31일

◇ 반민법 공소기간 만료.

9월 14일

◇ 木浦형무소 파옥 사건 발생.

9월 15일

◇ UN총회에 모윤숙 대표 파견.

9월 25일

◇ 이란, 대한민국 정식 승인.

9월 26일

◇ 법원조직법 공포.

10월 3일

◇ 태국, 대한민국 정식 승인.

10월 12일

◇ 공군 창설.

10월 18일

◇ 평화신문 창간.

10월 19일

◇ 공산주의 단체를 불법화,남로당 등 133개 단체의 등록을 취소.

10월 24일

◇ UN 극동경제위,한국 가입을 승인.

10월 27일

◇ 계엄법,국회 통과.

11월 5일

◇ UN 식량기구에 정식 가입.

11월 26일

◇ 교육법,국회통과 (중·고교 분리).

12월 5일

◇ 심계원장에 咸台永씨 임명.

12월 6일

◇ 첫 징병검사 실시.
◇ 국회, 국정 감사 실시.

12월 8일

◇ 국채 6억원 발행.
◇ 우루과이· 페루, 대한민국 정식 승인.

12월 17일

◇ 한국문학가협회 결성.
◇ 만국우편조합에 가입.

12월 28일

◇ 대한농민회 발족.

1950年

1월 6일

◇ 제1회 고등고시 실시.

1월 7일

◇ 정부 재일교포에 강제등록제 실시.

1월 12일

◇ 애치슨 국무장관, 한국은 미 태평양방위권 밖이라고 언명. 이는 한국동란이 일어나게 된 원인의 하나.

1월 26일

◇ 한·미 방위원조협정 체결.

2월 7일

◇ 내무장관 백성욱으로 경질.

2월 10일

◇ 유네스코 한국가입을 결정.

2월 16일

◇ 李대통령, 맥아더원수의 초청으로 向日.

2월 21일

◇ 탄핵재판소법 공포.

2월 28일

◇ 정부, 내각책임제 불찬성 표명.

2월 31일

◇ 미 신년도 對韓원조 1억5천만달러 국회통과.

3월 1일

◇ 북괴의 정치 공작원 169명 체포.

3월 3일

◇ UN본부, 군사감시단 派韓 결정.

3월 13일

◇ 국회 개헌안 토의에서 난투극(부결).

3월 14일

◇ 국회내의 공산당 푸락치 사건 언도.

◇ 李대통령, 국회에 6월말안으로 총선거 실시를 통고.

3월 19일

◇ 새 선거법안 국회 통과.

3월 27일

◇ 남로당 총책 金三龍, 李舟河 검거.

4월 3일

◇ 李範奭 국무총리 사임.

4월 6일

◇ 농지개혁에 착수, 151만호에 분배.

4월 7일

◇ 李대통령, 5월 총선 단행 언명.

4월 11일

◇ 국회의원 104명 서명으로 趙炳玉씨를 국무총리로 추천.

4월 12일

◇ 보스턴 마라톤 제패, 1착 咸基允, 2착 宋吉閏, 3착 崔倫七.

4월 13 일

◇ 육군참모총장에 蔡秉德장군 임명.

4월 19일

◇ 총선 5월 20일로 공포.

4월 21일

◇ 국무총리 서리에 申性模씨.

4월 24일

◇ 제1회 國展 개최.

4월 30일

◇ 국립극장 개장.

5월 5일

◇ 문교부장관 白樂濬씨 임명.

5월 8일

◇ 총선등록 마감. 입후보자 2,230명.

5월 25일

◇ 북괴 대남공작대 112명을 검거.

5월 30일

◇ 제2대 국회의원 선거.

 (무소속 126명, 국민당 24명, 국민회 14명, 한청 10명).

6월 1일

◇ 6년제 국민학교 의무교육 실시.

6월 2일

◇ 제헌국회 폐회식 거행.
◇ 한·일무역협정 조인.

6월 5일

◇ 한·미 환율 1,800대 1로 인상.

6월 7일

◇ 북한, 남북총선거 제의.

6월 16일

◇ 李대통령, 金三龍·李舟河와 曹晩植선생과의 조건부 교환을 수락.

◇ 女간첩 金壽任 사형 언도.

6월 17일

◇ 덜레스 미 극동차관보 내한.

6월 19일

◇ 제2대 국회 개원
　의장 申翼熙, 부의장 曹奉岩, 張澤相씨.

6월 22일

◇ 덜레스 차관보 일행 離韓.

무너진 38선 장벽
1950.6.25 ⇨ 1950.12.31

目 次

89

1950년

5월 1일 (월) 흐림 · 맑음

◇ 제미슨 UN韓委 의장, 38선 장벽은 무너질 것을 확신한다는 라디오 방송.

◆ 미국, 중공전역에서 모든 기관을 폐쇄하고 완전 철수.

5월 2일 (화) 비

◆ 미국의 UN후원단체들, 미국의 對UN정책은 극동제국의 분열을 초래할 것이라고 후버제안에 반대성명.

◆ ECA 對韓원조 총액이 99,054,000달러라고 확인.

5월 3일 (수) 흐림 · 맑음

◆ 맥아더장군, 일본에서 공산당 불법화를 강력히 시사.

◆ 애치슨 미 국무장관, 하원 외교위원회에서 극동정책에 대한 비밀토의.

5월 4일 (목) 맑음

◇ UN 한국위원단 5 · 30총선 선거 참관을 결정.

◇ 한국은행 통화총액 602억원으로 발표.

◆ 미 국무장관, 소련의 한국통일방해공작이 치열하다고 비난하면서 한국의 중요성을 강조.

◆ 트루먼 미 대통령, 기자회견을 통해서 전쟁발발의 공포는 없다고.

5월 5일 (금) 흐림 · 맑음

◇ 5 · 30 총선 등록 마감.

◆ 트루먼 미 대통령 특별기자회견에서 마샬案을 냉전에 대한 최선책이라고 지지성명.

◆ 미국에 업무협의차 가 있던 무초대사, 한국의 인플레 억제책은 성공했다고 언명.

5월 6일 (토) 맑음

◇ 李대통령 對北방송, 走狗역할 청산하고 개과천선 귀순하라고.

◇ 金 주미대사대리 한국에 군용기를 달라고 미국에 요청.

5월 7일 (일) 맑음

◇ 총선 앞두고 전국 경찰관 대이동발령.

◆ 영국 국무상 UN에서 소련 대표와는 타협이 불가능하다고 역설.

5월 8일 (월) 흐림·비

◇ 韓靑단장에 전 문교장관 安浩相씨 피선.

◆ 맥아더원수 日本의 전략적 위치는 아시아 침략방어 기지라고 언명 (뉴욕타임).

◆ 중공·胡 정권 비밀군사동맹 체결설(UP).

5월 10일 (수) 맑음

◇ 국방장관 성명. 북한군 38선에 병력 이동중, 「침략위험이 절박하다」고.

◇ UN 韓委, 국방장관 성명의 중대성을 인정하고 이미 의결된 한국 현지감시단을 조속히 파견하라고 UN 사무총장에게 요청.

◆ 트루먼 미 대통령 신생 대한민국에는 원조를 계속할 것이라고 언명.

◆ 필요하면 원자폭탄 사용도 불사하겠다고 미 트루먼 대통령 경고.

5월 11일 (목) 맑음

◇ 李대통령 기자회견을 통해「미국 원조는 북한의 남침을 방어할 수 있을 것이라고 언명하고 5, 6월에 무슨 일이 일어날지 예측할 수 없다고 경고.

◇ 해군 당국, 한국 근해에 국적불명의 함정들이 출몰하고 있다고 경고.

◆ 중공군, 金門島 공격을 위해 집결중(로이타).

◆ 미·영·프 3국외상회담 공동성명에서 극동의 한국에 관심 표명.

◆ 소련, 맥아더원수의 일본 정책 비난.

5월 13일 (토) 맑음

◇ 釜山에 미국 공보원 개원.

5월 14일 (일) 맑음

◇ 대형 소련함정 1척 동해안 한국영해 침범, 우리 군함의 포격을 받고 도주.

5월 15일 (월) 맑음

◇ 申국방장관 기자회견에서 비행기와 각종 병기구입 교섭이 진행중이라고.

5월 16일 (화) 맑음

◆ 國府軍, 舟山島 완전 포기 철수.

5월 17일 (수) 흐림·비

◇ 국방차관 경질, 후임에 張暻根씨.

◆ 국부군 金門島 철수.

5월 18일 (목) 흐림·맑음

◆ ECA 韓國책임자 죤슨 박사 미 하원에서 ECA 원조를 강화하여 한국의 자립을
  건의.

5월 19일 (금) 흐림·비

◆ 미 하원 세출위원회, 한국 원조 추가비 5,000만달러를 포함한 6억2,549만3,694
  달러의 차관공여법을 국회에 제출.

5월 21일 (일) 맑음

◇ 일본 주둔 미 제1군단장 홉스소장 내한, 申국방장관과 요담, 대통령 예방.

◇ 작년 3월 남침한 金武憲부대 패잔병 28명 섬멸.

◇　蔡육군총참모장, 호남·영남지방의 전투부대 및 치안상황 시찰을 위해 서울을 출발.

5월 23일 (화) 맑음

◆　한국은행법 시행령 선포.

◆　在日 좌익 한국인 학생 2,000명이 한국 거류민단을 습격하여 난투극 벌임.

◆　미 육군기념일(5월 30일)을 '평화기도일'로 개칭.

5월 24일 (수) 맑음

◇　국방부에서 긴박한 내외정세에 대비하여 미국에 머물러있던 丁준장에게 급거 귀국할 것을 명령.

5월 27일 (토) 맑음

◇　선거 참관을 위해 외국 기자단 일행이 내한함.

◇　李대통령, 반정부파는 반동분자라고 연설.

5월 30일 (화) 맑음

◇　총선거 실시.

6월 1일 (목) 흐림·비

◇　선거 참관하러 외국기자단 일행 내한.

◆　트루먼대통령이 지금부터 5년간은 전쟁이 없을 것이라고 말함.

6월 2일 (금) 흐림

◇　제헌의회 폐원식 거행.

◆　애치슨국방장관이 상원에서 극동에 대한 계속적인 군사원조의 필요성을 강조.

6월 3일 (토) 비·맑음

◇ 북한은「조국평화통일 호소문」에 530만 인민이 서명했다고 허위선전(韓委보고).

◆ 뉴욕 타임즈지에 한국의 선거가 자유로운 분위기 속에서 치뤄졌다고 보도.

6월 4일 (일) 맑음

◇ 韓日 통상협정, 한국측 인추완료,「스캪」에 송부.

◆ 일본 요시다수상, 일본공산당 불법화의 기본정책은 결정되었다고 발표.

◆ 소련에서 신형 원폭을 실험.

6월 5일 (월) 맑음

◇ UN 한국위원회, 군사감시단원 배치를 토의.

◇ 북한「조국통일민주주의전선 중앙위원회」방송 — 조국의 평화통일 촉진에 관한 기본방침에 합의를 보았다고 함 (한국위원회 보고).

◆ 호주, 일본 전범 재판 개시.

◆ 애치슨 국무장관이 외교위원회에서 한국원조는 소련의 압력에 대항하기 위하여 필요하다고 강조.

6월 6일 (화) 흐림·맑음

◆ 맥아더원수가 일본 공산당 중앙위원회 위원 24명 전원의 공직에서의 추방을 일본 수상에게 지령.

6월 7일 (수) 맑음·비

◆ 북한, 남북 총선거 실시와 통일 최고 입법기관의 소집과 남북 민주주의 정당, 사회단체 대표의 연석회의 개최를 방송으로 제의.

◇ 맥아더원수, 일본 공산당 기관지「赤旗」의 책임당원 17명의 숙청을 명령.

◇ 마샬장군, 공산침략에 무위방관하는 것은 위험천만이라고 말함.

6월 8일 (목) 비·맑음

◇ 로버츠 KMAG단장은 한국군이 세계적으로 우수하며, 북한군의 침입에 방위 가능하다고 장담.

◇ 申국방장관은 ①38선이 평온하고 ②방위대를 의무화하겠다고 함.

◇ 북한측은 방송으로 남한의 정당·사회단체 대표에게「평화통일 호소문」을 다가오는 10일에 礪峴驛까지 와서 받도록 초청(정부 요인 9명과 모정당은 제외, 단 한국위원회는 초청명단에 들어 있음).

◆ 일본 경찰, 野坂(일본 공산당 부당수) 사무실을 습격.

◆ 아이젠하워대장, 방대한 군비지출은 엄격한 통제없이는 미국 경제에 위험한 영향을 준다고 연설.

6월 9일 (금) 맑음

◇ 李공보처장, 북한측의 조국전선 제안은 5·30선거의 성공을 파괴하기 위한 책동이라고 논박.

◇ 육군 부대장급 대이동.

◇ 金永哲대령(해군 총참모장 대리), 북한군 상륙 기도에 해안경비는 만전이라고 언명.

◇ 한국위원회, 북한사람과 접촉할 기회를 얻기 위하여 10일 오후 4시까지 대표를 礪峴에 파견할 것이니 회견할 용의가 있느냐고 對북한방송.

◇ 한국위원회 현지 감시반, 38선 전지역의 시찰을 위해 서울을 출발.

◆ 트루먼대통령,「평화와 자유」의 5원칙발표.

6월 10일 (토) 맑음

◇ 蔡총참모장은 북한측의 제의는 상투적 선전수단이라고 언명.

◇ 한국위원회 대표 케일라이드 사무국장대리, 礪峴서 북한 대표와 접촉.

◇ 상기 북한대표가 38선을 넘어 오다가 포로로 잡힘.

◇ 북한은 돌연, 방송으로 朝民당수 曹晩植씨(북에서 구금) 부자와 남한에 잡힌 남로당 지하 공작 지도자인 李舟河, 金三龍과 교환하자고 제의.

6월 11일 (일) 맑음

◇ 李정훈국장, 10일 체포된 북한대표를 군법회의에 회부한다고 방송.

6월 12일 (월) 흐림·맑음

◇ 한국위원회 제미슨씨 기자회견, 북한측에서 수락한 문서는 참고자료로 할 따름이라고 말함 북한과의 접촉을 설명.

◆ ECA, 한국에 원조비 113만달러를 할당.

6월 14일 (수) 맑음

◆ 덜레스씨 한국으로 출발.

6월 15일 (목) 맑음

◇ 로버츠준장(KMAG단장) 미국으로 귀국.

◇ 체포 귀순한 북한 3대표(李寅奎, 金泰弘, 金在昌), 3회에 걸쳐 對北 방송.

◆ 자유중국, 본토를 폭격하였다고 발표.

6월 16일 (금) 흐림

◇ 李대통령, 曺晩植씨 교환건에 있어서 1주일 이내에 무조건 보내준다면 李舟河, 金三龍 두 사람을 석방하겠다고 언명.

◇ UN 한국위원회 공보 제 24호 발표-礪峴기자회견은 평화적 통일에 관한 한국위원단의 희망을 북한대표에게 사적으로 전달하고, 만일 기회가 있다면 최근 위원단이 행한 對北방송의 사본을 수교하려는데 있었다.

6월 17일 (토) 흐림·맑음

◇ 덜레스씨 내한.

◇ 정부, 남북 인물교환(曺晩植씨 등)을 한국위원회에 의뢰.

6월 18일 (일) 맑음

◇ 덜레스씨 38선 시찰.

6월 19일 (월) 비

◇ 제2회 총선거 후 국회 개원식 거행.

◇ 의장에 申翼熙씨, 부의장에 張澤相, 曹奉岩 피선.

◇ 덜레스씨, 미국은 한국에 물심양면으로 원조한다고 국회에서 연설.

◇ 平壤방송, 북한정권 최고인민회의 상임위원회는 남북측 국회에 의한 통일정부수립을 한국국회가 동의하면 21일 북한측 국회대표를 서울에 보내든지는 또는 한국국회 대표를 平壤에 맞이할 용의가 있다고 발표.

6월 21일 (수) 흐림·비

◇ 덜레스씨 이한.

6월 22일 (목) 비

◇ 정부, 방송으로 礪峴에서 曺씨와 金·李의 교환을 통고.

◇ 한국위원회 남북인물 교환에 관한 공보발표−북한은 본위원단의 중계를 싫어하는 것으로 보이나 본위원단의 조정이 요청될 때는 언제나 받아들일 용의가 있음.

6월 23일 (금) 비

◇ 李대통령, 남북인물 교환하자는 것은 북한의 장난에 불과하다고 언명.

6월 24일 (토) 흐림

◇ 한국위원회 현지 감시단, UN에 보고−북한군은 38선 남쪽에 유리한 돌출지점을 소유하고 있으므로 한국군은 전적으로 방위를 위하여 편성되어 있는 것일 뿐, 북한군을 상대로 대규모적인 공격을 감행할 태세가 전혀 되어 있지 않다고 지적.

6월 25일 (일) 비·맑음

◇ 상오 4시, 북한공산군 돌연 남침. 38선 전역 11개소에서 일제히 월경침공. 9시에 注文津·開城에 침입.

◇ 甕津반도의 국군, 전략상 후퇴.

◇ 議政府 북쪽에서 격전.

◇ 蔡秉德 총참모장, 적 지상군 4~5만명, 전차 약 94대 침공했다고 발표.

◇ 적의 선두 소부대, 臨津江을 건너 남하.

◇ 적은 春川을 공격하는 한편 九龍浦·蔚珍·江陵·三陟 및 墨湖 10리 북쪽지점에 상륙작전.

◇ 하오, 적기 서울비행장 공격과 동시에 金浦비행장 폭격.

◇ 서울 상공에 적기 5대 출현, 기총소사.

◇ 국무회의 긴급대책 강구.

◇ 申性模총리서리, 미국에 무기원조 요청.

◇ UN안보리, 「적의 즉시 철퇴」를 요구하는 미국결의안 채택(9대0, 소련 불참, 유고슬라비아 기권).

◇ UN 한국위원회, 심야방송으로 북괴측에 정전요구.

◆ 미 정부당국자는 북한이 남침한 책임은 소련에 있다고 담화발표.

◆ 미국은 UN총장에게 긴급안보회의 개최를 요청.

◆ 駐美 한국대사, 긴급 무기요청을 위해 국무성 방문.

◆ 미국정부, 맥아더장군에게 對韓 무기원조를 명령.

◆ 존슨 미 국방장관은「만약 소련이 적에게 실질적인 원조를 하는 것이 명확하다면 미국은 주저없이 출격할 용의가 있다」고 연설.

6월 26일 (월) 맑음

◇ 국군, 전 전선에 걸쳐 맹반격.

◇ 국군, 三陟 상륙 적군을 포위, 섬멸전 전개.

◇ 적, 汶山점령 議政府에 도달.

◇ 소련장교, 적군을 지휘.

◇ 한국해군, 적의 1,000톤급 수송선을 동해안에서 격침.

◇ 적기 2대, 金浦비행장 재폭격.

◇ 적기, 汝矣島비행장 재폭격.

◇ 서울 상공에서 공중전.

◇ 적 甕津반도 대부분을 점령.

◇ 적, 江陵점령.

◇ 한국내 거주 미·영 부녀자 총철수.

◆ 蔣총통, 李대통령에게 반공의 입장을 취하여 한국정부를 절대 지지함을 표시하는 전문발송.

◆ 맥아더원수, 일본정부에 공산당紙인「赤旗」정간 명령.

◆ 미 양원 5천만달러 한국 추가경제원조안 가결.

6월 27일 (화) 흐림·비

◇ 극동 미 해 공군, 38도선 이남에서 국군옹호 전투중.

◇ 무기 및 군수물자는 항공 선박으로 수송중.

◇ 총사령부 전진지휘소 한국에 설치.

◇ 적 水色점령.

◇ 미 전투기, 적 부대공격.

◇ 적, 議政府를 통과 서울로 진격중.

◇ 적, 春川점령 昭陽江 도하.

◇ 적, 江陵을 점령. 적군 약 1개 사단이 江陵에서 남하중.

◇ 미 전투기 1대, 소련제 야크형 전투기 1대를 金浦비행장 상공에서 격추.

◇ 적, 仁川항 부근에 상륙기도.

◇ 북한에 총동원령.

◇ 오후 11시 李대통령, 미의 적극적인 군사원조가 있을 것이므로 국민은 총궐기하라고 특별방송.

◇ 정부, 大田으로 천도.

◇ UN 한국위원회, 東京으로 이전.

◆ 미, UN에 적 제재(한국에 무력원조) 명령을 발할 것을 요청.

◆ 미 제안(군사제재)을 UN 안보리가 가결(찬성 7, 반대1, 기권2) – 국제적인 기관이 침략자에 대하여 군사제재를 결정한 것은 유사 이래 이것이 **처음이었다.**

◆ 트루먼대통령, 한국의 전란은 공산세력이 독립국 정복을 위하여 이미 지하운
동의 단계를 넘어 무장침입을 감행함이 명백하다고 성명발표.

◆ 미 국무성이 맥아더원수를 한국작전의 최고사령관에 임명.

◆ 영국, 중공승인 취소를 고려.

◆ 미 각서로 적의 철수를 소련에 요청.

◆ 덜레스씨, 공산주의자와의 평화적 타협은 단념한다고 언명.

◆ 미, 한국**거주** 미국인의 철수를 명령.

6월 28일 (수) 흐림

◇ 국군, 漢江 남안으로 후퇴.

◇ 적군, 서울지역 침입 개시.

◇ 적, 洪川 점령.

◇ 미전투기 水原에 집결, 미군 전선지휘소 水原에 설치.

◇ 金浦비행장 부근에서 적군과 격전.

◇ 적기, 水原비행장을 폭격.

◇ 미 F80형 전투기와 B26형 폭격기 500톤의 폭탄을 탑재하고 전선에 출격.

◇ 미 공군, 적 전차대 및 보병부대를 폭격.

◇ 미 제트기 등 80대, 직접전투에 참가.

◇ 국군 오전 2시 30분 漢江인도교 및 철교폭파.

◇ 육군본부, 水原에 이동.

◆ 필리핀, 한국에 파병 용의가 있음을 UN에 통고.

◆ 호주, 防共전선을 위하여 중폭격기 1개 중대를 말레이지아에 파견키로 결정.

◆ 극동 수역의 영국함대, 미군 지휘하에 행동.

◆ 미 제7함대, 대만해협에서 행동 중이라고 발표.

◆ 래드포오드 미 태평양함대 사령관, 미 기동함대 전반을 극동방면에 출동하도
록 명령.

◆ 영 처칠 전수상, 한국전쟁에 대한 태도는 침략이라고 비난방송.

6월 29일 (목) 흐림·맑음

◇ 국군, 적의 남침을 저지하려고 미 공군과 긴밀한 연락.

◇ 맥아더원수, 전선 시찰을 위해 내한.

◇ B29 平壤을 처음 폭격.

◇ 미 항공모함이 한국해협에서 적 상륙을 경계.

◇ 38선 일대에서 적군과 격전.

◇ 미 해군부대가 북한을 동서 양쪽에서 함포사격.

◇ 미 B29 폭격기, 38선 일대에 걸쳐 침입 중인 적을 맹폭격.

◇ 미 정보처(G2) 釜山에 설치하기로 함.

◆ UN 안보리, 적의 남침에 대항하는 국군을 지원하도록 세계 각국에 요청할 것을 결정.

◆ 인도 정부, UN의 對韓 결의를 지지.

◆ 일본 수역의 호주함대, 미군 지휘하에 편입.

◆ 미 상원, 한국에 대하여 경제원조로 1억달러 지출 가결.

◆ 駐韓 군사고문단장에 기동대의 권위자인 존나처이치씨 임명.

◆ 벨기에, 對韓 원조를 UN에 통고.

6월 30일 (금) 흐림·비

◇ 미 보병부대 공수.

◇ 미군 지상부대 4만명(맥아더사령관 직속부대 3만, 在日 기갑사단 1만)을 한국전선에 출동.

◇ 트루먼대통령, 한국해안 봉쇄를 명령.

◇ 맥아더원수, 미 공군에게 38선을 넘어 북한기지를 공격할 것을 명령.

◇ 적, 서울 남서쪽의 방어선을 돌파해 漢江 도하, 전차대 남하.

◇ 미군 전선지휘소, 水原에서 大田으로 이동.

◇ B29, 漢江연안의 적 전차·선박·도로·밀집부대를 폭격.

◇ 미 공군, 平壤 폭격.

◇ 미 공군, 적 비행기 20대를 격파.

◇ 미 전투기 서울 폭격.

◇ 미 공군, 38선을 넘어 적의 공군기지를 폭격하겠으나 만주와의 국경은 넘지 않는다고 발표.

◇ 李대통령, 맥아더원수와 회담하고 전면적 원조를 확약.

◇ 총참모장 蔡秉德소장 경질, 후임에 丁一權준장.

◇ 약 500명의 학도, 水原에서 비상학도대를 조직.

◆ 毛澤東, 미국의 한국전쟁 개입은 이치에 닿지 않는다고 담화.

◆ UN결의에 따라 호주 해·공군, 한국전선에 참가하기로 결정.

◆ 트루먼대통령, 육·해·공군에게 UN안보리의 요청에 따라 미 공군이 작전에 필요하면 북한의 군사목표를 공격할 것과 해군은 한국의 모든 해안을 봉쇄할 것, 맥아더원수에게 몇 개의 지상부대의 사용을 허가함.

◆ 미상원 본회의, 3억 2천 4백만달러 한국원조비 할당.

◆ 미, 반공국가들에 대한 군사원조법안 가결.

◆ 영국 극동함대 이미 작전에 참가 행동 중이라고 보도됨.

◆ 영국, 소련에 한국사태 해결에 협력을 요청.

◆ 폴란드, 미국의 한국전쟁 개입을 UN에 항의.

7월 1일 (토) 비·흐림

◇ 한국에 상륙한 최초의 미군, 전선에서 급속 진전중.

◇ 제 24보병사단장 윌리암딘소장, 한국에 파견된 전 미군 총사령관에 임명.

◇ 북한정권, 남한 점령지역에 정치공작원 1,000명 이상을 소련식의 조직과 토지개혁을 선전하기 위하여 파견.

◇ 적, 金浦에 상륙, 점령.

◇ 미 함대, 三陟 부근의 적 거점을 포격.

◆ 미, 육·해·공군 3군대변인 발표요지.

 1. 한국 동해안에 대한 봉쇄, 영국해군 협력하에 속행.

 2. 지상부대, 일본에서 비행기, 선박 등에 의하여 釜山에 수송.

 3. 미국 본국으로부터 근간 기동부대 회항.

- UN사무국, UN 한국위원회를 東京과 한국에 설치한다고 발표.
- UN 인도대표, 한국의 평화적 해결을 위하여 미·소회담을 제창.
- 대만정부, 국군을 지원 위해 파병(지상부대 3개 사단, 비행기 20대)을 UN안보리에 제의했으나 사절됨.
- 미국 신문, 한국전란에 미 육·해·공군 출격을 전적 지지.
- 덜레스씨, 극동시찰 후 적 침입은 국제 공산전략에 의거, 한국의 최후 승리를 확신한다고 말함.

7월 2일 (일) 맑음

- ◇ 미 보병부대, 전선에 급속전개, 4일경 전투개시 예정.
- ◇ 적, 龍仁점령.
- ◇ 적, 楊平·原州를 점령.
- ◇ 蔚珍에 상륙한 적 격파.
- ◇ 大田에 도착한 미군, 거점확보를 목적으로 大田 북방에 전진.
- ◇ 적 해군세력, 인원 약 5,000명, 500톤의 함정 약 50척.
- ◇ 浦項 육상 전투대, 蔚珍에서 적 수색대를 격퇴.
- ◇ 미 공군 142회 출격.
- ◇ 적 공군세력 약 100대 내지 150대.
- ◇ 한국 동해안에서 미·영 해군함대, 적의 기뢰함정 5척 격파.
- ◇ 6월 25일부터 2일까지 적 전투기 18대 격추.
- ◆ UN의 한국 원조지지결의안 지지국가 현재 36개국.
- ◆ ECA 對韓 원조물자 급수송(식량·석유).

7월 3일 (월) 맑음

- ◇ 적, 水原점령.
- ◇ 駐韓 미군 사령부는 극동 미 총사령부 하의 중요 사령부로서 공식으로 설치되고 월리암 딘소장이 사령관에 임명됨.
- ◇ 일본으로부터 병력·탄약·자재수송은 순조로이 진척.

◇ 江華 水道를 경비 중인 아군 50호 경비정이 적 선박(40톤급, 군인 만재) 4척을 격침.

◇ B29 連浦비행장 계속 폭격.

◇ 平壤 야간폭격.

◇ 육군본부, 平澤으로 이전.

◆ 東京에 잔류하는 최소한의 연락원을 제외한 UN 한국위원회 전원 大田으로 귀임.

◆ 3일 현재, 한국원조를 지지하는 나라는 41개국.

◆ 蔣총통(대만), 한국전쟁의 도발자는 소련이라고 통렬히 힐난.

◆ 인도, 리사무총장에게 對韓 군사원조 용의를 통고.

◆ 미 해병대, 본토에서 일본에 수송.

7월 4일 (화) 맑음·흐림

◇ 미군 전선사령부, 전차를 선두로 한 2만 5천의 적이 남하태세를 취하고 집결 중이며 미군과 적과의 접촉은 아직 없다고 발표.

◇ 적, 仁川점령.

◇ 미 제7함대, 3일과 4일에 걸쳐 한국 동해안에서 (三陟－注文津사이) 적 함정 7척을 격침.

◇ 육군본부 大田으로 이전.

◇ 金日成, 북한군 총사령관에 임명됨(平壤방송).

◇ 인도, 미·소 양국에 대하여 한국전쟁에 대한 중재 용의 표명.

◆ 미국 각계 여론, 38선 이북 진격설 농후.

◆ 캐나다정부, 한국군에 공군과 구축함 2척 파견 예정.

◆ 미 해군의 한국해안 봉쇄를 공식으로 소련에 통고.

◆ 네덜란드, 한국해역에 작전참가 위해 구축함 출동을 명령.

7월 5일 (수) 비

◇ 미포병, 적 오후 11시 전차대와 최초의 접촉 (서부전선).

◇ 미 한국파견사령관 딘소장 전선진지에 출동.

◇ 미군사전문가, 한국전에서 유리한 국면에 서려면 약 6개 사단이 필요하다고 언명.

◇ 미 폭격기부대, 한국으로 출발.

◆ 미, 중공에 석유수출금지 결정.

7월 6일 (목) 흐림·맑음

◇ 水原 남쪽 전선의 적 전차대, 미군작전에 의하여 진격이 저지.

◇ 미군, 平澤 남쪽 37도선 부근에 새로운 방어선 설치.

◇ 적, 平澤점령(오후 6시).

◇ B29편대, 북한의 중요 철교폭파, 적비행기의 출현 없음.

◇ 적, 寧海 점령하고 계속하여 동해안 따라 남진.

◇ 적 일부 堤川에 침입.

◇ 한·미연합으로 해군 방위사령부 釜山에 설치.

◆ 트루먼대통령, 한국 전황의 호전을 확신한다고 말함.

◆ 미, UN군 조직결의 초안을 안보리 각 대표에게 송부.

◆ 미 B29폭격대 한국을 향해 출발.

◆ 영 노동당, 한국전쟁의 평화적 해결을 위하여 미·소·영의 회담 제의.

7월 7일 (금) 맑음

◇ 워커장군, 최초로 한국전선 시찰. 전진지휘사령관 및 국군사령관과 회담.

◇ 적 忠州 점령.

◇ B26편대, 38선 이남지역에 출격하여 平澤부근에서 적의 밀집부대 및 전차대를 폭격.

◇ B29편대, 元山·鎭南浦 등의 군사시설 폭파.

◇ 李대통령, 적의 포로에 대하여 인도적 대우를 하라고 성명발표.

◆ 맥아더원수를 UN 총사령관에 임명.

◆ 리UN 사무총장, UN 미대표에게 UN旗를 수여.

◆ 미, 한국에 병력증가, 예비역 재소집을 결정.

◆ 맥아더원수, 전 병력에게 소련·중국 영토에 넘어들지 말라고 경고.

◆ 미, 중공에 석유수출 금지.

7월 8일 (토) 비

◇ UN 안보리결의에 의하여 트루먼대통령, 맥아더원수를 駐韓 UN군 총사령관에 임명.

◇ 미군, 적 탱크대의 맹공격으로 天安에서 철수.

◇ 적 새벽에 天安돌입.

◇ 적 2개 사단, 原州에 집결

◇ 미 해군 해안포격 계속.

◇ 미 공군 계속 각지 공격.

◇ B29편대, 高城·興南 사이의 군사시설, 元山 해군기지 興南 질소공장 맹폭

◇ 전과, 적 탱크 17대 파괴.

◇ 陰城지구에서 1개 대대를 섬멸.

◇ 북한정권, 한국남침지역에 토지개혁 공포.

◆ UN旗의 사용은 한국에 국한.

◆ 미군 고사포부대 2개 대대 극동에 파견예정.

7월 9일 (일) 비·흐림

◇ UN군 전투 배치완료.

◇ 미군 기갑부대, 天安 주변의 전선에 진격 중.

◇ 적, 天安을 점령 후 大田으로 주력이동.

◇ 극동 공군, 8일부터 적의 전선 후방의 주요 시설 폭파.

◇ 현재 天安지구에서 적군과 아군 격전 중.

◇ 陰城·忠州지구에서 압도적으로 우세한 적과 한·미 양군이 대치.

◇ 적, 鎭川점령.

◇ 한국 전역에 계엄령.

◆ 9일 현재, UN의 한국원조를 지지하는 국가는 50개국.

◆ 인도, UN결정 지지를 표명.

◆ 미, 對韓 무기수송 순조롭게 진행.

◆ 소련, 한국전란은 영·프·미 등의 계획적 침략이라고 비난.

7월 10일 (월) 맑음

◇ 적, 9일 全義통과, 天安~全義 사이에 적 탱크 다수와 밀집부대 남하중.

◇ 鎭川 재탈환.

◇ 忠州지구의 적, 국군과 대치. 적 陰城을 점령.

◇ 적, 原州로부터 堤川에 진격.

◇ 적 丹陽 침입.

◇ 적, 한국 서부지역을 맹공격, 全義－水原－忠州에 이르는 교통선 공격.

◇ B29·B26, 天安·平澤·水原지구의 적 군사목표 폭격.

◇ 현재까지 적의 손해, 전차 65대·트럭 190대.

◇ 개전 이래 미군의 손해, 전사 27·사상자94·행방불명245.

◆ 미, 對전차 新병기인 바주카포를 한국에 급송.

◆ 프, 극동 해군에게 한국수역의 UN군과 협력, 작전에 임할 것을 명령.

7월 11일 (화) 맑음

◇ UN군, 鳥致院·公州지역 확보.

◇ 忠州·丹陽탈환.

◇ 적의 전선병력, 약 15개 사단, 탱크 170대.

◇ 적, 전선일부에서 후퇴.

◇ 호주공군, 大田 북방 90km 長湖院 폭격.

◇ B29, 忠州 북방 原州·鎭川 등을 폭격.

◇ B26, 鳥致院·鎭川을 공격.

- ◆ 맥아더원수, UN에 UN旗 요청.
- ◆ 영국 항공모함 1척 한국수역으로 가기위해 싱가폴항 출항.

7월 12일 (수) 흐림·비

- ◇ 鳥致院 전방 錦江橋 파괴.
- ◇ 적, 洪城점령.
- ◇ 大田지구의 UN군, 錦江 남안에서 전략적 후퇴.
- ◇ 전 전선에 걸쳐 적과의 접촉 소강 상태에 들어감.
- ◇ 호주 공군 무스탕전투기, 후방의 모든 작전지역의 군사목표를 폭격－탱크6 트럭6, 야포 견인트럭1대 폭파.
- ◇ 미 B29, 2기 상실됨을 발표.
- ◇ 적, 平海점령.
- ◆ 미 전자병기 수송 중.
- ◆ 캐나다함대, 한국수역에서 작전 위해 출발.
- ◆ 애치슨 미 국무장관 UN의 한국원조결의안 지지국 53개국으로 증가함을 발표.

7월 13일 (목) 흐림·비

- ◇ 在韓 UN 지상군사령관에 워커중장임명.
- ◇ UN군 錦江 남안에서 철수하지 않음, 그 배후에서 적의 게릴라부대 활동. UN군 증원부대 전선으로 급행중.
- ◇ 적, 淸州점령.
- ◇ 소수의 적군이 錦江을 도하.
- ◇ 미·호 공군은 220회 출격 감행.
- ◇ B29 50대, 한국의 모든 군사시설에 500톤 투하.
- ◆ UN, 포로학살에 대비하여 적십자 감시단 설치.
- ◆ UN기, 맥아더사령부에 처음으로 게양.
- ◆ 적을 지휘하는 소련장교 200명, 서울에서 활동설(런던 UP).

7월 14일 (금) 흐림

◇ 워커사령관 전선시찰.

◇ 적 제6사단 치명상. 적 제1·제15·제5사단, 중부전선 우측에서 남하.

◇ 公州 부근에 포진한 미 제34연대, 전선에서 결전.

◇ 咸昌·安東에 진출한 적, 醴泉을 향해 남진 중.

◇ 미 해군, 동해안 군사시설 포격, 三陟~蔚珍 사이의 시설도 포격.

◇ 미 해군은 주로 동해안, 영 해군은 서해안을 담당.

◇ 영국함대, 이미 한국 서해안에서 작전에 가담, 仁川 부근에서 적 연안을 포격.

◇ UN군, 적과 20대 1의 열세에도 용감히 전투.

◇ 국군 延豊을 탈환.

◇ 육군본부, 大邱에 이동.

◆ 리총장, UN 가입국에 對韓 지상부대 파견을 요청.

◆ 미 해병대 수천명, 한국으로 출발.

7월 15일 (토) 흐림

◇ 병력불명의 적 부대가 錦江 남안의 교두보를 확보, 전투계속.

◇ 4천명의 적이 대포 엄호 아래 錦江을 야간도하 기도.

◇ 강을 건너려는 적군을 남안에 도달하기 전에 격퇴.

◇ 또 다른 적군이 오전 8시 錦江 전선의 중앙부에서 공격개시.

◇ 적의 배 5척이 渡江을 기도했으나 미군의 반격으로 실패.

◇ 미군복장을 한 적군, 미군진지에 침투.

◇ 白性郁내무장관 사임, 후임에 趙炳玉씨 임명.

◆ 미국의 의용항공대인 F51부대 한국에 출동.

◆ 미 제1해병, 한국에 증원위해 미국을 출발.

◆ 영국정부가 영국은 한국문제를 제일주의로 하기 때문에 중공정부를 UN에 가맹시키기 위한 노력을 중지한다고 발표.

7월 16일 (일) 흐림·맑음

◇ 미군, 錦江 방어선 붕괴로 후퇴.

◇ 국군 제 21연대, 미군이 방어하는 醴泉지역에서 數적으로 우수한 적에 대하여 공격.

◇ 盈德 부근의 동해안에서 적은 해상·지상의 2중 포위작전을 기도했으나 실패.

◇ 적, 聞慶점령.

◇ 호주 공군, 錦江유역의 적 공격.

◇ 미 국방성 대변인, 적 탱크 149대 파괴했음을 발표.

◇ 정부, 大田에서 大邱로 이전.

◇ UN旗, 在韓 UN사령관인 워커중장에게 전달.

7월 17일 (월) 흐림·맑음

◇ 미군, 적의 포위를 피하기 위해 大田을 포기.

◇ 적, 英陽에 침입.

◇ UN공군, 연 230기 이상 출격.

◇ 적의 제트기, 淸州방면 상공에 출현.

◇ 적, 錦江 하류를 도하해 江景·論山에 침입.

7월 18일 (화) 맑음

◇ 적 진격속도 급속 약화.

◇ 미 국무성, 국적 불명의 잠수함이 일본·대만 수역에 출몰함을 발표.

◇ 미 증원군 제1기갑사단, 浦項상륙에 성공, 교두보 구축.

◇ UN 해군부대, 동해안의 도로시설에 계속 대타격.

◇ 적 공군 활동 없음.

◆ UN 가맹국 중 20개국 대표, 워싱턴에서 한국출병에 관해 회담.

◆ 미군 당국, 북한군에 소련 군사고문의 배치를 확인.

7월 19일 (수) 비·흐림

◇ 적, 裡里점령.

◇ UN 해군, 동해안의 적 군사시설에 계속 포격.

◇ UN 공군, 적의 각종 비행기 78대 격파, 공군 개전 이래 최대전과.

◇ UN 공군의 전과―탱크21・트럭143・각종 차량12・화물차13 ・건물6 등 파괴.

◇ 개전 이래 18일까지 미군의 손해―전사78・중상114・경상52・행방불명65.

◇ 적 일부 醴泉에 침입.

◇ 적, 盈德 점령.

◇ 東飛嶺里에서 적 1개 연대 섬멸.

◇ 미 제1해병사단장에 스미스소장 임명.

7월 20일 (목) 흐림・비

◇ UN군, 大田비행장에서 새로운 로켓포로 적 전차 7대 파괴.

◇ 적, 全州점령.

◇ UN 공군, 平壤・元山・連浦 등 맹폭격. UN함재기, 적 군사시설 맹폭격.

◇ 서울―仁川 간의 철도폭파.

◇ 맥아더원수, 한국의 평화회복 및 주권확립 때까지 계속 주둔 보호한다고 성
  명발표.

◇ 새 화폐 천원권, 백원권 발행.

◆ 미 국무성 對韓 백서 발표.

◆ 미, 중공에 수출금지조치.

7월 21일 (금) 흐림・비

◇ 국군, 醴泉 탈환.

◇ 미 제24사단, 大田 방어선에서 후퇴.

◇ 大田 후퇴 뒤에 전투의 양상은 도로와 철도 쟁탈전.

◇ 현재 전선, 金堤―裡里―論山―大田―淸州―醴泉―榮州.

◇ 미군 당국자, 한국에서 원자탄 사용은 지리적・군사적 견지에서 부적당하다
  고 언명.

- ◆ 미, 예비역 해병대원에 현역복귀령.
- ◆ 트루먼대통령, 한국에대한 공산주의자의 침범은 미국의 안전과 세계평화에 대한 중대한 위협이라고 강조.

7월 22일 (토) 비

- ◇ 딘소장, 大田지구에서 20일 이후 행방불명이라고 보도.
- ◇ UN해군 盈德을 포격, 국군 오후에 盈德 탈환.
- ◇ 국군 해병대, 南原으로 진격.
- ◇ 비상시 향토방위령 공포.
- ◇ 전라도에 계엄령 선포.
- ◆ 프랑스 군함 UN함대에 가담키 위해 사이공을 출항.

7월 23일 (일) 흐림·맑음

- ◇ 적, 光州 점령.
- ◇ 大田~永同지구에서 격전.
- ◇ 미 제1기갑사단, 大田전선에서 적탱크부대 병력 6천을 분쇄.
- ◇ 적, 群山~光州지구에서 계속 남진.
- ◇ 적 기갑부대, 順天 부근 진출.
- ◇ B29편대, 平壤 폭격.
- ◇ 제5공군의 B26 경폭격기대, 堤川지구 폭격. 이날의 전과—전차10·트럭27· 차량22·화물차37·기관차1·창고5 등 파괴.
- ◇ 적, 汶川에 침입.
- ◆ 맥아더원수, UN안보리에 한국전쟁 상황보고.

7월 24일 (월) 맑음

- ◇ 적 大田지구 群山·光州지구에 병력증강.
- ◇ 적이 永同지구 주요 도로 제압, 이 지역의 적 공격 개전 이래 최대 최강.
- ◇ 적, 木浦에 침입.

- B29, 公州지구 조차장 폭격.
- UN 韓國위원회장, 자유수호를 위하여 침략배제에 공동투쟁할 것을 역설.
- 인도, 한국문제를 해결하기 위하여 새로운 조정공작을 개시.

7월 25일 (화) 맑음

- 永同 북서쪽 12Km 진지, 미 제1기갑사단 확보 중.
- 전선에 출동 중인 적 사단은 제1, 2, 3, 7, 8, 15사단 외 제5사단의 일부.
- 미·영 연합함대의 함재기, 光州지구의 적 전선 목표 공격.
- 역사상 초유의 제트기 야간작전.
- UN군 총사령부 東京에 정식 설치.
- 터어키·영, 한국에 지상군 파견 결정.

7월 26일 (수) 맑음

- 적, 南原에 침입.
- 미 제1기갑사단, 永同·榮州에서 철수.
- 적, 麗水 점령.
- 미 해병대, 釜山 방어를 담당.
- B29, 原州·忠州 북방 新場里 폭격.
- UN 사무총장, UN군의 성공만이 3차대전 방지책이라고 언명.
- 유고, 적의 침략제재에 처음으로 찬성 표명.

7월 27일 (목) 맑음·흐림

- 적 병력 총수 15만, 전선충돌 8만 8천.
- 竹嶺터널에서 아군 폭격으로 적 4천 전멸.
- 적, 河東 점령.
- 적 3개 사단, 永同 동쪽에서 대공세.
- 맥아더원수, 재차 내한. 한국에서 작전 중인 제8군 사령관 워커중장 및 미 제5 공군사령관 패트리지소장과 요담.

◇ 蔡秉德소장, 河東에서 전사.

◇ 제8회 임시국회에서 李대통령, 거국적 국민 일치로 국난극복하라고 훈시.

◇ 계엄 하에서 군사재판에 관한 특별조치령, 징발에 관한 특별조치령 공포.

◆ 트루먼대통령, 12억 달러의 군사원조안에 서명 후 세계 자유국가의 안전보
장과 對美 침략 불허를 선언.

◆ 미 국무성 대변인, 한국 절대 포기 않으며 2주일 이내 전세 호전될 것 이라고.

7월 28일 (금) 비

◇ UN군 永同지구에서 맹반격 개시.

◇ 적 선봉대, 居昌에 침입.

◇ 해군, 서해안에서 적 수송수단 12척 격침.

◇ 李대통령, 戰意고취 유시 발표.

◇ 한·미간 UN군 비용지출에 관한 협정 성립.

7월 29일 (토) 비·흐림

◇ 워커중장, 한 발자국도 후퇴하지 않는다고 제25사단 장교들에게 연설.

◇ 남서쪽 전선의 적, 居昌으로부터 16Km 진출.

◇ 적 盈德 재점령.

◇ 미 제1기갑사단 黃澗 철수.

◇ 적, 전 전선(永同 동쪽~咸昌)에 약 9개 사단 병력을 투입.

◇ 미 공군의 태반, 남서전선의 적을 저지하기 위하여 居昌·安義에 출격.

◇ B29, 平壤·서울·忠州·沙里院 폭격.

◆ 인도, 야전병원 파견 통고.

7월 30일 (일) 비

◇ 국군, 盈德지구 중요 거점 점령.

◇ 미 제1기갑사단, 金泉 남서쪽 13Km의 知禮를 탈환.

◇ 적, 居昌 점령.

◇ 晉州에 적 육박.

◇ 미 제24사단장에 처치소장 임명.

◇ UN 한국위원회 大邱에서 전체 공개회의 개최.

◆ 미 在韓 UN군에 협력치 않는 국가에 대하여 마샬플랜 원조 중지를 결정.

◆ 영 애틀리수상, 적의 남침은 공산주의의 세계적 음모의 일환이라고 연설.

7월 31일 (월) 비·흐림

◇ 적 晉州 점령.

◇ 현재 전선은 晉州 남서, 咸陽의 서쪽 교외, 居昌 동쪽 11Km, 金泉 서쪽 6Km, 咸昌의 북서쪽 6Km, 醴泉의 북쪽 1Km, 盈德 교외에 이르고 있음.

◇ 적, 陜川 점령.

◇ 미·호 공군기 연 3백대, 전지역의 적 군사시설 폭격.

◇ 미 증원군, 제2보병사단·제1해병사단·제5전투부대, 한국 某기지 상륙.

◇ 적 醴泉으로 재침입.

◆ 맥아더원수, 대만 향발.蔣총통과 회담개시.

8월 1일 (화) 흐림·맑음

◇ UN군, 盈德 방면 진지 확보.

◇ 적, 安東을 점령, 洛東江 도하 개시.

◇ 적, 咸昌 점령.

◇ 적, 泗川에 침입.

◇ UN 공군, 연 500기 출격, 興南에 대한 두 번째의 대폭격(폭탄 40여톤 투하).

◇ 최초의 해병대(미 제1해병사단) 남한의 某항구에 도착.

◇ 劉升烈대령, 故 蔡秉德중장 후임으로 慶南지구 계엄사령관에 임명.

◇ 제5열에 대한 최초의 군사재판, 간첩 桂春錫에게 사형언도.

◇ 비상시 향토방위령, 국회승인을 받지 못해 폐기공포.

◆ 맨지스 호주수상, 미 하원에서 전투부대 한국파견을 언명.

8월 2일 (수) 흐림·맑음

◇ 국군 제3사단, 盈德 탈환.

◇ 安東 부근의 적 제7사단은 국군과 대치.

◇ 知禮에서 적 제3사단, UN 제1기갑사단의 일부에 압력 가함.

◇ 적, 尙州 점령.

◇ 적, 金泉·陜川 점령.

◇ 元山製油所는 연일 폭격으로 완전파괴 판명.

◇ 미 해병대, 사용하지 않던 정예무기로 중무장하고 某기지에 상륙 개시.

◇ 소련장교의 적군 지휘설.

◇ 李대통령, 大邱 육군병원 방문하여 위문.

◆ 미 국무성 대변인, 기자회견에서 한국전황 호전, 승리의 기일을 2주일 이내
라고 언명.

◆ 미 원자력 위원회, 수소폭탄 제조공장건설 계약성립을 발표.

◆ 영, 한국에 무관파견 결정.

8월 3일 (목) 맑음

◇ 미 제24사단, 정찰전 실시. 洛東江을 도하한 소수의 적 척후를 격퇴.

◇ 미 제25사단, 晉州 북동쪽지점 점령 내습한 적 4개 대대 격퇴.

◇ UN함대, 晉州 동쪽에서 적의 공격을 격퇴.

◇ 극동공군 및 호주공군은 400여회 출격.

◇ UN 해병대 상륙완료, 24시간 이내에 전투개시.

◇ 제5열 적발을 위해 慶南에 검문소와 특무대 설치.

◆ 일본, UN군에 화물선 5척 제공.

◆ 워싱턴 외교소식통, UN군이 한·만국경까지 진격할 것이라고 관측.

8월 4일 (금) 맑음

◇ 적, 靑松 점령. 仁會洞, 院里, 道老, 九美를 점령.

◇ UN 해군은 盈德 이북 동해안의 적 포진지 포격.

◇ 미 해병대 소속 함재기, 최초로 전투참가.

◇ B26, 仁川폭격, 1만톤급 수송선 격침.

◇ 비상시 향토방위령, 긴급명령 제10호로 공포.

◆ 해리만 특사일행, 맥아더원수와 극동문제를 토의키 위해 워싱턴 출발.

8월 5일 (토) 흐림·비

◇ 적, 軍威·義城·尙州를 점령.

◇ 국군, 咸昌 남동쪽 적 밀집지대에 반격, 적을 격퇴.

◇ UN순양함 2척, 구축함 2척, 仁川군사목표에 대하여 2시간 함포사격.

◇ UN해군, 盈德 북쪽 적을 종일 포격.

◇ UN공군 金浦비행장을 2회 공격, 적 야크전투기 27대 파괴.

◇ 제5공군, 전폭기 400대 출격.

◇ 미 제5공군 B26, 金泉·大田·水源·서울·仁川 등지에 야간 소이탄 공격.

8월 6일 (일) 흐림·맑음

◇ 義城 북쪽에서 국군, 적 1천명 이상 사살.

◇ UN 공군 530회 출격.

◇ UN 한국위원회, 釜山에서 전체 공개회의.

◆ 리총장, 한국에 대한 UN의 조처는 부득이하며 정당한 것이라고 발표.

◆ 리 총장, 모든 UN 가맹국가는 한국 원조의무 있다고.

◆ 모로토프 소련 부수상, 北京에서 중공수뇌부와 중공의 한국전선 참가문제를 토의 중이라는 説.

◆ 호주 구축함, 한국으로 출발.

8월 7일 (월) 비·흐림

◇ 盈德전선은 변동 없음.

◇ 적, 金泉 통과.

◇ 적, 釜谷里에서 洛東江 도하.

◇ 북쪽지구에서 도하한 적 100명 섬멸.

◇ 국군, 陽地洞 부근의 적 공격 격퇴.

◇ 국군, 북방지구 격렬한 정찰전.

◇ UN 해병대, 첫 작전참가.

◇ UN군 및 국군, 오전 6시 30분을 기해 개전 이래 최대의 공격개시.

◇ 12시 현재, 공군 엄호 하에 UN해병대 馬山 서부지역 공격 중.

◇ 仁川부근, 적 군사시설을 함포사격.

◇ B26 4대 鳥致院 철교폭격.

◇ B26 晋州·泗川·光州·大田·全州폭격.

◇ 제5공군 전투기, 平壤비행장의 적기 6대·麗水항구의 수송선 1척·트럭 7·
  창고2 파괴.

◇ 申·趙 두 장관, 필승의 신념 가시라고 공무원에 훈시.

◇ 해리만 특사 내한, 李대통령 및 미군수뇌부와 모처에서 회담.

◆ 호주 수상 맨지스, 호주국민은 UN 군사사업을 지지한다고 연설.

◆ 캐나다, 한국에 파견할 여단에 로킹감 준장을 여단장에 임명.

8월 8일 (화) 비·흐림

◇ 盈德지구는 변동 없음.

◇ 적의 공격으로 국군 제8사단, 安東 남쪽으로 후퇴.

◇ 국군 제2사단·미군 제1기갑사단, 적과 격전 중.

◇ 미 제24사단은 靈山 서쪽, 洛東江 남안에서 적 격파 중.

◇ UN군 固城지구에서 적을 기습, 포로 200명.

◇ B26 晋州 폭격.

◇ 적, 폭격을 피하고자 밀집부대 안에 부녀자들을 混入시킴.

◆ 필리핀, 韓國 파병을 만장일치로 가결.

8월 9일 (수) 흐림·비

◇ 적 제5사단, 盈德 점령.

◇ 국군 제1사단, 倭館지구의 도하 적군에 반격.

◇ UN 보병대, 大邱 남서 40Km지점의 돌출고지를 탈환.

◇ 국군 3887부대, 龍基洞에서 대전과를 올림.

◇ 개전 이래의 공군전과—적기 106대 격추, 아군 36대 손실.

◇ UN군, 적의 저항을 뚫고 晋州까지 11Km 진격.

◇ B26, F82, 錦山·堤川·麗水·光州·大田·群山의 적 보급차량을 야간 폭격.

◇ B29, 興南·永興지구의 통신망 폭격.

◇ 제5공군 전투기대, 倭館의 아군 엄호.

◇ 趙내무, 기자회견에서 정부 천도 않는다고 언명.

◆ 로무로 UN총회 의장, UN 특별총회 소집하고 한국문제 토의하자고 제안.

8월 10일 (목) 맑음

◇ 미 제24사단, 적 교두보 진지를 공격, 오전 9시 현재 적이 洛東江으로 부터 후퇴개시.

◇ 미 제7기갑연대, 倭館 남동쪽의 강력한 적을 격퇴. 이로써 적의 大邱지구 洛東江 교두보 완전 궤멸.

◇ 국군 제1372부대, 城谷洞에서 교전 중.

◇ 14시 晋州탈환.

◇ 미 해병대, 16Km 전진. 선두부대 固城도달.

◇ 국군 제8562부대, 261고지 완전 탈환.

◇ B29, 元山 제유공장 및 중요 철교폭파.

◇ 맥아더사령부 대변인, 적이 소련제 120mm박격포 사용한다고 발표.

◇ 李부통령, 합심하여 침략자를 격퇴하자고 특별담화.

◇ 제8군 사령관, 국군 제17연대에 표창장 수여.

◇ 워커중장, 교통직원의 직책완수에 감사장.

◆ UN안보리, 한국 및 북한대표 출석문제 토의.

◆ 트루먼대통령, 한국전란 낙관한다고 기자회견.

8월 11일 (금) 맑음

◇ 국군 제8562부대, 斗易洞에서 적 섬멸.

◇ 浦項에서 시가전 전개 중.

◇ 浦項비행장에서 전투 중.

◇ 국군 제8106부대, 杞溪방면의 적 주력을 공격.

◇ 국군 제2군단 특공대, 적 전차 3대 격파.

◇ 국군 제5479부대, 月湖洞・反浦洞에서 적 주력 분쇄.

◇ 미 제25사단과 국군 해병대, 馬山・咸安지구의 적 제6사단 맹공격, 적 사단
장과 연대장 각 1명 사살.

◇ 미 해병대 제1여단, 固城탈환.

◇ 극동공군 B29, 平壤 및 咸南 동해안의 철교폭파.

◇ 東京에 피난깄던 ECA직원들 나시 내한.

◇ 북한군 서울에서 10만명 강제모집(모스크바방송).

◇ 비상 향토방위령 세칙 공포.

◇ 공보처, 피난민 수용 임시조법 및 징발 특별조치령 발표.

◆ 소련, UN에 북한대표를 초청하지 않으면 한국대표 초청도 거부한다고 주장.

◆ 일본, 對공산진영 물자수출 금지.

8월 12일 (토) 흐림

◇ 적, 浦項에 침입.

◇ 국군 9861부대, 桃李院 북방 10Km의 적 대대 섬멸.

◇ 미 제1기갑사단, 大邱 남서쪽 22Km의 도하부대 공격.

◇ UN 정예부대, 퍼-싱전차를 선두로 낙동강 굴곡지점에서 새로이 공격.

◇ 국군 紫陽面 雲佳山에서 공군과 협동작전(전차2・탄약수송차2 파괴・포로3)

◇ 국군 제1유격대, 434고지・564고지 확보, 남하적군 섬멸 중.

◇ 국군 醴川洞・星洞에서 적 격파(사살200, 포로12).

◇ 적 玄風점령.

◇ 적 固城점령.

◆ 리 UN 사무총장 한국전쟁 평화 해결될 전망없다고 담화.

8월 13일 (일) 흐림

◇ 국군 제3사단, 盈德에서 적을 격퇴.

◇ UN 3개 부대, 昌寧 교두보진지 부근에서 적 2개 대대 소탕.

◇ UN 제24사단, 도하부대를 공격, 사살125, 포로13.

◇ 국군 6185부대, 新基洞에서 적 주력격멸(사살 530, 포로1 등).

◇ 국군 7908부대, 杞溪 방면서 교전.

◇ 국군 8106부대, 安東 방면서 교전.

◇ 적, 軍威점령.

◇ UN 77기동부대 함재기, 최초로 11인치 로케트포를 사용해 공격.

◆ 서울방송국 공습, 화재발생.

◆ 미 지중해함대 한국으로 급행 중.

◆ 濠州 공군사령관, 在韓 호주 공군 시찰차 일본 도착.

8월 14일 (월) 비·흐림

◇ 미 장갑부대, 浦項지구에서 교전 중.

◇ 국군 1372부대, 富谷洞서 교전.

◇ 국군 5479부대, 300고지에서 적 30명 사살.

◇ 국군 5368부대, 立岩里에서 격전 중.

◇ UN군, 昌寧 교두보 진지의 적을 격파 2.4Km진출.

◇ UN 24사단, 洛東江의 적 격파 90m 진격.

◇ 제1기갑사단, 도하하는 적을 공격 1000여명 사살.

◇ UN군 순양함 1척, 41도 이북까지 진출, 함포사격.

◇ 제5공군의 폭격기, 醴泉·麗水·南原 등 공격.

◇ B29, 서울·順天·水源 등 15개 도시 야간 공습.

◇ 워커중장 국군 제1, 제2군단 사령부 방문.

◇ 趙내무장관 일선 국군용사 위문.

◇ ECA 駐韓사절단장 번즈박사 내한.

◇ UN 경제사회이사회, 한국 피난민 구제 결의.

◇ UN 안보리의 인도대표, 한국문제 해결 위해 비상임이사국 위원회 설치 제의.

8월 15일 (화) 흐림·비

◇ UN군 포병대, 大邱 남서쪽 20마일 洛東江 東岸, 적의 新교두보 진지(3개 대대에 맹포격).

◇ 적, 倭館 점령.

◇ 해군 초계선, 仁川에 접근 중인 적의 정크 9척 격침.

◇ UN 해군 육전대, 清津부근 상륙 후 터널 폭파하고 귀환.

◇ 공군 F80·F51, 大邱 북방에 침입한 적 전차대 공격(전차7·트럭42·기관차 1·화차2·포13 파괴).

◇ B26, 晋州 북방, 大田·金泉 사이 적 부대 폭격.

◇ 7월 21일 이후 처음으로 적 전투기 1대가 B29에 도전.

◇ UN 함재기, 泗川 부근에서 도로 봉쇄.

◇ UN 공군 倭館지구의 적을 공격.

◇ 金活蘭박사, 새 공보처장에 임명.

◇ 건국 2주년 기념식(大邱).

◇ 국난극복 총궐기대회(釜山).

◆ 미, UN 경제사회 이사회의 對韓 구제안에 환영태도 표명.

8월 16일 (수) 흐림·비

◇ 제17연대 浦項지구에서 1마일 진격.

◇ UN 제1기갑사단, 大邱 북서쪽, 洛東江의 적 200을 격퇴.

◇ 적, 미군 포로 26명을 학살.

◇ B29·99기, 倭館지구의 적에게 폭탄 850톤 투하(2차대전 이후 최대).

◆ UN 세계보건기구(WHO) 서부 태평양 사무소 홍콩에 설치(한국도 관할지구에 포함됨)

◆ 태국의 한국 파병신청 UN 수락.

8월 17일 (목) 맑음

◇ 수도사단, 동해지구에서 진격 중.

◇ 倭館지구의 폭격받은 적(4~6만) 재편성 중.

◇ 제1사단, 공군 지원받아 倭館 북동쪽 기지 탈환.

◇ 미 제24사단, 靈山지구의 적 교두보진지 격파.

◇ 미군 倭館탈환.

◇ 적 4개 사단이 국군 제1, 제6사단에 맹공격 개시.

◇ 적, 統營에 침입.

◇ 해군, 남해안에서 적 선박 2척 격침, 4척 포획.

◇ UN 제77기동부대의 전투기대, 淸津·元山지구에 소이탄공격(개전 이래 최
   대전과).

◇ 적, 징발한 소년에게 딱총을 들려 최전선에 배열하고 뒤에서 督戰.

◆ 맥아더사령관, UN 안보리에 전황보고 병력 요청.

◆ 필리핀의 한국파병, UN 수락.

8월 18일 (금) 맑음

◇ 제1군단, 浦項과 杞溪 완전탈환.

◇ 17일 공격개시한 적 4개사단, 大邱 북방에 도달. 시민 소개령.

◇ 大邱 북방의 적, 국군 제1사단과 미 제27연대가 저지.

◇ 미 제24사단·미 제1해병여단, 昌寧교두보에서 적 격퇴 중.

◇ 제1사단, 大邱, 軍威간 중요 도로 4Km 전진, 金華洞 점령.

◇ 미 국방성, 적의 압력이 모든 전선에서 감소 중임을 발표.

◇　해병대, 統營에 침입한 적 주력을 섬멸(적 사살350·포로37. 아군피해:부상 17).

◇　해군, 德積島 상륙.

◇　B29, 38선 이북의 교량 10개 파괴.

◇　정부, 작전상 釜山 천도.

◆　UN 리총장 특사 카진씨, 한국 이재민 구조기관을 UN군 사령부 관하에 설치 언명.

◆　맥아더사령부에 150만의 한국이재민 원조기구 설치.

◆　미 해병대 당국, 해병대 5만명 증파 예정임을 발표.

8월 19일 (토) 맑음

◇　李正一대령 휘하부대, 浦項지구 적 주력을 완진분쇄(전과 : 적사살 1,245·포로17. 아군피해전사92·부상161).

◇　제3사단, 盈德에서 철수 완료.

◇　美 제24사단, 昌寧에서 작전완료.

◇　8127부대, 549고지에서 적을 격멸.

◇　3887부대, 桑洞·여산洞에서 적과 교전.

◇　제1유격대, 694고지·소송洞·元基洞 완전점령.

◇　8352부대, 架岩山지구에서 적 격파 (적 사살 315·포로19 등).

◇　미 제25사단 전면에 적 집결 중.

◇　B29 60대, 淸津조차장·三菱제철회사에 폭탄 550톤 투하.

◇　미 공군 수송기, 개전 이래 일본으로 부터 한국에 1천만 파운드의 군수품과 6천명 수송.

◆　미 국방성, 개전 이래 적 사상자 5만·국군사상자 3만7천이라고 발표.

8월 20일 (일) 맑음

◇　국군 浦項에서 26Km전진, 적 3천명 분쇄(개전 이래 최대의 승리).

◇　咸炳善부대, 義城 남쪽·昌寧에서 적 1개 연대 섬멸하고 사단장 사살.

◇ 적, 南海島 점령.

◇ 영국 해병대, 仁川 八尾島 상륙 후 라디오 중계소 파괴.

◇ 해병대 統營 점령, 固城으로 진격.

◇ B29, 서울·咸興의 조차장 폭격.

◇ B26·F28전투기, 大田·淸州·水原·光州·仁川·居昌 등에 야간공습.

◇ 미 하원의원들 한국 전황시찰.

◇ 미·영·호 3국, 소련의 전쟁포로 미반환 문제를 9월 UN총회에서 고려토록
리총장에게 편지.

◆ 맥아더원수, 金日成에 대하여 북한의 잔학행위에 관한 중대경고를 라디오와
삐라로 발표.

◆ 張勉대사, 북한 신탁통치설 반박.

8월 21일 (월) 맑음

◇ 국군, 浦項지구에서 서서히 진격중.

◇ 9816부대, 적의 공격을 물리치고 대치중.

◇ 미 제1기갑사단, 전투는 전초전 정도에 그침.

◇ 昌寧지구 평온.

◇ 5816부대, 倭舘 북쪽 3마일 지점의 고지 점령.

◇ 2905부대에 북한군 포병연대장 鄭奉郁중좌 귀순.

◇ 해병대 仁川 남서쪽 45마일의 於島, 25마일의 仙甲島 탈환.

◇ 해병대 伊作島 탈환.

◇ 징발보상령 공포

◇ 趙내무, 崔재무, 張체신 3장관 동해지구의 국군위문.

◆ UN 안보리 비공식 비밀회의 개최, 남북한대표 초청하자는 마리크제안 거부.

◆ 對韓 경제원조 위해 東京에 ECA기금(1천만 달러)설치.

8월 22일 (화) 흐림·비

◇ 국군 浦項 북방 28Km지점에 진출.

◇ 수도방위사단, 杞溪 북쪽과 동쪽에서 계속 전진.
◇ 국군, 전차 9대에 엄호된 적 1개 대대의 공격을 격퇴 전차 3대 격파.
◇ 국군 倭舘 북동쪽에 진출.
◇ 공군, 550기 이상 출동.
◇ 극동공군 B29 70대, 북한 군사시설에 500파운드 폭탄 700톤 투하.
◇ 극동공군사령관 스트라트 메이어중장·공군참모차장 워스중장, 한국 전선시찰차 내한.
◇ 콜린즈 미 육군참모총장 전선시찰.
◇ 셔먼 미 해군작전부장, 내한, 워커중장과 회견.
◇ 병역법 58조에 의거 국민병 소집단행.

8월 23일 (수) 흐림·비

◇ 국군 수도방위사단, 적을 북쪽으로 격퇴.
◇ 大邱 북쪽의 적, 동쪽으로 일부 이동.
◇ 倭舘 북서쪽의 적, 완전 격퇴.
◇ UN 구축함, 清津에 함포사격.
◇ 처칠씨 슈息, 영국신문 특파원으로 내한.
◇ 딘소장, 大田 후퇴 때 옆구리에 적의 총탄을 맞은 후 刺殺되었다고 미 국방성 발표 (포로의 진술).

8월 24일 (목) 맑음

◇ 미 해병대와 미 제24사단, 昌寧의 적 교두보 말살.
◇ UN군·국군, 후방침입 적을 북서쪽으로 격퇴 중.
◇ 大邱, 북·서쪽의 적 총퇴각.
◇ 미 제1기갑사단, 적의 저항없이 洛東江 도하.
◇ 적, UN 제25사단에 미약한 공격 가함.
◇ UN 순양함 1척, 浦項·城津지구 포격.
◇ B29, 興南 화학공장에 폭탄 250톤 투하.

◇ 국무회의, 피난민 구호 5대 원칙 결정.

◇ 처칠씨 休息, 洛東江 도하 때 오른쪽 다리에 파편 맞음.

◆ 셔만 미 해군작전부장, 미 해병대의 지상항공 증원대가 한국으로 가고 있다고
  東京에서 기자회견.

◆ 콜린즈 미 육군참모총장, 한국군에 더 많은 무기공급이 필요하다고 일본에서
  기자회견.

◆ 미 하원 세출위원회, 한국전쟁 승리 후의 공산군 침략에 대처하여 167억 달
  러의 군사비 가결.

8월 25일 (금) 맑음

◇ 국군·UN군 공격개시, 적 30대의 탱크로 반격.

◇ UN군·국군, 大邱 북쪽에 침투한 적 계속 소탕.

◇ 적, 河陽 부근에 대규모로 집결.

◇ 미 제2사단, 大邱 남서쪽 16마일지점 적 1개 대대 완전포위.

◇ 城津에 함포사격.

◇ 연 600기 출격, 개전 이래 최고기록.

◇ B29, 興南 화학공장지대에 폭탄 600톤 투하.

◇ 미 국방성, 북한이 공업시설을 滿洲로 철거했다고 발표.

◇ 南勞黨 특수사건 전모 발표, 金濟泰 국회의원도 관련.

◆ 미 극동사령부에 병참사령부 신설하고 위이불 소장을 사령관에 임명.

◆ 영국군 2개 대대, 홍콩에서 한국으로 출발.

8월 26일 (토) 흐림

◇ 적, 大邱 공략하려다 실패, 군대 재편성 중.

◇ 국군, 浦項·杞溪지구 공격하던 적을 격퇴.

◇ 국군 제1연대, 大邱 북쪽에서 1.5Km 진격.

◇ 미 제25사단, 馬山 방면의 UN군을 3면 공격하던 적 격퇴.

◇ B29, 중·북부지방의 주요 철도 및 吉州 조차장 폭격.

◆ 미 국무성, 소련이 북한에 무기원조 사실이 적 포로에 의해 증명됐다고 발표.

◆ 미군 당국, 韓·滿 국경에 집결한 중공군 국경 넘어 남하할 가능성 없다고
말함.

8월 27일 (일) 흐림

◇ 적, 대부분의 전선에서 소규모 정찰공격만 계속.

◇ 적, 義興 점령.

◇ 한국 해군, 瑞山 근해에서 적 4명 사살.

◇ UN 한국위원회, 鎭海·馬山에서 제3회 공개회의.

8월 28일 (월) 맑음

◇ 국군 제2613부대, 浦項 북쪽으로 5~6Km 전진.

◇ 국군 해병 수색대, 固城 북서쪽에 상륙.

◇ 극동공군 폭격기 550대 출격, 적 기지에 폭탄 500톤 투하.

◇ B29, 城津 철강공장에 폭탄 350톤 투하.

◇ 호주공군·제5공군·미 해병대 소속기 250대 출격, 平壤 비행장 등 공격.

◆ 호주수상, 한국전쟁의 승리만이 세계 민주국가들의 번영을 가져올 것이라고
연설.

◇ 미 국무성, 한국원조를 신청해온 UN 28개 국가와 그 내용 발표.

8월 29일 (화) 맑음

◇ 국군, 浦項 북쪽 杞溪 탈환.

◇ 釜谷里·漆峴里·豆谷里에서 적 渡河 기도.

◇ UN 해군, 浦項 북쪽에서 종일 함포사격.

◇ 한국 해군, 적을 가득 태운 발동선 2척 남해상에서 격침.

◇ UN 공군 연 522대 출격, 전차 13대 파괴.

◇ 영 해병대 2,500명 한국도착.

◇ 피난민 구호 중앙위원회 구성, 가설 수용소도 설치.

◆ UN 안보리, 한국문제 토의 재개.

8월 30일 (수) 맑음

◇ 적 제5·제12사단, 杞溪 재점령.

◇ 미 국방성, 적군이 浦項지구에 3만 5천 병력을 투입 중임을 밝힘.

◇ 국군 9861부대, 新寧 북방 UN진지에 침투한 적과 교전중.

◇ 미 제2·제25사단지구에 적 정찰대 공격.

◇ 아군 杞溪 동쪽에서 로케트탄으로 적 500사살.

◇ UN 제77기동부대 함재기, 鎭南浦 대공습.

◇ 白문교장관, 학교 임시운영조치 대책 발표.

◇ 미 국방장관, 공산군의 한국침공은 모든 자유국가 정복 의도의 일환이라고 언명.

◆ 미 애치슨국무장관, 미국은 중공이 한국전란 참가 방지 노력 중이라고 기자 회견.

8월 31일 (목) 흐림

◇ 국군, 浦項지구에서 적을 완전 격퇴하고 3Km 전진.

◇ 적, 杞溪방면 맹공격.

◇ 국군, 義興지구에서 격전 중.

◇ 적 3개 사단, 馬山지구에서 전면 공격 개시.

◇ B26, 金泉의 적 사령부 폭격.

◇ B29, 鎭南浦 화학공장·정련소·조차장에 폭탄 600여톤 투하.

◇ 趙내무장관, 피난민 위문 차 永川 시찰.

◆ 한국파견 호주군 제1차 부대, 일본 도착.

9월 1일 (금) 흐림

◇ 국군 5479·8127부대, 중부에서 격전중.

◇ 적, 洛東江과 南江 교류점에 공격 계속.

◇ UN군, 咸安 탈환.

◇ 적, 심야에 靈安 침입.

◇ 적, 咸安 재점령.

◇ UN 공군, 咸安 방면 적에 파상공격.

◇ 해군함재기, 平壤·서울·沙里院·新安州·中和·汶山·順安을 맹폭.

◇ 李대통령, 제2국민병 등록에 관해 담화.

◇ 釜山문화회관에서 국회 재개.

◆ 張勉대사, UN에 첫 참석.

◆ 미 국무성·국방성, 한국전쟁 후에도 대만근처에 강력한 육·해·공군 주둔
   을 천명.

◆ 트루먼대통령, 미국의 한국전쟁 개입은 자유·통일 이외 다른 야심이 없음을
   언명.

9월 2일 (토) 맑음

◇ 적, 洛東江 일대에서 총공격 개시.

◇ 국군, 적의 저항 물리치고 전진중.

◇ 미 제2사단, 적의 진출 저지, 적 2개 사단 격멸.

◇ 靈山 재탈환.

◇ 최신식 패튼전차 첫 전선 배치.

◇ 함재기 200기, 미 제25·제2사단과 남한에서 협동작전.

◇ 극동공군 사령관, 37도선 이북의 철도 정지를 언명.

◇ B29, 晉州·居昌·金泉의 물자집적소 폭격.

◇ 국회, UN 안보리와 맥아더원수에게 UN군 총공격을 촉진해달라는 메세지를
   전달하기로 결의.

◆ 맥아더원수, 滿洲에 있는 한국인을 공산군에게 징발 편입시키는 징조가 있다
   고 UN에 3번째 보고.

◆ 그리스, 한국파병 결정을 UN에 전달.

9월 3일 (일) 흐림·비

◇ 적, 야음을 틈타 倭舘 북쪽에서 약간 진출.

◇ 적, 慶州 방면에 침투.

◇ 해군, 浦項·鎭海지구에서 함포사격.

◇ 극동공군·제5공군의 폭격대, 연 600기 출격(개전 이래 최고기록).

◇ 함재기, 馬山 방면에서 지상군 엄호.

◇ 공군, 光州 조차장 공격.

◇ B29, 洛東江 서쪽의 적 시설에 480톤 폭탄 투하.

9월 4일 (월) 흐림·비

◇ 적, 安康 점령.

◇ 국군, 倭舘 동북 24Km지점인 杞溪에서 적과 격전중.

◇ 미 제1기갑사단, 永川·浦項을 넘어 남하하는 적을 倭舘에서 방어중.

◇ 미 해병대, 靈山 서쪽에 전진했다가 후퇴중.

◇ 미 제2사단·미 해병대, 전진 중.

◇ UN 해군·한국해군, 珍島부근의 적 섬멸.

◇ 해군, 浦項·鎭海지구의 적에게 함포사격.

◇ UN 공군, 浦項지구의 지상군 엄호해 적 전차 15대 격파.

◇ UN 공군, 金泉·晋州에 야간 폭격.

◇ 미 공군, 서해안에서 먼저 발포한 소련기 1대 격추.

9월 5일 (화) 비

◇ 국군·UN군, 浦項에서 약간 후퇴.

◇ 미 제1기갑사단, 多富洞 남쪽 3마일지점의 새 진지로 철수.

◇ ECA, 한국원조비 9,634,000달러 할당.

◆ UN의 소련대표, 북한군은 북한제 무기와 노획한 무기로 전투 중이라고 주장.

9월 6일 (수) 흐림·비

◇ 적, 동부전선에 기갑사단 2개와 전차84대를 새로 투입.

◇ 미 제1기갑사단, 大邱에 진출하는 적을 저지.

◇ 국군, 永川에서 동쪽으로 전진 중 慶州를 공격하던 적을 저지.

◇ 적, 6일밤 미 제25사단지구에서 박격포로 공격 개시.

◇ 한국해군, 群山灣에 있는 섬에 상륙.

◇ UN 공군, 동부전선에 연 360기 이상이 집중 공격해 적 전차 41대 격파.

◇ 李대통령, 출전하는 해병대를 격려.

◇ 국회, UN에 파견할 대표결정.

9월 7일 (목) 흐림 · 비

◇ 적, 7일밤 慶州 서쪽에 내습.

◇ 미 제25사단, 咸安지구를 공격하는 적 1개 대대 격퇴.

◇ UN 공군, 연 550대 출격해 전차 41대 파괴.

◇ B29, 淸津 제철공상 폭격.

◇ 공군, 大邱 북쪽 12마일의 적에게 야간공격.

◇ 李대통령, 새 생활운동과 청소문제에 관해 특별담화 발표.

◇ 李瑄根 정훈국장, 국군 행정보급계통의 釜山 이전은 작전상 필요하다고 언명.

◆ 李대통령, 전선시찰.

◆ 소련의 「UN공군 한국폭격 중지」결의안이 UN안보리에서 9대1로 부결.

◇ 북한 외상, UN 안보리 의장과 사무총장에게 폭격중지 재차 요청.

9월 8일 (금) 비

◇ 적, 12개 사단의 총공격이 돌연완화되어 전선은 침묵.

◇ 국군, 永川~慶州 도로확보 중. 적 3,100살상, 포로65.

◇ 제1기갑사단, 倭舘지구 적 보병전차의 공격저지 후 新寧진지 확보.

◇ UN군 馬山시민 도피령.

◇ 한국 해병대, 海州灣 大延坪島 점령.

◇ 한국 해병대, 木浦부근의 섬에 상륙.

◇ 적 총참모장 姜鍵 전사.

◇ 한국 해군, 釜山 피난민을 加德島에 수송.

◇ 제17차 국회 본회의, 9월분 비상경비 예산심의.

◇ 국회, 귀속재산 이외 건물·주택에도 피난민 수용토록 피난민 수용 임시 조치법 개정.

◇ 임시 의료요원 모집공고.

◆ UN 한국위원회, 제5차 총회보고.

◆ 리 UN사무총장, 통일·독립 한국건설을 역설.

◆ 중공, UN의 韓·滿국경조사는 어떠한 형식이든 허락치 않을 것이라고 방송(北京방송).

9월 9일 (토) 비

◇ 국군, 浦項비행장·安東을 공격하는 적을 격퇴.

◇ 靈山지구에 적 집결 중.

◇ UN 해군, 浦項·鎭海지구의 적에 함포사격.

◇ 한국 해군, 서해안 일대에서 적 선박 33척 격침.

◇ 미 함재기, 開城·沙里院·海州의 철도·차량폭격.

◇ 李대통령, 金弘一·金錫源장군 이동에 대해 담화발표.

9월 10일 (일) 흐림·맑음

◇ 국군 제2군단, 永川에서 적 제15사단 섬멸후 15Km 북진해 적 포병 1개 연대 전멸시킴.

◇ 국군 해군함대, 海州근해에서 기뢰설치하려던 적을 분쇄.

◇ 국군 해병대, 大延坪島 완전 점령.

◇ 국군 해군, 木浦부근의 적 선박 9척 격침.

◇ B29, 順川화학공장·탄약공장 폭격.

◇ UN 공군, 大邱방면의 적 공격.

◇ 李대통령, 동부전선 시찰.

◇ 국회, UN의 날(10월 24일)을 공휴일로 결정.

◆ 미상원 외교위원장, 한국전쟁 승리까지 서유럽의 군대증강은 불가피하다고 역설.

9월 11일 (월) 흐림·맑음

◇ 국군·UN군, 浦項지구에서 전차·포병 엄호하에 진격개시.

◇ 국군, 浦項비행장에 침입하던 적 저지(포로 581)

◇ 미 제2사단, 중부전선에서 적 2천섬멸.

◇ 국군, 昌寧진지 공격한 적을 격퇴.

◇ UN공군, 연 683기 출격. 개전 이래 최고 기록.

◇ 국군, 昌寧부근의 적 2천에게 로케트탄 공격.

◇ 국군, 11일 밤 多富洞의 적에 대해 24시간 제압개시.

◇ B29, 鐵原·高原·盈德·平壤의 조차장 폭격.

◇ 제5공군, 적 전차10대 파괴.

◇ 한국파견 제9군단 사령관에 콜터 소장 임명.

◇ 劉載興, 白善燁준 강에게 美 銀星章 수어.

◇ 李대통령, 북한군의 주력분쇄, 전면 공세 준비완료라고 성명발표.

9월 12일 (화) 흐림·맑음

◇ 워커중장, UN군이 주도권 장악했다고 언명.

◇ 적, 大邱 북쪽의 미 제1기갑사단에 맹렬한 포격개시.

◇ UN군, 昌寧 서쪽 6Km지점 점령.

◇ 한국 해군, 적 선박 8척 격침.

◇ 제5공군, 연 452기 출격.

◇ 제5공군, 倭舘·尚州·金泉폭격.

◇ 미 해군 함재기, 연 197대 출격, 平壤~大田간 서해안 일대의 군사목표 공격.

◇ 북한외상 朴憲永, 북한의 중공업이 궤멸됐음을 UN에 보내는 서한에서 인정.

◇ UN 한국위원장에 필리핀대표 웨와노씨 임명.

◆ UNESCO, 한국 원조비로 175,000달러 인가.

9월 13일 (수) 흐림·비

◇ 국군·UN군, 浦項 남서쪽 8Km지점의 진지 탈환.

◇ 국군의 최전선은 永川 동쪽 20Km지점.

◇ 적, 玄風지구에 병력증강 중.

◇ 미 제1기갑사단, 大邱 북쪽의 진지일부 탈환.

◇ UN해군, 仁川에 맹포격.

◇ UN함재기, 서울~인천 방면의 적시설에 소이탄 공격.

◇ 금일, UN군의 전과－살상 1880 •포로 202.

◇ 과거 1주일간의 전과－적 사살 11,142 포로 1,098.

◇ 워커중장, 미 제1기갑사단•제2•제25사단 전선시찰. 곧 공세 취할 것을 언명.

◇ P.A.C사건(요인 암살단)6명에 사형 언도.

◇ 학도의용대, 전선에 재차 출정.

◇ UN 한국수석대표에 林외무장관 임명.

9월 14일 (목) 비 • 흐림

◇ UN군, 계획적 공격재개.

◇ 미군, 새벽에 洛東江 도하 1Km전진.

◇ 국군, 安東 서쪽 8.5Km에서 공격개시.

◇ 미 제1기갑사단, 大邱 북쪽 고지쟁탈전 치열.

◇ UN구축함, 인천 포격 중 적의 육포에 파괴.

◇ UN군, 浦項지구 진지에 포사격.

◇ UN 공군, 연 420기 출격.

◇ 林외무부장관 등 UN 한국대표 일행 뉴욕으로 출발.

◆ UN 한국위원회, UN총회에 제출한 보고서에 통일이 한국의 유일한 목표라고 밝힘.

◆ UN, 벨기에 • 네덜란드의 한국파병 신청을 정식으로 수락.

◆ 콜린즈 미 육군참모총장, 머지않아 한국전선에서의 공세 轉移를 언명.

9월 15일 (금) 비·흐림

◇ UN 해병대, 이른 아침에 仁川상륙, 月尾島 탈취. 오후 5시에 주력공격 개시. 月尾島 상륙은 미제1해병사단. 상륙 주력부대는 제10군단, 상륙 지휘관은 도일 소장, 맥아더원수도 진두지휘. 7개국 군함 262척 참가(미226·영12·캐나다2·호주2·뉴질랜드2·프1·한국15). 상륙작전은·콜린즈 참모총장의 일본방문 때 맥아더원수와 협의·결정한 것.

◇ 국군, 동·서해안 협공작전으로 새벽에 盈德 남쪽 長沙에 상륙.

◇ UN군, 金浦市·金浦비행장 점령.

◇ 미 제25사단, 固城 공격 개시.

◇ UN군, 群山 상륙.

◇ UN공군, 연 412기 출격.

◇ B26, 平壤～大田 야간공격.

◇ 개전 이래 최대의 적 사살·포로 4만 5천명.

◇ 극동공군사령관 스트레이트 메이어중장, 북한의 교통은 정지상태라고 밝힘.

◇ 在日 한국의용군, 미제1기갑사단에 입대.

◇ 朝鮮은행권, 유통금지.

◇ 국토통일 촉진 국민대회 부산에서 개최하고 각국 원수와 UN에 메세지.

9월 16일 (토) 비

◇ 미 전차부대, 仁川 상륙.

◇ 仁川 교두보 부채꼴모양으로 확대, 仁川 동쪽 6Km의 적 제1선 돌파.

◇ 국군 제2사단 3Km진출.

◇ 미 제1기갑사단, 倭舘 남쪽 7Km까지 진출.

◇ 국군, 大邱 전방에서 총공격 개시.

◇ 미 제2사단, 남부전선에서 총공격 개시. 洛東江·南江 부근의 적, 서쪽으로 후퇴 중.

◇ 국군, 統營 상륙.

◇ B29 80대, 元山항 대폭격.

◇ UN함재기, 仁川~서울지구에서 적군을 태운 트럭 280대 중 230대 분쇄.

◇ 극동공군은 남부전선 전역에서 지상군 엄호.

◇ 미 제1군단, 전투참가.

◇ 맥아더원수, 적에게 「항복이냐, 죽음이냐」라는 삐라 3백만장 살포.

◇ 仁川 市政 정상복구.

◇ 慶南지구 계엄사령부, 업무중지.

◆ 러스크 미 국무차관보(극동 사무보좌관), 북한에 외국개입 경고 방송.

9월 17일 (일) 비·흐림

◇ 미 해병대, 오후 8시 金浦비행장 완전 점령, 漢江 서쪽 도달.

◇ 적 투항자 2천여명.

◇ 맥아더사령관, 전선시찰.

◇ UN군, 倭舘 육박.

◇ 永川지구 적 사단장 도망.

◇ 미 제25사단, 固城 탈환.

◇ UN 공군, 제2사단지구에서 도주하는 적 1,500명을 살상.

9월 18일 (월) 흐림

◇ UN 해병대, 서울 북서쪽 漢江에서 진격. 다른 해병대는 京仁가도로 전진.

◇ 大邱 서쪽 전선, 소강상태

◇ 미 제2사단 일부, 洛東江 도하, 陜川으로 출발.

◇ UN 공군, 馬山~晋州전선의 적에게 집중공격.

◇ 각 도지사·경찰국장 회의(행정복구 위한 토의).

◇ 국회, 私刑금지법 가결.

◆ 오스틴 UN 미대표, 소련의 對북한 무기원조에 대한 맥아더원수의 보고서를 낭독.

◆ 중공, 4~6만의 병력과 전차·비행대를 북한에 수송.

9월 19일 (화) 흐림

◇ 해병 탐색대, 漢江 도하.
◇ 선봉대, 서울 남서 교외 2마일까지 돌입.
◇ 남부전선에서 적 수송대 철수.
◇ 金浦비행장 사용 개시.
◇ 국군 제3사단, 兄山江 도하.
◇ 浦項 탈환.
◇ 미 제24사단 倭舘에 돌입.
◇ 적, 馬山 서쪽에서 총퇴각 개시.
◇ 필리핀군, 한국 도착.
◇ 李대통령, 仁川상륙 축하회에서 국군은 韓·滿국경까지 진격한다고 언명.
◇ 수도 돌입 축하식(釜山역).
◇ 林炳稷·張勉, 리 UN사무총장과 회담.

9월 20일 (수) 흐림

◇ 해병 탐색대, 漢江도하 서울 탈환전 개시.
◇ 수륙 양용 전차대, 陵谷에서 서울~平壤간 도로차단하고 서울 진격.
◇ UN군, 永登浦에 돌입.
◇ 국군·미군·영군, 倭舘 통과.
◇ 한국해병대, 三陟에 상륙.
◇ 중공군, 북한에 진입.
◇ 트루먼대통령, 미국은 38선 이북 진격에 대해 UN의 결정에 복종할 뿐이라고 밝힘.
◇ 마샬 미 국방장관, 중공 진입설 발표.

9월 21일 (목) 맑음

◇ 미 해병대, 서울 서부 6Km에 도달.
◇ 국군 제8사단, 永川 북쪽 35Km의 九山洞 탈환.

◇ 국군 5816부대, 義興 탈환.

◇ 노획한 T-34전차 속에서 소련군 전투일기와 전차 操典 발견.

◇ 漢江철교 폭파 책임자 崔昌植대령, 총살집행.

9월 22일 (금) 맑음

◇ 미 제7사단, 水原에 돌입.

◇ 한국해병대, 서대문으로 돌입.

◇ 국군 5개 사단, 浦項~大邱 전선에서 전면 반격 개시.

◇ 국군, 杞溪 돌입.

◇ 국군, 軍威 탈환.

◇ 미 제2사단, 草溪 탈환.

◇ 浦項지구 적에게 5만 5천 파운드의 함포사격.

◇ 義城·軍威·青松·漆谷경찰서 복구.

◇ 육군본부, 大邱로 이전.

9월 23일 (토) 맑음

◇ 미 제7사단, 烏山에 돌입.

◇ UN 해병대, 梨大 뒷고지 점령.

◇ 미 제1기갑사단, 尙州에 돌입.

◇ 미 공군, 金泉지구에서 영 제27여단을 적으로 오인해 폭격. 영국군 41명 사상.

◇ 스웨덴 야전병원 한국도착, 釜山에 병원 개설.

◇ 慶南지구 계엄사령관 복구, 사령관에 金完元대령 임명.

9월 24일 (일) 맑음

◇ 미 제1해병사단, 서울 중심에서 1.5Km 지점의 남부 교외에 돌입.

◇ 미 제7사단, 永登浦에서 동쪽으로 전진. 서울 남쪽 11Km 고지 점령.

◇ 미 제1기병사단, 尙州에서 북진. 金泉·咸昌으로 진격.

◇ 미 제24사단, 星州 점령.

◇ 미 제25사단, 泗川 점령.

◇ 한국해병대, 일진일퇴하던 固城 점령.

◇ 국군, 淸河·長沙 탈환.

◇ 전투기, 元山·平壤·江陵의 적 비행장 급습.

◇ 仁川에 정부 임시연락처 설치.

◇ 仁川, 한국은행 개점.

9월 25일 (월) 맑음·흐림

◇ 적, 개전 이래 최대의 저항.

◇ 미 해병 제1사단, 德壽宮에 도달.

◇ 제7보병부대, 漢江도하 남동쪽에서 서울 돌입해 南山 점령. 미해병 제1사단과 악수.

◇ 미 제1사단, 鳥致院 돌입 天安 탈환.

◇ 국군 제3사단, 盈德 점령.

◇ 한국 수도사단, 安東 점령.

◇ 미 제1기갑사단, 咸昌 점령 報恩 돌입.

◇ UN군, 金泉 점령.

◇ 미 제2사단, 陜川 돌입.

◇ 미 제25사단, 晋州 돌입.

◇ 적 5사단장 생포.

9월 26일 (화) 흐림·비

◇ UN군, 남·북 양쪽으로 진격 중 天安 부근에서 감격적인 악수. UN군 반격 제1단계 완료.

◇ 한국해병 제2대대 6중대, 정오 중앙청에 태극기 게양, 서울시 대부분 탈환.

◇ 국군, 靈海·眞寶 탈환.

◇ 榮州 탈환, 豊基 방면으로 북진중.

◇ 미 제25사단, 居昌·永同 점령.

9월 27일 (수) 비·흐림

◇ 해병대, 서울시 3분의 2 탈환. 미대사관에 성조기(오후 3시)게양.

◇ 국군 蔚珍·春陽·聞慶 탈환.

◇ 미 제2사단, 安義 탈환.

◇ 한국해병대, 南海島 점령.

◇ 仁川상륙 이후의 적 손해포로 2천, 사상자 2만 5천 이상.

9월 28일 (목) 흐림·맑음

◇ 미 해병 제1사단, 서울시 소탕전 완료.

◇ 국군 수도사단, 寧越 돌입.

◇ 국군, 忠州·高靈·三嘉·榮州·豊基 탈환.

◇ 미 제2사단 淸州, 美 제25사단 光州, 미 제24사단 大田 돌입.

◇ 金日成, 북한군에게 38선 이북 철수 명령설(AFP).

◇ 북한, 중공을 통하여 北京주재 인도대사에게 정전조건제시(UPI).

◇ 李대통령, 평화조건은 무조건 항복 뿐이라고 언명.

◇ 수도탈환 축하식, 釜山역 광장.

◇ 漢江橋, 복구·가설.

◆ 트루먼대통령, 38선 돌파는 UN이 결정하는 것이라고 재천명.

9월 29일 (금) 맑음

◇ 국군 제3사단, 三陟 점령.

◇ 미 제7사단, 利川 점령.

◇ UN군, 南原·潭陽 탈환, 光州 진격.

◇ 한국 해병대, 麗水 점령.

◇ UN군, 大田·裡里·江原·論山 탈환.

◇ UN 공군기, 개전 이래 40,910기 출격.

◇ 李대통령, 맥아더장군과 함께 비행기로 서울에 귀환, 정부 환도.

◇ 맥아더장군, 서울을 李대통령에게 반환 중앙청에서 수복식 거행.

- ◇ 서울시 청사에서 정부 업무 개시.
- ◆ 38선 돌파 권한을 맥아더원수에게 부여할 것을 8개국이 UN에 제안.
- ◆ 영국 외상, 38선 돌파를 주장.

9월 30일 (토) 맑음

- ◇ 미 해병대, 議政府의 적 공격 개시.
- ◇ 국군 제3사단, 38선상의 仁邱里에서 越境명령 기다림.
- ◇ 국군, 江陵에 돌입.
- ◇ 국군 9861부대, 原州 점령.
- ◇ 群山 탈환.
- ◇ 워커중장, 국군에 38선 越境 명령.
- ◇ 맥아더원수, 적 사령부에 항복권고.
- ◆ UN政委, 북한대표의 총회출석을 46대 6(기권7)으로 부결, 한국대표의 초청 50대 5로 가결.

10월 1일 (일) 맑음

- ◇ 국군 제3사단, 오전 11시 45분 38선 돌파.
- ◇ 적 2천명, 原州를 습격해 천여명의 시민과 미군장교 5명을 학살 후 도주.
- ◇ 한국 해군, 木浦 상륙작전.
- ◇ UN 해군 함재기, 平壤 발전소·석유저장소 폭파.
- ◇ 미 제1기갑사단이 적 1,134명을, 국군 제5816부대가 적 978명을 각각 생포.
- ◇ 丁계엄사령관, 국가재산조치에 관한 포고 발표.
- ◇ 북한, 28개 도시에 항복 전단 3백만장 살포.
- ◇ 서울 중앙방송국, 오후 5시 방송 재개.
- ◇ 등화관제 해제.
- ◆ 오스틴 미대표, UN 안보리 의장에 취임.
- ◆ 맥아더원수, 적에게 항복 권고방송.

10월 2일 (월) 맑음

◇ 국군 제8127부대가 春川을, 국군 제3887부대가 楊平을 각각 탈환.

◇ 국군 제3사단, 38선 돌파하고 襄陽 점령.

◇ 한국해군, 木浦 완전 점령.

◇ 국군, 杆城 점령.

◇ 미 해병대 사령관 케이트대장, 전선시찰차 내한.

◆ UN총회, 한국에서의 즉시 停戰 등 7개항의 결의안 제출.

◆ 비신스키 소련대표, UN총회에서 UN군의 북한폭격 중지 요구.

◆ 林외무장관, UN정치위원회에서 한국정부에 의해 한국이 통일되어야 할 것을 역설.

10월 3일 (화) 흐림

◇ 국군, 束草 탈환.

◇ 미 제1기갑사단, 議政府 돌입.

◇ 滿洲국경에서 平壤으로 이동중인 국적불명의 트럭 수송대 발견.

◇ 적 포로 4,116명.

◆ 맥아더원수, 한국군 제3사단의 북한진격을 정식으로 발표.

10월 4일 (수) 흐림

◇ 국군 제3사단, 38이북의 高城 점령하고 38선에서 112Km 진출.

◇ UN총회 정치위원회, 38선 돌파를 묵인하는 8개국 공동결의안을 47대 5(기권 7)로 가결. 소련측의 외군부대 철수 등의 제안은 찬성 5, 반대 46으로 부결.

10월 5일 (목) 맑음

◇ 국군, 九萬里발전소 점령.

◇ UN해군, 한국수역의 기뢰 폭파작업.

◇ 북한 외상 朴憲永은 중공 외상 周恩來에게 中·韓 양국 인민은 미 제국주의 격멸을 위해 공동 노력 해야 한다는 메세지 전달.

◇ 李대통령, 악을 악으로 갚지말라고 전란동포의 각성을 촉구.

10월 6일 (금) 맑음

◇ 국군 제3사단, 通川 탈환. 元山에서 48Km 지점까지 도달.

◇ 국군 제6사단, 華川 도달.

◇ 적 제5사단 부사단장 등이 襄陽 부근에서 아군에 귀순.

10월 7일 (토) 맑음

◇ 영 해병대, 鏡城에 기습상륙해 교량·터널 폭파 후 다음날 철수.

◇ 미군부대, 오후 5시 처음으로 38선 넘어 북진.

◇ 미 제1기갑사단, 開城 점령.

◇ 미 제25사단, 永同 부근에서 적과 교전. 적 1,400을 사살 또는 포로.

◆ UN 韓國중간위원회 의장에 필리핀 로무로 외상 피선.

10월 8일 (일) 흐림·맑음

◇ 국군 제3사단, 元山 남쪽 12Km까지 진출.

◇ 국군 제6·제7사단 북진 계속. 일부는 平壤·元山철도를 차단.

◇ 아군, 華川 탈환.

◇ 서울·釜山간 철도 완전개통.

◇ 국회 정·부의장 이하 각 분과위원장 사표 제출.

◇ 정부 대변인, 6·28 정부천도 사정을 설명하는 담화발표.

10월 9일 (월) 맑음

◇ 국군, 밤 11시 元山市 남단 돌입.

◇ 아군, 新高山 점령.

◇ 국군 제8562부대, 漣川 점령.

◇ UN공군 연 458대 출격, 38~40도선간의 적 공격.

◇ B29, 江界－新安州간의 철도 26개소 절단.

◇ 개전 이래 적 포로 5만 5천명.

◇ 金活蘭공보처장, 일간신문 정비에 관하여 담화 발표.

◆ 맥아더원수, 金日成에게 즉시 항복의 최후 권고를 통고.

◆ 소련, 미국에 8일의 미 전투기에 의한 韓·蘇국경 백마일 지점 비행장 총격 사건을 항의.

10월 10일 (화) 맑음

◇ 국군 제5368·제5729부대, 오전 9시 元山 완전 점령.

◇ 국군 제3사단, 元山 및 明沙十里비행장 점령.

◇ 아군, 鐵原 완전 점령.

◇ 미 제1기갑사단, 白川 점령.

◇ 국군 해병 제1육전대, 順天 점령.

◇ 국군 해병 제2육전대, 高興 점령.

◇ 필리핀 퀴리노대통령, 李대통령에 전문으로 한국의 승리를 축하.

◇ 濟州道지구 계엄령 해제, 38선 이북전역에 계엄령.

◆ 트루먼대통령, 맥아더원수와의 회견에 앞서 통일·민주 한국을 건설하겠다고 성명 발표.

10월 11일 (수) 흐림·비

◇ 아군, 福溪 점령.

◇ 미주리호, 淸津을 포격.

◇ 미군, 元山비행장 사용개시.

◇ 金日成, 항복을 거부, 최후 항전을 북괴군에 명령.

10월 12일 (목) 맑음

◇ 국군 제9861부대, 金化·平壤 탈환.

◇ 적, 중부에서 철수 시작.

◇ 아군, 德源 점령.

◇ 국군, 海州 점령.

◇ 미 제1기갑사단, 汗浦 점령.

◇ 워커중장, 元山비행장 도착.

◇ 李대통령, 元山서 국군 제1군단에 대한 표창식 거행.

◇ 여자 의용군 모집.

◇ 申性模장관, 元山에서 滿洲국경까지 진격하라고 국군에게 훈시.

10월 13일 (금) 흐림·비

◇ 국군 제3사단, 文川 탈환.

◇ 국군 제2045부대, 伊川 점령.

◇ 미 제1기갑사단, 金川 탈환.

◇ UN 함재기, 元山 이북 동해안 각지의 적 선박 30척 격침.

◇ 李대통령 및 내각, 전국 총선 실시에 대한 UN 한국위원회의 계획 거부.

10월 14일 (토) 맑음

◇ 국군 제3사단, 永興 도달.

◇ 국군, 新溪·谷山 점령.

◇ B29 30대, 平壤~新義州간의 교통시설 폭격.

◇ UN군, 포로 4,000명.

◇ 적 대위, 부하 93명 인솔 귀순.

◆ 맥아더원수, 트루먼대통령과 회담차 웨이크섬으로 출발.

10월 15일 (일) 흐림·비

◇ 국군 제1사단의 平壤 공략 선두부대 永東 점령.

◇ 미 제24사단, 延安 점령.

◇ 법률 148호 공무원 임시등록법 공포.

◇ 38선 이남에서의 계엄법 특별조치 공포.

◇ 서울에서의 戰勝사진 가두전시회 개최.

◆ 트루먼·맥아더 회담.

◆ 트루먼대통령, 웨이크섬 회담 후 아시아에서의 공산 위협 극복 가능하다고 성명.

10월 16일 (월) 비·흐림

◇ 아군, 定平 탈환.

◇ 平壤 포위망 점차 압축.

◇ 국군 제7169부대, 谷山 점령.

◇ 국군 제9861부대, 平壤 남동쪽 60마일 지점인 東陽 점령.

◇ 미 기갑부대, 平壤 남서쪽 50마일 지점에 도달.

◇ 아군, 連浦비행장 점령.

◇ 영국군·호주군, 金川지구에서 적 8천~1만명을 소탕.

◇ 각 철도 운행 개시.

◆ 맥아더장군, 트루먼대통령과 회담 후 한국정세에 대한 성명 발표.

10월 17일 (화) 흐림·비

◇ 국군, 咸興 점령.

◇ 적, 平壤에서 퇴각 개시.

◇ 국군 제2군단, 伊川 탈환 후 북진.

◇ UN군, 新幕·九岩里 점령.

◇ 新幕비행장 사용 개시.

◇ 영국군 선봉대, 黃州 점령.

◇ 영국군 여단, 沙里院 점령.

◇ 아군, 遂安·陽德 점령.

◇ 海州 점령.

◇ 정부, 중공의 한국전란 개입에 관한 증거 발표.

◆ UN 한국대표 林炳稷, 북한 선거 실시는 환영하나 남한에서 새로이 선거를 실시하는 데는 반대라고 연설.

10월 18일 (수) 흐림

◇ UN군 4개 사단, 호주군과 합류한 영국군 제27여단 平壤 근교에 집결.

◇ 국군, 平壤 교외에 돌입.

◇ 미 제24사단 및 영국군 1개 여단, 鎭南浦로 진격.

◇ UN군, 黃州 완전 점령.

◇ 적 패잔병 약 3천 江陵을 점령, 만행 후 注文津으로 북상.

◇ 咸興에서 한국인 약 800명의 시체 발견,

◇ 하루동안 적 7천여명 포로로 함.

◇ 趙炳玉내무장관, UN 한국위원회 채택안은 정부와 협의할 것이라고 언명.

10월 19일 (목) 흐림 · 비

◇ 미 제1기갑사단 · 국군 제5816부대 및 영군 1개 여단, 平壤 방어선에 돌입, 오후 平壤 완전 점령. 비행장 사용 개시.

◇ 국군 제5368부대, 오전 11시 15분 북위 40도선 통과.

◇ 漢江 가교 준공식 거행.

10월 20일 (금) 비

◇ 38도 10분선 이북은 미 제10군단장 아먼드소장이 담당.

◇ 맥아더원수, 워커중장에게 한국군을 조속히 국경에 도달시키라고 명령.

◇ 아먼드소장, 국군 제1군단에게 국경까지의 진격 명령.

◇ 낙하산부대 약 4천명, 平壤 북동쪽 37Km 지점 肅川~順天간에 낙하, 적의 퇴로를 차단.

◇ 아군 육전대, 安州 太陽山 부근에 상륙.

◇ 아군, 成川 · 長林 점령.

◇ 아군, 德興里 · 古土里 · 新興 · 洪原 점령.

◇ 시민증 발행사무 개시.

10월 21일 (토) 비·흐림

◇ 맥아더원수, 仁川 상륙에서 서울 수복까지의 공식보고서를 UN에 제출.

◇ 적 약 1천, 華川발전소 점령.

◇ 극동공군, 개전 이래 연 5만기 이상 출격. 폭탄 3만 5천톤, 50mm기관포 2,700 만발, 소이탄 85만 갤론 사용.

◇ 아군, 順川·新浦 점령.

◇ 적 패잔병 3천, 金化에 내습.

◇ 서울시, 병사구 제2국 민병 병적계 실시 공고.

◇ 북한, 수도를 平壤에서 新義州로 이전했다고 방송.

◆ UN 경제사회이사회, 한국 구제부흥사업 기본원칙 결정.

10월 22일 (일) 맑음

◇ 국군 수도사단, 北靑·中陽里·馬田洞·新興 점령.

◇ 국군 제1사단, 安州와 軍隅里 부근 球場에 도달.

◇ 順天 북쪽에서 미군포로 68명의 시체 발견.

◇ 아군, 新安州 완전 점령.

◇ 패주하던 적, 延安에서 양민 3천명 학살.

◇ 서울 시내에서 피검된 부역자 금일까지 9,900명.

◇ 모든 계엄사무를 육군본부 민사부로 이관.

◇ 平壤에 새 시장 임명.

10월 23일 (월) 맑음

◇ 국군 선봉대, 熙川 북쪽에서 국경 72Km 지점까지 진격.

◇ UN군 대변인, 하룻동안 적 포로 2만 6천명이라고 발표.

◇ 미 제1기갑사단 사령부, 엘모베스대령을 平壤市 군정관에 임명.

◇ 李대통령, 남북동포는 협조하라고 당부.

◆ UN군 총사령부, 한국전란의 전범을 재판하는 사법기관 설치를 승인.

10월 24일 (화) 맑음

◇ 중공군, 滿浦津 상공의 미해병대기 2대를 滿洲 지상의 중고사포로 포격.

◇ 영 연방군, 淸川江 도하.

◇ 국군 제1·6사단, 寧邊 점령.

◇ 중공군, 滿洲내의 중공 고사포로 한국내의 미 공군기에 두차례 공격.

◇ 아군, 熙川·德川·寧遠 점령.

◇ 平壤市 관리위원으로 韓人 12명, UN군 관할하에 취임.

10월 25일 (수) 맑음

◇ 국군 제7연대, 국경 28Km 지점인 古場 진입.

◇ 영 제27여단, 淸川江 도하 완료.

◇ 국군 제1사단 소속 15연대, 중공군 포로 1명에 의해 지난 19일 2만명의 중공군이 鴨綠江 도하, 한국영내에 돌입했음을 확인.

◇ 아군, 博川·端川 점령.

◇ 趙炳玉 내무장관, 平壤 도착.

10월 26일 (목) 흐림·맑음

◇ 미 제10군단, 元山에 대거 상륙.

◇ 국군 제6사단 제7연대, 오후 5시 50분 楚山에 도착. 鴨綠江에 수색대 파견.

◇ 국군 제6사단, 약 5천명의 중공군과 충돌.

◇ 국군 제2사단, 중공군 4만명과 접전중.

◇ 정부, 구제와 부흥을 위해 5개년 반에 20억달러가 소요된다고 UN에 통보.

10월 27일 (금) 맑음

◇ UN군, 평양 북쪽 80Km 博川에서 大寧江 도하. 미 제24사단의 일부는 泰川으로 진격.

◇ 중공군 越境說에 관해, 제8군·UN공군 총사령부·미 국무성·국방성 모두가 미확인.

◇ 2만 이상의 중공군 북한 침입설은 安州에서 잡힌 중공군 포로에 의함.

◇ 서울에서 정부 환도 및 平壤 탈환 경축 기념대회.

◇ 정부, 1950년도 제5회 추가예산안을 국회에 회부.

10월 28일 (토) 맑음

◇ 국군, 城津에 돌입, 그 일부 점령.

◇ 국군 수도사단, 三水 탈환. 국경까지는 13Km.

◇ 워커사령관・패트릿지 제5군 사령관, 공중에서 국경지대를 시찰.

◇ 적 패잔병 2천명 伊川에 침입, 국군 야전병원을 점령하고 환자를 포함한 전
원을 학살.

◇ UN군, 泰川 점령.

10월 29일 (일) 맑음

◇ 미 제7사단, 元山 북쪽 280Km 利原에 상륙.

◇ 미 해병대, 저항을 받지 않고 元山 남쪽 48Km의 庫底 점령.

◇ 아군, 豊山 점령.

◇ 아군, 楚山에서 철수.

◇ 국군측, 溫井을 기습한 적 2개 대대의 대부분이 중공군이었다고 발표.

◇ 아군, 城津 점령.

◇ 영 해병대, 서해안 椒島 상륙.

◇ 아군 제1군단 정면에 중공군 제124사단 출현, 접전.

◇ 아군, 熙川 포기.

10월 30일 (월) 맑음

◇ 미 제10군단 대변인, 중공군 1개 연대 長津에서 전투 참가중이라고 발표.

◇ 국군 제8사단, 鴨緑江의 수력발전소를 향해 진격.

◇ 溫井・雲山지구에서 적1개 사단의 완강한 저항으로 국군 제6사단 철수.

◇ 중공군, 熙川 침입.

◇ 호주군 사령관 그린중령, 定州전선에서 전사.

◇ 李대통령, 平壤 시찰. 시민의 열광적인 환영 속에 환영대회 참석.

◇ 군법회의 및 민간법정에서 6·25전쟁후의 간첩·살인·방화 기타 불법재산
  처리 등 2,801건을 처리. 그 중 6백명에게 사형선고.

10월 31일 (화) 맑음

◇ UN군 대변인, 중공군 포로 10명을 확인했으나 조직적인 중공군의 참전여부는
  미확인이라고 발표.

◇ 미 제24사단, 전차부대 宣川 통과.

◇ 중공군 寧遠 침입.

◇ 아군, 古城里 점령.

11월 1일 (수) 맑음

◇ 미 선견부대, 서부전선에서 소련기 옹호하의 북한군을 격퇴, 韓·滿국경 19
  마일 이내에 도달.

◇ 미 제24사단 제21연대는 宣川통과 후 新義州 남쪽 40Km지점에 육박.

◇ 현재 북한군 피해, 총 33만 6천명.

◇ 적 제트기, 최초로 宣川 상공에 출현.

◇ 중공군, 球場에 도달.

◇ 국회 제41차 본회의, 계엄해제 요구안 유보키로 결정.

◆ 트루먼대통령 암살계획 탄로.

11월 2일 (목) 맑음

◇ 국군, 城津에서 吉州를 향하여 진격중.

◇ 국군 제1사단·미 제1기갑사단, 雲山에서 중공군의 기습을 받아 큰 피해를
  입음.

◇ 미 전투기, 북한의 소련제 제트기 21기 격파.

◇ 宣川 상공에서 소련제 야크기 2대격추.

◇ UN군, 雲山에서 후퇴.

11월 3일 (금) 맑음 · 흐림

◇ 국군부대, 吉州市 교외에 박두.

◇ 영국군, 龜城에서 철수.

◇ 중공군, 德川에 침입.

◆ 미 국무성, 맥아더 사령부로부터 중공군 개입이 확실하다는 보고가 있으면 北京정권 규탄하겠다고 언명.

11월 4일 (토) 비 · 흐림

◇ 미 제8군 사령부, 중공군 2개 사단이 UN군과 교전중이라고 발표.

◇ 국군 제316부대, 吉州 돌입.

◇ 미 제1기갑사단 제8연대, 포위망에 걸려 병력 과반 손실.

◇ 미 해병대, 長津湖 부근에서 중공군 800명 살상.

◆ 오스틴 UN 미 대표, 미군은 韓 · 滿국경까지 진격하고 거기서 정지할 것이라는 미국정책을 재강조.

◆ 영국정부, 북한에 있는 중공군은 예상보다 훨씬 다수인 것 같다고 발표.

11월 5일 (일) 흐림

◇ 국군 제316부대, 吉州 탈환 후 북위 41도 돌파.

◇ 아군, 孟山 돌입.

◇ 미 제24사단, 중공군의 침입 막기 위해 淸川江 북쪽에 증원부대 투입.

◇ 중공군, 博川 침입.

◆ 중공 6개 軍(32만명), 북한 이동설.

◆ 미 국무성, 크리스마스 전까지 미군철수 불가능하다고 발표.

11월 6일 (월) 맑음

◇ 국군, 吉州 북쪽 18마일 지점 明川에 도달.

◇ 소련제 신형 전투기, 처음으로 韓·滿국경 넘어 침공.

◇ 雲山 남쪽에서 격전.

◇ 미 전투기, 新義州 남쪽에서 적 야크기 2대 격추.

◇ 국회, 북한동포에 메세지.

◇ 李대통령, 중공군 침입은 소련의 사주라고 담화 발표.

◆ UN 미 대표, 중공의 한국전쟁 개입을 UN에 정식 통고.

◆ 맥아더원수, 중공군 불법개입을 UN에 정식 통고.

◆ 놀랜드상원의원, 애치슨국무장관에게 國府軍의 한국 戰 사용을 촉구.

◆ 프랑스, 중공군의 전쟁 개입을 침략이라고 비난.

11월 7일 (화) 맑음

◇ 중공군, 德川 재침입.

◇ 소련제 제트전투기 3대 격추.

◇ UN 공군, 국경 3마일이내였던 행동 제한을 해제.

◇ 캐나다 파견부대, 釜山 도착.

◇ 북한 패잔병 1천명, 淸平 침입.

◇ 申국방장관, 계엄해제는 시기상조라고 언급.

◇ 淸川江, 2만 피난민으로 인산인해.

◆ UN 경제사회이사회, 한국재건계획 결정.

◆ 北京방송, 중공군 2천 한국에 참전 중이라고 처음 보도.

11월 8일 (수) 맑음

◇ 국군, 明川 북쪽에서 12마일 진격.

◇ 미군, 元山에 병력 증강.

◇ 미 제24사단·영 제27보병대, 博川으로 북진.

◇ 국군 제2사단, 德川 점령.

◇ 공군 600대 출동, 新義州 맹폭·鴨綠江 철교 폭파.

◇ 丁사령관, 서부전선 시찰.

◇ MIG기, 新義州 상공에 첫 출현.

◇ 북한행정 대책위, 첫 회의 개최.

◆ UN 經社理, 2억 5천만달러의 한국재건비 가결.

◆ UN 안보리, 중공 개입문제 토의하고 중공대표 호출을 8대2로 가결.

◆ UN 미 대표, 중공의 철수를 안보리에 요청.

◆ 北京방송, UN군의 북진은 중공에 대한 위협이라고 비난.

◆ 애치슨국무장관, 북한의 중공군은 정규군이라고 발표.

11월 9일 (목) 맑음

◇ 아군, 軍隅里·院里 탈환.

◇ 맥아더사령부 대변인, 중공군 50개 사단 滿洲에 집결 대기 중이라고 발표.

◇ 平壤 북쪽에 지하 무기제조 창고 발견.

◇ 정부 대변인, 중공 개입에 대해 총궐기하라고 담화 발표.

◇ 남한의 비상계엄 해제.

◆ 미, 중공대표 9명에 입국 비자발급.

11월 10일 (금) 맑음

◇ 북한군 패잔병, 九萬里발전소 점령.

◇ 중공군, UN군을 양분하기 위해 중부전선에 4만명 집결.

◇ 미 함재기, 新義州 철교 폭파.

◇ 한·미 환율 1,800대1에서 2,500대1로, 11월 1일자로 소급 실시.

◆ 미·영·프 등 6개국, UN 안보리에 중공군 즉시 철수안 제출.

◆ 중공, 9명의 UN대표 UN으로 출발 발표.

11월 11일 (토) 맑음

◇ 국군 및 UN군, 鐵原·金化 재탈환.

◇ UN군, 淸川江전선 일대에서 공격 개시.

◇ 아군, 博川 동쪽에서 후퇴.

◇ 北靑에 폭탄 1만개 투하.

◇ 미 공군, 淸津·義州 맹폭.

◇ 중공군, 滿浦鎭에서 鴨綠江을 도하 북한으로 이동.

◇ 조선은행권 유통금지.

◇ 學園에 임전태세령, 방학 폐지.

◇ 부역자 처리, 단심제 특별조치령.

11월 12일 (일) 맑음

◇ 국군, 鐵原·金化서 적 패잔병 소탕.

◇ 鴨綠江철교 폭파.

◇ 제5공군, 적 트럭 55대 폭파.

◇ 滿浦鎭·宣川·北鎭 폭격.

◇ 공군 참모부장 朴範集준장, 북한 상공서 전사.

◇ 국회, 民國黨 등 5파로 분립.

◆ 北京, 중공은 한국문제 토의를 위한 UN 안보리 초청을 거부한다고 방송.

11월 13일 (월) 맑음

◇ 미 제7해병연대, 長津湖에 박두.

◇ 국군, 明川 북쪽에서 적과 대치 중.

◇ 서부전선, 대체로 소강상태.

◇ 미 제1기갑사단, 寧邊 남쪽의 고지탈환.

◇ B29, 朔州·楚山 폭격.

◇ 내무장관, 치안 위해 경찰 4천명 북한 파견 중이라고 발표.

◇ 놀랜드상원의원, 訪韓.

◆ 毛澤東·金日成·스티코프 소련대사, 演陽에서 회담했다고 國府 소식통 보
도.

11월 14일 (화) 맑음

◇ 미 제7사단, 韓·滿국경 30마일 지점 육박.

◇ 미 제1군단, 9만의 중공군과 대치 중.

◇ 미 제1기갑사단, 清川江에서 4km 전진.

◇ 재무부, 국유재산법 실시규칙 발표.

◇ 국회, 통일부흥대책위원회 구성 가결.

◇ 抱川에 2만의 피난민 집결.

◆ UN 경사리, 한국부흥재건안 심의.

11월 15일 (수) 맑음·흐림

◇ UN군, 清川江 동쪽에서 적의 강한 저항에 부딪힘.

◇ 영 제27여단, 博川 진입.

◇ 적, 서부지역에서 만주 국경으로 철수.

◇ 미 공군, 會寧 폭격.

◇ 놀랜드상원의원 전선 시찰.

◆ 네루수상, 한국전쟁 장기화 가능성 언급.

◆ 애치슨국무장관, 중공개입 경고.

11월 16일 (목) 흐림

◇ UN군 甲山에 공격 집중.

◆ 張勉 駐美 대사, 안보리 참석 예정.

◆ 트루먼대통령, 극동의 평화는 중공에 달려 있다고 언명.

11월 17일 (금) 구름

◇ 아군, 明川·合川 방면에서 전선정비 중.

◇ UN군, 清川江 도하 博川 재탈환.

◇ UN 공군, 지상군과 협조하에 적의 보급차단·군사시설 폭격.

◇ 李대통령, 국회에 白樂濬씨 총리 인준 재고 요청.

◆ 중공, 트루먼대통령의 평화성명에 야유로 회답.

◆ 미 국무성, 중공이 한국에서 철수하면 韓·滿국경의 중공권익을 보장한다고
방송.

11월 18일 (토) 비·맑음

◇ 미 전차부대, 동부전선에서 폭설을 극복하고, 韓·滿국경 23마일까지 진격.

◇ 미 제7사단, 甲山 남쪽 2마일 지점에 육박.

◇ 국군 수도사단, 淸津港에 접근.

◇ 적 패잔병, 春川에 침입.

◇ 적, 서부전선에서 전면적 후퇴.

◇ UN군, 淸川江 교두보 확대 중.

◇ 적 유격대, 平壤·加平간에 출몰.

◇ 중공군, 한국전선에서 滿洲犬 사용.

◇ 북한에서의 북한화폐 유통을 잠정적으로 인정.

◆ 미 육군성, 중공군이 보급난에 봉착했다고 발표.

◆ 영국의원 22명, 한국전쟁 종료를 위해 UN군의 진격정지선을 설치하자고 제의.

11월 19일 (일) 맑음

◇ 수도사단, 동해안을 따라 시베리아 국경을 향해 진격.

◇ UN군 제7사단, 甲山을 통과 국경선 13마일 지점에 진출.

◇ 미 전차부대, 국경선으로 접근.

◇ UN군, 淸川江을 도하 寧邊 재탈환하고 博川을 통과한 부대와 합류.

◇ 적 주력, 서부전선에서 총퇴각.

◆ 무초 駐韓 미 대사, 본국정부와 협의 마치고 귀임.

◆ 영국 적십자사, 한국의 민간 구제사업을 원조하기 위해 적십자군 파견 결정.

11월 20일 (월) 맑음·흐림

◇ 미 제7사단, 국경 2마일 이내 도달.

◇ 국군, 明川 북쪽 16마일 지점 도달.

◇ 미 제1해병사단, 長津湖발전소 포위.

◇ B26, 적 후방기지를 맹폭격.

◇ 서울시에서 검거한 부역자 총수 1만4천명.

11월 21일 (화) 맑음

◇ 미 제7사단, 韓·滿국경상의 惠山鎭 점령.

◇ 수도사단, 淸津 남쪽 15마일에 진격.

◇ 미 해병대, 長津湖 동쪽까지 진출.

◇ 미 제1기갑사단, 적의 압력으로 寧邊 근교에서 후퇴.

◇ 남아연방 항공대, 제5공군 소속 전투대로 전선전투에 참가.

◇ 서울·平壤간 6년만에 전화개통.

◇ 春川·加平에 피난민 5만명.

◆ 國府, 중공군 포로의 軍 편입 검토.

◆ 벨기에, 한국派兵 결정.

11월 22일 (수) 맑음

◇ 미 제7사단, 惠山鎭에서 남서쪽 10마일 지점인 三水를 향해 진격.

◇ 국군, 동해안으로 계속 북진, 淸津 남쪽 5마일 지점의 羅南에 육박.

◇ 미 제1해병사단, 長津湖 포위 강화.

◇ 국군, 북서전선에서 寧遠 탈환.

◇ B29, 茂山·淸津 등 맹폭.

◇ 미 제5공군, 江界·新義州, 鴨緑江 교량 등 폭파.

◇ 영 연방군 제29여단, 신예전차로 무장하고 開城에 도착.

◇ 영 야전병원부대, 한국에 도착.

◇ 李대통령, 두번째 咸興 방문.

◇ 李대통령, 張勉대사를 후임 총리로 인준해 줄 것을 국회에 요청.

11월 23일 (목) 맑음

◇ 모든 전선에서 정찰활동 외에는 소강상태.

◇ 국군, 淸津 10마일 이내에 진격.

◇ B29, 북서 철도망에 110톤의 폭탄투하.

◇ 적 패잔병, 鐵原 점령.

◇ 국회, 張勉대사를 총리로 인준.

◇ 李대통령, 북한동포에 메세지.

◆ UN 한국위원회, 각국의 새로운 대표 명단 발표.

◆ 베빈 영국 수상, UN군은 중공정권을 보장할 것이니 한국에서 물러나라고 중
  공 외상 周恩來에게 메세지.

11월 24일 (금) 맑음

◇ 국군, 북동부 전선에서 적과 격전 중.

◇ 수도사단, 淸津 남쪽 7마일 이내에 육박.

◇ 맥아더원수, 전쟁 종결을 위한 대공세를 UN군에 명령.

◇ 미 제24사단, 定州를 통과 8마일 전진.

◇ 미 제2사단, 淸川江을 도하 球場 근방에 박두.

◇ 맥아더장군, 총공격 지휘하러 東京에서 내한.

◇ 미 탱크부대, 新義州 남쪽 8마일에 도달.

◇ 국군, 적의 집결기지인 泰山으로 진격.

◇ 미 제5공군, 보급로의 요충지인 泰山에 집중 공격.

◇ 정부, 국민방위군 설치 법안 국회에 제출.

11월 25일 (토) 맑음

◇ 국군, 淸津 돌입.

◇ 미 제3사단, 24일부터 북동 전선에서 중공군 제126사단과 접전.

◇ UN군, 定州 점령.

◇ 적, 寧遠에 침입.

◇ 국군・UN군, 중공군의 반격으로 寧遠 부근까지 철수.

◇ 미 제2・제24사단, 龜城을 목표로 협공.

◇ 국군, 泰川지구에서 북한군의 반격으로 철수.

◇ B29, 韓·滿국경 부근의 적 공급기지를 맹공.

◇ 포로심사위원회 규정 공포.

◇ 제5회 추가경정예산안 통과.

◇ 제8회 임시국회 폐회.

◆ UN 경제사회이사회, 한국재건 원조안 결정.

◆ 미, 對日 강화조약 체결에 박차를 가함.

11월 26일 (일) 맑음

◇ 국군, 淸津 탈환후 계속 북진.

◇ 미 해병사단, 長津湖서 중공군과 격전.

◇ 국군, 加平 재탈환.

◇ 서부 전선에 미 제2사단, 淸川江 북쪽으로 후퇴.

◇ 적, 德川 점령.

◇ 미 공군·UN 공군, 서부전선의 적 후방기지에 24시간 맹폭격.

◇ 6·25전쟁 중 서울시 민간 피해―사망 17,000명·가옥 피해 30,000여동.

◇ UN 新한국위원 일행 12명 내한.

11월 27일 (월) 맑음

◇ 북동 전선의 UN군, 중공군의 반격으로 후퇴.

◇ 중공, 人海전술로 반격.

◇ 중공군·북한군, 泰山에서 德川에 이르는 45마일 북서전선에서 반격 개시.

◇ UN 해군, 淸津 북쪽 포격.

◇ 국군 제2군단, 방어선 붕괴.

◇ 적, 寧遠 점령.

◆ UN 총회, 중공 대표 참석하에 한국문제 토의.

11월 28일 (화) 맑음·흐림

◇ 淸津을 탈환한 국군, 계속 북진.

◇ 미 해병대, 長津湖에서 서쪽으로 전진 중 적의 결사적 반격 받음.

◇ UN군, 중부 전선에서 압도적인 적군의 수에 밀려 후퇴.

◇ 중공, 德川으로부터 20마일 남하 중.

◇ 프랑스 보병대대, 釜山 상륙.

◇ 趙내무장관, 악질분자를 제외한 나머지 부역자는 포섭하겠다고 밝힘.

◆ 오스틴 미 대표, UN 안보리에서 중공침략 비난 연설.

◆ 중공대표, 미국 비난.

◆ 맥아더원수, 20만 중공군의 개입으로 새로운 전쟁이 시작됐다고 발표.

◆ 맥아더원수, 在韓 미군 사령관을 東京에 소집해 긴급회의.

11월 29일 (수) 눈, 맑음

◇ 미 제1기갑사단, 順川에서 다시 북진.

◇ 미 제7사단, 長津湖 부근에서 중공군과 격전.

◇ 중공군, 5개 사단을 투입. 長津湖 부근의 미 해병대의 후방 차단.

◇ 터어키군, 德川 남쪽서 중공군과 격전.

◇ UN군, 淸川江 남안으로 철수 완료.

◇ 미 공군, 700대 전선 출격.

◆ 林炳稷외무, 안보리에 참석하여 中共침략 비난.

◆ 한국전쟁 확대로 유럽 주식 폭락.

11월 30일 (목) 맑음

◇ 중공군　북동전선에 약 8만 집결.

◇ 국군, 淸津에서 19km 북진. 정찰부대 북위 42도선 통과.

◇ 아군, 德川·安州·寧邊·球場에서 중공군과 공방전.

◇ UN군, 新安州비행장 철수.

◇ 미 제1기갑사단, 順川 동쪽 16마일 지점에 방어선 설치.

- 소련, 한국으로부터 중공군 철수하라는 6개국 결의안에 거부권 행사.
- 안보리, 미국이 대만 침범했다는 중공 비난 각하.
- 트루먼, 한국전쟁중 경우에 따라 원폭 사용도 불사하겠다고 언명.
- 영, 트루먼대통령의 성명 후 긴급각의.

12월 1일 (금) 맑음

- 미 제7사단·제1해병사단, 후퇴 개시.
- 미 제8군, 淸川江 교두보에서 철수.
- 미 제25사단, 새 방어선으로 철수.
- UN군, 淸川江 부근에서 압도적으로 우세한 중공군과 격전.
- 아군, 春川 재탈환.
- 미 공군, 1일 200회 출격.
- 사형금지법 공포.
- 맥아더사령부 정보부, 중공군의 진격목표는 38선이라고 발표.
- 트루먼대통령, 국회에 178억 달러의 추가군사비 요청.

12월 2일 (토) 맑음

- 미 해병대, 長津湖에서 더욱 증강된 중공군과 치열한 전투.
- UN군, 長津湖의 지상군 지원에 전력, 차단된 각 부대를 공군의 지원으로 재연결.
- 미 제7사단, 下喝隅里로 후퇴.
- 平壤 북동쪽 20마일 지점인 成川에 적 6개 사단 집결.
- 平壤 주둔 UN군, 야간 철수 개시.
- 적, 淸津에 침입.
- 콜린즈 육군참모총장, 맥아더원수와 회담차 출발.

12월 3일 (일) 눈·흐림

- 중공군 6개 사단, 미 해병대 포위 격전 중.

◇ 국군, 吉州·明川·合水의 동부전선에서 부대 재정비 중.

◇ UN군, 順川·肅川의 서부전선에서 철수.

◇ UN군, 成川을 통과한 중공군과 격전.

◇ UN 공군, 新義州·軍隅里 부근의 적 공격.

◇ 국회, 긴박한 전세로 비상 국회 소집.

◇ 申국방장관, UN에 원폭사용을 요청.

◆ 애틀리 영국 수상, 訪美.

12월 4일 (월) 맑음

◇ 맥아더원수, 중공군 백만명이 북한에 집결했다고 언명.

◇ 중공군, 咸興·元山에 압력 가중.

◇ 미 제3사단 黑水里에서 후퇴.

◇ 長津湖의 미군, 격전 끝에 퇴로를 뚫음.

◇ 平壤의 모든 행정 군사기관 철수.

◆ 중공의 한국침략 규탄 6개국 결의안, UN 총회에 제출.

◆ 요시다수상, 일본은 한국에 의용군 파견을 불허한다고 언명.

◆ 트루먼대통령, 긴급각의 소집.

12월 5일 (화) 맑음

◇ 중공군, 平壤 침입.

◇ 중공군, 大同江 도하 남진 개시.

◇ 중공군, 谷山 도달.

◇ 미 제5공군 24시간 출격, 중공군 2천5백 섬멸.

◇ 통일 완수 국민 총궐기대회 거행.

◆ 아시아·아랍 13개국, 중공은 38선 이남으로 진격하지 말 것을 요청.

◆ 트루먼·애틀리, 한국전 대책 회담.

◆ 인도, 한국전쟁에 원자탄 사용 반대 표명.

◆ 트루먼대통령, 중공의 북한전투 간섭은 소련의 세계정복 계획의 일환이라고
언명.

◆ 미 해군성 대변인, UN군이 한반도에서 철수해야할 경우에 만반의 대책이 되었다고 발표.

12월 6일 (수) 맑음

◇ 미 해병대, 長津湖서 적 포위망 뚫고 후방과 연결에 성공.

◇ 谷山 재탈환.

◇ 미 제5공군, 平壤에 침입한 적을 맹폭.

◇ 콜린즈 미 육군참모총장, 한국에서 원폭 사용하지 않는다고 언명.

◆ 중공 철수 요구하는 6개국 결의안, UN 정치위원회에 상정.

12월 7일 (목) 눈·흐림

◇ UN 공군, 북동전선의 UN군 구출작전 위해 長津湖 맹폭.

◇ UN군, 惠山鎭에서 철수.

◇ 국군 수도사단, 淸津에서 철수 중.

◇ 중공군 제6군 전체, 下喝隅里에 집결.

◇ 아군, 鎭南浦~谷山에 새로운 방어선 구축.

◇ 중공군, 谷山에 집결 중.

◇ UN 해군, 元山에 함포사격.

◇ 38이남 전지역에 비상계엄 선포.

◇ 서울시 관하, 초비상 경계.

◇ 駐中대사에 李範奭씨 임명.

◆ UN 정치위원회, 한국대표의 토의 참가를 결정, 중공군 철수안 토의 개시.

12월 8일 (금) 흐림

◇ 미 해병대·미 제7사단, 古土里까지 탈출.

◇ UN군, 兼二浦~中和~遂安~谷山~新漢에 새 방어선 구축.

◇ 아군, 元山 철수 완료.

◇ 李대통령, 미국에 50만 무장 요구.

◇ 李계엄부사령관, 서울에서의 부녀자 철수 무방하다고 발표.

◇ 네덜란드·터어키·그리스부대 전선에 도착.

◇ 제8회 임시국회 소집.

◆ 顧維均 駐美 중국대사, 3만 國府軍 한국전쟁에 사용하라고 언명.

◆ 트루먼·애틀리 회담 종료, 서울서 임의 철수 않기로 합의.

12월 9일 (토) 맑음

◇ UN군, 長津湖에서 포위하는 중공군과 격전, UN군 주력부대는 古土里에서 구원부대와의 연결 시도.

◇ 중공군 4개 사단, 철수하는 UN군의 퇴로차단 위해 제2의 포위작전 기도.

◇ 중공군, 惠山鎭에 돌입한 미 제7사단 소속 17연대와 국군을 포위.

◇ UN함신, 북동전신의 UN군 임호와 보급을 위해 興南 근해에 정박.

◇ UN공군, 長津湖에서 포위된 UN군 구출작전 중 新義州 상공에서 소련제 제트기 2대 격추.

◆ UN 사무총장, 吾修權 중공대표와 회담.

12월 10일 (일) 맑음

◇ 長津湖에 포위됐던 UN군, 적의 포위망 돌파하고 선봉부대 興南에 도착.

◇ 적, 谷山에 침입.

◇ 적, 海州에 침입.

◇ 적, 大同江을 도하해 黃州·沙里院에 접근.

◇ UN 공군, 291회 출격.

◇ 50만 이북 동포, 남한으로 피난 중.

◇ 미 8군, 서울 방어의 언질 준 일 없다고 언명.

◆ 뉴질랜드, 대대 병력 1,200명 派韓

12월 11일 (월) 맑음·흐림

◇ UN군, 중공군 3개 사단을 격파하고 長津湖 철수작전 완료.

◇ UN군 잔류부대, 咸興평야에 집결.

◇ 중공군, 元山 통과 계속 남하.

◇ 북한군, 沙里院 침입.

◇ 적, 자동차부대 城津에서 남하.

◇ UN 공군, 연 400대 출격, 新義州~平壤에 이르는 적 보급로 맹폭.

◇ 미 해병대, 長津湖 탈출 당시 사상자 6천명.

◇ 중공군 사상자 15만명.

◇ 맥아더장군, 한국전선 시찰.

◇ 李대통령, UN이 조속히 중공을 격퇴하라고 기자회견.

◇ 李대통령, 수도 서울 死守를 언명.

◇ 워커중장, 李대통령과 요담.

◇ 金日成, 北京에서 중공군 격려 방송.

◆ 맥아더원수, UN군은 不敗의 군대라고 언명.

12월 12일 (화) 맑음 · 흐림

◇ 중공군, 咸興 · 興南 교두보에 내습.

◇ 국군, 漣川 · 抱川에서 북한군과 격전.

◇ 서울시, UN의 대한민국 승인 기념식 거행.

◆ 한국 정전결의안, 미국 · 영국은 지지, 國府는 반대.

12월 13일 (수) 흐림

◇ 국군, 華川 · 史倉里 · 楊口에서 적 제25 · 27 · 35연대와 격전.

◇ B29, 平壤 폭격.

◇ 미 국방성, 7월 이후 현재까지 미군 사상자는 사망 5,570명 포함 33,870명이
라고 발표.

◇ 마이어 ECA 사절단장, 서울 도착.

12월 14일 (목) 맑음

◇ UN군, 동부전선에서 함대의 도움으로 해상 철수 개시.

◇ 국군 수도사단, 淸津 탈환 후 興南에 귀환.

◇ 미 해병대·미 제7사단, 포위망 뚫고 興南에 철수.

◇ 국군, 史倉里·華川·楊口에서 계속 전투 중.

◇ 중공군, 海州 통과, 延安 진출.

◇ 8천4백명의 반공피난민, 鎭南浦로 철수.

◇ 미 공군, 新義州 상공에서 소련제 전투기 2대 격추.

◆ 마샬 미 국방장관, 전면전쟁은 피해야 한다고 강조.

◆ 애틀리 영국 수상, 중공과 한국전쟁 해결이 되지 않으면 3차대전도 불사한다
  고 경고.

◆ 처칠, 공산당 분쇄 위해 원폭 사용을 주장.

12월 15일 (금) 맑음·흐림

◇ 중공군, 市邊里에 진출.

◇ UN 공군, 연 385회 출격, 宣川 폭격.

◇ 정부, 국회에 부역자 처리법 개정안 제출.

◆ 미, 국민군 2개 사단을 연방군으로 소집.

◆ 미 하원, 160억 달러의 긴급추가군사비 통과.

12월 16일 (토) 눈·흐림

◇ UN군, 咸興 포기.

◇ 국군, 史倉里·華川·楊口에서 적과 혈전 중.

◇ 적 패잔병, 五臺山에서 준동.

◇ 적, 白川 진출.

◇ 미 제5공군, 平壤 맹폭.

◇ 국회, 국민방위군법 통과.

◆ 트루먼대통령, 국가 비상사태 선언에 서명.

◆ 미 재무성, 미국내 중공 및 북한재산 동결.

12월 17일 (일) 맑음

◇ 平壤지구의 중공군 별다른 움직임 없음.

◇ 북한군, 계속 남하.

◇ B29, 元山 폭격.

◇ 미 F86제트기 첫 출전.

◇ 李대통령, 春川·原州 전선 시찰.

◇ 11월 9일의 新義州 폭격 이래 침묵 중인 북한방송, 17일 밤부터 江界에서 방송 재개.

12월 18일 (월) 맑음·눈

◇ UN 해군, 咸興 서쪽 탄약고에 함포사격.

◇ 적, 漣川 지역의 국군을 공격.

◇ B26, 鎭南浦~新安州 사이의 적 야영지대 공격.

◇ 호주 공군, 宣川 철교 폭파.

◇ 뉴질랜드 야포부대, 釜山 입항.

◆ 중공, 廣東에서 최초의 反英 데모.

◆ NATO 이사회, 군총사령관에 아이크 추대를 결의.

2월 19일 (화) 흐림·눈

◇ 적, 開城 주변에 침투.

◇ 캐나다 보병 제2대대 도착.

◇ 10억원 위조지폐단, 합동조사본부에서 검거 발표.

◆ 맥아더장군, 콜럼비아의 한국 파병 승인.

◆ 트루먼대통령, 아이크를 NATO 총사령관에 임명.

◆ 미, 對중공 우편·소포 제한.

◆ 트루먼, 공화당의 애치슨국무장관 파면 요구 거부.

12월 20일 (수) 흐림

- 서부전선, 소규모 전투 산발적으로 전개.
- 서울, 신문기자 총궐기대회.
- 국회, 정기국회 개회.
- 李대통령, 최후의 순간까지 수도를 지킬 것이라고 강조.
- 맥아더원수, 북한군 15만 재편성 중이라고 발표.

12월 21일 (목) 눈·맑음

- 적, 春川에 침입.
- 미 해군 로케트함, 최초로 행동개시.
- 국민방위군 설치법 공포.
- UN 新한국위원회, 업무보고.
- 북한, 平壤 방송 재개.
- 리 UN 사무총장, 침략에 계속 대항할 것을 언명.
- 트루먼대통령, NATO군 설치 찬양.

12월 22일 (금) 눈·흐림

- 중공군, 漣川·金化·華川지역에 집결중.
- 미 F86, 미그기 6대 격추.
- 李대통령, 汶山 시찰.
- 중공, UN의 停戰案 거부.
- 國府 게릴라, 廣東비행장 기습, 중공기 5대 폭파.

12월 23일 (토) 흐림

- 워커 미 8군사령관, 전선시찰 중 교통사고로 순직.
- 8군사령관에 매듀B. 리지웨이 중장 임명.
- 李대통령, 주한 UN군에 감사 표명.
- 트루먼대통령, 현재의 세계정세에 대하여 미국은 최선을 다할 것을 다짐.

12월 24일 (일) 흐림·눈

◇ 12만의 UN군과 10만의 피난민, 興南 철수 완료.

◇ 국군, 春川에서 남하하는 중공군 격퇴.

◇ 중공군, 開城지구에 병력 집결 중.

◇ 중공군, 高浪浦에 출몰.

◇ 李대통령, 서울시민에게 피난 명령.

12월 25일 (월) 흐림·눈

◇ 군법회의, 부역자 減刑 혹은 特赦.

◇ 李起鵬 서울시장, 시민에게 疏開 권고.

◆ 리지웨이 신임 8군사령관, 東京 도착.

◆ 트루먼대통령, 전세계에 크리스마스 메세지 발표.

12월 26일 (화) 맑음·흐림

◇ 중공군, 漣川 부근 집결.

◇ 아군, 春川 방면에서 북한군과 교전.

◇ 국군 9861부대, 全谷에서 중공 2개군 대대 섬멸.

◇ 중공군, 서울을 목표로 남하 기도.

◇ 서부전선, 평온.

◇ 아군, 高浪浦 방면에서 혈전 중.

◇ UN 공군, 700회 출격.

◇ 李대통령, 정부 移轉説 부인.

◆ 맥아더원수, 미 10군단의 興南 철수 성공 성명.

◆ 리 UN 사무총장, 절대로 한국을 포기하지 않겠다고 역설.

12월 27일 (수) 맑음

◇ 리지웨이 신임 8군사령관, 전선 첫 시찰.

◇ 張澤相 국회부의장, 국회 서울 잔류 언명.

◇ 국군, 春川 부근에서 남하하는 중공군을 분쇄.

◆ 트루먼대통령, 긴급각의 개최.

12월 28일 (목) 맑음

◇ 아군, 春川 북동쪽에 출몰하는 북한군 맹공격.

◇ 중공군, 38선 돌파. 開城 점령 남하.

◇ 미 제5공군, 鐵原·金化·全谷 등 맹폭격.

◇ 중공 제트기, 50기 이상 출현.

◇ 리지웨이사령관, 중부전선 시찰.

◇ 李대통령, 제6사단 표창.

◆ UN, 맥아더원수가 제출한 중공의 침략 준비 계획 공개.

◆ 중공, 自國내의 비국 새산 동질.

◆ 張勉대사, 興南 피난민 철수에 관해 트루먼대통령에게 감사 편지.

12월 29일 (금) 흐림·비

◇ 중공군, 鐵原·漣川지구에서 점차 활동 개시.

◇ 중공군, 臨津江에 架橋 설치 기도.

◇ 리지웨이장군, 전선시찰 후 승리에 대한 자신감 피력.

◆ 트루먼대통령, 워커중장의 대장 승진을 국회에 요청.

12월 30일 (토) 맑음

◇ UN군, 모든 전선에서 38선 이남 16km 지점까지 철수.

◇ MIG기 40대, 미 F86 15대에 도전.

◇ UN 정찰대, 서울 북쪽 43km 지점에서 중공군과 4시간 격전.

◇ 적 유격대, 大田·大邱 등에서 아군 보급로 수송부대 습격.

◇ 서울시, 쌀값 폭등.

◇ 서울시민의 49%인 84만명 피난.

◆ 미 8군사령관, 釜山 시찰.

◇ 白善燁준장 이하 11명, 銅星훈장.

12월 31일 (일) 맑음

◇ 적, 대공세 개시.

◇ 적, 開城 부근에 차량·장갑차 집결.

◇ 적, 38선 부근에 점차로 병력 강화.

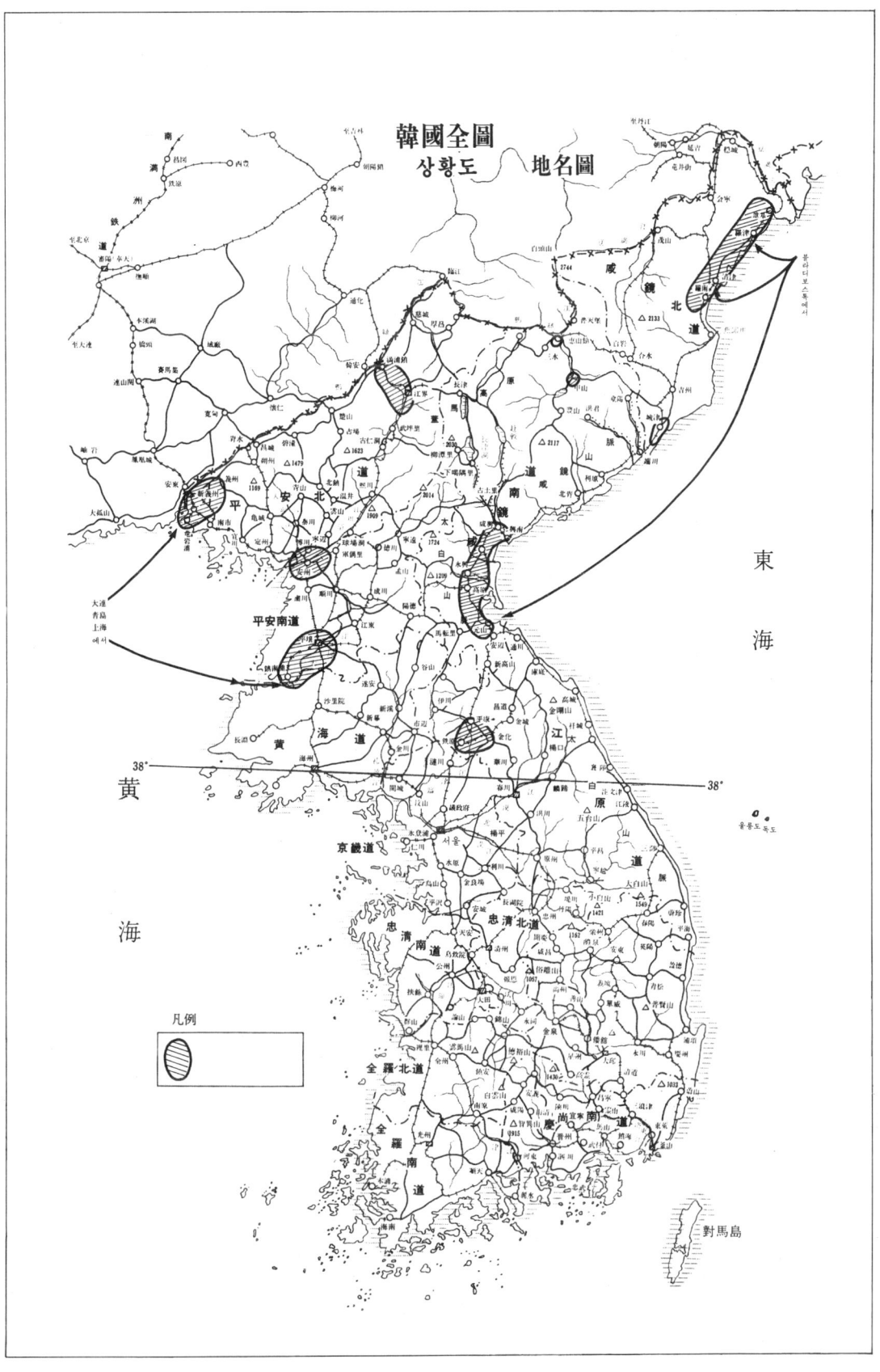

中共軍 서울 侵入, 前線밀고 밀리고
1951.1.1 ⇨ 1951.12.31

目 次 ▬▬▬

1951년

1월 1일 (월) 맑음

◇ 중공군 6개 군단, 총공격 개시.

◇ 적, 서울 북쪽 25km 지점에 진출.

◇ 적 부대, 高浪浦 방어선 뚫고 南進.

◇ 극동공군, 연 812회 출격.

◇ 李대통령, 미 제5공군 사령관에게 훈장 수여.

1월 2일 (화) 흐림·맑음

◇ 영국 제29여단 탱크부대, 議政府에서 중공군 3개 연대 기습으로 대타격 받음.

◇ 政訓局, 출판·언론에 대한 검열 강화.

◆ 故 워커 8군사령관, 대장으로 승진.

1월 3일 (수) 맑음

◇ 적, 미 제24사단을 정면 돌파, 서울 북쪽 11km 지점에 육박.

◇ UN군, 議政府 포기.

◇ 정부 및 국군 수뇌부, 釜山으로 이전.

◇ 서울시민 30만, 빙판이 된 漢江을 도보로 도하.

◆ 애치슨국무장관, UN 중재에 의한 전쟁 종결책 강구 언명.

1월 4일 (목) 맑음·흐림

◇ UN군, 서울 철수.

◇ 중공군 정찰대, 서울 남서쪽에서 漢江 도하.

◇ UN군, 金浦·仁川 포기.

◇ 적 차량 476대 남하 중.

◆ 마샬 미 국방장관, 한국사태 예기한대로라고 언명.

1월 5일 (금) 맑음·흐림

◇　적, 永登浦 점령.

◇　미 정예부대, 釜山 상륙.

◇　리지웨이 8군사령관, 새로운 방어선 시찰.

◇　釜山시민, 총궐기 대회.

◆　徐載弼박사, 미국에서 별세.

◆　미 국방성, 적의 총병력 95만이라고 발표.

1월 6일 (토) 흐림·비

◇　적, 洪川 점령.

◇　아군, 原州에서 격전.

◇　사회부장관, 巨濟島 시찰.

◆　중·소 군사협정 체결.

◆　아이크, 유럽 방어문제 협의위해 유럽행.

1월 7일 (일) 흐림·비

◇　중공군, 原州를 향해 남하.

◇　적, 忠州 32km 지점에 진출.

◇　적 3개 사단, 水原 점령.

◇　UN군, 烏山 포기.

◇　李대통령, 미국에 총기 50만정 요청.

◆　영 연방회의 한국문제 토의.

1월 8일 (월) 흐림·맑음

◇　UN군, 原州 철수.

◇　UN 해군, 仁川 주변에 4일간 함포사격.

◇　적, 烏山 점령.

◇　李대통령, 국민에게 궐기 호소.

1월 9일 (화) 흐림·비

◇ UN군, 原州 지구에서 소규모의 반격전.

◆ 홍콩 주재 미국 총영사, 홍콩에 거주하는 미국인에게 귀국 권고.

◆ 트루먼대통령, 年頭敎書에서 자유세계는 단결하여 소련의 침략에 대비할 것을 호소.

1월 10일 (수) 비·흐림

◇ 미 제2사단 정찰대, 原州 돌입 후 철수.

◇ 烏山 지구에서 적 대병력 남하.

◆ 미 국방성, 홍콩 거주 미국인의 철수 권고.

◆ 미 국방성, 맥아더원수의 UN군 한국전선 철수 종용설 부인.

1월 11일 (목) 흐림·맑음

◇ 미 제2사단 소속 미·프랑스·네덜란드군, 原州에서 적 7천과 死鬪 끝에 진지 고수.

◇ 중공군 7개군단, 原州 서쪽에서 전투 대기 중.

◇ UN 공군, 烏山~大邱 사이의 중공군 공격.

◇ 미 공군, 水原 맹폭격.

◆ 아이크, 네덜란드 도착.

1월 12일 (금) 흐림

◇ 적, 丹陽 북쪽에 출현.

◇ UN군, 原州 전투에서 북한군 2개 사단 물리치고 전략고지 탈환.

◇ B29, 原州 폭격.

◇ 李대통령, 일본군이 참전하면 중공군보다 먼저 격퇴해야 한다는 담화 발표.

◇ 李대통령, 大邱 시찰.

1월 13일 (토) 맑음

◇ 적, 寧越 점령.

◇ UN 공군, 640회 출격.

◇ 신임 헌병사령관에 崔慶祿준장 임명.

◇ 정부, 피난민 20만을 巨濟島 수용 계획 발표.

◆ UN 정치위원회, 한국의 새 停戰案 가결, 北京에 전달키로 의결.

1월 14일 (일) 맑음

◇ 적, 30만 병력으로 중부·서부에서 공격 개시.

◇ 미 제2사단, 原州 고수.

◇ UN 공군, 750대 출격.

◇ 적 공군, UN 진지에 처음으로 燒夷彈 투하.

◇ 趙내무장관, 釜山·大邱 등의 피난민을 지방으로 분산키로 결정했다고 발표.

◆ 콜린즈 미 육군참모총장, 東京에서 맥아더원수와 요담.

◆ 외신, 한국정부의 濟州 이전 고려중임을 보도.

1월 15일 (월) 맑음

◇ 동부전선, 종일 소강상태.

◇ UN군, 寧越에 침입한 적 격퇴.

◇ 原州 지구 평온.

◇ UN군, 서부전선에서 돌연 공격 개시.

◇ UN군, 鳥山 탈환.

◇ 중공군, UN 공군의 맹폭격으로 水原을 포기, 북으로 도주.

◇ 국회, 釜山극장에서 재개.

◇ 콜린즈 미 육군 총참모장, 밴덴버그 공군참모총장 내한.

◇ 콜린즈장군, UN군은 한국에 계속 주둔할 것이라고 언명.

◇ 李瑄根정훈국장, 해외도피 지도자들의 각성 촉구 담화.

1월 16일 (화) 맑음

◇ 미 제2사단, 原州에서 철수.

◇ 미 제8군, 水原 탈환.

◇ B26, 水原 북쪽의 적에게 야간 폭격.

◇ 제5공군, 元山·平壤비행장 폭격.

◇ 미 공군 참모총장, 일선 시찰.

◇ UN 한국위원회, 人海전술에 人海전술로의 대응은 비과학적이라고 밝힘.

◇ 崔淳周재무장관, 예금지불에 제한없다고 언명.

◆ 리 UN 사무총장, 새로운 한국 停戰案 적극 지지한다고 성명.

1월 17일 (수) 맑음

◇ UN군 정찰대, 原州 돌입.

◇ 李대통령, 大邱에서 미 육군 참모총장 콜린즈대장과 회견.

◇ 국회 제8차 본회의, UN 停戰案을 정부와 국회 모두 반대.

◆ 중공, UN 停戰案 거부.

1월 18일 (목) 흐림

◇ UN군, 寧越 북동쪽 10마일 지점에서 교전.

◇ 적 정찰대, 烏山에 출현.

◆ 오스틴 미 대표, UN 정치위원회에서 중공 규탄 요구.

◆ 트루먼대통령, 중공을 침략자로 규정하는데 전력투구하겠다고 언명.

1월 19일 (금) 흐림·맑음

◇ UN군, 原州 재탈환.

◇ UN군 기갑부대, 烏山 북쪽 2마일 지점 平川에 돌입.

◇ 아군 유격대, 段栗에서 활동 중.

◆ 蔣총통 고문 何應欽장군, 東京에서 한·중·필리핀·일 통합군 창설 제창.

1월 20일 (토) 맑음

◇ 적, 江陵 점령.

◇ 아군, 原州에 침투한 적 1개 연대와 시가전.

◇ 맥아더원수, 여덟번째로 한국전선 시찰 후「아무도 UN군을 바다로 밀어넣을 수 없다」고 담화.

◇ 倭館철교 복구 공사 재착수.

◇ 정부, 60만 피난민을 巨濟・濟州로 이송.

◇ 국회, 중공 침략자 결의안 가결.

◆ 영국 육군상, 하원에 영국군 장병 사상자 보고(현재, 사망 120명, 부상 366명, 행방불명 231명)

◆ 미, UN에 중공침략자 규정안 제출.

1월 21일 (일) 맑음

◇ 原州 공방전 치열.

◇ 적, 堤川 동쪽 8마일의 UN군 진지에 내습.

◇ UN군, 중공 제42군단의 3차 반격으로 利川에서 철수.

◇ B29, 중공군 집결지에 폭탄 176톤 투하.

◇ 적, 개전 이래 최대인 50여대의 제트기 투입.

◇ 丁총참모장, 寧越 탈환에 공헌한 국군 제7사단 3연대 표창.

◇ 정부, 地稅 임시조치법안 국회에 제출.

◆ 張勉대사, 트루먼대통령과 회담.

◆ 덜레스를 단장으로 하는 對日 강화 미국 사절단 일본으로 출발.

1월 22일 (월) 맑음

◇ 북한군, 安東서 돌연 공세.

◇ UN군, 原州비행장과 233고지 탈환.

◇ UN군, 烏山・利川에 재돌입.

◇ 개전 이래 공군이 적에게 준 피해는 9만여명.

◇ UN군 정찰대, 仁川 탐색.

◇ 국민방위군 본부 기구 확장.

◆ 인도, 중공의 조건부 停戰案을 UN에 대신 제출.

◆ 홍콩 주둔 영국 사령관, 한국전선 시찰

1월 23일 (화) 맑음

◇ UN군, 적과 寧越에서 시가전.

◇ UN군 정찰대, 일곱번째 原州 돌입.

◇ UN 공군, 牙山灣의 적 소함정 23척 격침.

◇ 미 F86 24대, 新義州 상공에서 MIG 28대와 공중전.

◆ 리지웨이장군, 미 태평양함대 사령관 래드포드제독・미 극동 사령관 죠이장
군과 회담.

◆ 미 상원, 중공은 침략자이며, UN가입을 반대한다는 결의안 채택.

1월 24일 (수) 흐림・맑음

◇ UN군, 寧越에 재돌입.

◇ UN 탱크부대, 原州 점령.

◇ UN군, 橫城 탈환.

◇ UN군, 驪州 탈환.

◇ UN 공군, 적 제트기 4대 격추, 3대 파손.

◇ 政訓局, 모든 출판 및 방송 사전검열 실시.

◆ UN 정치위원회 미국 대표, 중공 정전안 거부.

◆ 미, 새로운 원자탄 실험.

1월 25일 (목) 맑음

◇ 미・캐나다 함정, 仁川항 포격.

◇ 미 제10군단장, 국군 제3군단을 표창.

◇ 미 제1・제10군단, 일제히 국한된 공격 개시.

◆ 덜레스 對日 강화조약 미 대표단장, 東京 도착.

1월 26일 (금) 맑음

◇ 강력한 UN군, 서울 15마일 지점까지 육박. 중공군 477명 사살.

◇ UN군, 水原·金良場 탈환.

◇ UN 지상군, 적 1,152명 살상.

◇ 李대통령, AP기자회견에서 미국의 對日 강화책 지원, 韓日우호관계를 희망한다고 언명.

◆ 캐나다·이스라엘 양국, 한국정전 절충안 제출.

1월 27일 (토) 맑음

◇ 미군, 전차포 및 야포로 平昌 공격.

◇ UN군, 서울 16km지점까지 진출.

◇ 아 해군, 仁川항에서 4일간 상륙작전 감행.

◇ 래드포드 미 태평양함대사령관, 한국전쟁이래 미 해군 사상자 291명, 掃海艇 3척 상실이라고 발표.

◆ 맥아더원수, 덜레스장관과 회담 개시.

1월 28일 (일) 맑음

◇ UN 정찰대, 江陵 남쪽 1마일 지점에서 적 1개 중대와 교전.

◇ UN군, 서울 남쪽 10마일 지점에 돌입.

◇ UN 함대, 仁川지구 포사격.

◇ 적 제2군단, 寧越·丹陽서 궤멸.

◇ 한국 공군고문단장, 한국 공군 개전 이래 3배로 강화, 미국이 지원하면 아시아 최강 공군이라고 언명.

◇ UN 韓委의장 아프리카박사 일행, 鎭海 시찰 방문, 孫제독에게 UN기 증정.

1월 29일 (월) 맑음

◇ UN 장갑정찰대, 橫城에 재돌입.

◇ UN군, 丹陽 북서쪽 15마일 지점에서 적 게릴라 1,300명과 교전. 사살 23명 포로 9명.

◇ 중공군 약 1개 대대, 서울 남쪽 11마일 지점에서 반격.

◇ 미 전함 미조리호, 杆城지구 맹포격.

◇ 미 제77기동함대 함재기, 杆城지구 맹폭격.

◇ 미 극동공군사령관, 金貞烈공군참모총장에게 최고훈장 수여.

◆ 트루먼대통령, 폴데방 프랑스수상과 對한국정책에 관해 회담.

1월 30일 (화) 맑음

◇ UN군 1개 중대, 江陵 남쪽 1마일 지점에서 적 1개 중대와 교전. 적 사살 200명, 포로 15명.

◇ 푸에르토리코군, 격렬한 백병전 끝에 水原 북동쪽 3마일의 적 격퇴.

◇ UN 함대, 杆城지구 포격.

◇ 미 극동함대사령관 죠이중장, UN 해군 개전 이래 적 24,500명 살상했다고 발표.

◇ 중공군 소년정찰대 한국전선에서 사용중.

◆ UN 政委, 중공을 침략자로 규정(44대7).

1월 31일 (수) 맑음

◇ 리지웨이장군, 최전선 시찰.

◇ UN군, 중동부전선에서 500야드 전진.

◇ 그리스군, 첫 전투에서 3천명의 중공군 격퇴.

◇ 미군·호주군 비행기, 서부전선에서 적 3,500명을 살상.

◇ 미 함정 미조리호, 高城에서 杆城에 이르는 20마일을 맹포격.

◇ UN 지상군, 적 1,580명 살상.

◇ 벨기에·룩셈부르크군, 釜山에 입항 즉시 전선으로 출발.

◆ UN 안보리, 한국문제를 議事에서 제외하자는 영국안 가결.

◆ 미, 신핵무기 개발중이라고 발표.

2월 1일 (목) 맑음

◇ UN군, 砥平에 내습한 적을 격퇴.

◇ 驪州 북쪽에서 백병전, 적 3개 연대 격퇴.

◇ 제5공군, 하루동안 적 19,000명을 살상.

◇ 국민회 본부, 釜山에 설치.

◇ 李대통령, 빠른 시일내에 환도 언명.

◆ ECA, 한국에 선박 70여척 원조키로 결정.

◆ UN 총회, 중공 침략자 규정안 가결(44대7).

◆ 미, 제2차 핵실험.

2월 2일 (금) 맑음

◇ UN군, 水原 북쪽의 적 공격.

◇ UN군, 서울 포사격권내로 진출.

◇ 安養 탈환.

◇ 북한군 전선사령관 金策 전사(평양방송).

◇ 중국인, 북한에서 대거 피난.

◆ 터어키, 한국에 군대 증파키로 결정(약 6천명).

2월 3일 (토) 맑음

◇ 미군, 平昌 탈환.

◇ 아군, 橫城탈환 실패.

◇ 利川에서 동쪽으로 2마일 진출.

◇ UN군, 서울까지 7마일 접근.

◇ 터어키군, 서울 남쪽 17마일의 고지 탈환.

◇ 리지웨이장군, UN군 반격이래 3일까지 적 손실 10,000명이라고 발표.

◆ 38개국, 2억2천2백만달러를 한국 구제에 갹출할 것을 확약.

◆ 周恩來, 한국서 휴전할 수 없다고 언명.

◆ 미 국무성, 國府軍의 한국참전 불허 이유 발표.

2월 4일 (일) 맑음·흐림

◇ 국군, 江陵지구에서 적 3개대대 격파.

◇ 미·프랑스군, 砥平 탈환.

◇ UN군, 金良場·利川지구의 적 반격 격퇴.

◇ 국군, 水原 북서쪽 6마일의 383고지 탈환.

◇ 서울 남쪽 山麓에서 육박전.

◇ 미8군, UN군 진격의 38선 정지설 부인.

2월 5일 (월) 맑음·흐림

◇ 개전 이래 최대의 미 탱크대, 서울 남쪽 5마일 적진에 돌입.

◇ 공군 전과-출격 534회, 적 차량 파괴 99대·적 살상 600명·적기 1대 격추.

◇ 리지웨이장군, 8군 공세 순조롭다고 언명.

◇ 李대통령, 38선은 이미 없어졌다고 언명.

◆ UNESCO, 한국민간사업 원조비로 10만달러 지출 결정.

2월 6일 (화) 맑음

◇ 중부전선에서 38선 25마일에 육박.

◇ 安養 북동쪽의 地城 탈환.

◇ UN군, 漢江 남쪽에서 중공군 대부대 포위 섬멸 작전.

◇ 리지웨이장군, 피아 손해비율 100대 1이라고 발표.

◆ 미, 최초의 水爆 실험.

2월 7일 (화) 맑음

◇ 江陵 동남쪽 15km, 남서쪽 8km의 적 저항 격렬.

◇ 洪川 6마일에 육박. 橫城 북쪽에서 치열한 전투.

◇ 적, 中部전선에서 총퇴각 개시.

◇ 아군, 서울 着彈거리내에 도달.

◇ 利川 북서쪽에 적 25만이상 집결중.

◇ 적 사상 4,647명, 비행기 출격 445회, 적 탱크 3대 폭파.

◇ 전 駐韓 미 24사단장 허지소장, 한국전투에 대해 ①피아 손해 10대 1 ②공산군은 전부 소련제 무기 사용 ③UN군이 한국에서 축출당할 일은 절대 없다고 언명.

2월 8일 (목) 흐림·비

◇ 아 해군, 동해안 注文津 돌입.

◇ 국군·미군, 橫城 북쪽 5마일 진격.

◇ 平昌 북동쪽 12마일의 창평 탈환.

◇ 미 전차부대, 서울 포격.

◇ UN군 반격 개시이래 적 피해 57,000명 추산.

◆ 미 육군장관, 한국에 증원군 파병을 표명.

2월 9일 (금) 흐림·비

◇ 미 제25사단소속 한국군, 서울시내 돌입 중공군과 시가전.

◇ 橫城 주변에서 백병전.

◇ 砥平 동쪽으로부터 洪川 남쪽에 이르는 선에서 적 완강히 저항.

◇ 미 제3사단의 기동부대, 漢江에 도달.

◇ 미군 정찰대, 仁川 돌입.

◇ 미 전함 미조리호, 16mm포탄 2,100발 발사.

◆ 캐나다 외상, UN군의 재차 38선 돌파시에는 신중을 기하라고 언명.

2월 10일 (토) 맑음·흐림

◇ 砥平 동쪽 8km의 아군, 적의 격렬한 저항 격퇴.

◇ 金浦에 미 낙하산부대 투하.

◇ 9시30분 永登浦, 16시30분 金浦공항 완전 탈환 漢江에 도달.

◇ 仁川 탈환, 시청에 태극기.

◇ 아군 각 전선에서 4.5마일 전진, 일부 선발대 冠岳山 도착.

◇ 중공군, 서울 방어를 북한군에게 맡기고 철수.

◆ B29,平壤근방 철교 맹폭. 宣川조차장 파괴.

2월 11일 (일) 맑음

◇ 국군 수도사단, 38선 재돌파하고 襄陽 탈환.

◇ 서울 북쪽에서 약 2,000명의 적 준동.

◇ UN군, 서울 협공태세, 시내에는 중공군 전무.

◇ 東·西 양선에서 적 수송부대, 북쪽으로 총퇴각.

◆ 미·일, 강화조약 예비회담 완료.

2월 12일 (월) 맑음

◇ 미 제8군 대변인, 襄陽 탈환 부대 귀환 발표

◇ 적, 6만명으로 반격 개시. 국군 제3·8사단에 타격을 줌.

◇ 중부전선 반격, 적은 중공군 9개 사단·북한군 6개 사단, 아군은 국군 2개
사단과 미 선봉부대.

◇ 적, 永登浦에 야포 사격.

◆ 애틀리 영국 수상, UN군의 38선 재돌파는 신중을 기해야 한다고 언명.

2월 13일 (화) 맑음·흐림

◇ 맥아더원수, 서부전선 시찰.

◇ UN군, 10만 공산군의 반격에 橫城 철수.

◇ 橫城 북서쪽에서 미 2개 대대와 국군 1개 연대, 적 포위망 탈출.

◇ UN군, 맹렬한 교전후 利川 북동쪽 고지 탈환.

◇ 영국군, 미군과 협력해 漢江부근 고지 탈환.

◇ 미 제8군, 1월25일이래 적군 손실 80,120명이라고 발표.

◇ 공군, 적 차량 385대·건물 1,225동·교량 9개 격파·살상 350명 이상.

◇ 미 8군 참모장, 피난민 귀향시키지 말라고 지시.

◆ 멕시코대표 네루브씨, 한국조정위원회 위원에 취임.

2월 14일 (수) 비·흐림

◇ 국군 해병대 및 미 해병대 元山 앞바다의 2개 섬 점령.

◇ 아군, 砥平전선에서 적 2개 사단을 섬멸.

◇ 漢江도하 적 1,152명 섬멸, 250명 생포.

◆ 애치슨장관, 38선돌파 언급 회피.

2월 15일 (목) 맑음·흐림

◇ 미 8군, 原州 砥平지구에서 적 4개 사단 섬멸했다고 발표.

◇ 驪州 북동쪽 11km에 출현한 적 150명 중 47명 사살, 4명 생포.

◇ 서울 남쪽 및 남동쪽에 출현한 적 1개 중대 격퇴.

◇ 공군, 1,025회 출격. 군용 건물 1,050동. 차량 12대 파괴, 적 1,000명이상 살상.

◇ 종합전과－적 손실 4,935명, 포로 209명.

◆ 트루먼대통령, 38선 재돌파는 맥아더원수의 결정사항이라고 언명.

◆ 미 해군성, 태평양에 한국전쟁이래 처음으로 잠수사단(제13사단) 창설했다고 발표.

2월 16일 (금) 흐림·맑음

◇ 적, 堤川 주변에 침투.

◇ 아군, 오늘 새벽 중공군 약 1,000명의 砥平 서쪽 248고지 공격 격퇴.

◇ 미군, 서울 맹포격.

◇ 적 후방의 아군 의용군, 段栗, 長淵, 甕津, 延安 방면에서 분투중.

◇ B29, 元山에 폭탄 120톤 투하.

◇ 지난 4일간의 전투에서 적 손실 20,000여명.

◇ 후방 대기중인 피난민 약 200만명으로 추산.

◆ 리 UN사무총장, 38선 문제는 관계국과 계속 토의중이라고 언명.

◆ UN 중공제재대책위, 업무 개시.

◆ 스탈린, 기자회견에서 영·미가 중공의 제안을 거부한다면 한국전쟁은 그들의 패배라고 언명.

2월 17일 (토) 맑음

◇ 국군, 江陵으로 철수.

◇ 아군, 堤川 부근에 출현한 적 제5군단 선봉대를 격퇴.

◇ 아군, 砥平 북동쪽 20마일까지 진출.

◇ 아군, 利川 북동쪽 포격.

◇ 적, 平昌 5～10마일·寧越 8마일 지점에 침투.

◇ 적 2차의 漢江도하 기도, 아군의 공중공격 및 포격으로 격퇴.

◇ 아공군 출격 745회, B26 平壤에서 적 열차 25량 파괴, 군 건물 1,276동 파괴.

◇ 전과－全 전선에서 적 5,407명 살상. 1월25일이래 적 손실 약 11만명.

◇ 36세이상의 국민방위군 귀가 조치.

◆ 미 지도층, 스탈린성명 반박.

◆ 터어키·그리스군, 한국으로 출발.

2월 18일 (일) 맑음

◇ 아군, 주문진을 확보.

◇ 原州 북쪽에서 적 12～16개 사단을 보유.

◇ 중공군, 楊平사령부 포기.

◇ 아 공군, 16일 이래 3,200회 출격. 적 2,370명이상 살상, 군용 건물 5,192동, 탱크 10대, 철도차량 59량 등을 파괴.

◇ 3만여 仁川시민 귀환.

◇ 張勉총리, 기자회견에서 한국은 절대 안전하다고 언명.

2월 19일 (월) 맑음

◇ 아군, 江陵 철수.

◇ 중부전선에서 中共軍 총퇴각.

◇ 아 전차부대, 堤川 북쪽 4마일까지 진격.

◇ 原州 북쪽에서 중공군 3대 사단 격퇴.

◇ 영국군, 서울 동쪽 17km까지 진출.

◇ 아 제5공군, 安州 淸川江상에 출격.

◇ 張勉총리·申性模국방장관, 서부전선 시찰.

◇ 釜山에서 38선 정지설 배격 국민대회.

2월 20일 (화) 맑음

◇ 酒泉 탈환.

◇ 아군, 堤川 북동쪽에서 7마일 진출.

◇ 橫城지구에 적 30,000명 집결중.

◇ 적, 서울에서 퇴각 개시.

◇ 아 해군, 元山에 함포사격.

◇ 아 공군, 1,335기 출격. 적 250명 살상.

◇ 맥아더원수 原州전선 시찰. 전황에 만족 표명.

◇ 林炳稷장관, 스탈린성명 반박.

2월 21일 (수) 흐림

◇ 리지웨이장군 지휘하에 중부전선에서 총공격 개시.

◇ 적 洪川 방면으로 후퇴, 아군 橫城 5마일 이내에 도달.

◇ 아군, 漢江도하 실패.

◇ 아 공군 B29, 興南 폭격.

◇ 아 해군, 元山지구 함포 사격. 적 포대 2개소 파괴.

◇ 전 전선에서 적 1,076명 살상, 포로 15명.

◇ 미군 손실, 개전이래 총 49,132명.

◇ 킹슬리 UN재건국장 來韓.

◆ 소련, 중공에 5백대의 공군기 제공설.

◆ 영국, 유엔군의 38선 재돌파 지지 표명.

2월 22일 (목) 흐림·맑음

◇ 申性模장관, 중부전선 시찰.

◇ 적 대부대, 原州 북쪽에 참호 구축.

◇ 10만의 UN군, 중부전선에서 12마일 전진. 模城·平昌 등지에 근접.

◇ 사회부 조사, 피난민 약 480만여명.

◇ 濟州道 계엄령 해제.

2월 23일 (금) 흐림·맑음

◇ 아군, 平昌을 탈환코 橫城에 근접.

◇ UN군 정찰대, 漢江 도하.

◇ 중공군, 서울에서 총퇴각.

◇ 미 순양함 맨체스터호 , 元山지구 및 新島 포격.

◇ 미 제5공군, 300대 출격.

◇ 프랑스군 손실－전사 44명, 부상 201명, 행방불명 3명.

◇ 황해도 信川지구 의거대, 주요지구 확보코 맹활약.

◆ 미 해병연맹련, 한국 고아들에게 보내온 50톤 선물 수여식 거행.

2월 24일 (토) 흐림

◇ 미 보병부대 및 전차부대, 橫城 돌입.

◇ 미 제9군단장 무어소장 순직.

◇ 중공군 사령관에 林彪 후임으로 彭德懷 취임.

◇ 전시예산안 총 7,268억, 국회에 제출(국방, 치안 72%).

◆ 맥아더원수, UN본부에 한국전투 진전에 대한 상황을 보고.

2월 25일 (일) 흐림

◇ 국군 해병대, 元山지구의 新島, 秦島에 상륙.

◇ 적, 橫城 북서쪽 참호에서 반격 기도.

◇ 적, 서울로 통하는 도로에 대해 야포와 박격포로 사격.

◇ 아 해군, 鎭南浦지구의 龍虎島, 新島 공격하는 적 격퇴.

◇ 미 8군, 지난 1개월간의 적 피해 12만으로 추산.

2월 26일 (월) 흐림

◇ 브래들리 미 합참의장, 在韓 미군 25만명, 해군 9만명 작전중이라고 발표.

◇ 적, 芳林里 서쪽 및 북쪽에서 강력한 저항.

◇ 미 제25사단 탐색대, 漢江 도하하여 서울 돌입후 귀환.

◇ 아 공군, 龍頭里지역의 3,000~5,000명의 적 맹폭.

◇ 張勉총리, 국회에서 시정방침 연설.

2월 27일 (화) 비

◇ 중부전선에서 격전.

◇ 미 제1해병사단, 橫城 남동쪽 고지 탈환.

◇ UN군 사령부, 한국전선 UN군은 최초 11개 사단(16만)의 병력이었다고 발표.

◇ 사회부, 피난민 귀환 요령 발표.

2월 28일 (수) 흐림·비

◇ 서울 근교에서 피아 정찰전.

◇ 미 제7사단, 중동부전선에서 38선 남쪽 31마일까지 도달, 적 대부대를 분산시킴.

◇ 미 제2사단, 芳林里 주변의 적 주요 동서보급로 차단.

◇ 미·캐나다군 전차부대, 보병부대·龍頭里에 진출, 洪川에 육박.

◇ 미 해병기대, 海州—鎭南浦간 보급지역 공격.

◇ 미 공군, 咸興 및 淸津을 공격.

◆ 트루먼대통령, 원폭실험장 상공 비행금지 조치.

3월 1일 (목) 맑음

◇ 국군·미 제1해병사단·영국·캐나다·뉴질랜드군, 橫城을 중심으로한 25마일 전선에서 총공격 개시.

◇ 미 제7사단, 峨媚洞 점령.

◇ 미군 정찰대, 서울 시내 야간 돌입.

◇ 미 제트기 4대, 적 MIG기 12대와 新義州 상공에서 공중전. 적기 3대 격파.

◇ 리지웨이장군, 프랑스대대에 미 무공표창장 수여.

◇ 在日 60만 교포, 李대통령에게 3·1절 메세지 전달.

◇ 미 공군장관, B52기 대량생산 언명.

3월 2일 (금) 맑음·흐림

◇ 미 제1해병사단, 橫城 돌입.

◇ 오늘부터 8일까지 UN군, 峨 洞지구에서 일진 일퇴.

◇ 적, 安興 북쪽에서 완강히 저항.

◇ 미군 탐색대, 수개소에서 한강 도하.

◇ 개전이래 미군손해－전사 8,853명, 부상 33,781명, 실종 8,724명, 총 52,448명.

◇ 水原 이남에 귀향 허용.

3월 3일 (토) 맑음

◇ UN군, 전 전선에서 1～3마일 진출.

◇ 미 해병대, 橫城 북쪽 321고지 공격.

◇ 미 제7사단, 적 제15사단 섬멸.

◇ 미 제3사단 정찰대, 서울 남동쪽 돌입.

◇ UN군, 서울 맹포격.

◇ B26 야간폭격대, 북한의 보급로와 남하하는 적 차량 공격.

◇ UN 지상군, 적 2,371명 살상, 40명 생포.

◆ UN한국조정위, 스웨덴공사를 통해 對중공 타진

3월 4일 (일) 맑음

◇ 미 해병대, 洪川 근교 돌입.

◇ 아 제3사단, 橫城 남동쪽 고지 점령.

◇ UN군 束沙里 돌입.

◇ UN 공군, 695회 출격, 북한 일대에서 적 차량 650여대 발견하고 공격. 190대 이상 폭파, 군용건물 1,150동 파괴, 적 500명 이상 살상.

◇ 국회의장의 對서울시민 메세지 공중 살포.

3월 5일 (월) 맑음

◇ 국군 제7사단, 下珍富에 도달. 적 35명 사살, 2명 생포.

◇ 미 제7사단 전차보병대, 蒼洞里에 돌입.

◇ 미 제3사단 정찰대, 서울 탐색.

◇ 미 제트기대, 중부전선에서 미군에게 쫓겨가는 적 6천명 공격.

◇ UN 공군 670기 출격, 적 750명 이상 공격.

◇ 미 제5공군, 5만회 출격 기념.

◆ UN 회원국, 對韓 구제금 2,100만달러 염출.

3월 6일 (화) 비·흐림

◇ 미 제2사단, 서울 동쪽 85마일 長坪 탈환.

◇ 春川－洪川간에 상당수의 적군 이동.

◇ UN 공군 야간정찰기, 북한 각지에서 적 차량 700대의 남하를 발견.

◇ 리지웨이장군, 적 대공세 박두 경고.

◇ 개전 이래의 국군측 손해－전사 16,000명, 부상 87,000명, 실종 66,000명 총 169,000명.

◇ 농촌피난민, 수복지구 귀향 허가.

◇ 李대통령, 미 제5공군사령관 표창.

◆ 미 여자 戰災구제회에서 5천달러와 구호물자 기증.

3월 7일 (수) 맑음

◇ 국군 제7사단, 峨媚洞 근방에서 3~5마일 후퇴.

◇ 영국군(미 제1기갑사단 소속), 龍頭里 동쪽에서 4마일 전진.

◇ 미 제25사단, 서울 남동쪽에서 漢江 도하, 교두보 구축.

◇ 미 제24사단, 龍門山 점령.

◇ 오늘 적 살상 11,400명(개전 이래 최대 기록).

◇ 중부전선에서 적, 방위선 후방에 9~12개 사단 10만명 이동중.

◇ 맥아더원수, 전선 12차 방문후 성명 발표.

3월 8일 (목) 맑음

◇ 적, 야간에 UN군 4개 사단에 정면 반격.

◇ 미 순양함 맨체스타호 및 구축함 3척 , 城津의 군사시설 포격.

◇ B29편대, 春川에 폭탄 220톤 투하.

◇ 미 제5공군 전폭기, 적 500명 살상.

◇ 31세 이상의 방위군 장정에게 귀향조치.

3월 9일 (금) 흐림·비

◇ 미 제7사단, 백병전 끝에 大美에서 철수.

◇ 미 제25사단, 漢江 교두보 확대.

◇ UN군, 하루동안 적 6,900명 살상.

◇ 미 제25사단, 적 200명이상을 생포.

3월 10일 (토) 흐림·맑음

◇ 미군, 龍頭里 북쪽에서 3km전진.

◇ 미 제25사단, 서울 동쪽에서 1~4km 전진.

◇ 미 제24사단, 楊平 북북서쪽의 860고지 탈환.

◇ UN 공군, 북한 전역에서 적 차량 1,100대 발견, 그 중 119대 폭파.

◇ UN군, 4,988명 살상, 37명 생포.

◇ 정부, 500억 건국국채발행안을 국회에 제출.

◆ 네덜란드, 한국파견군 증파 결정.

3월 11일 (일) 흐림

◇ 芳林지역 중공군, 계속 완강히 저항.

◇ 洪川지구 중공군, UN군의 공격으로 후퇴. 미 해병대 洪川 남쪽 6km에 도달.

◇ 漢江 도하한 UN군, 서울 남부 2마일내까지 진출.

◇ 영국군 제27여단, 38선 남쪽 40km에 있는 3개 고지 점령.

◇ 미 제2사단, 橫城 북동쪽 6마일 지점의 적을 습격.

◇ 3월8일의 적 반격으로 후퇴한 국군, 실지 회복후 전선 귀착.

◇ 미 제1기갑사단, 陽德院에 도착.

◇ UN 야간 폭격대, 적 차량 1,450대를 발견, 74대 이상을 폭격.

◇ 맨체스타호, 城津 포격.

◇ 중공 제66군단, 洪川 방위 강화중.

◇ 덴마크 병원선, 釜山 입항.

◆ 중공, 한국전선에 20만 증파계획이라고 외신 보도.

◆ 소련, 중공에 잠수함 10척 양도설.

3월 12일 (월) 맑음

◇ UN군 선발대, 洪川 5마일 지점에 도달.

◇ 중공군, 서울에서 철수 개시.

◇ B29 20대, 金化 맹폭, 폭탄 200톤 투하.

◇ 新義州 상공에서 대공중전(F86 12대, MIG 30대). 적기 6대 파손.

◇ 리지웨이장군, 중부전선 시찰.

◇ 李대통령, 寧越방면 일선 시찰.

3월 13일 (화) 흐림·맑음

◇ 전 전선에서 적 후퇴 개시.

◇ 미 제7사단, 長坪점령.

◇ 국군 해군함, 黃海道 延白해안을 급습, 애국청년 100여명을 구출.

◇ 미 제5공군 F86제트기, 新義州 상공에서 MIG제트기 15대와 교전.

◇ 미 제10군단장, 崔榮喜장군에게 은성훈장 수여.

◇ UN 구호미 3만7천가마 釜山 입항.

◇ 林彪지휘하의 15만 및 남서 국경지대의 2만 중공군, 한국 파견으로 북향설.

◆ 미 육군성, 在韓 전투부대의 소규모 교대를 5월1일부터 실시하겠다고 발표.

3월 14일 (수) 맑음

◇ 국군, 서울 재탈환. 국군 제1사단 정찰대, 중앙청에 태극기 꽂고 귀환.

◇ 국군 해병대, 적 제10사단과 교전.

◇ 미 전차부대, 38선 18마일까지 진출.

◇ UN 지상군, 적 1,500명 살상, 265명 생포.

◇ 극동 공군, 무선조종폭탄으로 교량폭격에 좋은 성과를 얻고 있다고 언명.

◇ UN군 사령관들, 중공군 총퇴각 이유를 신중 검토중.

◆ 北京방송, 중공군 서울 포기 시인.

3월 15일 (목) 맑음

◇ 미 제2사단, 龍頭里 북쪽에서 적군과 백병전. 사살 600명, 생포 8명.

◇ 미 전차부대, 洪川 장악.

◇ 서울 소탕 완료.

◇ UN 공군, 732기 출격. 야간에 적 차량 450대 발견하고 30대 이상 폭격.

◇ UN지상군, 적 1,580명 살상, 201명 생포.

◇ 사회·보건부, 일부 서울 향발.

◇ 李대통령, 트루먼대통령과 맥아더원수에게 수도탈환 메세지 발송.

◇ 맥아더원수, 기자회견에서 UN군의 38선 돌파 여부 결정권은 미 국방성 보유
  라고. 또 38선에서 종료될 가능성 전무하다고 언명.

3월 16일 (금) 맑음·흐림

◇ 미 해병대, 洪川 확보중.

◇ 국군 제1사단, 계속 서울 입성.

◇ UN 공군, 825회 출격. 적 차량 100대 이상 파괴, 적 650명 이상 살상.

◇ UN지상군, 적 950명 살상, 77명 생포.

◇ 맥아더원수, 서울환도 보류하라고 李대통령에게 서한.

◇ 申性模국방장관, 서울 방문.

◆ 國府, 중공군 하절기 공세 위해 40만 증파 언명.

◆ 미 국방성, 한국문제로 주요 회담.

3월 17일 (토) 흐림·맑음

◇ 그리스군, 春川에 이르는 한 고지에서 중공군의 돌격을 3차나 격퇴. 적 사살 222명, 생포 12명, 부상 600명.

◇ UN군, 서울 북쪽 교외로 1km 진출.

◇ UN 공군, 800회 이상 출격. 미 F80 제트기, 적기와 충돌하여 추락.

◇ UN 지상군, 적 4,650명 살상, 395명 생포.

◇ 미 극동공군, 개전 이래 15만회 출격.

◇ 맥아더원수, 13차 한국전선 시찰.

◇ 金日成, 최후까지 싸운다고 스탈린에게 서한.

◆ 영국, 원자탄 생산 개시 발표.

3월 18일 (일) 맑음

◇ 전 전선에서 접전 없음.

◇ UN 공군, 580회 출격. 적 후방시설 공격.

◇ 북한 일대, 적 차량 400대 야간 이동중.

3월 19일 (월) 맑음

◇ 미 장갑수색대, 議政府 남쪽에서 적 1개 소대와 교전후 철수.

◇ 적, 38선 이북으로 패주.

◇ 리지웨이사령관, 적의 춘계 대공세를 경고.

◇ 112명의 정부 선발대, 서울 향발.

◇ 중공군, 58,000명의 서울 시민 납치.

◆ 캐나다, 한국구제비 725만달러 가결.

◆ 영국, 한국민간구호자금 800만~1,000만파운드 염출 결정.

3월 20일 (화) 맑음·흐림

◇ 서울 북쪽에서 국군 정찰대, 적 2개소대와 교전.

◇ UN 공군, 740회 출격. 군용건물 1,100동 이상 폭파.

◇ UN 지상군, 적 560명 사살, 37명 생포.

◇ 국민방위군 교육대 해산.

◇ 한국戰 중공군사령관에 彭德懷 임명.

3월 21일 (수) 맑음·흐림

◇ 국군, 38선 8.5마일 지점까지 진출.

◇ 미군 탱크탐색대, 春川 돌입.

◇ UN군, 서울 북쪽에서 적 2개소대와 교전, 10명 생포.

◇ UN 공군, 820회 출격. 적 650명 이상 살상.

◇ 개전이래 현재까지의 在韓 영국군 손실 980명.

◆ 중공, 天津서 간첩혐의로 21명의 외국인 점거.

◆ 애치슨국무장관, UN군사령관 38선 재돌파에 새 권한 불필요하다고 언명.

3월 22일 (목) 맑음

◇ 미 8군, 오전 8시 일제히 공격 개시.

◇ F86 4대, MIG 6대와 공중전. 적기 1기 격추, 1기 파손.

◇ 지난 9개월간 제5공군 전과 - 적 전차 900대 격파, 기관차 400대 격파, 적기 331대 격추, 살상 93,000명.

◇ 개전 이래 미군 손해 - 사망 8,335명, 부상 36,893명, 행방불명 10,586명.

◇ 부산에서 국경까지 총진격 궐기 대회.

3월 23일 (금) 맑음

◇ 3천명의 미 空艇隊, 汶山에 낙하.

◇ UN군 議政府 돌입.

◇ F86 15대와 MIG15 30대, 新義州 상공에서 공중전. 적기 2대 격파.

◇ 28개 郡에 계엄령 해제.

◇ 李대통령, UN군 철수해도 국토 보존 가능하다고 특별성명.

3월 24일 (토) 흐림·맑음

◇ 국군 정찰대, 동해안에서 38선 돌파했다가 귀환.

◇ 적, 淸平 북쪽에서 완강히 저항.

◇ 미 제1기갑정찰대, 38선 이남 2마일 지점 돌입.

◇ UN군, 議政府에서 抱川에 이르는 고지 점령.

◇ 국군 해병대, 月沙반도 상륙. 적 100명 이상 살상, 67명 생포.

◇ F86 16대, MIG15 17대와 新義州 상공에서 공중전. 적기 1대 손상.

◇ 맥아더원수, 전선시찰 후 작전상 필요시는 38선 재돌파하라고 현지 사령관에
   게 명령.

◇ 李대통령, 韓·滿 국경까지 진격해야 한다고 담화 발표.

◇ 육군 보병학교, 24기생 졸업식 거행.

3월 25일 (일) 비·흐림

◇ 국군 정찰대, 계속 越境.

◇ UN 공군, 108회 출격, 적 차량 180대 중 25대 폭파.

◇ UN 지상군, 적 325명 살상, 180명 생포.

◆ 미 정부 대변인, 중공폭격 의사 없다고 언명.

3월 26일 (월) 맑음

◇ 春川 북쪽에서 적 1개소대와 교전.

◇　UN 공군, 750회 출격. 적 462명 이상 살상.

◇　UN 지상군, 적 1,360명 살상, 407명 생포.

◇　李대통령, 38선 돌파준비 완료 담화.

◆　미 국방성, 중공폭격 의사 없다고 언명.

◆　중공, 한국전쟁 완수를 위해 농산·공산물 증산을 전 국민에 지령.

3월 27일 (화) 흐림·비

◇　국군, 襄陽 북쪽 고지 점령. 적 사살 129명.

◇　미군, 중공군 3개 대대를 議政府 북동쪽에서 포위.

◇　B29, 북한 각 지역 대폭격.

◆　마샬국방장관, 38선 이북에 대한 전면진격은 정치적 결정이 필요하다고 언명.

◆　영국 외무성, 한국참전국들은 對중공 신협상을 검토중이라고 언명.

3월 28일 (수) 비·맑음

◇　중공군 대부대, 春川 북쪽에 집결.

◇　春川지구에서 격전.

◇　국군, 高浪浦 방면으로 진격중.

◇　UN 기동부대, 元山(38일째), 城津(19일째) 함포 사격.

◇　B26, 平壤·開城을 야간 폭격.

◇　B29, 平壤·咸興 폭격.

◇　UN 지상군, 적 약 1,670명 살상, 75명 생포.

◇　平壤-肅川간, 적 대차량부대 이동.

◇　金白一소장, 비행중 실종.

◆　중공, 끝까지 항전 성명.

3월 29일 (목) 맑음

◇　UN군, 적 방위선에 접근.

◇　春川 북쪽에서 격전.

◇ 미·영부대, 서울 동쪽에서 새로운 공격 개시.

◇ 공군, 536회 출격, 차량 31대 파괴.

◇ F80 12대, 定州 조차장 폭격하여 차량 20~25대 파손.

◇ F80 4대, 谷山터널 폭파.

◇ B26 15대, 沙里院비행장 습격.

◇ B29, 新義州 철교 폭격.

◇ 태국군, 최초로 일선에 참가.

◇ 약 3만명의 중공군, 전선에 투입.

◆ 중공, 맥아더원수 성명에 회답 거부.

◆ 트루먼대통령, 38선 이북 진격은 전세 여하에 따라 결정한다고 언명.

3월 30일 (금) 맑음

◇ 국군, 38선 이북 8마일 진출.

◇ 春川—金化지대, 공산군 8만 포진.

◇ UN군, 東豆川 남쪽 1마일 지점에 진출.

◇ UN 공군, 야간에 북한 각지에서 이동중인 적 차량 1,800대 발견, 100대 이상 폭파.

◇ UN 공군, 적 전차 7대를 京義가도에서 폭파.

◇ B29 38대, 韓·滿국경에 폭탄 280톤 투하.

◇ 28~30일간 적 차량이동 5,900대. 30일 적 차량 100대 폭파.

◇ 적 전차증원군, 京義가도로 남하.

◇ 李대통령, 멸공통일대회에서 통일호소 연설.

3월 31일 (토) 흐림·맑음

◇ 국군, 臨津江 도하.

◇ 미 탱크탐색대, 議政府 북쪽에서 38선 돌파, 야간에 귀환.

◇ 新義州 상공에서 80대의 양쪽제트기 대공중전.

◇ 미 육군성, 22일 현재 적 손실 발표—중공군 29만3천명, 북한군 46만 7천명.

◇ 국회, 居昌사건 조사위 구성.

◆ 네덜란드 증원군, 한국 향발.

4월 1일 (일) 비·흐림

◇ 동해안 縣里서 적 공세.

◇ 국군 해병대 창건 2주년 기념일.

◇ 3월중 제5공군 전과—적기 격추 18대, 차량폭파 3,900대, 전차 폭파 45대,
살상 11,000여명.

◇ 중공군 제4야전군, 제3야전군과 교대.

◇ 피난민, 서울로 귀환.

4월 2일 (월) 흐림

◇ 국군, 동해안에서 38선 이북 2마일 진격.

◇ 적, 최후거점 春川전선에서 일대 격전.

◇ UN군, 서부전선에서도 38선 돌파.

◇ UN 공군, 新安州지구 맹폭.

◇ 2,300대의 적 차량 이동(개전 이래 최대).

◆ 맥아더원수, 중공이 반격 기도하고 있다는 경고 성명 발표.

4월 3일 (화) 흐림

◇ UN군, 44만의 적과 대치중.

◇ UN군, 대거 38선 越境.

◇ 그리스군, 春川 북서쪽에서 38선 도달.

◇ 국군, 臨津江 도하, 적 수개 중대와 교전.

◇ UN공군, 咸興·平壤에 폭탄 250톤 투하.

◇ 新義州 상공에서 대공중전(UN 제트기 90대 참가).

◇ 2일간 적 MIG기 4대 격파, 11대 파손.

◇ 맥아더원수, 동부전선 이북 15마일 지점 시찰후 전략에 변동없다고 언명.

◆ 중공紙, 한국전선의 조기 종전 희망이 없다고 보도.

◆ 베네주엘라, UN에 對韓 추가원조 70,000달러 제공하겠다고 신청.

4월 4일 (수) 맑음

◇ 국군, 杆城 점령.

◇ 국군, 동해안에서 38선 이북 15마일 진출.

◇ UN군, 昭陽江 북안에 교두보 구축.

◇ UN군, 金化로 맹진격.

◇ 공군, 서부 38선 이북에서 적 전차 4대, 차량 28대 폭파.

◇ F80 제트기, 平壤 북쪽에서 적 500명을 공격, 300명 살상.

◇ 적기 11대 격파.

◇ 安養·原州 이남의 피난 농민에 귀향조치.

4월 5일 (목) 흐림·맑음

◇ 국군, 동해안에서 38선 북쪽 15마일까지 진출.

◇ 金化·春川에서 협공작전으로 적을 총공격.

◇ UN군, 중부전선에서 개전 이래 최대의 포 엄호하에 38선 이북 수개 고지 맹공.

◇ 서부·중부에서 38선 이북 5마일 탐색.

◇ 공군, 적 MIG기 5대 격파.

◇ 적 살상, 1,180명.

◇ 漢江 철교 복구공사 완료.

◇ UN 新韓委 일행, 서울 시찰.

4월 6일 (금) 비·흐림

◇ 미군, 寒溪·麟蹄간 고지의 적 소탕.

◇ 태국군, 華川 남쪽 고지 탈환.

◇ 38선 이남의 적 전부 축출.

◇ UN공군, 개전 이래 적기 275대 폭파.

◇ 중공기 수천대, 滿洲에 집결설(AP).

◇ 학도의용군과 정훈공작대 해산.

◇ 10만 중공 증원군, 전선에 도착.

◆ 리 UN사무총장, 중공 정전 제안시까지 계속 전쟁해야 한다고 언명.

4월 7일 (토) 흐림·맑음

◇ 국군 2개사단, 동부전선에서 15마일 진격.

◇ 중서부전선 중공군, 총퇴각.

◇ 미군, 臨津江 도하하여 교전.

◇ 영국 해병기습부대, 城津 남쪽에 기습 상륙, 해안선 주요부 파괴하고 귀환.

◇ 국군 해병대, 甕津반도의 琴山里, 花山里에 기습 상륙.

◇ 新義州 상공에서 적기 2대 격파.

◆ 중공방송, 미국기의 安東 폭격을 비난(AP).

◆ AP의 세계여론조사, 소련 참전 가능성 농후로 집계.

4월 8일 (일) 맑음

◇ 春川 북쪽 적의 저항 완강, UN군 선발대 일시 후퇴.

◇ 피아 정찰대, 漣川 남쪽에서 충돌.

◇ 甕津반도 상륙의 아해병대 松林面으로 진격중.

◇ B29, 嶺美·永興 양 철교에 폭탄 600톤 투하.

◇ B29, 鴨綠江철교 맹폭, 피아 제트기 대공중전.

◇ F80 제트기, 肅川에서 석유탱크 명중탄.

◇ 리지웨이중장, 협상 휴전에 반대한다고 담화.

◇ 적 960명 살상, 75명 생포.

◇ 全南北, 忠南北, 慶南北에 계엄령 해제.

◇ 서울 인구 32만명.

4월 9일 (월) 맑음

◇ UN군, 華川으로 진격.

◇ 미군, 鐵原시내에 포화.

◇ 중공군, 華川저수지 방류코 도주.

◇ 적 대대, 鐵原, 金化, 華川에 집결.

◆ UN의 미국 동맹국들, 맥아더원수 징계 요구.

4월 10일 (화) 흐림

◇ UN군, 高浪浦 탈환.

◇ 鐵原·金化간 적 집결지에 폭단세례.

◇ 미군, 昭陽江 도하.

◇ 중공, 서부전선에서 병력 증강중.

◇ 新義州상공에서 F86 12대, MIG15기 8대 공중전.

◇ 페이스 미 육군장관과 리지웨이중장, 전선시찰.

◇ 釜山에서 월남동포 궐기대회.

◆ 맥아더원수 견책설에 백악관 침묵.

4월 11일 (수) 흐림·맑음

◇ UN군, 華川저수지로 진격.

◇ UN정찰대, 麟蹄에 돌입.

◇ UN군, 漣川 남서쪽에서 臨津江 도하 진격, 연대 이상의 적과 격전.

◇ 트루먼대통령, 맥아더원수를 해임하고 후임에 리지웨이장군 임명.

◇ 미 8군사령관에 밴프리트장군 임명.

◇ 놀랜드 미상원의원, 트루먼대통령의 조치를 맹비난.

4월 12일 (목) 맑음

◇ 적, 華川저수지 남쪽에서 완강히 저항.

◇ UN선발대, 漣川 돌입.

◇ UN군, 雪川江 남쪽 중공군 진지를 맹공.

◇ 124대의 미 전폭기대, 95대의 적기와 新義州 상공에서 대공중전. 적 제트기 5대 격추, 3대 격파, 15대 파손.

◇ 중공군, 18만 증파. 在韓 총병력 69만.

◇ 적, 2,460명 살상.

4월 13일 (금) 맑음

◇ 적, 전 전선에서 반격.

◇ 漣川 남동쪽에서 적 반격. 楊口 남쪽, 麟蹄 북쪽의 적 저항 증대.

◇ UN지상군, 적 4,275명 살상, 30명 생포.

◇ 개전 이래 B29 6대 상실.

◆ 맥아더원수, 리지웨이장군에 사무인계.

4월 14일 (토) 흐림

◇ UN군, 鐵原으로 진격.

◇ UN군, 漣川에서 적의 반격 분쇄하고 계속 북진, 적 1,000여명 살상.

◇ 중공, 북한에 비행장 건설중.

◇ UN 공군, 765회 출격, 적 200명 이상 살상.

◇ 페이스 미 육군장관, 한국전선 시찰 마치고 귀임.

4월 15일 (일) 흐림 · 맑음

◇ 楊口 남동쪽 · 麟蹄 남쪽의 적, 저항 완강.

◇ UN군, 鐵原을 포위 협공.

◇ 아군 유격대, 鎭南浦에 상륙.

◇ UN 해군함대, 元山 · 清津 · 城津항에 대한 포격 계속. 서해안의 UN 해군 구축함대, 鎭南浦 남쪽의 長山을 포격.

◇ UN 공군, 개전 이래 적기 317대 격파손.

◇ B29, 海州·咸興을 맹폭.

◇ 밴프리트 신임 미 8군 사령관, 李대통령·무쵸대사와 요담.

◆ 트루먼대통령, 침략은 단호히 배격한다고 스탈린에 경고 성명.

4월 16일 (월) 흐림

◇ UN군 전차부대, 楊口 돌입.

◇ F86 16대, MIG 30대와 平北 상공서 공중전.

◇ B29, 平壤비행장 폭격.

◇ 국군, 전 전선에서 적 43명 살상, 56명 생포.

◇ 在韓 영국 사령관, 滿洲의 중공 기지 폭격을 역설.

◆ 北京방송, 미 폭격기 200여대기 4월11일 福建省을 폭격했다고 빌표.

4월 17일 (화) 맑음

◇ 국군, 杆城 탈환 후 북진.

◇ 鐵原방면의 UN군, 전진중. 華川 북쪽 50마일에 걸친 지대에 적 50만 집결.

◇ UN 공군 야간폭격대, 平壤·金城·新義州·安岳 등 폭격.

◇ UN 공군, 3일에 걸쳐 적 철도시설 폭격.

◇ UN 지상군 적 1,515명 살상, 24명 생포.

◇ 신임 밴프리트사령관, 최초로 전선시찰.

◆ 미 합참의장 브래들리원수, 한국전 불확대 언명.

4월 18일 (수) 흐림

◇ UN군, 華川 및 저수지 탈환.

◇ 미 보병부대, 芝浦里탈환.

◇ 미 전차기동부대, 漣川 북쪽에서 적 탄약고 폭파.

◇ 미 최신형 잠수함, 한국 수역에서 활약중.

◇ 애치슨국무장관, 한국전 불확대 언명.

◆ ECA 극동각지 원조 할당액 발표, 한국은 3백4만4천달러.

4월 19일 (목) 비·흐림

◇ 중부전선에서 UN군 정찰부대에 적 완강히 저항.

◇ 미 전차부대, 鐵原 3마일지점까지 진격.

◇ 국군 정찰대, 高浪浦 서쪽 일대 계속 정찰.

◇ 영국 모함 데제우스호 함재기대, 鎭南浦지구에서 정크 65척과 적 병사 지구에
명중탄.

◇ UN군, 적 4,015명 살상.

◇ 한국파견 예정의 영국 제28여단 선발대, 香港출발.

◆ 맥아더원수, 상하양원 합동회의에서 연설.

4월 20일 (금) 흐림

◇ UN군, 鐵原에 폭격.

◇ 金化·平康간에서 중공군 결사적인 지연작전.

◇ UN함정, 元山을 62회째 포격.

◇ B29대, 連浦비행장 폭격.

◇ UN 항공대, 552회 출격. 적 차량 75대 격파.

◇ 개전 이래 적 손실—살상 : 중공군 291,895명, 북한군 104,835명, 행방불명 17,
143명 총 959,018명, 포로 145,145명 (미 육군성 발표).

◇ 미 해군 당국, 국군 해군장교 3명외 병사 5명에 은성훈장 수여했다고 발표.

4월 21일 (토) 맑음·흐림

◇ UN군 전차부대, 臨津江 도하 북진.

◇ 미 해병단 소속기 2대, 鎭南浦근방 상공에서 적 야크전투기 3대 격추, 1대
격파.

◇ UN 지상군, 적 1,335명 살상, 32명 생포.

◆ 소련, 동독군 25만명 편성.

4월 22일 (일) 맑음·흐림

◇ 적, 중부전선에서 춘계 대공세.

◇ 적 1개연대, 高浪浦지구에서 臨津江도하 기도.

◇ B29대, 安岳·新幕·沙里院·連浦의 각 비행장 폭격.

◇ 미 제5공군, 총 출격.

◇ 적 2,025명 살상, 43명 생포.

4월 23일 (월) 맑음

◇ 적, 金化 남쪽 전선에 대거 침투.

◇ UN군, 적의 반격으로 漢灘江남안으로 철수

◇ UN 공병대, 漢灘江철교 폭파

◇ 미 제5공군, 771회 출격. 적 1,800명 살상(개전 이래 최대 기록).

◇ 전선 시찰한 밴프리트중장, 중공군·북한군이 제3차 결전을 전개할 것이라고
  언명.

◇ 韓·日 通商협정 체결.

4월 24일 (화) 맑음

◇ 春川 서쪽에서 접전.

◇ UN군 전차부대, 麟蹄를 재탈환.

◇ 적, 高浪浦에서 대공세.

◇ F86 24대와 MIG40대 북한 상공에서 공중전.

◇ 적 살상 7,155명.

◇ 미 극동공군사령관 스트레이트 메이어장군, 滿洲 폭격 않는 한 적 공군 방어
  불가능하다고 언명.

◇ 釜山시에 최초의 공습경보.

4월 25일 (수) 맑음·흐림

◇ UN군, 38선 이남으로 철수.

◇ 국군 해병대, 華川지구에서 격전.

◇ B29, 永柔비행장 맹폭.

◇ 미 극동 공군 출격 1,000여회. 전선 돌파구의 적에 집중 공격.

◇ UN지상군, 적 8,830명 살상.

◇ 밴프리트사령관, 일대 결전 박두했다고 휘하 장병에게 강조.

◇ 국회, 국군 10개 사단 증설 가결.

◇ 서울 잔류시민에게 철수령(6·25이후 3번째).

4월 26일 (목) 맑음·흐림

◇ UN군, 중부전선에서 급히 후퇴.

◇ UN군, 서울 북동쪽에서 반격 2마일 진출.

◇ 국군 제3889부대 제11중대, 加平 북서쪽에서 적 1개 연대와 교전, 전원전사.

◇ UN 제트기대, 軍隅里 상공에서 적 MIG기대를 추격 1기 격파.

◇ 적 살상 3,425명.

◆ 트루먼대통령, 기자회견서 한국전의 局地化 희망.

4월 27일 (금) 흐림·비

◇ UN군, 38선 이북의 최후 거점 楊口 포기.

◇ 중공군, 議政府에 침입.

◇ UN군, 서부전선에서 철수.

◇ B29, 平壤비행장을 맹폭.

◇ 적 공세 이래 지금까지 UN공군은 적 12,200명 살상.

◇ 56명의 華僑지원 특수공작대, 한국전선에서 활약중.

4월 28일 (토) 비·흐림

◇ UN군, 北漢江 남안으로 철수.

◇ UN군, 春川 포기.

◇ UN군, 서울 북쪽에서 적 3개중대 격파.

◇ B25, 平壤비행장 폭격.

◇ 적, 6일 동안의 공세에서 45,625명 출혈.

◇ 적, 각 전선에서 침공 정지.

◆ 맥아더원수, 뉴욕의 50만 반공 행진에 앞장.

4월 29일 (일) 흐림·맑음

◇ UN군 전 전선에서 철수 중.

◇ 적, 서울 근교에 압력.

◇ 미군 전투기, 적 차량 200여대 격파.

◇ UN지상군, 적 4,100명 살상, 80명 생포.

◆ 국회, 新年 예산 통과.

◆ 미 상원, 맥아더원수 증언 청취 결정.

4월 30일 (월) 맑음

◇ 麟蹄 동쪽지구의 UN군, 적 1개 연대의 맹공으로 1마일 후퇴.

◇ UN군, 議政府 방면에서 적 전차 3대 격파.

◇ 牛耳洞에 들어온 중공군 19병단 주력, UN군의 반격으로 20km 총 퇴각.

◇ 미 극동공군 1,277회 출격(최고 기록).

◇ 미 제5공군 960회 출격(최고 기록).

◇ UN지상군, 적 2,895명 살상, 77명 생포.

◇ 약 5만의 일본군(기계화 부대, 낙하산 부대), 平壤·新安州 북쪽 배치설(연합통신).

◇ 국회, 국민방위군 해체안 가결.

◆ 소련 해군, 기뢰부설 지휘설.

◆ 애치슨장관, 對韓행동 성공적이라고 강조.

5월 1일 (화) 흐림·맑음

◇ UN군, 서울 북쪽에서 탐색전.

◇ 아군 항모·순양함, 동해 및 서해에서 적 시설 포격.

◇ 華川저수지 맹폭격.

◇ 미 극동해군사령관 죠이중장, 개전 이래 해군에 의한 전과 발표―교량 376개, 기관차 539량, 화차 3,761량, 트럭 2,552대 파괴. 창고 1,271개, 보급품 적치소 356개, 군대주둔건물 2,715동 폭파 적 살상 약 47,332명.

◇ 孫元一소장, 전선 시찰.

◇ 許政사회부장관, 피난민대책 기자회견.

◇ 총사령부, 주한 영국군을 1개 사단으로 편성하겠다고 발표.

5월 2일 (수) 맑음

◇ 洪川지구 UN군 진지에 내습한 적을 격퇴.

◇ 麟蹄 동쪽지역에서 2~3개 중대의 적과 치열한 전투 계속.

◇ 중공군, 서울 북동쪽으로 이동.

◇ UN함대, 元山항 포격.

◇ 함재기대, 서울 북쪽과 端川 북쪽에서 기관차 및 철도차량 23량, 자동차 12대 격파, 적 133명 살상.

◇ B29, 平壤 북쪽의 교량 폭파.

◇ UN공군, 적 차량 60대, 비행기 1대 격파.

◇ 밴프리트사령관, 적 공세 실패라고 언명.

5월 3일 (목) 맑음·흐림

◇ 아군, 전 전선에서 반격 개시.

◇ UN 포병 및 지상부대, 麟蹄주변 적 침공 격퇴.

◇ UN군 기동부대 議政府 돌입.

◇ B29대 平壤·沙里院에 폭탄 약 70톤 투하.

◇ 미 공군기, 적 보급로상에서 다수의 트럭 격파.

◇ UN 공군, 적 차량 638대·탱크 40대 격파, 인명 살상 500명.

◆ 맥아더원수, 상원에서 한국전 증언.

5월 4일 (금) 흐림

◇ 麟蹄 동쪽 지구에서 적 격퇴.

◇ 서울 북서쪽 지구에서 적 북쪽으로 격퇴.

◇ UN폭격대, 적 군용건물 200동·차량 180대 각각 파괴.

◇ UN군, 적 755명 살상·37명 생포.

◇ 개전 이래 미군 손실—전사 11,001명, 부상 42,215명, 행방불명 9,562명, 포로 114명, 귀환 1,163명, 합계 64,055명.

◇ 리지웨이 장군 전선 시찰.

◇ 대학 교육에 관한 戰時特別措置令 공포.

5월 5일 (토) 흐림·맑음

◇ UN군 탐색대, 麟蹄에 돌입. 적 255명 살상, 57명 생포.

◇ 아 공군, 257대의 적 이동 차량 발견하고 140대 격파.

◇ 3월 9일까지의 국군 손실—전사 16,182명, 부상 88,511명, 행방불명 63,959명 합계 168,625명(미군 발표).

◇ 리지웨이장군, 한국전선에서 주도권 회복했다고 성명.

◇ 맥아더원수 증언 요약— ①미국은 한국에서 승리에 대한 계획 없이 싸우고 있다 ②소련이 개입해도 연합군을 패배시킬 수 없다 ③적이 한국에서 승리하면 3차대전의 위험은 증가한다 ④극동사령관지위에서 해임될 이유가 없었다.

5월 6일 (일) 맑음

◇ UN군, 昭陽江을 따라 계속 진격.

◇ 북한 주요 보급로에서 4,000대의 적 수송대 발견.

◇ 鎭南浦항의 보급품 집적소에 폭탄 다량 투하.

◇ UN지상군, 적 570명 살상, 37명 생포.

◇ 日光時間 절약제 실시.

◆ 중·소 비밀협정설 (AP). 중공은 새로 60만의 병력을 한국에 투입.

5월 7일 (월) 흐림·비

◇ UN군, 중부전선에서 다시 38선 돌파 북진.

◇ UN탐색대, 春川에 돌입.

◇ 아군, 議政府 북서쪽 5km 지점에 진출.

◇ 공군, 트럭 239대 격파. 적 225명 살상.

◇ 북한 보급로에서 적 트럭 3,700대 발견.

◇ 지상군, 적 2,940명 살상, 26명 생포.

◇ 신임 내각, 국방 李起鵬·내무 李淳鎔·법무 趙鎭滿·농림 任文桓.

◆ 트루먼대통령, 맥아더원수의 국회 증언 내용 반박.

5월 8일 (화) 흐림·비

◇ UN군, 서울 북쪽 32km 진출.

◇ 국군, 서울 북서쪽 曲陵江도하 27.2km 진출.

◇ UN군, 議政府부근에 강력한 방어선 확립.

◇ UN공군기, 적 300명 살상.

◇ 李起鵬국방장관, 장병에 고하는 담화 발표.

5월 9일 (수) 맑음

◇ 아군, 杆城에 돌입.

◇ UN군, 麟蹄 돌입.

◇ 국군 5816부대, 서부전선에서 적 제19사단과 제64군단을 격퇴.

◇ 312대의 UN기, 新義州 대폭격, 적기 38대 격파.

◇ UN지상군, 적 2,130명 살상, 65명 생포.

◇ 李대통령, 淸平과 加平 전선 시찰.

◇ 리지웨이장군, 대장 승진.

5월 10일 (목) 흐림·비

◇ UN군, 春川과 麟蹄에 돌입.

◇ UN군, 汶山점령.

◇ 적 주력, 汶山 북쪽으로 퇴각중.

◇ 국군, 서부전선에서 서울을 포위하려는 적 6천명을 격파.

◇ 議政府 동쪽 및 북동쪽 지구에서 대대 이상의 적과 맹렬히 교전.

◇ B29, 咸興·淸津·平壤등의 비행장 폭격.

◇ UN 지상군, 적 약 1,100명 살상, 약 700명 생포.

◇ 미 육군성, 한국에 대한 긴급물자구매금으로 6,956,000달러 추가 승인.

◆ 마샬 국방장관 상원에서 한국戰 증언.

5월 11일 (금) 흐림·맑음

◇ 적의 저항은 대체로 방어戰 양상.

◇ 국군, 麟蹄 재탈환.

◇ 적, 汶山·議政府일대에 집결.

◇ 중부전선의 적, 加平 부근으로 남하.

◇ 미 공군기, 平壤·興南비행장 강타.

◆ 미, 에니웨토크섬에서 핵실험 완료.

5월 12일 (토) 맑음

◇ 華川 남동지구 적, 점차 활발히 이동.

◇ 중공군, 昭陽江 남안의 교두보를 확대.

◇ 중부의 중공군 이동은 공세 재개 징조.

◇ 적, 金化로부터 동쪽으로 麟蹄 북쪽 지대까지 연막사용.

◇ UN 공군, 加平 남쪽 맹공, 적 400명 사살.

◇ UN 공군, 차량 198대·화차 253대 격파.

◇ 국민방위군 폐지법 공포.

5월 13일 (일) 흐림·맑음

◇ 적, 昭陽江 남안으로 남하.

◇ 국군, 麟蹄 부근에서 6회에 달하는 적의 반격을 격퇴.

◇ 15,000명으로 추산되는 병력이 서울 북서쪽 서부전선으로 이동중.

◇ UN 공군, 平壤 북쪽의 적 항공기지를 130톤의 폭탄으로 궤멸.

◇ UN공군, 加平 남서쪽 13km지점에 집결중인 적 300명을 공격 155명 사살.

◇ 밴프리트장군, 동부전선의 한국군 찬양.

5월 14일 (월) 흐림

◇ 적, 麟蹄 북쪽에서 공세.

◇ 麟蹄 북서쪽 지구에 도달한 아군, 약 2개 대대의 적과 격전중.

◇ 議政府지구의 UN군, 東豆川 방면으로 14km이상 진격하여 탐색.

◇ UN 공군, 春川 북쪽 지역에서 집결중인 적을 맹공, 175명은 사살.

◇ 보급품 공수에 신기록(35톤 투하).

◇ 지상군, 1,580명 살상, 73명 생포.

◆ 호주 육군장관, 200명의 對韓 증파부대를 5월15일부터 일본으로 공수한다고 발표.

5월 15일 (화) 비·흐림

◇ 적, 春川·麟蹄간에서 현저히 증강중.

◇ 적, 2,850명 살상, 40명 생포.

◇ 李 국방장관 참석하에 3군 수뇌부 釜山에서 5시간 회담.

◇ 아먼드중장, 프랑스장병 23명에서 최고훈장 수여.

◇ 부통령에 金性洙氏 피선.

5월 16일 (수) 흐림

◇ 적, 중·동부전선에서 공세.

◇ 적, 麟蹄 점령, 아군 계속 반격.

◇ 적, 麟蹄 남쪽에서 국군 전선 돌파.

◇ 중공군, 春川 동쪽에서 UN군 진지 공격, 아군 이를 격퇴.

◇ 적, 昭陽江 및 北漢江 남쪽의 교두보에 강력한 병력 투입중.

◇ B29편대, 沙里院·咸興 맹폭.

◇ UN군, 적 3,555명 살상, 23명 생포.

◆ 蔣총통, 國府軍이 본토 공격을 개시하면 한국전쟁은 종결된다고 AP기자에게 언명.

5월 17일 (목) 흐림·맑음

◇ 麟蹄·春川간에서 대격전.

◇ 적, 麟蹄 남쪽의 돌파구로 대거 침투.

◇ 중공군, 서부전선에서 공격 개시(병력 약 9만5천 추산).

◇ 제5공군, 717회 출격, 859명 사살.

◇ UN군 장교, 이번 공세의 적 병력을 39만으로 추산(RP).

◆ 트루먼대통령, 맥아더 해임은 정당하다고 언명.

5월 18일 (금) 흐림·맑음

◇ 아군, 전 전선에서 후퇴 완료.

◇ 麟蹄 남서쪽 국군, 예정방위선으로 후퇴. 적 만명 침투.

◇ 터어키부대, 돌파구 봉쇄에 분투.

◇ 적, 議政府에 침입.

◇ 공군, 880회 출격, 平壤·南川·開城·高浪浦·鐵原·金化·華川 등지 맹폭.

◇ 밴프리트사령관, 적의 2차 공세 실패 예언.

◆ UN총회, 對중공 禁輸案 47대0, 기권8 로 가결.

◆ 미 극동군사령관 죠이중장, 전함 뉴저지호가 제77기동부대에 속해 한국에서 작전중이라고 발표.

5월 19일 (토) 맑음·비

◇ 동해안 국군, 신방위 진지에서 진지 정비중.

◇ 중부전선에서 적 洪川江 도하.

◇ 미 제2사단, 적 포위망 돌파.

◇ 적, 淸平~加平간과 寒溪~春川지구간에서 계속 남하.

◇ UN군, 38선 이북 진지서 철수.

◇ 議政府지구에 적 집결 현저.

◇ 적 공세, 점차 약화.

◇ UN 공군 892회 출격.

5월 20일 (일) 맑음·흐림

◇ 동해안 국군, 38선 이남으로 철수.

◇ 적 3개사단, 寒溪~豊岩간의 아군 방위선을 돌파.

◇ 적 3개사단, 미 제2사단 전면에서 완강히 공격, 미군, 이를 격퇴.

◇ 元山의 적 포대로부터의 명중탄에 미 전함 뉴저지호 구축함의 승무원 3명 전
사, 9명 부상.

◇ 미 제트기 28대, 鴨綠江 상공에서 적 미그 50대와 교전, 3대 격파.

◇ UN공군, 미 제2사단지구의 적 병력집결진지에 야간 대폭격.

◇ 적 손실 24,700명.

◇ 리지웨이 장군, 전선 시찰.

◆ 모스크바방송, 공산군은 한국전에서 이기고 있다고 보도.

5월 21일 (월) 비

◇ 적, 중서부전선에서 北漢江 남안의 교두보로부터 후퇴 개시.

◇ 미 제2사단, 한국군 진지의 적 돌파구를 봉쇄.

◇ 국군 탐색대, 汶山 돌입(AP).

◇ 미 기동부대, 議政府 돌입(AP).

◇ 아먼드 미 10군단장, 5일간의 적 피해 48,341명이라고 발표.

◇ 미 제2사단, 5일간 적 37,750명 살상.

◇ 李대통령, 동부전선 시찰.

◆ UN한국재건국장 킹슬리씨, 한국의 파괴는 카르타고 약탈 이래 최대라고 언명.

5월 22일 (화) 비·흐림

◇ UN군, 전 전선에서 2마일 전진.

◇ 적, 漢溪~豊岩간의 미 제2사단 전면에 내습.

◇ 중공군, 淸平 교두보 포기 후퇴.

◇ 적, 서울 북쪽 15마일 지점에서 저항 강화.

◇ 국군, 汶山 돌파, 臨津江변으로 진출.

◇ UN군 함대, 동해안 각지의 적 집결지를 맹포격.

◇ 적기 1대, 汶山 남쪽의 아군 진지 폭격.

◆ 브래늘리의상 승언 ①평화교섭을 행하시 않고 석의 공세를 성시시킴으로써 자연 소멸할지도 모른다 ②중공 지도자와 평화교섭 가능 ③한국에 있어서의 우리의 사명은 자유통일의 실현.

5월 23일 (수) 맑음

◇ 적, 전 전선에서 총퇴각.

◇ UN군, 중동부전선에서 漢溪 탈환.

◇ 전 전선에서 UN군, 강력한 반격중.

◇ UN군, 加平 재탈환.

◇ 합동수사본부, 7개월만에 해체.

◇ 극동공군사령관 스트래트 메이어중장 후임으로 웨일랜드중장 선임.

◆ 뉴욕 타임지, 소련은 한국 휴전제의를 고려중이라고 보도.

5월 24일 (목) 맑음·흐림

◇ UN군, 총반격 개시.

◇ UN군 기갑탐색대, 중동부전선에서 38선 돌파.

◇ 미군, 春川 탈환, 昭陽江도하 북진.

◇ UN군, 高浪浦주위 소탕.

◇ 元山항의 UN함대, 敵船에 집중 사격을 가해 분산시킴.

◇ 적의 치열한 對空 포화로 미 수송기 3대 추락.

◇ 밴프리트사령관, UN군이 재차 38선 돌파할 것을 시사.

◇ 李대통령, UN군 증파를 희망.

5월 25일 (금) 흐림

◇ 아군, 洪川·麟蹄에서 진격.

◇ UN군, 春川 북서쪽에서 38선 돌파.

◇ 미군, 寒溪 북동쪽에서 적과 격전.

◇ 아군 선발대, 高浪浦 동쪽 16km 진출.

◇ 밴프리트 장군, 38선 시찰.

◇ 李起鵬국방장관, 국민방위군 해산에 담화.

◆ UN 3인조정위원회 스웨덴대표, 한국전의 평화적 해결 교섭에 응할 용의가 있다는 소련의 메세지 접수했다고 언명.

5월 26일 (토) 비

◇ 국군, 平壤 탈환.

◇ 미군, 麟蹄 도착(AP).

◇ 미 공군, 소수의 신형기 B45, F94가 한국전선에서 사용되고 있다고.

◇ 해군, 일본 어선 37척, 승무원 330명 석방(맥아더라인 침범으로 체포).

◆ 콜린즈 미 육군참모총장, 國府軍 사용 불원 언명.

◆ 벨기에 지원병 189명, 네덜란드 지원병 164명 한국으로 향발.

5월 27일 (일) 흐림·맑음

◇ 미 제2사단, 麟蹄, 縣里 점령(AP).

◇ 적 300명 華川 근방에서 투항.

◇ 아군, 東豆川 및 洪川지구에서 7km 진출.

◇ UN함대, 杆城 북쪽지구에 집중 포화.

◇ B29, 平壤 동쪽·兼二浦·咸興 등을 폭격.

◇ 미 제2보병사단의 한 하사관, 단독으로 적 112명을 설득 생포.

◇ 申翼熙국회의장, 자유중국 방문.

5월 28일 (월) 맑음

◇ 적, 華川에서 패주중.

◇ 아군, 臨津江 북안에서 탐색중.

◇ 공군, 新義州 상공에서 적 MIG기 1대 격추.

◇ 李국방장관, 장정 소집에 담화.

◆ 밴덴버그 미 공군참모총장, 在韓 미 공군은 여력이 없다고 증언.

◆ 말리크 소련대표, 소련이 한국전 해결바란다는 소문 부인.

5월 29일 (화) 맑음

◇ UN군, 杆城 재탈환.

◇ 적, 楊口에서 완강히 저항.

◇ 아군, 華川저수지 남쪽의 적을 분산시키고 약 9km 전진.

◇ 아군, 楊岩里 남동쪽 지역에서 적 597명 살상, 150명 생포.

◇ 적, 汶山·高浪浦·漣川 남쪽에서 완강한 저항 개시.

◆ 밴프리트참모총장, 미국은 중공의 여하한 공격에도 일본을 방위할 수 있다고 증언.

5월 30일 (수) 비

◇ 국군, 高城 탈환.

◇ UN군, 華川저수지 남안 도달.

◇ 미군, 적의 포격으로 永平근방에서 철수.

◇ UN 공군, 金化 북동쪽의 적 보급소 대폭파.

◇ UN전몰자 합동위령제 거행.

◇ 리지웨이사령관, 전선시찰 후 적은 滿洲에 병력을 집결중이며 人的낭비를 계속할 것이라고 언명.

5월 31일 (목) 맑음

◇ UN군, 麟蹄~縣里간 도로에서 적 2,000명 포위.

◇ 華川저수지 재탈환. 적 시체 1,028구 발견.

◇ 적 2개사단, 漣川 남쪽에 이동.

◇ UN군 제트기, 新安州 상공에서 공중전, 적 제트기 2대 격파.

◇ 미 순양함 로스엔젤레스호 杆城·高城지구의 적 시설에 야간포격.

◆ 미 해병대, 최신장거리 제트폭격기 스카이 나이트 소유 발표.

6월 1일 (금) 맑음

◇ 華川 북서쪽에서 적 저항을 분쇄.

◇ 미 전차부대, 楊口 돌입후 철수.

◇ 중공군, 金化·平康지구에 정예부대 투입.

◇ UN군, 漣川 남쪽·積城 북쪽·臨津江 북안에 교두보 구축.

◇ 국군, 汶山·高浪浦방면에서 정찰전 전개중.

◇ 공군, 적 MIG 3대 격추 2대 파손. 아군 B29 1대 추락.

◇ 공군, 879회 출격. 건물 530동, 차량 253량, 우마차 120대 격파.

◇ UN군 총사령부, 콜럼비아부대 한국으로 파견중이라고 발표.

◇ 李대통령, 42개 주요업체 국유화 명령.

6월 2일 (토) 맑음

◇ 華川지구에서 격전중.

◇ 아군, 적의 楊口지구의 탐색 공격을 격퇴.

◇ UN군, 중부전선에서 맹공. 적 저항을 물리치고 2마일 진출.

◇ 漢灘江 북안 적 저항 치열.

◇ 로스엔젤레스호. 高城 북쪽의 적에 집중 포화.

◇ 함재기대, 咸興 근방의 철교 맹공.

◇ 밴프리트사령관, 적 2차공세의 피해 10만이라고 주장.

◆ 애치슨국무장관, 한국전에 관해 의회에서 증언.

6월 3일 (일) 흐림 · 비

◇ 아군, 麟蹄지구에서 북진.

◇ 적, 華川~楊口선에서 완강히 저항.

◇ UN군, 永平 · 漣川 탈환.

◇ B29, 咸興~元山간 교량 폭파.

◇ 미 태평양함대사령관 래드포드대장, 죠이 극동해군사령관과 전선 시찰.

◆ 덜레스특사, 對日강화조약 협의차 런던 도착.

6월 4일 (월) 맑음 · 흐림

◇ 전 전선에서 아군 1마일 진출.

◇ 중부 및 중동부전선에서 치열한 전투 전개.

◇ 麟蹄지구의 적, UN공군의 공격으로 진지 포기.

◇ UN군, 측면작전으로「철의 삼각지대」공격.

◇ 적기 2대, 楊口 근방의 아군 진지 폭격.

◇ UN군, 華川湖 남쪽에서 중공군 시체 1,500구 발견.

◇ UN군, 永平 북동쪽 고지 탈환.

◇ B29, 永興 폭격. 2천파운드 폭탄 80톤 투하.

◇ 공군, 850회 출격.

◇ 동족애 발휘주간에 공무원 성금 4천여만원.

6월 5일 (화) 흐림 · 맑음

◇ 楊口 북동쪽에서 아군 1.5km 진출.

◇ 적, 麟蹄주변 전선에서 지연작전.

◇ UN군, 漣川지구에서 3km 진격.

◇ UN공군 845회 출격. 제5공군 661회 출격.

◇ 제5공군 전과－화차 47량, 차량 25대 파괴.

◇ 밴프리트중장, 적 격퇴 결의를 거듭 규명.

◇ 국회, 휴전반대 결의를 만장일치로 가결.

◇ 미 극동군사령부, 15일부터 戰況 2중검열제 해체한다고 발표.

6월 6일 (수) 맑음

◇ 적, 楊口 동쪽에서 격렬히 저항.

◇ 華川 북동쪽에서 적 1개대대와 교전.

◇ 「철의 삼각지대」에서 격전 계속.

◇ UN군, 漣川에서 2마일 진격.

◇ 공군, 970회 출격. 적 차량 134대, 포진지 6곳, 탱크 1대 파괴, 500명이상
살상.

◇ 공군, 金川·市邊里 맹폭.

◇ 李起鵬국방장관, 38선 정전 부당 담화.

◆ 마샬장관, 한국전쟁 화평설은 풍설에 지나지 않는다고 언명.

6월 7일 (목) 맑음·흐림

◇ UN군 전함 및 함재기, 元山항 폭격.

◇ 아군, 麟蹄 북쪽 元通里지구에서 적의 맹렬한 저항에 조우.

◇ 華川 북쪽 및 楊口 북쪽에서 적, 반격 기도.

◇ 아군 선발대, 芝浦里 탈환, 金化로 진격.

◇ UN군, 鐵原 근교에 진출, 고대山 탈환.

◇ UN군, 平康계곡 입구에 도달.

◇ UN군, 적의 치열한 포화를 뚫고 鐵原·金化의 적 외곽 방위선 돌파.

◇ 아군 B29·B26 23대, 「철의 삼각지대」에 신형 폭탄 사용.

◇ 공군, 鐵原·金化주변에 적 집결처를 네이팜탄·작렬탄 등으로 맹타.

◇ 공군, 沙里院·海州 근방 철도 맹폭.

◇ 공군, 763회 출격. 차량 147대·건물 520동·철도차량 65량 격파.

6월 8일 (금) 맑음

◇ 적, 동부전선에서 맹포격.

◇ 杆城 남서쪽에서 정찰대 충돌 계속.

◇ UN군 거포, 鐵原·金化를 강타.

◇ 華川 북동쪽 적 저항 완강. 아군 楊口 북동쪽에서 2~4km 진출.

◇ 공군, 489회 출격.

◇ B29 13대·B26 17대, 철의 삼각지대에 폭탄 200톤 투하.

◇ 마샬장관 來韓, 전선시찰. 밴프리트중장·丁一權중장과 회담.

◇ 2일~8일간 공군 전과-4,229회 출격, 차량 800대·철도차량 300대·건물 3,000동·선자 7대파괴, 인원 1,400명 살상.

◇ 李대통령, 국방장관·해군참모총장과 巨濟島 피난민수용소 시찰.

6월 9일 (토) 맑음

◇ UN군, 악천후속에 金化근교 도달. 鐵原·金化 남쪽 적 방어전 강화(AP).

◇ 적, 철의 삼각지대를 포기 金城으로 퇴각 개시.

◇ 적, 華川지구에서 아군 포격.

◇ 공군 679회 출격, 건물 701동·차량 125대·철도차량 88대 격파.

◇ 卞외무장관, 정전반대 담화.

6월 10일 (일) 맑음·흐림

◇ 아군, 鐵原·金化지구 완전 점령.

◇ 국군, 적 반격 저지하고 杆城 확보중.

◇ 楊口·華川지구 적, 완강히 저항.

◇ 영국군, 鎭南浦에 상륙했다가 귀환.

◇ 해군, 城津지구에 일만발 이상의 거포 세례.

◇ 공군, 철의 삼각지대에 신형 폭탄 200개 투하.

◇ 공군, 平壤·沙里院에 폭탄 130톤 투하.

◇ 공군, 적 비행장, 順安, 平康, 平壤, 沙里院 등 7개소 맹폭.

◇ 공군, 707회 출격. 건물 390동, 차량 128대, 철도차량 59량 등 파괴.

◇ 38선 정전반대 국민대회 개최.

◆ 日 朝日紙, 정전에 관해 한국의 여론은 강경 반대라고 보도.

6월 11일 (월) 흐림·맑음

◇ 적, 철의 삼각지대에서 3개사단분의 장비 포기 후퇴.

◇ 아군, 杆城 남서쪽 적을 맹공.

◇ 공군, 宣川 맹폭, 건물 400동 파괴.

◇ 공군, 雨天중에 377회 출격.

◆ 마샬국방장관, 중공군은 난관에 봉착했다고 언명.

◆ 梁裕燦 駐美대사, 38선 중심의 타협은 UN의 자살적 행위라고 성명.

6월 12일 (화) 흐림·맑음

◇ 아군, 杆城 북서쪽 일대에서 진지 강화중.

◇ 적, 金城지구에서 신방어선을 강화중.

◇ 아군, 鐵原지구에서 적 소탕하고 3km 진출.

◇ 아군, 華川·楊口·麟蹄 북쪽 지구의 적 저항을 물리치고 진격.

◇ 아군, 臨津江선에서 진지 강화.

◇ 적, 開城·高浪浦지구에 병력 증강.

◇ 張勉총리, 38선 정전은 낭설이라고 언명.

6월 13일 (수) 맑음

◇ 華川지구 적 주력부대, 金城방면으로 퇴각 계속.

◇ 아군 선발대, 平康 돌입.

◇ UN군, 臨津江 일대에서 탐색활동 전개.

◇ 국군 탐색대, 開城 돌입후 귀환.

◇ 적기, 元山 상공에 출현.

◇ 밴프리트중장, UN군은 승리가능한 군사력 보유, 적은 서울침범 능력 상실했
  다고 언명.

◇ 미 공군장관, 在韓기지를 시찰.

◇ 李대통령, 서울 및 江陵전선 시찰.

6월 14일 (목) 흐림

◇ 국군, 杆城 북쪽에서 적의 2차 반격을 격퇴.

◇ 적, 중동부, 楊口·麟蹄 북쪽 신방어선에서 맹렬한 도전.

◇ 金化 북쪽에서 격전중.

◇ UN군 전차부대, 平康 돌파.

◇ 적, 중부전선에서 대거 퇴각중.

◇ 미 구축함 톰슨호, 城津 해상에서 적의 해안 포화로 사망 3명, 부상 4명.

◇ 적기, 水原과 永登浦에 각 1대씩 내습.

◇ 공군, 順川·沙里院 등 비행장 맹폭.

◆ 존슨 前국방장관, 미국의 한국전란 개입은 애치슨장관 제안으로 대통령이 결
  정하였다고 증언.

6월 15일 (금) 맑음

◇ 국군, 3일간의 杆城 북쪽 지구의 적반격을 UN함대의 엄호하에 격퇴.

◇ 金化·寒溪 근방 적, 진격중의 UN군에 맹도전.

◇ 철의 삼각지대에 적 全無.

◇ 밴프리트장군, 전선시찰 후 적의 3차공세를 예상.

◇ 軍당국, 漢江 이북 농민 철수령 해제.

◇ 서울시, 우편·전보업무 개시.

6월 16일 (토) 흐림·맑음

◇ 金城 남쪽 진격중인 아군, 완강한 적의 저항에 조우.

◇ UN군, 金城을 향해 2마일 전진.

◇ 金化 북쪽 적, 완강히 저항.

◇ 鐵原·楊口지구 UN군, 각 1마일 전진.

◇ 楊口·麟蹄지구 적, 맹렬히 저항.

◇ 아군, 漣川 북서쪽에서 산발적인 접전.

◇ 臨津江연안 아군, 高浪浦·長湍지역 정찰활동 계속.

◇ 철도, 汶山·東豆川·春川까지 운행중.

◇ 무초대사, 리지웨이장군과 협의차 東京 향발.

◆ 리 UN사무총장, UN총회는 한국전쟁 해결에 장애가 되고 있는 형편이니 휴
    회시키자고 강조.

6월 17일 (일) 맑음

◇ 적, 金城서 완강히 저항.

◇ B29편대, 平壤·沙里院비행장에 수백톤 폭탄 투하.

◇ 적기 1대, 水原비행장에 폭탄 4개 투하.

◇ 아 F86 20대, 적 MIG 25대와 新義州 상공에서 교전. 적기 1대 격파, 6대에
    손해.

◇ 전국에 病名未詳의 熱病 유행.

6월 18일 (월) 맑음

◇ 杆城 서부로 침공한 적, 아군 空陸협동으로 격퇴.

◇ 華川지구 3개 UN군 탐색대, 치열한 교전후 후퇴.

◇ 金城 공방전 치열.

◇ 적 철의 삼각지대로 포병대 이동. UN탐색대의 진격 저지.

◇ 적, 서부·중서부에서 후위부대가 저항.

◇ 아군, 高浪浦에서 38선 돌파.

◇ 공군기 33대, 적 MIG40대와 新義州상공에서 공중전. 적기 5대 격파.

◇ 밴프리트장군, 4월22일~6월17일간의 적 손해 21만명이라고 발표.

◆ AP, 적 저항 강화하고 후방의 이동이 활발해 차기 공세 준비중이라고 보도.

◆ 태국 공수기 3대, 한국 향발.

6월 19일 (화) 흐림·비

◇ 아군, 동부전선에서 적의 맹렬한 포화를 배제하고, 연초이래 最深 침투.

◇ 적, 金化·鐵原 북쪽 신진지에서 퇴각 중지.

◇ 金化 동쪽에서 격전. 적 막대한 무기 버리고 도주.

◇ 아 함대, 元山항에서 적 해안 포대와 포격전.

◇ 成川 상공에서 F86 27대, 적 MIG 30대와 공중전, 적기 4대에 손해.

◇ 콜럼비아 군대(1,050명), 내한.

◆ 蔣총통, 台北 방문한 李範奭·金東成씨와 요담.

6월 20일 (수) 맑음·흐림

◇ 杆城 북서쪽 지구 적 저항 증강.

◇ 元通里 북쪽 적, 저항 약화.

◇ 華川 북동쪽, 楊口 북쪽 사이에서 아군 진출.

◇ 金化 북서쪽 및 金城지구의 적, 활동 증강.

◇ UN군, 중부에서 적의 수차 탐색, 격퇴.

◇ 高浪浦지구에서 아군, 정찰 계속.

◇ 宣川 상공에서 100대 이상의 피아공군기 공중전. 적 야크기 6대, 미그 4대 격파손.

◇ 적기, 議政府 북쪽의 아군에게 기총소사.

◇ 初有의 2중 공중전—무스탕 24대와 소련제 비행기 6대간 및 F86 32대와 MIG 15기 36대간의 공중전. 적기 3대 격추, 6대에 손해.

◇ 밴프리트중장, 적의 UN군 격파는 불가능하다고 언명.

◇ 미 해군성, 1년간 해군 및 해병대 소속기 출격 6만7천기, 폭탄투하 7천만 파운드 이상, 아군 손실 약 300대, 적 사상 5만7천명이라고 발표.

◇ 사회부, 피난민 총수 571만명이라고 발표.

6월 21일 (목) 비

◇ 高城 남쪽에서 교전후 고지 점령.

◇ 華川 북동·楊口 북서쪽에서 적 6개중대의 공격을 분쇄.

◇ 平康 남쪽에서 적, 아군에 맹렬히 사격.

◇ 미군 탱크, 開城 돌입.

◇ 적, 漣川 서쪽에서 60mm, 82mm포로 아군 탐색대를 저지.

◇ 지난 4일간, 적기 격추 24대, 아군 3대 상실.

◇ 釜山의 국회의사당에 잠입한 공비 체포.

◆ 리지웨이사령관, 유엔 사무총장에게 UN군 증파 요청.

6월 22일 (금) 맑음·흐림

◇ 麟蹄 북쪽에서 적의 2차에 걸친 반격 격퇴.

◇ 북한 상공에서 양쪽 제트기 87대 공중전-적기 2대 격추, 3대 손상.

◇ 극동공군, 개전 1년간 전과-적기 391대 격추, 아군 손실 245대.

◇ 적기 1대, 서울상공에서 폭탄 3개 투하, 적기 2대 鐵原의 UN군 진지 공격.
　金浦공항에 기총 공격.

6월 23일 (토) 맑음·흐림

◇ 전 전선의 적 저항 강화.

◇ 중동부에서 2일간의 적 정찰공격을 격퇴.

◇ 아 탐색기, 鐵原 서쪽의 완강한 적 저항을 분쇄.

◇ 서부에서 탐색대, 경미한 접전.

◇ 육군참모총장에 李鍾贊씨, 국방차관에 金一煥씨 임명.

◇ 孫元一해군참모총장, 밀수선 단속 담화.

◆ 말리크 소련대표, 한국전의 평화를 제안.

◆ 미 국무성, 말리크제안 검토용의 발표.

6월 24일 (일) 흐림·맑음

◇　전 전선에서 전투치열. 서부에 적 부대 출현.

◇　麟蹄 북쪽에서 치열한 전투. 金化 동쪽 고지 적을 물리치고 아군 재탈환.

◇　平康 남쪽 적, 아군 맹공으로 도주.

◇　UN탐색대, 鐵原 서쪽·漣川 서쪽에서 적의 맹렬한 도전을 받음.

◇　적, 平康·金化 방어위해 서울·元山간에 막대한 증원부대 투입.

◇　高浪浦 북서쪽에서 중공군 3천명 퇴각.

◇　미 제1해병사단소속 제트기, 洗浦里 동쪽 적 보급기지에 3만3천파운드의 폭탄
　　투하.

◇　제5공군 F80 4대, MIG15 4대와 교전－적기 4대 파손. 成川상공에서 교전 －
　　적기 2대 파손, 아군기 1대 격추됨.

◇　영국군 교체병 900명 한국 도착.

◇　정부, 말리크제안을 단호히 거부 성명.

◆　UN사무총장, 조속한 한국휴전 희망 담화.

6월 25일 (월) 흐림·맑음

◇　적, 전 전선에서 소규모 정찰 공격.

◇　麟蹄 북쪽에서 적 탄약집적소 폭파.

◇　아군, 金化지구에서 철수.

◇　漣川 북서쪽에서 격전후 아군 일시 철수.

◇　공군, 624회 출격－기관차 5대, 화차 100대, 건물 450동, 전차 3대 등 격파.

◇　9일간 8회의 공중전에서 적기 13대 격추, 27대에 손실.

◇　국군 1년간 손실－전사 21,625명, 부상 72,868명, 실종 71,915명, 비전투
　　사상 46,146명 총 212,554명.

◇　서울과 釜山에서 멸공 총궐기대회.

◆　트루먼, 말리크제안 검토 언명.

6월 26일 (화) 맑음

◇　杆城지구에서 활동중인 아군 탐색대, 각처에서 교전.

◇ 楊口 북동쪽 지역에 130발의 적 포탄 낙하.

◇ 아군, 漣川 북서쪽에 전진중인 적에게 맹공.

◇ 미 해군, 元山에 함포사격 계속.

◇ 공군, 556회 출격. 차량 250대, 화차 80대 등 격파.

◇ 정부, 긴급각의 열고 소련의 말리크제안 검토.

◇ 리지웨이UN군사령관, 밴프리트장군·무초대사와 李대통령 방문해 요담.

6월 27일 (수) 맑음·흐림

◇ UN군 탐색대, 麟蹄지구 적 방위선 일대에서 완강한 저항에 부딪침.

◇ UN군, 金城 4마일에 육박.

◇ 적, 金化주변에서 UN군 1개사단에 공격 가한 후 격퇴됨.

◇ 平康 남서쪽의 아 정찰대, 적을 격퇴.

◇ 漣川 서쪽의 적 격퇴.

◇ 캐나다 구축함 휴론호, 적 정크선 포획.

◇ 공군, 元山·平壤·新義州를 폭격. 차량 75대, 건물 490동, 교량 및 터널 12곳을 각각 격파.

◇ 공군, 605회 출격.

◇ 李대통령, 소련의 휴전 제안에 경고 성명.

◇ 국회 UN총회 및 각 참전국에 정전반대 호소문 발송하려는 긴급동의 가결.

6월 28일 (목) 맑음

◇ 전 전선, 대체로 평온.

◇ 杆城 남서쪽에 내습한 적을 격퇴.

◇ UN군 포병대, 金城 남쪽 200명의 적을 포격, 약 150명 사살.

◇ 아군, 金化 서쪽에서 적의 공격 격퇴.

◇ 아군, 金化 북쪽에서 적 1개 대대의 반격을 격퇴.

◇ 공군, 출격 562회. 건물 380동, 차량 220대, 화차 90량을 격파.

◇ 공군 야간출격, 차량 60대 격파, 비행장 3개소 폭격, 적 제트기 1대에 손해.

◇ 공보처, 휴전설과 관계된 유언비어 엄단 경고.

◇ 李대통령, 승패없는 휴전보다 죽음을 택하겠다고 담화.

◆ 모스크바방송, 38선 휴전 가능하다고 보도.

6월 29일 (금) 맑음

◇ 전 전선 소강상태.

◇ 중부전선의 적 저항 완강.

◇ 적 수백명, 金化지구에 내습.

◇ 아군 기동선발대, 鐵原 북서쪽에서 교전.

◇ 서부에서 국부적인 치열한 고지쟁탈전 전개.

◇ 국회, 휴전반대 재천명.

◆ 트루먼대통령, 한국휴전 가능성 있다고 언명.

6월 30일 (토) 맑음

◇ 아군 정찰대, 杆城 북서쪽에서 적 중대병력과 교전.

◇ 華川 북쪽에서 2개중대의 적과 치열한 교전, 아 정찰대 8마일 전진.

◇ 아군, 金化 북동쪽에서 적 격퇴.

◇ 아군, 鐵原 북서쪽에서 적과 장시간 교전.

◇ 高浪浦 북서쪽에서 교전.

◇ 공군, 金城 남쪽 2개 대대의 적을 맹공.

◇ 공군, 적 차량 100대 이상 격파, 新義州 · 沙里院비행장 · 平壤주변 맹폭.

◇ 극동공군사령관, 북한의 적 비행장 15개소 지난 2주간의 맹공으로 사용 불가 능하다고 발표.

◇ 정부, 휴전에 관한 5개 항목의 정부태도 천명.

◇ 국회, 정부태도를 만장일치로 지지.

◆ 리지웨이장군, 元山항의 덴마크船에서 휴전회담 하자고 제의.

◆ 미 정부, 한국참전국들과 휴전문제 협의.

7월 1일(일) 흐림

◇ 비교적 평온한 지상전투만 계속. 적은 산발적인 공격을 시도.

◇ 한국 해군, UN공군의 엄호하에 夢金浦지구를 맹폭.

◇ UN공군, 북한의 북서해안을 맹폭—9日동안 14차례의 폭격으로 비행장 15개
   소를 파괴.

◇ 孫해군총참모장, 해병대 사령관 申鉉俊 준장과 해병대의 최전선을 시찰.

◇ 공산군, 휴전제안을 수락—7월10일~15일 開城에서 회담개최를 제의.

◇ 釜山에서 휴전반대 국민총궐기 대회.

◇ 국무총리 통첩으로 「閣下」칭호 폐지.

◆ 유네스코 미 대표, 한국휴전되면 특별원조를 해야 한다고 제의.

◆ 梁 주미대사, 휴전에 관한 우리 정부의 입장 5개 조항을 미 국무성에 제출.

7월 2일(월) 비

◇ 아군수색대, 開城을 제외한 전선에서 완강히 저항하는 적을 밀고 전진.

◇ UN군, 金化 북동쪽에서 공격해 온 적을 격퇴.

◇ 華川지구에서 적의 포격을 받음.

◇ 동해안에서 소규모의 전투 계속.

◇ 李육군참모총장, 애버랜드 미 해군차관보·밴프리트 장군과 전선 시찰.

◇ 全南 경찰국, 미 공군지원하에 白雅山지구의 공비소탕 작전—사살 77명.

◇ 국회, UN에 휴전반대 대표단 파견을 결의.

◇ 釜山 소매물가지수 22, 840 (1947년 기준).

◆ 미 윌슨 국방동원국장, 停戰 귀추에 관계없이 한국에 군사력 증강을 역설.

7월 3일(화) 비·맑음

◇ 아군 전차부대, 平壤을 향해 맹공격.

◇ UN군,「鐵의 三角地」의 전략적 고지 여러곳을 점령.

◇ 적, 開城북쪽에 7만명 집결설.

◇ UN 공군, 鎭南浦시를 맹폭.

◇ 아군, 平壤공습때 비행기 2대를 지상포화에 파괴당함.

◇ UN군 총사령관, 휴전회담에 대한 공산측의 제안을 수락.

◇ 李대통령, 평화는 원하지만 38선에서의 휴전은 절대 불용하겠다고 언명.

◇ 국회, 釜山특별시 승격안 상정.

◇ 미 육군차관 알렉산더 내한.

◇ 리지웨이사령관, 정보부 신설하고 부장에 알렌준장 임명.

◆ 北京 人民日報 한국문제 평화적 해결을 원한다고.

◆ 한국 파병 16개국 대표, 워싱턴에서 휴전회담을 검토.

◆ 마샬, 한국에서 휴전이 되어도 사태가 호전될 때까지 미군 주둔시키겠다고
언명.

7월 4일 (수) 비·흐림·맑음

◇ 백마일 전 전선 조용, 북동쪽에서 소규모 전투.

◇ UN공군, 16개의 교량을 파괴.

◇ 아군 수색대, 開城시에 돌입 정찰후 철수.

◇ UN함대, 안개속에서도 동해안 군사시설을 맹포격.

◇ 알렉산더 미 육군차관, 전선시찰중 비행기 사고로 부상.

◇ 고 金白一장군에게 무공훈장 추서.

◇ 휴전회담, 8일 開城에서 예비회담 개최하자고 적이 제의.

◇ 申국회의장 지방시찰.

◇ 쌀값 폭등, 釜山 1말에 26,000원.

◇ 국회, 釜山특별시 승격案 보류.

◆ 중공신문, UN에 의한 휴전감시를 거부한다고 보도.

◆ 트루먼 대통령, 독립기념성명에서 한국전쟁의 평화교섭에 우려 표시.

◆ 李 駐英 대사, 李대통령의 개인 메세지(휴전문제에 관한)를 전달.

7월 5일(목) 흐림·비

◇ 각 전선 비교적 평온.

◇ 아군 수색대, 동해안에서 38선 북쪽 40km 지점까지 진출.

◇ 중부전선「鐵의 三角地」북단에서 강력한 적의 저항으로 2개 부대 철수.

◇ 아군 수색대 또 開城시내 돌입 정찰.

◇ UN공군, 新義州·順安·龍井里 등의 비행장을 폭격.

◇ 한국에 파견된 태국·필리핀·그리스의 3군 지휘관들, 휴전결렬 되면 대규모 작전을 경고.

◇ UN군 총사령관, 8일의 회담에 동의하고 연락관의 안전을 요구.

◇ 서울~汶山간의 철도경찰대 배치, 민간인의 출입을 통제.

◇ 국회, 휴전문제에 대해 열띤 질의전.

◇ 국민방위군사건, 大邱에서 군법회의 개정.

◇ 상공부, 51년도 수입 총액 1051만달러로 고시.

◆ UN 사무총장, 2억3천만달러의 對韓구제 계획안을 경제사회이사회에 제출.

◆ UN 국제학생회에 한국대표 초청.

◆ 中共신문, 휴전회담에 정치문제는 배제될 것이라고 보도.

◆ 영 애 수상, 한국휴전 회담진행에 구애받지 않고 방위력 증강을 언명.

7월 6일(금) 흐림·맑음

◇ 중·동부전선에서 작은 충돌이 있을 뿐.

◇ UN군 수색대, 계속 開城부근에서 정찰행동.

◇ UN군 함대 元山항 포격, 공산군의 해안포도 응사.

◇ UN군, 야간 폭격으로 新安州에서 南下하는 적 차량 100대를 파괴.

◇ 미 극동군 사령관, 적의 대표가 휴전회담에 참가하는 도로등에서의 공격행동을 중지하라고 명령.

◇ 開城 휴전회담(예비회담) 준비 완료.

◇ 피난민, 서울 남쪽에 운집, 수용소에 수용을 거부하고 귀향을 열망.

◆ 소련, 1950년 19,000대의 비행기 생산.

7월 7일(토) 흐림

◇ 각 전선은 경미한 충돌이 있을 뿐.

◇ 韓·滿국경에서 쌍방 50대이상의 제트기 공중전.

◇ UN군 전투기, 元山항을 맹폭. B29 高原을 맹폭격.

◇ 7일 자정이후 平壤~開城간의 도로를 계속 폭격.

◇ 平壤방송, UN 공군기 3대를 격추했다고 보도.

◇ 李국방장관, 三軍총장과 釜山에서 함상회의.

◇ 휴전회담을 위해 UN군측 대표, 전진기지로 향발.

◇ 제1기 전차 장교 및 제3기 갑종 간부후보생 합동졸업식, 東萊육군보병학교서
  거행.

◇ 申性模씨, 駐日 大使로 부임.

◆ 밴덴버그 미 공군총장, 한국휴전과는 관계없이 계속 공군력 향상 역설.

◆ 트루먼 미 대통령, 평화강조 메세지 발표.

7월 8일(일) 비

◇ 아군, 전선의 진지 정비 강화.

◇ UN군, 동해안에서 약간 진출.

◇ 북한상공에서 피아 제트기 공중전, MIG 15제트기 3대 격추.

◇ UN 공군, 북한 주요 도로상에서 남하하는 적 차량 수천대 발견.

◇ 전국 경찰 종합전과(50년10월~51년 현재) – 공비 사살 55,419명, 생포 19,421
  명, 귀순 43,863명.

◇ 휴전 회담 – 10일간 開城에서 본회담 열기로 합의.

◇ 휴전회담 양측대표단 확정 – UN군측 대표 : 죠이 해군중장, 크레기 공군소장,
  헨리 홋지스 육군소장, 알레이 버크 해군 소장(美), 白善燁 소장. 북한측 대표
  : 南 日대장, 李尚朝소장, 橙華(중공), 謝方(중공).

◇ 듀이 미 뉴욕지사 내한. 국회에서 공동투쟁에 매진하자고 연설.

◆ 중공신문, 휴전회담에 낙관적 견해.

◆ 미 공군장관 핀 데터, 북한·滿洲에 공산군 비행기 1,000여대 집결중. 이는
  휴전회담에 불리한 현상이라고.

7월 9일(월) 비

◇ UN군, 공산군의 완만한 공격을 격퇴하고 약간 전진(金城지구).

◇ 楊口 북쪽에서는 국군이 3Km 전진후 다시 후퇴.

◇ B29, 新安州 비행장에 80, 000파운드 이상의 폭탄을 투하.

◇ F86 세이버, 공산군의 MIG15기 1대를 격추.

◇ 駐韓 터어키군 부대, 미 최고 훈장받음.

◇ 미 국방성 한국전선의 UN군 구성비율을 발표.

  지상군 : 미군 45%, 국군 45%, 기타 연합군 10%.

  해 군 : 미군 75%, 국군 25%.

  공 군 : 미군 98%, 남아・호주・뉴질랜드・한국 등이 2%.

◇ 밴프리트 미 8군 사령관, 대장 승진.

◇ UN군 사령관 및 휴전회담 대표단, 전진기지 汶山에 도착.

◇ 崔慶祿헌병사령관, 군기 확립에 담화 — 민간인들 군에 금품제공을 엄금.

7월 10일(화) 비・흐림

◇ 각 전선, 군사활동 실질적 중지상태.

◇ 공군도 악천후로 출격 극히 저조.

◇ B29, 악천후 뚫고 동해안 高原에 출격, 70톤의 폭탄 투하.

◇ 공군, 야간에 平壤・新安등의 비행장을 폭격.

◇ 휴전회담 제1일, 의사일정 교환.

◇ 李대통령과 리지웨이장군, 서울 근교에서 요담.

◇ 李 국방, 서울에서 군무위원회를 설치.

◇ 李 공보부장관, 연립정부 수립운운에 대한 정부통일 방안을 (자유선거) 성명.

◇ 釜山시내에서 휴전반대 데모.

◆ 중공신문, 휴전회담 북한의 제시안을 지지.

◆ 미 상원 더글러스의원, 한국이 38선 이북 100 마일까지는 진출해야 한다고
  주장.

7월 11일(수) 흐림·비

◇ 전 전선, 여전히 소강 상태.

◇ 공군, 야간에 平壤비행장을 맹폭.

◇ 북한상공에서 공중전. MIG 3대 격추하고 F86 1대 손실.

◇ 밴프리트장군 전선 시찰, 최악의 상태에 대처할 각오가 서있다고 언명.

◇ 휴전회담 제2일, 회의 운영에 관한 협정 성립.

◇ 리지웨이장군, 무쵸대사와 군무위원회를 방문하고 요담.

◇ 육·해·공군 각 군 수뇌, 汶山에서 白善燁소장과 구수회의.

◇ 서울시에서 停戰반대 국민 궐기대회 개최.

◇ 平壤방송, 외국군대 한국에서 물러가라고 선동 방송.

◆ 유네스코, 파리에서 한국민간인 원조안을 채택하고 폐회.

7월 12일(목) 비·흐림

◇ 적의 완강한 저항을 받으면서 金城 남동쪽에서 아군 약 5km 전진.

◇ 다른 전선은 적과의 조우 극히 경미.

◇ UN 함대, 元山·城津 등을 맹공격.

◇ 아군 폭격기, 平壤 부근의 적 보급소를 맹폭격.

◇ 미 해병대, 동부전선에서 군사시설과 적군을 공격.

◇ UN 공군기, 新安州·順安·黃州와 平壤 등의 공군기지를 폭격.

◇ 휴전회담, 공산측의 기자단 통과 거부로 정지. 리지웨이장군 대표단 출발 중지를 명령.

◇ UN측 대표, 기자단 통과없이는 회담할 의사 없다고 공산측에 메세지.

◇ 국회, 군법회의 법을 가결.

◇ 李 국방, 어떠한 사태에도 대비하고 있다고 기자회견.

◆ 뉴욕 주지사, 8월을 한국구호의류 모집의 달로 제정.

◆ 제네바 GATT협정, 한국 가입.

7월 13일(금) 비

◇ 전선 각처에서 작은 충돌.

◇ UN군, 金城 북쪽에서 적의 공격을 격퇴.

◇ 우리 공군, 북한의 비행장을 폭격.

◇ 적기 汶山에 내습 폭격. 그중 1대 격추.

◇ 휴전회담 북한대표 南日, 기자단의 참가는 거부하면서 회담 속개주장.

◇ 리지웨이사령관 회담재개의 조건을 전달. ① 開城지대의 중립화 ②UN대표 단의 自由행동 보장 ③ 기자단의 통과와 대표단 구성 결정의 자유 등.

◇ 3軍수뇌, UN 휴전대표단 방문하고 장시간 요담.

◆ 호주 상원, 공산당 불법화 안을 가결.

◆ 미 애치슨장관, 리지웨이장군의 휴전조건 제안을 전적으로 지지 언명.

◆ 티토 유고대통령, 한국 휴전 제안이래 국경선에 압력이 가해지고 있다고 언 명.

7월 14일(토) 비

◇ 전 전선은 미미한 충돌이 있음.

◇ 아군 東海 杆城, 楊口에서 적의 공격을 격퇴.

◇ 金城 남동쪽의 적 저항 감소.

◇ 鐵原 북동쪽의 적, 아군 수색대를 포위하고 공격했으나 증원부대가 이를 격 퇴하고 구출.

◇ 미 해군 함대, 동해안의 적 지휘소 4개소를 포격.

◇ UN 공군, 악천후로 활동이 제한됨.

◇ 아 F80 1대, 적의 지상포화에 의해 격추.

◇ 공산군, 리지웨이장군의 제안을 전적으로 받아들인다고 발표.

◇ 맥아더사령관, UN대표단 방문.

◇ 李 국방, 汶山 방문하고 UN 대표단과 요담.

◇ 북한 민주조선紙, 외국군의 완전한 철수를 되풀이하여 보도.

7월 15일(일) 비·흐림

◇ 각 전선에서 산발적인 충돌.

◇ 開城 남쪽 중립지대에서 적 중대병력을 발견.

◇ UN 함대, 동해안 4개 항구에 고성능 폭탄 포격.

◇ UN 공군, 악천후속에도 야간 출격-황주·沙理院·新安州 비행장들을 폭격.

◇ 미 극동공군 주간 전과 발표- 출격 3, 600회 이상, MIG 15기 7대 포함 9대를 격추·3대 격파.

◇ 아군 피해, F80 2대·기타 2대.

◇ 미 제10군단장 아몬드장군 후임에 바이아스 소장 취임.

◇ 미 제25사단장에 스위퍼트 소장 임명.

◇ 開城 휴전회담 재개, UN의 제의에 공산측에서 원칙적으로 동의.

◇ 미 군사외교대표, 한국의 휴전 반대 데모가 휴전회담 방해된다고 정부에 불만 표시.

◇ 李 대통령, 丁一權장군에게 무공훈장 수여.

◇ 7월 15일 현재 통화 발행고 4, 252억원, 지난달에 비해 8억원 증가.

◇ 京釜線 급행여객열차 운행 개시.

◆ 미 애치슨장관, 행정부는 한국 휴전회담의 진척에 노력하고 있다고 언명.

7월 16일(월) 비·흐림

◇ 아군 정찰대, 동해안에서 약 6km진출.

◇ 미 제5공군, 적의 보급소를 집중 폭격.

◇ 미 공군, 개전이래 최대의 공중 폭격.

◇ 공산군, 전선 병력을 45개 사단에서 72개 사단으로 증강, 차량 이동 1일 평균 1800대 정도.

◇ 開城 휴전회담 약간 진전.

◇ 李 국방장관, 白善燁대표와 요담.

◇ 李 대통령, 서울방문한 무쵸대사와 요담.

◇ 平壤방송, 전 외국군대 한국에서의 철수를 강조.

◆ UN총회 의장, 한국휴전회담 토의차 UN본부에 도착.

◆　미 애치슨장관, 방위노력의 이완은 적의 공격을 부른다고 경고.

◆　UN 난민기구의 보가르드씨, UN의 구호로 한국민 800만명이 구조되었다고 기자회견에서 언명.

7월 17일(화) 흐림・맑음

◇　각 전선에서 산발적인 충돌 뿐.

◇　UN 함대, 元山항을 계속 포격. 구축함 적 해안포와 3시간 교전.

◇　UN공군, 831회 출격해 적의 비행장 등 계속 폭격.

◇　네덜란드 군인 7명에게 훈장 수여.

◇　경찰, 공비들의 휴전제의를 일축하고 토벌 계속. 전과−사살 69명, 납치 경찰관 18명・양민 500명 구출.

◇　開城 제5차 휴전회담, 쌍방이 의안을 제시하였으나 새로운 것 없음.

◇　리지웨이 총사령관 극비리에 東京귀환.

◇　국내 각지에서 국민 휴전반대궐기대회를 개최.

◇　巨濟島 북한 피난민, 휴전반대 총궐기.

◆　소련, 평화공세로 강대국회의 개최 제안.

7월 18일(수) 맑음

◇　각 전선에서 쌍방 소규모 충돌.

◇　UN 함대, 공군의 협조하에 元山항을 계속 맹포격.

◇　UN공군, 야간 출격−兼二浦의 적 보급 중심지 및 沙理院 비행장 등을 폭격.

◇　태국군 대대장에게 훈장 수여.

◇　휴전회담, 의사 일정에서 2개의 중요한 의제에 합의. 그러나 주요문제는 미해결.

◇　開城에서 UN군 기자단의 활동지역을 축소 규제 (반경 1/2마일 이내로).

◇　계엄사령부, 서울 분실을 설치.

◆　한국전쟁 이래 최대의 캐나다 부대, 日本 요코하마에 도착.

◆　모스크바방송, UN휴전대표단이 외국군의 철퇴문제 토의를 기피한다고 보도.

7월 19일(목) 비

◇ 지상부대, 몇개 지구에서만 미미한 충돌.

◇ 공군, 악천후 속에도 740회 출격해 적의 보급중심지·교량 등을 파괴.

◇ 李대통령, 미 제1군단장 밀번장군에게 훈장수여.

◇ 제7차 휴전회담 무진전, 쌍방의 기본 주장만 되풀이.

◇ 휴전회담의 쟁점은 각국 군대의 철수문제라고 AP가 보도.

◇ 클라크총사령관, 전진기지에서 UN군 휴전회담 대표들과 협의하고 東京귀환.

◇ 국민방위군 사건, 공판에서 金潤根 등 5명에 사형을 선고.

◆ 미 애치슨장관, 휴전회담의 쟁점인 외국군 철수문제는 정치문제라고 공산측의 주장에 거부 성명 발표.

◆ 駐美 梁대사, 덜레스장관에게 對日강화조약에 대한 항의 각서제출.

◆ 미 애치슨장관, 한국에 휴전이 성립되어도 미군은 철수하지 않겠다고 성명.

7월 20일(금) 비

◇ 楊口·麟蹄·杆城 등지에서 아군 정찰대, 적과 장시간 교전.

◇ UN 공군 악천후로 활동 제약. 야간에 沙里院 黃州비행장을 폭격함.

◇ B29, 高原의 철도시설과 咸興의 보급중심지를 레이터로 폭격.

◇ 14~20일 공군의 작전상황 – 출격 2,377회, 군용건물 1,100동 파괴, 차량 파손 772대, 철도차량 189량 파손, 보급로 요충폭격 160개소, 탱크 6대 파괴, 포진지 62개소 격파.

◇ 14~20일간의 전과 – 적 살상 및 포로 3,095명.

◇ 미 국방성, 개전이래 적의 손상 1,213,544명이라고 발표.

◇ 李대통령, 정전에 관한 한국정부 입장을 천명하고 조국통일과 집단안전보장의 확립을 보장 요구.

◇ 국방부 및 각軍 분실, 釜山 水昌국민학교에 집결 이동.

◆ UN군 파견한 16개국, 미 애치슨장관의 외국철수 문제 토의 거부를 지지하는 성명 발표.

7월 21일(토) 비·흐림

◇ 각 전선은 평온한 상태로 소강유지.

◇ 제8차 開城휴전회담, 공산측의 제의로 25일까지 휴회하기로 결의.

◇ 李공보부장관, 침략자들을 축출할 때까지 UN군의 주둔을 강력히 요구.

◆ 벨기에, 네덜란드의 후속 지원부대 한국전선 향해 출발.

7월 22일(일) 비·맑음

◇ 각 전선에 쌍방 미미한 충돌 뿐.

◇ UN군, 동부전선에서 적의 정찰공격을 격퇴.

◇ 공군 B29기, 黃州~沙里院 비행장에 2,000톤의 폭탄 투하.

◇ 죠이중장, UN군사령관과 휴전회담문제 협의후 귀임.

7월 23일(월) 맑음

◇ 적, 杆城지구에서 맹렬히 저항.

◇ 아군, 金城남쪽 고지 점령.

◇ UN 공군 야간폭격 계속. 적의 보급소 및 비행장 등을 폭격.

◇ 밴프리트사령관, 李육군참모총장과 미 제10군단장 바이어스 소장 등 대동하고 중 동부 전선 시찰.

◇ 미 해병사단장 토마스소장, 한국해병 제1연대장 金大植대령 외 6명에게 무공 훈장을 수여.

◇ 죠이대표 등 휴전회담대표 전진기지로 귀환.

◇ 崔헌병사령관 軍 풍기 단속기간 설정에 담화, 철저한 단속과 엄중한 처벌을 경고.

◇ 한국은행 서울분실 업무 개시.

7월 24일(화) 맑음

◇ 開城 남서쪽에서 격전 전개.

◇ 적, 金城 남쪽에서 대규모의 수색공격을 감행, 아군 이를 분쇄.

◇ 동부·중부전선에서도 적의 공격을 UN군이 분쇄.

◇ UN 공군, 平壤주변의 적 보급중심지와 沙里院 비행장을 폭격.

◇ UN군 전과 — 6.24~7.24 기간 중 출격 13,357회, 적기 24대 격추, 차량 2,260대 파괴, 기관차 20대·화차 900대 격파, 병력 4,000명 이상 살상.

◇ 在韓 미 제1기갑사단장 토마스 하롤드준장 취임.

◇ UN 한국재건국장 도날드 킹슬리씨 내한 (2주간 체한 예정).

◇ 李 대통령 취임 3주년 기념식 거행 (경남도청내의 국회의사당).

◇ 李국방장관, 외무장관 회담재개에 앞서 협의차 上京.

◇ 平壤방송, 외국군 철퇴문제의 의제 포함을 계속 주장.

◆ 마샬 미 국방장관 휴전회담의 성립조건 4개항 제시.
　① 군사경계선의 협정 ② 在韓병력 불증강 ③ 불의 침공에 대비하는 휴전감시 감독조치 ④ 포로 취급에 관한 협정.

◆ 애치슨 장관, 한국휴전성립 여부에 관계없이 자유수호를 위한 미국의 기본방침은 불변할 것임을 천명.

7월 25일(수) 맑음

◇ 전 전선에서 적의 저항 치열.

◇ 杆城 남서쪽에서 적 저항 격화됨.

◇ 아군 기동정찰대, 高浪浦 북쪽의 目標고지를 점령.

◇ 미·영함대 합동작전으로 동해안의 元山·城津항의 군사시설을 맹포격.

◇ 미 B29 폭격기대, 平壤·鎭南浦·新安州의 조차장을 폭격.

◇ 극동공군, UN공군기가 滿洲영공을 침입했다는 중공측의 주장을 부인.

◇ 平壤방송, 북한 공군기가 동해안에서 아군의 보급선을 격침시켰다고 보도.

◇ 開城 휴전회담, 의제 구성에 진전. 공산군측의 제안을 검토하기 위해 2일간 휴회 결정.

◇ 공산군측의 기자단에 영국기자 2명 참가.

◇ 국회, 비공개리에 숙청문제 토의.

7월 26일(목) 맑음

◇ 중·동부전선, 도처에서 국부적인 접전.

◇ 金城지구의 적 활동 활발한 움직임.

◇ 아공군, 야간에 元山·平壤부근에서 적 차량부대를 공격.

◇ UN 공군, 順天·平壤·元山등의 비행장과 고사포진지를 폭격.

◇ 제10차 휴전회담, 의사일정에 대한 5개항목 합의.

  ① 의제채택 ② 적대행위 중지를 위한 군사 경계선 설치 ③ 정전의 실현을 위한
  구체적 조치 ④포로교환을 위한 조치 ⑤쌍방 정부에 대한 권고.

◇ 李대통령과 내외귀빈이 참석하여 UN 한국재건국 사무소 개소식.

◇ 平壤방송, 철병문제 토의를 재강조. 휴전회담 성립후에 쌍방의 본국 대표들이
  참가하는 정치회담에서 외국군 철수문제 논의하자고 제의.

◆ 트루먼 미 대통령, 휴전회담 희망적이라고 기자회견을 통해서 언급.

◆ 애치슨 미 국무장관, 휴전회담 진행과 함께 적의 대공세를 경계하라고 경고.

◆ 영 외무성, 한국휴전회담의 의제 합의에 만족을 표명.

7월 27일(금) 맑음

◇ 동부전선의 적 반격. 杆城 북서쪽에서 아군 부대 철수.

◇ 楊口·麟蹄전선에서 치열한 교전.

◇ 서부전선에서는 적의 활동이 현저히 감소.

◇ UN공군, 야간에 북한의 각지를 공격, 차량 및 보급소 파괴.

◇ 7월 21~27일 1주간 적 사살 포로 등 총 2,400명.

◇ 휴전회담(11차), 군사경계선 설정문제를 토의.

◇ 휴전회담 계속 진전. 전문 분과위원회의 설치에도 합의. UN측 위원으로 키니
  공군대령, 마레 해병대령 외 1명.

◇ 포로 교환에는 민간인 75명도 포함한다고 언명.

◇ 居昌사건 군법회의, 大邱고등법원에서 개최.

◆ 마샬장관, 한국휴전회담 개시이래 미국의 방위노력이 저하되고 있다고 미 의
  회에서 증언.

7월 28일(토) 맑음

◇ 楊口 북동쪽에서 피아간 격전.

◇ B26기 야간폭격, 적의 집결지 및 차량 부대 격파.

◇ 在韓 영연방 사단 결성, 사단장에 켓셀소장 임명.

◇ 휴전회담, 공산측이 군사경계선을 38선으로 하자고 고집.

◇ UNKRA국장 일행, 스웨덴 병원을 방문.

◇ 서울에서 휴전반대 데모 격화.

◆ UN, 한국에서의 침략자 격퇴에 공이 있는 사람에게 수여할 UN훈장의 제정을 발표.

◆ 중공, 미국의 지원을 받는 종교단체의 활동을 정지시킴.

7월 29일(일) 맑음

◇ 楊口 북동쪽의 적, 아군공격에 경미한 저항.

◇ 鐵原, 金化 북쪽 아군 정찰대 1km 전진. 적 경미한 저항.

◇ UN 해군, 城津을 포격.

◇ 아 공군, 야간 폭격으로 元山·平壤 등지의 적 차량부대를 공격.

◇ 휴전회담 13차 회의, 비무장지대설치 문제에 양측 서로의 주장을 계속 고집.

◇ 白善燁 휴전대표, 서울에서 李국방과 요담.

◇ 서울 수도물 시험 배수.

7월 30일(월) 흐림

◇ 아군, 5일간의 공격 끝에 楊口 북동쪽의 目標고지를 탈환.

◇ 그밖의 전선에서는 피아간에 경미한 충돌이 있음.

◇ UN 함재기대, 延安·海州를 맹타.

◇ 우리 공군, 平壤 맹폭. 沙理院·黃州·興南을 반복 폭격하다 비행기 3대를 훼손당했다고 발표.

◇ 밴프리트장군, 경계태세를 확립하라고 성명.

◇ 開城 14차 회담, 비무장지대 설정문제에 양측 대표 자기의 주장 계속.

◇ 국회의 국민방위군 사건토의로 與野 수라장화하여 산회를 선포.

◇ 卞외무장관, 기자회견을 통해서 현전선에서 휴전하자는 우리측 입장 표명.

7월 31일(화) 맑음

◇ 각 전선은 산발적인 소규모 충돌뿐.

◇ 우리 공군, 平康을 공격. 야간에 平壤을 반복 공격.

◇ 공군, 7월중 전과 발표-출격 13,000회, 비행장 18개소, 보급집적소 45개소, 포진지 180개소, 교량 171개소 격파. 군용건물 5,800개소, 차량 3,673대 파괴. 기관차 11량 철도차량 750량 파괴.

◇ 李대통령, 공비토벌 유공부대 제8사단에 부대표창.

◇ 開城 휴전회담 진전없음.

◇ UN군사령부, 현전선을 기초로 하여 휴전선 비무장지대를 설정할 것을 거듭 강조.

◇ 李국방, 항공기 헌납운동에 국민의 자유로운 협조 강조.

◇ 금년도 조세수입, 총 1,800억원 중 6월 현재 600억원 징수 실적 발표.

◆ 駐美 梁대사, 한국 국민은 자유민주 통일을 갈망한다고 언명.

8월 1일(수) 흐림

◇ 아공군, 야간에 平壤·元山에서 적의 차량부대를 공격.

◇ 밴프리트 장군, 鐵의 三角地를 탈환한 국군 6235부대를 시찰하고 격려.

◇ 李 대통령, 루시 미 해군 중령 등 9명에게 무공훈장을 수여.

◇ 육군 교육총감부 창설.

◇ 16차 휴전회담 무진전, 양측 대표 기본입장 변경없음. 죠이 UN대표, 공정한 비무장지대설치를 거듭 주장하고 38선 휴전을 반대.

◇ 李국방장관, 白善燁대표의 퇴장 용의설을 부인.

◆ 킹슬리 UNKRA 국장, 휴전후 우리나라의 부흥계획에 대한 UN계획을 언명.

◇ 피아간 開城 남쪽에서 단시간 접전.

- ◆ 중공신문, 중공은 북한에 의사, 간호원을 계속 파견하고 있다고 보도.
- ◆ 彭 중공군사령관, UN측이 실현 불가능한 휴전조건을 요구하면 회담은 결렬될 것이라고 방송.
- ◆ 미 해군, 수뇌를 대폭 개편. 해군 장관에는 킨보르 취임.
- ◆ 애치슨장관, 미국은 결코 공산측이 주장하는 38선 휴전제의를 수락치 않을 것임을 천명.

8월 2일(목) 맑음

- ◇ 아군, 중동부전선에서 공세. 金城 남동쪽에서 진출개시.
- ◇ 장거리 포병들, 서부·중서부 지구에서 적 후방 지역을 맹타.
- ◇ B29 편대, 平壤 북쪽의 2개 조차장 및 兼二浦를 폭격.
- ◇ B26 편대, 平壤지구에서 적의 탄약 및 장비저장소를 맹폭.
- ◇ 제17차 휴전회담, 쌍방의견 계속 대립.
- ◇ 南日 공산군 대표, 38선 이북에 완충지대설치를 거부.
- ◇ 납북 애국인사 구출을 위한 가족대회, 釜山에서 개최.
- ◇ 정부, 공산군포로의 주식비만 부담하기로 UN군측과 합의.
- ◇ 비행기 헌납운동 계속 전개.
- ◆ 미 하원, 공산국가와 군수물자를 거래하는 나라에는 군사 경제원조를 금하는 법을 가결.
- ◆ 영, 원자폭탄을 제조중이라고 발표.

8월 3일(금) 맑음

- ◇ 아군, 金城 남동쪽에서 1km 진진. 중동부전선에서는 소규모의 전투 계속.
- ◇ 우리 공군, 야간에 新安州·平壤비행장을 맹폭격.
- ◇ 제307 폭격대 소속 B29 14대, 鎭南浦 적 보급 집적소에 고성능 폭탄 투하.
- ◇ UN 함대, 元山의 적 해안포대 및 4개의 적 진지를 분쇄.
- ◇ 제18차 휴전회담, 의연 진전없음. 죠이 UN측 대표, 현 방위선 절대 포기하지 않을 것이라고 공산측에 강조.

◇ 국회, 국민방위군사건 다시 상정. 대논란끝에 보고서 접수키로 결의.

◇ 통일없는 휴전반대 국민궐기대회, 釜山에서 대규모 행진.

◆ 그로스 미 UN 대표, 한국에서 휴전이 성립되면 UN의 평화적 해결 방법에 따라 통일이 달성될 것이라고 전망.

8월 4일(토) 흐림·맑음

◇ 국군 金城 남쪽에서 적의 공격을 격퇴시킴.

◇ 아군, 포병대의 엄호하에 강력히 저항하는 적을 공격하고 漣川에서 3Km 정도 전진.

◇ B29 폭격대, 鎭南浦·海州의 철로를 폭격하여 파괴.

◇ 제19차 휴전회담, UN군측이 비무장지대의 설치를 위해 지도를 검토 하겠다고 시사했으나 공산군측이 이를 거부.

◇ 무장 공산군 150명이 중립지대를 침범 통과.

◇ UN군 대변인, 비무장지대 설정에 관한 UN측의 제안은 온건하다고 언명.

◆ 리지웨이 사령관, 25차 UN보고서에서 공산군의 대공세 준비를 경고.

◆ 중공紙, 비무장지대 문제에 대하여 공산측은 양보하지 않을 것이라고 사설로 보도.

◆ 타스 통신, 미국이 한국의 평화수립을 방해하고 있다고 비난.

8월 5일(일) 비·맑음

◇ 동부전선에서 피아간 경미한 접촉.

◇ 金城 및 동남부지역에서 적, 계속 저항.

◇ UN군 서부전선에서 공세, 高浪浦 북쪽에서 5km 전진. 공군과 포병합동 작전으로 적의 반격을 분쇄.

◇ UN 함대, 어뢰로 元山항을 공격, 항공대도 元山 북쪽의 철도를 폭파.

◇ 西海의 미 항공 모함 함재기들, 海州·延安·鎭南浦 등지를 맹타.

◇ 리지웨이사령관, 중공군의 중립지대 침범을 항의하고 휴전회담 중단을 통고.

◇ 공군사관학교 제1회 졸업식.

◆ 미 국무성, 리지웨이장군의 휴전회담 중단을 지지.

◆ 미 아서 스트라블 장군, 미국이 한국전에서 체득한 경험은 융통성과 임기응변술이라고 언명.

◆ 모스크바 신문, 彭 중공군사령관은 在韓 중공군의 기계화를 강력히 주장.

8월 6일(월) 맑음

◇ 金城 남동쪽에서 중공군 2개 중대와 접촉하여 이를 완전 격퇴.

◇ 서부전선에서 침투한 적의 수개소대를 격퇴.

◇ 휴전회담을 중단한다는 리지웨이장군의 통고에 공산측 회답, 앞으로 중립을 보장하고 회담의 속개를 희망.

◇ UN군측 죠이 제독 등 대표들, 東京으로 귀환해 리지웨이장군과 협의.

◇ UN군 총사령부성명, 휴전선을 현전선으로 하는 원칙 불변 표명.

◇ 李국방장관, 장정 소집방법을 쇄신한다고 기자들에게 언급.

◇ 居昌사건 조사단에 발포한 것은 국군에 의한 것이라고 金·宋양대령 증언.

◇ 金서울시장, 시민의 복귀는 시기상조라고 성명을 재차 발표.

◆ 중공방송, UN군도 여러번 중립지대를 침범했다고 생떼.

◆ 미 하원, 대통령에게 의류수집권을 부여하는 對韓정책 결의안 통과.

8월 7일(화) 흐림·맑음

◇ UN군, 鐵原 서쪽에서 적의 반격을 격퇴.

◇ 우리 공군, 야간에 新安州·平壤비행장을 폭격.

◇ 적기 1대, 아군진지에 기습 폭탄 5개를 투하하고 도주.

◇ 리지웨이 사령관, 회담재개의 조건으로 완전한 중립의 보장 요구.

◇ 밴프리트사령관, 鎭海 육군포병학교 등을 시찰 (李총장 동행).

◆ 맥 마혼 미 하원 세출위원장, 한국동란이래 6월 30일까지 50억달러의 군사비가 지출됐다고 언명.

8월 8일(수) 흐림·맑음

◇ 적, 金城 북쪽에서 저항 계속.

◇ 아군, 平康 등을 정찰.

◇ 아군, 鐵原 북서쪽에 치열한 전투후 일부 진지에 철수.

◇ 서부 高浪浦·漣川에서도 경미한 접전.

◇ 적기 1대, 중부전선에서 폭격 도주.

◇ 미 육군성 발표, 개전 이래 8월 8일까지의 적의 손실 ① 전선에서의 전상 또는 전사 892,505명. ② 포로 164,883명 ③ 기타 184,658명 합계 1,243,046명.

◇ UN휴전회담 대표, 전진기지로 귀환.

◇ 국회에서의 金宗元대령의 증언 문제화되어 장관의 증언을 듣기로 결정.

◆ UN 포로 문제 특별위 성명.

◆ UNKRA 킹슬리국장, 한국부흥에는 20~30억 달러가 필요하다고 언명.

◆ 노벨 平和賞 수상자 분체박사, 한국사태에 대한 조치는 침략에 대한 집단적 경찰행동의 최초의 거사라고 언명.

8월 9일(목) 맑음

◇ 지상전투 대체적으로 소규모 충돌.

◇ 아군 정찰대, 華川저수지 북쪽에서 약 41km 전진.

◇ 서부전선에서도 단시간 교전.

◇ UN 해군, 元山·延安·海州 등을 폭격.

◇ 우리 공군, 적의 3개 편대와 공중전.

◇ 공산군측, 휴전회담 하자고 독촉만 계속.

◇ 공산군측, UN측이 공산군 대표단이 타고 오는 트럭에 사격을 했다고 비난하자 죠이제독 통박.

◇ 李국방장관, 서울서 白휴전회담 대표와 만나서 요담.

◇ 李치안국장, 전국의 치안상태는 양호하다고 언명.

8월 10일(금) 맑음

◇ 지상전투는 완전 교착 상태.

◇ 金化 북쪽에서 적의 소규모 정찰 공격을 격퇴.

◇ 아군 함대, 延安부근의 적 시설을 반복 포격.

◇ UN 해군, 鎭南浦・海州 등의 군사목표를 맹격. 동서해안 포대에도 공격.

◇ F84, 平壤시내의 군사목표에 공격.

◇ B29편대, 黃州를 레이다로 맹폭격.

◇ UN 공군, 야간에도 출격, 적 차량 2000대 이상을 발견하고 공격함.

◆ 뉴욕 타임스, 한국문제에 관한 사설을 통해 휴전은 한국민의 복리증진에 목적이 있다고 휴전을 강조.

8월 11일(토) 맑음

◇ 지상 전투는 피아의 정찰대 충돌정도.

◇ 적, 악천후 이용 楊口 북쪽에서 공격해 왔으나 UN군 이를 격퇴.

◇ 臨津江 북안에서 홍수로 고립되었던 영국군부대 귀환.

◇ 호주 및 한국군 부대 漢江 하구폭격.

◇ UN군 F80 1대, 적의 지상포에 격추됨.

◇ 平壤방송, UN군이 독가스를 사용했다고 비난.

◇ 原州~橫城지구서 敢鬪한 폴란드부대에 미 최고훈장수여.

◇ 제21차 휴전회담, UN군측 대표가 비무장지대 설치에 관해 공산군측의 소견을 지도상에 제시토록 제안했으나 공산군대표가 거절.

◇ 죠이 UN측 대표, 38선상에서의 휴전 고집은 휴전의사가 없는 것이라고 맹렬히 공격.

◇ 국방장관, 居昌사건 관계자들 국방부에서 처단할 것이라고 국회에 보고.

◆ 중공 人民日報, 미국이 고의로 휴전회담을 지연시키고 있다고 비난.

8월 12일(일) 맑음

◇ 동부, 중서부에서 소규모의 전투.

◇ 平康 남서쪽에서 적 야간 역습기도.

◇ 開城 남쪽에서 경미한 교전.

◇ 휴전회담, 양측 휴전선 작성지도를 제시.

◇ 국민회 대표자 회의, 新黨 만들기로 결정.

◆ 韓國전선에서 돌아온 아번드 장군, 휴전회담 결렬에 대비한 충분한 준비를 UN군은 갖추고 있다고 샌프란시스코에서 언명.

8월 13일(월) 맑음

◇ 동부전선에서 적 2개 대대, 치열한 공격을 감행.

◇ 金城 남쪽에서 적, 3회의 정찰공격.

◇ UN 함대, 城津·清津·元山항을 포격.

◇ UN공군, 鎭南浦부근의 적 군용시설물을 폭격.

◇ UN 重폭격기대, 平壤 大同江안의 적 집적소를 폭격.

◇ 죠이 중장, 孫元一제독에게 미 최고훈장수여.

◇ 휴전회담 별 성과 없음. UN측의 비무장지대안의 토의를 일시 중지하자는 제안을 공산측 거부.

◇ UN측 대변인 니콜스준장, 현 전선에 관한 양측의 견해는 대략 일치하고 있다고 언명.

◇ 南日, 방송을 통해서 UN측의 고집을 변경하지 않으면 휴전회담 진전되지 않을 것이라고 성명.

◇ 孫元一 해군제독, 汶山 방문하고 죠이제독 白善燁장군과 요담.

◇ 리지웨이장군, 기자회견을 통해 공산측의 평화기도가 전혀 없다고 경고.

8월 14일(화) 맑음

◇ 杆城지구의 적, 계속적인 저항.

◇ 金城 남쪽에서 저항하던 적 완전 격퇴.

◇ 鐵原쪽에서는 접전 없음.

◇ 아 공군, 順安북쪽의 적 고사포진지 및 平壤의 병기창을 폭격.

◇ 開城 제24차 회의도 별무 성과.

◇ 李국방장관, 8·15 광복절 맞아 담화. 승리를 위한 애국청년들의 궐기를 호

소.

◇ 14일 현재 피난민 총수 5,578,354명. 그 중 2,235,907명은 수용시설에 수용 중.

◇ 리지웨이사령관, 현전선에서의 휴전을 재차 강조.

◇ 터어키부대, 1,800명 교대 파견한다고 발표.

◆ 소련의 신문 방송, 한국전선에서 UN군이 독가스탄을 사용했다고 비난.

8월 15일(수) 맑음

◇ 아군, 동부전선 杆城에서 적을 격퇴.

◇ 서부전선에서 (高浪浦) 적, 우리 정찰대에 완강한 저항.

◇ UN공군, 平壤~新幕철도를 폭격.

◇ 유선회남 쇼이 미 대표, 비부상지대분제 2인 문과위원회를 제의.

◇ 공산측 동행기자들, 공산측이 현 전선 휴전에 동의할지도 모른다고 시사.

◇ 트루먼대통령, 李대통령에게 최후의 승리를 강조하는 메세지.

◇ 광복절 기념행사 각계에서 거행.

◇ 육군 경리학교 창설.

◆ 미, 對日 강화조약 전문 발표.

8월 16일(목) 맑음

◇ 각 전선은 계속 경미한 접전.

◇ 楊口 서쪽의 적, 계속 완강한 저항.

◇ 미 국무성, 1주일간 미군 손실 20명으로 발표. (개전이래 최저의 주간손실)

◇ 휴전회담, 공산측이 UN의 분과위원회 합동소위 개최에 동의.

◇ 李대통령, 淸州 육군훈련소 시찰.

◆ 北京방송, 필요하고 합리적이라면 휴전선 조정이 가능할 것임을 시사.

8월 17일(금) 맑음

◇ UN군, 楊口 북서쪽과 漣川 서쪽에서 적과 교전.

◇ 鐵의 三角地에서도 강한 탐색전.

◇ UN 공군, 적의 수송망을 24시간 연속 폭격 감행.

◇ 공군, 야간에 新安州·平壤·江東·德川·成川간을 폭격해 보급로와 군사시설을 파괴.

◇ 미8군, 7월 28일~8월 17일간 적 인명손실 9,590명이라고 발표.

◇ 휴전회담, 1차 합동위원회 개최.

◇ 원내 民政·共和 신당 결성 준비 회합.

8월 18일(토) 맑음·흐림

◇ 아군, 동부전선에 국한된 목표를 공격.

◇ 楊口동부 북쪽에 진출한 아군, 적의 반격으로 약간 철수.

◇ 杆城 북서쪽 아군, 적의 공격을 분쇄하고 진지를 확보.

◇ 漣川 북서쪽에서 완강한 적의 저항을 격퇴.

◇ 鐵原 북서쪽에서 침투를 기도하는 적을 격퇴.

◇ 북한 상공에서 쌍방 전투기 59대 공중전. MIG 1대만 손상.

◇ UN공군, 보급로 및 수송로에 대한 전면적인 공격감행.

◇ 휴전회담, 2차 합동회의 개최.

◇ 죠이중장, 휴전교섭에 관하여 UN의 목적은 현실적 군사정세에 기초를 둔 군사휴전이라고 강조.

◆ 정보당국, 휴전회담 경계선 문제에 새로운 방도를 모색중임을 시사.

◆ 미 정부, 세이버 제트기 시속 612마일 이상의 비공인 기록을 수립했다고 발표.

8월 19일(일) 맑음·흐림

◇ UN군, 杆城·金城·鐵原지구에서 격전.

◇ 미 7함대 함재기, 적 교량 등을 폭격.

◇ B29와 제트기편대, 북한상공에서 적기 46대와 공중전, MIG 2대 격추·5대 격파.

◇ 휴전 회담, 3차 합동분과회의 개최.

◇ 공산측, UN측이 板門店부근에서 중립지대를 침범했다고 비난.

◇ 공산군 수석대표, 중립침범에 대해서 UN측의 만족할만한 조치를 요구.

◇ 국방부 제3局長에 姜英勳 준장 취임.

◇ 金서울시장, 시민의 복귀는 시기상조라고 재천명.

◇ UN측 휴전회담대표 죠이 중장, 東京으로 귀임.

◇ UN군 사령부 정보통, 현 휴전회담 비무장지대 토의는 머지않아 성공할 것이라고 낙관을 표시.

◆ 제3회 세계청년회의, 베를린에서 폐막.

8월 20일(월) 맑음·흐림

◇ 楊口·杆城지구에서 국군, 적의 강력한 저항을 뚫고 수개의 고지를 점령.

◇ 楊口 북쪽의 적은 고지의 경사면에서 완강히 저항.

◇ 漣川·鐵原지구에서 산발적인 접전이 끊이지 않음.

◇ UN함대, 연 5일째 동해안에서 국군부대를 엄호.

◇ 미 제5공군도 한국군 지상군을 엄호.

◇ 야간 출격한 공군기들, 新安州 嶺美洞일대의 적의 보급집결지를 폭격.

◇ 제4차 합동분과위원회 개최. UN군, 비무장지대 침입한 부대가 어느 부대인지 확인 불가라고 발표.

◇ UNKRA, 2억 5천만달러의 재건 계획의 시초가 되는 작업을 개시.

◇ 卞외무, 휴전선의 위치가 어디든지간에 그것이 영구적이라면 휴전을 받아 들이지 않을 것이라고 언명.

◇ 육군교육총감에 李亨根소장 취임.

◇ 육군 고급부관학교 창설.

◇ 죠이 중장과 리지웨이 사령관 휴전회담에 대한 협의.

8월 21일(화) 흐림

◇ 杆城지구에 격전 계속.

◇ 楊口지방의 적, 5차에 걸쳐 반격.

◇ 金城지구에서 적의 반격을 격퇴.

◇ 아군, 楊口 북쪽고지 탈환에 개전이래 최대의 포화 공격을 감행.

◇ 아 공군, 동부전선 후방에서 적 차량 수천대를 발견.

◇ 水營에서 네덜란드군 450명 합동위령제 거행.

◇ 휴전회담 5차합동회의 개최.

◇ 南日에게 중립지대 침범 사건에 대한 회신 전달.

◇ 故육군대령 金賢洙, 金盛鎬, 權泰順을 육군준장으로 승진 추서.

◇ 미8군 사령부, 피난민의 北上금지 조치를 재요청.

◇ 襄陽郡 관내 각 面에 민정관 임명.

8월 22일(수) 흐림.

◇ 아군, 杆城 서쪽 고지상의 적을 격퇴.

◇ 아군, 5일에 걸친 격전 끝에 楊口 북쪽의 주요고지 2개를 점령함.

◇ 李대통령, 해병부대 시찰코 표창하고 미제2사단장 럿프너소장 및 미제8군사
령부 알렌 참모장에게 훈장 수여.

◇ 開城에서 6차 합동분과위원회 개최.

◇ 공산군, UN군기가 중립지대를 침범하여 폭격했다고 항의했고, UN측에서
이에 대해 강력한 항의문 전달.

◇ 李 치안국장, 기자회견에서 전국 치안상황 날로 호전하고 있다고 언명.

◇ 釜山지구 징용심사에 3/4이 불참.

◇ 平壤방송, 미군의 흉계로 휴전회담이 지연되고 있다고 비난.

◇ 미 제5항공모함사령관 헨더슨제독, 최근 중공은 잠수함을 제조하고 있다고
언명.

8월 23일(목) 흐림

◇ 동부·중동부에서 격전이 계속됨.

◇ 杆城 남서쪽에서 일진 일퇴.

◇ 楊口 북쪽에서 적의 공격으로 철수했던 아군, 반격으로 주요고지를 재탈환.

◇ UN 해군, 동해안의 적 포진지와 병력 집결지를 폭격.

◇ 미 해군 쌍발 F 제트기, 한국전에 최초로 참전.

◇ 劉 육군참모차장, 한국군을 대표하여 서부전선 벨기에 부대를 시찰.

◇ 휴전회담 북한측 연락장교, UN군이 開城을 폭격한 이유로 회담을 정지하겠다고 통보.

◇ 계엄사령부, 서울 민사부 설치.

◇ 劉載興 육군참모부장, 장교의 비행을 엄중히 단속하여 엄한 처벌을 할 것이라고 언명.

◇ 平壤방송, 중립지대 침범에 대한 미군의 회담진행의 진의를 의심 보도.

◆ 北京방송, 중립지대의 폭격으로 회담정지를 UN에 통고했다고 보도.

◆ 영 군함 70척 싱가폴에 집결.

◆ 미 대통령, 공산측의 휴전회담 정지에 대하여 공산측의 의도는 불분명하다고 기자단에 언명.

◆ 러스크 미 국무장관, 16개국대표와 한국의 사태에 대하여 협의.

◆ 미 상원 對韓 경제원조액을 7,575달러로 가결.

8월 24일(금) 맑음

◇ UN정찰기, 楊口·金化 북쪽에 적의 집결을 발견.

◇ 적, 鐵의 三角地로 침투를 기도.

◇ UN공군, 야간에 북한의 각 도로상에서 차량 400여대를 격파.

◇ 밴 장군, 전투 재개에 만전을 기하고 있음을 기자에게 언명.

◇ UN군 사령부, 開城 폭격을 부인.

◇ 공산군 사령관, 휴전회담 정지를 UN측에 정식으로 통고.

◇ 국회, 휴전회담 정지에 대하여 공산측의 흉계는 예정되었던 것이며 멸공통일로 결속 진군하자고 결의를 표명.

◇ 李 공보, 맥아더라인의 존속을 강조하는 담화를 발표.

8월 25일(토) 맑음

◇ 杆城 북서쪽에서 피아 백병전, 아군 맹렬히 저항하는 적을 격퇴.

◇ 楊口 서쪽에서 아군, 전날에 포기했던 주요고지를 재탈환.

◇ UN군, 金北·金城지역에서도 目標고지를 재탈환.

◇ UN함대, 元山을 포격하고 杆城지구의 아군지상군 부대에 엄호사격.

◇ 미 해군기, 鎭南浦 주변의 적 부대를 폭격, 미 극동공군기들 적 차량 800여
대를 공격 파괴.

◇ B29 폭격기 35대, 羅津폭격. 조차장 기타 철도시설 폭격.

◇ 호주 공군 미이터 제트기, 최초로 적 MIG기와 교전.

◇ 밴 장군, 한국군의 용전을 찬양하는 메세지를 전달.

◇ 8월 19~25일간의 공군 전과 ─MIG15기 4대 격추, 6대 격파. 아군기는 2대
손실, 1대 손상.

◇ 리지웨이, 공산측의 주장은 허구날조라고 반박하고 공산측의 회담중지성명을
철회하라고 통고.

◇ 국방부에 제4국을 신설, 병무행정 일체를 담당.

◇ 卞외무, 휴전회담중지를 통고한 공산측의 흉계는 공격준비임을 나타내는 것
이라고 성명.

◆ UNCACK사령관에 윌리암 크리스트준장 선임.

◆ 미 국방성, 공산군의 집결을 저지하기 위해서 리지웨이 UN군 사령관에게 羅
津을 폭격하도록 허가했다고 발표.

◆ 미 하원 군사위원회, 간부 휴전회담이 결렬되면 원자폭탄을 사용하라 언명.

8월 26일(일) 맑음

◇ 적, 약 3천명이 楊口 남쪽 733고지 및 983고지에 침투, 아군과 치열한 전투.

◇ 楊口 북쪽 능선에서도 치열한 전투.

◇ UN군, 金城 남동쪽에서 완강한 적의 저항에 부딪힘.

◇ UN군 포병과 항공기, 鐵의 三角지대내의 목표물을 공격.

◇ 미 공군, 平壤·順天·熙川 등을 공격.

◇ B29기, 軍隅里 적의 철도시설과 平里의 적 비행장을 공격.

◇ 휴전회담 중단이후 적의 군수물자 수송량이 급증.

◇ 미 제8군 대변인, UN군이 전면적인 공격을 감행했다는 보도를 부인.

◇ 국군 포병 및 보병장교 250여명, 미국 유학생으로 파견 결정.

◇ 북한 人民日報, 휴전회담에 대한 미국의태도를 맹렬히 비난.

◆ 버클레이 미 부통령, 한국에서 휴전이 안되면 전면적인 강력한 응징이 있을
   뿐이라고 담화.

8월 27일(월) 맑음

◇ 동부전선 구능에서 격렬한 전투 계속.

◇ 全南경찰 공비 토벌 전과 — 사살 100여명.

◇ 한국 공군의 발전을 위해 군사고문단을 설치.

◇ UN휴전대표단, 회담 재개를 기대하며 汶山에 체류.

◇ 리지웨이사령관, 汶山 시찰.

◇ 국회, 만장일치로 장병 부식비 인상.

◇ 국방장관, 예하 기관에 담화 발표에 대한 주의를 환기.

◆ 미 UN대표 오스틴씨, 한국에서의 공산주의 실패 원인을 언급.

8월 28일(화) 흐림

◇ 杆城 북쪽고지와 서쪽고지에서 전투 계속. 해군의 엄호 사격하에 적을 격퇴.

◇ 楊口 북동쪽의 적, 종일 공격을 계속.

◇ 華川 북서쪽, 북쪽에서도 소부대 전투가 치열하게 전개.

◇ 漣川 북쪽에서 아군 수색대, 적의 박격포화로 철수.

◇ 아 공군, 야간에 平壤의 적 보급품 집적지를 폭격.

◇ 휴전회담, 공산군측의 중립지대 침범 재조사요구는 증거를 조작한 것이라고
   UN군측 통박.

◇ 밴프리트사령관, 서울시장 방문후 시민의 복귀에 관심을 표명.

◇ 해군 본부에 헌병대를 신설.

◇ 李육군총참모장, 휴전회담 중단에 대해 적의 대공세가 있다면 철저히 분쇄할 것이라고 언명.

◆ 미, 對중공 수출국에 대한 원조중단안을 상하 양원에서 결의.

8월 29일(수) 흐림·맑음

◇ 杆城 서쪽에서 적 계속 치열한 반격.

◇ 杆城에서 완강히 저항하는 적을 격퇴코 2개 주요고지를 탈환.

◇ 楊口 북동쪽의 적 침투 공격을 격퇴.

◇ 중부·서부전선은 정찰전 정도.

◇ 세이버 제트기 20대, 新義州상공에서 MIG15기 40대와 공중전.

◇ 리지웨이사령관, 공산측의 재조사 요구는 거절했으나 회담 재개를 희망.

◇ 李대통령, 콜터 중장에게 태국훈장 수여.

◆ 태국, 한국휴전은 방위 가능한 현 전선 휴전을 지지.

8월 30일(목) 맑음

◇ 동부전선의 적, 계속 침투 치열한 격전. 1개소에서 아군 전선을 돌파.

◇ UN군 함대, 杆城지구 1개사단규모의 적에게 종일 포격.

◇ 楊口 북쪽 수개소에서 적, 야음을 통해 기습했으나 모두 격퇴.

◇ 중부 및 서부전선 여전히 경미한 접전.

◇ 아 공군, 야간에 적 차량 900대 이상을 포착 공격하여 200여대를 격파.

◇ B29 폭격기대, 북한의 각 조차장을 폭격.

◇ 아군 선더 제트기, 적의 지상포화로 1대를 상실.

◇ 한국 공군 제1전투비행단, 海州 북쪽을 맹폭격.

◇ 南日, 開城에 조명탄 투하한 책임자 처벌을 요구.

◇ 공산군측 대표, 또 UN군이 중립지대(판문점부근)를 침범하여 공산군의 군사경찰을 공격했다고 항의.

◇ 로버트슨 주한 미 연방군 총사령관, 李 대통령을 예방 요담.

◆ 北京 방송, 29일 밤 UN기 1대가 開城 상공에 침입해 조명탄을 투하했다고

비난.

◆ UN협회 세계연맹회의, 한국, 회원가입을 결정.

8월 31일(금) 맑음

◇ 아군, 중부 및 중동부 전선에서 폭 40마일에 걸쳐 제한된 공격을 개시.

◇ 麟蹄 북쪽에서 교전끝에 4천마일 전진.

◇ 楊口 북쪽에서 한정된 공격목표로 진출. 적의 격렬한 저항을 받고서도 이들을 격퇴하면서 目標 고지 탈환에 성공.

◇ UN군 함정 및 함재기, 杆城지구의 적에게 개전이래 최대의 공격을 감행.

◇ UN공군, 야간에 新安州·沙里院·陽德·平康·元山 등지에서 2,500대 이상 의 '적 차량을 공격해 약 460대를 격파.

◇ 경남경찰국 공비토벌 전과– 사살 311명, 생포 50명, 귀순 3명.

◇ 해군사관 학교 제4회 졸업식.

◇ 卞외무장관, 맥아더라인은 韓·日양국간의 평화유지에 중요한 것이라고 담화.

◇ 한국 해군함정, 제2 충무공호 및 수상기 1호(海燕) 명명식 거행.

◇ 李 경남 치안국장, 山淸지구 공비 궤멸되었다고 발표.

◆ 北京 방송, 무장 한국군부대가 開城중립지대를 침범했으나 공산측 경비원에 게 저지되었다고 보도.

◆ 在日 한국경제인, 조국부흥위원회를 조직.

◆ 일본 외무성, 竹島(獨島)는 일본령에 소속될 것이라는 견해 표명.

◆ 트루먼 대통령 對韓「衣料의 날」설정 선언문에 서명.

9월 1일(토) 맑음

◇ 동해안전선 평온해짐.

◇ 아군, 麟蹄 북쪽에서 전진.

◇ 楊口 북서쪽에서 적의 치열한 반격으로 아군 철수했다가 다시 반격하여 실지 를 회복.

◇ 金城 남동쪽의 적 저항력 약화, 아군 3개고지를 탈환.

◇ UN공군, 중부와 중동부 산악지대의 적을 공격.

◇ 국군 공군기, 黃海道일대 공격.

◇ 휴전회담 - UN군 연락장교 키니대령, UN공군이 공산군 숙소를 공격했다는 증거는 없다고 공산측에 통고.

◇ UN군 휴전대표부, 공산군의 중립지대 침범날조를 통박.

◇ 정체불명의 쌍발기 1대, UN군 전진기지에 12개의 조명탄 투하.

◇ 하버드대학의 키신저교수, 미국의 對韓 정책에 관한 여론조사차 내한.

◆ 北京방송, 미군기가 南日대표의 숙소에 폭탄을 투하했다고 비난.

◆ 미국, 9월을 對韓 의료원호의 달로 정하고 한국 전재민구조 운동을 전개.

9월 2일(일) 맑음

◇ UN군, 3일째 계속되는 중부 및 동부전선에서 적의 치열한 저항을 물리치고 수개의 고지를 점령.

◇ 麟蹄 북쪽의 주요 2개지점에 맹렬한 공격을 가하여 1개소를 점령.

◇ 楊口 북동쪽에서 적이 후퇴한 고지를 전투없이 점령.

◇ 동해안에서 UN함대의 거포, 적진에 엄청난 砲火를 집중.

◇ F86제트기 21대, 新義州~平壤간에서 MIG 40대와 공중전. 적기 4대 격추.

◇ 국적불명의 단발기, 臨津江 북안의 UN전진기지 부근을 공격.

◇ UN군 수석대표, UN군이 공산측 板門店에 공격을 했다는 항의를 거부.

◇ 南日, UN측이 중립지대를 공격했다고 정식 항의하며 UN측이 중립을 보장하면 회담 재개한다고 언명.

◇ 한국조폐공사법 공포 시행.

◇ 육군공병학교 사관생도 졸업식 (19기).

◇ 주한 중국대사, 한국민의 대공투쟁을 격려하는 이임사를 발표.

9월 3일(월) 맑음·비

◇ 동부전선 산악전 치열함. UN군 탈환진지는 계속 확보중.

◇ 楊口 북동쪽에서 맹렬한 적의 저항을 물리치고 목표고지를 탈환.

◇ 楊口 북서쪽 고지에서 아군, 적과 맹렬한 교전중.

◇ 金城 남동쪽에서 적의 반격을 격퇴.

◇ 중동부전선에 적기 수대가 출현, 아 지상군에 총격을 가하고 도주.

◇ 밴사령관, 몽고 의용군을 포함한 85만의 공산군이 대공세 대기중이라고 언명.

◇ 南日, 한국군의 중립지대 침입사건을 재차 항의.

◇ 白善燁 제1군단장으로 보임되고 李亨根소장이 휴전회담 대표에 취임.

◇ 李대통령, 시설과 장비만 허용된다면 25만의 병력을 더 건설할 수 있다고
UP기자와의 단독회담에서 피력.

◇ 정부, 사회부와 보건부를 통합 보사부로 개편.

◆ 죠이 UN군 휴전대표, 東京에 귀임. 리지웨이장군과 협의.

◆ 일본 정부, 공산당 간부에 구속영장발부.

◆ 在美 韓人들, 맥아더 장군의 동상건립위원회를 조직.

9월 4일(화) 흐림 · 비

◇ UN군, 동부전선 산악지대에서 적의 강력한 저항을 물리치고 전진 계속.

◇ 楊口 북동쪽 및 북쪽일대 적, 활동 현저히 감소.

◇ 華川저수지 북쪽에서 재공격을 개시한 아군, 目標고지를 회복.

◇ 金城 동쪽 일련의 고지에서 적의 침투기도를 완전히 격퇴.

◇ UN 공군, 동부전선에서 지상군을 엄호하며 적을 공격.

◇ 우리 공군, 야간에 順天 · 新安州 폭격.

◇ 滿洲의 안전지대에 괴뢰군, 1천대 이상의 전투기 폭격기 등으로 재편 증강되
고 있다고 UN군 사령부에서 발표.

◇ 미 극동해군 전과—13개월 적 전사 및 부상 6만3천24명이라고 발표.

◇ UN휴전대표, 공산군의 날조항의를 거부한다고 언명.

◆ 일본은 한국과 단독강화조약 체결을 필요로 하지 않는다고 일본외무성 발표.

◆ 트루먼 미 대통령, 미국은 경이적인 신병기를 제조했다고 발표.

9월 5일(수) 맑음.

◇ UN군, 18일 동안의 치열한 전투끝에 楊口 북북서의 「피의 능선」을 점령.

◇ 金城, 아군의 야포 포격권내에 들어옴.

◇ 중부전선 일대에서는 경미한 접전.

◇ 우리 공군, 야간에 成川·順川·陽德 등을 공격.

◇ 閔 釜山항만사령관, 미국 훈장받음.

◇ 전 미8군부사령관 콜터장군 이한.

◇ 국립서울大 총장에 崔奎南박사 임명.

◇ 서울市警, 사유재산 반출 금지령.

9월 6일(목) 맑음

◇ 楊口 북동쪽에서 적의 저항없이 3개의 고지 탈환.

◇ 華川저수지 북쪽에서 적의 저항을 격퇴.

◇ 漣川 서쪽에서 50년 겨울이래 처음으로 소련제 M34형 탱크 3대 출현하여 1개 연대의 보병을 엄호해 UN군 진지를 공격.

◇ UN군, 적 탱크 2대를 격파.

◇ 포위되었던 UN군, 포위망을 돌파하여 무사 귀환.

◇ 미 해병대 漣川에서 적 탱크를 공격, 1대 파괴 1대에 손상을 줌.

◇ 리지웨이장군, 휴전회담 장소를 새로운 곳으로 선정하자고 제의하고 중립지대의 협정을 준수할 것을 강조.

◇ 洪내무장관, 국내치안은 점차 호전되고 있다고 언명.

◆ UN 사무총장, 한국문제에 대한 세계의 의견은 일치하지 않는다고 언명.

◆ 일본 정부, 공산당 간부 19명 추방.

◆ 미 항공당국, 원자엔진의 항공기 생산에 돌입했다고.

9월 7일(금) 비·흐림

◇ 동부전선 아군, 계속 제한된 공격.

◇ 鐵原 북서쪽에서 아군, 적의 공격 격퇴.

◇ 서부 漣川 북서쪽에서 빼앗겼던 고지를 재탈환.

◇ 서부·중서부전선의 UN군, 적의 공격을 격퇴.

◇ 우리 해군, 동해안의 松斗鎭里 적 진지를 포격.

◇ UN 공군, 약 800대의 적 차량 격파.

◇ B29 편대, 安州~新安州 철교 폭격.

◇ 미 극동공군 폭격대 사령관에 죠 케리준장이 부임.

◇ 휴전회담 대표 호지스장군, 미 8군 참모장으로 전임.

◇ 李대통령, 大邱 시찰.

◇ 리지웨이장군, 소련의 휴전제의 저의가 드러났으며 크게 실망했다고 언명.

◆ 北京방송, 리지웨이장군의 회담장소 변경안을 비난.

◆ 北京방송, 코카사스 부대의 北韓이동설을 황당무계하다고 부정.

9월 8일(토) 비

◇ 전 전선 전투 다시 약화, 아군 정찰활동을 강화.

◇ 金化 동쪽 적, 아군진지에 공격.

◇ 高浪浦 북서쪽에서 피아 탐색전투.

◇ 우리 해군 서해안에서 기습작전 감행, 적 45명을 사살.

◇ B29폭격기, 順安비행장 폭격.

◇ 馬山에 전몰장정 합동위령제 거행.

◆ 北京방송, 8월 19일 중립지대 침범사건이 한국군에 의해서 저질러진 것이라고 맹렬히 비난.

◆ 영 외무성, 6·25에 실종되었던 호르트 주한 영 공사, 포로로 平壤시에 억류 돼 있음이 확인되었다고 발표.

◆ 타스통신, 북한에 소련군대가 있다는 것을 강력히 부인.

9월 9일(일) 비·맑음

◇ 金城지구로부터 杆城에 이르는 고지 일대에 UN군 다시 공격.

◇ 楊口 북쪽에서 공격하는 UN군 부대에 공산군 강력 저항.

◇ UN군, 平康 남쪽에서 적의 완강한 저항을 물리치고 고지를 확보.

◇ UN군부대, 탱크지원을 받으며 漣川서쪽에서 잃었던 고지를 재탈환.

◇ F86 제트기, 新安州 상공에서 MIG 제트기 70대와 공중전, 적기 2대를 격추.

◇ UN군 공군, 야간에 적의 보급집적지를 폭격 차량 50여대를 격파손.

◇ 영, 쌍발 유성 제트기 처음으로 정찰 작전에 참가.

◇ 죠이 휴전회담 대표, 공산측의 비무장지대 침범비난에 대한 회신을 거부.

◇ 내무부, 金大雲사건조사 결과 국회에 보고.

◆ 미 국방성, 공산측이 韓·滿 국경지대로 부터 공군지원을 받으며 대공세를 취할 경우에는 滿洲공군기지를 공격할 것이라고 언명.

9월 10일(월) 흐림

◇ 杆城 서쪽고지상에서 완강한 적의 저항을 뚫고 고지 1개를 점령.

◇ 공산군, 최초로 로케트탄 (132mm) 金化 북동쪽에 투하.

◇ 平康 남쪽에서도 UN군 계속 공격.

◇ 金城 남쪽에서도 맹렬한 교전.

◇ F86, 新安州 상공에서 MIG 80대와 교전하여 적기 2대 파손.

◇ 제5공군, 적 차량이 韓·滿국경으로부터 서부와 중부로 남하중이라고 발표.

◇ 밴 사령관, 지난 2주간에 동부전선에서 2만5천명 이상의 적병을 살상했다고 발표.

◇ 공산군 수석대표 南日, UN군기 136대가 침범(9.1~9.8사이) 했다고 항의.

◇ 밴 사령관, 李대통령과 金活蘭박사 방문.

◆ 리지웨이장군, UN군에 제출한 보고서에서 공산군은 정전회담 기간을 새로운 공격 준비에 이용하고 있다고 보고.

◆ 미·영·프 三國외상, 한국문제로 회합.

◆ 이탈리아 병원선, 한국을 향해 출발.

◆ 소련 외무성, 프랑스 駐韓 영사가 북한에 억류되고 있음을 확인.

9월 11일(화) 맑음

◇ 杆城 서쪽에서 아군 일시 철수했다가 다시 반격하여 실지를 회복.

◇ 麟蹄 북쪽에서 종일 격전 계속.

◇ 楊口 북동쪽 일대의 고지에 점하고 있는 적들, 아군의 공격에 강력 저항.

◇ 平康 남쪽의 고지를 계속 공격중이던 미 제25사단, 2개의 고지를 탈환.

◇ UN군 총사령관, 10일의 開城지구 오사격임을 시인.

◇ 居昌사건 군재, 申性模국방장관을 증인으로 채택.

◇ 全공군참모총장, 한국공군의 우수성을 강조.

◆ 北京방송, 공산측의 회담재개 조건을 수락하든지 정전회담을 중지하든지 택일하라고 모든 책임을 UN에 전가.

◇ 洪 慶南병사구사령관, 제2국민병기피자 단속을 헌병대에 시달.

◆ 국제아동원조기금 집행위원에서 한국아동에게 45만달러의 해당 의류 제공.

◆ 미・영・프외상, 한국전쟁 정전회담 결렬에 대처한 파병증강의 가능성을 타진.

9월 12일(수) 흐림

◇ 동부 산악지대에서 격렬한 전투 계속. 공산군 완강한 진지에서 결사 저항.

◇ 杆城 서쪽에서 적의 대대를 몰아내고 고지 1개소를점령.

◇ 楊口 북쪽에서 맹렬한 적의 저항을 격퇴하고 수개의 고지를 점령.

◇ 金化 북동쪽에서 UN군, 공군의 엄호하에 적을 공격, 1개의 고지를 점령.

◇ 공산군 해안포대에서 UN군 소해정에 포공격, UN함대 즉시 이 포대를 파괴.

◇ B29 폭격기, 악천후 무릅쓰고 鎭南浦를 폭격.

◇ UN공군, 야간 출격으로 철도차량 5대와 군수송차량 100대이상을 격파.

◇ 밴프리트사령관, 공산군의 태도는 방위적이며 휴전성립은 가능하다고 전망.

◇ 죠이 UN측대표, 10일 발생한 사건에서 조종사를 엄벌하였음을 통고 유감의 뜻을 표명.

◇ UN군 사령관, 開城지구의 제한에 대한 아무런 협정이 없다고 공산측 비난에 대해 반박.

◇ 국군 유학생 250명, 미 보병학교・포병학교에 입교하기 위해 釜山출항.

◆ 北京방송, 리지웨이 장군의 장소변경제안을 수락할 수 없는 것이라고 비난.

◆ 미 국무성, 마샬국방장관 사임 발표.

◆ 덴마크 정부, 한국전선에 파병할 것을 고려하고 있다고 언명.

9월 13일(목) 맑음·흐림

◇ 麟蹄 북쪽의 분지전투에서 UN군부대 적의 맹렬한 저항으로 1고지를 점령함.

◇ 楊口 북·북동쪽에 적의 저항 치열.

◇ 아군 金化지구에 고지 1개소, 주변 능선 7개소를 점령.

◇ 金化지구에서 적 5일째 강력 저항. UN군의 격렬한 공격받고 돌연 약화됨.

◇ 아군, 平康 남쪽의 고지에서 철수.

◇ 漣川 서쪽에서 다시 적의 탱크부대를 발견, UN공군이 네이팜탄으로 공격 격파함.

◇ 해군, 연 20일간 元山폭격을 계속.

◇ 아군 공군기, 지상군과 긴밀한 협동작전을 펴고 적의 진지를 공격함.

◇ 全南北 경찰국과 慶南경찰국 연석회의, 智異山 공비소탕작전 강구.

◆ 쿠바, 對 소련·중공에 수출금지 조치를 UN에 통고.

◆ 미 공군, 무인폭격기를 가진 유도병기중대 10월 1일 편성.

9월 14일(금) 흐림·비

◇ 金城 동쪽 전선 여전히 공방전 치열, 적 완고한 진지에서 山능선 방어.

◇ 한국군, 杆城 서쪽에서 적 1개 연대와 종일 격전.

◇ 터어키 및 에디오피아 부대, 동부전선에서 활동중 적의 공격을 격퇴.

◇ 麟蹄 북쪽 분지에서 미 해병 1사단이 한개의 고지를 점령.

◇ 楊口 북쪽에서는 아군 공격실패 철수.

◇ 서부전선 서울 북쪽 35마일 지점에서 발견된 적 전차 8대중 3대를 격파.

◇ B29 폭격기, 야간을 이용 新安州에서 3개 조차장을 폭격.

◇ 미 제5공군, 공산군 철도시설에 대한 공격을 계속.

◇ 李대통령, 국방장관과 일선 시찰.

◇ UN공군사령관 에베레스트장군, 만일 공산군이 대공세를 취한다면 UN공군
　기들은 滿洲로 출격할 것이라고.

◆ 北京방송, 한국전선에 파견하기 위해서 華中지방에서 일단의 신병을 모집.

9월 15일(토) 흐림

◇ 동부전선에 백병전 전개. UN군, 고지를 점령하고 있는 적군을 몰아내기 위
　해서 맹렬한 공격을 가함.

◇ 杆城 서쪽에서 적의 완강한 저항을 물리치고 계속 치열한 전투.

◇ 楊口 북쪽의 고지에서 UN군, 야간공격으로 적을 격퇴.

◇ 金化 북쪽에서 아군, 육박전으로 고지를 탈환.

◇ 楊口 북쪽에서 치열한 전투로 고지를 점령.

◇ 金化 북동쪽 적 야습을 기도.

◇ UN공군, 야간에 적의 철도시설 폭격.

◇ 14일 경남 陜川지서를 습격 점령한 공비를 완전 섬멸.

◇ 정부, 피난민 및 기타 전재민의 총수는 800만이라고 발표.

◆ 중공방송, 9월 10일 開城 오폭사건을 UN군이 인정한 것으로 회담 부진의 총
　책임을 전가.

9월 16일(일) 맑음

◇ 楊口지구에서 하루 종일 치열한 전투.

◇ UN군, 金化 북동쪽에서 적의 반격 격퇴.

◇ 金城 남쪽에서는 완강히 저항하는 적을 몰아내고 고지를 탈환.

◇ 서부전선에서도 적의 활동이 증가됨.

◇ UN 함대, 元山·城津 등 동해안의 적 진지와 鎭南浦에 포격.

◇ 우리 해군도 동해안(金南里)에서 포격.

◇ 태국 교대병력, 釜山에 도착.

◇ 밴 UN군 사령관, 동해안의 적 공격 기도를 완전 분쇄했다고 언명.

◇ 金 해군진해통제부 참모총장, 金日成고지를 탈환한 해병 8100부대에 격려

방문.

◆ 北京방송, 또 9월 10일 오폭사건 계속 비난.

9월 17일(월) 흐림

◇ 麟蹄 북쪽의 UN군, 8마일 진출하여 주요 고지를 점령.

◇ 楊口 북쪽능선에서 적, 강력한 화력 지원을 받으며 습격, 종일 치열한 전투.

◇ 미 구축함 퍼킨스호, 동해안에서 피격 (이로써 한국에서 파손된 UN함정은 26척).

◇ 미 제5공군, 한국전란 발발 이래 제5공군 소속기의 출격회수는 약 20만회에 달한다고 발표.

◇ 리지웨이장군, 한국전선을 방문하고 일본으로 돌아감.

◇ 리지웨이장군, 판문점에서 양측 연락장교회의를 개최하여 휴전회담 재개에 쌍방이 만족할만한 조건을 검토할 용의가 있다고 제의.

9월 18일(화) 흐림 · 맑음

◇ 동부 및 중동부전투 계속됨. UN군, 적 방위선에 대해 화염방사기로 공격.

◇ 아군, 杆城 서쪽점령고지에서 패적을 소탕.

◇ 麟蹄 북서쪽 고지에서 적을 격퇴.

◇ UN군, 격전끝에 楊口「단장의 능선」상의 주요산봉을 탈환.

◇ 국군 1692부대 예하 3752부대, 楊口 북쪽 883고지 탈환코자 육탄공격.

◇ 鐵原 북서쪽에서 적, 2차에 걸친 UN군의 공격을 저지.

◇ 극동공군 700회이상 출격, 大同江橋를 폭격.

9월 19일(수) 맑음

◇ 麟蹄 북쪽 분지지역에서 아군 공격 실패.

◇ 적,「단장의 능선」산봉을 맹렬히 공격. 아군 철수.

◇ 鐵原 북서쪽에서 아군 기동부대, 적의 완강한 저항을 분쇄하고 목표지에 육박.

◇ 미 제95기동함대 톨레트호, 元山항에 집중 포화.

◇ 쌍방 제트기 약 12대 공중전, 공산군기 1대 격파,5대 손실.

◇ UN군 폭격기대, 淸川江 목조교량을 폭격.

◇ UN공군 전투폭격기대, 북한 철도시설 및 도로망을 공격.

◇ 공산군 측, 20일 오후 6시 판문점에서 양측 연락장교의 회견을 요청.

9월 20일(목) 맑음

◇ 楊口 북동쪽 고지상의 아군부대, 새벽에 적의 맹렬한 공격으로 일시 철수했다 다시 탈환.

◇ 金城 남동쪽에서 적의 강력한 저항을 격퇴.

◇ 漣川 북서쪽 및 鐵原 북쪽에서 적의 공격을 격퇴.

◇ UN군 시콜스키 헬리콥터기대(21대), 미 해병대 중대를 동부전선 산악지대에 수송.

◇ 新安州 서쪽 상공에서 공중전. MIG15제트기 2대 손실.

◇ UN 전투기대 및 폭격기대, 북한 철도 및 도로상의 적 수송차량부대를 공격.

◇ 9월 20일 현재 적군 손해 1,324,958명 (미 국방성 발표).

◇ 6월 20일~9월 20일간 적 MIG 젯트기의 격추파괴수 56대, 동 기간중 공산군 지상부대에 의한 UN 공군기의 추락수 55대(미 극동공군 발표).

◇ 공산군 사령관, 회담재개조건없이 즉시 開城에서 양측 대표가 회담을 재개할 것을 제안.

◇ 李대통령, 휴전회담재개에 관하여 중대성명 ─한국 정부는 다음 4개 항목의 조건하에서 회담이 재개될 것을 요구 ① 중공군의 한국 철수 ② 북한군의 무장 해제 ③ UN 감시하의 북한 자유선거실시 ④ 휴전회담의 시간적 제한 부여.

◇ 국방부 및 내무부, 제2차로 전국 도로보수공사에 착수.

9월 21일 (금)맑음·흐림·맑음

◇ 杆城 북쪽 고지에서 적을 격퇴하고 탈환.

◇ 漣川 북쪽에서 아군 20마일 전진.

◇ 楊口 북서쪽에서 하루 종일 교전.

◇ 金城 남동쪽 고지에서 야간까지 격전.

◇ 鐵原 북쪽에서 目標고지 탈환.

◇ UN군 혼성전차부대, 철의 삼각지대 북쪽, 平康 남쪽 및 金華 북동쪽으로 진
격 적의 완강한 저항에 철수.

◇ UN 공군 F80 제트기대, 적 전차 5대 격파 3대 파손.

◇ UN 함대 제77기동함대, 明川에서 元山에 이르는 보급로를 폭격.

◇ 동부전선 2곳에서 북한군 2개대대 동시에 집단 투항.

◆ 駐美 梁 한국대사, 베드이스라엘병원에서 한국 원조요청 연설.

9월 22일(토) 맑음

◇ 楊口 북동쪽·북쪽·북서쪽에서 격렬한 전투 계속.

◇ 金城 남동쪽 고지에서 아군, 새벽에 적 3개중대의 맹렬한 저항으로 일시 철
수했으나 반격하여 탈환, 사살 367명.

◇ 漣川 북쪽 및 북서쪽에서도 적의 반격을 격퇴.

◇ 미 제5공군 F86 제트기 34대, 북한상공에서 MIG 제트기 85대와 공중전. 적기
3대에 손실.

◇ 아 공군부대, 야간에 적 보급차량 부대를 공격.

◆ 北京방송, UN군측은 회담재개의 지연조건을 조작하기에 급급하고 있다고
비난.

9월 23일(일) 맑음·비

◇ 미 중포대, 麟蹄 북쪽 고지에서 적의 반격을 격퇴.

◇ 미 보병부대, 격전끝에 楊口 북쪽「단장의 능선」상 주봉을 탈환.

◇ 楊口 북서쪽 고지상의 적 대대, 종일 완강히 저항.

◇ 金城 남동쪽 지구에서 적 중대와 종일 교전.

◇ 漣川 북서쪽에서 전투.

◇ UN군 해군기동함대, 城津·元山일대의 적 포대, 철도교차점, 항만시설 등을

폭격.

◇ UN 해군기대, 북한 교량 25곳을 격파 또는 파손.

◇ B29 폭격기대, 順川의 철도보조교량을 폭격.

◇ 적기 3대, 새벽에 金浦비행장에 내습하여 폭탄 2개 투하.

◇ 在韓 스웨덴야전병원대, 한국출진 1주년기념일을 축하.

◇ 리지웨이장군, 공산군측에 대한 회답으로 24日 6시 판문점에서 연락장교회
의를 개최하고 휴전휴담 재개에 필요한 제조건을 토의할 것을 요청.

◇ 육군 병참학교 수료식 거행.

9월 24일(월) 흐림

◇ 杆城 북서지역에서 수차의 적 탐색공격을 격퇴.

◇ 麟蹄북쪽, 분지대 북쪽고지대에서 아군, 적의 반격을 격퇴.

◇ 「단장의 능선」고지 연대병력의 북한군, 수류탄막의 엄호하에 전진하여 주봉
을 점령.

◇ 楊口 북서쪽 고지에서도 맹렬한 전투.

◇ 金城 남동쪽 고지에서도 교전 계속.

◇ 아 해군 구축함, 동해안 金南里 庫底부근 적진을 맹폭격.

◇ 아 공군부대, 야간에 順安·肅川 조차장 및 북한 각 도로상 적 수송부대를
공격.

◇ 미 제8군 사령부, 8월 18일 이래 공산군 손해─사상 5만 8천명, 포로 2천 8
백명이라고 발표.

◇ 중동부전선 金日成고지탈환에 공훈을 세운 해병 제8100부대 吳소위이하 15명
銀·銅星훈장을 수령.

◇ UN군 연락장교 키니대령, 휴전회담재개에 관한 리지웨이장군의 각서를 공
산군측에 수교하여 회담장소의 변경을 요구.

◆ 워싱턴고위당국자, 일본은 한국전란特需로 1년간에 약 4억달러를 획득했다
고 언명.

9월 25일(화) 맑음·흐림

◇ 「단장의 능선」에서 한·미·프군대 상호 협조하여 용전, 서부에 있는 1개 고지를 탈환.

◇ 미 전함, 高城 남쪽 공산군진지를 폭격.

◇ 북한 상공에서 피아 제트기대 공중전, 적기 5대 격추, 15대 파손.

◇ 미 해군, 미국 구축함 2척을 한국해군에 양도할 것을 선포.

◇ 李대통령 미 순양함 방문, 미 해군 장교 3명에게 무공훈장 수여.

◇ 제2차 연락장교회의−UN군 연락장교, 쌍방의 연락장교는 회담재개의 조건을 토의할 권한을 위임받아야 한다고 제안, 공산군 연락장교 이를 거부.

◆ UN, 한국전 참가 UN군 공로장 규정 발표.

9월 26일(수) 흐림·맑음

◇ 楊口 북쪽과 북동쪽 고지에서 대대병력의 적과 여러 곳에서 교전.

◇ 金城 남동쪽에서 계속 교전.

◇ 미·영 양 공군 제트기 101대, 적 MIG15 제트기 155대 북한 상공에서 교전. 한국전란 이래 최대의 공중전 전개, 적기 12대 격추.

◇ UN 공군기대, 적군 도로 및 철도 보급로를 맹공, 차량 900여대를 격파.

9월 27일(목) 맑음

◇ 麟蹄 북쪽 분지대에서 적 수차에 걸쳐 정찰공격.

◇ 「단장의 능선」에서 적, UN군에게 집중 포격으로 고지 고수.

◇ 鐵原 북쪽 및 서쪽에서 적 반격.

◇ UN 해공군 소속 전폭격기대, 「단장의 능선」의 적군 야포 및 박격포진지를 맹타.

◇ 북한 상공에서 피아 제트기대, 연 3일째 계속 공중전. 3일간 적 MIG15기 격추 5대, 미확인 격추2대.

◇ 미 제5공군소속 경폭기 및 전폭격기대, 적 보급로를 공격.

◇ 리지웨이장군, 공산군사령관에게 휴전회담을 松賢里(開城 남동쪽 12.8마일)에서 재개하고 중립보장 문제토의에 계속하여 의제 제2항(군사경계선 문제)의 토의를 속행할 것을 제안.

◇ 제1회 전몰장병 합동위령제를 앞두고 각계로부터 조의금 접수.

◆ 로무로 필리핀 수상, 한국戰은 침략자의 좋은 교훈이라고 UN방송국에서 방송.

9월 28일(금) 맑음·흐림·맑음

◇ 杆城 북서쪽에서 적 중대병력의 저항을 물리치고 목표고지 2곳을 탈환.

◇ 楊口 북서쪽에서 새벽에 적의 공격으로 약간 철수한 아군, 다시 공격을 전개하여 맹렬한 수류탄전 계속.

◇ 金城 남동쪽고지상의 아군 부대, 새벽에 적 2개대대의 공격으로 일단 철수한 후 다시 강력한 공격을 가하여 동 고지를 탈환.

◇ 鐵原 북서쪽에서 적의 반격을 격퇴.

◇ 9월 22일~28일간에 아군, 전 전선에 걸쳐 적 1,013명을 살상.

◇ 제1회 육해공전몰장병합동위령제 東萊보병학교 교정에서 엄수.

◇ 국무원공고, 만19세 이상 25세 이하의 제2국민병을 10월1일부터 소집.

◆ 北京방송─미국은 휴전회담을 결렬시키고 북한 동서 양해안에 상륙을 기도하고 있다고 비난.

9월 29일(토) 비·흐림·맑음

◇ UN군, 楊口 북쪽에서 완강히 저항하는 적 연대의 반격으로 약간 철수.

◇ 楊口 북서쪽에서 적을 공격중인 아군, 종일 격렬한 전투.

◇ 金城 남동쪽에서 계속 교전.

◇ 鐵原 서쪽 3개 주봉을 중심으로 하는 고지쟁탈전에서 UN군 2개 주봉을 장악.

◇ 高浪浦 북쪽과 북서쪽의 5개소에서 소접전.

◇ UN 해군함대, 북한 동서해안의 적군 교통중심지를 포격.

9월 30일(일) 맑음

◇ 楊口 북서쪽「단장의 능선」서부고지에서 한국군, 격렬한 백병전 끝에 산정을 장악.

◇ 金城 남동쪽에서 저항중이던 약 2개 대대의 적을 완전 격퇴. 이 고지에서 27일~30일간에 적 1,466명을 사살, 18명 생포.

◇ 鐵原 서쪽고지에서 UN군 보병부대, 화염방사기의 지원을 받아 제3주봉을 탈환.

◇ 아 공군, 야간에 新義州·平壤·元山·平康등지에서 적 차량부대를 공격하여 430대 이상을 격파.

◇ 영국 노포크 대대소속 부대, 釜山항 도착.

◇ 밴프리트사령관, UN군은 5월 25일부터 9월 25일까지 지상에서만 적군 18만8천여명을 살상하였다고 언명.

◇ 駐美 梁대사, UN군 貸償金에 대한 미국측 상환통고를 정부에 보고.

◇ 육군 공병학교, 제2회공병사관후보생 졸업식 거행.

◇ 9월 16일~30일간에 도착된 외국원조물자는 2만17톤, 그 중 구호물자 7,199톤, ECA원조물자는 12,818톤.

10월 1일(월) 맑음

◇ 「단장의 능선」에 대한 적의 공격 격퇴.

◇ 아군, 3주일의 격전끝에 楊口 북서쪽에서 1개 고지를 탈환.

◇ 高浪浦 북쪽에서 5회에 걸쳐 단시간의 전투 전개.

◇ F86 제트기 27대, 新安州 북쪽 상공에서 적 MIG기 10대와 공중전. 적기 1대 격추, 3대 파손.

◇ B29 공중요새편대, 成川 보조철교 및 鎭南浦 선착장을 폭격.

◇ 브래들리 미 합참의장, 리지웨이총사령관 대동하고 한국전선 시찰.

◇ 총사령부, 공산군측이 휴전회담을 결렬시켜도 미 8군은 한국에서 공세로 나갈 태세를 갖추고 있다고 언명.

◇ 미 극동공군－9월중 격파 혹은 파손시킨 적 차량수는 15,900량 이상. (기관차

113대, 철도차량 3,500량 포함).

◇ 대한신문협회 발기회 개최.

◆ 영국 타임지, 한국문제의 실제적 해결책은 분할을 수락하는 것이며, 또한 38선을 수락하는 것이 타당할 것이라고 사설에서 주장.

10월 2일(화) 맑음

◇ 수백문의 UN포대, 高浪浦 북쪽 고지대의 적에게 맹렬한 사격.

◇ MIG 통로에서 쌍방 제트기 193대 공중전. 적기 6~7대 격추.

◇ B29편대, 順天 철교를 폭격.

◇ 미 육군발표, 10월2일 현재 한국전선에서의 공산군 사상자 수는 1,346,723명. 최근 12일간에 21,767명 증가.

◇ 李대통령, 브래들리원수와 요담.

◆ UN집단대책위원회, 침략에 대처하기 위한 군사행동을 지휘하기 위해 군사집행기관을 창설할 것을 주장.

◆ 브래들리의장, 한국의 휴전회담이 완전히 결렬된다면 UN군은 한국전쟁을 군사적 결말로 종결할 수 있을 것이라고.

◆ 國府 첩보측, 중공의 冬期작전 준비를 보도.

◆ 北京방송, 한국 서부전선에서 9월4일 일본인 군인을 포로했다고 보도.

10월 3일(수) 맑음

◇ UN군 서부전선에서 공세. 한국군 제1사단, 미 제1기갑사단, 제3사단, 제25사단 및 영국 사단을 포함한 6개 사단 일제히 전진.

◇ 5개 사단의 UN군, 高浪浦로부터 鐵原에 이르는 51Km 전선에서 제한된 공격 개시.

◇ 영국군, 高浪浦 북동쪽에서 중공군과 치열한 백병전.

◇ 미 전함 뉴저지호, 高城 남쪽의 공산군 진지 포격.

◇ B29 폭격기대, 淸川江 보조철교를 폭격.

◇ F86 제트기 12대, 북한 상공에서 적 MIG기 2대 파괴, 1대 파손.

◇ 미 국방성, 한국전선에서 미군 사상자는 87,650명(지난주보다 2,181명 증가).

◇ 공산군사령관, 9월27일부 리지웨이장군 제안에 회답─松賢里에서의 회담재
개를 거부, 開城에서 회담을 재개하고 중립문제에 관한 엄격한 규정을 정할 것을
제의.

◇ 육군 軍醫학교 수료식.

◆ 총사령부, 한국으로부터의 보도를 부분적으로 제한.

◆ 미 국방성, 在韓 공산군 포로 생활상태 발표하고 포로중 공산주의 신봉자는
2%뿐이라고 지적.

10월 4일(목) 맑음

◇ 단장의 능선에서 적, 맹렬한 사격 계속.

◇ 鐵原 서쪽의 아군, 적의 반격으로 일시 철수.

◇ 連川 북서지방에서 적의 반격으로 약간 철수.

◇ 영국군, 漣川 서쪽에서 목표 고지 탈환.

◇ 태국군 신보병부대, 서부전선에 출동코 중공군과 처음 전투.

◇ UN 공군기, 단장의 능선 지구의 적 목표를 맹폭격.

◇ 제5공군소속 폭격기대, 지상 우군 엄호에 맹활약.

◇ 리지웨이 총사령관, 공산군측 제의 재차 거부하고 양군 전선 중간의 적당한
장소에서 회담 재개를 제안.

◇ 李계엄사령관, 민간인 무기휴대금지에 관한 포고문을 고시.

◆ UN 한국재건국차장 럭커경, 한국 경제상태를 정상적 궤도에 오르게 할 전면
적 사업은 그리 멀지 않았다고 언명.

◆ 멘지스 호주수상, 조속한 시일내에 한국전선에 보병 1개 대대를 증파할 것이
라고 언명.

◆ 미 맥너슨 상원의원, 5만톤에 달하는 상선을 한국에 양도하여 그 댓가는 UN-
KRA 자금에서 지불토록 하자는 법안을 상원에 제출.

◆ UN 미 대표 그로스씨, 제6차 총회에서는 한국문제가 주요 토의사항이 될 것

이라고 언명.

10월 5일(금) 맑음

◇ 서부전선에서 UN군, 4일간의 공격끝에 3마일 내지 4마일 전진하고 유리한 방위선을 장악.

◇ 약 3개 대대의 공산군, 미명에 鐵原지구에서 아 전선을 돌파코자 반격.

◇ 미 제3사단 보병부대, 鐵原 서쪽의 1개 고지를 점령.

◇ 미 제3사단 보병부대, 鐵原 북쪽에서 중공군 방위선을 돌파.

◇ 미 제1기갑사단, 漣川 북서쪽에서 중공군의 맹렬한 공격을 격퇴.

◇ UN군 기동함대, 興南을 함포 사격.

◇ 미 공군 제트기 38대, 공산군 제트기 98대와 북한 상공에서 2회에 걸쳐 공중전, 적 MIG15 제트기 1대 격추, 1대 폭파.

◇ B29 공중요새기대, 大同江 철교를 폭파.

◇ 9월29일~10월5일간에 아군 부대, 전 전선에 걸쳐 적 11,520명(포로 494명 포함)을 살상·포로.

◆ 태국군 교대병 1천명 離韓.

◆ 北京방송, UN군측의 회담장소 변경 제안을 거듭 비난.

◆ 미국 정부, 원자력위원단의 한국에서 원자병기를 사용할 수 있는 권한을 미군 수뇌에게 부여하라는 요청을 거부.

10월 6일(토) 맑음·흐림

◇ 미·프 양군, 단장의 능선상 최고봉을 강습코 완전 점령.

◇ 미 제3사단 탐색대, 鐵原 서쪽에서 3마일 진출.

◇ 미 제1기갑사단 및 그리스 보병부대, 漣川 북쪽에서 중공군의 강력한 반격을 격퇴.

◇ 漣川 서쪽에서 공격중이던 아군, 맹렬한 적의 공격으로 약간 철수.

◇ 미 전함 뉴저지호, 순양함 헤레나호 및 구축함대, 城津의 적 조차장, 교량 등을 파괴.

◇ 약 백대 이상의 UN군 제트기함대, 약 150대의 공산군 MIG 제트기대와 각각 3회에 걸쳐 북한 상공에서 공중전. 적기 1대 격추, 2대 파손.

◇ UN 공군공격기대, 지상군 보호와 적 보급 차단에 연 1천기 이상 출격.

10월 7일(일) 흐림

◇ 楊口 북쪽에서 1개고지를 탈환.

◇ 공산군, 漣川 북서쪽에서 새로 연합군에 탈환된 고지를 향해 약 4천발 맹포격.

◇ 미 트루먼대통령, 지난 9월1일 야간 金城지구 734고지에서 맹활약한 국군 제5788부대 제7중대에 표창장 수여.

◇ 공산군사령관, 10월4일부 리지웨이 장군의 메세지에 대한 회답으로 신회담장으로 판문점을 제시.

◆ 미 워싱턴州, 한국의료구호운동을 전개할 것을 발표.

10월 8일(월) 흐림·맑음

◇ 국군, 麟蹄 북쪽 고지에서 적을 격퇴.

◇ 楊口 북서쪽「金日成고지」에서 전투 격렬. 미 제38연대 적의 맹렬한 반격을 격퇴하고 고지 탈환.

◇ 漣川 북서쪽에서 공산군 방위부대, UN군의 진출을 저지.

◇ B29 공중요새기대, 成川 철교를 폭격.

◇ UN 공군공격기대, 지상군과의 긴밀한 지원작전으로 적 약 30여명을 살상.

◇ 미 구축함 1척, 한국 수역에서 어뢰에 맞아 일본으로 돌아감.

◇ 慶南 경찰국, 9월중 道내 잔류공비 소탕작전에서 사살 415명, 생포 29명, 귀순 2명, 우리 측 피해 전사 33명, 중경상 27명이라고 발표.

◇ 한국 해군, 2,200톤급의 미 구축함 2척 讓受.

◇ 리지웨이사령관, 휴전회담을 판문점에서 재개하려는 공산군측 제안에 동의.

◇ 국회, 후방 치안확보 위해 국군 1개사단의 배치를 정부에 건의.

10월 9일(화) 맑음

◇ 楊口 북서쪽과 북쪽의 산악지대에서 아군, 적 대대병력의 필사적인 저항으로 종일 격전.

◇ 金日成능선에서 미 제38연대, 중공군과 백병전.

◇ 漣川 북서쪽에서 맹렬히 저항하는 적과 종일 격전 전개.

◇ 아 공군, 元山에서 油類집적소 1개소를 공격.

◇ 육·해·공군 3군 정훈감회의, 부산에서 개최.

10월 10일(수) 맑음

◇ 아군 전차부대, 楊口 북쪽 계곡에서 8마일 진출하고 공산군 점령 지역을 급습.

◇ 楊口 북쪽의 고지 2개를 탈환.

◇ 鐵原 북쪽에서 적 대대의 공격을 격퇴.

◇ B29 공중요새기편대, 平壤비행장 폭격.

◇ 미 국방성, 10일 현재로 공산군 손실 1,373,000명(지난 주 보다 26,000명 증가)으로 발표.

◇ 웨이랜드 미 극동공군사령관, UN공군은 과거 3개월동안 적 기관차 50대, 트럭 11,500대, 보급물자 3만톤을 파괴하고, 기관차 110대, 화차 5,100대 트럭 19,000대에 손해를 주었다고 발표.

◇ 한국 전선 미군 사상자 총수 89,382명(지난 주보다 1,732명 증가).

◇ 미 극동군 한국경제원조부장 헨세이 대령, 지난 회계연도동안 한국에 약 3억 5천만달러의 구호를 했다고 발표.

10월 11일(목) 맑음

◇ 미 제1해병사단, 麟蹄 북쪽 지구에서 완전무장한 1개대대를 수송.

◇ 미 제2사단소속 전차부대 단장의 능선 서쪽 계곡을 거쳐 文登里까지 도달코 동 계곡의 공산군 진지를 석권하고 아군 진지로 귀환.

◇ 아군, 단장의 능선 서쪽 지구에서 주요고지를 탈환.

◇ 미 제1기갑사단, 漣川 북쪽에서 적의 저항을 분쇄.

◇ 아 공군 江陵지구 전투비행단, 육군 제1군단 지상부대에 대한 공군지원작전 개시.

◇ 미 극동공군 소속기의 11일 출격회수는 1,045기로 6월25일 이래 최고기록.

◇ 휴전회담 UN군 대표 李亨根소장, 기자회견에서 휴전회담이 실현된다 해도 이는 UN의 확실한 약속과 UN군의 전략하에서 행해지는 것이라고 언명.

10월 12일(금) 맑음

◇ 高城 남쪽에서 아군, 대대병력의 적 저항을 물리치고 약간 진출.

◇ 미·프 양국군 부대, 한달여에 걸친 격전끝에 단장의 능선상의 적 최후의 거점을 탈환.

◇ 楊口 북서쪽에서 아군 부대, 적 저항을 물리치고 주요 고지 5개 탈환.

◇ 漣川 서쪽에서 적의 야간공격 격퇴.

◇ UN함대, 동해안 城津~端川으로부터 高城에 이르는 지대를 포격.

◇ F86편대, 新安州 상공 MIG통로에서 적 MIG전투기 약 100대를 포착, 1대 격추·6대 파손.

◇ 밴프리트장군, 영국군 제1사단의 선전을 찬양.

◇ 공산군 대표, UN군 비행기 1대가 오늘 오후 5시35분 開城 중립지대를 공격했다고 찬양.

◇ 공산군 대표, UN군 비행기 1대가 오늘 오후 5시35분 開城 중립지대를 공격했다고 통고.

10월 13일(토) 흐림

◇ 아군 제2·제6·제8사단 및 미 제24사단, 金化 서쪽에서 楊口 북서쪽에 걸친 전선에서 공격 개시.

◇ UN군, 楊口 북서쪽 6개고지에서 적을 격퇴.

◇ 3개 사단의 UN군 부대, 중동부 전선에서 金城으로 향해 1.5마일 진출.

◇ 휴전대표 李亨根소장, 한국민은 통일을 원하며 회담의 계속을 원치 않는다고

언명.

◇ 국회, 미 故 루즈벨트·영국 처칠·중국 蔣介石씨 등에게 최고훈장을 증정하자는 대정부 건의안을 가결.

10월 14일(일) 흐림·바람

◇ 미 기갑사단이 확보중인 漣川 북쪽 UN군 진지에 대해 공산군, 소련제 132mm로켓포탄 상당량 사용.

◇ 미 해군 함재기대, 城津港 근방에서 공산군 300여명을 살상.

◇ 미 세이버 제트기 36대와 MIG 30대, 新安州 상공에서 공중전. MIG 3대, 기관차 5대 격파.

◇ 제4회 연락장교회담 개최.

◇ UN군을 싣고 釜山으로 향하던 일본선 태풍으로 좌초.

10월 15일(월) 흐림·맑음

◇ 미 제38연대, 北韓江 및 단장의 능선간의 최고지대를 점령.

◇ 한국군 및 미군, 楊口 북서쪽에서 6천야드 진출코 4개 고지 탈환.

◇ UN군, 金城 남쪽의 22마일에 걸친 중부전선에서 다시 1.5마일 진출.

◇ 전선에서 아군, 백병전을 전개하여 金城 적 방위부대를 맹공.

◇ 제5회 연락장교회담 별무 진전.

◇ 平壤 眞池洞 등에서 최근 6회의 반정부 폭동 궐기.

10월 16일(화) 맑음

◇ 국군 기갑부대, 동해안 高城을 확보.

◇ UN군 수개사단(미 제24사단 및 국군 제6사단 포함), 중부전선에서 중공군의 반격을 물리치고 金城 남쪽 4마일까지 진격.

◇ 미 제1기갑사단, 漣川 북서쪽·臨津江 북쪽의 중공군 진지를 공격.

◇ MIG통로에서 쌍방 제트기 공중전. UN 공군, 적기 격추 8대, 파손 5대, 아군 피해 1대.

◇ 연락장교 회담에서 공산군측 중립지대의 확대를 주장, UN측은 중립지대의 축소를 주장.

◇ UN군 대변인 니콜스준장, 연락장교회의에서 쌍방은 지금까지의 회의에서 결정한 6개항의 원칙을 확인하였다고—①신 회담장은 판문점의 천막내로 함 ② 신 회담장 반경 600m를 회담지구로 함 ③쌍방 대표의 회담지구 출입의 자유 보장 등.

10월 17일(수) 맑음

◇ UN군, 金城으로부터 3마일이내까지 진출하고 약 800명의 중공군을 포위.

◇ 金城으로 향한 UN군, 진격 5일동안 약 40개 고지 탈환.

◇ 미 제1기갑사단, 계속 漣川 북서쪽의 완강한 적 방어진지 공격.

◇ 미 국방성, 在韓 미군 손실 90,735명이라고 발표.

◇ 미 극동공군사령부, 한국전쟁 발발이래 UN공군의 손실 총 수는 335대(전투기 260대, 폭격기 40대, 수송기 6대, 기타 29대). 동일한 시일내에 적기 241대 격추, 85대를 미확인 격추, 264대 파손.

◇ 공비 약 500여명, 沃川을 습격. 사상자 141명, 중경상 17명, 납치 68명, 중요 관공서 손실 7동.

◆ 北京방송, UN군은 한국에서 중공군을 교착시키기 위해 전쟁의 계속을 원하고 있다고 비난.

10월 18일(목) 맑음

◇ 杆城 북동쪽에서 UN군, 격전끝에 적의 반격을 격퇴.

◇ UN군 보병부대, 金城 남쪽의 1개 고지 점령.

◇ 漣川 북서쪽에서 적, 미 제1기갑사단에 대해 강력한 박격포화를 집중.

◇ 미 제15기갑연대, 漣川 북서쪽에 있는 1개 고지 탈환.

◇ 아 공군, 泗川비행장 대확장.

◇ 제 8회 연락장교회담, UN군측은 開城 및 汶山주변에 반경 4.8Km의 중립지대를 설치할 타협안을 제출.

10월 19일(금) 맑음 · 흐림

◇ 적군,「단장의 능선」동쪽 계곡에서 진출한 UN군 전차부대에게 맹렬한 포화를 집중.

◇ UN군 선봉부대, 金城시에 대해 남서쪽, 남쪽 및 남동쪽에서 3면 공격.

◇ 기갑부대의 지원을 받은 UN군 지상부대, 공격을 감행하여 金城시 2마일 이내로 돌입.

◇ 서부전선에서 적 저항 완강, UN군 사방을 장악하는 3개 고지를 탈환.

◇ 漣川 북쪽 및 북서쪽의 중공군 저항 붕괴, 아군 적의 주요고지 탈환.

◇ UN 공군기대, 平壤, 沙里院간 철도 맹폭.

◇ 10월13~19일간의 지상전투에서 공산군측 손해－전사 22,000명, 부상 6,000명 포로 1,275명(미 제8군 발표).

◇ 제9회 연락장교회의, 공산군측이 汶山 및 開城 주변의 중립지대 설치안을 수락.

◇ 국회, 전시 국민생활개선법안 통과.

10월 20일 (토) 흐림

◇ UN군, 어제 밤에 빼앗겼던 金城 남동쪽의 2개 고지를 다시 탈환.

◇ 아군 수색대, 漣川 서쪽에서 적 2개 중대가량의 적과 2차례 교전.

◇ B29 폭격기, 平壤 및 기타 주요 비행장등을 폭격.

◇ 미태평양함대 사령부, 개전이래 적에 의해 침몰 또는 파손된 UN 해군 군함의 수는 32척. 격침 4척, 함재기의 손해 534대라고 발표.

◇ 휴전회담, UN측에서 제의한 開城～板門店～汶山간의 도로 양편에 400m의 중립지대 설치안을 공산군측 수락.

◇ UN측 대표, 중립지대 상공의 비행사고를 막기 위해서 가급적 開城～板門店에 이르는 상공비행을 제한할 것을 제안.

◇ 로레스 크레키 UN측 휴전회담 대표 , 미 공군사령부 참모장으로 전출. 후임으로 미극동공군 부사령관 하워드 터나소장 임명됨.

◇ 공비토벌을 위해 智異山 및 太白山지구에 전투사령부가 설치됐다고

발표.

◆ 韓·日 예비회담 개시.

◆ 미 상하 양원합동회의, 한국원조액 최종결의.

◆ 트루먼대통령, 클라크 前 UN군 사령관을 바티칸 초대대사로 임명.

10월 21일 (일) 흐림

◇ 金城 남동쪽에서 공격중인 UN군, 적의 맹렬한 저항에 부딪침.

◇ UN군, 金城 남서쪽에서 중요한 고지를 탈환.

◇ F86, 북한 상공 공중전에서 적 비행기 6대에 크게 손상을 입힘.

◇ B29 폭격기, 咸興을 폭격.

◇ UN군 함재기, 북한의 보급로 폭격.

◇ 귀국하는 미제3사단장 로버트 소월소장에게 무공훈장을 수여.

◇ 휴전회담 연락장교단, 회담재개를 위한 제조건에 거의 원칙적 합의
에 도달했다고.

◇ 李대통령, 密陽 육군병원을 위문.

◇ 정부, 교육공무원법안 국회에 제출.

◇ 全南 雙鳳에서 열차탈선 사고가 발생하여 9명이 사망, 100여명 부상.

◇ UN구호물자, 의료·고무원료 등 다량 입하.

◆ 캐나다 NATO군 선발대 유럽 향발.

◆ 영국군, 스웨즈운하의 세관건물을 점령.

10월 22일 (월) 흐림

◇ 金城 북쪽 적의 집결지에 집중 포격.

◇ 아군 전차부대, 金城시에 재돌입.

◇ 金城 남동쪽의 능선에 배치했던 적, 야음을 틈타 철수.

◇ 미 순양함, 동해안을 따라 적의 철도시설을 포격.

◇ B29폭격기대, 春川 비밀비행장을 폭격.

◇ 6·30일 이후 적 비행기, 격추·손상 30대, 파손 240대.

◇ 미 공군 발표, 적은 滿州에 1,200대 이상의 비행기를 보유.

◇ 휴전회담 재개조건에 관한 협의에 양측이 서명.

◇ 洪내무차관, 현 경찰력으로는 치안유지에 어려움이 있으며 공비토벌 불가능하다고 국회에서 답변.

◇ 정부, 쌀 수매가격 石당 12만원 배급가격은 15만 1천원으로 결정.

◇ 軍당국, 탈영병 자수기간 월말로 연장.

◇ 주한 영국군사령관, 한국전쟁의 교훈은 공산주의 침략을 각성시켜 준 것이라고 언명.

◆ UN 韓委, 6차보고서에 통일·독립의 수립과 계속 지원할 것을 건의.

◆ 로젠버그 미국방차관보, 韓·日 군사시설 조사차 내한.

◆ 韓·日회담, 한국측 대표 ① 駐日 한국인의 법적지위 ② 선박의 반환 ③ 의제의 획대 등 3개항 제의.

◆ 미원자폭탄 실험 발표.

10월 23일 (화) 흐림·맑음

◇ 楊口 북서쪽의 적, 경미한 수색공격.

◇ 아군 전차부대, 金城시 1Km에 육박.

◇ 아군 정찰대, 漣川 서쪽 고지 공격.

◇ 북서 韓 상공의 MIG기, 적기 7대 격추 10여대에 손해.

◇ UN군 포로병원, 1년간에 적군 부상포로 7만명을 치료했다고 발표.

◇ 院內에서 新堂 발기인 결성식 거행.

◇ 고철수집에 관한 대통령令을 공포. 수집은 민간에서, 정부가 구입 하여 수출을 전담.

◇ 한국군 공병·기갑장교, 교육을 받기 위해 渡美.

◇ 보건사회부, 허위 과대 약광고에 경고.

◆ 毛澤東, 휴전회담의 성패는 미국에 달려있다고 주장.

◆ 미공군참모총장, 한국상공에서 교전중인 MIG기에 소련어를 사용하 는 조종사가 있다고 언명.

◆ 駐蘇 영국대사, 비신스키 소련 외상에게 한국휴전성립에 협조를 요
청.

10월 24일 (수) 흐림·맑음

◇ 金城지구를 제외한 전 전선 조용함.

◇ 金城 남동쪽의 중공·북한군, UN군의 공격을 저지.

◇ UN군, 金城 남서쪽에서 약간 전진.

◇ UN군 전차부대, 金城 남서쪽에 진출하여 적의 방위공사를 파괴.

◇ UN공군, 북한 북서상공에서 MIG기 155대와 공중전.

◇ B29 폭격기, 宣川의 철교 파괴.

◇ 미국방성, 한국전선에서 미군 전사자 13,985명, 부상 66,535명, 행
불자 12,477명, 계92,997명으로 발표.

◇ 미제7함대 사령관 마틴중장, 한국61호함을 방문하고 무훈을 찬양.

◇ 공산군측, 25일 휴전회담 재개하자고 제의, 죠이제독 이를 수락.

◇ 李대통령, UN의 날 경축식에서 UN사업의 중요성과 조속한 성취를
강조.

◆ 리지웨이장군, 위대한 UN군은 평화와 국제도의 및 질서를 위해서
싸우고 있다고 담화.

◆ 트루먼대통령, 제3차대전은 피할수 있으며 본인은 이를 위해 최선을
다하고 있다고 언명.

◆ 在韓 UN군 각국 대표 48명, 트루먼대통령 및 애치슨장관을 방문. 미
UN기념일 식전에 참석(한국, 육·해·공 3명 참석).

10월 25일 (목) 맑음

◇ 적 제트기 약 80대 UN공군 편대에 도전, 1대를 파손.

◇ UN항공기, 新義州~安川간, 平壤~軍隅里간의 보급로를 폭격.

◇ 국방부, 벨기에군에 UN종군훈장수여.

◇ 휴전회담 재개 (27차본회의), 南日 다시 각종 사건의 합동조사위설

치를 제안, 유엔군 대표 이를 수락.

◇ 합동분과 위원회를 개최하고 UN군 대표, 대략 현 전선을 기초로 폭 4km의 비무장지대 설치를 제안.

◇ 밴프리트장군, 국군 6사단에 표창장 전달.

◇ 미국에서 대여받은 선박 570톤급 4천척 釜山에 입항.

◇ 정부, 적기의 공습에 대비하여 방공대피소 설치 등을 시·도에 하달.

◇ 교통부, 龍山−淸凉里간 철도 복선 착공.

◆ 韓·日회담, 한국측 제안 3항을 일본 원칙적으로 동의.

◆ 애치슨장관, UN총회주요 의제는 한국휴전과 그후 문제라고 언명.

◆ 킴보드 미 해군장관, 원자탄은 필요시에 사용할 용의가 있다고 언명.

10월 26일 (금) 맑음

◇ 金城 남동쪽에서 공격중인 UN군, 적의 저항을 격퇴하고 1km 전진.

◇ 아군, 金城 근교에서 적 토치카를 분쇄.

◇ 漣川 북쪽에서 공격중인 UN군, 적의 저항을 격퇴.

◇ UN군 B29폭격기, 야간에 泰川 및 南市를 기습 비행장 폭격.

◇ UN공군 F86기, MIG 15제트기 121대와 平壤 부근에서 3차의 공중전 끝에 2대 격추 3대 파손.

◇ 밴프리트장군, 金城에 최초로 돌입한 콜럼비아부대에 특별메세지 발송.

◇ UN 59기동함대, 鎭南浦를 포격.

◇ 휴전회담, 제8차 합동분과위원회에서 南日이 甕津반도를 주겠으니 현 전선을 기준으로 최대 24km 후퇴한 새 군사경계선을 제시.

◇ 신임 金信 駐中대사 임명식.

◇ 국회, 기부금지법안 통과.

◆ 트루먼대통령, 소련 및 기타 공산국의 전략물자 수출국에 대한 원조 금지 법안 서명.

◆ 미·유고 군사협정체결에 의견일치.

◆ 영국 보수당, 선거에서 과반수(313)의석 확보하여 승리. 처칠씨에 조각을 위촉.

◆ 파리에서 6차 유엔총회.

10월 27일 (토) 맑음

◇ 楊口 북서쪽에서 공산군의 정찰공격을 격퇴.

◇ 金城 남동쪽의 주요 고지 탈환.

◇ UN군 보병전차대, 金城 북쪽 1마일로 진격.

◇ 漣川 북서쪽에서 적의 위력적인 정찰공격을 격퇴.

◇ UN공군 제트기 112대, MIG 105대와 新安州 상공에서 공중전. 적기 2대 파손.

◇ B29, 공중전에서 피해를 입고 한국기지에 불시착.

◇ 미 2사단장, 멜릿프너소장 등에게 훈장을 수여.

◇ 휴전회담, 제9차 합동회의 별무 진전. 유엔측 현 전선을 기초로 하는 비무장지대 설치 고수.

◇ 李대통령, UP기자와의 회견에서 53년 대통령선거에 출마하지 않겠다고 언명.

◇ 32회 전국체전, 光州에서 개최.

◇ 육군통신학교 12기 사관생 졸업식.

◆ 처칠 영국 보수당 당수, 조각.

◆ 모스크바 당국, 처칠씨가 3거두회담을 제의하면 응하겠다고 언명.

10월 28일 (일) 맑음

◇ 미 제1해병사단 일부 병력, 헬리콥터로 공산군의 후방기지를 공격.

◇ B29, 야간에 적의 후방도로에서 수송차량을 공격.

◇ 陸軍大學 창설.

◇ 휴전회담—제10차 합동회의, 양군의 접촉선에서의 견해는 거의 일치하지만 현 전선에서의 비무장지대 설치 토의는 거부.

◇ UN·공산군, 연락장교회의 회담을 위한 안전보장본부 설치에 합의.

◇ 콜린스 미 육군참모총장 내한.

◇ 李대통령, 慶州시찰.

◇ 국방부, 제2국민병 소집유예 요강폐지를 발표.

◆ 미 국방차관보 로젠버그씨, 東京에서 방송을 통해 在韓 UN군을 찬양.

◆ 미, 제2차 원자폭탄 실험.

◆ 미, 국민에게 군사훈련을 실시할 구체적 계획(연간80만명)을 발표.

◆ 미공군장관 핀텐터씨, 원자무기 사용을 위해서는 전술의 혁신이 요구된다고 언명.

◆ 소련군 기관지, 중동방위에 관해서 터어키를 맹비난.

10월 29일 (월) 맑음

◇ 동부전선 분지대 서쪽에서 2개 고지 점령.

◇ 金城지구 남동쪽에서 공산군의 3차에 걸친 공격이 있었으나 격퇴.

◇ 중공군, 金城주변에서 탐색하는 아군의 전차 및 보병부대에 대해 완강히 저항.

◇ UN군 金城시를 지배하는 고지를 확보중. 同市는 보급중심지의 가치 상실됨.

◇ UN군, 漣川지구의 2개고지를 탈환.

◇ UN군 77기동함재기, 동해안 각지를 폭격. 보급로 차단 31개소, 차량 3대 격파.

◇ 콜린스 미 육군참모총장, 휴전성립이 되더라도 미군은 한국에 주둔할 것이라고 언명.

◇ 미 해병대 사령관 케이즈대장, 주한 미 제1해병연대를 격찬.

◇ 휴전회담 11차 합동회의, 甕津반도의 군사적 가치에 대해 공산측의 제안을 반박.

◇ 李대통령, 釜山에서 콜린스 장군과 요담.

◇ 在韓 UN군이 사용한 古鐵수집운동 본격적으로 전개(CTS주관).

◆ 로젠버그국방차관, UN군 보급상태 및 위생상태 극히 양호하다고 회견.

10월 30일 (화) 맑음

◇ UN군, 동부전선 분지대 서쪽의 적 고지를 공격.

◇ 金城 남동쪽에서 경미한 적의 공격을 2차례 격퇴.

◇ 휴전회담 제12차 합동회의, 공산군 대표 군사경계선에 대한 그들의 주장을 계속 고집.

◇ 李대통령, 국민의 국토방위 의무를 강조하는 담화.

◇ UN구호물자 米穀 7만8천톤, 의류 458包 등 도착.

◆ 韓·日회담, 선박 및 국적분과 위원회 설치에 합의.

◆ 在日한국학생동맹, 국군에 대한 격려문 발송을 결의.

◆ 미, 제3차 원자폭탄 실험.

◆ 미 라벨드 국방장관, 원자무기 경쟁에서 미국이 주도권을 장악하고 있다고 언명.

10월 31일 (수) 맑음

◇ 전선은 조용. UN군은 진지를 확보 정돈하며 탐색활동만을 계속.

◇ UN군, 金城 남동쪽에서 200명의 공산군 공격을 격퇴.

◇ 미 썬더 제트20기, MIG 50기와의 공중전에서 적기 1대를 격파.

◇ 휴전회담 제13차 합동분과회의-공산군측 대표, 현재의 접촉선을 기초로 한 군사경계선 및 비무장지대의 설정을 새로 제안.

◇ 李대통령, 3군 장병에 훈장 수여.

◆ 北京방송, 공산군측 제안 내용을 詳報.

◆ 韓日회담 한국수석대표 梁裕燦박사, 일본 수상 방문하고 회담의 진행에 관해 회담.

◆ 브래들리합참의장, 휴전회담에 관해 UN군과 공산군간에 타협적인

결정에 도달할 가능성 크다고 언명.

11월 1일(목) 흐림·맑음

◇ 麟蹄 북쪽 분지에서 적과 사격전.

◇ UN군, 金城市 남서쪽에서 적의 공격을 격퇴.

◇ 악천후로 미 극동공군 610회 출격.

◇ 미 제5공군 10월의 전과 ―21,416회 출격, 공중전 전개 16일, 적기 25대 격추, 손상 54대. 아군기 지상포화로 40대 상실.

◇ 휴전회담 제14차 합동분과위원회, 비무장지대 설정문제에서 단장의 능선지구를 제외하고 대략 의견일치.

◇ 금융통화위원회, 11월10일부터 환율을 1달러대 6,000원으로 결정.

◆ 韓日예비회담 船舶分委, 제2차 회담.

◆ 미국, 라스베가스 부근에서 4차 원폭 실험.

11월 2일(금) 맑음

◇ UN군, 漣川 서쪽 전초진지에서 철수.

◇ 미 전함 뉴저지호, 元山항 포격.

◇ 북한상공에서 피아 제트기 9차의 공중전. 적 MIG기 1대 격추, 4대 파손.

◇ 10월19일～25일간 공산군 손실 16,046명.

◇ 미 해군, 한국전쟁이래 미 함정 5척 침몰, 29척 손상이라고 발표.

◇ 휴전회담 제15차합동분과위원회, 쌍방의 견해 차이를 계속 토의.

◇ 李대통령, 밴프리트사령관과 제주도 시찰.

◆ 콜린즈 미 육군 참모총장, 워싱턴귀환후 한국의 휴전은 성립될 것이라는 견해 표명.

11월 3일(토) 맑음

◇ 金城 남동쪽 UN군 진지에 대한 적의 공격을 격퇴.

◇ UN군, 漣川 서쪽의 전초진지 재점령.

◇ 미 제5공군소속 제트기, 북한 상공에서 4차에 걸친 공중전에서 적 MIG기 3대 손상.

◇ 新安州상공의 공중전에서 미 F84제트기 1대 상실.

◇ 미 전함 뉴저지호, 元山·興南 포격.

◇ 金弘壹 駐中대사 부임.

◇ 휴전회담 제6차합동분과위 − UN군 호지스대표, 비무장지대설정에 타협안 제시.

◇ 金日成, 코민포름 기관지에 미국의 성의 있으면 한국휴전 성립이 가능하다고 주장.

11월 4일(일) 흐림·맑음

◇ 전차 지원받은 적 1개사단, 漣川 북서쪽에서 공세.

◇ 미 공군 제트기 92대, 북한 상공에서 적 MIG15기 145대와 3회에 걸쳐 교전, 적기 2대 격추·6대에 손해.

◇ 미 제10군단장 바이어스소장, 국군 제1692부대 장병에 銀·銅星훈장 수여.

◇ 휴전회담−공산군대표, UN군측의 開城 비무장제안의 제의를 거부.

◆ 미 국무차관보, 한국의 UN군 증강과 중공에 대한 경제제재 강화를 시사 (UP).

11월 5일(월) 비

◇ 韓美 공군 합동회의 개최.

◇ 전차를 선두로 한 적 1개사단, 漣川 서쪽 전선에서 공격 계속.

◇ UN군, 漣川 북서쪽에서 2개 고지 탈환.

◇ UN공군, UN군 포병대와 호응하여 漣川 서쪽의 적을 공격.

◇ 휴전회담 제18차합동분위원회−UN군 대표, 4항목의 신제안을 제시.

◇ 아이크, 트루먼대통령과 회담.

11월 6일(화) 비

◇ UN군, 杆城 북서쪽에서 2천~3천야드 진출.

◇ UN군, 중공군의 압력으로 漣川 북서쪽의 2개 고지에서 철수.

◇ UN군 무스탕기대, 漣川 북서쪽 진지에 13회에 걸쳐 맹공.

◇ UN해군, 북한 동서해안의 적 보급선을 계속 공격, 뉴저지호 淸津을 포격.

◇ 미 전함 로테도호, 高城근방에서 포격으로 적 75명 사상.

◇ 釜山주둔 UN군 당국자, 중공포로들이 國府軍 편입을 진정하였다는 사실을 인정.

◇ 국회, 내무장관의 인책안 가결.

◇ 국무총리서리에 許政씨 임명.

◇ 韓日예비회담 선박분과위원회 제4차회의, 3개항의 의제 채택.

11월 7일(수) 비·흐림

◇ 적, 漣川 북서쪽에서 탈취한 2개 고지에 진지 구축중.

◇ UN군 보병부대, 漣川 서쪽 臨津江 부근 고지에 대한 중공군의 공격 격퇴.

◇ 駐韓 미군부대에 '滿洲熱病' 발생.

◇ 미 국방성, 한국전선에서의 미군 손해 97,514명이라고 발표.

◇ 미 해군, 한국전쟁 개전 이래 UN 해군 항공대가 적 함선에 준 피해는 파괴 603척, 손상 1,429척, 인적 손상 48,762명이라고 발표.

◇ 휴전회담 제20차합동분과위−공산군측, 후일 변경을 조건으로 비무장지대의 설정에 관해 정식으로 제안. UN군측, 이를 거부.

◇ 韓日예비회담 國籍분과위원회 제4차 회담.

◇ 미·영·프 3국, 소련의 동조를 조건으로 하는 군대 및 원폭을 포함한 모든 兵器의 공개·축소를 제안하는 공동선언 발표.

11월 8일(목) 비·맑음

◇ UN군, 麟蹄 북쪽의 적 외곽진지를 기습.

◇ UN군 기갑부대, 金城 남동쪽의 진지를 기습코 진지 20개소를 분쇄.

◇ UN군, 漣川 북서쪽 고지 재탈환.

◇ UN공군 전폭기, 북한 적의 시설 및 보급처의 공격을 위해 1,080회 출격.

◇ 鴨綠江 남쪽 상공에서 적 MIG 190대와 UN군 제트기 60대간에 공중전. 적기 1대 격추, 2대 파손.

◇ UN군 대표단, 공산군측의 휴전제안 전면 거부로 대책검토위해 회의 개최.

◇ 리지웨이사령관, UN군 휴전대표와 회담하고 전선 시찰.

◇ 비신스키 소련외상, UN총회에서 한국에서 즉시 휴전하고 10일 안에 양군은 각각 38선으로 철수하자고 제안.

11월 9일(금) 맑음·흐림

◇ 전 전선에 걸쳐 소규모 탐색전만 계속.

◇ UN제트기 52대, 적 제트기 51대와 교전. 적기 5대 격·파손.

◇ 휴전회담, 비무장지대 설치안으로 교착.

◇ 밴덴버그 미 공군참모총장, 공산 공군 증강 조사코자 來韓.

11월 10일(토) 맑음

◇ 金城 남서쪽에서 6차에 걸친 적의 내습을 격퇴.

◇ UN군 탐색대, 서부전선에서 증가하는 적의 저항에 조우.

◇ 미 전함 톨레도호, 淸津을 포격.

◇ 미 순양함 로스엔젤레스호, 高城·杆城지방의 적군시설을 포격.

◇ 新安州 남쪽 상공 공중전에서 적 MIG기 1대 격파.

◇ UN공군, 북한 각지에서 적 보급열차를 공격,기관차 3대, 열차 17량 파괴.

◇ 밴덴버그참모총장, UN공군의 우위를 확인.

◇ 휴전휴담 제23차합동분과위 — UN·공산 양군 대표, 군사경계선 문제에 관해 서로 신제안을 제시.

11월 11일(일) 흐림

◇ 동부전선에서 적 5개중대의 내습을 격퇴.

◇ 미 해병사단장 토마스소장, 국군 해병 제8100부대장에게 銀星훈장 수여.

◇ 해군 창설 6주년 기념식 거행.

11월 12일(월) 비·맑음
◇ 동부 분지 북서쪽에서 적 2개 탐색대 격퇴.
◇ UN군, 金城 남서쪽에서 2개 고지 탈환.
◇ 휴전회담, 교착 상태.
◆ 韓日예비회담 7차회의 개최.

11월 13일(화) 맑음
◇ 高城 남쪽에서 수차에 걸친 적 5개대대의 공격을 격퇴.
◇ 金城 남서쪽에서 UN군 보병부대, 2개 고지 점령.
◇ 공산군, 鐵原 서쪽에서 공세.
◇ B29 공중요새기대, 南市·泰川·宣川에 건설중인 적 비행장을 연일 폭격.
◇ 11월3일~9일간 적 손실 사살 8,415명, 부상 3,558명, 포로 362명.
◇ 李국방장관, 한국군 倍加계획 발표.
◇ 공산군대표, 군사경계선 문제에 관한 협정이 성립되는대로 사실상의 정전이
  행해질 것을 희망하는 공산군측 태도 명시.
◆ UN총회, 중공대표의 UN참가문제 의제 상정을 부결.
◆ 맥아더원수, 트루먼정부 공격 연설.

11월 14일(수) 맑음·흐림
◇ UN군, 金城 남쪽에서 적의 공격을 격퇴.
◇ UN군 해군부대, 적의 보급항과 해안 포진지 공격.
◇ UN 해군기대, 북동 및 동부지방에서 380명의 적을 살상.
◇ 미8군 법무부장 한데이대령, 적은 한국전란 개시이래 현재까지 5,790명의
  UN군 장병포로를 학살했다고 발표.
◇ 미 국방성, 한국전선 미군사상자 총 99,226명이라고 발표.
◇ 永同역에 80명의 공비 내습.

11월 15일(목) 흐림 · 맑음

◇ 전선, 대체로 평온.

◇ 楊口 북쪽에서 UN군, 맹렬한 공격으로 일시 철수했다 재탈환.

◇ UN군, 鐵原 서쪽에서 중공군의 야간공격을 격퇴.

◇ 在韓 벨기에 부대장에 쿠르스중령 신임.

◇ 국회, 大田 임시환도의 對정부건의안을 가결.

◆ 미 국무성, 리지웨이사령관에게 포로학살에 관한 詳報 요청.

11월 16일(금) 비 · 맑음

◇ 동부전선 북서쪽에서 3개중대의 적, UN군에 공격.

◇ UN군, 鐵原 서쪽의 고지 점령.

◇ 극동공군, 북한 深部의 철도 파괴.

◇ 제5공군, 북한 철도시설 공격. 기관차 1대 파괴, 1대 손해, 화차 11대 손실.

◇ 미 8군 법무부장, 공산군은 미군 포로 6,270명을 학살했다고 발표.

◆ 태국, 이탈리아, 네덜란드, 그리스 등 4개국 증원부대 釜山 도착.

◆ UN총회 한국대표 張勉일행 파리 도착.

◆ 비신스키 소련대표, 原子兵器의 전면적 금지와 5대국 軍備의 1/3 축소를 제
 안.

11월 17일(토) 맑음 · 흐림

◇ UN군, 金城 남동쪽에서 적 1개 연대의 저항을 배제하고 2~3마일 전진.

◇ UN군, 鐵原 서쪽의 고지 탈환.

◇ 공산군, 漣川 북방서 영국 제1사단 공격.

◇ UN공군, 심야에 공산군 보급부대를 공격코 적 차량 177대 파괴.

◇ 휴전회담 제30차합동분과위 — UN군 대표, 정체상태를 타개하기 위해 신제안
 제의.

◆ 애치슨 국무장관, UN政治委서 한국휴전 언급.

◆ 北京방송, 공산군의 UN군 포로학살 사실을 부인.

◆　韓日예비회담 國籍분과위원회 제9차 회의, 그간의 토의결과에 대한 공동경
　　과보고를 본회의에 제출키로 결정.

11월 18일(일) 비·맑음

◇　국군, 金城 남동쪽에서 주동적 역할 수행.
◇　UN군, 중부전선에서 전진하여 北韓江 동쪽 3개고지를 탈환.
◇　영연방 제1사단, 漣川 서쪽 고지 재탈환.
◇　적 MIG기, 북한비행장에서 처음 이착륙.
◇　지난 1주일간 적 사상자는 6,759명.
◇　전시 생활개선법 공포.

11월 19일(월) 맑음·흐림

◇　UN군, 高城 남쪽 2개고지에서 교전끝에 철수.
◇　국군, 金城 남동쪽에서 적의 정찰공격을 격퇴.
◇　UN군, 漣川 서쪽에서 중공군 대대병력 격퇴.
◇　제5공군, 야간에 적 철도시설과 차량부대 맹공. 新安州~平壤~陽德~三登~
　　伊川~麻田간에서 적 차량 1,500대 중 140대 파괴.
◇　휴전회담 제32차합동분과위 - 공산군측대표, UN군측 제안에 대한 회답을 21
　　일에 행한다고 언약.
◆　UN총회 政治委에서 애치슨국무장관, 12개국 군축위원회 설치에 관한 신군
　　축계획 결의안을 제출.
◆　이든 영국외상, 한국의 외국군 철수문제를 토의할 용의 있다고 천명.

11월 20일(화) 맑음

◇　高城 남쪽에서 백병전.
◇　麟蹄 북쪽에서 UN군 보병 및 전차부대, 반마일 전진.
◇　국군, 金城 남동쪽에서 공산군 冬期방어선을 돌파코 약 4마일 전진.
◇　漣川 서쪽에서 새벽에 교전.

◇ UN중폭기대, 북한 북서지역의 적 비행장을 맹타.

◇ 국방부, 학도훈련에 대비 예비역 장교 등록.

◇ 총사령부,. 공산군의 UN군포로학살사건에 대한 조사결과 발표—사체 365구 확인.

◇ 총사령부, 공산측의 30일 기대부 휴전을 수락해도 지상전 계속 경고.

11월 21일(수) 맑음

◇ 적, 金城 남동쪽 국군 진지에 대한 공격 실패.

◇ UN군, 漣川 서쪽에서 적의 기습 격퇴.

◇ 아 공군, 적 보급로를 강타.

◇ 미 국방성, 한국전선 미군 사상자 100,176명이라고 발표.

◇ 밴프리트장군, 서울시 명예시장으로 추대.

◆ 밴덴버그 미 공군참모총장, 중공 공군 증강 우려 표명.

11월 22일(목) 맑음·흐림

◇ 金城 남동쪽 및 北韓江 동쪽에서 적의 탐색공격 격퇴.

◇ 鐵原 남서쪽 지구에서 적, 4차에 걸쳐 내습.

◇ UN·공산 양군대표, 쌍방 참모장교는 23일부터 접촉선의 劃定을 개시한다고 발표.

◇ 버클리 미 부통령 來韓.

◇ 許政총리서리, 大田 임시환도 반대 공한을 국회에 제출.

◆ 밴덴버그참모총장, 휴전회담 결렬되면 滿洲의 중공군기지 폭격 경고.

11월 23일(금) 비·맑음

◇ UN군 보병부대, 楊口 북서쪽에서 1,500야드 전진.

◇ 중공군 1개사단, 漣川 서쪽에서 공격 개시.

◇ 新安州 남쪽 상공에서 전개된 공중전에서 적 MIG기 2대를 격파.

◇ UN공군, 義州비행장에 착륙중인 적 MIG기에 대해 폭탄 투하.

◇　미 육군성, 한국전쟁 개시 이래 11월14일까지 공산군 피해는 1,467,407명이라고 발표.

◇　버클리부통령, 밴프리트·리지웨이장군과 회담.

◇　휴전회담 제35차합동분과위-양측 대표 군사경계선 결정에 관한 결정문 작성에 의견 일치.

11월 24일(토) 맑음

◇　UN, 楊口 북서쪽에서 대대병력의 적과 교전.

◇　UN군, 金城 남서쪽의 2개 전초진지를 상실했다 재탈환.

◇　정전선 획정에 유리한 지점 장악코자 漣川 서쪽에서 맹렬한 백병전.

◇　UN함대, 高城·杆城지역 포격.

◇　극동공군, 義州비행장 공격.

◇　버클리부통령, 李대통령과 회담.

◇　참모장교회의, 전 전선의 절반인 104~114km의 접촉선 劃定.

◇　許총리서리, 전쟁으로 인한 재산피해는 7조 6천5백여억원, 일반건물 전소는 51만4천9백여동이라고 발표.

◆　UN총회 정치위-비신스키 소련대표, 미·영·프 공동제안에 대해 12항목에 달하는 수정안을 제출.

◆　리지웨이장군, 미군 포로 8천명 학살했다고 UN에 보고.

11월 25일(일) 맑음

◇　UN군, 24시간에 걸친 교전끝에 漣川 서쪽의 고지 탈환.

◇　UN해군, 高城지구의 적 포진지 및 元山港 주변의 적 해안포대를 공격.

◇　UN공군, 南市 및 泰川의 적 해안포대를 포격.

◇　UN공군 제트전투기대, 북한 상공의 공중전에서 적 MIG기 4대 격파.

◇　참모장교회의, 전 접촉선의 75%에 대해 의견일치.

◇　金海에서 육군공병학교 창립 3주년 기념식 거행.

11월 26일(월) 맑음

◇ UN군, 漣川 서쪽 주요고지 계속 확보.

◇ 미 제트기 17대, 약 60대의 MIG기와 MIG통로에서 교전코 적기 2대에 손해.

◇ 참모장교회의, 전 전선의 양군 접촉선 최종적인 협정에 도달.

◇ 러스크 미 국무차관보 來韓, 李대통령과 요담.

◇ 李대통령, 30일간의 정전에 공산군 병력 증강 위험 경고.

◆ UN 총회 政治委-인도대표, 한국전 종결을 위한 심의기관 설치를 제안.

◆ 헝가리 망명기관지, 헝가리 의용병 4,500여명 한국전선에서 공산군에 참가하고 있다고 보도.

11월 27일(화) 흐림·맑음

◇ 국군 보병부대, 金城 남동쪽에서 중공군과 교전하고 北韓江 상류의 고지 재탈환.

◇ 제5공군소속 제트기 19대, 적 MIG15기 18대와의 공중전에서 적기 4대 격추·1대에 손해.

◇ 휴전회담 제28차 본회의-군사경계선을 최종적으로 승인하고 의제 제3항의 토의 개시.

◇ UN군대표 죠이중장, 본회의에서 UN군측 제안을 세부화한 7원칙 제시.

◇ 국무회의, 개헌안 통과.

11월 28일(수) 맑음

◇ 전 전선 극히 평온.

◇ UN군, 楊口 북서쪽에서 내습한 적을 격퇴.

◇ 제5공군소속 제트기대, 적 MIG15기 3대 격추 3대에 손해.

◇ AP·UP, 미 8군은 서부전선 전 부대에게 방위이외의 공산군 공격정지명령 내렸다고 보도.

◇ 미 국방성, 한국전선 미군 사상자 총수 100,883명이라고 발표.

◇ 양측 참모장교, 잠정적 비무장지대의 획정을 개시.

◇　UN군대변인 니콜스준장, 전면적 휴전협정이 조인될 때까지 적대행위 계속
　된다고 강조.

◇　許政국무총리서리, 개헌안 수일내 국회제출 표명.

◆　韓日회담 9차 본회의.

◆　백악관, 한국전선 공격정지명령 부인.

11월 29일(목) 맑음

◇　UN군, 楊口 북서쪽의 진지 재탈환.

◇　서부 UN군, 포병부대에 포격명령.

◇　미 제트기 22대, 175대의 적 MIG기와 교전 1대 격추.

◇　밴프리트사령관, 한국전선 공격중지명령을 정식 부인.

◇　UN군방송, 3군 작전속행 방송.

◇　국무회의, 유엔에 3개항 질문.

◇　트루먼대통령, 한국휴전협정이 조인될 때까지 공산군에 대한 공세를 완화시
　키지 않을 것이라고 회견.

11월 30일(금) 맑음·흐림

◇　전 전선에 걸쳐 경미한 접적.

◇　金城 남서쪽의 UN군 진지에 대한 적의 탐색공격을 격퇴.

◇　UN군 F86 제트기 31대, 鴨緑江 남쪽에서 폭격기 30대와 공중전을 전개하고
　폭격기 9대와 MIG기 1대를 각각 격추.

◇　미 공군비행사, 29·30일에 한국전쟁이래 최대의 야간보급이 공산군에 의해
　감행됐다고 언명.

◇　휴전회담 대표 호지스소장 전보.

◇　정부, 헌법개정제의 공고.

◇　국방장관, 12월1일 공비출몰지구에 비상계엄령 선포를 발표.

12월 1일(토) 맑음

◇ 전선, 비교적 평온.

◇ UN군, 金城 남쪽에서 적의 반격시도를 좌절시킴.

◇ UN군전차, 漣川 북서 고지상의 적 토치카를 공격.

◇ UN공군, 적 차량부대를 공격하고 약 300대 파괴.

◇ UN군 제트기대, 북한상공에서 전개된 공중전에서 적기 2대 격추, 3대 격파.

◇ 휴전회담 제32차 본회담—UN군측, 휴전기간중 증원부대를 투입하지 않을 것
  등 4개항 제시.

◇ 국회, UN목적에 반대되는 휴전을 반대한다는 결의문 채택.

◇ 平壤방송, 북한군은 소련의 원조를 얻어 대대적으로 강화되고 있다고 보도.

◆ 미 국무성대변인, 한국 후방에 약 1만 8천명의 게릴라가 준동하고 있다고 언
  명.

12월 2일(일) 맑음

◇ 미 해병대 및 영국 기습부대, 야간에 동해안 端川부근에 상륙, 적 통신·수
  송시설 파괴.

◇ UN군, 平康 남서쪽에서 적의 공격으로 철수했다 재탈환.

◇ 미 전함 위스콘신호, 한국해역작전에 참가.

◇ UN공군 제트기 46대, 북한상공에서 적 MIG기 150대와 교전하고 적기 5대
  격추.

◇ 영국 증원군 1개대대 釜山도착.

◇ 제5공군사령관 에베레스트소장, 중공 공군은 UN군의 한국 제공권에 위협을
  증대시키고 있다고 언명.

◇ 휴전회담 제33차 본회담—비행장 증강문제로 대립.

◆ 한국참전 21개국 대표 50명, 파리 방문.

12월 3일(월) 맑음

◇ 미 해병대 및 영국군, 城津 남쪽 지구에 상륙, 적 배후 공격.

◇ UN군, 동부전선에서 적의 탐색공격 격퇴.

◇ 국 공군, 智異山 공비소탕전 개시.

◇ UN공군 제트전투기대, 平壤 북쪽 등지에서 적 MIG기 2대 격추, 3대 격파.

◇ 11월중 적 사상자 수 44,729명.

◇ 제5공군, 적 공군피해는 지난 11월에 최대로 MIG기 격추 26대, 손해 49대라고 발표.

◇ 휴전회담 제34차본회담－공산군측, 휴전실시에 관한 타협안을 제시.

◇ 4국 군축특별위원회 실질적 토의 개시.

12월 4일(화) 맑음 · 비

◇ 지상전투, 대체로 평온.

◇ 동부전선 북서쪽 및 金城 남서쪽에서 적의 탐색대 격퇴.

◇ 제5공군 전투기 44대, 북한 상공에서 2차에 걸쳐 약 100대의 MIG기와 교전. 적기 1대에 손해.

◇ B29폭격기대, 義州비행장 맹폭.

◇ 적 MIG기 13대, 元山상공에 비래.

◇ 韓日예비회담 제10차 본회의, 내년 2월까지 토의를 계속할 것에 합의.

12월 5일(수) 맑음

◇ 동부전선에서 소규모 적 정찰공격을 격퇴.

◇ 漣川 서쪽에서 UN군전차대, 적 진지를 공격.

◇ UN군 야간폭격기대, 적 차량 220대 파괴.

◇ UN군전투기대, 新安州 상공에서 적 MIG기 5대 격추, 5대에 손해.

◇ 휴전회담－공산군측, 4일자의 UN군 질문에 대한 회답서를 UN군 연락장교에 수교.

◇ 李대통령, 智異山공비토벌 협조 요망 방송.

12월 6일(목) 맑음

◇ 지상전투, 소강상태.

◇ 楊口 북쪽 文登里지구에서 경미한 적의 탐색공격 격퇴.

◇ B26 야간폭격기대, 平壤조차장 폭격.

◇ 미 제5공군소속 F86 제트기 11대, 新安州상공에서 적 MIG기 약 40대와 공중전, 적기 1대 격추, 1대에 손해.

◇ 휴전합동분과위원회—UN군대표, 휴전감시에 대한 8개항 신제안 제시.

◆ 미 러스크국무차관보 사표 수리.

12월 7일(금) 맑음·비

◇ 적, 金城 남서쪽에서 소규모 공격 기도.

◇ 적, 金城·金化간 UN군 전초진지 공격.

◇ UN함대, 동북해안에 대한 포격 계속.

◇ B29공중요새기대, 淸川江교량 등을 폭격.

◇ 정부, 10월30일 현재 국군 희생자는 141,211명, 그 중 전사 26,310명, 부상 25,511명, 행방불명 88,390명이라고 발표.

◇ 휴전회담 합동분위—8개항에 대한 수정안 제출.

◇ UN·공산 양군 참모장교, 비무장지대 획정작업 완료.

◆ UN총회, 중공의 UN가입안을 39대7로 부결.

12월 8일(토) 맑음

◇ 지상전투 계속 소강상태.

◇ 平康 남쪽 및 金城 남서쪽에서 적의 야간공격을 격퇴.

◇ 미 극동공군 주간 전과— 적기 격추 13대, 파손 17대, 자동차파괴 1,819대, 아군피해 비행기상실 7대.

◇ 휴전회담 합동분위— 공산측, 유엔군측의 새 제안 전면 거부.

◇ 미, 국무차관보에 마기씨 임명.

12월 9일(일) 맑음

◇ UN군 보병부대, 7일에 상실했던 3개 전초진지 재탈환.

◇ 平康지구에서 적 2개중대의 공격을 격퇴.

◇ 高浪浦지구에서 소규모 교전.

◇ UN해군 구축함 6척, 북한 해안에서 적의 군사시설 및 보급선을 포격.

◇ B29 폭격기대, 軍隅里 및 定州의 철도시설 폭격.

◇ 미 하원 매크라스 등 3의원, 한국전선 시찰.

◇ 許政국무총리서리, 智異山 공비토벌전 시찰.

12월 10일(월) 맑음·흐림

◇ 서부전선에서 소규모 탐색전.

◇ 智異山지구에서 아군 기동수색대, 적 제7연대본부를 기습해 96명 생포.

◇ 휴전회담 합동분위－UN대표, 포로교환 토의위한 분과위 설치 제안.

◆ 미 투르먼대통령, 합참·국방·국무성 수뇌부와 한국휴전문제를 토의.

12월 11일(화) 맑음

◇ 鐵原 북쪽에서 7시간에 걸쳐 교전.

◇ 11일 현재 智異山지구 공비소탕전과－사살 1,263명, 포로 1,751명, 귀순 159명.

◇ 미 전함 벨리 포지호, 제77기동함대에 참가 동해안을 포격.

◇ F86 제트기대, 적 MIG기 2대 격추, 2대 격파.

◇ B29요새기대, 전선일대의 적 진지 공격.

◇ 미 공군, 한국전선의 적 상실 비행기수 약 300대, UN군측 손해는 극동공군 소속기 365대(11월말 현재), 함재기 및 해병대기 215대(10월1일현재)라고 발표.

◇ 휴전회담—공산군측, 포로교환 토의 위한 합동분위 설치 동의.

12월 12일(수) 맑음

◇ UN군, 漣川 서쪽에서 공산군진지를 공격.

◇ UN군 보병 및 전차부대, 야간에 板門店부근에서 적 50여명을 사살.

◇ UN공군폭격기대, 전선일대의 적진 및 보급로에 대한 폭격을 계속.

◇ 白야전전투부대, 智異山 일대에서 수색전 계속.

◇ 밴프리트사령관, 미 8군의 한국군 자립때까지 계속 잔류를 언명.

◇ 국민회 주최 휴전반대 궐기대회.

◇ 포로교환 합동분위－공산측서 5개항 제안을 제시.

12월 13일(목) 맑음

◇ UN군 탐색대, 서부전선에서 2차에 걸쳐 교전.

◇ 호주 항모 시드니호 함재기, 鎭南浦지구 공격.

◇ UN군 제트기 64대, 적 MIG기 약 100대와 북한 상공에서 2차에 걸친 공중전
에서 적기 13대 격추, 3대에 손해.

◇ UN공군폭격기대, 야간에 順川·軍隅里 등 적 전략지역을 폭격.

◇ 李국방장관, 智異山 공비토벌전 일단락했다고 발표.

◇ 휴전감시 합동분위서 공산측, 6개항의 새제안 제시.

12월 14일(금) 맑음·눈

◇ 미 제25보병사단, 平康 남서쪽의 적 진지에 대해 정찰공격.

◇ 高浪浦 북서쪽에서 유엔군 정찰대, 적과 5시간에 걸쳐 교전.

◇ UN군 제트기대, 적 MIG제트기 1대 격파, 3대에 손해, 아군 제트기 2대 상실.

◇ 智異山지구공비토벌작전 일단락, 8일~14일간 전과는 사살 825명, 생포 1,
031명, 귀순자 138명, 아군피해 전사 40명, 부상 16명.

◇ 휴전감시 합동분위－ 공산측, 6개항의 새 제안 제시.

◇ UN구호물자, 쌀, 大豆, 석탄, 목면, 의류 등 다량 입하.

12월 15일(토) 맑음

◇ 전 전선, 산발적인 탐색전.

◇ UN군 전차 및 보병부대, 서부전선에서 적 중대와 교전.

◇ 板門店 남쪽 고지에서 UN군 소공격.

◇ 제5공군소속 전투기대, 공중전에서 MIG기 1대 격추, 6대에 손해.

◆ 미 극동공군사령관 웨이란드중장, F86제트전투기 1개연대의 극동공군증배를 발표.

◆ 미 육군성, UN군은 한국전쟁에서 8억5천 1만장 이상의 전단 살포했다고 발표.

12월 16일(일) 맑음

◇ 동부전선 북쪽의 UN군 지구에 대한 경미한 탐색공격 격퇴.

◇ UN군, 板門店 남쪽의 적 진지를 습격코 교전후 철수.

◇ 제5공군, 평양 동쪽의 기관차수리공장을 폭격.

◇ 이탈리아 병원부대, 활동 개시.

◇ 덜레스씨 來韓 전선 시찰.

12월 17일(월) 맑음

◇ 전 전선에서 탐색활동 계속.

◇ 杆城 북쪽에서 소규모 접전.

◇ 平康 남쪽의 터어키부대 전초선에서 적 격퇴.

◇ 高浪浦 북서쪽에서 UN군 탐색대, 적 3개대대와 교전.

◇ UN해군 구축함 스웬손호, 淸津지구 보급로를 맹타.

◇ UN군 제트기대, 新安州 상공에서 전개된 공중전에서 적 MIG기 2대 파손.

◇ UN공군, 야간출격에서 적 보급차량 100여대를 파괴.

◇ 平壤방송─한국군 점령하에 있던 서해안의 淑島·陸島를 탈환했다고 보도.

◇ 포로교환분과위─공산군측, 억류포로 전부의 석방에 동의할 것을 요구.

◇ 院外新黨 발기인대회, 黨首에 李대통령 추대키로 결의.

12월 18일(화) 흐림·맑음

◇ 동부전선에서 경미한 접촉.

◇ 鐵原 북서쪽에서 대대병력의 적 격퇴.

◇ 리지웨이장군, 밴프리트장군, 죠이수석대표 등 汶山에서 중요회담.

◇ 포로교환합동분과위-공산군대표 포로명부의 제출에 동의, 오후에 교환.

◇ UN군측, 양군의 포로수 발표. UN군 억류 공산군포로(12월13일 현재) ; 북한군 111,754명, 중공군 20,720명. UN군포로(11월말 현재) ; 한국군 7,142명, 미군 3,198명, 기타 UN군 1,216명.

◆ UN 政治委, 軍縮문제 토의 계속.

◆ 韓日예비회담 國籍분과위, 일본측 在日교포의 법적 지위에 관한 일본정부의 견해 제출.

12월 19일(수) 흐림 · 맑음

◇ 金化 · 金城 도로상에서 정찰교전.

◇ 鐵原 북서쪽에서 대대병력의 적, 포화공격.

◇ 漣川 북서쪽에서 교전끝에 적 격퇴.

◇ UN군사령부, UN군 포로명단 발표.

◇ 미 제1 해병사단장에 죤 세루덴소장 신임.

◇ 영 육군성, 한국전쟁 중 영국군 포로 664명, 행방불명 460명 총 1,124명이라고 발표.

◇ 제11회 임시국회 개회식.

12월 20일(목) 맑음

◇ UN군, 北漢江 상류에서 적의 공격으로 철수.

◇ UN탐색대, 漣川 북서쪽에서 적과 조우.

◇ B29공중요새기대, 新安州비행장에 60톤의 폭탄 투하.

◇ 국 공군 제1전투비행단, 雪長山지구에 출격.

◇ 미 제8군부사령관에 해리슨소장 신임.

◇ 휴전감시 합동분위-정돈 상태 타개위해 諸원칙의 작성을 작전참모장교회의에 위임.

◇ 李대통령, 국회 개회치사에서 개헌안 통과를 요청.

◇ 李육참총장, 居昌사건 結審에 관한 담화 발표.

12월 21일(금) 맑음 · 비

◇ 제7사단공병단, 50일만에 단장의 능선상에 전차도로 완성.

◇ 平康 남쪽 및 金城 서쪽 UN군 전진진지에 대한 적의 경미한 공격 격퇴.

◇ UN군, 漣川 서쪽에서 적의 침투공격을 격퇴.

◇ 李대통령, 밴프리트사령관, 무초대사 공비소탕 작전지구 시찰.

◇ 휴전회담 참모장교회의－UN군측, 북한 연안 諸島 철수문제에 양보하고 3항
   목의 협정에 도달.

◇ 리지웨이총사령관, 공산군사령관에게 국제적십자대표의 북한 포로수용소 방
   문 허가를 요청.

12월 22일(토) 비

◇ 漣川지구에서 적의 공격을 격퇴.

◇ UN군탐색대, 高浪浦 북서전선 일대를 탐색.

◇ 서부전선 高浪浦 북쪽에서 11시간의 사격전끝에 UN군보병부대 약간 철수.

◇ UN군경폭기대, 적 비행장과 보급중심지를 계속 공격.

◇ UN총사령부, 3만7천명의 한국시민이 석방될 것이라고 발표.

◇ 포로교환 합동분위－유엔측 傷病포로 즉시 교환 요구.

◇ 國赤, 소련과 중공에 國赤대표 북한방문 협조 요청.

◆ 韓日예비회담 國籍분과위, 在日교포의 처우 및 영주권문제와 귀환동포 재산
   반입문제에 대해 의견접근.

12월 23일(일) 맑음

◇ 杆城 서쪽에서 적의 소규모부대를 격퇴.

◇ 金城 남서쪽에서 적의 탐색공격을 격퇴.

◇ UN군 전차 및 보병부대, 鐵原 남서쪽에서 교전.

◇ 북한 일대에 적 차량부대이동 격증. 야간폭격기대, 적 보급차량부대 125대를

격파.

◇ 미 극동공군 개전이래 12월20일까지의 전과 발표－적군 : 비행기(격파손) 1,051기, 병사 184,880명, 자동차 51,970대, 기관차 1,585량, 건물 165,830동, 전차 1,838대. 미공군 : 비행기 423대, 병사(전사, 부상 등)1,158명(UP).

◇ 휴전회담－공산측,傷病포로 교환 제의에 대한 회답 회피.

◇ 스텔만대주교 來韓.

12월 24일(월) 맑음

◇ 동부 및 서부전선에서 경미한 접촉.

◇ UN군함대, 興南항을 맹포격. 영국 순양함 및 캐나다 구축함, 鎭南浦 남쪽의 해안포대 및 군대집결소를 포격.

◇ B29공중요새기대, 泰川비행장 및 新安州의 적 교량을 폭격.

◇ 15일~24일간 후방잔비소탕전과－사살 686명, 생포 1,152명, 귀순 42명.

◇ 공산측, 國赤의 포로수용소방문 제의 거부.

◆ 리비아왕국 독립 선포.

12월 25일(화) 비

◇ 공산군 1개대대, 文登里 서쪽의 UN군 전초진지 공격.

◇ 高浪浦 북서쪽에서 적의 경미한 공격 격퇴.

◇ B29 공중요새기대, 淸川江 철교 및 黃州비행장 폭격.

◇ 포로감시 합동분위－UN군측, 5만명 이상의 행방불명 UN군 장병에 대한 해명 요구.

12월 26일(수) 눈·맑음

◇ 文登里 서쪽 전초진지 쟁탈전 계속.

◇ 중부전선에서 경미한 접촉.

◇ UN군탐색대, 板門店근방에서 3시간에 걸쳐 교전.

◇ UN해군 로켓트함, 城津市를 기습하고 로켓트포 24발을 발사.

◇ 강설로 UN공군 불과 7회 출격.

◆ 미 국방성, 한국전선 미군 사상자 총수는 103,418명이라고 발표.

◆ 워싱턴소식통, 미 정부는 리지웨이총사령관에게 한국휴전교섭의 기한연장에 동의할 권한을 부여했다고 언명.

12월 27일(목) 맑음·흐림

◇ 文登里 서쪽 고지에서 교전.

◇ 중부 및 서부전선은 접촉 경미.

◇ 한국 공군, 元山 출격.

◇ 제5공군소속 전투 폭격기대, 북한 주요철로 197개소 차단.

◇ UN공군, 야간에 전선으로 이동하는 약 2천대의 적 차량중 약 100대이상 파괴.

◇ 30일간의 잠정적 휴전기한 끝났으나 해결에는 미도달.

◇ 스텔만대주교, 밴프리트사령관 및 무쵸대사와 李대통령 예방.

12월 28일(금) 맑음

◇ UN군, 文登里 서쪽 지구에서 전초진지 재탈환.

◇ UN군, 高浪浦 북서쪽에서 분산된 적 4개 소대와 교전.

◇ 전차의 지원 받은 중공군, 高浪浦 서쪽의 UN군 진지에 내습.

◇ 미 전함 센트포트구축함·마샬호 등 杆城지방의 적 포진지를 맹타.

◇ UN공군 F86 제트기 24대, 新安州상공에서 적 MIG77대와 교전, 1대 격추.

◇ 智異山잔비소탕전 활발—적 손해 3,609명, 아군측 전사 50명, 부상 52명.

◇ 북한 도로상에서 UN군 항공대 적 차량 140대를 격파.

◆ 헝가리 정부, 억류 미군조종사 4명 석방.

12월 29일(토) 맑음·흐림

◇ 동부·중부전선 접촉 경미.

◇ 高浪浦 서쪽에서 전투 계속.

◇ 휴전감시합동분위―UN군측, 중립감시반의 공중감시에 관한 권리 포기 등
새 타협안을 제시.

◆ 미 원자력위원회, 원자력의 動力化에 성공했다고 발표.

12월 30일(일) 흐림·비

◇ 전방기온, 영하 20℃.

◇ UN군, 高浪浦 서쪽에서 9시간에 걸친 교전끝에 적 2개중대 격퇴.

◇ UN군 무스탕기대, 市邊里 남쪽에서 적 전차 3대중 1대 파괴, 2대에 손해.

◇ 平壤방송, 공산군은 海州灣의 大睡鴨·小睡鴨島를 탈환했다고 발표.

◇ 미 제45보병사단 한국에 파견.

◇ 휴전감시 합동분위―공산군대표 29일 UN군 제시 타협안·군사비행장의 재
건금지 거부.

◆ 유럽의 마샬계획안 완료, 120억달러의 미 원조로 25%의 생산증가.

12월 31일(월) 흐림·맑음

◇ 文登里 서쪽에서 UN군, 적의 정찰공격을 격퇴.

◇ 중부전선에서 적 1개소대와 교전.

◇ 高浪浦 서쪽에서 백병전.

◇ 제5공군 12월중 전과―출격회수 8,028회, MIG15 제트기 32대 격추, 철도차단
2,451개소, 파괴 448개소 전차파괴 9대, 기관차파괴 36량, 파손 33량, 아군기
상실 35대.

◆ 처칠수상, 訪美 출발.

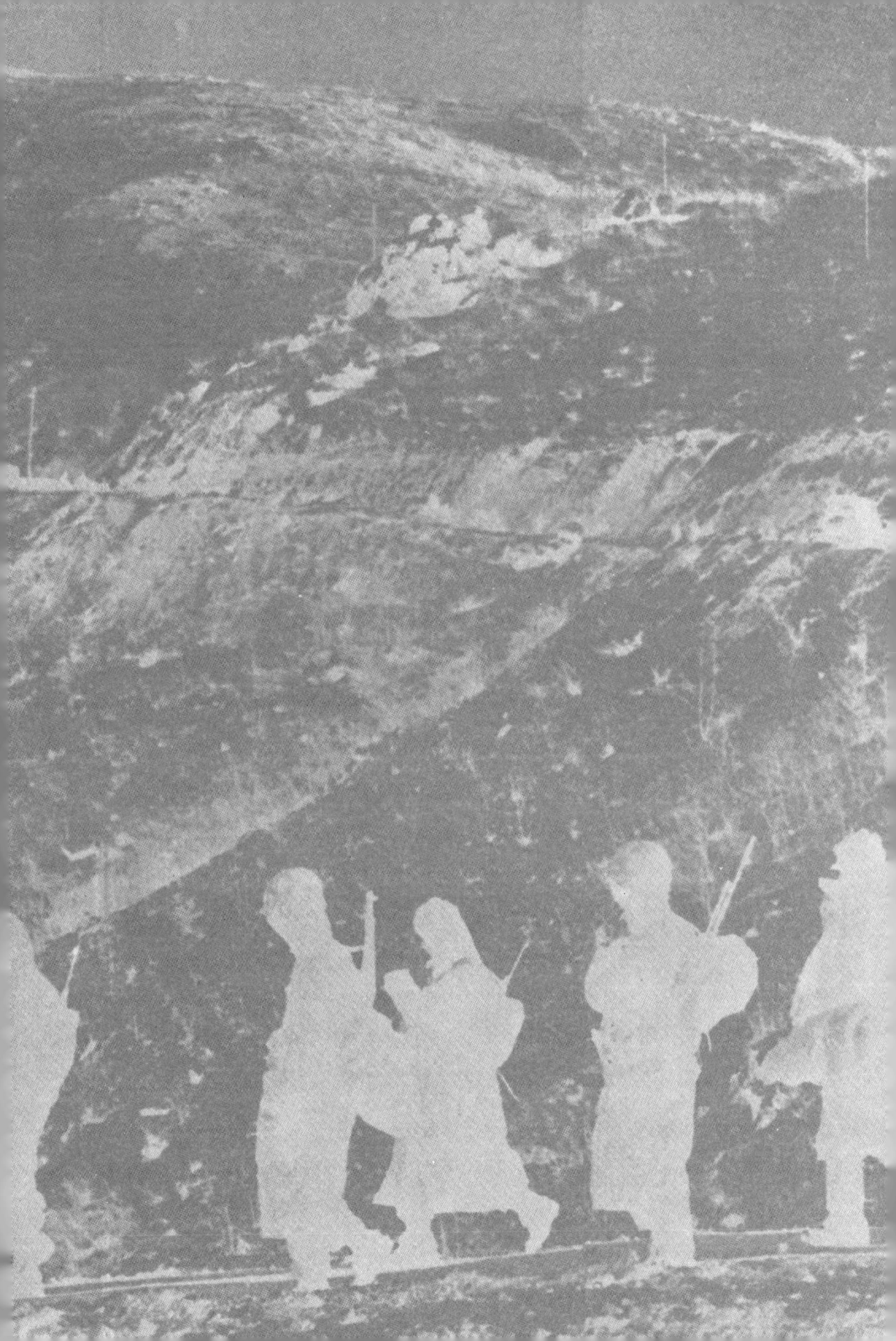

高地쟁탈白兵戰, 休戰회담 계속
1952.1.1 ⇨ 1952.12.31

目 次

1952년

1월 1일(화) 맑음

◇ UN군, 全 전선에서 新年 포격.

◇ 漣川 북서쪽에서 적의 정찰공격을 격퇴.

◇ UN해군 제77기동함대 함재기, 北青·高原·元山지역의 주요보급지 폭격.

◇ 호주 항모 시드니호 함재기, 海州·載寧지역을 공격.

◇ F86 세이버 제트기 31대, 적 MIG15 제트기 약 60대와 북한 상공에서 공중전. 적기 2대에 손해.

◇ 남서지구 공비소탕전 큰 성과.

◇ 포로교환분위―공산군측, 민간송환에 관한 UN군측 제안에 합의.

◆ 스탈린, 공동통신을 통해 일본 국민에게 메세지.

1월 2일(수) 맑음·흐림

◇ 전 전선, 소강상태.

◇ 적, 야간에 文登里 서쪽의 UN군 전초진지 공격.

◇ 미 국무성, 한국전선 미군 희생자 총수 103,739명이라고 발표.

◇ 포로교환분위―리비 UN군 대표, 포로교환에 관한 6항목의 제안 제시.

◇ 李대통령, 5월에 워싱턴을 방문하고 트루먼대통령에게 한국을 분단시키는 휴전에는 반대할 것이라고 언명.

◆ 밴덴버그 미 공군참모총장, 공군력 강화 역설.

1월 3일(목) 맑음

◇ 공산군, 전차 활동 활발.

◇ 文登里 서쪽에서 UN군, 공산군의 압력으로 전초진지에서 철수.

◇ UN군, 高浪浦 서쪽에서 격전 끝에 1개 고지 탈환.

◇ UN군 제트기대, 新安州·平壤 등지 철도시설을 폭파.

◇ F84 및 F80제트기 각 1대, 공산군 지상포화로 상실.

◇ 미 8군, UN군 지상부대 12월 전과,적 16,441명 사살했다고 발표.

◇ UN 정치위에서 비신스키 소련 대표, 국제적 긴장을 완화하기 위해 임시안보
   리의 개최요청.

◆ 미 국무성, 스탈린의 對日 국민 메세지 방송을 비난.

1월 4일(금) 맑음

◇ 杆城 서쪽에서 공산군의 탐색공격 격퇴.

◇ UN군, 격전끝에 文登里 서쪽 고지 재탈환.

◇ UN군 전함, 元山에 함포사격 계속.

◇ UN군 중형폭격기대, 新義州비행장 폭격.

◇ 남서지구 공비소탕전, 제2단계 돌입.

◇ 平壤방송, 甕津반도 남쪽의 龍湖·巡威에 상륙했다고 발표.

◇ 李대통령, 국군 전 장병에게 신년 특제담배 하사.

1월 5일(토) 맑음·흐림

◇ 동부전선, 文登里에서 탐색전.

◇ 高浪浦 서쪽에서 전초진지 쟁탈전 계속.

◇ UN군 전투폭격기대, 북한의 철도 및 보급지를 맹공.

◇ 세이버제트기 21대, 新安州 북쪽에서 약 40대의 MIG15기와 조우.

◇ 휴전회담, 별무 진전.

◇ 북한, UN 가입 다시 신청.

◆ UN군사령부와 UN한국재건국의 간부들, 휴전후의 한국재건문제로 東京에서
   회담.

1월 6일(일) 눈·맑음

◇ UN군, 漣川 북쪽의 적 고지 점령후 철수.

◇ 高浪浦 서쪽에서 종일 치열한 전투 계속.

◇ UN공군 F86 제트기 75대, 적 MIG기 약 190대와의 공중전에서 적기 5대 격추, 10대 격파.

◇ 尚武台 개소 및 命名式.

1월 7일(월) 맑음 · 흐림

◇ 文登里 계곡에서 UN군 탐색대, 중대병력의 적과 교전.

◇ UN군 보병부대, 高浪浦 서쪽 1개 중요고지를 탈환코자 11일째 맹렬한 전투 계속.

◇ 미 중순양함 로체스타호, 杆城근방 적 진지 계속 포격.

◇ 세이버제트기 20대, 50대 이상의 적 MIG15기와 교전. 적기 2대 격추, 2대에 손해.

◇ B29폭격기대, 淸川江 철교 폭격.

◇ 한국 공군, 平壤~沙里院간의 보급로 폭격.

◇ 智異山지구 공비 소탕 계속.

◇ 휴전회담 포로교환분위, 별무 성과.

◆ 北京방송, 휴전회담 미국측 태도 비난.

1월 8일(화) 맑음

◇ 高浪浦 서쪽서 적 1천명 사살.

◇ B29폭격기대, 軍隅里조차장을 맹폭.

◆ UN정치위, 서구 11개국 제안의 집단안전보장기구 강화 결의안 가결.

◆ 죠이제독, 東京에서 리지웨이사령관과 휴전회담 전략 협의.

◆ 미 · 영 수뇌회담 종료.

1월 9일(수) 맑음 · 흐림

◇ 지상전투, 대체로 평온.

◇ 공산군 1개소대, 文登里 서쪽 UN군 진지 기습.

◇ UN군 기갑부대, 漣川 서쪽에서 적 진지를 기습.

◇ 文登里계곡 남서 고지, UN군이 재탈환.

◇ B29 공중요새기대, 肅川근방 적 철도요충을 폭격.

◇ 미 국무성, 한국전선 미군 희생자 총수 104,084명이라고 발표.

◇ UN공군, 智異山지구 공비소탕전 지원.

◆ UN정치위, 그로스 미대표의 한국통일문제심의 연기안을 47대 6으로 가결.

◆ 트루먼대통령, 연두교서 발표.

◆ 미·영 양국정부, 수뇌회담의 성과에 관한 정식 커뮤니케 발표.

1월 10일(목) 흐림·비

◇ UN군, 漣川 북서쪽 적 고지 공격.

◇ 네덜란드순양함, 미 해군과 협조하여 城津지구에 집중 포격.

◇ 미 구축함 2척, 元山 공산군 해안포대와 맹렬한 포격전.

◇ B29폭격기대, 成川 서쪽 철교 폭격.

◇ 1월 1일~7일간 공산군 인적 손실은 사살 3,343명, 부상 2,500명, 포로 36명.

◇ 휴전회담, 교착상태 계속.

◆ 國府 소식통, 1,400대의 MIG기 滿洲집결 보도.

1월 11일(금) 맑음

◇ UN군 탐색대, 平壤지구에서 백병전.

◇ UN군, 漣川 북서쪽에서 적 진지에 침투.

◇ UN함대, 元山·咸興·城津지구의 적 군사시설에 계속 함포사격.

◇ 板門店 북쪽 상공에서 공중전 전개.

◇ F86제트기, 적 MIG15기 4대 격추, 1대에 손해.

◇ B29공중요새기대, 新安州조차장 폭격.

◇ 남서지구 공비토벌작전에서 10·11일 사살 169명, 생포 124명.

◆ UN총회 본회의, 미·영·프의 12개국 군축위원회설치안을 가결.

1월 12일(토) 맑음

◇ 전 전선에서 탐색전에 국한.

◇ UN군, 鐵原 서쪽 적 진지를 공격.

◇ 1월 4일~11일간 아군 제트기 손실 16대

◇ 체신부장관에 李淳鎔씨, 사회부장관에 崔昌順씨 임명.

◆ 비신스키 소련대표, 국제군축에 관한 新결의안을 정치위에 제출.

◆ 비신스키대표, UN총회에서 전 외국군의 한국철수 주장.

1월 13일(일) 맑음·흐림

◇ 北漢江상류 동부지구에서 적 탐색부대를 격퇴.

◇ 平康 남쪽에서 경미한 교전.

◇ 板門店부근의 UN군 전초진지 상실.

◇ 미 전함 위스콘신호, 杆城지구 적 포진지를 포격.

◇ 제5공군, 전선후방의 적 보급품집적소 및 포진지를 맹폭.

◇ 智異山지구에서 공비 325명 사살.

◇ 밴프리트 사령관, 영연방군에 冬季보급품을 지급할 것을 허락.

◇ 밴프리트사령관, 공산군은 그 군사력을 증강하고 있으며, 특히 공군의 강화가 현저하다고 언명.

◇ 휴전회담, 교착상태.

1월 14일(월) 맑음

◇ 국군 제 1사단 보병부대, 12월 28일 상실한 高浪浦 서쪽 사시리를 탈환코자 4시간에 걸쳐 격전.

◇ 영국 순양함 세이튼호, 黃海연안 적포대를 포격. 캐나다 구축함 아다바스칸호, 城津근방 철도교환지점에 직격탄.

◇ UN공군, 폭설로 575회 출격.

◇ B26경폭기대, 야간에 북한 보급로를 공격.

◇ 휴전회담－공산군대표, UN공군기가 13일 滿洲상공에 침입했다고 항의.

◇ 李대통령,「政黨에 관한 설명」담화발표, 自由黨지지.

◇ UN한국협회, 정기총회 개최.

◆ 브래들리 합참의장, 상원군사위원회에서 한국에서는 최후적인 휴전이 성립될 것으로 기대하고 있다고 언명.

1월 15일(화) 맑음

◇ 지상전투, 소강상태.

◇ 杆城 북서쪽에서 적의 탐색활동 격퇴.

◇ 高浪浦 서쪽에서 19일째의 전투 계속.

◇ 北漢江상류에서 UN군 전초부대에 대한 적의 공격을 격퇴.

◇ UN함대, 元山·興南·城津 등 적 해군목표를 포격.

◇ UN공군, 공산군 철도 및 보급차량부대를 공격.

◇ 세이버 제트기 36대, 적 MIG15기 40대와의 공중전에서 적기 2대 격파.

◇ 선더 제트기대, 平壤 수류탄공장을 폭파.

◇ 제5공군사령부대변인, UN공군기의 江東46포로수용소 폭격 사실을 부정.

◇ 남서지구 전역에서 공비 270명 사살.

◇ 휴전회담 포로교환분위－공산군대표, UN공군기가 14일 北韓江 공산군 제8 포로수용소에 폭탄 투하, UN군 포로 10명이 사망했다고 통고.

◇ 제12회 정기국회 속개.

◇ 院内 自由黨, 정부 제출 개헌안 반대 결의.

◆ 리지웨이사령관, UN군의 폭격사건 조사 언명.

1월 16일(수) 맑음

◇ 국군, 漣川 북서쪽에서 전차, 포병대 지원하에 중공군과 교전 후 귀환.

◇ 미·캐나다 해군, 城津지구에 대한 포격 계속.

◇ F86제트기대, MIG15기 2대에 손해.

◇ 한국전선 미군 희생자수 104,383명이라고 발표.

◇ 총사령부, UN군기의 江東46포로수용소의 정확한 위치불명으로 폭격의 진위

를 확인할 수 없다고 발표.

◇ 한국주둔 필리핀전투장교단, 계속 한국주둔의 결의 표명.

◇ 공산군측, 國赤대표의 入北 거부.

◇ 韓・日회담 國籍분위 재개.

1월 17일(목) 맑음

◇ UN군 제트기대, 소련제 전차 34대 파괴.

◇ UN군 폭격기대, 야간에 북한 주요 보급로상에서 적 차량부대 공격.

◇ 리지웨이사령관, 전선방문하고 죠이중장등 UN군 휴전대표들과 회담.

◇ 포로교환분위－리비UN군대표, 공산군이 포로수용소에 표시하지 않았던 것
  은 제네바의정서의 위반이라고 비난.

◇ 국회, 정부 제출 개헌안 토의 시작.

◇ 5국대표로 조직된 UN한국부흥위 자문위원회, 2억 5천만달러의 한국부흥계
  획을 승인.

◇ UN정치위, 3개월안에 전 외국군의 한국 철수를 요구한 소련의 결의안을 42대
  7로 부결.

1월 18일(금) 맑음

◇ 지상전투, 탐색공격만 계속.

◇ 高城 남쪽 UN군 진지에 대한 적의 소규모 공격 격퇴.

◇ 文登里계곡에서 경미한 교전.

◇ 선더 제트기대, 新安州지구에서 적 기관차 3대・화차 9대 파괴, 기관차 1대・
  화차 12대에 손해.

◇ 국회, 개헌안 143대 19로 부결.

◇ 정부, 인접 해양의 주권에 대한 대통령선언을 발표.

◆ 訪美중인 처칠수상, 트루먼대통령과 회담.

◆ 미 앨리슨국무차관보대리, 워싱턴주재 각국 외교관에게 미국은 對日관계를
  조정한다고 통고.

1월 19일(토) 맑음

◇ 文登里 서쪽 계곡에서 UN군, 적 진지를 기습.

◇ 高浪浦 북서쪽에서 UN군, 공산군 진지를 공격.

◇ 金斗萬공군소령, 100회 출격기록 수립.

◇ B29 폭격기 6대, 大同江철교 폭격.

◇ UN군 제트기대, 적 MIG기 1대 격추, 1대에 손해.

◇ 제5공군, 12일~18일간 UN군기 상실수 10대.

◇ 필리핀사절단 일행, 필리핀군 진지방문.

◇ 智異山지구 공비소탕전, 18·19일에 공비 589명 사살, 237명 생포.

◇ 휴전회담 휴전감시분위―공산군측, 18일 平壤~開城간에서 표식한 공산군 대표수송대를 UN군기가 공격했다고 비난.

◇ 리지웨이총사령관, 汶山에서의 UN군 휴전회담대표단과의 비밀회의 마치고 東京귀환.

◆ UN총회, 소련 제안의 「새로운 세계대전방지조치」에 관한 4항목 거부.

1월 20일(일) 맑음

◇ 지상전투, 대체로 평온.

◇ 平康 남쪽에서 2개 분대의 적 정찰대를 격퇴.

◇ UN군 해군, 元山·興南·城津 지구 포격.

◇ 세이버 제트기 80대, 新安州 상공에서 적 MIG제트기 60대와 교전, 적기 2대를 격추.

◇ 智異山지구 7개소에서 공비 183명을 소탕.

◇ 육군사관학교 개교식.

◆ UN본부, 아시아극동경제위원회 51년도 상반기 보고서를 공표.

1월 21일(월) 맑음·흐림

◇ 지상전투 평온.

◇ 平康 남쪽 및 鐵原 서쪽지구에서 적 탐색대를 격퇴.

◇ UN군, 漣川 북서쪽에서 적 고지를 공격.

◇ 북한 상공의 폭설로 극동공군 580회 출격.

◇ 세이버 제트기대, 북한 상공에서 적 MIG기 2대 격추.

◇ UN공군, 공산군 철도보급시설을 계속 공격.

◇ 신임 미 해병사단장 셸튼소장, 한국 해병대 제8100부대 방문.

◇ 밴프리트사령관, 智異山공비토벌 성공 치하.

◇ 포로분과위-공산군대표, UN군측은 공산군포로를 한국과 國府에 넘겨줄 계획을 하고 있다고 비난.

◆ UN특별위원회, 제네바에서 개최.

1월 22일(화) 맑음

◇ 지상전투, 평온 상태 계속.

◇ 金化 북서쪽에서 적의 정찰공격을 격퇴.

◇ 高浪浦 북서쪽에서 UN군 탐색대, 적 소대병력과 교전.

◇ UN 해군, 공산군 항만 및 보급기지 포격.

◇ 포로교환분위-포로수용소의 보호에 관해 23일 참모장교회의를 개최할 것에 동의.

◇ UN 포로특별위원회-미 대표, 포로문제의 사실규명을 위해 소련 영내의 조사를 요구.

◆ 台北 연합통신, 소련은 지난 12월말 중공 해군에게 함정 21척을 양도했다고 보도.

1월 23일(수) 맑음

◇ 동해안에서 적 정찰대 2개부대 격퇴.

◇ UN군 전차부대, 金城 남동쪽 적 토치카지대를 맹공.

◇ UN군 전차·보병부대, 鐵原 서쪽 고지상의 중공군과 6시간 교전.

◇ 세이버 제트기 19대, 적 MIG제트기 22대와의 공중전에서 적기 2대 격추.

◇ 한국전선 미군 희생자 총수 104,644명.

◇ 智異山공비토벌 계속, 146명 사살 혹은 생포.

◇ 참모장교회의-공산측, 포로수용소 소재지 제시 확약.

◇ 駐韓 미 제1기갑사단, 일본으로 철수.

◆ 아이크, 유럽통합안 제창.

1월 24일(목) 흐림·맑음

◇ 서부전선 UN군, 강력한 탐색작전 계속.

◇ 한국 해군, 미군으로부터 4척의 魚雷艇 인수.

◇ 마' 극동공군사령부, 이제는 중공군이 MIG기를 조종하는 것 같다고 발표.

◇ 참모장교회의-공산군대표, 북한 포로수용소의 위치 명시한 지도 수교.

◇ 국회, 신년도예산안 심의를 앞두고 행정 전 부문에 걸쳐 국정감사 실시를 결의.

◆ 중공 新華社, 미군기의 滿洲 침입을 보도.

1월 25일(금) 맑음

◇ 동부전선 북동쪽에서 적의 정찰공격을 격퇴.

◇ UN군, 漣川 서쪽에서 1개 고지 탈환하고 귀환.

◇ 高浪浦 북서쪽에서 UN군 정찰대, 6시간에 걸쳐 중공군과 교전.

◇ 세이버 제트기대, 공산군 MIG기와 4차에 걸친 공중전에서 적기 10대 격추.

◇ UN공군기, 漣川 북동쪽에서 중공군 2천명을 발견하고 공격.

◇ 제5공군 대변인, 공산군의 對空사격 및 지상포화는 강화되었으며, 제5공군 손해의 85%가 이로 인한 것이라고.

◇ 미 8군, 귀향한 피난농민은 약 102만4천명에 달한다고.

◇ 휴전감시분위-UN군대표, 휴전감시문제의 진전을 위해 3방책을 제안.

◇ 국회, 예산안예비심사 및 국정감사 실시를 위해 2월 13일까지 휴회.

◇ 釜山시, 자원 입대율 극히 저조.

◆ 일본 외무성대변인, 한국의 인접해양주권선언에 반박 성명 발표.

1월 26일(토) 맑음

◇ 杆城 남쪽 및 金化 북서쪽에서 적의 소규모 공격 격퇴.

◇ 板門店 북동쪽에서 UN군 탐색대, 2시간에 걸쳐 교전.

◇ 미 로켓포 함대, 鎭南浦 서쪽 공산군 포대를 포격.

◇ B29 공중요새기 7대, 義州비행상을 폭석.

◇ 포로교환분위－공산군측, 억류외국인명부(68명) 수교.

◆ 리지웨이사령관, 휴전회담 전망을 비관.

◆ UN에서 미·영·프 3국, 한국문제에 관련된 UN특별총회 개최에 관한 결의안 제출.

◆ NATO군에 관한 6개국 회의, 파리에서 개최.

◆ 이집트에 계엄령 선포.

1월 27일(일) 맑음·비

◇ 전 전선, 대체로 평온.

◇ 文登里계곡 서쪽에서 탐색전.

◇ UN군 부대, 金城 남동쪽 중공군 진지를 기습.

◇ UN 해군, 杆城근방의 적진 및 鎭南浦근방 포격.

◇ B29폭격기대, 新安州교량을 폭격.

◇ 휴전감시분위－공산군대표, 쌍방이 동의한 휴전조항의 細目確定을 참모장교회의에 위임할 것에 동의.

1월 28일(월) 비·맑음

◇ 杆城 북서쪽에서 적 탐색대를 격퇴.

◇ 文登里계곡 서쪽에서 공산군 공격을 격퇴.

◇ UN 해군, 鎭南浦주변 공산군 포진지를 포격.

◇ 22일～28일 적 사살 910명, 부상 115명, 포로 31명.

◇ 李대통령, 밴프리트사령관 및 李국방장관 등 대동코 국군 제1사단을 방문.

◇ 포로교환분위－UN군측, 휴전협정에 포함될 포로교환에 관한 14항목의 초안

제시.

◇ 李대통령, 3개월내 환도 언명.

1월 29일(화) 흐림·맑음

◇ 동부전선, 高城 남쪽에서 UN군 진지에 대한 공산군의 공격 격퇴.

◇ UN군 부대, 金城 남동쪽 공산군 진지 탐색.

◇ 金城~金化간 도로 및 文登里계곡 서쪽에서 탐색전 전개.

◇ UN군 제트기대, 북한 상공에서 적 MIG제트기 1대에 손해.

◇ 1월 10일~29일간에 UN구호물자 미곡 11만7,962석, 의약품 168상자 등 입하.

◆ 일본정부, 한국정부에 이승만라인 선포 항의.

1월 30일(수) 흐림·맑음

◇ UN군, 鐵原 북서쪽에서 중공군을 공격.

◇ 高浪浦 북서쪽에서 공산군, UN군 진지를 공격.

◇ UN해군, 城津 및 海州지구에서 작전.

◇ 세이버 제트기대, 적 MIG기 1대 격추.

◇ 한국 공군, F51전투기 추가 인수.

◇ 李대통령, 鐵原·金化·華川·楊口 등 일선지구 시찰.

◇ 남서지구 일대의 적 현저히 감소.

◆ UN군 대변인, UN군기가 25일 이래 17회에 걸쳐 중립지구를 침범했다는 29일의 北京방송을 부정.

◆ UN안보리, 12개국 군사위원회를 신설하기 위해 현재까지의 일반 군축위원회를 정식으로 해소.

◆ 처칠 영국수상, 하원에서 트루먼·처칠회담에 관해 보고.

1월 31일(목) 흐림·맑음

◇ 지상전투 경미.

◇ 高城 남쪽에서 적의 탐색공격을 격퇴.

◇ 北韓江상류 아군, 전초진지에 대한 적의 공격을 격퇴.

◇ UN군 경폭격기대, 전선 후방의 적보급소를 공격.

◇ 제5공군, 공산군의 전파탐지기기장치 고사포사용 확인.

◇ 극동공군 1월전과 – 적 MIG기 81대 격추, 3대에 손해. 아군 손실은 52대.

◆ UN휴전회담 – UN군 죠이수석대표, 공산군대표에게 서한 송부.

2월 1일(금) 맑음

◇ 金城 남동쪽에서 아군 탐색대, 약 40명의 적과 교전.

◇ UN군 전차부대, 鐵原 서쪽에서 탐색행동.

◇ UN해군, 서해안에서 포격을 계속.

◇ UN군 제트기대, 淸川江 상공에서 적 MIG15기 1대 격파.

◇ B29공중요새기대, 야간에 成川 교량을 폭격.

◇ 휴전감시문제 참모장교회의 – UN군측 중립감시반의 구성국으로 스위스, 노르웨이, 스웨덴을 지명.

◆ 아이크, 6월에 NATO사령관 사임 발표.

2월 2일(토) 흐림

◇ 高城 남쪽에서 적 정찰공격을 격퇴.

◇ UN함재기, 興南지역의 3개 비행장건물을 파괴.

◇ F86제트기 18대, 新義州 상공에서 약 55대의 적 MIG기와 공중전을 전개. 적기 3대 격추.

◇ 남서지구에서 공비 49명을 소탕.

◇ 慶南北 9개 郡에 비상계엄 선포.

◆ UN총회 정치 및 경제사회합동위, 한국휴전체결 직후에 특별총회를 개최하자는 미·영·프 공동제안을 가결.

2월 3일(일) 맑음·흐림

◇ 미군 탐색대, 金城 동쪽에서 약 2개분대의 적과 격전.

◇ 미 구축함, 서해안 椒島지구에서 적 해안포의 직격탄에 피격.

◇ UN공군 무스탕전투기대, 海州지구 공산군부대 및 보급소를 폭격.

◇ F86 세이버 제트기대, 적 MIG15기 2대 격파.

◇ 全羅·慶尚지구에서 공비 80명 사살,14명 생포.

◇ 휴전회담－南日 공산군수석대표, 1월 13일부 죠이대표 서한에 회답하고 의제 제5항의 토의에 동의.

◇ 휴전감시문제 참모장교회의－공산군측, 38선 이남 5島의 UN군 관리를 승인.

◆ 태프트상원의원, 트루먼정부 비난.

2월 4일(월) 맑음

◇ 동부전선 북동쪽 UN군 진지에 대한 적 탐색공격을 격퇴.

◇ 鐵原 북서쪽에서 UN군 탐색대, 중공군 진지를 기습.

◇ UN군, 적의 공격으로 漣川 북서쪽 진지에서 철수.

◇ F86 세이버 제트기대, MIG통로에서 적 MIG기 2대를 격파.

◇ 휴전회담 포로교환분위－3일의 공산군측 제안을 토의하고 4항목에 의견일치.

◆ UN 新군축위원회, 제1차 회의 개최.

2월 5일(화) 맑음

◇ UN군, 새벽에 漣川 서쪽 전초진지를 탈환했다가 오후에 철수.

◇ B29폭격기대, 新安州 철교 폭격.

◇ 휴전감시문제 참모장교회의－비무장지대의 감시를 담당할 합동군사감시반을 10班으로 할 것을 동의.

◇ 국회의원 보궐선거(전국 8개국) 실시.

◇ 내무장관에 張錫潤씨, 보건부장관에 崔在裕씨.

◆ UN총회, 한국휴전성립직후 특별총회를 소집하자는 미·영·프 제안을 가결.

◆ 제6차 UN 총회 폐막.

2월 6일(수) 맑음·비

◇ 동부전선에서 적 위력정찰.

◇ 文登里 서쪽에서 UN군 정찰대, 적과 교전.

◇ UN군 혼성부대, 平康 남동쪽 적 진지 공격.

◇ UN군, 漣川 서쪽 진지 재탈환.

◇ UN해군 함재기대, 鎭南浦를 맹공.

◇ 한국전선 미군 희생자 총 100,527명.

◇ 휴전회담, 제36차 본회담 개최.

◇ 리지웨이 사령관, 汶山방문.

◇ 李대통령, 정부 제출 개헌안 부결을 비난.

◆ 韓日회담 國籍분과위, 의견 일치.

◆ 영국왕 조지6세 서거.

2월 7일(목) 흐림·맑음

◇ 高城 남쪽에서 적의 탐색공격 격퇴.

◇ 金城 남동쪽 UN군 진지에 대한 적의 공격을 격퇴.

◇ UN군 기습부대, 板門店 남쪽의 공산군지역내로 침투 공격.

◇ F86 제트기대, 북한 상공에서 적 MIG15기 2대에 손해.

◇ B29 폭격기대, 야간에 新安州철교 폭격.

◇ 극동공군사령관 웨이란드준장, UN군 폭격이 중단되면 공산군은 30일내에
  거대한 제트편대로 공격할 것이라고 언명.

◇ 1일~7일간 적 사살 981명, 부상 1,260명, 포로 31명.

◇ 휴전감시문제 참모장교회의—漢江하구 공동감시에 동의.

◇ 平壤방송, 미 공군기 2대가 板門店 중립지구 상공을 비행했다고 비난.

2월 8일(금) 맑음

◇ 동부전선 북서쪽 및 文登里계곡 서쪽에서 경미한 접촉.

◇ B26폭격기대, 야간에 宣川조차장 및 軍隅里보급지를 폭격.

◇ 남서지구 공비소탕 종합전과-17,478명을 사살·생포·귀순시킴.

◇ 李대통령, 「인접해양의 주권」선언에 관해 성명.

◆ 영국 왕에 엘리자베스 2세 즉위.

2월 9일(토) 흐림·맑음

◇ 金化 북서쪽 UN군 진지에 대한 적 탐색공격을 격퇴.

◇ UN군, 平康 남쪽 공산군 진지를 탐색공격하고 적 25명 사살.

◇ 미 해병소속기 콜세어기대, 高城 남서쪽 적 보급중심지 공격.

◇ 세이버 제트기대, 2차에 걸친 공중전에서 적 MIG기 3대 격파.

◇ B29 공중요새기대, 야간에 定州지구 철교 폭격.

◇ 李국방, 조지스소령이하 141명의 벨기에군에게 從軍記章 수여.

◆ 맥아더원수를 미국 공화당 대통령후보로 추대 움직임.

2월 10일(일) 맑음·흐림

◇ 지상전투 평온.

◇ UN군, 金化 북쪽 진지에서 철수.

◇ UN군, 高浪浦 북쪽에서 적과 교전.

◇ UN 해군, 동해안에서 포격 계속.

◇ UN해군 함재기대, 甕津반도 공격.

◇ UN 공군, 1,057회 출격.

◇ F86 세이버 제트기대, MIG15기 3대 격추·5대 격파.

◇ 휴전회담, 답보상태.

◇ 李공보처장, 漢江하구공동관리 등 UN군측 양보를 용인할 수 없다고 강경 발언.

2월 11일(월) 맑음·흐림

◇ 동부전선 북서쪽 및 平康 남쪽 UN군 진지에 대한 탐색공격 시도.

◇ 新安州상공 공중전에서 제트기대, 적 MIG15기 1대 격추, 4대에 손해.

◇ 휴전감시문제 참모장교회의-출입구 수에서 교착(UN측5, 공산측 3개소).

◆ 트루먼대통령, 국회에 특별교서 제출.

◆ NATO 군사위원회, 리스본에서 개최.

2월 12일(화) 비·흐림

◇ 새벽에 文登里계곡 UN군, 진지에 대한 적 탐색공격 격퇴하고 적 96명 사살.

◇ 北漢江 상류의 UN군 진지에 대한 적의 탐색공격 격퇴.

◇ UN 공군, 熙川 남서쪽 적 터널 2개소를 파괴.

◇ 智異山지구 3개처에서 공비 40명 사살, 1명 생포.

◇ 남서지구 공비소탕전 개시 이래 경찰전과-사살 2,752명, 생포 1,150명, 귀순 90명.

◇ 휴전감시문제 참모장교회의-공산군측, 교대 병사 수를 3만명으로, 감시 출입구를 4개소로 양보.

◇ 농림부에서 관계부처 차관회의 개최하고 쌀값 폭등에 대한 비상조치를 토의.

2월 13일(수)

◇ 동부전선 분지대 UN군 진지에 대한 적의 3차에 걸친 공격 격퇴.

◇ 汶登里 계곡 서쪽에서 적 1개중대의 공격을 격퇴.

◇ 鐵原 남서지구에서 적의 야간공격을 격퇴.

◇ UN공군 폭격기대, 공산군 철도시설에 대한 폭격 계속.

◇ 포로교환 참모장교회의-쌍방대표, 휴전협정 조인후 2개월이내로 포로교환을 완료하기에 합의.

◇ 許총리서리, 한국의 주장을 무시한 휴전 단호히 배격한다고 언명.

2월 14일(목) 비

◇ 약 1천명의 공산군, 文登里계곡에서 UN군 진지 돌파 실패.

◇ UN군, 漣川 북서쪽에서 적의 공격으로 철수했으나 재탈환.

◇ 세이버 제트기대, 적 MIG15제트기 1대 격추.

◇ 포로문제참모장교회의-공산군측, 新제안을 수교.

◇ 정기국회 재개.

◆ UN본부, 미국이 UN한국재건국에 1천만달러를 갹출했다고 발표.

◆ 미 육군참모부장 헐대장, 리지웨이사령관·죠이수석대표와 휴전협상문제 토의.

2월 15일(금) 비·흐림

◇ UN군 포병대, 文登里 북쪽 공산군 진지 맹공.

◇ 중대병력의 적, 北漢江상류 UN군 진지를 공격.

◇ 호주 구축함 바탄호, 豊川 적 해안포대를 포격.

◇ 한국공군 江陵부대, 平壤 남쪽 沙利院 일대에 출격.

◇ F86제트기 19대, 적 MIG 15 제트기 30대와의 공중전에서 적기 1대에 손해.

◇ 국회, 의원소환설에 관한 진상규명 동의 가결.

◆ 韓日 정식회담, 제2차 회의 개최.

2월 16일(토) 비·흐림

◇ UN군 7개부대, 서부전선에서 적 진지를 맹공.

◇ UN 해군, 元山항에 대한 함포사격 및 봉쇄작전을 약 1년간 계속, 매시간 평균 발사탄수는 22발이라고 발표.

◇ UN군 세이버 제트기대, 2차에 걸친 공중전에서 적기 3대 격추.

◇ 제5공군 주간전과-적기 3대 격추, 11대 격파, 아군손실 3대.

◇ 휴전감시문제 참모장교회의-공산군측, 중립감시국으로 소련, 폴란드, 체코를 지명.

◇ UN군측, 소련의 중립국 감시기구 참가를 거부.

◇ 국회, 의원소환설 진상조사위 구성 가결.

◇ 李대통령, 유권자들의 의원소환 요구는 부당하지 않다는 담화 발표.

◆ 韓日회담, 의제 5개항 채택.

2월 17일(일) 흐림

◇ UN 기습부대, 北漢江 상류 공산군 진지를 포격.

◇ 板門店 북동쪽 UN군 진지에 대한 적의 정찰공격 격퇴.

◇ F86제트기대, MIG통로에서 전개된 2차의 공중전에서 적 MIG 15기 4대 격추, 1대 격파.

◇ 남서지구에서 공비, 사살 80명, 생포 21명.

◇ 휴전회담 제42차 본회담－UN군측, 의제 5항에 관한 공산군측 수정안을 조건부 수락.

◆ NATO 12개국 위원회, 리스본에서 개최

2월 18일(월) 맑음·흐림

◊ UN군, 平康 남쪽 중공군 진지를 공격.

◇ UN군 부대, 金城 동쪽 지구에서 중공군과 격전.

◇ UN군 제트기대, 적 MIG 15기 2대에 손해.

◇ UN군 전투폭격기대, 적 철도시설을 계속 공격.

◇ 적, 防空태세강화, 新安州에서 조명등 사용.

◇ 巨濟島 포로수용소에서 폭동.

◇ 포로문제 참모장교회의－공산군측, 적십자 대표단의 활동에 관한 항목에서 양보.

◇ 국회의사당 앞에서 정부의 개헌안 부결 규탄 데모.

2월 19일(화) 맑음

◇ 文登里 서쪽과 북동쪽에서 적의 정찰공격을 격퇴.

◇ 北漢江 상류 UN군 전초부대, 적 중대병력의 압력으로 철수.

◇ 高浪浦 북서쪽에서 3차에 걸쳐 경미한 교전.

◇ 세이버 제트기대, 북한 상공에서 적 MIG 15기 3대 격추.

◇ UN군 전폭기대, 적 주요 철도시설을 공격.

◇ 휴전회담 제43차 본회의－의제 제5항에 합의.

◆ 韓日회담 한국측 수석대표, 東京도착.

2월 20일(수) 맑음

◇ 文登里계곡 서쪽 UN군 진지에 대한 적 2개 분대의 공격을 격퇴.

◇ 중공군, 야간에 北漢江 동쪽 UN군 진지에 대해 탐색공격.

◇ 鐵原 서쪽에서 UN군, 중공군과 교전.

◇ UN군, 板門店 북동쪽에서 교전.

◇ 적 1개 대대, 城津항 근방의 양도에 상륙기도.

◇ F86 세이버 제트기대, 2차에 걸친 공중전에서 적기 2대 격파.

◇ B29 폭격기대, 야간에 宣川 남쪽 철교를 폭격.

◇ 한국전선 미군 희생자 총수 105,841명.

◇ 국회, 의원소환 문제에 대해 12항목에 걸친 질문서를 대통령에게 제출.

◇ 韓日회담, 최초 회합 개최.

◆ 뉴욕타임즈, 한국군 대폭 증강 계획 보도.

2월 21일(목) 맑음

◇ UN군 탐색대, 杆城 북서쪽에서 적에게 포위됐다 증원부대의 도움으로 격퇴.

◇ 城津항 근방 양도 주둔 한국 해병대, 상륙을 기도한 적 1개대대 격퇴.

◇ 미 구축함 및 뉴질랜드순양함, 양도 상륙 기도한 적 수송선 20척 중 15척을 격침.

◇ F86 세이버 제트기대, 新安州 북동쪽 상공 공중전에서 적 제트기 2대 격추.

◇ 밴프리트사령관, 명예로운 한국휴전 환영한다는 담화 발표.

◇ 李대통령, 개헌문제에 民意 존중을 역설.

◆ 리지웨이사령관, 미군이 한국에서 싸우고 있는 목적을 설명.

2월 22일(금) 맑음·흐림

◇ 文登里계곡에서 교전.

◇ UN공군, 적 MIG15제트기 1대 격추.

◇ 제5공군 주간전과 – 적 MIG15기 10대 격추, 격파 9대. 아군 손실 10대.

◇ 포로교환 참모장교회의 – UN군측, 포로교환에 관한 新초안을 제시.

◆ 韓日 회담, 본회의 속개.

2월 23일(토) 맑음

◇ 지상전투 소강상태.

◇ 공산군, 동부전선 북서쪽 UN군 진지를 맹공.

◇ UN군, 金化 북동쪽에서 적 탐색대와 교전.

◇ 漣川 남서쪽에서 적의 탐색공격 격퇴.

◇ UN군 세이버 제트기 36대, 적 MIG15기 10대와의 공중전에서 적기 1대 격추.

◇ 남서지구 3개소에서 공비 13명 사살, 생포 1명.

◇ 밴프리트장군, 휘하 8군장병에게 한국의 올림픽 참가원조기금 갹출 호소.

◇ 휴전감시문제 참모장교회의 – 공산군측, 휴전기간중 1개월 3만5천명의 병력 교대를 승인하자는 UN군측 주장에 동의.

◆ 홍콩화교일보, 제4야군 제15집단군은 한국전선에서 인도네시아부근에 이주하고, 제2 및 제3야전군이 보충됐다고 보도.

◆ 소련기관지 이스베스티야, 미·영이 새전쟁을 음모중이라고 비난.

2월 24일(일) 흐림·맑음

◇ 공산군, 북동전선 북서쪽의 UN군 진지를 계속 포격.

◇ 漣川지구에서 UN군 탐색대, 공산군 1개 소대와 교전.

◇ 板門店 남쪽에서 적의 탐색공격 격퇴.

◇ UN군 전투폭격기대, 북한 철도시설을 계속 공격.

◇ 호주 미티어 제트기대, 북한 靑丹邑을 공격.

◆ 北京방송, 미국이 한국에서 세균전을 감행했다고 비난.

2월 25일(월) 비·눈

◇ UN군 1개소대, 文登里계곡 서쪽에서 중공군 2개분대와 교전.

◇ 漣川 북서쪽에서 탐색대, 경미한 충돌.

◇ 미 무스탕전투기대, 金城 및 杆城지구 적 및 적의 보급소 공격.

◇ 휴전회담—미국기가 板門店상공을 비행했다고 비난.

◆ 冬季올림픽 폐막.

2월 26일(화) 흐림·맑음

◇ 지상전투, 탐색전만 전개.

◇ UN군 포병대, 文登里계곡에서 적 탐색대에게 포화.

◇ 중부전선에서 UN군, 적과 경미한 교전.

◇ UN공군, 악천후로 14회 출격.

◇ 휴전감시문제 참모회의—공산군측, 소련을 감시국에서 제외하려는 UN군제
  안 거부.

◇ 李대통령, 의원소환에 관한 국회질의서에 회답.

◆ 처칠수상, 영국의 原爆소유를 공식확인.

2월 27일(수) 맑음·흐림

◇ UN군 탐색대, 金化·金城간 도로에 인접한 고지를 탐색, 중공군과 교전.

◇ UN군탐색대, 鐵原 서쪽에서 중공군과 총격전.

◇ 서부전선에서 공산군 대포, UN군 진지에 선전삐라 포탄 발사.

◇ UN공군, 적 보급선에 대한 맹공격을 재개.

◇ UN군 세이버 제트기대, 新安州 상공에서 적 MIG15제트기 1대 격추, 1대에
  손해.

◇ 한국전선 미군 희생 총수 105,992명.

◇ 국회, 의원소환문제로 찬반 격론.

◇ 李대통령, 3·1절 특별사면 및 감형, 특전자 10,651명.

2월 28일(목) 맑음·비

◇ 지상전투 평온.

◇ 공산군, 계속 선전 삐라탄을 발사.

◇ 鐵原 북쪽에서 공산군 1개 분대를 격퇴.

◇ 漣川 북서쪽에서 적 탐색대를 격퇴.

◇ UN공군, 공산군 보급철도선에 맹공.

◇ 남서지구 8개처, 영남지구 2개처에서 공비 28명을 사살, 11명 생포.

◆ 美日행정협정 조인.

2월 29일(금) 맑음·비

◇ UN군 전차부대, 金城 동쪽 및 남쪽 공산군 진지로 진출, 3시간에 걸쳐 교전.

◇ UN군 탐색대, 鐵原 서쪽에서 행동.

◇ 중대병력의 공산군, 鐵原 서쪽 UN군 진지를 공격.

◇ UN공군, 平康 북쪽에서 적 전차 4대를 격파하고 3대에 손해.

◇ 미 국방성, 개전 이래 29日까지의 공산군 사상자 총수 1,597,841명, 포로 수는 132,288명이라고 발표.

◇ 휴전회담―UN군대표, 강경한 태도로 소련의 중립국 참가를 거부.

◇ 국회, 특별조사위원회 제출의 「국회의원 소환운동에 관한 대통령 성명에 대한 결의문」안 가결.

◆ 프랑스 내각 총사퇴.

3월 1일(토) 맑음

◇ UN군, 동부전선 文登里계곡 서쪽에서 약 30명의 공산군과 접전.

◇ UN군, 중부전선 鐵原 서쪽에서 중대병력의 중공군을 격퇴.

◇ 아군, 平康 남쪽에서 탐색전.

◇ UN군 폭격기대, 음폐된 적 전차 3대 격파, 6대 파손.

◇ 북한상공에서 약 30대의 MIG기와 27대의 F86기 교전, MIG기 1대 파손.

◇ UN공군 475회 출격, MIG기 15개 격파.

◇ 아군 제1해병 항공대소속 전투기대, 元山 남쪽 縣里부근에서 4대의 적 전차 격파.

◇ 한국 공군, 1천회 출격 기록.

◇ 제5공군, 2월중 전과-소련제 MIG기 격파손 51대. UN군측 손실 27대.

◇ 남서지구 산악지대에서 공비 16명 사살, 3명 포로.

◇ 밴프리트사령관, UN군은 한국독립을 달성코자 전쟁계속 의지 언명.

◇ 기미독립운동 33주년기념식.

3월 2일(일) 맑음·흐림

◇ 휴전회담 긴급 봉착에 따라 전 전선 동요.

◇ UN군, 동부전선에서 증강된 중공군과 교전.

◇ UN군 전차부대, 鐵原 북서쪽 고지를 공격.

◇ 미 제8군 사령부, UN군 탐색대는 漣川 북서쪽의 적 고지를 탈환, 그로머항
공모함에서 출격한 UN군 함재기대, 平壤 남서쪽의 해안포대 공격.

◇ UN 공군 600회 이상 출격, 북한내 보급로 62개소를 격파.

◇ 야간비행 B26경폭격기대, 平壤·元山간의 공산군 교통요충 陽德을 폭격.

◇ 후방공비소탕전, 경찰대-공비 사살 26명, 생포 5명, 귀순 8명.

◇ 해군사관학교 5기 졸업식.

3월 3일(월) 맑음·흐림

◇ 동부전선 공산군, 선전삐라포탄 발사. 지금까지 적 251개의 선전삐라탄 사용.

◇ 鐵原근방의 아군 전차대, 공산군을 맹렬히 공격.

◇ 서부전선, UN군 전차대·포병대 및 보병부대, 적에게 공격.

◇ UN공군 세이버 제트기대, 적 MIG15기 90대와 공중전, MIG기 5대 파손.
平壤 남쪽에서 4배수의 적기와 접전.

◇ 아군 해병전투기, 적 약 100명 살상.

◇ 아군 해병기대, 저공비행으로 공산군 진지를 습격, 113명 사살하고 元山 남
쪽에서 건물 29동 파괴.

◇ 李대통령, 전쟁목표「통일」에 있다고 언명.

◇ 흑사병 만연으로 북한 전역에 비상사태.

3월 4일(화) 맑음·비

◇ 지상부대, 경미한 접촉만 계속.

◇ UN군 탐색대, 3일밤 鐵原 서쪽에서 공산군의 복병 공격을 받은 다른 UN군 탐색대 구출.

◇ UN군 전폭기대, 漣川지구에서 약 25명 사살.

◇ 콜세어기, 金化 북쪽에서 적 20명 사살.

◇ 28대의 세이버 제트기대, 鴨綠江근방 상공에서 50대의 MIG편대와 공중전, 적기 1대 격파.

◇ UN 공군, 1천회 이상 출격. 북한내 보급선에 타격.

◆ 중공, 미군의 세균전으로 북한에 전염병 퍼졌다고 비난.

◆ 애치슨국무장관, 공산측의 세균전 비난을 일축.

◆ 미 하원, 학교군사훈련계획을 가결.

3월 5일(수) 맑음·흐림

◇ UN군 탐색대, 文登里계곡에서 적 격퇴.

◇ UN군 탐색대, 중동부전선 金城 남동쪽에서 적과 접전.

◇ 서부 및 중부전선에서 접전.

◇ 미 제5공군 550회 출격.

◇ 해병대 무스탕기, 전선배후에서 적 25명 살상.

◇ 미 세이버 제트기 26대, 약 70대의 적 MIG기와 韓·滿국경에서 공중전. 적 MIG 15기 5대 격추.

◇ 남서지구에서 283명의 공비 사살.

◇ 포로교환분위-UN군측 대표, UN군 포로 174명의 명부 제출.

◇ 법무장관에 徐相懽씨 임명.

3월 6일(목) 맑음·비

◇ UN군 탐색대, 동부전선에서 적 사살 49명, 부상 40명.

◇ 공산군, 春季공격개시의 징조로 보이는 맹포격.

◇ UN군, 文登里계곡의 고지 재탈환.

◇ 金城 남동쪽에서 小火器로 교전.

◇ 서부상공에서 6대의 세이버 제트기대, 22대의 MIG기와 공중전. MIG기 1대
격추, 1대 파손.

◇ UN군 전폭기대, 공산군 화차 50량 격파, 철도 9개소 절단.

◇ 한국전쟁 발발 이래 미군 사상자수 106,298명.

◇ 李대통령, 改憲은 국민의 장래를 위한 것이라고 담화.

3월 7일(금) 비

◇ 전 전선에서 경미한 탐색전.

◇ UN군 항공대, 일기불순으로 활동 불량.

◇ UN공군, 200회 출격.

◇ 智異山공비토벌작전 본격화, 8개소에서 57명 사살, 24명 생포.

◇ 휴전회담 별무 진전.

◇ UN군측 수석대표 죠이중장, 汶山 UN군교섭본부로 귀환.

◆ 北京방송, 미군이 세균전 전개했다고 계속 비난.

◇ UN군사령부, 北京방송을 공박.

3월 8일(토) 비·흐림

◇ B26경폭기 및 해병대 항공기대, 북한지구 공산군 주요 운수시설을 폭격.

◇ 극동공군 1주일간 전과—출격회수 9,700회, MIG15기 8대 격파, 8대 파손,
지상병력 285명 살상, 적 전차 7대 격파, 3대 파손.

◇ 밴프리트장군, 90만 공산군 집결 경고.

◇ 光州 남쪽 산악에서 공비 23명 사살.

◇ 휴전회담—공산군측, UN군이 선전 삐라탄을 板門店주변의 중립지대에 뿌렸
다고 비난.

◆ 北京방송, 미국이 세균전을 滿洲에까지 확대해 한국 휴전회담을 지연시키고
있다고 비난.

3월 9일(일) 흐림·맑음

◇ 文登里계곡 서쪽 2개 UN군 전초진지에 내습한 적 격퇴.

◇ UN군 항공기, 공산군 보급로를 공격, 철도 50개소 이상을 파괴.

◇ 智異山지구 경찰대의 전과—공비 사살 43명, 생포 2명, 귀순 2명.

◆ 미 육군성 10명의 참모장교, 國府軍 시찰차 臺北 도착.

◆ 미 정부, 在美 소련인의 행동 제한.

3월 10일(월) 비·맑음

◇ 지상전투 평온.

◇ UN군, 板門店 북동쪽의 전초진지 탈환.

◇ 미 해군구축함, 서해안 일대의 공산군 요충에 포격 계속.

◇ UN공군 세이버 제트기대, 鴨綠江을 넘어온 적 MIG제트기 7대 격추, 3대에 파손.

◇ UN 전폭기 100대, 順川근방의 적 보급선에 약 50만톤의 폭탄 투하.

◇ 智異山 지구공비소탕전에서 연 5일간 맹공격, 12명 사살, 33명 생포.

◇ 후방 각 지구 공비소탕전 10일 전과—사살 89명, 생포 15명, 귀순 7명.

◇ 극동공군, 중공군 및 북한군이 사용하고 있는 무기는 소련과 그 위성국가로부터 공급받고 있다고.

◇ 李대통령, 경제자립 특별담화 발표.

◇ 정부, 남서지구 智異山脈에서 생포한 4천명이상의 게릴라들 12일~20일간 석방예정.

◆ 동독의 세균학자 일행, 북한 향발.

3월 11일(화) 맑음

◇ 북한 상공 공중전에서 미 세이버 제트기, 적 MIG기 4대 격추, 5대 파손.

◇ 智異山지구 공비 완전 소탕.

◇ 리지웨이장군, 汶山에서 공산군측의 허위주장으로 휴전교섭예측 곤란하다고 담화.

◆ 애치슨국무장관, 國赤에 북한의 세균전 비난 조사 요청.

◆ 6백여명의 이디오피아군 한국 향발.

3월 12일(수) 맑음

◇ 공산군, 동부전선에서 야간에 대포 및 박격포의 지원을 받아 공격 개시.

◇ UN공군 세이버 제트기대, 북한 상공에서 MIG기 4대 격추. UN 공군 전폭기
대, 500회 이상의 출격으로 新義州·平壤간 철도 94개소 단절, 철교 1개소, 화
차 13대 등 파손.

◇ 오키나와기지를 출발한 7대의 B29기대, 平壤의 공산군비행장에 70톤의 폭탄
투하.

◇ 智異山 공비토벌작전에서 84년 12월1일부터 금년 3월9일까지 100일간의 전
과—사상 19,345명, 노획총기 3,761정.

3월 13일(목) 흐림·비

◇ 제5공군, 적 지상목표물을 맹공.

◇ 무스탕전투기 및 해병대기, 23개소의 공산군 진지 습격, 적 20명 사살.

◇ 미 슈팅스타 제트기대, 平壤·및 元山간의 탄약창고를 폭격.

◇ 미8군, 미 제45보병사단은 鐵原 남쪽 미 제2사단 및 프랑스·네덜란드·태
국의 각 대대는 平康 남동쪽에 각각 배치.

◇ 포로교환분위—공산군측, 전 포로의 교환을 요구.

◇ 巨濟島포로수용소 폭동.

◆ 리UN사무총장, 한국휴전회담 낙관 불허.

3월 14일(금) 맑음

◇ UN군 전차부대, UN군 탐색대를 포착한 공산군을 궤멸시키고자 행동 개시.

◇ UN 공군, 400회 출격. 18개소의 적 진지 및 對空진지 파괴. 적 16명 사상.

◇ 개전이래 3월6일까지의 한국전선의 전과—전투지구 사상자 1,153,965명, 비

전투지구 사상자 328,494명, 포로 132,231명.

◇ 개전이래 제5공군 소속기에 의한 전과—완전 격추 220대, 미확인 격추 38대, 파손 402대.

◇ 포로교환분위—UN군측, 포로교환에 관한 토의를 참모장교회의로 옮길 것을 제안.

◆ UN군축위원회에 미대표 5개조를 제안.

◆ 소련, 신형 MIG기 개발설.

3월 15일(토) 맑음·흐림

◇ UN군 전차부대, 동부전선에서 전진.

◇ 板門店 남쪽에서 UN군 전차대 대진격, 고성능 포탄으로 36개소의 포대 파괴.

◇ UN공군기대, 북한 보급시설 및 일선 진지에 공격 집중, 적 110명 사상.

◇ UN군 B26폭격기대, 新安州근방 철교 및 적 차량 14대를 폭파.

◇ 제5공군 1주간 전과—공중전에서 적 제트기 15대 격추, 아군 손실 8대.

◇ 남서지구경찰대전과—사살 59명, 생포 6명, 귀순 6명.

◇ 휴전감시참모장교회의—UN군측, 휴전감시에 관한 5항목의 총괄적 타협안 제시.

◇ 전국 피난민 등록 실시.

◆ 트루먼대통령, 콜럼비아대학에서 對外원조 계속을 역설.

3월 16일(일) 맑음

◇ UN군 정찰대, 동부전선에서 격전.

◇ 미 제2보병사단 정찰대, 金化후방의 적과 접전.

◇ UN군 중포대, 平康 남서쪽에서 1개 분대 분쇄, 3개소대 공격.

◇ UN군, 야간에 文登里계곡 동쪽에서 적 격퇴.

◇ 미 전함 위스콘신호, 북동연안에서 최초로 적의 포화로 경미한 파손.

◇ 미 세이버 제트기대, 3차에 걸친 공중전에서 적기 3대 격추, 파손 8대. 제5공군 500회이상 출격.

◇ UN군 비행기, 야간에 1,000대이상의 적 보급수송트럭 발견하고 10대 파괴.

◇ B26기 9대, 沙里院근방 적 비행장에 5만톤의 폭탄 투하.

◇ 경남경찰국, 3월 1일~15일간 남서지구에서 사살 100명, 귀순 15명, 포로 13명.

◇ 휴전회담—공산측, 유엔군측 감시안에 동의.

◇ 사회부, 피난민 총수 7,451,629명이라고 발표.

◆ 北京방송, 미국의 세균전을 실증하기 위해 사진 보도.

3월 17일(월) 맑음

◇ 전 전선 대체로 평온.

◇ 서부전선, 高浪浦·鐵原에서 적 정찰대 격퇴.

◇ 臨津江 서쪽에서 중공군 중대병력을 격퇴.

◇ UN공군 1,000회 출격, 적 진지 및 보급소 맹공. 중폭격기, 新安州비행장에 100톤의 폭탄 투하.

◇ 위스콘신호, 공산군 진지를 맹공.

◇ 해군 함재기·해병기대, 141개소의 철도 단절.

◇ 경찰대, 智異山지역에서 교전, 사살 21명, 생포 12명, 귀순 9명.

◇ 공산측, UN공군기가 포로수용소 폭격했다고 비난.

◆ 韓日회담, 회담진행에 관해 간담.

3월 18일(화) 맑음·흐림

◇ 鐵原 서쪽에서 2개 분대의 적과 교전.

◇ UN군 포병대, 서부전선에서 중공군의 6차에 걸친 공격 격퇴.

◇ 臨津江 서쪽에서 약 1천여명의 적 탐색행동.

◇ UN제트기, 동부 및 중부전선의 공산군과 야포진지 폭격.

◇ 3월8일부터 14일까지의 아군 전과—사살 960명, 부상 1,034명, 포로 29명.

◇ 李대통령, 차기 대통령입후보에 관해 자유·공개로 실시할 것을 담화.

◇ 부역자 처벌법 완전 철폐.

◆ 애치슨국무장관, 한국휴전 성립을 낙관.

3월 19일(수) 비·흐림

◇ 미 세이버 제트기대, 신형 적 제트기 1대 파손. 다른 세이버 제트기대, 2회의 공중전에서 신형 제트기 1대 격추, 4대 파손.

◇ 밴프리트사령관, 공산군의 새 春季공세 없으리라고 언명.

◇ 서울 일원에 强震.

◇ 휴전회담— 휴전감시 출입구문제 동의에 도달.

◆ 코엔 UN 미대표, 한국에서 UN군이 세균전을 감행했다는 소련제소에 소련을 맹격.

3월 20일(목) 맑음

◇ 지상전투, 강설로 탐색전만 전개.

◇ UN해군함정, 공산군 해군 시설에 포격 계속.

◇ 미 세이버 제트기대, 新安州부근에서 MIG기 2대 격추, 2대 파손. 新安州북쪽에서 UN군 세이버 제트기대, MIG기 2대 격추, 3대 파손.

◇ 李국방장관, UN군 그리스장병 및 미해군 장교에게 무공훈장 수여.

◇ 휴전감시 참모장교회담—UN군측, 출입구에 관한 수정안 제출. 공산측 이를 수락.

◇ 院外 自由黨, 전국대회 개최. 총재에 李承晩박사, 부총재에 李範奭씨 추대.

◆ 트루먼대통령, 한국사태는 자기의 재출마여부결정에 무관하다고 언명.

3월 21일(금) 맑음

◇ UN군, 서부전선에서 공산군의 압박으로 일단 철수.

◇ UN군 함재기, 공산군 보급수송로 및 목표 공격. 전투함정도 적에게 공격.

◇ B29야간폭격기, 軍隅里 북동쪽의 철도 및 鎭南浦조차장 강타.

◇ 포로교환 참모장교회의—공산군측, 포로의 무조건 송환을 고집.

◇ 李대통령, 京仁지구 시찰.

3월 22일(토) 흐림·비

◇ 文登里계곡 서쪽에서 접전.

◇ 鐵原서쪽에서 공산군, 폭풍우를 이용해 정찰공격.

◇ 서부전선에서 UN군 정찰대, 중공군과 교전.

◇ 미 F84 전폭기대, 동해안지구 공산군 진지를 맹공, 공산군 참호 파괴.

◇ 한국 공군 F51 무스탕기대, 공산군 철도를 맹폭.

◇ 한국동란 발발 이래 UN공군 전과―적기 502대 격추, 495대 격파, UN공군 피해는 제트기 219, 추진식 288대.

◆ 맥아더, 트루먼행정부 공격.

3월 23일(일) 맑음

◇ 동부전선 분지대 북서쪽에서 小火器전투.

◇ 제5공군, 북한 상공에서 전면적인 작전 전개.

◇ F51기대, 開城 북동쪽에서 적 집결지 9개소를 격파.

◇ 제8군, 한 주간의 공산군사상자 2,200명으로 추산.

◇ 포로교환 참모장교회의― 공산군측, 포로문제에 대해 비밀회의를 가질 의향이 있다고 표명.

◇ 리지웨이장군, 공산측의 세균전 비난을 반박.

◇ 미 국방성, 미군 약 25만명이 교체되기 위해 한국으로부터 철수. 현재 한국 전선에는 육군 6개사단, 해병대 1개 사단이 작전중.

3월 24일(월) 맑음

◇ UN군 보병부대, 공산군 정찰대와 소규모 접전.

◇ UN 해군, 서부 해안의 공산군 점령 촌락을 포격.

◇ 미 공군 B26 경폭격기대, 23일부터 24일에 걸쳐 공산군 보급트럭 83대 격파.

◇ 북한 상공에서 전개된 3차의 공중전에서 UN군 세이버 제트기 및 선너 제트기대가 적 MIG기 3대 격추, 11대 파손.

◇ 제5공군소속 폭격기대, 북한 공산군 수송로에 치명적인 공격 개시.

◇ 밴프리트장군, 공산군측의 휴전회담에 대한 무성의를 지적.

◇ 포로교환 참모장교회의—정체상태를 타개코저 비밀회담 개시.

◇ 상이군인 기술학교 개교.

◆ 北京방송, 세균전에 있어서 영국이 미국과 협조하고 있다고 비난.

3월 25일(화) 맑음

◇ UN군 포격대, 高浪浦 서쪽에서 400명의 공산군 포착, 맹공.

◇ UN 선더 제트기대, 金川지구에서 공산군 중형전차 3대 격파.

◇ 新義州 동쪽 공중전에서 세이버 제트기대 MIG2대 격추.

◇ 제5공군 소속기, 1,999회 출격.

◇ B26기대, 야간에 공산군이 설치한 트럭보급로 공격.

◇ 휴전감시참모장교회의—UN군측, 공산측이 제시한 북한의 출입구 5개소 지도
수락.

◆ 킴볼 미 해군장관, 台灣에서 한국휴전에 관계없이 台灣은 보호될 것이라고.

3월 26일(수) 맑음·흐림

◇ UN군 文登里계곡 서쪽의 공산군이 보유하는 구릉고지에 대해 3회에 걸친 돌
격전.

◇ 高浪浦 북쪽에서 격렬한 전투. 공산군, UN군 진지에 1,400발 이상의 박격포
및 대포 발사.

◇ 미 항공모함 함재기대, 延安 남서쪽 공산군 집결부락을 폭격.

◇ UN군 전폭기대, 定州~新安州간의 공산군 철도망을 단절.

◇ B26 경폭기대, 공산군 전선진지 및 후방 보급지점을 공격. 肅川근방의 적
조차장 공격, 북한 公路상에서 54대의 적 트럭 파괴.

◇ 영국 극동지상군사령관, 在韓 영국군 시찰코자 서울 도착.

◇ 휴전회담 감시위원회의—10개 출입항에 합의.

3월 27일(목) 흐림·맑음

◇ 동·서부전선에서 경비한 정찰전.

◇ 2개의 호주 공군 제트기, 平壤 남쪽지구의 공산군 건물 공격.

◇ 肅川조차장을 폭격하고자 출동한 B26 경폭격기대, 폭풍을 만남.

◇ 포로교환 비밀참모장교회의 계속.

◇ 상공부장관에 李敎善씨, 체신장관에 趙柱泳씨를 임명.

◆ 北京방송, 미 전폭기 연 200여기가 25·26일에 걸쳐 平壤을 공습했다고.

◆ 웨일랜드 미 극동공군사령관, 미 극동공군은 필요에 따라 한국에서 철수하더
라도 72시간이내에 출동 가능하다고.

3월 28일(금) 맑음

◇ UN 해군, 북한 동·서 해안 공격 계속.

◇ B26 폭격기대, 북한지구 철도 및 도로교통을 공격.

◇ UN해군 공군부대, 28일로 1만회째 출격.

◇ UN 제5공군소속 전폭기 및 제트기대, 대대적인 출격.

◇ 개전이래 3월20일까지의 적 사상자수 1,669,716명.

◇ 李대통령, 덴마크병원선 유틀란디아호 표창.

◆ UN 군축위, 소련의 세균전 비난 부결.

◆ UN 사무차관 코디어씨, 東京에서 휴전회담 UN대표들은 충분히 한국민을 대
표하고 있다고 언명.

3월 29일(토) 맑음

◇ 지상전투, 경미한 적의 탐색공격.

◇ 제5공군, 공중전에서 MIG기 16대 격·파손, 아군측 2대 손실.

◇ 지난 3일간의 폭격으로 定州～新安州간의 적 철도수송 마비.

◇ 1주간 공군전과—철도단절 579개소, 보급소파괴 220동, 철도파괴 4개소, 화
차파괴 477대.

◇ 국방장관 경질, 申泰英씨 신임.

◇ 張勉총리, 東京에서 辭意표명.

◆ 트루먼대통령, 비 대통령선거에 출마치 않겠다고 언명.

◆ 스탈린, 최고회의에 참석 연설.

3월 30일(일) 맑음·흐림

◇ 동부전선 杆城 북서쪽에서 2개의 적 소대가 UN군 진지에 돌입.

◇ 南江 동쪽 UN군 진지에 대한 적의 탐색공격 격퇴.

◇ UN 전폭기대, 軍隅里 북쪽에서 교량1개소와 조차장 파괴.

◇ UN군 세이버 제트기대, 적 MIG기 2대 격파, 2대 미확인 격파.

◇ 제5공군 소속기대, 海州 주요보급물사 집적소 및 黃州·沙里院간 철도 공격.

◇ 휴전감시참모장교회의—공산군측, 중립감시단에서 소련을 제외할 것을 재차 거부.

◇ 중화민국 친선 사절 기사단 來韓.

◆ 北京방송, UN군이 세균전술을 滿洲내 주요부에까지 확대하고 있다고 비난.

3월 31일(월) 비

◇ 동부전선 杆城 북쪽 UN군 전초진지에 대한 적 정찰공격을 격퇴.

◇ UN군 정찰대, 平康 남쪽에서 공산군 약 20명과 수류탄전.

◇ 漣川 서쪽 고지에서 UN군 탐색대, 중공군과 교전.

◇ UN군 지상부대 3월중 전과—적 전사 4,648명, 부상 3,866명, 포로 176명.

◇ 3월중 智異山지구공비토벌 종합전과—적 인적 손실 2,187명, 노획무기 각종 포 12문, 총 980정.

◇ 한·미간 重石 매매계약 체결.

◇ 상이용사 수용할「光明院」설치 결정.

4월 1일(화) 비·흐림

◇ 지상전투, 탐색전만 전개.

◇ 板門店 남쪽 汶山 서쪽 UN군 진지에 대한 중공군 2개 대대의 야간공격을 격퇴.

◇ F86 세이버 제트기대, 북한 상공에서 전개된 공중전에서 적 MIG기 10대 격추, 13대 격파.

◇ 휴전회담—휴전감시문제를 합동분과위에서 검토하기로 동의.

◇ 파리 UN총회 한국 수석대표 張勉총리 귀국.

◇ 일본정부, 1,194명의 추방해제자 명단 발표, 한국 왕족 李垠씨도 포함.

◆ 아이크원수, 취임이래 1개년간의 북대서양군 보고서를 미국을 비롯한 14개국에 제출.

◆ 스탈린, 미국 신문편집자의 서면질의에 회답.

4월 2일(수) 맑음

◇ 새벽에 板門店 남쪽 UN군 진지에 대한 중공군 1개중대의 탐색공격 격퇴.

◇ 1일 하오 6시부터 24시간에 걸쳐 UN군 진지에 투하된 공산군 포탄수 4,693발. 그 중 3/4은 板門店 남쪽 및 東山 동쪽 UN군 진지에 집중.

◇ F86 세이버 제트기대, MIG기 3대 격추.

◇ 미 전폭기대, 漣川조차장을 폭격.

◇ UN 공군기대, 板門店 남쪽 및 서쪽의 중공군 진지 공격.

◇ 한국전선 미군 사상자 총수 106,955명.

◆ 애치슨국무장관, 스탈린의 회답은 의의 없다고 언명.

4월 3일(목) 맑음

◇ 板門店 남쪽 지구에서 공산군의 탐색공격 격퇴.

◇ F86 세이버 제트기대, 2차에 걸친 북한상공 공중전에서 적 MIG기 2대 격추.

◇ UN군 폭격기대, 공산군 보급로와 교통로를 공격.

◇ 申국방장관, 오제다 필리핀파견부대장에게 은성을지훈장 수여.

◇ 리지웨이총사령관, 제5공군시설 시찰.

◆ 일본경찰예비대, 11만으로 증강.

◆ 모스크바, 국제경제회의 개최.

4월 4일(금) 맑음

◇ 지상전투 평온.

◇ UN군 제트기대, 전선 일대에 대한 네이팜탄공격 계속.

◇ 리지웨이장군, UN군은 사명달성에 자신감 충만해 있다고 언명.

◇ 張勉총리, 국회서 UN총회 경과 보고.

◇ 「신문지법 폐지에 관한 법률」공포.

◆ 韓日회담 제5차 본회담 개최.

4월 5일(토) 맑음

◇ 동부전선에서 공산군의 2차에 걸친 탐색 격퇴.

◇ 漣川 서쪽 UN군 진지에 대한 공산군의 야간탐색 격퇴.

◇ UN군, 鐵原 서쪽 전초진지로부터 철수.

◇ B26경폭기대, 북한지구 보급로를 야간폭격.

◇ UN공군, 鎭南浦·海州지구에 대한 공격을 계속.

◇ 제2군단 편성식, 李대통령참석하에 미 제9군단 비행장에서 거행.

◇ 밴프리트사령관 아들 밴프리트중위, 북한 출격중 행방불명.

◇ 휴전회담―양군대표, 汶山·開城간을 연락하는 무선전화의 폐지에 합의.

◇ 한국정부와 경제·재정상의 토의를 할 미 대통령특사단 5일 釜山으로 출발.

4월 6일(일) 맑음·흐림

◇ 文登里계곡·北漢江 서쪽 및 汶山 서쪽에서 소규모 전투.

◇ UN군, 5일 철수한 鐵原 서쪽 전초진지 재탈환.

◇ F86 세이버 제트기대, 북한 상공 공중전에서 적 MIG기 4대 격추.

◇ 미 해군당국, 미 전함 아이오와호 현역 복귀, 5일부터 위스콘신호와 교대해 제7함대기함으로 작전에 종사.

◇ 공산군측 연락장교, UN군기가 開城 중립지대로 향한 공산군 휴전대표의 보급차량을 총격했다고 항의.

◆ 韓日회담, 쌍방 수석대표, 협정에 도달한 양국간의 기본관계에 관한 각서에

서명.

◆ 맥마혼원자력위원장, 수소탄제조에 미국이 앞서고 있다고 언명.

4월 7일(월) 비·흐림

◇ UN군 정찰대, 金城 동쪽에서 중공군 3개 소대와 교전.

◇ UN군, 板門店 동쪽에서 공산군과 교전.

◇ B29 폭격기대, 定州 철교 폭격.

◇ 智異山지구에서 경찰, 공비 34명 사살.

◇ 4월1일~7일 공산군 사살 1,388명, 부상 1,244명, 포로 48명.

◆ UN원자력위원회, 원자력 비밀의 일부 발표.

◆ 미 국무성, 최근의 소련평화공세 주시.

4월 8일(화) 맑음·흐림

◇ UN군 탐색대, 金化 북동쪽에서 중공군 약 20명을 포착하고 5명 사살.

◇ UN군 정찰대, 鐵原 북쪽에서 중공군과 교전.

◇ B26경폭기대, 공산군 일선 후방보급지구 및 보급로에 야간폭격 계속.

◇ 李대통령, 미 해병대 제1비행단장 쉴트소장에게 태극무공훈장 수여.

◇ 휴전회담, 감시합동분위 계속 교착.

◇ 梁裕燦대표, 韓日회담의 일본측 태도 비난.

4월 9일(수) 맑음

◇ 지상전투, 극히 평온.

◇ 동부전선 분지대에서 공산군 탐색대를 격퇴.

◇ UN군 정찰대, 文登里계곡 서쪽에서 공산군부대를 급습하고 7명 사살.

◇ UN군 전폭기대, 定州~順川간 적 철도시설을 공격.

◇ B29폭격기대, 宣川지구 교량시설 폭격.

◇ 한국전선 미군 사상자 총수 107,134명.

◇ 4월9일 현재 남서지구 종합전과—적 사살 12,286명, 생포 8,438명, 귀순 1,120

명, 각종 포 51문 등.
◇   영국 극동지상군사령관 케이트리장군, UN군 수석대표와의 회담후 6개월내 평화달성의 낙관적 견해 표명.

4월 10일(목) 맑음

◇   北漢江 서쪽에서 경미한 전투.
◇   UN군 전폭기대, 북한일대 공산군 보급선을 공격.
◇   한국 공군 무스탕기대, 兼二浦 보급소 폭격.
◆   韓日회담 교착상태.
◆   트루먼대통령, 국회에 국방예산으로 14억5천7백10만달러 요청(대부분 한국 전쟁 추가비용).

4월 11일(금) 흐림 · 비

◇   文登里계곡에서 공산군, UN군 진지 탐색.
◇   UN군 金化 북동쪽에서 적과 경미한 전투.
◇   B29 폭격기대, 咸興조차장 및 球場보급소 폭격.
◇   F86 세이버 제트기대, 新義州 남쪽에서 공산군 보급열차 폭격.
◇   제5공군 소속기대, 金城 북서지구 공산군 진지 공격.
◇   4월3일까지의 공산군 사상자수 1,648,456명.
◇   卞외무부장관, 외국 원조기관의 對韓경제원조계획의 급속한 수립 실시를 요청.
◆   아이크, NATO사령관 사임.

4월 12일(토) 비 · 흐림

◇   UN군, 文登里계곡 서쪽 전초진지에서 잠시 철수했다 새벽에 탈환.
◇   金城 남동쪽에서 공산군의 탐색공격격퇴.
◇   高浪浦 및 漣川지구에서 5차에 걸쳐 정찰교전.
◇   에베레스트 미 제5공군사령관, 제5공군은 지난 3월25일부터 공산군 보급선에

대한「제지작전」의 신국면 전개.

◆　UN관계당국자, 한국휴전협정 5월1일 성립설로 UN특별총회 개최 계획작성 추진중.

4월 13일(일) 비·흐림

◇　UN군 탐색대, 鐵原 서쪽에서 공산군과 경미한 충돌.

◇　UN군 함재기대, 북한 淸津공업시설 및 보급소 공격.

◇　F86 세이버 제트기대, 5차에 걸친 공중전에서 적 MIG기 7대 격추, 4대 파손.

◇　UN군 전폭기대, 定州~博川간 철도시설 및 적 보급중심지 공격.

◇　휴전감시위회의, 50초만에 끝나 기록 수립.

◆　맥아더, 어떤 공직도 사양한다고 언명.

4월 14일(월) 흐림·맑음

◇　UN군, 공산군의 공격으로 北漢江 동쪽 전초진지로부터 일시 철수했다 재탈환.

◇　板門店 남쪽에서 공산군의 탐색공격 격퇴.

◇　汶山 서쪽에서 3차에 걸쳐 적의 탐색대 격퇴.

◇　UN군 함정, 淸津항 포격.

◇　UN군 전폭기대, 海州 서쪽 공산군 보급지 공격.

◇　밴프리트장군, 취임 1주년 맞아 휴전성립을 확신한다고 성명.

◇　휴전회담―현재 합동분과위원회 條文化 교섭 중.

4월 15일(화) 맑음

◇　UN군 전차부대, 金城 남서쪽 공산군 진지 공격.

◇　汶山 서쪽 및 북쪽에서 UN군 진지에 대해 공산군, 4차에 걸쳐 야간공격.

◇　UN군, 서부전선 1개 전초진지로부터 철수.

◇　UN 공군기대, 鎭南浦 공격.

◇ UN 해군함대, 한국수역 작전에 출동. 제17기동부대, 새벽에 咸興·元山·陽德 3각지대의 철도목표 공격.

◇ 韓·美회담, 중앙청에서 개최.

◇ 申翼熙의장, 의원소환 민중대회 비난 담화.

4월 16일(수) 맑음·흐림

◇ 동부전선 분지대 북쪽 및 金城 남서쪽에서 공산군 공격 격퇴.

◇ UN군 기갑부대, 金城 남서쪽 공산군 진지 공격.

◇ 鐵原 서쪽에서 UN군 탐색대, 공산군과 잠시 교전.

◇ UN군 탐색대, 汶山 서쪽 공산군 1개 전초진지 공격.

◇ B26 경폭기대, 朔州근방 철도조차장 폭격.

◇ B29 폭격대, 新安州철교를 폭격.

◆ 리 UN사무총장, 한국전쟁 개시이래 UN가맹국의 한국민간구제 및 경제원조 총지출액은 4억7천여만달러, 미국의 지출은 2억1천여만달러라고 발표.

◆ 北京방송, UN군이 한국에서 원자력응용의 화학무기 사용을 계획중임이 판명됐다고 보도.

◆ 미 육군, 새 탱크 개발.

4월 17일(목) 흐림·비

◇ UN군 전차부대, 金城 남서쪽 공산군을 폭격.

◇ 汶山 서쪽 UN군 진지에 대한 4차에 걸친 공산군의 탐색공격 격퇴.

◇ 巨濟島 포로수용소 수용포로 7,922명, 국회의장에 强送반대 진정서 제출.

◇ 郭尚勳의원 외 122명, 내각책임제 개헌안 제출.

◆ 新華社, 滿洲 중공군 防空부대, 13일 遼東省 寬甸縣에 진입한 미 F86제트기 4대중 1대 격추.

4월 18일(금) 맑음·흐림

◇ UN군, 北漢江 서쪽지구에서 적의 탐색공격 격퇴.

◇ UN군 함재기대, 鎭南浦 및 元山~咸興간 철도 폭격.

◇ UN군 제트기대, 적 MIG기 1대 격추, 2대 격파.

◇ 휴전회담─포로교환분위 재개.

◇ 국회 1952년도 세입세출총예산안 989억 3365만6400원 통과.

◆ 韓日회담, 회담의 타개를 위해 양측수석대표 비공식회담.

◆ 리베트 미 국방장관, 한국전쟁 이래로 미 3군 150만미만 병력을 350만이상으로 증강 확장.

4월 19일(토) 비

◇ 文登里계곡 서쪽에서 경미한 전투.

◇ UN군 정찰대, 鐵原 북쪽에서 중공군과 수류탄전 전개.

◇ UN공군 공격기대, 順川근방 철도시설을 공격.

◇ 張勉총리, 사표 제출.

◆ 미, 세계최초 원자력잠수함 기공.

4월 20일(일) 비·맑음

◇ UN군, 北漢江 서쪽에서 공산군과 4시간에 걸쳐 교전.

◇ UN군 탐색대, 鐵原지구에서 공산군과 교전.

◇ UN 공군 전폭기대, 북한 順川~三德里간 철도 공격.

◇ UN군 선더 제트기대, 鎭南浦에서 적 선박 15척 격파손.

◇ 포로교환참모장교회의, 비밀회담 계속.

◇ 徐법무장관, 개헌안 반대 표명.

◆ 스탈린, 북한에 밀가루 5만톤 증여.

4월 21일(월) 맑음

◇ UN군 탐색대, 金城 동쪽에서 공산군 진지를 공격.

◇ UN 해군, 동해안 공산군 군사시설을 포격.

◇ UN 해군사령부, 공산군 해안포대가 점차 해군작전에 중요성 띠고 있다고 발표.

◇ F86 세이버 제트기 50대, 공산군 제트기 100대와 3차에 걸쳐 전개된 공중전에서 적 MIG기 7대 격추, 7대 격파.

◇ B29 폭격기대, 兼二浦지구 폭격.

◇ 래드포드, 미 태평양함대사령관 來韓.

◇ 국무총리에 張澤相씨 임명.

◆ 미 합참의장 브래들리원수, 한국의 미 군사력은 휴전회담 개시이래 대폭 강화되었다고 언명.

4월 22일(화) 흐림·맑음

◇ UN군 탐색대, 杆城 북서쪽에서 적과 수류탄전.

◇ 중동부전선 北漢江지구에서 교전.

◇ UN군 폭격기대, 江界·新安州간 공산군 보급선을 공격.

◇ F86 세이버 제트기대, 적 MIG기 1대 및 야크기 2대 격추.

◇ B29 폭격기대, 新安州 철교 및 咸興조차장 폭격.

◇ 휴전감시 참모장교회의, 비행장문제·중립국문제 토의.

◆ 미국, 라스베가스에서 대규모 원폭 실험.

4월 23일(수) 흐림

◇ 지상전투, 산발적인 탐색전.

◇ UN군 탐색대, 漣川근방에서 공산군의 공격으로 철수.

◇ UN 공군기, 平壤·沙里院간에서 야간에 공산군 보급부대를 공격.

◇ B29 폭격기대, 熙川 철교 및 定州 조차장을 폭격.

◇ 한국전선 미군 사상자 총수 107,666명.

◇ 래드포드 미 태평양함대사령관, 한국수역 시찰하고 제8군 사령관 및 제5공군 사령관과 회담.

◇ 킹슬리 UN한국재건국장, 水營공항 도착.

◆ 北京방송, 휴전회담 위기 경고.

◆ 워싱턴당국의 한국휴전회담에 대한 감퇴설 점차 낙관.

4월 24일(목) 흐림 · 비

◇ 平康 남서쪽 수류탄 육박전 전개.

◇ UN군, 漣川 서쪽에서 적 1개분대와 교전.

◇ UN해군, 淸津지구 공산군 포대 및 보급창고 포격.

◇ F86 세이버 제트기대, 적 MIG기 2대 격파.

◇ UN 공군기, 平康지구에서 공산군 전차 8대 격파.

◇ UN 공군기, 일선지구 공산군부대에 대한 공중공격 전개.

◇ 무장공비 100여명, 慶南 河東읍에 내습, 군청 · 우체국등에 방화.

◆ 北京방송, 세균전 비난에 뒤이어 미국 비행기가 각종 미생물을 북한지구에 투하했다고 비난.

4월 25일(금) 비 · 맑음

◇ 金城 남쪽에서 공산군 탐색대 격퇴.

◇ 汶山 북서쪽에서 경미한 공산군 탐색공격 격퇴.

◇ UN 공군기, 일선지구 UN군에 대한 엄호작전 계속.

◇ 공비, 河東군 제1 · 2선거구에 출몰, 선거사무 방해.

◇ UN군 사령부, 송환희망포로 7만이라고 발표.

◇ UN군 사령부, 공산군측에 휴전교섭 본회담을 27일에 재개할 것을 요청.

◇ 지방자치법에 의한 지방의원 선거, 전국에서 실시.

◇ 卞외무장관, 韓日회담에 일본측의 일방적 회담중지선언은 유감이라고.

4월 26일(토) 흐림 · 맑음

◇ UN군 포병부대, 文登里계곡에서 적 수개부대를 포격.

◇ 金化 남동쪽에서 공산군의 야간공격 격퇴.

◇ F86 세이버 제트기대, 적 MIG기 3대 격파.

◇ UN군 전폭기대, 宣川지구 공산군 철도를 공격.

◇ 미 해병대소속기대, 일선지구 공산군 부대 공격.

◇ 張澤相씨, 국무총리 임명 수락.

◇ 韓日회담, 한국대표 귀국으로 중단.

4월 27일(일) 흐림

◇ 金化·金城간의 UN군, 공산군의 공격을 격퇴.

◇ 金城 남서쪽 UN군 진지에 대한 공산군 1개중대의 공격 격퇴.

◇ UN군 탐색대, 金化 남동쪽에서 적과 교전.

◇ B29 폭격기대, 定州지구 철교 폭격.

◇ F86 세이버 제트기대, 적 MIG기 3대 격추, 1대 파손.

◇ B26 경폭격기대, 공산군 보급부대 공격.

◇ 리지웨이사령관, 滿洲의 공산공군력 1,500대라고 발표.

◇ 휴전본회담, UN군측 요구로 중지.

4월 28일(월) 비

◇ 金化근방 UN군 진지에 대한 공산군의 공격 격퇴.

◇ UN군 정찰대, 金城 남동쪽 공산군 전방진지 공격.

◇ B26 폭격기대, 宣川부근 철도 요충을 폭격.

◇ 南日대표 요구로 휴전회담 본회의 무기연기.

◆ 미국의 對日강화조약 발효.

◆ 華日 평화조약 조인.

◆ 리지웨이장군 후임으로 UN군총사령관에 마크 클라크장군 임명.

◆ 트루먼대통령, NATO군최고사령관의 후임에 리지웨이대장을 지명.

4월 29일(화) 비·흐림

◇ 文登里 서쪽에서 UN군, 공산군 탐색대와 수류탄전 전개.

◇ 北漢江 동쪽지구에서 경미한 교전.

◇ 金城 남동쪽 UN군 전초진지에 대한 공산군의 경미한 공격 격퇴.

◇ UN 공군, 악천후임에도 북한일대 철도 및 보급소 공격.

◇ UN 공군 폭격기대, 야간에 동해안 주요도로 46개소 파괴.

◇ 휴전회담, 과거 5개월이래 최초의 완전 휴회.

◇ 李대통령, NATO사령관으로 영전하는 리지웨이대장에게 축전.

4월 30일(수) 맑음

◇ UN군, 동부전선 西山산간지대에서 적의 탐색공격 수차 격퇴.

◇ 중서부 및 동부 각 전선에서 탐색전 격렬.

◇ 서부전선, 피아간 포병전 치열.

◇ B29기, 熙川과 軍隅里간 新興洞 철교 폭격.

◇ UN군 세이버 제트기, 鴨綠江 남쪽 공중전에서 MIG기 6대 격추, 4대 파손.

◇ UN 전투기대, 북한내 물자보급망을 맹타.

◇ 제5공군, 야간에 북한 교통망 공격하고 차량 89대 격파.

◇ UN 공군 세이버 제트기, 4월중에 MIG15기 94대 격파손, 철도망 5,900개소
단절, 포대 200개소 파괴.

◇ UN군 4월중 전과—사살 4,430, 부상 5,123, 포로 123명.

◇ 慶南 경찰국 4월전과—공비 사살35명, 생포 7명, 귀순 9명.

◆ 國府행정원, 華日평화조약 승인.

5월 1일(목) 맑음

◇ 전 전선에서 경미한 정찰전투.

◇ 공산군, 전 전선에 걸쳐 포탄 5,635발을 발사.

◇ 새벽에 서부전선에서 치열한 피아 重砲 사격전.

◇ UN군 폭격기대, 북한 동·서해안의 적 3대 간선 철로를 폭격.

◇ UN군 전투기, 1, 283회 출격.

◇ 한국 공군 무스탕기대, 新安州~平壤간 및 海州지구 등 철로 공격.

◇ 국방부, 전몰 장병에 대한 賜金 지불 개시.

◆ 北京방송, 北京에서 사상 초유의 메이데이행사.

◆ 東京, 메이데이행사시 수라장, 사상자 1,100여명.

5월 2일(금) 맑음·흐림

◇ UN공군, 북한 수송로를 맹타.

◇ UN군 전폭기대, 新義州~新安州간 적 조차장 공격.

◇ B29기대, 定州~南市간의 古軍營洞 및 兼二浦제철소 폭격.

◇ 휴전회담 본회의 재개.

◇ 일본인 기자 6명, 처음으로 휴전회담 취재.

◆ 아이크, NATO회원국 순방하며 이임 인사.

5월 3일(토) 비

◇ UN 공군, 북서 韓 상공의 공중전에서 적 MIG기 4대 및 LA12형 1대 격추.

◇ 제5공군, 4월26일~5월2일간에 적기 14대 격파. 아군 손실 8대.

◇ 미 극동공군, 개전이래 전투상의 적기 손실 564대(불확실 122대), 극동공군
  소속기 손실 657대.

◇ 미·영·프 3국 극동해군 전략회의 필리핀에서 개최.

◇ 미국으로부터 양도받은 哨戒艇 및 상륙용 舟艇 각 2척 취항.

◆ 미 공군, 한국전선이외 전 공군의 비행을 최소한으로 제한.

◆ 처칠수상, 세계대전 위협 감소 연설.

5월 4일(일) 비

◇ UN군, 漣川 북서쪽 진지에서 격렬한 공방전 후 이를 탈환.

◇ UN공군, 鴨綠江 근방 공중전에서 적 MIG기 5대 격파

◇ 호주 공군 MK8기대, 新義州비행장을 급습.

◇ B29기 10대, 定州철교 폭격. B26기대, 야간에 해군기와 협동해서 적 보급차
  량을 공격.

◇ 智異山지구 공비소탕전, 10명 사살, 2명 생포.

◇ 육군 제2훈련소, 論山에 설치.

◆ 중공방송, 중공은 각국 적십자사에 UN군의 세균전을 비난하는 서한 발송.

5월 5일(월) 흐림·맑음

◇ UN군, 高城 남쪽·金化 북쪽·漣川 북서쪽에 내습한 적 격퇴.

◇ 미 제77기동함대 함재기대, 동해안전선 적 보급창고 및 부대 공격, 적 사상자 400명.

◇ UN 공군 전투기대, 동부 및 중부전선 적 집결지를 공격, 적 130명 살상.

◇ 미 중형폭격기대, 적 수송거점 熙川조차장을 연일 폭격.

◇ B29기대, 熙川철교를 폭격. 야간폭격기대 및 함재기대, 야간에 적 교통로를 공격.

◇ 미 공군 제51전투폭격기대 부사령관 씬스대령, 지난 1일 북서 韓 상공 공중전에서 행방불명.

◆ 신임 클라크 UN군총사령관, UN사무총장 방문.

5월 6일(화) 흐림·맑음

◇ 미 제5공군 전폭기대, 順川지구 적 철도시설을 대폭격.

◇ UN 공군 5·6일에 걸쳐 적의 주요 철도보급로에 집중 공격.

◇ 국회, 張澤相총리 인준(95대81).

◇ 서울~釜山간 민간 전화 통화.

◆ 태국 한국파견군 제3차교대병 방콕 출발.

◆ 周恩來외상, 對日강화조약 비난.

5월 7일(수) 흐림·비

◇ 鐵原 서쪽에서 피아 정찰대간에 격전.

◇ UN 공군 전폭기대, 平壤 북쪽지구 공산군 철도망 맹공.

◇ 호주 육군참모장 로웰중장 서울에 도착, 보릿지로스 在韓 영연방군사령관과 영국군 시찰.

◇ 巨濟島포로수용소장 도드준장 피랍.

◇ 리지웨이장군, 자유의사에 따라 포로교환 할 것 등 4월28일부 UN군측 최후 제안내용 발표.

◆ 클라크사령관, 東京도착.

◆ 트루먼대통령, 리지웨이장군의 제안을 지지한다는 특별성명.

5월 8일(목) 흐림·맑음

◇ UN군, 수개 전선 돌파를 기도하는 적 전초부대 격퇴.

◇ UN군 포병대, 발사포탄수 5,132발.

◇ UN군 전차대 金化~金城간에서 적 2개대대 분쇄, 적군 토치카 90개소 등 파괴.

◇ UN 공군, 북한상공에서 MIG기 3대 격추.

◇ UN 전폭기대, 遂安의 적 보급소를 종일 맹타, 315개 보급창고 파괴.

◇ B29기 11대, 宣川~定州간의 郭山철교 폭격.

◇ 리지웨이장군 및 클라크장군, 작별 및 신임인사차 在韓 UN군부대 방문.

◇ 휴전회담─南日대표, 포로의 개별심사안 반대.

◇ 리지웨이·클라크장군, 汶山에서 죠이대표와 2시간 회담.

◇ 국회부의장에 金東成씨 선출.

◆ 중공군 彭德懷, 제1야전군중 3만명을 한국전선에 증파, 휴전회담결렬에 대비토록 명령.

◆ 미 국무성, 일본의 對한국내 재산권 청구는 무효라고 발표.

5월 9일(금) 흐림·비

◇ 공산군, 전 전선에서 탐색공격 개시.

◇ UN군 지상군 및 전차대, 板門店 북동쪽에서 중공군 1개 대대와 격전.

◇ UN군, 새벽에 鐵原 서쪽에서 적의 탐색대 격퇴.

◇ 漣川 북서쪽에서 지난 7일간 진퇴반복 전투.

◇ UN공군, 흐림에도 적 수송로 공격.

◇ 밴프리트사령관, 巨濟島로 급행.

◇ 李대통령, 이임하는 리지웨이장군에게 훈장 수여.

5월 10일(토) 비·흐림

◇ UN 지상군, 서부전선에서 9일 점령당한 수개지점 탈환.

◇ B29기대, 新安州 북쪽 宣川~定州간의 郭山철교를 폭격.

◇ B26기대, 야간에 적 주요 수송망을 맹공.

◇ 공산포로들, 도드소장 석방.

◇ 휴전회담-포로교환 토의 1분만에 산회.

◇ 제1회 道의원 선거 실시.

◇ 리지웨이장군, 최후의 기자회견에서 UN군측案 거부하면 휴전회담은 결렬될 것이라고.

5월 11일(일) 흐림·맑음

◇ UN군, 전 전선에 걸친 적의 탐색활동 격퇴.

◇ 수일간 漣川 북서쪽 및 서쪽지구에서 적군 활동 활발.

◇ UN 공군 전폭기대, 전선 일대 및 臨津江 서쪽지구 강타.

◇ 미 중형폭격기대, 야간에 북한내 주요철도망을 공격.

◇ B29, 熙川철교에 고성능폭탄 90톤 투하.

◇ 도드준장, 서울 미8군 사령부에 도착.

◇ 공산군측 연락장교, UN기가 4월9일 및 10일, 5월10일에 板門店 중립지대를 침범했다고 비난.

5월 12일(월) 맑음·흐림

◇ UN군, 金化 북동쪽에서 수류탄전 전개후 적 격퇴.

◇ UN군, 판문점 북동쪽 漣川 북서지구에서 철수후 13일 오후 재탈환.

◇ 板門店 북동쪽에서 수일전부터 미 제1해병사단이 국군 제1사단과 교대, 중공군과 교전.

◇ UN공군, 1,056회 출격. 적 보급망을 맹타.

◇ 도드준장, 감금은 계획적인 것이라고 사건진상 성명.

◇ 휴전회담-공산군측, 포로문제로 악선전 개시(UP).

◇　지방장관회의, 慶南도청내에서 개최.

5월 13일(화) 맑음

◇　UN군, 13일 야간부터 14일 새벽에 걸쳐 서부 및 중부전선과 文登里계곡 서쪽의 적 탐색대 격퇴.

◇　미 제1해병사단, 서부전선에서 적의 야간탐색대를 분쇄.

◇　UN 공군, 적 보급차량을 맹타.

◇　UN 공군 제트기대, 6차의 공중전에서 적 MIG15기 13대 격파.

◇　미 공군 중형폭격기대, 야간에 북한내 주요철도망 공격.

◇　B29기대, 新興洞 철교 및 咸興 조차장 폭격.

◇　UN 공군, 1,230회 출격.

◇　하이든 보트너준장, 巨濟島포로수용소장으로 신임.

◇　휴전회담-죠이대표, 선전 목적으로 회의를 이용하고 있다고 공박.

◆　샌프란시스코에 도착한 리지웨이장군, 한국에서의 UN 목적은 38선 이북으로 침략군을 격퇴시켜 평화를 회복하는 것이라고 언명.

5월 14일(수) 맑음

◇　UN군 전차대, 金化 북서쪽에서 격전끝에 적을 격퇴.

◇　B29, 新興洞・熙川・軍隅里 등 철도 수송로 폭격.

◇　B29, 興南화학공장 폭격.

◇　UN 공군, 1,100회 출격.

◇　UN군 8일~4일간 전과-적 살상 2,733명.

◇　보트너 신임 巨濟島 포로수용소장 부임.

◇　국회, 徐대위 사살로 구속된 徐珉濠의원 석방 결의(95대0).

◆　岡崎 일본 외상, 在韓 일본재산 청구권 보유 주장.

5월 15일(목) 맑음

◇　미 해병대, 高浪浦 서쪽에서 적 탐색대를 격퇴.

◇ F86, 적 MIG15기 3대 격추.

◇ 미 폭격기대, 야간에 북한 주요 철도 공격.

◇ UN 공군, 1,220회 출격.

◇ 클라크사령관, 巨濟島포로수용소사건은 포로교환문제를 방해하려고 계획된 것이라고 성명.

◇ 중공군 및 북한군 사령부, 클라크사령관의 성명 비난.

◆ 미 상하원, 巨濟島 폭동을 중시.

5월 16일(금) 맑음

◇ 미 해병대, 高浪浦 서쪽에서 침투해 온 적을 격퇴.

◇ UN 공군, 兼二浦 제철공장을 폭격.

◇ UN 공군, 야간에 新安州 남쪽을 공격.

◇ 한국 공군 F51 무스탕기대, 미 해군기와 공동으로 전선 및 적 집결기지 55개 소를 파괴.

◇ 崔榮喜장군, 미 銅星훈장 수령.

◇ 17,000명의 반공포로, 강제송환 반대를 국회에 진정.

◇ 중공기 50대, 대만 해협에 침입.

◆ 岡崎 일본외상, 韓日회담에 미국관여 원치 않는다고 언명.

◆ 바르샤바동맹군 발족.

5월 17일(토) 맑음·흐림

◇ UN군, 서부전선에서 적진을 기습.

◇ UN군 전차대, 중서부전선의 적진을 기습, 70개소의 벙커와 무기저장소 파괴.

◇ B29기대, 熙川 철교·咸興 조차장·沙里院비행장 맹타.

◇ 극동 공군, 830회 출격. 적 포대 65개소, 호 40개소 등 파괴.

◇ UN 해군, 북한 동·서 해안에서 4일간에 걸쳐 적 보급수송시설에 집중 공격.

◇ 미 제9군단장병, 원자력피습 가상하고 전선에서 모의실습.

◇ 巨濟島 공산군 포로 시위 계속.

◇ 제5공군, 5월10~16일간에 적 MIG기 18대 격파. UN군기 14대 상실.

◇ 張국무총리, 국회에서 韓美경제회담은 한국에 유리하게 진전중이라고 보고.

◇ 巨濟島 경비강화차 제187공수보병연대 파견.

5월 18일(일) 맑음·흐림

◇ 필리핀 부대, 鐵原 서쪽 중공군 진지를 급습, 백병전으로 중공군 40명 살상.

◇ 동부·서부전선에서 적군 포격 치열, 전 전선에서 4천발 발사.

◇ 서부전선에서 UN군 탐색대, 3개 진지에서 적군 축출후 귀환.

◆ 콜럼비아증원군 206명, 한국으로 출발.

5월 19일(월) 비·흐림

◇ 鐵原지구에서 필리핀부대, 중공군 진지를 이틀에 걸쳐 맹렬히 공격.

◇ 漣川 서쪽에서 피아 탐색전.

◇ B29편대, 북한내 적 군사목표물을 공격.

◇ UN 공군, 적 지상포화로 미 공군 F86 1대, F84 1대 및 영국군 전투기 상실.

◇ 미 공군 제3공중구호대, 적진에서 추락조종사 구출.

◇ UN 공군, 야간에 順川 가철교 및 咸興지구 물자저장지대를 폭격.

◇ 휴전회담, 계속 교착.

◇ 휴전회담 대표 죠이제독, 미 海士교장으로 전임.

◇ 반민족 국회의원 성토대회, 釜山에서 거행.

◇ 徐珉濠의원 석방.

5월 20일(화) 맑음

◇ F86기대, 鴨綠江 남쪽에서 적 MIG15기 4대 격추.

◇ 개전이래 지금까지 제5공군기, 적 MIG15기 302대 격추.

◇ 巨濟島 포로수용소에서 폭동, 포로 1명 사망, 경상 85명.

◇ 휴전회담─공산군측, 포로문제로 UN군 측에 대한 비난만 반복.

◇ 李대통령, 서울 시찰.
◆ 미 하원, 14억 1,382만달러의 긴급추가지출안 가결(대부분 한국戰費에 충당).

5월 21일(수) 맑음

◇ 단장의 능선 근방에서 탐색전.
◇ 板門店 동쪽 漣川 북서쪽 및 鐵原~金化간 지역에서 탐색전.
◇ UN군 전차대, 平康 남쪽 金化 북서쪽에 위치하는 적 목표물 공격.
◇ B29, 야간에 新興洞 철교를 폭격.
◇ B29, 兼二浦·咸興을 폭격.
◇ 5월15일~21일간 적 손해(지상전투) 전사 1,127명, 포로 27명, 부상 1,171명.
◇ 申泰英국방장관, 徐珉濠의원 석방은 무죄를 의미하는 것은 아니라고 담화.
◆ 리지웨이장군, 미 상원 군사위원회 비밀회담에서 극동 소련군 증대 등을 증언.

5월 22일(목) 흐림·맑음

◇ UN군, 동부전선 분지대에서 적 중대병력의 탐색공격 격퇴.
◇ UN군 전초부대, 鐵原 북서쪽 진지에서 적의 공격으로 일시 철수했다 재탈환.
◇ 공산군, 야간에 서부전선 UN군 전초진지에 집중 포격.
◇ UN 전폭기대, 平壤지구를 맹폭격.
◇ 개전이래 미군 손해 108,707명. 전사 17,172명, 부상 79,060명, 행방불명 12,475명.
◇ 밴프리트장군, 巨濟島 포로수용소 시찰.
◇ 휴전회담—죠이대표, 휴전회담 성패는 공산군측에 있다고 고별 성명.

5월 23일(금) 맑음

◇ 전 전선에서 탐색활동 뿐.
◇ UN군 전차부대, 중부전선에서 적 전초진지를 분쇄.

◇ UN 공군기대, 平壤·鎭南浦지구 적 군수공업지대를 개전이래 최대 맹폭.

◇ 2일간의 연속 폭격으로 平壤지구 305동의 공장건물 파괴, 15동에 손해.

◇ UN 공군, 동해안의 적 기관차량을 격파.

◇ 제5공군, 17~23일간 손실 10대.

◇ 보트너 巨濟島포로수용소장, 수용소사령부를 강력히 재편성.

◇ 휴전회담-해리슨대표, 4월28일부 UN군측 제안은 최대 양보한 것이므로 不變이라고 성명.

◇ 反民意 국회의원 성토 데모.

◆ 미 육군성, 前 巨濟島포로수용소장 도드와 콜슨 준장 강등.

◆ 미 국무성, 在韓 UN군 16개국에 비공식으로 공산군 신공세 가능성을 10일전에 경고(AP).

5월 24일(토) 맑음

◇ UN군 정찰대, 동부전선에서 적 진지를 공격, 일개 소대 격멸.

◇ B29 공중 요새기대, 咸興조차장을 폭격.

◇ F84 제트기 및 한국 공군 F51 무스탕기대, 新安州·郭山간 철로 공격.

◇ 영국군 및 캐나다군 20개 중대, 경비차 서울에서 巨濟島 도착.

◇ 내무장관에 李範奭씨 임명.

◇ 韓美경제협정 조인.

◇ 慶南·全南北 일대에 비상계엄 선포.

◇ 民衆自決선포대회, 국회에서 오용되고 있는 民權의 반환을 요구.

◆ 한국에서 1년간 싸운 캐나다귀향부대 천명 귀국.

◆ 리지웨이장군, 상원 軍委에서 한국의 상실은 일본과 미국의 안전을 위협한다는 등을 증언. 또 정치적 해결없이 군사력만으로는 종결 불가능하다고 증언.

5월 25일(일) 맑음

◇ 동부전선 분지대 서쪽에서 적 탐색대와 접촉.

◇ UN군, 北漢江 서쪽에서 적의 공격을 격퇴.

◇ UN군 전차부대, 중부전선 삼각지대의 적 진지 계속 공격.

◇ 漣川 북서쪽의 UN군 전초지대에 대한 적 2개중대의 공격 격퇴.

◇ 북한 상공에서 F86기대, 적 MIG15기 4대 격추.

◇ B29 폭격기대, 郭山지구 적 철도시설을 폭격.

◇ 國赤대표 호프만씨·바크 하드씨, 巨濟島 공산군포로대변인 李대좌와 회견.

◆ 中華연합통신, 5월중순의 중공군 군사회의에서 휴전회담 결렬에 대비하여 韓滿 국경에 대부대 배치했다고 보도.

◆ 미, 네바다사막에서 新원자탄 실험.

5월 26일(월) 흐림·맑음

◇ UN군, 漣川 서쪽 전초기지에 내습한 중공군을 격멸.

◇ UN 공군, 平壤·肅川간 적 철로·화차 공격.

◇ UN 전폭기·해병대기·한국군기대, 전선일대의 적 기지 및 보급로를 맹폭.

◇ 휴전회담 한국대표에 李翰林준장 임명.

◇ 巨濟島포로수용소, 현재 한·미·영·그리스·네·캐 6개국군이 경비.

◇ 헌병대, 국회의원 45명 연행.

◆ 리 UN사무총장, 리지웨이장군에 한국전쟁공로로 靑銅훈장 수여.

5월 27일(화) 비·맑음

◇ 鐵原 서쪽 UN군 진지에 대한 공산군의 내습을 격퇴.

◇ 板門店회담장소 동쪽에서 정찰전.

◇ UN 해군, 元山지구 적 포병대 본부 및 북동해안일대를 포격.

◇ B29, 鎭南浦조차장·宣川철교·전선부근 적군 보급소 폭격.

◇ UN 해군 폭격기대 및 水上機편대, 城津 및 북동해안 철도시설 공격.

◇ 휴전회담, 계속 교착상태.

◇ 정부, 국회의원의 공산당 관련사건 공포.

◆ 일본 경찰, 5·1폭동 관련혐의로 한국인 21명 체포.

◆ UN 韓委, 26·7일 회의에서 현 한국 정치문제 토의후 元容德嶺南계엄사령

관의 보고 청취.

◆ 리지웨이 신임歐州통합군최고사령관 파리 도착.

5월 28일(수) 맑음

◇ UN군 전차대, 金化 북쪽 적진을 공격후 귀환.

◇ UN군, 서부전선에서 高浪浦 서쪽의 적 3개진지를 공격.

◇ UN군 정찰대, 적 2개중대와 漣川 북서쪽에서 교전.

◇ UN군 전폭기대, 북한 적 수송목표를 계속 강타.

◇ B29 폭격기대, 熙川 철교를 폭격.

◇ 5월22일~28일간 적 손해 2,197명, 사살 1,102명, 포로 29명.

◇ UN 韓委, 李대통령과 회담하고 체포의원 석방 권고.

◇ 국회, 96대3으로 계엄령 해제 건의.

◆ 영국 처칠수상, 在韓 공산군 병력증강으로 한국사태 심각하다고.

5월 29일(목) 맑음 · 흐림

◇ UN군, 야간에 漣川 북서쪽에서 내습한 중공군을 격퇴.

◇ 금일 적군 대포 · 박격포 발사수 총 7,126발.

◇ UN 공군, 악천후로 활동 저조.

◇ B29 폭격기대, 郭山 · 新義州간 적 주요 군사목표를 공격.

◇ INS가 東京으로부터 입수한 정보, 在韓 공산군의 병력 100만 · 비행기 1,800 대 · 전차 400대로 증강.

◇ 永川포로수용소 폭동.

◇ 李대통령, UN 韓委와 재회담후 28일부 성명에 서면회답을 약속.

◇ 金性洙부통령, 국회에 사표 제출.

◆ 무쵸대사, 워싱턴에서 트루먼에 한국 政情 보고.

5월 30일(금) 맑음

◇ UN군, 동부전선에서 29일 야간부터 공격해 온 적을 새벽에 완전 격퇴.

- ◇ UN군, 北漢江 동쪽 UN군 진지에 진출한 적군을 격퇴.
- ◇ B29폭격기대, 악천후임에도 북한 공산군 수송망을 공격.
- ◇ 미 제5공군 사령관에 바카스소장 신임.
- ◇ 駐韓 영연방군사령관 켓셀소장, 巨濟島 시찰.
- ◇ 국회, 공산당 관련혐의로 체포된 의원을 82대 0으로 석방 가결.
- ◇ 내무부, 대한민국 정부 혁신 전국지도위원회사건 진상 1차 발표.
- ◆ 웨인 모스상원의원, 한국 政情 조사 주장.

5월 31일(토) 맑음

- ◇ UN군, 北漢江 서쪽(金城 남동쪽) 공산군진지를 3면으로부터 공격하고 적 22
  명을 사살.
- ◇ UN군 전차·포병·공병 각 부대, 긴밀한 협동작전으로 北漢江 공산군 구축
  진지 파괴.
- ◇ UN군 탐색대, 板門店 남쪽에서 적과 경미한 충돌.
- ◇ F86기대, 적 MIG기 3대 격추.
- ◇ 극동공군 5월전과 — 적기 격추 39대, 손상 22대, 아군 손실 45대.
- ◇ 밴프리트사령관, 적 병력은 아군의 2배이나 공세 취하지 못한다고 언명.
- ◇ 국회, 金性洙부통령의 사표수리를 80대 0으로 부결.

6월 1일(일) 흐림·맑음

- ◇ UN군, 重砲로 전선배후의 공산군 수송차량부대를 포격.
- ◇ 北漢江 동쪽 UN군 진지에 대한 적의 공격을 격퇴.
- ◇ 漣川 북서쪽에서 중공군의 정찰공격을 격퇴.
- ◇ UN군 폭격기대, 熙川 철도교량을 폭격.
- ◇ 梁山郡 下北面에 공비 내습, 면사무소 등에 방화 하고 도주.
- ◇ 국회, 各派대표 개헌처리 논의.
- ◆ 미, 네바다실험지에서 원자무기실험 실시.

6월 2일(월) 맑음·흐림

◇ UN군 탐색대, 文登里계곡 및 단장의 능선 지구에서 적과 접전.

◇ UN군 전차, 金城 남서쪽 및 平康 남쪽 적 진지를 공격.

◇ B29 공중요새기대, 郭山 철도교량을 폭격.

◇ 미군 1개중대, 巨濟島 중공군포로수용소내의 赤旗 소각.

◇ 클라크사령관, 巨濟島 포로수용소 시찰.

◇ 李대통령, UN 韓委에 한국 政情 해명 서한 발송.

◇ 클라크사령관, 밴프리트장군과 李대통령 방문.

◆ 미 최고재판소, 트루먼대통령의 철강공업접수령에 위헌 판결.

6월 3일(화) 흐림

◇ 鐵原 서쪽 UN군 진지에 대한 적 탐색대의 공격.

◇ 중공군 탐색대, 漣川 북서쪽에서 UN군 전초진지를 공격했으나 실패.

◇ UN군 경폭기 및 전폭격기대, 적 철도·보급로·군사시설 등을 공격.

◇ 보트너 포로수용소장, 포로취급에 강경태도.

◇ 52개 지방의회, 李대통령에게 내각책임제 개헌안 반대결의 전달.

◆ 트루먼대통령, 李대통령에게 친서.

6월 4일(수) 비·맑음

◇ UN군 전차부대, 平康 남쪽 중공군 진지를 공격.

◇ 중부전선에서 UN군 탐색대, 약 40명의 중공군과 교전.

◇ UN군 전폭기대, 북한 공산군 주요 수송망을 폭격.

◇ F86 세이버 제트기대, MIG기 통로에서 적 MIG기 1대 격추.

◇ 미군 제85·96·60보병부대, 포로수용소 돌입, 赤旗 소각.

◇ 한국전선 미군 사상자 수 109,153명.

◇ 클라크사령관, 3일동안 한국시찰후 東京귀환.

◆ 애치슨국무장관, 한국 주재 무초대사가 트루먼대통령 서한 지니고 한국으로 향하고 있다고 언명.

6월 5일(목) 맑음 · 비

◇ UN군 탐색대, 北韓江 서쪽에서 교전.

◇ 板門店 북동쪽에서 UN군 포병대, 적 차량부대를 공격.

◇ 터어키군 부사령관 무리 파밀대령 전선시찰 중 전사.

◇ 보트너포로수용소장, 제네바협정에 기준하여 포로수용소 중 3동에 급식을 중단했다고 발표.

◇ 국회, 공산당 관련의원 징계위서 조사키로 가결.

◆ 무초 駐韓 미 대사, 東京에서 클라크사령관 및 머피 駐日 미 대사와 요담.

◆ 영국 정부, 각의 개최하고 한국문제에 대해 토의.

6월 6일(금) 비 · 맑음

◇ B29 폭격기대, 宣川지구 적 철도교량을 폭격.

◇ F86 세이버 제트기대, 북한 상공에서 적 MIG기 6대 격추, 2대 파손.

◇ 휴전회담-제77차 본회의에서 南日대표, UN군의 포로취급문제에 대해 공개 질문 제시.

◇ 국회, 국무총리 · 국방 · 내무장관 출석시켜 계엄령해제 및 의원 공산당관련 문제에 관해 청취키로 결의.

◇ 무초대사 귀임, 李대통령과 장시간 회담.

◇ 리UN사무총장, 한국문제에 지대한 관심을 갖고 있다는 내용의 서한 李대통령에게 전달.

6월 7일(토) 비 · 맑음

◇ UN군, 鐵原 서쪽에서 주요고지를 탈환.

◇ B29 폭격기대, 熙川 군사철교 및 咸興조차장을 폭격.

◇ 휴전회담-해리슨대표, 공산군측 반대에도 3일간 휴회 선언.

◇ 徐珉濠사건, 고등군법회의 제1회 공판.

◇ 駐韓 프랑스대리공사 보리옹발씨, 李대통령 방문.

◆ 아이젠하워원수, 기자회견에서 평화공세 전개를 언명.

6월 8일(일) 비·흐림

◇ UN군, 鐵原 서쪽에서 적과 교전.

◇ UN군, 高浪浦 북쪽 돌출진지에 대한 공산군의 공격 격퇴.

◇ 미 무스탕 F80·F84 전폭기대, 江界 북쪽 적 목표 강타.

◇ 미 해병대 소속기, 海州근방 상공에서 적 야크전투기 1대 격추.

◇ B29 공중요새기대, 宣川철교 및 南市·定州간 철교 폭격.

◇ 휴전회담-UN군측, 회담을 속개하자는 공산측 제의 거절.

◇ 李대통령, 政情에 관해 담화발표.

◇ 유틀란디아 덴마크병원선, 16개월간의 한국 근무 마치고 귀국.

6월 9일(월) 흐림·맑음

◇ 鐵原 서쪽 UN군 진지에 대한 공산군의 공격 격퇴.

◇ 공산군, 鐵原 및 漣川지구에서 탐색행동.

◇ 漣川 북서지구에서 공산군, UN군 진지에 탐색행동.

◇ 미 해병대소속 전폭기대, 平壤~兼二浦간 철도 공격.

◇ 巨濟島주둔 미군, 포로분산연습 실시.

◇ 밴프리트사령관, 8군은 어떠한 공세도 격퇴할 태세 갖추고 있다고.

◇ 徐의원에 대한 고등軍裁 개정.

6월 10일(화) 흐림·맑음

◇ 7일 아군이 탈환한 鐵原 서쪽 고지에 대한 중공군의 공격 격퇴.

◇ 巨濟島수용포로의 분산 수용 개시.

◇ 이 와중에 미군 1명 피살, 포로 30명 사망, 136명 부상.

◇ 국회, 성원 미달로 유회.

◇ 클라크사령관, 공산군 증강 경고.

◆ 미 국방성, 鴨綠江을 넘어 滿洲내부까지 적기를 추격할 권한이 클라크사령관에게 부여됐다고 언명.

6월 11일(수) 비·맑음

◇ 중공군, 맹렬한 박격포 및 야포의 엄호하에 鐵原 서쪽 전략고지상의 UN군을 공격.

◇ F86 세이버 제트기대, 新義州근방 상공에서 적 MIG기 3대 격추.

◇ 巨濟島 제77수용소에서 17명의 반공포로 시체 발견.

◇ 한국전선 미군 희생자수 109,712명.

◇ 휴전회담-南日대표, UN군의 공산군포로 처우 항의.

◆ 클라크사령관, 日皇 첫 방문.

◆ 알렉산더 영 국방상, 한국에서 공산군에 대항하는 것은 영국의 의무라고 언명.

6월 12일(목) 맑음

◇ UN군 과 공산군, 8일 이래 수차에 걸쳐 대대병력으로 공격과 정찰행동을 계속.

◇ UN군, 동부전선 분지대 북쪽에서 공산군의 공격 격퇴.

◇ 鐵原 북서전략고지 쟁탈전 계속, 전폭기 및 전차의 지원 받은 미군, 공산군과 격전.

◇ UN 군, 漣川 서쪽에서 중공군과 교전.

◇ UN 공군, 鐵原 서쪽 및 海州부근 적 보급소를 폭파.

◇ 巨濟島수용소에서 800명의 반공포로 구출.

◇ 국회, 대통령의 출석요구를 가결.

◆ 알렉산더 영 국방상, 클라크사령관 방문하고 회담.

6월 13일(금) 흐림

◇ UN군 전차대, 平康 남쪽 적 진지 공격.

◇ UN군 지상부대, 공군 엄호하에 맹렬한 공격으로 鐵原 서쪽 2개고지 장악.

◇ 해리슨 UN수석대표, 알렉산더 영 국방상 및 로이드 영 국무상과 회담.

◇ 휴전회담-공산측, UN군측이 중립지대를 침범했다고 비난.

◇ 리 UN사무총장, 한국을 비롯한 각국에 UN집단안보기구 강화에 노력하라고 서한.

◆ 놀랜드 미 상원의원, 한국 政情의 李대통령 입장을 지지.

6월 14일(토) 비·흐림

◇ UN군, 金化 북동쪽 및 金城 북동쪽에서 산발적인 전투.

◇ 鐵原 서쪽 고지에 대한 전차의 지원을 받은 중공군을 격퇴.

◇ 공산군, 鐵原 서쪽에서 14일 오후까지 24시간동안 6,900여발의 포탄 발사.

◇ 漣川 서쪽에서 UN군 전초부대, 적의 소규모 공격 격퇴.

◇ 미 극동공군, 적 MIG기의 야간 전투참가를 확인.

◇ UN 공군, 平壤근방 2개비행장을 공격.

◇ 알렉산더 영 국방상 일행 전선시찰.

◇ 李대통령, 대통령출석을 요구한 12일의 국회 결의에 회신.

◇ 지방의회 대표들, 국회해산 성토 데모.

◆ 일본 巢鴨감옥에 수감중인 한국인 및 대만인 전범자, 석방청원서를 東京지방 법원에 제출.

6월 15일(일) 흐림

◇ 北韓江 서쪽에서 UN군, 중공군의 공격으로 후퇴.

◇ 중공군 1개 대대, 야간에 대포 및 박격포의 엄호하에 鐵原 서쪽 고지에 대해 반격.

◇ UN군 경폭기대, 야간에 일선지대의 공산군 진지를 공격.

◇ 미 제트기대, 적 MIG기 3대 격추.

◇ 알렉산더 영국 국방상, 중부전선 시찰.

◇ 미국측, 한국휴전 가능성을 반반으로 전망.

◇ 新羅會의 발췌개헌안 서명공작 順調.

6월 16일(월) 맑음

◇ 금일 UN군 발사탄수는 18,500발.

◇ 철의 삼각지에서 치열한 포격전, 5일간 중공군 1천명 이상 사살.

◇ 미 제45사단소속부대, 새벽에 철의 삼각지에 대한 중공군 1개 대대의 반격을 격퇴.

◇ 釜山 海雲台 UN군 탄약집적소에서 폭발사고.

◇ 휴전회담-UN측대표, 巨濟島 폭동을 공산측이 지령했다고 비난.

◇ 알렉산더원수, 李대통령과 회담.

6월 17일(화) 맑음·흐림

◇ 중공군, 7일동안 계속한 鐵原 서쪽 고지에 대한 야간공격 중지.

◇ UN군 전폭기대, 전선지대를 계속 맹타.

◇ B26 경폭격기대, 야간에 공산군 진지와 陽德·順川·平壤의 적 보급소를 공격.

◇ 巨濟 공산포로 17,000명, 새 수용소로 이동.

◇ 5월25일~6월17일간 공비토벌 성과-교전 회수 153회, 사살 387명, 생포 44명, 귀순 15명.

◇ 휴전회담-연락장교회담, 포로수용소에 대한 정보 교환.

◇ 리지웨이장군, 한국에서 UN군이 세균전을 행하고 있다는 비난을 단호히 배격.

6월 18일(수) 흐림·맑음

◇ UN군, 文登里계곡 서쪽에서 공산군과 교전.

◇ 金化 북서쪽 UN군 전초진지에 대한 공산군의 공격 격퇴.

◇ 중공군, 金城 남동쪽 UN군 진지 2개소에 대해 공격.

◇ UN군, 板門店 동쪽 적 감시소를 포격.

◇ UN 공군활동, 악천후로 저조.

◇ 미 국방성, 한국전선 미군 희생자수 109,971명이라고 발표.

◇ 휴전회담-해리슨 UN군대표, 4개 공산군포로수용소의 정확한 위치 명시를

요구.

◆ 미 하원 軍委, 소형함정 68척을 일본에 부여할 법안을 가결.

6월 19일(목) 비·흐림

◇ 중공군, 金城 남동쪽 UN군 진지에 대한 새로운 공격에 전차 6대와 750명의 보병 투입.

◇ 鐵原 서쪽 UN군 진지에 대한 적 2개 소대의 탐색공격 격퇴.

◇ 제5공군소속 무스탕기대, 金城 북쪽 공산군 증강지구 공격.

◇ B26 경폭격기대, 平壤~新幕간 및 龍川里~伊川간에서 적 보급차량부대를 공격.

◇ UN민간원조 미제 전차 40대 釜山港 도착, 서울·釜山에 20대씩 배정.

◇ 6명의 의원에 대한 국가보안법위반 군재 개정.

◇ 귀임하는 죠이제독, 회담에서의 공산측 술책 비난.

6월 20일(금) 흐림·맑음

◇ 楊口 북동지구에서 공산군의 탐색공격을 격퇴.

◇ UN군, 金城 남동쪽 전초진지를 고수.

◇ 鐵原 서쪽에서 2차에 걸친 공산군의 탐색공격을 격퇴.

◇ UN군의 엄호작전에 출격한 전폭기대, 鐵原, 金城, 金化 등의 공산군과 야포진지를 공격.

◇ B26 경폭격기대, 熙川지구 철교 및 咸興·鎭南浦조차장을 폭격.

◇ 영국의 黑時界연대 소속 1개대대, 釜山항 도착.

◇ 국회, 공산당관련사건 조사위 구성.

◇ 釜山 국제구락부에서 개최중인 「반독재 호헌대회」 피습.

◆ UN 안보리, 그로스 미대표, 한국의 세균전조사에 國赤대표를 초청하자는 결의안 상정 요구.

6월 21일(토) 흐림

◇ 공산군 1개연대, 포병의 엄호사격하에 鐵原 서쪽 UN군 진지를 공격.

◇ UN군 鐵原 서쪽 진지에 대한 공산군의 치열한 공격을 격퇴하고 적 300명을 사살.

◇ F86 세이버 제트기대, 적 MIG기 2대 격추.

◇ B29 포격기대, 서부 및 중부전선 주요저항선 배후의 공산군 부대 및 보급지역을 야간 폭격.

◇ 제5공군 개전이래 전과 발표－적 MIG기 격추 324대, 미확인 격추 58대, 격파 508대, 프로펠라추진기 격추 148대, 미확인 격추 20대, 격파 85대.

◇ UN군, 15일~21일간 적 1,298명 사살, 1,180명 부상, 30명 생포.

◇ UN군측, 휴전회담에서 포로 강제송환반대.

◆ 北京방송, 미군기가 포로수용소 폭격했다고 비난.

6월 22일(일) 흐림·비

◇ UN군 金城 동쪽에서 공산군의 공격을 격퇴.

◇ UN군, 鐵原 북동쪽의 중공군이 장악하고 있는 6개 馬蹄形 고지 기습.

◇ 호주 流星제트기, 전차 1대를 포함한 적 차량 11대 격파.

◇ UN 공군기대, 일선지구 공산군을 공격코 적 토치카 진지 25개소 등 파괴.

◇ UN군 사령부, 남한출신 민간인 억류자 27만7천명 석방.

◇ 水源~永登浦 통근열차 재개통.

6월 23일(월) 비·흐림

◇ 전 전선에 걸쳐 피아정찰대의 활동 활발.

◇ UN군, 鐵原 북동쪽 중공군 진지에 대한 공격 계속.

◇ 鐵原 북서쪽 上海고지 주변전투 다시 격화.

◇ 지상우군을 긴밀히 엄호하고 있는 UN 해군함정, 동·서 양해안의 공산군 진지를 맹격.

◇ 미 해군함재기, 해병대 항공기, 제5공군 소속 전투기 약 500대, 북한의 水豊 등 5대발전소 대폭격.

◇ 巨濟島수용소, 포로 심사 재개.

◇ 휴전회담제99차 본회담 — 해리슨UN대표, 포로자유송환원칙의 불변을 재강조.

◇ 韓・美 관계당국회의, 앞으로 석방될 2만7천명의 민간억류자는 무조건 귀가시키기로 합의.

◇ 지방대의원들, 의사당 앞서 단식데모.

◆ 알렉산더 영 국방상, 미군 수뇌부와 한국전쟁의 처리에 관해 협의.

6월 24일(화) 흐림・맑음

◇ UN군 탐색대, 鐵原 서쪽에서 중공군과 교전.

◇ UN군 전폭기대, 23일에 이어 水豊을 제외한 4개 발전소 폭격.

◇ UN군 전폭기대, 전 전선에 걸쳐 공산군 부대 및 중포진지를 맹타.

◇ 미 극동 해군, 23일의 폭격에 水豊발전소 외부 90%, 내부 70%가 파괴되어 기능 정지됐다고 발표.

◇ 국방부, 개전이래 2년간의 전과 발표 — 육군 : 적 사살 334,395명, 귀순 2,812명, 전리품 — 전차 212대, 차량 965대, 박격포 1,415문, 로켓트포 731문. 공군 파괴 : 건물 382동, 차량 39대, 화차 7량, 탄약집적소 3개소, 보급소 29개소 등. 해군 : 적 사살 16,808명, 귀순 1,332명 등.

◇ 來韓한 그리스군 참모총장 사카로토스준장, 李대통령 예방.

◆ 영국 하원, 在韓 UN 공군의 水豊발전소 폭격문제로 격론.

6월 25일(수) 흐림・비

◇ 전 전선에 걸쳐 탐색전, 활발히 전개.

◇ UN군 漣川 북서쪽에서 臨津江을 도하한 후 적 진지를 공격.

◇ 高浪浦 북서쪽에서 적의 탐색공격 격퇴.

◇ B29 폭격기대, 兼二浦제철공장을 폭격.

◇ B26 경폭격기대 및 해병대소속기대, 남하중인 적 보급차량부대를 야간 공격.

◇ 23・24일의 발전소폭격에 참가한 항공모함 함재기들, 계속 적 보급지대의

차량과 병력집결지 및 元山 남쪽의 조차장 폭격.

◇ 휴전회담 — 해리슨대표, 南日대표에게 2통의 각서 전달.

◇ 釜山 忠武路에서 6·25 2주년 기념식.

◆ 타스통신, 미군기들의 폭격을 비난.

6월 26일(수) 흐림·비

◇ UN군 보병 및 전차부대, 平康 남쪽 공산군 진지를 공격.

◇ UN군, 서부전선에서 5시간의 격전 끝에 공산군측 1개고지 탈환.

◇ UN군 전폭기대, 三登 철도시설을 공격.

◇ F80 제트기 및 해병대소속 전폭기대, 서부전선 적 지상부대 맹타.

◇ UN 전폭기 약 30대, 북한 赴戰·長津지구 발전소에 대해 3차의 폭격 감행.

◇ F86 세이버 제트기, 적 MIG기 1대격추.

◇ 民衆自決團대표들, 국회의사당 앞에서 단식투쟁.

◇ 알렉산더 영국방상, UN군 부사령관에 영국인 임명을 미국 정부에 요청할 것을 閣議에서 권고.

6월 27일(목) 맑음·흐림

◇ UN군, 포병대와 공군의 엄호하에 鐵原 서쪽 上海고지에서 중공군과 8시간의 격전 끝에 고지 점령.

◇ 전차와 포병 증원 받은 중공군, 上海고지에 대해 야간공격.

◇ UN군 전폭기대, 長津발전소를 공격.

◇ UN군 세이버 제트기대, 新義州 상공에서 적 MIG기 1대 격추.

◇ UN군 전폭기 및 해병대 소속기대, 전선 서쪽에 있는 공산군 보급지구를 공격.

◇ 미 8군 사령부, 巨濟島 포로 47,000명에 대한 재심사 완료.

◇ 韓美경제협정에 의한 한미합동경제위원회 1차회담 개최.

◇ 미·영·프 3국 외상회의, 영국 외무성에서 개최.

6월 28일(토) 흐림 · 비

◇ 중공군 증원부대, 3차에 걸쳐 鐵原 서쪽 上海고지 공격. UN군 이를 격퇴.

◇ 공산군, 폭우 중에 서부전선의 2개 UN군 전초진지를 야간 공격.

◇ B26 경폭격기대, 일선지구 공산군진지를 야간폭격.

◇ UN군 전폭기대, 元山 남쪽 조차장을 공격.

◇ 휴전회담-UN군측, 공산측에 포로수용소 위치의 명시를 요구.

◇ 국회, 金性洙부통령의 사표를 83 : 0으로 수리 가결.

◇ 徐珉濠의원에 사형 구형.

6월 29일(일) 흐림 · 비

◇ UN군, 서부전선 2개 전초진지에 대한 공산군 공격 격퇴.

◇ UN군 경폭격기대, 야간에 공산군 집결소와 진지 공격.

◇ B29폭격기대, 郭山근방 철도교량과 鎭南浦조차장을 공격.

◇ UN군 포로수용소 27,000명의 민간억류자 중 1,700명을 1차로 석방.

◇ 바카스 제5공군사령관, 북한의 13개 수력발전소 완전 파괴했다고 언명.

◇ 蔚山역에서 대폭발 사고.

6월 30일(월) 흐림 · 비

◇ 공산군 1개 대대, 단장의 능선 근방의 UN군 진지를 공격.

◇ UN군, 鐵原 서쪽고지에 대한 공산군의 공격을 격퇴.

◇ UN군, 板門店 남쪽과 漣川 북서쪽의 2개 지점에서 공격.

◇ 李대통령, 국회 폐회식에서 민의에 따라 불원간 국회 해산을 단행할 것이라고 언명.

◆ 애치슨국무장관, 미 공군의 水豊댐 폭격을 영국과 사전 협의하지 않은 것은 실수라고 해명.

◆ 영국 정부, 한국휴전문제와 巨濟島수용소 사건에 대한 백서 발표.

7월 1일(화) 흐림 · 비

◇ UN군 탐색대, 漣川 북서쪽 중공군 진지를 공격.

◇ 미 공군 차관 일행, 제5공군 시찰 후 離韓.

◇ 제93차 휴전회담 본회의, 3일간의 휴회 후 다시 개최.

◇ UN군, 포로송환 전에 송환을 거부하는 포로를 명단에서 제외할 것을 제안.

◇ 제13회 임시 국회 개회식.

◇ 徐珉濠 의원 사건에 대한 嶺南지구 계엄고등군법회의 언도 공판.

◆ UN 안보리, 세균전 토의에 중공과 북한을 참석시키자는 소련 제안을 부결.

◆ 영국 하원, 勞動黨이 水豊댐 폭격문제로 제출한 정부 불신임案 부결.

7월 2일(수) 비·흐림

◇ UN군, 高浪浦 북동쪽 적 고지 공격.

◇ UN공군, 악천후로 활동 극히 저조.

◇ 미 극동공군사령부, 북한의 13개 수력발전소가 기능이 상실됐다고 발표.

◇ 공산군측, 휴전회담 본회의의 24시간 휴회를 요구, UN군 이를 수락.

◇ 임시국회 제1차 본회의, 과반수 미달로 流會.

◆ 브래들리 미 합동참모회의 의장, 水豊 폭격은 트루먼대통령 및 내무·국방성
의 합의하에 결정됨을 시사.

7월 3일(목) 맑음·흐림·비

◇ UN군, 金化 남서쪽 공산군 진지 공격.

◇ UN군, 板門店 동쪽 적 진지 공격.

◇ 미 해군 함재기, 북한 虛川 제2·제3 및 富寧의 3개 발전소 폭격.

◇ 李대통령, 밴프리트장군과 제주도 육군 훈련소 시찰.

◇ 제94차 휴전회담, 포로문제에 관한 UN군의 제안에 공산군이 찬의 표명.

◇ UN군, 3만 5천명의 포로를 4개 섬에 분산수용.

◇ 제13회 임시국회, 119의원 참석하에 개회.

7월 4일(금) 흐림

◇ UN군, 鐵原 서쪽 진지를 공격하는 중공군을 격퇴.

◇ UN공군, 朔州의 북한 사관학교를 폭격.

◇ UN공군, 鴨綠江 水豊발전소 남동쪽 상공에서 적 MIG15 제트기 12대 격추.

◇ 미 극동공군 사령부, C124 수송기의 한국 배치를 발표.

◇ 국회 본회의, 발췌개헌안을 재적 166명 중 163대 0으로 가결.

◇ 李대통령, 미국 독립기념일 축전.

◆ 클라크 UN군 사령관, 독립기념일 메세지에서 미국과 UN군은 민주주의원칙 수호 위해 한국에서 싸운다고 강조.

7월 5일(토) 흐림·맑음·흐림

◇ 전 전선에서 산발적인 교전.

◇ 미 세7기동함내, 元山港을 7시간 맹포격.

◇ 제96차 휴전회담, 비공개리에 포로교환문제 토의.

◇ 李대통령, 발췌개헌안 통과에 담화발표.

7월 6일(일) 맑음

◇ 전 전선 소강상태.

◇ UN군 탐색대, 板門店 동쪽에서 중공군 10명 사살.

◇ 터어키 및 태국군, 釜山港 상륙.

◇ 全南 계엄사령부, 南原~裡里간 철도 운행 중지를 지시.

7월 7일(월) 흐림

◇ 공산군, 소련제 T34형 전차 14대의 엄호 받으며 金城지역 UN군을 야간 공격.

◇ 巨濟島 포로수용소 당국자, 28명의 포로 도망, 그 중 18명 체포했다고 발표.

◇ 웨인·스미스준장, 在韓 미 제7사단장으로 취임.

◇ 정부, 국회의 의결로 확정된 헌법개정안 공포.

◇ 국무회의, 개정헌법에 의거한 대통령·부통령 선거법안을 의결.

◆ 미 共和黨 전당대회 개막.

◆ 맥아더원수, 共和黨 전당대회에서 트루먼 행정부의 실책을 통렬히 비판.

7월 8일(화) 비

◇ UN군 공격부대, 北漢江 서쪽 적 고지를 탈환.

◇ UN군, 金城지역에 대한 공산군의 반격을 격퇴.

◇ UN군 전폭기대, 북한 長津江 제2발전소 재폭격.

◇ UN군 전폭기대, 新安州 철도시설을 공격.

◆ 영국 순양함, 한국전쟁에 참전키 위해 포츠머드港을 출항.

7월 9일(수) 흐림 · 비

◇ UN군 공격부대, 高城남쪽 공산군 진지를 종일 공격.

◇ UN군, 중공군의 공격으로 北漢江 서쪽 고지에서 철수.

◇ UN군 함재기대, 공산군의 소함정 15척 격침.

◇ 미 국방성, 한국전에서 희생된 미군 총수 112,128명이라고 발표.

◇ 論山 제16 포로수용소에서 포로간에 충돌, 24명 부상.

◇ 李대통령, 徐珉濠사건 재심 명령.

◆ 北京방송, UN군이 1만5천의 중공포로 전원을 석방하면 휴전성립 가능하다고 보도.

◆ 길패트릭 미 공군차관, 한국에 파견중인 F84 선더 제트기는 원폭 탑재 가능하다고 밝힘.

7월 10일(목) 비 · 흐림

◇ UN군, 平康 남쪽의 공산군 진지를 공격.

◇ UN군, 鐵原 북서쪽 3개 고지 탈환.

◇ UN해군기, 興南조차장 폭격.

◇ B29, 陽德조차장을 야간공격.

◇ 니콜스 UN군측 대표, 휴전성립 가능성이 짙다고 언명.

◇ 국회, 의장에 申翼熙, 부의장에 曺奉岩 · 尹致暎 선출.

7월 11일(금) 비

◇ UN공군, 平壤·黃州·沙里院지구의 군사시설에 개전 이래 최대규모의 맹폭.

◇ B29 폭격기대, 平壤·咸興·兼二浦·新幕 등 북한 보급기지에 대규모 야간 폭격.

7월 12일(토) 흐림·비

◇ UN군, 高城 남쪽 주요고지 탈환 위해 북한군과 교전.

◇ 平壤방송, UN공군의 대폭격으로 주민 6천여명 사망했다고 비난.

◆ 콜린즈 미 육군 참모총장, 한국 향발

7월 13일(일) 흐림·맑음

◇ 동부전선 高城 남쪽 고지 쟁탈전 계속.

◇ UN군, 板門店 동쪽에서 적 탐색대와 교전.

◇ UN공군, 高城 남쪽 고지를 공격.

◇ F84 제트기대, 海州지구 레이더 시설 폭격.

◇ B29, 高原 조차장 야간 폭격.

◇ 콜린즈 미 육군 참모총장, 클라크 사령관과 내한.

◇ 휴전회담, 포로문제를 계속 토의.

◇ 慶南 陜川 海印寺에 공비 내습.

◆ 그로스 UN 미 대표, 한국에 있는 공산포로 중 10만 이상이 북한송환을 결사 반대한다고 보고.

7월 14일(월) 비

◇ UN군, 高城 남쪽 고지를 재탈환.

◇ UN군, 鐵原 북쪽에서 적과 교전.

◇ UN군 폭격기대, 지상군을 엄호하여 철의 삼각지대에서 동해안에 이르는 적 전선 강타.

7월 15일(화) 비

◇ UN군, 高城 남쪽 고지 공격.

◇ 적, 전차 지원하에 金城 남동쪽 UN군 진지를 공격.

◇ UN군 보병부대, 전차대 엄호하에 鐵原 북쪽 적 고지 공격.

◇ B29, 咸興 조차장 폭격.

◇ 콜린즈 미 육군 참모총장, 李대통령 방문하여 요담.

◇ 국회, 대통령·부통령 선거법안 통과.

7월 16일(수) 비

◇ 아군, 金城지역을 공격하는 적을 격퇴.

◇ 적, 板門店 남쪽과 高浪浦 북쪽에서 경미한 탐색전.

◇ MIG기 1대 격추.

◇ UN측 연락장교, 미 공군이 포로수용소를 폭격했다는 공산측의 주장을 부인
하는 각서 전달.

7월 17일(목) 비

◇ UN군, 平康 남쪽의 적을 공격.

◇ UN군, 鐵原 북동쪽 공산군 진지 공격.

◇ 鐵原 서쪽에서 전차전 전개.

◇ 제4회 제헌절 경축식 거행.

◇ 李대통령, 제헌절 기념사에서 헌법개정을 시사.

◇ 공비 소탕을 위해 全北 茂州郡에 비상계엄.

◇ 페크테리 미 해군 작전부장, 브리스코 미 극동해군 사령관과 서울 도착.

◆ 미 국무성 대변인, 인도가 한국의 휴전문제를 교섭중이라고 발표.

7월 18일(금) 비·흐림

◇ UN군, 鐵原 서쪽 不毛고지에서 공산군 격퇴.

◇ 페크테리 미 해군 작전부장, 元山지구 작전 시찰.

◇　UN공군, 악천후로 활동이 최소한으로 저하.

◆　보루즈 駐인도 미 대사, 미국은 네루수상의 한국휴전 조정을 환영한다고 언명.

7월 19일(토) 비

◇　UN군, 공산군의 맹렬한 저항을 물리치고 不毛고지의 일부분 탈환.

◇　미 제77기동함대 함재기, 長津 제1·제3 수력발전소 폭격.

◇　漢江철교 개통식.

7월 20일(일) 비·흐림·맑음

◇　UN군, 金城 부근에서 적과 충돌.

◇　적, 不毛고지 정상을 계속 고수.

◇　UN군, 不毛고지에 8회에 걸쳐 반격.

◇　UN군 전폭기대, 鐵原 서쪽 不毛고지 공격.

◇　UN군 세이버 제트기 34대, 新義州 상공에서 MIG기 50대와 교전, 2대 격추.

7월 21일(월) 맑음

◇　UN군 탐색대, 金化·金城간 도로를 탐색중 적과 충돌, 적 50명 사살.

◇　UN군 지상공격부대, 장시간의 전투 끝에 不毛고지 탈환.

◇　UN공군·해군 소속기, 不毛고지 지상 아군 지원.

◇　미 공군 B29, 長津 제2 수력발전소 폭격.

◇　제14차 휴전 비밀회담, 20분만에 종료.

◇　李대통령, 重石弗사건 관련자 엄단 담화.

◆　미 民主黨 전당대회 개막.

7월 22일(화) 맑음

◇　UN 탐색대, 鐵原 서쪽 고지에서 적을 공격.

◇　중공군, 不毛고지 정상을 다시 장악.

◇ UN군 전폭기, 不毛고지에서 적의 포 진지 13개소를 파괴.

◇ B29 폭격기대, 興南을 폭격.

◇ UN공군, 平壤~三登 사이에 시멘트공장 폭격.

◇ 李範奭 내무·李允榮 무임소장관, 사표 제출 후 부통령 입후보.

◇ 전국 민중자결단 대표. 李대통령의 재출마 간청.

◇ 京釜線에 공비 내습.

7월 23일(수) 맑음

◇ 서부전선 不毛고지 전투 평온, 산봉우리는 계속 중공군이 장악.

◇ UN공군, 18일 이후 不毛고지 탈환전에서 공중 엄호.

◇ UN군 경폭격기대, 元山 남쪽 오사리의 공산군 보급품 저축소를 파상공격.

◇ 육군 참모총장, 李鍾贊중장에서 白善樺중장으로 경질.

◇ 미 국방성, 한국전선 미군 희생자 총수 113,363명이라고 발표.

◇ 제16차 휴전회담, 비밀회의 7분만에 산회.

◇ 韓·美 합동경제위원회 제2차 회의 개최.

◇ 新羅會, 李대통령 재출마 간청.

7월 24일(목) 맑음

◇ 전 전선에 걸쳐 전투 경미.

◇ 적 탐색대, 北漢江 서쪽 UN군 진지를 탐색공격.

◇ UN군 포병, 不毛고지의 적 전차 공격.

◇ 공산군 1개 소대, 汶山 서쪽 UN군 전초진지를 탐색.

◇ B29 폭격기대, 陽德·元山 폭격.

◇ UN군 항공대, 熙川~江界사이의 철교를 격파.

◇ 金泰善씨, 내무장관에 취임.

◆ 미, 35일간의 철강파업 해결.

7월 25일(금) 맑음

◇ UN군, 漣川 북서지구에서 적 1개 중대를 격퇴.

◇ 미 제2사단 소속 프랑스군, 丁型고지를 공격하는 중공군을 격퇴.

◇ B29, 高原 조차장 폭격.

◇ 8군 사령부, 鐵原 서쪽 不毛고지 쟁탈전에서 격전 중인 부대는 미 제2사단이
라고 발표.

◇ UN군 사령부, 18회에 걸친 포로교환 위한 비밀회담이 성과 없이 끝났다고
발표.

◇ 任永信여사, 부통령 출마 발표.

7월 26일(토) 맑음 · 흐림 · 맑음

◇ 적, 鐵原 서쪽 丁型고지 포격.

◇ UN공군, 북한서방의 악천후도 활동세악.

◇ 제113차 휴전회담 공개회의, UN군측은 휴전협정 초안 위한 참모장교회의 개
최에 동의.

◇ 李承晩박사, 차기 대통령 출마 승낙.

◆ 미 民主黨대회, 스티븐슨을 후보로 결정.

7월 27일(일) 비

◇ 전 전선에 호우. 전투는 탐색전과 소규모 포격전 양상.

◇ 적, 서부 · 중부전선에서 경미한 탐색활동.

◇ 적 MIG기, 鎭南浦 상공에서 영국 함재기 3대 파괴.

◇ 論山 포로수용소, 포로간의 충돌로 사상자 8명 발생.

◇ 蜂岩島 포로수용소, 미군 장교 및 북한 억류인 각 1명 중상.

7월 28일(월) 맑음 · 흐림 · 맑음

◇ 전 전선에 접전 거의 없음.

◇ 적, 金城 · 漣川 · 汶山 부근에서 탐색공격.

◇ 중공군 탐색대, 不毛고지 동남단 UN군 진지 공격.

◇ 휴전회담 참모장교 회의, 협정 초안 토의 계속.

◇ 대통령선거의 자유분위기 조성 위해 일부지역 비상계엄 해제.

◆ 미 공군, 비행접시 정체 규명에 전력하겠다고 발표.

◆ 그리이스·불가리아 국경 분쟁.

7월 29일(화) 비·맑음

◇ UN군, 漣川과 板門店 사이에서 적의 탐색공격 격퇴.

◇ B29, 악천후 무릅쓰고 지상 우군 지원.

◇ 기타지역, 소규모 탐색전.

◇ 李대통령, 통신시설 운영과 정비에 공헌한 미 제8226부대 표창.

◇ 휴전회담, 참모장교회의 계속.

7월 30일(수) 흐림

◇ 폭우로 지상전투 접촉 경미.

◇ UN군, 漣川 서쪽에서 적 공격 격퇴.

◇ UN 전폭기대, 전선 일대의 적 중요거점 공격.

◇ 오끼나와기지의 B29 66대, 북한의 경금속공장 야간 폭격.

◇ 李대통령, 외국기자 회견에서 휴전협상의 시한을 정하라고 요구.

◇ 북한 출신 민간인 억류자 5백명, 제3차로 석방.

◇ 외무부, 公海上에서 발생한 일본 경비선의 한국어선 불법검색에 대해 일본정
부에 항의.

7월 31일(목) 비

◇ UN군, 鐵原 서쪽 不毛고지 공격.

◇ 적, 漣川 북서쪽 UN군 진지 공격.

◇ B29, 악천후 무릅쓰고 중부전선의 적 진지 폭격.

◇ UN군 경폭격기대, 서부전선의 지상군 지원.

◇ 밴플리트 사령관, 서부전선 不毛고지 시찰.

◆ 맥아더 사령관, 대통령 선거에 관여하지 않겠다고 언명.

8월 1일(금) 맑음

◇ UN군 보병부대, 8시간의 격전 끝에 鐵原 서쪽 不毛고지 재탈환.

◇ UN군 F86 제트기 32대, 적 MIG기 60대와 공중전, 적기 3대 격추 2대 파손.

◇ 미 F84 선더 제트기 1개 연대, 在韓 UN공군 증강 위해 추가 배치.

8월 2일(토) 흐림

◇ UN군 탐색대, 鐵原 북쪽에서 적 52명 사살.

◇ UN군, 不毛고지에 대한 적의 반격 격퇴.

◇ 아군 포병 및 항공대, 不毛고지 북쪽의 중공군 진지에 포격 계속.

◇ 미 함재기대, 長津 부근의 변전소 폭파.

◇ UN군 사령부, 한국 후방지역 사령부 신설.

◇ 휴전회담 참모장교회의, 휴전협정 용어 의견일치 위해 노력을 계속.

◇ 李대통령, 부통령 후보 지명한 일 없다고 언명.

◆ 트루먼 대통령, 對독일 평화협약에 서명.

◆ 적십자 총회, 소련의 원자탄 사용 금지안 부결.

8월 3일(일) 흐림·맑음

◇ UN군 보병부대, 金城 남쪽 진지에서 적의 공격 받고 후퇴.

◇ UN군, 漣川 전초진지에 적의 공격받았으나 격전 끝에 진지 고수.

◇ UN 함재기대, 長津 저수지·虛川·元山을 폭격.

◇ B29, 전 전선의 적 진지에 공격 계속.

◇ 李範奭씨, 부통령에 입후보.

8월 4일(월) 맑음·흐림

◇ UN군, 文登里 계곡 전초진지에 대한 적의 공격 격퇴.

◇ UN군, 不毛고지를 공격하는 공산군 공격을 격퇴.

◇ 제5공군 전폭기대, 平壤 북동쪽 북한 공산군사령부를 2회에 걸쳐 맹폭.

◆ 일본 요시다 수상, 불법 입국자 한국으로 강제 추방 언명.

8월 5일(화) 비·흐림

◇ UN군, 적의 야간공격을 받고 北漢江 서쪽 진지에서 후퇴.

◇ UN군, 不毛고지 진지 강화.

◇ UN 함재기대, 북한 동해안의 발전시설 공격.

◇ F84 선더 제트기대, 海州 공격중 적 MIG기와 교전, 적기 1대 격추.

◇ B29, 檜倉 금광을 폭격.

◇ 제5공군 사령부, 북한 78개 도시 주민에게 폭격예정지역에서 대피하라고 경고.

◇ 대통령선거, 평온하게 종결.

◆ 아이젠하워 공화당 대통령 후보, 선거공약 발표.

◆ 이집트 정부, 약 2백억달러 되는 前王의 재산 몰수.

8월 6일(수) 흐림·맑음

◇ UN군, 5일 철수한 北漢江 전초진지 재탈환.

◇ 국군, 北漢江 서쪽 전초기지에서 공산군과 수류탄전 전개, 야간에 철수.

◇ UN공군, 黃州 일대의 군사목표 폭격.

◇ 미 F86 세이버 제트기, 공중전에서 적 MIG기 6대 격추, 2대 파손.

◇ 北京방송, 중공이 처음으로 국산 기관차 제작했음을 발표.

8월 7일(목) 맑음

◇ 국군 보병부대, 北漢江 서쪽 首都고지 전초진지를 야간공격하는 중공군 격퇴

◇ 張澤相 총리와 自由黨 관계 악화.

◇ 멕그레고 의원 일행, 한국 구제부흥 계획조사 및 전선시찰차 내한.

8월 8일(금) 맑음

◇ 국군, 北漢江 서쪽 金城 남동쪽 首都고지를 공격하는 중공군을 격퇴.

◇ UN 항공대, 首都고지 북쪽 중공군 진지 공격.

◇ F86 세이버 제트기대, 공산군 MIG기 4대 격추, 5대 격파.

◇ B29, 元山 남쪽 15마일 지점의 高山조차장 폭격.

◇ 휴전회담, 해리슨 UN군 수석대표, 연락장교회의를 통해 북한측에 서한 전달

◇ 李대통령, 미 8군에 감사장 수여.

◇ 대통령·부통령 선거 완료. 투표율 86%.

◇ 李承晩박사, 523만표로 대통령에 재선, 부통령에는 咸台永씨 당선.

8월 9일(토) 맑음

◇ 국군 수도사단, 중부전선 北漢江 서쪽 고지 전투 계속.

◇ 적, 北漢江 서쪽 고지 전투에서 1만 3천발의 포탄 발사.

◇ UN군, 서부전선 板門店 동쪽 고지에서 전투 계속.

◇ 영국 함재기대, 38선 지역에서 MIG기 1대 격추.

◇ F86 세이버 제트기, 북한 상공에서 MIG기 1대 격추.

◇ UN공군, 沙里院비행장 공습.

◇ 李대통령, 국민의사에 순종할 따름이라고 재선 소신 피력.

8월 10일(일) 맑음

◇ 국군, 北漢江유역을 공격하는 중공군 반격을 물리치고 고지 고수.

◇ 板門店 동쪽 고지 쟁탈전 치열.

◇ 미 제180연대 소속 종군목사에게 銀星훈장 수여.

◇ 李대통령 및 밴장군, 1천1백명의 민간 억류자 석방식에 참가.

◆ 클라크 장군, 李대통령에게 재선 축하 메세지.

8월 11일(월) 맑음

◇ 중부전선 首都고지 및 서부전선 不毛고지 전투는 비교적 경미.

◇ 미 해병대, 板門店 동쪽 전초기지에 공격 계속.

◇ 국군 해병대, 汶山 서쪽에서 중공군과 교전.

◇ UN 해군사령부, 적과의 전투에서 미 구축함 2척, 영국 함정 1척 피해 받았음을 발표.

◇ F86 제트기, 적 MIG 15기 1대 격추, 1대 격파.

◇ 巨濟島 포로수용소 폭동, 38명 부상.

8월 12일(화) 맑음

◇ 미 해병대, 板門店 동쪽 벙커고지 탈환.

◇ 미 해병대, 치열한 전투 후 시베리아고지 장악.

◇ 벙커고지의 미 해병대, 중공군의 반격 격퇴.

◇ B26 경폭격기대, 海州·延安·載寧 부근의 적 집결소 공격.

◇ 미 해병사령부, 在韓 제1 해병사단장에 고록스 사단장 임명.

◇ 클라크장군 부처, 李대통령 취임식 참석차 서울 도착.

8월 13일(수) 맑음

◇ 미 해병대, 板門店 동쪽 벙커고지를 공격하는 중공군을 아군의 지원하에 격퇴.

◇ 시베리아고지에 있는 중공군, 벙커고지에 기관총 사격.

◇ 공군, 시베리아 고지의 중공군 맹공격.

◇ 미 국방성, 미군 희생자 114,685명이라고 발표.

◆ 미 정부, 무쵸 駐韓 미 대사를 UN 신탁통치이사회 미 대표에 임명.

8월 14일(목) 맑음

◇ 클라크 사령관, 大邱 육군본부를 방문.

◇ 웨이랜드 UN 공군사령관, 在韓 UN공군력이 현저히 강화되었음을 언명.

◇ 平壤방송, 광복절 기념식에서 金日成이 공평타당한 휴전협정 성립을 희망했

다고 보도.

8월 15일(금) 맑음·흐림

◇ 미 해병대, 벙커 고지에 대한 중공군의 제5차 공격을 물리침.

◇ 벙커 고지의 미 해병대, 제6차 공격을 분쇄.

◇ UN공군, 平壤 남쪽 적 보급기지인 中和를 경고 폭파.

◇ 대통령 취임식 및 광복절 기념식, 중앙청에서 거행.

◆ 중공, 북한원조 다짐.

◆ 트루먼 대통령, 대한민국 수립 4주년 축하 메세지.

8월 16일(토) 흐림·맑음·흐림

◇ 벙커고지, 공방전 치열.

◇ 제5공군, 鎭南浦 북서쪽 공산군 사령부 및 병력 집결지 폭격.

◇ 캐나다 정부, 캐나다 군인 인명 피해 932명이라고 발표.

◆ 스티븐슨 民主黨 후보, 트루먼 정책 비난.

◆ 리 UN 사무총장, 한국전쟁의 군사적 승부 가리기 힘들다고 언명.

8월 17일(일) 흐림

◇ UN군, 文登里 서쪽 전초진지를 공격하는 적을 격퇴.

◇ 적, 벙커고지 공격 중단.

◇ 미 제2사단 헬리콥터, 전선에 소독약 살포.

◇ 미군 사령부, UN군 부대의 소속 보도 금지한다고 발표.

◇ 申性模 전 국방장관, 일본에서 귀국.

8월 18일(월) 비·흐림

◇ 날씨 관계로 전선활동은 최소화.

◇ B29, 新義州 적 탄약공장 폭격.

◇ 태풍, 중부지방에 내습.

8월 19일(화) 맑음 · 비

◇ 전 전선 소강상태.

◇ 적, 벙커고지에 소규모 공격.

◇ B29, 鎭南浦조차장 폭격.

◇ 제116차 휴전회의 본회담, 1주일 휴회 결정.

◇ 세계 보건기구 시찰단, 내한

8월 20일(수) 흐림 · 맑음

◇ 지상전투, 소규모의 산발적 전투.

◇ 미 구축함, 城津을 포격 중 적에게 피격, 13명의 사상자 발생.

◇ UN공군, 平壤부근의 적 보급품 집적소 공격.

◇ UN군 세이버 제트기, MIG기와 5차례에 걸친 공중전에서 MIG 1대 격추.

◇ 李대통령, 중부전선 시찰.

◇ 申 前국방장관 白善燁 육군 총참모장, 釜山 시찰.

◆ 스탈린, 周恩來와 회담 시작.

8월 21일(목) 흐림

◇ 지상전투 비교적 평온.

◇ B29, 적 군수품 집결지 咸興 폭격.

◇ UN공군, 沙里院 북한 시멘트 공장 폭파.

◇ 居昌사건 관련 申性模씨, 불기소 입건.

8월 22일(금) 비

◇ 전투는 탐색전 정도에 그침.

◇ B26, 安岳 보급지역 공격.

◇ 무쵸 駐韓 미 대사, 미 7함대의 元山 포격 참관.

◇ 국회, 지방분여세법 통과.

◇ 대통령 저격사건 피고 金始顯에 대한 1회 공판.

8월 23일(토) 비

◇ 전선에 폭우. 전투는 탐색전 양상.

◇ B29, 平壤 근처 적 보급품 집적소 폭격.

◇ B29 폭격기대, 新義州 적 집결지를 폭격.

◇ 미 8군 사령관, 18일의 홍수로 미군 80명 익사했다고 발표.

◇ 巨濟島수용소, 포로 소요로 1명 사망 12명 부상.

8월 24일(일) 비

◇ 악천후로 전선 계속 소강상태.

◇ B29, 水豊조차장 폭격.

◇ 육군 보병학교 제8기 병기사관 후보생 졸업식 거행.

◆ 北京방송, UN군의 북한에 대한 군사적 압력은 휴전교섭과는 무관하다고 보
도.

8월 25일(월) 비

◇ 폭우로 전투 경미.

◇ 중공군, 板門店 동쪽 벙커고지에 정찰공격 개시.

◇ 국회, 重石弗 문제 특별조사위 보고.

◇ 李대통령, 서울 재건에 관한 담화.

◆ 아이젠하워 대통령 후보, 미국은 강력한 군사력으로 평화 지켜야 한다고 주
장.

8월 26일(화) 맑음

◇ 벙커고지에서 치열한 공방전.

◇ B29, 平壤 부근 보급품 집적소 공격.

◇ B26, 北青 및 江東 폭격.

◇ 張 국무총리, 국회에서 重石弗사건 철저히 규명하겠다고 답변.

8월 27일(수) 맑음·비

◇ UN군 공격부대, 北漢江 동쪽에서 중공군과 교전.

◇ 金城 지역에서 탐색전.

◇ UN공군, 瑞興 경고 폭격.

◇ UN 폭격기대, 新安州·宣川간의 교통로 및 시설 폭격.

◇ 제117차 휴전회담, 회담 시작 33분만에 1주일 휴회 결의.

◆ 마리크 UN 소련대표 사임, 후임에 소련 외무차관 초오린.

8월 28일(목) 흐림

◇ 전선 평온.

◇ UN공군, 海州 공격.

◇ 영 함재기대, 서해안 鎭南浦 공격.

◇ 보트너 UN군 포로수용소장, UN군은 제네바협정을 준수한다고 발표.

◇ 국회, 회기 연장을 가결.

◆ 트루먼 대통령, 한국전의 평화적 해결 강조.

◆ 크레믈린 수뇌, 周恩來와 회담 계속.

8월 29일(금) 비·흐림

◇ 전선은 소강상태.

◇ UN공군, 경고 후 연 1,400대를 동원 平壤 및 주변의 군사목표를 대폭격.

◇ B29, 長津발전소 폭격.

◇ F86 세이버 제트기, 2차에 걸친 공중전에서 MIG 15 제트기 1대 격추, 2대
   격파.

◇ 미 해군 당국, 지난 27일 미국 함정이 興南해상에서 기뢰에 접촉 침몰되었다
   고 발표.

◇ 정부, 국무위원 경질.

◇ 李대통령, 金내무장관을 서울시장에 임명한 것에 관한 담화.

◆ UN 미 대표, 한국 휴전 후에도 군대 주둔시킬 것을 시사.

8월 30일(토) 흐림

◇ F86 제트기 79대, MIG기 1백대와 공중전, MIG기 5대 격추, 11대 격파.

◇ B29, 平壤 보급소 폭격.

◇ 巨濟島 포로수용소 포로, 경비병과 충돌 16명 부상.

◇ 국방부, 釜山지구에서 병역기피자 989명 적발.

◇ 在日 한국 거류민단, 釜山에 출장소 개설.

◆ 미 극동사령부, 한·미 합동경제위원회 수석대표 경질.

8월 31일(일) 흐림·맑음

◇ UN군, 板門店 동쪽 벙커고지를 공격하는 중공군 격퇴.

◇ B29, 平壤 근방의 공산군 연대본부 공격.

◇ 미 제5공군 8월 전과, MIG 15세트기 32대 격추, 45대 격파, UN군 상실 25대.

◇ 극동사령부, UN군 포로수용소 사령관을 카드웰대령으로 교체.

◇ 李대통령, 鎭海 해군사관학교 6기생 졸업식 참석.

◇ 平壤방송, 29일의 UN공군의 대폭격으로 중단된 방송 재개.

◆ 北京방송, 9월 北京에서 개최될 아세아 태평양지구 평화회의에서 한국문제 토의 시사.

9월 1일(월) 비

◇ UN 공격부대, 高城 남쪽 적 진지 공격.

◇ UN군, 鐵原 서쪽 不毛고지를 공격하는 공산군을 격퇴.

◇ 중공군, 벙커고지를 탐색 공격.

◇ B26, 동해안의 新倉을 폭격.

◇ UN 함재기대, 阿吾地정유소 및 茂山철광 대폭격.

◇ F86 세이버 제트기 62대, MIG15 제트기 58대와 공중전. 적기 2대 격파.

◇ 국회, 지방세 개정법률안 통과.

◇ 대한 군경원호회 창립 1주년 기념식 거행.

◆ 北京방송, 아세아·태평양지역 평화회의에 미 대표 참석 권유.

9월 2일(화) 비

◇ UN군, 北漢江 동쪽 전초기지 공격하는 중공군 격퇴.

◇ UN군, 不毛고지 공격하는 중공군 격퇴.

◇ 중공군, 벙커고지 및 시베리아고지의 UN군을 탐색.

◇ UN군 전폭기대, 新義州비행장 공격.

◇ 南日 공산군 수석대표, 巨濟島 포로수용소 사건에 항의각서 전달.

◇ 李대통령, 일본 밀항자 철저히 단속하라고 지시.

◆ 스탈린, 毛澤東과 對日전쟁 승리 7주년 메세지 교환.

9월 3일(수) 비

◇ 적, 소규모 탐색 공격.

◇ B29, 長津발전소 폭격.

◇ 뇌염으로 각급학교 휴교.

◇ 대통령 저격사건 결심공판, 金始顯과 柳時泰에게 사형 구형.

9월 4일(목) 맑음·흐림

◇ 중공군, 板門店 동쪽 벙커고지 계속 탐색공격.

◇ F86 세이버 제트기대, 북한 상공에서 MIG15기 11대 격추, 1대 격파.

◇ 駐韓 영연방군 신임 사령관 웨스트 소장 도착.

◆ 케이시 호주 외상, 호주는 한국에서의 UN의 입장을 지지한다고 의회에서 언명.

9월 5일(금) 흐림·비

◇ UN군, 漣川 서쪽 진지에 대한 중공군 공격 격퇴.

◇ 미 해병대, 벙커고지에 내습한 중공군을 백병전으로 격퇴.

◇ B26·B29, 北青 및 咸興을 폭격.

◇ UN군 전폭기대, 新興里 군수공장을 폭격.

◇ 밴 장군, 한국에서의 공산게릴라 활동이 현저히 줄었다고 언명.

◇　UN공군, 공중전에서 MIG기 3대 격추, 7대 파손.

9월 6일(토) 비·맑음

◇　UN군, 동부전선 沙汰里 동쪽 진지를 공격하는 적 격퇴.
◇　중공군, 北漢江 서쪽 首都고지 공격.
◇　UN군, 벙커고지에서 철수.
◇　미 77기동함대 함재기, 元山·興南·端川 등을 맹폭격.
◇　UN공군, 高原 부근의 적 제5군단 사령부 폭격.
◇　B29, 平壤의 공업지대 및 보급시설 폭격.

9월 7일(일) 비·바람

◇　적, 전선 일대에 24시간에 걸쳐 반격실시, 3만5천발을 쏘며 개전 이래 최대 포격.
◇　UN군, 치열한 전투 끝에 首都고지 탈환.
◇　서부전선, 벙커고지에서 격전 중.
◇　F86 세이버 제트기, 鴨綠江 부근 공중전에서 MIG15기 6대 격추.
◇　무쵸 미 대사, 李대통령에게 離任 인사.

9월 8일(월) 비

◇　국군, 首都고지에서 적과 일진일퇴.
◇　F86 세이버 제트기, 新義州 및 水豊 상공에서 MIG기 2대 격추, 5대 격파.
◇　B29, 陽德 폭격.
◇　卞榮泰 외무장관, 한·일회담 재개 용의 표명.

9월 9일(화) 비·흐림·맑음

◇　UN군 항공대 및 포병대, 首都고지 공산군 진지 맹타.
◇　국군, 야간 육탄전으로 首都고지 탈환.
◇　UN공군, 朔州의 북한군 사관학교 재차 공격.

◇ F86 세이버 제트기, 북한 상공에서 적 MIG기 7대 격추, 10대 파손.

9월 10일(수) 흐림·비

◇ 국군, 首都고지에 대한 적 공격 격퇴.

◇ UN 함재기대, 赴戰 및 長津발전시설을 공격.

◇ UN공군, 金城 및 首都고지 일대의 적 진지 공격.

◇ 미 하원 군사위원회 일행, 전선시찰 후 UN군의 탄약결핍은 심각한 정도는 아니라고 발표.

◆ 그룬서 NATO사령관, 전쟁 없이 동구권 해방은 불가능하다고 언명.

9월 11일(목) 비·흐림

◇ 국군, 격전 끝에 首都고지를 공격하는 적 격퇴.

◇ 공산군, 首都고지에 매분 30발 정도로 포격.

◇ 중공군 1명, 板門店 중립지대에서 투항.

◇ UN군 참모차장 슈우스미스 영국 소장, 전선시찰차 내한.

9월 12일(금) 비

◇ 首都고지의 국군, 적의 5차례 공격을 격퇴.

◇ B29 35대, 鴨綠江 水豊발전소 폭격.

◇ F86 세이버 제트기, 북한 상공에서 적 MIG기 3대 격추, 2대 격파.

◇ UN군 경폭기대, 瑞興을 경고 폭격.

◇ 巨濟島 제2 포로수용소 폭동, 9명 부상

◇ 국무회의, 제7회 UN총회 한국대표로 卞榮泰, 林炳稷, 梁裕燦을 파견키로 결정.

◇ 지방의회 의장회의, 국회의사당에서 개최.

9월 13일(토) 비

◇ UN군, 鐵原에서 중공군과 교전.

◇ 중공군, 高浪浦 북쪽 UN 전초기지 탐색.

◇ UN군 함재기대, 會寧 폭격.

9월 14일(일) 비·흐림

◇ 首都고지 전투 계속.

◇ 指形선에서 치열한 백병전.

◇ B29, 平壤 근처 西浦里 탄약집적소 폭격.

◇ F86 세이버 제트기, MIG기 1대 격추, 2대 격파.

◇ 미 야간 폭격기대, 洪原 폭격.

◇ 죠지 홀랜드 호주 재향군인회 회장, 전선상의 호주군 시찰차 서울 도착.

◇ 申泰英 국방장관, 首都고지를 탈환한 수도사단을 격찬.

◇ 13일 중단된 平壤방송 재개.

9월 15일(월) 흐림

◇ 적, 벙커고지에 탐색 공격.

◇ 미 제5공군, 야간에 적 트럭 126대 파괴.

◇ F84 전폭기 80대, 新義州 공장지대 폭격.

◇ 바카스 필리핀 육군참모차장, 전선시찰 후 李대통령 예방.

◇ 李대통령 저격사건 언도공판, 피고 金始顯, 柳時泰에 사형 언도.

◆ 미 국방성, 한국 휴전문제는 UN에서 토의할 것이 아니라 板門店에서 해결해
 야 한다고 발표.

9월 16일(화) 맑음

◇ 모든 전선에서 적의 공격 미약.

◇ 중공군, 漣川 서쪽 UN군 진지 공격에 石塊를 투척.

◇ 중공군, 벙커고지에 탐색 공격.

◇ F86 세이버 제트기, 적의 MIG기 4대 격추, 2대 격파.

◇ 제8군 당국, 9월 8일부터 14일까지 중공군 3,743명 살상했다고 발표.

◇ 巨濟島 제1포로수용소에서 포로 1명 자살.

◇ 국회 상공위원회 일행, 한국 전역의 수력발전시설 시찰 시작.

9월 17일(수) 맑음

◇ UN공군, 16차례에 걸쳐 指型능선의 중공군 거점에 네이팜탄 공격.

◇ 미 국방성, 한국전에서 희생된 미군 총수가 117,971명이라고 발표.

◇ 미 극동사령부, 해병대 소속 전투기 6대가 귀환도중 추락했다고 발표.

◇ 李대통령, 동부전선 시찰 후, 터어키 및 필리핀부대에 표창장 수여.

◇ 巨濟島수용소 다시 소요, 포로 17명 부상.

◆ 아데나워 서독 수상, 소련이 10만명의 독일군 포로 계속 억류 중이라고 발표.

9월 18일(목) 맑음·흐림

◇ 국군, 指形능선 탈환.

◇ 다른 전선은 전투 경미.

◇ B29 폭격기대, 順安 보급소 폭격.

◇ 미 해군, 한국에서 無人誘導機 사용 시작.

◇ UN 경폭기대, 전선으로 남하하는 적 차량 150대 격파.

9월 19일(금) 흐림·맑음

◇ 적, 不毛고지 공격.

◇ B29 33대, 咸興 부근의 군사목표 폭격.

◇ 한국 공군 무스탕기 25대, 金城 북쪽의 토치카 8개소·보급창고 5개·탄약
저장소 20개소 등 폭격.

9월 20일(토) 흐림·맑음

◇ 不毛고지서 격전

◇ UN군, 漣川 북서쪽 켈리고지 야간 공격.

◇ 적, 벙커고지 指形선에서 탐색 공격 증강.

◇ B29, 北青 남동쪽 新昌 보급중심지 폭격.
◇ 미 극동공군 사령부, 지난 주에 UN공군 B29 등 10대 손실됐다고 발표.

◇ 클라크 UN군 사령관, UN공군이 북한 발전시설 50% 파괴했다고 발표.
◇ UN군 사령부, 억류자 중 1만 1천명의 민간인 석방.
◇ 申泰英 국방장관, 일부 상이군인의 난동 경고.

9월 21일(일) 맑음·흐림
◇ 국군 수도사단, 指形능선을 공격하는 중공군 격퇴.
◇ 미 제2사단 38연대, 격전 끝에 不毛고지 재탈환.
◇ UN군 세이버 전투기대, MIG기 4대 격추, 7대 격파.

9월 22일(월) 맑음
◇ 중공군 소부대, 漣川 서쪽 UN군 전초진지에 投石 공격.
◇ 제5공군, 남하하는 적 수송부대의 차량 160대 격파.
◇ B29, 平壤 북쪽 西浦里 보급지 폭격.
◆ 스티븐슨 民主堂 후보, 아이크 정책을 비난.
◆ 共和堂의 닉슨 부통령 후보, 정치자금 문제화.
◆ 周恩來, 모스크바 방문 마치고 귀국.

9월 23일(화) 맑음·흐림
◇ 제5공군, 적 수송부대를 공격, 차량 118대 격파.
◇ 濟州道 포로수용소 소요, 중공군 포로 49명 부상.

9월 24일(수) 맑음
◇ B29 12대, 新幕조차장 야간 폭격.
◇ 클라크사령관, 전선부대의 군사정세 시찰차 브리스코해군사령관과 내한.

9월 25일(목) 맑음

◇ UN군 탐색대, 金化 부근에서 적과 교전.

◇ 켈리고지 전투 계속.

◇ 南日 공산군측 휴전회담 수석 대표, UN군이 포로를 학대한다고 트집.

◆ 클라크 UN사령관, 東京 도착.

9월 26일(금) 비·흐림·맑음

◇ F86 세이버 제트기, 북한 상공에서 적 MIG기 4대 격추·3대 격파.

◇ 濟州島 포로수용소, 포로 소요로 9명 부상.

9월 27일(토) 맑음

◇ UN군, 켈리고지를 공격하는 중공군 격퇴.

◇ UN군 폭격기, 宣川 공산군사령부를 폭격.

◇ B29, 龍尾洞·熙川 등 3개소 철교 폭파.

◇ 李대통령, 이재민 구호양곡 배급제도의 쇄신책을 강구하라고 지시.

◇ 京釜線 沃川驛에 20명의 공비 내습, 방화.

9월 28일(일) 흐림·맑음

◇ 적, 전차 및 포병의 엄호 받으며 首都고지 야간 공격.

◇ 중공군, 서부전선 T形고지의 네덜란드부대에 독일어로 선전방송.

◇ F86 세이버 제트기, MIG기 2대 격추, 2대 격파.

◇ 제 8군 사령부, UN공군이 그리스군이 점령한 팩노리고지를 잘못 폭격했음을 발표.

◇ 제121차 휴전회담 본회의 재개, 해리슨 UN군 수석대표가 포로문제 해결을 위해 새로운 제안.

◇ 국방부, 전몰장병 유가족 좌담회 개최.

◇ 유행성 뇌염으로 393명 사망.

◆ 중국 연합통신, 소련은 시베리아에 수소폭탄공장을 완성했다고 보도.

9월 29일(월) 맑음

◇ 공산군, 首都사단과 국군 제3사단에게 개전 이래 최대 폭격, 1일 4만7천발 투하.

◇ 중공군, 首都고지 및 指形능선 일대에 수차례 걸쳐 반격.

◇ 중공군, 전차 지원 받고 金城 동쪽 2개 고지 점령.

◇ UN군 경폭격기대, 북한 보급로 야간공격.

◇ F86 세이버 제트기대, 북한 상공에서 MIG 15 제트기 2대 격추, 2대 격파.

◇ 미 극동해군, 구축함 커닝함호가 9월 19일 端川 근처에서 작전 중 포격 받아 8명 부상했다고 발표.

◇ 한국 공군 朴完圭대위 등 5명 100회 출격 기록 수립, 이것으로 한국 공군 중 100회 출격 기록 보유자는 16명.

◇ 平壤방송, UN군측의 포로문제 해결을 위한 새로운 3개의 제안을 비난 방송.

◆ 北京방송, 아시아·태평양지역 평화회의가 10월 2일부터 개최된다고 보도.

9월 30일(화) 맑음

◇ 국군, 치열한 전투 끝에 金城 동쪽 2개 고지 탈환.

◇ UN군, 北漢江 동쪽 2개 고지에 대한 공격을 계속.

◇ UN군 보병부대, 漣川 북서쪽 팩노리고지를 새벽에 공격.

◇ 미 제77기동함대기, 元山 남쪽의 공산군 보급요충지를 공격.

◇ UN군 9월의 전과 —— 격추 61대, 미확인 격추 7대, 격파 59대.

◇ 미 극동해군사령부, 영국의 순양함 밸파스트호가 서해에서 400일간의 임무 마치고 귀국했다고 발표.

◇ 張澤相 국무총리, 사표 제출.

◆ 미 정부 소식통, 북한에 있는 소련인 숫자는 작년보다 7~12배 증가했다고 인명(UP).

◆ 미 외교 소식통, 미국은 한국 휴전회담 타개 위해 관계국가 대사에 試案 검토를 요청했다고 보도(UP).

427

10월 1일(수) 맑음

◇ 국군 제3사단, 중공군에게 빼앗긴 北漢江 동쪽 와이어고지의 탈환공격 개시.

◇ 국군, 金城 동쪽의 2개 고지를 공격하는 중공군을 수류탄으로 격퇴.

◇ 중공군, 벙커고지 탐색 공격.

◇ B29, 水豊 근방 南山里 화학공장 폭격.

◇ 제5공군 사령부, 공중 사진을 분석한 결과 28일의 팩노리고지에 대한 폭격에
  는 잘못이 없었다고 발표.

◇ 핀레터 미 공군장관, 전선시찰차 서울 근교에 도착.

◇ 濟州道 제7수용소, 중공군의 시위로 포로 45명 사망, 12명 부상.

◇ 헤렌 한국 후방사령관, 포로 시위 사건을 조사하러 濟州道 도착.

◇ 공군 창립 4주년 기념식, 李대통령 및 핀레터 미 공군장관 참석하에 泗川 공
  군기지에서 거행.

◆ UN 소식통, 북한 내에 7천~1만 2천명의 소련군이 있다고 언명.

◆ 미국, 한국전쟁의 종결을 위해서 UN의 공산주의 국가들에게 정신적 압력을
  가할 案을 UN에 제의.

10월 2일(목) 맑음

◇ 국군, 와이어고지에서 철수.

◇ F86 세이버 제트기 新義州 상공에서 MIG기 1대 격추.

◇ 미 극동공군, 한국전선에서 F80 슈팅 스타기가 B29로부터 급유를 받고 14시
  간 15분간의 滯空 기록을 수립(1951년 9월)했다고 비밀보고 발표.

◇ ﾄ 외무장관, UN군측이 제안한 포로교환에 관한 3개 방안을 반대한다고 언
  명.

◇ 사회부 당국, 오는 6일부터 28일 사이에 제3차 민간인 억류자 석방이 있으며
  해당자는 1만3백5십명임을 발표.

10월 3일(금) 맑음

◇ UN군, 漣川 북서쪽 노리고지를 중공군이 후퇴한 후 저항 없이 탈환.

◇ UN군 부대, 적의 공격으로 板門店 남쪽 3개 진지에서 철수.

◇ B29, 咸興 남쪽 連浦비행장 폭격.

◇ 개천절 기념식, 국회 의사당에서 거행.

◇ 釜山 시내에서 일부 해병대와 상이군인 충돌사건 발생.

◆ UN당국, 남한의 재건부흥계획은 휴전 여부에 관계없이 착수한다고 발표.

◆ 핀레터 미 공군장관, 미 극동공군을 50% 이상 증강할 것을 언명.

10월 4일(토) 맑음

◇ UN군 보병부대, 板門店 남쪽 고지의 중공군을 계속 공격.

◇ 기타 전선에서는 지상전투 경미.

◇ F86 세이버 제트기대, 북한 상공에서 MIG 제트기 2대 격추, 5대 격파.

◇ 적 MIG기 4대, 元山 북쪽 25마일 상공에서 미 함재기대를 공격해 1대 격추.

◇ B26, 洪原의 적 보급품 집적소 폭격.

◇ 미 극동 해군사령부, 캐나다 구축함이 端川 근해에서 전투중 포탄 맞아 2명
  사망, 2명 부상당했다고 발표.

◇ 밴 사령관, 국군 제2751부대의 平康전투에 대해 감사문 전달.

◇ 유네스코, 국제 예술가대회에 한국대표 참석을 감사한다고 감사장 전달.

10월 5일(일) 흐림

◇ 국군 제3사단 부대, 北漢江 전초진지에 대한 적의 공격을 자정 직후에 격퇴.

◇ UN군 보병부대, 板門店 남쪽 외곽고지의 공산군을 3차례에 걸쳐 맹공격.

◇ UN공군, 板門店 동쪽 고지의 적을 강타.

◇ UN해군 항공기대, 제5공군과 협동하여 會寧 유류저장소 폭격.

◇ UN군 포로수용소 당국, 포로로 오인된 민간인 억류자 1만1천명을 6일 馬山
  수용소에서 석방한다고 발표.

◇ 휴전회담, 공산군측 수석연락장교 張春山대령은 3일 UN공군기가 회담장 상
  공을 침범했다고 항의.

◇ 한국 수석대표 卞榮泰 외무부장관 일행, 제7차 UN총회 참석차 출발.

10월 6일(월) 맑음·비

◇ 적, 板門店에서 文登里에 이르는 전선의 3분의 2에 대규모 공세.

◇ 적, 鐵原 북서쪽 2개 고지에 치열한 공격 개시.

◇ 미 제1해병사단 소속 부대, 板門店 남쪽 고지를 6시간에 걸쳐 공격.

◇ 미 함재기대, 제5공군과 협동하여 准陽 적 보급소 및 병력 집결지 폭격.

◇ 馬山수용소, 민간인 억류자 석방 개시, 1차로 慶北출신 500여명 석방.

◇ UN군 참모차장 슈스미스 영국군 소장, 李대통령을 예방.

◇ 李대통령, 張澤相 국무총리 해임.

10월 7일(화) 비·맑음

◇ UN군, 鐵原 북서쪽 白馬고지를 공격하는 적을 격퇴.

◇ 공산군, 치열한 공격을 감행하여 UN군 전초기지 7개소를 점령.

◇ 적, 24시간 동안 대공세를 펼쳐 9만3천발의 포탄을 발사.

◇ UN공군, 적의 전선진지를 폭격하여 지상의 아군을 엄호.

◇ 巨濟島 포로수용소 폭동, 16명 부상.

◇ 휴전회담, 맥카디 UN군 연결장교가 3일의 UN기 중립지대 상공 침입에 유감을 표명한 각서를 공산군측에 전달.

◇ 申국방장관, 필리핀 참모차장 바카스준장에 대한 태극무공훈장 수여.

10월 8일(수) 흐림·맑음

◇ 국군 제9사단 부대 및 프랑스 대대, 白馬고지 및 矢簇능선을 공격하는 중공군과 치열한 백병전 계속.

◇ 미 제77기동함대 함재기, B29와 협력하여 高原 근처 철로를 집중 공격.

◇ UN공군, 중부 및 서부전선 지상군 엄호작전 계속.

◇ B29 및 B26 폭격대대, 동해안의 적 보급로를 강타.

◇ 제122차 휴전회담 본회의, 공산군측은 포로문제에 관한 9월 28일의 UN군 측 제안을 거부. 해리슨 UN군 수석대표, 무제한 휴회를 제안하고 회담을 중단.

◇ 해리슨 수석대표, 휴전회의 석상에서 공산군측이 UN군측이 제안한 조항을

수락하거나 건설적 제안을 할 용의가 있으면 언제든지 회담을 재개하겠다고 언명.

◇　클라크 사령관, 휴전회담에 무성의한 공산군측을 비난하고 휴전성립 희망여부를 밝히라고 성명.

◆　애치슨 국무장관, 휴전회담은 결렬된 것이 아니라 중단된 것이라고 해명.

10월 9일(목) 맑음

◇　국군 제9사단 부대, 白馬고지에서 처참한 백병전을 계속.

◇　矢簇고지에 있는 프랑스 부대, 공산군의 공격을 3시간반에 걸친 격전 끝에 격퇴.

◇　B29, 平壤 및 元山지구의 보급요충지 공격.

◇　李대통령, 국무총리에 李允榮 전 무임소장관을 지명하고 국회에 인준을 요청.

◇　李대통령, 국무총리 권한대행에 현 재무부장관인 白斗鎭씨를 임명.

10월 10일(금) 맑음·흐림·비

◇　국군 제9사단 부대, 白馬고지에서, 일진일퇴의 치열한 전투 계속.

◇　국군 전차대, 白馬고지 주변의 중공군에 대한 작전을 전개.

◇　F86 세이버 제트기대, MIG 2대 격추, 3대 격파.

◇　미 제8군사령부, 1일부터 7일까지의 전과 발표 ── 적군 사살 4,781, 부상 2,692, 포로 52명 등.

◇　래드포드 미 태평양함대 사령관, 李대통령 예방.

10월 11일(토) 비·흐림·맑음

◇　국군, 白馬고지에서 10여 차례 고지를 점령·철수를 거듭한 후 다시 탈환을 위해 진격 시작.

◇　F86 제트기대, 북한 상공에서 적 MIG 제트기 5대 격추.

◇　南日 공산군 수석대표, 8일 일방적으로 휴전회담의 무기휴회 선언을 한 해리슨 UN군 수석대표에게 항의문서 전달.

◆ 北京방송, UN공군이 국경침범했다고 비난.

10월 12일(일) 맑음

◇ 국군 제9사단 부대, 새벽에 공격을 개시하여 白馬고지를 제압.

◇ UN군 전폭기대, 南市洞·宜川 사이의 공산군 폭격.

◇ F86 세이버 제트기대, 공산군 MIG15 제트기 3대 격추, 2대 격파.

◇ UN해군 당국, 미 항공모함 로스앤젤스호는 한국작전에 재차 참가한다고 발표.

◇ UN공군, 출격 횟수 1,412회.

◇ 濟州道 포로수용소에서 중공군 포로 2명 자살.

◇ 李대통령, 국군 제9사단의 白馬고지전투에서의 용맹과 공훈을 치하.

◇ 교통부, 6·25사변으로 인해 파괴된 화물차 800량의 수리에 착수했다고 발표.

10월 13일(월) 맑음

◇ 白馬고지에서의 격전을 제외하고 지상전투는 탐색전 정도.

◇ 白馬고지의 국군, 12일 밤부터 새벽 사이에 적의 7차례의 공격을 격퇴.

◇ UN군 전차대, 白馬고지 주변 계곡에서 작전.

◇ UN군 부대, 金城 남동쪽 指形능선에서 고지 재탈환.

◇ B29 폭격대, 새벽에 海州半島 공격.

◇ 공산군측 연락장교, UN군 포로수용소에서 발생한 포로 부상사건에 대한 南日 수석대표의 항의문 전달.

10월 14일(화) 흐림·맑음

◇ 중부전선, 鐵의 삼각지대에서 치열한 전투.

◇ UN군, 文登里 서쪽 크리스마스고지에 대한 적의 공격을 격퇴.

◇ 指形능선, 전투 계속.

◇ UN군, 야포 및 전차부대 지원하에 金化 북쪽에서 진격.

◇ 국군, 白馬고지에서 중공군 1개 대대와 여전히 치열한 격전을 계속.

◇ B29 폭격기대, 元山지구의 공산군 보급시설을 폭격.

◇ UN공군기대, 金化 북쪽의 UN군 공격을 지원.

◇ 巨濟島 포로수용소, 포로들이 경비병의 명령에 불복하여 충돌, 부상 15명.

◇ 서울에서 총진격 촉진 시민궐기대회 개최.

◆ 스탈린, 19차 공산당대회에서 연설.

10월 15일(수) 비·맑음

◇ 指形능선에서 치열한 육박전 전개.

◇ 미 제7사단 부대, 三角고지 산정의 중공군에게 맹공격을 가해 축출.

◇ 白馬고지, 9일째 일진일퇴 계속.

◇ UN군, 중공군의 공격으로 狙擊兵능선의 핀포인트고지에서 후퇴.

◇ 국군 제9사단, 마침내 白馬고지 탈환.

◇ 미 극동공군 사령부, 지난 16개월 동안의 UN군 항공기의 지상군 엄호 비행 횟수가 3만2천3백회라고 발표.

◇ 미 국방성, 한국전선 미군 희생자 총수가 131,154명이라고 발표.

◇ 미 야전사령부 하지대장, 한국전선 미군 시찰차 서울 도착.

◇ 제14회 임시국회 개회.

10월 16일(목) 맑음

◇ 중공군, 指形능선에 3회의 탐색 공격.

◇ 국군 제2사단, 전차대 지원하에 반격을 개시하여 狙擊兵 능선의 핀 포인트고지를 재점령.

◇ 미 제7사단, 三角고지의 북서쪽 파이크山峰을 제외한 전 고지를 제압.

◇ 미 보병부대, 三角고지 부근의 제인 럿셀고지 공격.

◇ 미 공군 소속 C46 수송기 1대, 江陵비행장 이륙 후 행방불명.

◇ 미 해군 당국, 13일에 미 구축함 및 소해정 각 1척이 동해안에서 적의 포격 받아 승무원 1명 사망, 21명 부상했다고 발표.

◇ 해리슨 UN군측 수석대표, 공산측의 성의에 따라 회담 재개 용의 있음을 서한으로 南日 공산측 수석대표에게 전달.

◇ 金日成 및 彭德懷 공산군사령관, 連名으로 클라크사령관에게 서한.

◇ 陳내무부장관, 5열을 철저히 색출하기 위해 조사진을 강화하겠다고 회견.

◆ 애치슨 미 국무장관, 한국에 진정한 평화 올 때까지 싸운다고 UN총회에서 연설.

10월 17일(금) 흐림 · 맑음

◇ UN군, 指形능선에서 중공군을 격퇴.

◇ 三角고지 및 狙擊兵능선, 전투 계속 치열.

◇ UN군, 제인럿셀고지 및 砂丘능선에서 적을 격퇴.

◇ 국군, 적의 치열한 포격으로 白馬고지산정에서 철수.

◇ 공산군, 24시간동안 대포와 박격포탄 2만3천4백발 발사.

◇ UN군 전폭기대, 三角고지 북쪽 파파산고지 강타.

◇ B29, 平壤지역 보급기지 및 新安州 서쪽 공산군 사령부를 폭격.

◇ 적, 新安州를 폭격하는 B29에 對空포 발사.

◇ 국회 본회의, UN총회에 보낼 메세지 채택.

◆ 스티븐슨 미 민주당 대통령후보, TV방송에서 아이크 원수의 駐韓 미군철수안에 반대 성명.

10월 18일(토) 맑음

◇ 국군, 狙擊兵능선 3분의2 장악.

◇ 미 제7사단, 三角고지의 파이크 산봉을 탈환.

◇ 鐵原 동쪽 白馬고지, 전투 계속.

◇ F86 세이버 제트기, MIG기 2대 격추.

◇ 미 육군 고사포부대, 釜山 상륙.

◇ 申국방장관, 국군 제9사단 시찰.

◇ 하지 미 야전군 사령관, 국군 9사단 방문.

◇　平壤방송, 朴憲永 북한 외상이 북한대표의 UN총회 참석을 요구.

10월 19일(일) 맑음

◇　중공군, 각각 1개 연대병력을 투입하여 狙擊兵능선 및 三角고지를 야간 공격.

◇　UN군, 白馬고지 및 指形능선의 진지 계속 방어.

◇　B29, 南市洞 및 西浦里 공산군 보급 중심지와 宣川의 공산군 사령부를 폭격.

◇　미 육군 총사령관 하지대장, 서울의 기자회견에서 중공군의 전술은 2차대전 때의 일본과 같은 것이라고 언명.

◇　申국방장관, 서부전선의 국군 해병대 시찰.

10월 20일(월) 맑음

◇　국군, 맹렬한 전투 끝에 狙擊兵능선의 주요고지에서 중공군을 격퇴.

◇　三角고지의 미군, 파이크산정 상실.

◇　李대통령, 미 제5공군 사령부 방문.

◇　클라크 UN군 사령관, 공산군측이 휴전교섭을 희망하면 언제든지 휴전회담을 재개할 용의 있다고 회답.

10월 21일(화) 흐림・비

◇　국군 2사단부대, 狙擊兵능선의 핀포인트고지에 대한 중공군의 야간 공격을 격퇴.

◇　국군 제9사단부대, 白馬고지에서 3차례 육박전 전개.

◇　기타 전선은 접촉 경미.

◇　李대통령, 중부전선 白馬고지 시찰.

◆　UN총회, 세균전에 관한 증거 제출을 위해 북한대표를 출석시키자는 소련의 제안을 46대5로 부결.

◆　미 국무성, 클라크 UN 총사령관의 회답을 전면적으로 지지한다고 발표.

10월 22일(수) 비・맑음

◇ 국군, 北漢江 서쪽의 指形능선에 대한 중공군의 연속적 공격을 격퇴.

◇ 국군, 적에게 빼앗긴 핀포인트고지를 9시간만에 탈환 성공.

◇ 국군 공격부대, 金化~金城간의 적군 진지 기습.

◇ 三角고지, 비교적 평온.

◇ B29, 安東 동쪽의 공산군 鉛鑛 가공공장을 폭격.

◇ UN군 세이버 제트기, 鴨綠江 상공 공중전에서 적 MIG기 1대 격추, 2대 손상.

◇ UN군 사령부, UN군측 휴전회담 공식 대변인 경질.

◇ 李대통령, 외국기자회견에서 한국군 단독 북진은 불가능하다고 언명.

◇ 네덜란드 육군장관, 李대통령 예방.

10월 23일(월) 맑음 · 흐림

◇ 국군 제2사단 부대, 狙擊兵능선에 대한 공산군 1개 중대의 공격을 격퇴.

◇ 국군 제9사단 부대, 백병전을 치루고 白馬고지 산정 탈환.

◇ 중공군, 漣川 서쪽 지브랄탈고지 야간 공격.

◇ F86 제트기대, 북한상공에서 적 MIG기 1대 격추.

◇ UN정치위원회, 한국대표 초청안을 54대 5로 가결, 북한대표 초청은 38대 11 로 거부.

◆ 뉴욕타임즈, 아이크후보를 지지.

10월 24일(금) 맑음

◇ 국군, 아군 전폭기대의 도움으로 狙擊兵능선의 北端고지 장악.

◇ 白馬고지의 국군, 적의 공격으로 산정에서 철수.

◇ 영 연방사단 부대, 漣川 서쪽 小 지브랄탈고지를 공격하는 중공군 격퇴.

◇ 미 항공모함, 惠山鎭 폭격.

◇ 釜山 포로수용소 소요, 포로 23명 부상.

◇ UN의 날 기념식, 釜山에서 거행.

◇ 朴憲永 북한 외상, UN결정 거부 성명.

10월 25일(토) 흐림·맑음

◇ 국군, 4시간의 격전 끝에 핀포인트고지 재탈환.

◇ 미 제7사단, 三角고지 북서쪽 파이크고지를 2회 공격했으나 실패.

◇ UN군, 板門店부근 벙커고지를 탐색공격하는 적을 격퇴.

◇ 미 전함 미주리호, 端川지구 적 보급시설 포격.

◇ 미 해군 제77기동부대 함재기대, 元山 서쪽 탄광지역 및 陽德 보급지역 공격.

◇ UN군 세이버 제트기, 新義州 근방에서 적 MIG기 2대 격추.

◇ 미 제8군 사령부, 한국전선에 있는 UN군 부대의 명칭 공표를 일체 금지.

10월 26일(일) 맑음·흐림

◇ UN군 부대, 동부전선 斷腸의 능선을 공격한 북한군을 격퇴.

◇ UN군, 狙擊兵능선 북단의 요오크고지 점령.

◇ 중공군 1천5백명, 板門店 외곽의 UN진지를 야간 공격.

◇ F86 세이버 제트기, 북한상공에서 적 MIG제트기 2대 격추.

◇ B29 폭격기대, 平壤 부근의 보급 중심지 및 사령부 폭격.

◆ 미 보잉社, 세계 최대의 폭격기 B52를 건조 중이라고 발표.

10월 27일(월) 흐림·맑음

◇ UN군, 三角고지 및 狙擊兵능선을 공격하는 공산군을 격퇴.

◇ 중공군, 白馬고지 외곽 고지를 야간 공격.

◇ 서부전선, 板門店 부근에서 치열한 전투 전개.

◇ UN군, 板門店 동쪽 벙커고지 포기하고 철수.

◇ 미 해병대, 서부전선 후크능선을 야간 탈환.

◇ UN군 제트기대, 북한상공에서 적 MIG기 1대 격추.

◇ 북한, UN총회 참석을 안보리에 요청.

◆ 트루먼 대통령, 아이크 후보를 비난.

10월 28일(화) 흐림·맑음

◇ UN군, 중부전선 白馬고지 근처의 전초진지・狙擊兵능선・指形능선 외곽 진지에 대한 공산군의 공격을 모두 격퇴.

◇ 미 해병대, 중공군에 빼앗긴 板門店 북동쪽 외곽 진지를 탈환.

◇ 적, 24시간동안 2만2천9백발의 포탄을 발사.

◇ UN군 항공기대, 공산군 보급품 집결소와 전초기지 공격.

◇ 미 제5공군 사령부, 제8전폭기대는 27일로 5만회 출격기록 수립했음을 발표.

◇ 국회, 重石弗사건 조사특위 구성.

◇ 머어피 駐日 미 대사, 클라크사령관과 한국전세 시찰차 내한.

10월 29일(수) 맑음

◇ UN군, 적의 야간공격으로 핀포인트고지에서 철수.

◇ UN군, 三角고지를 공격하는 적 격퇴.

◇ UN군, 서부전선 白馬고지에서 잃었던 전초진지 탈환.

◇ 캐나다 보병연대 제3대대, 釜山 상륙.

◇ 미 국방성, 한국전선 1주일간 미군 사상자 1,278명에 달하며 이것은 초유의 피해라고 발표.

◇ UN군 당국자, UN군 고용 일본인 기술자의 한국인 교체는 한국정부와 토의중이라고 언명.

◇ 클라크 UN군 사령관 및 머어피 駐日 미 대사, 전선 시찰.

◇ 李공보처장, 越北 작가의 작곡・가요 판매금지 조치.

◆ 일본 제4차 요시다 내각 성립.

10월 30일(목) 맑음・흐림

◇ 핀포인트고지에서 격전 계속.

◇ 중공군, 三角고지 서쪽의 UN군 전초기지 3개소를 공격.

◇ 중공군 2천명, 야간에 三角고지의 UN군을 공격.

◇ B29 폭격기대, 元山 송사리 및 서해안 운파리 공산군 보급중심지 폭격.

◇ 光州 포로수용소, 포로 탈출 기도중, 4명 사망, 7명 부상.

◇ 문교장관, 金法麟으로 경질.

◇ 육군본부 공보관, 한국군에 일본기자의 접근을 엄금한다고 언명.

10월 31일(금) 비·맑음

◇ UN군, 핀포인트고지를 공격하는 중공군 격퇴.

◇ UN군, 三角고지에서 철수.

◇ B29 폭격기대, 順川보급지 폭격.

◇ 미 제5공군 10월 전과 ——적 비행기 26대 격추, 아군 손실 27대.

◇ 영국군 1개 대대, 釜山 상륙.

◇ UN군 포로수용소 사령부, 巨濟島 포로수용소 4개소에서 집단시위 감행하여 포로 178명이 부상했다고 발표.

11월 1일(토) 맑음·흐림·맑음

◇ 狙擊兵능선, 비교적 평온.

◇ 국군, 三角고지 정상 탈환을 위해 공격을 가했으나 중공군의 저항으로 철수.

◇ UN군 공격부대, 砂川江의 중공군 고지를 야간공격.

◇ 영국 항공모함 오오선호, 한국 수역에서 임무를 마치고 귀국.

◇ UN군 항공기대, 三角고지 및 狙擊兵능선 배후의 포대 90여개소 파괴.

◇ UN군 세이버 제트기대, 북한상공에서 MIG제트기 2대 격추, 4대 격파.

◇ 미 제5공군 소속 제3폭격기대(B26 폭격기대), 한국전선 출격 2만회 기록 수립.

◇ 공산측 연락장교, 10월28일의 巨濟島 포로수용소 사건에 대한 항의 각서, UN측에 전달.

◇ 부르사스카 이탈리아 국무차관, 한국에 파견한 이탈리아 적십자병원 시찰차 내한.

◆ UN 정치위원회, 한국문제 계속 토의.

11월 2일(일) 맑음

◇　狙擊兵능선 및 三角고지, 일진일퇴의 전투 계속.

◇　UN군 포병부대, 金化능선의 중공군 보병부대에 맹렬한 포 공격.

◇　UN군 전폭기대, 三角고지 및 파파산고지 일대를 강타.

◇　F86 제트기, 북한상공에서 적 MIG 제트기 1대 격추, 2대 격파.

◇　B26 폭격기대, 平壤 부근의 군사시설 및 보급지역 공습.

◇　애라스무스 남아공화국 국방상, 전선시찰.

◆　트루먼 대통령, 1947년 미군의 한국철수에 아이크원수도 동의했으므로 책임
　이 있다고 비난.

11월 3일(월) 맑음

◇　UN군, 동부전선 斷腸의 능선 동쪽 진지를 탐색공격하는 공산군을 격퇴.

◇　국군, 狙擊兵능선을 공격하는 중공군 격퇴.

◇　다른 전선은 전투 경미.

◇　B29, 平壤 북쪽 西浦里 및 安州 공산군 보급 요충지 공격.

◇　忠州郡 廳舍, 공비의 방화로 손실.

11월 4일(화) 맑음

◇　전 전선, 전투 소강상태.

◇　李대통령, 한국전선을 시찰 중인 미 태평양지구 해병대사령관 하아트중장에
　게 은성태극훈장 수여.

◇　부루사스카 이탈리아 국무차관, 李대통령 예방.

◆　고오그 미 재향군인회 회장, 재향군인회는 한국에서의 원폭사용을 지지한다
　고 언명.

◆　미 대통령선거 개시.

◆　영국 엘리자베스 2세 여왕, 의회에서 한국휴전을 희망한다고 연설.

11월 5일(수) 맑음

◇　金化능선, 전투 재개.

◇ 狙擊兵능선과 三角고지, 전투 종일 계속.

◇ 다른 전선은 전투 경미.

◇ B29 폭격기대, 平壤 동쪽 34마일 지점의 적 보급지역을 폭격.

◇ 밴장군, 金化지구 시찰.

◇ 미 국방성, 한국전선 미군 희생자 총수는 134,569명(전사자 19,446명, 부상자 92,275명, 행방불명 12,848명)이라고 발표.

◇ 李대통령, 아이크 당선에 축전.

◆ 미 국무성, 共和黨이 집권해도 한국정책 불변이라고 언명.

11월 6일(목) 맑음

◇ 지상전투, 중부전선 三角고지 및 狙擊兵능선을 제외하고는 소강상태.

◇ UN군 부대, 鐵原 북동쪽 쟉슨고지를 공격하는 중공군 격퇴.

◇ UN군 전폭기대, 淸川江 교량 5개 파괴.

◇ 제5공군 세이버 제트기, MIG기 1대 격추·4대 격파.

◇ 李대통령, 駐美 한국대사관을 통하여 아이크원수에게 한국방문을 정식 초청.

◇ 경찰, 慶南에서 10월 중 공비 27명 사살.

◇ 상공장관에 李載瀅씨 임명.

◆ 아이크 차기대통령, 트루먼대통령과의 회담에 동의한다고 회답.

11월 7일(금) 맑음

◇ 전 전선에 걸쳐 初雪.

◇ 중공군, 狙擊兵능선의 UN군에 압력 가함.

◇ 기타 전선은 평온.

◇ 미 전함 미주리호, 동해안 端川지구 공산군 군사시설 공격.

◇ UN군 세이버 제트기대, 定州와 鴨綠江 사이 상공에서 MIG기 1대 격추·4대 격파.

◇ 重石弗사건 관련자에 구속영장.

◇ 로젠버그 미 국무차관보, 내한.

◆ 北京방송, 미국이 휴전회담을 결렬시켜 전쟁을 확대하려 한다고 비난.

11월 8일(토) 맑음

◇ 지상전투, 비교적 경미.

◇ UN군, 指形능선을 공격하는 중공군 격퇴.

◇ B29 폭격기대, 鎭南浦·黃州·永豊을 새벽에 폭격.

◇ 미 국무차관보 로젠버그 여사, 미 제77기동함대의 동해안 작전을 시찰.

◇ 巨濟島 포로수용소에 포로 폭동.

11월 9일(일) 맑음·흐림

◇ UN군, 指形능선 및 高浪浦 전초기지를 수차례 정찰공격하는 공산군을 격퇴.

◇ 로젠버그 미 국무차관보, 전선시찰.

◇ 京釜線, 勿禁驛에 공비 내습.

◆ 미 국무성 대변인, 在韓 미 제8군사령관 밴프리트대장은 내년 1월 24일을 기해 퇴역한다고 발표.

11월 10일(월) 맑음·흐림

◇ UN군, 공산군의 공격으로 高城 남쪽 錨고지 정상에서 일시 후퇴.

◇ UN군, 狙擊兵능선에 대한 중공군 1개 중대의 공격을 격퇴.

◇ 중공군 보병부대, 鐵原 서쪽 T形고지와 不毛고지 사이의 포크참고지를 야간에 내습.

◇ B29 폭격기대, 江東 및 新安州지구의 보급 및 병력집결소 폭격.

◇ 미 제8군 대변인, 밴프리트사령관이 60일 이내 한국에서 離任할 것이라는 보도를 부인.

◇ 朴憲永, UN총회 의장에게 북한 폭격중지를 요구.

11월 11일(화) 비·맑음

◇ UN군, 동부전선 3개 고지에 대한 북한공산군의 공격을 격퇴.

◇ 국군, 중공군의 공격으로 狙擊兵능선 핀포인트고지에서 철수.

◇ UN군, 鐵原 서쪽 포크찹고지를 공격하는 중공군 격퇴.

◇ B29 폭격기대, 新義州·新安州 폭격.

◇ 밴프리트사령관, 11월 8일을 기해 한국군에 2개 사단, 6개 연대를 추가 편성했다고 기사회견에서 밝힘.

◇ 맥도날드 뉴질랜드 국방상, 한국전선 시찰차 金海비행장 도착.

11월 12일(수) 비

◇ 국군, 狙擊兵능선 핀포인트고지 탈환.

◇ 다른 전선은 전투 경미.

◇ B29 전폭기대, 平壤 大同江橋를 폭격.

◇ 미 국방성, 한국전선 미군 희생자 총수 125,887명(지난 주에 비해 1,318명 증가)이라고 발표.

◇ 맥도날드 뉴질랜드 국방상, 李대통령 예방.

◇ 로젠버그 미 국무차관보, 전선시찰을 마치고 귀국.

◇ 정부, 1919년에 발행한 공채의 상환을 결정.

◇ UN한국대표부, 국토통일과 포로석방을 요구히는 성명서 발표.

11월 13일(목) 비·흐림

◇ 중공군, 狙擊兵능선의 UN군을 야간공격.

◇ B29 폭격기대, 平壤 북쪽 西浦里와 鐵山 폭격.

◇ B26 폭격기대, 鎭南浦를 야간 폭격.

◇ UN군 헬리콥터, 적 전선 후방에 낙하한 미 F86 선더 제트기 조종사 구출.

◇ 濟州道 포로수용소, 중공군 포로 1명이 자살.

◆ 일본의 나가사키의 한국인 수용소에서 소요 발생, 10여명 부상.

11월 14일(금) 비·흐림

◇ 국군, 중공군의 공격으로 한 달 동안에 14번째로 핀포인트고지에서 철수.

◇ 적, 白馬고지에 소규모 탐색공격.

◇ B29 폭격기대, 檜倉・軍隅里・鎭南浦・元山지구의 군사목표 공격.

◇ UN공군, 악천후로 출격 횟수 현저히 저하.

◇ 南日 공산군측 대표, 해리슨 UN군측 대표에게 濟州島 포로 사망사건을 서한으로 항의.

◇ 李대통령, 후임국무총리에 李甲成씨를 지명하고 국회에 승인을 요청.

11월 15일(토) 맑음・흐림・맑음

◇ UN군 부대, 高城 남쪽에서 북한 공산군 1개 중대 병력의 탐색공격을 동틀 무렵 격퇴.

◇ 국군 부대, 狙擊兵능선 핀포인트고지를 다시 장악.

◇ 指形능선의 록키포인트고지에서 산발적 전투 전개.

◇ UN군, 鐵原 북쪽 쟉슨고지에서 철수.

◇ UN해군부대, 元山港에 포격 재개.

◇ B29 폭격기대, 咸興 폭격.

◇ 미 F86 세이버 전투기, 북한 MIG통로에서 MIG 15제트기 1대 격추.

◇ 미 극동공군 소속 C46 수송기 1대, 동해안에서 추락. 탑승자 20명중 11명 행방불명.

11월 16일(일) 맑음・흐림

◇ UN군 부대, 狙擊兵능선 핀포인트고지에 대한 중공군 2개 소대의 공격을 아침에 격퇴.

◇ 중공군 부대, 서부전선 臨津江 부근 혹크고지 공격.

◇ 휴전회담, 공산군측은 UN공군기가 15일 회담지대 상공을 침범했다고 항의, UN군측은 남한의 2개 포로수용소의 명칭변경을 통고.

◇ 국무회의, 아이크원수 환영 준비위원회 설치를 결정.

◆ 北京방송, 리 UN사무총장이 미국정부의 UN헌장 침범을 容認하였다고 비난.

◆ 클라크 UN군 사령관, 한국전의 의의를 강조하는 성명 발표.

◆ 미 원자력 위원회, 에니웨토크섬에서 수소폭탄 실험에 성공했다고 발표.

11월 17일(월) 맑음

◇ 전 전선 소강상태.

◇ UN군, 狙擊兵능선에 대한 중공군의 탐색공격을 격퇴.

◇ B29, 鴨綠江 부근 광산제련소 및 平壤 탄약집적소를 폭격.

◇ 申국방장관, 기자회견에서 한국군 증강에 대한 방안을 세웠다고 언명.

11월 18일(화) 맑음

◇ 중공군, 小指形능선의 록키포인트고지를 점령.

◇ 중공군 부대, 狙擊兵능선 핀포인트고지를 야간 공격.

◇ 영국군 黑時計부대, 서부전선 훅크고지에 대한 중공군의 야간 공격을 격퇴.

◇ 미 항공모함 소속 팬더 제트기대, 동해 상공에서 적 MIG 15기 2대 격추·1대
  손상.

◇ B29 폭격기대, 宣川 및 沙里院 폭격.

◇ 陳내무장관, 정부 환도설 부인.

◆ 드루먼·아이크, 백악관에서 회담 후 공동성명 발표.

11월 19일(수) 흐림·맑음

◇ UN군, 狙擊兵능선에 계속된 중공군의 탐색공격을 격퇴.

◇ 중공군, 小指形능선 록키포인트고지를 공격.

◇ 영국군 黑時計부대, 板門店 북동쪽 훅크고지에 대한 중공군의 3차례에 걸친
  공격을 격퇴.

◇ 미 극동공군, 鴨綠江 남쪽 20마일에 이르는 공산군 지배지역 일대를 강타.

◇ 미 F84 세이버 제트기대, MIG 통로에서 공산군 MIG15 제트기 1대 격파.

◇ UN군 항공기대, 金化능선 지구의 파파상고지에 네이팜탄으로 공격.

◇ 미 국방성, 한국전선 미군 희생자 총수 126,726명(1주간 839명 증가)이라고
  발표.

◇ 브리그스 신임 駐韓 미 대사, 金浦비행장 도착.

◇ 밴덴버그 미 공군 참모총장, 서울 도착.

◇ 李대통령, 赤十字회원 모집을 위한 담화 발표.

11월 20일(목) 맑음

◇ 중공군 1개 중대, 小指形능선 록키포인트고지를 야간 공격.

◇ 국군, 狙擊兵능선 핀포인트고지에 대한 중공군 1개 대대의 야간공격을 백병전 끝에 격퇴.

◇ F86 세이버 제트기대, 북한상공에서 공산군 MIG15 제트기 5대를 격추하고 2대 격파.

◇ B29 폭격기대, 軍隅里·宣川 폭격.

◇ 밴덴버그 미 공군참모총장, 전선시찰 마치고 귀국.

◇ 李대통령, 釜山에 정박 중인 미 제7함대를 방문하고 클라크중장과 브리스코 중장에게 훈장 수여.

◇ 해리슨 UN군 수석대표, 연락장교회의를 통해 서한으로 南日 공산군 수석대 표에게 포로에 대한 개인소포 교환문제의 회답을 촉구.

◇ 국회, 李甲成씨의 총리 인준을 76대 94로 부결.

◆ 아이크원수, 차기 정부의 주요 각료임명.

11월 21일(금) 맑음·흐림·맑음

◇ 중공군 소부대, 狙擊兵능선 핀포인트고지와 三角고지 북쪽 제인럿셀고지 UN진지를 야간 공격.

◇ B29 폭격기대, 熙川 남쪽 철교와 元山 근처 보급·병력집결소를 폭격.

◇ B26 경폭격기대, 동해안의 北靑 폭격.

◇ 미 F86 세이버 제트기대, 북한상공에서 MIG제트기 1대 격추.

◇ 李대통령 夫妻, 미 전함 미주리호 방문.

11월 22일(토) 맑음·흐림

◇ 국군, 狙擊兵능선 록키포인트고지에 대한 중공군의 공격을 격퇴.

◇ UN군 정찰대, 金化~金城간 도로에서 적과 교전.

◇ UN군 공격부대, 板門店 동쪽 적 고지진지를 아침에 공격.

◇ B29 폭격기대, 平壤·海州 폭격.

◇ 국군 제12·15사단 창설 기념식 거행.

◇ 피어슨 미 육군차관보, 서울 도착.

◇ 平壤방송, 포로교환문제에 대한 印度 案은 국제법을 무시한 미국의 태도를 반복한 것이라고 논평.

◆ 밴덴버그 미 공군 참모총장, 신형 F86 세이버 제트기는 한국에서 소련제 MIG기를 10대 1대의 비율로 격추했다고 담화.

11월 23일(일) 흐림·비

◇ 중공군, 狙擊兵능선의 핀 포인트고지 야간 공격.

◇ 다른 전선은 평온.

◇ F86 세이버 제트기, 鴨緑江 상공에서 공산군 MIG15 제트기 1대 격추.

◇ B26 폭격기대, 북한 보급도로에서 야간폭격으로 적 화물자동차 200대를 격파.

◇ 李대통령, 밴사령관과 동해안 한국공군기지를 시찰.

◆ 프랑스군, 인도차이나전선에서 후퇴.

◆ UN 인도대표, 포로문제에 관한 案을 수정.

11월 24일(월) 비

◇ 동부전선, 杆城지구 및 漣川에서 소규모 교전.

◇ UN군 부대, 狙擊兵능선 UN군 진지에 대한 중공군의 새벽 공격을 격퇴.

◇ 중부전선, 잭슨고지에서 전투 계속.

◇ B26 경폭격기대, 平壤·陽德·元山에서 보급차량 80대 파괴.

◇ B29, 清川江 폭격.

◇ UN군 수뇌부, 차기 미 대통령 아이크원수의 訪韓을 앞두고 신변보호문제 토의.

◇ 클라크 UN군총사령관 및 駐日·英·佛대사, 아이크 차기 미 대통령 환영차 서울 도착.

◇ 金 서울시장, 아이크원수의 한국 방문 대비한 경계준비가 완료되었다고 발표.

◆ 요시다 일본 수상, 일본은 再軍備 않는다고 언명.

11월 25일(화) 흐림·맑음

◇ 鐵原 북쪽 白馬고지 부근에서 소규모 접전.

◇ UN군, 鐵原 북동쪽 잭슨고지에서 중공군을 격퇴하고 전초진지를 확보.

◇ 서부전선의 호주군과 영국군 부대, 적의 진지를 공격해 막대한 손실을 가하고 복귀.

◇ B26, 야간폭격으로 적 보급차량 155대 파괴.

◇ 바카스 미 제5공군 사령관, 공산군은 전선에 물자를 보급하기 위해 필사적인 노력을 하고 있다고 언명.

◇ 巨濟島 포로수용소, 소요로 포로 3명 부상.

◇ 신임 駐韓 미 대사 에리스 브릭스씨, 신임장 제정.

◇ 華川발전소, 수리 준공.

◇ 토마스·크리추리 신임 UN韓委 호주 대표, 金海공항 도착.

11월 26일(수) 맑음·흐림

◇ 동부전선, 盆地帶 북서쪽 및 杆城 부근에 경미한 탐색전.

◇ 狙擊兵능선, 평온.

◇ UN군, 鐵原 북동쪽 잭슨고지를 공격하는 중공군 격퇴.

◇ UN군 F80·F84 및 해병대기 140대의 전폭기대, 元山 병력집결소를 맹폭.

◇ B29, 平壤 및 海州 보급지역 폭격.

◇ 미 국방성, 한국전선 미군 희생자 총숫자가 126,997명이며 1주일간 271명이 증가했다고 발표.

◆ 한국시찰 다녀온 로젠버그 미 국무차관보, 아이크 원수에게 한국정세 설명.

11월 27일(목) 흐림·비

◇ 狙擊兵능선에서 교전.
◇ B29, 平壤 부근의 철도 및 海州 보급지 폭격.
◇ 아이크 訪韓을 보도하기 위해 500여명의 외국기자 내한.
◆ 北京방송, 아이크의 한국방문은 전쟁을 확대시키려는 것이라고 비난.

11월 28일(금) 비·맑음

◇ 전 전선에서 전투 소강상태.
◇ 동부전선 文登里 서쪽과 漣川지구에서 소규모 교전.
◇ B29 폭격기 49대, 義州·新義州지구 적 비행장 및 보급·교통 중심지 야간 폭격.
◇ 李대통령, 밴사령관과 국군 수도사단을 시찰하고 표창장 수여.
◇ 국회, 국회법 중 개정법률안을 통과.
◇ 맥마흔 호주 해·공군장관, 在韓 호주군 시찰차 내한.
◇ 朴憲永 북한 외상, 平壤방송을 통해 한국문제의 평화적 해결을 위해 UN에 제출한 소련의 제안을 지지한다고 발표.
◆ 周恩來 중공 외상, 한국문제 해결을 위해 소련제안이 유일한 방법이라고 성명 발표.

11월 29일(토) 맑음

◇ UN군, 狙擊兵능선 핀 포인트고지를 공격하는 공산군을 격퇴.
◇ 국회, 정부가 제출한 鑛稅法案을 수정없이 통과.
◆ 네루 인도수상, 중공의 周恩來에게 한국평화안을 수락하라고 권고.
◆ 브리지스 미 상원의원, 한국의 평화는 오직 아시아 공산세력의 타도에 의해서만 이루어진다고 언명.

11월 30일(일) 흐림·비

◇ 중공군, 狙擊兵능선 핀 포인트고지에 대량의 박격포를 배치.

◇ UN항공기대, 930회 출격해 高原·沙里院·海州 등의 공산군 보급지 폭격.

◇ B29, 元山 남쪽 하화산리 공산군 보급지역 폭격.

◇ 맥하혼 호주 해·공군장관, UN군은 여하한 중공군의 세력도 분쇄할 능력 있다고 언명.

◇ 永登浦의 이탈리아 적십자병원, 원인 모를 화재로 全燒.

12월 1일(월) 비·흐림

◇ 국군, 狙擊兵능선에서 3차례의 공산군 공격을 격퇴.

◇ 李대통령, 밴사령관과 프랑스부대를 방문해 표창장 수여.

◇ UN공군 슈팅스타 제트기대, 서부전선에서 적의 보급물자 집적소 맹폭.

◇ 휴전회담, 공산군측 연락장교가 UN측에 UN군 비행기가 順川의 포로수용소를 폭격했다고 항의.

◇ 李대통령, 외국물자 쓰지 말고 자급자족하도록 생산을 위해 적극 노력하라는 담화 발표.

◇ 재무부, 금년도 UNKRA의 7천만달러 對韓 부흥계획실시를 UN본부가 정식 승인했다고 언명.

◇ 프랑스 국무차관, 在韓 프랑스군 시찰차 釜山 도착.

◆ 林炳穆 UN 한국대표, 일본군의 한국전선 투입설에 관해 강력 반대를 표명.

◆ 梁 駐美 한국대사, 트루먼대통령을 방문해 한국군 증강과 원조를 계속할 것이라는 약속을 받음.

12월 2일(화) 비·맑음

◇ UN군, 록키고지에 대한 공산군 공격을 격퇴.

◇ 공산군, 중부전선에서 국군고지를 공격하여 포병부대간에 일대 포격전 전개.

◇ B29 폭격기대, 平壤 부근의 비행장을 야간 공격.

◇ 李대통령, 외국기자와의 회견에서 인도의 휴전타협안에 반대하며 국경선까지

공산군을 축출할 것을 주장.

◇ 국회, 전선에 위문단 파견을 결의.

◇ 아이젠하워원수, 윌슨 차기 국방장관·브라우넬 차기 법무장관·브래들리 합동참모회의의장·래드포드 미 태평양함대사령관을 대동하고 오후 8시에 金浦비행장 도착.

◆ UN 정치위원회, 한국에서의 즉각 정전과 포로강제송환을 요구하는 소련결의안을 41대 5로 부결.

12월 3일(수) 맑음·흐림

◇ 국군, 중부전선의 핀 포인트고지 탈환.

◇ F86 세이버 제트기대, 북한 상공에서 적 MIG15 제트기 2대 격추.

◇ B29, 順川에 있는 공산군사령부와 보급소 폭격.

◇ 영국연방 제1사단 제 29여단장에 D·A 켄드튜준장 임명.

◇ B26 경폭격기, 陽德의 공산군 보급요충지대와 元山 부근의 공산군집결소를 맹타.

◆ UN총회, 포로문제에 관한 인도의 결의안을 54대 5로 가결하고 소련의 수정안을 다시 부결.

◆ 덜레스 차기 미 국무장관, 애치슨 국무장관과 요담.

12월 4일(수) 맑음

◇ 국군, 狙擊兵능선에서 상실했던 모든 진지를 완전히 재탈환.

◇ B29, 金化·鐵原의 공산군진지를 맹타.

◇ 巨濟島포로수용소, 공산군 포로가 의류 일광소독을 거부하여 10명 부상.

◇ UN군측 휴전대표, 적 연락장교에게 공산군 포로수용소 1개소 신설 통고.

◇ 아이크원수, 李대통령과 국군 수도사단을 방문하고 시범전투를 참관.

◇ 아이크원수 환영하는 서울시민대회 개최.

◆ 北京방송, UN총회가 가결한 포로문제에 관한 인도결의안은 미군사령부의 태도를 지지하는 것이라고 비난.

◆ 영연방 수상회의, 한국전란 확대에 반대를 표명.

12월 5일(금) 맑음

◇ 국군, 핀 포인트고지를 공격하는 중공군 격퇴.

◇ B29 폭격기대, 元山 근방 보급망에 야간폭격 감행.

◇ 적기 11대, 서울 야간공습을 기도했으나 UN군 고사포부대에 의해 격퇴.

◇ 영국 제1전차연대, 한국 도착.

◇ 아이크원수, 景武臺로 李대통령을 방문하고 30분간 요담.

◇ 아이크원수, 3일간의 한국방문을 마치고 중공 본토에 대한 전쟁확대를 피하며 한국사태 개선에 노력하고 한국군의 증강 및 경제원조를 계속한다는 성명 발표.

◆ 맥아더원수, 자신은 한국전란의 해결책이 있고 또 관계당국자에 제시할 것을 고려중이라고 언명.

12월 6일(토) 맑음

◇ 국군, 狙擊兵능선에서 공산군의 공격을 격퇴.

◇ UN 공군기, 985회 출격해 공산군 보급소 및 병력집결소 폭격.

◇ 李대통령, 아이크원수에게 국군 병력증강을 요청했다고 언명.

◇ 平壤방송, 포로문제에 관한 인도案은 수락할 수 없다고 발표.

◆ 네루 인도 수상, 중공이 인도의 한국평화안을 거부한 데 대하여 불만을 표시.

12월 7일(일) 맑음

◇ 극동공군사령부, 아이크원수 내한 중에 내렸던 UN군 수송기 비행금지령을 해제한다고 발표.

◇ F86 세이버 제트기대, MIG15 제트기대 7대 격추.

◇ 李대통령, 놀만 B·에드워드 전 미국 제25사단 제27연대장에게 金星 乙支무 공훈장 수여.

◆ 트루먼대통령, 진주만공격 제11주년 기념일을 맞아 국민에게 국방력 강화를 호소.

12월 8일(월) 흐림·비

◇ B26, 북한의 각 公路를 습격.

◇ B29, 平壤 부근의 북한군 참모사관학교를 분쇄.

◇ 세이버 제트기, MIG 15기 1대 격추.

◇ UN공군 전투폭격대, 북한의 각 공산군 수송망을 폭격.

◇ 巨濟島포로수용소, 탈환을 기도하다 1명 피살, 1명 부상.

◇ 휴전회담, 南日 공산군측 수석대표가 4일 발생한 巨濟島포로수용소 사건에 항의.

◇ 平壤방송, 아이크원수의 한국방문은 전란을 확대하는데 도움이 될 뿐이라고 비난.

◆ 아이크원수, 태평양에 있는 구축함 헬레나호에서 차기 행정부 요인과 비밀회 담.

12월 9일(화) 비·눈

◇ 국군, 야간에 9차례에 걸친 적의 공격을 물리치고 狙擊兵능선을 견지.

◇ 일본 주둔 UN군 기동함대 함재기, 352회 출격해 羅津·會寧 등 포격.

◇ 嶺南 일대에 대폭설.

◆ 아이크원수, 태평양상의 헬레나구축함에서 회담 계속.

12월 10일(수) 비·맑음

◇ 국군 제3887부대, 최전선에서 부대 창설 4주년 기념식 거행.

◇ 李대통령, UN韓委 필리핀 대표에게 문화훈장 수여.

◇ UN韓委, UNKRA가 제출한 7천만달러 부흥계획을 승인하고 이를 UN총회에 통고.

◇ 9일의 폭설로 送電 완전 단절. 미국 공병의 협조로 복구에 착수.

◆ 트루먼대통령, 한국전란의 해결책을 가진 자는 누구든지 대통령에게 보고하 라는 성명 발표.

◆ 애치슨 미 국무장관, 미국 정부는 일본군을 한국에 파견하는 문제는 전혀 고

려하지 않고 있다고 재차 언명.

12월 11일(목) 맑음·흐림·맑음

◇ 공산군, 병력 3천으로 鐵原 서쪽 노리고지의 국군에게 공격 개시.

◇ 국군, 漣川 북서쪽에서 야간 침공한 적을 4시간의 격전 끝에 격퇴.

◇ B29, 북한 내의 4개 군사목표에 120 톤의 폭탄 투하.

◇ 사회부 장관, 크레이톤·C·제름 미 해병 제1사단장에게 고아원 설립을 감사하는 감사장 수여.

◇ 치안국, 폭설을 이용해 출몰한 공비 6명을 사살했다고 발표.

◆ 트루먼대통령, 맥아더원수의 한국전란 해결책 보유설 믿지 않는다고 발표.

◆ 아이크 차기 미 대통령, 한국시찰을 마치고 하와이에서 차기 각료 및 군수뇌부와 회담 개시.

◆ 월트킨스 미 상원의원, 한국문제에 관해 트루먼대통령과 아이크·맥아더 두 원수와의 3巨頭會談을 제창.

12월 12일(금) 맑음

◇ 국군, 大·小 노리고지에서 적에게 큰 손해를 주고 철수.

◇ 밴장군, 공산군의 冬季공세에 충분한 대비를 하고 있다고 언명.

◇ 밴장군, 새로 편성된 한국군 2개 사단이 오래지않아 전투에 참가한다고 밝힘.

◇ 영국 극동군 사령관 W·브리치포오트 중장, 李대통령 예방.

◆ 北京방송, 미 B29 폭격기가 지난 3일 滿洲 安東市를 폭격했다고 비난.

12월 13일(토) 맑음

◇ 국군, 10번째 공격으로 小 노리고지를 완전 탈환하고 大 노리고지를 공격.

◇ B29 14대, 鴨綠江 연안의 공산군 수송기지인 義州를 폭격.

◇ 밴장군 夫妻, 釜山 임시 관저로 李대통령 예방.

12월 14일(일) 맑음·흐림

◇ 국군, 小 노리고지와 핀 포인트고지에 대한 중공군의 공격을 격퇴.

◇ B29 중폭격기대, 鴨綠江 남쪽의 공산군 교통 중심지 폭격.

◇ 巨濟島포로수용소, 소요 계속으로 포로 1명 사살, 6명 부상.

◇ 미 제8군 사령부, 남한으로 탈주한 북한군인 3명의 가족을 지난 2일 공산군이
처형했다고 발표.

◇ 휴전회담, 해리슨 UN군측 수석대표는 부상포로의 즉각 교환을 제의.

◇ 梁 駐美 한국대사, 미국 정부로부터 UN 상환달러 855만 2225달러를 받았다고
국무총리서리에게 보고.

◆ 周恩來 중공외상, UN총회 피어슨 의장에게 총회에서 결의된 포로송환에 관한
印度案을 거부한다고 정식 통고.

◆ 미국 본토에 도착한 아이크 차기 대통령, 한국시찰에 관한 성명 발표.

12월 15일(월) 맑음·흐림·맑음

◇ 국군, 14일 밤부터 전개된 핀 포인트·록키·三角고지에 대한 중공군의 공
격을 격퇴.

◇ F86 세이버 제트기대, 滿洲 경계선 이남 상공에서 MIG15기 1대 격추·8대
격파.

◇ UN군 포로수용소 사령부, 蜂岩島에 수용중인 민간인 억류자가 14일 폭동을
일으켜 82명이 사망했다고 발표.

◇ 임시 국무회의, 조속히 국무총리를 지명할 것을 대통령에게 건의.

12월 16일(화) 맑음

◇ 155마일 전선에서 탐색전투.

◇ 국군, 狙擊兵능선의 핀 포인트고지에 대한 공산군의 공격을 격퇴.

◇ F86 세이버 제트기, 鴨綠江 부근 상공에서 MIG15 제트기 1대를 격추.

◇ UN공군, 淸川江 이북에서 180여대의 적기와 접전해 4대 격추.

◇ 미 제8군 당국, 아이크원수의 대통령 취임식에 친위대로 참가할 在韓 미군

100명을 선발 중이라고 발표.

12월 17일(수) 맑음

◇ 전 전선에 걸쳐 소규모 공격과 탐색공격, 전선은 대체로 평온.

◇ B29, 安州 북쪽의 공산군 장교훈련소에 100톤의 폭탄을 투하.

◇ F86 세이버 제트기대, 鴨綠江 부근에서 MIG15 제트기 1대 격추, 4대 격파.

◇ UN군 포로수용소 당국, 蜂岩島 포로사건으로 87명이 사망했다고 추가발표.

◇ 南日 공산군측 수석대표, UN군이 蜂岩里수용 공산군 포로를 대량 학살했다고 비난.

◇ 李대통령 夫妻, 밴사령관과 濟州道 육군 훈련소와 珍島·光州 보병학교시찰.

◇ 申국방장관, 한국군의 증강은 효과적으로 진행되고 있다고 언명.

◇ 미 상원 외교위원 일행, 한국 시찰차 金海공항 도착.

◆ 아이크 차기 미 대통령, 맥아더원수와 한국문제에 대해 협의.

12월 18일(목) 맑음·흐림·맑음

◇ 모든 전선에서 지상전투 경미.

◇ B29 폭격기대, 順川 부근의 적 보급소에 500톤의 폭탄 투하.

◇ 미 세이버 제트기대, MIG 1대 격추, 1대 격파.

◇ 미 상원의원 일행, 경무대로 李대통령 예방.

12월 19일(금) 맑음

◇ 지상전투 대체로 평온.

◇ UN공군 폭격기대, 공산군 보급 트럭에 1주일내의 최대 공격 감행.

◇ 제14회 임시국회 폐회식.

◆ 아이크원수, 차기 정부의 각료 임명.

12월 20일(토) 맑음·흐림

◇ 지상전투, 소강상태 계속.

◇ B29 폭격기대, 安州 북동쪽 65마일 지점의 공산군 보급기지를 폭격해 건물 60동, 보급품 집적소 70개소 파괴.

◇ 在韓 UN관리 포로수용소 사령관 토마스·W·해렌 소장, 포로관할에 관한 모든 책임을 한국정부에 이양할 계획이라는 보도를 부인.

◇ 국회, 제15회 정기국회 개회식 거행.

◇ 한국전선에서 전사한 28위의 태국 병사 위령제를 釜山에서 거행.

◆ 그로미코 소련 대표, 피어슨 UN총회 의장에게 蜂岩島 포로사건의 심의를 요청하고 이에 관한 소련 결의안 제출.

12월 21일(일) 맑음

◇ UN군, 不毛고지에 대한 공산군 공격을 격퇴.

◇ 국군, 狙擊兵능선의 岩石峯을 공격하는 적을 격퇴.

◇ B29, 新安州 부근 보급소 및 동부 전선의 군사목표를 야간 공격.

◇ 클라크 UN군사령관, 국제 적십자 위원회의 비난에 대한 반박성명.

◇ 平壤방송, 북한 외상 朴憲永은 蜂岩島 포로수용소에서 미군이 공산군 포로 82명을 살해했다고 보도.

12월 22일(월) 맑음

◇ 전투 경미.

◇ F86 세이버 제트기, 북한 상공에서 MIG기 3대 격추.

◇ 클라크 UN군 사령관, 蜂岩島 포로수용소사건은 공산군 포로지도자들의 용의주도한 계획에 의한 것이라는 성명을 발표.

◇ 영국 제20포병연대, 釜山 도착.

◇ 국군을 가장한 무장공비, 오후 8시에 동해남부선 기장驛을 습격.

◇ UNKRA, 한국전쟁 이후 25개 구호단체에 對韓 구호사업을 인가했다고 발표.

◆ UN총회, 蜂岩島 포로수용소사건을 비난한 소련 결의안을 45대 5로 부결.

◆ 미 국무성, UN군 사령부는 포로 우대에 관해 제네바협정을 존중하고 있다는 클라크 UN군 사령관의 성명을 발표.

12월 23일(화) 맑음 · 흐림

◇ 지상전투 평온.

◇ UN군 전폭기대, 平壤 부근의 비행장과 북한의 병력집결지구 폭격.

◇ B29, 元山지구 보급집결지를 야간 공격.

◇ 李대통령, 미 제4전투비행단에 부대 표창장 수여.

◇ UN군 사령부, 22일 UN군 항공기가 板門店 상공을 통과했음을 인정하는 서한을 공산군측에 전달.

◇ 국회, 미 대통령 취임식에 사절단 파견키로 결정.

12월 24일(수) 맑음

◇ UN군, 서부전선 T形고지의 전초진지를 공격하는 중공군을 격퇴.

◇ 적, 성탄절 휴가와 선물을 UN군에 전달하기 위해 발포를 중지한다고 선전.

◇ F86 세이버 제트기대, 북한상공에서 약 70대의 MIG기와 교전하여 2대 격추, 미확인 9대 격파.

◇ 밴장군, 한국에 평화가 도래하기 바란다는 성탄절 메세지 발표.

◇ 미 국무성, 한국전선 미군 희생자 총수 128,083명이라고 발표.

◇ 巨濟島포로수용소, 불법집회에 대한 해산명령 불복종으로 포로 1명 피살.

◇ 李대통령, 국군장병에 보내는 성탄절 메세지 발표.

◆ 北京방송, 미군은 공산측 포로를 한국에 인도하려 한다고 비난.

◆ 트루먼대통령, 미국은 자유와 인권을 향유할 수 있는 보편적 평화를 희구한다는 성탄절 메세지 발표.

◆ 「뉴욕 타임즈」 아이크가 한국전 해결책을 세웠다고 보도.

◆ 스탈린, 아이크와의 회담을 희망.

12월 25일(목) 맑음 · 흐림

◇ 전선은 평온.

◇ 공산군 MIG15 제트기 41대, 서울 접근을 시도했으나 세이버 제트기대의 출동으로 실패.

◇ 미 세이버 제트기대, 鴨綠江 상공의 공중전에서 MIG15기 1대 격추, 1대 격파.
◇ 북한 당국자, 공산국가들로부터 원조가 증가하고 있다고 언명.

12월 26일(금) 맑음

◇ 지상전선 평온.
◇ B29 폭격기대, 新安州 북쪽 20마일 지점의 定州를 야간 폭격.
◇ B26 경폭격기대, 남하하는 적 차량 130대 격파.
◇ 巨濟島포로수용소, 공산군 포로 1명 피살.
◆ 北京방송, 한국에 평화가 올 때까지 계속 참전한다고 보도.
◆ 미국, 스탈린의 성명에 큰 관심.

12월 27일(토) 맑음·흐림

◇ 지상戰 평온.
◇ 공산군, 선전방송 계속.
◇ 한국기지를 이륙한 그리스 수송기 추락, 승무원 및 탑승자 전원(14명)사망.
◇ 白斗鎭국무총리서리, 클라크장군을 통해 지난 17일 아이크원수의 서한을 접수했다고 발표.
◇ 陳내무장관, 공비소탕을 위해 전투경찰대를 편성한다고 언명.
◆ 소련 육군 기관지「赤星」, 북한공산군의 방위선은 공고하다고 주장.

12월 28일(일) 맑음·비

◇ 미 공군기 200대, 平壤지구 공산군 집결소를 맹폭.
◇ F86 세이버 제트기대, 平壤상공에서 MIG15기 2대 격추, 1대 미확인 격추.
◇ 정부 대변인, 李대통령이 내년 1월 東京의 클라크사령부 방문한다고 발표.
◆ 맥아더원수, 트루먼대통령을 비난.

12월 29일(월) 맑음

◇ 공산군, 중부전선 金化지구에서 UN군에게 선전방송으로 1월 4일에 총공격을 개시한다고 선전.

◇ 중공군, 三角고지 및 狙擊兵능선에 소규모 공격 감행.

◇ UN군, 서부전선과 鐵原의 진지를 공격하는 적을 격퇴.

◇ B29, 平壤 부근의 공산군 군사시설을 야간 폭격.

◆ 밴덴버그 미 공군참모총장, 소련 공군력의 강화를 경고.

12월 30일(화) 맑음·흐림

◇ 지상전투, 탐색전 정도.

◇ 미 전함 미주리호, 淸津에 함포사격.

◇ B29, 義州·安州에 200톤의 폭탄 투하.

◇ 공산군 연락장교, 중립지대 침범을 항의하는 서한을 UN군측 연락장교에 전달.

◇ 李대통령, 일본 방문시 일본 지도자와의 회담계획 발표.

◆ 요시다 일본 수상, 회담 용의를 공표.

◆ 처칠 영국 수상, 미국으로 출발.

12월 31일(수) 맑음

◇ 전선은 대체로 평온.

◇ 인구조사 실시.

◆ 중공·소련의 공동관리하의 長春철도, 중공에 이양.

◆ 트루먼대통령, 기자회견에서 세계평화 낙관한다고 언명.

최후결전 休戰成立
1953.1.1 ⇨ 1953.2.27

目 次

1953년

1월 1일(목) 맑음

◇ UN군 포병대, 야간포격으로 신년을 맞이함.

◇ 아군부대, 狙擊능선에서 공산군의 정찰공격을 격퇴.

◇ UN군, 공산군의 대규모 공격에 만전대비태세.

◇ UN공군, 야간출격으로 적의 보급로를 공격.

◇ 휴전회담－UN군, 공산군이 지난 12월 24일 板門店중립지대를 침공했다는 억지 주장을 사실무근이라고 반박.

◇ 李대통령, 南北통일성업을 완수하자는 신년사.

◇ 교통부, 실명 및 상이절단용사에게 연 6회 무임승차 종신 허가.

◇ 국회에서 신년축하식 거행.

◆ 北京방송, 중공·일본간의 통상협정이 연기된다고 발표.

◇ 平壤방송, 휴전회담연락장교단 대표 張春山을 추인과 교체했다고 보도.

◆ 駐中國 미 군사고문단장은 중국(대만)군은 극동정세에 중요한 역할을 할 것이라고 언명.

◆ 헝가리, UN 유네스코 탈퇴.

1월 2일(금) 맑음

◇ 아군, 서부전선에서 적 1개중대의 공격을 격퇴했고 그밖의 전선에서는 경미한 충돌.

◇ UN군 함재기 함포, 북한해안선의 연안을 맹포격.

◇ UN공군, 平壤 남쪽의 적 보급지역에 고성능 폭탄 100톤 투하.

◇ UN공군, 서부전선에서 적 전차 1,000대를 공격 격파.

◇ 錦江 제2철도교량에서 미군 화물차 전복, 56명 사망.

◇ 申국회의장, 일선장병 시찰차 釜山출발.

◆ 北京방송, 중공 신년 3원칙 발표.

① 미군에 대한 전쟁을 강화시키고 북한을 더욱 원조한다.

② 5개년계획 1차년 계획 완수.

③ 인민회의를 개최하여 중공 건설계획을 확정채택.

1월 3일(토) 맑음

◇ 아군부대 狙擊능선에 침공한 적을 격퇴.

◇ 미 세이버 제트기 40대, 順天상공에서 MIG기 16대를 격추.

◇ B29폭격기대, 新義州·新安州일대의 적 군사목표를 공격. 200동이상의 목표
물을 파괴.

◇ 미8군, 1952년 적 살상 159,394명이라고 발표.

◇ 李대통링, 미 세1해병사난 사령관 세로배소정과 한국군 제9사딘깅 金鍾五장
군에게 太極무공훈장을 수여.

◆ 北京방송 – 1952년 UN군 살상 10만명, 비행기 수천대를 격추시켰다고 허위
보도.

◆ 네루 인도수상, 한국휴전회담에 대한 인도의 案은 한국문제 해결의 기초가 될
것이라고 언명.

1월 4일(일) 맑음·흐림

◇ 서부전선 평온. 그밖의 전선에서는 소규모의 수색전.

◇ UN공군, 야간출격으로 적의 열차와 트럭대열을 폭격.

◇ F80·F84전투기들, 적의 보급로를 강타하고 32동의 건물을 파손.

◇ 李대통령, UN군 사령관과 회담하기 위해 일본으로 출발한다고 발표.

1월 5일(월) 흐림·비

◇ 국군부대, 제임스 럿셀고지에 습격해온 적군을 격퇴.

◇ UN공군, 平壤근교 적의 대보급지를 맹폭격(야간).

◇　세이버 제트기, 금년들어 처음 MIG 1대를 격추.

◇　호주공군, 개전이래 15,000회 출격 발표.

◇　UN군 연락장교수석대표 경질.

◇　李대통령, 白善燁·孫元一을 대동하고 일본 향발.

◇　李대통령, 「누구하고든지 회담할 용의가 있다」고 일본도착성명.

◆　뉴욕에 도착한 처칠 영국수상, 한국전쟁 확대에 반대하며 世界의 문제는 한국
　　보다는 유럽이라고 언명.

1월 6일(화) 맑음·흐림

◇　공산군 4개 소대, 北漢江 동쪽의 중부전선에 내습. 아군, 격전 끝에 격퇴.

◇　미 전함 미주리호, 영 순양함 버킹햄·항공모함 글로리호와 더불어 서해안
　　海州반도의 공산군 진지 공격.

◇　F84·F80 미 공군 제트기 100대, 鴨綠江 남쪽의 공산군 병력 및 보급중심지를
　　맹공.

◇　平壤방송, 李대통령의 訪日은 미국의 전쟁확대 계획의 일부라고 비난.

◆　李대통령, 일본 吉田수상·岡崎외상·클라크장군과 회담.

1월 7일(수) 눈·맑음

◇　아군, 새벽에 狙擊능선상의 핀 포인트고지와 제임스 럿셀고지에 공격해 온
　　적을 격퇴.

◇　세이버 제트기대, 북한 상공에서의 공중전에서 MIG기 1대 격추, 2대 격파.

◇　미 해병대기 및 전폭기대, 平壤·鎭南浦·江東·海州 근방의 철도 폭격.

◇　B29폭격기대, 元山·咸興 및 高原 등지의 공산군 보급중심지와 조차장을 야
　　간 폭격.

◇　李대통령, 釜山에 귀환.

◆　트루먼대통령, 일반교서에서 원자력전쟁을 적극적으로 회피할 것을 강조.

1월 8일(목) 맑음

◇ UN군, 板門店 근방 고지에 잠복중인 공산군을 소탕 공격.

◇ 국군 및 UN군 공병부대, 동부전선 錨形고지에 있는 적 지하도로를 폭파.

◇ 네덜란드, 그리스, 태국, 벨기에에서 온 1,000명 이상의 UN군, 한국에 도착.

◇ 공산군 연락장교, 지난 7일 UN군 항공기의 휴전회담장소 침범과 지난 6일 공산군 포로 1명이 사살된데 대한 항의문 전달.

◆ 일본 외상, 곧 재개될 韓日회담에서 양보 용의 시사.

1월 9일(금) 맑음

◇ 국군, 동부전선에서 적의 지하요새 9개소를 폭파.

◇ B29 폭격기대, 咸興비행장을 폭격.

◇ UN군 폭격기 300대, 滿洲입구에 위치한 북한내의 주요 철도교차점을 맹공.

◇ 미 제5공군 B26경폭격기대, 적 보급화물차 50대를 파괴. 陽德부근의 적군 사령부도 맹폭.

◇ 여객선 昌慶호 침몰, 200명 익사.

◆ 蔣介石총통, 李대통령의 訪日 환영담화.

1월 10일(토) 맑음

◇ 지상전, 5차의 소규모 탐색전만 전개.

◇ UN군 전폭기 300대, 滿洲와 북한 사이의 교통요충인 오네촌, 安州, 내원산을 공격. B29 폭격기대, 동일 목표를 야간 폭격.

◇ B29폭격기대, 宣川조차장을 야간공격해 110톤폭탄 50개 투하.

◇ 미 해군으로부터 인수한 LSSL(상륙원호舟艇) 2척의 명명식 鎭海에서 거행.

◆ 모스크바방송, 李대통령의 訪日비난.

1월 11일(월) 맑음·비

◇ 아군, 高浪浦 북쪽 및 漣川 북서쪽에 공격해 온 공산군을 격퇴.

◇ 한국공군, 동부전선 분지대 북쪽에서 적 보급품 은폐소 10개소를 폭파.

◇ UN공군, 악천후를 무릅쓰고 전선의 공산군 진지를 공격.

◇ UN군사령부, 한국개전 이래 미국 및 기타 우방으로부터의 한국 구제액은 599,365,660달러에 달한다고 발표.

1월 12일(월) 맑음

◇ 국군 新編 12사단, 분지대 북동쪽의 UN군 진지를 새벽에 공격해 온 공산군을 교전끝에 격퇴.

◇ 아군, 치열한 야포 및 박격포의 집중사격으로 首都고지를 공격해 온 적을 격전끝에 격퇴.

◇ B29 폭격기대, 新安州 주변의 적 철도시설을 맹폭.

◇ 釜山 忠武路에서 대화재, 건물 250동 소실.

1월 13일(화) 맑음

◇ 서부전선의 UN군, 板門店 동쪽에서 새벽에 공산군진지를 기습코 귀환.

◇ UN군 4개 전폭기대 및 해병기 제33비행기대 소속기 220대, 新安州 북쪽의 공산군 교량집중지대를 맹폭. 적 MIG기 2대 격추.

◇ 8군사령부, 毛澤東의 친위대인 중공 제47군이 서부전선에 투입됐다고 언명.

◆ 타스통신, 소련수뇌부의 파괴를 기도한 유태인 의사의 암살조직이 발각됐다고 보도.

1월 14일(수) 맑음

◇ 중·동부전선의 文登里 계곡에서 소규모 공격.

◇ B29 폭격기대, 新安州 동쪽의 조차장과 軍偶里조차장에 대한 폭격에서 폭탄 110톤 투하.

◇ 미 제8군 공병감 루마지대령, 국군 공병단 시찰.

◇ UN군 포로수용소당국, 지난 12일 濟州道수용소에서 반공포로 1명이 자살했다고 발표.

1월 15일(목) 맑음

◇ UN군, 板門店 근방에서 소규모 공격.

◇ 아군, 록키 포인트와 首都고지에 대해 탐색공격.

◇ B29폭격기대, 元山 북서쪽의 대철도 조차장과 보급기지 폭격.

◇ 세이버 제트기대, 鴨綠江 남쪽 공중전에서 MIG기 38대와 교전해 8대 격추, 11대 미확인 격추.

◇ 휴전회담-UN군측, 공산군측에게 開城~平壤간의 회담대표용 물자의 수송 제한을 통고하는 서한 전달.

◇ 국방부, 韓日 양국간의 평화를 위해 海洋主權선언을 준수할 것을 강조.

1월 16일(금) 맑음

◇ UN군 전차대와 포병대, 鐵原·金化에서 적진을 대포격.

◇ 아군, 狙擊능선에 대한 적의 공격을 격퇴.

◇ 세이버 제트기대, MIG기 1대 격추, 1대 격파.

◇ B29기 48대, 새벽에 북한에 출동해 공산군 건물을 분쇄.

◇ 미 극동공군사령관 웨이렌트중장, 아이젠하워대통령의 명령하에 중국 본토를 폭격할 준비가 돼있다고 확언.

◇ UN군 포로사령부, 지난 13일에 巨濟島수용소에서 북한포로 74명의 시위를 진압했다고 발표.

◇ 클라크 UN군사령관 내한, 釜山에서 군수뇌부와 회담후 이한.

1월 17일(토) 맑음·눈

◇ B29 폭격기대, 平壤을 야간공격해 고성능폭탄 90톤 투하.

◇ UN 포로사령부, 尙武台수용소에서 북한포로 1명이 타살됐다고 발표.

◇ 李대통령, 景武台에서 한국통신사업에 많은 공로를 세운 8군 소속 월슨대령, 도넬슨중령, 브라운중령에게 훈장수여.

◆ 네루 인도수상, 중공승인 주장.

1월 18일(일) 눈·맑음

◇ UN군 정찰대, 高浪浦 북서쪽에 진출해 탐색.

◇ 아군, 金化 북쪽에서 공격해 온 적 대대를 격퇴하고 포격과 공중공격으로 전차 5대 폭파.

◇ UN군 전폭기대, 공산군 진지를 강타.

◇ UN군 경폭기대, 元山~平壤간의 보급로를 야간공격.

1월 19일(월) 맑음·흐림

◇ 동부전선 동쪽에서 치열한 탐색전 전개.

◇ UN군 전차부대, 鐵原 북동쪽에서 적진에 대한 포격을 계속코 중공군 벙커 74개를 파괴.

◇ 아군, 단장의 능선을 공격해 온 적을 포화로 격퇴.

◇ 경폭격기대, 平壤 및 新安州 북쪽의 적 보급로를 야간공격.

◇ 미 해병대소속기, 파파산고지의 중공군 2개 연대를 급습.

◇ B29폭격기대, 북한내의 공산군 보급목표 2개소에 110톤의 폭탄 투하.

◇ 李대통령, 韓日관계 개선에 희망 언명.

◆ 미 해군기 3대, 중공 연안의 포대 포격으로 추락.

1월 20일(화) 흐림·맑음

◇ 아군, 단장의 능선에 대한 중공군의 내습을 격퇴.

◇ UN군 전차부대, 鐵原에서 金化까지의 적진에 대해 연5일째 포격.

◇ UN군 정찰부대, 새벽에 文登里로부터 동해안에 이르는 전선에서 적진을 기습해 다수의 북한군 살상.

◇ 한국 공군 무스탕 전폭기대, 동부전선의 적을 강타.

◇ 미 세이버 제트기대, 水豊댐 근방 상공에서의 공중전에서 MIG15 제트기 1대 격추.

◇ UN 韓委 호주대표 토마스 크리치리씨, 3일간 육·해·공 사관학교와 泗川

비행기지를 시찰.

◆ 아이젠하워대통령 취임식.

1월 21일(수) 맑음

◇ 杆城 북서쪽과 文登里 북동쪽에서 아 정찰대, 적과 교전. 적 다수를 살상.

◇ 중부전선에서 아 전차대, 포격을 계속.

◇ 高浪浦 북서쪽에 진출한 아 정찰대, 적 소대병력과 교전후 철수.

◇ 板門店 남쪽에서 UN군 정찰대, 적진을 기습.

◇ UN군 경폭기대, 종일 북한내의 보급기지를 공격.

◇ 세이버 제트기대, 공중전에서 MIG제트기 7대 격추, 3대 격파.

◇ 세이버 제트기대, 鴨綠江 상공 공중전에서 MIG기 7대 격추, 1대 격파.

◇ 李대통령, 아이젠하워에게 취임 축하 전문.

◇ 金錫寶교통장관, 昌慶호 사건으로 인책 사표 제출.

◆ 北京방송, 1월12일 滿洲 상공에서 B29기 1대 격추했다고 방송.

1월 22일(목) 맑음

◇ 동부전선에 내습한 공산군, 60명의 시체를 남기고 퇴각.

◇ F84 선더 제트기대, 韓滿국경 40마일지점까지 출동해 공산군 수송망을 맹폭.

◇ UN 세이버 제트기대, MIG기와의 공중전에서 5대 격추, 6대 격파.

◇ B29 폭격기대, 陽德보급지역의 조차장과 龍平里에 있는 공산군 참모본부에 140톤의 고성능폭탄 투하.

◇ 한국 공군, 전선의 적진을 맹공해 수개소의 공산군 탄약 집적소를 파괴.

◇ 극동 공군 사령부, 공산군이 격추한 B29형 폭격기 1대가 滿洲상공을 비행했다는 北京방송을 부인.

◇ 호주 流星제트기 8개소대, 북한내 공산보급요충에 200발의 로켓탄 발사.

◇ UN한국재건단장 킹슬리씨, 李대통령과 한국경제 재건을 위한 원조방법을 토의.

1월 23일(금) 맑음

◇ 아군, 중동부전선에서 공산군 지상부대의 정찰공격을 격퇴.

◇ 국군, 서부전선에서 UN공군 및 重砲지원하에 노리고지를 공격하고 공산군
85명 사살.

◇ 세이버 제트기대, 북한 상공에서의 공중전에서 MIG기 4대를 격추.

◆ 아이젠하워대통령, 첫 閣議 주재.

◆ 밴프리트 미 8군 사령관 예편, 후임에 테일러중장.

1월 24일(토) 맑음

◇ 아군 전차부대, 중부전선에서 종일 맹포격.

◇ 아군, 지난 밤부터 4개소에서 탐색공격을 해 온 공산군을 격퇴.

◇ UN군 경폭격기대, 주야간에 북한내의 보급기지 요충을 맹폭격.

◇ 세이버 제트기대, MIG제트기 2대 격추, 2대 격파.

◇ B29폭격기대, 아침에 平壤 근방의 공산군 보급물자 집결소와 병력집결처를
폭격.

◇ 平壤방송, 23일밤 平壤을 폭격한 B29폭격기 중 5대를 격추했다고 보도.

◆ 콜린즈 미 육군참모총장, 訪韓차 출발.

1월 25일(일) 맑음

◇ UN군, 40대의 비행기와 수십대의 전차 지원하에 鐵原 서쪽 T 폰 고지 동쪽에
있는 감자고지를 4시간에 걸쳐 공격.

◇ 黃海에서 작전중인 영국 항공모함의 함재기대, 海州 북쪽의 적 전방 지휘소
2개와 營舍지역을 분쇄.

◇ 미 중순양함 로체스터호, 高城 남쪽의 적 보급지역과 벙커진지를 포격해 벙
커진지 21개를 격파.

◇ B29폭격기대, 새벽에 鴨緑江 남쪽 30마일 지점의 鐵山에 100톤의 고성능폭
탄을 투하.

◇ 덴마크병원선 유틀란디아호, 재차 한국해역에 출동.

◇ 휴전회담－공산측, UN군이 중립지대 침범했다고 비난.

◇ 여객선 幸運호 침몰, 59명 익사.

◇ 밴프리트 8군 사령관 고별회견.

◆ 타스통신, 미국은 한국에서 세균전 감행했다고 비난.

1월 26일(월) 흐림

◇ UN군 전차부대, 중부전선에서 적 진지에 대해 맹포격.

◇ UN군, 鐵原 서쪽 T形고지와 不毛고지에 대해 기습공격을 감행.

◇ 동해안에서 작전중인 항공모함으로부터 출격한 함재기대, 元山지구의 적 포
대를 강타하고 北靑 근방에 있는 적의 교통요지를 폭격.

◇ UN군 전폭기대 및 호주 공군기대, 平壤으로부터 沙里院·南川에 이르는 공
산군 보급지대를 맹공.

◇ 한국 공군, 미 해병편대기와 함께 전선지구의 적 진지를 강타.

◇ 콜린즈 미 육군참모총장 내한, 李대통령과 회담.

1월 27일(화) 흐림·맑음

◇ UN군 전차부대, 중부전선에서 적 진지를 계속 포격.

◇ 미 전함 미주리호, 2.16mm포와 5mm포로 3시간에 걸쳐 淸津항을 포격.

◇ 4대의 세이버 제트기대, 20대의 MIG15기와 水豊댐 남쪽 30마일지점에서 교
전해 2대 격파.

◇ 콜린즈 미 육군참모총장, 클라크장군·밴프리트장군과 함께 전선 시찰.

◆ 韓日회담 예비접촉.

◆ 덜레스장관, 미국의 對外交정책 공개.

1월 28(수) 맑음

◇ UN군 전투기와 폭격기, 북한 서해안에서 철도 50개소를 단절.

◇　B29 폭격기대, 平壤 남쪽 12마일 지점에 있는 적 兵舍群에 대해 고성능 폭탄 110톤 투하.

◇　UN군사령부, 巨濟島 포로 폭동 주모자는 南日이라고 발표.

◇　白斗鎭기획처장, 총액 1억8천만달러에 달하는 미국 53년도 한국 UN구호 및 원조계획에 관한 1월25일부 UN군 사령부 통고를 발표.

◆　UN본부, 서독이 임상치료대 10개반을 한국에 파견키로 결정했다고 발표.

1월 29(목) 맑음

◇　B29 폭격기대, 平壤과 그 부근의 보급지구를 맹폭.

◆　테일러 신임 8군 사령관 東京도착, 콜린즈장군과 요담.

◆　아이젠하워대통령, 세계정세의 전면적 검토와 冷戰전략의 토의를 위해 군사・외교・정보 관계 최고 수뇌회의 소집.

◆　아이젠하워대통령, 미 제7함대의 대만 봉쇄조치 해제.

1월 30일(금) 흐림・맑음

◇　지상전투, 경미한 탐색공격.

◇　UN군 세이버 제트기대, 鎭南浦 상공에서 소련제 폭격기 1대 격추. 鴨緑江 남쪽 공중전에서 MIG기 1대 격추.

◇　B29 폭격기대, 平壤 남동쪽 6마일 지점의 주요 공산군 보급중심지에 110톤의 고성능폭탄 투하.

◇　巨濟島 포로수용소에서 미 경비병 1명 타살.

◇　釜山 國際시장에 대화재, 3천여호 전소.

1월 31일(토) 흐림・맑음

◇　UN 해・공군, 종일 元山항 맹공. 전함 미주리호도 참가.

◇　B29 폭격기대, 元山 남쪽 10마일 지점에 있는 피산을 개전이래 처음 공격.

◇　한국 공군 무스탕기대, 전선일대를 공격해 적 토치카 15개소 분쇄.

◇ 극동공군 월간 전과─ 적 MIG15·제트기 격추 40대, 미확인 격추 7대, 파손 40대. 아군 손실 21대.

◇ 서울大, 퇴임하는 밴프리트 8군 사령관에게 명예 박사학위 수여.

◇ 白善燁, 대장으로 승진.

◆ 일본외상, 韓日修交 다짐.

2월 1일(일) 맑음

◇ 金化 북쪽 UN군 전초진지에 대한 중공군 2개 소대의 공격 격퇴.

◇ 공산군 정찰대, 平康 남쪽 UN군 진지에 대해 2차에 걸쳐 소규모 공격.

◇ 중공군 2개 소대, 不毛고지근방 UN군 외곽 진지를 야간 공격.

◇ UN군 전폭기대, 일선지구 공산군 시설을 공격.

◇ UN군 F86 세이버 제트기 18대, 적 MIG15기 17대와의 공중전에서 적기 1대 격추.

◇ 미 해병대 소속기대, 서부전선 배후 南川 공산군 터널을 파괴.

◇ B29 폭격기대, 북한 載寧 공산군 보급중심지 폭격.

◇ 李대통령, 國際市場 화재터 시찰하고 위문.

◇ 일본 水産대표 3명, 李대통령 예방.

◆ 덜레스 미 국무장관, 유럽 우방 방문.

2월 2일(월) 흐림·맑음

◇ UN군, 不毛고지 근방 외곽진지로부터 일시 철수한 후방군의 엄호 포격하에 다시 이를 탈환.

◇ 板門店 동쪽에서 단시간에 걸쳐 치열한 교전.

◇ UN 전차대, 16일째 공산군 벙커에 대한 공격을 계속.

◇ B29 폭격기대, 전선 공산군진지를 맹타.

◇ UN군 F86 세이버 제트기대, 북한 상공에서 적 MIG기 2대 격추.

◇ 아이크, 첫 연두교서에서 한국군 증강 강조.

2월 3일(화) 맑음·흐림

◇ 동부전선 분지대 동쪽에서 국군, 약1개 병력으로 감행된 공산군 공격을 새벽에 격퇴.

◇ UN군 보병부대 및 항공대의 엄호를 받은 보병부대, 高浪浦 서쪽 공산군진지를 기습하고 중공군 약400명을 사살.

◇ 미 제77기동함대소속 함재기대, 城津·元山·吉州지구 적 보급시설을 공격.

◇ 테일러 신임 8군사령관, 클라크대장과 서울 도착. 李대통령 예방.

◇ 교통부장관에 尹城淳씨 임명.

◆ 蔣介石총통, 아이크의 대만 중립화 해제 결정은 합리적 조치라는 성명 발표.

2월 4일(수) 흐림

◇ 지상전투, 경미한 탐색전만 전개.

◇ UN군 B26경폭격기대, 13일째 연속 출격코 공산군 보급차량 공격.

◇ 정부, 호주 시드니에 총영사관 설치키로 결정. 초대 총영사에 金勳씨 임명.

◆ 北京방송, 아이젠하워의 일반교서에 관해 한국전쟁을 전 아시아에 확대하려는 결심을 표시한 것이라고 논평.

2월 5일(목) 흐림·맑음

◇ 중공군, 6차에 걸쳐 UN군 진지에 대한 소규모 탐색전을 감행.

◇ UN군, UN군 전초진지에 대한 7회에 걸친 중공군의 경미한 야간공격 격퇴.

◇ UN군 전폭기대, 平壤 북쪽·載寧근방·南川店 남동쪽·江東 남쪽에서 적군 사시설을 공격.

◇ 미 제5공군소속 슈팅 스타기, 鎭南浦항에 정박중인 공산군 기선 1척 격파.

◇ 레이더장치를 갖춘 미 해병대소속 야간전투기 F30스카이라이트기대, 적기 1대 격추.

◇ 孫해군참모장, 미주리호를 방문. 클라크중장과 회담코 작전상황 시찰.

◇ 국회, 일선 군·경 위문을 위한 對정부건의안 가결.

◇ 陳내무, 공무원의 요정출입 단속 지시.

◆ 이든 영 외상, 하원에서 周 중공수상의 한국휴전안은 비건설적이라고 언명.

2월 6일(금) 맑음

◇ UN군 보병부대, 鐵原 서쪽에서 공산군 2개 소대와 교전. 적 15명 살상.

◇ 악천후로 UN공군 활동 제한.

◇ 미 제5공군 전천후 최신 야간전투기가(F94B형) 3월이래 한국전선에 참가하고 있다고 발표.

◇ UN군 포로수용소 사령부, 濟州道에서 경비병에게 투석한 중공포로 1명이 사살되었다고 발표.

◇ 내무부 공비토벌 종합전과를 발표(1952년~1953년 1월말)-공비 출몰횟수 2,232회, 교전 횟수 998회, 사살 1,042명, 생포 340명, 귀순 204명, 무기노획 896정, 탄약 5.496발.

◇ UN군 휴전회담 연락장교 카룩크대령, 공산군의 중립지대 침범항의를 거부.

◇ 국회, 상이군경에게 교육기회 제공을 정부에 만장일치로 건의.

◇ 국회의장 일행, 일선장병 및 훈련소 위문방문차 출발(釜山).

◇ 경남경찰국 釜山 시내 요정을 검색하여 유흥공무원 50여명을 적발.

◆ 中共 新華社, 지난 2년간의 폭격과 함포사격에 의해 황폐된 북한의 공업도시 興南을 지하에 재건.

◆ 래드포드 태평양 함대사령관, 중공에 대한 전면적 해안봉쇄하더라도 소련과의 전쟁이 야기되지 않을 것이라고 의회에서 증언.

◆ 미 육군당국, 8군 사령관에 맥코리프 중장 임명.

◆ 소련, 미국 간첩 3명을 체포했다고 발표.

2월 7일(토) 맑음

◇ 狙擊능선 동쪽 UN군 主저항선에서 공산군의 5개 탐색공격을 격퇴.

◇ UN군, 중부전선 白馬고지 부근 적의 거점을 공격하여 중공군 17명을 사살.

◇ UN군 폭격기대, 金城지구에서 공산군 보급집결지 및 군사건물 15개소를 파괴.

◇ UN공군 세이버 제트기 8대, MIG14대와 조우 — 치열한 공중전을 전개하여 그 중 2대를 격추.

◇ B29폭격기대, 平壤 남동쪽 2개의 공산군보급소 및 군사건물을 폭격.

◇ 테일러 중장, 밴프리트사령관과 일선 시찰.

◇ 국방부 1월중 공비토벌전과 발표 — 17명 사살, 17명 생포, 소총 24정 노획.

◇ 국방부, 후방군인의 무기휴대 단속키로 결정.

◇ 해병학교 11기 사관후보생 졸업식 거행.

◇ 平壤방송 — 북한인민회의는 金日成에게 元帥칭호를 수여했다고 보도.

◆ 毛澤東, 人民會議에서 ① 抗美, 援朝투쟁의 강화 ② 소련을 본받아 국가건설에 분발 ③ 각급 지도자들의 관료주의 근멸을 강조.

◆ 北京방송, 2만1천여명의 북한 전쟁고아들을 만주의 각 수용소에 수용했다고 보도.

◆ 브라질 국민은 의용군 派韓을 열렬히 지지하는 운동을 전개하고 있다고 리오 방송이 보도.

2월 8일(일) 맑음

◇ 동부전선의 분지 및 센드 백 고지간의 UN군 주저항선에서 적 1개중대 공격을 격퇴.

◇ B29폭격기대, 平壤 남서쪽의 보급품 집적소를 폭격.

◇ 밴프리트장군과 테일러중장, 狙擊능선지구를 시찰.

◇ 클라크 UN군 사령관, 한국군 2개 사단을 증강할 것(총14개 사단)이라고 언명.

◇ 휴전회담 — UN군 연락장교단, 공산측 대표단 차량을 공격했다는 공산측의 비난에 대해 명확한 증거를 요구.

◇ 환도설, 구정 등으로 釜山시내 쌀값 가마당 60만원으로 폭등.

◇ 북한창설 5주년기념식 거행, 金日成 연설을 통해서 미국과 한국이 전쟁을 확대하려 한다고 비난.

◆ 北京방송, 共産軍 2개년간의 전과를 과대 보도.

◆ 일본보안당국, 한국濟州道근해에서 漁船 2척 나포됐다고 발표.

2월 9일(월) 맑음

◇ 전선 수개소에서 경미한 탐색전 전개.

◇ 漣川 북서쪽에서 UN군, 공산군 소부대의 공격을 받고 철수.

◇ UN군 전차대, 중부전선에서 공산군 벙커 및 참호를 야간에 공격.

◇ 해병대 소속기들, 平壤 북쪽의 적 집결지 및 보급소를 폭격.

◇ UN공군 폭격기대, 兼二浦공장 지구를 4회에 걸쳐 파상 공격.

◇ 밴프리트사령관, 한국고별성명에서 국군의 성장을 애국심에서 이루어진 것 이라고 격찬.

◆ 미 극동해군 발표, 한국수역에서 작전중인 미제7함대에 무선유도발사 함정 4척을 배치.

◆ 래드포드 미합참의장, 중공항만으로 군수품을 수송하는 행위는 전투행위로 간주하고 강제 정지시키겠다고 언명.

2월 10일(화) 맑음·비

◇ 지상전투는 평온.

◇ 미 제77기동함대소속기들, 會寧지구의 적 보급지역 및 철도시설을 폭격.

◇ 밴프리트사령관 이임사에서 공산주의자들의 허위, 강탈, 학살을 통렬히 비난하고 UN기 밑에서 최후의 승리를 강조.

◇ UN군, 지난 9일 巨濟島에서 발생한 포로들의 폭동진압과정에서 1명이 사살되고 38명이 부상을 입었다고 발표.

◇ 孫해군참모총장, 미 제7함대의 대만봉쇄 해제는 對공산주의 전쟁에 유익한 정책이라고 기자회견에서 언명.

◇ 중앙학도호국단과 각도 병사구 사령부에서 간부후보생 모집에 계몽 홍보하
기로 결정.

◆ 태프트의원, 아대통령과 밀담후 미국은 한국전쟁 해결을 위해서 滿洲폭격이
나 현전선에 대공세를 취할 의도가 전연없다고 기자단에게 언명.

◆ 영국 관변측, 미국은 얄타 비밀협정의 파기 의향을 영국정부에 통고했다고
언명.

◆ 소련 프라우다紙, 미국이 한국전쟁을 지연시키고 極東의 전란을 확대하려고
기도하고 있다고 비난.

◆ 덜레스장관, 미상원 외교위의 증언에서 중공연안봉쇄, 滿州폭격, 한국에서의
原子폭탄사용 등은 자기는 전연 모르는 일이라고 언명.

2월 11일(수) 맑음

◇ 전 전선은 소강상태 유지.

◇ UN군 전차부대, 서부전선의 공산군 진지에 공격을 가함.

◇ B29폭격기대, 平壤 동쪽 沙里院남서쪽 공산군 보급기지를 폭격.

◇ 테일러 사령관, 서울 근교 비행장에서 취임식 거행.

◇ 밴프리트사령관, 釜山 UN군 묘지 참배.

◇ 白총리서리, 밴프리트장군 이한에 따른 성명을 통해서 그의 업적을 찬양.

◇ 보건부, 군의관 군사훈련에 협조를 바라고 있으며 해당자의 적극 참여를 권
고.

◆ 國府 대변인, 중공은 즉시 공격할 의도가 없다고 언명.

◆ 프 인도대통령, 한국전쟁을 확대할 염려가 있다고 경고.

◆ 아이젠하워대통령, 原子간첩 로젠버어夫妻의 감형 탄원을 거부.

2월 12일(목) 비·흐림

◇ UN군, 동부전선에서 소규모 공격.

◇ UN군 수색대, 文登里계곡 근방에서 적 1개소대와 40분간 교전.

◇ 그밖의 전선에서는 경미한 탐색전.

◇ UN해군 함재기대, 元山항을 공격.

◇ 악천후에 의한 UN공군 활동 제한.

◇ 영연방군 사령관, 1,000명의 한국군이 영국군에 편입된다고 언명.

◇ 李대통령, 중공해안 봉쇄를 반대한다는 나라들을 비난.

◇ 밴프리트사령관 이임 열병식 극동군 사령부에서 거행. 클라크사령관이 밴프리트장군에게 훈장 수여.

2월 13일(금) 흐림 · 비

◇ 한국군, 동해안전선에서 2개 소대의 공격을 격퇴함(적 73명을 사살).

◇ 중공군, 北漢江 동쪽 3개의 UN군 진지에 공격을 개시.

◇ 서부전선 벙커고지 및 켈리고지 근방 UN군에 대한 공산군의 공격을 격퇴.

◇ 제5공군 폭격기대, 載寧근방 철로를 공격.

◇ 영 연방군 사령관 교체.

◇ 慶南지구 병사구사령부 26일부터 14일간 기피자 자수기간 설정.

2월 14일(토) 맑음 · 흐림

◇ UN군, 平壤 남서쪽 전초진지에 공산군의 소규모 공격을 격퇴.

◇ UN군 포병부대, 중서부전선 不毛고지 부근 계곡에서 南下중인 적을 격퇴.

◇ UN군 해군구축함, 元山근해의 도서의 UN군 지상군에 대한 공산군의 포격을 분쇄함.

◇ B26 경폭격기대 북한보급로에 대한 야간공격에서 수백대의 트럭을 격파.

◇ 미해군 극동군, 16일 元山항 공격을 담당할 함정을 결정.

◇ 申국회의장 일선시찰 후 귀임.

2월 15일(일) 맑음

◇ UN군 정찰대, 동부전선 서쪽과 북쪽에서 소부대 전투.

◇ 北漢江 북동쪽의 한국군진지에 적의 소부대 공격을 격퇴.

◇ UN군 전차부대, 중·서부전선에서 적의 목표물을 포격.

◇ UN공군, 水豊발전소와 新安州·載寧 등의 철도를 폭격.

◇ 세이버 제트기 18대, MIG40대와 공중전끝에 2대 격추, 3대를 격파.

◇ 釜山 제1부두에서 벨기에 전몰장병의 추도식을 거행.

◇ 테일러 신임 8군사령관, 기자회견에서 UN군·한국군은 강력한 통솔하에 사기가 앙양되어 있다고 언명.

◇ 정부, 15일 상오 6시를 기해 대통령 긴급명령 제13호로 통화긴급조치를 공포 시행(화폐개혁).

◇ 釜山시내 물가 4배~15배로 폭등.

2월 16일(월) 맑음

◇ 지상전투는 산발적인 탐색전만 계속.

◇ 高浪浦 및 鐵原 북서쪽에서 적 분대병력의 탐색공격을 격퇴.

◇ UN공군, 연 200기가 兼二浦지구의 적 군사시설을 격파.

◇ UN군 F86 세이버 제트기, 북서 상공에서 MIG기 1대 미확인 격추, 2대를 격파.

◇ 국회, 재무부차관을 불러 화폐개혁조치에 대한 설명을 청취.

◇ 화폐개혁에 따르는 업무추진으로 전국은 비상사태(화폐교환 실시).

◇ 미 카톨릭교회 본부로부터 보내온 원조물자 인수식(釜山 제1부두)거행.

◇ 극동 공군은 北海島 상공에서 소련기에(2대침입) 공격. 그중 1대에 손상을 주었다고 발표.

◆ 네루 인도수상, UN총회에서 중공의 UN가입을 찬성하고 한국문제는 아직 미정이라고 언명.

◆ 인도 UN대표 펀밋트여사, 미국하원에서 한국평화안은 미·영의 조정하에 작성되었다는 소련의 비난을 부인.

◆ 미의회, 중공해안 봉쇄를 위해 구축함 6척을 國府에 이양하는 法을 제안.

2월 17일(화) 맑음

◇ 동부전선에서 한국군, 야간부터 아침사이에 9차에 걸쳐 교전.

◇ UN군, 중동부 제인 럿셀고지 부근의 공산군 공격을 격퇴.

◇ UN 함재기대, 연 300여대가 출격하여 元山 및 동해안 일대의 공산군 군사시설을 맹타.

◇ UN군 세이버 제트기, 2차에 걸쳐 MIG기와 조우 - 1대를 격추.

◇ 미해병소속기, 載寧지구의 적 군사시설을 폭격.

◇ 陳내무장관, 화폐개혁에 따르는 물가앙등에 대한 담화에서 국민의 협조 당부.

◇ 국방부 양곡수송에 차량동원 지원.

◆ 중공 신화사통신, 滿州를 침범한 미 세이버 제트기 5대 격추 발표.

◆ 이집트 등 아랍 2개국, 한국에 일체의 원조를 제공하지 않을 것임을 언명.

◆ 아이크대통령, 소련의 원자무기 보유는 확실하다고 언명.

2월 18일(수) 맑음

◇ 지상전투 거의 없음. 공산군의 수색대 활동만 있음.

◇ UN공군, 연 397대 平壤부근의 적 차량과 군사시설을 폭격.

◇ 미 세이버 제트기, 적 MIG기와의 공중전에서 5대 격추, 2대 격파.

◇ 미 공군, 滿州상공에서 미 제트기가 격추됐다는 공산군의 보도를 부인.

◇ UN군 포로수용사령부, 16일 巨濟島 제3수용소에서 중공군 포로의 교수형 시체가 발견됐다고 발표.

◇ 정부, 국회에 긴급조치 승인 요청.

◇ 정부, 화폐개혁 성공을 위한 사업에 총력을 경주.

◇ 全北 古阜에서 공비들, 통화개혁 지서를 습격 신화폐 10만원을 강탈.

◇ 주앙 프랑스원수, 한국전선 시찰차 東京에 도착.

◆ UN본부 한국문제를 3주후에 취급키로 합의(서방측).

◆ UN덜레스장관, 연두교서에서 極東정책의 근본은 한국과 印支에서 명예로운 종전성립이라고 언명.

◆ 피어슨캐나다외상, 滿州폭격, 중공해안 봉쇄 등 한국전쟁을 확대시키는 모든 조치에 반대한다고 언명.

2월 19일(목) 맑음 · 흐림

◇ UN군 정찰대, 동부전선 南江 근방에서 적 15명을 사살.

◇ 文登里계곡에서 접전 계속.

◇ UN군 전차대와 포병대, 중부전선에서 적 벙커에 대한 포격을 계속.

◇ F86 세이버 제트기, 鴨綠江 상공에서 MIG기 2대를 격추.

◇ B29 폭격기대, 平壤 서쪽 12마일지점 및 元山 남쪽 5마일지점의 적 보급중심지를 새벽에 폭격하고 연 200여대 계속 폭격.

◇ 바카스 미5공군사령관, 이번 북한에 대한 맹폭은 효과적이었고 전차, 차량수리공장들을 파괴했다고 발표.

◇ UN군 포로사령부, 지난 18일 탈출기도하던 민간인 포로 1명이 사살됐다고 발표.

◇ 白재무장관, 국회에서 화폐개혁의 필요성에 대해 설명.

◇ 정부 각 부처, 계속 화폐개혁 성공적 수행에 총력.

◇ UN군은 개전이래 대여금 1억3천5백만달러의 반환을 완료할 것이라고 재무부가 발표.

◆ 駐韓 영연방군 사령관으로 16개월동안의 임무를 마치고 귀국한 호주의 부릿치포오드장군, 한국전선에서의 영국군의 용전을 찬양.

◆ 롯지 미UN대표, 한국 派兵團 대표들을 초청 UN총회에 대한 협의.

◆ 알렉산더 영 국방상, 기자회견에서 平壤－元山線 진격이 한국전쟁의 유일한 해결책이라고 언명.

2월 20일(금) 맑음 · 흐림

◇ UN군 전차대, 중서부전선에서 공산군 진지에 계속 포격.

◇ UN군, 벙커고지 부근의 전초진지에서 공산군의 공격을 격퇴.

◇ 미 F86세이버 제트기, 鴨綠江 남쪽에서 MIG기 2대 격추, 1대 격파.

◇ B29폭격기대, 新義州 남쪽 20마일 지점에 있는 보급소 중심지를 맹폭격.

◇ 巨濟포로수용소에서 또 포로 1명 교살체로 발견됐다고 발표.

◇ 국회, 대통령긴급명령 13호 승인 가결.

◇ UN韓委, 한국 의료시설계획에 따른 원조에 매년 1천2백만달러가 소요된다고 언명.

◇ 국군 간부후보생, 호응 궐기대회 釜山 충무로 광장에서 개최.

◇ 平壤방송, 미국측은 板門店의 휴전회담장 존재를 무시하려고 한다고 비난.

◆ AP통신, 공산군이 한국에서 전면공격을 해올 때는 원자폭탄 사용을 고려중이라고 보도.

2월 21일(토) 맑음·흐림

◇ F86세이버 제트기, 북한상공의 MIG기 통로에서 MIG 1대를 격추, 2대 격파.

◇ B26경폭격기대, 鎭南浦 북쪽에서 공산군 집결지를 폭격하고 南下중이던 차량 132대를 파괴.

◇ 공군 당국, 100회 이상 출격자 33명이라고 발표(1월 16일).

◇ 국회 통화조치에 대한 토론 계속.

◆ 퀴 필리핀 대통령, 한국과 정식외교관계 수립을 승인.

◆ 미국, 주한 미 제7사단장 스미스소장을 교체 발표.

2월 22일(일) 맑음·흐림

◇ UN군 중부전선 漢灘江 동쪽과 狙擊능선에서 중공군의 공격을 격퇴.

◇ 高浪浦 서쪽에서 UN군 탐색대, 중공군을 공격 18명을 사살.

◇ 板門店 북동쪽에서 탐색전을 발단으로 8시간동안 치열한 전투 전개.

◇ UN군 전폭기대, 元山 남쪽 적 집결지를 공격하고 전차 7대를 격파.

◇ 쥬앙 프랑스원수, 프랑스군 전선부대를 시찰하기 위해 비행기로 도착.

◇ UN군사발표－클라크 UN군사령관은 공산군 총사령관에 대해 상병포로의 즉

시 교환을 제안한 서한을 송부.

◇ 李대통령, 國府軍의 한국파견 문제에 대한 견해를 표명.

◇ 클라크 UN군 사령관 李대통령과 회담.

◆ 北京방송, 미군은 작년 10월 1만1천명의 공산포로를 한국정부에 인도했다고 비난. 또 미군이 세균전을 쓰고 있다고 비난하는 선전을 재개.

◆ UN 미 대표 롯지씨, 소련은 한국 전쟁의 종결을 바라고 있지 않으며 그들의 태도변화가 없는 한 UN에서의 노력이 별무효력이라고 언명.

◆ 미 국방성 네바다洲에서 육·해·공군 2만여명을 동원하여 원폭실험을 실시할 것이라고 발표.

2월 23일(월) 흐림·맑음

◇ 한국군, 동부전선에서 적을 기습하여 96명을 사살.

◇ UN군, 중부전선 指形능선에서 공산군 부대의 공격을 격퇴.

◇ UN군 전차부대, 중부전선 및 동부전선 일부에서 공산군 전선진지를 공격.

◇ B29폭격기대, 공산군 보급수송차량 125대와 기관차 1대를 새벽에 기습폭격.

◇ 쥬앙 프랑스원수는 미군의 한국군식훈련방식에 깊은 감명을 받았다고 언명.

◇ 한국전쟁에 참가하기 위해서 來韓한 필리핀 퀴리노 대통령의 아들 퀴중위 및 사위 곤잘레스 소위가 警武台로 李대통령을 방문.

◇ 釜山에 수용중인 북한출신 반공포로 931명 血書로 조속한 석방과 北進전선에 참가시켜달라고 국회의장에 탄원서 제출.

◆ 이든 영국외상, 한국전선에서 부상병포로에 관한 클라크 UN군 사령관의 제안은 환영한다고 언명.

◆ 소련, 붉은 군대 창립 35주년 기념행사.

2월 24일(화) 비·흐림

◇ 전 전선에서 경미한 탐색전만 계속.

◇ 서부전선의 UN군 외곽진지에 대해 공격을 가해 온 적을 5시간 교전끝에 완전히 격퇴.

◇ 미 전함 미주리호, 元山을 포격.

◇ B29, 元山 남쪽 高原부근의 적 보급집적지를 폭격.

◇ 공보부, 정선명령을 어기고 도주함으로 부득이 발포하고 나포했다고 지난 24일 濟州 남쪽에서의 일본 어선 나포진상을 발표.

◇ 내무·외무장관, 영해침입하는 외국 가차없이 나포할 것이라고 경고 담화.

◇ 慶南兵司에서 在釜山관계기관장 회의, 일선 및 후방의 병력 유지 조정문제 협의.

◇ 클라크UN군사령관, 담화를 발표하고 UN군이 세균병기를 사용하였다는 중공의 비난을 허위날조이며 사실 무근한 것이라고 반박.

◆ 케이시 호주外相, 한국전쟁의 확대방지를 위해 노력하고 國府軍의 본토공격에 미국이 신중할 것을 요청.

◆ 제7회 UN총회 개막, 아이젠하워대통령의 메세지.

2월 25일(수) 비

◇ 金化 북서쪽에서 UN군 진지에 공격을 해 온 1개중대의 적을 격퇴.

◇ UN군, 鐵原 서쪽에서 공산군의 공격을 격퇴하고 50명을 살상.

◇ UN군 전차부대, 板門店 남동쪽 공산군 진지를 무朝에 포격.

◇ 미주리호를 비롯한 UN군 전함, 동해안 공산군 시설 15개소를 파괴.

◇ B29 폭격기대, 沙里院 서쪽의 공산군 보급지역을 폭격.

◇ UN군 경비행대, 공산군 기관차 2량과 트럭 80대를 격파.

◇ UN군 F86 세이버 제트기, 鴨綠江상공에서 MIG 4대를 격추 파괴.

◇ 정부는 26일 이후의 긴급금융조치법안을 국회에 제출.

◇ 대통령 비서실, 일본 어부의 사살에 유감의 뜻을 표하고 韓日양국간의 평화 유지를 위해 李라인 설정을 설명.

◆ UN정치위, 한국문제를 제1의제로 상정키로 결정하고 소련의 북한대표초청안을 36대 16으로 부결.

◆ 미 육군, 적기를 자동적으로 수색공격 할 수 있는 로보트 고사포(Sky, Sweeper)를 처음으로 공개.

◆ 밴프리트 사령관, 한국에서 총공격을 감행하면 성공할 수 있다고 언명.

◆ 영 정부, 처칠수상을 제외한 미·소의 거두회담을 반대한다고 발표.

2월 26일(목) 맑음

◇ 중부전선에서 아군 전차대, 공산군 벙커진지를 공격.

◇ 벙커고지에 적 2개 분대의 공격을 즉시 격퇴.

◇ B26 경폭격기대, 麻田지구 공산군 보급중심지를 폭격.

◇ B29, 元山 남쪽 공산군 보급지를 공습.

◇ 미 극동공군, UN군이 소련제 IL28 쌍발제트 경폭격기를 한국전선에서 발견했다고 발표.

◇ UN군 포로 수용소 사령부, 24일 巨濟島포로수용소에서 순찰중인 미 장교를 습격한 포로중 1명이 사살되고 2명이 부상을 입었다고 발표.

◇ 클라크 UN사령관, 휴전회담대표 핸론 해군소장 후임에 헴헨부렌준장 임명.

◇ 申국방장관, 한국군의 영양부족에 기인한 인명손실이 가중되고 있으며 이에 대해 우방제국의 원조가 필요하다고 언명.

◇ 陳내무장관, 군사상·경제상으로 연안에 접근하는 선박을 더욱 경계할 것이라고 경고.

2월 27일(금) 맑음

◇ 한국군, 동부전선에서 200명의 적 공격을 격퇴.

◇ 분대병력의 UN군부대, 중대규모의 적을 공격해 45명을 살상.

◇ UN군, 漣川 서쪽의 케리고지에 대한 공산군 공격을 격퇴.

◇ UN군 선더 제트기대, 楚山의 적 훈련소를 폭격.

◇ B26 경폭격기대, 北靑 공산군 막사를 폭격.

◇ B29 폭격기대, 平壤근방 공산군 3개의 목표물을 폭격.

◇ 李대통령, 통화개혁은 성공할 것이며 상환금은 생산부문에 방출 발표.

◇ 정부, 긴급금융 조치법 공포(157조).

◇ 긴급금융조치법 시행의 지연으로 전국 금융기관이 휴무.

◆ 미 하원, 하와이洲 승격을 승인

2월 28일(토) 맑음·비

◇ UN군 보병부대, 6일에 걸친 소규모적인 전투에서 공산군 약100명 사살.

◇ UN군 전차대, 공산군 진지에 대한 포격을 계속.

◇ 미 중순양함 로스앤젤스 호, 元山항에 돌입하여 적의 보급집적지를 맹포격.

◇ 巨濟島포로수용소에서 공산군 포로 동료 포로 1명을 곤봉으로 타살.

◇ 정부 각료, 3·1절 기념식에 참석하기 위해 모두 上京.

◆ 전 프랑스 수상 레이농씨, 프랑스는 미군이 한국군을 육성하는 방식을 베트남군 육성에 채택했다고 언명.

◆ 미국, 아시아 제국과의 무역총액은 1952년도 수출 19억달러, 수입 15억7천만 달러라고 발표.

3월 1일(일) 맑음

◇ 아군부대, 首都고지 부근의 UN군 전초진지에 1개 중대의 중공군의 공격을 45분간의 교전 끝에 격퇴.

◇ 아군부대, 케리고지 서쪽에서 공격해온 중공군 1개 소대를 격퇴.

◇ B26경폭격기대, 淸津港을 맹폭격.

◇ 미 제5공군 2월중의 전과 발표—MIG15제트기 25대격추, 미확인격추 8대, 30대 격파, 적 기관차 35대 격파. 차량 2,823대 격파, UN군 항공기 손실 16대.

◇ 제34회 3·1절 기념식, 서울 中央廳에서 개최.

3월 2일(월) 비·맑음

◇ 首都고지에 적 1개 중대병력이 공격해 왔으나 국군 이를 격퇴.

◇ B29, 야간에 元山부근을 맹폭격.

◇ 테일러사령관, 공산군이 전면 공격을 가해 온다면 파멸이 있을 뿐이라고 언명.

◇ 지난달 마감한 大學 및 고교생 간부후보생 지원마감을 7일까지 연기. 지원자는 大學졸업자(1,004 명중) 309명, 고교졸업자 (3,748명 중) 2,009명.

◇ 서울에서 애국학도 총진군 격려대회를 개최.

◇ 미 공군장관 톨 붓트씨 내한.

◇ 葉國府외상, 미·영의 對韓정책을 비난하고 중공에 대하여 가혹한 압력만이 한국전쟁의 해결책이라고 강조.

◆ UN안보이사회의 한국문제 토의재개 – 소련대표 비신스키, 지난해 제안한 국제위원회 설치를 또 주장.

◆ 브래들리합참의장, 한국문제 해결책을 제안. ① UN군은 유리한 시기가 오면 전투 주도권을 장악하고 공산군에게 압력을 가할 것 ② 결정적 승리를 위해 약간의 필요한 조치를 취할 것.

◆ 동독에 이주케 된 북한 아동 200명, 드레스텐근처에 도착.

3월 3일(화) 구름·맑음

◇ 아군, 金城 북서쪽에서 공격해 온 적 1개 소대를 격퇴.

◇ 국군, 狙擊능선 및 岩石峯에서 적 2개분대와 교전후에 이를 격퇴.

◇ 5공군사령부, F86세이버 제트기편대가, 북한상공에서 MIG1대를 미확인 격추, 5대를 격파했음을 발표.

◇ 韓銀총재, 유언비어로 떠돌고 있는 재통화조치설은 사실 무근이라고 강력히 부인.

◇ 톨봇트 미 공군장관, 大邱지방에서 극동공군 장성 및 한국공군 수뇌들과 비밀회담 개최.

◆ 國府측 보도, 중공군 제4야전군은 소련의 최신무기를 사용하며 大野外작전을 훈련중이라고 언명.

◆ 일본정부, 미국으로부터 1억3천만달러상당의 탄약생산 주문을 받게 될 것이

라고 발표.

◆ UN안전보장이사회 토의를 계속. 네덜란드·페루 양대표 한국전쟁의 책임은 공산측에 있다고 비난.

◆ 프레더스 미 상원의원, UN은 한국문제를 해결하기 위해서는 韓滿국경에 중립지대를 설치해야 한다고 언명.

3월 4일(수) 맑음·구름

◇ 중부전선 몰고지에 정면공격을 감행한 공산군 1개대대가 일시 점령했으나, 동일 하오 한국군부대에 의해 격퇴됨. 이 작전에서 공산군 180명을 살상.

◇ 스탈린의 중태설로 공산군 사기 저하.

◇ 미해군 순양함 로스앤젤스호, 다시 元山항에 돌입하여 적의 탄약저장소를 맹포격 감행.

◇ 미 제8군공보실 발표에 따르면 3월 중 적의 손해는 7,500명, 개전이래 최소.

◇ 화폐개혁으로 산업계 활동 중지상태, 운항을 중지한 선박도 속출.

◇ 클라크장관, 서울에서 李대통령·테일러장군과 요담.

◆ 스탈린 위독설 보도. 미 아대통령, 소련 국민에게 神의 가호가 있기를 빈다는 성명을 발표.

◆ 알렉산더 영 국방상, 북한군의 보급활동은 UN군에 대한 공세를 취하기에는 불충분하다고 언명.

◆ 스탈린 뇌일혈로 위독상태라고 소련 정부가 공식발표. 수상대리에 모로토프, 당지도자에는 마렌코프.

3월 5일(목) 흐림·맑음

◇ UN군, 새벽 金城 북쪽에서 중공군 거점을 공격 점령함.

◇ 미전함 미주리호, 元山항 해안지대를 포격.

◇ 미제5공군 발표, UN폭격기대의 폭격으로 淸津공업지대가 완전 화염에 쌓임.

◇ UN해군 함재기대, 장진제1호 발전소를 격파함.

◇ 클라크사령관, 테일러장군과 동부전선 야전사령관 李亨根장군과 전선에서 비밀회담.

◇ 정부대변인, 우리나라 어족보호를 위해 침범하는 외국선박에는 가차없이 발포할 것이라고 언명.

◆ 일본주식 스탈린 위독설로 대폭락.

◆ 호주군 2개대대 한국향발

◆ 밴프리트장군, 미국의 명예를 회복하려면 한국전쟁을 승리로 이끌어야 한다고 의회에서 증언.

◆ 스탈린 死亡 공식 발표.

3월 6일(금) 맑음

◇ 아군, 金化 북쪽의 록키 포인트 고지에서 24시간 교전끝에 적 85명 살상, 55명 부상.

◇ 金城 북쪽에서 한 고지를 빼앗겼다가 탈환.

◇ 白육군참모총장이 지켜보는 가운데 미주리함 계속 元山항을 함포 사격.

◇ 蜂岩島 포로수용소에서 3백명의 민간인 억류자 소요 야기. 포로 2명 부상.

◇ 정부, 공보부장관에 葛弘基씨 임명.

◇ 李대통령, 스탈린사망에 담화 발표. 섭섭한 일이며 후계자들이 침략주의를 버리고 우리와 협조를 희망.

◆ UN 國府대표, 1945년 체결된 中蘇조약을 무효화했다고 리 총장에 보고.

◆ 아이젠하워대통령, 스탈린사망에 따르는 세계정세 토의위해 긴급각의 소집.

◆ 스탈린 후계자로 마렌코프 선임.

3월 7일(토) 흐림 · 맑음

◇ 한국군, 케리고지를 공격해온 중공군 2개 중대를 격퇴.

◇ UN군 탐색대, 不毛고지 · 鐵原 서쪽의 한 고지에서 공산군과 30분 교전끝에 이를 격퇴.

◇ UN군, 金化 북동쪽에서 공격해 온 중공군을 2시간 교전끝에 70명을 사상시키고 격퇴.

◇ 巨濟島에서 포로 소동. 포로 23명 죽고 42명이 부상.

◇ 3일간의 병역기피자 단속으로 慶南道內에서 600명을 적발.

◇ 在韓 중공군사령관 彭德懷, 스탈린의 죽음에 따른 담화를 발표. 미군의 침공을 분쇄하라고 장병에게 통고.

◆ 홍콩보도, 중공해안경비대 1개 중대가 國府유격대에 합류했다고 발표.

◆ 극동을 순회중인 톨봇트씨, 극동공군은 현재 당면한 곤란한 임무를 수행할 실력을 갖고 있다고 東京에서 언명.

◆ 미 국방성 및 원자력위원회는 최초의 原子砲실험을 실시한다고 발표.

◆ 미 전문가들, 스탈린 사망후에 소련은 더욱 강화될 것이라고 전망.

◆ 태프트 미 상원의원, 한국전쟁 전반에 걸쳐서 상원의 조사를 요구.

◆ 原子공격에 내구성이 있는 미순양함 노오샴프톤호 최초로 취항.

3월 8일(일) 맑음

◇ B29 폭격기대, 북한 내 龜城지구에 100여톤의 고성능탄 투하.

◇ UN 공군 세이버 제트기대, 적 MIG 전투기 3대 격추 2대 격파 2대 파손.

◇ 극동공군, 오늘 790회 출격.

◇ 6·7일 양일간에 걸쳐 동부전선 시찰을 마친 테일러장군은 휘하의 군단장들을 소집하고 비밀 연속회의를 개최.

◇ 李대통령, 환도를 준비하고 있으니 기다리라고 담화.

◇ 慶南지구 병사구사령부, 학생에게는 25세까지만 징집을 보류한다고 발표.

◇ 레이노오 전 프랑스 수상, 한국전선과 재한 프랑스군을 시찰하기 위해 내한. 李대통령과 회담.

◇ 平壤방송, 스탈린 사망 조문으로 부수상 3명을 파견.

◆ 毛澤東, 스탈린 장례식에 周恩來수상을 파견.

◆ 國府軍 게릴라 본토 해안에서 맹활약중이라고 소식통이 보도.

◆ 영노동당수 베반씨, 소련은 중공을 원조할 능력이 없다고 언명.

◆ 극동시찰에서 귀임한 톨봇트 사령관, 언제 공격을 받아도 이를 방어할 수 있음을 확인했다고 언명.

◆ 놀랜드상원의원, 한국전쟁수행 상태를 조사하자는 태프트의원 제안에 반대하며, 국회는 전쟁을 직접 지휘하거나 전략 전술을 결정할 수 없으므로 조사대상을 국한시키자고 주장.

◆ 미 보잉社 B29생산을 중단. 앞으로는 제트엔진 추진식인 B52, B47만을 생산하게 된다고.

3월 9일(월) 맑음

◇ 국군, 杆城서쪽 4개의 진지에 공격을 가해온 적 2개소대와 1시간동안 교전끝에 격퇴.

◇ 鐵原 북서쪽에서 우리 수색대, 적의 소대병력과 단시간 교전끝에 36명 사살.

◇ UN군, 漣川 북서쪽의 2개 진지에 공격해 온 적을 포화로 격퇴.

◇ 국방부 병무국, 징집과 징용연령을 32세와 50세로 연장하지않겠다고 발표.

◇ 서부전선 해병대를 시찰하고 귀임한 孫해군총참모장, 해병대 사기는 충천하고 있다고 담화,

◇ 국방부장관 참석리에 국군병식의 시식회를 개최.

◆ 國府보도, 중공은 500척의 무장선을 건조하기에 착수하였으며 이미 소련제 엔진이 上海등지에 도착되어 있다고 보도.

◆ 東京의 재일본 한국거류민단원, 일본청년단원 30여명과 충돌.

◆ UN안전보장이사회, 소련이 제의한 UNCURK해체안을 부결하고 한국에 대한 경제 및 기타원조를 제공하자는 미·영·프의 제안을 결의 가결.

◆ 덜레스, UN본부에서 기자회견. 현재로서는 UN에 대하여 한국에 관한 새로운 조치를 요청할 계획은 없다고.

◆ 밴프리트사령관, 외교위원회의 증언에서 한국전에 원자탄을 사용하자고 주장 (INS).

◆ 미국 원자력위원회, 신형 원자로를 경제발전에 이용할 수 있음을 발표.

◆ 마렌코프 소련 신임수상, 민주·공산주의간의 공존을 강조.

3월 10일(화) 맑음·흐림

◇ 白馬山 북쪽의 적 전초지점을 기습한 아군부대, 단시간 교전끝에 61명을 살 상하고 귀임.

◇ 金化 북서쪽 狙擊능선에서 중공군 5회 걸쳐 공격.

◇ 서부전선 臨津江 서쪽 UN군 고지에 300명정도의 적이 공격했으나 45명 사상 당하고 후퇴.

◇ B29폭격기 편대, 북한 新安州의 장교훈련소를 폭격.

◇ 미공군, 한국동란이래 공산군에 가한 손실은 합계 1,788기, UN군의 손해는 891기라고 발표.

◇ 孫해군총참모장, 해군의 水域방위임무는 계속될 것이라고 기자회견.

◇ 全南 莞島부근까지 침범하여 어로작업 한 일본 어선「송복환」을 나포.

◆ 리 UN사무총장, 사표를 제출한 것은 소련이 한국문제와 관련 극단적인 압력 을 가했기 때문이라고 언명.

◆ 월슨 미 국무장관, 밴프리트장군의 한국전선에 탄약이 부족하다는 비난에 대 해 무기와 탄약이 충분하다고 의회에서 증언.

3월 11일(수) 비·흐림

◇ 국군, 狙擊능선을 탐색공격 해온 적 소대병력과 교전.

◇ 文登里 북서쪽으로 진출한 아군 수색대, 적 2개 분대와 교전끝에 14명 사살.

◇ 해군 소해함정, 서해안의 중공토치카를 맹렬히 함포 사격.

◇ 미국, UN군 대여금 8,500만 달러를 상환 완료.

◆ 陳내무, 서울환도는 3월 이후에 가능하지만 준비와 희망은 버리지 말자고.

◇ 지난 5일부터 9일까지 5일간 釜山시내에서 적발된 징병기피자 392명과 징용 기피자 458명이라고 발표.

◆ 버마 내에 있는 國府軍 게릴라안에 미국인이 있다고 버마 정부 발표.

◆ UN총회, 한국재건지지결의안을 가결. 소련의 UNCURK 해산을 요구한 결의안은 54대 5로 부결.

◆ 이든 영 외상, 3차대전 불가피론은 오해라고 UN총회에서 연설.

◆ 卞외무장관, 아이크 대통령을 예방 한국원조에 대한 감사를 표명.

◆ 밴프리트 前8군사령관, 하원 군사위에서 한국정세를 비밀리에 보고.

3월 12일(목) 비·맑음

◇ 동부전선은 진눈개비. 중서부전선에는 종일 비가 내림.

◇ 중부전선 平康 남쪽에서 UN군 탐색대, 50~80명의 중공군과 조우 교전.

◇ B29 13대, 치열한 지상포화를 무릅쓰고 平壤 남서쪽 12마일 지점의 보봉里에 있는 공산군 보급중심지에 130톤의 고성능 폭탄을 투하.

◇ 태국 군사대표단, 한국파견부대 시찰.

◇ 영 연방사단 1월말 후방의 예비사단으로 이동 배치.

◇ 테일러 미 8군 사령관, 필요한 탄약량을 확보하고 있다고 언명.

◆ 미국상원 군사위, 한국에서 탄약이 부족하다는 것을 조사할 것을 가결.

◆ 영국 정부는 한국동란 발발이후 英領으로부터 중공에 무기를 수출한 일은 없다고 외상이 언명.

3월 13일(금) 맑음

◇ UN군 지상부대, 전선 각지에서 공격해온 중공군을 격퇴(특히 중부전선에서 가장 치열함).

◇ B29폭격기대(12대), 新義州 동쪽의 공산군 집결지를 맹폭격 200여 동의 군사건물을 격파.

◇ UN공군 제트기, 북한상공에서 MIG제트기 4대를 격추.

◇ 전력발전 약간 호전. 9만Kw 발전.

◇ 치안당국, 智異山지구의 공비 1천명 내외이며 52년 보다 500여명 감소.

◆ 일본, 미 육군의 주문에 따라 바추카포를 생산.

◆ UN사무국, 소련대표의 요청에 의해 한국에서 미군이 세균전을 했다고 시인
하였다는 미군장교 2명의 성명서를 복사하여 각국 대표에 배포.

3월 14일(토) 맑음

◇ 맥아더장군, 미 육사창설 기념식에서 UN군의 승리만이 한국전쟁의 해결 방
책이라고 언명.

◆ 영 타임지 보도, 미 대통령은 자유아시아 제국에서 150만의 육군을 구성하는
계획을 승인.

3월 15일(일) 흐림

◇ 지상전투는 비, 눈으로 거의 정지.

◇ B29편대, 元山외곽지대의 조차장을 맹폭격.

◇ UN공군기, 북한상공에서 MIG기와의 공중전으로 7대를 격·파손.

◇ 지난 12일 機張驛을 습격했던 공비4명 사살하고 무기를 압수.

◇ 육군 보병장교 150명 도미 유학 환송식을 부산에서 거행.

◆ 北京방송, UN군은 많은 탄약 및 보급물자를 동해안에서 수송하고 상륙작전
훈련중이라고 보도.

◆ 파리의 소식통 INS인용 보도, 52년 미국 아대통령당선자의 한국 방문시 소
련기 편대가 미 해군함대에 접근했을 때 그중 3대를 미 공군기가 격추.

3월 16일(월) 맑음·흐림

◇ 중공군, 지부랄탈 고지에 맹렬한 공격. UN군 이를 격퇴.

◇ 국회, 전몰군경유가족 및 상이군경에 대한 연금증액문제 토의를 보류.

◇ 李 대통령, 노동조합법안에 서명.

◆ 놀랜드 미 상원의원(공화당)은 미국은 소련이 한국 침략자들의 후원자라고
규탄하는 결의안을 즉시 UN에 제출해야 한다고 역설.

3월 17일(화) 맑음

◇   40대의 B29편대 韓滿국경의 공산군 육군공장과 병막사 등을 맹폭격.

◇   스티븐슨씨, 미 8군사령관과 白육군참모총장을 대동 전선을 시찰후 한국군을 격찬.

◇   영 연방사단 濠州여단 제2대대, 釜山항에 도착.

◇   휴전회담-南日공산군 수석대표, UN항공기가 開城을 폭격했다고 비난. 또 UN총회에서 포로문제 印度案을 채택하도록 강요했다고 비난.

◇   국회, 전몰군경유가족 연금을 배로 증액키로 가결.

◇   정부, 도미니카군의 파병을 환영한다고 표명.

◇   국방부, 대학생과 고교졸업생은 간부 후보생에 일률로 우대하기로 결정.

◆   중공군 경비대 1개대대, 海南島에서 國府軍에 투항.

◆   미국은 1950년보다 5배의 중무기를 생산했다고 국방성 발표.

◆   미국, 네바다주에서 금년 최초로 원자폭탄 실험.

3월 18일(수) 맑음

◇   아군, 杆城 북서쪽에서 적의 탐색공격기도를 포화로 격퇴.

◇   새벽 漣川 북서쪽에 침공한 1개소대의 적을 격퇴.

◇   아군수색대, 漣川 북서쪽 및 高浪浦 북서쪽에 진출. 단시간 교전끝에 적 13명을 사살.

◇   미 국방성, 在韓 UN군의 인적손실은 131,244명이라고 발표.

◇   申국회의장, 한국군 장병에게도 UN군과 동등한 급식을 해주어야 한다고 성명을 발표.

◇   스티븐슨씨와 러스크 사절단 이한.

3월 19일(목) 비

◇   UN군 탐색대, 동부전선 일대에서 밤새 적의 전초진지에 16회나 진출하여 교전-적 47명 살상.

◇ 공산군 2개 소대, 벙커고지 북동쪽의 UN군 전초진지를 공격, UN군 1시간동 안 교전끝에 이를 격퇴.

◇ 미 해병대, 高浪浦 북서쪽의 공산군진지 및 벙커를 공격하여 10분간 육박전 끝에 원진지로 귀환.

◇ UN경폭기대, 雨天으로 인하여 전선진지만을 공격.

◇ 陳내무장관, 환도는 전선의 북진에 따를 것이며 全南 白雅山에서 16일 공비 48명 사살, 15명 생포, 全北 長水에서는 17일 26명 사살, 1명 생포.

◇ 사회부, 全北 淳昌郡에서 발생한 20명의 餓死사건에 대한 진상 발표.

◆ 北京방송, 영국이 輸禁조치를 취한 것은 중공 및 북한에 대한 영국의 적대의 사를 표시하는 것이라고 보도.

3월 20일(금) 비·맑음

◇ 아군 탐색대, 北韓江 북서쪽으로 진출하여 적과 교전후 적 3명 살상.

◇ UN군 포병부대, 서부전선 小老里고지에 대한 중공군 공격을 격퇴.

◇ 미 F84선더 제트기대, 공산군 보급수송대를 격파.

◇ 국회 韓美경제위원회, 구호분과위원회에서 120 : 1로 인상한 油類에 대한 달러환산율 60 : 1고수하기로 결의.

◆ 윌슨 미 국방장관, 현재의 징병인원과 3군의 총병력을 삭감시킬 예정이라고 언명.

◆ 워싱턴소식통, 클라크 UN군사령관은 인도지나 3국의 병력을 금년말까지 25만으로 증강시킬 계획을 극력 지지.

3월 21일(토) 맑음

◇ 38선 이북 서해안을 경비중이던 한국해병대, 맹포격을 가해온 적 해안포대에 응전하여 적 진지 3개소 파괴.

◇ 미 세이버 제트기대, 공중전에서 적 MIG기 12대 격·파손.

◇ 문교부, 명년 대학졸업생의 6개월 학년 단축을 국방부와 합의.

◆ UN 정치위, 소련의 반대에도 군축 문제를 계속 토의하기로 결정.

3월 22일(일) 맑음·비

◇ 미 해병대, 벙커고지에 대한 중공군 800명의 공격을 격전끝에 격퇴하고 중공군 112명을 살상.

◇ 미 전함 미조리호, 순양함 로스엔젤레스호, 구축함 헬세이 포웰호, 아침에 元山항을 포격.

◇ B29 7대, 新安州 북쪽의 嶺美철교에 폭탄 170톤 투하.

◇ 개전 이래 3월20일까지의 제5공군 전과-적 비행기 격추 610대, 미확인 격추 109대, 격파 784대.

◇ 오다니엘중장, 5일간 한국군 후방시설을 시찰.

◆ 前 駐韓 및 駐日 영연방군사령관 휘어드중장, 한국에서 폭력에 대항해 싸우는 자유인의 위신을 수호하기 위해 UN군을 더 많이 파견해야 한다고 호주에서 언명.

◆ 밴프리트대장, 미국상원증언에서 한국전선에서 탄약의 부족으로 공산군이 화력의 우위를 차지하고 있다고 확언.

◆ 트루먼 前 미대통령, 政界은퇴는 않겠다고 홍콩에서 언명.

3월 23일(월) 맑음

◇ 동부전선의 한국군탐색대, 국군으로는 처음으로 네이팜탄을 사용해 적 2개 소대를 격퇴시킴.

◇ 서부전선 漣川~鐵原간의 간선도로를 감제하는 肉고지·不毛고지 등에 3,000명 이상의 적이 공격을 감행.

◇ 영 항공모함 글로리호로부터 출격한 함재기 海州및 松에 걸친 적의 목표물을 공격(출격 회수 66회).

◇ UN경폭격기, 북한각지의 적 보급로 주차장·기관차 등을 맹공.

◇ 在韓 캐나다 증원부대 釜山항에 도착.

◇ 3월19일 현재 신화폐 발행고 99억 5천6백여만원.

◇ 平壤방송, 미군기가 17일 江原道 平康에 독가스 폭탄을 투하했다고 보도.

◆ 미 상원 한국전선에서의 탄약부족에 대한 조사위원을 임명.

◆ 콜린즈 미육군참모총장, 在韓 UN군의 탄약 및 보급품은 작전수행에 충분하
다고 상원에서 증언.

3월 24일(화) 흐림·맑음

◇ 새벽에 白馬고지로 공격해 온 중대 병력을 2시간동안 교전끝에 격퇴.

◇ 不毛고지 전투에 미·중공 양군 병력을 증원.

◇ 콜럼비아군을 포함한 미 제7사단 重砲와 탱크의 지원하에 반격전을 전개.

◇ 아군, 漣川 북서쪽에서 적 중대병력과 교전끝에 22명을 사살.

◇ 소속불명의 비행기, UN군기지에 4개의 폭탄을 투하(미8군 발표).

◇ 巨濟포로수용소에 소요 발생. 한국군 경비대가 발포, 3명 부상.

◇ 미 8군사령관 테일러 장군, 鎭海해군사관학교를 시찰.

◇ 정부, 헌병총사령관에 元容德중장 임명.

◆ 함페리 미 상원의원, 소련은 인도의 한국휴전안을 수락하여 진정한 평화의사
를 밝히라고 요구.

3월 25일(수) 흐림·맑음

◇ 아군 수색대, 杆城 서쪽 沙太里 북쪽에 진출해 적 소대병력 및 2개분대와 교
전끝에 16명을 살상.

◇ 아군, 指形능선을 공격해 온 공산군을 격퇴.

◇ 미군, 적의 치열한 포격에 조우. 不毛고지에 대한 반격은 10시간 중단.

◇ 테일러장군, 不毛고지 전투를 직접 관측하기 위해 전선에 비행.

◇ 李대통령, 서부전선 미 해병대를 시찰하고 감사장을 수여.

◇ 慶南 경찰국 관하에 비상경계령 포고.

◇ 釜山 支檢, 중국인 丁永生 및 汝謙을 간첩, 살인미수 혐의로 기소.

◆ 클라크, 대만에서 國府軍 수뇌와 군사회담.

◆ 미 하원, 한국전쟁을 수행하기 위한 특별법안을 연장, 가결.

3월 26일(목) 맑음

◇ 아군부대, 沙太里 북쪽과 北漢江 동쪽에서 적 탐색대를 격퇴.

◇ 미 보병부대, 不毛고지에서 철수하고 공군으로 대공격을 감행시킴. 중공군, 不毛고지에 1,000여명을 투입.

◇ UN군 전폭격기대, 不毛고지에 20만 파운드의 폭탄을 투하.

◇ 정부, 군사원호법의 대폭강화법안을 국회에 제출.

◆ 대만 체제중인 클라크사령관, 극동의 모든 반공국가의 군은 상호 긴밀한 협조가 필요하다고 역설.

◆ 홍콩에서 前 駐美 뉴질랜드대사, 한국에 파병하지 않은 나라들을 비난하고 한국에 군대를 파견하자고 역설.

◆ 아이크대통령, 미국이 한국전선의 不毛고지를 상실한 것은 결코 탄약 부족과는 무관하다고 언명.

3월 27일(금) 흐림

◇ 미 해병대, 중포의 엄호하에 不毛고지의 1개 전초기지를 재탈환.

◇ 중공군 3천여명, 중동부전선 벙커고지의 UN군을 7차 공격.

◇ 제5공군 소속기, 不毛고지의 적군 지상에 25만파운드의 고성능탄 및 네이팜탄 투하.

◇ 제5공군, 공중전에서 MIG기 2대 미확인 격추, 2대 파괴.

◇ 어제 巨濟島포로수용소를 탈출하려던 포로 2명 사살됨.

◇ 국무회의, 民兵隊令을 통과.

◆ UN정치위에서 그로스 미대표, 미군포로가 세균전 감행을 자백했다는 것은 공산측의 강제에 의한 것이라고 비난하고 이 군인을 중립국에 이송해 공정히 질문할 것을 제안.

◆ UN정치위, 세균전 토의에 있어 중공과 북한을 참석시키자는 소련 제안을 부결.

3월 28일(토) 비

◇ 미 해병대, 베가스고지의 山頂을 탈환.

◇ B29 폭격기대, 야간에 沙里院지방에 120톤의 폭탄을 투하.

◇ 미 5공군 당국, 在韓 미 전투폭격기대에는 원자 폭탄의 적재가 가능한 F86개량기가 배치되어 있음을 발표.

◇ 휴전회담-공산측에서 재개요구, 지난 2월22일 UN군이 제안한 상병포로 교환 우선안을 수락하고 휴전회담의 재개를 요구하는 연락장교 파견.

◇ 국회 법사위, 남서경찰대 설치법안 통과.

◇ 교통부, 운휴중이던 16개 열차를 4월1일부터 운행하기로 결정.

◇ 서울대학교 졸업식. 李宜根교수에 박사학위를 수여.

◇ 미 태평양지구 해병대사령관 프랭크린하아드중장 來韓.

◆ 미・프수뇌회담후 공동성명 발표. 만일 한국휴전이 성립된 후에도 중공이 극동의 다른 지역에서 침략전쟁을 감행한다면 한국휴전의 기초가 되는 협정과 전적으로 모순되며, 이는 모든 침략전쟁은 공산주의의 계획하에 이루어지는 것으로 간주하겠다고 언명.

◆ 미 국무성, 공산측이 상병포로의 교환제의를 수락한 것은 휴전회담 본회의와는 별개라고 성명.

◆ 스티븐슨 미 육군장관, 한국전선의 탄약부족사태 조사를 위해 한국 向發.

◆ 미 외무성, 共産측의 휴전회담재개 제의를 심중히 검토하겠다고 발표.

◆ 프랑스 외무성, 북한에 억류돼 있는 프랑스인의 송환을 위해 소련의 모르토프외상이 주선을 약속했다고 발표.

3월 29일(일) 흐림・비

◇ 미 해병대, 베가스 고지상의 중공군을 공격. 457명을 살상하고 몰아냄.

◇ 필리핀 제14전투대대 증원부대, 釜山항에 도착 즉시 전선으로 향발.

◇ 미8군 사령관 테일러장군, 지난 주간 중공의 공세는 그들 자신에게 불리했으며 8군은 기동력을 더욱 강화할 것이라고 언명.

◇ UN군 사령부, 윌리엄 카아록대령을 수반으로 한 연락장교단이 상병포로의

교환과 휴전회담 재개를 위해 汶山에서 대기중이라고이라고 발표.

◆ 런던, 북한은 내각을 전부 갱신했다고 보도.

◆ 쇼오트 미 하원 군사위원장, 공산측의 휴전회담재개 제안에 대하여 큰 기대를 가질 수 없다는 견해를 표명.

◆ 소련, 영국의 공산권 대수출 금지조치를 맹렬히 비난.

3월 30일(월) 맑음 · 비

◇ 1,500여명의 중공군이 서부전선의 베가스 고지에 3차에 걸쳐 공격을 가해 왔으나, UN군 8시간 교전끝에 격퇴.

◇ UN 공군 중폭격기대, 不毛고지 부근의 적 진지를 맹폭격.

◇ B29 14대, 북한의 동해안 적 진지에 대규모의 공습 감행.

◇ 국적불명의 비행기, 동부전선 UN군기지에 11개의 폭탄 투하.

◇ 테일러사령관, 不毛고지를 장악하고 있는 미 제7사단과 동부전선의 한국군 제 2군단을 방문.

◇ 캐나다부대의 일부 병력 이한.

◇ UN포로사령부, 상병포로 2,619명, 포로 총수는 132,304명이라고 억류포로수 시정 발표.

◇ UN군 사령부, 클라크장군은 휴전회담 재개를 요청한 공산군 제의에 대해 워싱턴의 지령을 대기중이라고 발표.

◇ 체신부, 38도 이북의 수복지구에 군사우체국 설치 준비중이라고.

◆ 중공의 周恩來 수상, 성명을 통해 송환희망의 전 포로를 귀환시키며 송환불원 전 포로는 중립국으로 이송 요구.

◆ 대만, 중공은 4월중 상비군을 1,200만으로 증강시킬 것을 계획중이라고 보도.

◆ 스티븐슨 미 육군장관, 東京 도착.

◆ 미 국무성, 포로송환에 관한 周恩來성명에 대해 板門店에서 건설적 제안을 제시할 것을 요구.

◆ 梁裕燦 駐美대사, 周恩來의 제안은 자유세계의 균형을 파괴하려는 또 하나의

흉계라고 비난.

◆ 美 해군 새로운 무선유도기 레규러스호의 완성을 공표.

◆ 英 외무성, 공산측의 한국 상병포로교환 수락을 환영하고 휴전회담의 재개를
희망한다고 공식 견해를 발표.

3월 31(화) 맑음

◇ 국군, 동부전선 크리스마스고지에 공격해 온 중공군을 2시간의 전투끝에 100
명 이상을 살상하고 격퇴.

◇ 해병대, 베가스고지를 재탈환하려는 중공군의 공격을 격퇴.

◇ B29 폭격기대, 不毛고지 근방의 적 진지를 맹타.

◇ UN·공산군측 연락장교, 중상병 포로의 교환문제를 조절하고자 板門店에서
회합.

◇ 클라크사령관, 부상병포로 교환후 휴전회담을 속개하자는 서한 전달.

◇ 스티븐슨 미 육군장관 來韓, 李대통령과 회담.

◆ 중공, 포로문제에 관한 周恩來 제의를 UN총회 의장에게 전달.

◆ 미 국가안전보장회의, 한국문제 및 냉전문제 전반에 관해 토의.

◆ 한국휴전 임박설로 뉴욕의 강철주식 폭락.

4월 1일 (수) 흐림

◇ 미 제8군 당국, 10월의 휴전회담중단으로 서울역에 와 있던 記者열차를 汶山으로 歸送.

◇ 긴급 국무회의, 釜山에서 개최.

◆ 메농 UN 인도대표, 중공의 新휴전제안을 UN 총회에서 토의하자고 제안.

◆ 화이트 미 국무성 대변인, 휴전에 대한 중공의 제안은 수년래의 미국의 주장을 승인한 것에 불과하다고 성명.

◆ 처칠 영국 수상, 周恩來 중공총리의 제안은 한국 휴전회담 재개의 기초가 된다고 언명.

◆ 몰로토프 소련 외상, 소련은 한국 포로교환에 관한 중공 제안에 전면적으로 지지하며 중공의 UN가입을 요청하겠다고 성명.

4월 2일 (목) 맑음

◇ 국군, 중공군 1개 대대(750명)와 金城 남쪽에서 교전, 300명 살상.

◇ 국군 수도사단 기갑연대, 중부전선 金化에서 중공군과 격전.

◇ 국군 해병대, 板門店 남쪽의 無人지대에서 중공군과 교전.

◇ 호주 제트기대, 鎭南浦 화학공장에 대형 로켓트탄 투하.

◇ 공산군측 연락장교, 클라크 사령관에게 4월 6일 연락장교회의를 열고 휴전회담을 재개하여 포로교환문제 등을 토의하자는 金日成·彭德懷의 메세지 전달.

◇ 국회 본회의, 5개 원칙 보장없는 휴전에는 반대한다는 결의문 채택.

◇ 스티븐슨 미 육군장관, 大邱 육군본부 방문.

◇ 클라크장군, 스티븐슨 육군장군과 3일간의 한국전선 및 포로수용소 시찰 마치고 출국.

4월 3일 (목) 맑음·흐림·맑음

◇ 미군 부대, 중부전선의 전초기지를 공격해 온 중공군을 두시간에 걸친 격전 끝에 격퇴.

◇ 傷病포로교환협정 임무를 맡은 UN군측 다니엘소장, 공산군측이 진정한 마

음으로 휴전회담에 임하기를 바란다고 발표.

◆ 金 駐日 한국대사, 오오무라 일본 외무차관과 韓·日회담 재개에 관해 토의.

◆ 델레스 국무장관, 공산측이 성의 있으면 한국휴전은 가능하다고 기자 회견에서 언명.

4월 4일 (토) 맑음

◇ 아군, 北漢江 동쪽의 전초진지를 공격해온 적과 교전후 격퇴.

◇ 크리스마스고지의 아군, 대포의 지원 아래 야간공격한 적 중대병력을 치열한 교전 끝에 분쇄.

◇ UN군 漣川 남서쪽의 전초진지를 야간공격한 적 격퇴.

◇ 클라크 UN군 사령관, 양쪽 연락장교들의 6일 회담에 정식 동의.

4월 5일 (일) 흐림·맑음

◇ 국군, 크리스마스고지를 공격한 중공군 200명을 격퇴.

◇ 국군, 文登里계곡에서 적과 교전.

◇ 중공군, 중부전선 텍사스고지 점령.

◇ 국군 제2군단 창립 1주년 기념식, 李대통령 참석하에 성대히 거행.

◇ B29 폭격기대, 平壤 및 중·서부전선의 공산군 보급진지에 100톤의 고성능 폭탄을 투하.

◇ UN군 사령부, 傷病포로교환에 관한 공산군측 제안에 동의하며 6일 오후 10시 연락장교 회합을 제의하는 클라크 UN군 사령관의 서한을 공산군측에 전달.

◇ 테일러 미 제8군 사령관, 汶山 방문.

◇ 제8회 식목일 기념행사.

4월 6일 (월) 맑음

◇ 미 해병대 탐색대, 板門店 부근에서 중공군 200명과 교전.

◇ 국군 해군, 蜂化里에서 포대를 구축중인 중공군을 포격해 포대를 전파시킴.

◇ UN군측 연락장교, 휴전회담 傷病포로교환에 관한 9개 항목의 원칙 제시.

◇ UN군측, 汶山에서 傷病포로 인수 실습 실시.

◇ 국회, 남서지구 전투경찰대 설치안을 수정 통과.

◇ 大邱고등법원, 대통령 저격사건의 金始顯・柳時泰에 사형 구형.

◆ 한국포로교환 교섭이 원활해지자 뉴욕 주식시장 대폭락.

4월 7일 (화) 흐림・맑음

◇ 국군 보병부대, 중부전선 크리스마스고지와 首都고지 사이의 고지를 4차의
반격전 끝에 재탈환했으나 중공군의 대공세로 철수.

◇ 중공군, 板門店에서 700m 지점의 전선에서 UN군 중상포로 1명 석방.

◇ 미 F86 세이버 제트기대, 鴨綠江 상공에서 적 MIG기 1대 격추. 2대 파손.

◇ 양쪽 장교회담, 5개 항목에 의견 일치.

◆ 롯지 UN 미 대표, UN군 사령부를 대신하여 한국 정세를 UN 총회에 보고.

4월 8일 (수) 맑음

◇ 중공군, 서부전선 벙커고지의 UN군 진지 공격.

◇ 미 국방성, 한국전 개시 이래 미군 희생 총수 132,967명이라고 발표.

◇ 휴전회담−UN군측 다니엘소장, UN군측은 5,800명의 포로를 송환하겠다는
반면 공산군측은 단지 600명의 명단만 통고해온 것에 의구심이 생긴다고 기자
회견.

◆ UN 정치위, 한국의 세균戰에 관한 공산측 비난을 조사할 중립적 국제위원회
설치案 채택.

◆ 아이젠하워 미 대통령, 국가안전보장회의를 소집해 한국문제 협의.

4월 9일 (목) 맑음・흐림

◇ 제4회 연락장교회의, 공산측은 매일 100명의 傷病포로를 송환하자고 제안.

◇ 洪璡基・池鐵根 대표, 韓・日회담 참석차 東京 도착.

◆ 張勉 대표, 미국이 한반도에 휴전선 설치하는 것에 한국민은 반대한다고 UN
에서 언명.

4월 10일 (금) 비·맑음

◇ 중공군, 板門店 부근의 미 해병대 진지에 전쟁이 종식되었다고 선전 방송.

◇ F86 세이버 제트기, 공산군 MIG 제트기 2대 격파.

◇ 연락장교회의, 공산측은 포로교환에 관한 구체적 계획을 UN군에 제시.

◇ 클라크장군, UN·공산 양쪽에 의해 합의된 傷病포로교환 협정 초안 승인.

◇ 李尙朝 공산군측 휴전회담 대표, 북한에 억류된 UN군측 傷病포로 명단(미군 120명·영국군 20명 기타 15명)을 전달.

◆ 스티븐슨 미 육군장관, 한국의 탄약보급 상태는 극히 양호하다고 증언.

◆ 미 상원 경제위, 한국휴전 성립되면 불황 초래될 위험 많다는 보고서 발표.

4월 11일 (토) 흐림

◇ 미 세이버 제트기대, MIG기 3대 격추·3대 격파.

◇ UN·공산 양측 연락장교, 傷病포로교환 협정에 정식 조인.

◇ 李대통령, 한국군 단독으로라도 北進하겠다고 언명.

◆ 클라크 UN군 사령관, 휴전교섭으로 군사작전에 제한 있다는 것은 사실 무근이라고 언명.

◆ 미 정부 당국자, 아이크 대통령의 한국경제문제 특별대표 헨리 타스카씨 일행이 한국을 향해 출발했다고 발표.

4월 12일 (일) 맑음

◇ 국군 제3사단부대, 중부전선 텍사스고지를 다섯번째 탈환.

◇ 국군, 高浪浦 북서쪽 적 진지에 집중 포화.

◇ F86 세이버 제트기, 공산군 MIG 제트기 6대 격추·1대 격파.

◇ 연락장교회의, 20일부터 傷病포로 송환 개시에 합의.

4월 13일 (월) 맑음·흐림

◇ 국군, 沙汰里 북쪽 및 杆城 서쪽에서 적 탐색대 격퇴.

◇ 미 전함 뉴저지호, 淸津에 맹렬히 포격.

◆ UN 공산양측 참모장교회의, 傷病포로교환의 細目에 완전 합의.

◆ 金 駐日 한국공사, 오오무라 일본 외무차관과 회담.

4월 14일 (화) 맑음·흐림

◇ 아군, 板門店 남쪽 전초진지에서 공산군과 3차에 걸쳐 교전.

◇ B29 폭격기대, 平壤을 중심으로 공산군 철도망을 맹타.

◇ 미 슈팅스타 제트기대, 북한의 天摩포로수용소를 떠나 開城으로 오는 20대의
수송대를 보호하기 위해 북한 상공을 경계 비행.

4월 15일 (수) 흐림

◇ 북한군 200여명, 斷腸의 능선 서쪽 UN군 진지 공격.

◇ 제5공군, 북부 및 중부의 공산군 보급로와 군대 집결소 폭격.

◇ UN 해군 당국자, 첫째 날에 북한으로 송환될 포로 770명이 濟州道로부터 釜
山에 도착했다고 발표.

◇ 국회, 근로기준법案 완전 통과.

◆ 韓·日회담, 일본 외무성에서 재개.

◆ 브래들리 미 합동참모회의 의장, NATO군사위원회 참석차 파리 도착.

4월 16일 (목) 맑음

◇ UN군 사령부, 휴전회담 재개에 관한 해리슨 UN군측 수석대표의 서한을 전
달하기 위해 17일 板門店에서의 회합을 요청.

◇ 국회, 傷病포로교환 시찰단을 板門店에 파견하기로 결정.

4월 17일 (금) 맑음·흐림

◇ 클라크 UN군 사령관, 휴전회담 본회의를 토의하기 위해 18일에 회합 가질
것을 공산측에 통고하리라고 명령.

◇ 공산군측, 19일에 연락장교회의를 개최하자고 UN군에 통고.

4월 18일 (토) 흐림·맑음

◇ UN군, 지난 밤 상실한 서부전선의 포크찹고지를 격전 끝에 탈환.

◇ UN 공군 사령부, 지난 1주일 동안 적 MIG 제트기 18대 격추, 5대 격파하고 아군 손실은 11대라고 발표.

◇ 쌍방 참모장교회의, 20일에 시행될 傷病포로 교환 인계 시간 등을 토의.

4월 19일 (일) 흐림·맑음

◇ 공산군, 서부전선 최전방에서 휴전이 6월 20일경에 성립된다고 선전방송.

◇ UN군사령부, 클라크 UN군 사령관은 테일러 8군 사령관에게 한국군 2개 사단의 증설을 명령했다고 발표. 연락장교회의, 공산군측이 25일에 휴전 본회담 개최를 제의하여 UN군측이 수락.

◇ 클라크 사령관, 휴전 가능성이 더욱 높아졌다고 汶山에서 기자회견.

◇ 平壤방송, 前 駐韓 프랑스 公使 및 일반시민 등 14명을 소련대표에게 인도.

◆ 피어슨 UN총회 의장, 총회에서 채택된 한국문제에 관한 브라질案을 在韓 UN군 사령관에게 송부토록 조치.

4월 20일 (월) 맑음

◇ 중부전선의 벨기에 부대, 대대 병력으로 공격해 온 공산군을 격퇴.

◇ 미 해군 당국, 미 구축함 제임스 키스호가 元山 근해에서 작전 중 적 해안포의 공격으로 파손됨을 발표.

◇ 傷病포로 교환 개시, UN군측은 북한포로 400·중공포로 100명 송환하고 한국인 50·기타 50명 인수.

◇ 李대통령, 증설된 국군 2개 사단이 그 직책을 다하고 미국에도 도움이 될 것이라고 담화.

◆ 덜레스 미 국무장관, 한국문제에 관한 정치회담은 휴전조인 후에 행할 것이며, 미국은 통일 한국의 실현을 위해 UN의 결의를 존중한다고 기자회견에서 언명.

◆ NATO가맹 14개국 정부, 소련의 평화공세는 전술의 전환이라고 단정.

4월 21일 (화) 맑음·흐림

◇　傷病포로 제2차 교환, UN군측은 미군 35·영국군 12·터어키군 3·국군 50 합계 100명 인수.

◇　국회 본회의, 국정감사 보고 청취.

◇　국회 본회의, 국회는 北進통일의 최선봉이 되자는 긴급 동의를 채택.

◇　李대통령, 제4대 국무총리에 白斗鎭씨 임명 후 국회에 인준 요청.

◇　헨리 타스카 특사, 클라크 사령관 및 브릭스 미 대사와 함께 李대통령 예방 하고 아이젠하워 대통령 親書 전달.

◆　덜레스 국무장관, NATO 이사회 참석차 파리 향발.

◆　북한에서 석방된 영국인 6명, 영국공군기로 모스크바에서 베를린으로 출발.

4월 22일 (수) 흐림·맑음

◇　국군, 해병대, 板門店 근방에 내습한 중공군 공격부대와 4시간의 격전 끝에 격퇴.

◇　UN공군 전폭기대, 沙里院지구 공산군 보급집결지 폭격.

◇　傷病포로 제3차 교환, UN군측은 국군 포로 100명 인수하고 북한포로 250명· 최종 중공포로 150명을 공산측에 引渡.

◇　국회 본회의, 국정감사 보고 완료.

◇　헨리 타스카 사절단, 정부와 제2차 회의.

◇　北進통일 학도호국단 총궐기 대회, 釜山 忠武路 광장에서 거행.

◆　韓·日회담, 일본 외무성에서 속개.

4월 23일 (목) 맑음

◇　국군 기습부대, 板門店 남쪽 공산군 참호를 기습공격해 적 20여명 살상.

◇　클라크 UN군 총사령관, 공산군측이 UN군 傷病포로 모두의 송환에 동의한데 대해 만족의 뜻 표명.

◇　UN군 당국, 북한에 억류되었던 UN군 포로들의 비참한 생활상 보도금지.

◇　제4차 傷病포로 교환, UN군측은 국군 75명을 포함한 100명의 포로 인수하고

북한포로 500명을 공산군측에 인도.

◇ 다니엘 소장, 연락장교회의 종료 후 공산군측이 모든 傷病포로의 송환을 약
속했다고 발표.

◇ 북진통일 국민 총궐기 대회.

◇ 헨리 타스카 사절단, 정부측과 제3차 회의, 적자 국방예산 문제 토의.

◆ 아이젠하워 대통령, 한국 휴전을 성립시키기 위해 어디서든 공산측과 회담할
용의 있다고 기자회견에서 언명.

◆ 아이젠하워 대통령, NATO조약이사회에 소련의 평화공세에 자유세계가 확고
히 단결할 것을 요청하는 메세지 전달.

4월 24일 (금) 맑음·흐림

◇ 제5차 傷病포로 교환, UN군측 100명의 UN군 포로 인수.

◇ 연락장교회의─UN군측 대표 다니엘 소장, 회의 석상에서 UN군측도 傷病 포
로 송환 數도 증가시키겠다고 약속.

◇ 李尚朝 연락장교회의 공산군측 대표, 25일에 재개될 휴전회담을 하루 연기할
것을 요청.

◇ 국회 제61차 본회의, 白斗鎭씨를 국무총리로 인준.

◇ 헨리 타스카 사절단, 제4차 회담에서 한국의 금융사정을 토의.

4월 25일 (토) 맑음

◇ UN군 부대, 중부전선에서 공격 개시한 공산군 170여명을 살상 격퇴.

◇ B29 폭격기대, 동해안의 적 조차장 1개소·보급소 1개소 맹타.

◇ UN군 폭격기대, 적 보급차량 37대 격파.

◇ 傷病포로교환 제6일, UN군측은 100명의 UN군 포로 인수.

◇ 白斗鎭 국무총리 취임.

◇ 헨리 타스카 사절단 제5차 회담, 鑛工·水産 문제 토의.

◆ 미국, 제7차 원폭실험 네바다에서 실시.

4월 26일 (일) 비·흐림

◇ 지상전투 평온.

◇ 영국 해군 함재기대, 開城 부근의 적 보급물자 집결지 및 교통 요충을 강타.

◇ 휴전회의 본회담, 6개월만에 재개.

◇ 南日 공산측 대표, 휴전회담 본회의에서 UN군측이 스위스를 포로관리 중립
국으로 지명한 데 반대.

◇ 포로교환 제7일, UN군측 500명의 북한군 포로 송환, 공산군측은 국군포로 71
명·미군포로 13명 송환.

◇ 공산군측 연락장교, UN군측에 인도할 傷病포로 전원의 송환을 완료하였다고
UN군측에 통고.

◆ 브리지스 미 상원 세출위원장, 휴전교섭에 실패하면 ① 중공 海上 봉쇄 ② 滿
洲 폭격 ③ 原子 兵器 사용 등 3단계 방책 사용을 언명.

4월 27일 (월) 맑음

◇ 클라크 UN군사령관, MIG 15 제트 전투기를 미국측에 인도하는 최초의 공산
군 조종사에게는 10만달러의 상금을 수여하고 피난처 제공을 제의.

◇ 포로교환 제8일, UN군측은 북한 공산군 포로 500명을 송환, 이로써 UN군측
4000명의 傷病포로 송환 완료.

4월 28일 (화) 맑음

◇ 국군 기습부대, 동부전선 錨形고지 부근의 적 진지 2개소 공격.

◇ B29, 開城 북쪽 공산군 보급중심지 및 병영집결지 맹폭.

◇ 텐풀 미 극동 부사령관, 駐韓 미군 시찰차 내한.

◇ 해리슨 UN군 대표, 공산군측이 건설적인 제안을 하지 않으면 UN군측은 휴
전회담을 휴회할 것이라고 경고.

◆ 국회, 국정감사 결과에 관한 대정부 질의.

◆ 周恩來, 미·영·프·소·중공의 5개국의 평화조약 체결을 위한 회의를 개
최하라는 세계평화 옹호대회 위원회의 제안에 지지 성명.

◆   몰로토프 소련외상, 소련은 5개국 평화조약 체결을 위한 회의에 참가 용의있
   다고 발표.

◆   클라크 미 극동군사령관, 머어피 前駐日 미대사를 휴전교섭에 관한 UN군 사
   령부 외교 고문에 임명.

◆   미국정부, 국가안전보장회의 개최.

4월 29일 (수) 흐림·비

◇   UN군 부대, 北漢江 서부의 UN군 진지에 내습한 중공군 완전 격퇴.

◇   UN군사령부, 포로교환시 강제송환을 원하지 않은 포로의 국외 移送은 추방을
   의미한다는 공식입장 표명.

◇   UN군측, 500명의 傷病 공산포로를 공산군측에 인도.

◇   휴전회담 본회의, 南日 공산군측 수석대표는 UN군측이 스위스로 정한 것의
   代案으로 아시아권 국가를 중립국으로 지명의사 표명.

◇   李대통령, 한국 평화는 중공군의 완전 철수에 의해서만 이루어진다고 강조.

4월 30일 (목) 비·맑음

◇   UN군 세이버 제트기대, 북한 상공에서 적 MIG기와 공중전 전개하여 3대 격
   추·2대 격파.

◇   휴전회담 본회의, 해리슨 UN군측 대표는 포로관리 중립국으로 아시아 국가는
   반대하며 포로관리 중립국을 공산군측이 지명하라고 요구.

◇   UN군측, 17명의 민간인 억류자와 13명의 장교 포함한 500명의 공산군 傷病
   포로 인도.

◇   국회, 제15회 정기국회 회기를 휴전회담 진전에 대비해 5월30일까지 1개월
   연장 결정.

◆   韓·日 회담, 각 분과위의 일정 결정.

◆   미 국무성대변인, 해리슨대표는 아시아 중립국을 관리국으로 선정하는 계획
   의 곤란을 지적한 것이라고 성명 발표.

5월 1일 (금) 흐림

◇ 지상전투, 대체로 평온.

◇ 미 전함 뉴저지호, 元山의 공산군 해안포대 포격.

◇ UN공군 선더 제트기, 서부전선의 공산군 집결소 포격.

◇ 해리슨 수석대표, 포로관리 중립국으로 스웨덴을 지명.

◇ 南日 공산군측 수석대표, 아시아 국가 중립국이 적당하다고 주장.

◇ 平壤방송, 북한에 억류중인 미국시민 7명을 석방했다고 발표.

◆ 놀랜드 미 상원의원, 송환을 원하지 않는 북한포로의 수용국으로 인도를 지명하는데 반대한다고 언명.

5월 2일 (토) 흐림 · 맑음

◇ 중공군, 金化 동쪽 3마일 지점의 UN군 진지를 대대 병력으로 야간 공격.

◇ 중공군, 文登里 서쪽의 국군 진지를 공격.

◇ UN군 부대, 汶山 서쪽의 진지를 재탈환.

◇ 중공군, 서부전선 高浪浦 북동쪽의 UN군 저항선을 야간 공격.

◇ 신형 세이버 제트기 15대, 平壤 방송국 및 군사사령부 강타.

◇ UN군 사령부, 송환 不願 포로는 한국내에서 관리한다고 재강조.

◇ 張璟根 · 張基榮씨, 韓 · 日회담 대표로 추가 임명.

◇ 제1차 학도 간부 후보생 출정식.

◇ 平壤방송, 공산군 포부대가 동해안 永興灣에 침입한 미 구축함 2척을 격침했다고 보도.

5월 3일 (일) 맑음

◇ 중공군, 중대 병력으로 板門店 부근과 文登里계곡의 UN군 진지를 공격.

◇ 중공군, 서부전선 高浪浦부근의 영국 · 호주군 부대 공격.

◇ UN군 세이버 제트기대, 肅川의 적 군사목표에 50톤의 고성능폭탄을 투하.

◇ B29 폭격기대, 海州 부근의 광범위한 지역을 폭격.

◇ 미 제8군 사령부, 4월의 전과 ─ 적 5,930명 사살, 4,630명 부상, 81명 생포.

◇ UN군측, 6,670명의 공산군측 傷病포로를 板門店에서 인도 완료.

◇ 공산군측은 국군 471명을 포함한 684명의 UN군측 포로를 인도.

5월 4일 (월) 맑음·흐림·비

◇ 전 전선 평온.

◇ 해리슨 UN군측 수석대표, 송환 不願 포로 관리할 중립국으로 파키스탄 지명.

◇ UN군측 해리슨 중장, 공산군측이 건설적인 태도로 회담에 임하지 않으면 회담 중지해야한다고 재차 경고.

◇ 국방부, 3軍 장교 계급장 통일키로 결정.

◆ 처칠 영 수상, 송환 不願 포로를 관리할 중립국으로 인도나 파키스탄 지명에 찬성 표명.

5월 5일 (화) 흐림·비

◇ 미 해군 기동함대, 동해안 元山港의 적 군사목표 맹타.

◇ 해리슨 수석대표, 송환 不願 포로를 해외로 이송하는 것은 비현실적이므로 중립국 移送을 반대한다고 언명.

◇ 헨리 타스카 미 경제특사, 중앙청을 방문해 自총리와 2시간 회담.

◇ 北京방송, UN군측이 중립국을 파키스탄으로 지명한 데 비난 방송.

◆ 일본 황태자 버킹검궁을 방문, 엘리자베스여왕과 회견.

5월 6일 (수) 흐림·비

◇ 전투는 소강상태.

◇ 미 전함 뉴저지호, 元山港을 계속 포격.

◇ 미 선더 제트기대, 江界저수지를 포격.

◇ 미 제5공군, 서부전선 북쪽의 延安 맹폭격.

◇ 해리슨 수석대표, 휴전성립과 동시에 모든 한국인 포로를 석방해 민간인으로 돌려보낼 것을 제안.

◇ 南日 수석대표, UN군측 제안을 단호히 거부.

◇ 헨리 타스카 미 대통령 특사, 국회 예방.

◆ 중공 新華社 통신, 해래슨 대표의 제안은 휴전회담의 기저를 전복시키려는 처사라고 비난.

5월 7일 (목) 비

◇ 미 전함 뉴저지호 및 순양함 드레머톤호, 元山港에 돌입해 적 해안포대를 집중 공격.

◇ 미 세이버 제트기대, 江界지구의 공산군 보급 요충을 강타.

◇ 공산군측, 휴전회담 본회의에서 8개 항목을 제안하고 송환 不願 포로를 한국에 체류시키자는 UN군측 제안에 동의.

◇ UN군 사령부, 공산군측의 포로송환에 관한 新제안은 대체로 만족스러운 것이라고 시사.

◇ 葛弘基 공보처장, 한국정부는 공산측이 5개 중립국으로 폴란드와 체코슬라바키아를 포함시킨 것을 반대한다고 성명.

◆ 밴덴버그 미 공군 참모총장 퇴역, 후임에 네이던 F·트와이닝대장 임명.

5월 8일 (금) 비

◇ 지상전투, 소강상태 계속.

◇ UN군 해군함정, 전파탐지기를 이용해 안개 낀 元山港에 돌입, 적 해안포와 군사시설 포격.

◇ 孫元一 해군 참모총장, 현재 해군장비는 부족하다고 언명.

◇ 徐珉濠사건, 민사재판에 회부.

◆ 北京방송, UN군측이 공산측의 8개항 수정안을 수락하면 한국휴전은 성립된 것과 마찬가지라고 방송.

◆ 미, 제8차 원폭 실험.

5월 9일 (토) 맑음

◇ 중공군 2개 분대, 三角고지의 국군 외곽진지 공격.

◇ UN군 선더 제트기대, 鴨綠江 부근 공산군 집결부락 맹타.

◇ F86 세이버 제트기대, 鴨綠江邊에서 공산군 MIG 제트기 2대 격추.

◇ 해리슨 UN군측 수석대표, UN군측은 공산군측 8항목 제안을 협상의 기초적 계획으로 수락할 용의 있음을 시사.

◇ 정부, 공산측의 8개항 제안을 반대.

◇ 북진통일 북한동포 궐기대회, 釜山 忠武路 광장에서 거행.

5월 10일 (일) 맑음

◇ 지상전투 평온.

◇ UN군 선더 제트기대, 鴨綠江 水豊발전소 포격.

◇ B29, 平北 楊市의 공산군 병력집결소 폭격.

◇ 南日 공산군측 대표, UN군측이 억류하고 있는 4만8천명의 송환 不願 포로는 휴전 후 설득하면 모두 귀환할 것이라고 주장.

◇ 헨리 타스카 특사, 鎭海의 국군 기관 시찰.

5월 11일 (월) 맑음·흐림·비

◇ 폭우로 지상전투 및 공중활동 평온.

◇ UN군 당국, 신형 탱크 204mm포·찦차용 105mm 무반동포 등 신형무기가 한국전선에 출현했다고 발표.

◇ 해리슨 수석대표, 송환 不願 포로의 최종적 처리가 정치회담에서 미해결될 경우의 代案 제시를 공산측에 요구.

◇ 南日 공산군측 대표, 송환 不願 포로 문제는 정치회담에서 이뤄져야 한다고 주장.

◆ 韓·日회담, 前 在韓 日人의 재산권에 대해 토의.

5월 12일 (월) 비·흐림·맑음

◇ 중공군, 중동부 전선의 텍사스고지와 주변 3개 진지의 국군을 공격.

◇ 해리슨 수석대표, 공산군측이 그들의 8개 항목에 대해 UN군측 질문에 응답

않는 한 합의가 불가능함을 언명.

◇ 클라크 UN군 사령관, 공산군측 8항목 제안에 대한 UN군측의 新代案을 휴대하고 汶山 도착.

◇ 李대통령, 클라크 사령관과 극비리에 회담.

◆ 함마슐드 UN사무총장, UN 한국 재건단의 UN대표로 존 쿨터 예비역 육군중장을 임명.

◆ 미 軍수뇌부 이동, 래드포드 미 태평양함대 사령관이 브래들리원수 후임으로 미 합동참모본부 의장, 리지웨이 NATO사령관이 콜린즈대장 후임으로 미 육군 총참모장, 그룬서 NATO군 참모장이 NATO 최고사령관에 각각 임명됨.

5월 13일 (화) 흐림·맑음·흐림

◇ 국군, 중동부전선의 텍사스고지에 내습한 1천여명의 중공군을 10시간의 치열한 전투로 격퇴.

◇ F86 세이버 제트기대, 朔州 상공에서 적 MIG 제트기와 교전, MIG 2대 격추·1대 격파.

◇ UN군측, 송환 不願 포로를 관리위원회에 인도한 후 60일이 경과한 후에도 송환을 거부할 때는 민간인으로 석방하자고 제시, 공산군측은 즉시 거부.

◇ 興士團 창립 40주년 기념식 거행.

5월 14일 (수) 흐림·맑음

◇ 국군, 중동부전선 金化 북쪽에 내습한 중대병력의 중공군을 격퇴.

◇ 한국 육군고문단장 라이언소장 후임에 로저스준장 임명.

◇ 해리슨 대표, 공산군이 한국군 포로 일부를 공산군에 편입 또는 노역에 종사시키고 있다고 비난.

5월 15일 (목) 맑음

◇ 중공군, 板門店지구의 터어키부대를 공격.

◇ UN군, 중동부전선의 텍사스고지 및 首都고지에서 중공군과 4일째 격전중.

◇ 미 해군성, 미 구축함 부랏슈호가 元山 해상에서 작전중 적의 연안포격으로 9명이 부상했다고 발표.

◇ 南日 공산군측 대표, UN군측의 新제안을 비난.

◆ 미 국무성, UN군에 억류중인 송환 不願 포로에 자유선택을 허락하는 것은 자유세계의 인도주의원칙에 입각한 것이라는 성명 발표.

5월 16일 (금) 흐림·맑음

◇ 공산군, 중부전선을 위시한 각 전선에 걸쳐 UN군 진지를 맹공격.

◇ 중부전선의 국군, 1개 연대 병력으로 내습한 중공군을 격전 끝에 격퇴.

◇ 白육군참모장, 한국의 공산당은 우세하기 때문에 국군이 단독으로 국토 방어하기는 오랜 시일이 필요하다고 언명.

◇ 휴전회담, 20일까지 휴회키로 합의.

◆ 중공 新華社 통신, UN군측의 新제안은 포로송환을 강제적으로 저지하려는 것이라고 보도.

5월 17일 (토) 맑음

◇ 국군 보병부대, 중동부전선의 국군 전초진지를 점령한 중공군에게 완강히 반격전을 전개.

◇ UN군 세이버 제트기대, 적 MIG기 4대 격추·3대 격파.

◇ 해리슨 수석대표, 클라크 UN군사령관과 휴전문제 협의차 東京으로 출발.

◆ 리지웨이 NATO군 최고사령관, 아이젠하워대통령 및 미 의회에 보고차 워싱턴 도착.

5월 18일 (일) 맑음

◇ 국군, 동부전선 斷腸의 능선에서 4회에 걸친 공산군의 공격을 격퇴.

◇ 세이버 제트기대, 북한 상공에서 공중전 전개. MIG기 12대 격추, 1대 격파.

◇ B29 공중요새기대, 兼二浦와 沙里院간의 공산군 집결지와 보급시설 폭격.

◇ 가슈맨 미 태평양지구 해병 부사령관, 申한국해병대사령관을 방문하여 요담.

◇ 정부대변인, 휴전성립과 함께 한국인포로 전원 석방을 요구한 해리슨대표의
제안 지지 성명.

◇ 重石弗사건, 사실심리 종결.

◆ 리지웨이 NATO군사령관, 하원에서 증언.

5월 19일 (월) 맑음

◇ 국군, 중동부전선 狙擊兵능선 및 크리스마스고지를 공격한 중공군을 격퇴.

◇ UN군 세이버 제트기대, 북한 MIG통로에서 공산군 MIG기 4대 격추.

◇ 휴전회담, 20일 재개될 예정이던 회담을 25일까지 연기하기로 합의.

◇ 문교부, 순국선열 및 생존한 志士의 자손들 교육비 일체 면제키로 결정.

5월 20일 (화) 맑음·흐림

◇ 중공군, 서부전선 후크고지 전방의 UN군 전초진지를 공격.

◇ 自국무총리, 영국여왕 즉위식 참석차 출발.

5월 21일 (수) 흐림

◇ 국군, 동부전선의 UN군 진지를 공격한 중공군을 12시간의 혈전 끝에 격퇴.

◇ 李대통령, 駐韓 영연방부대 방문.

◇ 李대통령, 미 제트기 조종사 2명에게 乙支武功훈장 수여.

◇ 캐나다 넬보턴 준장, 육군본부 예방.

◆ 델레스 미 국무장관, 네루 인도수상과 한국문제 토의.

◆ 처칠 영국수상, 한국 휴전회담에 新제안이 가능하다고 언명.

5월 22일 (목) 비

◇ UN군, 중서부전선에서 중공군의 공격을 격전 끝에 격퇴.

◇ B29폭격기대, 平壤 북쪽 저수지·댐 포격.

◇ 해리슨 UN측 대표, 피납된 人士들의 송환 위해 노력하겠다고 언명.

◇ 重石弗사건, 피고 7명에게 도합 2억2438만8835원60전의 벌금과 추징금 구형.

5월 23일 (금) 흐림·맑음

◇ 전선, 대체로 평온.

◇ 미군, 鐵原계곡에서 중공군 1개 중대와 교전.

◇ 휴전회담 한국대표진 강화.

◇ 平壤방송, UN군측이 진실로 휴전 원하면 공산측의 8개 항목 제안 수락하라고 방송.

5월 24일 (토) 맑음

◇ 국군, 5회에 걸쳐 크리스마스고지 공격.

◇ 중공군, 重砲의 지원하에 金化～金城간의 국군 2개 진지 공격.

◇ 미 순양함 2척, 元山港에 돌입하여 적 해안포대 맹타.

◇ B29 10대, 平壤 북동쪽의 新倉里 공산군 보급 및 군대집결지 폭격.

◇ 卞외무장관, 휴전에 반대한다는 성명서 발표.

5월 25일 (월) 맑음

◇ 미 전함 뉴저지호, 大同江 부근의 적 해안포대 강타.

◇ 미 해병대 전폭기대, 新幕의 적 집결지에 고성능폭탄 6만5천파운드 투하.

◇ 휴전회담 본회의, UN군측의 新제안을 토의하기 위해 비밀회의 31일까지 휴회 결정.

5월 26일 (화) 맑음

◇ 미 세이버 제트기, MIG 12대 격추.

◇ 정부 소식통, 25일 비밀회담에 제출된 UN군측의 새로운 案은 반공포로에 대한 최종결정을 총회에 이관할 것과 반공북한포로들을 휴전 후 남한에서 석방한다는 종래의 주장을 철회한 것으로 한국은 이를 받아들일 수 없다고 언명.

◆ 아이젠하워대통령, 휴전문제에 대해 UN군의 주장은 불변하며 포로는 강제 송환되지 않는다고 성명 발표.

5월 27일 (수) 흐림

◇ UN군 전폭기대, 북한상공에서 MIG기 12대 격추·1대 격파.

◇ B29 폭격기대, 甕津 부근의 적 집결지와 조차장에 80톤의 폭탄 투하.

5월 28일 (목) 흐림·비

◇ 국군, 중동부전선 10개 전초진지에 연대병력으로 공격해 온 중공군을 격전 끝에 격퇴.

◇ 휴전회담 한국군 대표 崔德新소장, 해리슨 대표에게 휴전회담에 대한 한국측 견해를 표명한 중요서한 전달.

◇ 국회대표단, 해리슨 수석대표와 회견하고 UN군측 新제안의 즉시 공개를 요구.

◇ 重石弗사건 언도 공판, 피고 전원에게 무죄를 공판.

◇ 卞외무, UN군측의 新제안을 수락할 수 없다고 재강조.

◇ 북진통일 투쟁위원회, UN측의 新제안은 자유세계의 패배를 의미하는 것이라고 담화.

5월 29일 (금) 비·흐림

◇ 중공군, 板門店 부근의 영국군 및 터어키군 진지에 5000병력으로 공격.

◇ 서울·汶山을 방문했던 국회대표단 일행, 李대통령과 해리슨 UN군 수석대표에게 국회의 종래 주장을 전달.

◇ 卞외무, 정부의 지지없는 휴전이 성립되어도 전투는 계속할 것이라고 국회에서 언명.

◇ 콜터 신임 UNKRA 단장, 水營공항 도착.

◆ 워싱턴 소식통, 아이젠하워대통령이 한국휴전 실현 위해 李대통령에게 서한 전달한다고 언명.

5월 30일 (토) 흐림

◇ 서부전선 UN군, 중공군과 치열한 백병전 전개.

◆ 일본 외무성 대변인, 한국전이 종식되는 대로 한국에 公館 개설 언명.

◆ 아이젠하워대통령, 덜레스국무차관·윌슨국방장관 및 콜린즈육군참모장을 소집하고 한국문제에 관해 협의.

◆ 아이젠하워대통령, 한국정부와 UN국가들과의 중대 위기를 해소하기 위해서 李대통령에게 2차 서한.

5월 31일 (일) 비·흐림

◇ 중공군, 대대 병력으로 金化 북쪽의 UN군 전초진지 공격.

◇ 휴전회담, 공산군측이 본회담을 6월4일까지 연기하자고 제의해 UN군측이 동의.

◇ 李대통령, 해군사관학교 졸업식에서 한국은 국토통일을 규정하지 않는 어떠한 국제협정에도 단호히 반대한다고 강조.

◇ 崔德新대표, UN군측이 5월25일의 新제안을 수정 또는 철회하지 않는 한 휴전회담을 거부하겠다고 언명.

◆ 梁裕燦 駐美 대사, 휴전 후 한국 통일을 성취시키지 못하고 UN군이 철수하면 한국군은 통일을 위한 전투를 계속할 것이라고 언명.

6월 1일 (월) 흐림

◇ 적, 서부전선 錨形고지의 UN군 진지를 야간 공격.

◇ 국군, 중부전선 狙擊兵능선을 공격한 적을 격퇴.

◇ UN군 탐색대, 서부전선 빅 노리고지 부근의 중공군과 교전.

◇ UN군 폭격기대, 중서부전선의 적진지 폭격.

◇ F86 세이버 제트기대, 북한 상공에서 적 MIG기 1대 격추·2대 격파.

◇ B26 경폭격기대, 적 보급차량 117대 파괴.

◇ 崔德新대표, 해리슨 수석대표와 협의, 현재의 상황에서는 회담에 참석하지 않겠다고 언명.

◇ 제15회 정기국회 폐회식.

◇ 卞총리서리, 비상국무회의 소집.

◇ 李대통령, 아이젠하워대통령에게 미국의 군사적 안전보장과 장기 경제원조 계획안을 조건으로 한 타협한 手交.

◆ 워싱턴발 로이터통신, 李대통령은 미국이 휴전성립 전에 상호방위조약을 체결한다면 휴전반대를 철회하겠다고 제의했음을 보도.

6월 2일 (화) 흐림

◇ 국군, 錨形고지 부근의 11개 진지에 대한 공산군 공격을 격퇴.

◇ 동부전선 류크 카슬고지에서 치열한 전투를 계속.

◇ 국군, 金化 북서쪽 전초기지와 首都고지를 공격한 공산군을 강타.

◇ 중공군, 서부전선 T形고지 및 포크 참고지에 내습.

◇ UN공군, 동부전선 적 진지에 50만파운드의 고성능폭탄 투하.

◇ 李대통령, 아이젠하워대통령으로부터 3개의 메세지를 전달받았다고 발표.

◇ 申국방장관, 중공군의 완전 철수 확인 없는 휴전 반대 언명.

◆ 영국여왕 엘리자베스 2세 대관식, 74개국 대표 참석하에 웨스트민스터사원에서 거행.

6월 3일 (수) 맑음

◇ 국군, 맹렬한 반격전을 전개하여 류크 카슬고지의 공산군 격퇴.

◇ UN해군 구축함, 元山港에 돌입하여 공산군 해안포진지를 맹공격.

◇ B29 폭격기대, 鐵의 삼각지대 적 진지 및 군수품 집적소를 5시간 동안 폭격.

◇ 葛공보처장, 중공군의 국내 殘存을 용인하는 어떠한 휴전협정도 반대한다는 성명 발표.

6월 4일 (목) 흐림·비

◇ 국군 보병부대, 중부 및 동부전선에서 지난 27일 상실한 7개 전초진지 탈환전 전개.

◇ 국군 12사단 및 15사단 소속 부대, 동부전선 錨形고지 및 류크 카슬고지에서 격전 계속.

◇ 국군, 중동부전선 피의 능선에서 철수.

◇ 指形능선 전초진지에서 격전 계속.

◇ 휴전회담 본회의,비밀회의로 토의 후 UN군측 요구로 6일까지 휴회 결정.

◇ 국회, 휴전대책 特委 구성 결정.

◇ 葛공보처장, UN군측의 제안을 계속 거부.

◆ 한국 派兵 16개국 대표, 국방성에서 휴전에 관한 비밀회의 개최.

◆ 미 정부 소식통, 한국 휴전은 임박했다고 언명.

6월 5일 (금) 비·흐림

◇ 지상전투, 현저히 감소.

◇ 동부전선 錨形고지에서 전투 계속.

◇ UN군 세이버 제트기대, 북한상공 공중전에서 적 MIG 제트기 3개 격추.

◇ 공산군, 중부전선에서 선전방송.

◇ UN군 포로수용소 당국, 馬山수용소에서 북한 반공포로 2천명이 휴전회담의 UN군측 제안에 반대 데모 전개했다고 발표.

◇ UN군측 휴전회담 대표들, 汶山 UN군 휴전회담 본부에서 회담, 崔德新 한국 대표 불참.

◇ 클라크 UN군 사령관, 서울 도착, 李대통령과 요담.

◇ 李대통령, 통일없는 휴전은 한국을 제2의 중국으로 만든다고 강조.

◇ 李대통령, 圜의 공정환율은 계속 60대 1이라고 발표.

6월 6일 (토) 비

◇ 적, 동부전선 류크 카슬고지 동쪽에 침투.

◇ 국군, 류크 카슬고지의 절반정도를 탈환.

◇ 중동부전선 피의 능선에서 치열한 전투 계속.

◇ 휴전회담 본회의, 한국대표 불참중 개회, 19분만에 공산군측 요구로 산회.

◇ 정부, 李대통령이 아이젠하워대통령에게 手交한 한국측 반대 제안 내용을 발표—① 공산·UN 양군의 동시 철수② 철수에 앞서 한·미 상호방위조약의 체결.

6월 7일 (일) 비

◇ UN군 부대, 동부전선 류크 카슬고지 탈환전 실패.

◇ F86 세이버 제트기대, 水豐발전소 공격.

◇ 세이버 제트기대, 북한 상공에서 적 MIG 15 제트기 4대 격추.

◇ UN군 포로수용소 당국, 汶山수용소에서 탈출 기도한 포로 1명 사살, 1명 중상했다고 발표.

◇ 휴전회담 연락장교 비밀회의, 포로교환에 관한 細目 토의.

◇ 李대통령 클라크사령관을 통하여 전달된 아이젠하워대통령의 서한 발표.

◇ 정부, 滯美중인 白善樺참모총장 이하 전 장병의 즉시 소환을 명령하고 渡美 예정인 將星에게도 출국정지령.

◇ 오전 9시를 기해 전국에 準비상계엄령.

6월 8일 (월) 비·맑음

◇ 국군 제12사단 부대, 류크 카슬고지에 대한 반격전을 개시하고 1개 진지 탈환.

◇ B29 폭격기대, 平壤 남쪽 공산군 보급중심지 폭격.

◇ MIG기 9대, 야간에 서울을 기습 공격, 6개소에 폭탄 11개 투하.

◇ 휴전회담 본회의, 포로교환에 관한 협정 조인.

◇ 李대통령, 전투 계속 결의를 재천명하는 성명 발표.

◇ 景武臺에서 국회 휴전대책위원 참석하에 특별국무회의 개최.

◇ 劉육군참모총장 서리, 국군은 단독전투에 필요한 군비를 완료, 대통령의 명령을 대기 중이라고 성명.

6월 9일 (화) 흐림·맑음

◇ 휴전회담 본회의, 개최 12분만에 공산군측 요구로 산회.

◇ 연락장교회의, 휴전협정 細目 토의.

◇ 휴전회담 한국대표 崔德新소장, 해리슨 수석대표에게 서한으로 휴전 전에 중공군을 한국에서 철수시킬 규정을 삽입할 것을 요청.

◇ 국회, UN총회·미 대통령 및 상하원·영국수상 등에게 휴전반대 메세지 발송키로 결정.

◇ 래드포드 미 태평양함대 사령관, 브리스코 미 극동해군 사령관과 서울 도착.

◇ 李대통령, 다시 긴급각의 소집.

◇ 전국에서 휴전 반대 데모.

◇ 梁裕燦대사, 板門店 협상은 자유 국가의 굴복이라고 단정.

6월 10일(수) 흐림·맑음

◇ 북한군, 동부전선 크리스마스고지에 대한 압력을 증가.

◇ 약 7천명의 중공군, 중동부전선에서 야간에 공격 개시.

◇ 중공군, 鐵原 북서쪽 해리고지에 대해서도 공격.

◇ 미 국방성, 한국전선 미군 희생자 총수 135,586명이라고 발표.

◇ 래드포드제독, 브리스코우 극동해군사령관과 전선시찰.

◇ 공보처, 6·25발발 3주년을 「北進統一의 날」로 제정.

◇ 林炳稷 UN한국대표, 板門店회담의 진전은 서방 諸國에 대한 한국의 신뢰심을 파괴시켰다고 성명.

◇ 스위스정부, 한국포로송환중립국위원회에 참가할 것을 미 정부에 통고.

6월 11일(목) 흐림·맑음

◇ UN군, 크리스마스 고지에서 공산군에게 상실된 진지 재탈환.

◇ 중동부전선 텍사스고지 부근에서 격전.

◇ 중공군, 한국 사단의 3개 주요고지 저항선을 돌파.

◇ 공산군, 중동부전선에서 10일 밤 11일에 걸쳐 약 44,000발의 대포탄과 박격포탄 발사.

◇ 미 제3사단부대, 鐵原 북서쪽 해리고지에 대한 중공군 약 1천명의 수차에 걸친 공격 격퇴.

◇ UN 공군, 지상군을 엄호해 일선 공산군진지 맹폭.

◇ B29폭격기대, 南市 및 泰天비행장에 200톤의 고성능폭탄 투하.

◇ 클라크사령관, 크리스마스고지와 텍사스고지의 적 공격은 1개사단 규모라고 언명.

◇ 휴전회담-참모장교회의 계속.

◇ 李대통령, 휴전은 죽음을 의미한다고 성명.

◇ 釜山에서의 휴전반대 대규모 시위대에 UN군 발포, 3명 부상.

6월 12일(금) 맑음 · 흐림

◇ 중동부전선의 고지 공방전 더욱 격화.

◇ UN군, 金化 북서쪽 狙擊兵능선에 대한 공산군 600명의 공격을 격퇴.

◇ 미 제3사단 제15연대, 鐵原 북서쪽 해리고지에 대한 중공군 1,500명의 공격 격퇴.

◇ UN군 세이버 제트기대, 沙里院 북서쪽 비행장 및 鎭南浦 북서쪽을 강타.

◇ B29 폭격기대, 平壤 부근 2개 비행장 폭격.

◇ 테일러 8군사령관, 적의 최근 공세는 군사분계선 제정과 휴전성립 후의 정치 회담에서 유리한 입장을 확보하려는 목적이라고 언명.

◇ 필리핀 국방장관 오스카 카스테로씨 일행 내한.

◇ 전 장병에 휴가 중지.

◇ 국방부, 三軍휴전대책위 설치.

◇ 서울과 釜山에서 연일 휴전반대 시위.

6월 13일(토) 흐림 · 맑음

◇ 공산군, 약 15,000명의 병력으로 중부전선 50마일에 걸친 UN군 진지 공격.

◇ 공산군, 맹렬한 포화 엄호하에 首都고지 포위 공격.

◇ 공산군, UN군에 11만8천발의 포탄 발사. 개전이래 최고 기록.

◇ UN군 세이버 제트기대, 공산군 MIG제트기 2대 격추 · 1대 격파.

◇ 서울시에 또 공습경보 발령.

◇ 휴전회담-양군 참모장교들, 군사분계선 및 휴전협정 細目을 최종검토.

◇ 국회, 휴전문제에 대처하기 위해 비공개 全院위원회 개최.

◆　北京방송, 양군 참모장교는 휴전협정 草案 逐條검토중이라고 보도.

6월 14일(일) 흐림

◇　공산군, 중동부 및 동부전선에서 대규모 야간공세 개시.

◇　미 전함 뉴저지호, 동해안 錨形고지의 UN 지상군을 지원해 적의 거점에 함
　포사격 집중.

◇　미 극동공군, 1,610회의 기록적 출격으로 지상군 엄호.

◇　B29 폭격기대, 新安州 및 軍隅里비행장을 폭격.

◇　UN군 세이버 제트기대, 공산군 MIG기 2대 격추·3대 격파.

◇　光州 제5수용소에서 공산군 포로 1명 타살, 7명 부상.

◇　테일러 8군사령관, 휴전협정은 전쟁의 종결이 아니고 전투의 休止에 불과하
　다고 전 장병에게 경고.

6월 15일(월) 흐림·맑음

◇　공산군, 동부 및 중부전선에서 약 3만의 병력으로 UN군 진지 맹공.

◇　동부전선 文登里 계곡·크리스마스고지에서 격전.

◇　공산군, 北漢江 상류 金城 남동지구에서 격렬한 공격으로 저항선 돌파.

◇　국군, 首都·텍사스고지 포기.

◇　鐵原계곡에서 미 제3사단, 전차의 지원을 받은 중공군 7천명의 공격으로 약간
　후퇴.

◇　UN 해군, 지상군을 엄호하여 공산군 해안 목표 강타.

◇　UN 공군, 지상군을 엄호하여 2,115회 출격, 최고기록 수립.

◇　2~4대의 구식 소형 적기, 서울 상공에 침입 漢江 교량에 폭탄 투하.

◇　富平수용소의 반공포로들, 强送반대 시위.

◇　白善樺 육군참모총장, 중부전선의 국군 사단 방문.

◇　휴전회담-崔德新 한국측 대표, 휴전협정조인의 연기를 희망.

◇　덜레스국무장관, 최근 한국전선에서의 공산군 공세로 말미암아 휴전성립의
　가능성이 희박 해진다고는 생각하지 않는다고 언명.

6월 16일(화) 흐림·맑음

◇ 중공군, 指形능선을 돌파.

◇ 국군 제5 및 제8사단, 指形능선 동쪽 北漢江 상류지역에 신방위선 전개.

◇ UN 공군기대, 지상군에 대한 엄호출격을 계속.

◇ 미 제5공군소속기, 도로 55개소를 절단하고 벙커진지 119개소 파괴. 차량 323대 파괴.

◇ 巨濟島포로수용소에서 미군을 습격한 포로 1명 사살.

◇ 李대통령, 테일러사령관과 중부전선의 국군 제2사단 시찰.

◇ 휴전회담-참모장교회의 계속.

◆ 유럽 방문단 白斗鎭총리, 워싱턴 도착.

◆ 일본 吉田수상, 한국휴전은 아시아 평화회복의 제1보라고 언명.

6월 17일(수) 비

◇ 중공군 1개대대, 크리스마스고지 근방에서 국군의 반격을 저지.

◇ 指形능선에서 격전 계속.

◇ 지난 16일 적기 10대, 金浦비행장과 仁川 공습.

◇ 미 국무성, 한국전선 미군희생자 총수 136,029명이라고 발표.

◇ 클라크사령관, 휴전 후 설치될 합동군사휴전위원회의 유엔군 대표에 브라이언 소장을 임명.

◆ 北京방송, 군사분계선 제정작업의 종료를 시사.

◆ 白斗鎭총리, 아이젠하워 대통령과 회담.

6월 18일(목) 비·맑음

◇ UN군, 鐵原 북서쪽 해리고지에 대한 중공군의 공격을 격전끝에 격퇴.

◇ UN군 사령부, 약 25,000명의 반공북한포로가 18일 새벽 釜山·馬山·論山·尚武台의 각 수용소에서 탈주, 18일 하오 2시 현재 971명을 재수용·9명 사망·16명 부상했다고 발표.

◇ 李대통령, UN군 포로수용소에서 수용중인 반공북한포로의 석방을 명령.

◇ 元容德헌병사령관, 전국에 수용중인 애국포로를 18일 오전 5시를 기해 전원 석방했다고 발표.

◇ 李대통령, 반공포로 석방에 관해 성명—중대한 사태의 야기를 피하기 위해 본인의 책임하에 반공북한포로의 석방을 명령, 본인이 UN군사령관 및 기타 당국 관계관과 충분한 협의없이 이같은 조치를 취한 것은 설명치 않아도 명백.

◇ 陳내무, 석방된 반공포로들에게 道民證 발급 지시.

◇ 국군 고위당국자, 석방된 반공포로들은 한국군에 편입될 것이라고 언명.

◇ 클라크사령관, 해리슨 수석대표를 급거 소환.

◆ 아이젠하워대통령, 반공포로석방에 따르는 비상사태를 검토하는 동시에 李대통령에게 서한을 전달.

◆ 덜레스국무, 한국정부의 반공포로 석방은 UN군의 권한을 침범한 것이라고 성명.

6월 19일(금) 흐림·비

◇ 지상전투, 비교적 경미.

◇ UN군 세이버 제트기대, 북한 상공에서 적 MIG 6대 격파·1대 파손.

◇ 포로수용소 UN군 사령부, 19일 새벽 富平수용소에서 반공포로 494명 탈출하는 소동 발생. 30명 사망, 114명 부상했다고 발표.

◇ 이틀간 탈출한 반공포로는 모두 26,954명이라고 포로수용소 UN군 사령부 발표.

◇ 브릭스 駐韓 미 대사, 李대통령과 45분간 요담.

◇ UN군 당국, 서해안 휴전선 이북 5개 島 주민 10만명에 철수령.

6월 20일(토) 비

◇ 국군, 동부전선 크리스마스고지에 대한 중공군 2개중대의 4차에 걸친 공격 격퇴.

◇ 중동부전선 指形능선지구에서 소규모 전투.

◇ UN군 세이버 제트기대, 적 MIG기 2대 격파.

◇ B29 폭격기대, 平壤지구 2개 비행장 폭격.

◇ 제5공군, UN군은 금주중 중공군의 對空포화등으로 19대의 비행기 상실했다고 발표.

◇ 南日대표, 포로석방에 관해 金日成·彭德懷의 항의문을 UN군측에 전달.

◇ 클라크사령관, 반공포로의 석방은 UN군사령관에 대한 확약을 위반한 처사로 어떠한 결과를 초래할지 예측불허 한다는 항의서한을 李대통령에게 전달.

◆ 아이젠하워대통령, 로버스튼극동문제담당 국무차관보를 派韓키로 결정.

6월 21일(일) 비·맑음

◇ 국군, 동부전선 크리스마스고지에 대한 중공군의 공격 격퇴.

◇ 중공군, 야간에 指形능선지구의 국군 진지를 공격.

◇ B29 폭격기대, 泰川·南市의 중공군 비행장 폭격.

◇ UN군포로수용소, 20일 현재 총35,421명의 반공포로중 26,424명이 탈주, 그중 1,029명을 재수용했다고 발표.

◇ 白斗鎭총리, 미국에서 급거 귀국.

◇ 클라크사령관, 반공포로 석방은 전적으로 한국에 책임이 있다고 성명.

◇ 梁裕燦대사, 반공포로 석방이 UN군의 권한침범이라는 비난을 일축.

6월 22일(월) 비

◇ UN해군구축함, 元山 해안포대를 포격.

◇ B29기대, 新安州 및 平壤비행장 폭격.

◇ UN군 세이버 제트기대, 북한 상공 공중전에서 적 MIG기 6대 격추. 2대 격파.

◇ UN 공군 전폭기대 및 B26폭격기대, 서부전선 북쪽 철교 4개소를 폭파.

◇ 클라크사령관, 李대통령과 1시간 요담.

◇ 卞외무장관, 한국은 휴전후에도 전투를 계속할지 모르며 단독으로라도 목적을 관철시킬 것이라고 담화.

◆ 아이젠하워대통령, NATO군참모총장에 스카이러소장 지명.

◆ 로버트슨차관보, 콜린즈육군참모총장과 함께 한국 향발.

6월 23일(화) 비 · 맑음

◇ 중공군, 중부전선 金化부근 UN군 진지를 야간에 공격.

◇ 8군사령부, 공산군은 지난 2주동안 19,200명의 사상자를 냈다고 발표.

◇ 李대통령, 휴전에 찬성할 3개 조건을 발표. ① 중공군의 철수 또는 중공군 및 UN군의 동시 철수 ② 철수에 앞서 韓·美방위조약 체결 ③ 휴전후의 정치회담을 3개월 기한부로 할 것.

◇ 브릭스 미 대사, 白斗鎭총리와 요담.

6월 24일(수) 맑음 · 흐림

◇ 공산군, 金化주변 10km에 걸친 전선에서 UN군 진지를 공격. 미 제3사단 및 국군, 이를 격퇴.

◇ 南部지구 경비사령관 李龍文준장, 비행기사고로 전사.

◇ 미 국방성 한국전선 미군 희생자수 136,862명이라고 발표.

◇ 정부, 國防委員會 설치.

◇ 李대통령, 휴전협정을 조인할 경우 한국군을 유엔군사령부로부터 이탈시킬 것이라고 클라크사령관에게 서한.

◇ 平壤방송, 북한공산군사령부발표의 전쟁발생이래 3년간의 종합전과 보도— UN군의 살상 및 포로수 989,391명(미군 380,773명, 한국군 580,644명, 기타 27,974명).

◇ 아이젠하워대통령, 한국문제에 관해 議會지도자들과 회담.

◇ 미 국방성, 한국戰 3년간에 공산군 사상자 134만 7천명, UN군은 적의 10분의 1정도의 피해라고 발표.

6월 25일(목) 비

◇ 적, 金化 북서쪽 狙擊兵능선에서 공격 계속.

◇ 중공군 약 1개사단, 漣川 북서쪽 전선에서 UN군 진지 8개처를 공격.

◇ UN군 B29폭격기대, 북한 비행장에 대해 연5일째 폭격.

◇ 6·25 3주년 국민대회, 중앙청 광장에서 거행.

◇ 李대통령, 통일에 대한 결의를 재규명하고 휴전수락조건 재차 명시.

◇ 미 대통령특사 로버트슨국무차관보 및 콜린즈참모총장 한국 도착.

6월 26일(금) 비

◇ 국군, 중동부전선 首都고지에서 적의 공격으로 약간 후퇴.

◇ 국군, 중부전선 狙擊兵능선에 대한 3차의 적 공격을 격퇴.

◇ 서부전선 漣川 북서쪽에서 격전.

◇ UN군 전폭기대, 漣川지구 중공군 사단을 맹타.

◇ UN군 세이버 제트기대, 鴨綠江부근 상공에서 적 MIG기 2대 격추. 1대 격파.

◇ 콜린즈참모총장, 테일러 8군사령관과 일선 시찰.

◇ 클라크사령관, 7월1일부터 UNCACK(在韓 UN軍民事處기구)를 KCACK(한국 民事원조사령부)로 개편한다고 발표.

◇ 로버트슨차관보, 李대통령과 3시간 회담. 덜레스장관 親書를 수교.

◇ 葛공보처장, 모기관에 연행된 趙炳玉씨는 신변보호의 필요상 구속된 것이라고 언명.

◆ 北京방송, 李대통령이 휴전에 앞서 모든 외국군의 철수를 주장한 것은 전쟁을 계속하려는 것이라고 비난.

6월 27일(토) 비

◇ 중공군, 크리스마스고지 서쪽의 국군 2개 진지를 공격.

◇ 국군 제3사단, 首都고지 남쪽 룩아웃山峰을 재탈환.

◇ 중동부전선 狙擊兵능선에서 전투 계속.

◇ UN군 포로사령부, 25일 현재 수용소에서 탈출한 포로는 27,312명이라고 발표.

◇ 李대통령, 로버트슨특사와 2차 회담.

◇ 함마슐드 UN사무총장, 통일을 위해 전쟁을 속행하려는 李대통령의 주장에 반대한다고 언명.

6월 28일(일) 흐림·비

◇ 首都고지 남쪽 觀望山에서 국군, 중공군의 공격으로 야간에 후퇴.

◇ 국군, 중공군의 공격으로 서부전선 小노리고지의 2개진지에서 후퇴.

◇ 국군, 서부전선 백고지에서 중공군을 공격코 백병전 전개.

◇ 국군, 漣川 서쪽의 퀸진지에서 중공군의 공격으로 철수.

◇ B29 폭격기대, 北漢江 상류지구 국군 진지에 압력을 가하고 있는 공산군 부대에 110톤의 폭탄 투하.

◇ 로버트슨특사, 李대통령과 3차 회담후 상호 오해를 일소했다고 언명.

◇ 葛공보처장, 李대통령과 로버트슨특사는 韓·美상호방위조약에 관해 의견일치를 보고 있다고 언명.

6월 29일(월) 비·흐림

◇ 국군 제3사단, 약5시간에 걸친 격전끝에 首都고지 남쪽 觀望山 재탈환.

◇ 국군, 漣川 서쪽 퀸·백진지를 재탈환하기 위해 중공군과 격전했으나 실패.

◇ UN군 세이버 제트기대, 鴨綠江 남쪽 10마일 상공에서 적 MIG기 6대 격추.

◇ 서울시에 또 다시 공습경보 발령.

◇ 클라크사령관, 석방반공포로의 재수용을 요구한 공산측에 대한 회신으로 석방포로의 재수용은 불가능하며, UN군 사령부는 독립국가인 한국에 대해 아무런 권한도 행사하지 못한다고 언명.

◇ 李대통령, 로버트슨특사 4차 회담.

6월 30일(화) 흐림·맑음

◇ 동부전선 北漢江과 크리스마스고지 사이에 있는 버지니아고지에서 격전.

◇ UN군 세이버 제트기대, 북한 상공에서 적 MIG15기 15대 격추. 1일간 최고 전과.

◇ B29폭격기대, 중부전선의 공산군 집결지에 120톤의 폭탄 투하.

◇ 로버트슨차관보, 머피정치고문 및 맥커들차관보와 전선시찰.

◇ 정부, 국방장관에 孫元一해군중장 임명.

◇ 北京방송, 李대통령은 國府와 공모, 반공중공군포로석방을 기도하고 있다고
비난.

◇ 밴덴버그 미 공군참모총장 사임, 후임에 트와이닝중장.

7월 1일(수) 맑음·흐림

◇ 국군, 北漢江 동쪽 버지니아고지를 탈환했다가 중공군의 반격으로 철수.

◇ 首都고지 남쪽 觀望山에서 백병전.

◇ UN군 전투기 및 전폭기, 1,535회 출격코 공산군 및 보급목표를 공격.

◇ 卞외무장관, 李대통령은 현재 직면하고 있는 입장을 述한 서한을 로버트슨
특사에 수교했다고 언명.

◇ 平壤방송, 韓美방위협정을 비난.

◆ 클라크사령관, 東京 유엔군사령부에서 콜린즈육참모총장 참석하에 육·해·
공군 수뇌 회의.

7월 2일(목) 흐림·비

◇ 공산군, 37일간 계속되던 공격 돌연 중단.

◇ B29 폭격기대, 咸興 서쪽 峽谷지대에 있는 공산군 주요보급기지 강타.

◇ UN군 F84 선더 제트기대, 宣川지구를 폭격.

◇ UN군 세이버 제트기대, 鐵原 서쪽 전선으로부터 북쪽 150마일이내 지점에서
적 전차 30~40대를 공격.

◇ 테일러 8군사령관, 在韓 미 육·해·공군 지휘관들과 비밀회담.

◇ 외무부대변인, 정부는 獨島에 해군함정을 파견키로 결정했다고 발표.

7월 3일(금) 비

◇ 국군, 중동부전선 觀望山을 재탈환.

◇ UN군 함재기대, 악천후에도 전선 공산군진지 공격.

◇ 로버트슨특사, 브릭스대사 및 머피고문과 李대통령 예방코 회담.

◇ 釜山에서 北進통일을 부르짖던 시위군중, 民主國民黨본부 습격.

7월 4일(토) 흐림·맑음

◇ 국군, 狙擊兵능선에서 중공군과 교전 130명 살상.

◇ B29 폭격기대, 平壤비행장 활주로에 120톤의 고성능 폭탄 투하.

◇ 공산군 MIG기 2대 격추, 2대 파손. UN군측은 적의 지상포화로 6대 손실.

◇ 미 8군사령부, 龍山으로 이전.

◇ UN군 당국, 반공포로 석방 이후 잔존 포로 8천명은 釜山 및 論山으로 이송 했다고 발표.

◇ 李대통령, 로버트슨특사와 회담.

7월 5일(일) 비·바람

◇ 지상전투 비교적 평온.

◇ UN해군함정, 동해안 錨形고지와 高城지역의 공산군 진지 및 서해안의 鎭南 浦에 대해 함포 사격.

◇ 테일러사령관, 만약 한국군이 단독으로 전투를 계속한다면 UN군을 한국군과 교대로 후방근무시키는 것을 교섭할 수도 있다고 언명.

◇ 남부지구 경비사령부, 6월중 토벌전과−공비 사살 96명, 생포 4명, 귀순 6명.

◇ 李대통령, 로버트슨특사와의 회담은 상호 오해를 제거하도록 노력하고 있으 나 회담성공여부는 미지수라고 언명.

◆ 北京방송, 李대통령은 새로운 수단으로 휴전회담을 파괴하고 있다고 비난.

7월 6일(월) 비

◇ 폭우로 지상전 비교적 평온.

◇ 중공군, 鐵原 서쪽 100마일 지점의 포크찹고지에 대한 공격 개시.

◇ 로버트슨 특사·브릭스대사, 李대통령과 1시간 회담.

◇ 한국유네스코설치령, 대통령령으로 공포.

◇ UN참전 16개국대표, 한국휴전을 지지키로 합의.

7월 7일(화) 맑음·흐림

◇ 중공군, 鐵原 서쪽의 포크찹고지 및 矢頭고지에 대한 공격 계속.

◇ 高浪浦 북쪽 伯林 및 동부 伯林고지에서도 전투 계속.

◇ 陳내무장관, 殘匪 및 五列의 준동 막기 위해 치안국에 특수정보과 설치했다고 언명.

◆ 네루인도수상, 한국에서 새로운 혼란이 야기된다면 기타지역에의 전쟁을 초래한다고 언명.

7월 8일(수) 비·흐림

◇ 미 제7사단 및 국군 보병부대, 鐵原 서쪽 포크찹고지 및 矢頭고지에 대한 중공군 2개사단의 공격 격퇴.

◇ 아군, 동부 伯林고지에 대한 중공군 공격을 격퇴.

◇ UN 해군 구축함대, 城津항을 포격.

◇ B29 폭격기대, 북한 南市 공산군 보급품집결지에 160톤의 폭탄 투하.

◇ 공산측 사령관, 클라크사령관에게 보낸 서한에서 휴전협정 조인 준비를 요구.

◇ 국회, 일본인의 獨島침범에 대해 일본 정부에 엄중 항의토록 정부에 건의.

◇ 로버트슨특사, 李대통령과 10차 회담.

◇ 徐民濠의원에 사형 구형.

◇ 전국 水害피해, 사상 46명, 실종 161명.

◇ 아이젠하워대통령, 李대통령의 포부를 이해하며 미국은 한국의 통일을 위해 노력할 것이라고 언명.

7월 9일(목) 흐림

◇ 동부전선 金日成고지에 대한 공산군 공격을 격퇴.

◇ 서부전선 포크찹 및 矢頭고지와 高浪浦 북쪽 伯林 및 東 伯林고지에서 격전.

◇ 쟈크메지니스 미 제34구축함대사령관, 城津항 공격에서 부상.

◇ 휴전회담-연락장교회의, 10일 본회의 재개 결정.

◇ 로버트슨특사·클라크사령관·브릭스대사·머피정치고문, 李대통령 방문·
요담.

7월 10일(금) 흐림·맑음

◇ B29 폭격기대, 淸川江橋 폭격.

◇ 휴전회담 본회의 20일만에 재개.

◇ 정부, 해군참모총장에 朴沃奎소장 임명.

◆ 워싱턴에서 미·영·프 3국 外相회의 개막.

7월 11일(토) 맑음·흐림

◇ 국군, 중동부전선에서 약 4천명의 중공군을 격퇴.

◇ 미 제7사단, 포크참고지에서 철수.

◇ UN군 세이버 제트기대, 적 MIG15기 2대 격추.

◇ 李대통령, 미 8군에 부대표창장 수여.

◇ 李대통령, 로버트슨특사와 14회에 걸친 회담을 종료.

◇ 李대통령, 한국의 통일 불성취시엔 계속 위험속에 남게 된다고 경고.

◇ 미 그랜서육군대장, NATO군 최고사령관에 취임.

7월 12일(일) 맑음·흐림

◇ 국군 제6사단, 金城 남동쪽 주요 진지에 침투한 중공군 약1천명 격퇴.

◇ UN 해군 및 공군, 종일 元山항 강타.

◇ UN군 세이버 제트기대, 적 MIG기 7대 격추·1대 격파.

◇ UN군 전폭기대, 淸川江지역에서 교량 7개소 폭파.

◇ 李대통령 및 로버트슨특사, 韓·美 양국은 상호방위조약 체결에 동의하고 한
국은 앞서 조인된 포로교환협정에 동의한다고 공동성명 발표.

◇ 피어슨 유엔총회의장, 한국 휴전성립직후 총회소집 시사.

◇ 리지웨이대장, 미 육군참모총장에 취임.

7월 13일(월) 흐림·맑음

◇ 공산군, 약 4만의 병력으로 중동부전선 金化와 北漢江사이의 18마일 전선에
걸쳐 일대 공격 감행.

◇ UN군 전폭기 및 경폭격기대, 일선 공산군진지 강타.

◇ 영국 黑時計부대 離韓.

◇ 공산측, UN 공군기가 북한 포로수용소를 폭격, 20명이 사상했다고 항의.

◇ 李대통령, 공보처를 통해 통일목표는 不變이라고 성명 발표.

◇ 워싱턴 3국 외상회의, 한국 휴전돼도 중공에 대한 戰略物資禁輸조치 완화하지
않기로 합의.

7월 14일(화) 흐림

◇ 국군 4개사단, 중동부전선에서 중공군 약 7만의 인해공격으로 격전.

◇ 국군 3개사단, 狙擊兵능선에서 金城川 남안으로 철수.

◇ UN 전폭기대, 중동부전선의 중공군 진지에 40만파운드 이상의 폭탄 투하.

◇ 휴전회담-본회의 계속.

◇ 民國黨 사무총장 趙炳玉씨 등 4명, 서울 地檢에 구속.

◆ 3국 외상회의, 한국 휴전협정의 조속한 체결을 촉진시키는 동시에 평화적인
통일을 위해 노력한다는 등의 성명 발표후 폐막.

7월 15일(수) 비

◇ 공산군 2개대대, 새벽에 文登里 서쪽 미군 진지 공격 점령.

◇ 중공군, 중동부전선에서 공격 계속.

◇ B29폭격기대, 폭우를 무릅쓰고 중동부전선에서 120톤의 고성능 폭탄 투하.

◇ 孫국방장관, 중부 및 중동부전선 시찰.

◇ 白총리, 타스카 미 특사는 이미 8억8천 3백만달러의 한국경제원조를 미 정부
에 권고했다고 발표.

7월 16일(목) 비·흐림

◇ 국군, 중동부 전선에서 맹반격 1마일 진출

◇ UN 공군기, 1천대 이상 출격. 100만파운드 이상의 폭탄 투하.

◇ 공산군, 중동부전선에서 UN군의 공격을 저지키 위해 소련제 T34형 전차16대 투입.

◇ UN 공군기대, 공산군 MIG기 3대 격추.

◇ 클라크사령관, 중동부전선 시찰.

◇ 클라크사령관, 李대통령과 요담.

◇ 李대통령, 중동부전선의 국군에 진지 고수를 격려.

7월 17일(금) 흐림

◇ 북한군, 약 3천의 병력으로 동부전선 錨形능선 공격.

◇ UN 공군기, 1,445회 출격.

◇ 국군 전차 및 보병부대, 중동부전선에서 UN군을 저지하고 있던 주요고지 탈환.

◇ 국군, 金化지구에서 적 17,000명의 공격 분쇄.

◇ 23대의 B29 폭격기대, 중동부전선의 공산군진지에 230톤의 고성능폭탄 투하.

◇ 李대통령, 白참모총장과 중부전선 시찰.

◇ 클라크사령관, 중부전선의 戰況은 안정되었다고 언명.

7월 18일(토) 흐림

◇ 국군, 중동부전선에서 반격 계속.

◇ 국군, 야간에 金城江 남쪽 주요고지 5개소 탈환.

◇ 중공군 약 3천명, 중동부전선의 UN군 진지에 공격 주요고지 탈환.

◇ UN군 전폭기대, 375회 출격코 지상군 엄호.

◇ B29 폭격기대, 레이더를 사용코 중동부전선을 폭격.

◇ 해군 獨島부근을 경계중이라고 발표.

◇ 서부전선의 중공군, 휴전협정이 19일에 조인된다고 英語로 선전.

7월 19일(일) 비·흐림

◇ 국군, 공군 엄호하에 동부전선 삼원고지 탈환.

◇ UN군 포병대, 야간을 이용해 金城江을 渡河하려는 중공군 1개대대 공격.

◇ UN 공군, 공산군 MIG기 10대 격추, 3대 파손.

◇ UN 공군, 1,013회 출격.

◇ 南日 공산측대표, 한국측이 휴전협정을 준수한다는 UN군측의 보증하에 휴전조인에 대해 토의할 용의가 있다고 언명.

◇ 소련 프라우다紙, 한국휴전성립의 지연은 李대통령의 행동을 묵인하는 미국측에 책임있다고 비난.

7월 20일(월) 비

◇ 중공군, 金城주변에서 아군 전초진지 11개소에 대해 대대병력으로 공격.

◇ 국군, 金城지구 삼 원고지에서 후퇴.

◇ 미 해병대, 중공군 3천명의 공격으로 서부전선 伯林 및 東伯林고지에서 철수.

◇ UN공군기 약 200대, 중동부전선 공산군을 새벽에 맹타.

◇ B29 폭격기대, 新義州비행장에 270톤의 고성능폭탄 투하.

◇ 휴전회담 飜譯官회의 개최.

◇ 공산군측, 휴전협정 調印식장 건축공사 재개.

◇ 北京방송, 중립국감시위 폴란드·체코슬로바키아대표의 北京 도착 보도.

7월 21일(화) 흐림·비

◇ 지상전, 비교적 평온.

◇ 국군, 중동부전선에서 5개 고지에 대한 중공군의 공격을 격퇴.

◇ UN 공군기, 新義州비행장 재차 폭격.

◇ B26 야간폭격기대, 黃州 적 조차장에 2만5천파운드의 고성능 폭탄 투하.

◇ 휴전회담-연락장교회의, 비밀회의 계속.

◇ 卞외무, 한국은 휴전협정 조인식에 대표 파견하지 않는다고 언명.

◇ 브릭스 대사, 白총리 및 卞외무장관과 회담.

◆　워싱턴 외교소식통, 아이젠하워대통령은 李대통령에게 서한을 전달, 휴전협정에 반대하지 않을 것을 요청.

7월 22일(수) 흐림·비

◇　중공군, 약 1천명의 병력으로 金城江 서쪽에서 국군 진지를 5차례 공격.

◇　UN 공군, 鴨綠江 상공에서 적 MIG기 3대 격추.

◇　李대통령, 외국신문기자에 대한 회답으로 UN군측이 90일간의 정치회담에서 중공군의 철수를 설득하는 동안 우리의 노력을 연기할 것이나, 불성립시엔 우리 행동은 자유라고 성명.

◇　葛공보처장, 한국은 휴전조인을 거부할 것이나 조인 후 최대한 6개월간은 그 실시를 방해하지 않을 것이라고 언명.

◇　덜레스국무 성명 발표, 李대통령은 휴전을 방해하지 않을 것이며, 정치회담을 위해 李대통령과 회담할 용의가 있다고 시사.

7월 23일(목) 맑음·흐림

◇　중동부전선 삼 원고지에서 국군, 포병대의 엄호하에 탈환했다가 다시 철수.

◇　휴전회담-양군 특별참모장교회의 개최.

◇　양군 고급연락장교회의.

◇　정부, 民兵隊令을 공포.

◇　平壤방송, 휴전협정조인 준비 완료된 것으로 보도.

7월 24일(금) 흐림·맑음

◇　金城지구에서 종일 일진일퇴의 격전.

◇　국군, 金化 북서쪽 UN군 주저항선에 대한 중공군 3개 중대의 반격 격퇴.

◇　중공군 약3천명, 白林고지 3개 UN군 진지를 야간에 공격.

◇　휴전회담-양군 특별참모장교 회의.

◇　공산군측, 板門店 휴전협정조인식장 건설작업 완료.

◇　民兵隊총사령관에 申泰英 예비역 중장 임명.

◆ 아이젠하워대통령, 클라크 유엔군사령관에게 휴전협정 조인의 최종적 권한 부여.

7월 25일(토) 흐림·맑음

◇ 金城지구에서 격전 계속.

◇ 미 제1해병사단, 伯林고지에 대한 중공군 공격을 격퇴.

◇ 휴전회담−양군 연락장교회의, 5차의 비밀회의.

◇ 브릭스대사, 白총리와 휴전 후의 韓·美 경제협력에 관해 협의.

◇ 卞외무, 李대통령에게 수교된 덜레스의 서한은 李대통령의 휴전반대 태도를 변경시키기에는 불충분하다고 언명.

7월 26일(일) 맑음

◇ 전 전선 소강상태.

◇ 미 8군사령부, 공격 작전의 완화를 명령.

◇ 휴전회담−양군 연락장교회의, 심야까지 계속.

◇ 클라크사령관, 양군 최고사령관은 쌍방의 수석대표에 대하여 27일 상오 10시 板門店에서 휴전협정에 조인할 권한을 부여할 것을 동의.

◇ 李대통령, 특별국무회의 소집.

◇ 테일러 8군사령관, 하오 3시36분 李대통령에게 휴전협정의 성립을 통고.

◇ 클라크 UN군사령관, 서울 도착. 한국의 휴전은 항구적 세계평화의 발단이 될 것이라고 성명.

◇ 클라크사령관, 포로교환은 공산측이 협력한다면 수일내에 개시될 것이라고 언명.

◇ 板門店의 휴전협정조인식에 출석할 UN 각국 대표, 東京 출발.

7월 27일(월) 맑음

◇ 전 전선, 하오 10시를 기해 전투 중지.

◇ 클라크사령관·브릭스대사·테일러 8군사령관, 상오 8시30분 李대통령 방문.

◇ 클라크사령관, 오후 1시 汶山의 UN군전진사령부에서 휴전협정에 서명.

◇ 테일러 8군사령관, 9개 국어 방송으로 하오 10시에 휴전명령 발포.

◇ 金日成, 오후 10시 平壤에서 휴전협정 全文에 정식 서명.

◇ 클라크사령관, 하오 2시에 전 UN군 장병에게 휴전조인은 적대행위 정지라고 휴전 메세지 발표.

◇ UN군 사령부, 군사경계선을 발표.

◇ 李대통령, 휴전조인에 성명 발표. 통일목표는 기어코 성취될 것이라고 강조.

◆ 아이젠하워대통령, 한국 휴전성립에 관해 한국휴전 결과는 오직 용기와 희생만이 자유를 수호할 수 있음을 입증한다고 전 국민에 방송.

◆ 아이젠하워대통령, 한국 구제기금 1회분으로 2억달러를 의회에 요청.

◆ 덜레스국무장관, 在韓 미 병력은 특별한 사정이 없는 한 더 이상 감소시키지 않겠다고 언명.

◆ 로이드 영 국무상, 한국휴전은 한국민의 안녕을 위해 절대 필요한 것이라고 하원에서 언명.

韓國戰爭小史

(발발 월별순)

[1월] · 1973年 1月28日 : 派越軍章 개선

　　　 1594年 1月27日 : 李适의 亂

　　　 1624年 1月24日 : 벽제관 전투

[2월] · 1019年 2月 6日 : 電住大捷. 凱旋

　　▲1904年 2月 8日 : 露·日戰爭

　　　 1593年 2月12日 : 幸州山城전투

　　　 1894年 2月15日 : 東學革命

　　▲1392年 2月15日 : 李太祖 國號를 朝鮮으로
　　　　　　　　　　　　　개칭

　　　 1876年 2月26日 : 丙子修好條約체결

　　　 1936年 2月26日 : 李舜臣將軍 체포되다

　　　 1108年 2月27日 : 尹瓘, 女眞을 大破

[3월] · 1919年 3月 1日 : 三.一萬歲(독립운동)

　　　 1887年 3月 1日 : 英軍艦 거문도에서 철퇴

　　　 1399年 3月 7日 : 定宗, 漢陽에서 開城으로
　　　　　　　　　　　　천도

　　　 1445年 3月 8日 : 沿海지방에 砲台설치

　　　 1365年 3月 9日 : 倭寇, 江華침입

　　　 1924年 3月10日 : 金佐鎭장군 滿洲서 獨立軍
　　　　　　　　　　　　규합

　　　 1592年 3月27日 : 李舜臣장군 거북선 進水

[4월] · 1592年 4月 1日 : 李舜臣장군 白衣종군

　　▲1919年 4月11日 : 上海임시정부 수립

1592年 4月14日 : 壬辰倭亂
1885年 4月15日 : 巨文島事件
△1895年 4月17日 : 下關條約
1885年 4月18日 : 天津조약체결
1903年 4月21日 : 龍岩浦事件발생
1871年 4月23日 : 辛未洋擾때 美軍 草芝鎭
령 점

金瑋準(동학지도자) 처형
1592年 4月27日 : 郭再祐장군 (의병)起兵
1545年 4月28日 : 李忠武功 탄신
1933年 4月29日 : ▲尹奉吉의사 上海義擧
1975年 4月30日 : △越南패망

5 월·1592年 5月 2日 : 壬辰倭亂때 日軍이 서울
을 점령
1949年 5月 4日 : ▲肉軍十勇士 장거
1949年 4月 4日 : 國軍, 姜, 表,少領월북
1592年 5月 7日 : 玉浦海戰(壬亂)
1592年 5月 8日 : 積津浦海戰(壬亂)
1198年 5月17日 : 萬積의 亂
1592年 5月18日 : 楊州戰鬪
1388年 5月20日 : 威化島回軍
1895年 5月21日 : 訓練隊설치
1894年 5月30日 : 東學軍 全州城점령

6 월·1270年 6月 1日 : 三別抄의 亂
1592年 6月 7日 : 票浦海戰
1920年 6月17日 : 鳳吾洞戰鬪(洪範圖장군)
1933年 6月 8日 : 李靑天장군 大 嶺 戰鬪
918年 6月15日 : 高麗建國

1232年　6月16日：江華遷都
　645年　6月20日：安市城의　血戰
1419年　6月20日：李從茂　對馬島　征伐
1646年　6月20日：林慶業　將軍　서거
1921年　6月22日：소·韓國獨立軍　무장해제
1950年　6月25日：韓國戰爭발발
1921年　6月28日：黑河事變(李青天수난)
1593年　6月29日：金千溢의　晉州城싸움

7월 · 1948年　7月　1日：國號를　大韓民國으로　決定
　　　　　　　　　　　▲日本　自衛隊　발족
1894年　7月　3日：甲午更張
1972年　7月　4日：△7.4南北共同聲明발표
1592年　7月　8日：閑山島　大海戰(壬亂)
1599年　7月　8日：權慄장군　서거
　660年　7月　9日：황산벌　大激戰
1948年　7月12日：△大韓民國憲法제정
1945年　7月16日：▲美첫원자폭탄실험
　660年　7月18日：百濟滅亡
1882年　7月23日：壬午軍亂
1886年　7月24日：셔어먼號事件
1950年　7月27日：6.25韓國戰爭　휴전협정
　　　　　　　　　　조인
▲1914年　7月28日：제1차　세계대전　발발

8월 · 1894年　8月1日：清·日戰爭
1907年　8月　1日：구, 한국군대　해산(日帝)
1945年　8月　6日：히로시마에　원폭투하(美)
1945年　8月　9日：소軍, 北韓에　진공
1945年　8月11日：38선　설정.(美·蘇)

1945年 8月15日 : 光復節
1948年 8月15日 : 大韓民國정부수립
1592年 8月18日 : 7百義士의 玉碎
1875年 8月21日 : 雲搖號 事件 발생
1910年 8月29日 : 韓日合邦
1170年 8月30日 : 鄭仲夫의 亂

9월 · 1939年 9月 1日 : 제 2 차 세계대전 발발
       1919年 9月 2日 : 姜宇奎의사 日총독저격
       1945年 9月 2日 : 日皇 항복문서에 조인
       1909年 9月 4日 : 間島協約체결
       1948年 9月 5日 : 국방경비대 육군으로 개칭
       1597年 9月16日 : 鳴梁大捷
       1931年 9月18日 : 滿洲事變발발
       1932年 9月19日 : 雙城堡 戰鬪大勝
        668年 9月21日 : 高句麗 멸망

10월 · 1942年10月 1日 : 中共政府탄생
       AC 2333年10月 3日 : 開天節
       1274年10月 3日 : 高麗 1차 日本원정
       1920年10月 5日 : 琿春事件발생
        671年10月 6日 : 新羅와 唐나라 간의 충돌
       1895年10月 8日 : 乙未事變
       1592年10月11日 : 金時敏의 晋州性大捷
       1886年10月14日 : 丙寅洋擾
       1920年10月20日 : 靑山里大捷
       1950年10月25日 : 中共軍 한국전에 개입

11월 · 1107年11月 6日 : 尹瓘의 女眞征伐

556

1932年11月 7日 : 弟2次 雙城堡전투
1969年11月11日 : 白馬部隊 베트남에서
　　　　　　　　大戰果
1974年11月 5日 : 南侵땅굴 발견
1010年11月16日 : 遼나라 2차 侵攻
1905年11月17日 : 乙巳保護 條約체결
1598年11月18日 : 李舜臣장군 戰死
1884年11月24日 : 漢城條約체결
1940年11月29日 : 光復軍 西安으로 이동

12월 · 1884年12月 4日 : 甲申政變
1941年12月 8日 : 太平洋 戰爭발발
1636年12月 9日 : 丙子胡亂
1811年12月18日 : 洪景來의 亂
1948年12月26日 : 소軍 北韓 철수

<古代에서 6.25까지>

古代韓國戰爭年表

◇ 麗·隋 戰爭

年	月	主 要 事 項
589.	1.	• 隋, 陳을 토멸하여 中原을 통일함.
	2.	• 高句麗, 隋의 遼西를 공격.
	9.	• 隋 文帝, 고구려 침입 실패.
611.	2.	• 隋, 煬帝, 高句麗 討代詔書를 내림.
612.	2.	• 隋軍, 고구려에 침입, 遼東域을 포위함.
	7.	• 乙支文德, 薩水에서 隋軍을 섬멸함.
	9.	• 隋軍 총 퇴각(遼帝의 제1차 침입 실패)
613.	1.	• 遼帝, 고구려 再征의 동원령을 반포함.
	4.	• 隋軍, 遼東域을 포위함.
	6.	• 隋軍, 楊玄感의 반란을 계기로 총 퇴각함(%帝의 제2차 침입 실패)
614.	2.	• 煬帝, 또다시 고구려 침공을 위해 동원령 반포.
	7.	• 煬帝, 懷遠鎭에 도착하여 督戰함.
	8.	• 고구려, 斛斯政을 송환함. 隋軍, 이를 명분으로 총 퇴각함 (煬帝의 제3차침입 실패)
618.	3.	• 煬帝, 피살되고, 隋 멸망.
	5.	• 李淵이 唐을 건국함.

◇ 麗唐· 戰爭

年	月	主 要 事 項
642.	10.	• 고구려, 淵蓋蘇文의 정변 일어남, 이후 麗·濟의 新羅 공략 격화됨.
		• 고구려, 신라 金春秋의 구원요청을 거부함. 이후 신라 는 唐에 접근함.

645.	3.	• 唐 李世勣軍, %河를 도하하여 고구려에 침입 개시.
	5.	• 唐軍, 遼東域 점령.
	9.	• 唐軍, 安市城공격에 실패하여 총 퇴각(唐, 高宗의 제 1차 침입 실패
647.	3.	• 唐將 李世勣·牛進達 등 고구려에 대한 요란공격을 반복함.
649.	5.	• 唐 太宗 죽고, 高宗 즉위함(太宗의 제2차침입 실패)
654.	3.	• 金春秋(武烈王)의 즉위로 羅·唐의 결속 강화됨.
658.	6.	• 唐將 程名振·薛仁貴 등, 遼東에 반복 침입했으나 격퇴당함.
660.	7.	• 羅·唐연합군, 百濟를 공멸함.
661.	7.	• 唐將 蘇定方, 平壤城을 포위하였으나 苦戰에 빠짐.
662.	2.	• 平壤城의 唐軍, 신라의 군량지원을 받고 포위를 풀고 철수함.
666.	?.	• 淵蓋蘇文 죽고, 그의 長子 男生 莫難支가 됨.
	8.	• 男建, 兄을 몰아내고 莫難支가 됨. 男生, 唐에 투항함.
		• 이 해에 연개소문의 동생 淵淨土가 신라에 항복함.
667.	9.	• 羅·唐연합군, 고구려 토멸에 나섬.
	10.	• 唐軍, 平壤城 북방 200里까지 진출했다가 철수함.
668.	2.	• 唐軍, 扶餘城방면을 공략함.
	9.	• 羅·唐연합군, 平壤城을 점령함. 高句麗 멸망함.

◇ **契丹의 侵入**

年	月	主要事項
907.	4.	• 唐 멸망함.

916.	.	• 이해에 契丹 耶律阿保機, 稱帝建元함.
918.	6.	• 王建, 高麗를 建國함.
919.	1.	• 高麗, 松岳으로 移都함.

992.	2.	• 契丹, 高麗에 遣使함.
926.	2.	• 契丹의 침입으로 渤海 멸망함. • 이해에 契丹, 渤海故土에 東丹國을 세움.
928.		• 이해에 契丹, 東丹國을 遼陽으로 옮김.
936.		• 王建, 後百濟를 토멸, 後三國 통일을 완성함.
942.	10.	• 契丹, 사신과 낙차 50필을 보내옴. • 太祖, 契丹사신을 海島에 유배하고 낙타를 굶겨 죽임.
946.	12.	• 契丹, 國號를 大遼라 고침.
947.		• 光軍司를 설치, 光軍 30만을 %軍하여 契丹의 침입 에 대비함.
983.	10.	• 契丹, 鴨線女眞 정벌(익년 4월까지 계속)
985.	5.	• 宋, 契丹을 치고자 高麗에 援兵을 청함.
986.	1.	• 契丹, 定安國을 복속시킴. • 契丹, 厥烈을 高麗에 보내어 講和함.
993.	閏10.	• 契丹將 蕭遜寧, 來侵하여 徐熙와 和約함. (契丹의 第1次侵入)
994.		• 이해부터 江東六州 축성에 나섬.
1010.	10. 11. 12.	• 康兆를 行營%統使에 임명, 都州에서 契丹에 대비케 함. • 契丹, 재차 來侵해 옴(第2次 侵入) • 顯宗 南行함.
1011.	1.	• 契丹軍, 開京에 침입함.

		• 契丹軍 퇴각함.
1018.	12.	• 契丹將 蕭挑押, 10만의 병력으로 내침함(제3차 침입) • 姜邯瓚, 興化鎭에서 契丹軍을 대파함.
1019.	1.	• 契丹軍, 開京에 육박함. • 蕭挑押, 新恩縣에서 회군함. • 姜邯瓚, 龜州에서 契丹兵을 大破함.
1020.	5.	• 契丹과 講和함.

◇ 蒙古의 侵入

年	月	主 要 事 項
1196.	4.	• 崔忠獻, 崔氏武人政權의 기반을 닦기 시작함.
1206.	1.	• 이해 蒙古의 鐵木眞, 즉위하여 成吉思汗이라 칭함.
1216.	8.	• 契丹遺種, 蒙古에 쫓기어 鴨綠江을 건너 西北界에 침입함. • 이해 蒲鮮萬奴, 東眞國을 세움.
1218.	9.	• 契丹遺種, 江東城에 入據함. • 蒙將 哈眞, 東眞兵과 함께 契丹遺種토벌에 무단 개입, 고려에 군량을 요구함.
1219.	1.	• 趙沖・金就礪, 蒙古 및 東%兵과 합력하며 江東城을 탈환함. • 蒙將 哈眞등, 沖趙등과 盟約結好함. • 哈眞등, 義州에서 철수함. • 崔忠獻 죽고 瑀가 집권함.
1221.		• 蒙古使 연이어 와서 物品을 徵求함.
1225.	1.	• 蒙古使 著古與, 귀국중 鴨綠江 밖에서 피살됨.
1227.	10.	• 成吉思汗 죽음.
1229.		• 蒙古 太宗 즉위함.

1231.	8.	• 蒙將 撒禮塔 내침함(제1차 침입).
	9.	• 蒙古軍, 龜州城을 포위함.
	11.	• 蒙古軍, 開京 宣義門 밖에 진출함.

1232.	1.	• 撒禮塔, 철수하고 達魯花赤을 둠.
		• 龜州城을 諭降시킴.
	6.	• 江華로 遷都함.
	12.	• 撒禮塔, 再侵해 옴(제2차 침입). 處仁城에서 金允候에게 射殺됨.

| 1233. | 9. | • 蒙古, 東眞을 토멸함. |

1235.	閏 7.	• 蒙將 唐古의 선봉, 安邊까지 남진함.
	8.	• 蒙古兵, 龍岡·咸從·三登 등을 攻陷함.
	9.	• 蒙古兵, 東眞兵과 함께 龍津鎭 등을 攻陷함.
	10.	• 蒙古兵, 洞州城을 攻陷함.

1236.	6.	• 蒙古兵, 鴨綠江을 건너 西北界 諸城에 分屯함 (제3차 침입).
		• 蒙古兵, 安州까지 남진함.
	8.	• 蒙古兵, 남하하여 서울·平澤·牙山 등지를 침공함.

| 1237. | 8. | • 江華에 外城을 축조함. |

| 1238. | 閏 4. | • 蒙古兵, 慶州까지 침입하여 皇龍寺 塔을 불태움. |

| 1239. | 4. | • 蒙古軍, 철수함. |

| 1241. | 11. | • 蒙古 太宗 죽음. |

| 1246. | 7. | • 蒙古 定宗 즉위함. |

| 1247. | 7. | • 蒙將 阿母侃, 來侵함(제4차 침입). |

| 1249. | 11. | • 崔怡 죽고, 崔沆이 승계함. |

| 1250. | 6. | • 蒙古使 와서 出陸의 상황을 살핌. |
| | 8. | • 江都에 中城을 축조함. |

| 1251. | 6. | • 蒙古 憲宗 즉위함. |
| | | • 大藏經 彫板 끝남. |

| 1252. | 5. | • 昇天府의 성곽을 축조함. |
| | 8. | • 充實都監을 설치함. |

1253.	7.	• 蒙將 也吉 내침함(제5차 침입).
	8.	• 蒙古軍, 椋山城·東州山城을 공함하고 全州까지 침입함.
	9.	• 蒙古軍, 春州城을 공함함.
	10.	• 也吉등, 忠州를 攻圍함.

1254.	1.	• 蒙將 阿母侃 철수함.
	7.	• 蒙將 車羅大, 來侵함(제6차 침입).
	9.	• 이해 20여만명의 남녀가 蒙古軍에 납치됨.

1255.	3.	• 山城·海島의 入保者들을 出陸시킴.
	4.	• 車羅大, 다시 내침함.
	10.	• 忠州에서 蒙古兵을 격파함.

1256.	1.	• 水軍을 남하시켜 蒙古軍을 방어함.
	8.	• 車羅大, 湖南에서 북상함.
	9.	• 車羅大, 북방으로 철수함.

1257.	閏 4.	• 崔沆 죽고, 崔竩 승계함.
	6.	• 車羅大, 세번째로 침입하여 서울·稷山등지까지 침입함.
	8.	• 高麗, 太子의 親朝를 약속함.

1258.	2.	• 蒙古軍, 義州에 築城함.
	3.	• 崔※ 피살되어 崔氏武人政權 붕괴됨.
		• 車羅大, 네번째로 침입해 옴.
	5.	• 高宗 昇天府에서 車羅大의 使蚕를 引見함.
	8.	• 車羅大, 開京으로 남진함.
		• 고려 高宗 昇%, 太孫이 監國함.
	7.	• 蒙古 憲宗 죽음.

| 1260. | 3. | • 蒙古 忽必烈(世祖) 즉위함. |
| | | • 太子 倎(元宗) 즉위함. |

1261.	4.	• 太子 諶을 蒙古에 보냄.
1264.	5.	• 蒙古使 와서 王의 親朝를 再論함.
	8.	• 元宗 向蒙함.
1269.	4.	• 林衍, 元宗을 폐하고 安慶公 淐을 세움.
	10.	• 崔坦등, 西京에서 반란함.
1270.	6.	• 將軍 裵仲孫등, 三別抄를 거느리고 봉기함.
	8.	• 三別抄, 珍島에 入據함.
1271.	5.	• 三別抄, 珍島를 상실하고 제주도에 入據함.
	11.	• 蒙古, 國號를 元이라 고침.
1273.	4.	• 제주도 실함으로 三別抄의 항쟁 끝남.

◇ 壬辰倭亂

年	月	主　要　事　項
1588.	12.	• 日本國王使 玄蘇·宗義智등이 와서 通信使 派日을 간청함.
1589.	8.	• 玄蘇등 재차 옴.
1590.	3.	• 通信使일행 일본으로 떠남.
1591.	1.	• 通信使일행 일본에서 釜山으로 돌아옴.
1592.	4.	• 倭軍, 釜山에 상륙함.
		• 申砬,彈琴臺에서 패하고, 國王 西幸함.
	5.	• 서울 함락됨.
		• 李舜臣, 玉浦海戰에서 승리함.
	6.	• 平壤 함락됨.
		• 加藤淸正, 安邊에 침입함.
	7.	• 閑山島大捷.
		• 明將 祖承訓, 平壤을 공격하다가 패함.
		• 王子 臨海君·順和君, 會寧에서 피납됨.
	8.	• 都元帥 金命元, 平壤을 공격했으나 실패함.

		• 各道 義兵의 활동이 활발해짐.
9.		• 李廷馣 延安城을 固守하고, 鄭文浮 鏡城을 收復함.
10.		• 金時敏 晉州城을 固守함.
12.		• 明, 조선에 派兵함.

1593.	1.	• 平壤을 탈환함.
		• 李如松, 碧蹄館에서 패함.
	2.	• 權慄, 幸州山城에서 대승함.
		• 平壤·咸鏡道방면의 倭軍, 서울로 철수함.
	4.	• 서울의 倭軍, 남으로 철수함.
	5.	• 倭軍, 嶺南沿岸에 장기주둔태세를 갖춤.
	6.	• 晉州城 함락됨.
	7.	• 倭軍, 二王子를 송환함.
		• 訓練都監 설치를 議處함.
	8.	• 李舜臣 三道水軍統制使가 됨.
	9.	• 李如松, 본국으로 철수함.
	10.	• 宣祖, 서울에 환도함.
	12.	• 武科에 鳥銃으로 試取함.

1594~1596		• 明·日軍의 무기 제조기술 도입과 군사훈련에 주력하고, 방어태세를 강화해 나감.

1597.	1.	• 李舜臣 파직되고, 元均이 統制使가 됨.
	2.	• 豊臣秀吉, 재침을 위해 침공군 부서를 정함.
	7.	• 倭軍, 대거 渡海 상륙함.
		• 元均, 漆川梁에서 패사하고, 李舜臣 복직됨.
	8.	• 倭軍, 左·右 양로로 西進함.
		• 南原, 全州城 함락됨.
	9.	• 倭軍, 稷山에서 패하여 남으로 퇴각함.
		• 李舜臣, 鳴梁에서 대승함.
	12.	• 朝·明연합군 남하함.

1598.	1.	• 明軍, 蔚山 島山城 공격에 실패함.
	6.	• 陳璘의 明 水軍, 전라도로 남하함.

7.	•	明水軍 古今島에 도착함.
8.	•	豊臣秀吉 죽음.
9.	•	倭의 四大老, 明軍과 강화하고 철수할 것을 결정함.
10.	•	明軍, 泗川·順天·蔚山城공격에 실패함.
11.	•	李舜臣, 露梁海戰에서 전사함.
	•	倭軍, 본국으로 철수함.

◇ 丁卯·丙子胡亂

年	月	主 要 事 項
1616.	1.	• 努兒哈赤, 後金(淸)을 건국함.
1619.	3.	• 明軍, 薩爾滸에서 後金軍에게 패함. • 姜弘立, 後金에 투항함.
1621.	7.	• 明將 毛文龍, 椵島에 入屯함.
1623.	3.	• 仁祖反正 일어남.
1624.	1.	• 李适의 亂 일어남.
1626.	9.	• 後金 누루하치 죽고 太宗 즉위함.
1627.	1.	• 後金軍 침입개시(丁卯胡亂). • 都體察使 張晚, 전선으로 출동함. • 後金軍 선봉 蒜山까지 남하함. • 仁祖, 江華로 入據함.
	2.	• 後金, 兄弟之盟을 요구함.
	3.	• 後金과 和約함.
	6.	• 龍骨山城의 鄭鳳壽, 大鷄島로 이동함.
1629.	6.	• 明 經略 袁崇煥, 毛文龍을 죽임.
1636.	2.	• 後金사신 龍骨大등이 와서 君臣之盟을 강요함.
	4.	• 後金, 國號를 淸이라 고침.
	12.	• 淸軍 대거침입하여 開城을 지나 남진함(丙子胡亂)

- 嬪宮, 江華로 가고 仁祖 南漢山城으로 들어감.
- 淸軍 선봉, 南漢山城을 포위함.
- 元斗杓, 처음으로 출격하는 등 피아간에 공방전 계속됨.
- 江原道營將 權井吉, 劍丹山에서 패퇴함.
- 忠淸道觀察使 鄭世規 險川에서 淸軍에게 패몰함.

1637.	1.	

- 淸太宗, 炭川에 布陣함.
- 留都大將 沈器%, 光陵으로 후퇴함.
- 淸軍, 城內에 포격하면서 出城降伏을 강요함.
- 江都 실함됨.
- 仁祖, 江都의 敗報이르자 出城을 결정함.
- 斥和臣 尹集·吳遠濟를 淸軍에 보냄.
- 仁祖 出城하여 三田渡에서 淸太宗에게 항복함.

◇ 丙寅·辛未·洋擾

年	月	主　要　事　項
1866.	1.	• 天主敎를 박해, 프랑스신부 9명을 처형함.
	7.	• 리델신부 등, 중국으로 탈출하여 로즈提督에게 신부 학살을 알림.
	9.	• 프랑스함대, 楊花津부근까지 침입했다가 철수함.
		• 美國船 제너럴 셔먼號, 平壤 軍民에게 소각당함.
	10.	• 프랑스함대, 재침하여 江華府를 점령하고 通津府에 침입함(丙寅洋擾).
	11.	• 梁憲洙, 鼎足山城에서 프랑스군을 격퇴함.
		• 프랑스함대 철수함.
1871.	6.	• 廣城鎭, 鹽河에 불법침입한 미함을 표격함(辛未洋擾).
		• 미군, 草芝鎭에 상륙함.
		• 미군, 廣城鎭을 점령, 魚在淵 등 전사함.
		• 미함대 철수함.

韓國戰爭日誌

附錄

附 錄 ①

韓國戰爭狀況圖

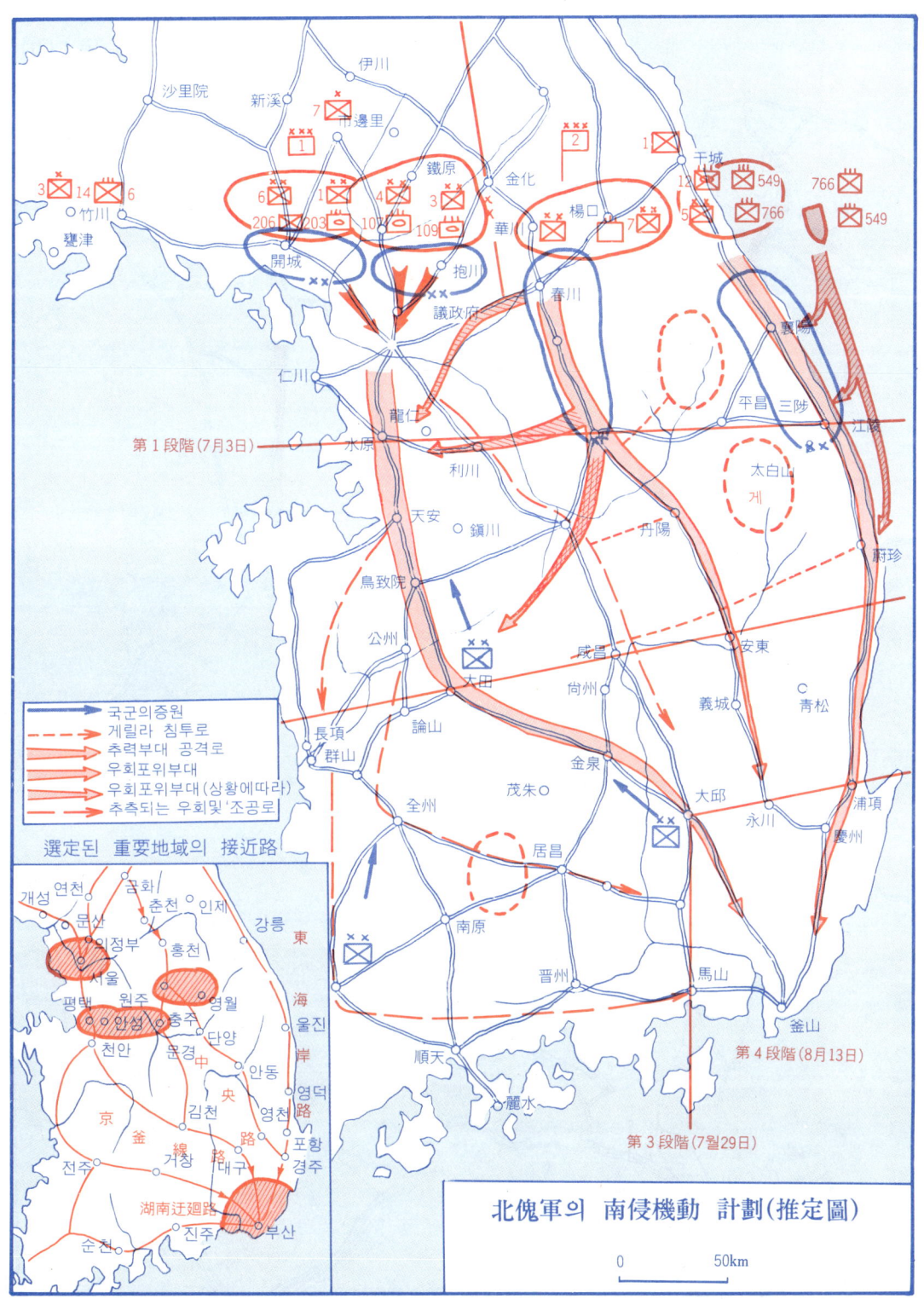

北傀軍의 南侵機動 計劃(推定圖)

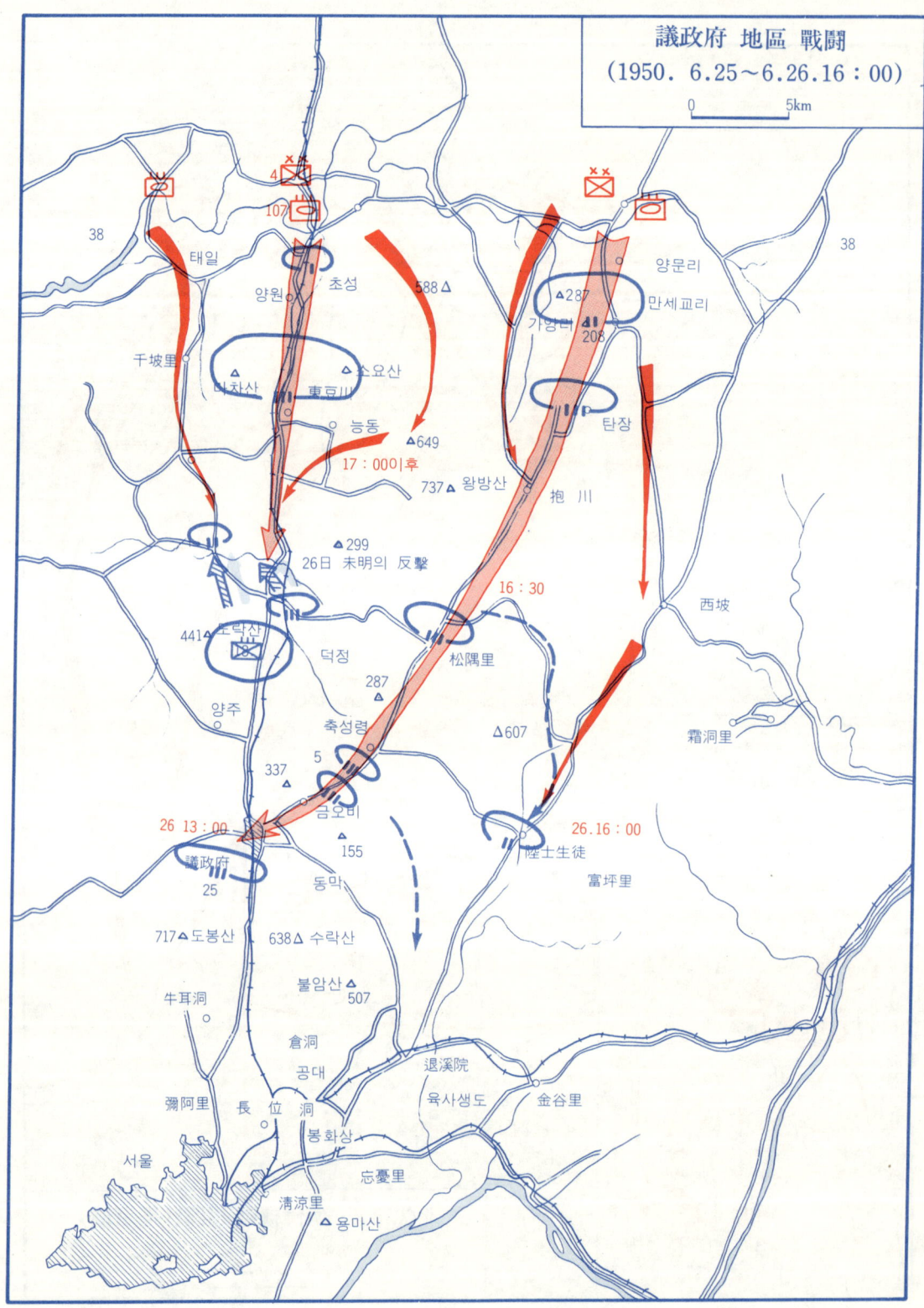

議政府 地區 戰鬪
(1950. 6.25～6.26.16：00)

0   5km

38

태일

양원 초성   588△

양문리
△287   만세교리
가영리
206

千坡里

소요산
다차산   東豆川   탄장

능동
△649

17：00이후   737△왕방산   抱川

西坡

△299
26日 未明의 反擊   16：30

松隅里   霜洞里

441△도락산   덕정

양주   287   △607

축성령   5

337   26.16：00

금오비   陸士生徒
26 13：00
議政府   155   富坪里
25   동막

717△도봉산   638△ 수락산

牛耳洞   불암산△
507

倉洞
공대   退溪院

彌阿里   長 位 洞   육사생도   金谷里

서울   봉화상

忘憂里
清涼里
△용마산

572

全般經過圖
(6.25~8.1)

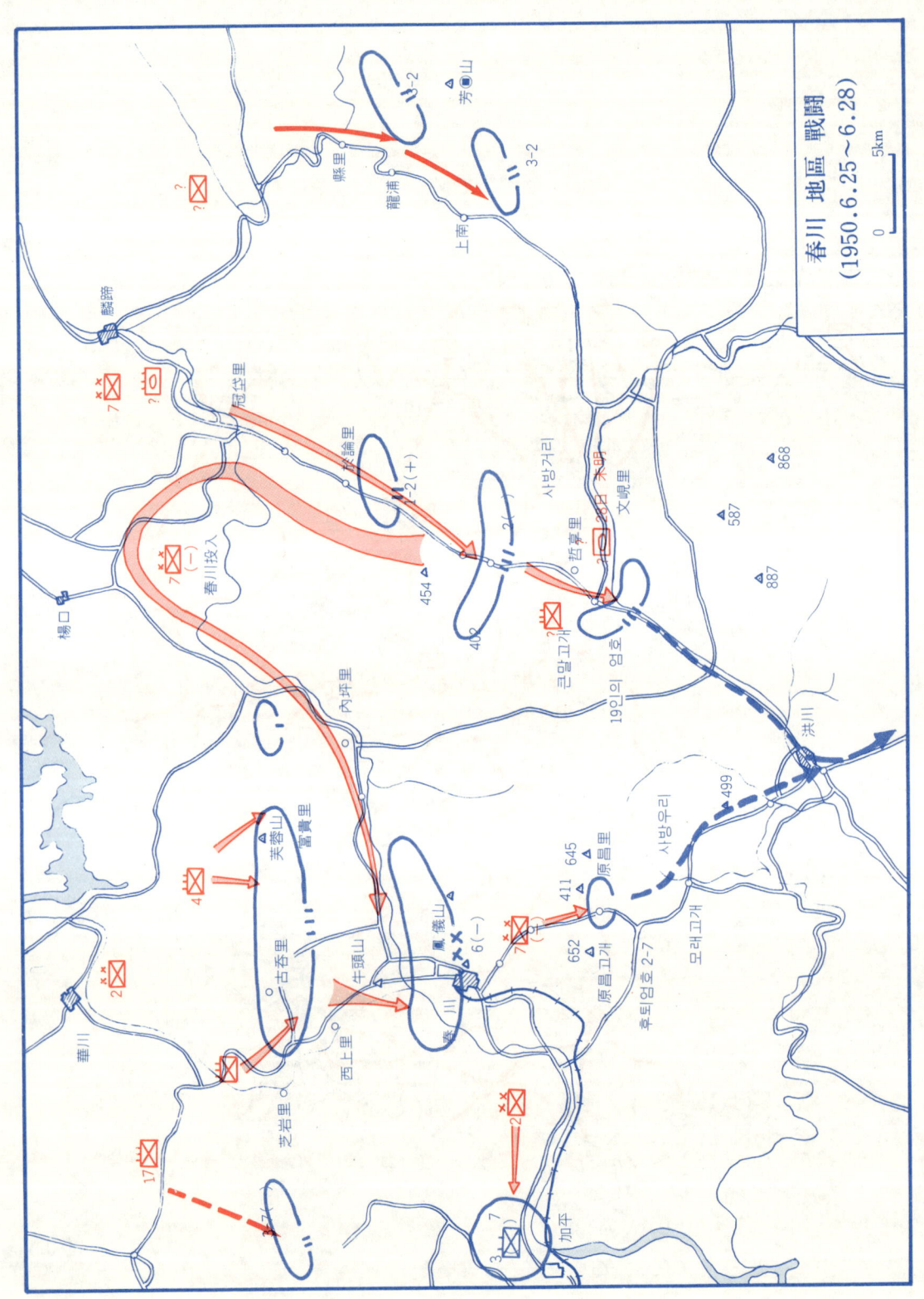

春川 地區 戰鬪
(1950.6.25~6.28)

0   5km

縣里
龍浦
上南
芳山

3-2
3-2

麒麟

冠垈里
洑論里
사방거리
2(+)
2
哲亭里
文峴里
587
868
887

?

7
?@

7投入
春川投入
春川投入(一)

454
402

큰말고개
19인의 염호
洪川
499

楊口

內坪里

4

芙蓉山
富貴里

411 645
原昌里
사방우리

652
原昌고개

2

西上里
古呑里

牛頭山
鳳儀山
春川
6(一)
7(一)

모래고개

華川

2

芝岩里

후토엄호 2-7

17

3 7

2

3 7
加平

574

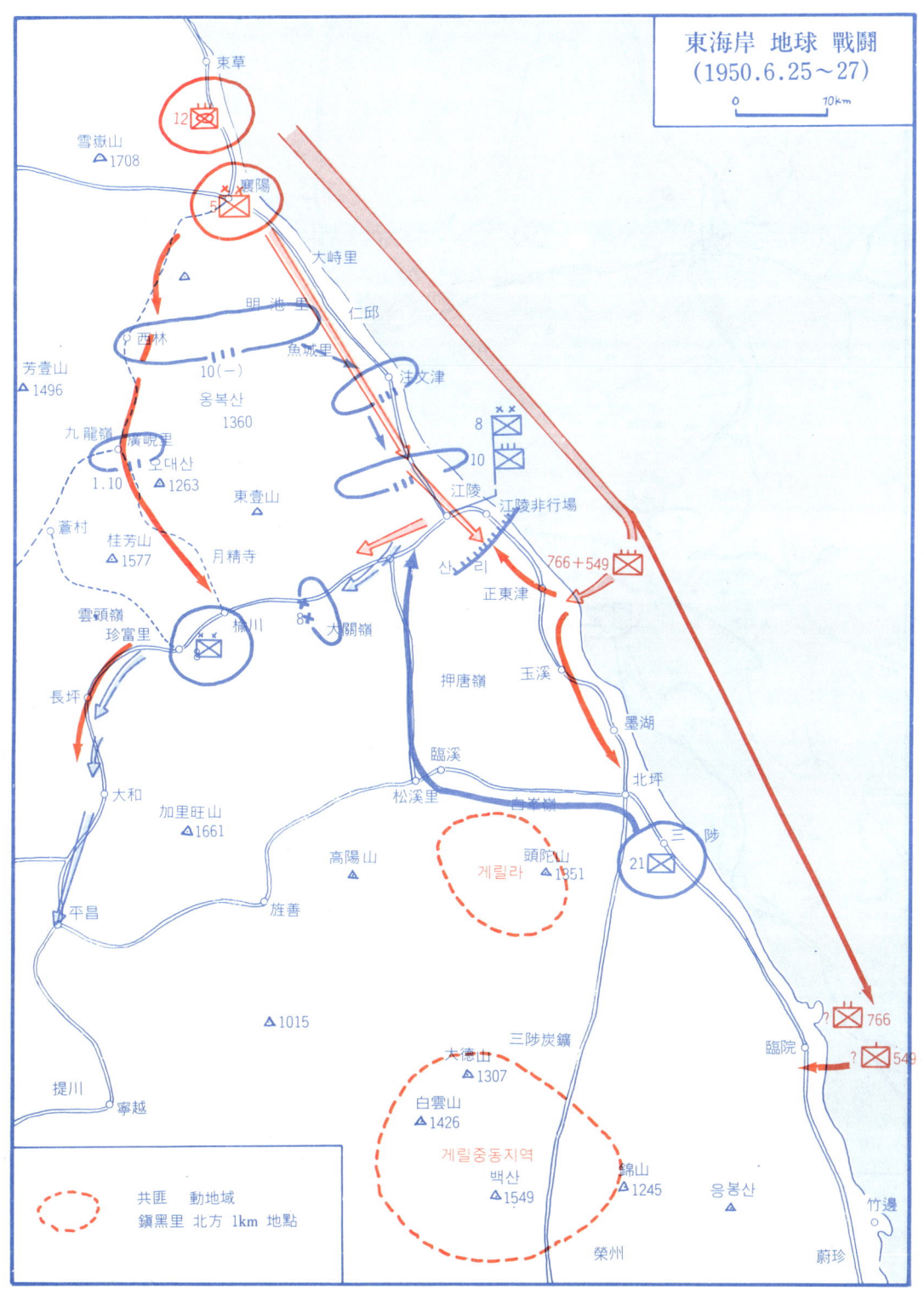

東海岸 地球 戰鬪
(1950.6.25~27)

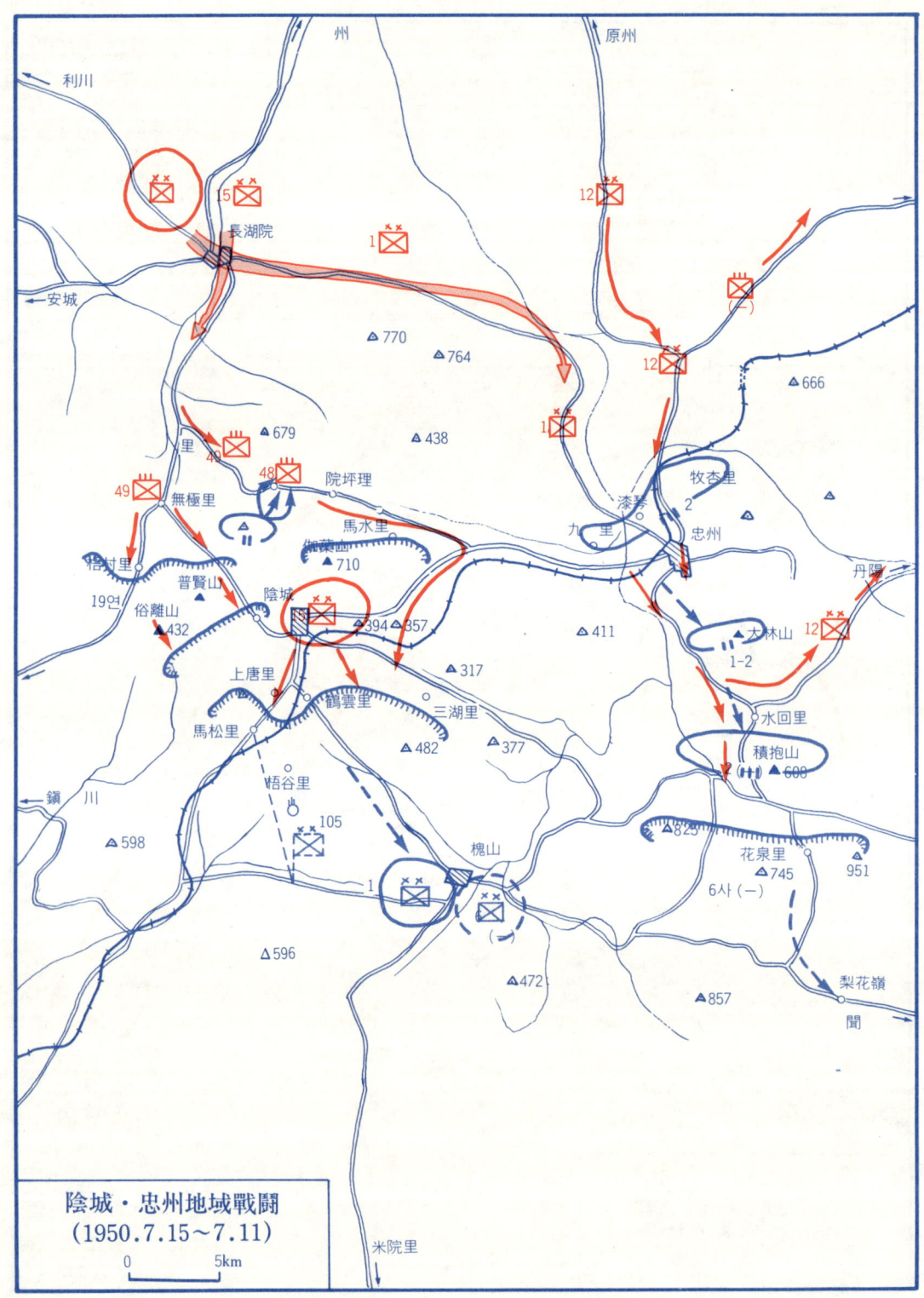

陰城・忠州地域戰鬪
（1950.7.15〜7.11）

0　　　　5km

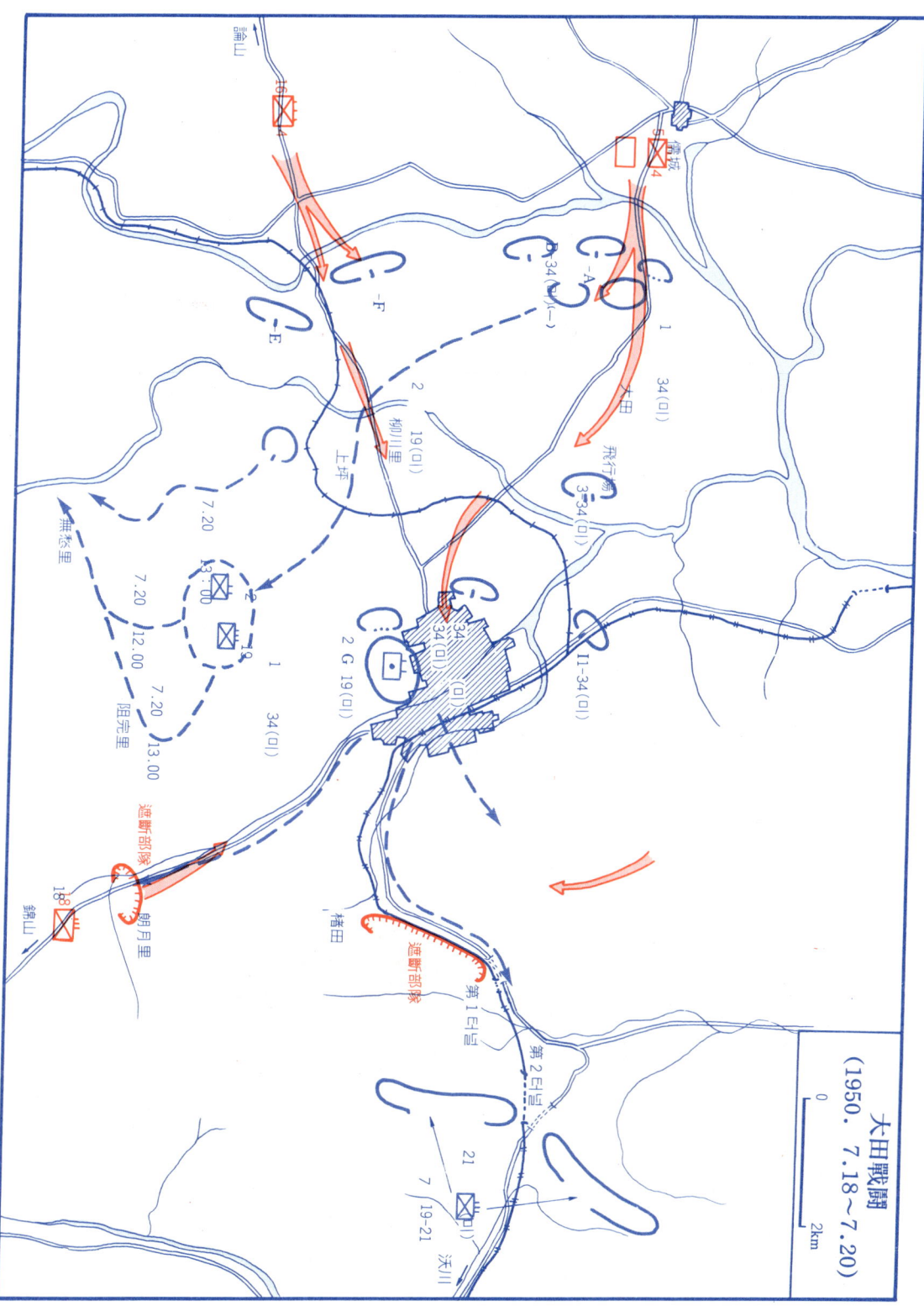

大田戰鬪
(1950. 7.18〜7.20)

0 ── 2km

577

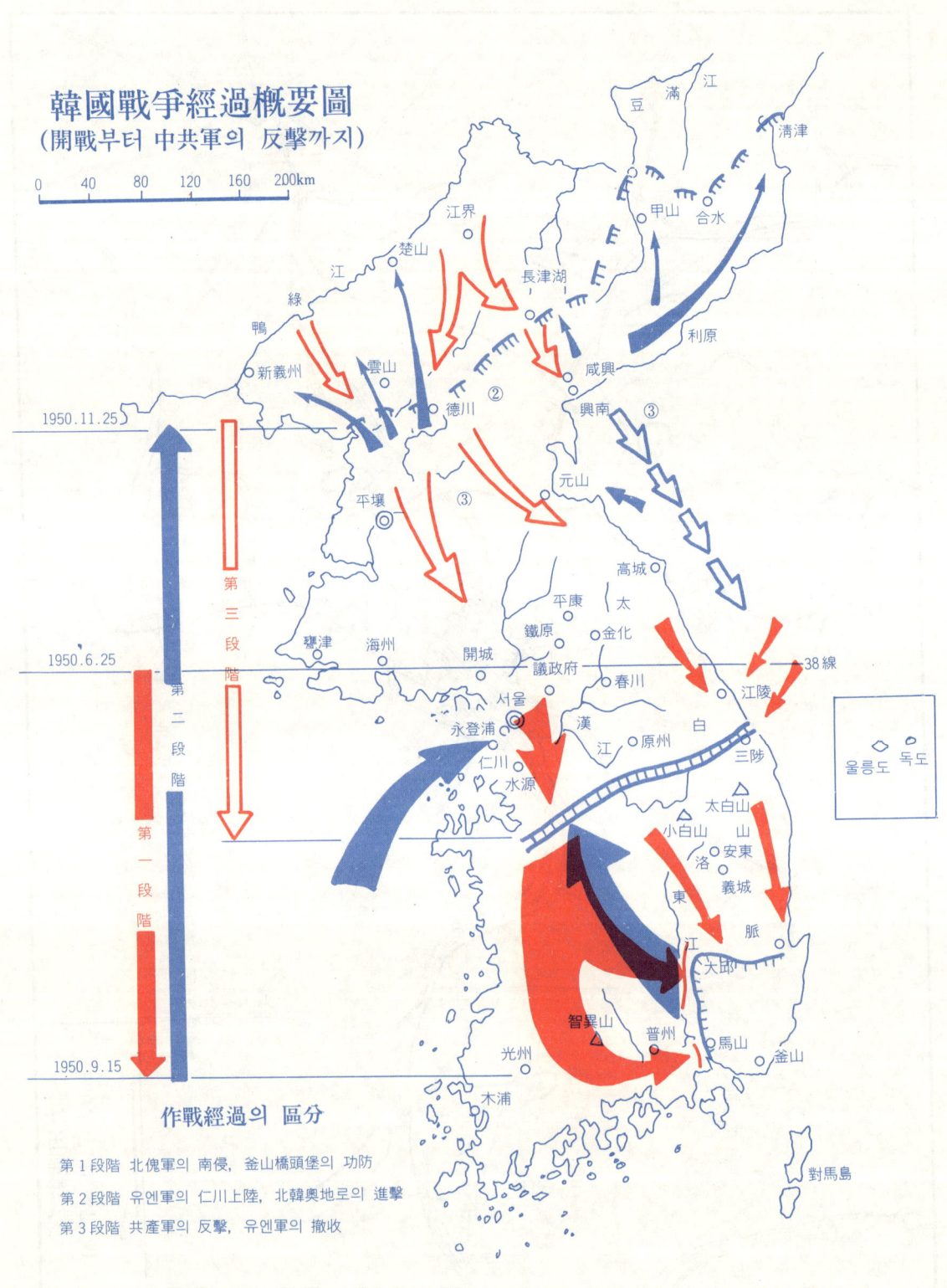

韓國戰爭經過槪要圖
(開戰부터 中共軍의 反擊까지)

0　40　80　120　160　200km

滿江
豆　江
清津
甲山　合水
江界
楚山
長津湖
利原
江
綠
鴨
新義州
雲山
②
咸興
德川
興南　③
1950.11.25
平壤
③
元山
高城
太
平康
甕津　海州
鐵原　金化
開城
議政府　春川
38線
1950.6.25
白
江陵
서울
永登浦
漢
울릉도　독도
仁川　水源
原州
江
三陟
太白山　山
小白山　安東
洛
義城
東
脈
智異山　江
大邱
普州　馬山
釜山
光州
木浦
對馬島

第三段階
第二段階
第一段階

1950.9.15

作戰經過의 區分

第1段階　北傀軍의 南侵, 釜山橋頭堡의 功防
第2段階　유엔軍의 仁川上陸, 北韓奧地로의 進擊
第3段階　共產軍의 反擊, 유엔軍의 撤收

578

7月27日～31日의 狀況要図

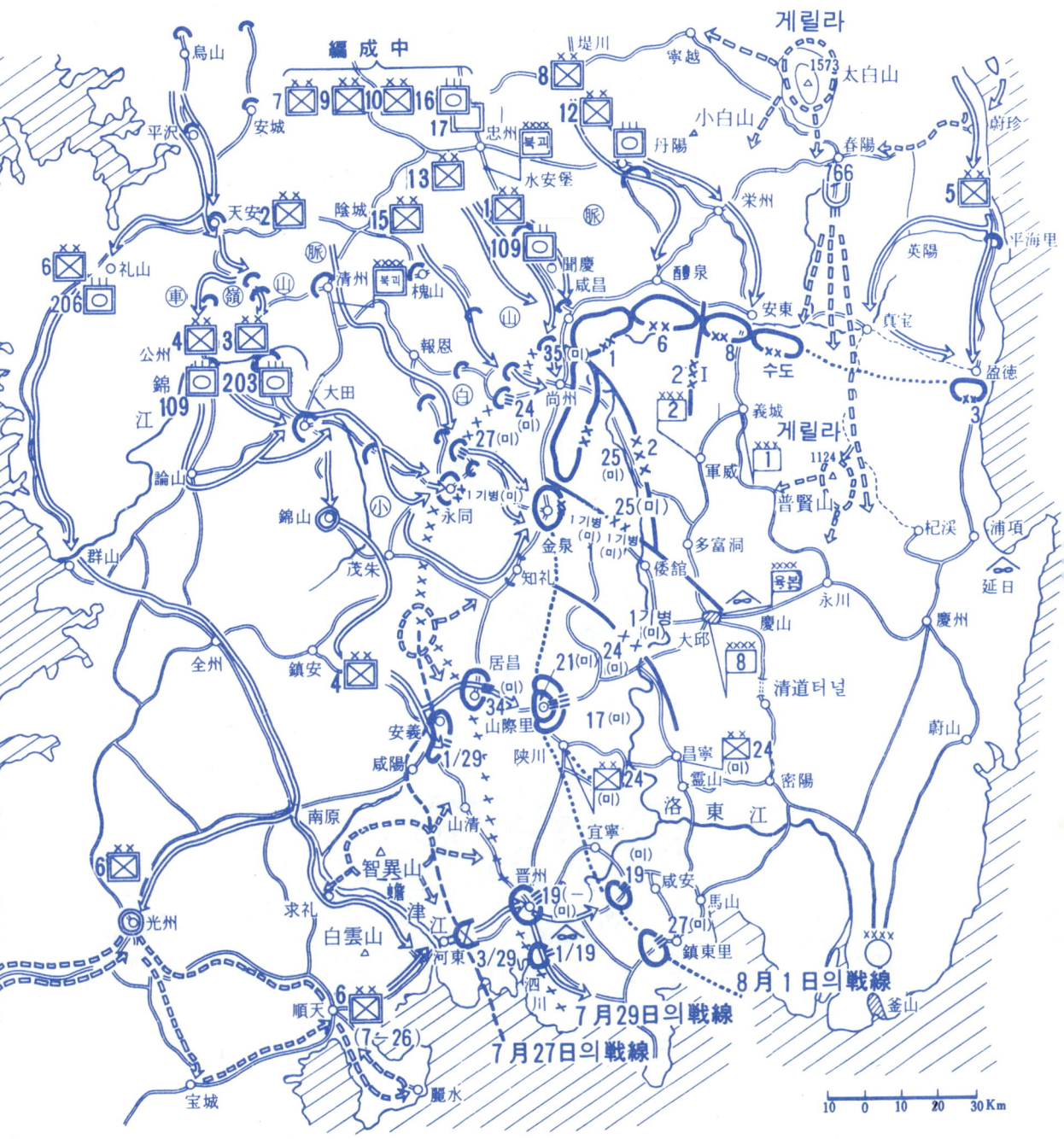

釜山全面防禦図 (8月1日〜8月4日)

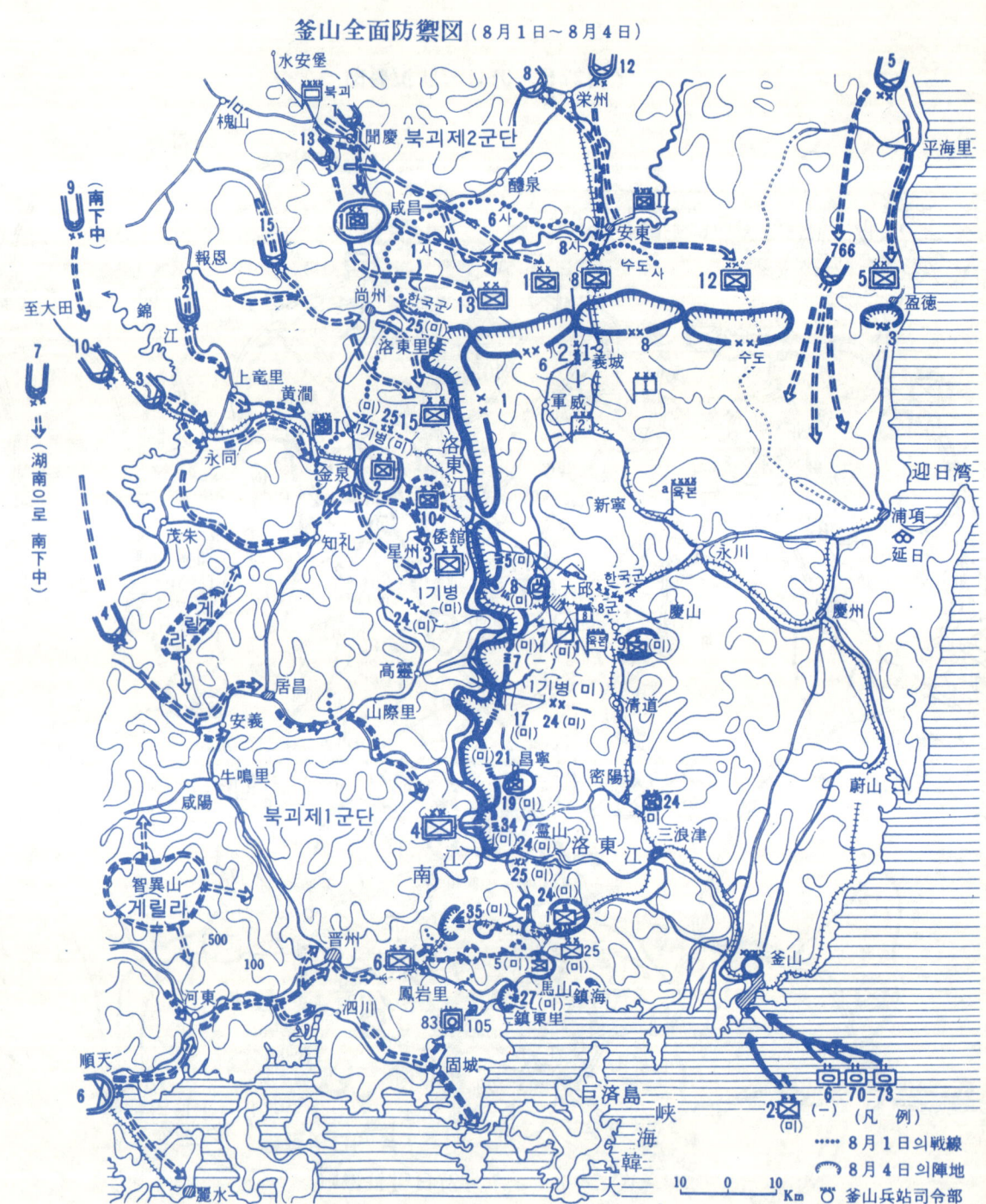

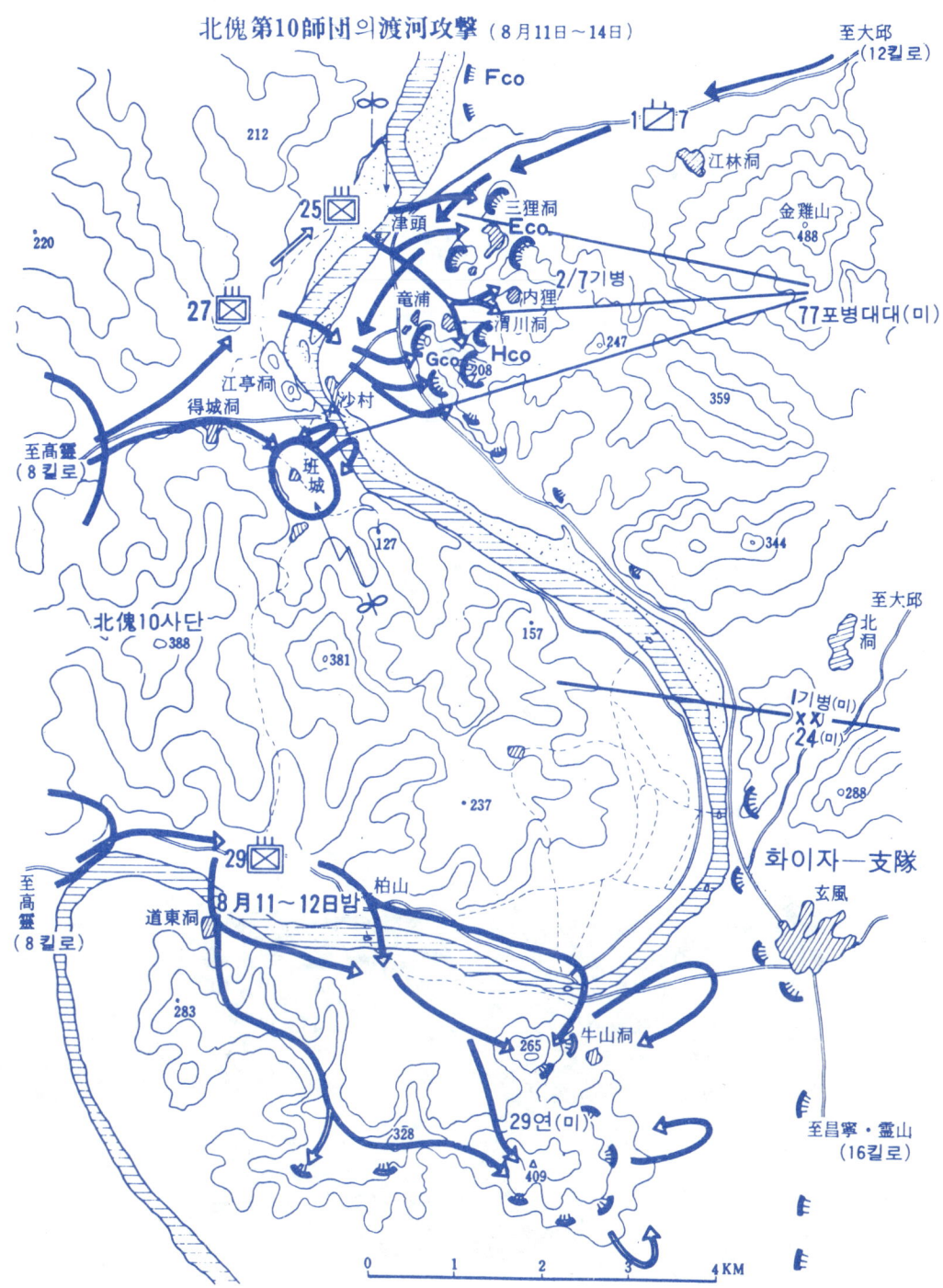

北傀第10師團의渡河攻擊 （8月11日～14日）

至大邱
（12킬로）

Fco

212

1⊡7

江林洞

25⊠

金難山
488

津頭

三狸洞
Eco

220

27⊠

2/7기병

竜浦

内狸

77포병대대（미）

渭川洞

Gco

Hco

247

208

江亭洞

359

得城洞

沙村

至高靈
（8킬로）

班城

127

北傀10사단

388

381

157

至大邱

北洞

1기병（미）
XX
24（미）

288

237

화이자一支隊

29⊠

柏山

玄風

8月11～12日밤

道東洞

至高靈
（8킬로）

283

265

牛山洞

328

29연（미）

至昌寧・靈山
（16킬로）

409

0   1   2   3   4 KM

581

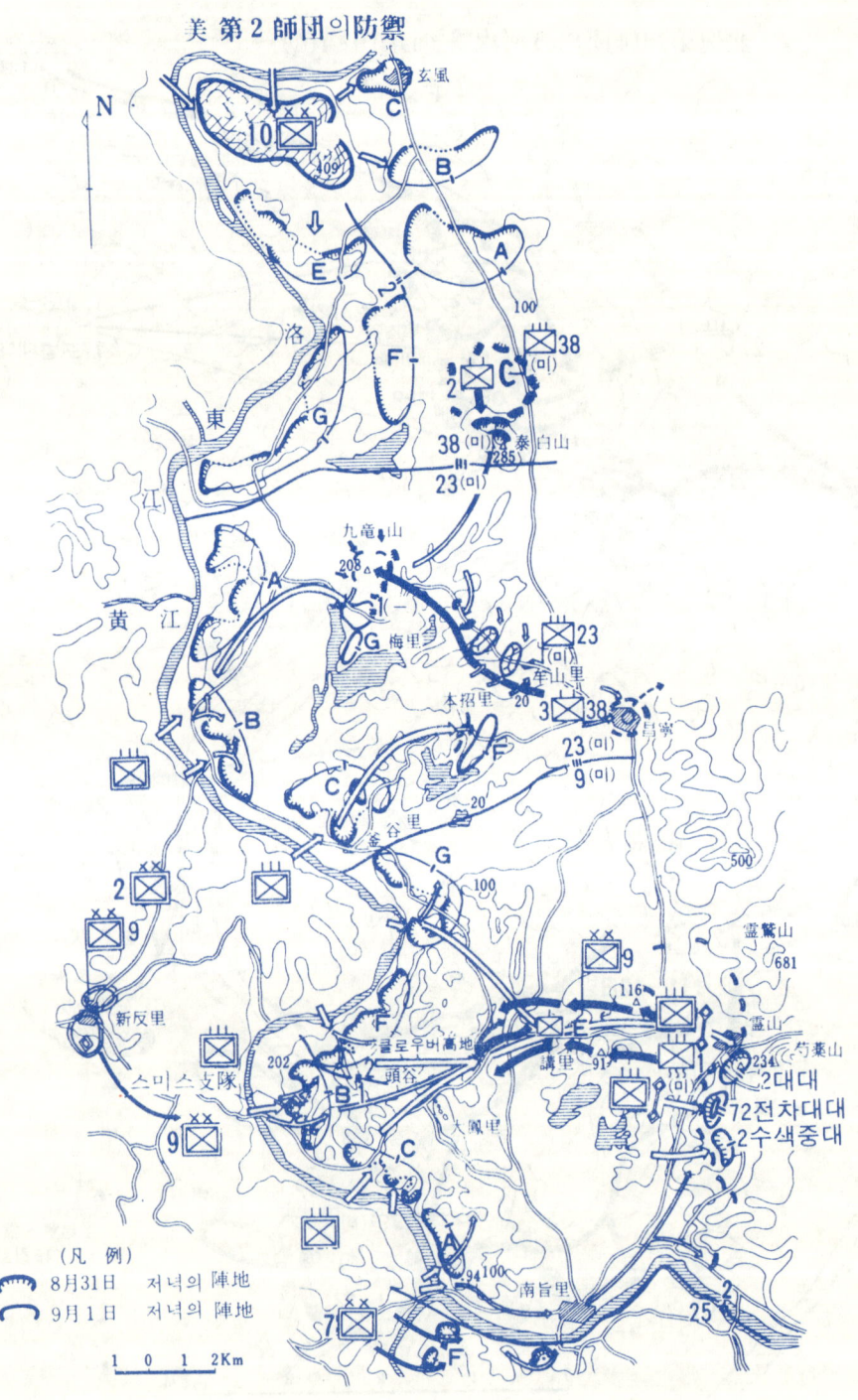

美 第 2 師團의 防禦

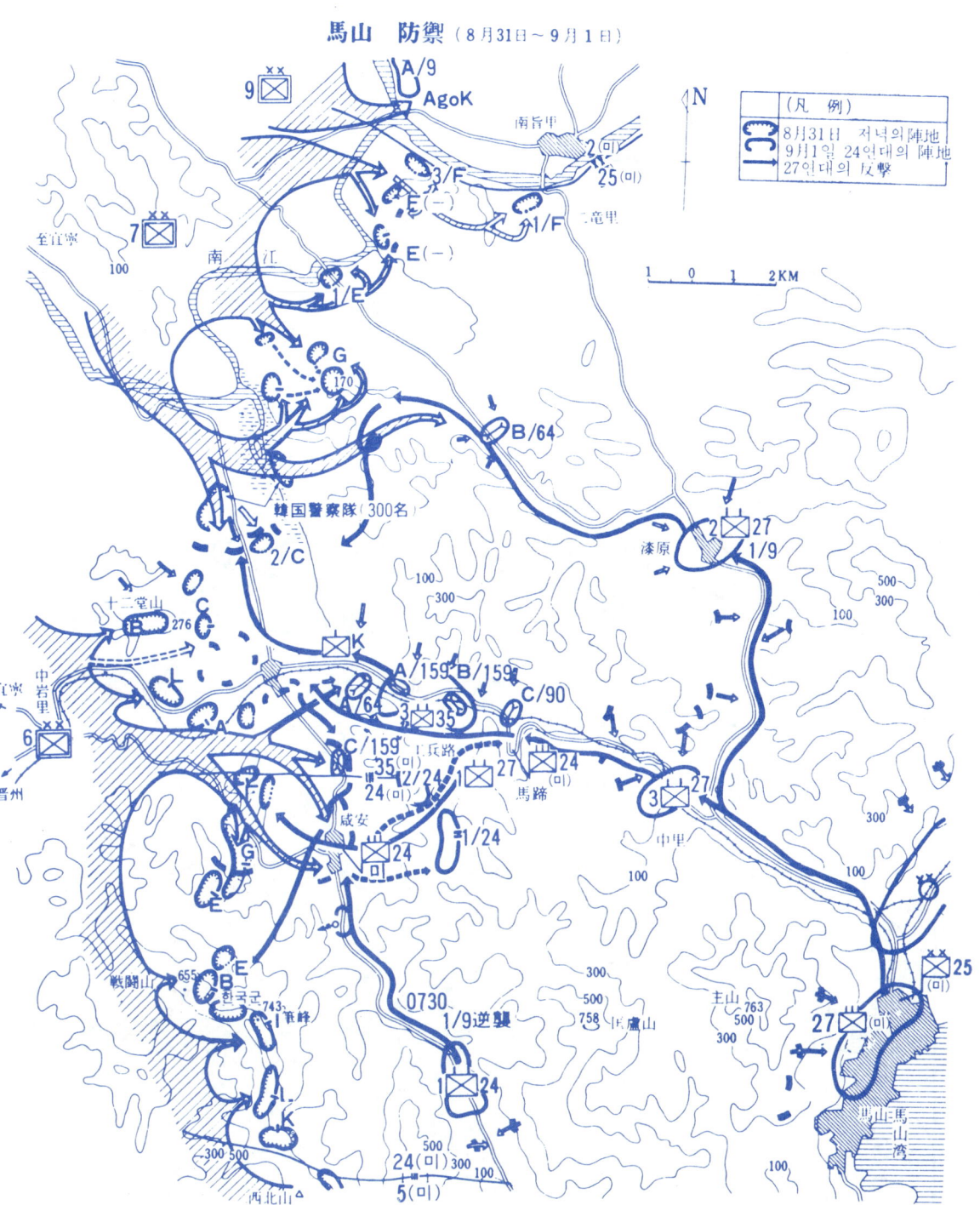

馬山 防禦（8月31日〜9月1日）

583

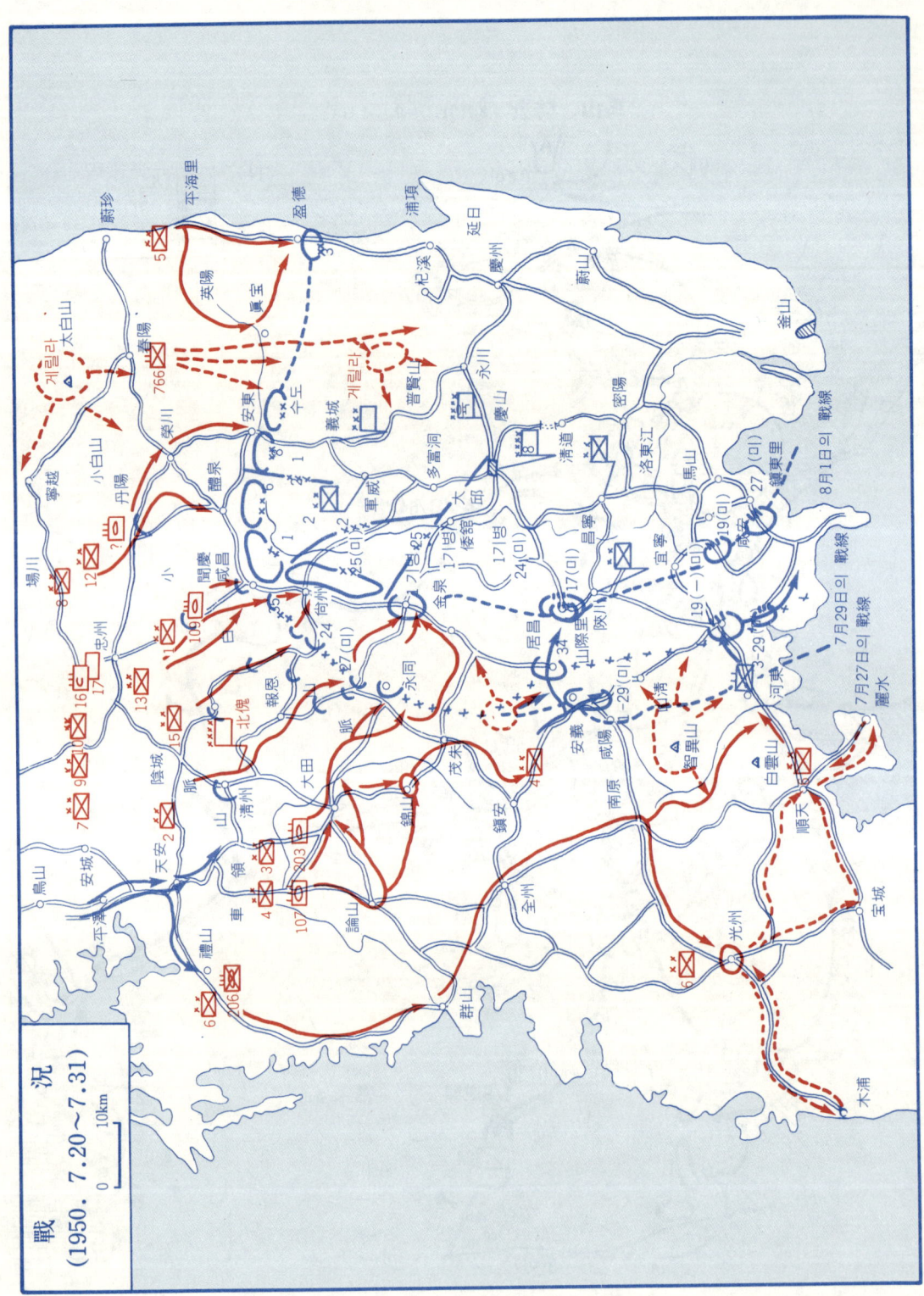

戰　　況
(1950. 7.20~7.31)

0 10km

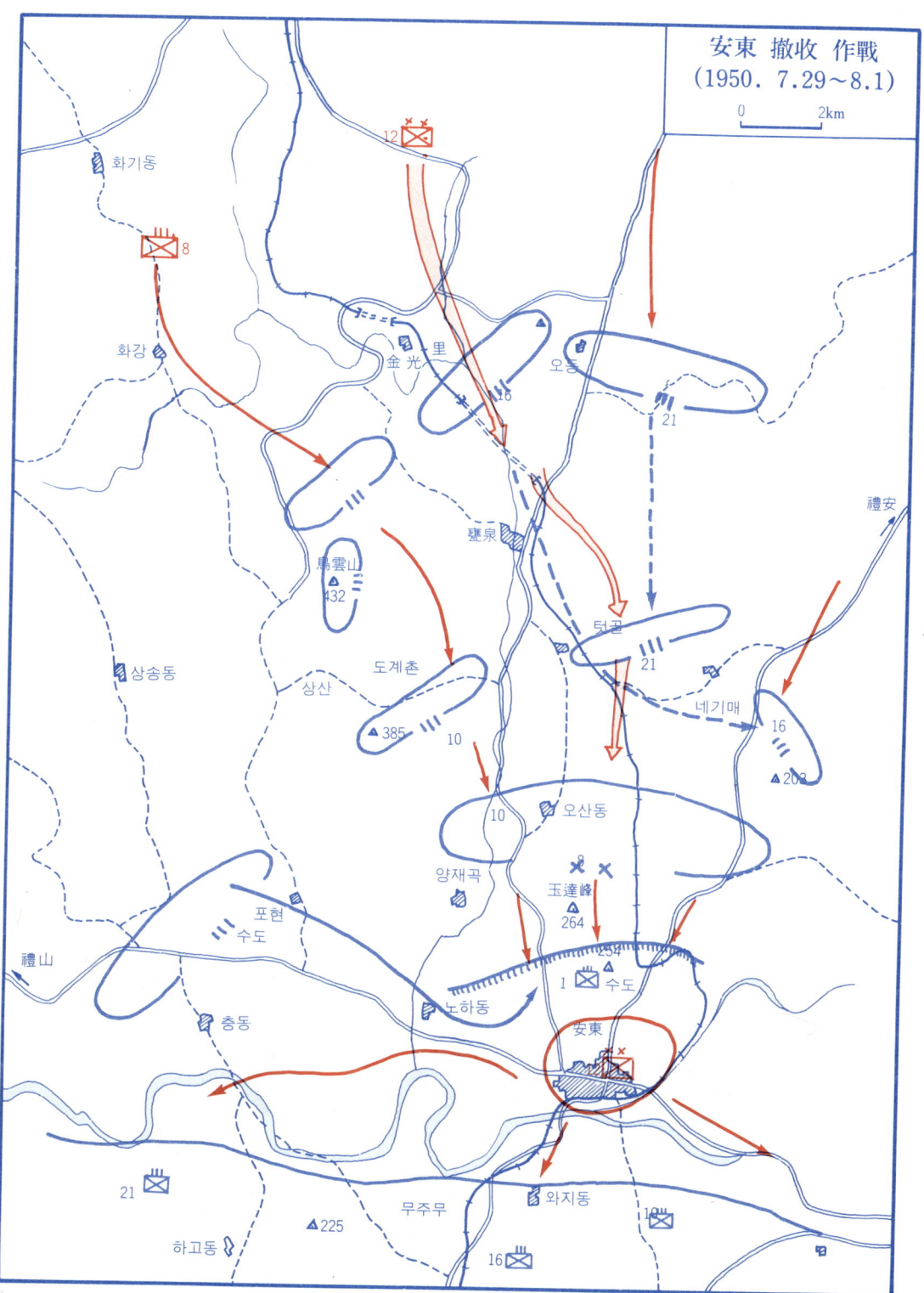

安東 撤收 作戰
(1950. 7.29～8.1)

0   2km

화기동

12

8

金光里

오룡

화강

21

金光里

禮安

甕泉

烏雲山
432

턱골

상송동

상산

도계촌

21

네기매

16

△385   10

208

오산동

10

양재곡

玉達峰
264

포현
수도

254

노하동

1   수도

禮山

충동

安東

21

무주무

와지동

10

하고동   △225

16

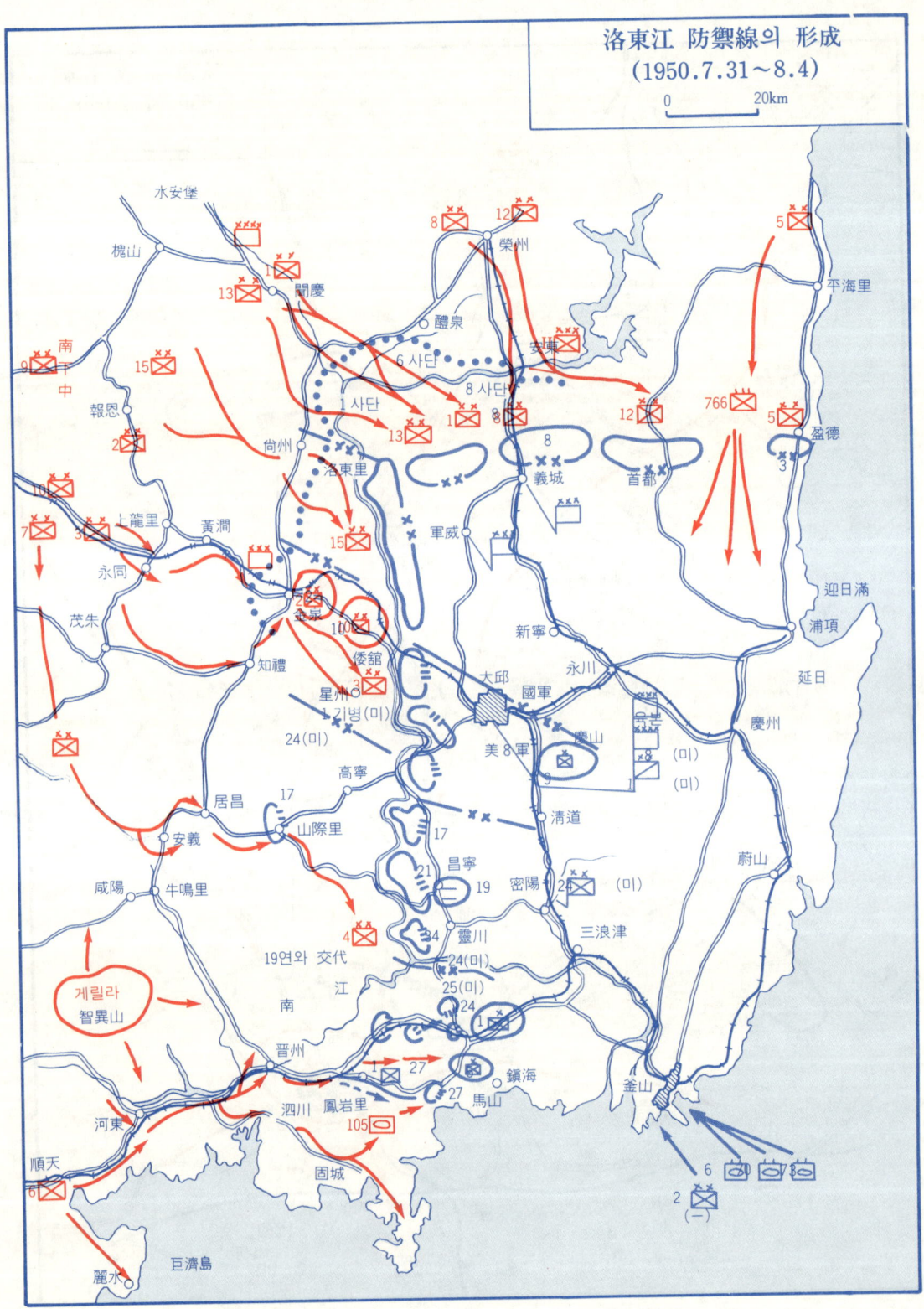

洛東江 防禦線의 形成
(1950.7.31～8.4)

0   20km

水安堡
槐山
南十中 9
報恩
13
15
聞慶
1
13
8
榮州
12
醴泉
安東
6 사단
8 사단
13
1
8
12
766
5
平海里
5
盈德
3
2
10
7
3
上龍里
黃澗
15
洛東里
義城
8
首都
軍威
10
7
3
永同
尚州
迎日滿
浦項
延日
茂朱
知禮
星州
倭舘
100
13
1 기병(미)
24(미)
新寧
大邱
永川
國軍
慶山
美 8 軍
9
1
(미)
(미)
慶州
蔚山
居昌
17
高寧
山際里
17
淸道
咸陽
牛鳴里
安義
21
昌寧
19
密陽
(미)
三浪津
게릴라
智異山
4
19연와
交代
南
江
24
靈川
(24(미))
25(미)
24
晋州
河東
泗川
鳳岩里
105
固城
27
27
鎭海
馬山
釜山
6
2
(一)
順天
6
麗水
巨濟島

586

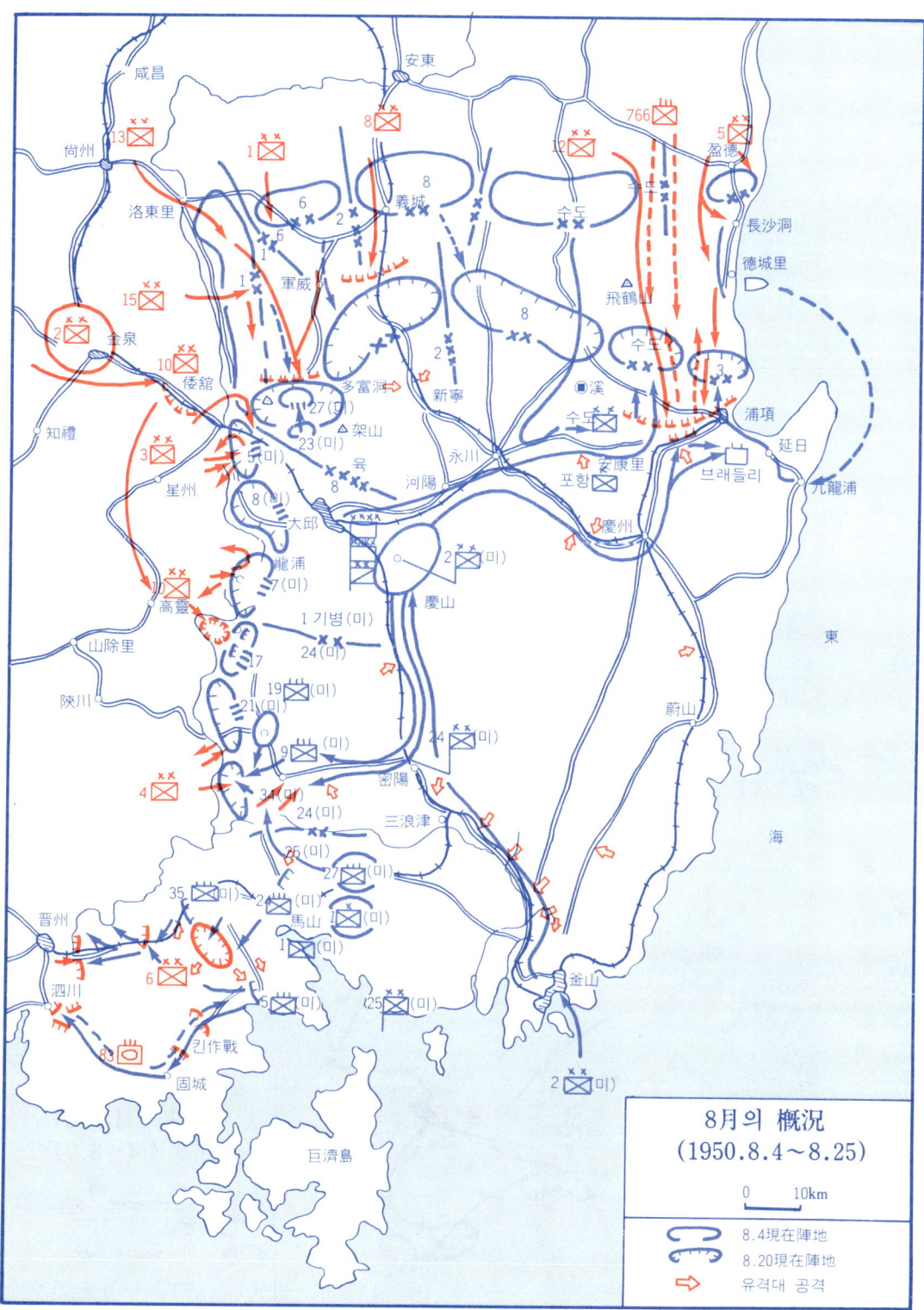

咸昌
安東
尚州
13 ⊠
洛東里
1 ⊠
8 ⊠
766 ⊠
5 ⊠
盈德
6
義城
12 ⊠
수도
長沙洞
6
2
8
德城里
1
15 ⊠
軍威
飛鶴山
수도
2 ⊠
金泉
1
8
수도
3
10 ⊠
倭舘
多富洞
浦項
27(미)
新寧
延日
知禮
23 ⊠
架山
수도
3 ⊠
육
8
永川
安康里
브래들리
九龍浦
星州
8(미)
河陽
포항
8
大邱
慶州
龍浦
東
27(미)
2 ⊠(미)
山除里
1 기병(미)
慶山
17
24(미)
陜川
19 ⊠(미)
21
蔚山
24 ⊠(미)
9
密陽
海
4 ⊠
34(미)
24(미)
三浪津
25(미)
27 ⊠(미)
35 ⊠(미)
2 ⊠(미)
晋州
馬山
1 ⊠(미)
6 ⊠
泗川
25 ⊠(미)
킨作戰
25 ⊠(미)
釜山
固城
2 ⊠(미)

巨濟島

8月의 概況
(1950.8.4～8.25)

0   10km

━━━ 8.4現在陣地
━━━ 8.20現在陣地
⇨ 유격대 공격

587

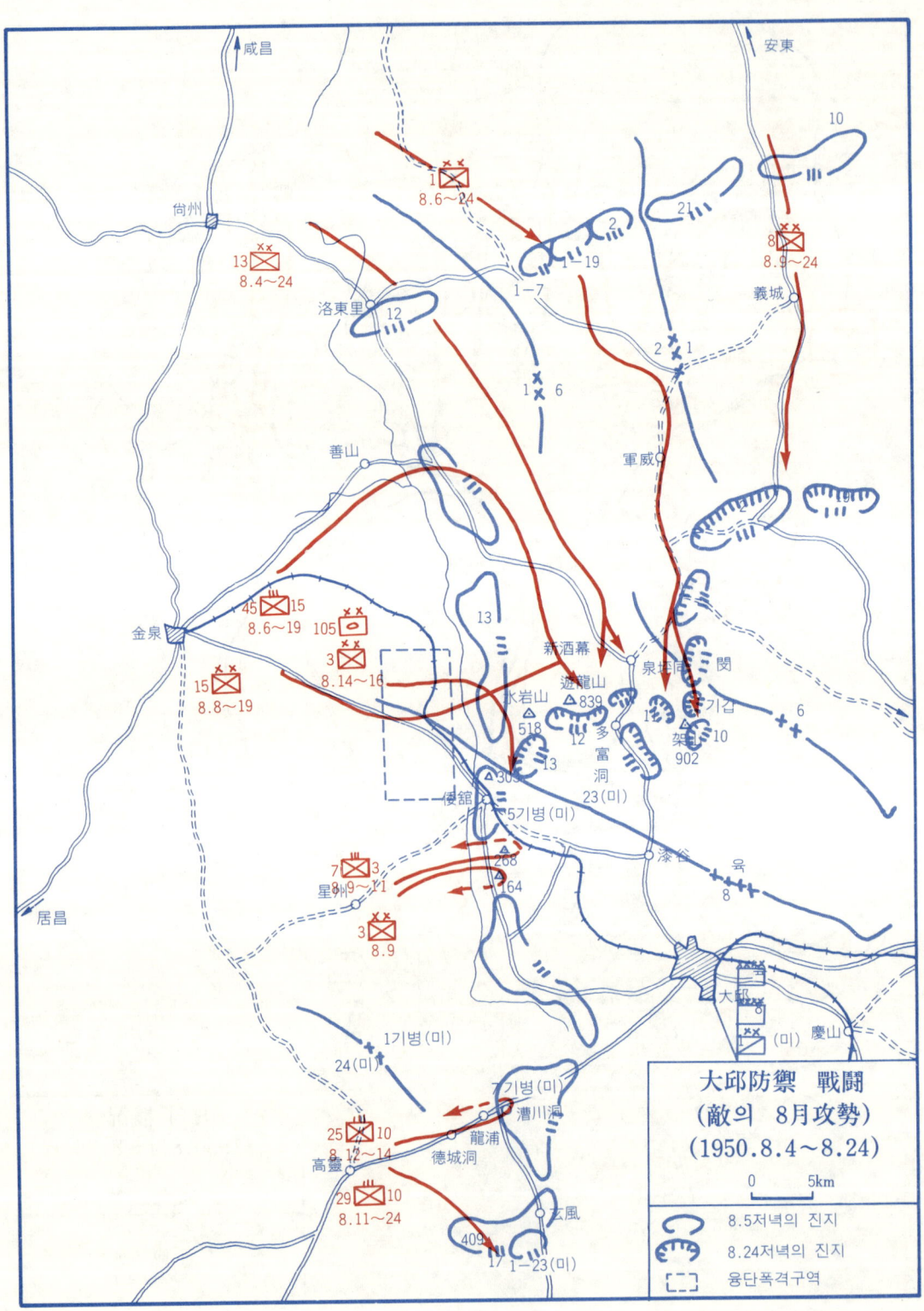

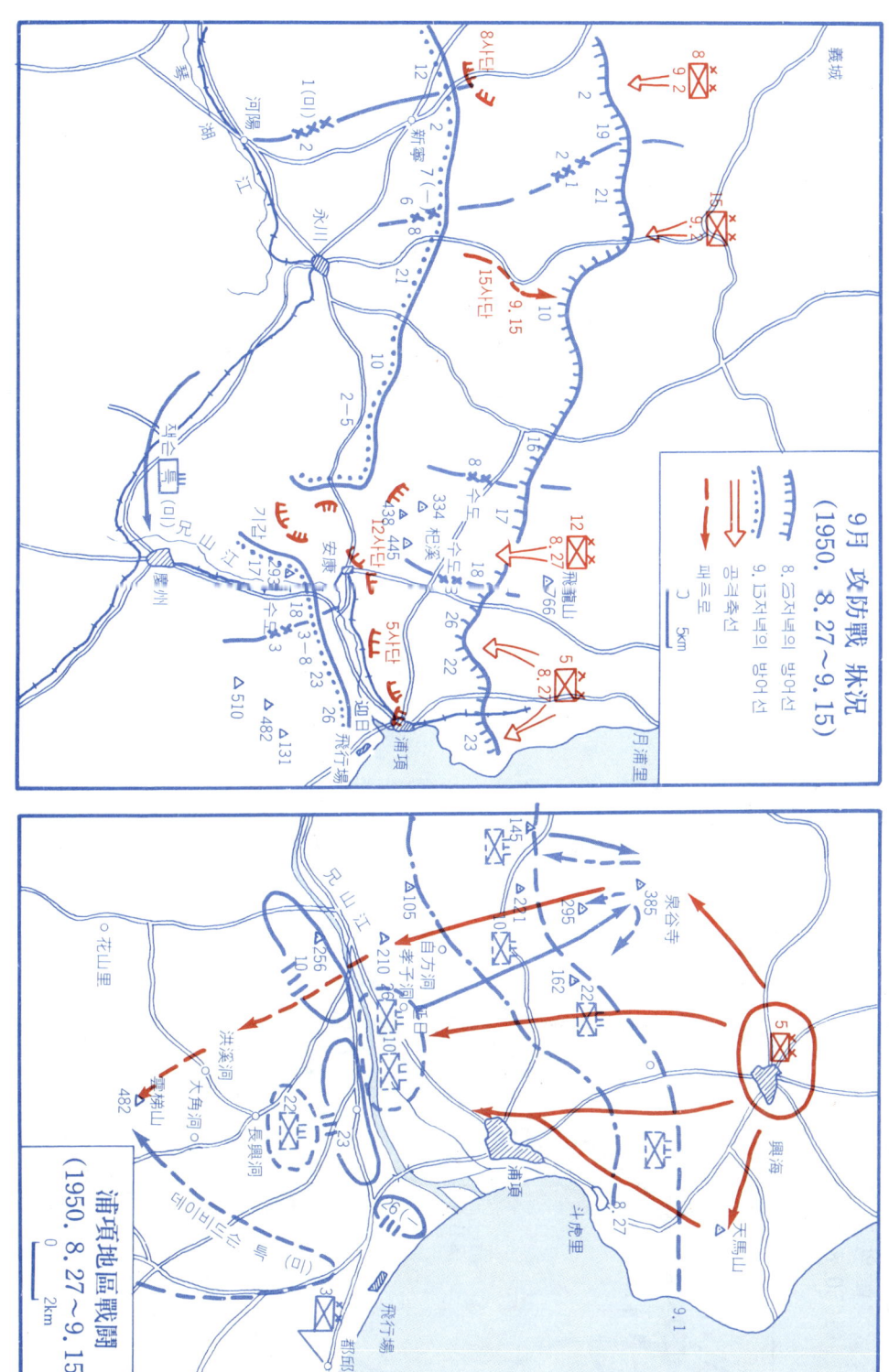

9月 攻防戰 狀況
(1950. 8. 27～9. 15)

浦項地區戰鬪
(1950. 8. 27～9. 15)

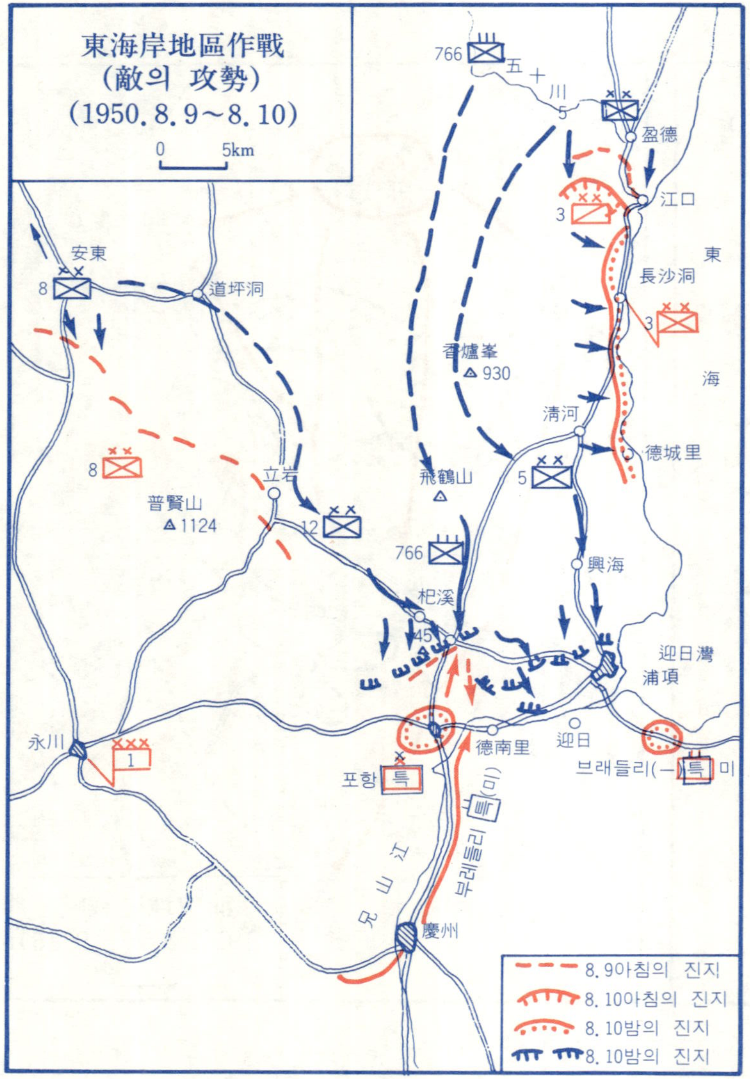
東海岸地區作戰
(敵의 攻勢)
(1950. 8. 9～8. 10)
0 5km
766
五十川
5
盈德
江口
東
長沙洞
海
3
8
安東
道坪洞
香爐峯
930
清河
德城里
飛鶴山
立岩
普賢山
1124
12
766
杞溪
45
興海
迎日灣
浦項
迎日
永川
1
德南里
포항
브래들리(一)
미
부래들리
兄山江
慶州
8.9아침의 진지
8.10아침의 진지
8.10밤의 진지
8.10밤의 진지

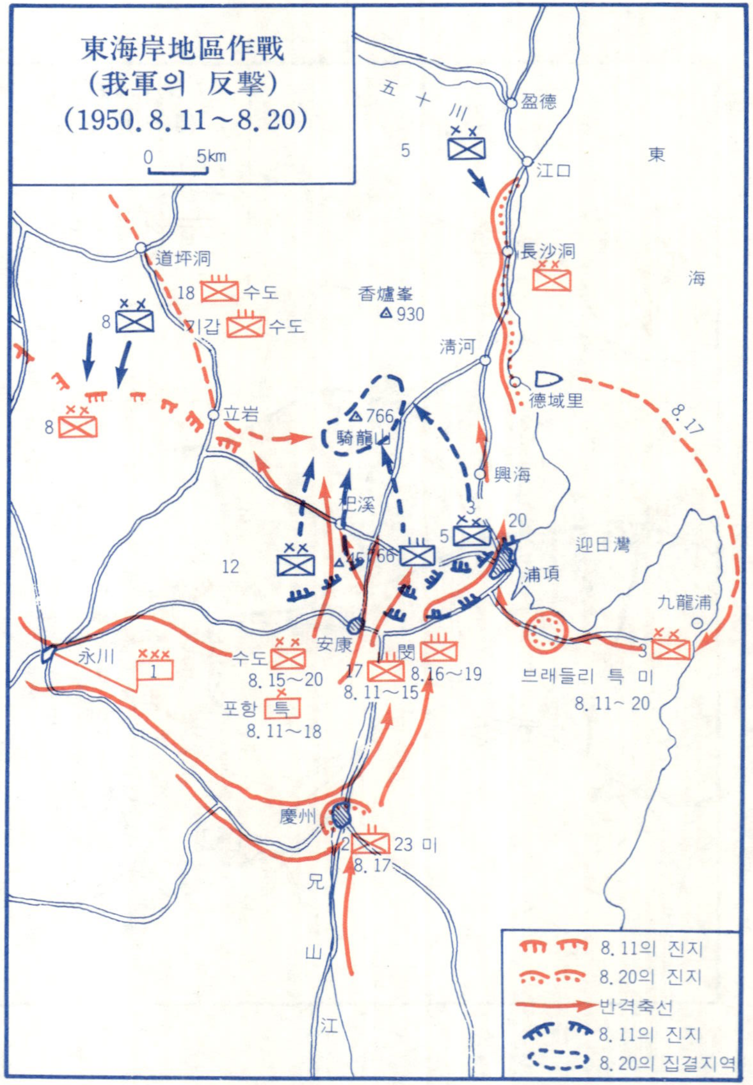
東海岸地區作戰
(我軍의 反擊)
(1950. 8. 11～8. 20)
0 5km
五十川
盈德
5
江口
東
長沙洞
海
道坪洞
18
수도
기갑
수도
香爐峯
930
清河
德城里
8.17
8
立岩
766
騎龍山
興海
杞溪
3
5
20
迎日灣
12
45
766
浦項
九龍浦
安康
永川
1
수도
8.15～20
閔
17
8.16～19
8.11～15
브래들리 특 미
8.11～20
포항
8.11～18
慶州
2
23 미
8.17
兄山江
8.11의 진지
8.20의 진지
반격축선
8.11의 진지
8.20의 집결지역

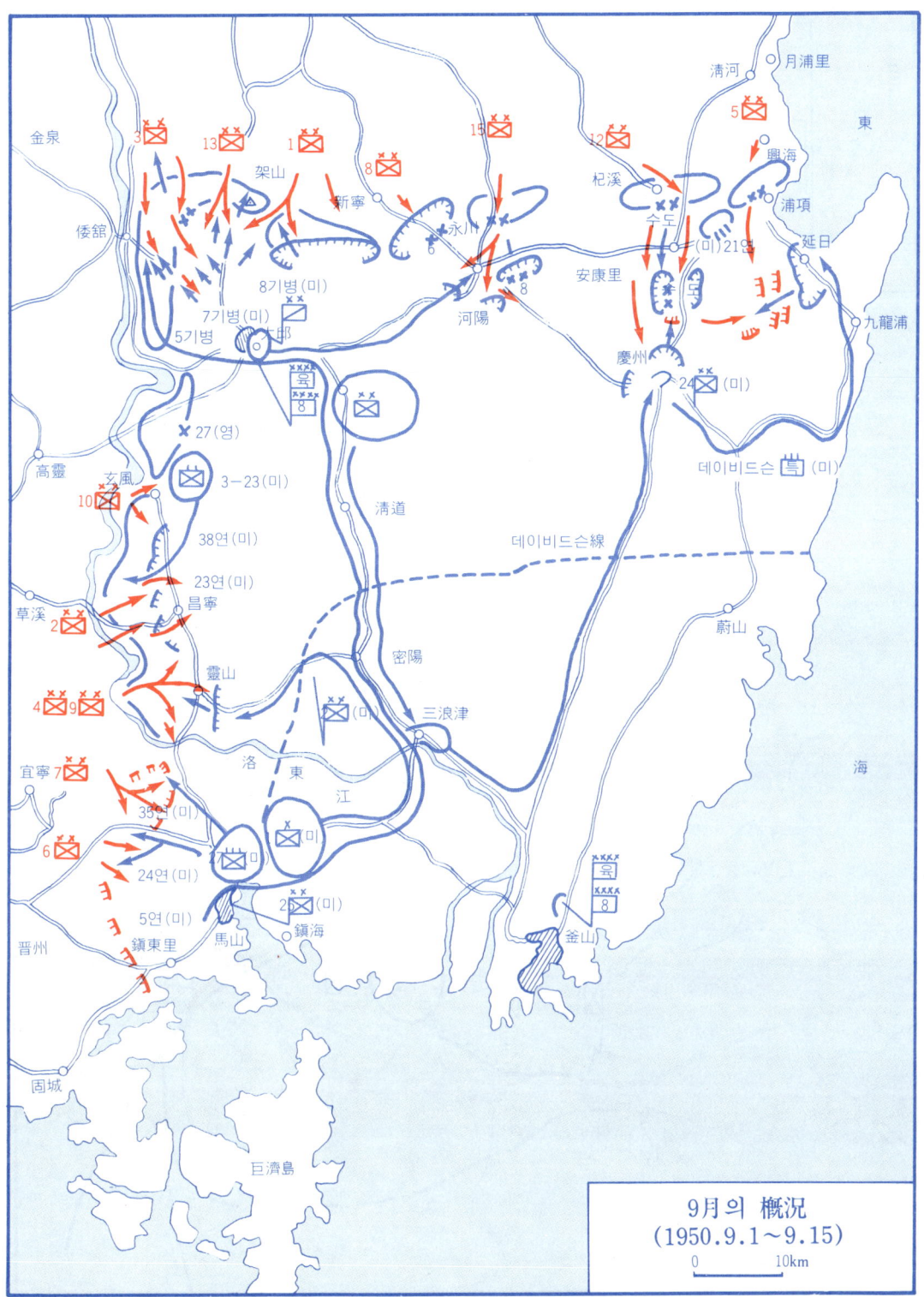

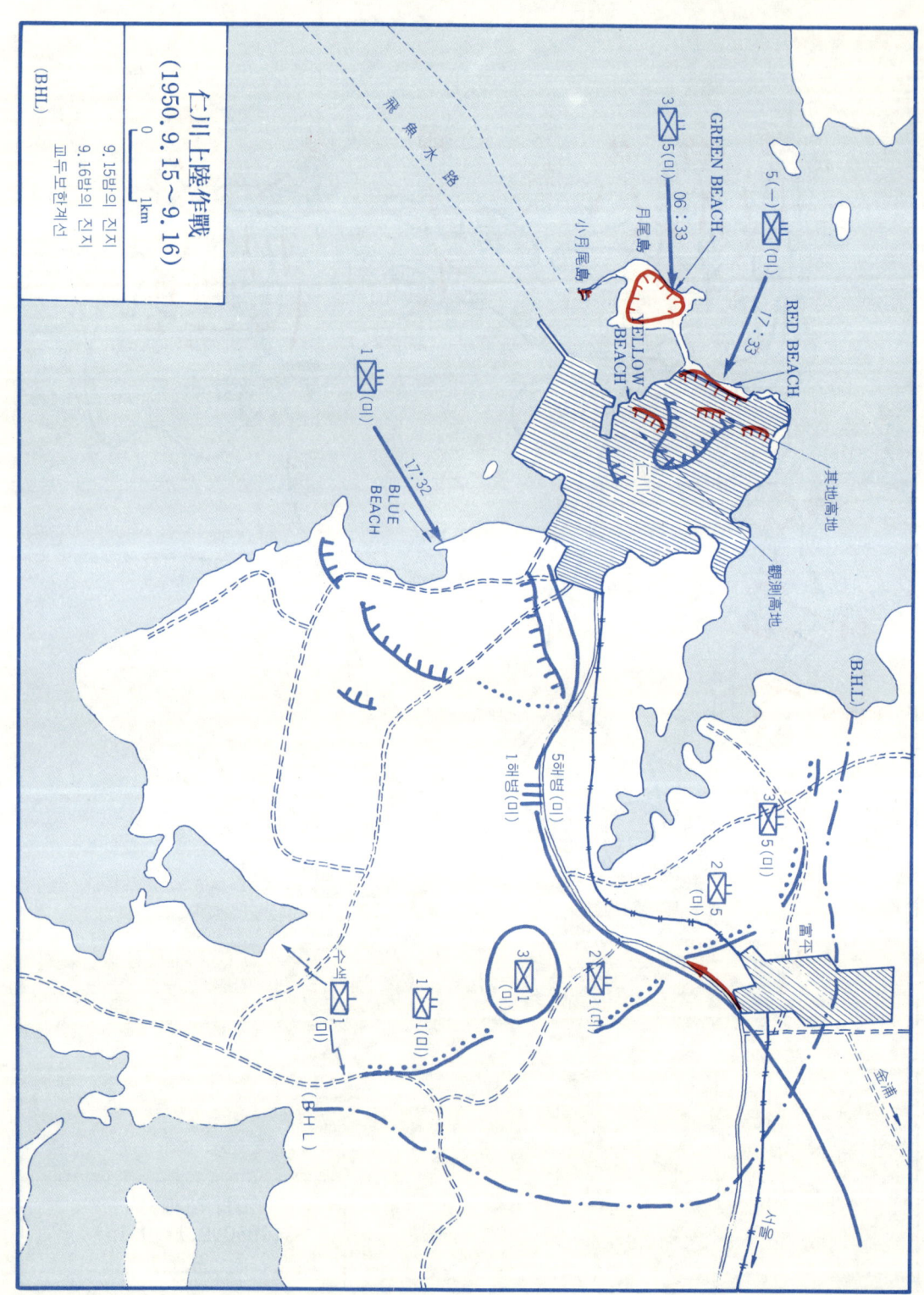

仁川上陸作戰
(1950. 9. 15 ~ 9. 16)

0 ___ 1km

9. 15밤의 진지
9. 16밤의 진지
피두보한계선
(BHL)

RED BEACH

GREEN BEACH

YELLOW BEACH

BLUE BEACH

飛魚水路

月尾島

小月尾島

其他高地

觀潮高地

仁川

06:33

17:33

17:32

5(一) (미)

3 5(미)

1 (미)

1 (미)

5해병 (미)

1해병 (미)

수성리

3 (미)

2 1(미)

2 1(미)

1 1(미)

2 5 (미)

3 5(미)

富平

金浦

서울

(B.H.L)

(BHL)

592

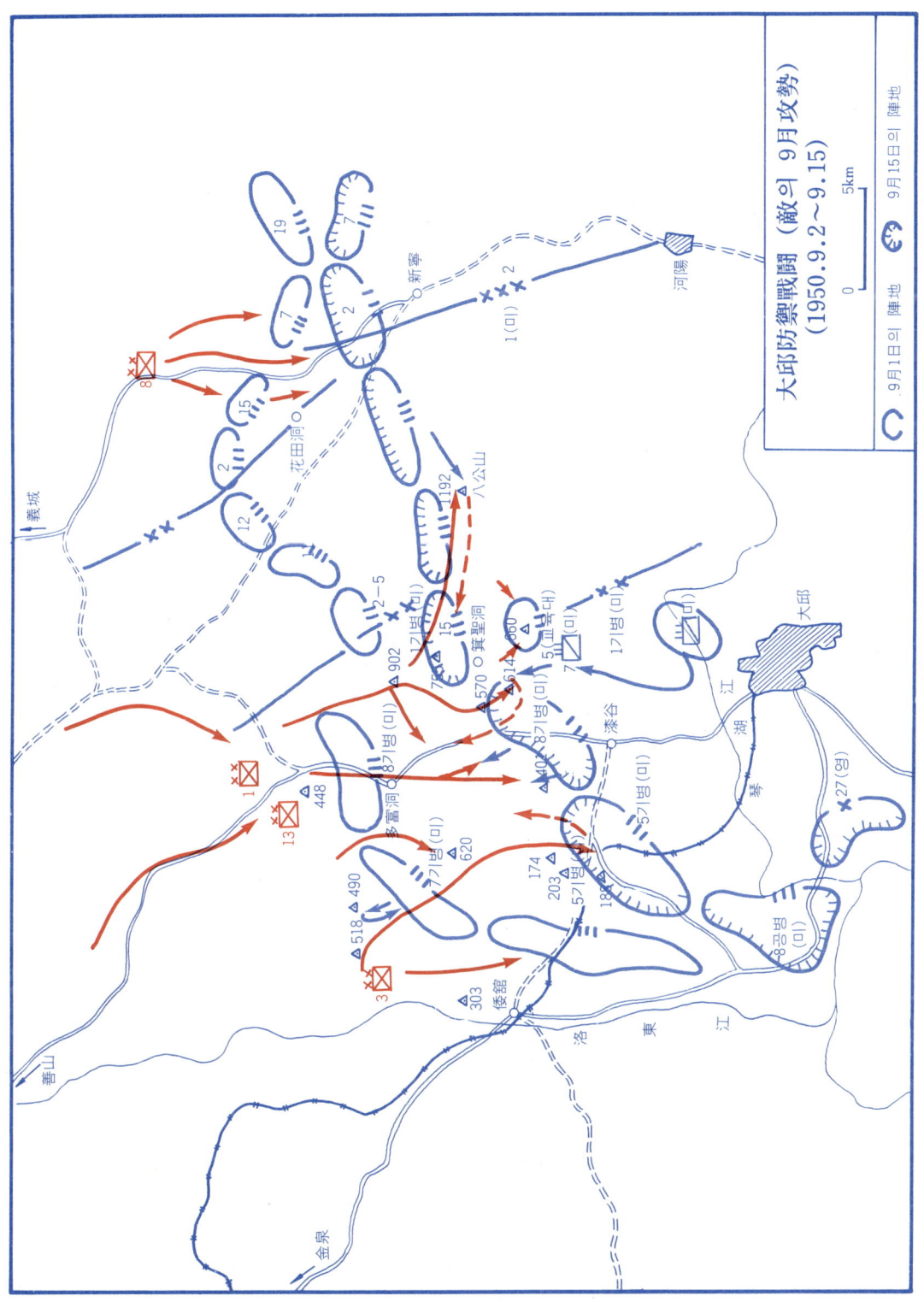

大邱防禦戰鬪 (敵의 9月 攻勢)
(1950.9.2~9.15)

0　　5km

9月 1日의 陣地
9月 15日의 陣地

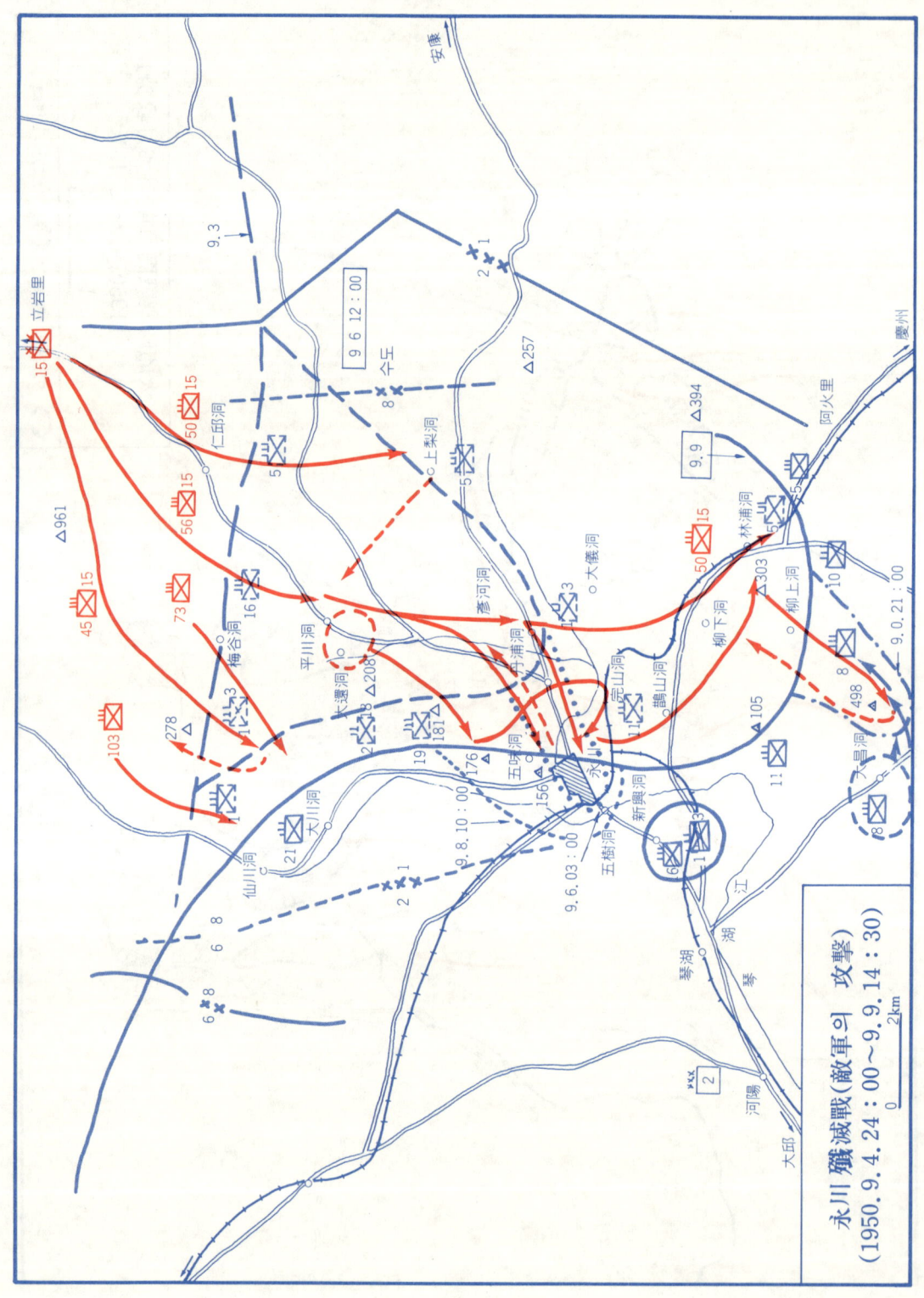

永川殲滅戰(敵軍의 攻擊)
(1950. 9. 4. 24 : 00〜9. 9. 14 : 30)

594

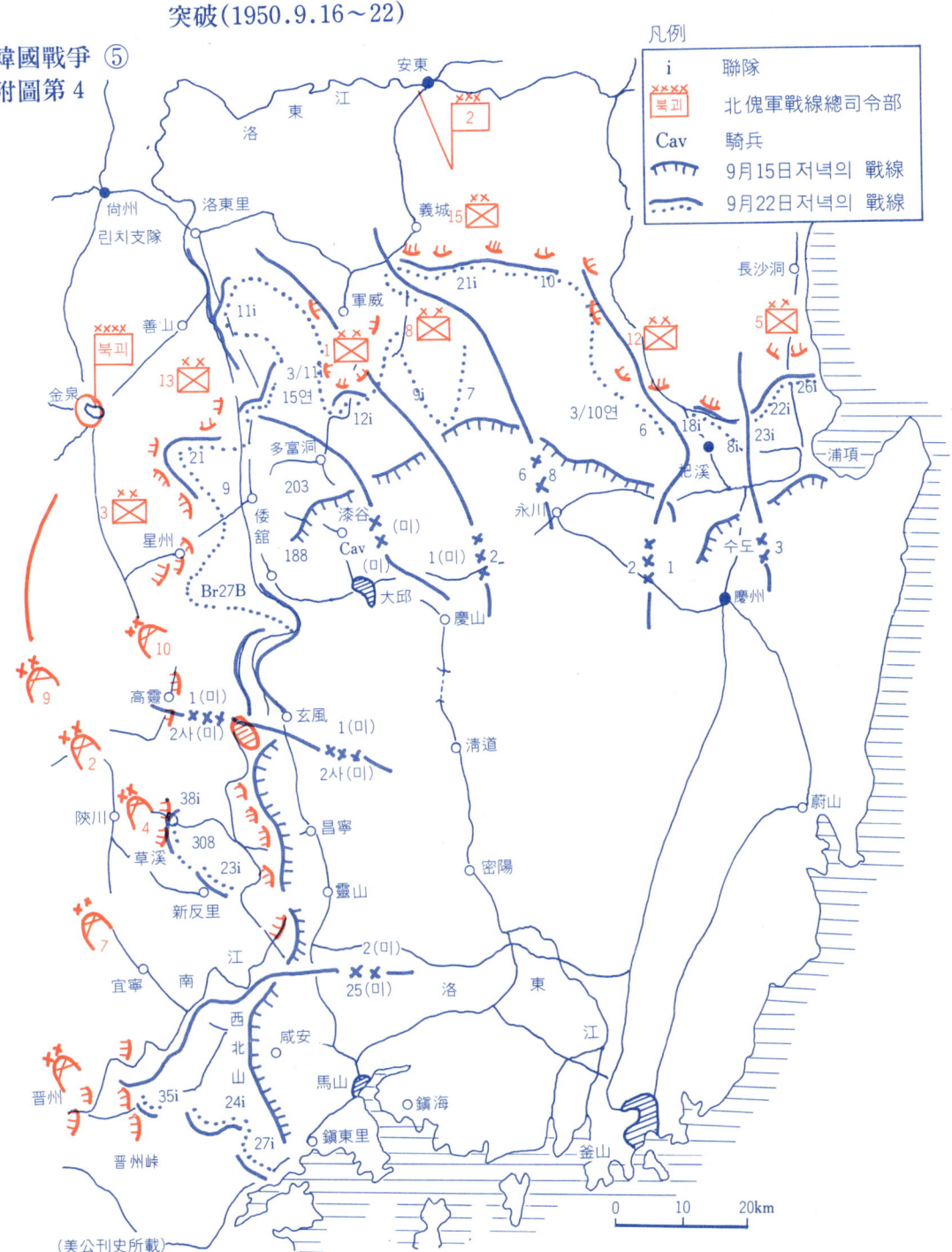

突破(1950.9.16~22)

韓國戰爭 ⑤
附圖第 4

凡例

i	聯隊
북괴	北傀軍戰線總司令部
Cav	騎兵
	9月15日 저녁의 戰線
	9月22日 저녁의 戰線

安東
東江
洛
尚州
린치支隊
洛東里
義城 15
21i
10
長沙洞
5
善山
11i
軍威
북괴
13
金泉
1
8
3/11연
15연
9i
7
12
26i
22i
23i
3/10연
6
18i
21
多富洞
12i
6
8
3
9
203
漆谷 (미)
188 Cav
倭舘
永川
杞溪
浦項
8i
6
8
2
수도 3
星州
(미) Br27B
大邱 1(미) 2
2 1
慶州
慶山
高靈 1(미)
10
玄風 1(미)
2사(미)
9
2
清道
2사(미)
陜川 4
38i
308
昌寧
23i
草溪
新反里
靈山
蔚山
密陽
7
宜寧
江
南
2(미)
25(미)
洛 東 江
西北山
咸安
晋州
35i
24i
馬山
鎭海
晋州峠
27i
鎭東里
釜山

0 10 20km

(美公刊史所載)

595

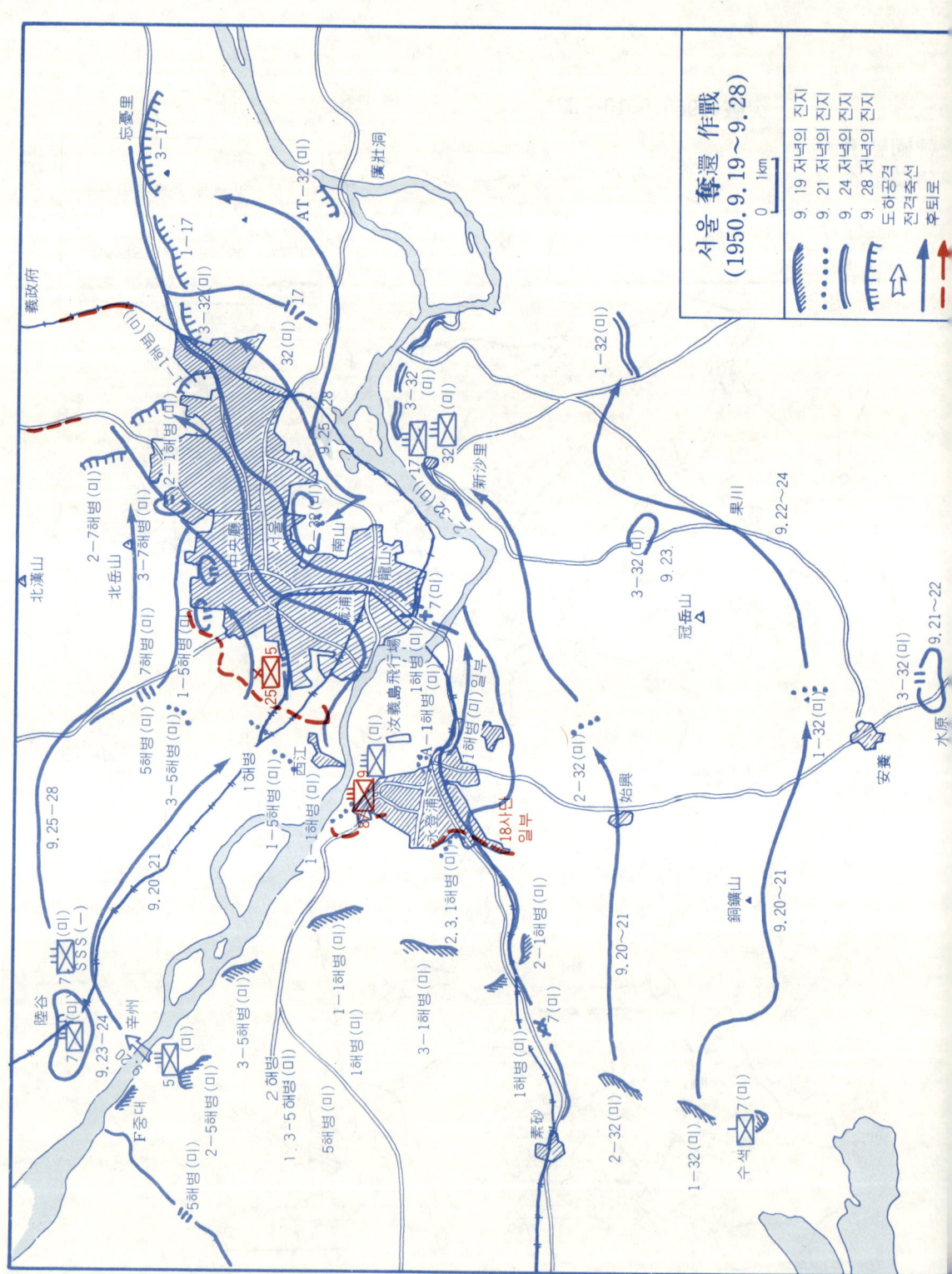

서울 奪還 作戰
(1950. 9. 19～9. 28)

9. 19 저녁의 진지
9. 21 저녁의 진지
9. 24 저녁의 진지
9. 28 저녁의 진지
도하공격
전각축선
후퇴로

0   1km

忠憂里
3-17
義政府
義壯洞
廣壯洞
AT-32(미)
1-17
3-32(미)
17
32(미)
新沙里
32(미)
3-32
32(미)
果川
1-32(미)
北漢山
2-7해병(미)
北岳山
2-1해병(미)
3-7해병(미)
7해병(미)
1-5해병(미)
中央廳
서울
南山
龍山
汝矣島飛行場
冠岳山
9.23
9.22～24
5
25
5
5해병(미)
3-5해병(미)
1해병(미)
1-5해병(미)
西江
麻浦
7해병(미)
1-5해병(미)
1-1해병(미)
汝矣島
1해병(미) 일부
1해병(미) 일부
2-32(미)
始興
9.25～28
銅鑛山
9.20～21
陸谷
7(미)
SSS(一)
7(미)
9.23～24
辛州
5
F중대
5해병(미)
2-5해병(미)
3-5해병(미)
2해병(미)
1-3-5해병(미)
5해병(미)
1해병(미)
1-1해병(미)
1해병(미)
3-1해병(미)
2.3.1해병(미)
永登浦
8
9
18사단 일부
18사단 일부
1해병(미)
2-1해병(미)
7(미)
1-32(미)
素砂
2-32(미)
수석 7(미)
安養
水原
3-32(미)
9.21～22
1-32(미)
9.20～21

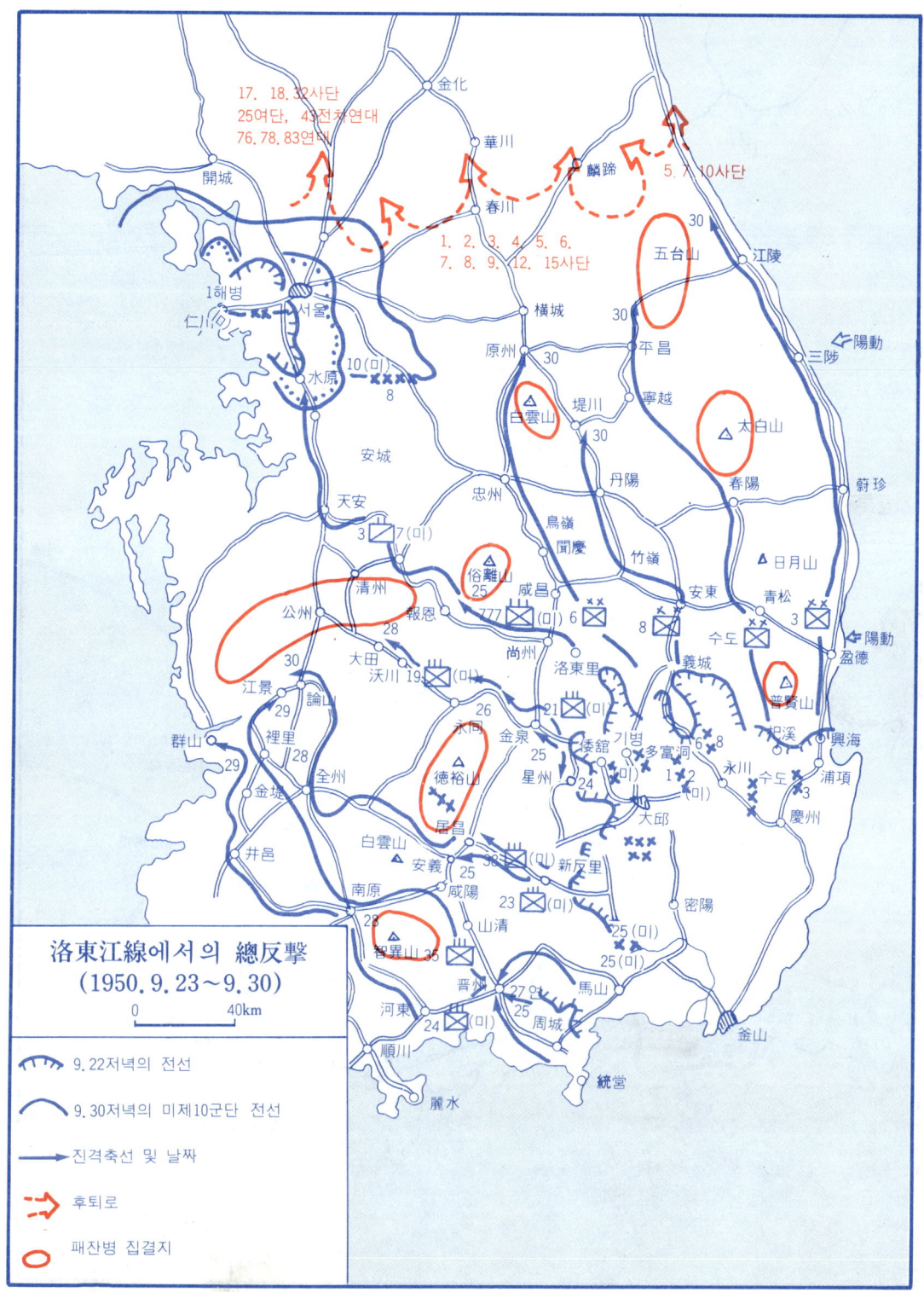

洛東江線에서의 總反擊
(1950. 9. 23～9. 30)

0   40km

9. 22저녁의 전선
9. 30저녁의 미제10군단 전선
진격축선 및 날짜
후퇴로
패잔병 집결지

17. 18. 32사단
25여단, 4전차연대
76. 78. 83연대

1. 2. 3. 4. 5. 6.
7. 8. 9. 12. 15사단

5. 7. 10사단

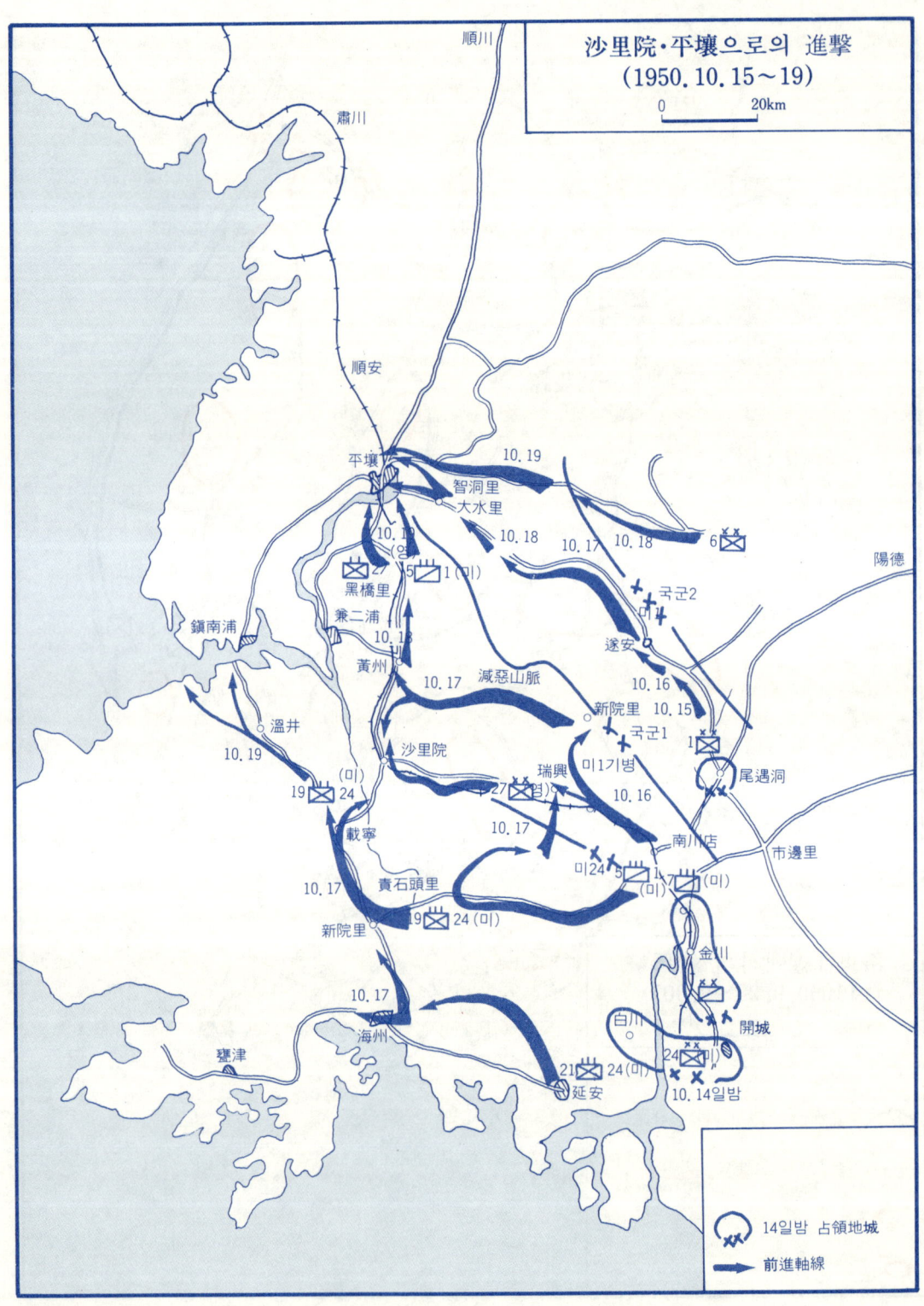

沙里院·平壤으로의 進擊
(1950. 10. 15~19)

0　　　20km

順川

肅川

順安

平壤
智洞里
大水里
10. 19
10. 18
10. 18
10. 17
10. 18
6
陽德

10. 18
(27)
黑橋里
兼二浦
27 5 1 (미)
國軍2
미
遂安
10. 16
10. 15

鎭南浦
10. 18
黃州
減惡山脈
新院里
國軍1
1
尾遇洞

溫井
10. 19
沙里院
瑞興
미1기병
10. 16
南川店
市邊里

19 24 (미)
27
10. 17
미24 5 1 7 (미) (미)
載寧
10. 17
責石頭里
19 24 (미)
金川

新院里
白川
開城
24 (미)

10. 17
海州
21 24 (미)
10. 14일밤

甕津
延安

14일밤 占領地城
前進軸線

598

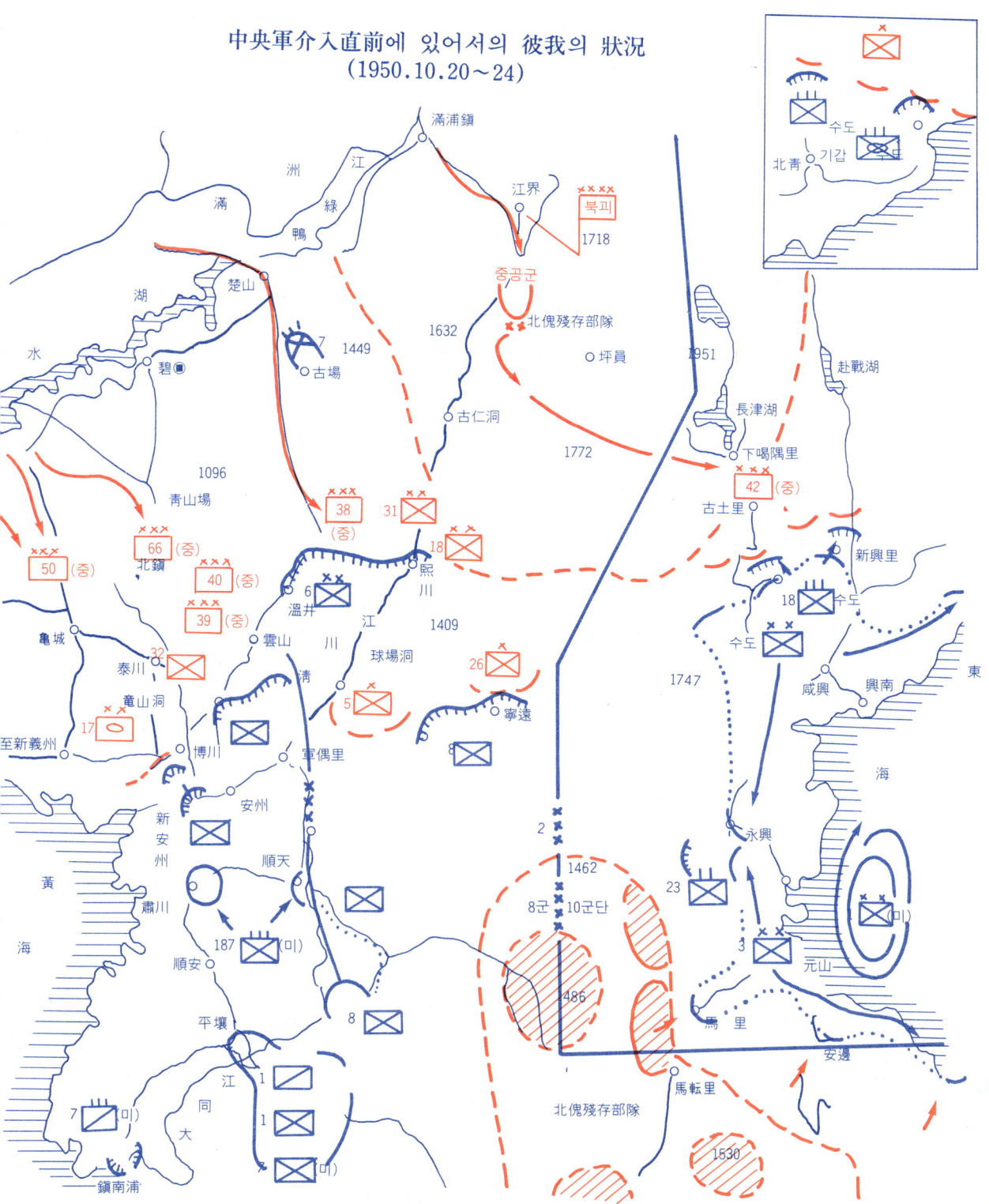

中央軍介入直前에 있어서의 彼我의 狀況
(1950.10.20~24)

599

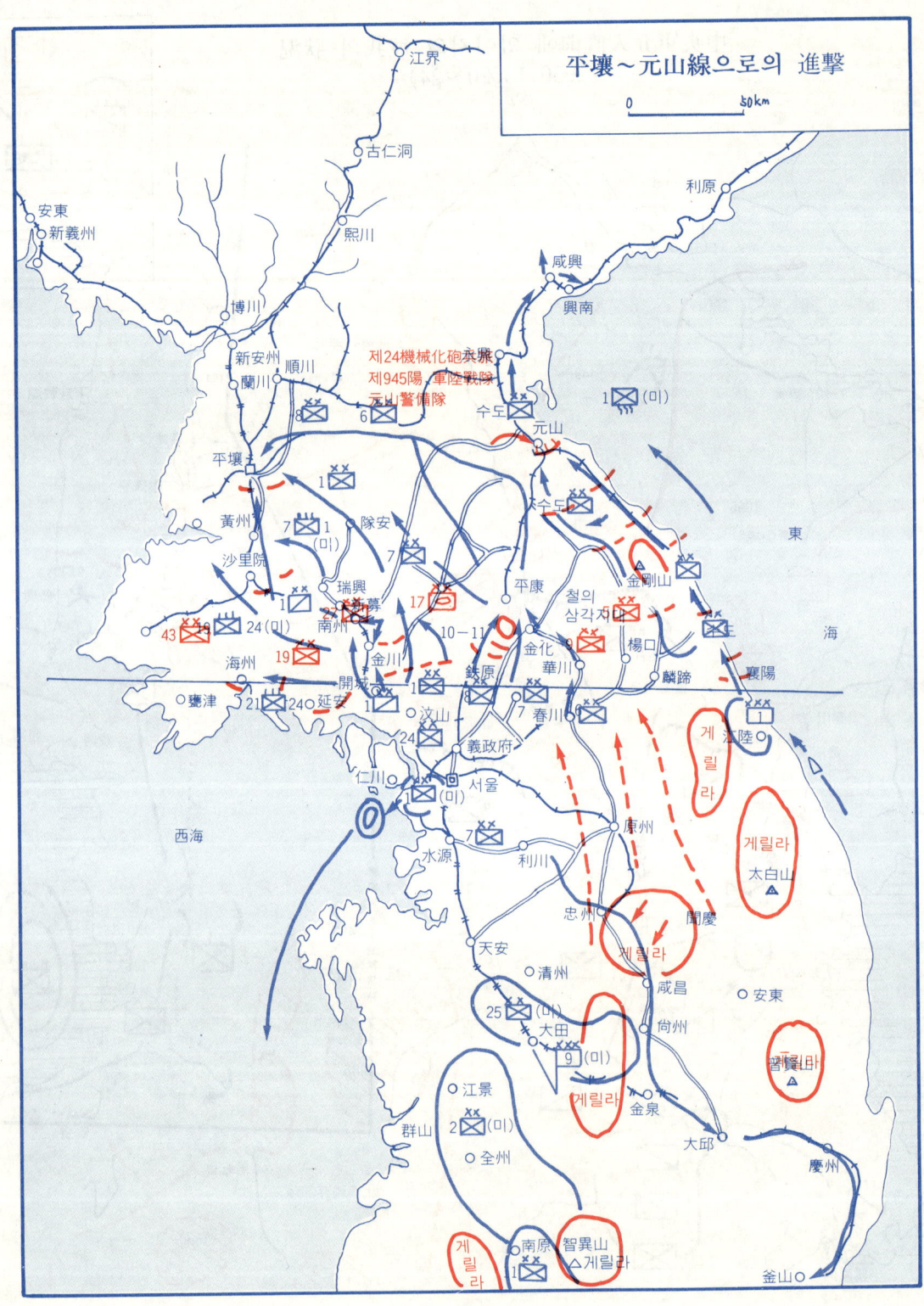

平壤~元山線으로의 進擊

0   50km

江界

古仁洞

安東
新義州

利原

熙川

咸興

興南

博川

新安州 順川
蘭川

제24機械化砲永興
제945陽軍陸戰隊
元山警備隊

水島

1 (미)

平壤

元山

黃州 隊安

7 1
(미)

水島

東

沙里院

瑞興

金剛山

海

17

平康

철의
삼각지

43 24(미)

南州

10─11

金剛山

生

19

海州

金川

金化
華川

楊口

麟蹄

襄陽

甕津 21 24 延安

開城

鐵原

汶山

1

7 春川

게릴라

江陵

1

仁川

서울
(미)

義政府

7

原州

게릴라

太白山

水源

利川

게릴라

忠州

聞慶

게릴라

天安

清州

咸昌

安東

25 (미)
大田

尙州

게릴라

江景

9 (미)

게릴라

金泉

大邱

群山

2 (미)

全州

慶州

게릴라

南原 智異山
게릴라

1

釜山

西海

600

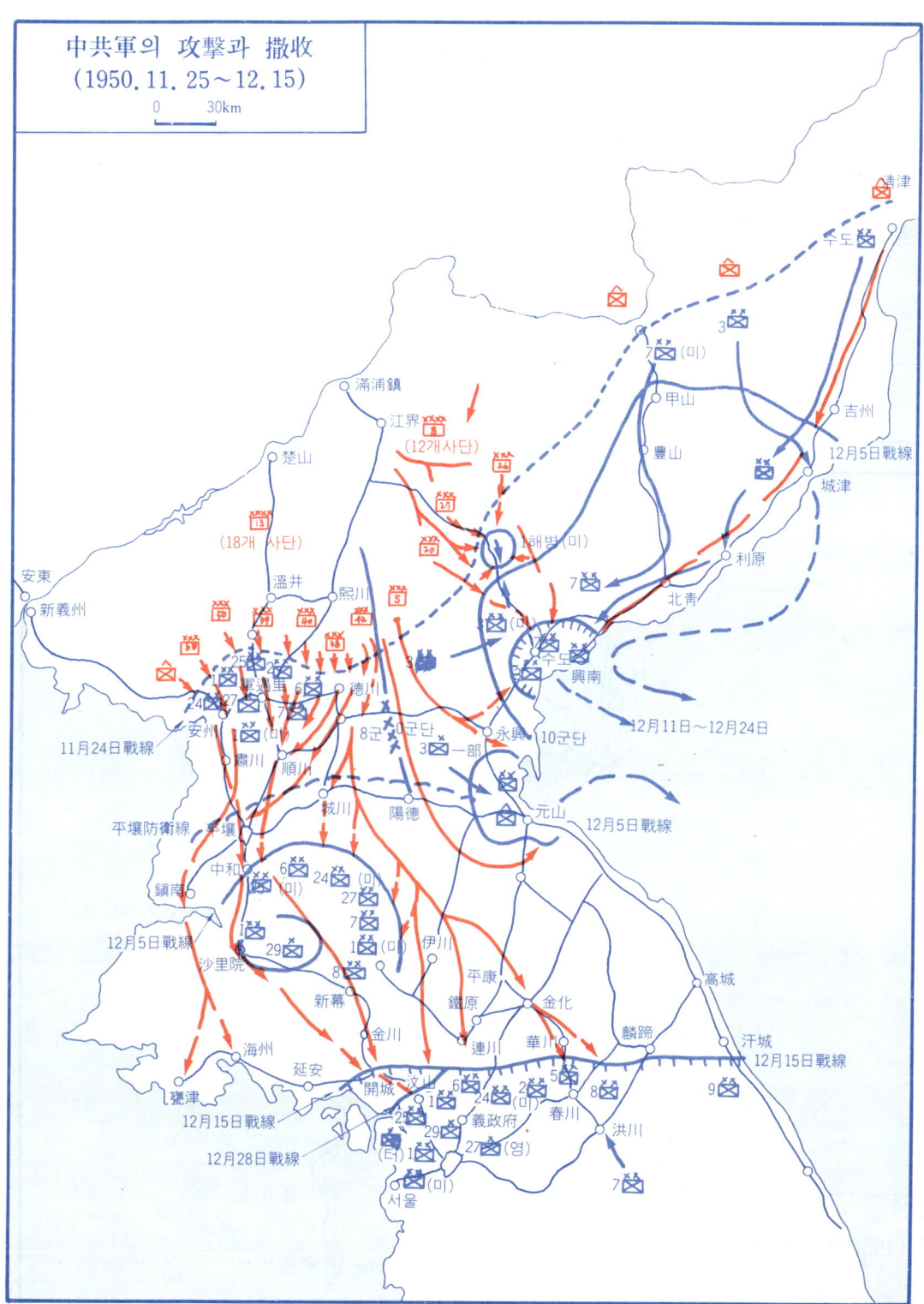

中共軍의 攻擊과 撤收
(1950. 11. 25～12. 15)

0   30km

滿浦鎮
江界
(12개사단)
楚山
(18개 사단)
安東
新義州
溫井   熙川
雲山
軍隅里   德川
安州
11月24日戰線
肅川   順川
成川   陽德
平壤防衛線   平壤
中和
鎭南
沙里院
12月5日戰線
新幕   金川
海州   延安
甕津
12月15日戰線
開城   汶山
義政府
12月28日戰線   春川
서울
洪川

滿浦鎮
甲山
豐山
吉州
12月5日戰線
城津
利原
北靑
興南
12月11日～12月24日
永興   10군단
8군단   3군단 一部
元山   12月5日戰線
伊川
平康   高城
鐵原   金化
連川   華川   麟蹄   汗城
12月15日戰線
7   (미)
3

601

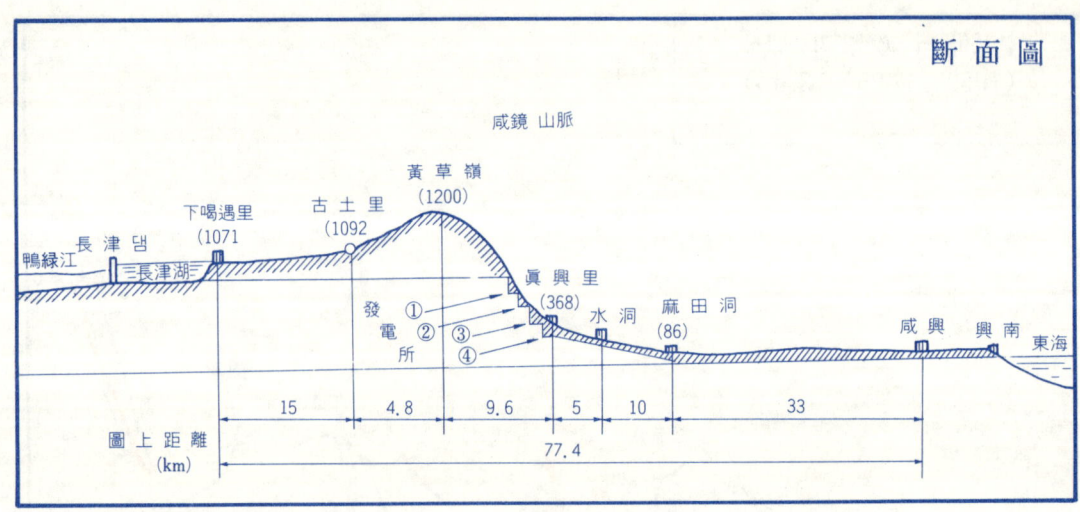

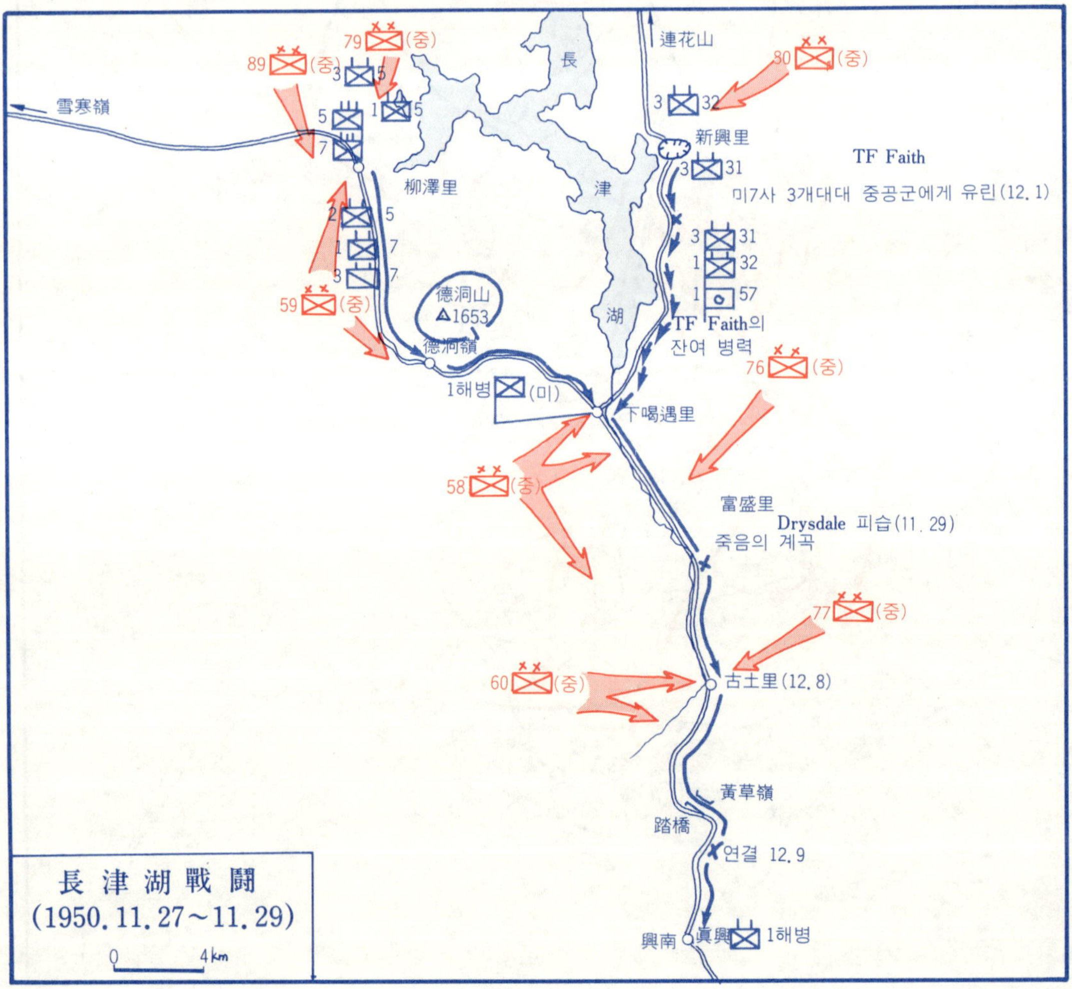

斷 面 圖
咸鏡 山脈
黃 草 嶺
(1200)
古 土 里
(1092)
下喝遇里
(1071)
長 津 댐
鴨綠江
長津湖
眞 興 里
(368)
發 電 所
①
②
③
④
水 洞
麻 田 洞
(86)
咸興
興 南
東海
15
4.8
9.6
5
10
33
圖 上 距 離
(km)
77.4

89 (중)
79 (중)
80 (중)
3 5
1 5
5
7
雪寒嶺
連花山
長
津
湖
3 32
新興里
3 31
TF Faith
미7사 3개대대 중공군에게 유린(12.1)
柳澤里
2 5
1 7
3 7
3 31
1 32
1 57
59 (중)
德洞山
1653
德洞嶺
TF Faith의
잔여 병력
76 (중)
1해병 (미)
下喝遇里
58 (중)
富盛里
Drysdale 피습(11.29)
죽음의 계곡
77 (중)
60 (중)
古土里(12.8)
黃草嶺
踏橋
연결 12.9
興南
眞興
1해병
0 4km

長津湖戰鬪
(1950.11.27~11.29)

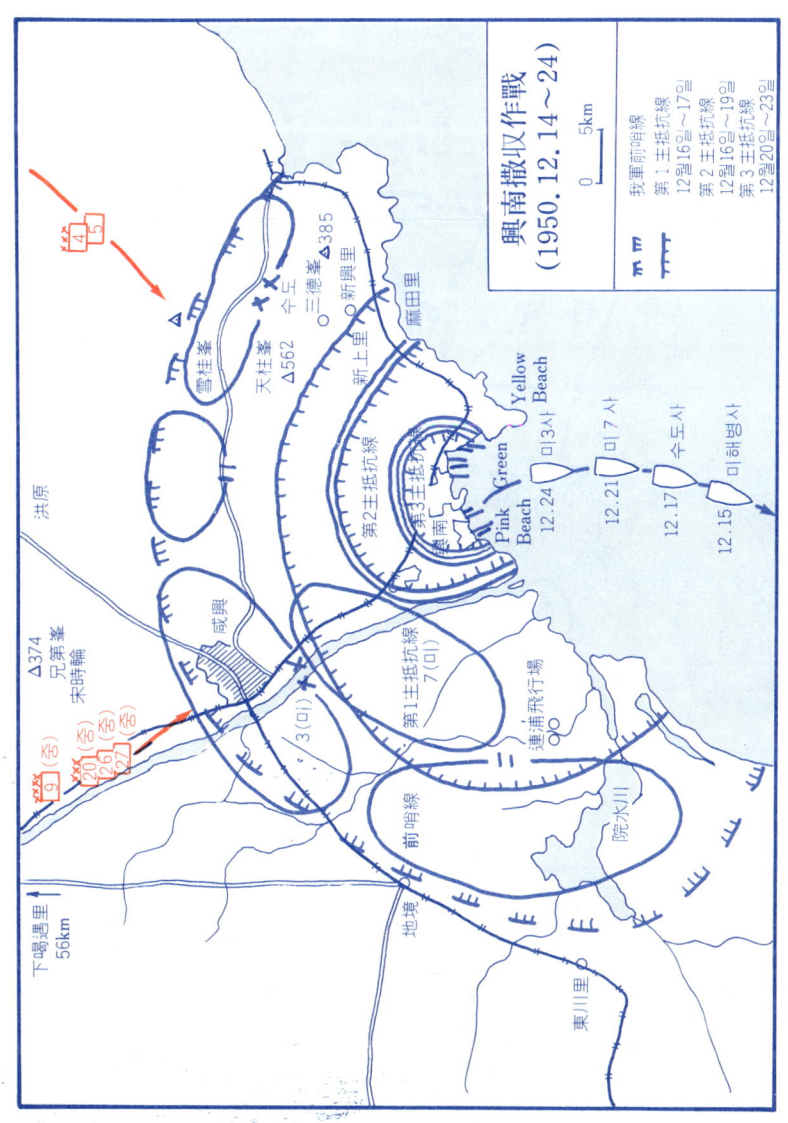

興南撤收作戰
(1950. 12. 14～24)

0   5km

我軍前哨線
第1主抵抗線
12월16일～17일
第2主抵抗線
12월16일～19일
第3主抵抗線
12월20일～23일

下碣隅里
56km

△374
兄弟峰
未時輪

洪源

△385
三德峰
新興里
雁田里

雪桂峰

天柱峰
△562
水도
新上里

咸興

連浦飛行場

地境里

第1主抵抗線
7(미)

3(미)

前哨線

第1主抵抗線

第2主抵抗線

第3主抵抗線

Pink
Beach
12.24

Green
Yellow Beach

미3사
12.21

미7사
12.17

수도사
12.15

미해병사

院水川

東川里

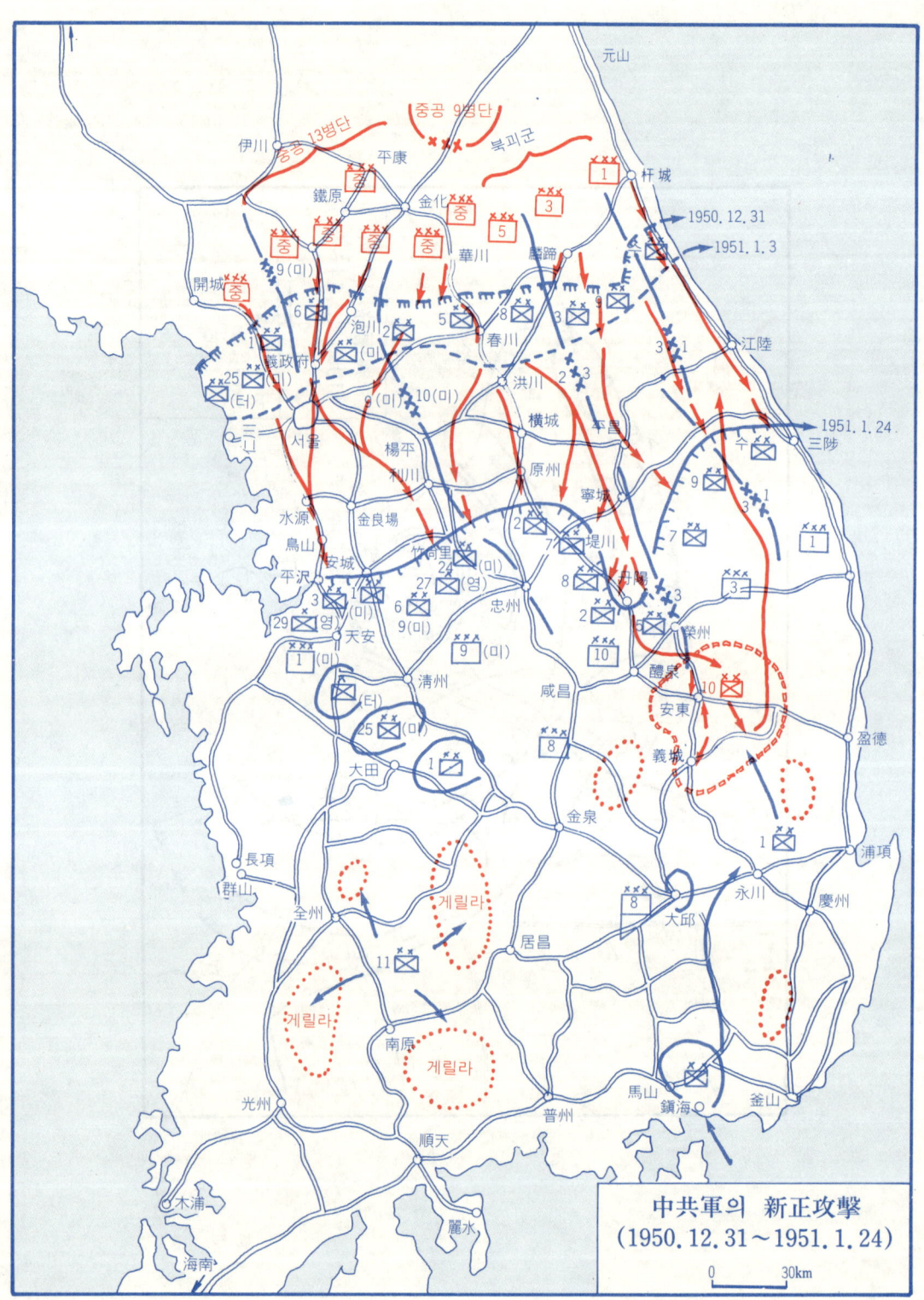

中共軍의 新正攻擊
(1950. 12. 31～1951. 1. 24)

0 ———— 30km

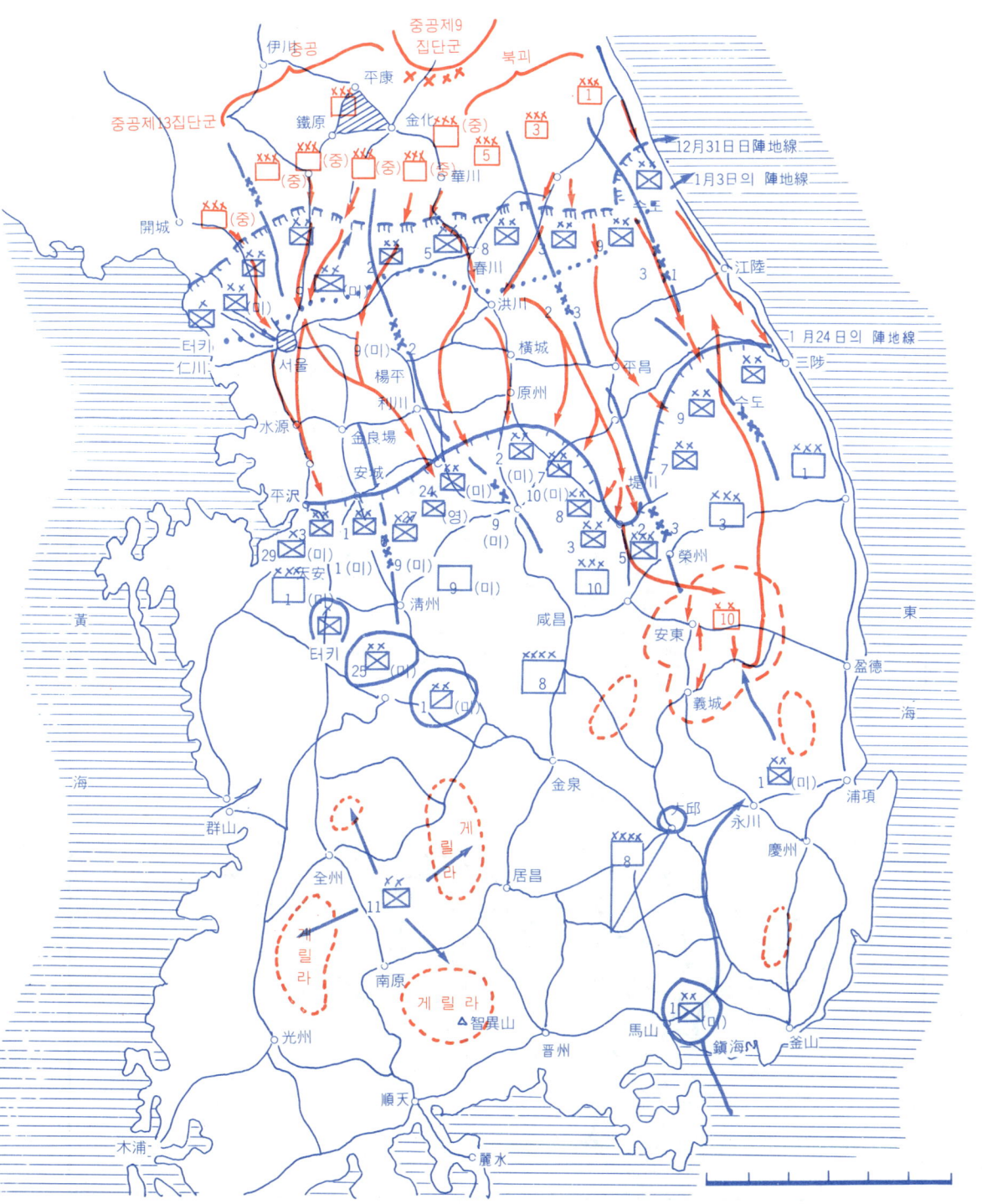

中共軍의 正月攻擊
(1950. 12. 31～1951. 1. 24)

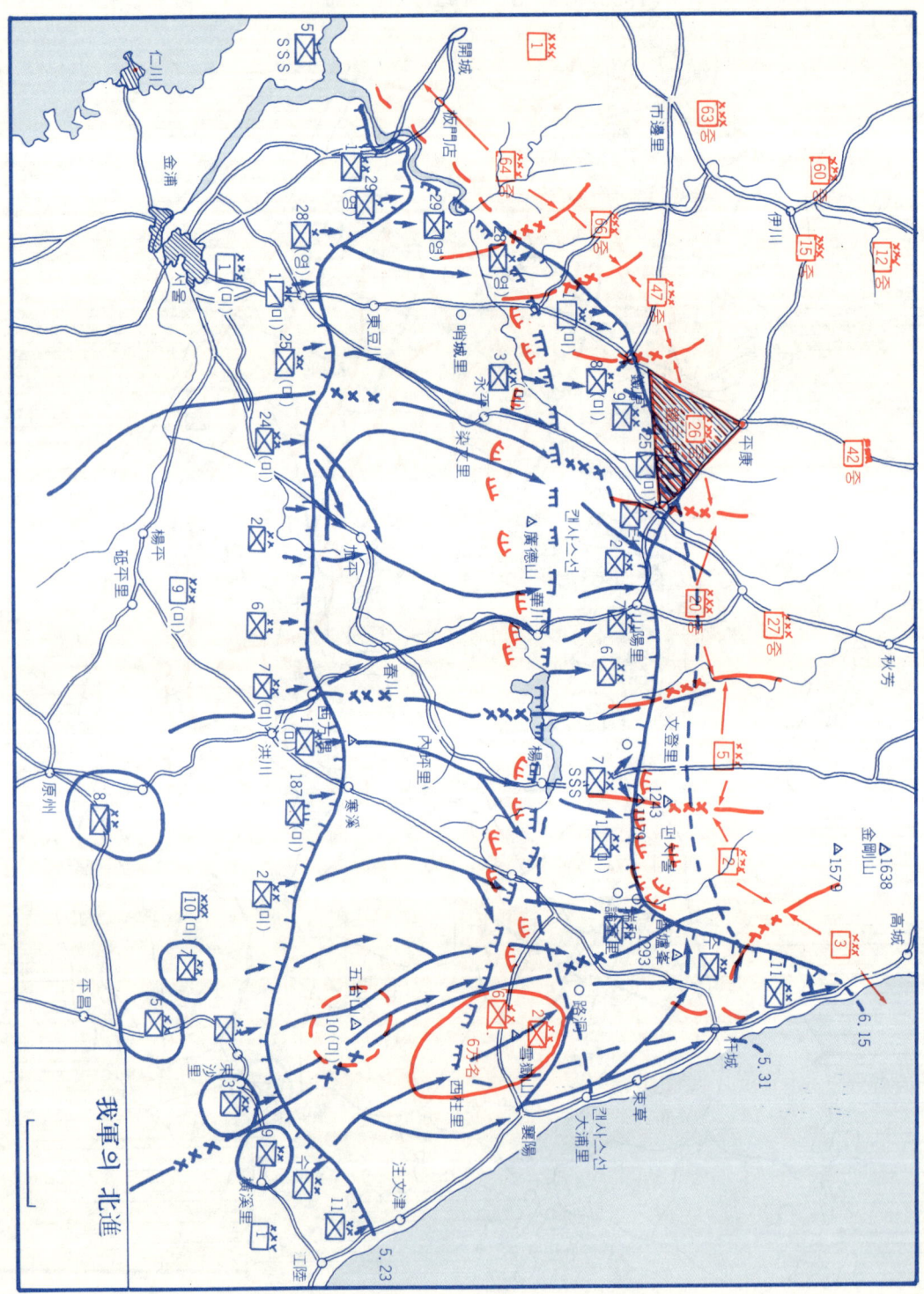

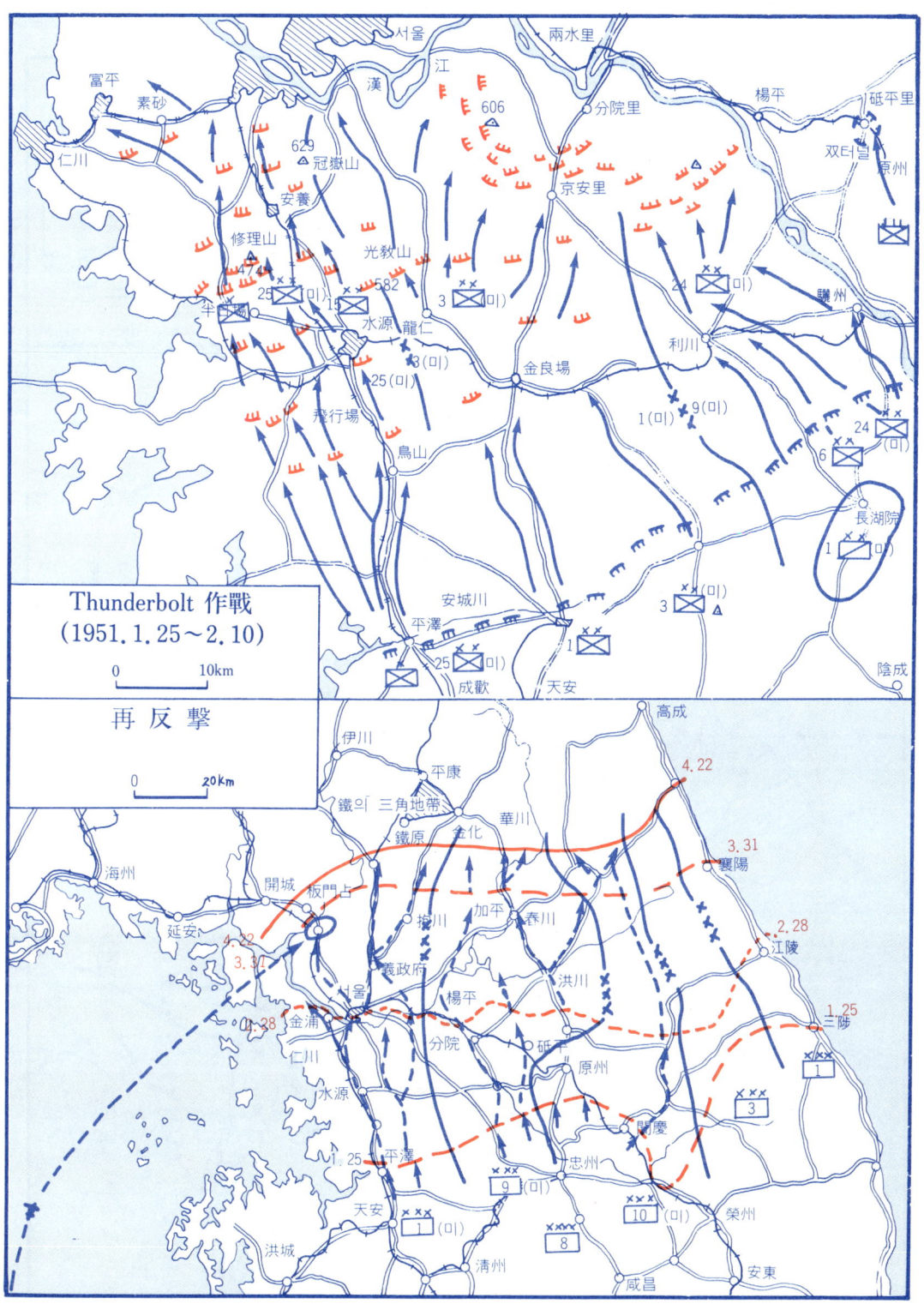

富平　素砂　　　서울　江　　　　兩水里

仁川　　　漢　　606　　　分院里　　楊平　砥平里

冠嶽山 629　　　　　　　　　　　　双터널 原州

安養

修理山 光敎山　582　　　京安里　24 (미)　驪州

半월 25(미) 3(미) 15 水源 龍仁　　利川　　6 24 (미)

飛行場 3(미) 25(미)　　金良場　1(미) 9(미)　　1 (미) 長湖院

烏山

安城川　　　　3 (미)

平澤　　　　1

25 25 (미)　　成歡　天安　　陰成

Thunderbolt 作戰
(1951.1.25～2.10)

0　　10km

再 反 擊

0　　20km

伊川　　高成

平康　　4.22

鐵의三角地帶　華川

鐵原 金化　　　　3.31 襄陽

海州　　開城 板門占　　　2.28 江陵

延安 4.22 3.31　抱川 加平 春川　　　　1.25 三陟

金浦 義政府 楊平 分院　砥平 原州　　1

4.38 仁川　　　　　　　洪川　　　　　3

水源　　　　　　　　　　　　　堤川　　10 (미)

25 平澤　　　　　　　忠州　　榮州　　安東

天安 1 (미)　　　9 (미)

洪城　　　清州　　　8

咸昌

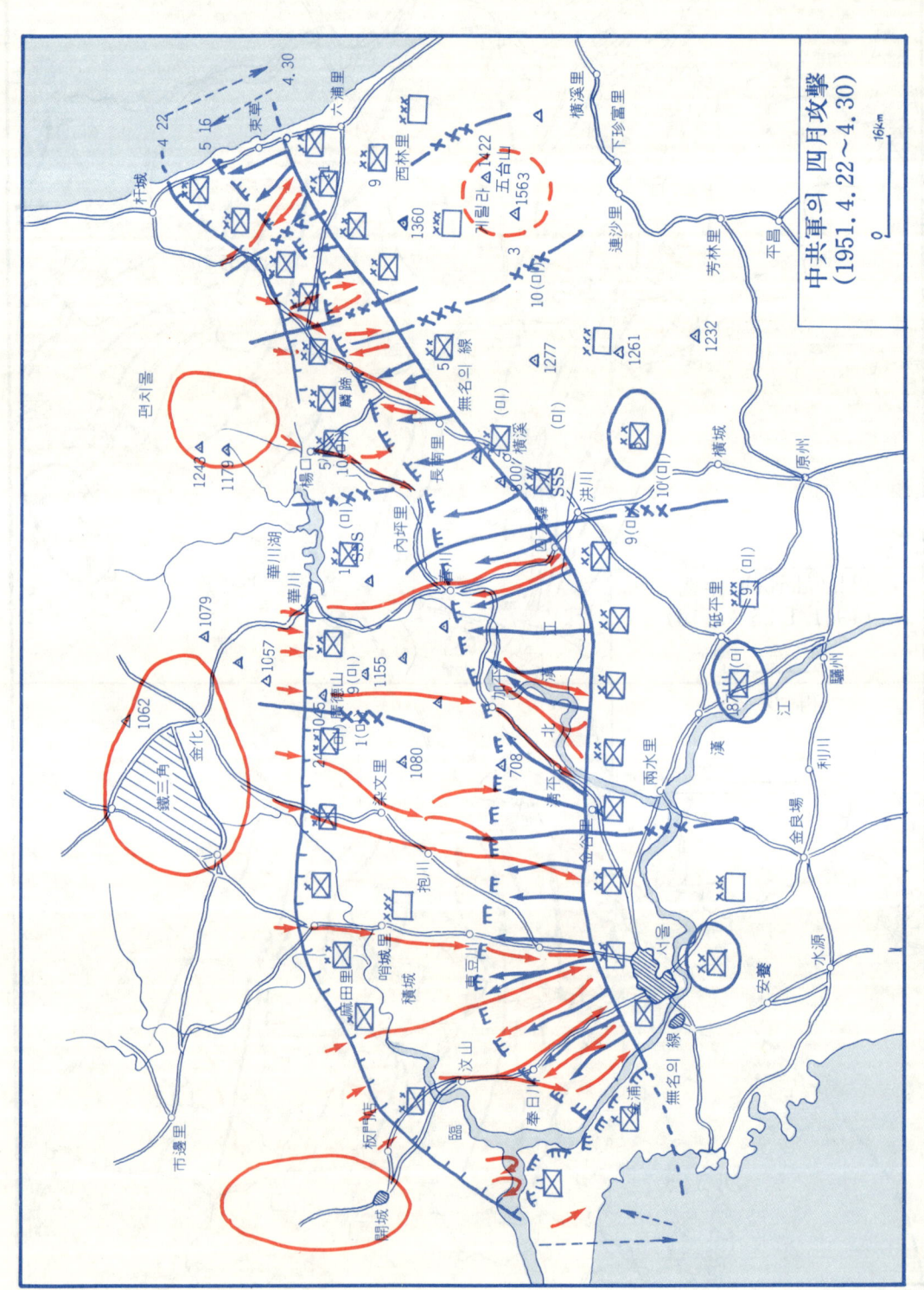

中共軍의 四月攻擊
(1951. 4. 22~4. 30)

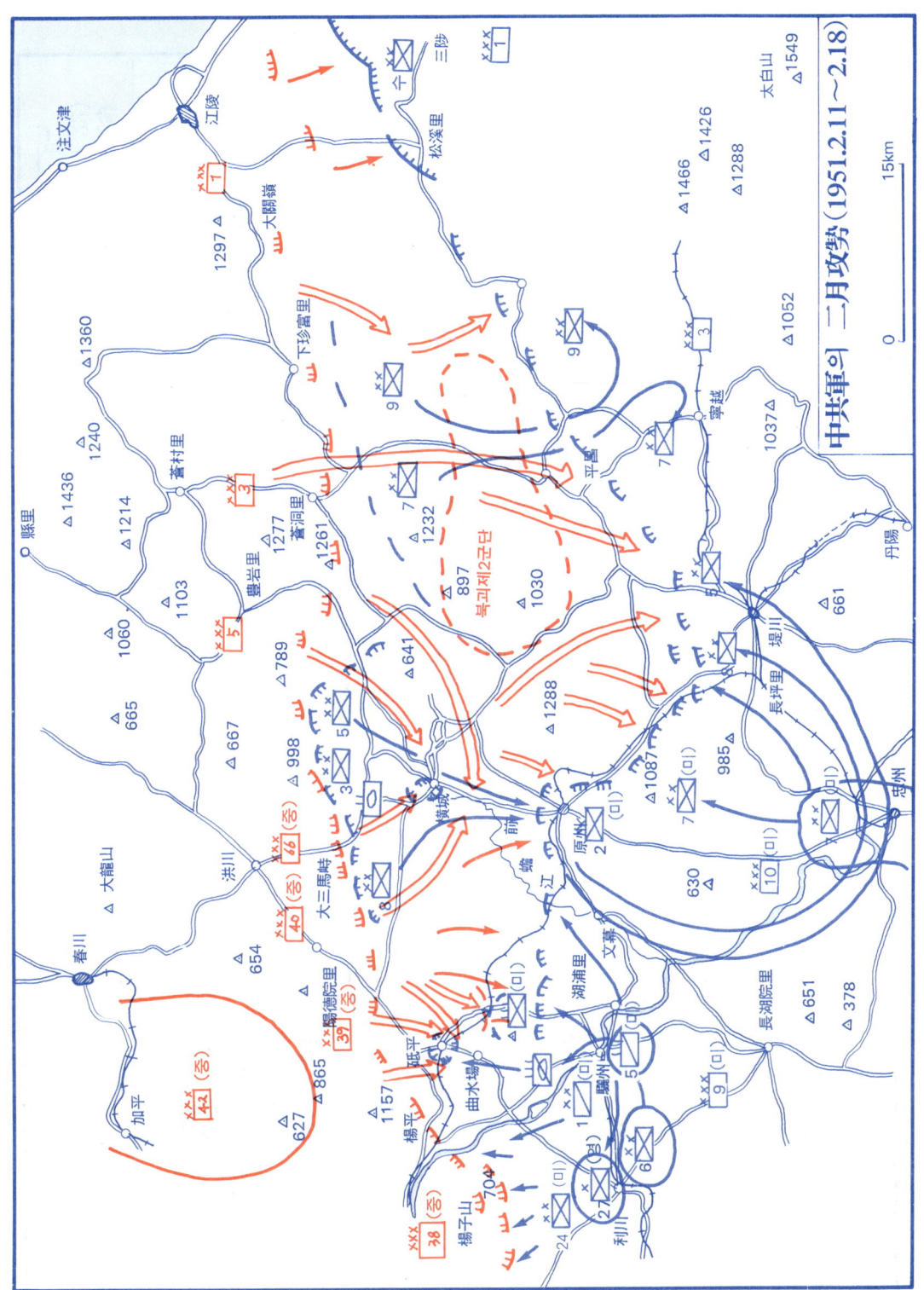

中共軍의 二月攻勢(1951.2.11~2.18)

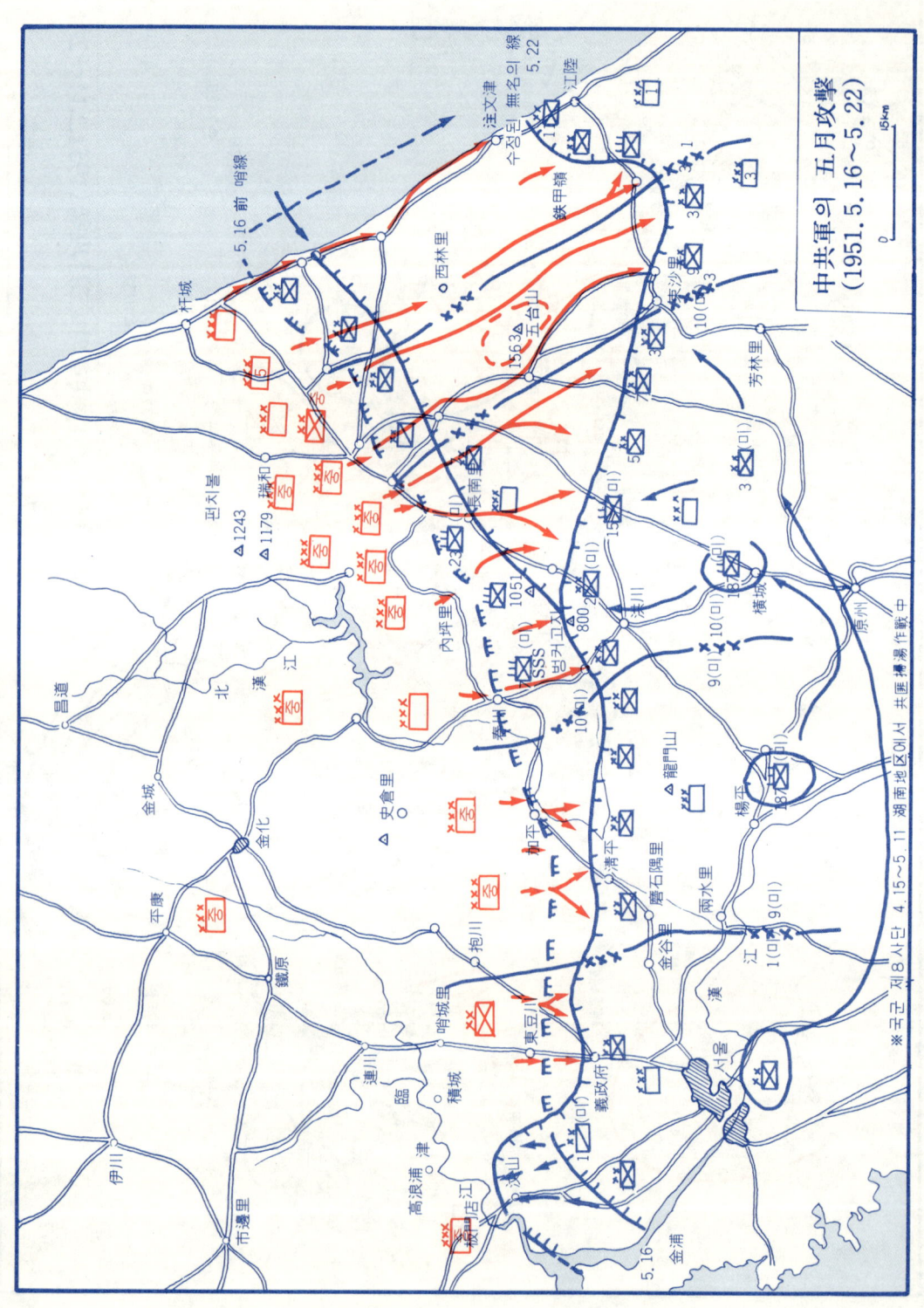

中共軍의 五月攻擊
(1951. 5. 16〜5. 22)

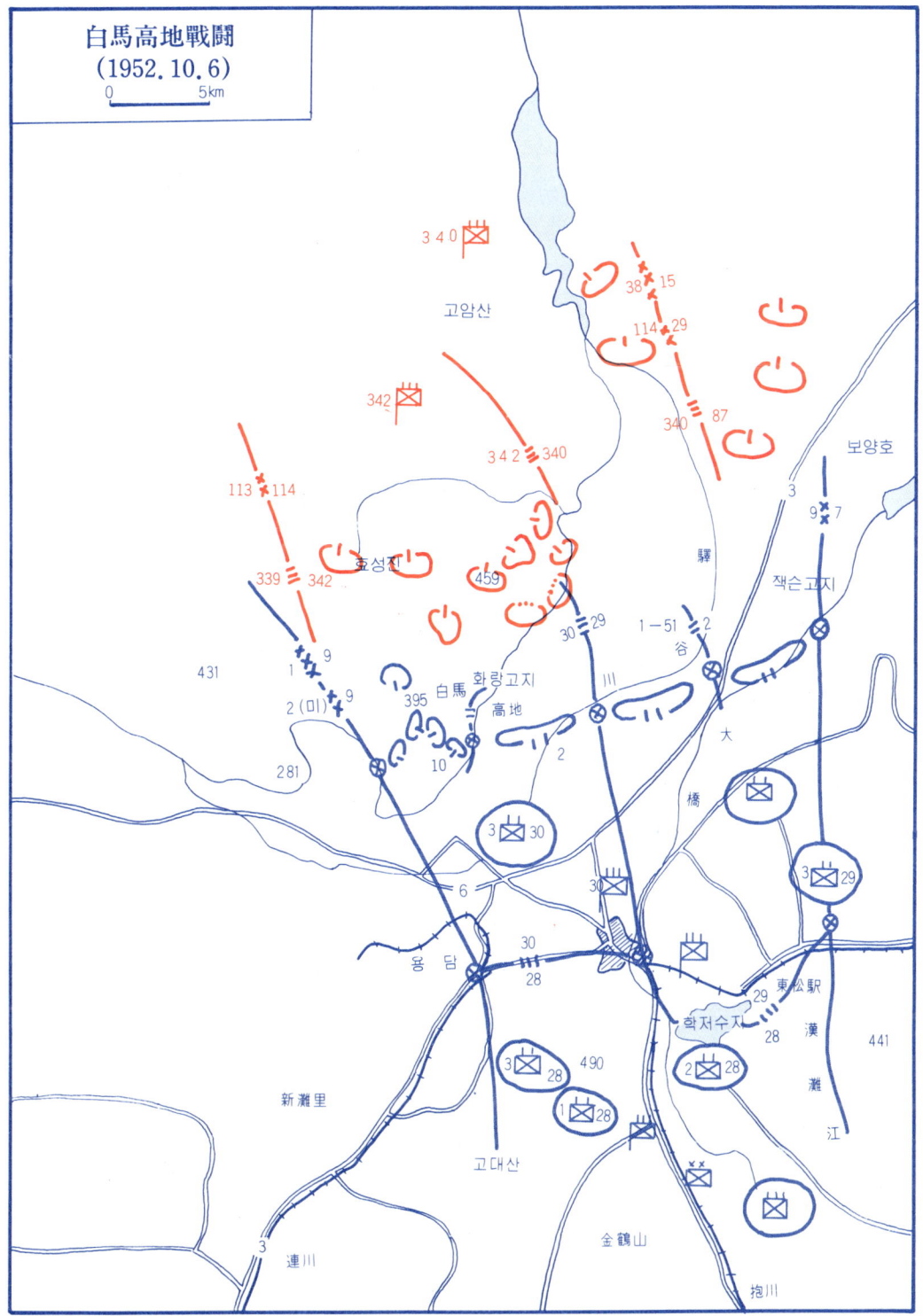

白馬高地戰鬪
(1952.10.6)

0　　　5km

고암산

340

342

113　114

金星川

339　342

342　340

459

431

2(미)

281

395　白馬 화랑고지
高地

10

38　15

114　29

340　87

驛

3　9　7

보양호

잭슨고지

30　29

1－51
谷

2

30　28

6

30

28

3　30

30

3

大

橋

29 東公駅

학저수지

28　漢

灘

江

441

3 29

3 490
28

1　28

2　28

新灘里

고대산

金鶴山

3
連川

抱川

눈으로 보는 韓國戰爭

우리공군 조종사 최초의 100회 출격을 동료들이 행가레로 축하해주고 있다.

▶전쟁직전, 북위 38°를
나타내는 경계선 모습

38°00'
N. LAT.

38선

▼ 개성시내 북쪽에 위치한 我軍 검문소.

◀ 하고 있다
산악 초소에서 我軍 장교들이 38선 북쪽을 감시

◀ 한강둑에서 적을 막기위해 방어전을 펴고 있는 국군들

▼상관에게 적진의 상황을 보고하고 있는 국군 병사.

▲ 아군병사가 영등포 방어선에서 서울시내쪽을 관찰하고 있다

◀ 57밀리 대전차포에 포탄을 재고 있는 한국군 병사

▶ 6월 27일 서울에서 수원으로 철수하는 駐韓美軍事顧問團

▲최초로 한국전에 참전한 스미드 부대원들이 鳥山으로 북상도중 하고 있다.

▲ 6월 28일 수원비행장에서 공산군의 공격을 받은 美C-54기

▲ 부서지기전의 한강 단선철교를 공산군탱크가 건너고 있다.

▲ 6월 29일 안양 상공에서 격추된 북한의 야크機.

▲물고기 한마리를 손에든 벌거숭이 피난민 어린이가
父母들과 함께 江을 건너서 南으로 내려가고 있다.

▲1950년 8월 낙동강을 넘는 피난민행렬이다. 모두 절망스러운 표정들이다.

▶ 소련대표가 불참한 가운데 열린 안전보장이사회 · 한국문제를 긴급토의했다.

◀ 6월 25일 UN 안보리 회의에 앞서 트리그브 리 UN 사무총장이 張勉 駐美대사에게 「이번 전쟁은 UN에 대한 도발」이라고 말하고 있다.

▲ 부산항에 도착한 연합군 병사들을 위한 환영식.

▶ 대전에 도착한 스미드 부대원들 · 이들은 일본에서 부산까지 空輸되었다.

▶많은 젊은이들이 전쟁에 참전하기 위해 전선으로 가고 있다.

◀폭격을 가하고 있다. 미군의 B—29폭격기가 공산군 집결지를 향해

▶부서진 낙동강 철교를 사이에 두고 적과 대치하고 있는 유엔군.

▶ 金八峰(左)와 全南弘씨가 지금의 국회의사당 앞에서 인민재판을 받고 있다.

▶ 길가에서 의용군을 모집하고 있는 북한군.

◀ 국민학교 운동장 · 모집된 의용군들이 모여있는 서울일신

▲ 북한의 목표물들을 향해 출격하는 B-29중폭격기.

▶ (조치원에서) 미군 공병대 병사들이 교량폭파를 준비하고 있다.

▲ 낙동강 유역의 피난민들이 미군 주둔지역으로 가기위해 강의 얕은쪽에서 대기하고 있다.

▶ 美, 제1기갑사단이 韓國戰爭에 참전
하기위해서 浦項에 上陸하고 있다.

◀ 1950.9.15 仁川上陸 작전이 시작됐다
上陸艇에서 仁川港으로 突進하는 UN
兵士들. 세계戰史上 유례없는 상륙成
으로 한국전쟁은 반전됐다.(右側 하단

▼ 仁川上陸 작전의 주역들. 맥아더 司令官을 中心으로
左 해병대 司令官 세파트 中將, 右는 휘드니 少將이 仁
川으로 향하고 있다.

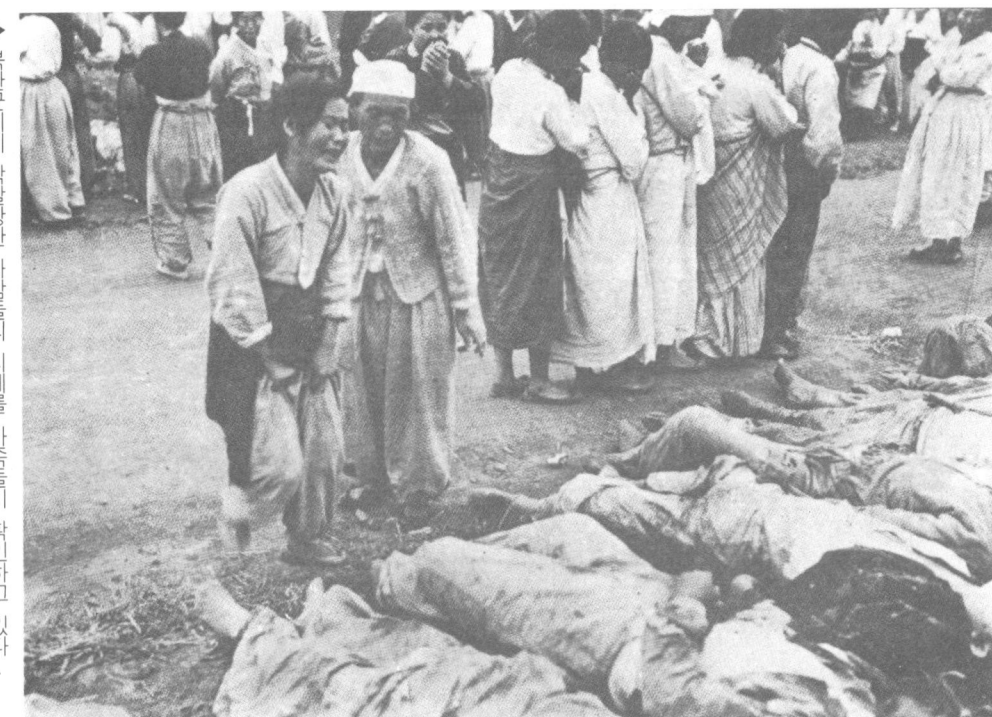

▶ 북한군에게 학살당한 사람들의 시체를 가족들이 확인하고 있다.

▶ 대전형무소에서 처형당한 3백여구의 시체.

▲ 경인가도를 따라서 서울로 진격중이던 한·미해병대였다·
한 美軍이 지뢰를 밟고 즉사한 전우의 맥을 짚어보고 있다·이들은

▲ 유엔군의 진격을 환영하는 시민들.

▲ 청주 주민들이 북진하는 국군을 환송하고 있다.

▲ 주민의 환영을 받으며 청주에 入城하는 美 제 1 기병사단.

▲부상이 심한 美 해병대 兵士가 아픔을
참을 수 없어 피로워하면서 찌프에 실려
후송되고 있다. 1950.9(낙동강 전선)

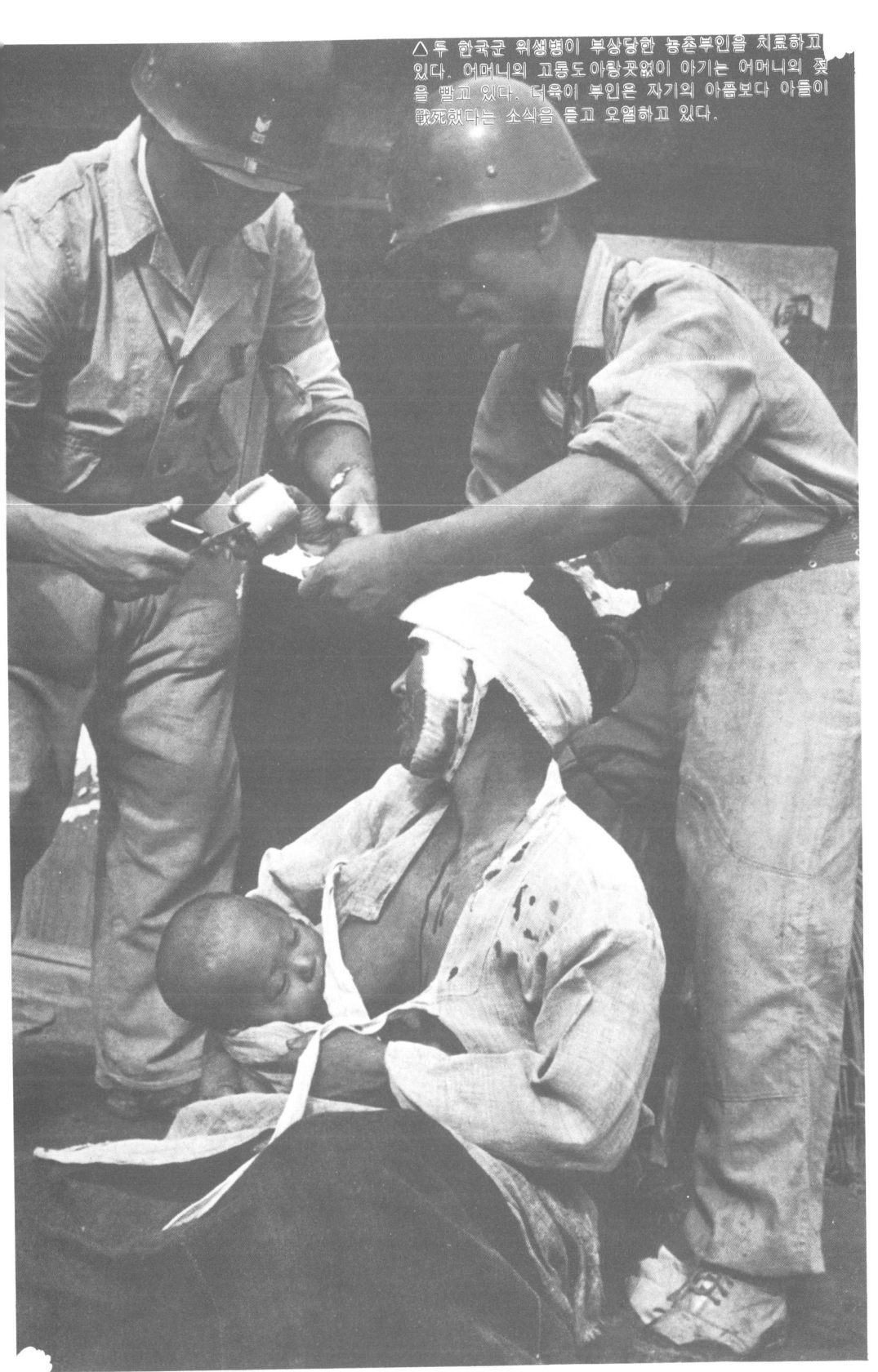

△두 한국군 위생병이 부상당한 농촌부인을 치료하고
있다. 어머니의 고통도 아랑곳없이 아기는 어머니의 젖
을 빨고 있다. 더욱이 부인은 자기의 아픔보다 아들이
戰死했다는 소식을 듣고 오열하고 있다.

▲ 한 병사를 붙잡고 감격의 눈물을 흘리는 여인.

▲미군병사가 "트루먼대통령에게 드리는 선물─귀하의 부하들로부터(To Harry from his M.P.'S)"란 낙서가 씌여진 스탈린 초상앞에서 웃고 있다.

▲ 중앙청 탈환후 국기게양대에 다시 올려지는 감격의 태극기.

U ARE CROSSING
THE 38ᵗʰ PARALLEL
COURTESY ᵒᶠ 3ᴿᴰ R.O.K. DIV.

년 10월 1일 東部전선에서 수도사단
단이 앞을 다투어 38선을 넘었다. 사
사단 23연대병사들이 38선상에 표지
우고 기념촬영을 하고있다.「귀하는
3선을 넘고있다」

◁백마고지전투를 승리로
이끈 9사단 金左春중령이
훈장을 받고 있다.

▶ 평양 入城을 준비하고 있는 국군 제 5816 부대

▲ 김일성광장에서 평양탈환 및 유엔군 환영 시민대회가 열렸다.

국군들이 질서정연하게 平壤시에 入城하는 모습

▼ 한국 해병과 미·해병 제1사단의 공중지원을 받으며 원산 해안에 상륙하고 있다.

▲ 군복을 벗기운 포로들이 UN군에 의해서 호송되고 있다. UN군 병사들은 北쪽의 산악 지대를 경계하면서 포로들을 후송하고 있다.

▲ 1951년 춘계 中共軍의 대공세에서 1만여 명의 中共軍이 투항했다. 부상병들도 포함된 中共軍포로들이 후송되고 있다.

▲ 開戰초기에 붙잡힌 美軍포로들이 강제동원되어
美國의 간섭을 중지하라고 주장하는 프랭카드를 들
고 서울시가를 행진하고 있다.

▲ 서울탈환·작전 1950.9.27. 연희동 뒷산에서 완강히 저항하는 敵兵에게 砲 이 계속되고 한국군 해병들이 이를 여유있게 지켜보고 서있다.

▲ 압록강에서 長津까지 퇴각하는 길에서 크리스마스를 맞은 美軍 兵士들에게 성탄절 디너를(레이션 깡통) 나누어 주었다. 디너를 손에든 병사의 얼굴은 허탈하기만 하다. (下)

▶ 북한군에게 점령된 마을이 아군의 포격에 의해 파괴되고 있다.

▲ 전사자의 꼬리표를 말뚝고 있는 병사의 옆에서 두려움에 떨고 있는 전우를 품에 안고 위로하고 있는 미군 병사.

△ 1950년 9월 20일 이튿 아침 仁川에 상륙한 美10군단장 아몬드 장군이 (가운데 적열모를 쓴 사람) 北韓에서 저항을 계속하고 있는 敵情을 시찰하고 있다.

▲ 두번째 서울을 中共에게 넘겨준 UN군이 反戰을 개시, 前進하고 있다. (51년 2월의 중부전선)

▲ HRS—1형 헬리콥터가 UN軍을 긴급 수송하고 있다.

부상병들을 들것으로 운반하고 있는 미군 위생병들

▲ 파괴된 적의 탱크를 지나 전진하고 있는 미군 병사들 · 두 명의 민간인이 한 부상자를 실어나르고 있다 ·

▲ 美10군단장 아몬드장군이 중공군 포로를 신문하고 있다.

▲ 압록강에 도달한 UN군이 北岸의 中共영토에
적의 집결지를 向해 박격포를 쏘고 있다.

三八線 突破와 北進

▲ 압록강에 도달한 국군 병사가 수통에 물을 담으며 감격하고 있다.

◀離韓직전에
李대통령과 국
군 3 군 의장대
를 사열하고
있는 아이크,
클라크 유엔군
사령관.

◀한국군 제 1
사단 본부를
방문한 밴플리
트 8군사령관
과 아이크.

◀인천상륙 직
전, 적진을 살
피고 있는 맥.
아더 원수.

▶워커의 후임으로 온 8군사령관 리지웨이 장군의 전선 시찰.

▶美顧問들과 孫元一해군참모총장.

▶전황을 듣고 있는 白善燁 제1사단장

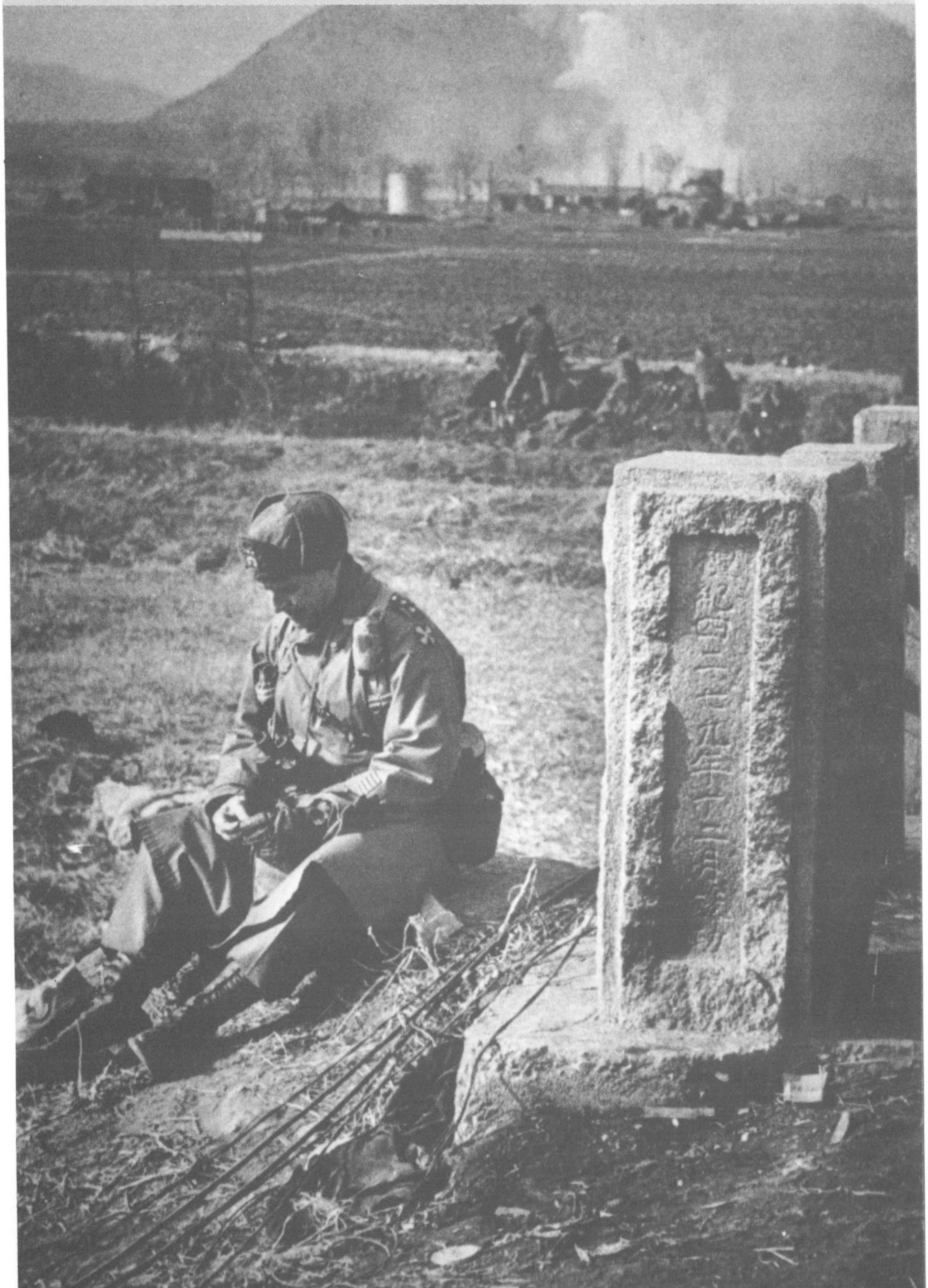

▲ 리치웨이 將軍이 최전선을 시찰한후
잠시 새로운 작전구상을 하고 있다.

▲ 워커 장군의 후임으로 8군 사령관에 부임했을 당시 첫대면한 맥아더와 리지웨이.

타일랜드

UN참전군 의

터어키

영국군

프랑스

군습

▲흥남부두에 몰려든 피난민들, UN軍의 뒤를 따라 南쪽으로 피난을 하려 했으나 陸路가 中共軍에 의해 차단되자 興南으로 몰렸다. 수송선 빅토리아 호가 피난민의 수송을 위해 부두에 정박했다. 피난민들 속에는 UN군의 철 모를 주워 쓰고 있는 사람들이 많이 보인다. (라이프誌의 덩컨 기자)

▲美해병들이 수송선에 오르고 있다.

▲ 中共의 침입으로 UN軍은 12월의 퇴각을 단행했다.
사진은 平壤시민들이 UN軍의 퇴각을 뒤따라서 폭파된
大同橋를 위험한 곡예와 같이 넘어서 南으로 피난하고
있는 모습이다. 1950.12. 라이프誌

▲유엔안보리에서 소련대표 말리크가 한국전에 개입한 중공군의 철수요구에 대해
비토하고 있다.

▼개성에서의 유엔군측 휴게소였던 인삼장.

▲개성으로 출발하려는 휴전회담 유엔군 대표들과 기념촬영하는 리지웨이장군(右에서 두번째).

▼ 제1차 휴전회담 본회의에 참석한 공산군측 대표들.
　左로부터 謝芳, 隆華, 南日, 李尚朝, 張平山.

▲ 최전방 구호소의 응급조치. 중상을 입은 병사들이 수혈을 받는동안 軍牧이 경건한 기도를 들이고 있다.

▲ 1950.12 압록강까지 진격했던 UN군이 中共軍의
으로 전세가 악화되어 興南을 향해 轉進하고 있다
들은 中共軍의 추격과 매서운 추위와 싸워야 했
라이프誌 덩컨

▲ 치욕의 長津湖전투에서 UN軍이 咸興을 향해서 철수하고있다. 길가에는 시체가 늘어져있다.

◀ 미해병대가 중공군의
저지를 뚫고 長津湖에서
후퇴하고 있다.

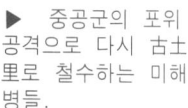 

▶ 중공군의 포위
공격으로 다시 古土
里로 철수하는 미해
병들.

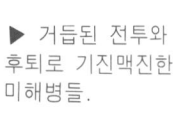 

▶ 거듭된 전투와
후퇴로 기진맥진한
미해병들.

▼ 백마고지를 탈환한 제 9 사단 30연대 1대대 장병들이 만세를 부르고 있다.

◀ 보고하고 있다.
吳定根소위와 전령들이 김일성고지 점령후 전진상황을 중대 본부에

▲1950년 10월 中共軍이 참전했으나 그 실체를 찾지 못했다. 11월 10일 UN군은 공격을 계속하기 위해 수색전을 폈고 처음 UN軍에 체포된 中共軍포로.

▲ 서울을 탈환하기 위해서 한강을 진격해 들어가는 미 해병대 뒤로 총소리에 놀란 듯 철모를 쓰고 귀를 막은 두 어린이가 앉아 있다. (데이비드 더글라스 덩컨)

▲죽은 어머니의 시체옆에서 며칠을 굶주린 戰爭
고아. UN軍이 먹을 것을 주었지만 굳은 표정은
아무것도 관심이 없는 것 같다. (라이프誌의 루제)

附 錄 ③

UN의 反應

UN의 文書, 결의안, 성명서, 보고서, 연설문,

北韓응징을결의

UN文書 目錄

UN安保委 결의문 ① ② ③ ④

UN韓國委 결의／UN軍사령부에 대한 권고와 건의

中共침략자 규정／美, 결의안

中共斷罪 UN결의안

駐, UN 美대사, UN에서 연설문

駐, UN 美대사, 리 총장에게 보낸 서한

한국 국회에서 UN에 보낸 서한

UN韓委가 UN총장에 보낸 보고

駐UN大使가 UN安保理에서의 연설문

韓國 외무장관이 총장에게 보낸 전문

리 총장이 美國務長官에 보낸 전문

주 소·미大使가 소, 外相에 보고문

UN安保理 결의안 ⑤

인도外相이 UN총장에 보낸 서한

· 6.25사변 1주년 기념, UN韓委議長성명

· 유엔 韓委의장, 對南北동포에 방송

· 유엔군사령부 韓國民에 대한 격려 전단

· 유엔 停戰명령에 대한 중공정부의 회답

· 유엔 리 사무총장, 6·25사변 1주년 기념성명

· 아시아·아랍 13개국, 유엔政委에 한국 停戰共
同決議案을 제출

· 유엔총회에 보낸 對韓停戰委員團의 보고서

· 유엔 소련대표 마리크연설 중 정전에 관한 부분

· 韓國에서의 「UN」군의 성공을 보고

· 韓國정전위원단 추가 보고

· 주한 미대사가 미국무장관에게 보낸 전화보고

· 트루먼대통령 방송, 우리는 왜 韓國에서 싸우
고 있는가

外國元首들의 연설 및 담화

· 韓國사태에 관한 트루먼대통령의 성명

· 트루먼대통령의 맥아더원수 해임 명령서

· 미국대통령의 성명

· 백악관이 발표한 보도자료

· 韓國動亂과 일본의 입장, 일본 外務省 정보부
발표

689

우리는 왜 韓國에서 싸우고 있는가

트루먼대통령 방송,

1950년 9월 1일

오늘밤 나는 여러분에게 韓國에 관하여 왜 우리는 거기 가 있는가, 그리고 우리의 목적은 무엇인가에 대하여 말하고자 합니다. 내가 이야기하는 이 시간에도 우리나라 수많은 가정의 아들·형제·남편들이 韓國에서 싸우고 있습니다.

나는 여러분의 생각과 희망이 언제나 그들과 함께 있다는 것을 알고 있으며 나 자신도 그렇습니다. 우리 병사들은 인류의 자유를 위한 영구한 투쟁에 종사하고 있습니다. 우리 병사들과 기타 자유국가 병사들은 생명을 내걸고 자유세계의 大義를 수호하고 있는 것입니다. 그들은 평화는 지구상의 법칙이 되어야 한다는 명제를 위하여 싸우고 있는 것입니다.

우리는 전력을 다하고 전심을 경주하여 그들을 원조하여야 하며 원조할 것입니다. 우리는 이 지상의무를 위하여 다른 일을 제쳐놓아야 할 것입니다. 이보다 더 정당하고 중요한 목적은 없었습니다. 다수 국가의 병사들이 전세계에 법의 지배를 유지하기 위하여 한 깃발 아래서 싸우는 것은 유사 이래 처음있는 일입니다. 이는 감격할 사실입니다.

만일 법의 지배가 유지되지 않는다면 우리는 앞으로 또하나의 세계대전에 대한 공포와 극도의 혼란을 예기할 수 밖에 없을 것입니다. 우리들로서는 이러한 일이 일어나지 않도록 하여야 할 것입니다.

두 달 전에 공산제국주의는 지하공작과 顚覆과 상투적 전술로부터 작은 韓國에 대하여 무참한 공격으로 옮겼습니다. 이 일이 생기자 세계의 자유, 평화 애호 국가들은 두 가지 가능한 진로에 직면하였습니다. 한 길은 공산주의 침략자가 진격하여 희생자를 倂呑하는 동안 우리의 행동은 외교적 항의에 그치는 것이었습니다. 그것은 유화책이었을 것입니다. 만일 1930년도의 역사가 우리에게 무엇인가 가르치는 바가 있다면 그것은 독재자의 유화는 세계대전으로 가는 확실한 길이라는 것입니다. 만일 韓國에 있어서의 침략의

성공이 허용될 것 같으면 타처에서 새로운 침략행위를 공공연하게 초래하게
될 것입니다.

또 하나의 길은 자유세계가 취한 것입니다. 국제연합은 무력침략에는 무
장군대로 대한다는 역사적 결정을 한 것입니다. 이 결정의 효과는 韓國뿐만
아니라 모든 지역에도 미쳤을 것입니다. 국제연합이 취한 이러한 단호한 행
동은 세계평화 달성에 대한 우리의 최대의 희망입니다.

위협을 받고 있는 것은 여러분의 자유와 나의 자유입니다. 위태롭게 되어
있는 것은 신앙의 자유, 의사표시의 자유, 우리 자녀교육의 자유, 직업선택
의 자유, 우리들 자신의 장래에 대한 계획수립의 권리 그리고 공포없이 생
활하는 자유를 향유하는 자유로운 생활방식입니다. 이러한 모든 것은 韓國
에서 침략을 진압하는 국제연합의 현재 활동에 연결되어 있습니다. 만일 어
느 한 곳에서라도 자유가 말살된다면 우리 자신의 자유를 유지하는 것도 기
대할 수 없을 것입니다. 그런고로 이 과업에 있어서 우리의 역할을 하는 데
美國人이 단결한 것입니다.

과거 5년간 자나깨나 공정하고 항구적인 평화를 달성하려고 노력해 왔습
니다. 우리는 다른 모든 나라와 평화롭게 살자는 우리의 희망을 모든 가능한
방법으로 입증하여 왔습니다. 우리는 전세계 인민의 자유와 독립을 위하여
노력해 왔습니다. 대부분의 국가는 이 우리의 노력에 협력하였으나 蘇聯과
그 위성국가는 공정한 평화를 달성하자는 모든 노력을 부단히 방해해 왔던
것입니다.

蘇聯은 국제협조정책을 반복 위반하여 왔습니다. 그리고 인접국가의 독립
을 유린하였습니다. 뿐아니라 제가 통치할 수 없는 국가는 와해시킬 기도를
해왔습니다. 蘇聯은 자국 방위의 소요를 훨씬 초과한 막대한 군대를 건설하
였습니다. 공산제국주의는 평화를 말하면서 침략을 실천하고 있습니다. 이
러한 정세하에 자유국가들은 공산주의자들의 침략적 계획에 대항하여 부득
이 자신을 보호할 방법을 취하지 않으면 안되게 되었습니다. 자유국가들이
제2차 세계대전이 끝난 후 수년동안에 평화와 자유를 위하여 공동 노력하자
는 공통된 결의를 하였으므로 美國은 韓國에서와 같이 행동할 수 있는 것입
니다. 美國人은 누구든지 우리나라가 이와 같이 행한 역할에 대하여 만족한

마음을 가질 수 있습니다. 우리는 한걸음씩 자유국가간의 조화와 역량을 창조하는데 주도적 역할을 해왔습니다. 우리의 지나온 단계의 기록은 인상깊은 것이었습니다. 그 중 몇가지를 여러분께 말하고자 합니다. 1945년에는 美國은 국제연합을 샌프란시스코에서 창립시키는데 협력하였습니다. 1946년에는 美國은 공산주의 침략에 대하여 이란을 보호하고자 국제연합이 취한 유효한 행동에 전폭적 원조를 하였던 것입니다. 1947년에는 그리스와 터어키에 대하여 이들 2개국이 공산주의의 공격과 위협으로부터 그들의 독립유지에 도움이 된 군사적, 경제적 원조를 시작했습니다.

역시 1947년에는 리오 데 자네이로조약에 의하여 우리는 美 대륙의 다른 국가와 더불어 서반구의 안전을 보장하기 위하여 참가하였습니다.

1948년에는 마샬案으로 유럽의 공산주의로 말미암은 멸망을 저지하였으며 이로 인하여 그후 강력한 경제적 체제를 세워서 자유국가들로 하여금 일층 단결하게 하였습니다.

1948년과 1949년의 베를린空輸는 자유국가들을 西部베를린의 민주주의 전초지점에서 축출하려는 蘇聯의 노력을 패배시켰습니다. 1949년의 북대서양조약으로 북대서양 국가들은 그들의 자유를 수호하는데 협력하여 대항하겠다는 것을 약정하였습니다.

오늘, 1950년에는 우리는 자유국가의 공동방위강화를 위한 일층 강력한 군사원조계획을 가지고 전진하고 있습니다. 자유와 공산제국과의 투쟁에서 이루어진 이러한 업적은 자유국가들을 일층 단결시켰습니다.

공산주의운동이 韓國에서 공공연한 무장침략으로 전환하였을 때 자유국가들의 응답은 신속하였습니다. 국제연합의 59개국 중 53개국은 이 도전에 응하는데 참가하였습니다. 30개국은 이 침략을 진압하기 위하여 국제연합적 원조를 약속하였습니다.

지금까지는 전투의 선봉을 韓國軍과 美軍이 담당하고 있습니다. 이에 濠洲·캐나다·프랑스·영국·네덜란드 그리고 뉴질랜드가 해군을 파견하였으며 지금 국제연합군 사령관 지휘하에 활동하고 있습니다. 호주·캐나다·영국에서 파견된 항공기는 지금 작전에 참가하고 있습니다. 지상부대는 태국·필리핀·터어키·호주·프랑스·기타 제국에서 제공키로 되었습니다. 영국군의 일부는 한국에 상륙하였으며 그보다 다수의 군대가 지금 來韓 도중에 있습니다. 이러한 전 군대는 국제연합 깃발 아래서 국제연합군 사령관 맥아더장군의 지휘하에 활약할 것입니다. 우리 병사들은 용맹한 韓國 전우들과 함께 난국을 담당하고 있습니다. 8주 이내의 시일에 미군 5개 사단이 전투에 참가하였으며 그 중에는 6천리 이상되는 기지에서 간 사람도 있습니다. 더 많은 병사가 한국을 향하고 있습니다. 여러가지 곤란한 조건하에 전투하는 미군은 압도적으로 다수인 공산침략군을 저지하였습니다.

우리 해군과 공군은 침략군의 군사기지와 보급선에 공격을 가하여 왔습니다. 그들은 진실로 용감하게 싸워왔습니다. 우리들 특히 우리들중의 노병들은 우리 나라를 위하여 자유를 창조하고 그를 수호해 나온 그들의 장구하고 명예로운 역할을 한 용사들이 얼마나 훌륭한가를 알고 있습니다.

韓國의 군인들은 그들의 자유를 위하여 맹렬히 싸워왔습니다. 독립을 유지하려는 남한인의 결의는 전선에서 싸우는 병사들의 용맹에 의하여 구현되었을 뿐만 아니라 전국민의 무수한 원조행사로도 잘 표시되었습니다. 그들은 국제연합군에 대하여 가능한 모든 원조를 부여하고 있습니다.

국제연합군은 아직 그 수가 부족합니다. 그러나 그들의 용맹한 투쟁은 전과를 올리고 있습니다. 수 주일간 敵은 이 지점 저 지점에서, 때로는 여러 지역에서 공격해 왔습니다. 敵은 어느 때나 막대한 손해를 입고 격퇴되었습니다. 敵은 무리한 공격에서 병력을 무모하게 소모하고 있습니다. 그들의 이번 공격이 그 절정에 도달한 줄로 믿습니다. 우리 병사들도 자신만만하고 국제연합군 사령부도 자신만만하니 침략은 분쇄될 것입니다. 쳐부술 세력이 한국에 집결되고 있습니다.

오늘 한국의 전투는 자유와 전제간의 투쟁의 전선입니다. 그러나 그 전투는 공정하고 항구적인 평화를 유지할 수 있는 세계를 건설하기 위한 대규모 투쟁의 일부인 것입니다. 이것이야말로 우리 미국이 한국에서 필요한 병력 이상으로 우리 자신의 방위력을 증강시켜야 할 이유입니다. 또 결합된 세력을 증강시키기 위하여 우리가 다시 자유국가들과의 협조를 계속해야 한다는 이유도 여기에 있는 것입니다.

국회는 지금 다시 자유국가에 대한 군사원조의 계획을 증가하자는 나의 요청을 심의하고 있습니다. 이러한 국민들은 그들의 노력을 대폭 증가시키고 있습니다. 우리 원조는 그들의 할일을 대신해 주는 것이 아니요, 그들 자신의 증강 노력을 도와주는 것입니다. 서유럽에만 2억 이상의 인구가 있읍니다. 그 공업은 우리 다음가는 세계 최대의 것입니다. 그들은 상호방위, 즉 그들의 방위와 동시에 우리의 방위를 위한 집단병력의 진보를 위하여 우리와 보조를 같이하고 있습니다.

미국의 무장군대는 자유세력중의 관건적 요소입니다. 지금 우리가 직면하고 있는 침략의 위협에 대처하여 우리는 병력을 증강하여야 할 것이며 장래에도 장기간에 대비하여 보다 더 거대한 병력을 유지해야 할 것입니다.

우리는 육해공군에 약 150만명의 남녀 현역군인을 가졌습니다. 우리의 현재 계획은 이 숫자를 3백만으로 증가할 것을 요청하고 있으며 그 이상의 증가가 필요할 수도 있을 것입니다. 우리 군대의 병력 증강과 동시에 우리는 총포, 전차, 비행기 기타 무기생산을 급속히 촉진해야 할 것입니다. 우리는 또한 필수물자의 저장과 군수품 생산을 위한 공업능력을 확장하여야 할 것입니다. 10년전 히틀러와 일본 군벌은 우리가 우리 경제력을 침략을 패배시키는데 효과적으로 이용하지 못할 것이라고 생각하여 큰 誤算을 하였던 것입니다. 장차 있을 침략자는 이러한 과오를 범하지 않을 것입니다.

우리는 지난 과거 어느 때에도 보지 못했던 1,200만 이상의 남녀 취직자를 가지고 있습니다. 우리의 농부들은 1940년의 그것보다 20% 이상을 더 생산하고 있습니다. 우리 생산공업의 생산능력은 10년전 樞軸國 독재자들이 세계를 위협하던 때의 그것보다 60%나 더합니다. 우리는 이제 방위목적을 위하여 이 생산력의 대부분을 전용해야 합니다. 이 일을 위하여 우리들 전부의 辛苦와 희생을 요할 것입니다. 나는 우리들 전부가 평화와 자유의 대의를 위하여서는 필요한 것이라면 무엇이든지간에 할 수 있는 준비가 다 되어있다는 것을 알고 있습니다. 우리는 아직 그 대의를 위하여 필요한 모든 것을 부여하는데 실패한 일이 없으며 앞으로도 절대로 실패하지 않을 것입니다. 우리가 당면한 위험에 직면하는데 충분한 우리의 방위노력을 급속히 증가하기 위하여 우리는 우리의 생산양식에나 국내에서 일하는데 있어 많은 개선을 하여야 할 것입니다.

우리는 많은 향락을 단념해야 할 것입니다. 우리는 일을 더 해야 할 것이며 장시간 일해야 할 것입니다. 인플레이션과 등귀하는 물가를 조절하기 위하여 우리는 어느 정도의 구속을 받아야 할 것입니다. 국회는 오늘 우리가 생산 능력을 증가시키고 인플레를 억압하기 위한 방위생산에 필요한 노력을 타개할 수 있도록 하는 법안을 완료하였습니다.

이 법안이 서명된 후 나는 또다시 여러분에게 여러분의 정부가 무엇을 하려는 것과 이 국가적 노력에 있어서 국민 여러분은 어떻게 자기의 역할을 할 수 있을까에 대하여 말씀드릴 생각입니다.

우리가 앞날에 있어서 보다 급속히 우리 자신을 무장하기 위하여 전진하고 있는 이때, 그리고 우리가 한국에서의 승리를 위하여 국제연합과 함께 노력하고 있는 이때 우리는 우리의 믿는 바와 하려고 하는 바를 분명히 알아야 할 것입니다. 우리는 또한 온 세계가 우리의 목적과 희망을 명백히 이해해 주기를 바라는 바입니다.

첫째, 우리는 국제연합을 신임합니다. 우리가 그 헌장을 추진할 때 우리는 이 세계적 기구를 통하여 평화와 안전을 추구할 것을 서약했습니다. 우리는 2개월전 한국 문제에 있어서 국제연합을 지지함으로써 우리의 약속을 준수하였습니다. 우리는 절대로 이 서약을 배반하지 않을 것입니다.

둘째, 우리는 한국인이 원하는 바와 같이 한국인은 자유롭고 독립하고 통일할 권리가 있다고 확신합니다. 우리들은 타 국민들과 함께 국제연합의 지시와 지도하에 韓國民이 그 권리를 누릴수 있도록 원조하는 우리의 역할을 할 것입니다.

셋째, 우리는 한국의 전쟁이 세계대전으로 확대되는 것을 원치 않습니다. 공산제국주의가 타국 군대와 타국을 국제연합에 대항하는 침략자의 전쟁에 개입시키지 않는 한 전쟁은 확대되지 않을 것입니다.

넷째, 우리는 특히 중국인들이 국제연합에 대항하여 어느 때나 그리고 오늘도 그들의 친구인 미국민에 대항하는 전쟁에 개입하도록 오도되거나 강요되지 않기를 원하는 바입니다. 벌써 중국 분할을 시작한 공산제국주의만이 중국의 전쟁개입에서 어부지리를 얻을 것입니다.

다섯째, 우리는 대만 혹은 아시아의 어느 부분도 점유하고자 하지 않습니다. 우리는 다만 어떠한 지역과 마찬가지로 대만의 장래가 평화적으로 인정되어야 할 것을 믿는 바입니다. 우리는 그것이 국제적 행동으로 인정되어야 할 것이며 미국이나 또는 기타 어떠한 한 국가의 단독결정에 의하여서는 안 된다고 확신합니다. 제7함대의 사명은 대만을 전란에서 격리시키기 위한 것입니다.

여섯째, 우리는 극동 제국에 대한 자유를 확신합니다. 이것이 바로 우리가 국제연합하에서 한국의 자유를 위하여 전투하고 있는 이유의 하나입니다. 우리는 필리핀이 독립국가가 되도록 원조하였으며 기타 아시아 국가들의 독립에 대한 희망을 지지하였습니다.

소련은 극동에서 획득한 어떠한 지위도 절대로 자발적으로 포기한 일이 없습니다. 소련은 자기의 지배하에 들어간 어떠한 국민에게도 독립을 부여한 일이 없습니다. 우리는 아시아인의 자유만을 위하는 것이 아니라 또한 그들을 위하여 보다 나은 건강, 더많은 식량, 보다 나은 의복과 주택, 그리고 평화롭게 그들 각자의 생활을 할 수 있는 기회를 확보하도록 그들을 돕고자 합니다. 우리가 아시아인을 위하여 원하는 것은 우리가 온 세계의 국민을 위하여 원하는 것과 같은 것입니다.

일곱째, 우리는 침략적 또는 예방적 전쟁의 존재를 믿지 않습니다. 그러한 전쟁은 독재자의 무기인 것이지 미국과 같은 자유민주주의적 국가의 그것은 아닙니다. 우리는 다만 침략에 대항하는 방위를 위하여 무장하는 것입니다. 공산제국주의가 평화라는 것을 믿지 않는다 할지라도 만일 우리가 기타 자유인들이 강력하고 단호하게 단결되어 있다면 새로운 침략을 하려 하지 못할 것입니다.

여덟째, 우리는 평화를 원하며 그것을 달성하고야 말 것입니다. 우리 병사들은 오늘 韓國에서 평화를 위하여 싸우고 있습니다. 우리는 국제연합에서와 세계 모든 수도에서 평화를 위하여 부단히 노력하고 있습니다. 우리의 노무자·농부·사업가 그리고 우리의 모든 광대한 자원은 지금 평화를 확고히 할 힘을 만들어 내는 것을 돕고 있습니다. 우리가 평화를 원하는 것은 그 자체를 위함이 아니라 우리들 자신을 포함한 전 세계인들이 그 생활을 보다 부유하고 행복되게 만들기 위하여 전 정력을 자유롭게 경주할 수 있도록 되기를 원하는 까닭입니다. 우리는 이러한 전 세계 인류의 염원을 실현시킬 수 있는 모든 원조를 부여할 것입니다.

우리는 이 위대한 과업에 우리와 같이 참가하도록 예외없이 세계 모든 국가를 청하는 바입니다. 韓國 사건은 우리에게 다시 한번 전쟁의 비참함과 공포를 보여줍니다. 북한인들도 공산독재주의의 도구로 사용되고 있는 그들 위에 무력투쟁의 벌이 지금 그 희생자에게 그들이 행하고 있는 바와 같이 무겁게 내린다는 것을 알았을 것입니다. 어둡고 피비린내나는 길로 공산독재주의를 따라 내려가는 어떠한 국민에게도 평화는 없을 것입니다. 독재주의의 장래와 비극적 진로에 대비하여 우리는 모든 국민들을 위하여 자유의 길, 상호간과 국제적 평화의 길을 확고히 견지합니다. 우리는 인류평화의 길을 따름으로써 발전과 전진을 발견할 수 있다는 것을 강조합니다. 세계역사에 있어서의 이 위기에 대하여 우리나라는 세계의 평화와 정의를 유지하기 위하여 지도권과 노력, 그리고 모든 자원을 부여하도록 요청받았습니다.

우리는 그 요청에 응답하였습니다. 우리는 절대로 실패하지 않을 것입니다. 우리의 사랑하는 조국에 부하된 이 과업은 위대한 것입니다.

이를 완수하기 위하여 우리는 하나님께 모든 이기심과 야비한 생각을 우리에게서 一掃해 주시고 우리에게 앞날을 위하여 힘과 용기를 부여해 주십사고 비는 바입니다.

「우리는 무엇때문에 한국에서 싸우고 있는가?」극동문 제담당 美 국무차관보 딘 러스크씨 방송

1951년 1월 29일

나는 오늘 '우리가 무엇때문에 한국에서 싸우고 있는 가'라고 질문하는 사람들에게 한마디 말씀드리고자 합니다. 이것은 중대한 질문입니다.—그것은 인간의 생명이 좌우되는 까닭에—그리고 이 질문에 대한 대답도 또한 중대한 것입니다.

우리는 세계전쟁을 방지하고 전쟁이 결과짓는 무서운 인명파괴를 방지하려고 애쓰는 까닭에 한국에서 싸우고 있는 것입니다. 한국에서 생명을 버린 수천명의 사람들은 세계전쟁이 가지고 오고야 말 백만명의 죽음을 방지하려는 노력에서 그들의 생명을 희생시킨 것입니다.

한국에서 일어나고 있는 문제는 즉 침략입니다. 우리는 이 침략에 대항할 수도 있는 것이고 또한 이 침략으로부터 달아날 수도 있다는 것입니다. 우리가 결연히 침략에 대항한다면 우리는 침략에 대하여 세계의 결의를 단결시키고 침략자에 대하여 그의 범죄는 용납되지 않을 것이며 또한 그의 범죄는 대가를 지불하지 않는다는 것을 보여주기 위한 기회를 가지게 되는 것입니다. 우리가 성공한다면 침략자는 그 손을 멈출 것입니다. 만약에 우리가 그 침략으로부터 달아난다면 침략자는 범죄에서 많은 이득이 생긴다는 것과 그리고 그에게는 아무도 대항하지 못한다는 것 또한 그의 희생자는 미약하며 마음대로 파괴할 수 있다는 것을 배우게 될 것입니다.

이상 말씀드린 것은 이론이 아니라 현존하는 사실입니다. 우리들 미국인은 이미 무제한한 야망이 아무런 구속없이 방치되었을 때, 무엇이 일어나는가에 관해서 잊어버릴 수 없는 교훈을 가져왔습니다. 우리들은 세계가 滿洲로부터 에디오피아로 뮌헨으로 폴란드로 그리고 마지막에는 진주만으로 꼬리를 잡고 따라다니는 것을 보았습니다. 우리는 이 길을 다시 밟아서는 안됩니다.

우리는 너무 일찍이 실망하지 맙시다. 제2차대전말에 이르러 인류는 몇세기동안 꿈꾸어 오던 일 즉 평화를 유지하기 위한 세계를 조직하는데 거의 성공하였습니다.

그러나 단 하나의 정부만이 앞길을 가로막고 있습니다. 그 정부는 뒤에 커다란 힘을 가진 한 전제정권인 것입니다. 그러나 평화를 사랑하는 세계 그 자체도 강력한 것으로 우리들의 목표가 이렇게까지 가까이 오고 있는 이때에 와서 그를 버릴 수는 없는 것입니다.

우리들은 붉은 중국과 그 근접국에 대하여 北京의 군대는 아무도 대항하지 못하는 것이고 그리고 붉은 중국의 근접국은 이제 그들의 자유를 대가로 하여 공산주의에 항복하지 않으면 안된다는 인상을 줄 수는 없는 까닭에 한국에서 싸우고 있는 것입니다.

붉은 중국의 자만적인 힘은 한국에서 그 정체를 폭로하고 있습니다. 중국 병정들은 그들이 우리들의 대포와 비행기와 군함으로부터 받고 있는 죄를 좋아하지 않는 것입니다. 그들은 그들의 괴수가 그들로 하여금 남의 나라에 대한 침략전에 기만적으로 밀어 넣고 있다는 것을 배우고 있습니다. 그것은 그들의 괴수가 부상이나 질병이나 동상에 대하여 거의 아무런 준비도 없이 그들을 전장에 밀어 넣고 있다는 것을 배우고 있습니다. 다시 말하면 붉은 중국은 침략의 대가에 관하여 많은 교훈을 얻고 있는 것입니다.

우리들은 용감한 2천만의 한국인을 공산주의에 포기할 수는 없는 까닭에 한국에서 싸우고 있는 것입니다. 그들과 우리는 침략에 대항하여 때로는 패배하면서 때로는 승리를 거두면서 수개월동안 손을 잡고 싸워왔습니다. 우리는 이제 우리의 동료를 공산주의자에게 점령당하는 운명에 내버려 둘 수는 없는 것입니다.

뿐만 아니라 우리는 필리핀과 일본에 있는 우리들의 동료에게 우리가 우리의 공약을 중히 여기지 않으며 또한 우리가 역경에 처하는 용기를 잃어버리고 있을지도 모른다는 인상을 주지 않기 위해서 싸우고 있는 것입니다.

한국에 있는 우리의 용감한 군대는 충분히 그들 자신을 돌볼 수가 있는 것입니다. 우리는 실제로 패하기 전에는 패배당한 국민처럼 행동해서는 안됩니다.

전 자유세계가 그의 힘을 증강하여 그들의 공동방위를 확보하기 위하여 그 군대를 함께 뭉치려는 의욕과 능력은 미국의 태도에 달린 바 큰 것이 있습니다. 우리의 힘은 우리의 우방과 같이 급속히 증강하고 있습니다.

우리들이 우리들 자신을 방위할 의사와 그리고 능력을 모두 가지고 있다는 것을 증명할 수 있다면 주공격은 피할수 있을지도 모릅니다. 이와같은 사태에 처하여 우리가 취하는 태도는 닥쳐올 여러해동안의 역사의 진로를 용이하게 결정할 것입니다. 그 진로는 평화로 이끌고 갈 수도 있을 것이고, 또 파괴로 이끌고 갈 수도 있는 것입니다. 이 위대한 국민은 역사로 하여금 우리가 평화를 위한 투쟁을 원치 않는 까닭에 우리는 재액의 길을 택한다고 말하도록 할 수는 없는 것입니다.

韓國사태에 관한 트루먼 대통령 성명

1950년 11월 30일

최근의 한국사태발전은 세계를 중대한 위기에 당면케 하였다. 중공지도자들은 북한에 있는 국제연합군에 대하여 강력하고도 잘 조직된 공격을 개시코저 滿洲로부터 그들의 군대를 투입하였다. 이것은 국제연합이나 美國이 결코 中共에 대하여 어떠한 침략적 의도를 가지고 있지 않다는 명백한 사실을 중공의 공산주의자들에게 熟知시키려는 장구하고도 진지한 노력에도 불구하고 감행되었던 것이다. 미국민과 중국민사이의 역사적 우호관계에서 볼 때 중국인이 국제연합의 지휘하에 있는 우리 군대에 대항하는 전쟁을 강요당하고 있는 사실을 생각하면 우리에게는 더욱 충격을 주는 것이다.

중공의 공격은 大軍에 의하여 행해졌는데 그 공격은 지금도 계속되고 있다. 이로 말미암아 현재 전세는 불확실하게 되었다. 과거에 우리가 그들을 패배시킨 것과 마찬가지로 우리도 또한 패배당할지도 모른다. 그러나 국제연합군은 한국에서의 그들의 사명을 포기하려는 의도는 없다.

국제연합군은 국제연합의 전 구조 뿐만 아니라 평화와 정의에 대한 인간의 모든 희망을 위협하는 하나의 침략을 제거하기 위하여 한국에 있는 것이다. 만일에 국제연합이 침략군에 굴복한다면 여하한 국가도 그 안전을 보장할 수 없을 것이다. 만일에 한국에서 침략에 성공한다면 우리는 그러한 침략이 아시아와 유럽을 통하여 서반구까지 확대되리라는 것을 예측할 수 있는 것이다. 우리는 한국에서 우리 국가 자체의 안전과 생존을 위해서 싸우고 있다.

우리는 국제연합을 통한 공평하고 평화적인 세계평화를 위하여 전심 노력하여 왔다. 우리는 이 임무를 고수할 것이며, 우리는 세가지 방도로써 새로운 사태에 대처할 것이다. 우리는 한국에서의 이 침략을 중지시키기 위해 국제연합에서의 예정된 행동을 할 것이다. 우리는 다른 자유국가의 방위를 원조하여 그들로 하여금 한국 이외의 지상에 있어서의 침략에 대비토록 우리의 노력을 강화할 것이다. 우리는 우리 자체의 군사력도 급속히 증가시킬 것이다.

국제연합에 있어 그 제1보는 안전보장 이사회에 의하여 이 침략을 중지시키고자 취해진 조치였다. 오스틴대사는 이러한 행동을 추진시키고 있다. 우리는 모든 노력을 다하여 국제연합이 한국사태에 대하여 전적인 세력을 갖게 되도록 국제연합을 원조할 것이다. 혹자는 국제연합을 통하여 준비된 협의와 중재의 정상적인 평화적 방법에 의하여 현재 레이크석세스에 있는 중공대표와 성공적으로 협의할 수 있으리라고 기대하였다. 그러나 중공대표가 이 방법에 기꺼이 참가할 기색은 조금도 없는 것이다. 실질적 문제는 협의하지 않고 중공대표들을 안전보장이사회의 행동을 방해코자 소련대표가 자주 취해 온 따위의 난폭하고 허위적인 성명을 하여 왔던 것이다.

우리는 중공 국민들이 소련이 아시아 식민정책의 목적을 달성하는데 계속 봉사를 강요당하거나 기만당하지 않기를 원하고 있다. 만일에 현재 공산주의자들의 지배하에 있는 중공 국민들이 그들 자신을 위한 언론의 자유를 갖는다면 그들은 국제연합에 대한 이 침략을 공공연히 비난할 것이라는 것을 나는 확신하는 바이다.

한국에서의 이 새로운 침략행동은 세계자유국가들 전부에 대한 세계적인 위협의 표본의 단 일부분에 지나지 않기 때문에 우리에게는 자유국가의 결합된 군사력을 급속도로 증가시키는 것이 과거 어느때보다 더 긴급한 것이다. 최고사령부 지휘하에 유럽통합군을 즉시 설치하는 것은 과거 어느때보다도 더욱 필요한 것이다.

우리의 방위에 관하여 나는 우리 무장군의 규모와 실력을 증강시키는데 즉시 필요한 경비를 추가하여 요구할 것이다. 이 요구는 육, 해, 공군을 위한 거대한 금액과 더불어 원자력위원회를 위한 막대한 금액을 포함한 것이다.

나는 내일 국회지도자들과 협의하여 이러한 제 경비에 대하여 긴급한 고려를 할 것을 그들에게 요구하려고 생각하고 있다. 지금이야말로 우리 전 시민들은 각자의 의견차이를 버리고 공통적인 결의하에 견고히 단결하여 우리나라를 위하여 또 전 세계의 자유를 위하여 최선을 다하여야 할 것이다.

우리나라는 평화와 정의에 대한 인류의 목적과 공통의 신의에 의하여 인도되어 있다는 점을 보여주어야 한다.

미국상하양원 합동회의에서 행한 맥아더장군의 對아시아 정책 연설(전문)

(USIS 비공식 속기록)

1951년 4월 19일

상원의장, 하원의장 그리고 고명하신 국회의원제위, 나는 이 연단에 깊은 겸허의 마음과 높은 긍지를 가지고 등단하였습니다. 겸허의 마음이라는 것은 지금 내가 이 자리에 올라서기 전 우리나라의 역사를 창조한 많은 위대한 인물들이 역시 이 자리에 올라섰던 것을 회상하기 때문이고, 긍지라고 함은 이러한 종류의 입장적 토론이야말로 지금까지 인류가 발생하여온 가장 순수한 형태의 인간의 자유라고 새삼스럽게 반성되기 때문입니다. 이곳에는 전 인류의 희망과 포부와 신념이 집중되어 있습니다. 나는 어떤 당파의 주장을 선전하기 위하여 이 단상에 올라선 것은 아닙니다. 왜냐하면 문제는 근본적인 것이고 또 당파적 고려의 범위를 훨씬 초월하는 것이기 때문입니다.

만일 우리의 주장이 정당하고 또 우리의 장래가 보호되기를 원할진대 그 문제는 국가적 이해관계라는 최고의 입장에서 해결되어야만 할 것입니다. 그러므로 나는 여러분이 내가 여러분의 동포의 한사람으로서 나의 견해를 표현하는 것을 들어주실 것을 확신합니다. 나에게는 원한도 비통함도 없습니다. 문제는 전세계적인 것이고 또 극히 복잡하므로 한 부분만의 문제를 생각하고 다른 부분의 문제를 망각하는 것은 전체에 대하여 재난을 초래하는 것 밖에 되지 않습니다. 아시아가 구라파의 관문이라는 것도 역시 사실입니다. 그러므로 한쪽이 광범한 영향을 받을때 다른 한쪽도 필연적으로 그 충격을 받게 되는 것입니다. 우리가 아시아에서 공산주의에 유화적 태도를 취하거나 또는 굴복할 때에는 바로 그와 동시에 유럽에 있어서의 반공노력을 저해하는 결과가 나타나는 것입니다. 그러나 나는 이러한 자명의 사실을 지적할 것도 없이 아시아 전체의 문제를 토의하기로 하겠습니다.

먼저 우리는 아시아에 현존하는 사태를 객관적으로 관망하기 전에 아시아의 진상을 어느 정도 파악하여야 합니다. 과거 아시아는 소위 식민주의 열강들에게 오랫동안 착취를 당하며 우리가 필리핀에서 그 실현에 노력한 사회주의와 개인의 위엄과 모든 높은 생활수준에 대하여서는 극히 국한된 기회밖에 갖지 못하였던 것입니다. 그러나 그 후 식민주의를 종식시키는 전쟁을 경험함으로써 아시아국민들은 그들의 기회를 찾게 되고 이제와서는 지금까지 알지 못하던 개인의 위엄과 자존심과 정치적 자유에 대한 새로운 기회의 여명을 바라볼 수 있게 되었습니다. 전세계 인구의 반이상과 자연자원의 60%를 차지하는 아시아국민들은 현재 급속도로 물자적, 도덕적 신세력을 구성하여 그들의 생활수준을 향상시키고 그들에게 독특한 문화적 환경에 적당한 현대식 발전을 꾀하고 있습니다.

아직도 식민주의의 관념에 사로잡혀 있는 사람이 있는지 없는지는 모르지만 이것이야말로 저지할 수 없는 아시아 발전의 방향입니다. 이것은 세계사정의 근원이 그 출발한 곳을 향하여 다시 회전함에 따라 세계의 경제적 국경이 좌우되게 되는 필연적 결과입니다.

이러한 정세에 대하여 볼 때 미국은 단지 식민주의 시대는 지났다, 아시아국민들도 그들의 자유로운 운명을 개척할 권리가 있다라는 현실적인 노선을 취하느니보다 이상 말한 아시아의 근본적인 혁명적 조건에 조화하는 정책을 채택할 필요가 증가하게 된 것입니다. 현재 그들이 원하고 있는 것은 제국주의적인 지령이 아니고 우호적인 지도와 이해와 지지입니다. 또 예속이라는 굴욕이 아니고 동등한 위엄입니다. 戰前에도 아시아국민의 생활수준은 비참하도록 낮은 것이었지만 전쟁의 파괴를 당하고 난 오늘날에 있어서는 무어라고 형언할 수 없을만큼 더 비참해진 것입니다. 이데올로기의 투쟁은 아시아국민의 사고방식에는 별로 영향을 주지 못하고 있으며 또 이해치도 않고 있습니다. 그들이 현재 원하는 것은 배속에 좀 더 많은 식량을 집어넣을 수 있는 기회입니다. 또 정치적 자유에 대한 일반적 민족주의적 요망을 실현시키는 것입니다.

이러한 정치적 사회적 조건은 미국의 안전보장에 대하여 간접적 관계를 가지고 있는 것은 아니지만 우리가 금후 비현실적인 함정에 빠지지 않기 위하여 용의주도하게 심의해야 할 계획의 골간을 형성하는 것입니다. 한편 미국의 안전보장에 직접적인 관계를 가지는 것은 제2차대전중 태평양의 전략적 잠재능력에 변화가 생긴 것입니다. 제2차대전이 도발하기 전까지는 미국의 전략적 서부국경이 하와이, 미드웨이, 괌에서 필리핀으로 달리는 문자 그대로 미국의 국경선이 없었습니다. 그런데 이러한 국경선은 세력의 전초지를 제공하는 것이 아니고 오히려 적군이 우리에게 공격을 가해 올 수 있는 또 실제로 가해 온 위약한 통로를 제공하였습니다.

태평양은 인접하는 대륙을 공격하려는 의도를 가진 침략군에게 전진기지로서 사용할 수 있었던 것입니다. 그러나 미국이 2차대전에서 승리한 결과 이러한 모든 사실은 변화되고 말았습니다. 우리의 전략적 경계선은 전태평양지구를 포함하게 되어 태평양은 우리의 외호로서 우리를 보호하게 된 것입니다. 현재 태평양은 미국뿐만 아니라 태평양지구 모든 자유국가의 방패와 같은 역할을 하고 있습니다. 우리는 이러한 도서의 연쇄와 해공군의 활동으로 블라디보스톡에서 싱가포르까지 모든 아시아대륙 항구를 제압할 수 있습니다. 또 적대하는 행동이 태평양내에 침입하는 것을 방지할 수 있을 것입니다. 아시아에서 오는 침략적 공격은 수륙양면 작전으로 水路와 空路를 장악하지 못하고는 진출을 꾀할수 없습니다. 그러므로 우리와 태평양지구의 우리의 연합국에 대한 아시아대륙으로부터의 공격은 반드시 실패할 운명을 지닌 것입니다. 이러한 조건을 고찰할 때 태평양은 이미 침략자의 통로가 될 위험성 있는 황해가 아니고 우호적인 면모를 가진 평화로운 호수입니다. 우리의 방위선은 자연적인 것으로서 최소한도의 군사적 노력과 비용으로서 능히 유지할 수 있는 것입니다. 또 그것은 어떠한 국가에 대해서 공격기지로 사용될 것이 아니고 침략에 대한 부동의 방위기지를 제공하는 것입니다.

서부태평양에서 이 방위선을 유지하는 것은 전적으로 그 전시형 도서군을 장악할 수 있느냐 없느냐에 달려 있습니다. 왜냐하면 비우호적인 세력이 그중의 어떤 부분을 장악하게 된다면 다른 모든 부분에 대해서도 공격에 대하여 극히 위약한 지대를 노출시키게 되기 때문입니다.

이것은 내가 이 임무를 담당할 수 있는 군사적 지도자를 아직 발견하지 못한 군사상의 평가입니다. 이러한 이유가 있었기 때문에 과거 나는 어떠한 경우에 있어서도 대만을 공산주의자에게 포기해서는 아니된다고 강력히 주장했던 것입니다.

만일 그러한 불상사가 실제로 일어난다면 필리핀의 자유는 위협을 받고 일본을 상실하게 될지도 모릅니다. 그 뿐만 아니라 미국의 방위선은 캘리포니아, 오레곤 및 워싱턴 각 주의 연안에까지 축소하지 않을 수 없게 될지도 모릅니다.

중국 본토에서 현재 일어나고 있는 사태를 이해하려면 우리는 먼저 과거 50년 간 중국인의 성격과 문화 속에 발생한 변화를 이해해야 합니다. 50년전까지 중국은 완전한 비동맹국가였습니다. 그리하여 각 부족이 서로서로 적대시하는 그룹으로 분열되어 있었던 것입니다. 그들은 또 평화적 문화를 이상으로 하는 유교의 교리를 신봉했으므로 전쟁을 일으키는 경향은 전혀 없었다고해도 과언이 아닙니다. 그러나 금세기 초에 좀더 지배적인 동일 민족성을 실현시키려는 노력으로 말미암아 민족주의적 주장이 발생하게 되었습니다.

이 기운은 특히 蔣介石씨 영도하에서 성공적으로 발전하였습니다. 그러나 이 풍조가 최고도에 달한 것은 현재의 중공정권하에서인바 이들은 현재 점점 증가하여가는 침략적 경향을 가진 통일민족주의의 성격을 띠고 있습니다. 과거 50년간 중국국민은 그들의 관념과 이상속에 군사적인 경향을 많이 갖게 되었습니다. 중국국민은 현재 우수한 군인이 될 수 있고 또 탁월한 지휘자와 참모를 갖게 되었습니다. 이로 말미암아 또 그들은 아시아의 신흥세력을 구성하게 되었는데 그들은 그 자신의 목적을 위하여 소련과 연합관계를 맺었습니다. 그러나 그들의 관념과 방법은 과거의 모든 군국주의에서 항상 특출허 되어온 끊임없는 침략적 제국주의적 색채를 띠게 되었습니다. 중국인의 성분에는 여하한 면으로도 이데올로기적 관념이 풍부하지는 못합니다. 생활수준은 극도로 저하하고 자본의 저축은 전쟁으로 말미아마 완전히 탕진하였으므로 중국국민은 절낭속에 헤매이던 나머지 현재의 고통을 조금이라도 경감하여 줄 것을 약속하는 지도자는 무조건으로 따르게 된 것입니다.

당초부터 나는 북한에 대한 중공의 지원이 강력한 것이라는 것을 짐작하였습니다. 중공의 관심은 현재 소련의 관심과 동일한 것입니다. 근래 비단 한국에서 뿐만 아니라 인도네시아에서 명백히 나타났으며 또한 남방으로 지향코자 하는 중공의 침략성은 유사이래 정복의도를 품은 모든 자에 자극을 준 바 권력확장의욕을 여실히 표시하는 것으로 믿습니다.

일본국민은 종전 이후 근대사상 전례 없는 대변혁을 겪어 왔습니다. 가상할 만한 배우려는 의지와 열의, 우수한 이해력으로 그들은 전쟁의 폐허가운데서 개인의 자유 및 개인의 자유의 우월에 봉헌하는 高樓를 이룩하였습니다. 그리고 이에 따라 정치상의 도의, 경제기업의 자유 및 사회정의의 진보에 이바지하려는 진실한 대의제정부가 건설되었습니다.

정치적, 경제적 및 사회적으로 현재 일본은 세계의 다수 제 자유국과 동렬에 위치하고 있어서 또다시 세계의 신용을 배빈하는 일은 없을 깃입니다. 아시아의 역사에 극히 유익한 영향을 줄 것으로 믿을 수 있음을 입증하는 것은 일본 국민이 외부로부터 그들을 둘러싼 최근의 전쟁소요 및 혼란의 도전에 대처하고 국내의 공산주의자를 억압하여 그들의 향상진보에 미동도 주지 않은 그들의 훌륭한 태도입니다.

나는 일본주둔 4개사단 전부를 한국전선에 출동시켰는데 이로 말미암아 일본에 있어서의 진공상태의 영향에 관하여 나는 추호의 염려도 가지지 않습니다. 결과는 나의 이 확신이 옳은 것이었음을 충분히 확증하였습니다.

일본 국민 이상으로 명랑하고 질서가 있고 근면하며 인류의 진보에 대한 장차의 건설적 기여를 기대할 수 있는 국민을 나는 알지 못합니다. 앞서 우리의 보호를 받았던 필리핀으로 말하자면 현재의 불안이 시정되어,강력하며 건전한 국가로 전쟁의 참화와 오랜 재앙으로부터 성장할 것임을 확신을 가지고 기대할 수 있습니다. 우리는 참을성이 있고 양해가 있어야 하며 필요한 시에 필리핀이 우리의 기대를 어기지 않았던 것과 같이 우리도 결코 필리핀을 저버리지 않아야 할 것입니다.

기독교국 필리핀은 극동에 있어서 기독교의 강력한 방벽이며 아시아에 있어서의 그 높은 정신적 영도능력은 무한한 것입니다.

대만의 중화민국정부는 중국 본토에서 그 지도력을 약화한 바 악평의 많은 것을 행동으로 반박할 기회를 금후에 가지고 있습니다. 대만국민은 대다수파가 정부 제 기관을 대표하는 공정하고 계몽된 시설을 받고 있는 중이며 정치적, 경제적, 사회적으로 그들은 충실하고 건설적인 노선을 따라 전진하고 있는 것으로 보입니다. 주변 제 지역에 대한 이상의 간단한 관찰을 마치고 나는 이제 한국동란에 관하여 언급코자 합니다.

나는 한국을 지원하여 개입하려는 트루먼대통령의 결정에 앞서 사전의 상의를 받지 않았습니다만 그 결정은 군사적 견지에서 타당한 것임이 입증되었습니다.

우리는 침략자를 격퇴하고 그 군대를 궤멸시켰으므로 나는 이 결정이 타당한 것으로 입증되었다고 하는 것입니다. 승리는 완전하였고 우리의 제목적은 바야흐로 달성되고 있었습니다. 그때 공산중국이 수적으로 우세한 지상군을 가지고 개입해 왔습니다.

이것으로 신전쟁과 전혀 새로운 사태가 야기되었습니다. 이 사태는 우리 군대가 북한의 침공자들에 대항하여 투입되었을 때는 예상되지 않았던 것이며 군사전략을 현실에 입각하여 조정할 수 있게 하는 외교분야에서의 신결정이 필요하게 되었습니다. 그러나 이러한 결정이 아직 이루어지지 않은 것입니다. 옳은 정신을 가진 자로 우리 지상군의 중국 본토 파견을 제창할 사람은 없을 것이며 또한 그러한 것이 생각된 일도 없습니다마는 새로운 적을 종전의 적과 같이 패배시키는 것이 우리의 정치적 목적이라면 전략계획을 변경하는 것을 새로운 사태는 시급히 요구하였습니다. 내가 보는 바 鴨綠江 북방의 적에 부여된 특별한 보호를 무력화 해야 하는 군사적 요구는 고사하더라도 전쟁수행상의 군사적 필요성은 다음과 같은 것이라고 생각합니다. (1)중국에 대한 우리의 경제봉쇄의 강화 (2)중국연안에 대한 해상봉쇄 (3)중국 연안지구 및 滿洲의 공중정찰에 대한 제 제한의 폐지와 국부군의 효과적 작전수행을 위한 보급상의 지원.

그런데 나의 견해를 왜곡하려는 노력이 행하여지고 있으며 나를 전쟁선동자라고 하는 취지의 말이 돌고 있습니다. 이것처럼 사실과 먼것은 없습니다. 현재 생존하는 소수의 인사들과 같이 나는 전쟁이 어떠한 것인가를 알고 있으며 전쟁처럼 내가 싫어하는 것은 없습니다. 전쟁은 피아 쌍방에 대한 그 파괴성때문에 분쟁해결 수단으로써 무용한 것이 되고 있으므로 나는 오래전부터 전쟁의 완전 폐지를 주장해 왔습니다.

사실 1945년 9월2일 미주리함상에서 일본이 항복문서에 서명한 직후 나는 다음과 같이 정식으로 경고를 발하였습니다.

「인류는 시초부터 안식을 추구하여 왔으며 제 시대를 통하여 국가간의 분쟁을 방지 내지 해결하기 위한 국제적 방법을 고안하기 위하여 여러가지 방법이 시도

되었다. 인류 출발의 시초로부터 개인에 관한 한 실행가능한 제 방법이 발견되었으나 국제적 범위를 가진 기구는 성공을 본 일이 없었다. 군사동맹, 세력균형, 국제연맹은 모두 차례로 실패하고 전쟁의 흔적을 남겼을 뿐이었다. 그러나 이제 전쟁이 가진 철저한 파괴성은 이 방법을 폐쇄하고 있으며 제2차대전에서 최후적인 기회를 가졌다. 만약 보다 더 크고 공정한 기구를 우리들이 제출하지 않으면 세기말적 대결전이 목전에 닥쳐올 것이다. 문제는 근본이며 또한 논리적인 것으로 우리의 유례없는 과학, 예술, 문학면의 진보와 과거 2천년간의 모든 물질적 문화적 발달과 동시성을 가질 찬란한 인간향상의 정신을 포함할 것이다. 우리의 구제가 있다고 하면 이는 이 정신에 근원할 것이다. 그러나 일단 우리가 전쟁을 강요당할 시에는 이의 조속종결을 위하여 만전의 수단을 사용할 수 밖에 도리가 없으며 목적은 우유부단 아닌 승리에 있다. 전쟁에 있어 승리에 대할 것은 없다」

여러가지 이유로 중공을 유화하려고 하는 사람들이 있는데 그들은 역사의 명백한 가르침에 맹목적인 것입니다. 왜냐하면 유화는 새로운 보다 더 피비린내나는 전쟁을 야기시킨다는 것을 역사는 뚜렷히 역설하며 가르치고 있기 때문입니다. 역사상에는 이러한 결과가 유화수단을 정상화하였거나 또는 유화로서 약간의 평화 이상을 달성하였다는 실례가 단 하나도 없습니다. 협박, 강탈행위와 같이 유화는 새로운 또 연속하여 보다 큰 요구를 제기하는 기초를 이루어 드디어 폭력만이 유일의 수단으로 되고 마는 것입니다. 나의 군대는 야전에 있어 왜 적에게 군사상의 유리를 양도하느냐고 질문했으나 나는 이에 대해서 답변을 할 수 없었습니다. 어떤 자는 전란이 중공과의 전면적 전쟁으로 확대하는 것을 회피하기 위해서, 또 다른 자는 소련의 개입을 피하기 위해서라고 말할지 모르겠습니다마는, 이는 어느 편도 정당한 것 같이 보이지 않습니다. 왜냐하면 중공은 이미 그가 투입할 수 있는 최대의 세력으로서 교전중에 있으며 소련은 필연 우리의 행동에 대하여 실수없는 행동을 취하기 때문입니다.

독사 코브라처럼 새로운 적은 군사적 비중과 기타 역량이 세계적으로 보아 자기편이 우세하다고 생각할 때는 언제든지 공격을 가할 것입니다. 한국의 비극은 군사적 행동이 그 경계선안에 국한되었다는 사실에 의하여 더욱 심각해져 있는 것입니다. 군사적 행동의 지역적 제한으로 말미암아 한국은 그의 구제가 우리의 목적임에도 불구하고 전 해·공군 포폭격의 참화를 감수하지 않으면 안되는 반면 적의 안식처는 여하한 공격과 황폐로부터 완전히 보호되어 있는 것입니다.

세계 각국중 이때까지 공산주의에 대한 전투를 감행한 것은 한국뿐입니다. 당당한 한국민의 용기와 불굴의 정신은 타락에 도전하고 예속하기 보다는 죽음을 선택했던 것입니다. 그들은 나에 대한 마지막 말로써 '태평양에서 철수하지 말라' 고 하였습니다.

나는 방금 여러분의 자식들을 한국에 남기고 왔습니다. 그들은 최선을 다하였으며 그들은 모든 면에 있어 훌륭하다고 솔직히 여러분에게 보고할 수 있습니다. 나의 부단한 노력은 그들을 보호하여 이 야만적인 전란을 명예롭게 최소의 인적, 시간적 소모로서 종결시키는데 있었습니다. 증대하는 유혈은 나에게 가장 깊은 고뇌를 주었던 것입니다. 그들 용감한 군인은 가끔 나의 생각에 떠오를 것이며 항상 나의 기도안에 머물러 있을 것입니다. 52년간의 나의 군인생활은 이제 막을 내리고 있습니다. 세기도 아직 바뀌어지기 전에 내가 군대에 입대하였을 때 이미 나의 모든 소년적인 희망과 꿈이 실현되었습니다.

웨스트포인트 사관학교에서 맹세한 이후 세계는 여러번이나 변화하고 당시의 꿈과 희망은 모두 사라졌으나 나는 지금 노병은 절대 죽지 않고 다만 사라져 간다는 당시의 군대노래의 곡조를 기억하고 있습니다. 그 노래의 노병과 같이 나는 이제 군대생활의 막을 내리고 신이 주신 명에 따라 그의 임무를 다하려고 한 노병으로서 사라져 가는 것입니다.

트루먼대통령의 맥아더원수 해임 명령서

1951년 4월 11일

귀하를 연합국 최고사령관, 국제연합군 총사령관, 극동총사령관, 극동미육군 사령관의 직위로부터 해임시키는 것이 대통령 및 미군총사령관으로서의 나의 의무가 되었음을 극히 유감으로 생각한다.

귀하는 귀하의 제 사령관직을 맷슈 B 리지웨이중장에게 즉시 인계해야 한다.

귀하는 귀하가 원하는 곳에 여행하는데 필요한 제 명령을 내릴 권한을 부여 받는다.

귀하의 해임에 대한 제 이유는 이상의 명령을 귀하에 주는 동시에 공표될 것이며 그것은 다음 메시지(트루먼대통령성명서)에 기재되어 있다.

스탈린, 프라우다기자와의 회견담

1951년 2월 16일

프라우다기자와의 질문응답형식으로 행해진 당면한 세계문제(5개 항목)에 대한 스탈린의 견해성명 중 한국전란에 관련한 부분을 발췌한다. 그리고 이 원문(영문)은 뉴욕 타임스 2월17일호에 게재된 모스크바방송 속기록을 택한 것임을 부기한다.

[질문]한국에 있어서의 간섭을 어떻게 생각하는가？ 그것은 어떻게 종결될 것인가？

[회답]만일 영국과 미국이 중화인민정부가 제의한 제안을 끝끝내 거부한다면 한국의 전란은 간섭자의 패배에 있어서만 종결될 수 있다.

[질문]미국과 영국의 장관, 장교가 어찌하여 중국이나 한국(북한)의 장관, 장교보다 못할 수가 있을까？

[회답]아니다. 그것이 못한 것은 아니다. 미국과 영국의 장관, 장교들은 결코 어느나라의 장관,장교에 뒤떨어지지는 않는다.

미국과 영국의 군대로 말하면 다 알고 있는 바와 같이 그것은 히틀러주의 독일과 군국주의 일본에 대한 전쟁에 있어서는 가장 훌륭한 위력을 발휘한 것이었다. 그러면 문제의 난점은 어디에 있는가？ 이는 즉 그들이 히틀러주의 독일이나, 군국주의 일본에 대한 전쟁을 어디까지나 정당한 것으로 생각하였는데 반하여 한국과 중국에 대한 전쟁은 정당하지 못한 것으로 생각하는데 있는 것이다.

문제의 요점은 이전쟁이 미국과 영국 군대 사이에 극히 평판이 좋지 못하다는데 있다. 사실 이들 군대에게 영국이나 미국을 침략하기는 커녕 미국에 의하여,대만을 약탈당하고 있는 중국을 침략자라 하고 그 대신 대만을 약탈하고 바로 중국 국경까지 그 군대를 파견하고 있는 미국을 原告人이라고는 인식시키기 어려운 것이다.

이들 군대로 하여금 중국이나 한국은 그들 자신의 영토에 대한 또한 국경에 있

711

어서의 그 안전을 방위할 권한이 있다고는 인식시키기 어려운 것이다. 이러한 까닭으로 해서 이 전쟁은 영, 미군대 사이에 인기가 없는 것이다.

아무리 경험이 많은 장관, 장교라도 군인들이 그들에게 부하된 전쟁을 심히 부정당한 것으로 생각한다면 그리고 이러한 결과로 그들이 그들의 사명의 정당성에 대한 신념을 가지지 않고 아무 열기도 없이 형식적 방법으로 그들의 전선의무를 수행한다면 그러한 전쟁은 패배하지 않을 수 없다는 것은 두말할 것도 없다.

[질문]중화인민공화국을 침략자라고 선언한 유엔기구의 결정을 어떻게 보는가?

[회답]나는 그것을 수치스러운 결정이라고 본다. 사실 누구라도 양심의 마지막 한줄기까지 잃어버리지 않고서는 중국영토－대만을 약탈하고 중국의 국경 가까이까지 한국을 침략한 미국을 原告者라하고 그 대신 자체의 국경을 방위하고 미국에 약탈된 대만의 탈환을 확보하려고 노력하는 중화인민공화국을 침략자라고는 주장할 수 없는 것이다.

평화보존의 보루로써 창설된 국제연합은 전쟁의 도구로 새로운 전쟁을 도발시키는 수단으로 전환되고 있다.

국제연합의 침략중추는 침략적인 대서양조약 10개가맹국(미, 영, 프, 캐, 벨기에, 네덜란드, 룩셈부르크, 덴마아크, 노르웨이 및 아이슬랜드)과 라틴아메리카 20개국(아르헨티나, 브라질, 볼리비아, 칠레, 콜럼비아, 코스타리카, 쿠바, 도미니카, 에쿠아도르, 엘살바도르, 과테말라, 아이티, 온두라스, 멕시코, 니카라구아, 파나마, 파라과이, 페루, 우루과이 및 베네주엘라)이 그 대표적인 것이다.

이들 국가의 대표자들은 현재 유엔에 있어서 전쟁과 평화의 운명을 결정하고 있다. 유엔에서 중화인민공화국을 침략자라고 수치스러운 결정을 하게 한 것은 바로 이들이었다. 예를 들어보면 인구가 겨우 2백만도 못되는 미주의 도미니카 공화국같은 소국이 유엔에 있어서는 인도와 같은 무기를 가지고 있으며 더우기나 유엔에서 투표권을 박탈당하고 있는 중화인민공화국보다도 훨씬 더 많은 무기를 갖고 있다는 것이 유엔 현 제도의 특징인 것이다. 이리하여 전쟁의 도구로 화하고 있는 유엔은 이와 동시에 균등한 권리를 향유하는 세계기구로서의 성격을 상실하고 있다.

사실 문제로서 유엔기구는 현재 세계기구라기보다 미국을 위한 기구, 미국 침략자들의 요구에 따라 움직이는 기구인 것이다.

미국과 캐나다만이 새로운 전쟁을 도발하려고 애쓰고 있는 것이다. 라틴아메리카의 20개국도 또한 같은 입장을 취하고 있으니 이들 국가의 지주와 상인들은 상품을 교전국가들에게 극히 고가로 파는 그와 같은 피묻은 상업으로부터 몇백억을 벌려고 구리피니 아시아의 이느 곳에 새로운 전쟁이 일어나기를 길망하고 있다.

라틴아메리카 20개국의 20명 대표자가 현재 유엔기구에 있어서 미국의 가장 견고하고 순종하는 군대를 대표하고 있다는 것은 누구에게도 비밀아닌 사실이다.

이러한 까닭으로 유엔기구는 국제연맹에의 불명예스러운 길을 취하고 있다. 이와같이 하여 그는 그의 도의적 명성을 버리고 그 자신을 파괴로 이끌고 있는 것이다.

<英　　國>
「클레멘트 애틀리」首相이 下院에서 행한 演說

1950년 7월 5일

韓國軍이 여러 지점에서 38선을 넘어 大韓民國을 침공중에 있다는 것을 시사하는 보고를 어제 받았다. 美國政府의 요청으로「유엔」안보이사회의 긴급회의가 개최되어 이 회의에서는 北韓軍의 그같은 행위가 평화를 깨뜨리는 것이라는 취지의 결의안이 통과되었다. 이 결의안은 적대행위를 즉각 중지하라고 요청했으며 北韓當局에게 北韓軍을 38선으로 철수시키라고 요구했다. 이 결의안은 또한「유엔」회원국가들에게 이 결의를 실행하는데 있어「유엔」에 온갖 지원을 하고 北韓當局을 지원하지 말라고 요구했다. 蘇聯代表는 그 회의에 불참했다.

英國政府는「유엔」에 특별한 책임을 지고 있는 나라이며「유엔」의 한 위원단이 실제로 임무를 수행중에 있는 나라에서 이렇게 평화를 깨뜨리는 일이 일어날 수 있었다는 점을 깊이 염려하고 있다. 英國政府는「유엔」안보이사회가 채택한 결의안을 환영하며 모든 당사자가 이 결의에 당연히 따르기를 진정으로 희망하며 다음과 같이 제의 하고자 한다. 大韓民國에 대한 정당한 이유가 없는 침략에 항거하는데 조력하기 위해 정부가「유엔」헌장의 의무조항에 따라서 취한 조치를 본원(하원)은 전폭적으로 지지한다.

금일 오후 본원이 다루는 문제는 지극히 중대한 화전문제를 수반하기는 하지만 단순한 문제이다. 나는 침략에 저항하기 위해 취한 정부의 조치를 본원이 지지해 주기를 당부한다. 그 조치는「유엔」헌장에 규정된 우리의 의무를 완수하는 것이다.「유엔」을 지지하는 정책은 본원에서 모든 정당의 적극적 지지를 받고 있으며 따라서 오늘 본원이 다룰 단 하나의 문제는 韓國에서 발생한 사태에 정부가 취한 조치가 옳으냐 아니면 그르냐에 관한 것이다.

정세의 제 사실과「유엔」이 취해 온 조치를 이야기하는 것도 좋으리라고 나는 생각한다. 韓國은 1895년 청일전쟁의 결과 완전한 독립국이 되었다는 것을 기억할 것이다. 韓國은 그후 日本지배하에 들어갔고 1910년 日本帝國에 합병되었다. 1945년 日本이 패망하자 38선 이북의 日本軍은 蘇聯軍에게 항복하고 38선 이남의 日本軍은 美軍에게 항복하도록 美蘇政府 간에 마련되었다.

그것은 韓國을 항구적으로 분단하려는 의도는 아니었다. 美國은 韓國을 통일하려고 누차 노력했다. 이러한 시도는 모두 임시정부를 구성하는데 있어 共産主義者들이 지배하는 정당과 협의해야 한다는 蘇聯의 고집으로 좌절되었다. 이런 상황에서 韓國問題가「유엔」에 상정되었다. 1947년 11월「유엔」총회는 임시위원단을 설치했으며 이 위원단은 1948년 5월에 실시된 선거를 감시했다. 이 선거의 결과 李承晩 大統領을 수반으로 하는 현 정부가 수립되었다. (中略) 美軍의 南

韓점령은 1948년에 정식으로 끝났으며 美軍의 최종부대가 1949년 6월에 떠났다. 大韓民國은 1949년 1월 英國政府의 승인을 받았고 그보다 앞서 美國과 中國(중화민국)의 승인을 받았다. 그후 大韓民國은 다른 많은 국가의 승인을 받았다. 1948년 12월 12일「유엔」총회는 다음과 같이 결의했다.

『임시위원단이 감시와 협의를 할 수 있었고 전 韓國民 중 대다수가 거주하는 지역을 효과적으로 통치하고 관할하는 합법정부(大韓民國政府)가 수립되었다. 이 정부의 토대는 그 지역 한국 유권자의 자유의사를 정당히 표현했고 임시위원단의 감시를 받은 선거에 기반을 두고 있으며 大韓民國政府는 韓國에서 유일한 합법정부이다.』

北韓의 韓國侵攻이 있었을 때「유엔」위원단이 실제로 韓國에 주재하고 있었다는 점을 주목해야 한다. 반면 북한은 共産衛星國의 일반적 노선에 따라 행동했으며 중무장을 해왔다. 금년 5월 30일 남한에서는 다시 선거가 실시되었으며 이 선거는「유엔」위원단의 감시를 받았다. (中略)

6월 25일 北韓軍의 南韓 침공이 시작되었다. 그렇지만 지금 南韓이 北韓을 공격했다는 주장이 있는데 그것은 터무니 없는 사실의 전도에 불과하다. 北韓이 중무장을 했고 南韓은 그렇지 않았다는 사실에 비추어 그러한 가능성은 상상도 못할 일이다. 南韓이 北韓을 공격한 증거가 있었다는 미미한 징조 조차도 없다. 세계는「유엔」이 수립해서 한국의 합법정부라고 승인한 한 주권국가에게 저질러진 적나라한 침략행위를 보고 있다.

「유엔」에 대한 이 이상의 큰 모욕은 있을 수 없을 것이며 그런 행위를 용서하자는 이야기가 있었다면 그것은 세계평화를 유지하기 위해 수립된「유엔」의 토대 전체를 쳐 부순거나 다름이 없었을 것으로 나는 생각한다. 이것은 6월 25일「유엔」안보이사회의 긴급회의 소집으로써 당장에 인정되었다. 안보이사회가 통과시킨 결의안이 어떤 것인지 보자. 그 결의안은 다음과 같다. (中略)

이 결의안은 9대 0에다「유고슬라비아」의 기권으로 채택되었다. 北韓當局은 이 결의의 조항에 따르지 않았으며 6월 27일 안보이사회는 다음과 같은 결의안을 통과시켰다. (中略)

이 결의안은 7대 1로 채택되었다. 印度와「에집트」대표들은 기권했으나 印度政府는 그후 이 결의를 수락했다. (中略)

그러면 화제를 美國政府의 조치로 옮긴다. 갑작스럽게 침략이 있었고 南北韓 군대의 불균형이 컸다는데 비추어 지체하면 분명히 아주 큰 위험이 있었다. 지체했다면「유엔」이 한가지 기정사실에 직면했으리라는 뜻이 된다는 것은 당연한 일인 것 같았다. 지체하는 것이 침략자들의 좋아하는 수법이라는 것을 과거의 경험이 입증했다. 타국은 실제의 사태를 모르는 일이 아주 흔히 있기 때문에 개입하지 않으리라는 사실을 믿는 동시에 신속한 행동을 취하면 용서 받을지도 모르는 가망이 있는 것으로 침략자들은 생각한다. 지체하고 책임을 받아들이려하지 않으면 성공할 수 있으리라는 것은 언제나 침략자의 바라는 바이다. 세계는 美國政府가 신속한 조치를 취해 주어 감사하고 있다. 이에 못지 않게 신속히 英國政府는 그 조치를 지지하기로 결정했다.

美國이「유엔」헌장에 의거, 그런 조치를 취할 명분이 있었느냐에 관해 의문이 제기되었다. 美國에게 그런 명분이 있었다고 나는 생각한다. 미국은「유엔」안보이사회가 조치를 건의하는 어떤 결의안을 채택하기도 전에 조치를 취했으나 안보이사회가 휴전과 北韓軍의 38선까지의 철수를 요구하는 한편 평화를 깨뜨리는 처사와 大韓民國에 대한 침략적 공격이 이미 있었다고 단정하는 첫 결의안을 채택한 후에 조치를 취했다. 국제상의 평범한 원칙에 따르면 공격을 받는 국가에게 자위권이 있고 그밖의 어떤 국가도 침략 당하는 국가를 원조할 권리가 있다.

「유엔」헌장은 그 고유의 권리를 약탈하지 않았다. 그와는 반대로「유엔」헌장은 제51조에서 다음과 같이 뚜렷이 명시하고 있다.

어떤「유엔」회원국가에 대해 무장공격이 있을 경우 안보이사회가 국제평화와 안전보장을 유지하는데 필요한 조치를 취할 때까지 타고난 개인이나 집단적인 자위권을 해치는 것이 현 헌장에는 전혀 없다.

제51조는 그와 관련해서「유엔」회원국에 대한 무력공략에 언급한데 불과하다는 것은 옳으며 게다가 大韓民國은「유엔」회원국이 아니다. 그러나 제51조의 목적은 새 권리를 만들어 내려는 것이 아니라 다만 모든 국가에 부여된 고유의 권리가 손상당하지 않는다는 것을 밝히는데 있다. 우리가 생각할 때 제51조가 이 고유의 권리를 정의하려는 것으로 간주될 수 없다.

따라서 제51조는 비회원국인 한 국가의 자율권을 제한하려고 시도할 수 없었고 시도하지도 않았으며 그런 국가가 침략을 받을 때 타국의 원조를 받을 권리도 제한하려고 시도할 수 없었고 시도하지도 않았다. 제51조가 자위권에 불과한 단 하나의 제약은『안보이사회가 국제평화와 안전을 유지하는데 필요한 조치를 취할 때까지』라는 말로 명시하고 있는 제약뿐이다.

<カ ナ 다>
首相이 下院에서 행한 演說 全文

1950년 6월 30일

존경하는 하원의장.

본인은 韓國의 현상황에 관한 「카나다」 정부의 입장 등에 관해 하원의원 제위께 간단히 보고하고자 한다.

어제 「피어슨」외상이 언급한 바와 같이 이 문제에 관한 「카나다」의 책무는 전적으로 「유엔」회원국으로서의 책무에 따른 것이며 나아가서는 그 일부가 다음에 지적되는 바와 같이 지난 1950년 6월 27일의 「유엔」안보이사회의 결의를 지지한다는데서 파생된 것이다. 「유엔」안보이사회는 「유엔」의 각 회원국들에게 大韓民國에 대한 원조가 무력 공격을 격퇴하고 세계평화를 회복하며 한반도의 안전을 되 찾는 데 필요하다는 것을 권고하고 있다.

내가 특히 강조하고 싶은 것은 이상과 같은 결의안을 이행하는데 「카나다」가 참여한다는 사실이 결코 어느 특정국가에 반대하여 참전하는 것이 아니라는 것이다.

「카나다」는 「카나다」가 수락해 오고 있는 「유엔」헌장에 입각해서 안보이사회가 결의한 바와 같이 「유엔」의 선도와 권위하에서 침략이 발생한 지역에서 평화를 되찾을 목적으로 집단적 경찰행동에 참여하는 것이다. 「카나다」가 이와 같은 상황하에서라는 사실을 명백히 밝히는 바이며 나의 생각으로는 하원이 이미 이러한 입장을 승인했다고 본다. 더군다나 한가지 덧붙여 밝히고 싶은 것은 만약 우리가 「유엔」군 사령관이 이끄는 「유엔」의 군사활동에 「카나다」가 지원해 달라는 통고를 받을 경우에 그것이 평화를 회복하는 목적에 합치되고 또한 「카나다」의 목적이 부합된다면 「카나다」 정부로서는 그와 같은 기여를 즉각 단행할 것을 고려한다는 점을 의회에 알리고 싶다. 「카나다」의 기여는 예컨대 우리의 함정들이 「유엔」의 다른 해군들과 같이 작전에 참여하는 형태를 취하게 될 것이다. 韓國水域은 「에스퀴말트」에서 6천 마일이나 떨어져 있어서 「카나다」의 구축함들이 도착하려면 1주일 이후가 될 것이다.

하원의원 여러분들께서는 「카나다」의 해군 부대들이 「유럽」수역에서의 하계 연습을 위해 그 지역에 파견됐다는 사실을 상기할 것으로 믿는다.

이제 그 계획은 중지될 것이며 「카나다」의 군함들은 「카나다」가 원조요청을 받을 경우 「유엔」과 韓國을 지원할 수 있는 지역으로 보다 가깝게 접근할 것이다.

전쟁상태가 앞으로도 韓國에서 오래 계속되고 악화되어 내가 지적한 바와 같은 이상의 행동을 「카나다」가 취해야 겠다고 생각될 때 의회는 이같은 새로운 사태의 검토를 위해 즉각 소집되어야 할 것이다.

한편 「카나다」 정부는 지난 2일간 의회가 부여한 위임권 범위내에서 「유엔」의 검토를 위해 즉각 소집되어야 할 것이다.

한편 「카나다」 정부는 지난 2일간 의회가 부여한 위임권 범위내에서 「유엔」의 집단행동을 효과적으로 이룩하며 韓國의 평화를 회복하기 위해 다른 회원국들과 같이 「유엔」의 한 회원국으로서 「카나다」의 국력과 능력이 미치는 한 모든 의무를 다 할 것이다.

만약 이같은 의무가 완수될 수 있다면—그렇게 되겠지만—韓國보다는 훨씬 광범위한 지역에서 평화를 유지하고 이를 강화할 수 있는 기반이 크게 강화될 것이라 생각된다.

〈오스트레일리아〉
「멘지스」 首相의 議會 演說

1950년 7월 6일

「유엔」총회는 1948년 12월 大韓民國을 합법정부로 승인하고 모든 점령군의 철수를 건의한 결의안을 채택했다. 「오스트레일리아」도 이 결의안의 제안국이었다. 이어 「오스트레일리아」를 포함하는 새 「유엔」 韓國委員團이 설치되어 1949년 2월부터 南韓에서 활동을 개시했다.

蘇聯은 1949년초 北韓주둔 蘇聯軍의 철수를 발표했다. 「유엔」 韓國委는 南韓으로부터의 美軍철수감시 작업을 1949년 6월까지 모두 마쳤다. 蘇聯은 1949년 9월의 「유엔」 총회에서도 계속 「유엔」 韓委를 반대했지만 위원회는 재구성되었으며 1950년 5월 30일 실시된 韓國의 제2차총선거를 감시했다. 「유엔」 韓委는 北韓政權과의 접촉을 계속 힘썼으나 아무런 반응도 없었고 대신 평양방송은 1950년 5월 30일 南北統一宣傳攻勢를 개시했다.

6월 25일 北韓軍은 大韓民國에 대해 일련의 공격을 개시했다. 「유엔」 韓委는 「유엔」 사무총장에게 정세의 위험성을 환기시켰다. 같은 날 안보이사회는 蘇聯이 불참한 가운데 긴급회의를 소집했다. 안보리는 北韓의 무력남침이 평화를 파괴하는 행위라고 결의하고 찬성9, 기권1 (「유고슬로비아」)로 적대행위의 즉각적 중지를 촉구하고 北韓當局에 철수를 명령했다. 안보리는 또한 「유엔」 회원국들에 이 결의안을 수행 할 수 있도록 「유엔」에 모든 원조를 제공하도록 요청했다.

6월 26일 「유엔」 韓委는 최신의 전황 및 위원회 소속 군사 「옵서버」들의 현지 시찰 등을 통해 北韓의 공격은 사전에 잘 계획된 전면남침이며 韓國軍은 순전히 방어적 태세만 취하고 있다가 기습을 당했다는 취지의 보고서를 작성하여 「유엔」에 제출했다. 위원회는 또한 북한이 안보리 결의안을 무시할 것이라는 견해도 전달했다. 같은 날「트루만」美 大統領은 현대사에서 가장 주목할만한 성명서의 하나가 될 성명을 발표하여 北韓의 남침을 부당한 침략이라 규정하고 美國은 안보리의 요청에 부응하여 美 해공군에게 韓國政府를 지원하도록 명령함으로써 안보리의 노력을 강력히 지원할 것이라고 밝혔다.

6월 27일 안보리는 회의를 속개하고「유엔」회원국들은 韓國에 대한 무력침략을 격퇴시키고 한반도 지역에 국제평화와 안보를 회복시키는데 필요한 원조를 大韓民國에 제공한다는 내용의 결의안을 심의했다. 이 결의안을 7개 이사국은 즉각 찬성했으며 인도도 뒤이어 찬성했다.「에집트」는 투표에 불참하고「유고슬라비아」 만이 반대했나.「오스트레일리아」가 속해있는 英연방국가 진체를 비롯하여 40여 「유엔」회원국들이 이 안보리 결의안을 수락했다. 蘇聯「체코슬로바키아」「폴란드」 「유고슬라비아」등 4개국만이 반대했고「에집트」와「예멘」은 모호한 태도를 취 했으며 수개 국이 아직 아무 회답도 하지 않고 있다.

「오스트레일리아」정부는 즉각적인 조치를 취했는데 이 조치에 대해 지금 의회가 심의해 주길 바란다. 정부는 6월 29일 大韓民國에의 지원제공을 위해「오스트 레일리아」해군력, 즉「숄헤이븐」호 및「바탄」호 등 두 함정을 극동수역에 배 치하여「유엔」안보리를 대신한 미국해군아래 둠으로써「유엔」안보리 결의안을 지원키로 결의했음을 밝힌「메시지」를 관계기관에 보냈다. 다음 날인 6월 30일 「오스트레일리아」정부는 안보리 결의안에 부응하여 추가조치로 日本에 주둔중인 「오스트레일리아」공군 1개 전투기대대를 미공군을 통해「유엔」이 사용토록 하 기로 결정했다고 발표했다.

韓國사태에의 개입은 3차세계대전의 유발을 뜻하는 우려에서 일부 인사들은 이 같은 조치에 비판적일 것이다. 이들 인사에게 정부를 대신하여 다음 세가지를 말해 둔다.

첫째, 평화를 위한 위대한 실험을 상징하는「유엔」헌장은 이 의회에서 만장 일치로 승인되었으며「오스트레일리아」내 모든 정당의 지지를 받고 있다.

둘째로 안보리 결의안은 북한이 불법남침을 범했다는 안보리의 결정을 가능한 한 가장 명확하게 표현한 것이며 또한 이같은 무력공격을 韓國이 격퇴하도록 원조를 제공할 것을「유엔」회원국들에게 명문으로 요청한 것이다. 이와 같은 결의안을 무시하고 원조요청을 거부하는 것은「유엔」이라는 세계기구의 무용지 물화를 방조하는 것임은 분명하다.

세째로 현 韓國紛爭은 우리 측에서 볼 때 낡은 권력정치의 재연은 아니다. 반대로 이 분쟁의 결과는「유엔」이 과연 효율적인 평화기구가 될 수 있느냐를 결정하는 것이다.「유엔」이 중대한 첫 힘의 실험에서 실패할 경우 그 것은 세계적 비극이 될 것이다.

따라서「오스트레일리아」를 비롯한 20개 국가가 현재 제공하고 있는 원조를 세계대전 도발행위로 보는 것은 사실의 왜곡이다. 반대로 이 같은 지원이 효과를 거둔다면 3차 세계대전을 예방한다는 데 가장 큰 지원을 할 것이다.

세계평화기구를 존속시키려면 전 세계가 이의 유지에 대한 책임을 져야 한다. 언제는「유엔」헌장의 준수를 운위하다가 다음 순간에 안보리 결의안을 무시해 버리는 짓은 위선이나 비겁행위일 것이며「오스트레일리아」는 이 같은 위선이나 비겁행위를 한 일은 없다.

앞에서 언급한 정세들에 비추어 나는「오스트레일리아」의회는「유엔」헌장 및「유엔」안보리의 韓國關係 토의안을 검토하고 수상의 성명에서 밝혀진 군사력을「유엔」관할하에 두게한 정부의 조치를 승인한다는 동의안을 제출한다.

「오스트레일리아」議會에서의 討議內容

「애슐리」의원＝연방원내 노동당은 북한군의 大韓民國에 대한 무력공격에 관해 검토했다.

「유엔」안보이사회는 이같은 무력침공이「유엔」헌장에 규정된 바 국제평화를 침공하는 행위라고 규정했다. 안보리는 北韓에 대해 南北韓간의 기존 경계선인 北緯 38도선으로 즉각 군대를 철수시키도록 촉구했다. 그러나 이같은 안보리의 지시는 무시되었다. 이에 따라 안보리는 평화 및 안보를 재확립하기 위해 긴급 군사조치가 필요하다고 결의하고「유엔」회원국들에게 北韓의 무력남침을 격퇴시키기 위해 대한민국에 원조를 제공토록 권고했다.

「유엔」헌장은 평화의 침해 및 무력침략을 예방 방지하는데 있어서「유엔」은 무력을 사용할 수 있다고 규정하므로써 국제평화의 보전을 보장하고 있다. 大韓民國의 영토보전권은 북한군대에 의해 침해되었다. 안보리는 한반도에서 국제평화를 회복하기 위해「유엔」은 무력을 사용해야 한다는 결정을 내릴 권한을 갖고 있다. 따라서 안보리의 요청에 부응하여 일부 군대를「유엔」관할 밑에 둔「유엔」회원국들의 행위는 전적으로 정당한 것이며 美合衆國 英國「오스트레일리아」「뉴질랜드」등은「유엔」헌장에 규정된 의무에 완전일치하는 행동을 취했다.

1947년「유엔」은「유엔」韓國委員團을 설치함으로써 한국독립문제에 개입했다. 이 위원단의 1차적 기능은 2차대전중 연합국 지도자들이 한국 국민들에게 약속했으며 뒤에「유엔」총회가 보장한 공약에 따라 통일된 독립한국을 건설키 위한 예비조치를 취하는 것이었다. 위원단은 총회의 결의에 따라 1948년 및 1949년에도 존속했다. 현재「유엔」이 추구하고 있는 목표는 국제평화의 회복, 그리고 통일 민주, 독립한국의 조기 수립 및 절기「유엔」가입이다. 노동당은 이들 두 목표를 항상 유의하는게 긴요하다고 본다.

「치플리」의원＝「유엔」안보리는 한국정권이 남한국민들에 대해 침략행위를 범했다고 이제 선언했다. 나는 「맨지스」수상이 그의 성명에서 이 문제에 관련된 여러 당사자의 정치적 신념에 대한 논란을 삼가한 데 대해 감사한다. 명백한 사실은 「유엔」기구가 침략행위의 발생을 선언했다는 것이다. 나는 발생한 사태가 과연 침략행위의 요건을 구성하는지 하는 문제를 검토할 필요가 있다고 생각한다. 만일 침략 행위가 된다면 「오스트레일리아」노동당은 「유엔」기구를 전폭적으로 지지할 것이다.

수상의 동의안과 정부가 「유엔」기구에 원조를 제공한 행위는 우리가 처한 입장으로 보아 야당의원들의 전면지지를 받아야 한다. 南北韓의 정부형태는 문제가 아니다. 중요한 것은 침략행위가 과연 범해졌는지, 그리고 이것이 세계기구인 「유엔」이 행동을 취하고 회원국들에게 더 이상의 침략행위를 방지하며 사태를 침략이전의 상태까지 되돌려 놓도록 요청할 사태인가 하는 것이다. 오늘날 사태에 휘말려 있는 것은 北韓과 南韓이지만 내일이나 다음 달에는 다른 국가들이 똑같은 사태에 휘말려들지도 모르는 일이다.

6월 26일 「유엔」韓國위원단은 北韓이 「유엔」안보이사회 결의를 무시하고 있으며, 전투행위가 계속되고 있다고 보고했다. 6월 27일 「유엔」안보이사회는 모든 회원국들에게 침략의 희생국인 韓國을 도울 것을 촉구하는 「유엔」의 선언을 결의했으며 따라서 「유엔」은 침략에 대항하는 투쟁에 들어갔다.

「유엔」이 韓國에 군대를 파병함으로써 그러한 투쟁을 시작한 것이 아님은 분명하다. 「유엔」은 먼저 北韓측에 적대행위를 중지하고 38선으로 되돌아 갈 것을 요구했다.

이러한 요구가 관철되지 않아 「유엔」은 비로소 전투를 시작했다. 그러나 北韓은 南韓이 침략자라는 선전을 떠들어댔다. 잠시 생각해 보자. 英國과 美國軍, 그리고 강력한 원조를 받으면서도 현재 南韓의 조그만 지역만이 共産軍에 의해 정복을 면하고 있다. 南韓이 침략자라면 南韓이 그와 같은 철망상태 속에 빠져 있을 것인가.

大韓民國은 애초에 戰爭에 대비한 준비가 없었다. 南韓은 기관총을 제외하고는 중무기와 장비가 없었으나 반면에 北韓은 대포 「탱크」 항공기 등을 모두 대비시켜 놓았다.

이러한 사실이 북한이 침략자라는 것을 입증하지 못한다면 무엇으로 그것을 증명하겠는가.

北韓이 침략자라는 것은 우리가 보기에는 명백하다. 그리고 우리는 침략자인 北韓에 맞서 대항하는 것이 옳다고 보는 바이다. (下略)

「엘피디오 퀴리노」 大統領의 第21回 對國民 放送 談話 〈관보 46권 7호〉

1950年 7月 15日

國民 여러분!

앞서 여러분들에게 「라디오」 담화를 발표한 이후 아주 비운의 날이 지금 닥쳐 왔다.

6월 25일 蘇聯의 사수를 받은 北韓 共産軍은 大韓民國을 침공했다.

요컨대 이는 자유세계에 싸움을 거는 도전이다. 거의 즉각적으로 「트루만」 大統領은 이 도전을 받아들여 위협에 직면해 있는 東南「아시아」와 전세계에 용기와 희망을 안겨 주었다. 「유엔」은 재빨리 北韓의 침략을 평화의 파괴라고 규탄했으며 52개 「유엔」회원국은 안보이사회를 통해 미국을 지지하고 나서 「맥아더」 장군을 「유엔」군사령관에 앉혔다. 이같은 불길한 사태속에서 우리는 우리 공화국수립 4주년을 기념했다.

그런데 北韓共産軍은 서울 水原 및 그밖의 중요한 韓國都市들을 점령하여 韓國으로 하여금 임시수도를 계속 옮기지 않을 수 없게 했다. 이와 동시에 서독 「유고슬라비아」「이란」「인도차이나」 및 滿洲부근 주요 국경지대에는 共産軍이 대거 집결해 있다는 보도들도 나돌고 있다.

그래서 불과 3주 동안의 짧은 기간에 세계는 일찍이 보지 못했던 큰 재난이 닥쳐오지 않을까 하는 암담한 전망을 가지게 되었다. 「필리핀」이 세계 무력분쟁에 직접 말려들지 않기를 바라고 있고 이 나라가 다시는 전투장이 되지 않기를 간절히 희망하고 있으나 우리의 독립과 생존에 대한 위협은 이미 현실로 접근해 왔다. (中略)

우리와 韓國戰爭은 뚜렷한 이해관계를 맺고 있다. 「유엔」의 일원으로서 우리는 다른 회원국들과 제휴하여 共産侵略을 막기 위해 미국을 중심으로 규합했다. 우리는 경제적 및 군사적 원조를 약속했다. 「필리핀」은 美軍과 함께 韓國戰에 참전하게 될 지원병을 파견하게 될지도 모른다.

그럴 경우 우리는 신중을 기해야 하며 우리의 한계를 알아야 한다. 우리의 최대기여는 우리의 안정을 유지하는 데 있다. 우리가 국내에서 共産軍을 격멸할 때 우리는 共産主義를 봉쇄하는 데 조력하는 것이다. 우리는 국내에서 임박한 책임을 완수하는데 비례하여 국제적인 의무를 이행한다. (下略)

第10「바탈리온」戰鬪團을 위한 群衆大會에서의「엘피디오 퀴리노」大統領의 演說

〈관보 사료 및 역사문서〉
1950년 9월 2일

제10 전투단 장병여러분!

여러분은 불원 한국전선으로 떠나게 된다.

나는 여러분이「필리핀」군대의 정예부대라는 말을 우리의 전문가들과 고문들로부터 들었다.

여러분은 현재 한국에서 전투중인 여러분의 장래 전우인「유엔」군에게 우리의 정부, 즉 여러분의 나라의 약속은 빈틈없이 이행된다는 사실을 입증하게 될 것이다. (中略)

여러분은 영웅적인 사명을 띠고 있다. 그리고 역사적인 사명을 안고 있다. 오늘 우리는 우리의 역사에 훌륭한 한「페이지」를 기록하기 시작한다. 여러분중의 대다수는 우리의 자유를 확보하기 위해 이 땅에서 싸워 왔다. 이제 여러분은 그러한 자유수호의 전투에 참여하기 위해 외국 땅으로 떠난다. (中略)

우리 맹방의 영웅적인 병사들과 함께 여러분은「유엔」기치 아래 진군할 것이다. 따라서 여러분의 용전은 여러분 자신들의 국민과 가족뿐만 아니라 평화를 희구하면서도 자유없이는 평화가 존재할 수 없음을 잘 알고 있는 지상의 전 자유인의 안보를 위한 것이다.

여러분은「필리핀」을 상징하는 충성심과 용기와 명예를 온통 과시하면서 여러분의 국기와「유엔」기를 드높이 휘날릴 것이다. 나는 그러리라고 믿고 있다. (中略)

여러분이 韓國에서 하는 일이 바로 우리 共和國과 共和國의 구성원인「필리핀」國民 모두에게 생존, 아니 원하는 대로 생활할 수 있고 원하는 대로 생활을 유지할 수 있는 의지와 능력이 있음을 전세계에 대해 입증해 줄 것이다. 여러분의 동포와 나는 여러분이 그렇게 하리라고 믿고 있다.

여러분이 韓國에서 하는 일은 또한 평화와 자유를 위한 전세계적인 협조에 우리나라가 참여하는 특별 투자의 일환이기도 하다.

왜냐하면 민주주의와 전체주의 그리고 자유와 노예화의 문제가 걸려 있는 무대가 비극적으로 확대된다면 그리고 이러한 극대현상이 이 나라의 적색도당에까지 다다르게 된다면 그 때에는 여러분이 韓國에서 수행한 업적으로 해서 우리「필리핀」國民이 그러한 무대에서 얼마나 위대한 역할을 담당할 수 있는지를 전세계에 과시해 줄 것이기 때문이다. 우리의 희생이 크면 클 수록 그리고 존경을 많이 받으면 받을 수록 우리가 차지하는 영광스러운 업적의 몫도 그만큼 커질 것이다.

여러분이 무용과 전광을 세움으로써 자유와 문명이 상실이라는 공동위험을 안고 있는 자유국가들은 손을 맞잡고 이러한 위험을 영원히 제거할 의지와 능력이 있음을 과시할 수 있을 것이다. 그러나 어제, 그 전에도 사랑하는 우리 땅에서 여러번 있었듯이「타르라크」「라구나」및 그 밖의 다른 곳에서 우리 형제자매가 우리의 공동적의 추종자들에게 학살 강간 약탈당했다. 여러분은 이같은 몸서리 치는 만행에 복수해야 한다. (下略)

「엘피디오 퀴리노」大統領의 第23回 月例放送 談話

1950년 9월 15일

(上略)

　지난 달 우리나라에서는 많은 일들이 일어났다.
제10전투단을 韓國前線에 파병키로 결정함에 따라 우리는 우리나라 밖의 적나라한 共産侵略에 대한「유엔」의 항전을 지원하겠다는 공약의 제1차분을 이행했다. 우리는 생존의 유산과 결의에 대한 열의있는 성실성을 입증했다. 이처럼 우리가 정의와 진리와 옳다고 믿는 바를 위해「필리핀」인의 생명을 내걸으므로써 우리는 개인으로서가 아니라 한 국민으로서 어려우면서도 불가피한 구제의 길을 쫓고 있다. (下略)

韓國에서의「유엔」軍의 成功을 보고「맥아더」
將軍에게 보낸「퀴리노」大統領의 祝電

1950년 9월 29일

「더글라스 맥아더」장군

　「필리핀」국민과 나는 귀하의 탁월한 영도 아래「유엔」군이 적나라한 침략을 성공적으로 격퇴한 데 대해 최대의 뜨거운 축사를 보내는 바이다.

　귀하는 명예롭게「필리핀」에 돌아 왔을 때처럼 또 한번 자유군을 지휘하여 혁혁한 인류의 해방을 실현했으며 그럼으로써 새로운 폭정의 위협을 받고 있는 불안한 수백만명의 가슴 속에 희망의 불길을 새로이 밝혀 주었다. (下略)

－엘피디오 퀴리노－

〈필 리 핀〉

議會 共同決議文

『1950년 6월 25일 北韓軍은 38선을 월경하여 까닭 없이 아무런 조달도 하지 않은 大韓民國을 공격했다.

바로 침략이 있은 그날「유엔」안보이사회가 휴전명령을 내렸음에도 불구하고 北韓軍은 韓國에 대한 공격을 계속 강행함으로써 평화와 안보의 유지를 위태롭게 하고 있다.

「유엔」헌장 제42조의 규정을 이행함에 있어 안보이사회는 1950년 6월 27일 채택한 결의안을 통해『무력공격을 격퇴하는 데 필요한 지원을 大韓民國에 제공하도록』전「유엔」회원국에게 요청했으며 따라서 전기기구의 회원국인「필리핀」共和國에도 그 같은 침략의 격퇴를 지원하기 위해 군대를 파견할 것을 호소했다.

「필리핀」共和國은 능동적인 회원국으로서「유엔」의 요청에 쫓을 의무가 있으며「유엔」회원국은 안보이사회의 결정을 수락하고 이행하는데 동의한다는「유엔」헌장 제25조에 따라 이를 지지했다.

「유엔」에 대한 책무를 이행해야 할「필리핀」의 의무는「필리핀」수석대표인「카롤로스 P·로물로」외상이「유엔」총회의장이라는 사실로서 더 강조되고 있다.

「필리핀」共和國은 韓國에 있어서의「유엔」활동에 전폭적인 지지를 보내야 한다. 왜냐하면 그같은 활동의 성공이 곧 세계의 평화유지에 대한 최대의 희망이요 보장이기 때문이다.

大韓民國에 대한 지원을 위해「유엔」에 군대를 파견한다면「필리핀」共和國은 자체의 방위에 참여하는 셈이다.

그리고「엘피디오 퀴리노」大統領은 의회에 보낸 특별교서에서「필리핀」정부가 지원의 가용 한도까지 韓國에 있어서의「유엔」노력을 지지하기로 다짐했다고 발표했다. 그러므로 이제「필리핀」하원은 상원과 공동으로『「필리핀 공화국이「유엔」기구의 호소에 부응하여 韓國에 군대를 파견해야 한다는「필리핀」의회의 의향을 표명함과 아울러「필리핀」大統領에게 1947년 3월 21일「필리핀」과 美國간에 체결된 대「필리핀」군사지원협정에 의거 大統領이 취할 수 있는 방법에 따라 필요하고도 실용적인 군대를 지원병으로나 또는 달리 편성하는 조치를 취하도록 요청할 것을 결의한다.

UN의 主要文書

UN 主要文書

주한미대사가 미국무장관에게 보낸 전화보고

한국군사고문단현지보좌관 보고가 부분적으로 확인한 한국군 보고에 의하면 북한군이 오늘 아침 여러 지역에서 대한민국 영토를 침범했다. 침범행위는 상오 4시경에 개시되었다. 옹진이 북한군의 포격을 받았다. 상오 6시 경에 북한군 보병이 옹진지역 개성지역 춘천지역에서 38선을 넘기 시작했으며 동해안 강릉남방에 북한 육해군이 상륙했다고 보도되었다. 개성은 상오 9시에 점령되었으며 약 10대의 북한군 「탱크」가 작전에 참가하고 있다고 보도되었다. 「탱크」를 앞세운 북한군은 춘천을 포위하고 있는 것으로 보도되었다. 강릉지역에서의 전투 군보는 불분명하나 북한군은 국도를 차단한 것으로 보인다. 나는 오늘 아침 한국 군사고문단 보좌관들 및 한국관사들과 사태를 협의하였다. 침공의 성격이나 침공이 개시된 방식으로 보아 이 침공은 대한민국에 대한 전면적인 공세인 것으로 보인다.

―무 쵸―

UN doc. S/1495

주「유엔」미부대표가 「유엔」사무총장에게 보낸 서한

1950년 6월 26일

「유엔」사무총장귀하

본인은 1950년 6월 25일 오늘 아침 3시 전화로 귀하에게 본인이 읽어준 「메시지」의 원문을 여기에 전한다. 이 「메시지」에 「유엔」안보리의장이 즉각 주의를 기울이도록 힘써 주기 바란다.

―어네스트 A·그로스―

주한 미국대사는 북한군이 한국시간 6월 25일 새벽에 여러 곳에서 대한민국을 침범했다고 국무성에 통고해 왔다. 북한정권의 관장하에 있는 평양방송은 6월 24일 하오 9시(「뉴욕」시간)부터 발효된 대한민국에 대한 선전포고를 방송한 것으로 보도되고 있다. 앞에서 언급된 상황에서 감행된 북한군의 공격은 평화 침해이며 침략행위이다. 본국정부의 긴급요청에 따라 본인은 귀하에게 「유엔」안보리의 회의를 즉각소집할 것을 요청한다.

UN doc. S/1496

「유엔」한국위원단이 「유엔」사무총장에게 보낸 전문보고

1950년 6월 25일, 서울

대한민국 정부는 6월25일 상오 4시경 북한군이 38선 전역에서 대거 공격을 개시했다고 말하고 있다. 공격의 주요 지역은 옹진반도 개성지역 춘천 그리고 동해안이며 동해안에서는 강릉 북방과 남방에서 해안으로 북한군이 상륙했다고 보도되었다. 또 다른 해안으로의 상륙이 동남해안의 포항지역에서 공중 엄호하에 임박한 것으로 보도되었다. 이러한 공격들은 최근에 서울 바로 북방의 38선에서 가장 짧은 접근로를 따라 일어났다. 남한이 밤 사이 38선을 넘어 침입했다는 하오 1시 35분 평양방송의 주장은 위원단원과 사무국장과의 회의에서 대한민국 대통령과 외무장관에 의해 전적으로 허위라고 선언되었다. 북한은 또한 인민군이 침입군을 결정적인 반격으로 격퇴하라는 명령을 하달받았고 이에 대한 결과는 남한측에 책임이 있다고 주장했다. 대한민국대통령의 사태에 대한 「브리핑」에는 36대의 「탱크」와 기갑차량들이 북한군에 의한 4개지역의 공격에 가담하고 있다는 성명도 들어있다. 긴급 각의에 이어 대한민국 외무장관은 국민들에게 야만적인 공격에 저항할 것을 고무하는 방송을 하고 있다. 대한민국 대통령은 위원단에 방송으로 전투 중지를 촉구하고 「유엔」에 사태의 심각성을 알리는 통신문제에 전적으로 협조할 것을 표명했다. 북한이 상오 11시 평양방송으로 선전포고를 했다는 소문이 떠돌고 있으나 이는 어디서도 확인되지 않고 있다. 대한민국 대통령은 그러한 방송을 공식통고로 보고있지 않다. 위원단에 출두한 미국대사는 한국측이 상황을 상세히 보고할 것이라고 설명했다.

하오 5시 15분 4대의 「야크」형 전투기가 서울교외의 민간 및 군용비행장을 폭격하여 비행기를 파괴하고 연료「탱크」에 불을 지르고 차량들을 공격했다. 교외에 있는 영등포역이 또한 폭격을 받았다. 위원단은 사무총장이, 사태가 심각하게 발전하고 있고 전면전의 성격을 띠고 있을 뿐 아니라 국제평화와 안보유지를 위태롭게 할지도 모른다는데 주목해 주기를 바란다. 위원단은 사무총장이 문제를 안전보장이사회에 통고해야 할 가능성을 검토하도록 권고한다. 위원단은 보다 충분히 검토된 권고를 후에 보내겠다.

주「유엔」미부대표가 「유엔」안보리에서 행한 성명

1950년 6월 25일

한국시간 6월 25일 일요일 오전 4시 북한군이 대한민국영토에 부당국의 통일이 아직 이루어지지 않았다고 언명했다.

「유엔」임시한국위원단이 한국에서 경험한 차질과 난관에도 불구하고 「유엔」총회는 제3차총회에서 제195차 결의안 제3항을 통해 동위원단을 계속 존속시키고 남북한을 통일시키기 위한 동 위원단의 노력을 계속 추진할 것을 요청했다.

본인은 제3차 「유엔」총회가 채택한 제195차 결의안 제3항의 한 국면이 특히 강조되어야 할 것으로 본다.

「유엔」총회는 「유엔」임시위원단이 참관한 선거에 따라 한국에 한 합법적 정부가 수립되었고 아울러 이 정부가 한국에서 유일한 합법정부임을 선언했다. 이것은 아주 중요한 사실이다.

「유엔」총회는 또한 한국정부가 그의 관할지역선거민의 자유의사의 정당한 표시이며 「유엔」위원단이 참관한 선거에 입각하여 수립되었음을 선언했다.

이러한 선언에 비추어 본국정부는 1949년 1월 1일 대한민국을 승인했으며 그후 30개국 이상이 뒤따라 한국을 승인했다.

「유엔」임시한국위원단은 한국으로부터의 외국군철수, 남·북한간의 장벽제거 및 자결권에 의한 대의정부하의 국가통일 등 「유엔」의 목표를 성취하도록 노력했다.

1948년과 마찬가지로 1949년에도 북한당국과의 직접 접촉과 소련을 통한 협상추진 등 북한에 접근하려는 「유엔」임시한국위원단의 노력은 수포로 돌아갔다.

동 위원단은 한국의 통일이나 남북한간의 장벽제거를 위한 진전을 볼 수가 없었다. 동위원단은 「유엔」총회의 북한 38도선의 변경이 총격과 무장습격사건이 교차되는 곳이 되고 있으며 이것이 한국 국민들간의 우호적인 접촉에 큰 장애가 되고 있음을 보고 했었다. 동 위원단은 1949년 6월 19일 완료된 미국군대의 철수를 감시했다. 동 위원단은 북한주둔 소련점령군의 철수를 확인할 용의를 표명했음에도 불구하고 소련으로부터 그의 「메세지」에 대한 응답을 접수하지 못했으며 따라서 아무런 조치를 취할 수가 없었다.

1949년 10월 21일 제4차 「유엔」총회가 채택한 제293차 결의안 제4항에서 「유엔」총회는 동 위원단에게 한국의 분단으로 야기된 경제, 사회 및 기타의 우호적 접촉에 대한 장애제거를 촉진 추구토록 다시 지시했다.

「유엔」총회는 또한 동위원단에게 『「유엔」감시위원을 임명할 수 있고 동위원단에 속한 대표든 아니든 한명 또는 더 많은 사람들의 용역과 거중 조정을 이용할 수 있는 재량권」을 허가했다.

「유엔」한국위원단은 현재 서울에 있으며 우리는 방금 동위원단의 보고서를 접수했다.

본인은 북한군의 대한민국 침략에 대한 「유엔」안보리의 큰 우려에 유의하는 결의안 초안을 제출했다.

이 결의안 초안은 북한 당국에게 남한에 대한 적대행위를 중지하고 북위 38도선의 경계선으로. 그들의 군대를 철수시킬 것을 촉구하고 있다. 이 초안은 「유엔」한국위원단이 북한군의 북위 38도선으로의 철수를 감시하며 「유엔」안보리가 동 결의안의 실행과 이행상황을 계속 통고받도록 할 것을 요구하고 있다.

「유엔」안보리 의장의 허가를 얻어 본인은 동 결의안 초안의 전문을 낭독하는 바이다.

「유엔」안보리는 대한민국 정부가 대다수 한국국민들이 거주하며 「유엔」임시한국위원단이 감시와 협의를 할 수 있는 한반도지역을 효과적으로 관장·관할하고 있는 합법적으로 수립된 정부이며, 동정부가 그 관할지역 선거민의 자유의사의 정당한 표시이며 「유엔」임시위원단의 감시를 받은 선거에 입각하고 있으며.

동정부가 한반도에서의 유일한 합법정부라는 1949년 10월 21일자 「유엔」총회 결의안의 결정을 상기하면서 「유엔」회원국들이 한국의 완전독립과 통합을 성취시키려 「유엔」이 추구하는 성과에 손상을 끼치는 행위를 삼가하지 않을 경우, 뒤따라 발생할지도 모를 사태에 대해 「유엔」총회가 1948년 12월 12일과 1949년 10월 21일자 결의안에서 표시한 우려와 「유엔」한국위원단이 그 보고서에서 설명한 사태가 대한민국과 한국국민의 안전과 안녕을 위협하며 그 곳에서의 군사적 분쟁을 야기시킬지도 모른다는 우려를 염두에 두면서 그리고 북한 「인민군」의 대한민국 침략에 대한 중대한 우려 표명에 유의하면서 이러한 행위를 평화의 침해로 규정하며.

Ⅰ. 북한당국에
   a. 전투행위를 중지하고
   b. 그들의 군대를 북위 38도선으로 철수시킬 것을 촉구한다.
Ⅱ. 「유엔」한국위원단에게
   a. 북한군의 38도선으로의 철수를 감시하고
   b. 「유엔」안보리에 동 결의안의 이행상황을 계속 통보할 것을 요구한다.
Ⅲ. 모든 「유엔」회원국들에게 이 결의안을 이행하는 데 있어 「유엔」에 모든 원조를 제공할 것과 북한당국에 대한 원조 제공을 삼가할 것을 촉구한다.

UN doc. S/1501
「유엔」안보이사회가 채택한 결의안

1950년 6월 25일

안전보장이사회는 1949년 10월 21일자 총회결의안의 조사보고대로 대한민국정부가「유엔」임시한국위원단이 조사 협의할 수 있었던 대다수의 한국주민들이 거주하는 한반도의 지역에서 유효한 지배 및 법적관할권을 가진 합법적으로 수립된 정부라는 것과 이 정부가 한반도의 해당지역 선거민들의 자유의사의 정당한 표현이며 임시위원단이 감시한 선거에 근거하고 있다는 것과 이 정부가 한반도의 합법정부라는 것을 상기하면서 또한 총회가 1948년 12월 12일자 및 1949년 10월 21일자 결의안에서 표명한 대로「유엔」이 한국의 완전한 독립과 통일을 가져오기 위해 추구하는 성과에 해로운 조처를 회원국들이 삼가하지 않을 경우 초래될 결과에 대한 우려와「유엔」한국위원단이 그 보고에서 진술한 사태가 대한민국 및 한국국민들의 안전과 안녕을 위협하며 한반도에서 군사분쟁을 야기할지도 모른다는 우려를 유의하면서, 또한 북한군의 대한민국에 대한 무력공격을 심각한 우려로 주목하면서, 이러한 행동이 평화를 파괴하는 것이라고 결정하며 ① 적대행위의 즉각 중지를 요구하고 북한당국이 그들의 군대를 즉각 38선으로 철수시킬 것을 촉구하고 ②「유엔」한국위원단이 (a) 충분히 검토된 사태에 대한 보고를 가능한 한 지체없이 보낼 것과 (b) 북한군의 38선으로의 철수를 감시할 것과 (c)「유엔」안전보장이사회에 이 결의안의 집행에 대해 계속 보고할 것을 요청하고 ③ 모든 회원국들은「유엔」이 이 결의안을 집행하는 데 지원을 아끼지 말며 북한당국을 지원하는 것을 삼가하도록 촉구한다.

대한민국 국회가 미국대통령 및 의회에 보낸「서한」

1950년 6월 25일

6월 25일 조조를 기하여 북한공산군대는 남한에 대한 무력침략을 개시하였다. 귀하 및 미합중국 하원은 우리 국민이 오늘과 같은 사건을 예기하여 동방에서 민주주의의 보루를 확보하고 세계평화에 공헌하기 위하여 강력한 국방군을 창설한 사실을 이미 인식하고 있는 것이다. 우리들은 다시 한번 귀하에게 우리들을 해방하고 우리 공화국의 수립을 위하여 귀하가 준 요긴한 원조에 대하여 사의를 표하는 바이다. 용감한 전투를 전개하여 가며 이러한 국가적 위기에 당면하여 우리들은 귀하의 가일층의 지지를 호소하는 동시에 이러한 세계평화파괴행위를 저지하기 위하여 동시에 유효하고 적시적인 원조를 제공하여 줄 것을 요구한다.

미국대통령의 성명

1950년 6월 26일

　나는 일요일 저녁 국무 국방,양장관의 고위 보좌관 그리고 합참의장과 대한민국에 대한 정당한 이유없는 침략으로 야기된 극동의 사태를 협의했다. 미국정부는 「유엔」안전보장이사회가 신속히 그리고 결연히 침입군의 38선 이북으로의 철수를 명령한데 만족한다. 안전보장이사회 결의안에 따라 미국은 이러한 심각한 평화의 침범을 중지시키려는 안보리의 노력을 열렬히 지원할 것이다. 북한군이 취하고 있는 그러한 불법적인 행동에 대한 미국의 우려와 이러한 사태에서 한국 국민들에 대한 미국의 동정과 지지는 한국에 있는 미국인들의 협조적인 활동과 상호방위원조계획 아래에서 제공되고 있는 형태의 원조를 촉진하고 증가시키기 위해 취해진 조처들에서 시현되고 있다.

　이러한 침략행동에 책임이 있는 당사자들은 미국정부가 세계평화에 대한 그와 같은 위협을 얼마나 심각하게 바라보고 있는가를 깨달아야 한다. 평화를 지켜야 할 의무를 고의적으로 도외시하는 것은 「유엔」헌장을 지지하는 국가들로부터 묵인될 수 없다.

대한민국 국회가 「유엔」한국위원단을 통해

「유엔」총회에　보낸 「서한」

1950년 6월 26일

　6월 25일 조조를 기하여 북한 공산군대는 38도선 전면에 걸처 무력침략을 개시하였다. 자위를 위하여 우리들의 용감하고 애국적인 육해군은 영웅적인 방위작전을 전개하였다. 반란군의 이 야만적이며 불법적인 행위는 용서할 수 없는 범죄행위이다. 3천만 국민을 대표하는 우리들은 국제연합총회가 침략에 대한 우리들의 방위전투가 우리들 국민과 정부의 불가피한 반발임을 인식할 것을 희망한다. 우리들은 또한 한국 뿐만 아니라 세계의 평화애호국민을 위한 평화와 안전을 확보하기 위하여 귀하의 즉각적이며 효과적인 조치를 호소한다.

UN doc. S/1505
「유엔」한국위원단이 「유엔」사무총장에게 보낸 보고

1950년 6월 26일, 서울

위원단은 6월 25일의 적대행위 발발에 선행하는 배경사건들에 대한 다음과 같은 개괄보고를 제출한다.

1. 지난 2년간 북한정권은 격렬한 비방과 38선에서의 위협적인 거동과 그리고 대한민국 영토에서 전이활동을 고무하고 지원함으로써 「유엔」임시한국위원단의 주관하에 수립되었으며 총회가 승인한 대한민국정부를 약화시키고 파괴하려는 전술을 추구해 왔다. 같은 기간동안 「유엔」한국위원단은 되풀이 되는 욕설선전의 표적이 되어왔으며 이들 방송들은 위원단의 합법성을 부인하고 위원단의 활동이 쓸모없는 것이라고 비난하는가 하면 위원단원들에게 개인적인 모욕을 가하기도 했다. 이러한 일련의 활동은 지난 8개월동안 무자비하게 추구되어온 반면 건국 초창기인 공화국의 경제는 불안정한 상태였으며 제헌국회의 토의는 흔히 격돌적이며 행정부에 대해 비판적이었다. 최근 몇달동안 이 나라의 정치와 경제가 안정을 이룩하는 면에서 뚜렷한 개선의 징후가 있었다. 4월초 한국군과 경찰은 막 38선을 넘어온 도합 약 6백명의 2개 「게릴라」대대를 소탕함으로써 북의 지원을 받아 남한에서 활동중이던 「게릴라」들에 대한 동계공세는 절정을 이루었다. 이와 동시에 국내안전과 국내의 사기는 파괴분자들에 대한 진압으로 강화되었다.

2. 북한정권은 방송과 그밖의 선전, 그리고 파괴분자들에 대한 지원으로 효과적인 5·30총선의 실시를 저지하려고 기도했으나 위원단이 감시한 이 선거는 전반적으로 성공리에 진행되었고 법과 질서의 분위기에서 진행되었다.

3. 새로이 구성된 국회는 「유엔」임시한위(UNTCOK)의 감독아래 1948년 5월에 선출된 공화국의 제헌국회를 계승했다. 한반도의 한쪽 반에서의 선거가 38선의 인위적 장벽을 영구화하리라는 우려에서 중간노선정당들이 「보이코트」했던 1948년 선거와는 달리 1950년선거에는 지하공산주의자들을 제외한 모든 정당들이 참가했으며 제헌국회에서는 2대정당이었던 친 정부당과 야당이 다같이 1950년 선거에서 크게 패배하고 1948년 총선을 「보이코트」했던 온건노선의 세력들이 가장 괄목할만한 진출을 했다. 모두 210명의 의원 가운데 약 130명이 무소속인 새 국회는 경제적으로 안정된 국가에서 효과적인 대의정부를 수립하는 것이 계속 진전을 보이리라는 희망적인 분위기에서 1950년 6월 19일 소집되었다. 초기의 회의들은 행정부의 여러 단점들을 비판적으로 해결해 나가려는 결의를 보였다.

4. 6월초 북한정권의 평양방송은 한반도의 통일을 목표로 대책을 강화할 것을 요구하는 글을 대대적으로 선전했으며 6월 3일 한 「코뮤니케」는 530만 북한주민들이 평화와 통일에 대한 호소문을 서명한 것은 민족통일을 위한 투쟁이 새로이 개시됨을 뜻한다고 주장했다.

5. 6월 7일 평양방송은 조국통일달성을 위해 민주전선이 한반도내의 모든 민주적 정당과 사회단체들에 현안의 협상회의를 거쳐 한반도에서의 선거를 제의하는 호소서한을 되풀이 방송하기 시작했다.

6. 이 호소의 어조는 남한정부내 9명의 입법의원 지도자가 반역자로 협상대상에서 제외되고 「유엔」임시한국위원단이 통일의 과업에 간섭하도록 허용되어서는 안된다는 조건들에도 불구하고 북한의 앞서의 태도가 표면적으로 변화했음을 시사했다. 그러한 호소문 속에는 「유엔」한국위원단도 지적되어 있어 위원단은 6월 10일 호소문 원문을 받고 3명의 북한대표들에게 평화통일에 대한 위원단의 갈망을 친히 전달하기 위해 1명의 대표를 38선 이북으로 보냈다.(중략)

7. 뒤이어 그 서한은 북한정권의 최고인민회의 간부회의가 마련한 또다른 평화 통일계획으로 대치되었다. 이 계획은 남북한 의회를 단일입법기구로 소집하는 과정을 고려하고 있으나 앞서의 호소에서와 같은 반대할 만한 안건들이 부수되어 있었다.

8. 이 두 호소는 남한의 신문,정당 그리고 지도자들에 의해 순전히 선전에 지나지 않는다고 비난되었다. 이러한 호소들의 의도는 1948년 선거를 반대한 사람들로 하여금 협상에 의한 평화통일의 진정한 가능성이 있다고 생각하게끔 고무함으로써 남한국회가 보여주고 있던 단결을 깨뜨리려는 데 있음이 분명했다.

9. 한편 위원단은 위원단의 적절한 역할이 북한이 처음 제의한 중요 정치범 교환에 있어 남북한 양측에 의해 수락된다면 중재하겠다는 데 동의했다. 6월 10일 위원단은 그러한 교환을 위태롭게 할 어떠한 조처도 취하지 않을 것임을 분명히 했다. 북한은 6월 20일 제의된 위원단의 역할을 거부했으나 정치범 교환 절차는 침입시에 아직 미해결 상태였다.

10. 최근 수개월동안 대한민국의 국력이 날로 강화되었음이 분명했고 6월 25일 매우 뜻밖의 침입이 있었던 것으로 보아 평화적 수단에 의한 조기통일을 요구한 「라디오」선전공세는 순전히 연막적인 효과를 얻기 위해 기도되었던 것으로 보인다.

11. 김일성은 오늘 아침 9시 30분 「라디오」방송에서, 남한이 북한의 모든 평화 통일안을 거부한후 끝내는 침입군이 해주 지역의 38선을 넘게함으로써 그의 범죄행위를 절정에 이르게 했으며, 북한군으로 하여금 반격을 가하게 했다는 25일 하오 1시 35분에 있던 한국측의 첫주장을 되풀이하면서 사태가 초래하는 결과에 대한 모든 책임은 남한이 져야할 것이라고 주장했다.

12. 같은 방송에서 김일성은 통일을 확보하며 「반역자」를 처벌하기 위해…에 대한 투쟁을 요구하고 남한에서의 대중봉기와 「사보타지」를 요구했다. 위원단은 어느 모로나 이러한 북한의 주장이 정당하다는 증거를 갖고 있지 않다. 모든 증거들은 이번 공격이 사전에 치밀히 계획되고 조정되었으며 비밀리에 개시되었다는 점을 계속 지적하고 있다.

〈통신상의 인난으로 이 전문은 입전상태가 불량하여 보정된 것이다.〉

UN doc. S/1504

「유엔」한국위원단이 「유엔」사무총장에게 보낸 보고

1950년 6월 26일

위원단은 미국이 발의한 안전보장이사회의 결의안 채택을 통고받았다. 위원단도
그와 같은 방향으로의 조처를 숙고했으며 안전보장이사회의 조처들을 실천에 옮길
수 있으면 기쁘겠으나 지난 18개월 동안 북한과 접촉하려는 위원단의 노력은 부
정적인 반응만을 받았음을 지적하고 싶다.

UN doc. S/1503

「유엔」한국위원단이 「유엔」사무총장에게 보낸 보고

1950년 6월 26일

북한군의 진격은 위험한 사태를 야기하고 있으며 사태는 급격히 악화될 가능성을
보이고 있다. 내일 서울에서 일어난 사태를 평가하는 것도 불가능한 상태에 있다.
위원단의 과거의 경험과 지금의 사태에 비추어 보아 북한이 안보리의 결의안에
유의하거나 「유엔」한국위원단의 업무 수행을 받아들이지 않을 것으로 위원단은
확신한다. 위원단은 안보리가 남한 양 당사자가 동의하는 중립적 중재자를 초청하여
평화를 협상하도록 하거나 회원국 정부들이 즉각 중재 조처를 취하도록 요청하는
것을 고려하도록 권고한다. 위원단은 서울에서 대기하기로 결정했다. 현재 진행되고
있는 위태로운 작전들이 수일 내에 끝나고 안보리결의안이 권고한 휴전과 북한군의
철수문제는 비현실적인 것으로 나타날 위험이 있다.

UN doc. S/1507

「유엔」한국위원단이 「유엔」사무총장에게 보낸 보고

1950년 6월 26일

위원단은 오늘 아침 10시 회합을 갖고 적대행위에 대한 최근의 보고와 적대행위가
개시되기 48시간전에 감시가 종료된 「유엔」한국위원단 군사「옵서버」들이 38선연
변에서 직접 조사한 보고들을 검토했다. 이러한 증거에 입각하여 위원단은 다음과
같은 현재의 견해를 피력한다. 첫째 실제의 작전진행으로 보아 북의 정권이 남한에
대해 잘 계획되고 사전 협의된 전면적 침입을 수행하고 있다. 둘째 남한군은 38선
전지역에서 전적으로 방어적인 체제로 배치되어 있으며, 셋째로 남한군은 침입이
임박했다고 믿을만한 이유를 정보소식통으로 부터 갖고 있지 않았기 때문에 완전
기습을 당했다는 것이다. 위원단은 사태를 지켜 보면서 추후 보고하겠다.

UN doc. S/1518
「유엔」한국위원단 단장 서리가 「유엔」안보리의장에게 보낸 전문

1950년 6월 29일

38선에서의 군사분쟁을 야기할 것으로 보이는 사태발전에 대해 보고하기 위해 「유엔」현지 「옵서버」들이 6월 9일부터 개시된 38선연변에서의 현지 조사 여행에서 돌아와 6월 24일자로 작성한 다음과 같은 보고를 일반 정보로 세출한다.

38선에서의 일반적인 상황 :

「유엔」「옵서버」들이 현지 여행 끝에 받은 주요 인상은 한국군은 전적으로 방어를 위해 편성돼있으며, 북한군에 대해 대규모적인 공격을 수행할 상태에 있지 않다는 것이다. 이러한 인상은 다음과 같은 주요 사실을 목격한 데에 입각하고 있다.

1. 모든 지역에서 한국군은 깊숙히 배치되어 있다. 38선 남방은 산재된 진지들에 위치한 소규모의 병력들과 이동순찰반이 지키고 있다. 어떠한 지역에서도 공격을 위한 군의 집결은 눈에 띄지 않는다.

2. 여러 지역에서 북한군은 38선 남방의 진지들을 실질적으로 장악하고 있으며 이중 1개 진지는 가장 최근에 장악한 것이다. 남한군이 북한군을 이들의 어느 진지에서도 몰아내기 위한 조처를 취하거나 준비를 취했다는 증거는 없다.

3. 상당수의 한국군이 동부지역의 산악지대로 침투해 들어오는 「게릴라」단을 검거하는 데 실제로 참가하고 있다. 이들 「게릴라」단들은 파괴장비를 갖고 있으며 앞서의 경우에서 보다 더욱 중무장하고 있다는 것이 확인되었다.

4. 남한군의 장비에 관한 기갑수단이나 공중지원, 중포가 없는 가운데 어떠한 군사적 수준으로 보아도 침입을 목적으로 하는 여하한 조처도 불가능할 것이다.

5. 남한 육군은 대규모적 공격의 준비로 시사되는 군사 및 기타 보급품을 보유하고 있는 것으로 보이지 않는다. 특히 도로 전방지역에서 보급품이나 무기를 저장하고 있다는 흔적은 없다. 『안보이사회는 북한의 대한민국에 대한 무력공격이 평화를 침범했다고 결의했으며, 전투를 즉각 중지할 것을 촉구했으며, 북한당국에게 그들의 군대를 즉각 38선으로 철수시킬 것을 촉구했으며, 국제연합 한국위원단으로 부터 북한 당국이 전투를 중지하지 않고 그들의 군대를 38선으로 철수시키지 않고 있다는 사실을 보고받았으며 또한 국제 평화와 안전을 회복시키기 위해서 군사적 조처가 시급히 요청되고 있다는 보고를 받았으며, 대한민국이 평화와 안전을 보장할 효과적인 조처를 즉각 취해 줄 것을 「유엔」에 호소했음을 감안하여, 대한민국이 무력침략을 격퇴하고 해당지역에서 국제평화와 안전을 회복하는 데 필요한 원조를 제공해 줄 것을 모든 「유엔」회원국에게 권고하는 바이다.』

본 결의안 초안은 1950년 6월 25일에 개최된 473차 안보이사회에서 채택한 북한의 대한민국침략에 대한 고발에 관한 결의안과 본결의안 서두에서도 언급한 그 이후에 발생한 사태에서 귀결되는 필연적인 것이다. 6월 25일에 채택한 결의안은 전 회원국에게 『「유엔」이 이 결의안을 집행함에 필요한 가능한 모든 원조를 제공해 줄 것』과 『북한 당국에 대한 원조를 삼가해 줄 것』을 요청했다. 새 결의안 초안은 필연적인 그 다음 조처이다. 앞서의 결의가 유린되고, 침략이 계속되고 있으며 군사적 조처가 긴급히 요청되고 있기 때문에 본 결의안 초안이 중요시 되는 것이다.

본인은 이제 이 위급한 상황에 대해서 미국 대통령이 발표한 성명을 읽어 드리겠다. (중략)

결의안 초안과 본인의 발언의 요지와 미국대통령이 취한 조처의 중요한 골자는 「유엔」의 목적과 원칙의 지지이다. 한 마디로 말하여 「평화」이다.

UN doc. S/1511

「유엔」안보이사회가 채택한 결의안

1950년 6월 27일

안보이사회는, 북한 군대의 대한면국에 대한 무력 공격을 평화의 파괴행위로 규정했으며,

북한당국에게 전투를 즉각 중지하고 그들의 군대를 즉시 38선으로 철수시킬 것을 촉구했으며,

「유엔」한국위원단으로부터 북한 당국이 전투를 중지하지 않고 있다는 사실과 국제평화와 안전을 회복시키기 위해 군사적 조치가 시급히 요망되고 있다는 사실을 보고받고,

大韓民國이 평화와 안전을 보장할 효과적인 조처를 즉각 취해줄 것을 「유엔」에 호소했음을 감안하여,

大韓民國이 무력 침략을 격퇴하고 그 지역에서 국제평화와 안전을 회복하는데 필요한 원조를 제공해줄 것을 「유엔」 회원국에게 권고하는 바이다.

백악관이 발표한 보도자료

1950년 6월 30일

美國 대통령은 오늘 오전 백악관에서 의회 지도자들과 회합을 갖고 한국사태의 최근 발전을 검토했다. 이 자리에는 국방장관, 국무장관, 합참의장도 동석했다.

대통령은 의회 지도자들에게 강화된 군사활동에 관해 상세히 설명해 주었다.

대통령은 「유엔」안보이사회가 大韓民國이 北韓 침략자를 격퇴하고 韓國에서 평화를 되찾으려는 일을 지원해줄 것을 요청한 것에 호응하여 미공군에게 北韓에

위치한 모든 명백한 군사목표를 작전상 필요시에는 폭격할 수 있게 지시했으며, 韓半島의 전 해안을 봉쇄할 것을 미해군에 명령했다고 선언했다.

「맥아더」장군에게 또한 일부 지상군의 동원을 지시했다고 선언했다.

주 「유엔」 미대사가 「유엔」안보이사회에서 행한 발언

1950년 6월 30일

「쇼우벨」씨가 자리에 모인 우리는 이중의 임무를 띠는 것으로서, 우리는 한편 자기 정부를 대표하며 다른 한편 「유엔」이라고 불리는 집단체를 대표하고 있다고 말한 것은 참으로 적절한 말이라고 생각한다. 본인은 우리의 집단적 임무에 대해 몇 마디 하고자 한다.

물질적으로는 본인의 몸을 둘로 나누는 것이 불가능한 줄 알고 있다. 그러나 도덕적으로는 우리의 제2의 기능, 즉 우리의 집단적 임무를 강조할 수 있으리라 생각한다. 「유엔」과 안보이사회의 회원국의 대표로시, 또한 「유엔」의 한 직원으로서, 그리고 우리의 집단적 임무를 되새기면서 본인은 인도정부가 당면 문제들에 보여준 훌륭한 태도에 대해 사의를 표하는 바이다. 어제 문제들에 대한 인도정부와의 합의가 힘들었으나 결국 합의에 도달하게 되었다. 정의와 평화의 주장이 인도와 같은 위대한 국가로부터 이와 같은 적극적인 도움을 받아 강화되었다.

본인은 美國 대통령이 금일 오전 백악관에서 의회 지도자들과 회담을 갖고 韓國사태의 최근 발전을 검토한 사실을 이사회에 환기시키고자 한다. 이 자리에는 국방장관 국무장관 합참의장도 동석했다. 대통령은 의회지도자들에게 강화된 군사활동에 관해 상세히 설명했다. 美國 대통령은 「유엔」 안보이사회가 大韓民國이 北韓 침략자를 격퇴하고 韓國에서 평화를 되찾으려는 일을 지원해줄 것을 요청한 것에 호응하여 미 공군에게 北韓에 위치한 모든 명백한 군사목표를 작전상 필요시에는 폭격할 수 있게 지시했으며 한반도의 전 해안을 봉쇄할 것을 미해군에 명령했다고 선언했다. 또한 「맥아더」 장군에게 일부 지상군의 동원을 지시했다. 이 성명은 백악관에서도 발표됐다.

또한 어제 국무장관이 발표한 다음과 같은 성명을 이사회에 보고했다.

『美國 대통령은 미국정부가 신성한 「유엔」 헌장과 국가간의 법을 준수함에 최선을 다 할 것을 규명했다. 따라서 우리는 6월 25일과 6월 27일에 채택된 안보이사회 결의안에 따라서 大韓民國 정부의 군대에게 해공군의 지원을 제공하고 있다. 안보이사회의 결의안에 따라 취한 이 조치는 大韓民國을 北韓으로부터 침입을 받기 전상태로 회복시키고 그 침략으로 파괴된 평화를 재건하려는 「유엔」의 목적과 전혀 일치한다. 우리 정부가 韓國에서 취한 행동은 「유엔」의 권위를 지키기 위한 것이다. 우리의 행동은 태평양지역에서 평화와 안전을 회복하기 위한 것이다.』

또한 본인은 미국 당국자들이「유엔」한국위원단에게 임무수행에 필요한 가능한 모든 원조를 제공하고 있음을 안보이사회에 보고한다.「유엔」한국위원단은 한국으로 돌아가고 있다. 한국위원단의 선발대는 이미 부산에 도착했다. 미국 정부는 한국 주재 미국 당국자에게 전 위원이 지체없이 한국에서 임무를 수행할 수 있게끔 필요한 시설을 최선을 다해 제공할 것을 지시했다.

본인은「유엔」의 직원 자격으로서 또한 본인이 이 직위에 부임한 이래 봉착하고 있는 가장 심각한 시련에서「유엔」을 최대로 돕기 위하여 몇 가지 뚜렷한 사실을 기록해 줄 것을 부탁한다. 그것들은 역사적인 일이며 아마도 불멸의 것이 될 것이다. 그 태도와 행위는 우리가 살고 있는 환경에 비추어 평가해야 옳을 줄 안다. 이 위험한 상황에서의 뛰어난 행위는 안보이사회 회원국과「유엔」회원국이 사무총장의 조회에 신속히 응답한 용감한 태도와 행위를 말하는 것이다. 중요한 사실은 이러한 회원국들의 적극적 태도와 의지에서 우러 나왔다는 사실이라고 생각한다. 그러한 태도가 회원국들이「유엔」의 위대한 원리에 바친 헌신과 정진 그리고 창의와 이해를 영광되게 하고 있다. 그들의 행동은 확실히 자발적이었다. 우리가 채택한 결의안을 따른 행위는「진첸코」사무차장이 오늘 우리에게 낭독한 바로 그 기록속에 역역히 빛나고 있다. 평화에 대한 이 헌신, 이 희생을 바치려는 결심, 세계의 평화를 사랑하는 나라들에 의한 집단행동을 온갖 수단으로 방해 하려는 자들과 맞서려는 적극적인 의지는 우리 역사의 이 시기를 빛나게 할 것이다. 그리고 이 나라들은 그들이 주저치 않고 자발적으로 취한 행동때문에 길이 영광을 누릴 것이다.

이것은 다른 또 하나의 중요한 것을 증명한다. 현재의 상황은 침략자와「유엔」의 대결이라는 것이다. 질서의 위반, 도덕의 유린, 약소국가를 파괴하려는 시도 따위가 평화를 사랑하며 자유를 갈망하는 세계 국민을 일깨운 것이다.

세계 도처에서 답지한 전문에서 보듯이, 세계 인민들은 그들의 정부를 통해 지구상의 여러 곳에서 집단 행동으로써 불가침의 정치적독립과 개인의 자유를 폭력과 불법으로부터 지킨다는 위대한 원칙에 호응한 것이다. 자유와 명예와 안전의 원수들에 대한 반발이 세계인민들을 집단행동을 취하게 한 것이다. 이것은 평화를 위한 집단적 국제적 노력의 역사에서 찬란한 일장이 될 것이다.

또 한가지 지적하지 않을 수 없는 것은 인류의 역사에 없었던 것이기 때문에 중요성을 강조하여서는 안될 것으로 생각한다. 그것은 평화를 사랑하는 세계인 민들이 강력하고도 명백한 입장을 취하기위해 각자의 마음속과 각국의 정치에 도사린 모든 장애를 극복하였다는 것이다. 이러한 행동으로 세계 인민들은 소심증을 극복하고, 기술적인 문제나 고귀한 목적을 달성하려는「유엔」의 집단행동를 마비시키거나 말살시키려고 만들어 놓은 함정에 빠지지 않을까 하는 우려를 극복한 것이다. 이러한 이유 때문에 오늘 여기에 작성한 기록은 빛날것이며 세계의 어두운 곳에 광명을 던져 줄 것이다.

사실 국제적 협력의 새로운 시대의 여명이 도래하여 국제협력에 참여한 국가들의 성좌는 찬연히 빛나고 있다고 생각하여도 결코 백일몽은 아닐 것이다. 세계의 국가들은 오늘 우리가 보고를 받은 바와 같이 신속하고도 너그럽게 웅대하고도 고상한 마음을 가지고 집단적 조처에 참여한 것이다.

본인은 이 일이 「유엔」이 취한 집단행동 이상의 상당한 효과를 거둘 수 있으리라 생각한다. 본인은 그렇게 되기를 희망하며 또한 무엇보다도 우리가 오늘 목격하고 참여한 것의 위대한 기치는 통일된 여론의 도덕적 힘이며, 그것이 막강하여 더 이상 피를 흘리지 않고 평화를 되찾게 되기를 바라는 바이다.

UN doc. S/1571

대한민국 외무부장관이 「유엔」 사무총장에게 보낸 전문

1950년 7월 4일

본인은 「유엔」 안보이사회가 회원국에게 대한민국을 원조하여 대한민국이 당한 불법 침략을 분쇄케 하라고 요청해 줄 것을 결의해 준데 대해 「유엔」과 귀하에게 한국 국민과 정부가 보내는 심심한 사의를 전하는 바이다. 대한민국 정부와 국민은 「유엔」 회원국들이 한국에서 침략을 분쇄하고 평화를 회복하기 위해 헌장에 따른 명예로운 임무수행을 신속하고도 과감히 취해준 데 대해 또한 감사드리는 바다. 대한민국의 헌법에 구현된 민주적원칙에 따라 자유로히 행동하는 한국인민들이 합법적으로 선출한 대한민국정부는 현재 자유롭게 침략이 제거될 때까지 모든 힘을 다하여 끝까지 싸울 것을 엄숙히 선언하는 바이다. 대한민국은 「유엔」이 인정하고 후원하여 설립된 민주국가이다. 우리는 대한민국이 앞으로 겪어야할 고난을 잘 알고 있다. 그러나 우리는 이 시련이 우리 자신만을 위한 싸움이 아니라, 「유엔」 헌장의 위대한 정신을 위하여 싸운다는 확신을 갖고 있다. 이 헌장의 정신이 꺼지지 않고 밝게 빛나야만, 자유국가들과 인민들이 특히 새로 독립을 얻은 나라들이 자유와 존엄성과 평화를 가지고 많은 신생국들에게 큰 의의을 갖고 있다는 사실이 우리의 용기를 북돋아 주고 있으며 우리로 하여금 분골쇄신하게 하는 것이다. 우리는 한국국민들에게 더욱 강인한 마음으로 침략자와 싸울 것을 호소했다. 한국인민은 그들의 이름을 빌려 침략자와 갖는 어떠한 불법적 협상도 용납하지 않을 것이며, 인정하지 않을 것이다. 대한민국 정부는 헌법의 엄숙한 임무를 인식하고 현재는 시련에 처해있으나 미래에 대한 희망을 갖고 한국의 평화로운 장래를 위해 필사적 노력을 바칠 것을 맹세하며 우방들이 자유를 위해 헌신하는 그 정신을 위해 깨끗이 희생할 것을 다짐하는 바이다.

－林炳稷－

「유엔」사무총장이 미국무장관에게 보낸 전문

1950년 6월 29일

본인은 1950년 6월 27일에 개최된 474차 안보이사회에서 채택한 결의안을 귀정부에게 환기시키고자 하는 바이다. 동 결의안은 大韓民國이 무력침략을 격퇴하고 그 지역에서 국제평화와 안전을 회복하는 데 필요한 원조를 제공해 줄 것을 국제연합 회원국에게 권고하고 있다.

귀 정부에서 원조를 제공할 계획이면 원조의 종류에 관해 본인에게 조속히 회신하여 준다면 결의안을 집행함에 큰 도움이 되겠다. 본인은 귀정부의 회신을 안보이사회와 大韓民國 정부에 전하겠다.

－트리그브 리－

주소 미대사가 소련외상에게 보낸 서한

1950년 7월 4일

(주 : 이와 유사한 각서가 미국과 외교 관계를 맺고 있는 모든 나라에 전달되었음)

본 미합중국 대사는 소연방사회주의공화국 외상에게 인사를 드리오며, 미합중국 대통령의 훈령에 따라 美國은 大韓民國이 北韓 침략자들을 물리쳐 韓國에 평화를 회복할 수 있도록 大韓民國을 지원하자는 「유엔」안전보장이사회의 요청에 따라 韓國 해안에 봉쇄 명령을 내렸음을 통고하여 드리는 바이다. 이 봉쇄는 즉각 효력을 발생한다.

UN doc. S/1588

「유엔」안보이사회가 채택한 결의안

1950년 7월 7일

안전보장이사회는

北韓으로부터의 무력에 의한 韓國에 대한 공격은 평화의 파괴가 되고 있음을 결의하고,

「유엔」회원국들은 무력공격을 격퇴하고 그 지역에 국제평화와 안전을 회복하기 위해 필요할 경우 韓國에 대한 원조를 지원할 것을 권고하면서,

① 무력공격에 대항, 싸우고 있는 韓國을 지원하고 아울러 그 지역에 국제평

화안전을 회복하기 위해「유엔」회원국 정부와 그 국민들이 1950년 6월 25일과 27일자 결의에 약속한 즉각적이고 강력한 지원을 환영하며,

②「유엔」회원국들은 韓國을 위한 원조의 제공을「유엔」에 전달했음을 유의하고,

③ 전술한 안전보장이사회 결의에 의거하여 군수와 그밖의 원조를 제공하는 모든 회원국들은 이러한 군수와 그밖의 원조를 美國의 통합 지휘권아래 통속되도록 허용할 것을 권고하며,

④ 美國은 이러한 통합군의 지휘관을 임명할 것을 요청하며,

⑤ 통합 지휘권은 북한군에 대한 작전과정에서 각 참전국의 국기와 함께「유엔」의 깃발을 임의로 사용할 것을 승인하며,

⑥ 美國은 안전보장이사회의 통합 지휘권하에 취한 행동과정에 대하여 적절히 보고서를 제출할 것을 요청한다.

UN doc. S/1520

인도외상이 「유엔」 사무총장에게 보낸 서한

1956년 6월 29일

인도정부는 韓國에 관하여 안전보장이사회가 6월 25일과 27일에 채택한 결의안에 대해 오늘밤(下午 9時 인도 표준시) 다음과 같은 성명을 발표했다.

『인도정부는 韓國에서의 사태발전이 내란일 뿐만 아니라 세계평화에 위협이 되고 있기 때문에 이를 중대한 관심을 갖고 검토한다. 과거에 남북한간에는 몇 차례의 국경 사고가 있어 왔다. 그러나 이들 사고의 성격이 여하한 것이든 간에 인도정부에 입수된 정보에 따르면 韓國에 대한 대규모 침공은 북한정부의 무장 군대에 의해 단행되었음이 분명한 것으로 보인다. 이 정보는 다양한「소스」에 의해 제공되었으며「소스」중 가장 권위있는 것은 인도도 대표로 참여하고 있는 「유엔」한국위원단이며 침공이 단행되었을 때 위원단은 서울에 있었다. 이러한 정보에 따라 인도정부의 주「유엔」상임 대표겸 안전보장이사회대표인「B·N·라우」경은 침략이 발생했음을 선언하고 휴전과 38선으로의 북한군의 철수를 요구한 안전보장이사회의 첫 결의안을 지지했다. 안전보장이사회의 이러한 지시는 북한정부나 그 군수에 의해 실행되지 않았으며 침략은 수도 서울이 위협되기까지 계속되고 있다.

이러한 급변하는 상황을 검토하기 위해 안전보장이사회는 재소집되어 6월 27일 밤(「뉴욕」시간) 韓國에 관한 제2의 결의안을 통과시켰다.

인도정부의 안전보장이사회대표는 시간내에 이를 본국정부에 전달하라는 훈령을 받지 못했기 때문에 한국에 관한 이 제2의 결의안 표결에는 참석할 수 없었다. 이 결의안의 주요부분은 「유엔」 회원국들이 무력공격을 격퇴하고 그 지역에 국제적 평화와 안전을 회복하기 위해 필요하다면 한국에 원조를 제공할 것을 건의하고 있다.

인도정부는 한국사태와 인도의 전반적 대외정책을 관련시켜 안전보장이사회의 이 결의를 가장 신중히 검토했다. 인도의 대외정책은 침략에 의존하여 국제적 분쟁을 해결하려는 어떠한 노력에도 반대하고 있다. 이를 이유로 「B·N·라우」경은 인도정부를 대신하여 안전보장이사회의 첫번째 의결에 찬성했다. 침략의 중지와 신속한 평화여건 회복은 만족스러운 해결을 위한 본질적 첫 조치이다. 따라서 印度정부는 안전보장이사회의 두번째 결의안도 수락한다.

유엔 안전보장이사회 결의

1950년 6월 27일

안전보장이사회는

北韓軍의 韓國에 대한 군사공격이 평화의 파괴를 구성한다는 것을 결의하였고 즉시 停戰을 요구하였으며

北韓 당국에 대하여 그 군대를 38선까지 철수할 것을 요구하였으며

유엔 韓國위원단의 보고로부터 北韓 당국은 전쟁을 중지하지도 않았고 그 군대를 38선까지 철수하지도 않았다는 것과, 국제 평화와 안전을 회복하기 위하여 긴급한 군사적 조치가 요청된다는 제 사실을 주목하였고 韓國으로부터 국제연합에 대하여 평화와 안전을 보장하기 위한 효과적인 조치가 필요하다는 호소를 주목하여

유엔 회원국은 군사공격을 격퇴하고 해당 지역에 있어서의 평화와 안전을 회복하는데 필요한 원조를 제공할 것을 건의한다.

유엔군사령부 韓國民에 대한 격려 전단

1950년 6월 30일

유엔은 日本에 주둔한 美軍에게 평화를 사랑하는 韓國이 北韓의 불법한 침입에 대하여 반항하는 貴國을 원조하라고 요청하였으므로, 우리는 적극적으로 원조하겠습니다. 견고 침착 대담하며 맹렬히 적에 대항하십시오. 우리는 韓國軍과 힘을 합하여 침략자를 貴國으로부터 격퇴하겠습니다.

유엔 韓國위원단 특별성명

1950년 7월 1일 부산에서

유엔 韓國위원단은 현재 극히 곤란한 이 시기에 있어서 자유와 정의를 신봉하는 모든 사람에 대하여 유엔 과업과 3천만 韓國民의 과업이 정당함을 증명하는데 기여하기를 호소하는 바입니다. 본 위원단은 본부를 釜山에 두고 韓國 정부와의 연락원을 처음에는 大田에 두었다가 현재 大邱에 두고 있습니다. 현재 연락원은 中國대표 劉馭萬, 터어키대표 이딜박사입니다. 이들 대표들은 군사감시원과 유엔 서기국원과 함께 군사작전 진행을 시찰하여 釜山 본부원과 긴밀한 연락을 취하고 있습니다. 본 위원단은 유엔과 韓國의 과업을 원조하기 위하여 모든 수단을 취하고 있으며 본 위원단에 부하될 어떠한 책임이라도 완수할 용의가 있습니다. 과거 3년간 유엔은 같은 민족이요 같은 전통을 가진 韓國民을 위하여 통일 정부를 수립할 수 있도록 모든 노력을 하여 왔으나 불행하게도 유엔위원단은 北韓측과 접촉하는 편의를 제공받지 못하였고 통일달성을 위한 모든 기도는 무시되고 말았습니다.

韓國 및 세계평화에 대한 북한측의 비합법적 공격으로 말미암아 유엔은 부득이 침략자를 격퇴하기 위하여 방위세력을 동원하지 않으면 안되었습니다. 이것은 유엔으로서 침략을 제지하기 위해서 이 같은 행동을 취해야만 하는 경우는 처음 있는 일입니다.

어느 지역에 대한 침략은 도처의 자유에 대한 침략으로 인식되기 때문입니다.

이러한 유엔의 공동적인 행동을 韓國民에게 완전히 이해시키기 위하여 전국 각처에서 민중대회를 열기로 결정하였습니다.

전쟁이 종식되면 사회적, 정치적 안전을 위하여 잘 이해하는 민중이 필요하기 때문입니다. 유엔 韓委는 韓國이 남아 있어서 韓國民의 최대 갈망인 평화와 통일과 번영을 달성하도록 원조하고 알선할 것입니다.

맥아더원수, 전선시찰 후 성명

1950년 12월 11일

국제연합군은 최근의 혼전에도 불구하고 매우 좋은 상태에 있으며 사기왕성하고 자신만만하다. 숫적으로 대단히 열세함에도 불구하고 국제연합군은 교묘한 기술로써 이에 인내하여 왔다. 적의 압도적인 수의 우세는 우리들에게 전술적인 퇴각을 부득이하게 하였으나 이 철수는 전선지휘관의 열렬한 지휘와 전 군대 각 부대의 용감한 행동으로 수행되었다.

이 철수는 각종 부대간의 결합이 보류된 채로 질서정연하게 수행되었다. 국제연합군을 일대 타격에 의하여 궤멸시키려고 적이 비밀리에 부대집결작전을 행하고 있었던 것이 다행히도 조속히 폭로된 것은 국제연합군에 의하여 최대한도로 이용되었다.

적의 계획은 실패하였다. 우리들의 각 부대는 손상이 없으며 적에 준 피해는 막대하다. 야전군지휘관의 추정에 의하면 피아의 손해는 아군의 1에 대하여 적은 10이다. 국제연합군의 인원, 자재에 대한 적의 피해발표는 경쟁적일 정도로 과장되어 있다.

우리들은 지역을 양보하지 않으면 안되었으나 전투능력은 거의 손해를 받지 않았다. 적군의 성격과 능력의 근본적 변경에 포함된 일대 위기에도 불구하고 나는 현재에 있어서 국제연합군은 비교적 안전하다고 생각한다.

국제연합군의 통제력을 초월한 정세가 개입하였기 때문에 국제연합군은 예정한 임무를 수행할 수 없었으나 국제연합군은 여전히 우수한 지휘와 전투능력을 가진 무적군대이다.

韓國動亂과 日本의 입장,

日本 外務省 정보부 발표

1950년 8월 19일

● 韓國動亂의 배경

6월25일 새벽 北韓공산군은 돌연 북위 38도선을 돌파하고 침략을 개시하였다. 「자유와 평화를 애호한다」고 자칭하는 공산세력은 이제야 분명히 아시아의 평화를 파괴하고 나아가서는 我國의 자유까지도 박탈하려고 나오고만 것이다. 공산주의에게는 세계의 공산화를 촉진시키기 위한 행동은 현실적으로 그에 따라 아무리 사회질서가 문란되고 또는 戰火가 초래된다 할지라도 모두 「정의의 행동」이며 「해방의 사업」인 것이다.

● 궐기한 국제연합

美國은 세계평화와 민주주의의 수호를 위하여 무력에 대하여 무력으로 일어섰다. 美國만이 아니라 이제까지 우리들의 기대를 채워주지 못할 것 처럼 생각되었던 유엔도 민주주의 세계의 강력한 지지하에 실효적인 조치로 나오게 되었다. 유엔측의 이와 같은 노력에 대하여 蘇聯 정부는 전면적으로 이를 거부하고 말았다. 세계 혁명을 목표로 하는 공산주의 세력과 개인의 자유를 기초로 하는 민주주의 세계는 평상한 수단으로서는 도저히 타협이 성립되지 않는 것이며 설사 타협이 되었다 할지라도 결코 오래가지는 않는 것이다.

● 동란의 전망

「2개의 세계」의 대립은 이제 北韓軍의 침략을 계기로 전세계에 대한 실력적 대결로까지 진전되고 있는 듯한 전망을 보이고 있다.

이와 같은 「2개의 세계」의 대립에 처하여 우리들이 가장 주의해야 할 것은 思想戰인 것이다. 韓國동란은 언뜻보면 韓國반도의 국지적 문제인 것 같이 보이나 실은 그러한 것이 아니다. 思想戰과의 관련에 있어서는 민주주의 세계에 거주하는 우리들 모두는 이미 전장에 서고 있다고 할 것이다. 더욱이 공산주의는 日本에 특별한 관심을 가지고 있으므로 우리 日本人은 완전히 韓國동란의 와중에 서 있다고 해도 과언이 아니다.

공산주의는 전세계 민주주의의 전멸을 목표로 하고 있는 까닭에 공산주의에 전면적으로 굴복하지 않는 한 그 나라는 모두가 공산주의의 적이며 공산주의 국가의 사전에는 「중립」과 「불개입」등의 語句는 있을 수 없는 것이다. 사상전의 견지에서 이미 전장에 서있는 우리들이 애매한 태도를 취하는 것은 실전에 있어서 직접 도망과 같은 결과를 초래하고 우리들의 희망에도 불구하고 도리어 자유와 평화를 파괴하려는 세력에 이익을 제공하는 것이 되며 진실한 의미에 있어서의 자유독립의 회복에는 아무런 도움도 되지 않는 것이다.

● 결론

종래 우리국민의 일부측에서 전면 講和論을 신중히 고려하게 된 원인의 하나는 다수講和성립 후의 日本의 안전에 관하여 막대한 불안이 있었던 까닭이다. 이와같은 국민의 불안을 교묘하게 이용하여 새삼스럽게 전쟁의 공포를 선전한 것이 공산당의 모략 공작이었고 국외중립 전쟁불개입 군사기지화 반대등의 議論은 그 수단이었던 것이다.

그러나 금번의 한국동란에 대하여 재빠르게 취해진 유엔군의 활동과 台灣방위에 관한 트루먼대통령의 명령과 이전에 발표된 "美國은 알류산으로부터 日本 琉球·필리핀에 달하는 방위선에 따라 직접 그 방위의 임무를 담당한다"라고 한 애치슨장관 성명의 경위에도 비추어 아국의 안전보장에 대하여 중요한 시사를 주는 것이다. 우리가 과거의 과오를 청산하고 민주주의에 철저하게 되면 만일 日本에 대하여 韓國에 있어서와 같은 침략이 발생하더라도 민주주의 국가는 공동으로 우리에게 구원의 손길을 뻗쳐 줄 것이다.

韓國의 동란은 「2개의 세계」가 일치하여 희망하는 아국의 進路도 없는 것이며 아국의 안전을 보장해주는 기초도 없다는 것을 명확히 가르쳐 주었던 것이다. 日本이 평화적인 민주주의 국가로서 일어서는 이상에는 아무리 교태를 부리더라도 공산주의 세계의 만족을 얻을 수는 없는 것이다. 따라서 민주주의를 포기하고 전체주의, 공산주의에 굴복할 때까지는 우리는 부단히 「전쟁의 위협」에 직면할 운명에 있는 것이다.

우리의 진로는 둘 중에 하나 밖에 없다. 즉 아국에 있어서의 민주주의 달성을 단념하고 공산주의 세계에 굴복하느냐 아니면 국제연합에 힘껏 협력함으로써 그 안전보장하에 평화적인 민주 일본을 건설하느냐 하는 둘 중 하나인 것이다. 韓國에 있어서의 민주주의를 위한 전쟁은 두말할 것 없이 日本의 민주주의를 수호할 전쟁인 것이다. 韓國의 자주와 독립을 수호하기 위하여 싸우고 있는 국제연합군에, 허락되는 한도의 협력을 행하지 않고 어떻게 日本의 안전을 수호할 수 있을 것인가.

　오늘날과 같이 상호 대립하는 2개 세계의 사이에 처하여 양편으로부터 호감을 사려는 것은 니무나 허울 좋은 일이다. 이와 같온 에매한 태도는 그것이 아무리 진지하더라도 결국에 가서는 공산주의의 이용하는 바가 되고 민주주의의 弔歌를 연주하는 결과가 될 수 밖에 없다는 것을 우리는 깊이 명심하여야 할 것이다.

맥아더장군, 北韓軍에 경고

1950년 8월 20일

　7월4일 나는 유엔군에 포로가 된 北韓침입군 전원에 대하여 近代戰의 규정에 따라 부여될 일체의 보호를 적용함이 국제연합의 확고한 목적이라는 취지를 선언하고 그 대신으로 귀하에 대하여 北韓軍 수중에 빠진 유엔군 소속원에게도 그와 같은 보호를 부여할 것을 보증할 만한 적절한 조치를 취할 것을 요구하였다. 유엔군 사령부는 그가 질 바 의무를 충실히 수행하였다. 그러나 유엔군 포로에게 가해진 北韓軍의 일련의 잔학행위는 움직일 수 없는 증거에 의하여 명백하게 된 것이다. 또한 무장해제를 당하고 붙잡힌 유엔군 포로가 당연히 그의 안전에 대한 책임을 져야할 귀하의 장병에게 학살당한 허다한 예는 증거로써 기록되어 있다. 이러한 것은 희생자에 대한 범죄일 뿐더러 전 인류에 대한 범죄인 것이다. 그리하여 이 범죄는 그러한 잔학행위를 저지하고자 하는 귀하의 결의를 밝힐만한 명령을 발함으로써 피할 수 있는 것이다. 귀하 및 귀하의 전선상급지휘관이 이처럼 중대하고 일반에게 인정된 지휘책임을 게을리하였다는 것은 이로써 그렇듯 잔학한 행동을 용인 장려하는 것이라고 밖에는 달리 해석할 수가 없다. 만일 이점을 급속히 고치지 않는다면 나는 귀하 및 귀하의 지휘관을 전쟁규칙 및 전례에 비추어 범죄책임을 져야할 것으로 간주할 것이다.

맥아더총사령관,
北韓 괴뢰군 총사령관에 항복권고

1950년 9월 30일

北韓軍 총사령관에게

그대의 군대와 잠재적 전투능력이 불원간 전면적으로 패배되고 완전히 파괴되는 것은 불가피한 것이다. 유엔의 결의가 최소한의 인명 손실과 재산파괴를 요구하고 있으므로 본관은 유엔군 최고 사령관으로서 그대와 그대의 지휘하에 있는 군대가 한국의 어느 지점에서든지 본관이 지시할 군사적 감독하에 무장을 버리고 적대행위를 중지할 것을 요청하며, 또한 그대의 지배하에 있는 유엔군 포로 전부 및 비전투원 억류자를 즉시 석방하여 보호와 가료와 급식을 가해서 본관이 지시하는 곳으로 즉시 수송할 것을 요구한다. 유엔군 사령부의 수중에 있는 포로를 포함한 북한군은 문명적인 관습에 의한 보호를 계속적으로 받을 것이며 가능한 한 조속히 그네들의 집으로 귀환하도록 허가할 것이다. 본관은 그대가 이 기회를 타서 장래의 불필요한 유혈과 재산파괴를 방지할 결심을 조속히 행할 것을 기대한다.

유엔군 총사령관 더글라스 맥아더

맥아더원수,
괴뢰수상 金日成에게 재차 항복을 권고

1950년 10월 9일

본관은 유엔군총사령관으로서 금후 최소한도의 인명손실과 재산파괴로 유엔의 결정을 실시할 수 있도록 그대와 그대의 지휘하에 있는 군대에 대하여 한국의 어느 지역에 있음을 불문하고 무기를 버리고 적대행위를 중지할 것을 최후적으로 요구한다. 본관은 또한 모든 북한인에 대하여 통일 독립된 민주주의 한국정부를 수립함에 있어 유엔에 전적으로 협력할 것을 요구하는 바이며 그대들을 정당히 대우하리라는 것과 그리고 유엔은 통일된 한국의 전 지역을 구제하고 재건하기 위하여 행동할 것이라는 것을 보증한 바 있었다. 북한 정부의 이름으로 그대로부터 즉시 회답이 없는 경우에는 본관은 유엔의 명령을 실시함에 필요한 군사행동을 곧 개시할 것이다.

유엔 韓國임시위원회결의,
연합군사령부에 대한 권고와 건의

1950년 10월 12일

유엔 韓國임시위원회는

1. 10월7일 총회가 채택한 결의안이 본임시위원회에 대하여 동 결의안에 포함된 건의에 따라 유엔연합군사령부와 협의하고 이에 조언을 행할 것을 요청한 제 규정을 고려하고

2. 주권국가로서 한국에 통일독립민주정부를 수립하기 위하여 유엔주최하에 선거를 실시할 것을 포함하는 모든 제헌행위를 취할 것을 요청한 총회의 건의를 참작하고

3. 대한민국 정부는 유엔 한국임시위원단이 감시하고 협의할 수 있었던 그러한 한국지역에 대하여 실질적인 지배력을 보유하는 합법적 정부로서 유엔이 이를 승인한 것이며 따라서 이 외의 한국지역에 대하여는 합법적이며 실질적인 지배력을 보유함으로써 유엔의 승인을 얻은 그러한 정부는 아직은 존재하지 않는다는 것을 상기하며

4. 연합군사령부에 대하여 유엔이 전란발발당시 한국의 실질적인 지배하에 있다고 승인하지 않았으며 또한 장차 유엔군의 점령하에 놓여질 여차한 한국지역에 대하여 유엔 한국통일재건위원국이 이 영역에 대한 통치를 고려할 때까지 동 사령부가 통치와 행정에 대한 모든 책임을 인수할 것을 권고하며,

5. 연합군사령부는 현 결의안에 의거하여 민정을 위하여 설치된 모든 권력당국에 주한연합국사령부하에 있는 유엔회원국 제 군대의 장교를 참가케 할 즉각적인 조치를 취할 것을 건의하며

6. 연합군 사령부는 본 임시위원회에 대하여(유엔 한국통일재건)위원국이 도착할 때까지 현 결의안에 의거하여 취해진 제반조치를 항상 보고할 것을 요청한다.

中共 개입에 관하여 맥아더원수,
안보리에 보고 전문

1950년 11월 6일

서론

한국의 유엔군은 북방으로의 진격과 또한 전투부대로서의 적의 능력을 일층 파괴하는 노력을 계속중이며 차차 성과를 거두고 있다. 그런데 현재 한국의 일정 諸 지구에서 유엔군은 새로운 적과 조우하고 있는 중이다. 이 새로운 적은 전투부대임이 명백하며 우리의 정보기관은 현재 유엔군에 대한 전투를 위하여 포진한 중공군 제 부대와 적대적 접촉상태에 있는 사실을 확인하였다.

개입사실

1. 8월22일 수풍댐 근방의 한국 상공을 고도 2,100m로 비행중인 B29기에 대하여 鴨綠江 북안의 滿洲에서 對空포화 약 50발. 손해 없음. 시간 오후 4시(한국시간), 氣象視界 32Km.

2. 8월24일 新義州 근방의 한국상공을 고도 3천m로 비행중인 B29기에 대하여 鴨綠江 북안의 滿洲편에서 對空포화 약 40발. 손해 없음. 시간 오후 3시(한국시간). 기상시계 30Km.

3. 10월15일 鴨綠江 남안 新義州비행장 근방을 비행중인 F51기편대에 대하여 滿洲편에서 對空포화. 손해 1기파괴. 시간 오후 2시45분(한국시간). 기상시계 13 Km~16Km.

4. 10월16일 中共軍 제42군단, 제124사단, 제370연대 약 2,500명이 滿浦鎭에서 鴨綠江을 도하하여 長津 및 赴戰湖근방으로 進發, 그들은 咸興 북서 약 64Km의 지점에서 유엔군과 접촉하게 되었음.

5. 10월17일 新義州근방의 한국상공을 고도 3천m로 비행중인 B29에 대하여 滿洲편에서 對空포화 약 15발. 손해 없음. 시간 정오(한국시간). 기상시계 12Km.

6. 10월20일 제56부대라 하는 중공군기동부대 약 50명이 安東에서 鴨綠江을 도하하여 水豊댐 남쪽의 諸 진지에 전개, 동 부대 소속의 한 포로는 동 부대가 滿洲 安東주둔의 중공 정규군 제40군단에서 선발 조직되었음을 진술하였다.

7. 11월 1일 정오 조금 지나 분사추진식 비행기 6~9대가 유엔군 F51기의 편대

를 공격하고 鴨綠江을 넘어 滿洲領으로 도주. 손해 없음. 분사식 비행기중 1대의 좌익 선단에 赤星표식이 있었음.

8. 10월1일 新義州근방을 비행중인 F80 13기에 대하여 鴨綠江 북안의 滿洲편에서 對空포화. 시간 하오 1시45분. 손해 1기 파괴.

9. 10월30일 중공군 포로 19명에 대한 심문으로 중공군 제124사단 중 앞의 제370 연대 이외에 또한 제371 및 제372 양 연대가 長津북쪽에 있음이 확실히 되었음.

10. 11월 2일 中國人 포로의 심문에 의하여 중공군 제54부대가 또한 韓國에 있음이 판명. 동 부대는 제55 및 제56부대와 같은 조직을 가지고 있으나 중공군 제38군단 제112, 제113, 제114사단에서 선발된 것이라 함.

11. 11월3일 중국인 포로에 대한 일차 심문에 의하면 중공군 제56부대는 중공군 제40군단의 제118, 제119, 제120사단에서 선발 조직된 것이라 함.

12. 11월 4일 한국에서 잡힌 중공군 포로는 11월4일 현재 도합 35명임. 이상과 같이 한국에서 중공군이 계속 사용되고 있는 것과 이들 중공군의 한국 내외에서의 적대적 태도는 나의 의무로 즉시 유엔에 보고해야 할 제 사항으로 생각된다.

유엔 停戰명령에 대한 中共정부의 회답

1951년 1월 17일

1. 본관은 유엔총회 제1분과위원회의 요청으로 오웬씨가 전달한 1951년 1월 13일부의 한국 및 극동문제에 관한 전문을 접수하게 된 것을 인정함을 영광으로 생각하는 바입니다. 중화인민공화국 중앙인민정부의 명의로 본관은 다음과 같이 답변하려고 합니다.

중화인민공화국 정부는 한국에서의 외국인 군대의 철수 및 한국인 자신에 의한 한국 국내문제의 해결의 기초하에 한국문제를 평화적으로 해결하기 위하여 관계 제 국가간의 협의하에 조속한 한국전란의 종식이 실행될 것과 미군이 대만으로부터 철수할 것 , 중화인민공화국 대표가 합법적인 유엔의석을 차지할 것을 과거나 현재나 주장한 것입니다. 이들 원칙은 유엔총회 의장 엔테잠씨에게 1950년 12월 22일부터 전문으로 전달한 동일부의 본관의 성명서에서 이미 진술된 바 있으며 또한 전세계에 현재 주지하게 된 것입니다.

2. 1951년 1월 13일에 유엔총회 제 1분과위원회는 중화인민공화국 대표가 참석함이 없이 첫째로 한국전란의 평화협정 및 후에 관계 제 국가간에 협의를 진행할 것을 기본요소로 하는 한국 및 극동문제에 관한 제 원칙을 채택한 것입니다. 첫째 한국전란의 평화협정의 목적은 다만 미군에게 호흡할 시간을 줄 뿐인 것입니다. 그러므로 이 협의의 의정이 여하한 것임을 불문하고 한국문제를 해결하는 제 조건을 규정하는 협의를 먼저 개시하지 않고 한국전란의 정지가 실시된다면 정전후의 협의는 아무런 해결을 보지 못하고 부단의 논쟁을 지속하게 될 것입니다. 이 기본적인 점을 제외하고는 다른 제 원칙도 역시 명백히 규정될 수 없는 것입니다. 소위 현존하는 국제적 책무의 카이로 및 포츠담선언에서의 언급 여부의 문제는 아직도 명백히 진술되고 있지 않은 것입니다. 이것이 한국, 대만 및 극동의 기타 지역에서 미국정부가 감행하였던 침략행위를 변론하는데 용이하게 이용될 것입니다.

우리는 제1분과위원회의 여러 국가들이 그들의 평화의 희구로 1951년 1월 13일에 채택된 제 원칙에 일치한 것을 이해하고 있습니다. 그러나 먼저 정전 그 다음에 결의하자는 것은 미국으로 하여금 그의 침략을 유지 확대하는데 도움이 될 뿐이며, 진정한 평화에 도달할 수 없다는 것이 지적되어야 합니다. 그런 고로 중화인민공화국 정부는 이 원칙에 찬동할 수 없는 것입니다.

3. 한국문제 및 기타 중요한 아시아 제 문제를 진정한 평화적인 방법으로 해결하기 위하여 본관은 이에 중화인민공화국 정부의 명의로 다음과 같은 제안을 유엔에 제출하는 바입니다.

[A] 조속한 시일내에 한국전란을 종식하기 위하여 한국에서의 모든 외국군대의 철수및 한국인 자신에의한 한국 국내문제 해결의 원칙하에 관계 제 국가간의 협의를 개시할 것.

[B] 협의될 의정은 대만 및 대만해협 그리고 기타 극동 각지에서 미군이 철수하여야 된다는 문제를 포함할 것.

[C] 협의에 참가할 제 국가는 다음의 7개국으로 규정하여야 할 것. 즉 중화인민공화국 중앙인민정부, 소련, 미국, 영국, 프랑스, 이집트 및 인도이며, 중화인민공화국 중앙인민정부의 유엔 가입은 前期의 7개국 회의를 개시할 시일부로 인정되어야 할 것.

[D] 장소는 선택될 수 있으나 7개국 회의는 중국 본토에서 개최할 것.

4. 前記의 제 제안이 개최 제 국가 및 유엔에 의하여 수락된다면 가급적 속히 협의를 개최하는 것이 조속한 한국전란의 종식 및 아시아 문제의 평화적인 해결에 도움이 되는 것을 믿으십시요.

중화인민공화국 중앙인민정부 외상　周　恩　來

北平에서, 1951년 1월 17일

유엔총회에 보낸 對韓停戰委員團의 보고서

1951년 1월 2일

1. 유엔총회는 1950년 12월 14일에 아시아 12개국이 제의한 다음과 같은 결의를 채결하였다.

유엔총회는, 극동에서의 정세를 신중히 토의한 결과 한국전란이 타지역으로 확대되는 것을 방지하며 동 전란을 한국 자체내에서 종식시킬 조속한 조치를 취할 것을 권유하며

그리고 유엔의 원칙 및 목적에 따라서 금후 당면하고 있는 제문제를 평화적인 방법으로 해결할 조치를 취할 것을 원하는 고로

유엔총회 의장에게 동 의장을 포함하는 3인조정위원단을 조직하며

한국전란을 만족할만한 방도로 중지케 하는 기본문제를 결정하며

그리고 가급적 속히 유엔총회에게 당면문제를 해결하는데 도움이 될 건의를 제출할 것을 요구한다.

2. 이 결의문에 의거하여 유엔총회 의장은 캐나다 대표 L.B피어슨씨, 인도대표 베네갈 N. 라우씨 및 동 의장으로 구성된 위원단을 조직하며, 이 사실을 유엔총회에게 통지하는 바이다.

동 위원단은 즉시로 회합하며, 동 위원단의 사업에 관하여 유엔총회 의장과 밀접한 연락을 할 것을 결정한다.

3. 이 결의문의 한통을 뉴욕에 있는 중화인민공화국 중앙인민정부대사 伍修權씨에게 발송한다.

4. 12월15일에 이 과업을 수행하는 첫 단계로써 동 위원단은 유엔군 사령부의 제 대표들과 협의하여 무엇이 한국전란을 만족할만한 방법에 의하여 종결시킬 수 있는가에 대하여 문의하였다. 이 협의를 통하여 획득한 것이며 또한 동 위원단이 제 당면문제를 토의하는데 합법적인 기초라고 생각하는 제 제안의 요지는 다음과 같다.

(1) 중화인민공화국 중앙인민정부 및 북한 정부를 포함하는 관계 제 국가및 정

부는 한국에서의 군사행동을 중지할 것을 명령 실시하여야 된다. 이 전투중지는 한국전역에 적용되는 것이다.

(2) 38선에서 약 12마일폭의 비무장지대를 설치하여야 된다.

(3) 모든 지상군부대는 현 진지에 머물러 있거나 후방으로 철수하여야 된다. 비무장지대 및 전방에 있는 게릴라부대를 포함하는 모든 부대는 비무장지대 후방으로 이동하여야 된다. 적대하는 공군은 비무장지대내 및 이 지대를 넘은 지대를 존중하여야 한다. 적대하는 해군은 적대하는 군대가 점령하고 있는 지대에 동일한 바다를 해안으로부터 3리의 지점까지 존중하여야 된다.

(4) 정전조건을 완전히 이행할 수 있다고 신임받은 위원 및 지명된 옵서버로 구성되는 유엔위원회가 이 전투중지를 감시하여야 된다. 이들은 한국 전국을 통하여 자유롭고 제한받지 않는 접촉을 할 수 있다. 모든 정부 및 당국은 유엔조정위원 및 지명된 옵서버와 그들의 의무수행에 있어서 동조하여야 된다.

(5) 모든 정부 및 당국은 의용군을 포함하는 모든 인원 및 부대를 교대 및 증원으로 한국에 보내는 것과 기타 전쟁장비와 물자를 보내는 것을 즉시로 중지하여야 된 ㅏ. 그러나 이런 기구 및 물자에 보건 및 후생에 필요로 하는 물자와 유엔조정위원회가 승인한 물자는 포함되지 않는다.

(6) 포로는 한국문제의 최후 결정을 기다려 1대1의 형식으로 교환될 것이다.

(7) (A)군대의 안전보장 (B)피난민의 이동 (C)비무장지대에서의 경찰 및 민정을 포함하는 정전으로부터 일어난 기타 특수문제의 처리를 보증하는 조치에 관한 적당한 조항이 정전협정에서 작성되어야 한다.

(8) 유엔총회는 조사협정을 인가할 것이 요청되며 이 협정은 유엔이 승인한 차후의 조치에 의하여 감시될 때까지 유효하게 될 것이다.

5. 동 위원단은 이러한 목적으로 중화인민공화국 중앙인민정부와 협의하려고 하였으며 伍대사에게 서한을 수교하였으며, 그리고 北平에 있는 서한을 수교하였으며, 그리고 北平에 있는 외상에게 2차전문을 보냈던 것이다. 이 전보 전문은 다음과 같다.

친애하는 伍대사! 13일 귀하에게 한통을 보낸 결의안이 이미 알려진 바와 같이 본관 및 나의 두 동료인 인도대표 베네갈 라우경과 캐나다대표 L.B.피어슨씨로 구성되는 한 위원회가 12월14일에 유엔총회에 의해서 설치되었습니다. 동 위원회는 한국전쟁을 타당하며 또한 만족할만한 조건에 의하여 해결할 수 있는지 그 여부를 결정할 의미를 띠고 있는 것입니다. 한국정전의 목적은 이 한국전란으로 하여금 타 지역에 전파되는 것을 방지하며 한국에서의 전투를 중지시키며 그리고 유엔의 목적 및 원칙에 준하며 당면문제의 평화적 해결을 위하여 어떠한 금후의 조치를 취할 수 있는가를 고려할 기회를 주는 데 있습니다.

앞서 말한 위원회는 현재 在韓통합군사령부 각 대표들과 협의하고 있으며 여하한 조건으로 한국전란이 종식될 수 있는가에 대하여 비범한 노력을 다하여 토의하고 있는 것입니다. 중화인민공화국 중앙인민정부는 한국의 장래 및 동 나라의 현 전쟁상태에 관하여 강경한 견해를 표명한 이상 그리고 중공이 이 전란에 참가하고 있는 이상 동 위원회는 귀하의 정부 및 대표들과 그리고 북한에서 작전하고 있는 군사령부 당국과 협의하여 여하한 조건으로 한국전란을 종식할 수 있는가를 알고 싶습니다.

이러한 목적으로 우리는 가급적 속히 귀하와 회견하고 싶으며 또한 회합의 시일을 결정하여 주신다면 매우 감사하겠습니다.

우리는 다른 목적을 가지고 귀하를 당지에 파견한 귀하의 정부는 정전문제도 같이 토의될 수 있는 어떤 회합을 가질 것을 무방하게 생각할 것임을 알았습니다. 우리는 귀하의 정부가 한국전란을 종결하여 또한 유엔헌장의 원칙에 의하여 한국전란의 정당한 해결을 용이하게 하기 위하여 우리는 상호편리를 고려하여 당지나 또는 타처에서 귀하 정부 및 대표들과 정전협정을 결의할 용의가 있다는 것을 숙지하여 주신다면 매우 기쁘게 생각하겠습니다. 우리는 다만 가급적 속히 이 문제를 해결할 시일이 결정되는 것을 요구할 따름입니다. 이에 우리들은 귀 정부에게 이 전문을 직접 송달하는 것입니다.

나스토라 엔테잠
1950년 12월 16일

(1)중화인민공화국 중앙인민정부는 스웨덴정부를 통하여 제출된 유엔총회의장 엔테잠씨의 1950년 12월26일부의 서한을 접수하였습니다. 그리고 스웨덴정부로 하여금 유엔총회의장 엔테잠씨에게 다음과 같은 회답을 전달하는 것을 요청하는 것입니다.

중화인민공화국대표는 유엔총회에 의하여 소위 3인조정위원회 설치에 관한 결의안의 채택에 참가하지도 승인하지도 않았습니다. 중앙인민정부는 중화인민공화국대표의 참가도 찬동도 없이 유엔에 의하여 결정된 특히 아시아에 대한 모든 중요한 결의안을 비합법적이며 또한 무효한 것이라고 간주하는 바입니다. 그러므로 중앙인민정부는 伍대표로 하여금 레이크석세스에 계속 체재하여 앞서 말한 3인조정위원회와 협의할 것을 훈령할 수 없는 것입니다.

안보이사회는 중앙인민정부가 제기한 미국 대만침략에 대한 징계를 비합리적으로 부인한 이래 伍대표는 레이크석세스에 계속 체재하여 소련 대표가 제기한 미국의 대만침략안을 토의하는데 참석하도록 훈령받은 것입니다. 그는 오랜시일동안 그리고 유엔총회가 휴회를 선언할 때까지 체재하였지만 아직도 그의 의견을 말할 기회를 얻지 못한 것입니다.

이러한 조건하에서는 중앙인민정부는 伍장군 및 그의 막료가 레이크석세스에 체재할 필요가 이제는 없다고 생각하는 동시에 그와 그의 일행이 12월19일에 귀국할 것을 훈령하였습니다.

(2)유엔이 중화인민공화국 중앙인민정부 및 북조선 민주주의 인민공화국과 여하한 방법으로 접촉할 수 있는가 하는 문제에 관하여 우리는 유엔이 직접 북조선 민주주의 인민공화국에게 서한을 제출하여야 된다고 생각하는 바입니다.

8. 12월12일에 제1분과위원회에서 제출된 12개국 결의안의 지지자들로부터의 권고를 대신하여 12월19일에 동 위원단은 중화인민공화국 중앙인민정부 외상에게 또한번 서한을 전달하였다. 12월14일 유엔총회에서 채택된 13개국 결의안으로부터 12개국 결의안을 분리함으로 인하여 일어나는 여러가지 오해를 제거하기 위하여 동 서한을 보내게 된 것이다. 동 서한의 전문은 다음과 같다.

중화인민공화국 중앙인민정부 외상 周恩來귀하

우리가 지난번 보낸 서한을 귀하가 심의하는데 있어서 조정위원단 설치의 유엔

결의안과 가급적 속히 한 위원단을 임명하여 현재의 극동관계 제 문제를 평화적으로 해결하기 위한 권고를 하게 하자는 내용의 12개국 아시아국가가 제출한 결의안과의 관련에 대하여 오해가 없기를 바랍니다. 일단 정전협정이 수행되고 이런 다음에 즉시로 협의를 진행하자는 것이 아시아 12개국 및 우리들의 명백한 견해인 것입니다. 사실상 정전결의안은 그 서언에서 특히 교전상태가 종결한 때에 평화적인 해결을 위한 조치가 취해져야 한다는 것을 말하고 있습니다. 중화인민공화국 중앙인민정부가 동 결의안에 언급된 협의위원회에 참가해야 한다는 것이 제2차 결의안을 지지하는 12개국 아시아정부 및 우리들의 견해인 것입니다. 우리는 동 협의위원회가 미, 영, 프랑스, 소 및 중공간의 당면한 극동 제문제를 평화적으로 해결하는데 보람있는 기관이 될 수 있다고 생각합니다. 이러한 목적으로 우리의 견해로서는 동 위원회가 조속한 시일내에 설치되어 정전협정이 실시되는 것을 가능케 하여야 된다고 생각합니다. 12월19일 뉴욕을 출발한 귀인원단에게 이것이 전달되었으며 우리는 귀하께서 이 견해에 대하여 신중히 고려할 것을 앙망합니다.

유엔총회의장 나스로라 엔테잠, 베네갈 라우, 레스터 B. 피어슨(유엔총회에서)

9. 12월23일에 유엔총회의장의 자격으로 동 의장은 중화인민공화국인민정부 외상으로부터 한국전란의 평화적 해결 및 조정위원회를 설치하자는 결의안에 관한 중앙인민정부의 태도를 표명하는 12월12일부로 北平에서 발표된 성명서 전문을 받았다. 이 문서는 부록으로 복제되었으며 이는 12월16일부 동 위원단 서한의 회답이라고 인정한다.

10. 동 위원단은 최선을 다하였음에도 불구하고 차제에 만족할만한 정전협정의 토의를 계속할 수 없게 된 것을 유감으로 생각하는 바이며 정전에 관한 금후의 여하한 권고도 아무런 효과를 나타내지 않을 것이라고 생각한다.

한국정전에 관한 동 위원단 보고서
제1부록
〔중화인민공화국 중앙인민정부 외상으로 부터 유엔총회 의장에게 보내온 1950년 12월23일부 電文〕

레이크석세스 유엔총회 내 유엔총회 제5차의장

나스도라 엔테잠 귀하

한국정전을 위한 소위 3인조정위원회 및 한국문제의 평화적 해결에 대한 중화인민공화국 중앙인민정부의 태도는 12월12일부 본관의 서한에서 발견될 것입니다. 新華社에 의하여 동일부로 발송된 이외에 본관은 동 성명서를 이에 전문으로 귀하에게 전달합니다.

중화인민공화국 중앙인민정부 외상 周 恩 來

1950년 12월22일 北平에서

1950년 12월14일 유엔총회에서 비합법적으로 채택된 「한국전란 정지를 위한 유엔 3인조정위원회」에 관한 결의안에 대한 중화인민공화국 중앙인민정부 외상 周恩來의 성명서

유엔총회는 소위 한국정전에 관하여 13개국이 제출한 결의안을 비합법적으로 채택하였다. 이 결의안은 현 유엔총회 의장 엔테잠씨 및 그에 의하여 임명된 인도대표 라우경 그리고 캐나다대표 피어슨씨로 구성되는 3인조정위원회 설치를 규정하고 있으며 또한 동 위원단이 한국정전에 대한 타당하고도 만족할만한 조건을 준비할 수 있는가 하는 것을 결정하여 유엔총회에 건의안을 제출할 것을 규정하고 있다. 이 건의안에 관하여 중화인민공화국인민정부 외상 周恩來는 다음과 같은 성명서를 발표한다.

(1) 중화인민공화국 대표는 소위 한국전란 정지를 위한 3인조정위원회의 유엔 결의안의 체결에 참가도 찬성도 하지 않았다. 이에 앞서 중화인민공화국 중앙인민정부는 중앙정부 대표의 참가 및 승인없이 유엔에 의하여 체결된 특히 무효한 것이라고 인정한다는 것을 누차 선언하여 왔던 것이다. 그러므로 중화인민공화국 중앙정부 및 그의 대표는 상기한 비합법적인 3인조정위원회와 여하한 교섭도 할 용의가 없다.

(2) 중화인민공화국 중앙인민정부는 한국전란이 조속한 시일내에 종결되어야 한다는 것을 과거나 현재나 주장하고 있는 것이다.

한국의 전란을 종식하기 위하여 진정한 평화가 한국에 회복되어야 하며 또한

한국인 자신이 그들 자신의 문제를 해결할 수 있는 진정한 자유를 가져야 한다. 한국의 전란이 현재에 이르기까지 종식되지 못하는 이유는 미국 정부가 한국을 침략하기 위하여 군대를 파견하였으며 또한 그의 전쟁 및 침략정책을 장차도 계속할 광대한 의도를 가지고 있다는 사실에 십중팔구 기인하고 있는 것이다.

우리는 한국전란의 시초부터 한국문제의 평화적 해결 및 국부화를 주장하였던 것이며, 이러한 이유로써 중화인민공화국 중앙인민정부 및 소련 정부는 모든 외국군대가 한국에서 철수하며 한국인 자신이 그 자체의 문제를 해결할 수 있게 하는 것을 누차 제의하여 왔던 것이다. 그러나 미국 정부는 이러한 제안을 거부하였을 뿐만 아니라 한국문제의 평화적인 모든 협의도 또한 거절하였던 것이다.

미국 침략 군대가 10월초에 오만하게도 38선을 넘었을때 미국 정부는 모든 진영으로부터의 경고를 무자비하게도 거절하였으며 이어서 지난 6월 완전히 패배당한 李承晩의 선동적인 동 국경선 월경에 따라 여기에 정치 지리상의 이 분할선을 영원히 말살하였다. 12월 하순경에 중화인민공화국 중앙인민정부 대표는 미국의 대만침략에 대한 탄핵에 있어서 안보이사회가 토의를 개시함에 참석하도록 초청받았던 것으로 이때에 있어서 또한 모든 외국군대가 한국으로부터 철수할 것과 한국인들이 그 자신의 문제를 해결하여야 한다는 것을 제의하였던 것이다.

그러나 유엔 안보이사회는 미국의 지배하에 중화인민공화국정부의 이러한 합법적이며 평화적인 제안을 거부하였던 것이다. 이것을 관찰하여보건대 미국 정부는 최초로부터 그의 군대를 철수할 것을 거부한 이상 한국의 전란을 종결하려는 여하한 진정한 의사도 없으며 물론 한국인에게 진정한 평화와 자유를 부여하지 않는 것은 말할 여지도 없다는 것이 명백하게 되었다.

(3) 사태가 이러한 것인데도 불구하고 왜 미국 대표 오스틴씨가 조속한 한국전란의 종결을 맺는데 지금 찬성하는가? 그리고 어찌하여 트루먼대통령 역시 한국전란을 해결하기 위한 토의를 자진하여 개최할 의향을 표명하였는가?

미국 침략군이 仁川에 상륙하여 38선을 넘고 그리고 鴨綠江을 향하여 전진하였을 때는 그들이 조속한 정전을 찬성하지 않았으며 자진하여 관계 제국과 협의하지 않으려고 하였다는 것은 매우 이해키 곤란하다. 미국 침략군은 그들이 패배를 당한 그때에만 비로소 조속한 정전을 요구하여 왔으며 또한 자진하여 협의하여 왔던 것이다. 미국은 그의 침략을 계속 확대하기 위해 어제에 있어서는 평화를 반대하였으며 오늘에 이르러서는 휴식할 시간을 얻어 새로운 공격을 준비하여 최소한도로 장차의 침공을 준비하고 그들의 현 침략태세를 유지하기 위하여 정전에 찬성하여 왔다는 것은 너무나도 명백한 사실이다. 그들의 관심사는 한국인과 아시아인들의 이익에 있는 것이 아니다.

그렇다고 해서 미국인들의 이익을 도모하자는데 있는 것도 아니다. 그들은 다만 어떻게 하면 미국 제국주의자들이 그들의 침략군대가 한국에서의 침략행동을 계속 유지해 나갈수 있는가, 그리고 어떻게 하면 그들이 자본주의 세계에서의 전쟁에 대한 준비를 강화할 수 있는가에만 그들의 관심을 경주하고 있는 것이다.

그러므로 맥아더사령부 대표들은 군사적 기반위에서만 정전을 수락할 수 있다고 노골적으로 말하였던 것이다. 이는 그들이 만반의 준비를 하였을 때 즉 재차 싸울수 있도록 정전 후도 침략의 지위가 동일하여여 된다는 것을 의미하는 것이다. 한층 더 나아가 그들은 이 기회를 이용하여 국가비상사태를 선언할 수 있을 것이며 또한 미국의 동원을 준비할 수 있을 것이다.

이리하여 그들은 미국, 서구 및 일본 국민들로 하여금 전쟁에 휩쓸려 들어가게 만들 것이다. 이것이 트루먼씨와 애치슨씨, 마샬씨 및 맥아더장군이 현재 수행하고 있는 것이 아닌가? 소위 先정전 後협상의 제안을 참고하여 보건대 아시아 12개국의 제안은 유엔총회와 유엔안보이사회 어느 편에서도 채택하지 않았다는 사실과 어떤 국가도 동 협상에 참석할 것인가 하는 문제는 제외하고라도 또는 이 모든 것이 동의된다 하더라도 결국 동 협상은 그 내용과 의제를 둘러싸고 정전후에도 한없이 계속 논쟁될 것이다.

만약 동 회의가 합법적인 유엔안보이사회나 또는 5개국 회담의 회의가 아니며 또는 이 양자에 합병되지 않는다 하면 미국 정부는 여전히 최후수단으로서 그 표결을 좌우할 수 있을 것이다.

이와같이 한국으로부터의 모든 외국 군대의 철수와 한국의 국내 문제를 한국인 자신이 해결한다는 기본원칙하에서가 아닌 정전안의 토의와 협상의 개시라는 것은 위선적인 행동이며 미국 정부의 계획에만 通應하게 될 뿐이다. 또한 이는 평화를 애호하는 모든 세계인들의 진정한 소원을 충족시킬 수 없을 것이다.

3인위원회—현지정전—평화회담—일대공세의 개시—이와같은 마샬계획은 중국국민들에게는 조금도 이해키 어려운 일은 아니다. 왜냐하면 1946년에 마샬씨는 이와같은 방법으로 만 1년간을 반복하여 蔣介石정부를 원조하였으며 결국에 있어서는 실패를 자인하고 귀국하였기 때문이다. 중국국민들은 1946년에 이러한 교훈을 배웠으며 그 후 승리를 획득하였었으므로 오늘날에 있어서 과연 그 누가 이러한 함정에 빠지겠는가.

그렇다! 미국은 이와같이 교활하고 낡아빠진 마샬계획을 또다시 수행할 수는 없는 것이다.

(4) 더우기 현 논쟁은 한국문제에만 국한되어 있는 것이 아니다. 미국은 한국의 전란을 조종하는 한편 미 제7함대를 중국의 대만에 침입시켰으며 그 후 東北部 중공의 폭격 및 중공상선에 대한 발포 등 극동에 있어서의 미국의 침략을 확대시켰던 것이다. 이 모든 것에 대하여 중화인민공화국 중앙인민정부는 수차 유엔에 이를 호소하였던 것이다. 그러나 미국의 지배하에 유엔회원국의 대다수는 한국에 대한 미국의 침략과 미국의 대만침략 및 점령 등 그 외 동북부 중국에 대한 폭격 등을 지지하였을 뿐만 아니라 미국의 대만에 대한 무력 및 침략을 규탄하는 중국 대표가 제의한 2개조 제안을 거부하였으며 소련이 제기한 미국의 중국침략에 대한 비난을 말살하여 버렸던 것이다.

중공대표는 오랫동안 기다렸으나 유엔총회의 제1분과위원회가 무기 휴회로 들어갈 때까지 한번도 발언할 기회를 얻지 못하였던 것이다.

美, 英블럭의 지지하에 대다수 유엔회원국이 취한 이러한 태도는 유엔헌장과 그 목적에 위반된 것이다. 그들은 미국의 침략을 저지하기보다 차라리 이를 더 조장하였으며 세계평화를 방위하기보다 오히려 이를 파괴하였던 것이다.

특히 전세계에의 격분을 일으킨 것은 유엔이 과거 수개월동안 중공 및 중공에 관련된 중요한 여러가지 문제에 관하여 누차 토의를 거듭하였다는 사실에도 불구하고 4억7천5백만 중공국민의 유일한 대표자인 중화인민공화국 위원단은 아직도 유엔에의 가입을 거부당하고 있으며 이와 반면에 蔣介石소수반동분자들의 대표단이 유엔에서 중공대표의 의석을 점유하고 있다는 사실이다.

중공국민들은 이에 대하여 오욕과 격분을 금치 못하고 있는 것이다.

이리하여 의분을 금치 못한 중공국민들은 미국에 대항하여 한국을 구조하는데 총궐기하였던 것으로 이와같이 그들의 가정을 보호하며 또한 그들의 국가를 방위한다는 것은 타당하고도 정당한 것이다.

북조선민주주의인민공화국을 구호하기 위하여 북조선인민군과 어깨를 나란히하여 무기를 들고 일어난 중공 인민의용군은 그들 자신의 생존 및 북조선의 원조와 극동 및 나아가서는 전세계의 평화를 위하여 북조선민주주의인민공화국의 통합사령부밑에서 싸우고 있는 것이다.

(5) 아시아 및 아랍 13개국대표들이 제의한 한국문제의 평화적인 해결안은 원래 그들의 평화에 대한 희구에 그 기반을 두고 있다는 것은 명백한 것이며 또한 이해할 수 있는 것이다.

그러나 그들은 최초의 정전과 그 후에 타협을 제의하는 그들의 제안을 지지한 미국 정부의 모든 음모를 간파하지 못하였던 것이며 따라서 한국문제의 평화적인 해결에 관련된 중국의 기본적인 제안을 충분히 고려하지 않았던 것이다.

최초의 13개국 제안은 미국 정부의 견해와 전적으로 부합되지 않는 것이었다. 그리하여 이는 두가지 결의안으로 분립되었던 것이다. 소위 한국의 전란정지를 위한 3인위원회를 설치하자는 제1결의안은 미국 정부에 만족을 주었던 것으로 이는 미국의 지지하에 토의의 우선권을 획득한 후 급기야 유엔총회에서 채택되었던 것이다. 그러나 소위 협상의안과 협상위원회 설치등을 주장하는 제2결의안은 미국에게 전혀 만족감을 주지 못하였으며 따라서 그 후 취소되었던 것이다.

동 2개결의안의 차이는 필리핀대표의 태도로 말미암아 명백히 표시되었다. 즉 항상 미국의 괴뢰역할을 하여온 필리핀대표는 제1결의안에만 동의하였으며 제2결의안에는 반대를 표명하였던 것이다. 정전요구의 역할을 담당한 필리핀대표와 이를 지지하는 미국대표의 역할로써 표시된 양국간의 긴밀한 협동작전은 이와같이 폭로되었던 것이다. 이러한 사실로 미루어보건대 만약 아시아 및 아랍제국이 진정한 평화를 희구한다면 그들은 미국의 지지하에서 벗어나며 한국에서의 정전을 위한 3인위원회를 포기함과 동시에 최초에 정전, 그 후 협상이라는 이념을 버리지 않으면 안될 것이다.

(6) 이에 중화인민공화국 중앙인민정부는 중국국민들이 한국전란의 평화적인

해결을 열망하고 있다는 것을 엄숙히 선언하는 바이다. 우리는 한국문제의 평화적인 해결을 위한 협상의 기본원칙으로서 모든 외국군대의 한국으로부터의 철수와 한국 국내문제는 한국인 자신이 해결해야 한다는 것을 단호히 주장하는 바이다. 미국침략군은 대만으로부터 철수하지 않으면 안될 것이며 중국인민공화국 대표단은 유엔에 합법적인 지위를 획득하지 않으면 안될 것이다. 이러한 견해는 중국국민 및 한국민들의 정당한 요구일 뿐만 아니라 전세계의 진보적인 여론인 것이다. 이러한 견해를 포기한다는 것은 한국문제 및 기타 모든 아시아문제의 평화적인 해결을 불가능케만 한 것이다.

韓國정전위원단 추가 보고

1951년 1월 11일

우리의 목적은 다음 한국정전계획의 제 과정에 의하여 자유통일 한국의 수립과 극동문제의 평화적 해결을 달성함에 있다.

1. 평화회복에의 다른 제 문제가 취하여지고 있기는 하나 인명과 재산의 불필요한 파괴를 방지하기 위해 정전이 급속히 이루어져야 한다. 이러한 조치는 그것이 신공세에의 은폐막이 되지 않음을 확증하는 충분한 보장을 포함하여야 한다.

2. 정식조치의 결과로서 또는 그런 교섭중에 있어서의 일시적 휴전상태의 결과로 한국에서 정전이 행해지는 경우에는 그 기회를 놓치지 말고 평화회복에 취해질 차후의 제반 방법을 강구하여야 한다.

3. 한국은 자유로운 총선거에 기초를 둔 헌법과 정부를 가진 통일, 독립, 민주주권 국가가 되어야 한다는 유엔총회의 결의를 실시하기 위하여 모든 비한국인 군대는 적당한 시기에 한국으로부터 철수할 것이며 또 유엔원칙에 따라서 한국국민이 자신들의 미래정부에 관하여 자유로운 의사표시를 할 수 있도록 적절한 조치가 취해져야 한다.

4. 상기 각 조항에 지적된 제 조치가 완료될 때까지 한국의 행정과 한국의 평화와 안전의 유지를 위한 적당한 중간조치가 유엔의 원칙에 따라 취하여진다.

5. 정전에 관하여 합의가 성립되었을 때에는 유엔총회는 즉시 현재의 국제적 제의무와 유엔헌장의 규정에 따라서 대만문제, 중국유엔대표 문제등을 포함하는 극동문제에 관한 협정체결을 목적으로 영, 미, 소, 중공의 대표로 구성된 적절한 기구체를 수립하여아 한다.

中共斷罪 결의안(全文)

1951년 2월 1일

총회는

안전보장이사회가 중공의 한국개입에 관하여 상임이사국간의 의견 불일치로 말미암아 국제적 평화와 안전보장에 대한 그 제1차적 책임을 완수치 못하였음을 지적하고,

중화인민공화국 중앙정부가 한국문제의 평화적 해결을 위하여 국제연합이 제안한 정전안을 수락하지 않았으며 또 그 무장군이 한국내의 국제연합군에 대한 대규모 공격을 계속하고 있음을 지적하며,

중화인민공화국 중앙정부는 이미 한국에서 침략을 감행하고 있는 자들에게 직접적 원조를 제공하고 또 한국내의 국제연합군과 교전함으로써 그 자신 한국의 침략에 개입하였음을 발견함.

중화인민공화국 중앙정부가 한국내의 그 군대와 국민들에게 국제연합군에 대한 공격을 중지하고 한국에서 철수하도록 명령할 것을 요구함.

국제연합은 동 침략에 대처하기 위하여 한국에서 계속 행동할 결의를 표명함.

中共 침략자 규정 美國 결의안

1951년 1월 20일

(미국, 유엔총회 정치위원회에 제출)

총회는 안전보장이사회가 그 상임회원국의 의견 불일치로 말미암아 중공의 한국 간섭에 관하여 국제적 평화, 안전 유지에 대한 그의 주요 책임을 완수치 못하였음에 비추어 또한,

중화인민공화국이 평화적 해결의 의도에서 유엔이 제안한 모든 한국정전안을 거부하고 그 군대가 한국에 대한 무장침략과 유엔군에 대한 대규모적 공격을 여전히 계속하고 있음에 비추어 중화인민공화국은 한국에서 이미 침략을 감행하고 있던 자들에게 직접적인 원조를 제공하고 또한 해당지역의 유엔군에 대하여 적대행위를 함으로써 그 자체 한국을 침략하였다는 것을 단정하며,

중화인민공화국에 대하여 한국에 있는 그 군대 및 국민으로 하여금 국제연합군에 대한 적대행위를 정지하고 한국으로부터 철수할 것을 요구하며,

유엔은 침략에 대처한 그 행동을 계속할 것을 확언하며 모든 국가와 정부에 대하여 한국에 있어서 유엔의 행동에 대하여 만전의 원조를 계속 제공할 것을 요청하며,

한국에 있어서의 침략자에 대하여 여하한 원조 제공도 이를 삼갈 것을 모든 국가와 정부에 요청하며 긴급조치로 집단 대책위원회 위원으로서 구성된 위원회를 설치하여 동 침략에 대비할 조치를 가일층 강구하고 이어서 총회에 보고를 제출할 것을 요청하여 한국의 정전을 실현하고 평화적 방법에 의하여 한국에 있어서의 유엔의 목적을 달성함이 유엔의 계속적인 정책임을 단언하고, 총회 의장은 차후 2명의 인원을 임명하며 차등 목적을 위하여 알선하도록 의장과 적절한 때 회합할 것을 요청한다.

유엔 리 사무총장, 6·25사변 1주년 기념성명

1951년 6월 25일

바로 1년전인 1950년 6월25일 유엔은 위대한 결정을 하였다. 역사상 최초로 세계기구는 무장침략에 대하여 집단력으로서 대항할 행동을 취하였던 것이다. 이 행동으로 말미암아 또 在韓유엔군이 수행한 용감하고 자기희생적인 전투로 말미암아 세계 어디서든지 전쟁을 반대할 집단안전보장제도는 비약적 발전을 하게 되었다. 조국의 깃발과 유엔기장하에서 싸우다가 죽는 사람들은 모든 대의중에서도 가장 고귀한 대의에 봉사하고 있는 것이다. 그들은 제3차대전을 방지하기 위하여 싸우고 있는데 장래의 전쟁에서 수천만의 생명을 구하고자 현재 수십만명이 희생을 하고 있는 것이다. 이미 그들은 무장침략을 격퇴함으로써 유엔과 평화에 대하여 위대한 승리를 가져다 주었다. 이 승리가 머지 않아 정전을 초래하고 유혈과 파괴를 종식시켜 주기를 희망하고 기원하여 마지 않는 바이다.

평화를 사랑하는 모든 사람들에게 있어서 6월25일은 이 대의를 위하여 쓰러진 모든 용사들에게 경의를 표시하는 날이 되어야만 한다. 또 세계 어느곳에서든지 장차 발생할지도 모르는 무장침략을 저지하기 위하여 유엔이 창시한 유엔안전보장제도의 확고한 목적을 다시 한번 체득하는 날이 되어야만 한다.

또 유엔헌장이라는 토대위에 독립적이고 안전한 각 국가가 형성하는 평화로운 세계의 건설에 대하여 신념과 근로의 결의를 재규명하는 날이 되어야만 한다.

유엔 소련대표 마리크연설중 정전에 관한 부분

1951년 6월 23일

······前略······

소련 국민은 현재에 있어서 심각한 문제 즉 한국에서의 무력난동문제도 해결할 수 있다고 믿고 있다. 이 해결을 위하여는 당사자들이 한국문제의 해결의 길로 들어갈 용의가 있어야 한다. 최초의 조치로 교전자들은 군대를 38선으로부터 서로 철수시키는 것을 규정하는 정전 및 휴전을 위하여 회의를 시작해야 한다고 소련 국민은 믿고 있다. 이러한 조치는 취할 수 있는가?

나는 가능하다고 생각한다. 다만 한국에서의 유혈의 전투를 종결시키려는 진지한 희망이 있어야 하는 것이다.

아시아·아랍 13개국,

유엔政委에 한국停戰共同決議案

1950년 12월 12일

국제연합총회는 極東정세를 우려하여 한국의 분쟁이 다른 지역에 확대되는 것을 방지함과 동시에 한국전란을 정지하기 위하여 조속한 조치를 취하여야 할 것이라고 切望하고 또 차후에는 존재하는 분쟁점을 국제연합의 목적과 원칙하에 평화적으로 해결할 조치를 취해야 할 것이라고 切望하고 다시 이러한 조치가 적대행동이 계속되고 있는 동안은 취하여지지 못할 것을 고려하여 다음의 것을 권고한다.

1. 모일(적당한 일자를 지정한다)이하 한국에 있어서의 적대행동을 정지한다.

2. 적대행동의 정지후 될 수 있는 한 조속히 停電地境線을 설정하고 이에 부수하는 모든 협정을 체결한다.

3. 정전경계선의 설정 및 이에 부수하는 협정의 성립후 프, 영, 미, 소련, 이집트, 인도, 중화인민공화국 각국 정부의 대표는 국제연합의 목적과 원칙에 의거하여 잔존하는 분쟁점의 평화적 해결을 목적으로 한 권고를 작성하기 위하여 회담한다.

유엔 韓委의장, 對南北동포 방송

1950년 5월 1일

　본인은 유엔 韓國委員會 의장대리입니다. 본 위원단은 유엔총회로부터 귀국에 파견된 세번째 위원단입니다. 여러분은 아마 본 위원단이 오늘날 어떠한 경위로 서울에 왔으며 현재 무엇을 어째서 하고 있는지 듣고싶어 하실것 같아 지금 이 마이크앞에 나온 것입니다. 여러분은 귀국이 같은 민족, 전통, 문화를 가졌음에도 불구하고 이와같이 인위적인 38선으로 가로막히게 된 불행한 사정을 잘 아시고 계실 것입니다. 이 문제는 美蘇공동위원회에서 해결하려다 실패하고 드디어 유엔에 제소되었으며 유엔으로서 여러분이 그렇게 갈망하시는 통일과 독립을 가져올 수 있는 해결방책을 고려하게 된 것입니다. 여러분은 재작년 유엔임시위원단이며 그 선거에 뒤이어 현재의 헌법과 정치기구를 가진 大韓民國이 수립된 것을 기억하실 것입니다.

　그 임시위원단은 당시 北韓 소재 군정당국의 비협력적 태도로 말미암아 북한에서는 선거를 시행도 감시도 못하였던 것입니다. 이 임시위원단은 그 감시할 수 있었던 지역내 인민의 자유의사가 유효하게 표시된 것이라고 유엔 총회에 대하여 보고할 수 있었습니다.

　유엔총회에 참석한 48개국은 임시위원단의 보고에 의거하여 유엔 韓國위원단이 감시 협의할 수 있었고, 대다수의 韓國民이 주거하고 있는 韓國에 있어 유효한 관할권을 가진 합법정부 즉 大韓民國 정부가 수립되었으며 이 정부는 감시위원단이 감시한 지역내 선거인의 자유의사가 유효하게 표시된 선거에 의하여 성립되었으며 또한 이러한 정부는 韓國에 유일하다는 것을 결정하였습니다.

　유엔은 이 결정을 선포하는 동시에 유엔위원단을 韓國에 파견할 것을 결정하였습니다. 그 위원단은 작년 2월에 사무를 개시하였으니 이 위원단의 근본적 목적은 한국인을 도와 그들의 통일과 독립을 완수시키려는 것입니다. 그러나 이 위원단은 韓國의 통일을 이룩하여 韓國의 전 치안군경을 합동시키는 알선의 의도를 가지고 이북의 주민과 접촉할 수가 없었습니다. 이 위원단은 美國 군대의 철수를 감시하고 검토할 수 있었지만 蘇聯부대의 철수에 관해서는 그렇치 못하였습니다. 위원단은 韓國정세의 추이에 관하여 유엔총회에 끊임없는 정확한 보고를 하였습니다. 또한 그 위원단은 민주주의 원칙에 기준한 정치기구의 진보발전에 있어 수시로 협의할 수 있는 태세를 갖추고 있습니다.

작년의 위원단은 금년에도 濠洲·중국 엘살바도르·프랑스·인도·필리핀·터어키로 구성되어 존속되고 있습니다. 38선 주변의 불안정한 상태와 韓國 영토내의 게릴라활동에 비추어 본 위원단은 韓國에 있어 군사충돌을 야기할 우려가 있는 사태를 시찰 보고하는 것이 금년의 제1임무로 되어있습니다. 이 목적을 위하여 본 위원단은 현 정세하에 필요한 지점에 주재시킬 훈련된 감시원을 임용하기로 작정하였으며 그럼으로써 본 위원단은 韓國의 발전상에 관한 보고를 듣고 있으며 현대 민주주의사회의 요구에 부합되도록 그 기구를 조직하려는 노력을 열렬한 동정을 가지고 주시하고 있습니다.

우리는 여러분의 곤란을 잘 알고 있습니다. 그 곤란 중 간과할 수 없는 것의 하나는 38선 분단에 숨어있는 불안감입니다. 우리는 아직도 이 장벽을 극복 제거할 수 있다고 굳게 믿습니다. 이 과업이 평화적 수단으로써 행해져야 함은 두말할 나위가 없습니다. 우리는 이 목적을 위하여 알선할 임무를 가지고 있으며 또한 유엔총회로부터 韓國 분할로 인하여 생긴 경제적, 사회적 기타 우호관계에 관한 장애제거를 촉진하라는 훈령을 받고 있습니다. 그것은 시간이 갈수록 가족과 友人을 분리시킨 인위적 장벽이 일층 더 굳어지고 있으며 동일민족간에 일체 평상적 접촉이 완전히 정체상태에 빠진 까닭입니다.

본 위원단은 오늘 여기에 민주주의국가가 이 비관적 사태에 있어서 얼마나 고통을 받고 있는가를 알고 있습니다. 韓國 문제가 더 큰 분열문제의 일부라는 것은 작년 유엔총회에 대한 보고에 있어 우리가 충분히 지적하였던 사실입니다. 우리의 희망은 여기서 유엔의 완비한 조직에 매여 있으며 큰 인내력과 신념이 요청됩니다. 본 위원단은 유엔의 기관중 하나이며 우리는 韓國문제해결에 신념을 가지고 있으며 또한 우리는 그 목적을 위하여 최선의 노력을 다할 것입니다. 특히 이 문제를 두고 제1분과위원장인 인도대표 싱박사가 5월 3, 4일 양일에 걸쳐 방송하게 됨을 여러분께 알려 드립니다. 제1분과위원회는 大韓民國 정부의 협력으로 다수인사로부터의 의견청취를 완료하였고 그 보고서를 본 위원단에 제출하였습니다. 끝으로 본 위원단을 대표하여 여러분에게 감사의 말씀을 드립니다. 안녕히 주무십시오.

맥아더원수, 對美 합동참모부 서한

1951년 1월 6일

在일본, 東京, 극동군총사령관

美 합동참모부 귀하

추가한국인력을 무장하는 문제를 분석함에 있어 과거와 가능한 장래의 사건이 물질적 유용성에 비등하거나, 또는 그보다 더 중요하다고 사려된다.

1950년 6월25일이래 한국인을 가장 실제적으로 이용하려는 노력이 계속되어 왔다. 한국군을 물질적으로 증강하는 이외에 경찰을 강화하고 게릴라토벌대의 적군 배후지역에서 활동할 우군 게릴라를 창설하기 위하여 상당한 양의 소무기를 청년단원과 기타 인가된 장정에게 공여하여 왔다.

그러나 적군 게릴라부대들은 현재 무장하고 있는 비군사계통 인원수가 비교적 많음에도 불구하고 남한내의 각 지역에서 효과적 활동을 계속하고 있다. 한편 우군 게릴라부대들은 공산군 배후지역에서 이렇다할 성과를 거두지 못하였다. 이것은 주로 강력한 의지를 가진 지도자가 없기 때문이다.

합동참모부에서 현재 이용할 수 있다고 시사한 무기의 종류와 양은 일본의 예비경찰력을 장비하는 데에도 마찬가지의 운용을 가지게 될 것이다. 그런데 일본 예비경찰력의 장비가 시급하다는 것은 이미 보고한 바와 같다. 합동참모부의 메세지속에 나열된 무기의 양이 일본 예비경찰력을 현재 또는 미래에 장비하고 남는 것이 없다면 그 무기를 추가한 국군에 사용하느니보다 일본의 안전보장력을 증가시키는데 사용하는 것이 오히려 전반적인 미국의 이익이 될 것이다. 가까운 장래에 우리가 작전할지도 모르는 전장이 국한되리라는 것과 일본 예비경찰력 장비의 요구가 우선적 중요성을 가짐에 비추어 가까운 장래에 추가한국군을 조직, 훈련, 무장하려는 기도의 가치는 의혹시 할 수 밖에 없다. 목전의 요구를 충당시키려면 새로운 사단을 편성하느니보다 기존하는 한국군의 손해를 보충하는데에 잉여인력을 사용하는 것이 최선의 방도라고 생각된다.

HISTORICAL PAPERS AND DOCUMENTS

Speech of President Elpidio Quirino, at the public rally for the Tenth Batallion Combat Team at the Rizal Memorial Stadium, September 2, 1950:

Men of the Tenth!

You are shortly to embark for the Korean battle front. I am assured by our experts and advisers that you are the pick of the Armed Forces of the Philippines.

To the United Nations forces now embattled there, and by whose side you will fight, you will carry our Government's, your country's proof that its pledge is its bond.

To your comrades there you will lend even greater courage by the proof that you will stand with them in their heroic war against that brutal tide of communist aggression—the tide which deliberately seeks to flood all the world, and to overwhelm the freedom of all good men, everywhere.

Yours is a heroic mission. It is also a historic mission. Today we begin to write a wonderful page in our history. Many of you have fought on our own soil to secure our freedom—you now go forth to a foreign land to fight for the preservation of that freedom.

Years before the soil of this earth far beyond our own borders has been enriched by the blood of your brothers who fell in the eternal war for freedom.

The seven seas have embraced the bodies of your

派韓장병에게 행한 「필리핀」대통령의 연설을 수록한 관보. (1950.9.2)

UN doc. S/1553

The Vice Minister of Foreign Affairs of Ethiopia to the Secretary-General [a]

[July 2, 1950.]

I have honour refer to your telegram No. 80 of June 29 concerning Security Council recommendation Member nations furnish us may be necessary repel armed attack on Republic of Korea and to restore international peace and security in the area. Imperial Ethiopian Government fully approve and accepts this Security Council recommendation. Government is withdrawing all assistance to the regime ignoring recommendation and endorses the efforts of Member nations in better immediate position render assistance to Republic of Korea in accordance with Security Council recommendation. Imperial Ethiopian Government reaffirms its unswerving loyalty to principle of collective security and its prompt application to limit and control aggression and to secure and maintain international conditions that will permit the self-determination of all peoples.

DOCUMENT 45

UN doc. S/1586

The Permanent Representative of France to the United Nations to the Secretary-General

[July 5, 1950.]

With reference to the Security Council's resolution of 27 June, I have the honour to communicate to you hereunder the text of my Government's reply:

"The French Government, faithful in its support of the principles proclaimed in the United Nations Charter, which defines the maintenance of peace as the first of the essential purposes of the United Nations, considers that it is its duty and that of all Members to comply with the Security Council's recommendations respecting the assistance to be given to the Republic of Korea. Since, however, it has been engaged for more than three years in a bitter struggle in the same quarter of the globe and for a similar cause, it is not in a position without prejudice to the efforts of the countries which it is supporting by its assistance to detach forces of any size for the operations initiated with a view to the re-establishment of peace.

"The French Government is nevertheless considering what measures it can undertake to comply with the many obligations incumbent on it in pursuance of the United Nations appeal."

JEAN CHAUVEL

---

[a] Printed from telegraphic text.

「프랑스」는 안보리 결의의 충실한 지지를, 「이디오피아」는 즉각 조처를 확약.〈UN doc. S/1586〉

777

armed attack upon the Republic of Korea by forces from North Korea and fully agrees with the action taken by the Security Council but for obvious reasons Iceland will not be able to furnish military or economic assistance.

BJARNI BENEDIKTSSON

DOCUMENT 52

UN doc. S/1520

The Prime Minister and Minister for Foreign Affairs of India to the Secretary-General [24]

[June 29, 1950.]

Government of India are issuing following statement tonight (9 p. m. I. s. t.) in reference to resolution adopted by Security Council on 25 and 27 June regarding Korea:

Begins: "The Government of India have viewed with grave concern the developments in Korea involving as they do not only civil war but also a threat to world peace. There have been a number of border incidents between North and South Korea in the past, but whatever the nature of these might have been it appears clear from the information available to the Government of India that a large scale invasion of South Korea took place by armed forces of the North Korea Government. This information was supplied by a variety of sources, the most authoritative among them being the United Nations Commission on Korea on which India is represented, and which at the time of invasion was in Seoul. In view of this information the Government of India's Permanent Delegate to the United Nations and Representative on the Security Council, Sir B. N. Rau, supported the first resolution of the Security Council which declared that such aggression had taken place and called for a ceasefire and withdrawal of the North Korea forces to the 38th parallel. This direction of the Security Council was not acted upon by the North Korean Government and their forces, and the invasion continued till it threatened the capital city Seoul itself. The Security Council met again to consider this rapidly changing situation and passed the second resolution on Korea on the night of 27 June (New York Time). The Government of India's Representative in the Security Council was unable to participate in the voting on this second resolution on Korea because he could not communicate it in time to his Government and obtain their instruction. The operative part of this resolution recommends that the Members of the United Nations furnish such assistance to the Republic of Korea as may be necessary to repel the armed attack and to restore international peace and security in the area. The Government of India have given the most careful consideration to this resolution of the Security Council in the context of the events in Korea and also of their general foreign policy. They are opposed to any attempt to settle international disputes by resort to aggression. For this reason Sir B. N. Rau, on behalf of the Government of India, voted in favour of the first resolution of the Security Council. The halting of aggression and the quick restoration of peaceful conditions are essential preludes to a satisfactory settlement. The Government of India therefore also accept the second resolution of the Security Council. This decision of the Government of India does not, however, involve any modification of their foreign policy. This policy is based on the pro-

---

[24] Printed from telegraphic text.

인도정부는 북한이 무력남침했음이 분명하다고 성명하고 중재에 의한 해결을 바랬다.〈UN doc. S/1520〉

DOCUMENT 37

UN doc. S/1574

The Permanent Representative of Cuba to the United Nations to the Secretary-General

[July 3, 1950.]

I have the honour to inform you that the Minister of State of Cuba has informed me, in a cable of 30 June, that on 29 June the Council of Ministers considered the gravity of the international situation created by the invasion of the Republic of Korea by Communist forces and agreed to offer "any assistance necessary to repel the attack against world peace and against the authority of the supreme international organization."

The Council also decided to declare "the complete adhesion of Cuba to any decisions that might be taken by the United Nations for the defence of the principles of its Charter and to avoid further attacks on the peace."

ALBERTO I. ALVAREZ

DOCUMENT 38

UN doc. S/1522

The Deputy Prime Minister and Minister of Foreign Affairs of Czechoslovakia to the Secretary-General

[June 29, 1950.]

With reference to your telegrams of 25 and 27 June in which you announced the decisions of the Security Council concerning Korea of 25 and 27 June 1950 I have the honour to declare the following in the name of the Government of the Czechoslovak Republic: the decisions adopted without the participation of two permanent members of the Security Council, the Soviet Union and China, but in the presence of the representative of the Kuomintang group who is not entitled to represent China therefore without the necessary unanimity of all permanent members of the Security Council are illegal.

VILIAM SIROKY

DOCUMENT 39

UN doc. S/1572

The Minister of Foreign Affairs of Denmark to the Secretary-General [13]

[July 5, 1950.]

In reply to your telegram 122 of 29 June regarding possible assistance to the United Nations efforts to restore peace and security in the attacked area, I have the honour to inform you that the Danish Government has considered what assistance Denmark would be able to render. As a result of an examination of the question, the Danish Government who is not in a position to render military assistance is in the present situation able to offer an assistance consist-

---

[13] Printed from telegraphic text.

「쿠바」는 어떠한 원조도 제공할 것을, 「덴마크」는 의약품 제공을 결정.
〈UN doc. S/1572〉

779

DOCUMENT 32

UN doc. S/1556

The Minister of Foreign Affairs of Chile to the Secretary-General[14]

[June 30, 1950.]

Acknowledge receipt your cables 21 and 22. Government of Chile protests against wanton Communist attack on Southern Korea and firmly supports the position and resolutions adopted by Security Council which represent loyal compliance with United Nations Charter and defence of international security. For the present Chile will co-operate by ensuring regular and adequate supplies of copper, saltpetre, and other strategic materials to countries responsible for operations.

HORACIO WALKER

DOCUMENT 33

UN doc. S/1521

The Permanent Representative of China to the United Nations to the Secretary-General

[June 29, 1950.]

I have been instructed by the Minister of Foreign Affairs to transmit to you the following cable:

"Replying your telegram No. 8 of twenty-seventh instant, transmitting text resolution adopted by Security Council at its 474th meeting, have honor to state that Chinese Government, in compliance with said resolution and in discharge of China's obligations under United Nations Charter, is taking steps to furnish such assistance as within its power to Republic of Korea. The Chinese Government wishes also to draw attention to urgent need of concerted action on part of all United Nations Members in order to maintain international peace and security both in Korea and elsewhere. Signed, George KC Yeh, Minister of Foreign Affairs, Republic of China."

TINGFU F. TSIANG

DOCUMENT 34

UN doc. S/1543

The Permanent Representative of China to the United Nations to the Secretary-General

[July 3, 1950.]

I have been instructed by the Ministry of Foreign Affairs to offer to the United Nations three divisions of experienced troops, totalling approximately 33,000 men, for use in South Korea to repel the attack by the North Korean invaders as called for by the resolution of the Security Council of 27 June.

My Government will assign to these troops the best equipment available.

My Government will also provide twenty air transports of the type C-46, together with a reasonable amount of air cover. If the United Nations should

---

* Printed from telegraphic text.

「칠레」는 전략물자의 무상공급을 확약했으며 중화민국은 병력제공을 제의.

〈UN doc. S/1556〉

DOCUMENT 23

UN doc. S/1563

The Minister for Foreign Affairs and Public Worship of Argentina to the Secretary-General

[July 3, 1950.]

In reply to your telegram of 29 June regarding Security Council resolution adopted at 474th meeting, I have the honour to inform you that the Argentine Government confirms the communication transmitted to the Council and reiterates its resolute support of the organization as means of achieving effective and lasting peace. In this connection it reaffirms its readiness to comply to the extent of its ability with international agreements it has signed.

HIPOLITO JESÚS PAZ

DOCUMENT 24

UN doc. S/1524

The Acting Head of the Australian Mission to the United Nations to the Secretary-General

[June 29, 1950.]

The Acting Head of the Australian Mission to the United Nations presents his compliments to the Secretary-General of the United Nations, and has the honour to transmit the following cabled message from the Australian Government:

"The Australian Government has given urgent consideration to the resolution of the Security Council recommending that Members of the United Nations furnish such assistance to the Republic of Korea as may be necessary to repel armed attack and restore international peace and security in the area.

"As a member of the United Nations pledged to give effect to the purposes and principles of its Charter, the Australian Government has decided to place Australian naval vessels now in Far Eastern waters, namely, the *Shoalhaven* and *Bataan*, at the disposal of the United States authorities on behalf of the Security Council in support of the Republic of Korea."

DOCUMENT 25

UN doc. S/1530

The Australian Department of External Affairs to the Secretary-General

[June 30, 1950.]

The Commonwealth Government in further response to the resolution of the Security Council has decided to place at the service of the United Nations through the American authorities the RAAF fighter squadron now stationed in Japan. The United Nations having decided to support the Republic of Korea, the Com-

---

Printed from telegraphic text.

See doc. S/1523. [Footnote in original. See doc. 22.]

「오스트레일리아」, 2척의 해군함정을 한국지원에 배치키로 결정.
〈UN doc. S/1524〉

781

DOCUMENT 20

The Secretary-General to the Secretary of State [9]

LAKE SUCCESS, June 29, 1950.

I have the honour to call the attention of your government to the resolution adopted by the Security Council at its 474th meeting on 27 June 1950 which recommends that the Members of the United Nations furnish such assistance to the Republic of Korea as may be necessary to repel the armed attack and to restore international peace and security in the area. In the event that your government is in a position to provide assistance it would facilitate the implementation of the resolution if you were to be so good as to provide me with an early reply as to type of assistance. I shall transmit the reply to the Security Council and to the Government of the Republic of Korea.

TRYGVE LIE

DOCUMENT 21

UN doc. S/1589

The Minister of Foreign Affairs of Afghanistan to the Secretary-General [10]

[July 8, 1950.]

With reference your telegrams 46, 47, and 48 I have the honour to inform Your Excellency that "The Government of Afghanistan being always against aggression confirms the resolutions of the Security Council adopted on the 25th and 27th June, but due to existing anxiety about the unsettled position in Pashtoaistan wishes to be excused of giving any help to Korean Republic."

ALI MOHAMMED

DOCUMENT 22

UN doc. S/1532

The Minister for Foreign Affairs and Public Worship of Argentina to the President of the Security Council [10]

[June 29, 1950.]

The Argentine Government in conformity with its international policy and in the present situation affirms its resolute support of the United Nations as the only means of achieving effective and lasting peace and in accordance with the decision of the Council of the Organization of American States reiterates its solidarity with all the countries of America.

HIPOLITO JESUS PAZ

---

[9] Telegraphic text. Similar communications were sent by the Secretary-General to the governments of all other members of the United Nations.
[10] Printed from telegraphic text.

「유엔」 사무총장은 한국에 「필요한 원조를 제공토록 권고」하는 안보리의 결의를 미국에 통고.

782

This is the logical consequence of the resolution concerning the complaint of aggression upon the Republic of Korea adopted at the 473rd meeting of the Security Council on 25 June 1950 and the subsequent events recited in the preamble of this resolution. That resolution of 25 June called upon all Members "to render every assistance to the United Nations" in the execution of this resolution, and "to refrain from giving assistance to the North Korean authorities". This new draft resolution is the logical next step. Its significance is affected by the violation of the former resolution, the continuation of aggression, and the urgent military measures required.

I wish now to read the statement which the President of the United States made today on this critical situation.

[At this point in his statement Mr. Austin quoted verbatim the President's statement printed here as document 9.]

The keynote of the draft resolution and of my statement, and the significant characteristic of the action taken by the President, is support of the United Nations purposes and principles—in a word: "peace".

DOCUMENT 16

UN doc. S/1511

Resolution Adopted by the Security Council, June 27, 1950

The Security Council,

Having determined that the armed attack upon the Republic of Korea by forces from North Korea constitutes a breach of the peace,

Having called for an immediate cessation of hostilities, and

Having called upon the authorities of North Korea to withdraw forthwith their armed forces to the 38th parallel, and

Having noted from the report of the United Nations Commission for Korea that the authorities in North Korea have neither ceased hostilities nor withdrawn their armed forces to the 38th parallel and that urgent military measures are required to restore international peace and security, and

Having noted the appeal from the Republic of Korea to the United Nations for immediate and effective steps to secure peace and security,

Recommends that the Members of the United Nations furnish such assistance to the Republic of Korea as may be necessary to repel the armed attack and to restore international peace and security in the area.

DOCUMENT 17

Press Release by the White House, June 30, 1950

At a meeting with Congressional leaders at the White House this morning, the President, together with the Secretary of Defense, the Secretary of State, and the Joint Chiefs of Staff, reviewed with them the latest developments of the situation in Korea.

The Congressional leaders were given a full review of the intensified military activities.

「유엔」 안보리는 북한의 무력공격을 평화파괴행위로 규정, 전 회원국이 한
국에 원조를 제공해 줄 것을 권고했으며 미대통령은 한국개입을 선언.

UN doc. S/1501

Resolution Adopted by the Security Council, June 25, 1950

The Security Council

Recalling the finding of the General Assembly in its resolution of 21 October 1949 that the Government of the Republic of Korea is a lawfully established government "having effective control and jurisdiction over that part of Korea where the United Nations Temporary Commission on Korea was able to observe and consult and in which the great majority of the people of Korea reside; and that this Government is based on elections which were a valid expression of the free will of the electorate of that part of Korea and which were observed by the Temporary Commission; and that this is the only such Government in Korea";

Mindful of the concern expressed by the General Assembly in its resolutions of 12 December 1948 and 21 October 1949 of the consequences which might follow unless Member States refrained from acts derogatory to the results sought to be achieved by the United Nations in bringing about the complete independence and unity of Korea; and the concern expressed that the situation described by the United Nations Commission on Korea in its report menaces the safety and well being of the Republic of Korea and of the people of Korea and might lead to open military conflict there;

Noting with grave concern the armed attack upon the Republic of Korea by forces from North Korea,

Determines that this action constitutes a breach of the peace,

I. *Calls for* the immediate cessation of hostilities; and

Calls upon the authorities of North Korea to withdraw forthwith their armed forces to the thirty-eighth parallel;

II. *Requests* the United Nations Commission on Korea

(a) To communicate its fully considered recommendations on the situation with the least possible delay;

(b) To observe the withdrawal of the North Korean forces to the thirty-eighth parallel; and

(c) To keep the Security Council informed on the execution of this resolution;

III. *Calls* upon all Members to render every assistance to the United Nations in the execution of this resolution and to refrain from giving assistance to the North Korean authorities.

DOCUMENT 6

Statement by the President, June 26, 1950

I conferred Sunday evening with the Secretaries of State and Defense, their senior advisers, and the Joint Chiefs of Staff about the situation in the Far East created by unprovoked aggression against the Republic of Korea.

The Government of the United States is pleased with the speed and determination with which the United Nations Security Council acted to order a withdrawal of the invading forces to positions north of the 38th parallel. In accordance with the resolution of the Security Council, the United States will vigorously support the effort of the Council to terminate this serious breach of the peace.

「유엔」 안보리는 북한군의 즉각 철수와 전 회원국의 지원을 촉구한 결의안을 채택했으며 미대통령은 동 결의안을 지지하는 성명을 발표〈UN doc. S/1501〉

Our concern over the lawless action taken by the forces from North Korea, and our sympathy and support for the people of Korea in this situation, are being demonstrated by the cooperative action of American personnel in Korea, as well as by steps taken to expedite and augment assistance of the type being furnished under the Mutual Defense Assistance Program.

Those responsible for this act of aggression must realize how seriously the Government of the United States views such threats to the peace of the world. Willful disregard of the obligation to keep the peace cannot be tolerated by nations that support the United Nations Charter.

DOCUMENT 7

Message from the Korean National Assembly to the President and the Congress of the United States[?]

[Translation]

[SEOUL, June 26, 1950.]

Beginning in the early morning of 25 June, the North Korean Communist Army began armed aggression against the South. Your Excellency and the Congress of the United States are already aware of the fact that our people, anticipating an incident such as today's, established a strong national defense force in order to secure a bulwark of democracy in the east and to render service to world peace. We again thank you for your indispensable aid in liberating us and in establishing our Republic. As we face this national crisis, putting up a brave fight, we appeal for your increasing support and ask that you at the same time extend effective and timely aid in order to prevent this act of destruction of world peace.

DOCUMENT 8

Message from the Korean National Assembly to the General Assembly of the United Nations through the United Nations Commission on Korea[?]

[Translation]

[SEOUL, June 26, 1950.]

Beginning in the early morning of 25 June the North Korean Communist Army began armed aggression throughout the 38th parallel area. For self-protection our brave and patriotic army and navy opened heroic defense operations. This savage and unlawful act of the rebel force is the commission of an unpardonable sin. We, representing 30,000,000 Koreans, hope the United Nations General Assembly realizes that our defensive fight against aggression is the inevitable reaction of our people and Government. We also appeal for your immediate and effective steps to secure peace and security not only for Korea but also for the peace-loving people of the world.

[?] Printed from telegraphic text.

한국국회는 「유엔」이 즉각 효과적인 조치를 취할 것을 호소하고 미국이 원조를 제공해 줄 것을 요청.

Republic of Korea at several points in the early morning hours of June 25 (Korean time).

Pyongyang Radio under the control of the North Korean regime, it is reported, has broadcast a declaration of war against the Republic of Korea effective 9 p. m. e.d.t. June 24.

An attack of the forces of the North Korean regime under the circumstances referred to above constitutes a breach of the peace and an act of aggression.

Upon the urgent request of my Government, I ask you to call an immediate meeting of the Security Council of the United Nations.

DOCUMENT 3

UN doc. S/1496

The United Nations Commission on Korea to the Secretary-General [2]

[SEOUL, June 25, 1950.]

Government of Republic of Korea states that about 01:00 hrs. 25 June attacks were launched in strength by North Korean forces all along the 38th parallel. Major points of attack have included Ongjin Peninsula, Kaesong area and Chunchon and east coast where seaborne landings have been reported north and south of Kangnung. Another seaborne landing reported imminent under air cover in Pohang area on southeast coast. The latest attacks have occurred along the parallel directly north of Seoul along shortest avenue of approach. Pyongyang radio allegation at 11:35 hrs. of South Korean invasion across parallel during night declared entirely false by President and Foreign Minister in course of conference with Commission members and principal secretary. Allegations also stated Peoples Army instructed repulse invading forces by decisive counter-attack and placed responsibility for consequences on South Korea. Briefing on situation by President included statement thirty-six tanks and armoured cars used in northern attacks at four points. Following emergency Cabinet meeting Foreign Minister issuing broadcast to people of South Korea encouraging resistance against dastardly attack. President expressed complete willingness for Commission broadcast urging cease-fire and for communication to United Nations to inform of gravity of situation. Although North Korean declaration of war rumoured at 11:00 hrs. over Pyongyang radio, no confirmation available from any source. President not treating broadcast as official notice. United States Ambassador, appearing before Commission, stated his expectation Republican Army would give good account of itself.

At 17:15 hrs. four yak-type aircraft strafed civilian and military air fields outside Seoul destroying planes, firing gas tanks and attacking jeeps. Yongdungpo railroad station on outskirts also strafed.

Commission wishes to draw attention of Secretary-General to serious situation developing which is assuming character of full-scale war and may endanger the maintenance of international peace and security. It suggests that he consider possibility of bringing matter to notice of Security Council. Commission will communicate more fully considered recommendation later.

---

[2] Printed from telegraphic text.

「유엔」韓委는 북한의 전면공세를 안보리에 통고해 줄것을 사무총장에게 권고.〈UN doc. S/1496〉

DOCUMENT 1

The American Ambassador in Korea to the Secretary of State[1]

[Transcription]

SEOUL, June 25, 1950.

According to Korean Army reports which are partly confirmed by Korean Military Advisory Group field adviser reports, North Korean forces invaded Republic of Korea territory at several points this morning. Action was initiated about 4 a.m. Ongjin was blasted by North Korean artillery fire. About 6 a.m. North Korean infantry commenced crossing the [38th] parallel in the Ongjin area, Kaesong area, and Chunchon area, and an amphibious landing was reportedly made south of Kangnung on the east coast. Kaesong was reportedly captured at 9 a.m., with some ten North Korean tanks participating in the operation. North Korean forces, spearheaded by tanks, are reportedly closing in on Chunchon. Details of the fighting in the Kangnung area are unclear, although it seems that North Korean forces have cut the highway. I am conferring with Korean Military Advisory Group advisers and Korean officials this morning concerning the situation.

It would appear from the nature of the attack and the manner in which it was launched that it constitutes an all-out offensive against the Republic of Korea.

MUCCIO

DOCUMENT 2

UN doc. S/1495

The Deputy Representative of the United States to the United Nations (Gross) to the Secretary-General

[NEW YORK,] June 25, 1950.

DEAR MR. SECRETARY-GENERAL: I have the honour to transmit herewith the text of the message which I read to you on the telephone at three o'clock this morning, June 25, 1950.

Will you be good enough to bring the message to the immediate attention of the President of the United Nations Security Council.

Faithfully yours,

ERNEST A. GROSS

[Enclosure]

The American Ambassador to the Republic of Korea has informed the Department of State that North Korean forces invaded the territory of the

---

[1] Received in the Department of State June 24, 1950, 9:26 p.m. e.d.t.

주한대사의 보고를 받은 미국은 북한의 침략행위에 대처, 「유엔」 안보리의 즉각 소집을 요구. <UN doc. S/1495>

國内主要談話

國內主要聲明, 談話, 決議文, 声明

戒嚴令宣布에 대한 李大統領 특별담화

1950년 7월 15일

공산악마의 죄악이 가득해서 심판의 날이 온고로 49개국 연합군은 우리 韓國에 육해공 각 방면으로 모여듭니다. 우리 海面은 벌써 철통같이 봉쇄하였고 豆滿江, 鴨綠江의 모든 철교를 다 끊어서 사람이나 짐승이나 오도가도 못하게 되었고 이 북의 소위 航空隊라는 것은 벌써 전멸되었으며 적군의 믿던 장총, 대포, 전차는 연속폭격에 낱낱이 파괴되고 美國 탱크와 대포가 날마다 들어와서 연합군이 우리 국군과 어깨를 겨누고 물밀듯이 올라가는 중입니다. 蘇聯은 벌써 공표하기를 저희는 韓國 일에 관계없다고해서 발을 떼는 모양입니다. 공산군은 진퇴유곡에 빠져 벗어날 곳이 없을 것입니다.

우리는 한민족의 피를 가진 공산분자들을 한사람도 필요이상으로 살상할 것을 원치 않아 내가 開城등지에서 선언하기를 지금이라도 자각하고 돌아가서 악마의 괴수들만 잡아가지고 처단하고 나머지는 다 통일하마 하였으니 저희들의 살인방화에 파괴 등 모든 죄악을 생각하면 이가 갈리는 중이나 칼로써 악을 갚아 원수를 갚자는 것은 우리의 도리가 아닐 것입니다.

작전지역에는 계엄령을 선포했으니 군경이나 관민을 막론하고 가장 말을 삼가함으로써 무근한 풍설로 민심을 소동케 하거나 국방치안에 손해를 주지 말아야 할 것입니다. 군사상 통신으로 당국측에서 공표하는 소식 외에는 사실을 알고도 말을 못하는 것입니다. 적의 탐정이 틈틈이 새어 들 것입니다. 군사상 비밀을 한사람에게 더 알리는 것이 여러 백명 여러 천명의 생명을 위태롭게 하는 것이며 그뿐만 아니라 어떤 경우는 전 전쟁의 승패가 달렸다는 것도 있을 것이니 군사상 비밀은 소용없이 알려고 말고 알아도 남에게 알리지 말아야 하는 것입니다.

계엄령이 발포된 지방의 일반 관민도 말 뿐만 아니라 모든 행동을 조심해서 물자나 군용품을 막론하고 혹 도적질 해내거나 빼 내거나 은닉하는 등 죄를 범치 말 것이니 군법상 조그마한 범죄에 생명을 바꾸게 된 경우를 생각하고 사전에 조심해서 후환이 없게 할 것입니다. 국사가 어려워 갈수록 정부와 당국의 실수와 힘절을 가리워서 민심을 합하여 국가에 보은하는 것은 애국자의 하는 일입니다. 이렇게 하는 것은 다름이 아니라 이와같이 아니면 어느 나라를 막론하고 이런 경우를 유지하기 어려운 것입니다. 국사가 어려워질수록 정부를 공격하고 수비하는 사랑……이번 난리에 정부가 피난해서 서울을 떠나고 국군이 퇴보하여 공산군이 입성한 후 여기저기서 시비가 생겨서 국군의 실수로 이와같이 된 것을 열렬히 논란하여 아무개가 무엇이 되고 누구가 어떤 자리를 차지하였더라면 무엇이 이렇게 아니될 것이라는 시비로 민심을 선동합니다.

이런 말하는 분들에게 우리가 한번 묻고자 하는 바는 諸葛亮이 국무총리가 되었더라면 공산군의 장총, 대포와 전차를 무엇으로 막았을 것이냐는 말입니다. 또 정부에서는 어찌해서 이 군비를 막는 대책도 못하고 있느냐? 그말에 대해서는 군사물이 오늘 온다 내일 온다 하는 중에 이와같이 된 것이니 우리가 몰라서 이렇게 되거나 알고도 등한해서 이렇게 된 것도 아니라는 내용은 내외국인이 다 아는 바입니다. 공연히 불평을 품고 민심을 幻惑케 하는 일이 없어야 할 것이며 그리고 국민 모두가 합심합력해서 한길로 나가야만 우방들이 더욱 돕고자 하는 성심이 분발될 것입니다.

식량에 대해서도 조금도 우려할 점이 없읍니다. 금년의 농사는 풍년이 들었고 내년에도 풍년이 들 것으로 기대되며 하곡은 오십년내의 풍년이 되며 전에는 우리가 다른 곳에서 가져와 먹던 것을 이번에는 우리가 먹고 남는 것을 돈받고 팔기도 하였는데 이제는 누구나 와서 가져갈 사람도 없는 것입니다. 그러므로 우리 일반동포가 다같이 잘살기 위하여 私利를 도모하거나 술과 떡을 만들어서 곡식을 낭비하는 일이 없게 되면 굶는 사람도 없게 될 것입니다. 그리고 어디든지 전쟁 구역에는 약품과 食物과 의복을 보내서 구제하는 중이므로 벌써 만국적십자사에서 구제부를 우리나라에 설치해서 굶주린 자에게 음식을 주고 추운 자에게 옷을 주어서 구제할 것이니 모든 동포는 각각 자기 가족만을 위한 생각을 말고 사사로운 이익과 욕심을 위해서 노력하다가 법에 걸려 욕을 보지 말것이며 모든 동포들을 불쌍히 생각하고 며칠 먹을 것이 있거든 나누어서 죽게된 동포가 살도록 만드는 것이 직책이며 이러한 것이 복받는 근원일 것입니다.

얼마 아니면 외국구제물자가 올 것이니 전쟁에 접한 동포들은 우방과 우리나라 군인을 위해서 조직적으로 자선사업을 하도록 하는 것이 애국남녀직책입니다. 외국에서 온 원조물자나 군수품을 도적질해다가 팔거나 스스로 나누어주거나 하는 등 폐단을 일일이 조사해서 군법으로 다스릴 것이니 관민합작으로 이것을 절대 없애야 하며 우리 민족의 명예와 신망을 추앙받도록 극력부탁하여 바라는 바입니다. 이말로 그칩니다.

육해공군 총사령관 丁一權소장ー
국군장병에게 고함

1950년 8월 3일

失地회복의 전세는 만 일개월여에 한한 국군과 유엔군의 주도치밀하고 용감무쌍한 지역작전으로 인하여 주력을 거의 섬멸하고 제2작전단계에 이르러 승리의 서광을 엿보게 되었다. 돌이켜 보건대 잔악한 괴뢰군이 지난 6월 25일 미명을 기하여 38선 전역에 걸친 기습을 감행하여 압도적인 무력으로 거의 파죽지세의 남침을 개시한지 불과 3일, 수도 서울을 적에게 침략 당하고 계속하여 重火力의 결핍으로 水源, 大田등지를 철수케 될 때 우리는 초조하게 또는 일시의 혼란을 수습할 바를 몰라 비장한 각오로 최후를 연상하였던 것이다. 그러나 戰局은 진정한 평화와 자유를 애호하는 세계우방들의 열렬한 援軍으로 인하여 활발히 방어와 반격을 거듭하여 아군에게 유리하게 전개되어 우리는 용기를 백배천배 더하여 확고한 신념으로 승리를 믿고 용감히 싸우고 있는 것이다. 이제 전선의 정비도 거의 완료되었으므로 전세에 대한 적군과 아군의 실정을 정확하게 파악 검토하여 보는 것은 또한 전투의 요결인 것이다.

적의 전황 및 실정을 다음과 같이 확인한다.
1. 그들은 남침 이래 육만여의 병력을 사상자로 내었다.
2. 그들은 과반수의 무기를 손실당하였다.
3. 그들의 유일한 자랑이던 전차는 수십대를 남기고 전부 파괴당하였다.
4. 그들이 지원사격의 유일한 무기로 믿었던 장거리포는 거의 격파당하여 잔해가 되었다.
5. 그들의 후방보급선은 철도화차 등을 위시해 완전히 차단되었다.
6. 그들은 소총탄환을 각각 3, 4발 가졌을 뿐이다.
7. 그들은 일선부대에서 2, 3일간이나 급식을 못받고 있다.
8. 그들의 자랑이던 야크 LO 등의 항공기는 완전히 격파되었다.
9. 그들은 보급병을 현지에서 강제모집하였으므로 전투기술이나 전투의지가 전연 없다.
10. 北韓의 중요한 도시 및 생산기관은 B-29폭격으로 재가 되어버렸다.
11. 北韓과 38선 이남에서 저들의 학정은 국민을 아사상태에 빠뜨려 주민들은 각지에서 폭동을 궐기하고 있다.
12. 그들은 현지와 외국에서 하등의 원조를 받지 못하는 소모전쟁을 하고 있다.

아군의 전세와 현황은 다음과 같다.
1. 서울을 철수할 때 초래되었던 일시적 혼란은 완전히 편성·정비되었다.
2. 유엔군은 육해공군으로 속속 증원부대를 보내오고 있으며 모든 장비와 무기는 신예화되고 있다.
3. 후방에서는 애국청년동지가 규합하여 혈서로 참전을 지원하고 용약 장도에 오르는 수는 헤아릴 수도 없다.
4. 세계 각국은 각종의 군수물자를 적극적으로 원조하고 있다.
5. 우리는 적당한 철수로 주력을 유지하고 주로 지연작전을 하고 있다.

6. 탄약과 식량의 보급은 나날이 증가되고 있다.

7. 우리는 制空, 制海權을 절대로 확보하고 있다.

8. 美國의 신병기와 신폭탄이 준비되었다.

9. 우리는 소수의 희생을 내고 철수하여 전략적인 지점에 전 역량을 집결한다.

10. 우리는 일익 신병기의 장비가 강화되고 있다.

11. 전면적으로 반격을 취할수 있는 충분한 병력과 지점을 확보하였다.

12. 우리의 후방은 軍, 官, 民이 일치단결하여 총력전에 박차를 가하고 단결이 공고히 되고 있다.

친애하는 장병제군!

이상으로써 피아의 실정이 판이하다는 것에 자신을 얻을 것이다. 이러한 유리한 戰局의 전개는 실로 제군이 있음으로서 이루어진 것이다. 제군은 民國의 강건한 干城이요 민족의 보무당당한 首衛인 것이다. 일개월여의 악전고투와 戰塵에 휩싸여도 곤핍함을 모르던 제군의 수훈은 오늘의 유리한 전투조건을 초래했으며 필승의 신념을 확립하고 만것이다.

우리는 지금 경상남북도의 중요한 전략지점을 확보하고 적시적절한 때 진격과 철수로써 전 역량의 집결과 정비 등 만반의 태세를 갖추고 있는 것이다. 유엔군은 노도와 같이 우리의 요지에 몰려 집결하였다. 유엔군 극동총사령관은 우리 민국의 통일의 필연성과 우리 국군의 용감함을 격찬하였으며 모든 군사원조에 관한 약속을 이행하고 있다.

申國防部長官, 적 궤멸기 도래 1950년 9월 1일

친애하는 동포여러분! 오늘이 9월 1일입니다. 北韓괴뢰집단의 괴수 金日成이 어떠한 무리를 감행하더라도 8월30일까지는 大邱, 釜山을 무찔러 버리자 그렇지 않으면 9월1일부터는 저 자신이 중대한 곤궁에 빠지게 된다고 외쳤던 9월1일입니다. 따라서 적과 아군 쌍방의 전황을 살피어 본인이 오늘에 대한 소감을 말씀드린다면 세기의 침략자 잔악무도한 北韓공산도배의 모든 기도는 어제 날짜로 완전히 근절 실패당하였음을 폭로하게 되는 동시에 일로 패망의 길을 달리게 된 것이요, 그와 반대로 우리 국군과 유엔군의 앞에는 오늘부터 승리에로 직통하는 탄탄대로가 열리게 된 것이라고 단언할 수 있습니다. 이점에 대하여 공비들은 얼마전부터 大邱는 이미 함락되었고 釜山만 남아있다느니 혹은 부산까지도 한락되었고 浦項만이 남아있다는 등등의 허위선전을 감행하여 국내 민심과 세계이목을 현혹코자 기도하였던 것입니다. 그러나 오늘의 일선전황은 적측의 이러한 허위선전을 완전히 분쇄하고 있지 않습니까. 전국동포가 세계의 이목이 가장 정확하게 보고 듣고 증명하듯이 浦項 전방으로부터 大邱 주변을 거쳐 晉州, 馬山에 이르는 우리의 방어선은 8월초순이래 유엔군 총사령관각하의 용의주도한 작전지도아래 추호의 동요도 없이 유엔군과 국군의 용사들이 확보되고 있는 터이며 나아가 도처에서 적의 공격과 기습을 반격하며 지리상으로나 보급면에 있어서나 우세를 견지하고 사기도 충천하게 될 것입니다. 이동안 소모와 출혈과 희생이 컸다면 그것은 적측에서 무모한 기습을 감행하다가 유엔군의 무서운 화력과 용감무쌍한 국군의 총검 앞에 그들이 지불한 것이요 우리측에는 어느 모로나 손해도 없으며 동요도 없었던 것입니다.

뿐만 아니라 적은 유엔군의 계속적인 대규모 공습아래 군사기지와 군사시설과 보급로를 완전히 차단당하고 따라서 무기탄약과 병력보급 등에 있어 고립무원의 곤경을 면치 못하고 있는데 반하여 우리들은 날이 갈수록 장비와 병력이 증강되고 있는 것입니다. 전세계가 기대하며 우리 동포가 감격하고 있는 사실 그대로 유엔기를 휘날리면서 英國의 정예한 부대도 이미 南韓에 상륙하여 전선에 배치되었으며 오스트리아군대도 오게 되었고 터어키군대, 필리핀부대, 캐나다부대도 계속하여 空海 양방면으로 韓國에 수송케 되었읍니다.

이러한 戰局의 추이를 적측의 장병들도 짐작하고 또 반성 자각한 바 있었는지 최근 수 주일동안은 적의 사병들이 그들의 배후를 노리는 특전대의 총뿌리도 겁내지 않고 포로와 투항의 형식으로 우리 앞에 돌아온 자가 이미 천여명에 달하고 있으며 일부 전선에는 적의 지휘관이 전진명령을 내려도 일선병사가 이를 거부하거나 도피하는 경향까지 농후하다고 전합니다.

　친애하는 동포여러분, 이같이 살펴볼 때 金風이 부는 가을하늘 아래에 淡熱의 고통이 사라지고 추수의 기쁨을 맞이할 수 있듯이 우리의 戰局은 초기의 고전과 지연작전의 고통을 돌파하고 승리에로 총진격 할 수 있는 그날만을 기다리게 된 것입니다. 따라서 金日成이 곤경에 빠진 것을 자백한 이 9월달은 국군이나 유엔군을 위하여 반드시 승리를 위한 총진군의 달로 전개될 것이니 전국 동포께서도 가을하늘 같은 명랑한 심경으로 유엔군과 우리 국군을 신뢰하고 각자의 맡은 바 직책에 충실하여야 됩니다.

　추수의 가을, 정의의 가을, 승리의 가을을 가장 씩씩하게 맞이하면서 우리의 克難과 인류 정의를 위하여 세계 각국에서 이 강산으로 모여드는 유엔군의 용사들을 충심으로 환영하는 동시에 그들을 대하고 그들과 더불어 어깨를 같이하되 부앙천지 부끄럼 없는 훌륭한 태도를 취합시다. 공비들을 삼천리 강토 아래서 소탕함은 물론 전세계와 전인류 사회에서 그들을 박멸할 때까지 전국 동포는 긴장과 끊임없이 유엔정신을 받으며 유엔군의 용사들과 함께 최후승리를 얻을 때까지 씩씩하게 싸워 나갑시다. 우리에게 있어 '9월은 반드시 승리의 달'이며 또 그렇게 만들어야 된다는 것을 본인은 굳센 신념아래 강조하는 바입니다.

申國防部長官, 서울탈환에 담화

1950년 9월 27일

　먼저 위대한 맥아더장군과 워커중장의 적절한 작전계획 아래 하루 빨리 탈환된 것을 감사히 여기는 동시에 잠시나마 적의 손에 맡겨두었던 수도인만큼 반가운 생각은 한량없으나 아직 우리의 앞길을 반도 수행못했다. 失地인 이북을 다 치고야 내가 감상이 있다면 감상담을 드리겠다. 그때까지 우리 동포는 공산당하고는 같이 못산다는 이념하에 軍과 警을 도와서 우리 반도뿐이 아니라 中國·蘇聯의 공산당까지도 토벌·숙청하여 우리나라를 잘 가꿔 우리 자손에게 전해 주기를 결심해야 될 것이다.

이 점에 대해 내가 우리 대통령각하가 하신 말씀을 국민 전체에게 다시금 말씀 드리고자 한다. 우리는 군경과 戰災동포 등 수많은 생명을 희생하고 찾은 이 독립과 자유를 잘 지켜야 할 것이다. 말하자면 모든 것을 보충할 것을 보충하고 새로 사올 것은 사와서 우니나라에서 나는 천연자원으로 우리가 만들어 쓰도록 해야 할 것이다.

이에 대해 우리 동포 전체에게 널리 또 깊이 부탁하고저 하는 것은 동양에 있어서 印度나 日本은 생산국이라 하고 그 외의 나라들은 소비국이라 한다고 하나 우리는 결단코 우리가 살기 위해 우리 쓰는 것은 우리가 생산하기 위해 전력을 다해 목적을 달하여야 할 것이다. 이렇게 해서 십년내지 십오년내로 우리 大韓民國을 세계의 공원처럼 가꿀 수 있고 우리 자손의 교육정도가 세계 어느나라에도 빠지지 않게 될것을 믿고 요망하는 바이다.

서울 탈환에 丁總參謀長 담화

1950년 9월 27일

감개무량한 점은 일선에 있는 동지, 지하에서 오늘을 고대하는 전우가 더할 것이다. 만 3개월만인 추석인 오늘 이 희소식을 듣게 된 것은 더욱 의미심장하다. 이것은 맥아더장군과 워커중장의 영웅적 작전하의 유엔군의 활약에 힘입은 바 크다. 회고해 보건대 3개월전에 침략을 개시해 온 적은 7월 15일까지는 완전히 부산까지 점령하고 8월 15일에는 서울에 입성할 준비까지 하여 왔던 것이다. 그러나 과학적 머리가 부족한 그들은 7월 25일은 커녕 8월25일에도 9월25일에도 목적을 달성 못하고 도리어 오늘날 서울을 완전히 탈환당했던 것이다.

대체로 적이 우리를 공격해 오는데 있어서는 3期작전을 감행해 왔었다. 1期에 있어서 서울을 점령하고 2期에 있어서 전국을 휩쓸어 3期에 있어서 요지 大邱, 釜山을 완전 점령하려 하였던 것이다. 그리하여 3期작전에 있어서 있는 힘을 다하여 마지막 총공격을 해 왔던 것이다. 우린 1, 2期에 있어서 힘을 모으기 위하여 전선을 축소시키고 3期에 있어서의 총공격을 절멸시켰던 것이다. 지금 감개무량한 것을 새삼스럽게 말하느니 보다 금후에 있어서의 파란곡절에 대해서 각오해야 될 것이다. 이북에 있어서의 전투는 더 격렬한 것이요, 그 장비에 있어서도 그들이 이남에 있을 때보다 숫자상 더 우세할 것은 말할 것도 없을 것이니 우리는 모자 끈을 조이고 신발끈을 다시 매어서 각오해야 될 것이며 軍民일치하여 이에 임해야 될 것이다. 軍은 가장 겸손해야 되겠고 국민은 더욱 자진해서 軍에 협조해야 될 것이다.

군인중에는 숫자가 많은 관계상 간혹 국민의 눈에 거슬리는 일이 있을 것이나. 이는 군자체가 단속할 것이며, 국민은 또한 일제시대에 도평의원이 일제에 협조하기를 강요하였을 때를 생각하고 오늘날 조국을 위하여 좀 더 적극적으로 나와 주지 않겠는가! 맨발벗고 관악지대에서 적을 추격하는 사병을 생각해서 있는 힘을 다하여 軍을 도와주기 바란다. 우리가 주동이 되어서 세계평화를 완성하도록 노력해야 할 것이며 그때까지 軍은 용감히 싸워나가겠으니 다시 또 한번 부탁할 것은 적극적인 원조가 있기를 바랄 뿐이다.

李대통령, 국군장병에 諭告

1950년 9월 30일

맥아더장군의 고명한 지휘하에 연합군과 우리 국군이 공산군 후방 칠백리나 되는 仁川에 상륙하여 공산군은 드디어 함몰의 지경에 빠져 적색제국주의가 전복될 날이 도래하였다.

그동안 우리 국군은 萬難을 무릅쓰고 많은 역경을 겨누고 결사투쟁함으로써 우리의 조국을 잔인무도한 적군의 지배하에 들어가지 않게 하였으니 이로 말미암아 세계 모든 언론과 보도가 우리를 한없이 칭송하기에 이른 것이다.

우리 국군이 이와같이 한 것은 우리나라를 보호하기 위해서 국민의 직책을 영광스러이 수행한 것이다. 우리가 극히 기념할 것은 우리의 우방군인들이 우리와 같이 모든 곤란을 당하면서 우리나라를 보호함으로써 각각 자기나라를 보호하는 직책을 완수함에 있는 것이다. 이제 우리의 성공은 멀지 않은 곳에 있다.

정부와 국군은 국군의 영광스러운 공적과 커다란 膽量과 빛나는 정의를 믿음으로써 오직 이와같이 성공한 것이니 이는 우리나라가 존재하는 날까지 영구히 민족의 가슴 깊이 새겨야 할 것이다.

우리 국군이 연합군 동지들과 합쇄해서 적을 분쇄하고 그 결과로 국가의 자유와 독립과 번영을 위하여 우리의 성공이 이만큼 된 것이니 국군장병은 더욱 분투해서 앞으로 더 큰 성공이 있기를 바라며 부탁하는 바이다.

하나님이 우리 국군을 낱낱이 보호하고 도와주기를 축복한다.

李大統領, 統一문제에 관하여 담화

1950년 10월 30일

맥아더장군의 감격적인 지휘아래 국제연합군은 韓國에 있어서 공산괴뢰군을 북방국경밖으로 驅逐하는데 혁혁한 전과를 내어 완전소탕하는 날도 머지 않았습니다. 이때에 있어서 우리나라의 정치적 통일과 경제적 부흥은 우리들에게 가장 긴급하고 중요한 문제가 되었습니다.

이에 관하여 내가 명백히 말하고자 하는 것은 韓國 정부는 지난 10월 7일 채택된 국제연합총회 결의에 좇아서 행동할 것이며 유엔 韓國 統一 및 부흥위원단과 적극 협력할 작정이라는 것입니다. 내가 또 하나 지적해 두려는 것은 장래 여러가지 문제를 가장 잘 그리고 가장 현명하게 해결하려는 현재 韓國의 여러가지 특수 사정을 고려하여야 한다는 것입니다. 우리 민족은 단일민족입니다. 38선으로 말미암아 우리 국토가 비극적으로 양단되었던 것은 우리가 한 것도 아니요 우리가 택한 바도 아니었습니다.

北韓에는 공산괴뢰군정권이 우리의 동포들을 압제하였기 때문에 해방되던 해부터 애국심 있고 준법정신 있는 수백만의 동포가 자기들의 생명과 위엄을 보전하기 위하여 월남해 왔던 것입니다. 이 선량한 동포들은 지금 이북의 자기 고향으로 돌아가고 있습니다. 韓國의 민주발전을 위하여 혹은 선거권을 행사함으로써 혹은 관직에 복무함으로써 많은 공헌을 한 이들 월남동포들은 장래 北韓에서 할 사업에 있어서 중대한 역할을 해야 할 줄 생각합니다.

北韓에서 시행할 선거에 대해서는 일시 공산당에 억눌려 있던 민중들이 자기네들 양심에 따라 아무 위협없이 투표할 수 있는 자유분위기가 생기는 대로 곧 실시되기를 진심으로 바라는 것입니다. 그러나 내가 말해두려는 것은 이러한 자유분위기는 공산당원이나 전에 공산당원이었던 사람이 한사람이라도 관공직이나 기타 책임있는 자리에 남아 있어서는 도저히 생길수 없다는 것입니다. 나는 공산당원이나 전에 공산당원이었던 자나 전에 공산당이 만든 정부기관을 쓴다는데 대해서는 절대 반대입니다.

항간에 말하기를 내가 벌써 北韓에 보낼 관리들을 많이 임명했고 심지어는 관리명부까지 작성하였다고들 하는 것 같습니다. 그러나 그것은 공산 괴뢰군이 침범해 오기 훨씬 전에 내가 당시 공산지배하에 있던 도지사의 임명과 동시에 행해진 것입니다. 이렇게 임명된 지사들이나 기타 전에 관직에 관한 말이 있었던 사람들이 지금 북한으로 가기를 원한다면 그것은 자유의사에 맡깁니다.

그들이 그러한 책임있는 지위를 서로 얻거나 유지하려면 그 지방 주민들의 지지와 동의를 얻어야 할 것입니다. 내 생각으로는 전쟁이 끝난 후 몇 주일 지나면 사태가 안정될 줄 아는데 그렇게 되는대로 곧 南北을 통하여 각 道에 총선거를 시행하여 도지사를 정부나 대통령이 임명할 것이 아니라 국민이 직접 선거하도록 할 작정입니다. 이 문제가 한 1년전 국회에서 일어나서 국회의 지도자들과 정부관료들 간에 동의하기를 통일이 되면 그렇게 하기로 하였던 것입니다.

나는 전 한국을 통하여 정치를 잘 해나가는 것에 큰 관심을 가지고 있어서 北韓출신으로 北韓의 여러가지 직무에 적당한 인사들을 임시 조사하도록 명령하였읍니다. 경우에 따라서는 여기서 얻은 정보결과를 맥아더장군에게 제공할까 생각하고 있는 동시에 유엔韓國統一 및 부흥위원단에게도 전달했으면 좋겠다고 생각하고 있습니다. 내가 얻을 정보는 南韓에 전부터 오랫동안 설치되어 있던 北韓 동포들의 여러 단체에서 나오는 것이며 이어서 단체는 물론 北韓 각 道의 기반을 가진 것입니다. 내가 정보를 완전히 입수한다면 한자리에서 세 사람씩 유능한 후보자를 내세워서 그 중 한사람을 고를수 있게 될 것입니다. 나는 모든 자료를 유엔의 적당한 기관에 제출할 작정입니다. 유엔韓國中間委員會에서 채택한 임시 결의에 대하여 말하면 나는 韓國 정부와 기타 韓國에 있는 관계 諸國 단체와 상의한 후 유엔군 총사령부에 보내는 것이 좋을 것이라고 생각합니다.

韓國정부가 韓國民에 관한 모든 결정에 지대한 관심을 가지고 있다는 것은 주지하는 바로 韓國의 정부나 국민이 그들과 아무 연락도 없이 결정된 계획에 자동적으로 구속될 수 없는 것입니다. 끝으로 머지 않아 여기 도착한 新유엔위원단에 충심으로 인사를 드립니다. 본 정부는 동 위원단과 긴밀히 협조할 것이며 동 위원단 대표 개인들에게 개인으로서나 단체로서나 도움이 되기 위하여 모든 노력을 다하려고 합니다.

申國防部長官, 中共침입에 담화

1950년 11월 10일

적색제국주의 北韓괴뢰역도들이 불법남침하여 이 나라를 말살하려던 침략야욕은 자유와 정의를 수호하는 유엔군과 忠勇한 국군의 냉엄한 심판 앞에 무참히도 패배당하여 북변산악지대에 그 여명을 유지하고 있는 이때 새로운 침략세력은 드디어 그 정체를 나타내며 중공군이 성스러운 韓國 영내에 불법대담하게도 침범을 감행하는 동시에 北韓공산괴뢰군을 원조하기 시작하였다. 그러나 이 사실은 우리가 전혀 예상하지 못한 돌발적인 일은 아닌 것이며 놀랄 것도 아니다. 情强無比한 국군이 건재하고 있으며 민주우방 오십여개국이 세계의 평화와 韓國의 독립을 위하여 총궐기하고 있는 이상 이 불법침략의 말살은 오직 시간문제일 뿐이며 北韓괴뢰군의 전멸을 되풀이하는 것은 명약관화한 일이다. 그러나 戰國은 바야흐로 중대한 단계에 돌입하였다. 이 중대한 시기에 이르러 우리 전 국민의 거족적인 궐기와 민족역량의 총집결이 요구되는 것이다. 우리는 민족발전의 역사적 과정에서 항상 북방세력에 항거해 왔으며 때로는 수만의 북방침략대군을 薩水와 遼東벌에서 무찌르고 국난을 타개한 역사적 기록도 가지고 있는 것이다. 이제야말로 우리는 민족의 영광과 반만년의 면면히 내려온 문화의 전통을 계승하고 나아가서는 인류의 적 공산침략의 아성을 무찌르기 위하여 세계 민주우방국가와 더불어 총궐기하여야 한다.

李大統領, 南北統一에 담화발표

1950년 11월 27일

南韓동포들은 해방 이후로 美國의 개인자유권 보호와 그 성질을 확실히 알게 되어 어디를 막론하고 성조기가 가는 곳에서는 자유권을 주장하는 것을 다 아는 바이므로 지나간 5년동안 모든 사람들이 자유권을 누리며 자유분위기 안에서 총선거를 실시하여 국회를 조직하고 헌법을 제정한 후 헌법에 따라 정부가 수립된 것이므로 사람마다 자유권을 행사할 줄 알고 또 자기의 자유권을 행사하려면 남의 자유권을 보호할 줄 알아서 남의 압제나 부당한 대우를 받지 않고 지내므로 공산분자들이 민국정부를 괴뢰정부이어서 타국의 속박을 받는다는 등 허무한 말로 선전하지만 유엔에서나 美國에서는 자기들의 습관상으로나 또는 공리적으로나 민국의 자유권에 손해될 일은 하지 못할 줄도 알고 또 하려고 해도 우리가 받지 않을 것을 알게 되므로 당당한 자유독립권을 가진 민중의 대우를 받는 것이요 또 그 대우를 받을만큼 행하고 있는 것입니다.

그러나 北韓 동포들은 공산악마들의 압박하에서 마치 우리의 생명과 재산이 주인없는 물건처럼 참혹한 피해와 살해를 당하는 중에서 수백만명의 남녀동포들은 집과 가족을 버리고 도망 월남하여 도로에 방황하고 있었으나 그 중에서도 할 수 없이 피치 못하고 건너온 동포들은 오도가도 못하고 남의 노예가 되어 간신히 생명만을 유지해 온 것이니 이런 중에서도 오직 희망한 것은 민국 정부가 하루 빨리 공산당을 물리치고 38선을 없애고 다같이 해방된 자유민족이 되기를 가뭄에 비를 바라듯 기대했던 것입니다.

불행히 난역배들의 허무한 선전으로 北韓 동포들이 민국정부를 환영치 않는다고 유엔중간위원들을 속여서 南韓정부는 38이북에 가지 못한다는 결의안을 통과하기에 이르러 우리가 이것을 수락하지 않고 신탁통치를 반대하는 것처럼 선언하고 정권을 행사함으로써 즉시 政令을 발표하고자 하였으나 유엔이 南韓 총선거와 정부 수립에 많은 은공이 있었고 또 이번 공산군의 침략에 대해서 유엔이 美國의 지도에 따라 전적으로 우리를 위해 많은 희생을 무릅쓰면서 끝끝내 전쟁에 승리하였고 또 따라서 유엔명의로 모든 우방들이 우리를 도와서 파괴된 도시와 공장과 가옥을 재건하기에 전력을 하며 민생곤란의 구제책에 전무한 노력을 다하고 있는 중이니 이러한 은공을 받는 우리로서 불평을 가지고 대립하거나 비평한다면 세계인의 오해를 받을 염려도 있고 또 우리가 배은망덕한 일은 차마 행하기 어려울 뿐더러 美國 대통령과 맥아더장군과 무초대사가 다 사실을 철저히 알고 순리적으로 교정하려고 하며 UN대표단이 들어오는대로 협의하여 교정될 것이므로 우리가 침묵하고 UN과 협의하고 있는 중이니 우리가 北韓 동포들의 곤란을 잊어버리거나 무심히 앉아있는 것은 결코 아니요, 오직 조속한 한도내에 충분한 양해를 얻어 해결되기를 기다리는 바이니 일반 동포들은 이런 내용을 소상히 알고 오직 정신과 행동을 통일해서 사나 죽으나 다같이 나가자는 결심을 공고히 해서 자유국민의 당당한 민권을 행사해 나가야 할 것입니다.

40년간 일제와 5년간 공산압박하에서 주야 위협중에 생명이 어찌될 것을 모르고 공포중에 지내던 나머지 누구나 감히 머리를 들고 자기의 권리를 찾겠다는 생각이 날 수 없는 것은 당연한 사실입니다. 그러나 지금은 일제도 물리쳤고 공산도배도 소탕시켜서 완전히 해방된 자유국민이므로 지금부터는 누가 감히 우리 개인 자유 권리나 신분이나 재산권을 침범할 자가 없게 될 것이니 아무런 공포심도 가지지 말고 자유천지에서 신성한 자유국민권을 가진 것을 깨닫고 남녀노소가 다 각각 국민의 권리를 찾는 동시에 상당한 자유국민의 자격을 이루어 우리가 할일을 우리가 다해 나가야 할 것이니 우리가 이와같이 함으로써 민국정부의 토대를 공고히 만들고 南北강토의 통일 뿐만 아니라 정신통일을 완전히 세워서 민주국가의 영원 무궁한 복리의 기초를 닦아야 할 것입니다. 유엔위원단의 유일한 목적은 남북통일완성인데 이북5道에 총선거를 속히 시행해서 국회의원을 선정함으로써 현재 국회안에 백여좌석이 빈 것을 채우자는 것이니 우리가 이 일을 속히 진행케 만드는 것, 즉 우리가 우리 일을 함으로써 통일을 완수하는 것입니다.

국회의원 총선거를 속히 진행하려면 우선 北韓 동포들이 치안상 안전을 완수해야만 총선거가 될터인 바 우선 각 道에서 지사들을 투표로 선거해서 그 도민들이 원하는 지사를 선정해 놓고 그 지사의 지도하에 모든 정책을 발표함으로써 총선거준비를 신속하게 만들 것이니 이 지사선거는 임시변통이니만치 그 道의 각부 대표를 모아 지정하든지 혹은 집집마다 한 표씩 받아서 투표로 하든지 이에 대한 정당한 작정은 그 道 도민들의 다수결정대로 해가면 이것이 민주정치의 정당한 방식일 것이므로 도민대표들이 모여서 협의되는대로 진행할 것이요 이 지사들은 총선거를 해서 국회의원들이 선거된 뒤에는 민의에 따라 다시 改選하거나 그대로 認任되거나 할 수 있을 것이니 이는 임시조처로 행하는 것이므로 이것이 민주국민의 당당한 권리요 직책이므로 오직 정당하고 불법부당한 일만 없으면 누구를 막론하고 막거나 시비할 사람이 없을 것이요 이를 속히 진행할수록 법적 통일이 속히 완수될 것입니다. 이것이 속히 되는대로 총선거가 속히 될 것이니 이북 각 도민들이 자유로 추진 성공하기를 바라는 바입니다.

李大統領, 전 국민에 격문

1951년 1월 9일

방위군사령관이 8일 발표한 성명을 보면 우리 방위군과 청년단 수십만명을 앞세우고 그 뒤로 우리 청년들이 자원으로 나서서 뒤로 밀고 올라가서, 죽창이나 수류탄이나 심지어 식도라도 가지고서 우리를 죽이려고 들어오는 놈들을 다 없애야만 될 것이다. 살길을 구하는 사람들은 은신할 곳을 찾아 들어가지 말고 다 진두에 서서 싸우자는 결심을 가져야만 우리가 다같이 살 것이다.

우리 우방 군인들은 목숨을 내놓고 싸워서 많은 생명을 희생하고 있으나 中共 놈들이 人海戰으로 軍器 있는 놈 없는 놈 할 것 없이 밀고 들어오므로 개미떼라도 조수처럼 밀려들어 오는데는 일시에 다 없애기 어려운 형편이므로 지금은 우리가 다 일어나서 인해전을 인해전으로 막아야 될 것이다.

유엔군은 우리의 생명을 보호하기 위해서라도 자기들이 싸울 것이니 평민들은 뒤로 피해서 보호를 받으라고는 하나 우리로서는 우리의 생명만을 위해서 우방 사람의 생명을 희생하는 것은 원치도 않으려니와 결국 에는 많은 인명을 다 살해하기도 어렵고, 필경 퇴각하다가 우리 형편이 오도가도 못하게 되면 우리도 죽고 국가운명도 위태하게 되어 마침내 금수강산을 中共 오랑캐에게 빼앗기게 된다면 우리가 모두 죽어 이것을 몰라야만 될 것이다.

그러므로 피하는 것은 죽는 길이요, 다같이 일어나는 것은 사는 길이니 비록 中共軍 수백만명이 들어오기로서니 우리 이천만명이 일어나면 물고 뜯고서라도 흰놈도 살아나갈 수 없이 만들 수 있을 것이다. 이와같이 해서 우리가 자꾸 밀고 올라가야만 우방의 원조도 계속 들어올 것이요 또 적군을 물리치고 우리가 살 수 있을 것이다.

釜山·大邱·大田 등 각 도시나 촌락에서 모든 국민들은 쌀을 타다가 밥을 지어 주먹밥이라도 만들어다가 전선에서 싸우는 사람들을 먹여야 하며 또 장년들은 참호라도 파며 한편으로 결사대를 조직하여 적의 진지를 뚫고 적군속에 들어가 백방으로 싸워야만 될 것이다. 그리고 농민과 촌락에서는 짚세기를 삼아서 자발적으로 공헌하려는 사람은 공헌도 하겠지만 그렇지 않은 사람들은 짚값이라도 물어줄 것이니 자꾸 삼아서 군인들에게 신발을 신게 해주어야만 싸울 것이다. 또 뒤에 있는 사람들은 헌옷을 벗어서라도 전선에 나가는 사람들에게 내주어야 될 것이요 더욱 앞에 나가는 사람들에게는 밥이나 떡이라도 만들어서 다만 2~3일 먹을 것이라도 가지고 나가야 될 것이요 뒤에 있는 사람들은 먹을 것을 광우리에라도 담아다가 전선으로 보내야 할 것이다.

보통 전쟁으로 말하면 군인을 앞에 내세우고 민중이 뒤에서 돕겠지만 지금 우리 형편은 中國공산당이 사람을 강제로 몰아다가 앞세우고 물밀듯 들어오는 이때에 군인만 가지고서는 다 처치하기 어려울 것이므로 우리가 앞에 나가서 국군의 뒤를 밟아 소리라도 질러주며 틈틈이 들어가서 한두놈씩이라도 없애야 될 것이다.

소위 재정가나 세력가라는 사람들이 거의다 釜山에 모여들어서 공산당의 선전에 파동되어 공포심을 가지고 자기의 생명과 재산만 보호할 생각으로 피신할 자리만 찾고 있으므로 민간공기가 자연 공포심으로 돌아가고 있으니 그런 사람들은 일일이 조사해서 어디로 몰아내든지 그렇지 않으면 그런 사람들도 생명과 재산을 내놓고 우리와 같이 싸워 적군을 소탕할 결심을 가지고 일어나야 될 것이니 이때에 재정 가진 사람들이 각각 자기의 정력을 기울이고 나와서 군기도 보충하고 주먹밥

한덩어리라도 앞에 나간 사람들을 먹이도록 해야 할 것이요 그렇지 않고 피난이나 하고 선동이나 하는 자들은 일일이 조사해서 특별한 조치를 하여야 할 것이다.

우리 일반 국민들이 다 궐기해서 죽어도 같이 죽고 살아도 같이 살자는 결심만 가지면 이것이 다같이 사는 계획일 것이다. 어서 일어나서 적군이 더 내려오기 전에 우리가 밀고 올라가자 다 일어나서 먼저 앞서라. 그뒤로 또 계속 일어날 것이다.

지금 우리 국군이 맹렬히 싸우고 있고 또 유엔군이 모든 기계와 비행기와 軍器, 軍物을 충분히 가지고 앞에서 싸우고 있는 중이니 우리가 무엇을 두려워하랴. 中國공산군이라는 것은 우리가 다 일어나서 밀고 올라가는 날 다 소멸되고 말 것이다. 그러므로 어서 일어나서 반만년 조국을 지키자. 우리가 조국을 빼앗기는 날 우리는 모든 것을 잃어버리고 中國공산당의 노예가 되는 것이다.

李大統領,
서울 재탈환에 관하여 맥아더원수에 서한
1951년 3월 15일

유엔군총사령관 맥아더 원수각하.

각하의 최고 지휘하에 있는 유엔군에 의하여 서울이 재탈환된데 대하여 진심으로 축하를 드리는 바입니다. 이 승리는 모든 韓國 국민에 대하여 커다란 구제가 되는 것인즉 그들은 농사준비에 지체됨이 없이 집으로 돌아갈 수 있는 것이며 이로써 우리들은 심심한 감사를 표하는 바입니다. 더욱 우리는 불필요한 인명의 손실과 유혈을 냄이 없이 평화를 회복하기 위하여 유엔은 각하에 대하여 滿洲에 있는 피난처로부터 오는 中共의 인적, 물적 증강의 근원을 폭격함으로써 이 中共전쟁을 종결시킬 수 있도록 권한을 부여할 것을 요청하는 바입니다.

李 承 晩

李大統領, 맥아더원수 해임에 담화

맥아더장군이 돌연 사임하게 된 것을 대단히 유감으로 생각하는 바입니다. 그러나 그 후임으로 유능한 군인이요 행정가인 리지웨이장군이 취임하게 된 것을 기뻐합니다. 평시와 전시를 막론하고 맥아더장군이 가졌던 바와 같은 韓國에 대한 많은 관심과 동정은 그의 후임으로 오시는 분이 계속 표시해 줄 것으로 생각합니다. 이 두 위대한 사령관들은 전 자유국가의 공동의 적에 대항하여 훌륭하게 싸워왔으며 그들의 성공은 역사에 길이 빛날 것입니다. 리지웨이장군이 이와 같이 더 중대한 책임과 기회있는 지위에 승진된 것을 우리는 축하하는 것입니다. 그러나 우리는 맥아더 장군이 韓國에서 직접 지휘해 줄 기회를 잃게 된 것을 섭섭히 생각합니다.

리지웨이 장군은 위대한 군인이며 최근 전장에서 획득한 대승리는 그의 탁월한 용기와 지휘로 말미암아 얻을 수 있었던 것입니다. 리지웨이 장군이 韓國에 와서 최초로 내린 명령은 「전진하라 후퇴하지 말라」라고 한 것인 바 그는 그대로 이를 실행하였던 것입니다.

國會, 停戰說 반대 결의문

1951년 6월 5일

유엔군의 韓國작전은 통일자유민주국가의 보호가 그 목적이었다. 그런데 이제 와서 이 목적을 전쟁으로 성취하자는 明言이 없었다는 것은 유화정책을 은폐하려는 구차한 책임회피이다. 침략을 방지하고 자유국가를 보호해서 집단적 안전을 보장하는 것이 목적이었다면 그 침략자를 축출하고 또 응징하여 다시는 이런 침략이 재발치 못하게 하는 것이 안전을 보장하는 참뜻일 것인데 韓半島의 강토를 회복치 못하고 중간에서 정지하여 이것을 평화라 한다면 침략자를 벌주는 대신에 상주어 언제든지 힘을 준비하여 재침략하게 하는 것이니 유엔의 안전보장의 목적은 어디 있는가. 세계대전의 회피라는 말은 좋으나 이 전쟁이 곧 세계대전이다.

李大統領, 停戰說에 성명 발표

1951년 6월 27일

어느 인위적 경계선을 가지고 이 나라를 분할하는 조건이 포함되어 있는 소위 평화案이라는 것은 어느 것이고 간에 남북의 전국민이 도저히 수락할 수 없는 것이다. 침략자가 韓國의 어느 일부라도 계속 점유할 수 있게 놓아두는 제안은 결국 이 나라에 대한 오욕이 되고 말 것이다. 蘇聯의 지도자들이 지금 평화를 구하고 있다는 사실은 그들이 자기네들의 패배를 자인하는 것이다. 그들은 그들이 무력으로 성취할 수 없었던 것을 이제 와서 양면 외교를 통해 완수해 보려고 하는 것이다. 그러나 蘇聯지도자들이 그들의 말을 충실히 지켜나가리라고 믿을 정도로 순진한 사람은 전세계에 하나도 없을 것이다.

유엔의 평화안과 蘇聯의 평화안은 각각 별개의 것이다. 만약 유엔이 蘇聯측 제안을 수락하게 된다면 그것은 침략자의 손으로 유엔을 패퇴시키려는 蘇聯지도자들의 흉계에 빠지는 것이 될 것이다.

유엔이 이 함정에 빠져서 나오지 못하게 된다면 전세계 인민의 눈에 국제적 정의의 법정으로서의 유엔의 자격은 상실되고 말 것이다. 따라서 우리는 유엔이 이 蘇聯측 제안을 대수롭게 여기지 않을 줄로 믿는다.

도대체 언제부터 蘇聯지도자들은 그렇게 세계평화를 갈망하여 온 것인가? 그들이 南韓을 자기네들 판도 속에 집어넣어 버리려고 남침을 개시하였을때 그들은 평화를 구하고 있었던 것인가? 우리 국민을 학살하고 우리 국토를 파괴하는 것이 세계평화를 보장하려는 노력이었던가? 蘇聯을 포함한 유엔내의 몇몇 국가는 오늘날까지 38선으로 韓國을 분할하고 이번 전쟁을 일으켰으며 장차 또다시 전쟁을 일으키게 될 똑같은 상태를 유지하려고 힘쓰고 있다. 이것이 평화제안이라는 것인가? 中共軍은 분쇄되어가고 있으며 대량으로 살육되어 압도적 패퇴에 직면하고 있다. 우리는 이렇게 분쇄된 中共軍을 왜 38선까지 다시 내려오도록 할 필요가 있는 것인가. 우리는 침략자에게 벌을 주려는 것인가, 상을 주려는 것인가.

그러한 제안은 평화안이 아닌만큼 우리는 그것을 평화안으로 인정할 수 없으며 인정하지도 않을 것이다. 공산군이 鴨綠江과 豆滿江 너머로 철수할 것을 동의하도록 만듦으로써만 비로소 유엔이 선언한 제 목적에 합치되는 평화교섭이 시작될 수 있을 것이다. 원한의 38선 이북에 사는 수백만의 충성된 韓國民이 공산당 상전들의 노예로 생활하는 것을 우리는 우리의 힘으로 막을 수 있는 한 그냥 놔둘 수 없는 것이다.

韓國 정부는 그들을 해방시키고 보호할 것을 기도하며 오로지 그렇게 함으로써만 우리는 그들 동포에 대한 우리의 책임을 다할 수 있는 것이며 그들은 우리가 그렇게 해줄 것을 바랄 수 있는 권리를 가지고 있는 것이다. 유엔은 어떠한 결정을 할 때마다 반드시 사전에 잔인한 공산주의자의 공격에 전인류가 멸망하도록 방치하여 두느냐 그렇지 않으면 유엔은 자기의 주장을 꺾지 않고 고난을 겪으면서라도 승리를 획득하고 침략자를 처벌하는 동시에 자유통일된 韓國이 모든 국가의 大小事를 막론하고 다 자유에 대한 권리를 가질 수 있다는 신성한 원칙에 대한 영원한 기념탑으로 존속할 수 있게 하느냐를 생각할 줄로 믿는 것이다.

한국 정부는 정의와 영구한 평화가 韓國에 수립되기를 열망하는 것이다. 우리가 원하는 평화는 정의에 의한 영구적인 것이어야 한다는 것을 잊어서는 안된다. 싸움이 빨리 끝나서 우리의 병사들이 집으로 돌아가 가족을 만날수 있게 되는 것은 누구나 다 원하는 바이다. 그러나 이러한 평화에 대한 갈망으로 말미암아 우리가 적의 모략에 빠져 결국 허무한 것에 지나지 않는 것을 받아들이게 되어서는 안될 것이다.

첫째, 전 韓國民은 민족 통일을 원하고 있다. 南韓 사람에 못지 않게 38선 이북에 사는 韓國 남녀들은 하나의 정부, 즉 大韓民國 정부밑에 통일되기를 원하고 있다. 따라서 과거 5년동안 우리의 국토를 분할하여 온 인위적인 경계선을 또 다시 건설하려는 여하한 제안도 결국 우리 전 韓國民은 깊은 실망을 가지고 보게 되는 것이다.

둘째, 해결을 지으려면 반드시 韓國民에 대한 공산침략이 장차 또 다시 일어나지 않으리라는 확실한 보장을 해 주어야 한다.

셋째, 韓國民은 그들이 민주적으로 또 합법적으로 선출한 대표, 즉 韓國 정부를 통하여 평화교섭이 진행되는 동안 계속 협의를 받고 정보를 받을 수 있게 되어야 한다.

마리크의 제안은 이러한 조건에 응할 수 있는가? 만약 그렇다면 평화에 대한 어느 정도의 희망이 있다. 그러나 우리는 조속한 평화라는 허황한 약속에 속아서 결국 더욱 무서운 전쟁의 서곡이 되어버릴 어떤 평화제안도 수락하지 않을 것을 전 세계에 경고하는 바이다.

38선 停戰반대 국민총궐기대회,
트루먼대통령에 메세지

1951년 6월 11일

본 대회는 각하와 美國 국민에게 감사와 경의를 표하는 영광을 가졌읍니다. 大韓民國을 수립하는데 있어서 많은 공헌이 있었으며 특히 6·25사변발발 이후 1년이 되어 오는 오늘까지 귀하 및 귀국민이 韓國民에게 베풀어주신 최대한의 정신적 물질적인 협조와 원조는 길이 역사에 찬연히 빛날 것입니다.

귀국 군대를 비롯한 유엔군은 지금 이시간에도 목숨을 내걸고 존귀한 희생을 해가면서 韓國의 자유와 독립 그리고 온 자유세계의 완전 보장을 위하여 용전혈투를 계속하고 있음은 민주진영의 자랑이며 이는 곧 공산세력의 침략을 격멸하는 성스러운 싸움인 것입니다. 그런데 요사이 전하는 바에 의하면 정전설이 유포되고 있어 우리를 아연케 하고 있습니다.

아시는 바와 같이 우리는 유엔 감시하에 5·10, 5·30선거를 했고 大韓民國 정부는 유일합법정부로 유엔의 승인을 얻은 주권국가입니다. 앞으로 이 문제는 공산군을 국경 밖으로 쫓아버리고 남북을 통일한 후 大韓民國 국회는 공석으로 남겨둔 100席의 의석을 이후에 선거하여 보충함으로써 우리는 목적을 달성할 수 있는 것입니다.

이외의 다른 길은 일체 배격하는 바입니다. 이 이외에는 韓國 문제를 해결할 방법이 없으므로 이에 단언하는 바입니다. 본 대회는 삼천만의 총의로써 공산침략자에게 시간과 기회를 다시 주게되는 정전에 결사반대하며 이 결의를 각하에게 전달하는 바입니다.

810

6 · 25사변 1주년기념, **UN** 韓委議長성명

1951년 6월 25일

　오늘은 인류역사상 일어난 다른 또하나의 사건기념일이기도 합니다. 즉 그것은 유엔에 의한 집단안전보장제도가 실천된 날이기도 합니다.

　韓國에서 발생한 침략은 전세계의 자유국가로 하여금 급거 大韓民國을 지지하는 행동을 취하게 하였습니다. 현재 韓國에는 세계 각지에서 모여온 17개국 군대가 와서 싸우고 있는데 물자를 보내거나 경제원조를 제공하는 나라는 40개국에 달합니다. 유엔 한국통일부흥위원단 위원으로 우리나라 정부의 대표로 당지에 와 있는 본인의 동료들과 본인은 韓國 체재 7개월간 위대한 비극을 목격하였습니다. 우리는 1950년 11월 26일 전쟁에 파괴된 大韓民國 수도인 서울시에 도착하였습니다. 당시는 유엔군이 北韓내 깊숙히 진격하여 극히 짧은 시간에 韓國에 평화가 회복될 것 같이 생각되었습니다.

　본 위원단은 韓國에 통일 정부를 수립하라는 위임을 받고 있습니다. 다른 유엔 기관 즉 운크라 유엔 한국재건국은 재건사업을 개시할 예정이었습니다. 우리는 모두 커다란 기대를 갖고 있었습니다. 그러나 불행하게도 우리가 韓國에 도착한 후 얼마되지 않아서 전 국면이 변화하였습니다. 北韓의 침략자들은 鴨綠江 너머에서 병력의 증강을 받았습니다. 유엔군은 밀려 내려왔습니다. 서울시는 신년이 돌아올 무렵에 두번째 포기되지 않으면 아니되었습니다. 그 결과 수십만명의 韓國民들이 다시 춥고 쓰라린 겨울에 피난민이 되었습니다. 그 후 서울은 연합군에 의하여 재탈환되었습니다. 그들은 38선을 넘어서 진격하였습니다. 大韓民國에 대한 침략이 그 침략이 개시된 선 저쪽으로 격퇴되었습니다. 그러나 전쟁은 아직도 계속되고 있습니다.

　재건사업은 아직도 시작되지 못하고 있습니다. 우리는 평화가 회복되고 유엔의 韓國 목적이 성취되는 날이 속히 돌아오기를 희망해 마지 않았습니다. 韓國 국민에 대한 우리의 동정과 존경을 자아내었습니다.

6 · 25 1주년에 際하여

李大統領, 국민에 고함

1951년 6월 24일

　바로 1년전인 작년 6월 25일 공산침략자들은 韓國에 대하여 계획적인 불법공격을 시작하였던 것입니다. 압도적 다수의 적군이 우리에게로 쳐들어 왔으나 우리는 우리의 땅을 지켰으며 결코 우리의 主義를 타협하지 않았던 것입니다.

　당시 우리는 宥和를 일축하였으며 오늘날도 우리는 宥和를 절대 배척하는 것입니다. 韓國人이 공산당의 노예로 생명을 유지하느니보다는 자유민으로서 죽는 것을 불사한다는 것은 血戰場裡에서 몇번이나 거듭 증명되었던 것입니다. 우리의 시민들과 병사들은 힘자라는 한 모든 방법을 다하여 자유민 전체의 공동의 적에 대항하여 온 것입니다.

　우리나라는 폐허로 화하였으며 우리 농업과 공업은 파괴되었으며 우리의 경제는 파탄에 빠졌읍니다. 그러나 우리는 양보나 宥和하는 일없이 공산침략자를 최후의 1인까지 鴨綠江너머 북쪽 滿洲로 구축할 때까지 계속하여 싸워나가는 것입니다.

　승승장구하는 유엔군은 필승을 향해 전진하고 있읍니다. 전쟁이 머지 않아 종결되며 우리의 이 戰災받은 국토 위에 정의로운 영원한 평화가 오며 자유통일된 大韓民國의 국기가, 지나간 4천년동안 우리 고국의 국경선을 이루어왔던 옛날부터의 경계선 앞에 이르기까지의 반도 방방곡곡에 휘날리기를 전 韓國民은 희망하며 기원하고 있는 것입니다.

附　錄　　④

고이자거라 고이잠들거라

UN軍　사령관
　　　M.크라크　大將의　UN보고문서

고이 자거라 고이 잠들거라

마크 클라크 UN군사령관이 UN에서 전 세계의 人類에게 고발하려고 작성한 공산주의자들의 만행이 어떠한 것인가를 생생하게 밝혀낸 기록이다. 그러나 이 보고는 공산권의 교묘한 반대흉계 때문에 클라크대장의 UN총회에서의 보고연설이 끝내 좌절 되었다가 롯지 美 UN대사가 위의 내용과 거의 같은 내용의 보고서를 제출하여 이같은 사실이 UN에 알려졌다.

나는 이 자리를 빌어 공산군이 韓國에서 자행한 가증스런 잔악행위에 대해 고발하고자 합니다.

시체는 말이 없습니다. 그러나 피살된 시체는 공산주의의 잔인성을 말해 주고 있는 것입니다. 붉은 장막속에서 학살된 1만 32명의 시체들이야말로 공산 침략자들의 가공할 만행을 말없이 증언하고 있습니다.

저는 이 진상을 밝히지 않을 수 없습니다. 이 1만 32명이라는 숫자는 학살된 美軍포로들에 불과합니다. 이곳에 계신 여러분 나라의 말 없는 병사의 시체 1만 2천 6백 22명을 포함한 모든 숫자를 합치면 자그마치 2만 9천 8백 15명이라는 유엔측 병사들이 잔악하게 학살을 당한 것입니다.

여기에는 뚜렷한 증거가 있습니다. 유엔군은 내가 보고한 이 숫자의 확실성을 가려내기 위하여 가능한 모든 방법은 다 썼습니다. 이것은 극히 면밀하고 객관적인 방법입니다. 우리 유엔군은 여러분에게 확고한 기록상의 증거를 제공하여

드릴 용의가 있습니다. 그 준비는 다 갖추어 놓았습니다.

　더욱 놀라운 사실은 이 2만 9천 8백 15명이라는 피살 총수는 학살된 사람 전부가 결코 아니란 점입니다. 아직도 그 전모가 밝혀지지 않은 집단 살인 행위와 신원조차 밝혀지지 않은 희생자가 있다는 소문은 있으나 그 희생자들의 증거가 불충분한 수천명은 여기에 포함되어 있지 않다는 사실입니다……

　한국에서의 공산군의 잔악 행위는 1950년부터 조사되어 왔습니다. 이 조사는 피살을 모면한 자와 목격한 증인이 자진하여 진술한 것을 토대로 하고 있습니다. 그리고 이러한 전쟁 범죄의 범행자들이 실제로 자백한 것도 많습니다.

　이와 같이 진술 혹은 자백이나 희생자들의 실제 현장 사진이 증거물로 첨부되어, 주한 유엔군 사령부의 서류철에 비치되어 있는 공공연한 학살만도 1천 7백여 건이나 됩니다. 조사가 계속되고 있는 현재 새로운 단서가 계속 발견되고 있습니다마는 과연 공산군의 만행 전모가 얼마나 밝혀질런지요? 이것은 기대하기 어려운 문제입니다. 왜냐하면 희생자들과 증인이 모조리 사망한 경우도 있기 때문입니다.

　주한 유엔군 전 사령관이었던 나는 저항력을 상실한 포로로 있을 때 학살당한 유엔군 소속의 1만 1천 6백 22명에 관해서 우선 설명하고자 합니다. 이는 엄연히 확증된 숫자이며 이 학살의 이면에는 무서운 사실이 깔려 있습니다.

　나는 이 천인공노할 만행의 중대한 보고를 할 의무가 있는 것입니다. 모든 사건을 면밀히 조사한 결과 이러한 잔학 행위가 계획적으로 자행되었다는 놀라운 사실이 명백히 드러났습니다. 저 악명 높은 '카틴' 삼림에서 일어났던 공산주의자들의 자유 폴란드 장교단 학살 수법이 바로 한국에서도 되풀이되었다는 점입니다.

　1950년부터 1953년 사이에 일어난 모든 학살의 방법은 중국이나 북한의 공산주의자들이 유럽에 있는 그들의 동료로부터 교사받은 것이라는 증거가 뚜렷이 드러났습니다. 한국에서 공산군이 우리측 포로들에게 자행한 학살 방법은 흔히 두 손을 등 뒤로 묶어 놓고 죽였다는 것입니다. 이것이 바로 그들의 독특한 살인 방법이었습니다.

　그들은 이러한 독특한 학살 방법 이외에도 옛날의 전문적인 고문관(拷問官)들도 무색케 할 정도의 여러 가지 잔인한 모살(謀殺) 방법을 쓰고 있었습니다. 가솔린을 부상자들에게 퍼붓고 수류탄이나 성냥으로 불을 지른 일도 있었습니다. 반항할 힘조차 없는 포로들을 죽창으로 찌르면서 고문을 하다가 급기야는 절명케 만들었습니다. 자비로우신 하나님은 이 처절하게 계속되는 고통을 죽음이라는 선물로 풀어주곤 했습니다.

또 한가지 잔인스러운 방법…… '카틴' 삼림의 학살 사건에서와 같은, 흔히 뒤통수에 소련제 총탄을 퍼부어서 자유 세계를 수호하기 위해 헌신한 포로의 움직임을 영원히 멎게 한 사건이 있었습니다. 이 죽음이 과연 무엇을 의미하는 것입니까? 어찌하여 이런 끔찍스런 학살이 자행되어야 했습니까?

구체적으로 몇 가지 예를 들어 보겠습니다. 이 예들은 모두 뚜렷한 증거가 있는 것입니다. 그리고 이러한 잔악 행위의 수많은 증인들과 이 사망의 골짜기에서 구사일생으로 생존해 온 몇몇 사람들이 유엔 회원국 여러분들의 고향에 현재 돌아가 있다는 것을 명심하시기 바랍니다. 그들은 끝을 모르는 공산주의자들이 연출한 흉계로부터 받은 가공할 공포를 언제든지 진술해 줄 것입니다.

제218사건——1951년 4월 10일이었습니다. 한국의 연천 서북방 26 ㎞ 지점의 어느 산에서 터키 병사 32명이 중공 제65군 소속 부대에 사로잡혔습니다. 부상을 당하지 않은 포로 25명은 즉시 후방으로 연행되었으나 나머지 7명의 터키 병사는 중공군 중대장의 명령으로 학살당했습니다. 중공군은 한국인 민간인들을 강제로 동원하여 희생자들을 학살 현장에다 매장해 버리고 말았습니다.

제16사건——1950년 8월 15일 새벽이었습니다. 제303 고지에서 미 제5기갑연대의 1소대는 우군의 증원을 기다리다가 공산군에게 피격당하여 잡혔습니다. 이 포로들은 근방에 있는 과수원으로 연행되어 그곳에서 그들이 가지고 있던 모든 소유물을 탈취당했습니다. 공산군들은 이 포로들의 손을 철사나 구두끈으로 뒤에서 묶었습니다. 공산군들은 이 포로들을 낮에는 계곡에 숨기고 밤에만 끌고 갔습니다. 그들이 잡힌 이틀 후인 8월 17일 오후 공산군의 호송병들은 갑자기 포로들에게 총격을 가하고 그 자리를 떠났습니다. 이 학살에서 4명만이 목숨을 부지했고 나머지 34명은 모두 학살당했습니다. 그날 이 4명의 포로들은 유엔군의 한 수색대에 의해 구조되었습니다. 동 수색대는 이 살인 현장을 낱낱이 사진 찍었고, 또 이 끔찍스런 범행자 중 2명을 현장 근처에서 사로잡았습니다. 후에 이 공산군들은 그 흉악한 학살에 참여한 사실을 자백하였습니다.

제76사건——북한의 수도 평양의 함락이 박두하여지자 공산군은 모든 포로를 북쪽으로 이동시키기 위하여 기차에 태웠습니다. 공산군은 포로들을 무개 화차 (無蓋貨車)에 초만원이 되게 몰아 넣고 그대로 차를 달렸습니다. 10월의 쌀쌀한 날씨는 몸이 쇠약해진 포로들을 폐렴 등의 질병으로 쓰러지게 만들었습니다. 매일같이 사망자가 속출했고 살아 있는 전우들은 기차가 멎는 시간을 이용해서 이 참담하고 슬프게 쓰러진 전우들의 장례식을 올렸습니다. 포로들은 이런 비인도적인 처우를 받으면서 9일간 지옥의 여행을 해야 했습니다.

기차는 선천(宣川) 북서쪽 약 4마일 반 지점에 있는 터널에 도착하여 하루 종일 그 안에서 머물렀습니다. 1950년 10월 20일 오후에 기아 상태에 있던 포로들은 수일 만에 처음으로 식사를 주겠다는 약속을 받았습니다. 공산군은 근처에 있는 부락으로 식사를 준비하러 간다면서 미군 대령 1명과 그 밖에 일단의 포로들을 차출하여 데리고 갔습니다. 그 후 이들은 다시 돌아 오지 않았고 영영 소식이 두절되었습니다.

그들이 끌려간 지 수 시간 후 터널에 남아 있던 포로들은, 식사 준비가 되었으니 몇 개 반으로 나누어 어느 한국인 주택으로 안내하겠다는 통지를 받았습니다. 그래서 30명으로 짜여진 제1반이 터널에서 끌려 나와 길 아래로 호송되었습니다. 이들이 땅이 움푹파진 한 고랑에 이르자 공산 병사들은 음식이 올 때까지 고랑에 내려가 몸을 숨기고 있으라는 명령을 내렸습니다. 포로들이 땅에 앉자마자 호송 병들은 포로들에게 소련제 다발총과 기관총을 난사했습니다. 첫번 발사로 미처 죽지 않은 포로들은 한 명 또 한 명 확인 사살해 버렸습니다. 다행히 몇 명이 죽은 체 가장하여 총살은 모면하였으나 모두 중상을 입은 상태였습니다.

그 다음 나머지 여러 반도 끌려 나와 같은 운명에 처해졌습니다. 속수무책이었던 이 처참한 포로들은 땅에 웅크리고 앉은 채, 또는 빈 밥그릇을 손에 든 채 학살당하였습니다.

다음날 연합군이 선천 지구를 돌파하였을 때 피살된 이들 포로의 시체를 68구나 발견했습니다. 그리고 터널 안에서는 7구의 시체를 발견하였는데 이들은 모두 영양 실조로 죽은 것이 분명했습니다.

이런 일련의 학살에서 적어도 137명의 유엔군 병사들이 생명을 잃었던 것입니다. 그 증거는 의심의 여지가 없었으며 또 확인된 것입니다. 이 범행에 참가했던 공산군 한 명을 잡았습니다. 그는 이 참담한 학살극을 우리에게 실토했습니다.

그런데 여기서 우리는 분명히 명심해 둘 것이 있습니다. 그것은 이런 만행의 책임은,이를 묵인하고 암암리에 교사한 공산 지도자들에게 전적으로 있다는 사실입니다.

제692사건——1951년 4월 23일이었습니다. 유엔군 벨기에 대대는 영국군 '일스터'연대에 응원을 청했습니다. 그리하여 영국의 전투 수색대가 급파되었습니다. 그러나 이들이 임진강을 건너 약 백 야드 정도 전진했을 때 적군의 공격을 받았습니다. 동 수색대는 후퇴하려고 10명을 남겨 놓고 퇴각을 엄호케 했습니다. 이 잔류 엄호 병사들은 결국 자신들이 포위당한 것을 알고 항복했습니다.

이들은 앞서 포로가 된 벨기에 병사 4명과 함께 한강과 임진강이 합류하는 지점의 어느 산기슭으로 끌려 갔습니다. 그들은 그곳에서 포로들을 사살하기 위해 끌고 간 것입니다. 그 포로들 가운데 영국 병사 3명과 벨기에 병사 2명이 탈출에 성공했습니다. 1951년 5월 31일, 벨기에 부대는 영국 병사 3명과 벨기에 병사 5명의 시체를 발견했습니다. 이 시체들은 일부분이 썩고 있었으나 식별할 수는 있었습니다.

공산군의 만행을 상징하는 동 시체들의 자세로 보아 모두 예고 없는 발사로 피살되었다는 참혹한 사실을 알 수 있었습니다. 영국 병사 2명은 후두부에 총탄을 맞았고 벨기에 병사 1명은 등에 총탄을 맞고 또 총검으로 찔리운 자국도 있었습니다.

제10사건——공산주의자들에겐 믿음이 없습니다. 그들은 하나님을 거부하고 있는 것입니다. 그러나 적십자 기장만큼은 존중할 줄 알아야 하지 않겠습니까? 공산군은 적십자 완장으로 보아 신분이 확실한 연대 소속 군의관과 종군 목사에게 간호를 받고 있던 18명 내지 20명의 부상 유엔군 병사들을 습격했습니다. 이들 중 무장한 사람은 단 한명도 없었습니다. 그럼에도 불구하고 잔악한 공산군은 소련제 소총과 다발총으로 난사하여 이들을 닥치는 대로 죽였습니다. 군의관만이 이 지옥의 학살극 속에서 부상을 당한 채 겨우 탈출에 성공했습니다. 하나님의 종, 군목도 피살을 당했습니다.

이상의 예는 모두 군인들에 대한 공산군의 잔인한 행위입니다. 그러나 공산군의 비전투원에 대한 그들의 만행은 훨씬 더 잔인하고 비열했습니다.

유엔군의 조사 결과에 따르면 공산군은 한국에서 정치적으로 공산주의를 반대하는 자들을 말살하여 버리기 위해 1만 4천명이나 되는 선량한 민간인들을 학살했습니다. 이 민간인들에 행한 범행의 형식도 다른 지역에서 연출되었었고 또 실제로 저질렀던 수법과 맥락(脈絡)을 같이하는 것이었습니다.

공산주의에 반대하는 자들은 생존의 권리가 무의미하다고 그들은 생각하는가 봅니다. 그들은 특히 공산주의를 반대하는 종교인들과 정치인, 관리 그리고 일반인들을 몰살시켜 버리려는 계획적인 대량 학살을 기도했습니다. 그들은 이 세상에서 공산주의를 신봉하는 자 이외에는 살 가치가 없다고 보는 것입니다. 그들은 이런 학살을 통해서 이를 증명했습니다.

유엔군은 군인에 대한 학살 행위의 경우와 같이, 대한민국과 협력하여 민간인 학살 사건의 전말에 대한 증거도 수집하여 이를 서류에 첨부,비치해 놓았습니다. 상술한 여러가지 사실은 군인의 학살에 관한 사실 가운데서 인용한 몇 가지에 불과합니다. 아래에 드는 예는 일반 민간인 학살 만행 가운데에서 인용되는 것들입니다. 그들의 잔학한 수법은 무수한 일반 남녀노소에게 어떻게 저질러진 범죄 행위였던가를 증명해 줄 것입니다.

제28사건 — 대전시(大田市)에서 자행된 엄청난 대량 학살은 공산당의 만행사에 길이 잊혀지지 않을 역사적인 비극이었습니다. 그 수는 포로 42명과 한국군 포로 17명 이외에 민간인이 자그마치 5천명이나 되었습니다. 이들은 공산주의자 들의 표어인 정치적 방편(方便) 때문에 학살을 당해야 했던 것입니다.

1950년 여름, 공산군은 이 도시를 점령했습니다. 그리고 그들은 치안 유지보 다는 공산주의에 공명치 않는 기독교 신자를 위시한 많은 사람들을 모조리 검거할 목적으로 '내무서(內務署)'를 설치했습니다. 이 신설된 전체주의적 '보위대'는 대한민국의 관리였던 사람들과 기독교 지도자, 실업 및 자유업계의 지명(知名) 인사들을 가차없이 체포하기 시작했습니다.

이 불행한 사람들은 모두 내무서 본부로 끌려 갔습니다. 이 본부는 공교롭게도 천주교 교회 안에 설치되어 있었습니다. 이곳에서 심사가 끝나면 다음은 대전 감옥으로 이송되었습니다. 악명 높은 모스크바 '루비앙까' 감옥의 한국판이라고 나 할까요. 이 대전 감옥은 약 15개의 감방이 있었는데 각 감방에 40명 내지 70 명씩 이 불행한 희생자들을 수용시켜 초만원을 이루었습니다. 이 감옥에 더 이상 몰아 넣을 수 없게 되자 나머지는 교회 내에 임시 감방을 만들어 수용시켰습니다. 그리고 군인 포로도 일반인과 구별없이 수감해 버렸습니다.

잔인한 공산 병사들은 마음대로 감옥에 들어와 저항 없는 반공 수감자들을 마구 학대했습니다.

전세(戰勢)는 역전되어 유엔군의 大田 탈환이 임박해지자 공산군은 대전에서 철수하기 전에 이 불행한 수감자들을 전원 학살하기로 결정을 내린 것입니다.

1950년 9월 20일, 드디어 운명의 날은 다가왔습니다. 공산주의자들은 백명 내 지 2백명 정도로 구성된 수감자 수 개 반을 야간을 이용, 교묘하게 감방에서 끌어 냈습니다. 그리고 이들의 손을 등 뒤로 묶고 다음에는 그들을 연쇄적으로 이어서 결박했습니다. 그들을 이렇게 묶은 상태로 미리 예정된 학살 장소에 수송했습니 다. 그들은 이미 파여 있는 길다란 고랑에 처넣고 사정 없이 사살했습니다. 공산 주의자들은 생존자가 있는가를 조사한 후 발견되면 머리를 깨뜨렸습니다. 그리고 흙을 덮어 집단 매장을 했던 것입니다. 이 흙은 조급하게 덮여졌기 때문에 얇아서 피로 물든 그 자리를 즉시 판별할 수가 있었습니다.

1950년 9월 26일에 이르자 이 악귀 같은 공산당 내무서원들은 철수 이전에 학살을 끝내기 위해 더욱 서둘렀습니다. 그리하여 내무서 구내에도 구덩이를 파고 북한군의 지원까지 받아서 피비린내 나는 살륙을 계속했습니다. 걸을 수 있는 군인 포로는 몇 사람씩 끌어 내어 즉시 죽여 버렸고, 부상을 입은 수명의 미군 포로들은 담가(擔架)에 실어 구덩이로 끌고 가서 사살 또는 때려 죽였습니다.

시간에 쫓기자 공산 경찰인 내무서원들은 아직 처치하지 못한 반공 인사들을 이미 시체로 꽉 찬 구덩이에 끌고 가서 그 위에 계속 쓸어 넣고 죽였습니다. 천주교 교회 내에 수감했던 사람들도 미친 개처럼 서둘러 학살했습니다. 구덩이가 시체로 넘치자 나머지 수감인들은 교회의 구내나 지하실에서 학살했습니다. 우물 속으로 던져 버린 시체도 부지기수였습니다. 그리고 이 몸서리 나는 학살극을 끝낸 공산 악귀들은 도주하여 버린 것입니다.

시체를 검시하여 보니 대다수가 학살되기 전에 구타당하여 몸이 성한 데가 없을 정도였습니다. 이 수천명의 희생자 가운데에 생존자는 일반 민간인 3명, 한국군 병사 1명, 미국인 2명을 합한 불과 6명에 지나지 않았습니다. 이 수천의 시체들은 모두 발굴되었습니다.

전대 미문의 이 학살극은 바로 한국민의 동족 상잔의 비극이었습니다. 어떻게 이런 엄청난 일이 일어날 수 있을까요?

그러면 이제는 공산군에게 포로가 되었다가 자유의 몸이 된 병사들은 어떠한 학대를 받았는지에 대해 간단히 말씀드리고자 합니다. 여기서 사용한 말은 극히 일반적인 용어를 쓰려고 노력했음을 고백합니다. 왜냐하면 우리 포로들이 경험한 내용들은 온후하고 점잖으신 여러분 앞에서 상세하게 피력하기에는 너무나 외람된 것들이 많기 때문입니다.

사실 나는 송환된 포로들의 보고를 결코 과장하지 않았습니다. 그보다는 오히려 온건한 표현으로 전해드리고 있음을 알아주시기 바랍니다. 그럼에도 불구하고 들으시는 여러분들이 과격한 것으로 들린다면 이런 말이 나오게 된 실제의 체험들은 어떠했었을 것이라는 점을 이해해 주십시오.

도대체가 공산군들은 전쟁 초기부터 포로에 관한 국제 협정을 무시한다는 의도를 노골적으로 보이고 있었습니다. 다시 말하면 북한 공산주의자들은 자기네는 그런 협정에 정식으로 가입한 일이 없으므로 포로들에 대한 인도적 처우 따위는 자기네와 무관하다는 것입니다. 아니 이런 처우를 안해도 무방한 권리가 있고 또 그럴 의사라는 취지의 주장까지 했습니다. 이것은 상대적으로 자기측의 포로에 대해서도 관심이 없다는 뜻이 됩니다. 이럴 수가 있을까요.

온 인류가 합의를 본 것이라면 이것은 옳고 정당한 것입니다. 이것이 옳은 것이라면 공산주의자들의 주장은 그른 것일 수 밖에 없겠습니다. 전체의 의사를 따르지 않는 개개의 고집은 결국 사회 정의 앞에 무력해지고 말 것입니다.

포로 교환으로 송환된 우리 장병들의 말은 공산군의 유엔군 포로 학대의 전반적인 실증 자료가 되고 있습니다. 그 실정(實情)은 실로 가혹한 것이었습니다. 그들의 증언은 지옥이 따로 없다는 비극 그 자체였습니다. 그것이야말로 공산측이 인류의 마지막 양심인 제네바 협정의 준수를 여지없이 거부한 기록이었습니다. 아니 모든 문명인들은 상상도 못할 공산군들의 잔악 행위에 대한 기소장도 되는 것입니다.

돌아온 포로들의 증언 속에서 일관하여 흐르고 있는 것은 단발마적인 악귀의 학대 이야기였습니다. 죽음의 행진에 같이 참여하고 또 같은 수용소에 억류되었던 많은 포로들의 체험은 한결같이 모두 같은 내용이었습니다. 그리고 또 수감된 시간과 장소가 서로 달랐다 하더라도 그들이 체험한 여러 다른 사건을 통해서 본 포로 처우 방법은 거의 같았습니다.

공산군이 포로를 학대한 전반적인 양상의 전모를 요약하면 다음과 같습니다.

유엔군이 공산군에게 잡히면 부상을 당하지 않은 자와 보행할 수 있는 부상자는 즉시 죽음의 행진에 강제로 초대되는 것이었습니다.

보행이 불가능한 부상자들은 산야에 버려져서 소총탄의 세례나 총검의 난자를 받아야 했습니다. 그들의 영혼은 지금도 한국의 산야에서 소리 없이 통곡하고 있을 것입니다. 죽음을 면한 부상자들은 그들의 전우들이 운반하였습니다. 그런데 이들의 행진이 과연 얼마나 자신들의 목숨을 지탱할 것인지는 아무도 몰랐습니다.

이 포로들의 후방 수송 행진은 혹독한 겨울 날씨에 이루어졌던 경우가 대부분이었습니다. 적의 경비병이나 호송병들은 포로들이 입고 있던 옷과 구두까지 빼앗아 갔습니다. 손과 발에 일어나는 동상(凍傷)은 예사였고, 신발까지 빼앗긴 맨발의 행진은 발가락의 살점까지 떨어져 나갔습니다. 가끔 붕대로 이 상처들을 엉성하게 감아 주는 것이 치료의 전부였다는 것이 모든 포로들의 고백이었습니다.

이 포로의 후퇴 행진은 길고 험난했으며 또 속도가 빨라서 낙오되는 부상자가 속출했습니다. 그러나 호송하는 공산군들은 사정없이 행진을 몰아댔으며, 낙오자는 곤봉으로 때리고 발로 차곤 하였습니다. 행진에 영영 낙오되는 자는 길가에 유기되었고 이들은 뒤따르는 경비병들에 의해 가차없이 살해되었습니다. 공산군들은 포로들을 절벽에서 떠밀어 죽인 일도 있다고 많은 목격자들이 증언했습니다.

이런 지옥의 행진이 3주간 계속되어 첫 수용소에 닿았다고 합니다. 이 행진을 시작한 인원은 700명이었는데 수용소에 도착한 인원은 고작 250명 밖에 되지 않았다는 것입니다. 450명이라는 많은 인원이 도중에 사라져 버린 것입니다. 도저히 인간이라고는 생각할 수 없는 공산군들은 아직도 이 포로들이 어떻게 되었는지에 대해 해명을 하지 않고 있습니다. 아니 설명할 수가 없겠지요.

어떤 또 다른 죽음의 행진에 끼었던 포로들은 도중에 있었던 포로의 중계 배치소를 '콩나물 수용소'라고 불렀고, 다른 행렬에 끼었던 포로의 행진 그룹은 그들 스스로가 '죽음의 계곡'이라고 명명했다고 합니다. 이 얼마나 처절한 십자가의 길이었으면 이런 이름을 붙였겠습니까?

일단의 포로들은 누추하고 불결하기 짝이 없는 토막(土幕)에 수용되었습니다. 죽는 자의 수는 매일 늘어만 갔습니다. 이 포로들 사이에 끼었던 군의관의 증언에 의하면 죽음의 원인은 간호 부족, 영양 실조, 이질 및 폐렴 등의 질병으로 오는 것이었다고 합니다.

음식물이 지급되더라도 그것은 절대량에 미치지 못하는 것이었습니다. 그나마 식사가 전혀 없는 날도 많았다는 것입니다. 이런 급식의 부족으로 기아선상에서 헤매던 포로들은 북으로 가는 죽음의 행진에서 떠돌이 개라든가 기타의 많은 동물을 잡아서 허기진 창자를 채워야 했다는 것입니다.

포로들이 항구적인 수용소에 도착한 후에도 대우 조건은 전혀 개선되지 않았습니다. 1950년 혹한의 겨울, 그러나 이 수용소에는 의료 시설도 난방 시설도 심지어 모포 한 장도 없었습니다. 시체의 매장에 동원되었던 비교적 건강했던 포로들의 증언에 의하면 그들이 수용되었던 한 수용소에서만도 이 겨울 90일 동안에 약 1천 6백명의 포로가 죽었다는 것입니다.

다른 수용소에서도 이와 비슷한 상태였고 또 사망율도 비슷했습니다. 아니 모든 수용소의 실태가 다 그랬습니다. 결국 영양 부족은 이 혹독한 겨울을 이겨내지 못하게 한 것입니다. 이렇게 포로들이 굶어 죽고 있을 때, 수용소의 공산 관리들은 충분한 식량 배급을 받고 있었습니다. 이것이야말로 인간으로서 도저히 용서받을 수 없는 만행인 것입니다. 포로들을 굶겨 죽이는 것이 공산주의자들의 또 하나의 전쟁 작전이었던가 묻고 싶습니다.

포로를 수용할 때 우리 대다수의 국가들은 이에 해당하는 국제 협정을 엄격히 지켰습니다. 우리는 포로들이 질서있고 그리고 합리적으로 하루하루를 보낼 수 있도록 해 주었습니다. 우리의 목적은 가급적이면 조속히 그들이 평화적인 평상 직업에 돌아갈 수 있도록 하는 데 있었습니다.

그러나 공산군은 전혀 달랐습니다. 그들은 장차 그들의 음흉한 목적에 이용하기 위하여 지금도 포로들을 억류하고 있습니다. 그리고 또 포로들에게 가한 그들의 잔악한 행동의 폭로를 두려워하여 일부 포로들을 풀어주지 않고 있습니다. 이것은 모든 포로들을 다 교환하고 난 지금까지도 일부 포로를 무기한 억류하고 있는 것이 무엇보다도 뚜렷한 증거입니다.

이것뿐이 아닙니다. 공산주의자들은 이왕 석방하는 자들이라도 되도록이면 성격까지 자기들에게 맞게 뜯어 고쳐서 쉽사리 우리 사회의 평상적인 생활에 적응하지 못하도록 하려 했습니다. 그들의 의도는 가급적이면 많은 사람들이 각자의 가정과 지역 사회에서 불평 불만의 핵심 분자가 되게 하는 데 있었습니다.

다시 말하면 그들은 우리의 사회를 차지하려고 했던 것입니다. 그래서 세계 정복이라는 공산주의자들의 목적에 유리한 환경을 조성하자는 것입니다. 전선에서의 전투는 그쳤을지라도 형태를 바꾼 전쟁은 계속되어야 한다는 것이 공산주의자들의 속셈인 것입니다.

이것은 한낮의 악몽에서 그려지는 그런 넌센스와 같은 성질의 것은 결코 아닌 것입니다. 중공 및 북한 공산주의자들의 포로 수용소에서 연출되었던 모든 음모에 대한 정보는 달리는 설명할 수 없는 엄연한 현실적인 문제인 것입니다. 그리고 2차 대전중에 공산주의자들에게 잡힌 독일인, 일본인 및 기타 여러 나라 포로들도 이와 똑같은 일을 당했고 또 그런 운명에 처해 있다는 엄연한 사실 또한 간과할 수 없는 것입니다.

이들 소련에 억류된 각국 수천의 포로들은 아직도 소식이 묘연합니다. 왜 그럴까요? 그것은 명약관화한 일입니다. 인질로 감금되어 있거나 그렇지 않으면 공산주의 괴뢰로 개조당하는 동안 그 고통을 못이겨 생명을 잃었을 것입니다. 이런 수법이 다시 한번 한국전에서 같은 공산주의자들에 의해 연출된 것뿐입니다.

적당한 명칭이 아직 발견되지 않았습니다마는 그네들이 수용소에서 포로들을 괴뢰로 개조하기 위해 취한 잔인한 방법은 이 방법에 적합한 분위기의 조성부터 시작됩니다. 이 일은 심리전의 훈련을 받은 특별 요원이 담당했습니다.

포로들을 우선 장교와 하사관들로부터 분리시킵니다. 그리고 또 이 포로들 가운데에서 지도력이 있어 보이는 자도 제거시킵니다. 이와 같이 각 포로들을 고립시켜 놓고 자기를 잡아 온 공산주의자 이외에는 누구에게도 자신을 의탁할 수 없는 분위기를 만들어 놓는 것입니다. 수용소 내에는 밀고자가 있다는 루머를 퍼뜨려 포로들로 하여금 자기의 동료들을 불신하게 만듭니다. 이런 후에 친구를 만드는 것도 금지합니다. 이것은 자연스럽게 진행됩니다. 급기야는 가족과의 연락도 단절시키며, 이 개조 단계에서는 편지도 쓰지 못하게 합니다.

이 모양으로 고립된 각 포로들은 공포의 망상에 사로잡히는 것입니다. 그것은 이런 것입니다. 이미 사라져 버리고 피살당했을지도 모르는 동료를 연상하게 되고 자신도 그런 운명에 처할지도 모른다는 강박 관념에 빠지게 됩니다. 그리고 참혹한 처벌의 위협도 머리에서 떠나지를 않습니다.

다음 단계는 각 포로에게 일거리를 주지 않습니다. 이러한 생활 속의 무위(無爲)는 자신의 신변에 대한 위험 의식의 불안감이 최고로 오르게 만듭니다. 이것은 다음에 수행할 순응성을 심리적으로 유발시키기 위한 프로그램인 것입니다.

이런 상태에서 '토론반'에 참석할 수 있는 어떤 계기를 묵시적으로 줍니다. 각 포로들은 자신이 지금 당하고 있는 심리적인 불안에서 헤어나기 위해 이 초대에 자신도 모르게 응하게 됩니다. 그들은 '토론반'에 참가하는 것이 해롭게 보이지도 않을 뿐만 아니라 현재 당하고 있는 이 숨막히는 생활에서 유일한 탈출구로 보이는 것입니다. 공산주의자들의 계획된 각본은 어김없이 맞아 들어 갑니다.

이쯤 되면 그의 눈에 비친 여러 가지 상황들이 다르게 보이기 시작합니다. 영어를 할 줄 아는 중국인이나 북한인 그리고 공산주의자들에게 자기의 정신을 팔아 넘기고 특권을 얻은 변절 동료나 또 이 변절 동료 중에서 선발된 토론 반장이 사뭇 친절하고 사려 분별이 있는 지혜로운 자들로까지 보이는 것입니다.

토론 반장은 자본주의의 나쁜 점과 공산주의의 좋은 점, 그리고 소위 그네들이 주장하는 올바른 사회관에 관해서 강의를 합니다. 그러면 포로들은 이미 세뇌 교육을 받아 그들의 괴뢰가 된 포로 반장의 모범적인 토의를 앵무새처럼 반복하게 됩니다.

이것이 바로 인간을 괴뢰로 만드는 공산주의자들의 세뇌 교육 방법입니다.

이 교육은 시간이 흐를수록 속도를 빨리해 가면서 반복에 반복을 거듭합니다. 이 진행 과정에서 모든 것들은 일체 그 뇌리에서 제외시켜 버립니다. 그러면 드디어 '파브로브'의 조건 반사 양식이 최고도로 나타나는 것입니다.

얼마 아니 가서 이 포로들은 토론 반장의 생각과 다른 어떤 상념(想念)도 나타낼 수 없게 되어 버립니다. 그리고 담배나 음식물, 서적(공산주의 서적)과 같은 빈약한 혜택을 받는 것도 "옳소" 하는 대답에서 온다는 것을 토론에 참여한 포로들은 곧 알게 됩니다.

완강하게 버티면 처벌을 받는다는 것도 목격하였습니다. 손을 로프로 묶어 매달아 놓기도 했습니다. 조그마한 독방에 감금시켜 버리기도 했습니다. 영하의 혹한에서 발가벗겨 세워 놓고 찬물을 끼었기도 했습니다. 구타해서 물이 절반 정도 찬 캄캄한 구덩이에 집어 넣어 장시간 혼자 벌벌 떨게도 만들었습니다.

이상과 같은 처벌로도 끝까지 버티는 경우에는 이런 포로들은 수용소에서 끌려 나가 두말 없이 어디론지 사라져 버렸습니다.

시간이 지남에 따라 처음에는 고통을 피하고 약간의 혜택을 받으려고 입흉내를 내던 것이 나중에는 포로들의 머리 속에 영영 고착되어 버리고 맙니다.

포로들은 이제는 자신의 입에서 나오는 것을 그대로 믿게 되는 것입니다.

그들은 정신이 혼란해지고 소위 공산주의자들의 생각대로「잘못된 말」을 하는 것을 두려워하게 됩니다.

그리고 차차 밀고를 꺼리지 않게 됩니다. 밀고를 안하면 오히려 죄악감을 느끼게 됩니다. 이쯤되면 포로의 성격개조는 완전한 것입니다.

괴뢰로 만드는 세뇌 작업은 완료된 것입니다.

심지어 이렇게 세뇌된 포로들은 자기 동료인 다른 포로들에게 이상과 같은 방법을 실시해 보려는 자까지 나오게 되는 것입니다.

이와같이 세뇌되어 머리 속에 박힌 모든 것도 평화스러운 환경 속에서 수주일만 생활히면 송환된 포로들의 머리에서 말끔히 씻이질 것이라고 낙관하는 것은 무립니다.

나는 실제로 그렇게 믿고 있습니다마는 공산주의자들은 그렇게는 되지 않을 것이라고 자신하는 듯 보였습니다.

이상과 같이 나는 학살당한 포로들과 수용소의 무자비한 공포로부터 풀려나온 포로들에 대하여 말씀드렸습니다.

그러면 이제는 공산군이 아직껏 억류하고 있는 것으로 추정되는 행방불명자에 대하여 언급하겠습니다.

지난달 소련은 시베리아의 생지옥에서 억류당해 온 수백명의 독일 군대를 2차대전이 끝난 지 장장 8년이나 지나서야 석방하였다는 사실을 지적하고 싶습니다. 그리고 본인 자신이 日本에 있을 때 日本이 항복한 후 8년만에야 日本人 병사와 민간인들이 공산중국에서 석방되어 귀국하는 것을 보았습니다.

유엔군측은 공산군이 아직도 억류하고 있는 것으로 생각되는 3천여명의 유엔군포로에 관해서 보고해 주기를 중공과 북한에 요구했습니다.

이에 대해 공산측은 그들의 대부분은 포로가 된 일이 전혀 없다고 대답했고 나머지는 이미 석방되었거나, 송환을 거부하고 있거나, 포로생활중에 사망했다고 주장했습니다.

그러나 9월 11일 공산측의 월프레트 버제트기자는 중립지대에서 격추되었다고 공산측이 주장한 바로 유엔군 조종사들이 억류중에 있다는 것을 인정하였습니다. 그런데 이 기자는 그 숫자에 관해서는 말하지 않았습니다.

"지금으로부터 아마 7년후나 8년후에 공산측은 포로들을 얼마나 더 석방하여 줄지요. 그리고 韓國과 滿洲, 시베리아의 황야에서 목숨을 잃고 다시는 돌아오지 못할 포로가 얼마나 될지요……."

北韓軍에 의해서 손이 묶힌채로 살해된 UN軍 兵士들의 비참한 죽음, 軍牧이 저들의 영혼을 위해 기도를 드리고 있다

附 錄 ⑤

韓國休戰協定 全 文

休戰會談은 포로의 처리문제로 많은 時間을 허비했고 이로 인한 희생자는 얼마나 될지

한국 휴전협정 전문

국제연합군 총사령관을 일방으로 하고 조선인민군 최고사령관 및 중국인민지원군 사령원(司令員)을 다른 일방으로 하는 한국 군사 정전에 관한 협정.

서 언

국제연합군 총사령관을 일방으로 하고 조선인민군 최고사령관 및 중국인민지원군 사령원을 다른 일방으로 하는 아래의 서명자들은 쌍방에 막대한 고통과 유혈을 가져온 충돌을 정지시키기 위해서, 마지막으로 평화적인 해결이 달성될 때까지 한국에서의 적대 행위와 모든 무장 행동의 완전한 정지를 보장하는 정전(停戰)을 확립시킬 목적으로 아래 조항에 기재된 정전 조건과 규정을 접수하며, 또 거기에 따른 제약과 통제를 받는 데 각자는 상호 동의한다. 이 조건과 규정들의 의도는 순전히 군사적 성질에 속하는 것이며, 또 이는 오직 한국에서의 교전 쌍방에만 적용시킨다.

제 1 조 군사 분계선과 비무장 지대

1. 한개의 군사 분계선을 확정하고, 쌍방이 이 선으로부터 각기 '2킬로미터' 씩 후퇴함으로써 적대 군대 간에 한 개의 비무장 지대를 인정한다. 한 개의 비무장 지대를 인정하여 이를 완충 지대로 만듦으로써 적대 행위의 재발을 가져올 수 있는 사건의 발생을 방지한다.
2. 군사 분계선의 위치는 첨부한 지도에 표시한 바와 같다(첨부한 지도 제1도를 보라).
3. 비무장 지대는 첨부한 지도에 표시한 북경계선 및 남경계선으로써 이를 확정한다 (첨부한 지도 제1도를 보라).
4. 군사 경계선은 아래와 같이 설립한 군사정전위원회의 지시에 따라 이를 명

백히 표시한다. 적대 쌍방 사령관들은 비무장 지대와 각자의 지역 사이의 경계선에 따라 적당한 표지물을 세운다. 군사위원회는 군사 분계선과 비무장 지대의 양 경계선에 따라 설치할 모든 표지물의 건립을 감독한다.

5. 한강 하구의 수역으로서 한쪽 강안(江岸)이 어느 한편의 통제 하에 있고 다른 한쪽 강안은 다른 한편의 통제 하에 있는 곳은 쌍방 민간 선박이 항행 (航行)하도록 이를 개방한다. 첨부한 지도(첨부한 지도 제2도를 보라)에 표시한 부분의 한강 하구의 항행 규칙은 군사정전위원회가 이를 규정한다. 각방(各方) 민간 선박이 항행함에 있어서 자기측의 군사 통제 하에 있는 육지에 배를 대는 것은 제한 받지 않는다.

6. 쌍방은 모두 비무장 지대 내에서, 또는 비무장 지대로부터, 또는 비무장 지대를 향하여 어떠한 적대 행위도 감행하지 못한다.

7. 군사정전위원회의 특정한 허가 없이는 어떠한 군인이나 민간인이나 군사 분계선을 통과하는 것을 허가하지 않는다.

8. 비무장 지대 내의 어떠한 군인이나 민간인이나 모두 그가 들어 가려고 요구하는 지역의 사령관의 특정한 허가 없이는 어느 일방(一方)의 군사 통제 하에 있는 지역에도 들어감을 허가하지 않는다.

9. 민사 행정 및 구제 사업의 집행에 관계되는 인원과 군사집행위원회의 특정한 허가를 얻고 들어 가는 인원을 제외하고는 어떠한 군인이나 민간인이나 비무장 지대에 들어감을 허가하지 않는다.

10. 비무장 지대 내의 군사 분계선 이남의 부분에 있어서의 민사 행정 및 구제 사업은 국제연합 총사령관이 책임진다. 비무장 지대 내의 군사 분계선 이북의 부분에 있어서의 민사 행정 및 구제 사업은 조선인민군 최고사령관 및 중국인민지원군 사령원이 공동으로 책임진다. 민사 행정 및 구제 사업을 집행하기 위하여 비무장 지대에 들어갈 것을 허가 받은 군인 또는 민간인의 인원수는 각방(各方) 사령관이 각각 이를 결정한다. 단 어느 일방(一方)이 허가한 인원 총수는 언제나 천 명을 초과하지 못한다. 민사 행정 경찰의 인원수 및 그가 휴대하는 무기는 군사정전위원회가 이를 규정한다. 기타 인원은 군사정전위원회의 특정한 허가 없이는 무기를 휴대하지 못한다.

11. 본조의 어떠한 규정이든지 모두 군사정전위원회 그의 보조 인원, 그의 공동 감시 소조(小組)의 보조 인원, 그리고 아래와 같이 설립한 중립감시위원회 그의 보조 인원, 그의 중립국 감시 소조 및 소조의 보조 인원, 군사정전위 원회로부터 비무장 지대로 들어갈 것을 특히 허가받은 기타의 모든 인원, 물자 및 장비의 비무장 지대 출입과 비무장 지대의 두 지점이 비무장 지대 내에 전부 들어 있는 도로로 연결되지 않는 경우에는 이 두 지점간의 반드시 통과하여야 할 도로를 왕래하기 위해 어느 일방의 군사 통제 하에 있는 지 역을 통과하는 이동의 편리를 허여(許與)한다.

제 2 조 정화(停火) 및 정전(停戰)의 구체적 조치

가. 총 칙

12. 적대 쌍방 사령관들은 육 해 공군의 모든 부대와 인원을 포함한 그들의 통제 하에 있는 모든 무장 역량(武裝力量)이 한국에 있어서의 일체 적대 행위를 완전히 정지할 것을 명령하고 또 이를 보장한다. 본항(本項)에서의 적대 행 위의 완전 정지는 본 정전협정이 조인된 지 12시간 후부터 효력을 발생시킨 다(본 정전협정의 기타 각항의 규정이 효력을 발생시키는 날짜와 시간에 대 해서는 본 정전협정 제63항을 보라).

13. 군사 정전의 확고성을 보장하는 방안으로 쌍방은 한 급 높은 정치회의를 진행시켜 평화적 해결을 달성하는 것을 이롭게 하기 위하여 적대 사령관들 은 다음 사항을 준수해야 한다.

1) 본 정전협정 가운데에서 따로 규정한 것을 제외하고는 본 정전협정이 효력을 발생시킨 후 72시간 내에 그들의 일체 군사역량(軍事力量) 보급 및 장비를 비무장 지대로부터 철거한다. 군사역량을 비무장 지대로부터 철거한 후 비무장 지대 내에 존재한다고 알려져 있는 모든 폭발물, 지뢰 원, 철조망 및 기타 군사정전위원회 또는 그의 공동 감시 소조 인원의 위원회에 이를 보고해야 한다. 그 다음에 더 많은 통로를 청소하여 안전

하게 만들며, 결국 72시간의 기간이 끝난 후 45일 내에 이러한 위험물은 반드시 군사정전위원회 지시에 따라 또 그 감독 하에 비무장 지대 내로부터 이를 제거한다. 72시간의 기간이 끝난 후 군사정전위원회의 감독 하에서 45일간의 기간 내에 제거 작업을 완수할 권한을 가진 비무장 부대와 군사정전위원회가 특히 요청하고 또 적대 쌍방 사령관들이 동의한 경찰의 성질을 가진 부대 및 정전협정 제10항과 제11항에서 허가한 인원 이외에는 쌍방의 이떠한 인원이든지 비무장 지대에 들어가는 것을 허가하지 않는다.

통행 안전에 위험이 미치는 위험물들은 이러한 위험물이 없다고 알려진 모든 통로와 함께 이러한 위험물을 설치한 군사령관이 반드시 군사정전

2) 본 정전협정이 효력을 발생한 후 10일 이내에 상대방의 한국에 있어서의 후방과 연해 제도(沿海諸島) 및 해면으로부터 그들의 모든 군사역량(軍事力量) 보급물 및 장비를 철거해야 한다. 만일 철거를 연기하도록 쌍방이 동의한 이유 없이, 또 철거를 연기할 유효한 이유 없이 기간이 넘어도 이러한 군사역량을 철거하지 않을 때에는 상대방은 치안을 유지하기 위하여 그가 필요하다고 인정하는 어떠한 행동이라도 취할 권리를 가진다. 위에 적은 연해 섬(島)이라는 용어는 본 정전협정이 효력을 발생할 때에는 비록 일방이 점령하고 있다 하더라도 1950년 6월 24일에 상대방이 통제하고 있던 섬들을 말하는 것이다. 단 황해도와 경기도의 도계선 북쪽과 서쪽에 있는 섬 중에서 백령도(북위 37도 58분, 동경 124도 40분), 대청도(북위 37도 50분, 동경 124도 42분), 소청도(북위 37도 46분, 동경 124도 46분), 연평도(북위 37도 38분, 동경 125도 40분) 및 우도(북위 37도 36분, 동경 125도 58분)의 도서군들은 국제연합 사령관의 군사 통치 하에 남겨 두고, 기타 모든 섬들은 조선인민군 최고사령관과 중국인민지원군 사령원의 군사 통제 하에 둔다. 한국 서해안에 있어서 상기 한계선 이남에 있는 모든 섬들은 국제연합군 사령관의 군사 통제 하에 남겨 둔다(첨부한 지도 제3도를 보라).

3) 한국 경외(境外)로부터 증원하는 군사인원을 들여 오는 것을 정지한다.

단 아래에 규정한 범위 내의 부대와 인원의 수환(輪換), 임시 임무를 담당한 인원의 한국 도착 및 한국 경외(境外)에서 단기 휴가를 하였거나 혹은 임시 업무를 담당하였던 인원의 한국에의 귀환은 이를 허가한다. 수환의 정의는 부대 혹은 인원이 한국에서 복무를 하는 다른 부대 혹은 인원과 교체하는 것을 말한다. 수환 인원은 오직 본 정전협정 제43항에 열거한 출입항을 경유해서만 한국에 들어 와야 하며, 또 한국으로부터 나갈 수 있다. 수환은 1인 대 2인의 교환 비율로 진행시킨다. 단 어느 일방이든지 1개월 동안에 한국 밖으로부터 3만 5천명 이상의 군사 인원을 들여 오지 못한다. 만일 한쪽이 군사 인원을 들여올 때 해당측이 정전협정 효력 발생일로부터 한국으로 들어온 군사 인원의 누계 총수가 효력 발생일로부터 한국을 떠난 해 당측의 군사 인원 누계 총수를 초과할 때는 어떠한 군사 인원도 더 이상 한국에 들어올 수 없다. 군사 인원의 한국에의 도착과 한국으로부터의 이거(離去)에 관한 사항은 매일 군사정전위원회와 중립국감시위원회에 보고한다. 이 보고는 입경(入境)과 출경(出境)의 지점 및 각개 지점에서 입경하는 인원과 출경하는 인원의 숫자를 포함한다.

4) 한국 경외로부터 증원하기 위하여 작전 비행기, 장갑차량, 무기 및 탄약을 들여 오는 것을 정지한다. 단 정전 기간에 파괴, 파손, 손모(損耗) 또는 소모된 작전 비행기, 장갑차량, 무기 및 탄약은 같은 성능과 같은 유형의 것으로 1대 1로 교환한다는 원칙하에 교체할 수 있다. 이러한 작전 비행기, 장갑차량, 무기 및 탄약은 오직 본 정전협정 제43항에 열거된 출입항을 경유하여서만 한국으로 들여 올 수 있다. 교체의 목적으로 작전 비행기, 장갑차량, 무기 및 탄약을 한국으로 반입할 필요를 확증하기 위하여 이러한 물건의 반입 시마다 군사정전위원회와 중립국 감시위원회에 보고한다. 이 보고 중에는 교체되는 물건의 처리 상황도 설명되어야 한다. 교체되어 한국에서 내어 가는 물건은 오직 본 정전협정 제43항에 열거된 출입항을 경유해서만 내어 갈 수 있다. 중립국 감시위원회는 그의 중립국 감시 소조를 통하여 본 정전협정 제43항에 열거한 출입항에서 상

기의 허가된 작전 비행기, 장갑차량, 무기의 교체를 감시 감독할 수 있다.

5) 본 정전협정 중의 어떠한 규정에든지 위반하는 각자의 지휘 하에 있는 인원은 정당히 처벌할 것임을 보장한다.

6) 매장 지점이 기록에 있고 분묘가 확실히 존재하고 있다는 것이 판명된 경우에는 본 정전협정의 효력이 발생한 후 일정한 기간 내에 그의 군사 통치 하에 있는 한국 지역에 상대방의 분묘 등록 인원이 들어 오는 것을 허가하여 이러한 분묘 소재지에 가서 해당측의 이미 죽은 전쟁 포로를 포함한 죽은 군사 인원의 시체들을 발굴하여 반출해 가도록 한다. 위의 사업을 진행하는 구체적인 방법과 기한은 군사정전위원회가 이를 결정한다. 적대 쌍방 사령관들은 상대방의 죽은 군사 인원의 매장 지점에 관계되는 얻을 수 있는 일체 자료를 상대방에게 제공한다.

7) 군사정전위원회와 그의 공동 감시 소조 및 중립국감시위원회와 그의 중립국 감시 소조가 아래와 같이 지정한 그들의 직책과 임무를 집행할 때에 충분한 보호 및 모든 가능한 협조(協助)와 협력을 한다. 중립국감시위원회 및 그의 중립국 감시 소조가 쌍방이 합의한 주요 교통로를 경유하여(첨부한 지도 제4도를 보라) 중립국감시위원회 본부와 본 정전협정 제43항에 열거한 출입항 간을 왕래할 때와 또 중립국감시위원회 본부와 본 정전협정 위반 사건이 발생하였다고 보고된 지점 간을 왕래할 때에 충분한 통행상의 편리를 준다. 불필요한 지연을 방지하기 위하여 주요 교통로가 막히든가 통행할 수 없는 경우에는 다른 통로와 수송 기재를 사용할 것을 허가한다.

8) 군사정전위원회 및 중립국감시위원회와 그 각자에 속하는 소조에 요구되는 통신 및 운수상 편리를 포함한 보급상의 원조를 제공한다.

9) 군사정전위원회 본부 부근 비무장 지대 내의 자기측 지역에 각각 1개의 적당한 비행장을 건설하여 관리 및 유지를 한다. 그 용도는 군사정전위원회가 결정한다.

10) 중립국감시위원회와 아래와 같이 설립한 중립국송환위원회의 전체 위

원회 및 기타인원이 모두 자기의 직책을 정당히 집행하는 데 필요한 자유와 편리를 갖도록 보장한다. 이에는 인가된 외교 인원이 국제 관례에 따라 통상적으로 향유하는 바와 동등한 특권, 대우, 면제권을 포함한다.

14. 본 정전협정은 쌍방은 군사 통제 하에 있는 적대중(敵對中)의 모든 지상 군사역량에 적용되며 이러한 지상 군사역량은 비무장 지대와 상대방의 군사 통제 하에 있는 한국 지역에 해당한다.

15. 본 정전협정은 적대중의 모든 해상 군사역량에 적용되며 이러한 해상 군사역량은 비무장 지대와 상대방의 군사 통제 하에 있는 한국 육지에 인접한 해면에서도 준수하며 한국에 대하여 어떠한 종류의 봉쇄도 하지 못한다.

16. 본 정전협정은 적대중의 모든 공중 군사역량에 적용되며 이러한 공중 군사역량은 비무장 지대와 상대방의 군사 통제 하에 있는 한국 지역 및 양 지역에 인접한 해상의 상공에서도 준수한다.

17. 본 정전협정의 조항과 규정을 준수하며 집행하는 책임은 본 정전협정에 조인한 자와 그 후임 사령관에게 속한다. 적대 쌍방 사령관들은 각각 그들의 지휘 하에 있는 군대내에서 일체의 필요한 조치와 방법을 취함으로써 그 모든 소속 부대 및 인원이 본 정전협정의 전체 규정을 철저히 준수할 것을 보장한다. 적대 쌍방 사령관들은 상호 적극 협력하여 군사정전위원회 및 중립국감시위원회와 적극 협력함으로써 본 정전협정 전체 규정의 문구와 정신을 준수하도록 한다.

18. 군사정전위원회와 중립국감시위원회 및 그 각자에 속하는 소조의 사업 비용은 적대 쌍방이 균등하게 부담한다.

나. 군사정전위원회

1. 구 성

19. 군사정전위원회를 설립한다.

20. 군사정전위원회는 10명의 고급 장교로 구성하되 그 중의 5명은 국제연합군 총사령관이 이를 임명하며 그중 5명은 조선인민군 최고사령관과 중국인민

지원군 사령원이 공동으로 이를 임명한다. 위원 10명 중에서 각방(各方)의 3명은 장급(將級)에 속하여야 하며 각방의 나머지 2명은 소장, 준장, 대령 혹은 그와 동급인 자로 할 수 있다.

21. 군사정전위원회의 위원은 그 필요에 따라 참모 보조 위원을 사용할 수 있다.

22. 군사정전위원회는 필요한 행정 인원을 배치하여 비서실(秘書室)을 설치하되 그 임무는 동 위원회의 기록, 서기, 통역 및 동 위원회가 지정하는 기타의 직책의 집행을 협조한다. 쌍방은 각 비서실에 비서장 1명 및 보조 비서장 1명, 비서실에 필요한 서기 및 전문 기술 인원을 임명한다. 기록은 영문, 한국문 및 중국문으로 작성하되 이 세 가지 글은 동등한 효력을 가진다.

23. 1) 군사정전위원회는 처음에는 10개의 공동 감시 소조를 두어 그 협조를 받는다. 소조의 수는 군사정전위원회의 쌍방 수석 위원의 합의를 거쳐 감소할 수 있다.

    2) 모든 개개의 공동 감시 소조는 4명 내지 6명의 영급 장교로 구성하되 그 중의 반수는 국제연합군 총사령관이 이를 임명하며 그 중의 반 수는 조선인민군 최고사령관과 중국인민지원군 사령원이 공동으로 이를 임명한다. 공동 감시 소조의 사업상 필요한 운전수, 서기, 통역 등의 소속 인원은 쌍방이 이를 제공한다.

2. 직책과 권한

24. 군사정전위원회의 전반적인 임무는 본 정전협정의 실시를 감독하며 본 정전협정의 어떠한 위반 사건이든지 협의하여 처리하는 것이다.

25. 군사정전위원회는

    1) 본부를 판문점(북위 37도 57분 19초, 동경 126도 40분 0초) 부근에 설치한다. 군사정전위원회는 동 위원회의 쌍방 수석 위원의 합의를 거쳐 그 본부를 비무장 지대 내의 다른 지역에 이전 설치할 수 있다.

    2) 공동 기구로서 사업을 진행시키며 의장을 두지 않는다.

    3) 수시로 필요하다고 인정하는 절차 규정을 채택한다.

4) 본 정전협정 가운데에 비무장 지대와 한강 하구에 관한 각 규정의 집행을 감독한다.

5) 공동 감시 소조의 사업을 지도한다.

6) 본 정전협정의 어떠한 위반 사건이든지 협의하여 처리한다.

7) 중립국감시위원회로부터 받은 본 정전협정 위반 사건에 관한 모든 조사 보고 및 모든 기타 보고와 회의 기록은 즉시로 적대 쌍방 사령관들에게 이를 전달한다.

8) 아래에 기록한 바와 같이 전쟁포로송환위원회와 실향민간인귀향협조위원회의 사업을 전반적으로 감독하며 지도한다.

9) 적대 쌍방 사령관 간에 통신을 전달하는 중개 역할을 담당한다. 단 위에 기록한 규정은 쌍방 사령관들이 사용하고자 하는 어떠한 다른 방법을 사용하여 상호 통신을 전달하는 것을 배제하는 것으로 해석할 수 있다.

10) 그의 공작 인원과 그의 공동 감시 소조의 증명 문건 및 휘장 또는 그 임무 수행에 사용하는 모든 차량, 비행기 및 선박의 식별 표지를 발급한다.

26. 공동 감시 소조의 임무는 군사정전위원회가 본 정전협정 중의 비무장 지대 및 한강하구에 관한 각 규정의 집행을 감독함을 협정하는 것이다.

27. 군사정전위원회 또는 그 중의 어느 일방의 수석 위원은 공동 감시 소조를 파견하여 비무장 지대나 한강 하구에서 발생하였다고 보고된 본 협정 위반 사건을 조사할 권리를 가진다. 단 동 위원회 중의 어느 일방의 수석 위원이든지 언제나 군사정전위원회가 아직 파견하지 않은 공동 감시 소조의 반 수 이상은 파견할 수 없다.

28. 군사정전위원회 또는 동 위원회의 어느 일방의 수석 위원은 중립국감시위원회에 요청하여 본 정전협정 위반 사건이 발생하였다고 보고된 비무장 지대 이외의 지점에 가서도 특별한 감시와 사찰을 행할 권한을 가진다.

29. 군사정전위원회가 본 정전협정 위반 사건이 발생하였다고 확정할 때에는 즉시로 그 위반 사건을 적대 쌍방 사령관에게 보고한다.

30. 군사정전위원회가 본 정전협정의 어떠한 위반 사건이 만족하게 시정되었

다고 확인할 때에는 이를 적대 쌍방 사령관에게 보고한다.

3. 총 칙

31. 군사정전위원회는 매일 회의를 연다. 쌍방의 수석 위원은 합의하여 7일을 넘지 않는 휴회를 할 수 있다. 단 어느 일방의 수석 위원이든지 24시간 전의 통고로서 이 휴회를 끝낼 수 있다.

32. 군사정전위원회의 모든 회의 기록의 부본은 매번 회의 후 될 수 있는 대로 속히 적대 사령관들에게 발송한다.

33. 공동 감시 소조는 군사정전위원회에 동 위원회가 요구하는 정기 보고를 제출하며 또 이 소조들이 필요하다고 인정하거나 또는 동 위원회가 요구하는 특별 보고를 제출한다.

34. 군사정전위원회는 본 정전협정에 규정한 보고 및 회의 기록의 문서철 두 벌을 보관한다. 동 위원회는 그 사업 진행에 필요한 기타의 보고 기록 등의 문서철 두 벌을 보관할 권한을 가진다. 동 위원회가 마지막 회의를 마치고 해산할 때에는 상기 문서철을 쌍방에 각기 한 벌씩 나누어 준다.

35. 군사정전위원회는 적대 쌍방 사령관들에게 본 정전협정의 수정 또는 증보 (增補)에 대한 건의를 제출할 수 있다. 이러한 개정 건의는 일방적으로 더 유효한 정전을 보장할 것을 목적으로 하는 것이어야 한다.

다. 중립국 감시위원회

1. 구 성

36. 중립국감시위원회를 설립한다.

37. 중립국감시위원회는 4명의 고급 장교로 구성하되 그 중의 2명은 국제연합 총사령관이 지명한 중립국, 즉 스웨덴 및 스위스가 이를 임명하며, 그 중의 2명은 조선인민군 최고사령관과 중국인민지원군 사령원이 공동으로 지명한 중립국 폴란드 및 체코슬로바키아가 이를 임명한다. 본 정전협정에 쓴 '중립국'이라는 용어의 정의는 그 전투 부대가 한국에서의 적대 행위에 참가하

지 않은 국가를 말하는 것이다. 동 위원회에 임명되는 위원은 임명하는 국가의 무장 부대로부터 파견될 수 있다. 각개 위원은 후보위원 1명을 지정하여 그 정위원이 어떤 이유로 출석할 수 없게 되는 회의에 출석하게 한다. 이러한 후보 위원은 그 정위원과 동일한 국적에 속하여야 한다. 일방이 지명한 중립국 위원의 출석자 수와 다른 일방이 지명한 중립국 위원의 출석자 수가 같을 때에는 중립국감시위원회는 곧 행동을 취할 수 있다.

38. 중립국감시위원회의 위원은 그 필요에 따라 각기 해당 중립국가가 제공한 보조인원을 사용할 수 있다. 이러한 참모 보조 인원은 본 위원회의 보조 위원으로 임명될 수 있다.

39. 중립국감시위원회에 필요한 행정 인원을 제공하도록 중립국에 요청하여 비서실을 설치하며, 그 임무는 동 위원회에 필요한 기록, 서기, 통역 및 동 위원회가 지정하는 기타의 직책의 집행을 협조하는 것이다.

40. 1)중립국감시위원회는 처음에는 20개의 중립국 감시 소조를 두어 그 협조를 받는다. 소조의 수는 군사정전위원회의 쌍방 수석 위원회의 합의를 거쳐 감소할 수 있다. 중립국 감시 소조는 오직 중립국감시위원회에 대하여서만 책임을 지며 또 그에게 보고하고 지휘를 받는다.

   2) 각개 중립국 감시 소조는 최소 4명의 장교로 구성하되 이 장교는 영관급으로 하는 것이 적당하며 그 중의 반 수는 국제연합군 사령관이 지명한 중립국에서 내고 그 중 반 수는 조선인민군 총사령관과 중국인민지원군 사령원이 공동으로 지명한 중립국에서 낸다. 중립국 감시 소조에 직책 집행을 편리하게 하기 위하여 정황(情況)의 요구에 따라 최소 2명의 조원으로 구성하는 분조를 설치할 수 있다. 그 두 조원중 1명은 국제연합국 총사령관이 지명한 중립국에서 내며, 1명은 조선인민군 최고사령관과 중국인민지원군 사령원이 공동으로 지명한 중립국에서 낸다. 운전수, 서기, 통역, 통신원과 같은 부속 인원 및 각 소조의 임무 집행에 필요한 비품은 각 사령관이 비무장 지대 내 및 자기측 군사 통제 지역 내에서 수요에 따라 이를 공급한다. 중립국감시위원회는 동 위원회 자체와 중립국 감시 소조들이 요망하는 상기의 인원 및 비품을 제공할 수 있다. 단

이러한 인원은 중립국감시위원회를 구성한 중립국의 인원이어야 한다.

2. 직책과 권한

41. 중립국감시위원회의 임무는 본 정전협정 제13항 3목, 제13항 4목 및 제28항에 규정한 감독, 감시, 시찰 및 조사의 결과를 군사정전위원회에 보고하는 것이다.

42. 중립국감시위원회는

    1) 본부를 군사정전위원회 본부의 부근에 설치한다.

    2) 그가 수시로 필요하다고 인정하는 절차 규정을 선택한다.

    3) 그 위원회 및 중립국 감시 소조를 통하여 본 정전협정 제43항에 규정한 감독과 시찰을 진행하며 또 본 정전협정 위반 사건이 발생하였다고 보고된 지점에서 본 정전협정 제28항에 규정한 특별 감독과 시찰을 진행한다. 작전 비행기, 장갑차량, 무기 및 탄약에 대한 중립국 감시 소조의 시찰은 소조로 하여금 증원하는 작전 비행기, 장갑차량, 무기 및 탄약을 한국으로 들여옴이 없도록 확실히 보장할 수 있도록 한다. 단 이 규정은 어떠한 작전 비행기, 장갑차량, 무기 또는 탄약의 어떠한 비밀 설계 또는 특점(特點)을 시찰 또는 검사할 권한을 준다는 것으로 해석할 수 없다.

    4) 중립국 감시 소조의 사업을 지도하며 감독한다.

    5) 국제연합군 총사령관의 군사 통제 지역 내에 있는 본 정전협정 제43항에 열거한 출입항에 5개의 중립국 감시 소조를 주재시키며, 조선인민군 최고사령관과 중국인민지원군 사령원의 군사 통제 지역 내에 있는 본 정전협정 제43항에 열거한 출입항에 5개의 중립국 감시 소조를 주재시킨다. 처음에는 따로 10개의 중립국 이동 감시 소조를 후비(後備)로 설치하되 중립국감시위원회 본부 부근에 주재시킨다. 그 수는 군사 정전위원회의 쌍방 수석 위원의 합의를 거처 감소할 수 있다. 중립국 이동 감시 소조중 군사정전위원회의 어느 일방 수석 위원의 요청에 응하여 파견하는 소조는 언제나 그 반 수를 초과할 수 없다.

    6) 보고된 정전협정 위반 사건을 전목항정(前目項定)의 범위 내에서 지체

없이 조사한다. 이에는 군사정전위원회 또는 동 위원회 중의 일방 수석 위원이 요청하는 보고된 본 정전협정 위반 사건에 대한 조사를 포함한다.

7) 그의 종사 인원과 그의 중립국 감시 소조의 증명 문건(文件) 및 휘장 또 그 임무 집행 시에 사용하는 모든 차량, 비행기 및 선박의 식별 표지를 발급한다.

43. 중립국 감시 소조는 아래의 각 출입항에 주재한다.

　국제연합군의 군사 통제 지역

인　천(북위 37도 38분, 동경 126도 38분)

대　구(북위 35도 52분, 동경 128도 36분)

부　산(북위 35도 06분, 동경 129도 02분)

강　능(북위 37도 45분, 동경 128도 54분)

군　산(북위 35도 59분, 동경 126도 43분)

　조선인민군과 중국인민지원군의 군사 통제 지역

신의주(북위 40도 06분, 동경 124도 24분)

청　진(북위 41도 46분, 동경 129도 49분)

홍　남(북위 39도 50분, 동경 127도 37분)

만　포(북위 41도　9분, 동경 126도 18분)

신안주(북위 39도 36분, 동경 125도 36분)

　이 중립국 감시 소조들은 첨부한 지도에 표시한 지역 내와 교통로(交通路)에서 통행상 충분한 편리를 받는다(첨부한 지도 제5도를 보라).

3. 총 칙

44. 중립국감시위원회는 매일 회의를 연다. 중립국 감시 위원은 합의하여 7일을 넘지 않는 휴회를 할 수 있다. 단 어느 위원이든지 24시간 전에 통고로서 휴회를 끝낼 수 있다.

45. 중립국감시위원회의 모든 회의 기록의 부분은 매번 회의 후 될 수 있는 대로 속히 군사정전위원회에 송부한다. 기록은 영문, 한국문 및 중국문으로 작성한다.

46. 중립국 감시 소조는 그의 감독, 감시 및 조사의 결과에 관해 중립국감시위원회가 요구하는 정기 보고를 동 위원회에 제출하며 또 이 소조들이 필요하다고 인정하거나 동 위원회가 요구하는 특별 보고를 제출한다. 보고는 소조 모두가 이를 제출한다. 단 그 소조의 조원 1명 또는 수 명이 개별적으로 이를 제출할 수도 있다. 조원 1명 또는 수 명이 개별적으로 제출한 보고는 다만 참고적 보고로 간주한다.

47. 중립국 감시위원회는 중립국 감시 소조가 제출한 보고서의 부본을 그가 접수한 보고서에 사용된 글로써 지체없이 군사정전위원회에 발송하여야 한다. 이러한 보고는 번역 또는 심의 결정 수속 때문에 지연시킬 수 없다. 중립국 감시위원회는 실제 가능한한 속히 이러한 보고를 심의 결정하며 그의 판정서를 우선 군사정전위원회에 송부한다. 중립국감시위원회의 해당 심의 결정을 접수하기 전에는 군사정전위원회는 이런 어떠한 보고에 대해서도 최후적인 행동을 취하지 못한다. 군사정전위원회의 어느 일방 수석 위원의 요청이 있을 때에는 중립국감시위원회의 위원과 그 소조의 조원은 곧 군사정전위원회에 참석하여 제출된 어떠한 보고에 대하여서든지 설명한다.

48. 중립국감시위원회는 본 정전협정이 규정하는 보고 및 회의 기록의 문서철 두 벌을 보관한다. 동 위원회는 그 사업 진행에 필요한 기타의 보고 기록 등의 문서철 두 벌을 보관할 권한을 가진다. 동 위원회의 마지막 산회 시에는 상기 문서철을 쌍방에 각기 각 한 벌씩 나누어 준다.

49. 중립국감시위원회는 군사 정전협정의 수정 또는 증보에 대한 건의를 제출할 수 있다. 이러한 개정 건의는 일반적으로 더 유효한 정전을 보장할 것을 목적으로 하는 것이어야 된다.

50. 중립국감시위원회는 동 위원회의 각 개 위원들이 군사정전위원회의 임의의 위원과 통신 연락을 취할 권한을 가진다.

제 3 조 전쟁 포로에 관한 조치

51. 본 정전협정의 효력이 발생하는 당시에 각 방이 수용하고 있는 전체 전쟁-

포로의 석방과 송환은 본 정전협정 조인 전에 쌍방이 합의한 아래 규정에 따라 집행한다.

1) 본 정전협정의 효력이 발생한 후 60일 이내에 각 방은 그 수용 하에 있는, 송환을 원하는 전체 전쟁 포로를 포로가 될 당시의 그들이 속했던 일방에 집단적으로 나누어 직접 송환 인도하며, 어떠한 장애도 가하지 못한다. 송환은 본 조의 각 항 관계 규정에 의하여 완수한다. 이러한 인원의 송환 수속을 촉진시키기 위하여 각 방은 정전협정조인 전에 직접 송환될 인원의 국적별로 분류한 총 수를 교환한다. 상대방에 인도되는 전쟁 포로의 각 집단은 국적별로 작성한 명부를 휴대하되 이에는 성명, 계급(계급이 있으면) 및 수용 번호 또는 군번호를 포함한다.

2) 각 방은 직접 송환하지 않은 나머지 전쟁 포로를 그 군사 통제와 수용 상태로 부터 석방하여 모두 중립국송환위원회에 넘겨, 본 정전협정 부록 「중립국송환위원회 직권의 범위」의 각 조의 규정에 의하여 처리케 한다.

3) 세 가지 글을 병용하므로 인하여 발생할 수 있는 오해를 피하기 위하여 본 정전협정의 용어로써 일방이 전쟁 포로를 상대방에 인도하는 행동을 그 전쟁 포로의 국적과 거주지의 여하를 불문하고 영문 중에서는 'REPA-TRIATION', 한국문 중에서는 '송환', 중국문 중에서는 '遺返'이라고 규정한다.

52. 각 방은 본 정전협정의 효력 발생에 의하여 석방되며 송환되는 어떠한 전쟁 포로든지 한국 충돌중의 전쟁 행위에 사용하지 않을 것을 보장한다.

53. 송환을 원하는 전체 병상 전쟁 포로는 우선적으로 송환한다.
가능한 범위 내에서 포로로 된 의무 인원을 병상 포로와 동시에 송환하여 도중에서 의료와 간호를 제공하도록 한다.

54. 본 정전협정 제51항목에 규정한 전체 전쟁 포로의 송환은 본 휴전 협정이 효력을 발생한 후 60일의 기한 내에 완료한다. 이 기한 내에 각 방은 책임을 지고 그가 수용하고 있는 상기 전쟁 포로의 송환을 실제 가능한 한 조속히 완료한다.

55. 판문점을 쌍방의 전쟁 포로 인도 인수 지점으로 정한다. 필요할 때에는 전

쟁 포로 송환위원회는 기타의 전쟁 포로 인도 지점을 비무장 지대 내에 증설할 수 있다.

56. 1) 전쟁포로송환위원회를 설립한다. 동 위원회는 영급 장교 6명으로 구성하되 그 중 3명을 국제연합군 총사령관이 이를 임명하며, 그 중 3명을 조선인민군 최고사령관과 중국인민지원군 사령원이 공동으로 이를 임명한다. 동 위원회는 군사정전위원회의 전반적인 감독과 지도 하에서 책임지고 쌍방의 선생 포로 송환에 관계되는 구체적 계획을 조절하며, 쌍방이 본 정전협정 중의 전쟁 포로들이 쌍방 전쟁 포로 수용소로부터 전쟁 포로 인도 인수 지점(들)에 도달하는 시간을 조절하여 필요한 때에는 병상전쟁 포로의 수용 및 복리에 요구되는 특별한 조치를 취하며, 본 정전협정 57항에서 설립된 공동 적십자 소조의 전쟁 포로 협조 사업을 조절하며, 본 정진협정 세53항, 제54항에 규정한 전쟁 포로 실제 송환 조치의 실시를 감독하며, 필요할 때에는 추가해서 전쟁 포로 인도 지점(들)을 선정하여 전쟁 포로의 인도 인수 지범(들)의 안전 조치를 취하며 전쟁 포로 송환에 필요한 기타 관계 임무를 집행하는 것이다.

2) 전쟁포로송환위원회는 그 임무와 관계되는 어떠한 사항에 대하여 합의에 도달하지 못할 때에는 이러한 사항을 즉시 군사정전위원회에 제기하여 결정하도록 한다. 전쟁포로송환위원회는 군사정전위원회 본부 부근에 그 본부를 설치한다.

3) 전쟁포로송환위원회가 전쟁 포로 송환 계획을 완수한 때에는 군사정전위원회가 즉시 이를 해산시킨다.

57. 1) 본 정전협정이 효력을 발생한 후 즉시로 국제연합군의 군대를 제공하고 있는 각국의 적십자사 대표를 일방으로 하고 조선인민공화국 적십자사 대표와 중화인민공화국 적십자사 대표를 타의 일방으로 하여 조직되는 공동 적십자사 소조를 설립한다. 공동 적십자사 소조는 전쟁 포로의 복리에 요망되는 인도주의적 복무로서 쌍방이 본정전협정 제51항 1목에 규정한 송환을 원하는 전체 전쟁 포로의 송환에 관계되는 규정을 집행하는 것을 협조한다. 이 임무를 완수하기 위하여 동 적십자 소조는 전쟁포

로 인도 인수 지점(들)에서 쌍방의 전쟁 포로 인도 인수 사업을 협조하여, 쌍방의 전쟁 포로 수용소를 방문하여 위문하며, 전쟁 포로의 위문과 전쟁 포로의 복리를 위한 선물을 가지고 가서 분배한다. 공동 적십자 소조는 전쟁 포로 수용소에서 전쟁포로 인도 인수 지점(들)으로 가는 도중에 있는 전쟁 포로에게 여러 가지 적십자 업무를 통해 봉사할 수 있다.

2) 공동 적십자 소조는 다음과 같은 규정에 의하여 조직한다.

a) 한 소조는 각방의 본국 적십자사로부터 각 대표 10명씩을 내어 쌍방 합하여 20명으로 구성하며, 전쟁 포로 인도 인수 지점에서 쌍방의 전쟁 포로의 인도 인수를 협조한다. 동 소조의 의장은 쌍방 적십자사 대표가 매일 교대로 담당한다. 동 소조의 사업과 업무는 전쟁포로송환위원회가 이를 조절한다.

b) 한 소조는 각방의 본국 적십자사로부터 각기 대표 10명씩을 내어 쌍방 합해서 20명으로 구성하며 조선인민군 및 중국인민지원군 관리 하에 있는 전쟁 포로 수용소를 방문하며, 또 전쟁 포로 수용소에서 전쟁 포로 인도 인수 지점으로 가는 도중에 있는 전쟁 포로에게 직무를 통해 봉사할 수 있다. 조선 민주주의 인민공화국 적십자사 또는 중화인민공화국 적십자사의 대표가 동 소조의 의장을 담당한다.

c) 한 소조는 각방의 본국 적십자사로부터 각 대표 30명씩을 내어 쌍방 합하여 60명으로 구성하며 국제연합 관리 하의 전쟁 포로 수용소를 방문하며, 또 전쟁 포로 수용소에서 전쟁 포로 인도 인수 지점(들)으로 가는 도중에 있는 전쟁 포로에게 직무를 통해 봉사할 수 있다. 국제연합군에 군대를 제공하고 있는 한 나라의 적십자 대표가 동 소조의 의장을 담당한다.

d) 각 공동 적십자사 소조의 임무 수행의 관리를 위하여 정황(情況)이 필요로 할 때에는 최소 2명의 소조원으로 구성하는 분조를 설립할 수 있다. 분조 내에서 각 방은 동등한 수의 대표를 가진다.

e) 각 방 사령관은 그의 군사 통제 지역 내에서 종사하는 공동 적십자 소조의 운전수, 서기 및 통역과 같은 부속 인원 및 소조가 그 임무상

필요로 하는 장비를 제공한다.

3) 각 방 사령관은 공동 적십자사 소조가 그의 임무를 집행하는 데에 충분한 협조를 주며, 그의 군사 통제 지역 내에서 책임지고 공동 적십자사 소조 인원들의 안전을 보장한다. 각 방 사령관은 그의 군사 통제 지역 내에서 종사하는 이러한 소조에 요구되는 보급, 행정 및 통신의 편의를 준다.

4) 공동 적십자사 소조는 본 정진협징 제51항목에 규정한 송환을 원하는 전체 전쟁 포로의 송환 계획이 완수되었을 때에는 즉시로 해산한다.

58. 1) 각 방 사령관은 가능한 범위 내에서 속히 그러나 본 정전협정이 효력을 발생한 후 10일 내에 상대방 사령관에게 다음과 같은 전쟁 포로에 관한 자료를 제공한다.

a) 제일 마지막 번에 교환한 자료의 마감 날짜 이후에 도망한 전쟁 포로에 관한 완전한 자료.

b) 실제로 실행할 수 있는 범위 내에서 수용 기간중에 사망한 전쟁 포로의 성명, 국적, 계급 및 기타의 식별 자료, 또한 사망 날짜, 사망 원인 및 매장 지점에 관한 자료.

2) 만일 위에 규정한 보충 자료의 마감한 날짜 이후에 도망하였거나 또는 사망한 어떠한 전쟁 포로가 있으면 수용한 일방은 본 조 제58항 1의 규정에 의하여 관계 자료를 전쟁포로송환위원회를 거쳐 상대방에게 제공한다. 이러한 자료는 전쟁 포로 인도 인수 계획을 완수할 때까지 10일에 2차씩 제공한다.

3) 전쟁 포로 인도 인수 계획을 완수한 후에 본래 수용하고 있던 일방에 다시 돌아온 도망하였던 어떠한 전쟁 포로도 이를 군사정전위원회에 넘기어 처리한다.

59. 1) 본 정전협정이 효력을 발생하는 당시에 국제연합군 총사령관 군사 통제 지역에 있는 자로서 1950년 6월 24일에 본 정전협정에 확정된 군사 분계선 이북에 거주한 전체 민간인에 대하여서는 그들이 귀향하기를 원한다면 국제연합군 총사령관은 그들이 군사 분계선 이북 지역으로 돌아가는 것을

허용하며 협조하여야 한다.

　본 정전협정이 효력을 발생하는 당시에 조선인민군 최고사령관과 중국인민지원군 사령원의 군사 통제 지역에 있는 자로서 1950년 6월 24일에 본 정전협정에 확정된 군사 분계선 이남에 거주한 전체 민간인에 대해서는 그들이 귀향하기를 원한다면 조선인민군 최고사령관과 중국인민지원군 사령원은 그들이 군사 분계선 이남 지역에 돌아가는 것을 허용하며 협조한다.

　각 방 사령관은 책임지고 본목(本目) 규정의 내용을 그의 군사 통제 지역에 광범히 선포하며 또 적당한 민정(民政) 당국을 시켜 귀향하기를 원하는 이러한 전체 민간인에게 필요한 지도와 협조를 주도록 한다.

2) 본 정전협정이 효력을 발생하는 당시에 조선인민군 최고사령관 중국인민지원군 사령원의 군사 통제 지역에 있는 전체 외국적의 민간인 중 국제연합군 사령관의 군사통제 지역으로 가기를 원하는 자에게는 그가 국제연합군 총사령관의 통제 지역으로 가는 것을 허용하며 협조한다. 본 정전협정이 효력을 발생하는 당시에 국제연합군 총사령관의 군사 통제 지역에 있는 전체 외국적의 민간인 중 조선인민군 최고사령관과 중국인민지원군 사령원의 군사 통제 지역으로 가기를 원하는 자에게는 그가 조선인민군 최고사령관과 중국인민지원군 사령원의 군사 통제 지역으로 가는 것을 허용하며 협조한다.

　각 방 사령관은 군사 통제 지역으로 가는 것을 허용하며 협조한다. 각 방 사령관은 책임지고 본목 규정의 내용을 그의 군사 통제 지역에 광범히 선포하며 또 적당한 민정 당국을 시켜서 상대방 사령관의 군사 통제 지역으로 가기를 원하는 이러한 전체 외국적의 민간인에게 필요한 지도와 협조를 주도록 한다.

3) 쌍방이 본 조 제59항 1목에 규정한 민간인의 귀향과 본 조 제59항 2목에 규정한 민간인의 이동을 협조하는 조치는 본 정전협정이 효력을 발생한 후 될 수 있는 한 조속히 개시한다.

4) a) 실향민간인귀향협조위원회를 설립한다. 동 위원회는 영관급 장교 4

명으로 구성하되 그 중 2명은 국제연합군 총사령관이 이를 임명하며 그 중 2명은 조선인민군 최고사령관과 중국인민지원군 사령원이 공동으로 이를 임명한다. 동 위원회는 군사정전위원회의 전반적인 감독과 지도 밑에 책임지고 상기 민간인의 귀향을 협조하는 데 관계되는 쌍방의 구체적 계획을 조절하며, 또 상기 민간인의 귀향에 관계되는 본 정전협정 중의 모든 규정을 쌍방이 집행하는 것을 감독한다. 동 위원회의 임무는 운수 조치를 포함한 필요한 조치를 취함으로써 상기 민간인의 이 이동을 촉진 및 조절하며, 상기 민간인이 군사 분계선을 통과하는 월경 지점(들)을 선정하며, 월경 지점(들)의 안전 조치를 취하며, 또 상기 민간인 귀향을 완료하기 위하여 필요한 기타 임무를 집행하는 것이다.

b) 실향민간인귀향협조위원회는 그의 임무에 관계되는 어떠한 사항이든지 합의에 도달할 수 없을 때에는 이를 곧 군사정전위원회에 회부하여 결정하게 한다. 실향민간인귀향협조위원회는 그의 본부를 군사정전위원회의 본부 부근에 설치한다.

c) 실향민간인귀향협조위원회가 그의 임무를 완수했을 때에는 군사정전위원회가 즉시 이를 해산시킨다.

제 4 조 쌍방관계 정부들에의 건의

60. 한국 문제의 평화적 해결을 보장하기 위하여 쌍방 군사령관은 쌍방의 관계 각국 정부에 정전협정이 조인되고 효력이 발생한 후 3개월 내에 자기 대표를 파견하여 쌍방의 한 급 높은 정치 회담을 소집하고 한국으로부터의 모든 외국 군대의 철거 및 한국 문제의 평화적 해결 문제를 협의할 것을 이에 건의한다.

제 5 조　　부　칙

61. 본 정전협정에 대한 수정과 증보(增補)는 반드시 적대 쌍방 사령관들의 상호 합의를 거쳐야 한다.

62. 본 정전협정의 각 조항은 쌍방이 공동으로 접수하는 수정 및 증보 또는 쌍방의 정치적 수준에서의 평화적 해결을 위한 적당한 협정 중의 규정에 의하여 명확히 교체될 때까지는 계속 효력을 갖는다.

63. 제12항을 제외한 본 정전협정의 모든 규정은 1953년 7월 27일 22시부터 효력을 발생한다.

　　1953년 7월 27일 10시에 한국 판문점에서 영문, 한국문, 중국문으로 작성한다. 이 세 가지들의 각 협정 본문은 동등한 효력을 갖는다.

　　　　국제연합군 총사령관
　　미국 육군 대장　　　　　마크 · W · 클라크

　　　　조선인민군 최고사령관
조선민주주의 인민공화국 원수 김　　　일　　　성

　　중국인민지원군 사령원　　팽　　　덕　　　회

　　참　　　석　　　자
　　국제연합군 대표단 수석 대표
미국 육군 중장　　　　　윌리암 · K · 해리슨

　　조선인민군 및 중국인민지원군 대표단
수석 대표
　　조선인민군 대장　　　　남　　　일

중립국 송환위원회 직권의 범위

제 1 조 총 칙

1. 전체 전쟁 포로로 하여금 정전 후 피송환권 행사의 기회를 갖도록 보장하기 위하여 쌍방은 스위스, 스웨덴, 폴란드, 체코슬로바키아 및 인도에 각각 1명씩의 위원을 임명하도록 요청하여 중립국송환위원회를 설립하고 동 위원회는 억류측의 관리 하에 있는 동안 피송환권을 행사하지 않는 전쟁 포로를 한국에서 수용한다. 중립국송환위원회는 그 본부를 비무장 지대 내의 판문점 부근에 두며 중립국송환위원회와 동일한 구성을 가진 종속 기관을 동 위원회가 전쟁 포로를 책임지고 관리하는 각 지역에 주재시킨다. 중립국송환위원회와 그의 종속 기관의 사업을 참관하는 것을 쌍방 대표들에게 허락한다. 이에는 해설과 면회를 포함한다.

2. 중립국송환위원회의 직무와 책임의 수행을 협조하는 데 필요한 충분한 무장 역량(武裝力量)과 기타 모든 종사자는 인도가 전적으로 제공하며, 제네바 협약 제132조의 규정에 의하여 인도 대표는 공증인이 되며, 동 대표는 중립국송환위원회의 의장과 집행자가 된다. 기타 4개국의 대표는 각각 50명을 넘기지 않는 동수의 참모 보조 인원을 갖는 것을 허락한다. 각 중립국의 대표가 사고로 인하여 결석할 때에는 동 대표는 자기와 동일한 국적을 가진 자를 후보 대표로 지정하여 그의 직원을 대행케 한다.

   본항에 규정한 모든 인원의 무기는 경무원용(警務員用) 소형 무기에 한한다.

3. 상기 1항에 규정한 전쟁 포로의 송환을 방해 또는 수행키 위하여 무력을 사용하거나 또는 무력으로 위협하지 못하며, 또한 어떠한 방식으로든지, 또는 여하한 목적을 위하여서도 전쟁 포로의 인신에 대하여 폭력을 사용하거나 또는 그들의 존엄성이나 자존심을 훼손하는 언행은 허락하지 않는다(단 하기 7항을 참조하라). 이 임무를 중립국송환위원회에 지시하며 위임한다. 동 위원회는 언제나 제네바 협약 중의 구체적 규정과 동협약의 전반적인 정신에

의하여 전쟁 포로를 인도적으로 대우할 것을 보장한다.

제 2 조 전쟁 포로의 관리

4. 정전협정 발표 이후 피송환권을 행사하지 않은 전체 전쟁 포로는 정전협정 발효일 이후 가능한 한 속히 최대한 60일 이내에 억류측의 군사 통제와 수용 상태로부터 석방되어 억류측이 지정하는 한국 내의 지역에서 중립국송환위 원회에 넘어간다.

5. 중립국송환위원회가 전쟁 포로 수용 시설을 관리하는 책임을 맡을 때에 억 류측의 무장부대는 그 곳에서 철수함으로써 전항에 규정한 지역을 인도의 무력역량(武力力量)으로 하여금 전적으로 접수 관리케 한다.

6. 상기 제5항의 규정에 불구하고 억류측은 전쟁 포로 관리 지역 주변의 안전 과 질서를 유지 보장하며 억류측 관리 지역 내의 어떠한 무장 역량이든지 (비정규적인 무장역량 −武裝力量−도 포함) 전쟁 포로 관리 지구에 대하여 여하한 교란과 침범 행위도 감행하지 못하도록 방지하며 단속할 책임을 진 다.

7. 상기 제3항의 규정에 불구하고 본 협정의 여하한 항목도 중립국송환위원회 의 임시 관리 하에 있는 전쟁 포로를 통제하는 동 위원회의 합법적 직무와 책임을 집행하는 권한을 약화시키는 것으로 해석할 수 없다.

제 3 조   해   설

8. 중립국송환위원회는 피송환권을 행사하지 않은 전체 전쟁 포로를 접수 관 리케 된 후 즉시 조치를 취하여 전쟁 포로의 소속 국가들로 하여금 자유와 권리를 가지고 중립국송환위원회가 접수 관리하게 된 날로부터 90일 이내에 아래 규정에 따라 이러한 전쟁 포로의 관리 지역에 대표를 파견하여 동 소 속국에 의탁하는 전체 전쟁 포로에게 그들의 권리를 해설하며, 그들의 고향 에 돌아가 평화적인 생활을 할 수 있는 완전한 자유를 가지고 있다는 것을 알리게 한다.

  1) 해설에 종사하는 이러한 대표의 수효는 중립국송환위원회의 관리 하에

있는 전쟁 포로 천명을 단위로 하여 7명을 넘지 못하되 허락될 최저 총 수는 5명 이하가 되어서도 안된다.

2) 해설에 종사하는 대표가 전쟁 포로에 접근하는 시간은 중립국송환위원 회가 결정하며, 대체로 전쟁 포로의 대우에 관한 제네바 협약 제53조에 의거한다.

3) 모든 해설 사업과 면회는 중립국송환위원회의 각 성원 국가의 대표 1명 씩과 억류측 대표 1명의 입회 하에 진행한다.

4) 해설 사업에 관한 추가적 규정은 중립국송환위원회가 제정하며 상기 제3 항과 본항에 열거한 원칙을 적용하는 것을 목적으로 한다.

5) 해설에 종사하는 대표에게 그가 사업을 진행시킬 때에 필요한 무선 통신 시설을 휴대하며 무선 통신 인원을 대동하는 것을 허용한다. 통신 인원의 수효는 해설에 종사하는 인원이 거주하는 매 지구에 1조씩으로 제한하되 전체 전쟁 포로를 한 지역에 집결시키는 경우에는 2조를 허락한다. 각 조는 6명을 넘지 않는 통신 인원으로 구성한다.

9. 중립국송환위원회의 관리 하에 있는 전쟁 포로는 동 위원회와 동 위원회의 대표 및 그 종속 기관에 의견을 제출하며, 통신을 보내며, 또 전쟁 포로 자 신의 여하한 상황에 관한 요망이든지 알릴 수 있는 자유와 편리를 주되 이 목적을 위하여 위원회가 취한 조치에 의거하여 이를 실행한다.

제 4 조 전쟁 포로의 처리

10. 중립국송환위원회의 관리 하에 있는 전쟁 포로는 누구나 피송환권을 행사 하기로 결정하면 중립국송환위원회의 각 성원국가 대표 1명씩으로써 구성된 기관에 송환을 요구하는 청원을 제출한다. 일단 이러한 청원이 제출되면 중 립국송환위원회나 또는 그 종속 기관의 하나는 즉시로 이를 고려하여 이러한 청원이 유효함을 다수결로 결정한다. 이러한 청원이 일단 제출되어 중립국 송환위원회나 또는 그 종속 기관의 하나가 그 효력을 발생케 하는 즉시로 동 전쟁 포로를 송환 준비가 된 전쟁 포로를 위하여 설치한 천막에 보내어 거 주시키며, 그 다음에 동 전쟁 포로를 중립국송환위원회의 관리 하에 둔 채로

857

즉시 판문점 전쟁 포로 교환 지역에 보내되 정전협정에 규정한 절차에 따라 송환한다. 전쟁 포로의 관리를 중립국송환위원회에 넘겨 90일이 만기된 후 상기 제8항에 규정한 대표들의 전쟁 포로와의 접근은 즉시 끝나며, 피송환권을 행사하지 않는 전쟁 포로의 처리 문제는 한국 휴전협정 제60항에서 소집할 것을 제의한 정치회의에 넘겨 30일 이내에 해결하도록 노력하게 하며, 이 기간중에 중립국송환위원회가 그들의 관리를 책임지고 관리하게 된 후 120일 이내에 피송환권을 아직 행사하지 않았고 또 정치회의에서도 그들에 대한 어떤 기타의 처리 방법에 합의를 보지 못한 자는 중립국송환위원회가 그들의 전쟁 포로 신분을 해제하여 민간인으로 하는 것을 선포하며, 그 다음 각자의 청원에 따라 그 중 중립국에 갈 것을 선택한 자가 있으면 중립국송환위원회와 인도 적십자사가 이를 협조한다.

11. 이 사업은 30일 이내에 완수하며 완수한 후 중립국송환위원회는 즉시로 직무를 정지하고 해산을 선포한다. 중립국송환위원회가 해산한 후 어느 때나 어느 곳을 막론하고 상기한 전쟁 포로의 신분으로부터 해제된 민간인으로서 그들의 조국에 돌아가기를 희망하는 자가 있으면 그들이 있는 곳의 당국은 그들의 조국에 돌아가는 것을 책임지고 협조한다.

제 5 조 적십자사의 방문

12. 중립국송환위원회의 관리 하에 있는 전쟁 포로에게 필요한 적십자사의 업무 (종사원)는 중립국송환위원회가 발표한 규칙에 의하여 인도가 제공한다.

제 6 조 신문 보도

13. 중립국송환위원회는 중립국송환위원회가 제정한 절차에 따라 신문계(新聞界) 및 기타 보도 기관이 본 협정이 열거한 전체 사업을 참관하는 자유를 가지도록 보장한다.

제 7 조 전쟁 포로를 위한 보급

14. 각 방은 자기 군사 통제 지역 내에 있는 전쟁 포로에게 보급을 제공하되 각

전쟁 포로수용 시설 부근에 합의된 인도 지점에서 필요한 공급 물자를 중립국송환위원회에 인도한다.

15. '제네바' 협약 제118조에 의하여 판문점 교환 지점까지 송환하는 경비는 억류측이 부담하며 교환 지점으로부터의 경비는 전쟁 포로가 의탁하는 측이 부담한다.

16. 중립국송환위원회가 전쟁 포로 수용 시설에 필요로 하는 일반 종사자는 인도 적십자사가 제공할 책임을 진다.

17. 중립국송환위원회는 전쟁 포로에게 가능한 범위 내에서 의료를 제공한다. 억류측은 중립국송환위원회의 요청이 있을 때 가능한 범위 내에서 의료를 제공하되 특히 장기 치료 또는 입원을 필요로 하는 환자에 대하여 그렇게 한다. 입원 기간중 중립국송환위원회는 전쟁 포로를 계속 관리한다. 억류측은 이러한 관리를 협조한다. 치료를 완료한 후 전쟁 포로는 상기 제4항에 규정한 전쟁 포로 수용 시설로 돌려 보낸다.

18. 중립국송환위원회는 그 임무와 사업을 진행함에 있어서 쌍방으로부터 필요한 법적인 협조를 받을 권한을 가진다. 단 쌍방은 어떠한 명목이나 형식으로든지 간섭 또는 영향을 줄 수 없다

제 8 조 중립국송환위원회를 위한 보급

19. 각 방은 자기측 군사 통제 지역 내에 주재하는 중립국송환위원회 종사원에게 보급을 제공할 책임을 지며, 쌍방은 비무장 지대 내에서 이러한 보급을 동등한 기초 위에서 제공한다. 세밀한 조치는 중립국송환위원회와 억류측이 매번 결정한다.

20. 각 억류측은 중립국송환위원회를 위하여 제23항에서 규정한 자기측 지역 내의 교통로를 경유하여 거주지로 가는 동안 및 각 전쟁 포로 관리 지역 내가 아니고 그 지역 부근에 거주하는 동안에 해설에 종사하는 상대방의 대표를 보호하는 책임을 진다. 전쟁 포로 관리 지역의 실제계선(實際界線) 내에서의 이러한 대표의 안전은 중립국송환위원회가 책임진다.

21. 각 억류측은 해설에 종사하는 상대방 대표가 자기 군사 통제 지역 내에 있을

때 그에게 수송, 숙소, 교통 및 기타 합의된 보급을 제공한다. 이러한 업무는 상환의 기초 위에서 제공한다.

제 9 조 발　　표

22. 본 협정 각 조항을 정전협력 효력 발생 후 억류 관리 하에서 피송환권을 행사하지 않는 전체 전쟁 포로에게 주지시킨다.

제 10 조 이　　동

23. 중립국송환위원회에 속하는 인원 및 송환될 전쟁 포로는 상대방의 사령부 (또는 사령부들)와 중립국송환위원회가 결정한 교통로를 따라 이동한다. 이 교통로를 표시하는 지도를 상대방의 사령부와 중립국송환위원회에 제출한다. 상기 제4항에 지정한 지역 내를 제외하고는 이러한 인원의 이동은 통행하는 지역에 속한 측의 인원이 이를 통제하며 호송한다. 단 이러한 이동은 어떠한 저해나 협박도 받지 않는다.

제 11 조 절차에 관한 사항

24. 본 협정의 해석은 중립국송환위원회가 한다. 중립국송환위원회 및(또는) 그 임무를 대리하게 되거나 담당하게 된 종속 기관은 다수결의 기초 위에서 운영한다.

25. 중립국송환위원회는 매주 1차씩 적대 쌍방의 사령관에게 동 위원회가 관리하고 있는 전쟁 포로의 정황에 관한 보고서를 제출하되 매주 말에 송환된 자 및 남아 있는 자의 수를 표시한다.

26. 본 협정은 쌍방 및 본 협정에서 지명한 5개국이 동의하면 정전이 효력을 발생하는 날에 효력을 발생한다. 1953년 6월 8일 14 : 00시에 한국 판문점에서 영문, 한국문, 중국문의 세 가지 글로 작성한다. 각 문본(文本)은 동등한 효력을 가진다.

국제연합군 대표단 수석 대표
미국 육군 중장　　　월리암·K·해리슨

조선인민군 및 중국인민지원군 대표단 수석 대표
조선 인민군 대장　　　남　　　　　일

휴전협정을 보충(補充)하는 잠정적 협정

중립국송환위원회의 직권의 범위에 관한 협정의 조항에 따라 직접 송환 대상이 아닌 포로를 처리함에 필요한 요건을 충족시키기 위하여 국제연합군 총사령관을 일방으로 하고 조선인민군 최고사령관과 중국인민지원군 사령원을 타의 일방으로 하는 제약(締約) 쌍방은 한국 정전협정 제5조 제61항의 규정에 따라 아래의 「정전협정을 보충(補充)하는 잠정적 협정」을 체결하는 것을 동의한다.

1) 중립국송환위원회 직권의 범위에 관한 협정 제2조 제4항 및 제5항의 규정에 따라 국제연합군 총사령부는 군사정전 경계선과 임진강을 남경으로 하고, 오금리로부터 남하하는 도로를 동북경으로 하는(단, 판문점으로부터 동북방으로 뻗은 간선 도로를 제외함) 비군사 지역로의 동경(東境) 및 남경(南境)으로 하는 지역을 직접 송환 대상 아닌 포로로서 유엔군 총사령부가 그 관리 하에 둘 책임을 갖는 포로를 중립국송환위원회 및 인도군대의 관리하에 인도하는 지역으로서 지정하는 권리를 가진다. 유엔군 사령부는 정전협정의 조인에 앞서 그 관리 하에 있는 이러한 포로의 국적별 숫자를 조선인민군 및 중국인민지원군측에 통고한다.

2) 만일에 그 관리 하에 있는 포로로서 직접 송환을 원치 않는 자가 있는 경우에는 조선인민군과 중국인민지원군은 군사 정전 경계선과 비군사화 지역 서경(西境) 및 북경(北境) 사이에 있는 판문점 근방의 지역을 이러한 포로를 중립국송환위원회 및 인도 관리 하에 인도하는 지역으로서 지정하는 권리를 갖는다. 자기 권리 하에 있는 포로로서 직접 송환되지 않기를 원하는 포로가 있는 것을 안 다음 조선인민군 및 중국인민지원군은 이러한 포로의 국적별 숫자를 유엔군 총사령관에게 통고한다.

3) 정전협정 제1조 제8, 제9, 및 제10항에 의하여 아래 사항을 이에 규정한다.

a) 정전 명령이 발효한 후 쌍방의 비무장 인원으로서 자기측이 지정한 지역에서 필요한 공사에 종사하기 위한 인원의 입경(入境)은 일건(一件)마다 군사정전위원회의 허가를 얻어야 한다. 공사 완료와 동시에 이러한 인

원은 단 한 사람도 상기 지역에 잔류하여서는 안된다.

b) 쌍방의 각기 관리 하에 있는 포로로서 직접 송환 대상이 아닌 포로는 쌍방이 합의한 일정 수씩을 억류측의 군대의 경호 하에 쌍방이 각기 지정한 상기 지역 내로 데리고와 중립국송환위원회 및 인도 군대의 관리 하에 인도함에 있어서는 일건마다 군사정전위원회의 허가를 얻어야 한다. 해당 포로가 인수된 후 즉시 억류측의 군대는 관리 지점으로부터 자기 지배 하의 지역으로 철수한다.

c) 중립국송환위원회 직권의 범위에 관한 협정에 규정된 기능을 수행하기 위하여 중립국송환위원회 및 그 종속 기관인 인도 군대 인도 적십자사 쌍방의 해설 대표 및 시찰 대표의 인원과 필요한 자료 및 장비는 쌍방이 포로 관리를 위하여 각기 지정한 상기 지역으로부터 그 속에 이동하는 자유를 가질 것을 일건마다 군사정전위원회로부터 허가를 받아야 한다.

d) 본 협정 제3항 3목의 규정은 상기 인원이 정전협정 제1조 제2항에 의하여 향유하는 특권을 훼손하는 것으로 해석되어서는 안된다.

e) 본 협정은 중립국송환위원회 직권의 범위에 관한 협정에 규정된 사명의 완료와 동시에 폐기된다.

f) 1953년 7월 27일 한국 판문점에서 영문, 한국문, 중국문으로서 작성하되 각기 동등한 효력을 가진다.

국제연합군 총사령관　　마크·W·클라크

조선인민군 최고사령관　김　　일　　성

중국인민지원군 사령원　팽　　덕　　회

附 錄 ⑦

매스컴의 反應

불법 南侵에 경악

傀儡軍突然南侵을企圖

東亞日報

38線全域에非常事態
精銳國軍敵을邀擊中

昨二十五日새벽五時로부터 아침八時사이에 開城、長湍、議政府 東豆川、春川、江陵等三八線一帶에걸친 北韓傀儡集團人民軍은 突然南侵을企圖하여왔으므로 우리精銳國軍將兵은 卽時이를邀擊中에있다 그런데 國防部政訓局長 李亨根大領은 同戰爭狀況과經緯에對하야 다음과같은談話를發表하다

國軍防衛態勢萬全
敵의神經戰에動搖말라

單獨講和을推進
占領終結後로援助繼續

國會六派로分立乎
民國40國民35無屬46韓靑20等

對政府態度에反映
國會威信昂揚

非常國務會議開催
緊急國務會에對備

佛內閣遂瓦解
賃金引上推否로

新疆東北八月前建議
滯日中의兩氏歸美

中共施政改革
想建議案氏垠

以北傀儡不法南侵

25日早曉 三八全線에 걸처

國防部政訓局長 李瑄根大領은 二十五日早曉부터 三八線 金城에 걸처 以北傀儡集團이 大擧不法南侵하여와서 戰鬪가 버러지고 있다고 二十

五日正午 다음과 같은 談話를 發表하였다

【國防部政訓局長談】

二十五日早曉五時부터 八時사이에 三八線全域에걸처 以北傀儡集團은 大擧하여 不法南侵하고있다 卽 開城 長湍 議政府 東豆川 春川 江陵 等各地前面외 即甕津前面으로부터 行動을 開始하여 南侵하여왔고 東海 一部는 거의同一한時刻에 上陸을企圖하여왔음으로 傀儡集團이 船艇을利用하여 全地域에걸처 우리國軍部隊는 이를擊退하여 緊急適切한 作戰을展開하였다 其中東豆川方面戰鬪는 敵側이戰車까지出動시켜 來襲하였으나 我軍對戰車로 加一層隆하였다 今次이들의擧勢는 第二次總選擧以來 對內對外로 傀儡集團自家의頹勢를挽回하려는 意圖아

이를記各地域에서는 우리國軍部隊는 이를擊退 退하고 上下前記各地域外 南侵하여오는 傀儡集團의類勢를 放送하다가 何等의反擊도 없이

우리大韓民國을侵害破壞함으로써 破하고말았다 우리大韓民國을侵害破壞함으로써 所謂「祖統」을通하여 南北協商이니 南北統一이니 共産徒黨의常套手段임을 確固한決意아래

이른바 共産徒黨의常套手段임을 이제軍으로서는 저들을叛逆匪徒에對하여 果敢한 作戰을展開하고있으니 全國民은 우리國軍將兵을 信賴하며 各自의職場에서 積極協力하기바라는 萬端의態勢로 命令이없이 三八線을넘어 攻勢作戰을取할수없는 準備와態勢가 具備되었으나 萬

이다 各自의職場에서 軍의行動과作戰에 微動노하지말고 果敢한 作戰을展開하고있으니 全國民은 以北謀略放送等에特 速言蜚語等에 속지말고 이러한時期를利用하여 軍心을攪亂하려는者

一流에서는 命令이없이 三八線을넘어 攻勢作戰을取할수없는 黃夜이었으나 이를補捉殲滅할수있는 準備와態勢가 具備되었다

으니 全國民은 以北謀略放送으로 저들이不法南侵할때 動搖되지말라 이러한時期를利用하여 軍心을攪亂하려는者

新聞報道

「워싱톤 포스트」^(美)   1950年 6月 25日

美國「유엔」安全保障理事會 召集 要請

「서울 上空에 비행기 爆音, 최초의 北韓軍 攻擊 沮止당함… 韓國주둔 美軍 1,700명」
(1段)

「서울 發 6月 25日 UP)(上略)北韓共産軍은 25日 美國이 建國을 도운 韓國에 대해 일련의 攻擊을 개시했으며 北韓의 平壤放送은 上午 11時((美國東部夏期시간…24日 하오 9時)를 기해 公式으로 宣戰이 布告되었다고 放送했다.

美國軍司令部에 入手된 報告는 蘇聯의 支援을 받고 있는 北韓軍이 上午 4時 迫擊砲를 비롯한 각종 砲擊에 이어 대규모 攻擊을 감행했다고 알렸다.

平壤放送은 正午 조금 넘어 北韓이 韓國에 공식적으로 宣戰을 布告했다고 放送했는데 北韓의 宣戰布告文 原文은 韓國語로 되어 있었다.

北韓의 南侵威脅은 언제나 있었는데 韓國軍의 한 將校는 開戰初의 報告를 토대로「이같은 威脅이 現實化되는 것 같다」고 述懷했다.

1950年 6月 25日

北韓의 南侵, 美國을 당혹케 함. ^(2段)

共産主義者들이 支配하는 北韓의 갑작스런 南侵은 情報에 가장 精通한 美國 議員들까지도 당혹케 했으나 일부 議員들은 美國이 韓國을 지원하도록 即刻 주장했다.

한편 議會의 共和黨 議員들은 이같은 共産主義者들의 도발이 數個月에 걸쳐 批判의 대상이 되어온 美國의 東方政策에서 빚어진 것이라고 即刻 宣言했다.

그러나 北韓의 도발可能性에 대해 가장 精通할 수 있는 位置에 있는 美上院 軍事委員會도 北韓의 南侵이 임박했다는 낌새는 전혀 느끼지 못하고 있었다.
(上略)

1950年 6月 26日

韓國, 危急한 地域

蘇聯과 西方側의 關係惡化에 비추어 韓國侵略戰이 蘇聯에서 빚어졌다는 事實은 共産主義者들을 除外하고는 누구나 疑心할 餘地없이 믿고 있을 것이다.

北韓은 〈모스크바〉의 創作物이며 38線 以北의 軍隊는 〈크레물린〉의 命令없이는 움직이지 못할 것이다.

그러나 宣戰布告에 뒤이은 南侵은 北韓의 人民軍에 의해 자행된 것으로 報道 되었는데 이 事實이 侵略의 섭리이며 우리들이 關心을 集中시켜야 하고, 美國의 政策이 着眼해야 할곳이 바로 이점이다. (上略)

1950年 6月 27日

다음은 西獨被侵의 차례인가, 共産側의 底意는 聯合軍의 抵抗 能力 및 意志를 시험해보려는 것으로 간주됨 (2段)

(뉴욕 發 26日＝「플레처·프라트」記)韓國戰은 蘇聯이 全面戰을 시도하려는 樣相을 띠고 있지는 않다.

韓國戰은 오히려 1930年에 日本의 滿洲侵略 및 「나치」獨逸의 「라인란트」進 駐와 마찬가지로 蘇聯이 이른바 民主主義가 얼마나 버티어 나가며 또한 民主主義 國家들의 支援이 얼마나 效果的으로 作用하느냐를 알아내기 위한 試圖中의 하나로 간주된다. (下略)

韓國을 救出하자 (1段)

당분간 韓國戰은 李承晚政府에 不利하게 展開될 것 같다. 그러나 北韓의 제1次的 全勝은 不時의 奇襲에 힘입은 것이다. 北韓은 먼저 서울을 掌握함으로써 韓國 전역에 대한 主權을 主張하고 그 다음은 이른바 「掃蕩作戰」을 꾀하려는데 두고 있는 것 같다. 이 점이 「유엔」과 美國에게 侵略者를 몰아낼 필요한 措處를 취하도록 한 유일한 動因으로 간주되어야 한다. (中略) 그러면 이같은 事態를 감안할 때 蘇聯은 왜 侵略을 시작했을까. 여기에 대한 解答은 깜짝놀랄 수밖에 없다.

歷史는「모스크바」가 美國의 意中을 試驗하고 있다는 理論에 근거를 마련해주고 있다.

美國은 蘇聯과 大規模 충돌을 試圖할 準備가 되어있는가? 하는 것이 蘇聯의 궁금한 問題이다.

눈과 귀를 두고서도 (1段)

國務省과 議會는 共産軍의 南侵을 不時에 당하지 않았다는 印象을 풍긴게 틀림없다.

國務省은 물론 南侵사건에 대한 第一次的인 責任을 지게 되었으며 國會議員들이 中央情報局(CIA)이 부산을 떠나는 것은 晩時之嘆이 있다고 믿고 있으나 이같은 過失에 대한 責任을 全的으로 CIA에만 돌릴수 없다.

우리들이 알기로는 CIA가 國務省이 警戒態勢에 들어갈 수 있을 만큼 共産主義者들의 戰爭挑發에 관한 充分하고도 最善의 情報를 提供했다.

그러나 CIA情報에 결함이 있었다면 그것은 가장 重要한「타이밍」의 問題다.

다시 말해 CIA는 共産側이 戰爭挑發 준비를 하고 있다는 事實만을 通報했을 뿐 挑發時期에 관해서는 알리지 않았다.

얼마 전에 共産軍의 侵略이 있더라도 美國製武器로 韓國을 固守하지 말자는 戰略的 決定이 이루어졌었다. (下略)

이같은 決定은 美國이 韓國軍 훈련단을 除外하고 모든 美軍을 撤收시킨 것으로 보아 알수 있다.

韓國政府, 首都를 抛棄, 美國의 對韓支援 晩時에다 보잘것 없음

〈「무스탕」전투기, 駐韓 美國 民間人撤收를 妨害하는 敵機를 격파〉(1段)

(東京發 6月 27日 UP) 北韓의 機甲部隊가 27日 서울에 進入했으며 이 報道는「더글라스・맥아더」將軍에게 上午 9時 30分에 전해졌다.

이로써 共産軍은 지난 25日 상오 4時를 기해 砲擊을 가한 이래 全面南侵에 돌입했다. (下略)

「트루만」決議, 美言論界의 支持를 받음

〈韓國防衛에 대한 社説들의 支持, 거의 滿場一致〉(3段)

共産主義者들의 「아시아」侵略에 대한 「트루만」 大統領의 歷史的 對處는 美國 日刊紙들의 압도적인 支持를 얻고있다.

28日 상오 AP가 통합한 社説들은 政治的 영향력을 가진 主要 日刊紙들이 「트루만」 大統領을 激勵하고 政府의 적극적인 措處를 支持하고 있음을 보여주고 있다.

宥和政策에 대한 教訓을 터득하라.

△「뉴욕·타임즈」:重大하고도 勇氣에 찬 決議~「유엔」과 美國은 蘇聯공산주 의자들의 挑戰에 대처하기 위해 決斷을 내렸다. (中略)

△「보스턴 헤럴드」:「트루만」 大統領은 韓國에 대한 共産侵略의 擴大를 沮止할 兵力動員에 있어 美國民들의 眞心에서 우러나오는 支持를 받을 것이다.(中略)

△「더 프로비던스 저널」: 韓國에 관한 한, 우리는 「트루만」 大統領이 27日 發表한 美軍介入정책을 전적으로 그리고 眞心으로 支持한다. (中略) 韓國에서 蘇聯은 가장 기본적인 國際 道德律까지도 犯하고 있다. (中略) 그것은 赤裸裸하 고도 추악스런 侵略행위다.

△「더 뉴욕 데일리 미러」: 美國民들은 모든 措處가 「맥아더」 將軍과 充分한 協議下에 이루어지고 있다는 事實을 알고 納得을 할 것이다. (中略) 美國은 世 界平和를 보호하고 災難에 빠진 國家를 救濟해야 할 「유엔」의 責任을 완수하기 위해 行動하고 있다.

美國의 立場을 闡明 (2段)

「트루만」 大統領은 어제 自由世界가 渴求하던 指導力을 發揮했다. 「유엔」의 休戰命令은 無視당했고 「유엔」이 出産한 韓國은 死滅의 危境에 놓여있는 듯 싶다.

그것은 自由世界에 대한 참을수 없는 모독이 될 것이며 「트루만」 大統領은 韓國을 救濟해야 할 美國의 「유엔」에 대한 義務履行 조치를 취했다.

「유엔」 會員國들은 그러나 韓國에 대한 뻔뻔스러운 侵略을 보고서도 戰爭熱에 들뜬 發作을 보이지 않고 오히려 침략자들의 意圖가 貫徹되지 못하는 事實을 지켜보려는 冷嚴한 마음가짐을 나타냈다. (下略)

1950年 6月 29日

英國, 美國을 支援하기 위해 戰艦派遣을 堤議

〈極東海域의 聯合軍 海空軍力 倍增〉 (1段)

「「런던」發 6月 28日 AP」英國은 28日 韓國에서의 美 海空軍力을 支持하기 위해 極東함대를 美國의 지휘하에 두었다.

「애틀리」首相은 28日 하오 늦게 熱狂하는 下院에서 政府는 이미 「싱가포르」의 英艦隊사령부에 政府의 決定을 이행하도록 命令을 내렸다고 發表했으며 野黨 指導者 「윈스턴·처칠」卿도 「首相이 下院의 모든 黨派를 代表하여 이같은 發表를 行한 것은 再言을 要하지 않으며 우리는 首相이 기피할수 없는 義務를 다함에 있어 必要로 하는 支援을 아낌없이 提供해야 할 것이다」라고 말했다. (下略)

21개 美洲國, 「유엔」決定을 支持 (1段)

21개 美洲國家들은 어제(28일) 韓國의 危機에 對處하는 「유엔」결정을 「단호히 지지한다」고 宣言했다.

美洲機構 ((OAS) 理事會가 채택한 決議案은 또한 『美洲國家들을 結束하는 美大陸의 단결』을 확인했다. 「마리오·에찬디」「코스타리카」大使가 이 결의안을 發議했다. OAS理事會는 21개 美洲國家들의 中樞機關이다.

1950年 7月 2日

「트루만」, 暗雲을 걷다. (3段)

蘇聯人들은 最近의 冒險을 中止하게 되면 美國을 궁지에 빠뜨리기 위해 질식 시킬 듯한 宣傳이라는 연막작전을 動員할 것이 틀림없다.

이같은 연막은 이미 도처의 各國 共産黨이나 蘇聯의 衛星國들로 부터 쏟아져 나오고 있다.

「크레물린」은 世界가 韓國이 진짜 侵略者임을 믿어주도록 要請하고 있으며 (1939年 「히틀러」가 「플랜드」를 戰爭挑發者로 꾸민 것과 마찬가지로) 트루만 大統領의 決定이 그들의 財産을 위해 戰爭을 挑發하려는 「월」街의 軍國主義者나 帝國主 義者의 냉소적인 陰謀인 것처럼 꾸며대고 있다.

이같은 宣傳의 악랄성으로 말미암아 蘇聯은 앞으로 당분간 「유엔」에 復歸하기가 어렵게 될지 모른다.

이곳 관리들은 비공산권 國家들이 이같은 宣傳을「넌센스」로 받아 들일 것을 確信하고 있다.

自身들이 計劃하고 저지르는 일들을 敵에게 덮어씌우는 것은 共産主義者들의 오랜 습관이다.

韓國에 대한 決定은「크레물린」으로 하여금 國祭的인 범죄가 결코 보상을 받지못한다는 事實을 認識시킬 수 있는냐에서 眞正한 판가름이 난다.

만약「크레물린」이 이같은 警告에 귀를 기울이지 않는다면 우리는 20世紀에 第3次世界大戰을 겪지 않을 수 없을 것이다.

1950年 7月 5日

우리는 우리의 位置를 알고 있다. (2段)

한가지 明白한 事實은「크레물린」이 후원하는 韓國侵略이 美國정책의 基調를 이루고 있는 基本的인 가설을 여지 없이 무너뜨렸다는 것이다.

美國정책의 基本的 가설은「크레물린」이 戰爭태세가 되어 있지 않을뿐 아니라 數年內에는 戰爭태세를 갖추지 않을 것으로 간주하고 있었다.

그러나「크레물린」은 지금 明白하고도 計劃的으로 戰爭을 挑發했다. 이같은 事實은 바꾸어 말하면 美國이 蘇聯의 能力이나 意圖를 誤判했다는 것을 의미한다.

따라서 새롭고도 예측하지 못한 事態가 발생한 것이며 이에 對處할 새로운 정책이 시급히 마련되어야 한다.

韓國의 自由를 위한 鬪爭은 값 비싼 것 (4段)

(4日밤「워싱턴」記念舘 구내에서 거행된 150周年 祝祭委員團의 美獨立記念日 행사때 國防省特別顧問「존 포스터 덜레스」씨가 한「美國과 韓國, 獨立의 相互 依存이라는 제목의 演說全文은 다음과 같다.)

(上略) 韓國社會는 內部로부터 전복될 수 없을 만큼 건전했다. 뒤집어 엎으려는 試圖가 있었으나 失敗했다. 그래서 9日전 日曜日 아침 숨김 없는 侵略이 敢行되었다. 警告도 없이 重戰車隊가 北에서 내려와 계곡을 통해 首都 서울로 쇄도했다가 다음에는 南으로 진격해갔다.

戰鬪機들이 戰車隊에 앞서 出動했고 戰車隊를 엄호했는데 戰鬪機들은 저공비행을 하면서 民間人들에게 기총사격을 하며 위협했다. 韓國軍에는 對抗할 전투기도, 戰車 또는 重砲도 없었다.

오랫동안 準備하여 갑자기 폭발된 이 무자비한 攻擊은 軍事的 독재의 手法이었다. 그 攻擊은 우리가 만약 그런 수법이 허용되는 世界에서 살아 나간다면 우리에게 무엇이 닥쳐오는지 豫示해 주는 것이었다. 韓國에서 벌어지고 있는 투쟁은 自由愛好者들이 독재를 능히 극복할만큼 경계하고, 勇敢하고 단결하게 될 것이냐는 永遠한 문제를 던져준다.

1950年 7月 21日

「트루만」의 戰鬪準備動員令, 「유럽」에선 歷史的 措置라고 찬양 (2段)

(「런던」 7月 20日, AP) 西獨은 20日 「트루만」 大統領의 動員令을 侵略戰에 대항하는 歷史的 조치라고 환영했다.

「트루만」 大統領의 動員계획은 그 규모를 보고 여러 方面에서 놀라움을 자아냈다.

그러나 몇몇 걱정하는 西独新聞들은 그 動員계획이 充分치 않다고 말했다.

英國과 그밖의 여러 나라에선 그같은 단호한 美國政策으로 해서 不安이 가라앉은 안도감을 자아내었다. 美정책은 美國民이 위험에 처해 團結하고 있음을 보여주는 고무적인 증거라고 歡呼를 받았다. (下略)

「뉴욕 타임즈」 (美)

1952年 6月 22日

韓國動亂 첫 해와 둘째 해

今週는 두가지 紀念日이 든 週間이다. 北韓共産軍이 分明히 「크레물린」의 승인을 받아 大韓民國을 침공하여 大韓民國에서 「유엔」 主管下에 겪은 自由와 民主主義의 체험을 말살하려고 한 후 2년이 지났다. (中略) 美國과 「유엔」은 양심상 大韓民國의 自由를 위해 투쟁하는 외에 딴 道理가 없었기 때문에 鬪爭에 나섰다. 그건 正과 不正의 문제였으며 우리는 正을 택했다. (中略) 우리는 무자비한 적

대자와 부단히 싸우고 있다. 韓國事態는 그런 다툼의 한 樣相이다. 우리는 韓國에서 굴복할 수는 없다. 우리는 어디서나 正과 不正, 善惡이 相克하고 있을때 不正과 惡에 굴복할 수 없을 것이다.

「맨체스터 가디안」 (英)

1950年 9月 15日

韓國戰의 起原 (第10面 2段)

「「레이크 석세스」9月 14日 發)「유엔」韓國委員團은 韓國戰의 책임은 北韓에게 있으며 北韓은 南韓을 內部에서「弱化」시키려는 工作이 실패하자 면밀하게 준비한 全面侵攻을 시작했던 것이라고 말하고 있다. (中略)

이 報告書는 北韓이『오래전부터 용의주도하게 꾸민 侵略計劃』下에 侵攻을 시작한 것이라고 비난하고 南韓이 먼저 侵略을 시작했거나 아니면 방위활동 이외의 目的을 위해 軍事준비를 했었다는 주장을 一蹴하고 있다. 北韓은 韓國全域에서 選擧를 실시한다면 그 것이 全韓國을 自由民主主義化하고 그들 勢力의 決定的인 파멸을 가져오리라고 念慮했었다.

1952年 6月 25日

戰爭 2年, 韓國의 수수께끼

2年전 오늘 北韓軍은 38線을 넘어서 戰爭을 시작했으며 이 戰爭은 그동안 겉잡을 수 없었고 믿어지지 않을만큼 엄청난 것이었으며 결말이 나지 않았다. 戰爭은 지지부진하게 여전히 계속되고 있으며 이 戰爭과 함께 근 1年동안 休戰會談이 역시 지지부진하게 進行되어 왔다.
共産側이 공언한 目的은「美帝」를 바닷속으로 몰아넣는데 있다. (上略)

877

「르 몽 드」_(佛)

1950年 6月 26日

强大國들의 介入 (2段)

(6月 26日「런던」駐在特派員 電話 發言) 南韓에 대한 北韓의 武裝공격은 共産主義者들을 제외한 英國여론의 규탄을 받았다. 英國 여론은 일반적으로 이 侵略이 결국 重大한 결과를 초래할 것으로 믿고 있는 듯하다. 例를 들면「런던」市民들은 事態를 냉정하게 평가하려 애쓰고 있는데 이같은 태도는「유엔」安保理의 英國 代表들 태도에도 反映되고 있는 것으로 보인다.

大部分의 英國人들은 분명히 이번 事件은 단순한 우발사건이 아니라 사전에 면밀하게 計劃된 攻勢라고 생각하고 있다. 사람들은 또한 이같은 복잡한 作戰은 北韓측의 先制攻擊 만으로 이루어질 수 없었으며 北韓이 蘇聯의 승인이나 격려 없이는 侵略을 감행할 수 없었을 것이라 確信하고 있다. 이제 문제는 蘇聯이 추구하고 있는 目的이 무엇인가를 알아내는 것이다. (下略)

1950年 6月 27日

共産軍, 서울로 進擊－南韓 軍事事態 惡化一路－ 38線上의 戰爭 (3段)

南韓을 救出하기엔 때가 늦었는지도 모른다. 不運한「民主」共和國, 서울 政府는 솔직히 말하면 蘇聯이 고무한 共産主義 침략뿐만 아니라 美國의 우유부단하고 非合理的인 極東政策의 희생물이 된 것 같다.

실상 韓國의 運命은 2年전 美國防省의 비밀회의에서 농락당했다. 1948年 7月경 美國家安保會議는 南韓주둔美軍을 결국 철수한다는 重大한 決定을 내렸다. 당시 南韓주둔兵力은 자그마치 4萬명에 달했다. 이같은 決定은 戰略的인 見解에서 볼 때 南韓에 美軍基地를 둔다는 것이 蘇聯과의 戰爭을 가상하는 경우 軍事專門家 들에게는 별로 가치있는 것으로 간주되지 못한다는 사실에 자극되었던 것이다.

1948年 12月 하순경 美軍部隊는 서울을 위시하여 그들이 주둔하고 있던 38線 以南의 여러 基地에서 철수했으며 현지에 1個 軍事使節團만을 남겨두었다.

「유엔」安保理, 交戰雙方에 休戰을 命令 (2段)

　「유엔」安保理는 北韓軍에게 戰鬪를 중지하고 南韓地域에서 撤收할것을 촉구하는 美國決議案을 贊9, 反0, 棄權1(유고)로 채택했다. 美國決議案이 安保理에 要求한 사항은 다음과 같다.

　①北韓의 行動이 平和侵略 행위임을 周知시킬 것.

　②北韓軍에 즉시 敵對行爲를 중지하고 38線 以北으로 撤收하도록 命令할 것.

　③「유엔」委員團으로 하여금 이 命令의 집행을 監視케하고 필요한 情報를 安保理에 報告토록 할것.

　이 결의는 또한 「유엔」全會員國들에게 「유엔」이 安保理 決議를 실현 할 수 있도록 支援하고 北韓當局에 대한 원조를 삼갈 것을 촉구했다.

「유엔」安保理事會가 시작되자 「유엔」事務總長 「크리그브·리」씨는 이 紛爭을 『國際平和에 대한 威脅』이라 規定하고 駐韓 「유엔」委員團이 보낸 情報에 따라 軍事行動은 北韓이 도발했다는 見解를 分明히했다.

韓國 軍事情勢 심각, 〈共産軍 서울로 진격〉 (3段)

　韓國을 救出하기에는 때 늦은 감이 있다. 不運한 大韓民國은 蘇聯의 鼓舞를 받은 共産侵略의 희생물이 될뿐만 아니라 일관성 없고 우물쭈물하는 美國의 對極東 外交政策의 희생물이 될 것이다.

1950年 6月 29日

韓國動亂 〈外國의 反應〉 (5段)

「이탈리아」直接的인 關心을 표명

　(「로마」駐在특파원 「장 도스피」記 「로마」發 6月 28日) 27일 美國의 重大決定에 앞서 「스포르자」伯爵은 定例각료회의중에 공식 「코뮤니케」를 發表, 『韓國問題는 西方國家들이 추구해온 平和政策에 대한 심각한 威脅이므로 「이탈리아」에게도 직접적인 關心事가 됐다』고 宣言했다.

　또한 「키지」長官은 저녁에 聲明을 發表, 「마키아벨리」的 手法에 反對하여

平和擁護를 위한 모든 조처는 平和自體를 强化할 수 있을 뿐더러 적절하며 必要한 것이라고 强調했다.

이날 아침 政府內에서는 極東에서 일어난 冒險이야말로 「가스페르」內閣이 추구해온 外交政策을 가장 잘 정당화해 주는 것이라고 强調하는 主張이 일어났다. 그들은 결국 蘇聯 軍事主義의 팽창을 억제하는 唯一한 方法은 獨立과 自由를 守護코자하는 國家들간의 軍事組織속에서 發見해야 된다는데 見解를 같이 했다.

韓國動亂 〈外國의 反應〉 (5段)

英國전적으로 美國을 지지

(「로마」駐在특파원 「장 르끼에」記) 「처칠」은 首相의 呼訴에 呼應, 全下院의 박수갈채 속에서 野黨의 支持를 다짐하고 「우리가 지켜온 自由와 平等의 諸原則이 이같이 深刻한 事態로 危機에 직면함에 따른 全下院의 團結」을 呼訴했다.

自由黨 指導者 「클레멘트 데이비스」도 비슷한 宣言을 發表했다.

上院역시 이러한 만장일치의 분위기는 꼭 같았고 「애디슨」卿이 「트루만」과 「애틀리」의 聲明을 朗讀했다.

上院의 輿論은 北韓共産軍의 侵略에 直面하여 「트루만」大統領이 보여준 민첩한 결심과 勇氣를 讚揚하는 것이었다.

1950年 7月 1日

大規模戰爭이 아닌 小規模戰 (7面 5段)

만일 蘇聯이 韓國에 대한 어떠한 事前計劃이라도 가지고 있었다고 하면 다음 몇가지 事實을 고려해 봄직하다. 첫째 蘇聯은 軍事的 모험에 內包된 위험은 인정하고 있었다 할지라도 美國의 介入은 豫想하지 못했다. 둘째 그동안의 一連의 事態進展으로 볼 때 蘇聯은 戰爭이 오래 끌리라는 계산은 하지 않았던 것 같다.

1950年 7月 30日

韓國動亂 첫 敎訓 (3段)

北韓의 侵入과 그들이 도발한 戰爭은 우리로 하여금 우리 自身이 스스로의 責任을 수행할 能力이 있는지, 戰爭을 피하기 위해 또는 우리의 意思에 反하여 戰爭이 일어나는 경우 그 戰爭에서 勝利를 거두기 위해 지난날 우리가 할 수 있는 準備를 다해 놓았는지를 지극히 진지하게 確認 및 自問케 하고 있다.

이같은 진지한 自我批判이 우리에게서 平和에 對한 自覺을 강탈해가지 않을까 우려하는 바이다.

과거의 그처럼 많은 敎訓에도 不拘하고 우리는 또다시 당황하지 않을 수 없게 됐다.

1950年 8月 26日

저쪽에서 두 韓國이 (2段)

〈豫想한 奇襲과 電擊的인 反擊〉

(「로제 레비」記) 1950年 6月 北韓軍의 南韓侵攻은 美國軍人들에게도 外交官들에게도 놀라운 일은 아니었다. 電擊的인 것은 민첩한 美軍의 復歸와 即刻的인 反擊이었다. 왜냐하면 1950年 6月 美國은 韓國에 軍隊를 駐屯시키고 있지 않았기 때문이다. 南韓에 있는 美國人들이라곤 기껏해야 서울駐在 美大使舘에 있는 官史와 顧問官들 1,000명 가량이었다.

「꽁 바」(佛)

1950年 7月 14日

韓國動亂의 敎訓 (2~3面 2段)

한국이 어떤 상황하에서 6월 25일 북한군의 공격을 받았는지는 萬人이 周知하고 있다.

美國의 개입이 북한의 남침을 효과적으로 저지하게 될 것인가? 최종 결과는 美國의 介入幅에 달려있으며 무엇보다도 韓國問題에 관한 蘇聯政府의 태도에 결정적으로 좌우될 것이다.

蘇聯統轄下에 있는 북한군의 한국침공과 極東에 미친 그 중대한 결과에서 우리는 몇가지 반성할 점을 찾게 되었다. (下略)

「르 피가로」(佛)

1950年 6月 27日

힘의 試驗 ^(2段)

북한이 恣行한 한국침공은 제2차세계대전 終末 이래 가장 심각한 사건이다. 북한은 全自由世界에 대한 恒久的인 侵略을 일삼고 있지만 그 方法은 제한적이다. (저명한 國際政治學者「레이몽 아롱」은 韓國戰爭을 制限戰爭 理論의「모델 케이스」라고 설명한다. 즉 이 學者는 이 論評에서 蘇聯이 韓國動亂의 경우에 制限戰爭理論을 적용했다고 指摘하고 있다.)

「라 나 송」 ^(佛)

1950年 7月 24日

韓國, 北韓軍의 侵攻을 받다. ^(2段)

북한군이 砲火와「탱크」의 지원을 받으며 越境, 한국을 침공했다. (中略)

최초의 상륙작전은 목요일(25日) 오전 6시 38선에서 32마일 떨어진 강릉에 그리고 두번째 상륙작전은 3시간후 강릉에서 64마일 떨어진 삼척에서 각각 단행되었다. (下略)

「朝日新聞」 ^(日)

1950年 7月 7日

社會黨, 朝鮮問題로 警告 ^(前略)

朝鮮動亂의 직접 원인은 북조선인민공화국이 무력통일을 감행한 데 있다. 朝鮮에는 獨自的인 사정도 있겠으나 우리 黨은 朝鮮의 평화통일을 念願한다. (下略)

1950年 7月 3日

蘇聯표지機, 수원총격전에 참가

(大田 特電 2日發＝AP特約) 전선 시찰자의 보고에 따르면 蘇聯의 표지를 단「야크」機 4대는 北韓의 표지를 붙인「야크」型 전투기 6대와 함께 2日 하오 수원비행장에 총격을 가했다.

이에 관해 美軍의 前進指揮所는 부정도 긍정도 하지 않았다. 朝鮮으로부터의 보도에 따르면「야크」型 전투기는 4대는 『붉은 별』만이 있는 蘇聯의 표지를 달았으며 다른「야크」型 전투기는 『노란색의 원안에 붉은 별』을 그린 북한의 표시를 달고 있었다.

이들 10대의 「야크」 전투기들은 수원과 한때 한국측이 포기한 수원비행장에 총격을 가한 후 市街와 前進指揮所에도 총격을 퍼부었다 한다.

每日新聞 (日)

1950年 7月 1日

「맥아더」 원수, 北韓爆擊 決定의 순간

(「로이터」特約 東京 30日=「매카트니 支局長」 맥아더 원수는 29일 동경에서 수원으로 향하는 도중 機上에서 北韓地球 飛行場의 폭격을 결의했다.

AP UP 및 INS 記者와 함께 동승이 허락된 本記者는 機內의 通路에서 「스트라이트 메이어」 극동공군사령관,「아몬드 마」 사령부 참모등과 北韓의 항공기지를 격멸함이 없이 韓國(南韓)의 領空에서 北韓機를 驅逐하려면 어떻게 했으면 좋을까 하고 협의하고 있는 「맥아더」 장군의 모습을 보았다.

「맥아더」 원수는 참모들과 함께 「워싱톤」의 명령이 北韓비행장의 폭격을 허락하고 있는지의 여부에 대해 字句를 검토한 나머지 「北韓 공군기를 격멸하자, 本官은 敵機가 우리 空軍勇士를 죽이는 것을 방관 할 수 없다」라는 극적인 결정을 내렸다.

이렇게 해서 東海上空을 비행중이던 「바턴」號로부터 東京의 「맥아더」 사령부에 書信이 날아들었다.

「맥아더」 원수는 안보를 위해 우리들 記者團에게 총사령부의 발표에 앞선 보도를 留保해 주도록 요청했다.

또한 30일 동경에서 청취된 평양방송은 29일밤 B29機 27대가 평양시내에 폭탄 3백발을 投下했다고 보도했는데 동경에서는 北韓의 공군기지를 폭격한 것으로 믿었다.

1950年 7月 3日

日本을 협공

「덜레스」 미국무장관 고문은 1日밤 「라디오」 방송을 통해 국제공산당은 일본을 아래 위에서 협공하기 위한 전략적 행동으로써 한국공격을 명령했다고 말하면서 다음과 같이 論評했다.

이같은 공격은 共産黨이 韓國에서 행해지고 있는 民主政治의 밝은 전망과 인심을 얻은 實驗을 참을 수 없어 명령된 것이다.

北韓 共産主義者는 불의의 기습을 가해 왔다. 우리는 지금에야 평화를 위해 싸우고 있으며 이번 싸움은 어렵고도 많은 희생과 위험을 수반하고 있으나 우리는 최후의 승리를 거둘 것이다. 이번 사건의 직접적인 목적은 전쟁이 아니며 오히려 현재의 세계정세하에서 무력침략이 먹혀 들어가는지의 與否를 알기 위한 실험적인 노력이다. 이같은 軍國主義的인 實驗은 반드시 실패하고 만다.

北韓의 한국공격은 共産黨의 무모한 짓에 새로운 시기를 그어주는 것이다. 만약 「유엔」이 팔짱만 끼고 있으면 共産黨의 침략은 도처에서 자행되어 그 결과는 3차대전이 될 것이다.

北韓측은 자발적으로 國際共産黨의 세계전략의 一部로서 공격을 가해 온 것이다. 그 이유의 하나는 日本을 「자유세계」의 일원으로 만들려는 美國의 노력을 저지하는 것이었다.

蘇聯은 이미 日本의 北方에 있는 樺太(「가라후도」)를 장악하고 있으며 韓國은 日本의 南方에 위치하고 있다.

따라서 共産黨이 한국전역을 수중에 넣으면 日本은 『「러시아」곰(熊)』의 아래위의 양 턱뼈 사이에 끼어들게 될 것이다.

1950年 7月 2日

〈뜨거운 戰爭〉은 일어나지 않고 있다.

(上略) 다만 「유엔」이나 美國 그리고 그외 민주주의 국가의 결의가 이같이 명백히 나타났다는 것을 우리들은 크게 기뻐하고 있다.

이것마저 없이 침략자의 恣意가 통했다면, 더욱이 그것이 日本의 이웃에서 나타났다면 日本人은 더없이 커다란 공포에 휘말려 무엇에 의지해야 좋을지 모르게 되며 대단한 동요와 혼란이 일어났을 것이다.

우리들은 지금 「유엔」과 美國 그리고 민주주의 국가들이 極東에 있어서의 침략을 「유럽」에 있어서의 침략과 꼭같이 절대 허용할 수 없다는 결의를 하고 이를 實踐하고 있는 것을 보았다.

日本이 침략을 당했을 경우, 무엇에 의지할 수 있는가는 명백해 졌을 것이다.

우선 침략을 격퇴시키지 않으면 안된다.

이것이 「뜨거운 전쟁」으로 발전하지 않고 「유엔」이나 民主主義 諸國의 결의와 행동에 의해 실현되는 것을 우리는 기대한다.

「유엔」 회원국의 실력에 의한 침략의 저지를 요망하는 것은 전쟁을 긍정하는 것은 아니다.

「유엔」의 旗幟를 들고

(「워싱턴」「다까다」 특파원 1日發 國際電話)(上略) 이렇게 해서 美國은 비록 美國의 행동이 3차대전을 유발시키더라도 共産主義 침략을 어디까지나 어제하고 세계평화와 民主主義를 옹호하기 위해 모든 희생을 바칠 각오를 대담하게 행위로써 세계에 보여준 것이다.

그러나 이같은 사실의 가장 중요한 의의는 그것이 단순히 美國만의 행위가 아니고 西歐의 民主主義 國家 즉, 「유엔」 회원국의 대부분의 지지하에 이루어졌다는 것이다.

따라서 韓國에 지금 출동하고 있는 美國은 이미 단순한 美軍이 아니며 강력한 세계의 여론을 배경으로 한 「유엔」軍의 정의에 찬 싸움이고 韓國에 출동하고 있는 美 陸海空軍은 실질적으로 「유엔」의 기치를 들고 싸우고 있다는 것이다.

이미 蘇聯을 제외한 「유엔」 참가 諸國의 대다수는 안전이사회가 결의한 北韓에 대한 군사적 경제적 제재를 전면적으로 지지하고 있다.

또한 지금까지 중립적 태도를 취해온 인도정부가 새로이 「유엔」의 對北韓制裁의 決議를 지지하게 되고 이로써 「유엔」과 西歐諸國의 결속은 공고해진 것이다. (下略)

讀賣新聞 (日)

1950年 7月 1日

위신을 지키기 위한 「계획된 모험」

(前略) 韓國의 內戰은 이것이 세계적인 「冷戰」과 어떻게 연결되어 있는가를 알지 못하는 한, 진정 의미가 없다.

北韓側의 침략은 확실히 충분하게 계획되고 준비된 水陸合同作戰을 감행했을 뿐만 아니라 북한측은 더욱이 많은 지역에서 대병력으로 공격했다.

이같은 사실은 北韓의 선전이 주장하듯 韓國側의 공격을 「격퇴」시키고 있다는 것을 극히 의심스럽게 하고 있다.

왜 이 시기를 택했나?

왜 北韓은 이 時期에 공격을 敢行했나?

지난 주 극히 중요한 회의가 동경에서 개최되어 「맥아더」 원수는 「존슨」 국방장관 및 「브래드리」 합동참모본부의장과 함께 「아시아」에서의 美國의 정책과 방위체제를 토의했다.

「덜레스」 국무장관 고문은 韓國을 방문하고 와서 최고정책 특히 대일강화조약에 관한 고도의 정책에 대하여 「맥아더」 원수와 회담할 예정이었다.

「아시아」에 있어서의 美國政策이 다시 강화될 것이라는 것을 시사하는 사항들은 많았다.

美國은 日本에 군사기지를 보유하는 한편 단독講和조약을 진척시킬 준비를 가진 것으로 보였다.

美國이 國府에 대한 정책변경을 심각하게 고려중이고 또한 美國의 공급물자가 장개석 총통에게 제공될지도 모른다는 보도가 많았다.

美國은 보다 많은 자금과 물자를 韓國에 투입하고 있었다.

이같은 사실을 배경으로 해보면 비로소 內戰을 촉진하고자 하는 蘇聯 및 共産主義者의 동기를 분석할 수 있다. (下略)

1950年 7月 2日

蘇聯의 태도, 예측할 수 없는 사태

(ONA特約=「랜드럼 포링」記) (上略) 蘇聯의 지도층들은 지금 아직도 모든 경우에 있어서의 韓國動亂에 대한 대책을 결정하지 않고 있다는 것이 확실한 것 같다.

지금 일어나고 있는 사태를 東西의 대립이라기 보다 커다란 관점에서 볼 때 그것은 蘇聯이 말하는 「위력정찰」을 위해 北韓軍을 이용하고 있는 것이다.

물론 北韓은 全韓國의 점령, 선거를 거쳐 「유엔」의 승인까지도 얻어 韓國 政府의 파괴, 한국전역에 걸친 독재체제를 수립하기 위해 노력하고 있는 이것은 명백히 蘇聯이 지지하고 있는 목적이다.

그러나 이와 똑같이 중요한 것은 蘇聯이 이같은 극적이고도 위험한 타진에 의해 美國이 어느 정도의 응수를 보이느냐 또는 美蘇의 중간에 있는 광대하고도 불안정한 극동지역에서 美國이 어느 정도의 실력을 행사할 태세를 갖추고 있느냐 내지는 그같은 태세가 있는가를 알아내려고 노력하고 있다는 점이다.

그 시기 자체가 예상외라고는 하지만 北韓에 의한 공격유형은 그 훨씬 이전부터 예상되었었다.

蘇聯은 처음부터 빈틈 없는 소규모의 군대훈련과 장비에 착수했다.

그들은 「얄타」 협정의 실시를 무리하게 거부했고 그후 독립된 韓國을 실현시킬 문제의 해결을 위한 「유엔」의 제안을 거부했다.

그들은 군사기구를 만들어 이를 지도하기 위한 共産黨 정부를 조직할 여유를 필요로 했던 것이다.

蘇聯은 그의 점령지대에서 위와 같은 목적이 달성됨과 동시에 점령군을 철수시켰던 것이다.

지금에야 蘇聯은 최소한의 경비와 최소한의 위험을 치르고도 최대한의 수확을 올릴 수 있는 태세에 있다.

이것이 한국문제의 「내막」이다. (下略)

「總評」 機關紙 (日)

1950年 7月 8日

朝鮮事件의 내막을 해부한다. (解説)

바야흐로 이번 조선사건은 北朝鮮軍의 가장 악랄한 계획에 의한 침입이라는것이 사람들의 공통된 견해이다. (下略)

時事新聞

1950年 7月 1日

세계의 鼓動 (한국동란)

(前略) 北韓의 이번 공격은 상당히 대규모적으로 준비된 것으로써 이를 방치한다는 것은 단순히 韓國만의 문제는 아니며 평화적인 국가가 종국적으로 폭력에 굴종하게 된다는 것이다.

美國의 극동에 대한 권위를 실추시키고 「유엔」의 약체를 폭로시킬뿐 아니라, 美國의 태도를 주시하고 있는 蘇聯이 앞으로 당연히 각지역에서 같은 수단을 취할 것을 고려하여 이번에 영단이 내려졌을 것이다.

(中略) 北韓政權의 배후에서 회심의 미소를 짓고 있는 蘇聯에게 美國의 강경한 결의는 다소간 의외인 것일지 모르나 어쨌든 한국문제는 자신들이 알지 못한다고 고개를 옆으로 돌릴 것으로 예상된다.

본격적으로 北韓을 원조하기 위해 나선다는 것은 바로 大戰爭으로 화할 위험이 있기 때문에 만에 하나라도 이같은 짓은 감히 하지 않을것이라는 것이 대체적으로 세계각지의 일치된 관측인 것 같다.

그러나 일촉즉발이라는 사태에 이르게 되면 예상 못할 어떠한 사태가 일어날지 모른다는 것은 생각해 둘 필요가 있다. (中略)

北韓軍의 대공세가 세계에 던진 파문은 크다.

첫째로「유엔」의 시금석이 되었다.

「리」총장의 순방행각도 효과를 거두지 못하고 蘇聯代表도 출석문제가 아직 처리되지 못한 상태로 韓國問題가 일어났으나 美國政府는 6월 25일 즉각 안보리의 긴급회합을 요청하고 북한군의 행동을 平和破壞로 결정, 적대행위의 중지와 즉각적인 철수를 요청하여「유엔」회원국에 대해「유엔」에 모든 지원을 提供함과 동시에 북한원조를 중지하도록 하는 취지의 결의를 採擇하게 했다. (下略)

1950年 7月 3日

流言戰術에 넘어 가지 말라 (社說)

韓國事件이 냉전진영의 한쪽편에서 걸어온 무력공세의 최초의 행위라는 것은 냉정히 세계정세를 大觀하는 한, 처음부터 논쟁의 여지가 없다고 할 수 있다.

그럼에도 불구하고 事件을 순전히 國內動亂으로 해석하려는 주장이 여전히 세상에 대두되고 있는 것은 事實이다.

그러나 그것은 北韓軍의 도발적 성격을 은폐하기 위한, 또는 제3자의 간섭을 불법화하기 위한 共産主義 최고의 이론적 포석으로 보아야 할 것이며, 동시에 한쪽으로 기울어진 생각임이 명백하다.

붉은 진영의 해석으로서의 論者의 생각은 충분히 알지만 제3자까지도 여기에 장단을 맞출 의리를 가질 이유는 조금도 없다.

따라서 이번 사건을 억지로 韓國의 국내 문제로 보아 버리려는 자가 있다면 그것은 무엇인가를 겁내거나 무엇인가를 꺼리는 나머지 현실로부터 고의로 눈을 돌린 자이거나 그렇지 않으면 냉전의 규모나 그 가혹성에 대해 충분한 의식을 갖지 못한 위인일 것이다. (下略)

産業經濟新聞 (日)

1950年 7月 3日

공산당과 평화주의 (社說)

(前略) 어느 편이 먼저 손을 썼는가에 대해 蘇聯은 그 회담에서 한국측을 힐책하고 있으나 현재 핍박을 받고있는 韓國이 먼저 싸움을 걸어 온 것으로는 생각할

수 없다.

현실적으로 北韓軍은 일제히 韓國 깊숙이 진입하고 있다.

제3차적인 입장에서 보면 가령 韓國이 싸움을 걸어 왔다해도, 北韓이 평화적 해결의 의도를 가졌다면 38선 이남으로 밀어 붙이는 것만으로도 문제는 일단락 되게 되어 있다.

이 것을 호기로 하여 필요이상으로 진입한다는 것은 이미 계획적인 거사로 보아 무방하다. (中略)

우리 나라에 있어서도 共産黨 친구들은 입만 열면 평화를 주장한다.

그러나 사실은 오늘날 共産黨때문에 국제평화는 어지럽혀지고 또한 各國은 피를 씻는 참혹한 내란에 번민하고 있다.

中國의 경우등을 보면 中共革命은 中國의 수천년에 걸친 치란흥망사의 한 「페이지」에 불과하며 또한 民主主義的 大義政體가 확립되지 않았기 때문에 무 력투쟁이 그칠 수 없었는지 모른다.

그러나 韓國의 경우는 「유엔」의 주선으로 공정한 조건에 근거한 통일선거의 실현가능성이 없었다고는 할 수 없다.

그럼에도 불구하고 北韓이 감히 무력투쟁에 호소한 것은 共産黨의 본질을 여 기에서도 다시 폭로시키고 있다고 해도 무방하다. (下略)

1950年 7月 3日

冷戰의 불을 뿜다. (鈴木交史郎)

北韓의 한국침입은 꽤 오래전부터 조심스럽게 계획되고 있었다는 것은 명백 하다.

東京에서 수집한 정보중에 다음과 같은 것이 있다.

北韓은 앞서 단행된 韓國의 총선거시에 일어날지도 모르는 소란에 대비한다는 구실 하에 38선의 요소에 군대를 집결하고 이를 그대로 계속하고 있었다.

韓國유일의 소함대가 「하와이」에 가고 없는 틈을 노려 北韓軍이 침입을 개시한 날은 일요일로써 국경선의 韓國수비병은 외출한 자가 많았다. 군국주의 일본해 군의 진주만기습작전과 어딘가 닮은 것이 있다.

北韓共産主義 정권이 이같은 「쿠데타」식 침공을 감행하기 전에 아마도 가장 신중한 고려를 한 것은 美國의 태도일 것이다.

그들은 미국의 韓國에 대한 무기원조를 계산에 넣었을 것이다.

그러나 그 무기를 韓國軍이 有效하게 사용할 수 있기 전에 〈일〉을 처리해 버리려고 계산했을 것이다.

그 다음에 美國출병의 경우도 고려에 넣었을 것이다.

그러나 그것 때문에 韓國에서 美軍에게 패한다 하더라도 38선까지 원래의 〈둥지〉까지 물러서면 그것으로 사태는 수습된다.

끝으로 최악의 경우라도 본전이라는 생각으로 〈큰 일〉을 저질렀다. 아무리 한들 일에 말려들 리가 있겠는가? — 이상과 같은 것이 東京의 한국정치통간에 퍼져있는 추측이다. (中略) 韓國內戰에서 「유엔」의 무력함이 또다시 확실해졌다.

「유엔」의 기능은 거부권을 가진 안보리의 일원이 회의를 「보이콧」함으로써 정지된다면 「유엔」만큼 무력한 것은 없다.

蘇聯은 安保理에서 거부권을 계속 남용해 왔다.

이미 60회나 거부권을 행사했다.

그럼에도 만족하지 않고 최근에는 중공대표단을 구실로 하여 안보리에서 대표단을 소환해 버렸다.

그리고 北韓軍으로 하여금 자행케 한 일은 「히틀러」 「뭇솔리니」 東條(도조)등이 약한 제국에 대해 결행한 행위와 꼭 같은 수법이다.

당시의 국제연맹도 현재의 「유엔」처럼 유명무실했다.

공산세력이 한반도에서 이 같은 모험에 성공한다면 연이어 佛領 「인도차이나」 「홍콩」 「말레이」 등에도 같은 수법이 사용될 것이다.

이같은 사실을 알고서 美國은 극적으로 고독한 자세를 버릴 작정으로 출병을 단행한 것이 틀림 없다.

만약 美國이 이같은 조처를 취하지 않았다면 美國은 동해에 있어서의 세력을 완전히 실추시켰을 것임에 틀림 없다. (中略) 韓國動亂이 우리에게 가르쳐준 教訓은 다음과 같은 것이 아닐까.

(1) 日本으로 부터 美軍이 철수한다면 日本은 무력을 가진 어떤 나라로부터 쉽게 침략당할 수 있다.

(2) 日本이 「유엔」을 依持하고 안전보장을 推究한다는 것은 의미가 없다.

零細中立은 국제간의 법적 질서를 토대로 하는 것이나 이것이 여전히 환상이라는 것이 확실해졌다.

經濟新聞 (日)　　　　　　　　　　　　　　1950年 7月 3日

韓 國 動 亂

6월 5일은 후세 史家들에 의해 어쩌면 3차대전의 서막으로 기록될지도 모른다.

1차대전을 유발한「사라예보」의 흉탄 1발과는 비교가 안된다 할지라도 2차대전의 전주곡이 된「스페인」內亂과 우열없는 진전을 보일는지 예측할 수 없기 때문이다.

25일 새벽 北韓軍은 갑자기 전선에 걸쳐 38선에 공격을 가해 즉시 이를 돌파하고 韓國領에 侵入했다.

의정부 부근에서 잠시 공방전이 벌어졌으나 불의에 당한 韓國軍은 당연히 苦戰에 빠져 27일 상오에는 이미 서울 함락이 보도되어 전국(戰局)은 그야말로 암담했다.

이 때 世界가 다함께 주시한 것은 美國이 어떻게 할 것인가 하는 것이다.

北韓軍이 이같은 계획적인 행동에 나섬에 있어 事前에 관계국에 연락하지 않았을 리 만무하다.

蘇聯은 美國수뇌의 日本訪問에서도 밝혀졌듯이 美國이「아시아」특히 日本을 中心으로 하는 군사적 기반을 착착 보강할 방침을 채택함에 이르렀기 때문에 기선을 잡을 필요를 느꼈을 것이다.

共産軍의 공격은 항상 저항이 가장 미약한 지역을 노리고 더욱이 상대방의 허를 찌르는 형태로 發動된다.

때마침 韓國에 있어서는 5월 30일의 선거결과 정부여당은 참패하여 정치불안의 징후가 있었고 이를 기화로 北韓측은 6월 7일이래 조국통일전선의 이름으로 남북대표자회의의 소집을 제창한 경위가 있다.

지금 北韓의 最高人民會議 상임위원회는 韓國국회에 대하여 全韓 總選擧와 北韓憲法의 채택에 의한 통일정부의 수립을 제의함과 동시에 李承晚이하 9명의 高官을 전범으로 이름붙여 이들의 체포를 요구하고 있는 것이다.

全韓政府의 수립은 해방 5주년 기념일인 8월 15일에 하기로 했다.

지금 생각해 보면 이같은 정치공세는 韓國地域의 사전공작이었던 것같다.

어쨌든 北韓側은 此際에 단숨에 韓國을 공략해버리면 美國도 기정사실 앞에서는 어떻게 하기도 난처하기 때문에 결국은 굴복할 수 밖에 없다고 생각했을 것이다.

美國당국의 지금까지의 聲明을 보더라도 美國은 국방의 제1선으로서「알류샨」열도－日本「오끼나와」－「필리핀」을 지킨다는 취지를 종종 강조해 왔으나 韓國에 對해서는 반드시 명확한 意思를 표시하지는 않았다.

「오웬 라치모어」와 같은 極東通마저 韓國은 保存하기 어렵다고 公言하고 있을 정도다.

사실 戰局이 급속한 진전을 보여『서울 이미 함락』(그러나 이것은 誤報였다)이라고 전해질 때에는 일반적으로 北韓의 전격전이 주효한 것이 아닌가 하고 생각하게끔 되었다.

東京新聞 (日)　　　　　　　　　　　　1950年 7月 2日

한국동란과 그 성격

(上略) 전선으로 부터의 보도에 따르면 北韓軍은 장비에 있어서나 무기에 있어서나 그리고 數에 있어서도 韓國을 능가하고 있는듯 하다.

또한 北韓 조종사들의 기술도 상당하며 작전지도도 우수하다.

北韓이 단시일에 이같은 우세한 군비를 갖추게 된 점은 韓國에 침입할 의도와 함께 주목할만 하다.

韓國動亂은 內戰이라고 하면 內戰이라고 할 수 있으나 단순히 그것 만이 아니다.

北韓측은 韓國의 공세에 의해 內戰이 시작되었다고 주장하고 美國의 각서에 대한 蘇聯의 회답도 그같은 입장을 지지하고 있다.

전황의 진전은 그것이 경계선을 둘러싼 하나의 분쟁으로 그치지 않고 점점 확대되고 있으며 또한 그 양상은 우연히 확대된 것은 아니며 준비된 계획이 진척된 듯한 것이다.

앞으로의 戰況이 어떠한 진전을 보일 것인지 또는 北韓側이 「게릴라」 부대만을 남겨 놓고 38선 이북으로 철수할 것인지는 알 수 없으나 적어도 지금까지의 사태진전은 기정계획이었음을 상기케 한다.

戰力의 충실성뿐아니라, 「유엔」의 간섭이나 나아가서는 美國이 韓國을 원조할 것이라는 것을 계산에 넣은 것이 아닐까.

여기에 韓國動亂이 단순한 內戰이 아닌 것으로 보이는 理由가 성립된다.

문제는 형식이 아니라 의도이다.

따라서 世界의 평화보장을 사명으로 하는 「유엔」이 그 같은 관점에서 문제를 제기한 것은 당연한 일이다.

또한 「유엔」의 권고가 무시된 사실은 世界平和에 위협을 주었으며 「유엔」이라는 「솥가마」의 경중을 묻는 것이라 해도 당연하다. (中略) 이 같이 본다면 韓國動亂은 한칸의 집에 화재가 일어난 것으로 비유할 수 있다.

이에 대해 이웃 사람중에서 『가만두라, 우리는 불을 끌 권리가 없다』고 말하는 사람과 『다른 곳에 비화하면 큰 일이니 꺼야한다』는 사람으로 나누어지고 있는 것 같다.

이것은 極히 비근한 비유일지 모르나 화재가 발생한 이상 이유를 불문하고 이웃 사람이 진화를 돕는 것은 世界의 상식이다. (下略)

『디 프레세』(오스트리아)

1950年 6月 27日

南韓에 대한 열전

「맥아더」 즉각 무기 원조를 명령 (第1面 3段)

((「와싱턴」6월 26일＝AFP, 「로이터」, UP) 일요일 새벽 北韓共産軍은 전차 및 대포와 함께 38선을 넘이 격전을 시작했으며 전투는 지난 24시간 동안 激化됐다. (中略)

「유엔」韓國委員團이 있었는데도 불구하고 南韓을 참혹하게 공격했다는 것은 세상 사람들을 놀라게 했다. (下略)

『비이너 짜이퉁』(오스트리아)

1950年 6月 27日

남한首都 失陷직전

북한측 침공후 선전포고(1面 3段)

(上略)「유엔」韓國委員團의 보고는 北韓이 「유엔」 총회의 諸決議와 「유엔」 憲章의 제원칙을 위반하는 군사행동을 시작했음을 분명히 입증했다고 「트리그브리」「유엔」사무총장이 말했다. 그런 까닭에 평화회복을 기하는 것은 이제 「유엔」 安保理事會의 임무라고 말할 수 있다.

「유엔」安保理事會는 침략을 즉각 중지하라고 요구한 후 마침내 北韓의 남한 침공을 침략행위라고 선언하고 北韓軍에게 38선 이북으로 철수하라고 명령했다. 이 결의안은 찬성9표, 반대 0에다 「유고슬라비아」의 기권으로 채택되었다. (下略)

『차이나 메일』(香)

1950年 6月 27日

共産軍선봉대 서울 4「마일」地點까지

北韓軍이 「탱크」를 앞세우고 오늘(27일) 남한首都 서울의 4「마일」 지점까지 육박했으며 野戰보도들은 韓國軍방위부대들이 거의 항전할 수 없는 형편이라고 전했다.(中略)

共産 北韓의 金日成은 오늘((27日) 방송을 통해 韓國의 군사력이 분쇄될 때까지

전투를 계속하라고 北韓軍에 명령했다. (中略)

「앤터니 이든」前영국외상은 오늘(27日) 前자유세계 國家 들에게 韓國戰의 발발에 따른 위협에 대처하기 위한 행동에 즉각 합의하라고 촉구했다. 그는 「클레먼트 애틀리」수상이 北韓의 평화파괴행위를 조심성있게 규탄한 데 이어 이같이 말했다. (下略)

『사우스 차이나 모닝 포스트』(香)

1950年 6月 26日

韓國 被侵, 北韓 선전포고 (3段)

北韓 共産軍이 오늘(26日) 38선을 뚫고 넘어 夜陰까지 韓國의 4개 경계도시를 점령했다. (中略)

蘇聯의 후원을 받고 있는 北韓은 西方에서 치열한 공격을 폄으로써 그들이 오래 전부터 별러오던 전면적인 침공이 전개되었음을 드러냈다. (下略)

『홍콩 스텐더드』(香)

1950年 6月 26日

北韓軍 서울 25「마일」권내로,

北韓軍은 첫 날의 총격전에 뒤이어 오늘 밤(26일) 서울 25「마일」권내로 침투했다고 보도되었다. (中略)

軍部 발표에 의하면 北韓軍「탱크」10대가 상오 7시 30분(한국시간) 서울 北東方 약 25「마일」지점인 포천에 들어 왔으며 경찰서, 상점 및 그밖의 건물들이 불타고 있다고 한다. (下略)

『홍콩 스텐더드』

1950年 6月 27日

美國은 어떻게 할 것인가? (1段)

蘇聯이 北韓의 배후에 도사리고 있음은 추호도 의심할 바 없다. 그러나 그들이 어느 정도까지 개입할지는 현재로서는 판단할 수 없다. 그런데 蘇聯은 될 수 있으면 직접 개입은 하지 않을 것이다. 北韓은 국제적인 대응책이 구체적인 형태로 나타나기 전에 빨리 事態를 기정사실화하기 위해 蘇聯으로부터 정신적인 지원 이외에도 모든 필요한 전쟁물자를 공급받을 것이 확실하다. (下略)

1950年 6月 28日

韓國은 지탱해 나갈까? (1段)

십중팔구 北韓에게는 牛耳讀經이 될 휴전명령이 「유엔」 安保理事會에서 내려졌다. 安保理事會가 어떠한 결의안을 채택하든 외교적 및 경제적 제재가 결정될 때까지는 전한반도가 蘇聯의 세력권속에 들어 갈 것이기 때문에 그같은 결의안은 순전히 비현실적인 것이 되고 말것이다. (下略)

『단 쿠 엔』(越)

1950年 6月 27日

世界에서 알고 있는 위험에 대한 경고

南北韓은 서로 적대관계에 있어 왔으며 北韓은 수단과 방법을 가리지 않고 韓國을 전복하기 위해 流血행위를 일삼아 왔다. (中略)

韓半島의 사태는 심히 암담하다. 강력한 北韓軍이 전속력으로 南下해 왔으며 韓國政府는 대응조치를 취할 겨를도 없이 數個 道를 잃었다.

1950年 6月 29日

北韓, 韓國에 선전포고 (3面 3段)

北韓은 6월 25일 상오 4시 갑자기 육해군을 동원하여 韓國 해안에 상륙하고 경계선을 침공했다. (中略)

北韓은 다수의 「탱크」와 장갑차를 보유하고 있으며 강력하고 숫적으로 많은 보병을 두고 있다.

北韓의 병력은 正規軍 8만명과 민병대 1만명이다. 반면 韓國의 병력으로는 正規陸軍 1만명에 해군 7천 5백명 및 공군 소수가 있다.

『방콕 포스트』 ^(奉)

1950年 7月 21日

만장일치로 조치를 취하다.

〈內閣, 광범한 決議 확인〉 (3段)

「타이」는 北韓의 침략을 저지하려는 「유엔」의 노력을 지원하기 위해 4천명의 전투병력을 파견하기로 결정했다.

이 결정은 韓國戰爭을 종식시키기 위해 全會員國에게 지원을 호소한 「유엔」 사무국의 요청에 대한 응답으로 취해졌다. 「유엔」의 요청은 北韓軍이 38선을 넘어 大韓民國을 침공한 직후 나온 것이다.

『라 프렌사』 (아르헨티나)

1950年 6月 25日

南北韓의 전투 激化

〈장갑부대 서울 40km 권내로〉

韓國에 대한 정식 선전포고가 있기 몇 시간 전 共産軍이 새벽부터 뜻밖의 침공을 자행함으로써 韓國에서는 惡全苦鬪가 전개되고 있다. (下略) 軍事소식통에 의하면 10대의 北韓軍「탱크」가 상오 7시반 서울 東北方 약 40km지점인 포천에 쳐들어 왔고 상점, 경찰서 및 그밖의 건물들이 불탔다고 한다. 포성과 박격포 공격이 시작되고 나서 11시 평양방송은 선전포고를 전했다. (下略)

東亞日報 주요 社說

1950年 10月 6日

以北進擊을 유엔에 要望

(一)

南北통일은 8·15이후 이 민족의 숙원일 뿐아니라, 1947년 이래 유엔 자체의 과제였다. 세계평화를 위한 유엔의 韓國통일案은 以北 괴뢰의 완강한 거부와 철막정책에 의하여 그 실현을 볼 수 없었고 가능지역의 총선거에 의하여 大韓民國政府의 수립과 그 국제승인을 보았다. 한국통일의 주체는 확립되었으나 통일실현의 방법으로써는 끝끝내 평화적 방법을 견지하여 유엔 韓委에 의한 외교적 절충과 더불어 국내적으로는 민주건설이 추진되었던 것이다.

이러한 우리의 평화적인 노력은 그러나 저 6월 25일 포악무도한 동족살상의 침략으로 보답되었다. 자유와 평화를 사랑하는 전세계 민주우방은 의분에 떨며 분연히 궐기하였고, 고귀한 聖血을 이땅에 흘리며 3개월간의 혈전분투끝에 드디어 수도서울을 탈환하고 용감한 우리 국군이 元山에 육박하고 있는 이때, 유엔 총회는 하루 속히 以北 진격과 전후처리에 대한 결의안을 통과시켜 주기를 희망하여 마지 않는다.

(二)

以北 괴뢰의 천인공노할 침공에 대하여 안보이사회의 적절한 조처와 53개 민주우방의 물심양면의 적극적인 원조에 반하여 蘇聯과 그 위성국가가 끝끝내 이 침공을 성원하였고, 더욱이 지난 8월중 안보이사회의 의장의 지위를 남용하여 유엔의 평화노력을 방해한 것은 천하주지의 사실이거니와, 이번 총회에 있어서도 韓國문제해결에 대한 소위 7항목제안이라는 것도 그 내용이 명시하는 바와 같이 유엔의 평화노력을 무시하고 韓國을 그 위성국화하려는 기도를 고집하고 있는 것이다.

以北 괴뢰의 침공을 계기로 하여 蘇聯이 취한 일련의 방해공작에 있어서와 같이

적색제국주의의 본질이 여실히 폭로된 때는 일찍이 없었다. 인류의 자유와 평화를 교란하는 적색제국주의들을 지상에서 청산하여야 할 시기가 온 것이다. 이 사업을 위하여 자유와 평화를 사랑하는 전세계민주우방은 이미 궐기하였으며 이 성업달성에 추호의 巡逡도 있어서는 안되겠다.

(三)

적색제국주의를 이 지상에서 청산하는 이 인류사적 사업은 우선 침략자 以北괴뢰의 응징으로부터 시작되어야 하고.그 최선의 방법은 침략자의 근거지를 말살하고 자유와 평화의 민주주의를 거기에 확립하는 것이다. 以北괴뢰가 38선을 넘어서 大韓民國을 침략한 그 시간부터 38선은 이미 해소된 것이다. 해소된 이 38선을 후안무치하게도 다시 복고하려 하거나 인류의 戰犯者를 옹호하여 그 발언권을 확보하려는 노력을 하는 자가 있다면 우리는 어떻게 될 것인가. 또 지금까지 전세계민주우방이 전력을 다하여 수호하려던 민주주의적 6대자유와 평화는 어떻게 될 것인가. 자유와 평화를 수호하기 위한 침략자의 응징에 유엔은 추호의 주저와 巡逡도 있어서는 안될 것을 강조하는 까닭이며, 이 사업의 成不여하에 유엔 자체의 권위가 달렸다고 강조하고자 하는 바이다.

우리는 유엔을 믿는다. 그리고 유엔이 반드시 이 인류사적 사업을 적극적으로 또 조속히 추진할 것을 확신한다.

1951年 1月 10日
續刊辭

정부환도이후 작년 10월 30일부터 금년 1월 30일까지 만 3개월간 폐허 위에서 분투노력한 보람도 없이 적색제국주의의 赤拘중공군의 불법침입에 의하여 우리 사원일동은 정부와 같이 이제 이곳 釜山에 와서 본지를 속간 단행하게 되었는데, 이것은 오로지 사원일동의 불타는 정열과 同業紙 民主新報社의 막대한 호의에 의한 것이다. 그러나 기업적인 계산을 초월하여 연약한 붓대 한 자루로 시작하는 일이라, 전도에는 허다한 荊棘이 충만해 있으리라. 그러나 죽음을 각오한 사람들에게 형극이 문제겠는가. 이 민족자체의 운명이 그러하거늘 이 민족과 희노애락을 같이해 왔고·금후에도 그 운명을 같이할「東亞」만이 별개의 조건위에 설 수 없지 않은가. 오직 우리의 가슴 가운데 불타는 일편단심과 이 마음을 알아주는 만천하 독자의 애호를 기대할 뿐이다.

이 붓대가 부러지는 날까지 우리 다같이 한데 뭉쳐서 침략자를 물리치고 조국과 민주통일과 인류의 자유와 평화를 위하여 미력을 다할 것을 결의하고·최후의 1枚까지 최후의 순간까지 우리가 쓸 수 있는 모든 지탄으로 저 무도하고 야만한 침략자의 무리에 筆誅를 가하는 동시에 자유와 정의를 사랑하는 전세계의 민주여론에 호소하고자 한다.

지금 전황은 반드시 우리에게 유리한 것은 아니다. 그러나 미국방장관 마샬씨가 지적한 바와 같이 실망할 필요는 없는 것이다. 더욱이 유엔군의 조속한 후퇴가 韓國을 포기하는 것이나 아닌가 하고 신경과민에 걸릴 필요는 조금도 없는 것이다. 한국을 포기하지 않는다는 것은 트루먼 대통령이 이미 언명한 바요, 애치슨 장관도 성명한 바다. 우리는 그들이 신의있는 정치가라는 것을 잘 알고 있으며 그들의 공고한 결의는 지난 16일에 선포된 이 비상사태조치령에 의하여 명백히 표명된 것이다.

더욱이 한국의 여론이 중공을 침략자로 규정하는데 일치되어·있고 美정부당국 자들이 이 여론을 반영하여 국제정치위원회와 총회에서 동일한 규정에 도달하기를 촉구하고 있는 사실을 우리눈 믿음직하게 생각하는 바이며·조속한 시일내에 그러한 규정이 결의로써 채택될 것을 믿는다.

그러면 현재의 후퇴를 어떻게 보아야 할 것인가. 유엔군이 戰意가 부족해서 후퇴하는 것인가. 아니다, 수만번 아니다.

유엔군은 여하한 무력침략도 용인할 수 없다는 유엔의 기본방침을 실현하기 위한 정의의 십자군인 동시에·유엔의 명령없이 절대로 動하지 않는 규율있는 군대다. 그러기에 유엔이 중공군을 침략자로 규정하고·이 침략자를 응징한다는 명령이 내리기 전에는 그 가진 바 역량을 11분으로 발휘할 수 없는 것이며·그 역량을 11분으로 발휘할 수 없는 바에야 후일을 待期하여 질서정연한 전략적인 후퇴를 감행하는 것은 오히려 현명한 조치인 것이다.

그러면 어디까지 후퇴할 것인가. 洛東江방어선까지. 그러기에 늦어도 이 방어선에 이르기까지는 유엔은 침략자 중공에 대한 단호한 응징결의가 채택되어야 한다.

만일 그때까지 그 결의가 채택되지 않는다면 그것은 3차戰을 방지하기 위한 신중이 아니라, 자멸의 우유부단이요, 유엔이 한국을 포기하는 것으로서 한국만의 희생이 아니라 침략 불용인의 유엔의 기본원칙을 유엔 자체가 포기하는 것이다. 이것은 곧 유엔 자체의 종말을 의미하는 것이다.

이것은 동시에 유엔을 강화함으로써 인류의 평화를 수호하려는 전세계 민주진영의 기본방침에 위반되는 것으로써 있을 수 없는 일이다. 그러기에 우리는 유엔이 洛東江방어선으로 후퇴하기 직전까지는 반드시 중공응징에 대한 추상같은 결의가 채택될 것을 굳게 믿는 바이며, 이 결의가 채택된 이상 유엔군은 사력을 다하여 洛東江교두보를 유지할 것이며 중공군격멸에 대한 祕策이 전개되고야 말 것이다.

겨레여! 우리는 유엔과 미국과 유엔군을 신뢰하자. 최후의 승리는 우리에게 있다는 굳은 신념을 갖자. 그리하여 우리는 다같이 굳게 뭉쳐서 추호의 동요도 없이 각자의 직책완수에 골몰하고 분발하여 이 聖戰완수에 일로매진하기를 촉구하고자 한다.

1951年 6月 30日
停戰案에 反對한다

워싱턴電報에 의하면 蘇聯의 일선사령관들이 정전을 교섭하여야 할 것이라고 美國에 제안하였다고 한다. 좀더 상세히 말하자면 유엔군총사령관과 한국군총사령관이 괴뢰군총사령관 및 중공의용군총사령관과 정전에 관한 회담을 하되 군사적인 문제에 국한하고 정치적 문제와 영토문제에 대하여서는 당사자들에게 일임하자는 것이다.

당사자들이란 한국의 각정당이란 말이다. 1947년 9월 한국문제가 유엔총회에 제기되었을 때에 蘇聯은 韓國문제해결은 한국 사람에게 일임하자고 주장하여 보이코트를 했던 것이다.

蘇聯은 지금도 이 태도를 견지하고 있음을 우리는 금번 정전제안을 통하여 잘 알 수 있다.

환언하면 蘇聯은 1947년 9월 이후 유엔이 韓國에 대하여 취한 일체의 조치를 무시말살하고 韓國에 대한 그의 주장을 재천명한데 불과하다. 蘇聯은 처음에는 美·英·蘇·中 4개국에 의한 신탁통치를 주장하였고, 이 신탁통치안이 실패하자 한국문제는 한국사람에게 일임하자고 주장하였던 것이다.

韓國 사람에게 일임한다는 것은 38선을 한계로 남북을 대립상태로 두자는 말이요, 6·25 이전의 원상으로 돌려 보내자는 말이요, 재침략의 기회를 또 한번 가져보자는 말이다. 그러나 다음번에는 유엔군이 오기 전에 일사천리로 밀어버리겠다는 말이다.

평화의 미명하에 제기된 蘇聯의 정전안은 이상에서 본바와 같이 한국문제해결에 대한 하등의 성의도 없을 뿐 아니라 재침략에 대한 굳은 야욕을 그대로 내포하고 있으며, 더우기 우리가 분개하지 않을 수 없는 것은 인류의 평화와 정의를 위하여 노력해 온 유엔의 모든 활동을 여지없이 무시하고 유린해버린 것이다. 蘇聯의 안중에는 유엔이란 존재하지 않는다는 것이 금번 제안으로 명백히 되었다.

유엔의 韓國에 대한 모든 결의는 완전히 무시당했다. 유엔총회의장 엔테참씨가 말리크와의 회견을 요청해도 칭병하고 만나지 않는 이유를 우리는 이제 잘 알게 되었다. 한국의 통일독립을 달성하고 평화를 보장하려는 유엔의 모든 노력은 이제 완전히 무시를 당한 것이다. 말리크의 정전제안에 鳴動하던 泰山에서 나온 것은 새앙쥐새끼 한마리 격도 못된다. 새앙쥐 새끼만도 못한 자를 상대로 통일이니, 평화니, 정전이니, 하고 떠드는 유엔 정치가들의 속을 알 수 없다.

남북한의 대립과 재침략의 보장을 요구하는 정전안, 이것이 유엔의 평화노력에 대한 소련의 회답이요, 애치슨의 국지화정책에 대한 소련의 조소적인 결론이다.

맥아더 원수를 해임하고 구라파치중정책에 기울어진 미국무성의 현정책에 대한 야유적인 회답이다. 애치슨은 얄타 협정과 모스크바 三相 협정과 1947년 9월이후 UN총회에서의 마리크 연설을 재검토하는데 바쁠 것이다. 그러나 아무리 검토해도 거기서 유화정책의 정당성은 합리화되지 않을 것이요, 평화에의 희망을 발견할 수는 없을 것이다. 蘇聯은 정전제안을 통하여 유엔과 美國의 무조건 굴복을 요구하고 있다.

굴복하지 않을테면 一戰해도 좋다는 도전장이기도 한 것이다. 말리크는 7월 6일 뉴욕을 출발한다고 한다. 도전장을 내던진 말리크는 이 이상 대치할 하등의 이유도 없는 것이다. 굴복이냐, 도전에 응하여 정의를 앙양하느냐. 유엔 정치가들은 이제 2자중 택일의 기로에 서게 되었다.

1951年 3月 10日
맥아더 성명과 滿洲폭격

지난 7일 韓國전선의 제12차시찰을 마친 맥아더 원수는 그 성명가운데서 국제적 결정이 없으면 한국전선은 침체상태에 빠지고 말 것이라는 점을 지적하였다. 우리는 이미 2월13일 맥아더원수의 제10차시찰시의 성명에서 이 점을 충분히 觀取할 수 있었고 군사적 잠재력의 보유지 滿洲를 그대로 두고는 워커 장군의 기동작전도 그 한도를 넘을 수가 없고,38선을 넘어서 유엔의 韓國에 대한 결의를 실현할 수 없음을 지적했고 滿洲폭격은 침략자에 대한 최소한도의 응징임을 지적한 바 있었다.

리지웨이 장군의 기동작전에 대한 우리의 절대적인 신뢰에도 불구하고 최근 진격의 속도는 실로 遲遲한 바 있다. 이것은 적의 저항이 그만치 강화되었다는 것을 의미한다. 제3, 제4야전군의 주력부대를 상실한 中共군은 어느 틈에 이와같이 보강되었는가. 15만에 달하는 제2야전군이 이미 韓國전선에 참가하고 있다고 외신은 전하고 있다. 1분간에 8백발의 포탄세례를 주지 않고 漢江을 도하할 수 없다는 이 사실이야말로 적의 저항이 얼마나 완강해졌는가를 실증하는 것이다.

이와같은 저항의 완강성은 리지웨이 장군의 善戰에도 불구하고 기동작전자체도 이미 그 한도에 접근했다는 것을 의미한다. 유엔의 韓國에 대한 결의를 실천하기 위한 유엔군은 이미 중대한 난관에 봉착하게 되었다. 이 난관을 돌파하고 전진하기 위하여서는 두 가지 길밖에 없다.

하나는 더욱 많은 증원군을 보내 오거나 그렇지 않으면 滿洲에 대한 폭격을 단행하는 것이다. 구라파방위군의 급속한 결성이 일정에 오르고 있는 현재 손실병력의 보충정도는 몰라도 무제한한 병력을 韓國전선에 투입하기는 어렵다는 것을 생각할 때에 만일 유엔군이 38선을 넘어서 전진하기를 원한다면 滿洲폭격은 불가피한 것같다. 滿洲폭격없이 中共군을 鴨緑江彼岸으로 철병시키는 국제결정이 되었으면 좋지만 中共은 평화적 해결을 위한 모든 국제적 노력을 무시할 뿐 아니라, 적극적인 抗戰만을 강조하고 있는 이상 보급기지 滿洲의 폭격은 불가피하지 않는가. 물론 우리는 滿洲에 있는 인민의 전부가 中共에 심복하고 있지 않음을 잘 알고 있다.

그러한 인민들이 滿洲폭격을 어떻게 생각할까 하는 점은 유엔으로서도 충분히 고려할 점이리라. 물론 우리도 蘇聯의 앞잡이 침략자 中共군과 싸우고 있는 것이지 결코 中共인민과 싸우고 있는 것은 아니다. 이 점은 中國인민에게 충분히 인식시켜야 할 것이며 일부 인사들은 이미 유엔의 제반노력을 통하여 또 유엔군의 中共포로에 대한 대우를 통해 그리고 지금까지 은인자중하여 滿洲폭격을 하지 않았다는 것을 통하여 충분히 인식하고 있으리라. 그리고 滿洲폭격을 단행한다 하더라도 군사시설과 보급로에 대한 전략폭격에 불과한 것이며 일반인민의 살상을 목적으로 하지 않음도 자명한 일이다.

작년 6·25이후 수도 서울이 공산괴뢰의 수중에 있을 때에 그 주민의 대다수는 유엔 공군의 폭격기가 오기를 고대했고, 그 정확한 폭격에 무한한 위안과 용기를 가지고 유엔군 입성을 고대했다는 실례를 들고자 한다. 滿洲폭격은 中共의 악착스러운 宣傳에도 불구하고 반공인민대중에 무한한 용기를 줄 것이며 인민의 中共에서의 離反을 촉진할 것이다.

38조정위원회의 모든 노력이 수포로 돌아갔고 침략자 대책위원회가 그 활동을 개시하게 된 이때 우리는 만주폭격은 침략을 중지시키기 위한 최소한도의 응징임을 또 한번 강조하고자 한다.

밴將軍의 英雄的 善戰

영웅적인 유엔군은 鐵原과 金化에 입성했고 平康의 탈환도 목전에 있다. 이로써 大韓民國을 군사적으로 위협하던 적의 근거지 鐵의 三角地帶는 붕괴된 셈이다. 平康탈환이 완수되면 전선은 일거에 臨津江에서 元山까지 뻗치게 될 수 있을 것이다.

우리는 이제 새삼스럽게도 경이의 눈으로 밴프리트 장군을 우러러보게 되었다.

2차에 걸친 적의 춘계공세를 완전히 봉쇄했을 뿐 아니라, 간일발의 여유도 주지 않고 당황한 적을 쫓아 일거에 그 본거지를 무찌른 총명하고 용감한 그 전술은 마치 명인의 도술을 보는 것과 같아서 우리를 황홀케 하고 경탄케 한다. 우리는 일찍이 밴프리트 장군의 그리스에서의 많은 공적과 높은 명성을 들었지만, 실지 우리의 눈으로 보는 장군은 실로 入神의 묘술을 체득한 명장군임에 틀림이 없다. 우리는 이러한 명장군의 지휘밑에서 멸공성전을 수행하고 있는 것을 무한한 광영으로 여기는 바이며, 장군의 지휘만 있으면 江界, 慈城은 물론이요, 三水 甲山까지라도 갈 수 있다는 신념을 갖게 되었다.

그리고 장군도 아시다시피 우리는 꼭 거기까지 가야만 하겠다.

이북 괴뢰의 국내에 있어서의 최후근거점이 慈城, 江界, 長津의 삼각지대라는 것을 우리는 잘 알기 때문이다. 大韓民國을 위협했던 平康, 鐵原, 金化의 삼각지대는 붕괴되었다. 그러나 적의 최후거점을 무찌르지 않고 적을 국외로 추방하지 않은 채 중도에 싸움을 정지할 수는 없는 것이다.

밴장군은 그리스에서 그렇게 했다. 韓國에서도 그렇게 해주기를 우리는 간망한다. 우리는 가난하다. 우리가 가지고 있던 사소한 재산마저 다 잃어버리고 파괴당했다. 우리는 장군과 더불어 싸우는 우방장병들을 위로할 하등의 물질적 여유를 가지지 못하였다.

그러나 우리의 호의와 생명은 장군의 것이다. 국토통일은 우리의 悲願이요, 이 민족적 悲願을 달성하기 위하여 우리의 생명을 장군에게 바친다. 적을 이북에 남겨두고 싸움을 정지할 수는 없다. 그것은 지금까지의 희생을 무의미한 것으로 만들기 때문이다.

적이 이북에 남아 있는 한 韓國의 안전과 평화스러운 번영도 기대할 수 없는 것이다. 韓國의 자유와 안전은 곧 인류의 자유와 평화에 통하기 때문이다.

우리는 유엔정치가들이 정전을 통한 정치적 해결을 기도하고 있다는 것을 안다. 동시에 그것이 실패할 것도 명약관화하다.

韓國문제의 궁극적 해결이 蘇聯자체의 내부적 붕괴나 그렇지 않으면 3차전을 통하여 해결될 수밖에 없다고 생각하는 유엔정치가들의 생각이 틀렸다는 것은 아니다.

3차전을 회피할대로 회피하고 蘇聯의 내부적 붕괴를 기다리자는 유엔 정치가들의 생각을 모르는 것도 아니다. 그렇다고 추적하는 것을 실질적으로 정지하고 내려오는 적만을 도살하려는 사실상 38정전에는 동의할 수 없다. 이것은 전술적으로도 반드시 유리한 것은 아니다.

우리는 비수를 적의 목에 겨누면서 **촌각**의 여유도 주지않고 추적을 해야만 하겠다. 적에게 여유를 준다는 것은 재공격의 여유를 주는 것이다.

이것은 적을 과소평가하는 것으로서 전술상으로도 취하지 않는 바이며 정치적으로는 일종의 유화요 패배주의인 것이다.

시간적여유, 준비불충분, 半島작전의 특수성 등등의 이유는 있으리라.

그러나 그것도 상대적인 문제에 불과하다. 38선부근에서의 사실상 정전은 이미 없어진 38선을 다시 인정하는 중대한 과오를 범하게 될 것이다. 38선은 이미 없어졌다.

밴프리트 장군이여, 우리를 지휘하여 북진케 하라. 慈城, 江界, 長津의 三角地帶를 무찌를 때까지.

1951年 4月 5日

三八線決戰을 앞두고

맥아더 원수의 경고에 의하면 中共군은 막대한 인적·물적 손실에도 불구하고

63개사로 추측되는 50여만의 대군을 38선.특히 중부산악지대인 鐵原, 金化, 華川의 삼각지대에 집결하여 일대반격을 기도하고 있다 한다. 우리의 명지휘관 리지웨이 장군은 능히 中共군의 반격을 물리치고 적을 재기불능의 상태로 몰아넣어 일격에 新安州·咸興의 腰折部까지 치고 올라갈 것을 믿어 의심치 않는 바이며, 정의의 유엔군 위에 하나님의 축복이 있기를 우리는 거족적으로 빌고 있다.

동시에 이 민족수난의 원인이 되고 인류의 정의가 용인할 수 없는 38선을 차제에 국지화하자는 것인데 이러한 해결이 언제까지 실현된다는 것을 아무도 모르기 때문에 불안한 전쟁과 고귀한 희생은 계속되고 더우기 이러한 불안과 희생의 도탄 속에서 헤매는 우리의 고통은 이루말할 수 없다. 우리의 고통은 고사하고라도 유엔의 이러한 방침이 우리에게 무슨 희망을 준다면 모르거니와,유엔의 방침이 성공하고 안하고는 中共의 태도여하에 달렸다는 것은 문제해결의 주도권이 中共에 있고 유엔에 있는 것이 아니다.

그런데 中共의 동향을 보면 평화적 해결을 하려는 것보다도 철저한 항전을 결의하고 실천하고 있다고 밖에 생각되지 않는다.

상대방은 철저항전을 실행하고 있는데 유엔은 의연히 모든 희생을 무릅써 가면서 평화적 해결만을 주장하고 있으니 이러한 방침이란 韓國民의 여지없는 희생이 있어서만 가능한 것이다.

세계대전을 방지하기 위하여서는 韓國하나쯤 희생되는 것도 부득이하다고 생각하는 모양이다. 韓國을 희생하고 영구평화가 성립된다면 모르거니와 韓國을 희생하고 세계대전은 불가피하다고 생각하지 않을 수 없으니 더한층 안타까운 바 있다. 유엔이 동 문제해결의 주도권을 中共에 맡기고 美國은 그 주도권을 英國에 빼앗기고 있는 현사태에 대한 우리의 불만도 이러한 안타까운 심경에서 나온 것이며 우리가 맥아더 원수의 적극책을 지지하는 것도 이러한 심정에서이다.

현재의 소극적 방침으로 문제가 해결되느냐, 맥아더 원수의 적극책이 문제를 해결하는 것이냐는 맥아더원수 해임문제와는 별도로 금후에 남은 문제라 아니할 수 없으며,우리가 적극 지지해 오던 맥아더원수의 해임을 충심으로 애석히 생각하는 바이다.

1953年 7月 28日
休戰成立

휴전은 마침내 성립되었다. 공산군이 남침을 개시한지 3년과 또 1개월 그리고 소련의 말리크가 휴전을 제안한지 만1개년과 또 11일, 참담하다면 그 類를 史上에서 찾기 어렵고 또 휴전교섭으로서는 기록을 깨뜨리는 장세월을 허비한 전쟁은 이에 끝나고 우리 강산에서의 포성은 오늘로 거두게 되었다. 저간에 敵我雙方의 인명 손실은 수백만으로 헤아리고 韓國이 입은 물적파손은 거의 국토를 초토화하다 시피 하였던 것이니 이제 銃火가 거두어지고 殺盜의 비참이 그쳤다고 하는데서 유혈의 중지를 다행히 생각할 수도 있을 것이다.

그러나 한편으로 휴전은 우리 국토의 양단을 그대로 버려 두고 응당히 징벌을 받아야 할 침략자를 유화하는 결과가 되고만 것이니 우리 국민의 불만은 말할 것도 없고 또한 세계인류의 자유수호를 위해서도 불행한 일임은 숨길수 없는 사실이다. 진정한 평화의 수립이 과연 가능하느냐 하는 것은 공산제국주의의 근본성격에 비추어 前途多難을 의심하지 않을 수 없다. 이런 전쟁은 침략자에게 대하여 유엔이 공동방위를 단행한 것이라 하여 역사상에 신시대를 劃하는 사실이라고 칭양되었었거니와, 한편 완전승리의 의욕을 가지지 않고 소위 제한된 전쟁이란 개념하에서 적의 근거를 때리지 못하여 온 점에 있어서 또한 전쟁사상의 전례를 깨뜨렸다고 볼 수 있다.

이런 의미에서 유엔 경찰행동은 중도에서 좌절되고 세계질서 유지의 숭고한 이상은 냉혹한 현실과 타협을 부득이하게 된 것이다. 우리 韓國이 유화정책적인 휴전을 반대하여온 이유는 여기 있는 것이다.

금일 韓國의 태도에 대하여 오해를 가진 일부 외국정객들도 앞으로 때가 지남에 따라서, 점차로 한국국민의 부르짖음이 정당하였다는 것을 깨달을 날이 반드시 있을 것이다.

휴전은 물론 평화가 아니요, 다만 총 쏘는 것을 중지한 것 뿐이다. 진정한 평화가 재래되는 것은 금후의 사태진전여하에 있는 것이다. 이를 위해서는 정치회담이 구상되고 있거니와 이 회담이 과연 세계평화를 수립하는데 성공할 수 있는가

하는 것은 의심의 여지가 많다. 왜 그러냐 하면, 진정한 세계평화는 韓國의 민주적 통일완수라는 사업이 성공적으로 진행되어야 할 터인데 공산진영의 진의가 이러한 원칙에 동의할 가능성이 희박하기 때문이다.

더구나 진정한 평화는 적색전제정치의 철권밑에 신음하고 있는 모든 인민을 해방함으로써만 가능한 것이요, 국지적인 해결로써 성취될 수 없는 것이라는 것을 생각한다면 자유세계는 가일층 단결을 강화하고 실력을 양성하며 판단성 있는 영도권을 발휘해야 할 것이다. 韓國이 눈물을 머금고 휴전의 성립을 불방하였다는 것은 오직 자유진영의 단결을 유지한다는 한가지의 이유가 있었을 뿐이다.

휴전후에 오는 외교전, 사상전 내지 정치전은 어떤 의미에서 총포전보다도 더 어려울 것이다. 이것은 韓國의 처지에서도 그러하거니와 자유진영對 공산진영의 각축에 있어서도 더욱 그러하다.

목적을 위해서는 수단을 가리지 않는 공산당의 無所不爲의 모략에 대하여 자유진영은 비상한 경계와 지혜로써 대하지 아니하면 안될 것이요, 또는 과감한 정의수호의 태도로써 임해야 한다. 이 땅에서 흘려진 귀중한 피를 허사로 돌리지 않기 위하여 전세계 자유국민들의 각성을 촉구하는 까닭이 여기 있다. 세계는 한번 더 韓國의 소리를 냉정히 귀 기울여 들을 용의를 가져야 한다.

뉴욕 타임스, 13개국 停戰案에 사설

1950년 12월 13일

유엔총회 정치위원회는 중공군 한국 즉시 철수를 요구하는 미국 지지의 결의안을 잠시 보류하고 아시아 및 극동국가군의 대변인으로서의 인도대표 라우씨가 제출한 2개결의안을 우선적으로 취급하였다. 동 2개결의안 중 1안은 유엔총회의장 엔테잠씨를 수반으로 하는 3인위원회를 임명해 만족할만한 정전협정을 체결할 수 있는 토대를 결정시키자는 것이고, 다른 하나는 가급적 조속히 7개국대표위원회를 개최하여 유엔의 목적과 원리에 합치된 극동의 현 분쟁의 평화적 해결을 위한 관계제국과의 협의에 입각한 건의를 제출시키자는 안이다.

앞의 2개안의 우선적 취급은 48대5(소련 블럭)로 가결되었는데 이것은 제3차대전을 회피하기 위하여 해결책을 검토하려는 총회의 압도적 공포심의 표현이라고 볼 수 있다. 이에 앞서 베네갈씨는 중공대표 伍修權씨와 회담했는데 앞의 총회결정은 베네갈씨가 동 회담에 입각한 확언 즉「北京의 전쟁不願에는 의심의 여지도 없다. 중공은 과거의 경험까닭에 부당한 의심을 일으키고 침략이 존재치도 않는데 침략이 있다고 본다」에 영향을 받은 것이 분명하다.

그러나 총회는 한국의 실제적 사태에 직면하고 있으며 개입사태 즉 중공군 한국침입으로 인하여 유엔군은 지난 유엔결의에 의해 받은 사명을 완수할 수 없게되었다는 맥아더장군의 성명서에 당면하고 있었다. 이 이외에 또한 북경태도로 보면 유엔이 이때까지보다도 훨씬 더 큰 병력으로 유엔군의 한국전투를 지원할 용의가 없다면 중공군이 한국에서 철수할 가능성이 거의 없다는 일반적인 확신이 있었다. 이러한 이유로서 미, 영 양국은 대다수국가의 입장에 따라 2개 결의안 중의 첫 안에 찬동하고 정전제안을 지원키로 결정하였다. 양국은 더욱 쉽게 그렇게 할 수 있었는데 동 결의안은 지난 6월25일 안보이사회가 채택한 한국의 평화성 취행동을 발동시킨 원결의안과 동조인 것이다.

6·25결의안도 역시 즉시 정전과 38선까지의 북한괴뢰군 즉시 철수를 요청하

였던 것이다. 만일 당시 이 결의안이 복종되었더라면 한국, 중국 및 유엔은 많은 손해와 생명의 손실을 구할수 있었을 것이다. 그러나 동 결의안은 복종을 보지 못하고 이제 중공군은 중공의 법적 이권을 보호한다는 유엔의 증언이 있음에도 불구하고 공산주의 침략의 선봉대로서의 패배자 북한괴뢰군을 대신하였다.

사정이 이러하므로 정전안은 北京정권의 진실의 의도가 저변에 있는가,또한 중공의 동기에 대한 베네갈경의 분석과 伍중공대표의 확언이 사실과 일치한 것인가를 판명할 것이다.

중공이 정전안을 수락한다면 이는 적어도 중공이 유엔과 큰 전쟁을 할 의사가 없다는 것과 이에 따라서 평화적 해결의 서광이 비치게 된다는 것을 의미하는 것이다. 그러나 유엔의 전쟁돌입을 가져온 제 현안은 이로써 해결되는 것이 아니므로 제2의 결의도 우리는 그다지 낙관할 수 없는 것이다.

유엔의 목적 및 이념과 일치한 해결은 침략의 조장이 아니고 이의 탄압을 요구하는 유엔헌장 수호를 달성하고 또한 자주독립, 통일 한국의 수립을 가져오는 것이라야 한다. 그런데 제2의 결의의 제안자들은 한국문제를 기타 극동 제문제에 관련시킴으로써 정치적 거래의 도구로 하려는 중공의 요구를 응락코저 하고 있을 뿐 아니라 중공정권 승인, 중공의 유엔참가 및 대만의 양도를 포함한 중공의 기타 제 요구를 지지하는 제국으로 하여금 3위원국의 과반수를 차지하게 하고저 하고 있다. 이는 무력에 대한 굴복을 의미하며 비단 중공의 침략행위를 조장할 뿐 아니라 또한 유엔의 최초의 평화 행동을 유명무실화하여 타 지역에서의 일층의 공산침략에 대하여 문호를 개방하는 것이다. 이러한 것은 유엔이 창설된 목적이 아니며 유엔의 존속에 유해한 영향을 미친다. 따라서 총회가 이러한 제안을 기각하기를 희망하지 않을 수 없다.

東亞日報

國軍精銳北上 總反擊戰展開

海州市를完全占領

大韓海峽서敵艦擊沈

綜合戰果發表
26日午前八時現在

敵主力部隊崩壞
共匪臨津渡江水泡化

韓委「유엔」에報告
「永登浦驛에亂銃掃射」

傀儡軍後退開始
戰車八臺를擊破

北韓은侵略者
安保緊急會서決議規定

非常緊急措置
軍事費支出等

對韓武器卽送
트氏맥將軍에指令

我方施設에損害全無

敵一聯隊壞滅

朝鮮日報

整備勢態擊避·朴林末戰

國軍一部海州突入
敵射殺一,五八〇名
戰車等擊破 五八臺

【國防部發表二十六日午前一〇時發表】

一、天大共將兵長의大部份役에一前線을展開하고있음

二、東海岸의長海軍港突入

三、

四、

敵　射　殺
　　一、五八〇名

對韓武器
美政府, 叫

援助武器輸

UN安保緊急會議開
韓國事態討議次

UN

"All the News That's Fit to Print"

The New York Times.

LATE CITY EDITION

NEW YORK, SUNDAY, JUNE 25, 1950.

FIFTEEN CENTS

WAR IS DECLARED BY NORTH KOREANS; FIGHTING ON BORDER

Communist Regime Attacks South Republic, Uses Tanks —Broadcasts Hostilities

FIRST DRIVE SEEN CURBED

United States, Holding Soviet Responsible, Watches Event —Plea to U. N. Likely

By The United Press

SEOUL, Korea, Sunday, June 25. —The Russian-sponsored North Korean Communists invaded the American-supported Republic of South Korea today and their radio followed it up by broadcasting a declaration of war.

The attacks started at dawn. The Northern Pyongyang radio broadcast a declaration of war at 11 A. M. (9 P. M. Eastern Daylight Time Saturday).

North Korean forces attacked generally along the border, but chiefly in the eastern and western areas, in heavy rain after mortar and artillery bombardments which started at 4 A. M. (2 P. M. Eastern Daylight Time Saturday). They were reported two and a half miles inside South Korea at some points.

[The State Department in Washington, receiving reports of the Korean fighting, was preparing to hold the Soviet Union responsible for the outbreak. The Associated Press quoted Korean Ambassador John Myun Chang as saying the

Bidault's Government Falls In Confidence Vote, 352-230

Withdrawal of Support by Socialists Fatal to Cabinet—President Meets With Party Leaders in Move to Name Successor

By LANSING WARREN
Special to The New York Times.

PARIS, June 24.—The Government of Premier Georges Bidault was overwhelmingly defeated today by the National Assembly's refusal on a vote of confidence by a margin of 352 to 230. President Vincent Auriol immediately began consultations for formation of a new cabinet.

By reason of the international situation, there was need for haste. But the disarray into which the French political majority was thrown by the sudden crisis made prospects for a swift solution seem unlikely. It was thought that the President would attempt first to obtain the support of the various parties for some program before trying to select the next Premier. It was predicted that nobody would be chosen before Monday.

The Government's fall on a technical question of increases in civil service pay did not preclude its having unforeseen effects upon the international situation. Coming in the midst of the preliminary talks on the Schuman plan, it was feared that the crisis, if prolonged, might raise doubts for example in the United States about the stability of France to take the lead in the European field.

Despite a statement by Jean

Monnet, chief French delegate to the Schuman talks, that the overthrow of the Bidault Government would not affect the talks, it was feared also that it might strengthen the Labor Government in Britain in its stand against participation in the proposed pool for coal and steel. Moreover, on the verge of the Indo-China conference next week at Pau, when further details of the French Union are to be discussed, the French negotiators might be lacking in authority unless a Government was formed.

Both subjects were at once brought up in the leaders talks with M. Auriol. François Mitterand expressed uneasiness regarding the effects of the delay upon prospects of the pool discussions and prospects of the unity of Europe. Leopold Senghor, Overseas Deputy, expressed surprise that for a second time the French Union talks should be interrupted by a Cabinet crisis. He recalled that the King of Cambodia last year, tired of waiting for a Ministry to be formed, left Paris without having signed the French-Cambodian treaty.

With all these reasons to work

Continued on Page 27, Column 3

1,500 EASTERN SPIES REPORTED BY BONN

PARIS OFFERS DRAFT OF TREATY ON POOL

「전쟁은 북한이 분계선을 공격함으로써 개전되었다.」
(美, 「뉴욕타임즈」 1952.6.22)

「한국, 북한군의 침공을 받다. 「탱크」의 지원을 받으며 해안 상륙까지」
(佛, 「라나숑」, 1950.6.27)

「공산군, 서울로 진격…… 한국은 희생의 재물이 될뿐아니라……」
(佛, 「르몽드」, 1950.6.27)

「북한, 한국에 선전포고, 침입군 임진강 돌파, 서울에 위기 닥치다」
(日, 朝日新聞, 50.6.26)

「북한, 한국에 선전포고, 38선을 돌파, 강릉·포항에도 상륙」
(日, 每日新聞, 1950.6.26)

일본의 「總評」은 6·25가 「북선군에 의해 가장 악랄하게 계획된 남침」이라
고 論評.(日, 「總評」기관지, 1950.7.8)

「북한은 ……「유엔」한국위원단이 있는데도 참혹하게 공격했다」
(오스트리아, 「디 프레세」, 1950.6.27)

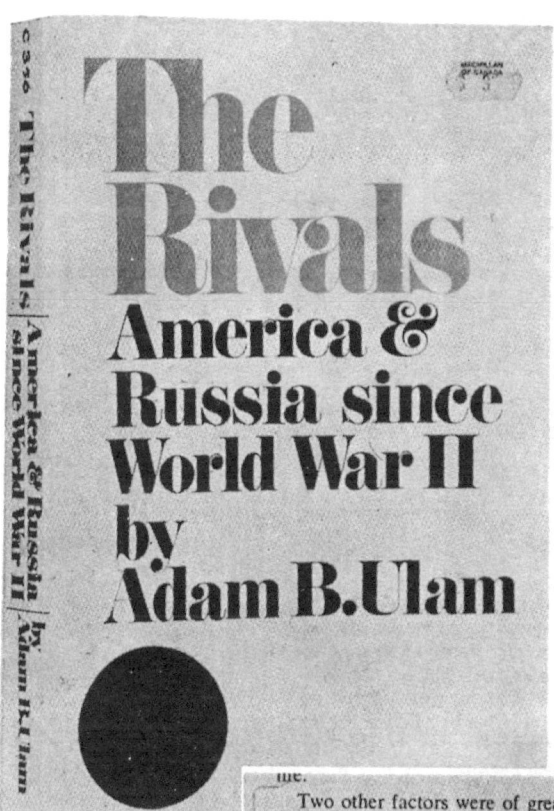

The cover of the book:

The Rivals
America & Russia since World War II
by Adam B. Ulam

VIKING COMPASS

ue.

Two other factors were of greater importance. No sane person
doubt the ultimate Soviet responsibility for the attack.[12] But the
American move vis-à-vis the Russians was so expressive of Was
ton's fears of an all-out war that it relieved the Soviets of any appr
sion of an immediate confrontation. The American "note of record
labeled to avoid any implication of an ultimatum, asked Moscow t
avow its responsibility for the aggression. The Russians, needless t
were glad to oblige. It also asked them to use their influence wit
North Koreans to persuade them to stop the invasion. Moscow gr
declared this was beyond its powers and would constitute meddli
the internal affairs of a sovereign state.

The Soviet rejoinder of June 29 was mild and polite by the
standard of Soviet behavior on such occasions: no talk about "resp
bility of the imperialist circles" and "incalculable consequences"
might follow from unleashing aggression.

The other, probably decisive, factor which made the Russians

「아담 B·울람」著, 「競爭者들」속에서 북한군의 남침 배경을 명백히 언급.

921

ss was made along this
1 of leadership for the
proved less easy. Polit-
s were customary and
military leadership. In
ere language barriers to
be overcome and a constant struggle to
secure training time for the eight South
Korean divisions that had been organ-
ized. Guerrilla activity demanded their
use in stamping out centers of Commu-
nist and bandit resistance in South
Korea. On the whole, the ROKA had
made a beginning by mid-1950, but was
far from being a well-trained or well-
equipped force.

Across the 38th Parallel the Russians
had fashioned a more potent force.
Leavened with Korean veterans of the
Chinese civil war, the North Korean
Army had grown to 135,000 men by June
1950 and included some heavy arms and
equipment. Not only did the Commu-
nists have heavy artillery, armor, and
planes but they were also better trained.

Border clashes broke out along the
parallel during early 1950 and Commu-
nist political propaganda in South Korea
mounted. After the elections of May
1950 in South Korea failed to strengthen
their cause, the Communists decided
upon sterner action. They demanded
new elections, to establish a legislative

United Nations. With
attack the U.N. Secur
manded the immedia
hostilities and the with
Korean forces back to
lel.[15] When the Nort
tinued to advance, the
passed a resolution on
U.N. members to provi
ance to South Korea. P
quickly ordered Gener:
send air and naval force:
troops and when these
cient to halt the fast-mo
battle forces, the Pres
MacArthur to commi
units, too.[16]

Since other member
Nations indicated that
send contingents to K
Security Council asked t
to form a unified comm
a commander. Preside
cepted the responsibili
leadership and named
the first U.N. comman
would receive his instr
the Army Chief of Sta
ecutive agent for the
Staff.[17] The U.N. comm

[15] The Soviet member was a
ty Council in protest against
Nationalist Chinese represent

「미육군 한국동란史(제 4 권)」

· CHAPTER 1 ·

R IN THE

E OF PEACE

trongest, he does not consider himself the

nd he defines his intention to invade the

e peoples as self-defense.

—Bossuet, *Political Principles Drawn
from Holy Scripture*

AT DAWN ON SUNDAY, JUNE 29, 1950, NORTH KOREAN troops crossed in force the narrow demarcation line which, at the 38th Parallel, divided the people's democracy from the pro-Western regime of the aging Syngman Rhee. The Cold War was becoming a hot war.

The news seemed so unbelievable, in spite of warnings which American intelligence had been sending out for weeks, that at first, people refused to take it seriously. A journalist passing through Tokyo asked MacArthur if it was advisable for him to delay his return to the United States. The hero of the Pacific war, now the American proconsul in Japan, advised him not to be concerned over such a trifle. Soon, however, the evidence had to be accepted. The North Koreans had committed almost the whole of their small, Russian-equipped army—four divisions and three brigades of militia. The attack was launched at four different points and was combined with amphibious operations. In order to justify itself, the govern-

북한군의 기습남침이 冷戰을 熱戰으로 바꾸었다는 「앙드레 퐁탠」 著, 「冷戰」

The Invasion

AT FOUR O'CLOCK on the morning of Sunday, 25 June, 1950, armed for
of the Democratic People's Republic of Korea, a Communist state, advan
southward across the 38th parallel of north latitude into the neighbou
Republic of Korea. Small formations struck at various points along
border, to tie down defending forces, while two main columns, supported
tanks, thrust towards Seoul, the capital city of the Republic of Korea. L
in the morning, the North Koreans issued a formal declaration of v
charging that the Republic of Korea had prompted the action by initia
an act of aggression.

The Backg

The immediate sequence
small, spiny appendange of Asi
Franklin Roosevelt, Winston Cl
the fate of Japan. Their Cairo
shall become free and independ
Korea had long been a b
Dominated for a millennium by
as a stepping-stone for the Jap
Emulating the tactics of the tra
first negotiated a trade treaty v
infiltrate the country. The succe
of 1894, fought largely over the
hand in Korea. They graduall
winning the Russo-Japanese war
Japanese colony.²
In 1945, after the defeat o
seemed possible in Korea. But t
tion once again turned it into a
When the Japanese surrenc
the Allies in Korea was the disar
of that responsibility between th
choice of the 38th parallel as a

STRANGE BATTLE-GROUND

OFFICIAL HISTORY OF THE CANADIAN ARMY IN KOREA

BY
LT. COL. HERBERT FAIRLIE WOOD

「카나다」군의 한국전 參戰史인 「허버트 페얼리 우드」 著 「異常한 戰場」

韓國戰爭日誌

附 錄

韓國戰爭의 起源

韓國戰爭의 起源 ①

6·25 특집좌담회

1950년韓國戰爭을말한다

(가나다順)

姜　右　根

　　　　（재향군인회·안보연구위원）

裵　名　五

　　　　（국방대학원·북한연구실장）

安　龍　鉉

　　　　（군사문제연구소·연구위원）

崔　　榮

　　　　（외교안보연구원·연구위원）

사회：崔　鍾　泰

　　　　（군사문제연구소 편집실장）

때　：1990. 5. 15. 13：00

　　　　　　　　（당시의 직위）

국제환경과
金日成의 南侵배경

司會 : 이달은 6 · 25 韓國戰爭이 발발한지 40주년이 되는 달입니다.

그동안 많은 社會的 변화와 함께 韓國戰爭은 잊혀져 가고 있습니다.

특히 韓國戰爭은 개념마저도 분명히 정립되지 않은 채「南侵이냐, 北侵이냐 ? 」라는 論爭이 일어나고 있는 안타까운 실정입니다. 최근 사회 일각에서는 韓國戰爭도발의 책임이 南韓쪽에 있다는 논리로 大學街나 노동현장 심지어 일부 국민학교에서까지 의식화 교육이 이루어지고 있습니다.

차제에 軍事問題硏究所가 創刊한 군사잡지 '平和'誌가 6 · 25 40주년 특집으로 韓國戰爭을 재조명해 보고자 특집 좌담회를 마련했습니다.

귀중한 시간을 내 주셔서 대단히 감사합니다.

먼저 1950년 6월 25일 金日成이 南侵을 하기 前夜의 국제 정치면에서 전쟁도발의 결정적인 배경이 무엇이었는지 국제정치를 전공하시는 崔榮교수께서 이야기를 시작해 주셨으면 합니다.

崔 : 한반도는 군사적으로 볼 때 38도선이 있었으며, 政治 · 外交史的으로는 50년 1월의 애치슨 선언에 의해 眞空地帶가 되어 있었습니다.

중요한 것은 美 · 蘇간의 얄타체제가 오래 지속될 것으로 본 미국의 前後 처리에 관한 신중한 자세였습니다. 그러나 49년 10월 中共이 統一정부를 선포함으로써 달라졌습니다. 미국은 毛澤東을 온건한 土地改良主義者로 오인했기 때문에 그가 全 중국을 共産國으로 통일하리라고는 예견하지 못했습니다. 즉, 중국이 共産化됨으로써 한국은 지정학적으로 중요한 위치를 차지하게 되었습니다.

이러한 상황에서 애치슨의 극동방위선에서의 한국 제외 선언은 북한이 南侵의 기회라고 오판을 하게 된 한 동기가 된 것은 확실합니다.

미국의 學者들은 이것을 부인하지만, 한국이 진공상태로 버려진 政治的, 군사적 현실은 틀림없이 공산주의자들에게 침략 의욕을 자극한 것은 부인할 수 없습니다. 분명히 이것은 韓國戰爭 발발의 한 요인이었음은 틀림없습니다.

실은 애치슨 선언의 배경은 그 1년 前 맥아더사령관이 東京 기자회견에서 한 발언과 맥을 같이 하고 있습니다. 이때 맥아더는 한반도가 미국 방위의 외각지대에 있다고 말했으며, 이것은 美 國防省쪽의 의견이라기보다 軍部의 결정에서 이루어졌던 것입니다. 즉, 國防省의 한국 不拋棄 정책은 軍部의 스탭들에 의해서 방위선 밖으로 밀려났던 것입니다. 우연의 일치였을지 모르나 소련의 UN대표 말리크는 소련 및 공산주의 국가들에게 애치슨선언은 유리하다고 판단했고, 韓國戰爭 도발의 근원 중의 하나로 볼 수 있습니다.

또 하나 國內的인 요인을 검토해 본다면 南韓의 李承晚 정부의 失策을 들 수 있습니다. 그것은 北進論을 주장했던 李博士와 이를 뒷받침해 주는 軍部측의 호언장담(아침은 開城에서, 점심은 平壤에서, 저녁은 新義州에서)에 의한 北의 위기의식이 南侵의 또 하나의 계기가 되었다고 보겠습니다.

말로는 이렇게 떠들어 댔지만 정치적이나 군사면에서 아무런 대책이 없었음을 지적하지 않을 수 없습니다.

미국은 한국을 太平洋방어선 밖으로 밀어내면서 이를 南韓과는 전혀 상의한 바 없이 一方的으로 결성했습니다.

분명히 말씀드리고 싶은 것은, 북한에서는 모든 것을 처리·결정 할 때 三國의 (中·蘇·北韓)완전한 협의에 의해 이루어 졌는데, 南韓에서는 정치·군사면에서 미국의 일방적 조치에 의해 결정되었습니다.

이와같은 상황하에서, 하나는 중국 共産黨에 대한 평가가 잘못 됐으며, 둘은 애치슨 '선언과 같은 중대한 정치적, 戰略的인 결정에 있어서 韓·美간에 전혀 협조가 없었다는 점이 국내외적으로 중요한 전쟁도발 요인이 되었다고 할 수 있겠습니다.

전쟁 전야의 북한의 상황은

司會 : 다음은 裵교수님의 견해를 듣고 싶습니다. 특히 韓國戰爭 발발 전후의 북한의 정치적, 사회적 상황속에 韓國戰爭을 일으킨 主要因을 무엇이라고 보십니까 ?

裵 : 6·25한국 전쟁이 끝난지가 37년이 지난 오늘날 다시 韓國戰爭을 재조명해 보자는 취지의 좌담회를 한다고 생각합니다. 참으로 서글프기 그지 없습니다. 특히 북한에 비해 전쟁의 개념마저도 모호하다는 여론을 들을 때 군사전문가로서 부끄러운 면도 없지 않습니다.

이런 면에서 늦게나마 이런 자리를 마련해 주신데 감사를 드리고 싶습니다.

저의 입장에서 보면 6·25 韓國戰爭은 펜대신 총을 들고 싸우게 했으며 오늘까지도 국가의 녹을 먹고 있는 나로서는 참으로 죄송스럽습니다.

특히 戰後세대가 80%를 넘고 있는 이때에 大學街에서 뿐만 아니라 초·중·고등학교에서까지도 北侵說이 확대되고 있다는 사실은 참으로 가슴 아픈 일입니다.

司會者께서 요청하신 "6·25 발발 전후의 北韓內에서 전쟁 勃發을 촉진시킨 요인은 무엇으로 보는가"라고 물으셨습니다.

시간과 지면관계상 간략하게 몇가지를 지적하겠습니다. 우선 국제적인 정치

환경과 연계되어 있는 國內 요인으로는

첫째, 金日成의 南韓을 赤化통일 하겠다는 의지겠지요.

둘째, 49년 10월 中共 毛澤東의 지원을 받을 수 있게 되었습니다.

셋째, 國內(韓國)에서의 内部혼란이었습니다. 46년 10월 大邱폭동, 48년 4월 濟州道폭동, 동년 10월 20일 麗順반란사건, 49년 10월의 晉州무장공비 습격등이 계속되었으며, 49년 4월 金九·金圭植선생님의 北韓방문, 그리고 要人들의 암살 등 政治·社會면에서 극도의 不安과 인플레등 經濟事情의 악화로 혼란이 가속 됐습니다.

끝으로, 이런 상황에서 美軍의 撤收(49. 5. 28)는 결정적인 계기가 되었다고 하겠습니다. 美軍의 自衛力이 미미함을 金日成은 잘 알고 있었으며, 이에 따라 南韓의 軍이 강화되기 전에 南韓을 적화 통일하겠다는 야욕에서 南侵을 감행하게 된 것입니다.

南侵에 대한
확실한 정황 설명은

司會 : 국제적 환경 특히 소련과 韓國戰爭과의 관계를 좀더 설명을 부연해 주셨 으면 합니다.

裵 : 이미 앞에서 崔교수께서 분석하신바 있기 때문에 중복되지 않는 범위에서 몇가지 지적해 보겠습니다.

넓은 의미에서 소련의 南進정책에 기인하는 것으로, 소련은 제2차대전의 승리로 東南進정책을 택했는데

① 중국의 共産化

② 38선 以北에 공산권 초소(北韓정권)수립

③ 일본의 막강한 戰力 특히 연합함대의 전멸

④ 한반도 南쪽의 不凍港(馬山과 鎭海의 軍港)의 확보를 위해서 金日成을 支援했습니다.

한편 이와는 또 다른 好材가 金日成에게 작용했습니다. 그것은 다음과 같이 몇 가지를 열거할 수 있을 것입니다.

① 소련은 북한에서 철수할때 T-34탱크 등 攻擊型 무기를 두고 갔고.

② 1948년 12월 모스크바 비밀군사회담에서 "16개월 이내에 南侵 전쟁준비를 완료하라."는 스탈린의 지령이 있었으며.

③ 1948년 2월 8일 人民軍이 창설되었는데, 남한에 비해 엄청난 戰力을 보유하게 된 사실 등입니다.

이러한 好材들이 金日成의 南侵 유혹을 부추기고 있었고, 南韓의 국군은 38 도선을 거의 비워두고 있는 상태였습니다.

당시 南韓에는 경무장한 8개 사단이 편성되어 있었으나, 4개 사단의 병력이 공비토벌 때문에 후방에 묶여 있었고, 38선에는 불과 9개 연대만이 2.3인치 로케트, 76mm對전차포 그리고 소총 중대의 박격포 등 극히 미약하기 짝이 없는 무장으로 배치되어 있었습니다.

이러한 好材에다 소련은 절대적인 후원자로 金日成을 支持했지요.

司會 : 6월 25일 金日成의 도발에 의해서 韓國戰爭이 開戰됐다는 소식을 들은 스탈린이 깜짝 놀랐다는 이야기도 있었는데, 그것은 金日成이 전쟁을 너무 빨리 시작했다는 반응이라고 했습니다. 裵교수의 설명을 들어보니 金日成의 속셈이 이해되는 것 같습니다.

姜 : 두 교수님의 분석은 南侵배경을 이해하는데 큰 도움이 됩니다.

安 : 南侵의 배경을 설명해 주는 여러 정황들은 모든 학자들의 공통된 의견으로, 金日成의 南侵임은 논란의 여지가 없습니다.

司會 : 그런데도 저들은 北侵説을 조작하고 南韓을 平和의 파괴자로 몰고 있습니다.

姜 : 전쟁이 끝난지가 37년이나 지났는데도 北侵 운운하는 學説들이 우리 社會 일각에서 논의되고 있는데 대해 우리 6·25세대 내지 기성세대, 지식인들의 잘못을 더 탓하고 싶습니다.

그래서 제 생각으로는 北侵에 대한 확실한 증거와 南韓이 北侵을 할 수 없었던 증거를 제시하는 편이 바람직하다고 봅니다.

北侵説의 근거로
인용되고 있는 논리들

司會 : 反證의 문제는 뒤로 미루고 姜장군께서 북한의 南侵임이 확실한 정황을 어떻게 설명하실 수 있겠습니까.

姜 : 크게 다섯가지로 나누어지는 근거가 있습니다. 그리고 南韓이 北侵을 하지 않았다는 명백한 정황설명이 가능합니다.

먼저 공격을 위한 여러가지 징후가 있었는데, 그것은 6·25를 앞두고 북한이 38도선 以北 5km내의 주민들을 北쪽으로 강제이주시켰던 사실입니다.

최전방 거주민을 놓아둔 것은 기도의 隱匿때문이었습니다.

다음은 저들이 전쟁물자의 備蓄을 서두르고 있었던 것을 들 수 있는데 특히 정유의 수입과 정유공장의 신설, 정비 등입니다.

그리고 군사훈련의 강화 및 강력한 화력보강을 서두르고 있었습니다.

1950년 4월 중순 T-34 전차 100여대를 필두로 122mm포와 Su 자주포 및 120mm 박격포 76mm곡사포 등의 중화기와 기관총, 소총 등을 淸津, 羅進港을 통해서 급속히 증강하고 있었습니다.

다음은 南韓의 6·25 前夜의 정황은 어떠했는가를 살펴보겠습니다.

1950년 1월 陸本 교육각서는 3월 말까지 大隊교육훈련을 마치라고 지시했으나 공비토벌작전 때문에 6월 18일 현재 大隊교육은 24%에 해당되는 16개 大隊만이 교육을 마쳤고 나머지는 中隊교육훈련을 마쳤을 뿐이었습니다.

軍은 북한의 軍事力 증강과 공격증후에 대비하고자 후방에 배치되어 있는 3개사단을 一線으로 完全 배치하자는 참모들의 건의가 있었으나, KMAG(군사고문단)에서 이는 북한을 자극한다는 이유등으로 거절하였습니다.

훈련을 할 부대도 북한의 戰車에 대비한 훈련이나 방위개발에 소홀했음도 간과할 수 없지요.

특히 6월에 들어서 軍 내부에서 단행된 여러가지 조치들을 살펴보겠습니다.

① 6월 8일 軍은 前方 사단장을 포함한 대대적인 人事이동을 단행했습니다.

② 3월부터 비상경계에 돌입(5·30선거에 대비)하고 보유하고 있던 全차량(트럭등)의 35%에 해당하는 500여대를 병기수리 車庫로(富平) 入庫 시켰으며 6·25전야까지도 出庫되지 않았습니다. 뿐만 아니라 공용화기의 30%를 富平兵器廠에서 수리한다는 명목으로 入庫시켰습니다.

③ 농번기가 되어서 전 병력의 1/3이 휴가를 얻고 歸鄕하였습니다.

④ 6월 24일 밤 육군회관이 개관되어 軍의 주요 지휘관들이 거의 초청되어, 새벽까지 기념축하연이 벌어졌습니다. (여기엔 이상한 소문도 있습니다만)

끝으로 가장 중요한 反證은 韓國戰爭이 발발한 후에 일어난 기적입니다. 全世界의 16개 독립국가에서 軍隊를 파견해 UN깃발을 세우고 북한과 중공에 대항하여 싸웠다는 사실입니다.

그들은 모두 西歐의 文明國家들이었으며, 엄연한 독립국가이며, 民主國家였습니다. 그런 나라들이 自意的인 판단으로 우리나라를 도와 준 것인데 우리가 北侵을 하여 平和를 파괴한 나라였으면 우리를 도와 주고자 하였겠는가, 이것만으로도 北侵說은 거짓임이 입증되고도 남는다고 봅니다.

司會 : 네, 北侵不可說의 배경을 잘 설명해 주셨습니다. 그런데도 北侵說이 끊임없이 제기되고 있는 것이 현실입니다. 安위원께서는 北侵說의 실질적인 근거로 인용되고 있는 것이 무엇이라고 생각하십니까?

安 : 北侵說은 북한이 전쟁의 책임을 전가하려고 꾸민 허구입니다. 다시 말해 일부

학자(미국의 역사학자, 부르스 커밍스·카루나카 굽타·일본의 櫻井 浩와 洞富雄등)들의 말장난에 지나지 않습니다.

저들이 北侵説의 근거로 인용하고 있는「海州突入의 説」韓國國防部의 戰況誤報와 이를 인용보도한 外國의 報道사례등은 '가치를 부여할 만한 것이 못되는 것'으로 확인된 것들입니다. 다음으로 그들이 펴는 논리의 근거가 되는 것은 북한의 公刊戰史입니다. 이 公刊史는 저들이 허위 날조를 위해 엄청난 돈과 노력을 기울인 것으로 역시 정보의 근원으로 별 가치가 없는 것들입니다.

최근 國內에서 外國學者들의 저서가 대량 번역·출판됨에 따라 社會科學전공의 학생들이 탐독하고 의식화 교육에까지 인용되고 있는 것이 문제이기는 하지만 논박할 만한 가치가 없습니다.

제2의 6·25를
방지하기 위한 대응책은

司會 : 그러면 북한은 왜 이 문제를 끈질기게 제기하고 그것이 바른 歷史라고 주장하고 있으며, 이제는 남한의 젊은이들에게까지 확산시키려는 걸까요?

裵 : 安위원께서 말씀하신 것과 같이 별 가치도 없는 學説이요, 말장난들 입니다. 그러나 저들(北쪽)에게는 아주 중요한 것임을 간과해서는 안됩니다. 하지만 저들이 보는 중요성과는 반대로 그 요지는 간단합니다.

요지의 대강은 첫째, 6월 25일 새벽 南쪽의 국방군이 38선을 넘어서 북한으로 침공했다는 것입니다.

또 6·25전야의 덜레스가 한국을 방문한 것은 北侵계획을 확인하러 왔다는 것입니다.

그리고 政治的 발언이었던 李承晚박사의 (49년 5월 10일)北進統一 주장이었습니다.

또한 이를 뒷받침이나 하듯, 軍部의 北進統一 주장이 한 원인이 되었습니다.

여기에다가 또 하나 北侵説이 근거가 되고 있는 것은 잠깐 앞에서 말이 나왔습니다만 제17연대가 海州로 진격했다는 보도였습니다.

司會 : 대체적으로 알려진 일들이며 모두가 날조된 것이 분명한 것들입니다.

다음은 金日成이 北侵説의 날조와 논리의 擴大를 꾀하고 있는 底意는 무엇이라고 보십니까?

安 : 金日成이 北侵説을 날조해 전세계에 誤導하려는 감춰진 底意는 간단히 설명할 수 없지만 한마디로 말해서 戰爭挑發의 책임을 李承晚박사에게 전가하려는 것입니다.

그리고 최근에는 統一정부수립의 主人이 되겠다는 음흉한 술책을 드러내고 있는 것입니다.

　여기에 우리 戰後世代나 젊은이들이 현혹되어서는 안됩니다.

裵：北侵説 조작의 底意는 좀 더 구체적으로 살펴보아야 할 점입니다.

　저의 견해로는 최근의 학생들 주장은 北韓의 지령에 따른 것이라기 보다는 自生的인 발생으로 政府타도와 연결시켜 억지 주장을 통해 기성세대를 공격하려는 것으로 봅니다.

　그러나 좀더 깊이 이 문제를 생각해 본다면 그 저의는 金日成을 平和主義者로 부각시키자는 것입니다.

　요즘 통일논의가 활발해짐에 따라 金日成이 平和, 軍縮, 統一을 논의하자는 것은 설득력이 없습니다. 그런데도 그가 전쟁도발의 책임자가 아니라 平和主義者라는 것입니다.

　둘째는 한국 政府를 好戰主義 정부로 몰고 가려는 것입니다. 즉 韓國戰爭도 美國의 사주에 의해서 일으켰고 지금도 한국이 전쟁을 일으킬 수 있다는 것이지요. 이와 연관해서 國軍의 戰力증강을 방해해 전쟁억제노력의 일환인 自主 國防체제 정비를 저지하려는 것입니다.

　셋째는 6·25에 北侵을 부추긴 美帝가 또 다시 그런 계획을 추진할 위험이 있으니 美 帝國主義를 이땅에서 축출하자는 여론을 일으켜서 북한에 유리하도록 몰고 가자는 의도입니다. 그리하여 날조된 역사를 합리화하여 자기들에게 유리하게 주도하려는 것으로 풀이됩니다.

시대와 정세의 변화로
대두된 수정주의학자의 논리

司會：그러면 이같은 저의가 깔린 北侵주장과 그런 학설들이 끊임없이 문제를 제기하고 있는데.

姜：이것 또한 시대와 정세의 변화에 따라서 傳統説에 대한 修正主義 학자들의 論爭으로 야기된 것입니다.

　배경이 된 첫째는 미국을 비롯한 韓國戰爭에 참여했던 국가 및 그밖의 여러 나라에서 1970년대에 들어서 지난날의 고정관념 즉, 미국의 입장에서만 보아왔고 그것이 당연히 받아들여진 反共主義에 입각한 傳統主義 학자들의 주장에 反한 修正主義 학자들의 논쟁이 (비단 韓國戰爭史만이 아님) 강하게 파급됨으로써 시작된 것으로 봅니다.

둘째는 국제정치질서의 변화에 따른 베트남전쟁의 영향으로 새로운 시각에서 韓國戰爭을 보려는 시도가 싹튼 것이라고 하겠습니다.

무슨 말이냐 하면, 미국은 오랫동안 베트남에서 人命피해와 경제적인 손실을 감수하면서 싸웠습니다. 그러나 75년 너무도 허망하게, 정말 충격적으로 패배했습니다. 이에 미국의 국민과 지식인들은 베트남전쟁을 새롭게 보는 시각이 팽배하고 곁들여서 미국이 군사적인 개입을 했던 다른 분쟁사건을 재조명하게 됐습니다. 이에 韓國戰爭을 당연히 再照明하게 되었고, 이를 틈타서 북한을 이롭게 하려는 좌경학자들이 修正論을 들고 니온 것으로 볼 수 있습니다.

또 하나는 최근 미국에서 軍事비밀을 해제해 1954년 이전의 군사비밀이 공개됐습니다. 이에 따라 세계의 軍事學者들 사이에서 논쟁이 벌어졌고, 북한이 이를 이용하게 된 것이라고 풀이할 수 있습니다. 그리고 한국에서도 젊은 학자들이 이 방면에 많은 관심을 갖게 됨에 따라 점차 확산된 것이 北侵논쟁의 배경이라고 하겠습니다.

司會 : 이와 같은 배경과 近·遠의 원인에 의해서 北侵説이 주창되고 있는데, 이에 대한 論理的 反證이 필요하다고 느낍니다. 이런 사실이 분명히 정리되지 않고 넘어가 버리면, 金日成은 平和主義者가 되고 同族相殘의 책임은 南韓이 져야 하는 꼴이 될지도 모릅니다.

이는 북한의 실상을 잘 알고 있는 기성세대와 6·25세대의 침묵이 계속되는 한 北侵説을 뒷받침해 주는 결과가 아닌가 하여 오늘 이 자리를 마련한 것입니다.

裵 : 당연히 명확하게 정리되어야 한다고 봅니다

安 : 그러나 허위 날조된 것을 자칫 잘못하면 긁어 부스럼을 만들지 않을까 하는 염려도 없지는 않습니다.

裵 : 전쟁 도발자의 역사 왜곡은 반드시 밝혀지게 마련입니다. 2차대전을 연합군측에서 먼저 공격했다고 주장한 독일이 그러했고, 中·日戰爭 당시의 노구교 사건을 중국이 먼저 공격했다고 날조했던 일본이 그렇습니다.

北侵을 부인하는 共産圈의 자료도 있지요, 흐루시초프의 회고록이 그렇고, 76년 6월 10일 발행한 중국측의 브리테니카백과사전, 그리고 1966년에 일본 共産黨 서기장 官本健二가 金日成을 방문했을 때 金은 6·25의 南侵 사실을 시인했습니다.

또 50년 4월에 '人民蜂起'의 使命을 띠고 南派되었던 유격대장 金南植이 南侵을 확실히 증언하고 있습니다. 海州 侵攻説은 국군 제17연대의 陸路撤收계획이 甕津 →海州→廷安→白川→開城으로 되어 있었음을(철수를 攻擊으로 풀이) 인용한 것이며 실제상황에서는 LST를 이용, 仁川으로 海路철수 했습니다.

安 : 그런 反證으로는 일본의 共産黨 西本 위원장이 83년에 記者會見을 통해 韓

國戰爭은 南侵이었다고 폭탄선언을 한바 있습니다.

　이 선언으로 세계의 모든 공산당원들도 놀랐고, 金日成은 펄펄 뛰었다고 합니다.

司會 : 이상의 여러증언들에 依해 北侵説이 거짓임을 밝혀 냈습니다.

　6·25 韓國戰爭은 金日成에 의해 도발 됐으며, 3백만명의 人命이 살상됐고, 당시의 화폐가치로 재산피해도 2백 30억달러에(南韓) 이르렀다고 합니다.

　이와 같은 엄청난 희생의 댓가로 우리가 얻은 것이 있다면 무엇이었으며, 제2의 6·25를 방지하기 위해서는 어떠한 대응이 있어야 하겠습니까.

裵 : 6·25 韓國戰爭의 교훈은 軍事와 政治 양면에서 고려되어야 합니다.

　우선 리델 하아트가 말한 바와 같이 「平和를 원하거든 戰爭에 대비하라」는 교훈을 확인했다고 하겠습니다. 또한 제2의 6·25는 金日成이 애타게 노리는 狀況이지만 우리 국민들의 확고한 安保관념과 굳은 의지 앞에서는 金日成이 戰爭을 포기하지 않을 수 없습니다.

　따라서 駐韓美軍의 철수논의는 절대 시기상조입니다. 이 시점에서 美軍의 철수는 반드시 제2의 韓國戰爭을 불러 일으킬 것입니다.

姜 : 有備無患의 教訓이지요.

崔 : 韓國戰爭은 많은 교훈을 남겼습니다. 한국이라는 작은 나라가 세계의 중심이 되어 국제정치·외교사적 역할이 증대와 함께 진공상태로 버려졌던 韓半島 南쪽 위치의 격상을 가져왔습니다. 또한 이 전쟁은 交戰 당사국만의 利害와 協議만으로 수습이 되지 않으며 세계의 평화와 연결되어 오늘에 이르고 있음을 감안할 때 한국의 국제적 지위향상도 간과할 수도 없습니다.

安 : 北韓은 싸움준비에 혈안이 되어 있었는데 우리는 너무나도 무방비 상태의 혼란이 北韓의 南侵을 불러들인 것입니다.

　「하늘은 스스로 돕는 者를 돕는다」고 했는데 美軍이 우리에겐 아무런 武器도 주지 않았다고 美軍을 욕하지만 우리가 武器를 받아들일 태세가 되어있지 않았습니다. 즉, 軍部隊 內에서 반란이 일고 姜·表소령의 越北 등은 美軍으로 하여금 國民黨 정부에 武器를 준 결과의 再版이 분명하다고 판단하고 있었지요. 뿐만 아니라 李承晩박사는 武器를 달라고 하면서 北進을 하겠다고 하니 武器를 주겠습니까, 이런 사례들은 韓國戰爭이 발발함으로써 큰 교훈이 되었지요.

裵 : 그리고 또 한가지 짚고 넘어가야 할 것이 있습니다. 開戰初期에서의 패배는 軍의 戰略不在가 원인이지요. 특히 의정부 방면에서의 축차방어는 서울을 開戰 3일만에 빼앗긴 원인이 됩니다. 이것은 큰 교훈으로 받아들여야 합니다.

司會 : 南과 北이 한치의 양보도 없이 敵對國으로 대치하고 있는 현실에서 北의 好戰的인 對南전략 때문에 긴장은 계속됩니다. 지금 북한의 軍事力, 특히 非正規戰

능력은 우리의 관심사입니다.

북한의 非正規戰 능력을 어떻게 평가할 수 있습니까.

裵 : 우리 國防白書에 나타난 것은 北韓의 특수부대병력이 10만명 이하로 나타나 있지만 실제는 12만명에 이르고 있습니다.

이는 세계 각국이 모두 비정규전을 위한 특수부대를 보유하고 있기는 하지만 북한같이 특수부대의 비율이 높은(15％정도) 軍集團은 없습니다.

왜 북한은 비정규군을 그토록 중요시하는가? 그것은 金日成의 戰術지도론에 따른 것입니다. 그는 南侵戰을 삼행하나면 正規戰과 非正規戰을 병용해서 간단히 쳐부술 수 있다는 기묘한 전술을 구상하고 있습니다. 南韓의 西쪽은 正規戰으로 침공하고 東쪽의 산악지대에는 유격전, 수색전, 상륙전, 야간전 등 온갖 非正規戰을 통해서 兩面작전을 실시한다는 것입니다. 저들은 5·7작전 또는 3·1작전 등으로 對南침투를 계획하고 있습니다.

安 : 북한 공산주의자들이 再侵을 할것이냐, 아니냐는 여러 측면에서 검토가 되어야 합니다. 하지만 南侵을 하느냐, 안느냐, 못하느냐 하는 것은 우리의 대응태세에 달려 있다고 하겠습니다.

陸士의 白某교수는 흥미있는 통계를 내고 있습니다. 북한의 戰力은 南韓과의 상관 관계에 있다는 겁니다. 즉, 경제적, 군사적으로 북한이 뒤져 있으면 침공하지 않지만, 반대로 북한이 앞서면 침범할 것이라는 통계입니다.

북한의 戰力을 간단히 평가하자면, 만약 우리를 기습한다면 90초내에 韓國軍 事力의 20％를 감소시킬 수 있는 戰力을 보유하고 있습니다. 또 48시간 내에 탱크로 서울을 점령할 수 있는 戰力을 보유하고 있습니다.

저들이 얼마나 공격적이냐 하는 것은 30개 사단을 동시에 渡河시킬 수 있는 도하장비를 갖추고(韓國戰爭 당시 도하 장비가 없어서 어려움을 겪었던 경험을 거울삼아)있습니다. 그리고 2천 5백명을 동시에 수송할 수 있는 공수부대(AN-2)가 동원태세를 갖추고 再侵의 기회를 노리고 있는 것입니다.

司會 : 그러면 오늘의 북한은 南韓을 적화통일 하려는 基本전략의 변경없이 軍 事力을 강화하고 있습니다.

따라서 北쪽은 우리보다 軍事力을 비교해 볼 때 우리보다 우위를 차지하고 있습니다. 긴장은 고조되어 있지만 전쟁이 쉽사리 일어나지 못하는 국제정세·외교적 환경은 어떠한지 현재의 '韓半島의 安保的 환경'을 韓國戰爭 직전과 비교해서 崔교수께서 결론을 도출해 주셨으면 합니다.

崔 : 네, 이제 결론을 겸해서 현시점과 韓國戰爭 발발 직전의 한반도의 安保환경을 비교해 보고자 합니다.

1950년 1월 21일 애치슨의 연설에 등장한 '不後退防衛線'이 의미하고 있는 트루먼 행정부의 봉쇄정책은 기본적으로 共産중국의 성립으로 아시아의 얄타체제가 붕괴될지도 모른다는 우려에서 상정되었거니와 그 결과는 일본의 눈부신 발전으로 나타납니다. 현시점에서 바라볼 때 일본을 키워서 소련과 중공을 견제하려 했던 미국의 계획이 오판이었음을 알게 된거지요. 말하자면 중공은 어디까지나 소련의 위성국이 아니었고, 일본을 키운 것은 아시아 內陸部에 장기적인 차단현상을 연출하게 되었습니다.

아이러니칼 하게도 소련+中共의 Behemoth 연합의 허구를 깨뜨린 것은 닉슨 독트린인데 이것은 不後退방위선의 外延이었습니다. 그리고 카터정부 前半期의 아시아지역 정책도 트루먼정부가 실시한 아시아정책의 연속이었습니다.

문제의 촛점은 '애치슨 戰略'으로 상징되는 大陸을 韓半島嶼群연쇄망으로 봉쇄한 후 한반도는 버려진 망각지대가 되었고 그 후 5년이 채 안되서 韓國戰爭을 맞게 된 것입니다.

제가 이 좌담회에서 제기하고 싶은 점은 1980년대에 들어와서 한반도의 전략적 가치가 상승해 美·蘇 공히 일본과 중국의 범역에서만 설정해 왔던 對 韓半島觀을 수정했다는 사실입니다.

얄타에서 戰后처리 문제를 상의할 때에도 한국은 일본과 중국문제 처리의 일환으로 밖에 의미가 없었습니다.

80년대에 들어서 미국에는 레이건이, 모스크바에는 고르바초프가 등장하면서 한반도는 직접적으로 兩國의 國益에 연동하는 戰略的 가치가 상승했습니다.

이것을 매스컴은 '韓·美·日 三角 軍事同盟'이니 '蘇·北韓, 軍事的 밀착'등으로 표현하면서 관심을 보였지만, 그런 용어개념은 形相일 뿐 資料(material)로 볼 때에는 虛의 論理라고 밖에 볼 수 없습니다. 문제의 핵심은 오히려 DMZ에서 美·蘇 양국이 어떠한 완충지대도 없이 얼굴을 맞댈 수도 있다는 戰域 개념에 있다고 생각합니다. 이러한 의미에서 한반도의 南과 北은 NATO나 WPO의 亞水準으로 전략적 중요성이 격상된 것이라고 볼 수 있습니다.

즉, 50년 韓國戰爭이 일어나기 직전의 「眞空지대-한국」이라는 位相은 결코 아니라는 것입니다. 이 경우 美·蘇의 얼굴 맞대기는 1950년 冷戰 시대의 발상과는 전혀 다른 것입니다. 즉 소련은 한반도를 둘러싼 아시아문제를 중국을 제쳐 놓고 미국과 직접 협상할 수 있는 입장이 아닙니다.

그리고 美·日관계는 '일본의 再建'을 말하던 시절이 아니고 '일본의 역할 분담'과 '일본의 자제'를 호소하는 위치에 있는 것이 미국의 입장이라는 것입니다.

이러한 국제적 환경의 변화는 1950년대와 質的으로 相違함을 발견하게 됩니다. 다시 말해서 일본과 중국이 차지하는 몫이 급신장해 어떤 의미에서는 새로운 아시아주의가 대두될 수 있는 소지가 발견될 정도로 한반도는 균형이 잡히지 않은 '多極構造'에 built-in되어 있는 것입니다.

단적으로 말한다면 南北에 각기 공여되고 있는 F-16이나 MIG-29는 한반도의 對內用일 뿐만 아니라 美·蘇 상호간의 '전략적 균형'을 유지하기 위한 것입니다.

본인은 88년에 미국에 民主黨 정부가 들어섰다 해도 또 소련에 다른 지도자가 정권을 잡는다 해도 한반도의 가치를 격하시키지는 않으리라는 견해를 2년 前에 발표한 바 있는데 한국은 이점에 注目해야 할 것입니다.

이런 맥락에서 지난 해에 고르바초프와 등소평간의 30년간 응어리를 풀고서 발표된 東北亞 6國 협의회 창설제의도 한반도 문제의 국제적 격상을 인정하는 것임을 뜻한다고 보겠습니다.

美·蘇 공히 한반도에서 전략적 대등성과 유연성을 보이고 있습니다. 그 例는 미국의 對北韓 외교관 접촉제한 완화 조치니 소련의 多元主義 외교정책 표방이 그것입니다.

다시 말해서 F-16이나 MG-29의 제공이나, 전략적 유연성은 '軍事力과 외교협상 혼합전략'의 전개인 것입니다.

이러한 시각에서 볼 때 90년대에 드러선 현시점의 한반도는 점진적으로나마 긴장완화 방향으로 나아가지 않을까 전망됩니다.

그러나 문제의 촛점은 美·蘇의 戰略的 대등성과 유연성 전개와 同時間帶에서 한반도가 안정될 수 있느냐 하는데 있습니다. 혹자는 3不現像(불투명, 불확실, 불안정)을 論하지만 나는 「한반도 內的상황」과 「內發生的 요인」이 더 중요하다고 봅니다.

젊은 세대들에게
자긍심을 심어주어야

司會 : 끝으로 결론을 겸해서 오늘의 젊은 세대들에게 6·25 韓國戰爭의 再版을 방지하기 위한 입장에서 한 말씀 들려 주셨으면 합니다.

姜 : 韓國戰爭이 끝난지가 37년이 되는 마당에서 北侵說이 나오고 그것을 받아들이려는 국민이 생기는 것은 戰爭史를 잘못 가르쳤으며 확실히 알지 못하기 때문입니다.

조선일보에 의하면 歐美 여러 나라에서는 우리나라에서 있었던 韓國戰爭史를 우리보다 더 많은 시간을 할애하여 가르치고 있다는 것입니다.

앞에서도 말씀이 있었습니다만 6·25한국전쟁은 民族史上 최대의 同族相殘의 비극을 연출한 戰爭입니다.

이제부터라도 정확한 전쟁사를 가르쳐 韓國戰爭觀을 바로 잡아야 합니다.

오늘날 社會일각의 좌경화 양상에 대해서도 6·25세대가 상당 부분의 책임을 져야 합니다.

이런 뜻에서 재향군인회에서는 새로운 자세를 가다듬고 이같은 일들을 이미 시작하고 있습니다. 바로 한국전쟁기념사업회가 그것입니다. 戰爭史를 발간하고 체험교육을 유도하고자 전적지를 개발하는 등, 현장 체험교육계획이 진행되고 있으며 이는 6·25 韓國戰爭을 정리함에 있어서 간과할 수 없는 일입니다.

또한 6·25 韓國戰爭에 참가했다. 九死一生으로 살아 남은 분들에게 응분의 예우가 필요합니다. 그 당시의 전쟁에 참전했던 사람들 중 현재 생존자는 1만 여명뿐이며 연령상으로 볼 때 앞으로 10년 내외에 모두 타계하게 됩니다. 이들 중 생활에 걱정이 없이 사는 분들도 있기는 하지만 많은 분들이 어려운 생활을 하고 있습니다.

그 처참했던 싸움터에서 죽을 고비를 수없이 넘긴 이들을 무관심하게 방치하고 있는 한 「韓國戰爭」의 명분있는 개념구성에도 도움이 되지 않을 것입니다.

그들은 고난과 역경 속에서 젊음을 바쳤고 가난에 찌들려 배우지도 못한 세대입니다. 오직 이들에게 국가에서 응분의 예우를 할 때에야 비로소 보상이 될 것으로 보이며 韓國戰爭을 청산하기 위한 하나의 방법이 될 것으로 생각합니다.

그렇게 함으로써 6·25 韓國戰爭을 自由와 民主主義를 지키기 위한 聖戰에 참전했던 이들과 그 後世들이 祖國을 지켰다는 자긍심을 갖고 살 수 있는 길이 될 것입니다. 뿐만 아니라 다시 國家의 위기가 왔을때 이들은 祖國의 부름에 身命을 다해 이바지하게 될 것입니다.

司會 : 오랜 時間 좋은말씀 大端히 감사합니다.

韓國戰爭의 起源　②

戰爭의 배경과 국제환경

鄭 用 大 (政博) 독일마르부르크大

1. 머리말

戰後 한국문제는 國際政治的 측면에서 제2차세계대전의 戰後처리과정에서 나타난 한 과제로서, 韓半島의 해방과 분단, 그리고 美·蘇軍의 진주와 軍政실시 등 모든 문제가 국제정치의 한 테두리에서 이루어지고 있음을 알 수 있다.

해방으로부터 韓國戰爭의 발발에 이르는 이 기간은 이른바 冷戰體制라는 새로운 국제정치질서가 형성되기 시작한 時期로서 남한이 미국과의 긴밀한 관계 속에서 세계자본주의체제에 결정적으로 재편입되는 시기라고 할 수 있다.

그것은 곧 미국과 소련에 의해 주도되는 세계재편성의 한 과정으로 나타나서 미국과 소련의 상충하는 國家利益이 한국문제 해결에 있어서 지배적인 요소가 되었고, 그 결과는 약속되었던 獨立과 統一 대신에 分斷固着으로 나타나게 되었다.

이렇게 한반도에 分斷構造가 성립되는 과정과 성격을 정확히 아는 일은 매우 중요한 일이다. 왜냐하면 그것은 1950년 6월25일에 일어난 韓國戰爭의 起源을 이해하는데 좋은 示唆을 줄 뿐만 아니라 韓半島에서 分斷構造의 성립이 韓國戰爭의 원인들 가운데 가장 중요한 한 부분이 되기 때문이다.

2. 2차대전의 終結과 韓國問題

聯合國에 의해서 한국의 獨立問題가 최초로 공개적인 합의에 의해 이루어진 것은 카이로선언(1943년 12월1일)에서였다.

카이로선언은 미국의 對韓政策에서 일대 전기를 이루는 것이었다. 그것은 한국문제에 대해 미국이 公式的으로 관심을 표명한 것일 뿐만 아니라 한국독립에 대한 미국의 개입을 의미하는 것이기도 했다. 더 나아가 이 宣言은 韓半島의 통일독립국가가 당연한 것으로 간주되었다.

미국은 세계의 强大國으로서의 새로운 지위를 가지고, 戰後時代에 있어서 한국의 운명을 결정적으로 논할 수 있는 중요한 위치를 떠맡았던 것이다. 그러나 불행히도 미국은 戰爭이 예상보다 훨씬 빠른 終結로 인하여 미국이 韓國狀況에 직접 개입하게 되었을 때에는 자신의 역할을 수행할 준비를 미처 갖추고 있지 못하였다.

얄타會談에서 서명된 문서에는 한국이 전혀 언급되어 있지 않은 것으로, 스탈린과 루즈벨트는 얄타회담에서 한국의 장래에 관해 명확한 합의를 하지 않았던 것으로 보인다.

그러나 그들은 상호간에 적어도 두가지 점에서 구두상의 이해에 도달했던 것이다. 즉, 여러 강대국들에 의한 信託統治의 실시와 外國軍의 永久駐屯은 없을 것이라는 사실이었다.

그후의 사태발전에 비추어 볼 때, 루즈벨트가 얄타에서 스탈린과 장차 한국의 정치발전에 대해 공식 합의를 하지 못했던 것은 매우 중요한 실수로 고려되어야 할 것이다. 왜냐하면 강대국간의 대연합이 더 이상 지켜지지 못할 경우에는 世界平和를 위한 국제기구案이나 信託統治案은 그 실현성이 크게 위협받게 될 것이 분명하기 때문이다.

결국 소련이 戰後 동유럽에서 보여준 行動은 대연합이 계속 연장될 수 있으리라는 미국에 의해 제안된 일반적 信託統治案이 시도되기도 전에 그 實現性이 위협받게 되었음을 의미하는 것이었다.

美 국무성의 관리들은 소련의 對日參戰을 소련의 東歐政策과 관련하에 논의하는 가운데, 차츰 전후 한국의 戰略的인 중요성을 깨닫기 시작하였다. 즉, 소련의 東歐政策으로 미루어 볼 때, 對日參戰이후 소련이 韓半島를 점령한다면, 韓半島에 약속된 신탁통치안은 얼마나 실현이 불가능한가의 문제와 한반도의 地政學的 重要性을 묶어서 생각하기 시작한 것이었다.

보튼, 빈센트, 랭던, 베닝호프 등 40년대에 계속해서 韓國問題에 관여하게 되는 國務省 관리들은 루즈벨트로부터 배제된 상황 속에서 1943년부터 韓半島의 전면점령이나 부분점령을 구상하게 되고 3月에는 占領地域의 軍政을 구상하게 된다.

이 정책의 기본적인 흐름은 한국의 안전은 北太平洋에서 미국의 이해관계에 직결되며, 한국의 정치발전은 미국의 안전에도 영향을 미칠 것이라는 것이었다. 물론 이 구상은 소련과의 협조관계를 그 전제로 하고 있는 것이다.

따라서 信託統治는 미국의 이익보장에 기여할 수 있는 可能性들 중에서 유일한 수단으로 간주되었다.

포츠담회담에서는 주로 戰後 유럽문제가 토의되었고, 對日作戰에 관해서는 美·英군사위원회가 별도로 작전검토를 하였다. 트루먼과 처칠이 승인한 일본에 대한 最終戰略은 영국의 육군병력제외와 소련의 對日參戰을 권장하기로 한 전략이었다.

소련이 對日本 戰爭에 참여하기로 한 것은 1945년 2月4일부터 11일까지 얄타에서 열렸던 루즈벨트와 처칠, 스탈린간의 秘密會談에서였다. 포츠담선언은 카이로선언을 재확인함으로써 일본이 한국을 보유할 수 없다는 것을 명백히 했기 때문에 그 중요성은 대단히 크다고 보아야 할 것이다.

따라서 소련의 太平洋戰爭 참전약속은 미국이 한국을 점령할 준비가 갖춰져 있지 않다는 마샬의 言明과 결부시켜 볼 때, 韓半島의 占領이 소련의 손에 달려 있음을 사실상 인정하는 것이었다.

3. 韓半島의 分斷과정

軍事的 성격의 分斷線인 38선은 전후 權力의 兩極化라고 하는 國際秩序의 재편성과 더불어 노골화되기 시작한 美·蘇의 대립투쟁으로 말미암아 이데올로기의 대립과 政治的·軍事的 대결선으로 고정화되고 말았던 것이다.

이 38선은 「軍事的 暫定措%」라고 볼 수 있으나 이는 정치적 고려가 다분히 배려된 제안으로, 조순승 교수에 의하면, 미국은 첫째, 한국점령에 관한 구체적인 사전협의가 없었기 때문에 소련군이 전 韓半島를 점령하는 것을 두려워 했으며, 둘째, 전 한국이 소련의 수중에 들어 갔을 경우, 미국이 일본점령후 커다란 위협을 받게 될 것이며 셋째, 독일의 패배후 소련이 東歐에서 행한 불성실한 사례로 미루어 만일 소련이 전 한국을 점령했을 경우, 한국전체가 공산화될 염려가 있기 때문에 가급적이면 넓은 지역을 점령키 위한 조치로 38도선을 제안한 것으로 분석하고 있다.

美 국무성에서는 국제적 통치나 信託統治의 형태는 韓國民의 자치능력이 있을 때까지 성립되어야 한다는 의견을 내놓았는데, 信託統治가 되려면 UN이 계획한 국제기구의 권위하에 있어야 한다고 주장하였다.

이것은 미국이 소련의 지나친 極東進出을 막기 위하여 極東地域에 관한 얄타會談에서의 합의사항을 좀더 명확히 하고, 그것에 대한 소련의 재보증을 얻으려고 했던 것으로 볼 수 있다.

실제로 미국의 한국신탁통치구상은 分轄占領이 시작된 지 4개월후인 1945년 12월26일에 한국에 관한 모스크바협정으로 구체화되었다. 이 협정은 그후 美·蘇 및 國內의 左右勢力이 양극화하는 중대한 계기가 되어 현대 한국정치사에서 가장 특이할 만한 政治論爭을 불러 일으켰던 것이다.

일반명령 제1호에 명시한 38선은 일본군 무장해제를 위한 군사적 성격을 띤 分界線이라고 할 수 있었으나 그 후 美·蘇간의 冷戰관계와 南北관계로 인하여 38선은 政治的·軍事的 대결선으로 고정화되어 실질적인 國土分斷의 分界線을 형성하게 되었다.

소련이 韓半島에 進攻할 무렵, 韓半島에 가장 가까운 거리에 위치한 美軍은 600마일이나 떨어진 오키나와에 있었다. 그대로 방치한다면 韓半島 전체가 소련에게 점령당할 우려가 있었으며, 이미 들어온 소련군을 물러가라고 요구하는 것도 무리였기 때문에 이에 대한 對應措置가 필요했다.

8월10일, 밤이 새도록 계속된 三省조정 위원회(SWNCC : State-War-Navy Coordinationg Committee) 회의에서 38선의 아이디어는 매클로이차관보를 보좌하던 육군성 참모진의 두장교에 의하여 고안되었다. 그 중 한 사람은 딘 러스크 대령으로서 韓國戰爭 당시 國務省의 극동담당 차관보였고 케네디와 존슨 두 大統領 밑에서 국무장관을 지낸 러스크였다. 또 한 사람은 찰스 본스틸 대령으로 後日 주한유엔군 사령관겸 駐韓美軍司令官을 지낸 본스틸 將軍이었다.

두 사람이 38선 아이디어를 고안하게 되었던 경위를 애치슨 회고록에서 보면 다음과 같다.

「일본이 급작스럽게 붕괴하자, 한반도에 상당히 많이 남아 있던 일본군대로부터 항복을 받는 일이 더 급해졌다. 얼마전에 중국의 임지로부터 돌아와 국방성에 귀임했던 청년장교 딘 러스크 대령은 38선이라는 편리한 행정적 경계선을 고안했다. 이 경계선 이남에서 미군이 항복한 군대를 송환하기 위해 인천항과 부산항을 이용할 수 있다는 것이다. 이 제안은 대통령과 스탈린에게서 수락되었고, 1945년 9월2일 맥아더장군의 일반명령 제1호로서 공포되었다.」

본래 分轄占領 자체가 소련세력의 저지라는 미국의 명백한 안보이익을 우선시킨 정책이라는 측면에서 보면, 그후 美·蘇에 의한 南北韓의 占領政策의 진행과 美·蘇冷戰의 세계적 규모에의 전개에 따라 38선이 對蘇방벽으로 고정화할 가능성은 현실적으로 존재했으며, 信託統治案도 미국의 입장에서 對蘇政策의 수행상 그것이 필요하지 않을 경우에 포기할 수 있는 성격의 것이었음을 알 수 있다.

4. 美·蘇의 占領政策과 韓國情勢

일반명령 제1호에 따라 소련은 25군이 치스티아코프 사령관의 지휘 아래 북한을 점령하였으며, 미국은 제24군단이 하지사령관의 지휘아래 남한을 점령하였다.

소련군 점령사령부는 入北당시 북한지역에 소련측에 우호적인 政權을 수립한다는 원칙으로 軍政廳을 수립해 북한을 직접통치하지 않고 간접통치하는 방식을 취하였다. 즉, 표면적으로는 북한의 통치체제를 인정해 주고, 소련점령군 사령부 내에 설치된 民政部가 모든 정치공작을 담당해 소련이 원하는 방향으로 북한의 정치를 이끌어 갔던 것이다.

한편, 남한에서의 美軍의 初期 占領政策을 보면, 1945년 9월8일 서울에 진주한 美軍은 곧바로 美軍政廳을 세우고 이 기관을 통한 직접통치의 방식을 취하였다. 美軍은 美軍政廳을 남한의 유일한 합법정부로 선언하고 行政·立法·司法權을 완전히 장악하였던 것이다.

한국에 대한 占領 問題는 三省조정위원회의 극동분과위원회에서 이루어졌으며, 이 위원회는 1945년 1월13일에 창설되어 그 기능을 수행하였다.

미국의 初期占領政策의 구체적 성격은 三省조정위의 初期基本指示에 집약되어 있다. 이 지시는 美軍政의 당면과제로 일본의 항복조건이 한국에서 엄격하게 시행될 것과 在韓日本軍의 항복접수 등을 지적하면서 軍政기관에 가급적 韓人을 쓸 것이나 필요한 경우에는 日人이나 在日韓人을 이용해도 좋다고 규정하고 있다.

그후 점령통치과정에서 그 의미가 확인된 바와 같이 직접통치는 현상유지를 기본으로 하였으며, 이는 현상변혁을 지향하는 左派勢力을 견제하는 유일한 방법이기도 했다.

한편, 미국과 소련 및 영국은 뒤늦게 韓半島에 '적당한 시기'를 거쳐 독립을 부여하기로 약속한 카이로선언 및 포츠담선언의 실현을 위해 1945년 12월16일부터 모스크바에서 열린 3개국 외상회담에서 전후의 세계문제와 함께 한반도문제를 다루게 되었다.

그러나 이미 美·蘇양국 간에는 주로 東歐문제를 둘러싸고 불화가 높아가고 있었으며, 이러한 불화의 물결은 韓半島 문제에도 영향을 미쳐서 美·蘇의 협력을 전제로 한 모스크바협정의 실현성은 비관적이었다. 이것은 곧 美·蘇의 군사점령에 의한 分斷이 美·蘇의 불화로 말미암아 더욱 더 굳어져 가고 있었음을 의미했다.

그런데 여기서 지적되어야 할 점은, 모스크바협정이 韓半島 분단구조에 내재해 있던 內爭的 성격을 표면화시켰을 뿐만 아니라 그것을 강화시키는 계기가 되었다는 사실이다.

韓半島문제에 관한 모스크바협정의 전문이 국내에 알려진 1945년 12월28일 이후 한반도에는 信託統治반대와 찬성을 둘러싸고 大정치논쟁이 벌어지고, 反託의 우익세력과 贊託의 좌익세력 사이에 생사를 건 정치투쟁이 전개되었다.

이처럼 모스크바협정에 대한 좌우익의 치열한 대결이 전개되는 가운데 美·蘇 양군의 대표회의가 1946년 1월 서울에서 열렸고, 여기에서의 합의에 따라 1946년 3월20일부터 5월8일까지 제1차 美·蘇共同委員會가 서울에서 열렸다.

이 제1차 공동위원회의 협정에서 예견되고 있는 韓國臨時政府의 수립에서 소련은 우익을 제거하려 하였고, 미국역시 좌익의 지배는 방지되어야 한다는 입장을 취하였다. 결국 美·蘇共委는 진전되지 못한 채 결렬되었는데, 이와 더불어 韓半島에 있어서의 美·蘇관계는 급격히 악화되어 갔다.

악화된 美·蘇관계 못지않게 韓半島의 내부정세도 美·蘇共委에 불리하게 작용했다. 제1차 共委(1947.5.21~8.12)가 열렸을 무렵, 南北韓에는 이미 政治·經濟·社會制度에 있어서 이질적인 분리발전이 추구되어 왔고, 이러한 이질적인 분리발전은 南北韓에 별개의 기득권을 형성시켰기 때문에 이것을 약화내지 양보시키는 움직임을 어렵게 만들었다.

美·蘇共委가 결렬된 상황에서 북한에서는 단독정권의 수립을 지향하는 방향으로 정치가 이루어지자 남한의 美軍政은 '남한에도 어떤 형태이든 남한인에 의한 대표기관이 설치되어야 한다'는 판단을 갖게 되었다. 결국, 韓半島 문제에 관한 모스크바협정이 美·蘇共委를 통해 해결될 수 없음을 깨달은 미국은 9월17일 韓半島문제를 제2차 국제연합총회에 상정시켰다.

그러나 국제연합을 통한 韓半島문제의 해결은 사실상 불가능한 것이었다. 왜냐하면 여기서도 미국과 소련의 대립은 날카롭게 나타났기 때문이다.

미국은 先정부수립 後외국군철수를 주장했으나, 소련은 先외국군철수 後정부수립을 내세웠다. 또 소련은 국제연합 토의에 참석하기 위한 남북한대표들의 동시초청을 우선적으로 내세웠고, 미국은 남북한대표들의 선출을 위한 한국임시위원단의 설치를 요구했다.

결국 유엔총회의 결정으로 국제연합 한국임시위원단이 설치되어, 1948년 1월부터 서울에서 활동을 시작하였다. 임시위원단은 북한에서는 소련의 입북거부로 원래의 기능을 수행할 수 없게 되자, 5월10일 이내에 남한에서만이라도 총선거를 실시하기로 결정했다.

1948년 5월10일 남한에서는 임시위원단의 관할아래 제헌의회를 구성하기 위한 총선거가 실시되었다. 이 제헌의회는 7월 대한민국헌법을 제정하고 초대 대통령으로 이승만을 선출했으며, 8월15일 대한민국의 수립이 선포되었다.

한편, 북한에서는 1948년 7월10일 북조선인민회의 제5차회의에서 '조선민주주의 인민공화국' 헌법의 시행을 결의하고, 이 헌법에 따라 8월25일 최고인민회의 대의원선거를 실시했다. 이 선거를 거쳐 성립된 최고인민회의는 9월3일 헌법을 공식적으로 채택한데 이어 9월9일 金日成을 수상으로 하는 '조선민주주의 인민공화국'정부의 수립을 선포했다.

이로써 南北韓에는 각기 다른 체제의 정부가 수립되었고 분단이 고정된 이후로도 쌍방은 이 분단의 현실을 인정하지 않고 통일의 실현이라는 이상에 집착을 하게 되었다. 여기에 韓半島의 分斷構造가 內爭型化하고 不安定化로 전개하여 마침내는 1950년 韓國戰爭의 한 원천을 제공하게 되었다.

5. 한국전쟁의 背景

韓國戰爭의 起源에 관한 논쟁을 정확히 알기 위해서 우리는 먼저 冷戰의 기원에 관한 논쟁을 이해하여야 할 것이다. 왜냐하면 2차대전후 미국과 소련사이에 전개된 冷戰이 언제 어느쪽에서 먼저 시작되었느냐는 논쟁의 연장선상에서 韓國戰爭의 起源에 관한 論爭이 파생했기 때문이다.

전통주의자들이나 수정주의자들은 처음에는 모두 冷戰의 기원에 관한 자신들의 이론을 기계적으로 韓國戰爭에 적용했는데, 전통주의자들은 마치 냉전이 소련에 의해 시작되었듯이 한국전쟁 역시 소련에 의해 시작되었다고 설명했고, 수정주의자들은 냉전이 미국에 의해 시작되었듯이 韓國戰爭 역시 미국에 의해 시작되었다고 해석했다.

이처럼 韓國戰爭의 起源을 국제정치의 맥락에서 찾는 이들은 南北韓이 각각 미국과 소련의 새계정책에 철저히 종속되어 있는 것으로 전제했다. 그러나 어느 지역에 있어서의 冷戰 또는 戰爭을 美·蘇관계의 산물로 파악하려는 태도는 곧 비판을 받게 되었다. 그것은 韓半島내부에서 실제로 전개된 좌우익 투쟁과 남북한대결의 심각성을 고려하지 않았기 때문이다. 이러한 비판은 중요한 의미를 지니게 되는데, 冷戰의 원인은 국제적 차원에서도 살펴봐야 하겠지만 각국의 내부적인 차원에서 찾아야 한다는 새로운 시각을 담고 있었던 것이다.

韓半島의 분단 자체가 國際型 분단이면서 동시에 内爭型분단이기 때문에, 分斷의 연장선상에서 발생한 韓國戰爭 역시 국제적 원인들과 내부적 요인들을 함께 갖고 있었다. 韓國戰爭은 美·蘇의 冷戰에 南北의 冷戰이 복합되어 일어난 것이라고 말할 수 있다.

그런데 여기서 명백히 지적되어야 할 점은 6·25남침이 북한의 金日成에 의해 주도되었다는 것이며, 이 사실은 흐루시초프의 회고록에서도 잘 나타나고 있듯, 金日成의 적극적인 發議와 對蘇교섭에 스탈린이 동의하여 사전에 주도면밀하게 계획되고 준비된 결과였다는 점이다.

이 점은 여러 공식자료에서도 명백하게 입증된다. 그 자료로서 우선 지적할 수 있는 것은 북한의 민족보위성이 1950년 6월15일자로 각 사단에 하달한 정찰명령 제1호 문서와 소련 군사고문단이 6월22일자로 민족보위성에 명하여 각 사단에 하달한 전투명령 제1호 문서등이다. 또 당시 남한에 파견되어 있던 한국임시위원단의 보고, 그리고 38도선에서의 軍事分爭을 야기할 것으로 보이는 사태발전을 분석하기 위해 6월9일부터 현지를 관할했던 유엔실무관이 6월24일에 작성한 보고이다.

金日成과 그의 추종자들이 남한에서의 무장투쟁을 지지하는 한편, '결정적시기'에 있어서의 전면남침을 추진했다는 것은 여러가지 정황으로 미루어 신빙성이 간다. 즉, 金日成은 다음과 같은 여건에 고무되어 武力統一을 구상했던 것으로 나타나고 있다.

첫째로 들 수 있는 것은, 소련의 대규모의 무기원조와 金日成의 전면남침구상에 대한 소련대사 스티코프의 적극적인 지지이며, 둘째, 연이은 풍작에 따른 군량의 장기적 비축이 가능했다는 점이다. 셋째는 1949년 5월 집단적으로 월북한 한국 군인들을 통해 한국군의 내부사정을 파악했다고 과신했던 점과 넷째로 1949년에 완료된 駐韓美軍의 撤收, 그리고 남한을 미국의 극동방위선에 포함시키지 않는다는 1950년 1월의 그 유명한 애치슨 美國무장관의 기자회견에 비추어서 북한은 미국이 남한을 포기했다고 오판했던 점을 들 수 있다.

그리고 이러한 일반적인 판단 외에도 金日成은 남로당과의 권력관계에서 남로당의 기반인 남한이 남로당의 정치적·군사적·주도역할에 의해 공산화되는 것을 바라지 않고 있었다는 점에서도 韓國戰爭의 背景을 찾아볼 수 있다.

6. 맺음말

지금까지 우리는 제2차 세계대전 이후 전쟁중 유지되었던 美·蘇의 協力體制가 붕괴되고 점차로 美·蘇가 중심이 된 美·蘇 兩極體制가 국제적으로 성립되었으며, 이에 따라 한국과 같은 國際政治의 주변지역에서도 일종의 종속체제로서 남북대결의 分斷體制가 성립되었음을 알 수 있었다.

體制決定論의 입장에서 보면, 이러한 國際政治體制가 유지되려면 그 體制의 行爲者는 그 체제의 기본적 行動律에 따라 적절한 역할과 기능을 해야 한다고 한다. 그런데 남한과 북한은 현상을 타파하여 자기에게 유리한 새 체제를 이룩하려고 하였으며, 이 現像打破를 위한 무력전의 준비과정에서 남한보다 우위에 선 북한이 남한을 정복하려 했던 것이 바로 韓國戰爭이었다.

그런데 우리가 2차대전이후 분단과정과 韓國戰爭의 발발과정을 통하여 느낄 수 있는 것은, 모든 책임을 국제정세에만 전가시킬 수 없을 것이라는 점이다. 南과 北의 한국인도 스스로 固定化된 分斷에 대한 많은 부분에 책임을 져야 하는데, 이것은 특히 해방직후의 거간에 더욱 타당성을 갖는다고 할 수 있다.

그것은 이 시기에 美·蘇의 반목과 불화가 아직 冷戰體制化하지 않았기 때문에, 한국인이 단결했더라면 그만큼 자주적 행동의 폭이 넓어졌을 것이며, 따라서 최소한 이론적으로는 分斷의 固定化와 그에 따른 韓國戰爭을 우리 스스로 방지할 수도 있었을 것이기 때문이다.

韓國戰爭의 起源 ③

힘의 불균형에서 일어나다

金利均 前陸軍本部 軍史監(예 : 준장)

공산주의자들의 계산된 모험

소련은 스탈린의 권모술수에 의한 '국제정치의 果實'로 북한을·손쉽게 점유함으로써 그들이 17세기말 이래 견지해 온 팽창정책의 대야망의 일환인 太平洋 진출을 위한 전략기지의 발판을 확보한 것이다.

그 후 소련의 對한반도 정책은 '先분열, 後통일'의 기본개념하에 북한에 共産衛星國을 건립하고 이를 혁명전략 기지로 하여 赤化統一을 성취하려는 것이었다. 이를 위해 전기단계에 그들이 양성한 金日成의 일당 독재체제의 기반을 공고히 구축하고 사회조직을 전열화하여 총동원체제를 다져 나갔다.

후기단계에는 스탈린, 毛澤東 및 金日成 3者가 밀착된 모의를 시작하면서 전쟁준비를 서둘렀다. 특히 1949년 8월 소련이 최초로 原爆실험에 성공하고, 中共의 대륙석권으로 정치적 안정세를 되찾음에 따라 북한에 대한 지원역량의 발휘가 가능해진 것에 고무된 소련은, 주한미군의 철수와 미국의 對극동정책(한국문제의 UN이관 포함) 등을 통해, 미국은 한반도에서 전쟁이 발발하더라도 참전치 않을 것이라고 믿게 되었다.

한편 남북한간의 상대적 국력이 북한이 절대우위라고 확신하며, 소련의 중장비로 무장시킨 북한군이 약 50일이면 남한을 석권할 수 있다는(나름대로의 승리를 장담) 빈틈없이 계산된 모험을 자행하였다. 이것이 한국전쟁의 직접동기이며, 이 전쟁의 주모는 '스탈린'이었음은 의심의 여지가 없다.

그 논거로는 첫째, 소련이 중장비와 전쟁필수물자를 대량공급한 위성국은 예외없이 불장난을 일으켰다는 사실과, 둘째, 1948년 12월 이래 모스크바에서 수차에 걸쳐 개최된 蘇·中·朝 3국의 전략회의를 통해서 군사관계 諸 협정을 체결하고 북한군의 軍備증강 작업이 본격적으로 진행되었다는 점이다.

셋째, 흐루시초프 前소련수상은 그의 회고를 통해 "스탈린은 毛澤東과 같이 金日成의 전쟁계획을 듣고 긍정적 견해를 표명하며 성공을 기원하는 축배를 들었다"라고 하였다. 이것은 스탈린의 기본지침에 따른 金日成의 구현案 제시의 모임이라고 해석함이 논리적일 것이다.

넷째, 蘇·中간에 "필요시 중공 영내에 북한 공군기지의 설치와 韓·滿국경지대 (安東·吉林)에 북한 지상군의 주둔을 승인해 준다"라는 협약이 체결되었다.

다섯째, 蘇·中·朝가 협의하여 중공군 제 164 및 166사단(韓人 부대) 등 29,500명을 북한군에 이양하여 북한군 정예인 5, 6 및 7사단을 창설케 하였다.

여섯째, 蘇·中은 한국전쟁의 예비대책의 하나로 중공군 제4 野戰司(林彪)를 華南에서 滿洲로 전략적 전개를 시켰으며 1950년 5〜6월에 25만명의 중공군에게 대만 침공작전 준비를 완료케 하여 한국전쟁의 陽動작전을 직접 시도했다.

일곱째, 소련은 1950년 1월13일(애치슨 연설 다음날) UN 안보이사회에서 의도적인 보이콧트 선언을 하고 대표단을 철수(6·25 전쟁 발발시까지)시킴으로써 UN의 위신을 실추시키며 무력화를 시도하면서 미국, 일본 및 북한 등지로부터 駐在외교관 또는 사절단을 모두 철수시켜 대화(항의) 경로를 사전에 차단해 버리는 일련의 전쟁지원 외교활동을 했다.

여덟째, 소련은 1950년초부터 일본공산당에게 무력혁명의 길을 충동질해 5월30일 '皇宮앞 사건'을 시발로 한국전쟁 기간 중 폭동, 파업, 데모 등 소요를 야기케 함으로써 전쟁을 간접지원토록 하였다.

끝으로, 미국의 軍史家들은 "한국전쟁은 소련이 주모자로서 위성국인 북한을 사주하여 미국의 의지를 시험하려 들었다는 것을 美 행정부가 알면서도 세계대전으로의 擴戰을 고려하여, 국제사회에 소련을 '主犯'으로 고발하는데 실패했다"라고 평론하고 있다.

이상의 내용을 통해서 한국전쟁의 주모자인 스탈린이 얼마나 용의주도하고 교활하게 計略하여 추진시켜 나아갔는가를 알 수 있다.

세력의 불균형

"힘의 밸런스(Balance)가 무너질 때, 그곳에는 분쟁이 일어나기 쉽다"는 경구가 있듯이 남·북간의 '세력의 불균형'이 공산도당들로 하여금 승리를 확신하고 전쟁을 발발시킨 根因의 하나가 되었다. 역사의 사실은 돌연변이적으로 발생하는 것이 아니라 인류역사의 흐름의 한토막으로 나타나는 것과 같이 이 세력의 불균형 현상은 돌발된 것이 아니라 美·蘇 양국이 약 5년에 걸쳐 조성한 결과인 것이다.

즉, 이 불균형의 원인은 외적 요인과 내적 요인의 혼합작용의 결과인데, 남·북한 공히 전쟁필수물자의 생산을 위한 잠재력의 결여로 전쟁 수행능력은 없었다. 북한은 소련의 막대한 군사원조로 質·量면에서 압도적 우위의 군사력을 건설하고 단일노선의 독재체제를 일찍 굳혀, 역량(힘)을 단기적으로 집중 발휘할 수 있는 여건을 조성한데 반하여 남한은 美 軍政의 부산물인 혼란한 정국 및 불안정한 국내치안 등의 내부요인과 미국의 소극적인 對韓정책의 결과, 국가방위력도 제대로 구비치 못한 실태였다.

한마디로 요약하면, 무력침략의 목표를 설정하고 18개월 이상의 기간을 左顧右眄함이 없이 오직 전쟁준비만을 추진해 온 북한과 경찰군 수준의 軍을 유지하고 "전쟁은 없을 것이다"라고 낙관하는 무리(KMAG-美 군사고문단)와 附和하는 세력이 많았던 한국을 상호 대비해 본다는 것도 무의미할 정도라는 뜻이다.

그러나 그 실태를 좀더 詳考하여 전쟁의 원인과 참상을 실감있게 파악하는데 注目코자 한다.

다각적인 원인의 고찰

우리는 민주제도에 미숙하고 뿌리를 내리지 못한 '혼란의 극치'라는 표현이 알맞던 정치정황 속에서도 신탁통치에 대한 거족적 반대투쟁과 美·蘇 共委의 저지노력 그리고 내부공산세력과의 끊임없는 싸움 등 수많은 우여곡절과 격심한 난관을 극복하면서, 1948년 8월15일에 정부를 출범시켰다. 정부는 美 군정의 유산인 억제불가능에 가까운 인플레이션의 와중에 빠진 채, 국민의 기본생계문제 해결에 골몰하였다.

그리고 인구의 격증(월남 및 복원자)은 경제외적인 변수로 크게 작용했으며, 인구의 도시 집중 추세로 각종 범죄와 사회혼란을 가중시켰다. 뿐만 아니라 반란 및 폭동사건과 침투무장게릴라(10차) 등 엄청난 시련을 겪어야 했었다. 설상가상으로 총선(제2대 국회)결과, 무소속이 62%(130석)의 의석을 차지하고 집권당은 불과 26%(54석)로서 약체화되었다.

반면 북한은 소련의 적극적인 지원하에 단일독재체제를 확립하고, 통제경제체제로 모든 가용자원을 전쟁준비에 집중시키는 가운데 사회조직을 전열화하였다. 그리고 남한의 취약점을 확대 배가시키기 위한 對南공작을 본격적으로 강화하여, 남북간 세력의 변수를 조작하여 불균형의 격차를 넓혀 나갔다.

뿐만 아니라 북한군은 무력혁명(赤化統一)의 도구나 수단적 존재로서 창설되었다. 그러므로 현대적 중장비를 갖춘 20세기의 정규군으로서, 경비적이고 방위적인 한국군과는 본질적으로 다르다. 또한 북한은 38선 경비 전담부대(5개 경비여단)를 운용하면서 정규군은 전투 훈련에 전념체 한 반면, 국군은 반 이상이 38선 경비임무에 고착되고 잔여사단들은 공비토벌 작전과 후방지역 경비에 여념이 없는 등 노력의 분산은 물론, 훈련의 기회를 상실하고 있었으니 북한군의 好敵手가 될 수 없었다.

兩軍의 有形戰力은 병력면에서 1 : 2로 북한군이 2배수였으며 장비면에서는 북한군은 한국군이 갖추고 있지 않던 전차(242대), 항공기(211기)를 보유했고, 각종 포 1 : 7, 박격포 1 : 28, 함정 1 : 1.1 등 북한군이 절대우세했다. 無形戰力은 정신전력, 전투경험과 자질, 교육훈련 및 사기 등 諸요소를 종합 분석해 볼 때 북한군이 우세했다는 결론이다. 그러므로 군사전력면에서 '승패는 미리 결정되어 있었다'고 해도 과언은 아니다.

한편 북한은 나름대로 사상무장을 갖춘 후에 전략심리전의 일환으로 파상적인 위장평화공세(조국통일전선 결성제의, 세계평화 서명운동 호소, 총선을 위한 남·북 대표자 회의, 남·북 要人 교환, 남·북 국회회담 및 평화통일방안수교 등)를 전개하면서 방송 및 전단(삐라)를 이용하여 反美사상과 반정부투쟁을 호소하는 心理戰을 전개했다. 이에 대한 우리의 대응은 극히 수동적인 조치뿐이었다.

이상과 같이 어떠한 국력 지배요소 측면에서도 우리의 역량부족이라는 세력의 불균형은 示顯되고 있었으니 붉은 이리들이 욕심을 낼만도 했었다.

위기관리 실패와 의타형 국가보위

戰前의 38도선은 현 휴전선(장벽선)과는 비교될 수 없는 허술한 경비선에 불과했다. 248km의 광정면에 소수의 병력(남 : 16, 북 : 18개 대대)을 배치함으로써 전 공간의 통제가 거의 불가능한 실태였기 때문이다. 그러므로 남·북간에 은밀한 내왕은 계속되고 있었는데, 200만명 이상의 월남자와 상인, 첩보수집요원의 잠행 등이 그것을 예증해 준다.

당시 국군의 정보기관에 의해 수집된 첩보가 정확성이나 신뢰도면에서 높은 평가를 받은 것도 결코 우연한 것만은 아니었다. 각종 기록문서를 통해서 북한의 군비증강 실태, 중공군(韓人 부대)의 入北 재편성, 전투사단과 기갑부대의 전선 전개, 동원령의 발동 및 38선 주변 주민의 疎開 등 위기를 감지케 하는 諸정보를 축차적으로 정부와 미국측에 제공한 사실을 확인할 수 있다.

그러나 이 거듭된 위기 경고는 미국의 정치적인 오산으로 말살되어 버렸기 때문에 우리의 對美의존 일변도의 국가보위체제는 위기관리에 실패하여 전쟁에 직면하게 되었다. 이 위기관리의 실패를 둘러싼 미국측의 논쟁들을 수합분석한 결과, 美 국무성의 한국 현지담당 최고책임자였던 KMAG(駐韓 美軍사고문단)단장 로버트 준장의 오판이 主因이었다고 하나같이 그 책임을 전가하고 있다.

그 오판의 핵심은 "북한과 같은 소국이 UN이나 미국을 상대로 감히 도발을 해올리가 없다는 점과, 만일 남침해와도 한국군이 능히 이를 격퇴시킬 수 있다" 라는 낙관적인 정세판단을 국가정책 판단에 곧장 받아들였다는 것이다. 우리는 여기에서 KMAG의 성격과 권한을 확실히 알고 사실에 접근해야 한다. 미국이 駐韓軍 철수시 국군에게 이양한 1.1억 달러 상당의 장비와 탄약, 유류 등의 관리통제 그리고 대의명분상 한국군을 顧問하기 위해, 美 國務省 직속으로 설치한 이 기구의 권한은 '한국 軍警의 조직, 통합 및 훈련에 있어서 顧問과 지원을 하며 美 軍援을 유효하게 이용토록 보장함을 목적으로 한다'(韓·美協定 제1조, 1950년 1월26일)라는 막강한 것으로써 소량의 油類나 탄약도 그들의 통제하에 있었다.

국군의 사단 및 연대급까지 배치된 그들은 위의 권한을 기화로 점차 인사권에 간여하는 월권행위도 서슴치 않는 기고만장한 자세였다. 단장인 로버트는 퇴역 직전에 있던 기갑출신의 장군으로서 한국군이 줄기차게 제시하는 정보판단을 부정적으로 받아들이면서, 시종여일하게 "한반도에서는 전차운용이 부적합하다. 북한군의 전차는 국군이 보유중인 2.36PKT 발사기(1,900문 − 실전효과 全無)로 격파 가능하다"라는 무책임하고 무지한 주장을 되풀이하며 前述한 '북한의 침공 불가론'과 '한국군의 능력 과장' 등의 지론을 끝까지 굽히지 않았다.

한편, 美 정부는 한국문제의 딜레미에서 탈출(UN이권)한 후, 베를린에시의 13개월에 걸친 東・西간의 긴박한 대립을 비롯하여, 그리이스, 터어키, 오스트리아 등에서 많은 어려운 문제에 직면하여 허덕이고 있는 때에, 이미 그들이 버린(방위선에서 제외) 한국의 위기같은 것은 북한을 자극하지 않는 선에서 해결하려는 정책이었으므로, 로버트 장군의 보고를 액면 그대로 받아들이고 만 것이다. 참으로 "사람은 자기 염원에 합치되는 정보를 곧 신용해 버린다"라는 말이 적중된 例 중의 하나라고 할 수 있을 것이다.

따라서 우리 정부의 거듭된 위기경고와 對美 군사지원의 요청을 한낱 "늑대가 온다"라는 외침으로 받아들인 미국은 오히려 한국군의 군비억제(북한 자극 방지책)조치에 주력했다. 심지어는 그들의 저의를 숨긴채 李承晩 대통령의 '北進論'을 對韓 軍援제약의 유일한 방편으로 악용하기도 했다. 李대통령이 북진을 주장(6회 공언)한 것은 사실이나 필자가 연구한 바로는 北伐論은 정치적 제스츄어였다는 결론이다.

국군은 北進을 계획한 바도 없다. KMAG를 도외시하고 국군 단독으로 북진을 계획, 준비하여 실행이 가능했겠는가? 하는 문제와 더불어 능력면에서도 역부족이란 답이 어렵지 않다.

남・북통일은 민족의 염원이다. 그러나 '염원'과 '실행'은 차원이 다르다. '실행'에는 능력의 뒷받침이 있어야 가능해진다. '말'만으로 전승을 쟁취한 예는 일찍이 없기 때문이다. 또한 민주국가의 군사이념인 '先防 後攻'의 원리상으로도 북벌은 모순임이 명백하다.

끝으로 對美 의존의 위기관리를 시도함으로써 정보의 경고를 무가치하게 만든 우리의 수뇌부들은 사대주의 사상이 팽배했던 당시의 풍조하에서 한국방위기본계획이나 주전투 시설(築城陳地와 장애물)도 미비한 채 불건전한 판단으로 '역행적인 선택'(6월의 주요 지휘관경질과 4대 연대의 부대교대, 6월23일의 비상경계해제, 6월24일 외박・외출로 예비대의 공백 및 '심야 파티'라는 주흥 등)을 서슴치 않는 과오를 저지르고 만 것이다.

역사의식에 투철할 때

史實에 의해 고증된 역사기록은 諸경험요소의 근원으로서, 현실과 미래문제

해결을 위한 창조적 사고와 지혜를 유발시켜야 한다는 당위성을 강조한다.

本稿에서는 한국전쟁의 원인 추구에 주안했다. 발병의 원인을 알아야 적절한 처방을 내릴 수 있듯이 이 전쟁의 원인을 숙지함으로써, 전쟁억지를 위한 미래 대비에 공헌코자 시도하였다.

한국전쟁의 원인은 遠·近因의 복합작용과 외부, 내부요인의 混在에 기인한 예고된 전쟁'이었다. 한 마디로 요약하면, '본질적인 안정조건의 결핍'과 '잠재역량에 대한 인간의식의 실패'라고 볼 수 있다.

그 원인중 특수성을 지닌 요인들을 간추리면, 첫째 주변열강들의 시대적 욕망의 제물로서, 굴욕의 점철로 얼룩진 우리의 史的 맥락속에서 赤狗들의 침략을 예측케 하고도 남음이 있었다는 점, 둘째, 세계대전과 戰後처리에 있어서의 연합국들의 국제정치의 이율배반과 자가당착적 모순 그리고 중공의 대두 등, 묻어 놓은 불씨들이 전쟁을 예고하는 전주곡이었다.

셋째, 소련을 극동에 끌어들이고 북한땅을 공산도당들의 서식처로 제공한 미국의 실책과 美·蘇의 對한반도 정책대결에서, 미국이 퇴각(한국문제의 UN이관, 극동방위선에서 한국 제거)함으로써 힘의 한계성의 노출로 한반도에 조성된 세력의 불균형 현상이 戰厄을 자초했다고 볼 수 있다. 끝으로 韓·美는 철저하리만큼 위기관리에 실패하여, '20세기의 기습피침의 사례' 하나를 낳았다. 뿐만 아니라 우리에게 타국 의존형 국방체제의 말로는 큰 시련을 체험케 한다는 교훈을 남겨 주었다.

이상과 같이 전쟁의 원인에 대해 매듭을 지으면서 첫째, 우리는 세계사의 흐름속에서 우리의 좌표를 항상 확인해야 하며, 우리의 역사를 통해 반성과 비판으로 史的 맥락 속에서 정세와 사물을 올바로 파악하고 새로운 창조로 현실사명을 도출 직시하면서 후세에 한점 부끄러움 없는 일을 하기 위해 역사의식에 투철해야 한다.

둘째, '정치적인 필요성'을 '군사적인 역량의 가능성'으로 뒷받침하기 위해서는 자주국방체제를 완비하고 방위태세에 만전을 기해야 한다. 우리는 '自主가 최선'이고 '受援은 次善'이며 '과도한 타국의존'은 택할 바가 못된다는 것을 절실하게 체험한 민족이다.

돕는 측과 도움받는 兩당사국의 국가이익이 合一한다고 볼 수 없고 '돕는 논리'와 '돕는 측의 한계성'이 있기 때문에 우리의 국방은 자주역량의 기반위에, 국제협력과 유대를 강화하는 기반위에, 국제협력과 유대를 강화하는 연합전력을 구축함이 소망스러운 것이다.

끝으로 국제사회의 조직이 재편되고 있는 현시점에서 우리는 북한의 동태를 예의주시하며 융통성있는 대처가 요망되므로 정치(외교)적 및 군사전략적으로 보다 고차원의 대응책을 모색하고 발전시켜 나아가야 한다.

韓國戰爭의 起原 ④

戰爭挑發의 元凶
金日成과 朴憲永

軍事問題研究所

編集長　崔　鍾　泰

1948년 8월과 9월, 韓半島의 南과 北에 각각 이질적인 정부가 수립됨에 따라 같은 배를 타고있던 金日成과 朴憲永에게는 정치적으로 아주 미묘한 관계가 성립되었다.

北韓에서 소련파인 金日成의 승리는 南勞黨의 수령인 朴憲永(外相겸 부수상의 자리는 차지 했지만)에게 불안과 초조함을 안겨 주었다.

특히 韓國정부가 공비소탕전에 박차를 가하게 됨에 따라 朴憲永으로서는 더욱 불안하게 된다.

南韓에서의 그의 잔당들이 괴멸하게 됨은 朴憲永은 南北 양쪽에서 지지기반을 송두리채 잃어버리는 결과를 초래하기 때문이었다. 이에 朴憲永은 대응책으로 人民軍으로 하여금 南韓을 공격하도록 (공비잔당들이 완전히 괴멸되기전에) 하는 것만이 졸개들을 살리는 길이요 北韓의 권력구조내에서 지위(부수상겸 외상)를 고수할 수 있는 길이라고 믿었다.

1949년 전반까지 南韓에서 약 3천5백명에 이르는 공비들이 智異山과 德裕山, 太白山을 중심으로 살인, 방화, 약탈 등 온갖 만행을 저질러 新生 大韓民國의 社會불안을 가중시키며 國軍의 전력을 약화시키기에 혈안이 되었다.

이는 北韓으로 도주한 朴憲永의 지령에 따른 南勞黨 잔당들이 지휘하고 있었다. 政府가 수립된 지 一年이 지났고 治安질서 회복을 위해서는 곳곳에서 준동하는 공비를 토벌하는데 軍事力을 동원하지 않을 수 없었다.

1949년 가을 이후 본격적인 공비토벌에 들어서 국군은 눈부신 성과를 거두었다.

1950년 봄에는 공비의 숫자가 3~4백명으로 줄어들어 그 뿌리가 뽑힐지경에 이르렀다.

이 처럼 南韓에서 공비토벌에 열을 가하게 되자 北韓의 金日成과 특히 朴憲永의 對南전략에 큰 영향을 주게되었다.

朴憲永은 南韓의 軍部가 공비토벌에 총력을 기울이던 1949년 8월 15일 광복 4주년 기념식사를 통해(로동자誌에 게재) 對南전략을 분명하게 천명했다.

그는 "朝鮮의 統一이 지연되면 지연될수록 南朝鮮의 인명은 잃어질 것이므로 통일은 黨과 人民의 가장 중요하고 가장 즉각적인 과제"라고 강조했다.

다시말해서 즉각이라도 戰爭을 일으켜서 南韓軍에 의해 토벌되는 공비를 살려야만 한다는 것이었다.

이후 공비토벌은 큰 성과를 올려 거의 공비의 뿌리가 뽑혀가는 1950년 3월, 朴憲永은 엉뚱한 거짓말을 늘어놨다.

코민포름의 기관지를 통해서 발표한 전쟁선동 기사는 "南朝鮮에서의 게릴라 운동은 잘 조직되어 운영되고 있다"고 썼다.

이 무렵에는 南韓의 공비의 조직적 투쟁은 거의 끝나고 있었는데 왜 이런 거짓 글을 썼을까.

이유는 金日成을 견제하면서 흔들리는 지위를 유지하기 위해서 自信을 과장한 것 이었다. 또한 전쟁도발을 촉진시켜 공비잔당을 南韓해방의 전위대로 활용하려는 기도였다.

이같은 目的을 달성하려면 南韓에서 共匪들의 英雄的 투쟁의 계속만이 平壤정권에 영향을 줄 수 있었기 때문에 이같은 거짓글을 쓰게된 것이다.

朴憲永에게 있어서 南韓의 공비잔당은 그 自身의 입지를 강화할 수 있는 힘의 뿌리였기 때문이다. 그러므로 南쪽에서의 공비투쟁을 과장하지 않을 수 없었다. 따라서 이와같은 그의 발언등을 통해서 朴憲永이 그의 초조함을 엿볼 수 있을 뿐 아니라 그가 하루속히 戰爭을 일으키도록 金日成을 부추겼을 가능성은 충분히 엿볼 수 있을 것이다.

이 같은 朴의 속셈은 統一보다는 南쪽의 졸개들을 구출하려는데 더욱 절실한 것이었으며 이는 金日成의 南韓赤化 통일 야욕과 일치했다. 그래서 金日成은 朴憲永의 戰爭도발지지에 쉽사리 야합할 수 있었음은 물론이다.

즉, 金日成과 朴憲永의 상반되는 속셈과 外面上의 공통되는 의견(南朝鮮 해방)의 일치로 韓國戰爭은 일어난 것이다.

필자는 이 兩者의 입장이 서로 맞물려져 韓國戰爭의 발발과 어떠한 관계로 이어지는 가를 알아보고자 한다.

韓國戰爭과 金日成의 立場

金日成과 그의 도당들이 "南韓은 美帝의 식민지"라고 매도하고 기회를 잡아 武力을 통해서 南朝鮮을 해방시키겠다는 입장은 그 때나 지금이나 변함이 없다.

金日成의 韓半島 통일은 南韓을 共産化하는 길만이 유일한 것이다. 그러나 어떠한 경우에도 朴憲永의 영향하에서 南韓이 해방되는 것은 용납하려 하지 않았다. 그렇기 때문에 朴憲永의 조기 南侵전쟁 도발을 받아드렸던 것이다. 즉, 南韓内의 공비들의 당혹한 입장을 이용만 하고 그들이 뿌리를 굳히기 前에 統一을 해야한다는 점은 그로하여금 하루빨리 人民軍에 의해서 南朝鮮해방을 시켜야했다.

아마도 金日成은 1950년 봄이래 南韓의 共匪들의 情報에 정통하지 못했던 것 같다. 따라서 朴憲永의 과장선동을 어느정도 믿고 있었던 것같다. 따라서 朴憲永의 졸개들이 南韓에 확고한 뿌리를 내리기전에 잘라버리려 했던 것이다. --이 때문에 戰爭이 몇개월 앞당겨졌을 것으로 판단하고 있는 학자들도 있다.--

金日成의 이같은 속셈은 南韓이 해방되고 共産統一이 되었을 때 南韓의 지배권에 朴憲永의 도전을 염려해서였다. 실제로 南韓에서 만행을 저지르고 있던 공비들은 물론 南勞黨의 殘黨이었고 朴憲永의 지시에 따를 뿐(이에 北韓에서 南派되는 金日成派와의 내분도 확산되고 있었다) 金日成 지도력은 미치지 못하고 있었다. 따라서 이들은 金日成이 統一된 후 그의 지배에 걸림돌이 될 것으로 보았다.

이제 韓國戰爭의 주범 金日成이 南侵戰爭을 일으키게 되는 여러가지 정황증거들을 토대로하여 그의 야욕에 찬 정치적 입장을 정리해보면 다음과 같이 확고한 전쟁도발 증거들을 도출해 낼 수 있다.

① 南韓에서 朴憲永의 지배하에 있는 南勞黨잔당에 의한 共産혁명이 성공해서 南朝鮮이 朴憲永의 영향권에 들어가는 것을 막아야 했다.

따라서 金日成의 私兵인 人民軍으로 하여금 自身의 힘으로 南北을 통일해야 한다는 것이 그의 입장이였다.

6월 戰爭전야의 金日成이 南侵을 감행하게 되는 많은 정황증거들을 토대로 하여 전쟁도발을 하게 되는 입장을 추적 정리하여 보자.

이는 오늘까지도 北侵에 의한 反攻擊작전이 韓國戰爭의 발단이라고 역사를 날조하고 있는 저의를 규명하고 金日成이 戰爭도발의 책임자임을 다시한번 강조해 두고자 함에서이다.

1) 전쟁의 起源論에서 여러 학자들이 지적한 바와 같이 金日成은 蘇聯으로부터의 확고한 지원을 약속받았었다.

주 북한 蘇聯대사 스티코프는 金日成의 적극 후원자로 蘇聯의 보증인 이기도

했다. 뿐만 아니라 中共의 毛澤東으로부터는 國共싸움의 韓人參戰의 댓가로 중공속의 韓人부대를(전투경험이 풍부한) 지원받음으로 南侵의 선봉을 세울 수 있게 되었다. 다시말해서 北韓은 中·蘇의 강력한 후원을 받음으로써(兵力과 裝備) 南侵을 감행할 自信을 얻게 된 것이다.

2) 또하나의 국제적인 侵略의욕을 자극한 것이 있는데 그것은 1950년 1월에 美·국무장관 애치슨의 기자회견이었다.

애치슨의 회견내용은 美國은「極東방위선에서 韓國과 대만을 제외한다」는 것이었다. 그런데 이 美國의 極東전략에 따른 韓國포기내용은 오래전에 (맥아더에 의해) 설명되었던 것이었다. 다만 기자회견의 시기가 金日成이 南侵준비를 착착진행하고 있던시기로 金日成으로 하여금 美國이 韓國을 포기한다는 점을 확신케하여 南侵의 성공을 오판하게 하였다.

이 記者회견이 南侵의 주요 起源으로 보는 전통주의 학자들에 의하면 스탈린도 美國의 개입을 염려했으나 美國이 이 선언에 크게 고무되어 金日成의 南侵을 적극 지원하게 된 것으로 보았다.

3) 다음은 韓半島 내부의 정세와 北의 권력투쟁 과정에서 金日成이 韓國戰爭을 어떻게 일으키는가를 살펴보자.

앞에서도 언급된 바 있듯이 金日成은 南韓에서 朴憲永과 그의 지배아래 있는 共匪들이 南朝鮮혁명을 성공시키는 것을 바라지 않았다. 따라서 朴憲永의 영향 아래 南朝鮮이 해방되기 전에 金日成 私兵인 人民軍으로하여 南韓을 해방시켜야 한다는 것이 金日成의 입장이었다.

이와는 반대의 속셈이 있었는데 그것은 南朝鮮에서 朴憲永 졸개들에 의한 南韓혁명은 불가능할 것이라는 판단이었다. 어차피 南韓의 해방, 공산화 통일을 武力으로 이룰 수 밖에 없다면 그것은 金日成 자신만이 해야할 使命이라고 착각했던 것이다.

다시 말해서 金日成은 朴憲永에 의한 南韓해방을 원하지 않았고 또 그에 依해서 南朝鮮혁명의 성공도 기대할 수 없었기 때문에 統一은 武力으로만이 가능하고 그것은 金日成 자신만이 가능한 것이라 확신한 것이다. 또한 이 戰爭을 빨리 일으키면(朴憲永의 뿌리가 굳혀지기 전에 또는 南韓에서 활약하고 있는 朴憲永의 졸개들이 모두 괴멸되기전) 南韓內의 共匪들의 역활이 南朝鮮해방에 큰 도움이될 것이라고 판단하고 이들을 최대한 利用하려 했다. -이 부분은 朴憲永의 입장에서 좀더 상세히 설명하기로 한다-

4) 金日成은 蘇聯을 등에 업고 5年동안 北韓人民의 영웅으로, 민족해방의 투사로 군림하고 있었다. 그러나 實相은 민족해방의 투사도 영웅도 아닌 한낱 北滿洲 일대의 비적에 지나지 않았다.

歷史가 그를 말해주듯 기껏해야 韓滿국경도시「보천포」지서를 습격해서 경찰 한두명을 죽인 것이 고작이다. 그리고 日帝의 추격을 받게 되자 蘇聯으로 도망쳤다가 해방이 되자 蘇聯軍을 등에 업고 北韓에 들어와 蘇聯軍의 꼭두각시로 人民위에 군림한 것이다.

金日成의 이같은 공산주의 투쟁경력은 南勞黨의 괴수 朴憲永의 공산주의를 위한 투쟁경력에 비할 바가 못되었다. 이와 같은 보잘것 없는 공산투쟁 경력만으로는 통일된 조국의 지도자로 군림하기에는 力不足임을 잘 인식하고 있었다. 따라서 南朝鮮해방은 스스로가 이룩해야만 위대한 민족의 태양이요 영웅으로 군림할 수가 있을 것이라는 판단은 그가 南侵戰爭을 일으키는 한 동기가 되었음을 여러 기록들에서 엿볼 수가 있다.

5) 金日成이 南侵을 서두르게 된 중요한 원인의 또 하나는 南韓의 軍事力이 증강되기 전에 전쟁을 일으켜서 南朝鮮을 해방시켜야 한다는 판단이었다.

당시의 南韓은 軍事力도 보잘것 없었을 뿐 아니라 李博士의 失政은 民心의 이탈로 社會를 혼란케 하고 있었다. 이러한 와중의 政治家들은 北進統一을 부르짖고 있었으며 軍部의 政治軍人들 또한 政治人들의 호언에 맞장구를 치고 있었다. 「아침은 海州에서 점심은 平壤에서 저녁은 義州에서 먹는다」는 호언은 北韓을 초조하게 만들었다. 美軍은 철수했지만 韓國軍의 戰力증강을 위한 軍援 계획이 美·의회에서 통과되어 지원이 시작되고 韓美간의 유대가 공고해지고 있었다.

金日成의 주장에 따르면 戰爭이 발발하기 일주일전에 美國의 특사 덜레스가 韓國을 다녀간 것은 韓國軍의 北侵도발을 촉진, 격려하려고 訪韓한 것이며 國會에서의 연설은 韓國軍의 軍事力을 지원하겠다는 약속이라는 것이다.

南韓의 일연의 정세들은 金日成으로 하여금 조속히 南侵을 감행하지 않으면 人民軍에 의한 南朝鮮해방이 어려워질 것이라는 판단을 하게 했고 이로인해 전쟁도발을 재촉하게 된 것이다.

6) 金日成은 군사력의 우위를 확신했고 계속된 풍년은 군량미의 확보로 전쟁을 계획대로 추진하는데(8월 15일까지 南韓을 해방) 지장을 받지 않는다고 판단했으며 이것도 南侵도발을 결정하는데 好材로 작용됐다.

7) 또하나 戰爭을 일으키게 된 주요동기가 되었다는「南韓의 土地改革」이 6월 23일로 결정되어 있었음을 간과할 수 없다. 金日成은 南韓의「土地改革」은 金日成의 주도하에 실시되어야 한다는 것이었다. 따라서 이를 방해하기 위해서 戰爭을 앞당겨 일으켰다는 지적도 있다.

다시말해서 南韓의 토지개혁이 성공되면 農民해방의 명분은 사라지게 되므로 따라서 土地개혁이 실시되기 전에 戰爭을 일으켜야만 했다.

8) 孫子의 兵法에 「敵을 알고 나를 알면 백번 싸워 백번을 이긴다」는 말이 있지않는가. 金日成은 南韓軍部의 사정을 두사람의 越北장교에 (姜·表 소령) 의해서 정확히 파악하고 있었다. 이는 南侵도발에 또하나의 플러스요인으로 작용했다.

이상과 같이 金日成의 戰爭도발의 유리한 입장과 고무적인 것 이외에도 조기침략을 촉진하는 정치적 배경은 전쟁으로 줄다름치고 있었다.

1950년 4월 金日成은 南侵도발의 최종 마무리를 위한 조선노동당 중앙위원회를 개최하게 된다. 平壤에서 개최된 이회의에는 위원장인 金日成을 비롯하여 朴憲永, 許哥誼, 李承燁, 金斗奉 그리고 정치위원은 아니었으나 민족보위상인 崔鏞建도 참석했다.

이 회의에서 金日成은 祖國統一문제에 관한 것을 보고했다.

이 보고를 통해서 金日成은 「祖國의 統一은 武力統一이 유일한 방법이다」라고 강조하고 이 정책을 위원회에서 만장일치로 지지해줄 것을 강력히 요구했다. 이 회의시기는 金日成이 소련을 방문하고 귀국한 직후였다.

이미 전쟁은 피할길 없이 진행중이었다. 이자리에서 朴憲永은 제일먼저 金日成의 武力統一정책을 적극 지지한다고 발언했다. (후일 朴甲東은 이 발언은 朴이 살아남기 위한 방편으로 한 연설이었을 뿐 朴의 眞心은 그 반대였다고 말했으나 그것은 잘못된 글이다(朴憲永의 입장에서 상술하겠다).

이상의 歷史的 사실이 명확함도 金日成은 韓國戰爭은 南韓의 北侵에 의해서 발발한 것으로 歷史를 날조하고 전쟁도발 책임을 회피하려 하고 있다.

南勞黨, 그리고 朴憲永과 韓國戰爭

北韓에 괴뢰정부가 수립되고 朴憲永은 金斗奉과 함께 外見相으로는 三巨頭의 한사람으로 군림하였다. 이와같은 權力구조는 朴憲永에 관한限 南韓에 잔류해 있는 南勞黨 잔당세력의 덕분이라고 해야할 것이다.

이 共匪의 세력은 韓國戰爭을 촉발시키는 큰 원인이 되기도 한다.

金日成은 조선로동당에 南勞黨을 흡수(南北勞働黨의 합당이라고 하지만) 시키고 그 댓가로 副首相 겸 外相의 자리를 차지했다.

그러나 朴憲永은 월북해서 平壤에 들어가지도 못하고 海州의 구석진 방에서 오갈데도 없이 무위도식하고 있는 1만여명의 南勞黨員 중에서 北韓정권에 참여한 사람은 중진급의 극히 일부인사 뿐이었다. 그리고 南韓에서 발악을 하고있는 共匪잔당도 국군의 강력한 소탕작전에 걸려들어 그 뿌리마저 뽑히게 될 정도로 괴멸직전에 놓이게 됨에 따라 朴憲永은 南勞黨의 괴수로서의 部下에 대한 책임을 느끼지 않을 수 없었다. 朴憲永은 초조하지 않을 수 없게된다. 이에 마지막 카드가 韓國戰爭을 일으켜야하는 立場에 서게된다. 그래서 앞에서 말한 4월의 중앙위원회에서 金日成의 武力통일을 열열히 지지하는 연설을 하게된 것이다. 이것만이 南勞黨에서 공산주의 혁명을 위해 열성을 다해 투쟁해온 졸개들을 살리는 유일한 길이었다.

또한 北韓에서의 권력을 유지강화하는 것도 戰爭을 일으키는 것이었다.

모두에서 쓴 바와 같이 1950년 5월 경에는 南韓의 共匪잔당은 4백여명으로 줄어들었으며 이를 이끌어가던 李舟河, 金三龍마저 체포됨으로 해서 공비의 뿌리가 제거 되는 것은 시간문제였다.

이러한 위기에서 朴憲永이 선택할 수 있는 길은 무엇일까. 그 해답은 전쟁을 일으키는 길 이외는 없었다. 따라서 戰爭을 일으키기 위해서는 金日成의 好戰性에 충동질을 해야만 했다.

이제 金日性이 하루빨리 南侵전쟁을 일으키도록 충동질을 하지않을 수 없었던 朴憲永의 정치적 입장을 정리해 보고자 한다.

1) 金日成의 武力통일을 열열히 지지했던 朴憲永은 전쟁도발을 촉진하는 건의를 했다. 그것은 南쪽에 20만명의 南勞黨의 잔당과 무장투쟁을 계속하고 있던 공비의 역할을 과장했다. 人民軍이 38선을 넘기만하면 이들이 一擧에 봉기하여 南韓정부를 타도하게 될 것이라는 거짓말이었다.

누누히 설명된 이야기 이지만 南韓에는 共匪의 뿌리가 뽑혀질 지경에 이르렀고 南勞黨員들의 대부분은 전향했거나 그렇지않으면 공산당과 손을 끊고 칩거하는 상태였다. 朴憲永 스스로도 이러한 사실을 파악하고 있었으며 그렇기때문에 그들이 완전히 괴멸되기 전에 救出하려고 했다.

朴憲永의 이같은 助言을 받은 金日成은 반신반의였다. 그러나 자신의 무력통일전선에 적극개입토록 하기위해서 이를 전적으로 믿는 척하고 朴憲永의 꾐에 넘어 간 것같이 후일 6·25 남침도발의 책임을 朴憲永에게 전가한다. 이 부분을 좀더 부연설명하면 韓國戰爭은 金日成이 朴憲永의 조언을 받고 일으킨 사실이 폭로된다.

1953년 7월 28일 朴憲永일당 (南勞黨의 朴의 系派)을 美帝의 간첩으로 기소했는데 이 공소장 제5항에는 다음과 같은 내용으로 朴憲永을 전쟁주범으로 몰았다. 「전쟁때에 朴憲永은 南朝鮮내에서 南勞黨이 北朝鮮과 공동보조를 취할 준비가 되어 있는 50여만명의 지하조직을 유지하고 있다는 거짓소문을 퍼뜨렸다」는 것이다. 그리고 南韓에 파견되었던 (江東政治學院졸업자, 월북남로당원들) 北韓요원들의 대부분이 이들 50여만명의 남도당원들이 시급히 전쟁을 개시하기를 열망하고 있다는 정보를 갖고 돌아와서 거짓보고를 하도록 사주했다는 것이었다.

이 공소장 내용을 통해서도 분명히 南侵은 金日成이 도발했음을 말해주고 있는 것이다. 이 공식비난을 통해서 金日成이 朴憲永의 助言에 따라 南韓의 공산잔당들의 잠재능력을 믿는 것 같이 되어있다.

그러나 그의 속셈은 앞에서 말한 바와 같다.

2) 朴憲永은 또 다른 속셈을 갖고서 전쟁도발을 촉구했다.

人民軍이 단숨에 38선을 넘어서 파죽지세로 서울을 강점한 후에 南韓정부와 정치적 흥정을 벌여 南韓을 혼란케 한 다음, 南韓人民을 선동하여 봉기시켜 싸우지 않고서 南韓을 공산화 한다는 계략이었다. 그렇게만 되어준다면 南韓의 革命의 主動이 되어 統一된 韓半島에서 金日成을 제치고 군림할 수 있을 것이라는 계산이었다.

그러나 이런 계략은 UN의 신속한 參戰에 의해서 무산되었다.

3) 北韓정권안의 副首相 겸 外相의 직을 유지하면서 한편으로 소외된 南勞黨員들의 北韓정권안에 참여케 하는 것 또한 朴憲永의 큰 책무였다. 이를 위해서는 金日成의 정치적 책략을 반대해서는 일이 成事될 수 없을 것이며 때문에 朴憲永은 金日成의 무력통일정책을 지지하고 권장해야할 입장이었다.

4) 金日成이 전쟁을 일으켜서 敗했을 경우에 그를 전범으로 몰아내고 朴憲永 자신이 北韓의 권좌를 넘볼 수 있다는 속셈에서 전쟁도발을 유도했다는 説도 뒷바침하고 있다.

幸運의 女身은 金日成의 편에서서 朴憲永으로 하여금 전쟁도발의 책임을 지고 형장의 이슬로 사라지게 했다.

5) 朴憲永이 金日成으로 하여금 전쟁을 일으켜서 人民軍의 힘으로 南韓을 정복한다해도 南韓에서는 그의 지지기반이 金日成을 압도할 수 있으며 결국 韓半島의 지배는 南韓의 지배자가 차지하게 될 것이라 확신했다.

이러한 朴憲永의 판단을 촉진케 한 것도 南勞黨의 잔당들의 잠재력을 과신했고 戰爭은 北쪽이 (美軍의 개입이 없을 것으로 오판하고)승리할 수 있다고 믿었던 것이다. 北韓의 軍事力은 스스로의 판단에 따라 우위가 확실했으며 南韓의 戰力은 보잘 것 없다는 졸개들의 정보를 믿고 있었기 때문이다.

金日成, 朴憲永의 동상이몽

이상으로 金日成과 朴憲永의 北韓에서의 전쟁도발에 나서게 되는 입장을 정리해 보았다. 이에 따라 金日成과 朴憲永은 서로의 속셈은 달랐지만 잠정합의는 전쟁을 일으키는 것만이 속셈을 충족시킬 수 있다는 同床異夢에서 韓國戰爭이 발발했다.

즉, 金日成의 통일된 韓半島의 盟主가 되겠다는 野慾과 朴憲永의 南勞黨의 위기구출 및 앞날을 기약하려는 음모가 야합되어 南韓을 赤化통일 하려했던 것이 韓國戰爭의 발발이다. 또한 서로가 서로의 立地를 이용하여 장차 전쟁도발의 책임을 뒤집어 씌워서 숙청해버리고 승자의 영예를 독차지 하겠다는 계산이었다.

결국 전쟁은 그들의 뜻대로 되지 않았고 北으로 쫓겨갔고 朴憲永이 숙청됨으로써 金日成은 제자리에 앉아서 오늘에까지 北韓人民위에 군림하고 있다.

그는 韓國戰爭을 일으킨 장본인임을 스스로 自認하면서도 일부 책임을 朴憲永에게 전가하고 모든 責任을 南韓의 지도자에게 돌리려고 北韓의 歷史를 온통 거짓으로 꾸며놓았다.

그러나 歷史는 그의 反民族的 만행을 단죄하리라고 확신한다.

많은 정황증거와 文書들, 그리고 최근 소련쪽에 서서히 벗겨지는 6·25의 秘史등은 金日成에 의한 계획적인 南侵도발이었음을 변명할 여지가 없다.

그럼에도 韓國戰爭은 北侵이라느니 美帝國主義의 음모에 의한 南侵유발 등 그럴듯하게 꾸며내는 金日成의 전쟁도발의 책임회피론은 모두 休紙에 불과함을 거듭밝혀 두고자 한다.

韓國戰爭의 起源 ⑤

무엇이 金日成의 南侵을 도발케 했나

佐佐木春隆(日本, 軍事硏究家)

일방의 오산이 상대를 오산시켜서 그 오산이 또 다른 일방을 오산케 한다. 3년여 거듭한 한국전쟁의 서전은 어떻게 전개되었는가, 비참한 운명에 처해진 韓國戰爭이 부른 동족상잔의 비극이 승자도 패자도 없이 무고한 희생자만 속출케 한 敎訓은 결단코 시간의 흐름 속에 風化돼서는 안될 것이다.

머리말

제2차 세계대전의 전화가 끝난지 5년이 지난 1950년 6월 25일 일요일 아침, 수백문의 砲지원을 받는 전차를 선두로 北韓人民軍이 돌연히 노도와 같은 남침을 개시했다.

한국군에게는 불의의 기습이었다. 북한이 말하는 소위 '祖國解放戰爭'은 남한에서 말하는 '韓國戰爭'의 발단으로서 올해로 40주년을 맞는다.

전쟁을 일으키는 쪽은 기습을 추구하게 된다. 때문에 기도를 감추기 위해 주도면밀히 기획한다. 그렇다고 해도 일국을 병합하려는 大攻擊의 준비가 완전히 가려져서 행해질 수는 없다. 戰史는 역사적인 기습을 받은 측에서 반드시 결정적 증후를 잡고 있었다는 사실을 증명하고 있다. 그러나 눈앞에 닥치지 않은 위험에 대해서는 느긋한 것이 인지상정이다. 때로는 설마라든가 혹시 등의 고정관념이 재앙을 불러 불의의 기습을 당하는 것이 인간의 역사이다.

한국 또한 그러한 예에서 벗어나지 못했다. 정보실장 朴正熙나 북한 반장 金鍾泌중위 등이 49년말의 정기 정보보고에서 내년 봄의 위기를 역설한 것을 시작으로 군수뇌는 경종을 울리기 시작했다. 병기행정본부장이었던 전 참모총장 蔡秉德소장(일본 육사 49기)은 50년 1월과 3월, 2회에 걸쳐 일본에 건너가서 陸士시대 교관 등에게 국방전략을 질의했다고 한다.

또한 李承晩대통령과 申性模국방장관은 미국에 한국의 위기에 대해서 설명하고 군사원조를 호소했다.

그러나 미국은 이를 받아들이지 않았으며, 육군본부는 '설마'하는 낙관론이 지배적이었기 때문에 자력으로 할 수 있는 방위준비(진지구축이나 교량의 폭파준비 등)에 조차 노력을 기울인 흔적이 전혀 없다.

4월초 참모총장에 재임명된 蔡秉德은 지난 3월에 38선 북녘의 民家수가 갑자기 줄어든 일이 이상하기도 했고, 5월 1일의 메이데이 이후와 5월 30일의 제 2대 국회의원 총선거를 전후하여 경계 태세를 명령하고 불의의 사태에 대비한 일이 있는데 실제로는 아무 일도 일어나지 않았다.

그 뒤로 6월 7일부터 북쪽에서의 기만적인 평화공세가 시작됐다. "총선거를 실시하여 8월 15일에 통일국가를 만들자든가, 남한의 국회(210명)와 북의 최고인민대표회의(565명)를 합체시켜 통일정부를 조직하자는 등의 안건을 제시해 왔다. 그렇지만 어떠한 제안도 李承晚 이하 8명의 민족반역자는 제외한다 "라고 명시했다. 역시 한국의 거부를 예상한 연막전술이었다. 이후 한국은 북의 달콤한 제안에 매혹되었다. 그러나 무엇인가 꾸미고 있다고 직감한 蔡少將은 비상경계령을 내렸다. 그러나 북쪽의 회답이 오기로 된 6월 23일이 되어도 아무런 일 없이 지나갔다.

국군은 4월 하순 이래 긴장의 연속에서 지쳐버렸고, 항상 있었던 援農휴가도 주어지지 않았다. 그로 인해 2개월 반이나 병영에 갇혀있었던 장병의 불평불만이 대단했다.

상부에의 불신은 군대의 생명을 잃게 한다. 제 1선으로부터는 전차의 굉음이 난다든가 군관들이 지도를 펴보면서 남쪽을 손가락질하고 있다든가, 舟艇을 운반하고 있다는 등의 정보보고가 들어왔지만 蔡總長은 일말의 불안을 안고 있으면서도 6월 24일 토요일 0시에 경계령을 해제, 주말의 휴가와 외박 부여권한을 각부대장에게 위임했다. 그리고 그날 밤에는 육군장교구락부의 낙성연을 개최하기도 했다.

이 축하연은 2차, 3차까지 계속 됐는데, 포스트격인 蔡총장이 만취가 되어 집으로 돌아온 것이 새벽 2시경이었다(지금은 심야 파티라고 말한다). 따라서 인민군의 기습공격은 파티가 끝난 2시간 후부터 시작되었던 것이다.

25일의 아침, 한국수뇌의 동정은 다음과 같았다. 李承晚대통령은 일요일 아침의 일상적인 습관대로 창경원 연못에 낚싯줄을 내리고 명상에 잠겨 있었다. 申性模국방장관은 정양 중이어서 전화연락을 하였으나, 연결이 되지 않았다. 이 또한 일요일의 습관이었다. 채총장은 깊은 잠에 빠져 5시에 급보를 접한 부인이 깨웠으나 "언제나 있는 쌀도적들이겠지 "하면서 이불 속으로 파고들었다 한다(부인 백경화여사의 말). 작전참모부장, 丁一權준장은 미국 시찰에서 돌아오는 중에 하와이에서 급보를 받았다. 陸本의 각 국장급의 등청은 제멋대로

여서 아직 자택에 전화도 없었던 장창국 작전교육국장(대령 : 일본육사 59기, 26)의 출근은 9시였다고 한다.

제1사단장 백선엽 대령, 의정부 정면의 제7사단장 劉載興준장, 춘천 정면의 제6사단장 金鍾五대령은 5~7시에 각각 서울의 자택에서 전화보고를 받고서야 "드디어 올 것이 왔다"면서 몸을 일으켜 전선으로 달려 갔다. 또한 동해의 제8사단장 李成佳대령은 5시경에 기습당한 사실을 알게 됐다. 고문단장 로버트 준장은 6월 10일에 퇴역했다. 대리인 라이트참모장은 東京에 출장중이었다. 게다가 대부분외 美군사고문관들은 심야 파티로 지쳐서 숙면중이었다.

部隊의 혼란은 극심했다. 예외를 제외하고 38선 제1선연대는 예비대대에, 師團은 예비연대에, 陸本의 예비대를 겸한 수도경비사령부의 2개연대는 각각 3분의 2의 병사들이 휴가와 외박으로 부재중이었다.

뜻밖의 비보를 접하고 허겁지겁 달려온 장병들로 소·중·대대의 순서대로 임시편제를 갖춘 그들은 전선으로 급파되었다. 평시의 훈련이나 단결이 하루 아침에 無로 돌아간 꼴이 됐다.

또한 국군의 화력은 그당시 陸本의 무기정비계획에 따라서 중화기를 반납한 상태에 있던 예비연대가 많았다. 또 반격력으로서 예비되어 있던 남부의 3개 사단(대구의 제3사단, 대전의 제2사단, 광주의 제5사단)은 평시태세의 상태로 일요일 아침을 맞이 했다. 아마도 이들을 서울근처에 위치하게 했었다고 가정한다면 늑대와 소년의 이솝 우화를 생각케 하는 형국이었을 것이다.

이처럼 한국이 전연 경계심을 갖지 않고 있을 때에 북한은 불의에 기습을 가해 온 것이다. 그런데 북한은 지금도 '미제의 사주를 받은 이승만의 군대가 불시에 공격을 개시해 우리 공화국 영토를 1~2km침입했다. 그래서 정당한 반격을 개시하여' 라고 주장을 계속하며 인민에게 믿게 하고 남침야욕의 軍擴 (핵개발을 포함한)을 추진시키고 있다. 때문에 한반도의 긴장완화는 일시에 해결할 수는 없는 것이다.

侵略의 징후

지금 생각해 보면 침략의 징후는 역력했다. 美·蘇에 의해 분단된 한민족이 통일을 원하는 것은 자연의 이치일 것이다. 수천년간 한반도는 하나의 나라로서 단일화된 문화와 동질의 경제권에서 생활해왔다. 그런데 건국의 흥분이 식기도 전에 통일문제가 전쟁의 구실이 되어버렸다.

그러나 당시의 국제정세하에서 구체적인 통일정책을 마련하지 못했던 이승만정권은 '북한이 민주적 통일을 위해서 인구비례(10만인에 한사람)에 따른 백명의 국회의원을 선출한다면 이를 받아들이겠다. 물론 그 백명의 국회의원에는 金日成이 포함된다.(지금도 한국의 국회의사당에는 백석의 의석이 공석으로 남겨져 있다)'고 제안했다. 그러나 위의 제안이 북측의 무관심으로 되돌아오자, 자구책으로 단순한 정치적 제스처인 '북진통일론'(북벌론)을 제창하여 국민을 달래는 일밖에 할 수 없었다.

英國商船 선장출신의 申性模국방장관은 정예의 우리군은 명령만 내린다면 아침밥은 海州에서, 점심은 平壤에서 저녁밥은 新義州에서 먹는다는 호기로운 자신감으로 국민을 기쁘게 해주었다. 그렇지만 韓國政府는 통일공작을 수행한 행적이 전무했다. 또한 어느 장군도 북진준비를 명령하지 않았다.

이와는 대조적으로 북한은 처음부터 능동적이었다. 1945년 10월에 결성한 조선공산당 북조선 분국을 해체하고 11월에 북조선공산당을 창당했을 때, 총칼에 의해서 北의 제1인자가 된 김일성은 '북반부에 민주기지를 세우고 전국토를 민주화(공산화)한다'고 선언했다. 스탈린의 일국사회주의론이 그것인데 아마도 소련군 정치사령부의 草稿를 충실히 읽은 것이아닌가 한다.

북조선은 남조선공산당(서기장 朴憲永)을 물심양면으로 지원했다. 성시백공작대장 파견과 통화개혁에서 회수한 조선은행권의 증여, 좌익군사단체에 대한 원조 등이 그것이다. 이것은 남에 합법적인 공산정권을 수립하여, 후에 합병하려는 저의였으며 지금도 북한은 이 노선을 버리지 않고 있다.

朴憲永은 풍부한 자금에 물량까지 합쳐서 큰 세력으로 擴大하기 위해 쌀의 공출반대 미·영·소에 의한 5년간의 신탁통치찬성운동(우익정당은 절대반대) 지지자 등을 지휘하다 마침내는 1946년 10월에 大邱인민항쟁을 일으켜서 군정법 위반으로 몰려 북으로 도주했다. 그것은 종전 직후의 일본공산당의 운동과 그 궤를 같이하는 것이었다. 이때는 합법적 통일공작의 시기라고 했다.

이러한 공작이 벽에 부딪치면 비합법적인 수단을 쓰기로 하여 당원을 경비대 (국군의 전신)에 입대시키고, 적화 또는 군경의 반목을 조장하고, 반미운동을 조장시켜 각지에 민란을 교사했다.

또한 정판사에서 인쇄한 지폐를 매점, 경제교란으로 사회불안에 박차를 가했으며 이것은 합법, 비합법 수단의 혼용시기라고 하겠다. 그러나 한국민은 원래 보수적이어서 용이하게 남조선노동당(약칭 남로당, 1946년에 공산당, 인민당, 신민당 등이 합동해서 북의 북노당에 대치)의 손에 놀아나지 않았다.

1948년 초 봄에 UN감시하에 남한만의 단독총선이 결정되자 4월에 제주도의 대폭동을 지도하였으며, 김일성은 남북협상에 의한 평화적 통일을 제안해서 독립운동의 거두 金九, 金奎植 등을 평양으로 초청, 북조선을 기반으로 하는 통일을 설득했다. 이는 남의 총선거를 방해하기 위한 것이었다. 그러나 1948

년 8월 15일에 대한민국이 독립을 선포하고 경비대를 국군으로 개칭하자 북한은 곧이어 9월 9일에 조선민주주의인민공화국의 건국을 선언했다. 이로써 상상조차 못했던 분단국가가 탄생되었고 한국은 점차 내란과 북의 압력에 고뇌하게 되었다.

독립 2개월 후인 1948년 10월 19일 여수, 순천 주둔의 제14연대가 반란을 일으킴과 동시에 인민해방을 부르짖으며 혼란을 획책했다. 그러나 이들이 군경에 의해서 격파되자 그들은 雄峰, 智異山을 근거로 하여 게릴라 활동을 전개했다.

그리고 이를 진압하려 출동했던 光州의 제4연대의 일부가 반군에 합류하였으며, 반도의 퇴로차단에 임했던 馬山의 제15연대장이 반군과 내통하는가 하면, 대구에서도 제6연대에서 소규모의 반란이 3회에 걸쳐서 일어남으로써 혼란은 더했다. 또한 이러한 분산공작은 군에 잠입했던 남로당 조직을 기반으로 한 용의주도한 공작이었다.

여기에 북한에서는 인민유격대를 파견하여 지원을 계속했기 때문에 낮에는 대한민국, 밤에는 인민공화국이라는 지역이 만들어지기도 했다. 한국군은 숙군을 단행하면서 게릴라토벌을 독려, 1949년 봄에는 反徒의 수괴를 쓰러뜨릴 정도로 성과를 올렸다.

그러나 어느새 38선에서는 무력분쟁이 빈번하게 일어났고, 북한의 인민유격대가 남하하여 치안을 교란하기 시작했다. 무력분쟁은 49년 5월부터 11월에 걸쳐서 주로 서부전선의 정면에서 수없이 일어났다.

대대나 연대급 이상이 수일간 또는 1개월에 걸쳐 교전하기도 했다. 주로 北의 38선 경비대가 도발자였다. 이러한 분쟁 기간 동안 인민유격대는 9차례에 걸쳐서 연인원 1천 5백명이 동부의 산악지로 침투하였다. 북한이 미군의 완전 철수(6월말일)를 보고 이같이 나온 것은 심리적 압박을 가해서 남부의 게릴라토벌을 방해하려는 것이었다.

위력탐사 한국의 이목을 서부로 끌어들여서 유격대의 침투와 행동을 용이하게 하고 운이 좋으면 李承晩정권을 전복할 수 있다고 보았을 것으로 추측된다. 김일성의 통일공작은 축차적으로 에스칼레이트되어 전쟁 이외의 모든 수단을 동원하여 그들의 목표로 육박했다. 이는 소위 그들이 말하는 강도 높은 간접침략이라고 하겠다.

그렇지만 일국이 이정도의 동요로 붕괴될 리는 없다. 따라서 북의 예상은 빗나갔으나, 부차적인 효과는 컸다. 분쟁에의 대응과 게릴라 토벌에 쫓기던 한국군에겐 훈련의 여유가 없었다. 많은 사단이 중대훈련의 단계에서 전쟁을 맞는 결과가 되었다. 또한 무력분쟁에서는 北韓의 우세를 인정하지 않을 수 없는 상황이었다. 한국군수뇌가 위기감을 느끼기 시작한 것은 이 무렵부터였다.

그런데 10월 중순의 옹진 제3차 침공을 끝으로 북한의 도발은 일시정지됐다. 이는 戰爭 준비를 촉진하면서 韓·美軍을 불필요하게 자극시켜 침략의도를 노출시킬 우려가 있다고 판단해서였을 것이다.

중국공산당의 승리에 따른 중화인민공화국의 탄생은 김일성에게 많은 용기를 주었을 것임이 틀림없다. 그러나 김일성은 1950년 "49년에는 미제와 이승만일당의 반동에 의해서 우리 북조선의 염원인 통일이 이루어지지 않았다. 그러나…… 우리 인민군 국경경비대, 보안대는 언제든지 적을 격멸할 준비를 완비하라. 올해야말로 통일의 해가 될 것을 빈다."라는 내용의 신년사를 발표했다.

또한 불안한 징후로서 1월 코민포름은 돌연 일본공산당의 평화적혁명노선을 공격하면서 폭력혁명노선으로 전환하고 소련공산당 정권은 국제연합을 탈퇴했다. 그리고 미국 일본 북한 주재의 공관장을 모두 소환했다. 이는 전쟁의 환경을 조성하기 위한 알리바이 공작이었다고 볼 수 있겠다.

무력통일 준비

북한의 통일공작은 이상과 같이 축차적으로 에스칼레이트化하였는데 이같은 계획은 일련의 순서를 밟은 것이 아니고 하나의 수단이 실패하면 보다 더 과격한 수단으로 대처했다는 것을 한국의 예로 볼 수 있다. 따라서 김일성이 언제 戰爭에 호소할 결의를 굳히고, 언제 준비에 착수했는지는 알 수 없다. 이 수수께끼는 김일성이 살아있는 한은 明確히 밝혀지지 않을 것이다.

김일성은 건국 7개월 전인 48년 2월 8일에 朝鮮人民軍의 창설을 선언하고 그 목적을 "통일적인 인민공화국을 세울 기초로서……"라고 말했다. 당시는 남쪽의 단독선거가 具體化된 상황이어서 이 선언을 근거로 하여 그 시기(48.2)에 武力으로 호소하겠다는 결의를 굳혔다고 보는 사람도 있다.

또 평화적으로 통일을 하려면 남쪽을 기반으로 하고 있는 박헌영이 유리하고 자신의 영향력이 축소될 것을 두려워하여 김일성은 소련을 후견인으로 하여 처음부터 무력통일을 지향했다고 추측하는 사람들도 있다.

그렇다면 사전의 공작은 한국의 약화를 겨냥한 것이 된다. 김일성 일행이 1949년 3월에 스티코프대사의 안내로 소련을 방문했을 당시의 흐루시초프의 회고에 따르면 "김일성은 남한을 총검으로 무찌르겠다고 장담하면서 처음의 일격후에 남쪽에서 폭발적인 동조 세력(인민봉기, 군의 반란 등)이 일어나게 되면 인민의 힘이 승리한다"고 설명하면서 침략의지를 드러냈다 한다.

이 발상이 김일성의 독자의 것인가 아니면 스티코프대사의 교사인가(당시는 통역정치의 시대였다), 스탈린이 그렇게 부추겼는가 아니면 三者合作은 아니었는가 하는 의구심이 든다.

스탈린은 김일성의 의견에 동의하고 구체적인 계획을 세워서 再訪問을 하라고 촉구하고 朝·蘇경제문화협정, 그밖의(이 안에는 군사원조협정이 포함됐다고 추측된다) 사안들을 체결했다. 또한 김일성은 모택동과도 어떤 협정을 체결한 것이 확실하다. 이 소련 방문 이후부터 인민군의 대확장이 시작됐다.

제105전차대대는 연대로, 연대는 여단으로 확장되었으며 별도로 독립전차연대가 신편되었다. 동년 7월말에는 중공군 제4야전군(林彪)의 중핵으로서 대륙을 전전한 조선인부대가 입북했다.

그리고 중공의 제164사단이 인민군 제5사단으로, 제166사단이 제6사단으로 개편되고 그밖의 중공 출신자들을 끌어모아서 제7사단을 신편했다.

또 기성의 사단이나 여단에는 대륙에서 돌아온 연대와 군관들을 편입시켜서 제1사단과 제4사단을 충족시켰다. 이로써 공격사단으로 7개의 정예사단이 편성되었던 것이다.

또한 제1~제3 민청훈련소에서 3개의 38경비대를 기간으로 2개사단을 편성하여 예비사단 5개를 편성 완료했다. 그리고 맹훈련에 돌입, 1950년 늦은 봄에는 사단과 군단의 실병연습을 끝냈다. 122mm 유탄포의 실시를 시찰한 金日成은 "이것이야말로 정의의 힘의 증표이다"고 만족했다 한다. 이런 점으로 보아 북의 전쟁준비의 결심은 49년 3월에 스탈린의 승인을 얻은 시점에서 부동의 것으로 된 것이 분명하다.

무력행사의 결의

1950년 3월 김일성은 재차 소련을 방문했다. 흐루시초프의 회고에 의하면 김일성은 성공을 절대 확신하고 있었다. 그렇지만 스탈린은 미국의 개입을 염려하여 毛澤東(모스크바에 체류중)의 의견을 물었다. 그의 답은 긍정적이었다.

여기서 김일성과 스탈린, 모택동의 삼자간에 성공을 확신케 한 몇가지 조건을 생각해 보기로 하자. 그 조건을 뒤집어 보면 전쟁을 억제할 수 있는 조건을 시사해 주리라고 생각된다. 고금의 역사를 읽어보면 선공격을 기도한 쪽이 대체로 다음 3개 조건의 전부를 이루었다고 판단했을 때 전쟁을 일으킨다.

그것은 군사력에 의한 승리의 확신으로서 '상대적국의 항감력(繼戰能力)은 빈약하여도 타국이 개입할 염려가 전혀 없을 때'라는 주관적 판단이다. 삼자의 판단자료가 되었을 것으로 보이는 객관 정세를 살펴보겠다.

군사적 승리의 확산

古來로 '北高南低'라는 전승이 있듯이 반도는 천수백년간 북의 세력이 지배했다. 그래서 북쪽사람은 어느 면에서 우월감을 가지고 있고 남쪽 사람은 북에 대하여 열등감이 있다는 말을 들은 바 있다.

김일성이 야망을 품었던 것은 이 역사에 연원하는 지도 모른다.

적어도 1950년 여름의 시점에서는 남북의 군사력의 교차는 完然한 것이었다. 한국의 장군들은 이구동성으로 "저토록 밸런스가 깨진다면 북이 침략의 유혹에 걸려드는 것은 당연하다. 무법자를 제멋대로 설치도록 내버려둔 이쪽에도 문제가 있다"고 한탄했다.

한국육군의 병력은 9만 5천명, 이것을 7개사단과 수도경비사령부로 편성했다. 그리고 38선에 배치한 우수사단(제1사단, 제6사단, 제7사단, 제8사단)의 주 장비는 구식의 105mm 유탄포가 15문, 81mm 박격포 36문, 57mm 대전차포 18문, 바추카포 160통에 지나지 않았다. 창설시의 경찰대의 수준 그대로였다. 장갑차는 M8형(37mm포)의 27대 뿐이었다. 각사단의 방어 정면은 35km부터 100km에 달하는 곳도 있었다.

적어도 인민군은 당시 모스크바의 守神이라고 불리웠던 T-34/85형 전차 2백42량을 장비하고 있었으나 한국군에게는 전차라는 이름이 붙은 것은 없었으며 유효한 대전차장비조차 구비하지 못했다. 인민군이 공격개시후 69시간만에 서울에 돌입한 것은 이 교차 때문이었다. 뿐만 아니라 공군의 교차는 비교도 되지 않았다.

한국공군은 천으로 바른 연락기가 14기, T-6형 연습기 10기뿐이었고 실전기는 없었다. 북한의 공군은 Yak-9형 전투기와 11-10, 동형 12형 경폭기 등 2백여기를 장비하고 있었다. 또한 北의 해군에는 초계정 16척이 있었는데 한국해군은 초계정 4척뿐이었다. 당시 한국측은 후에 판명된 인민군의 연대장 등을 지낸 李, 朴, 康소좌와 11-10형기로 날아온 李중위 등을 포함한 월남자, 남북을 왕래하는 상인, 첩자와 2중스파이, 잠입척후 등이 정보源이었다. 비행장이나 T-34형 전차, 자주포, 122mm유탄포의 사진 등은 얼마든지 입수할수가 있었던 것 같다.

따라서 시간이 지남에 따라 국군수뇌의 우려는 깊어져 각기 이에 대응할 수 있는 군사원조를 호소했다.

李承晩 대통령은 때때로 성명을 발표하여 미국에 주의를 촉구함과 함께 趙炳

玉 특사를 파견하여 駐美대사 張勉을 원조하여 대미교섭을, 申國防長官은 주한美國대사 무초와 軍事고문단장 로버트 준장을 통해서, 軍의 수뇌는 각각 자기 고문에게 泣訴, 軍援을 요청했다.

陸軍에서는 戰車와 重砲를 요청했고 그것이 안되면 對戰車砲를 달라고 호소했다. '空軍은 戰用機를, 海軍은 프리깃트나 구축함을 요청했다. 그러나 美國은 戰爭이 일어날 정세가 아니다', '지금 전쟁이란 말도 안된다'면서 '山林國이며 교량이 빈약한 한반도에서는 전차는 쓸모가 없다', 또는 '한국은 북의 어떠한 공격도 격퇴할 수 있는 능력을 갖고 있다. 걱정할 것 없다'면서 단호히 거절했다.

그때는 남북 양쪽이 병기의 생산능력이 없었기 때문에 美·蘇의 원조의 질과 양이 결정적인 언밸런스를 만들었던 것이다. 더욱 미국은 1950년 1월 26일 한미상호방위원조협정을 체결해 주었다. 그렇지만 내용은 경제원조가 주로서 군사원조는 1천여만달러에 불과했다.

日本의 入場에서 그당시 미국은 13개월에 걸치는 베를린 봉쇄와 그리스의 공산게릴라, 오스트리아와 이란문제등으로 골치가 아팠던 경험이 있었는데도 대소협조의 고집으로 봉쇄전략을 채택하고 있었다. 그래서 대한 군사원조는 소련을 자극시킬 것으로 보고 터부시하고 있었다.

그 단적인 예로 미공군이 一機에 1천달러로 민간에게 불하했던 F-51무스탕을 한국군이 매입하려해도 미국정부가 승인을 해주지 않아 울며 겨자먹기로 캐나다에서 1기에 1만달러를 주고 T-6연습기를 사들였다. 일의 진행이 이러했다. 또한 당시의 미군은 국지전을 가상해서 한국의 경우 지정학적 가치를 부인하여 한국을 군사력으로 방어한다는 것은 불가능하다고 보았고 따라서 미국에게 부담만 가중할 것이라고 판단하여 방위 공약을 해주지 않았던 것이다. 그뿐 아니라 이승만 대통령의 북벌론은 미국이 경계토록하여 그의 군사요청은 북벌의 준비라고 의심했다.

그것은 국제연합군 군사감시반이 한국군의 북벌을 의심하여 조사한 6월 24일자 38선 시찰보고 내용에서도 알 수 있다.

그리고 한국에서는 미국에 불신만 안기는 큰 불상사가 연이어졌다. 이미 앞에서 말한 바 있는 여수, 순천의 반란사건에 이어 게릴라화, 그리고 49년 5월에 춘천에 있던 제8연대의 2개대대 월북사건과 연락기의 평양도주, 소해정이 원산항으로 도망친 사건등이다. 이것들은 미제무기를 장비했던 국부군이 중공군에게로 넘어가버린 악몽을 되살리는 것들이었다.

이같은 요인들이 누적되어 미국의 대한원조를 지체하게 하였는데 기본적으로는 "소련은 전쟁을 원하지 않는다. 만일에 북한이 야심을 품고있어도 소련이 이를 제지할 것이다. 북한같은 작은 나라가 미국과 국제연합에 반항하는 남침을 기도할 리가 없다.”고 (콜린스참모총장의 회상)생각하고 있었던 것이다.

소련이 철의 장막에 감추어진 채로 대리전쟁이나 국지전을 해오리라고는 생각할 수 없었다. 그러나 북한은 모든 루트를 통해서 여러사정과 한국군의 실체를 알고 있었다.

또한 10여회에 걸쳐서 자행된 무력충돌의 결론으로 자기쪽의 우세를 확신했다. 그리고 여러가지 사정으로 보아(특히 姜·表소령이 월북해서 한국군 내부에 대한 정보를 제공) 한국군이 용감히 대항하여 싸우리라고는 생각하지 않았다. 張昌國 작전국장은 이 점이 가장 불안했다고 회상했는데 북이 필승을 의심하지 않은 것도 이것이 그 이유의 하나라고 생각한다.

抗堪力의 판단

현대의 패전국은 혁명을 강요당하게 된다. 따라서 혁명을 거부하는 국민들은 단결해서 싸우게 된다. 이것이 항감력의 원천이다. 여기서 당시 한국의 내정을 레닌혁명성공의 4개조건에 맞추어 조명해 본다.

1. 민심이 위정자에게서 멀어져

한국민은 반권력적 지향이 강하다고 한다. 그래서일까 국회와 李정권은 사사건건 대립했고 1949년에는 전공산당원 등의 국회프락치 사건이 발생했다.

또한 무슨 일만 있으면 데모를 했다. 그것은 점점 불상사로 발전한다. 앞서 말한 폭동이나 군의 反亂이 그러한 예다. 이승만박사의 개인적인 성망도 떨어지고 있었다. 전쟁 25일 전인 5월 30일 헌법의 규정과 美 국무성의 강요에 의해서 실시한 제2대 총선거 결과는 그런 일면을 보여준다. 210명의 정원 중 여당이 45명, 야당이 23명, 반이승만파로 보이는 무소속 기타가 133명이 당선되었다. 이런 것은 북한에게는 유리한 상황이었다.

2. 혁명주체세력의 존재

월북해서 부수상겸 外相에 취임한 朴憲永은 의연히 지하로 잠입한 남로당을 조직하여 그것을 배후세력으로 하고 있었다.

그는 북한에서 뿌리없는 풀의 신세였다. 그래서 정치력을 유지하기 위해서는 남로당의 잔당세력을 활용할 필요성이 절실했던 것이다. 朴憲永은 항상 20만이상의 당원이 시기를 기다리고 있다고 말했다. 그는 인민의 봉기가 준비되어있다고 김일성을 자극했다. 이 말은 김일성을 기쁘게 했던 말인 동시에 金日成이 朴憲永을 숙청할 때의 죄상이었다.

3. 군대의 확고한 의지 불명

누차 말했듯이 한국군에게는 많은 불미스런 사건들이 있었다. 또한 박헌영은 한국군 내부에 남로당 세력을 조직하고 있었으며 군을 전복하고자 했고 자기의 정치세력을 확장하려 했었다. 실제로 북한과 통하고 있는 장교가 적발되기도 했다.

그리고 상부층은 日本軍, 滿軍, 광복군(중경의 임시정부 군대), 중국군등의 출신별 혹은 출신지역 등으로 파벌이 조성되어 경합을 하고 있었다. 채병덕총장(일본육사 49기), 제 2 사단장 이형근(59기)등이 원로인 김석원 준장(27기)과는 견원지간으로 세간에 알려졌다. 북의 대남방송은 이들의 確執을 선동하고 있었다.

따라서 한국군이 합심해서 이정권에 충성을 다짐하는 것 등은 생각할 수 없었고, 결정적인 일격이 가해지면 장개석 군대의 재판이 되지 않을까하는 미국의 우려가 개전초에 인민군보병이 도로상을 4열 종대로 적기를 흔들고 군가를 부르면서 남하하는 것으로 나타났다.

위정자의 자신상실

李대통령은 75세를 넘어섰고 전쟁과 인플레이션 때문에 자신감을 잃어가고 있었다. 북에서는 이 노인이 전쟁을 감내할 수 없을 것이라고 판단했다. 북반부와 일본과의 관계가 절단된 한국경제는 인플레이션에 시달리고 있었고 북의 공작에 따른 사회불안으로 객관적으로도 한국의 위기를 감지할 수 있었다.

따라서 북의 입장에서 보면 혁명의 조건은 충분했다. 그들은 익은 감과 같다고 생각했다. 김일성이 모스크바에서 "일격만 가하면 내부에서 폭발이 일어나…… "라며 호언장담한 이유도 여기에 있었다.

미국의 개입 판단

미국이 개입할 것이 분명했다면 한국전쟁은 일어나지 않았을 것이다. 그런데 미국은 앞에서 말했듯이 오산에 의해서 정책을 수립, 추진했다.

대륙을 제패한 중공이 대만해방을 노리자 트루먼대통령은 대만 불개입을 성

977

명하고, 그 뜻을 애치슨국무장관은 50년 1월 12일의 연설에서 "미국의 서태평양에서의 방어선에는 한국, 대만이 포함되지 않는다"는 취지를 밝혔다. 이와같은 애치슨의 성명으로 소련을 자극하지 않고 중공을 티토화 하고자 했던 것으로 보인다.

적어도 상대는 이 성명을 환영했을 것이다. 소련이 국제연합을 보이코트 한것은 그 다음 날이었다.

이를 우려한 李대통령은 백방으로 수단을 써서 한국방위에 관한 미국의 공약을 얻어내려고 노력했다. 그러나 확고하게 잘못된 생각을 하고 있던 미국은 소련을 자극하게 될 방위협정을 거부했을 뿐 아니라 언질조차도 주지 않으려 했다. 코넬리의원조차도 애치슨의 성명을 지지한다고 표명했다.

그런 와중에서도 미국무성은 불안한 정세하에서의 총선거를 요구, 이 대통령을 강요해서 敵前에서 5·30총선거를 실시케 하였다.

스탈린으로부터 의견을 요청받은 모택동은 "대륙에서 혼이 난 미국이 먼로주의로 돌아섰다. 조선과 같은 작은 곳에 간섭할 리가 없다."고 대답했다 한다. 흐루시초프는 "전쟁을 신속히 진전시키면 미국의 개입을 피할 수 있는 견해(김일성의)에 쏠렸다"고 회고했다. 아마도 재일미군이 태평을 구가하고 있는 실정을 잘 알고 있었던 것 같다. 그 당시에도 일본은 스파이 천국이었으니까.

맺 음

6월 25일 아침, 김일성의 소위 조국통일전쟁은 시작됐다. T-34전차는 괴물같은 위력을 발휘하여 28일 서울에 돌입했다. 미국수뇌가 받은 쇼크는 진주만의 재현이었다. 군사적 필승을 확신한 북의 판단은 빠르고 정확한 것이었다.

그런데 미국은 스탈린의 예상에 반해 망설임없이 27일에 공·해군, 30일에는 육군의 출동을 하명했다.

서방으로 망명한 주일 소련대사관의 이등서기관 라스토브로포는 '한국전쟁은 스탈린의 최대의 오산이었다'고 증언했다.

또한 북한의 속셈도 그랬을 것이다. 한국군의 집단 투항이나 탈영도주 등은 한건도 없었으며 한국군은 봉기하여 자유를 위해 싸웠다.

김일성은 자기 구미에 맞게 생각했고 그 판단은 오산투성이었다. 결국 미국은 공산측 의도를 오산한 것이고, 극동 특히 대한정책을 그르쳤던 것이다. 공산측은 오산에 의해 입안된 미국의 모든 정책이 자기에게 유리하다고 오산하여 침략전쟁을 개시했다.

그리고 미국은 인민군을 과소평가해서 오산에서 빠져 나오지 못하고 안이하게 육군을 투입하여 처음부터 곤혹을 당했다. 결국 오산이 상대를 오산하게 하고 그 오산이 또 타방을 오산케 했다.

이러한 현상을 필자는 상승현상이라고 부르는데 대개의 전쟁이 서로의 오산에 의해서 시작되고 있다. 오산하고 있다고 느끼지 않는 것이 오산이기 때문에 별 수 없다. 따라서 침략을 저지하는데는 상대가 오산을 하지 않도록 이쪽이 필요한 방위력을 구비하고, 국민은 싸울 준비를 하고 우방국과의 안보조약이 항상 유효하게 기능한다는 증명 데이타를 상대국에 보내지 않으면 안된다.

우리나라가 오산을 하지 않도록, 국민이 잘못된 생각을 하지 않도록 바랄 뿐이다.

6.25한국전쟁 40주년 논집으로 日本「軍事硏究」誌에 발표한 左左木春隆(군사평론가 · 한국전쟁사 저자)씨의 글이다.

〈역자 주〉

北韓의 南侵 準備

1. 蘇聯의 極東軍事戰略

蘇聯은 第2次世界大戰이 끝날 무렵 對日作戰을 위해 一時的인 군사점령이 허용된 滿洲와 北韓을 戰後에도 계속 自國의 세력권으로 확보하여 極東을 赤化하기 위한 기지로 이용하려는 전략으로 나왔다.

그리하여 蘇聯은 蔣介石의 국민당정부를 中國의 유일한 政府로 상대하면서도 대전후 國府軍의 만주 進入을 거부하고 그대신 중국공산당을 받아들여 武裝시킴으로써 만주를 장악하게 한 다음 이들이 만주에 수립한 「東北人民政府」라는 자치기구의 수장에 高崗이라는 스탈린의 下手人을 앉히는 동시에 북한을 위성국화해 나갔다.

蘇聯이 북한을 사주하여 韓半島의 赤化를 위한 대리전쟁을 자행하게한 底意에 관해서는 여러가지 見解가 있다.

그중 지배적인 것은 蘇聯은 美國이 추진중인 대일단독강화가 실현될 경우 주한미국기지가 합법적인 토대위에 永續될 것을 크게 우려하였기 때문에, 美日간의 講和와 밀착을 견제하는 동시에 日本의 공산계 및 좌익계 政治勢力을 고무하여 日本의 左傾化를 촉진하려는 동기에서 南韓에의 武力侵攻을 서두르게 되었다는 見解이다.

日本과 불과 100마일 떨어진 韓半島 전역이 赤化될때 日本도 九州와 북해도 두 군데에서 압도적으로 우세한 蘇地上軍의 침공위협을 받지 않을 수 없을 것이고, 일단 이와같은 狀況이 조성되면 日本内의 공산 및 좌익세력의 정치적 기반이 급속히 강화되어 궁극적으로는 日本이 左傾化되거나 또는 中立을 지향할 수 밖에 없다는 것이다.

한편 蘇聯은 유럽方面에 대한 세력권 팽창기도가 美國의 지원을 받는 서구제국의 결속으로 말미암아 한계점에 도달하게 되자, 이번에는 아시아方面에 있어서의 美國의 대응태세를 시험하는 동시에 바야흐로 유럽에 집중되고 있는 美國의 군사적·경제적 역량을 세계의 여타지역으로 분산시키기 위하여 북한의 南侵을 사주하게 되었다고 보는 見解도 有力하다. 한국전쟁은 蘇聯이 유럽方面으로의 전면침공을 준비하기 위하여 수행한 하나의 전략적 陽攻이며, 第3次世界大戰으로 이어질 일련의 연쇄적 도전의 시발에 불과하다는 것이다.

美·蘇間의 이원적 대립으로 집약되는 전후 국제정치의 本質에 비추어, 한국전쟁을 美國의 봉쇄정책에 대한 蘇聯의 도전으로 본 것은 당연한 해석이 아닐 수 없다.

한편 북한의 남침준비에 있어서 蘇聯이 中共과 어느 정도의 사전협의를 하였으며, 이에 대해 中共은 어떻게 참여하였는가에 대해서도 異見이 엇갈리고 있다.

그리하여 蘇聯은 만주와 몽고에 있어서의 自國의 세력권을 위협할 정도로 성장한 毛澤東의 중공세력을 시급히 견제할 필요성을 느껴 蒙古－滿洲－北韓으로 이어지는 對中共 견제체제를 강화하고, 나아가서 金日成의 무력남침으로 韓半島를 손에 넣음으로써 中共을 포위하려고 企圖하여 毛澤東의 中共이 아니라 공산정권 수립 이후에도 「東北省」의 위원장으로서 여전히 스탈린의 조종을 받고 있던 高崗과 南侵을 음모하였다고 하여 한국전쟁을 중소분쟁의 前兆的 현상으로 보는 見解도 있다.

그러나 中共은 이미 1949년초부터 인민군 강화에 一役을 담당하였으며, 韓國戰爭이 일어나기 직전인 1950년 4월에는 광동의 중공군을 대대적으로 滿洲로 이동하여 재배치하는 등 인민군의 남침준비를 지원하였다.

2. 인민군의 創設

인민군은 世界共産化를 집요하게 추구하는 적색제국주의의 충실한 代理者로 창설되어 종주국인 蘇聯의 전폭적인 지원과 면밀한 계획아래 급속히 증강되어 갔다.

당초 北韓에서도 8·15解放과 더불어 各地에서 토착세력에 의하여 多數의 무장단체가 조직되었다. 그중에서 대표적인 것이 曺晩植을 중심으로 하는 보수계 민족세력에 의해 조직된 「自衛隊」와 玄俊赫을 중심으로 하는 국내공산세력에 의해 조직된 「治安隊」였다.

蘇聯軍이 진주한 후 各 市·郡·面別로 「인민위원회」가 설치되면서 蘇聯軍의 後見을 받는 金日成을 중심으로 하는 소련파 공산당은 「赤衛隊」를 조직하여 蘇聯軍이 접수한 日本軍의 武器로 무장하는 동시에, 이와는 별도로 半官的 性格의 「민주청년연맹」을 결성하여 이미 조직된 여타 사설무장단체들을 압도하기 시작하였다.

소군정 當局은 北韓內의 무장세력을 金日成을 중심으로 一元化하기 위해 1945년 10월 自衛隊, 治安隊, 赤衛隊등 모든 사설무장단체를 解散, 이를 통합하여 「保安隊」를 창설하였다. 保安隊는 소련파 공산당이 實權을 잡기 위한 정치적 도구로 사용되었다.

蘇軍政은 또 保安隊만으로는 治安 및 경계가 어렵다는 이유를 내세워 保安隊와는 별도로 1946년 1월 「철도보안대」를 창설하는데, 이것은 실제로는 正規軍의 編成에 대비한 것으로서 소위 「인민군」의 前身이나 마찬가지였다. 철도보안대는 그해 7월 平壤에 「철도경비사령부」가 설치될 즈음에는 13개 中隊의 兵力을 보유하게 되었다.

南韓의 「국방경비대」가 경찰예비대의 성격을 지니고 창설되어 끊임없이 혼선을 빚고 있었던 것과는 달리 北韓에서는 이미 위장된 가운데 침략적인 正規軍 編成이 시작되었던 것이다.

1946년 2월 소위 「北朝鮮臨時人民委員會」라는 실질적인 金日成政權을 수립한 북한은 軍事力의 급속한 확장을 위한 준비로서 같은 해 2월부터 6월에 걸쳐 兵員과 幹部養成을 위한 각종 교육기관을 대대적으로 설치하였다. 幹部養成機關으로는 鎭南浦에 「평양학원」, 平南 江西에 「중앙보안부학교」를 설치하였으며, 兵員教育을 위해 順川에 「保安訓練所」를 설치하고 그 밑에 3개의 分所(新義州·定州·江界)를 두었다.

북한은 이렇게 날로 확장되어가는 軍部隊 및 군교육기관을 통합 지휘할 單一 機構로서 1946년 8월 15일 崔庸健을 司令官으로 하는 「保安幹部訓練大隊部」를 설치하였다. 保安幹部訓練大隊部는 그 예하에 평양학원과 中央保安幹部學校를 통할하는 동시에 3個 직할대대와 4개 訓練所를 두었다. 3개 직할대대는 북한의 12개 主要 道市에 中隊別로 분산 배치되었으며, 4개의 訓練所는 羅南과 元山에 신설한 「訓練 第2所」 및 「訓練 第3所」와 順川의 保安訓練所를 「訓練 第1所」, 平壤의 철도경비사령부를 「訓練 第4所」로 개편한 것이었다.

이로써 북한의 모든 軍事機構는 最高 단일기구 아래 一元化되어 金日成體制에 밀착되었다. 보안간부훈련대대부는 사실상 인민군최고사령부와 같은 기능을 수행하였으며, 3個直轄大隊와 4個 訓練所는 有事時 실전부대로 즉각 전환할 수 있는 토대가 확립되어 있었으나, 軍隊 創設을 풍기는 단대호를 의도적으로 사용하지 않음으로써 正規軍의 창설을 위장하였다.

軍事組織을 제도적으로 一元化한 북한은 1947년 2월, 이미 1년전에 구성한 소위 北朝鮮臨時人民委員會의 「臨時」字를 떼어버림으로서 사실상의 단독정권을 발족 시키는 동시에 蘇聯의 대대적인 군사원조를 받아 장비를 교체하고 軍服을 통일 하는 등 戰鬪力의 質的 向上을 꾀하기 시작하였다.

그리하여 1947년 5월, 북한은 全將兵에게 正式軍官 및 士兵의 계급장을 수여하는 동시에 安保幹部訓練大隊部를 「人民集團軍總司令部」로 개편하였다. 또한 종래의 訓練 第1·2·3所를 각각 「輕步兵 第1師團」, 「輕步兵 第2師團」, 「第3獨立혼성여단」 으로 개칭하고, 各 部隊의 장비를 신예 76mm曲射砲, 45mm對戰車砲, 120mm 및 82 mm박격포, 각종 기관총과 다발총등 蘇聯製로 완전히 교체하였다. 南北韓 사이에 軍事力의 격차는 이로부터 크게 벌어지기 시작하였다.

北韓에 單獨政權을 조직하고, 강력한 軍事力을 구축해 놓은 金日成은 1948년 1월부터 활동을 개시한 「UN韓委」의 入北을 거부함으로써 南北分斷을 완전히 固着化시키는 동시에 分斷의 원천적 責任을 모면하려는 術數로 政權樹立의 公式的 宣布를 유보하면서도 1948년 2월 8일 소위 「朝鮮人民軍」의 창설을 선언하고 「人民軍總司令部」를 설치하였으며, 같은 해 6월부터는 징병을 개시하였다.

1948년 9월 9일 소위 「朝鮮民主主義人民共和國」의 수립을 공포한 북한은 人民

軍總司令部를 다시 「민족보위성」으로 승격시켜 4個 師團으로 증편된 「朝鮮人民軍」을 통할하였다.

한편 인민군 戰車部隊는 1947년 5월 第115戰車聯隊가 창설되어 平壤에 주둔하고 있던 蘇聯軍 戰車師團이 교육 훈련을 담당하면서부터 급격히 강화되어 갔다. 1948년초 蘇聯軍 戰車師團은 主力을 철수하면서 1個聯隊分의 戰車 150대와 300名의 蘇軍을 잔류시켜 훈련을 계속하였으며, 그해 12월 초에 이르러 인민군이 단독으로 戰車部隊를 운영할 수 있게 되자 戰車 60대, 76.2㎜自走砲 30대, 싸이드카 60대, 自動車 40대를 인계하고 철수하였다.

북한의 空軍은 당초 南韓과 마찬가지로 民間組織에서 출발, 1945년 10월 「新義州航空隊」를 조직하여 蘇聯軍으로부터 日製 고급연습기 3대를 인수하여 飛行訓練을 개시하였다. 이들은 1946년 5월 平壤學院에 편입되었다가 1948년 9월에는 다시 民族保衛省 산하의 직할지구로 승격, 증편의 기틀을 마련하였다.

북한의 海軍은 1946년 12월 「海軍 警備隊」로 창설되어 1948년 2월 소위 朝鮮人民軍의 창설에 따라 점차 증편되어 갔다.

3. 人民軍의 强化와 戰爭 準備

北韓 共産集團에 대한 원격지배체제를 확립한 蘇聯은 1948년 말 北韓으로 부터 철수하면서 多量의 重火器를 이양하고 인민군 1個 師團마다 150명 정도의 軍事顧問團을 잔류시켰다.

또한 蘇聯은 1948년 12월 25일에는 북한 軍事代表團을 모스크바로 불러, 武力에 의한 韓半島의 赤化統一을 목표로 向後 18個月內(1950년 6월까지)에 인민군을 現代化한다는 대략 다음과 같은 내용의 기본계획을 수립하였다.

① 韓人系 中共軍(東北義勇軍)을 多數 入北시켜 인민군의 戰力을 증강시킨다.
② 蘇聯은 인민군에 500여대의 戰車를 공급하여 2개의 戰車師團을 편성한다.
③ 인민군을 總 22個師團으로 증편한다.

뒤이어 1949년 1월 북한과 中共은 「하얼빈會議」를 열어, 中共은 1949년 말까지 3회에 걸쳐 「東北人民解放軍」內의 韓人部隊 28,000명을 北韓에 송환하기로 합의하였다.

「모스크바協定」과 「하얼빈會議」의 합의에 따라 인민군은 6개의 정예 돌격사단을 비롯하여 강력한 戰車部隊와 空軍을 건설하게 되었다.

이와 함께 1949년 초부터는 蘇聯·中共·북한 사이에 三角協助體制가 구축되기 시작하였다. 1949년 3월 17일 金日成 一行은 모스크바를 방문하여 「朝蘇秘密軍事協定」 및 「朝蘇經濟文化協定」을 체결함으로써 앞서 맺은 「모스크바 協定」의 내용을 보완하는 동시에 이를 公式化하였다. 이튿날에는 蘇聯의 主宰아래 「朝

中相互防衛協定」을 체결하고, 이른바 "帝國主義勢力에 대한 공동투쟁"을 다짐하였다.

1949년 10월에는 蘇·中共間에 「하얼빈協定」과 「모스크바協定」이 체결되었으며, 중공정권이 수립된 후인 1950년 2월 14일에는 「中蘇우호동맹 및 상호원조조약」이 체결됨으로써 三角協助體制가 완성되었다.

그 동안에 東北人民解放軍(中共軍)의 韓人部隊는 속속 入北하여 북한의 戰力을 비약적으로 증강시켰다.

1949년 7월말 方虎山이 지휘하는 中共軍 第166師團의 10,000명이 入北하여 인민군 第6師團으로 개편되었으며, 8월말에 入北한 金昌德 휘하의 中共軍 第164師團 10,000명은 第5師團으로 개편되었다.

이 밖에도 8월을 전후해서 中共軍 出身 약 2,000~3,000명이 들어왔고, 이보다 앞서 1949년 초에는 스탈린그라드(Stalingrad) 戰鬪에 참가했던 蘇軍出身 약, 5,000명이 들어옴으로서, 1949년 중에 入北한 總兵力은 35,000~36,000명에 달하였다.

이어서 1950년 5월초에는 中共軍 第20師團 出身을 주축으로 其他 部隊에 散在해 있던 韓人을 규합한 10,000명이 全宇의 지휘하에 入北하여 인민군 第7師團이 되었다. 北韓에 들어온 中共軍出身 部隊들은 일정기간 소련식교범에 따라 재훈련되었다.

인민군은 다시 1950년 3월 南侵開始를 앞두고 3개의 民青訓練所를 승격시켜 인민군 第10, 第13, 第15師團을 편성하였다.

이상과 같은 일련의 부대 확장과 더불어 인민군은 蘇聯의 대규모적인 軍援에 힘입어 機動力과 火力이 크게 증강되었다.

各 師團은 122㎜曲射砲 12門, 76㎜曲射砲 24門, SU-76自走砲 12門, 45㎜對戰車砲 12門, 14.5㎜對戰車砲 36門을 保有하였고, 예하 3개 연대와 각 대대는 編制上의 火器로서 120㎜ 및 82㎜迫擊砲와 76㎜曲射砲등을 장비하였다.

한편 북한의 「保安隊」는 대략 「人民軍」과 동일한 편제와 장비를 갖춘 7개여단으로 강화되어, 그중 「38警備 第1旅團」과 「38警備 第3旅團」은 38線의 東部와 西部에 배치되어 경비를 전담하였고, 「第7旅團」은 黃海道 해안일대에, 「第2旅團」은 韓滿국경에 배치되었으며, 「鐵%警備 第5旅團」은 平壤에 本部를 두고 있었다.

인민군의 第115전차부대는 1949년 5월 第105전차여단으로 승격하여, 예하에 第107, 第109, 第203聯隊와 第206機械化步兵聯隊등을 편성하였으며, 그해 8월부터는 야전기동훈련에 주력하였다.

본래 蘇聯은 1948년 12월의 「모스크바 協定」에 따라서 북한에 500대의 戰車를 제공하여 2個 戰車師團을 편성할 예정이었으나, 韓半島의 地形上 너무 많다는 이유로 반감되어 1950년 4월까지 총 242대를 제공하였다. 북한 第105戰車旅團은 戰車이외에도 76.2㎜自走砲 154문, 싸이드카 560대, 트럭 380대등의 장비와 8,800명의 兵力을 보유하게 되었다.

한편 북한의 空軍은 1949년 1월 獨立飛行聯隊로 발전하고, 이어서 3월에는 金日成의 訪蘇를 계기로 IL-10, YAK-9, PC-2등 프러펠러式 전투기 30대를 도입하였으며, 12월에는 항공여단으로 증편되었다.

그후 1950년 4월과 6월 중순 두차례에 걸쳐 蘇聯으로부터 다수의 航空機를 추가 제공받아 南侵 당시 북한공군은 IL-10, IL-12, YAK-9등 200여대의 항공기와 2,000여명의 兵力을 보유하고 있었다.

북한의 해군은 1949년 「人民海軍」이란 명칭으로 정식 발족하였으나, 약 30척의 경비정을 보유하여 他軍에 비해 미약한 실정이었다.

4. 戰鬪展開와 平和攻勢

(1) 戰鬪展開

北韓全域은 1949년 초부터 戰時體制에 들어가기 시작하였다.

북한은 兵力補充을 위한 人的 자원을 확보하기 위하여 各道에 「民靑訓練所」를 설치하여 靑壯年에게 軍事訓練을 실시하는 한편 高級中學 이상의 모든 학교에 배속장교를 두어 학생들을 훈련하기 시작하였다.

또한 북한은 民間組織의 형식으로 全域에 「조국보위후원회」를 조직하고, 17세로부터 40세까지의 모든 男女를 총동원하여 이들에게도 강제로 軍事訓練을 실시하였다.

한편 인민군은 師團別 訓練을 완료한 다음 1950년에 접어들면서 南韓地域을 대상으로 하여 訓練을 계속하였다.

이로써 南侵準備가 완료되자 소련군사사절단은 1950년 6월 開戰에 임박하여 북한에서 모두 철수하였다.

북한은 1950년 3월부터 38線 경계선을 제외한 接境 5㎞이내의 北韓住民들을 모두 後方으로 소개하기 시작하였다.

5월 17일 북한의 內閣要員 및 軍指揮官들은 平壤 모란봉극장에 모여 武力統一方策을 논의한데 이어, 북한 民族保衛省은 6월 10일에 다시 全 師團 및 旅團長級 이상의 指揮官을 소집하여 作戰會議를 열고 6월 23일까지 공격준비지점으로 이동할 것을 명령하였다.

6월 11일 인민군은 前方部隊를 2個 軍團으로 편성하고 軍團長을 임명하였다.

6월 12일부터 6월 23일까지 인민군의 各 師團 및 旅團은 기동연습을 가장하여 38線 일대로 移動完了하였다.

(2) 對南攪亂工作

解放 직후로부터 南韓內의 左翼 極烈分子를 후원하여 치안교란, 내부분열 민

심선동 등 갖은 대남파괴공작을 전개하여 온 북한은 드디어 共産細胞를 國軍의 內部에 침투시켜 軍의 分裂과 軍紀 및 士氣의 瓦解를 꾀하려 하였다.

1948년의 濟州 폭동 및 여순반란 등을 진압하기 위하여 國軍의 主力이 後方 地域으로 집중됨에 따라, 북한은 대규모의 이른바「인민유격대」를 38線으로 침투시키기 시작하였다.

북한의 유격대원 및 첩자양성은 주로「平壤學院」內에 설치된「對南班」에서 전담해 오고 있었는데, 그 후 1948년 초에 이르러 一團의 南韓出身 남로당계 극열분자들이 주동이 되어「江東政治學院」을 창설하고, 南韓에서 越北한 좌익 분자들을 규합하여 3~6개월 기간으로 共産主義思想과 유격전술에 관한 敎育을 실시하게 되었다. 여기서 양성된 對南工作隊는 다시 襄陽에서 短期敎育을 받은 후 소위「인민유격대」로 편성되었다.

1948년 11월부터 南侵에 이르기까지 前後 10次에 걸쳐 총계 2,400명의 人民유 격대가 南派되었는데, 이들은 주로 東海岸 및 太白山脈으로 침투하여 共匪와 합류한 다음, 太白山脈 또는 小白山脈의 오지에 거점을 두고 유격활동을 전개하여 國軍의 戰鬪力分散과 소모를 강요하는 한편, 북한의 全面侵攻이 있을 경우 인 민군의 正規戰과 配合하려 하였다.

그러나 國軍과 警察隊는 공비토벌작전을 꾸준히 전개하여 유격대의 침투가 있을 때마다 그 主力의 대부분을 포착 섬멸하였으며, 그 결과 開戰 당시에는 人民遊擊隊 및 入山共匪의 잔당 일부만이 소동을 계속하고 있는 실정이었다.

10차에 걸친 유격대 대남침투工作이 번번히 수포로 돌아가자 북한은 1950년 6월 江東政治學院을 폐쇄하고 그 後身으로 會寧에「第3軍官學校」를 설치하여 吳振宇의 지휘 아래 유격전술을 계속 발전시키도록 하였다. 南侵前까지 4,000~6,000명의 유격대원을 양성하고 해체된 江東政治學院은 主力 3,000명과 함께 襄陽 으로 이동하여 第766部隊에 편입되었다.

북한의 대남교란작전은 이상과 같은 對南破壞工作이나 유격대 침투 및 공비활동 등에 국한되지 않았다.

軍事力의 압도적 優位를 확보하게 된 인민군은 南侵을 앞두고 國軍의 警戒狀 況과 대응태세 및 전투력을 탐색하기 위하여 제한된 규모의 武力侵攻을 번번히 자행하였다. 이와 같은 局地공격은 주로 옹진반도-개성지구-의정부지구를 연 하는 38線 西部地域에 대하여 1949년 한 해 동안에 집중적으로 자행되었다.

그러나 國軍은 제한된 규모의 警戒兵力을 廣正面에 分散配置하고 있던 不利한 狀況 속에서도 侵攻을 격퇴하고 警戒地域을 확보하였다.

(3) 僞裝 平和攻勢

共産化 統一을 궁극의 목표로 하는 북한의 입장에서 볼 때 "戰爭은 곧 다른 手段에 의하여 이루어지는 政治의 延長"일 뿐만 아니라, "平和는 곧 다른 手段에

의하여 이루어지는 戰爭의 延長"이었다.

북한은 1950년 6월에 접어들면서 "祖國의 平和的 統一"이라는 美名 아래 일련의 平和攻勢를 적극적으로 전개하여 侵略준비를 은닉하는 동시에, 南韓의 警戒態勢를 이완시키려 하였다.

북한의 平和攻勢는, 이미 1949년 여름부터 世界諸國의 共産主義 정당 또는 단체들이 소련의 조종에 따라 대대적으로 평화선전공세를 취하여 美國의 대소 봉쇄정책에 대항하기 시작한 것과 때를 같이 한다는 점에서, 蘇聯의 世界戰略에 호응한다는 의미도 없지 않았다.

1949년 6월 25일, 북한은 南北協商會議 이후 유명무실해진 제정당·단체들의 이름을 빌어「祖國統一民主主義戰線」이라는 유령단체를 구성한 다음, 그 명의로 「平和的 祖國統一方策」을 제시하여 이를 南韓의 各 기관과 단체 및 UN韓國委員團 (UNCOK)에 발송하였다. 그 내용은, 南北統一을 위한 총선거를 실시하되 그 전제 또는 條件으로서 美軍과 UN韓國委員團이 철수해야 하고, 共匪 및 유격대 討伐에 참가한 國軍을 해산시킬 것이며, 최종적으로는 북한憲法을 채택해야 한다는 등 전혀 實現性이 없는 하나의 宣傳文에 불과하였다.

그것은 祖國의 平和的 統一方策이 아니라 차라리 南韓의 平和的 共産化方策 이라고 할만한 것이었다. 韓國政府는 이 가소로운 제안을 묵살하였다.

그후 거의 1년이 지나 1950년의 5·30총선거에서 與黨人士의 다수가 낙선되고 무소속 議員이 國會에 대거 進出하였다.

이에 한줄기 期待를 걸게 된 북한은 1950년 6월 7일「平和的 祖國統一 呼訴文」을 放送하기 시작하였다. 이 호소문의 내용을 보면, 解放 5週年 記念日에 最高立法 會議를 개최하기 위하여 8월 5일에서 8일 사이에 남북총선거를 실시하기로 하고, 그 節次 또는 條件을 토의하기 위하여 6월 15일에서 17일 사이에 南北의 민주주의 정당 및 사회단체의 代表 會議를 海州 또는 開城에서 개최하자는 것이었다.

북한은 6월 8일부터 放送을 통하여, 南韓代表가 6월 10일까지 礪峴驛에 나와 「平和統一呼訴文」을 받아가라고 요구하였다. 그러나 UN韓國委員會가 북한代表 3인과 礪峴驛에서 회담할 것을 요구하자 북한은 이를 거부하였다.

북한의 평화공세는 그 후에도 계속되었다. 6월 10일에는 그들이 감금중인 曺 晩植先生과 韓國警察에 검거된 남로당 地下工作隊長 李舟河 및 金三龍을 교환 하자고 제의하는가 하면, 6월 19일에는 다시「南北國會에 의한 統一政府 수립 제안」을 내어 놓으면서, 韓國國會가 동의한다면 6월 21일에 서울 또는 平壤에서 南·北國會의 代表가 회합하자고 제의하였다.

이와 같은 平和攻勢는 북한이 南侵을 事前에 은폐하고, 事後에 正當化하려는 하나의 기만술책에 불과한 것이었다. 對南平和攻勢를 끊임없이 전개하면서 인 민군은 배후에서 作戰會議를 개최하고, 攻勢部隊를 戰力으로 추진, 배치하고 마 지막으로 공격명령을 하달하였던 것이다.

제4사단장 앞

정찰명령 제1호

1950. 6. 18 　　　　　　　　　　　　　　조선인민군 총사령부
　　　　　　　　　　　　　　　　　　1949년판 1 : 50,000 지도 첨부

1. 야포대를 포함한 적(국군) 제7사단 제1연대는 임진강으로부터 538.5m고지에 이르는 지역에 방어진을 치고 있음. 38선 방어전초는 동선상의 고지 북방 사면 일대에 포진하고 있다.

적 저항의 주력선은 217고지와 411고지의 북방 측면인 색교리 및 630m고지 서북방과 북방 측면에 걸쳐 포진하고 있음. 좌측의 적 방어진은 제1사단 제13연대에 의하여 보루되고 있음. 그 좌측면에는 제7사단 제9연대가 포진하고 있음.

2. 공격태세가 완벽하게 되면 공격에 앞서 다음의 항목을 필요로 한다.

1) 적 저항의 주력선을 파악하고 동시에 지뢰시설과 철조망 그 밖에 「바리케이트」및 참호간의 통로 그리고 무보루지대를 정확히 파악할 것.

2) 참호의 시설을 정확하게 결정하는 동시 다른 참호와의 연결을 긴밀히 하고 DOT(「콩크리트 토오치카」), DZOT(흙과 임목으로 쌓은 보루), NP(관측소) 방어화기 보급 및 집중사격조직을 정확하게 결정지을 것.

3) 적 주력의 위치와 매일의 작전 계획을 결정지을것.

4) 야포공격의 위치를 결정하는 동시에 소총사격의 위치를 정확하게 결정지을 것.

5) 공격 개시 후 2일이면 정확한 지도상의 목표를 설정하고 적 공병대의 위치를 지도상에서 파악할 것.

공격이 시작됨에 따라서 적 부대를 뒤덮는 새로운 공격목표를 예의 탐색하여 적 저항의 중심에 강력한 타격을 가하는 동시에 분열된 적군이 어디로 후퇴하는가를 정확히 관측할 것.

일선부대가 積城里지역에 도달하게 될 때면 "등진"선으로 가납리와 적성방면의 신 공격부대를 조직하고 議政府 도로연선에 따라서 적방어진을 쫓아 후방으로부터의 원병 도착을 저지할 것.

楊州와 하가리에 도달된 후에는 하양·로흑리 간과 가납리-부곡리 간, 소도리 간에 걸친 신 공격을 위하여 부대를 구성할 것.

그리하여 수도 서울에 접근하고 있는 적의 가능한 모든 저항선에 결정적으로 타격을 가하도록 할 것.

서울에 진격함에 따라서 서울 주재 적군의 집중상황 및 포진상황정보를 무슨 수단을 써서라도 이를 확보하도록 할 것.

3. 24시간 동안에 정보개요를 기필코 매일 19시까지 전화 혹은 무전으로 정보본부에 발신할 것.

일반정보서 및 적군의 서류 그리고 심문서 등을 입수할 경우에는 매일 8시와 20시까지 정보본부로 제출해야 한다.

4. 3분지 1의 공격부대를 관측소 부근에 배치하고 나머지 3분지 2는 적의 주력 공격을 완수하는 병력으로서 배치할 것

각 연대는 3내지 5인으로 구성된 분대를 편성하여 전선에서 노획한 적의 문서를 수집케 할 것

(공 2부 작성, 1부는 사단에)

朝鮮人民軍 최고사령부
정보본부 사령관

戰鬪命令 第1號

제4보사참모부 옥계리에서

1950년 6월 22일 14 : 00　　　　　　1948년도판 1 : 50,000 지도 첨부

1. 아군의 공격 전면에는 적의 7보사 1보연이 방어한다.

2. 본 사단은 군단의 공격 정면에서 가장 중요한 방향인 광동(05.18) 아장동(23.38) 계선에서 적의 방어를 돌파하고 최종임무로서 마지리 536.2 고지 계선을 점령하고 차후로는 議政府 경성방향에 진출한다.

공격준비 완료는 1950년 6월 23일까지이다.

3. 우익에는 제1보사가 공격하며, 그와의 분계선은 막태동, 노공리·방징리·피봉이며 막태동을 제외한 기타 지점들은 4보사에서 제외한다.

좌익에는 제3보사가 공격하며, 그와의 분계선은 부항동 583.5고지, 534.6 고지, 519고지, 337.1고지들이며, 이 모든 지점들은 4보사에서 제외한다.

철입함(정찰명령 및 전투명령 원본철입)

정면에 적을……(판독 불능)타격과……로서 맹렬한 공격과 추적을 가하여 계속……하여……섬멸……한다.

4. 주공은 계속 좌측 대도로 방향에 지향하며, 전투대형은 2개 제대로 한다.

5. 제18보연은 야포 1개대대, 45m／m포 1개중대,「로케트」1개대대, 공병 1개대대, 전차 1개대대, 반전차포 2개소대 파견, 광동 사항리 계선에서 적의 방어를 돌파하고, 최초임무로서 동명천 계선을 점령하고 최후 임

무로서 마지리 263고지 계선을 점령한 다음 차후 또는 향동방향에 공격을 지향할 것.

전술한 각항의 작전은 제13보사 제13야포연대, 대전차포대대에서 파견되는 대전차포중대의 엄호 아래 수행 될 것이며, 동시에 76m／m포1개중대, 45m／m포 1개 중대, 또 제5보연에서 파견된 제2대대, 45m／m포 1개 중대와 동 대대 82야포중대의 엄호 아래 시행 될 것이다.

우익에 있는 제16보연은 음내리, 새집, 사랑리, 289고지, 당내, 청패, 송감리에 연하는 전투선에 있을 것이며 이들 좌익선에 인접한 지역에 대한 확보책임은 동 18보연장에게 부과된다.

6. 제16보연은 師砲聯의 2, 3대대, 사단야포 대대의 1개 중대, 사단 자주포대대의 2개 중대, 전차중대의 2개중대, 45m／m포대대, 반전차포중대의 2개소대, 공병대대의 공병 1개 중대와 함께 사당리, 패기리 계선에서 적의 방어를 돌파하고 최초 임무로서 양원리, 패하리 계선을 점령하고 최후 임무로는 362고지, 535.6고지 계선을 점령한 다음 차후로는 의정부方向을 공격할 것.

연대의 전투를 13보사의 포연대대, 반전차포대대의 2개 중대, 76m／m 연대포의 2개중대, 연대 45m／m 포2개 중대, 5연대의 76m／m중대, 5연대의 120m／m중대, 5연대의 72m／m 2개 중대가 지원한다.

좌익 분계선은 사단 분계선이며, 보장책임 16보연장이 진다.

7. 제5보연은(1개대대 제외) 사단의 제2제대로서 제16보연의 뒤를 따라 공격할 것이며, 362고지, 535.6고지 계선에서 전투진입을 준비할 것.

제5보연 1대대장은 반전차포 1개소대, 반전차포 2개 분대, 포기관총 2개분대, 공병 1개소대를 보병 1개소대와 함께 습격조를 조직할 것. 습격조 지휘관은 보병 소대장이다.

8. 제5보연의 제2보대는 반전차포 중대를 받아 18보연의 뒤를 따라 공격할 것이며, 마지리와 동경천 계선으로 전차진입을 준비할 것.

9. 야포부대는 나의 수하대대로 한다.

공격준비 사격은 30분간이며, 그 중 15분은 포격, 15분은 파괴사격으로 한다.

전반적 砲兵의 임무

砲兵 사격은 분간이며,

돌격준비 시기

(1) 적의 방어 전면에 총역량을 집합할 것.

991

(2) 적의 포병진지를 압도하며 토목화점 영구화점을 파괴할 것.

(3) 적의 방어 정면 장애물에 도로를 개설할 것.

(4) 첨방, 우접동 및 조촌리에로의 적의 집결을 불허할 것.

돌격 지원시기

(1) 보병과 전차 자주포의 공격을 마지리, 마차산 535.6고지 후방까지로 할 것.

(2) 경성(서울)으로 통하는 대로 양측에 있는 적 토목화점과 영구화점을 파괴할 것.

(3) 적의 포병진지에 反砲사격을 실시할 것.

(4) 고사용으로 통하는 도로와 호사리, 議政府로 통하는 도로 방향에 대하여 가능한 적의 반돌격을 불허할 것.

(5) 東豆川의 한사리 구역에 적의 집결을 불허할 것.

(6) 적의 지휘소를 파괴할 것.

종심전투시기

(1) 퇴각하는 적의 퇴각로를 차단할 것.

(2) 반포사격을 계속할 것.

(3) 적의 후송로의 수도로를 차단할 것이며 東豆川 역을 파괴할 것.

(4) 사단 최초 임무 수행시는 대천, 요공리, 한사리, 기촌 구역에 적의 집결을 불허할 것.

(5) 議政府방향으로 부터의 적의 반돌격부대 집결을 불허 할 것.

포사격 준비 완료는 1950년 6월 23일 24시 00분까지 이다.

10. 항공대의 임무

(1) 사단의 작전지구를 가능한 한 적의 공격으로부터 엄호한다.

(2) 적의 군사시설, 駅舍를 파괴할 것.

(3) 적의 집결과 예비대의 접근을 불허한다.

(4) 적의 도로를 파괴하며 집결을 불허한다.

11. 반항공대책은 각 전력 자체의 고사기대로써 할 것이며, 적기 내습시는 보병무기의 30%를 동원케 할 것.

사단 항공 감시 연락초소는

(1) 제18보연

(2) 제16보연

(3) 제 5보연이다.

고사기관포 중대는 사단 지휘소와 야포진지를 엄호할 것.

12. 반전차 예비대는 45m/m대대의 1개 중대와 공병중대로써 하며 제2 대대의 뒤를 따라 공격하면서 종심으로 침입하는 적 기계화부대의 침입을 불허할 것.

각 부대에서 자체의 반전차 화력기재로써 반전차 대책을 수립할 것.

13. 사단군의소는 50년 6월 20일부터 지도상에 기입한 23.30지점에 위치하며, 21일 이후에는 23.31지점에 위치한다.

14. 사단지휘소는 협곡이며, 감시소는 03.11 지점인 바, 1950년 6월 23일부터 전개하며, 이동축은 議政府로 통하는 도로방향이다.

15. 보고는

　(1) 공격준비 완료 후

　(2) 공격 개시 후

　(3) 최초 차후 및 1일 임무완료 후 각각 무전 및 서류에 의해 제출할 것.

　(4) 기타 보고는 2시간에 1차씩 할 것.

　(5) 서면 보고는 매일 2차씩 하되 7시와 19시 정각에 도착될 것.

16. 기본신호

번호	기　　　호	조　　명	전　　화	무　전
1	공　격　개　시		폭　풍	224
2	제　　개　　시		좋　다	224
3	발　포　개　시	적　　　색	폭　풍	333
4	보　충　제　약	백　　　색	발화정지	222
5	화　력　요　구	적색및록색	천　등	444

17. 제1대리인 참모장, 제2대리인 16보연장(공히 9부 작성)

제4보병 사단장 **李健武**

참모장 **許鳳學**

露語로 된 「戰鬪命令」 第1號

北韓「人民軍」에 下達된「戰鬪命令」第 1 號

『방콕 포스트』(奉)

1950年 7月 21日

만장일치로 조치를 취하다.

〈內閣, 광범한 決議 확인〉(3段)

「타이」는 北韓의 침략을 저지하려는 「유엔」의 노력을 지원하기 위해 4천명의 전투병력을 파견하기로 결정했다.

이 결정은 韓國戰爭을 종식시키기 위해 全會員國에게 지원을 호소한 「유엔」 사무국의 요청에 대한 응답으로 취해졌다. 「유엔」의 요청은 北韓軍이 38선을 넘어 大韓民國을 침공한 직후 나온 것이다.

『라 프렌사』(아르헨티나)

1950年 6月 25日

南北韓의 전투 激化

〈장갑부대 서울 40km 권내로〉

韓國에 대한 정식 선전포고가 있기 몇 시간 전 共産軍이 새벽부터 뜻밖의 침공을 자행함으로써 韓國에서는 惡全苦鬪가 전개되고 있다. (下略) 軍事소식통에 의하면 10대의 北韓軍「탱크」가 상오 7시반 서울 東北方 약 40km지점인 포천에 쳐들어 왔고 상점, 경찰서 및 그밖의 건물들이 불탔다고 한다. 포성과 박격포 공격이 시작되고 나서 11시 평양방송은 선전포고를 전했다. (下略)

韓國戰爭의 起源 ⑥

先攻, 北侵說의 진원 해부

金日成의 赤化통일 야욕이 根源

올해는 韓國戰爭이 일어난지 40주년이 지난 해이다. 그리고 이 戰爭이 휴전으로 끝난지도 38년이나 흘러갔다.

1945년 8월 연합군에 의해서 해방을 맞고 그 감격이 채 가시기전에 강토는 南北으로 갈라지고 반만년을 이어온 단일민족은 수만갈래로 찢여지는 아픔을 겪어야만 했다.

그리고 그 혼란의 와중에서 左右익의 주도권 싸움은 민족분단을 고착화시키면서 그 불씨는 커져만 가고 있었다.

이는 日本의 패망이 東南아시아에서 민족분열의 戰場化를 촉진시키는 결과를 가져왔다. 韓國이 그러했고, 中國, 베트남등 인도지나반도가 그러했다.

그 중에서도 韓國戰爭은 近世 10대전쟁의 하나로 기록되는 중요한 전쟁이었다.

따라서 北韓이 공격을 가해온 1950년 6월 25일 UN은 즉각 평화회복을 위해 활동을 개시했다.

그리고 세계자유 우방에서 16개 나라가 군대를 파견해서 UN의 깃발아래서 침략자를 몰아내기 위해서 피를 흘렸다.

3년간이나 계속된 이 戰爭은 3백만명의 동족이 살상되었고, 1천만명이 父母兄弟와 생이별을 하여 40여년을 눈물로 살아왔다.

뿐만 아니라 國土는 잿더미로 변했으며 재산 피해는 당시의 달라가치로 230억불에 달했다. (1951년 우리나라의 총생산액이 1억 2천만불이었으니 그 피해규모가 얼마나 컷던가를 짐작할 수 있다.) 이같이 대규모의 전쟁이 오늘에 와서도 "누가 그 戰爭을 일으켰나"하는 문제가 제기되고 있다.

무슨 까닭일까?

中共의 內戰이나, 베트남의 南北戰爭을 비롯한 많은 分爭들에 대해서는 아무도 그 戰爭을 「누가, 왜 일으켰는가」라는 문제를 제기하는 사람이 없다.

그런데 왜? 韓國戰爭에 대하여는 이 문제가 끊임없이 제기되고 논란이 계속되고 있는가.

그리고 논쟁의 여지도 없는 이 질문의 답은 명확한 데도 일부 국내외의 좌경 學者들의 허무맹랑한 도전을 받고 있음은 무엇때문인가.

이제까지 많은 論者들이 韓國戰爭의 기원에 관한 論文이나 저서들을 발표하고 있다.

그러나 傳統主義학자도 修正論者도 문제가 왜 제기되고 있는가에 대해서는 접근을 피하고 있다.

과연 韓國戰爭의 起源은 北韓의 南侵이냐, 南韓의 先攻北侵이었나. 그리고 왜 이 문제가 명확히 규명되어야 하나, 또 누가, 왜 이 문제를 제기하고 있는가하는 해답은 (眞理가 하나이듯) 하나인 것이다.

즉 『韓國戰爭은 1950년 6월 25일 소련의 지원을 받은 北韓의 金日成이 韓半島를 赤化통일하기 위해 우세한 武力으로 不法 南侵에 의해 일어난 전쟁이다』

이와 같이 明確한 해답이 있음에도 왜 南韓의 先攻에 의한 北侵說이 제기 되는가, 그리고 문제 제기의 底意는 무엇인가. 이 해답또한 간단하다.

「金日成이 戰爭도발의 책임을 회피하기 위한 모략선전에 의한 것」이다.

좀더 명확한 해답을 裵名五(國防大學院 北韓研究室長) 교수의 분석으로 들어 본다.

「깊이 이 문제를 검토해보면 그 저의는 金日成을 平和主義者로 부각시키려는 것입니다. 특히 統一논의가 활발해짐을 이용하려는 金日成이 平和, 軍縮, 統一을 논의하자는 것은 설득력이 없습니다. 그런데도 그가 平和主義者란 것입니다.

그리고 韓國政府를 호전주의 정부로 몰고 가려는 것입니다. 다시말해 韓國戰爭은 美國의 사주를 받고 韓國은 일으켰으며 지금도 韓國은 전쟁을 일으킬 위험이 있다는 것입니다.

이와 연관해서 國軍의 軍事力증강을 방해하여 전쟁억제 노력의 일환인 自主 國防체제의 정비를 저지하려는 것입니다.

뿐만아니라 1950년 6월 北侵을 부추긴 美帝가 또 다시 그러한 계획을 추진할 위험이 있으니 이들을 이땅에서 축출하자는 여론을 불러 일으켜 美軍철수를 유도하려는 속셈입니다.」

이상은 金日成이 끊임없이 노리는 先攻, 北侵說의 조작저의인 것이다. 따라서 戰爭責任을 南韓에 전가시키고 韓半島통일의 主体가 되어 赤化통일을 이루고 그 통일조국의 主人이 되려는 것입니다.

그러면 이제 北韓이 유도하고 허위날조한 北侵說의 震源은 무엇인가를 살펴보기로 한다.

첫째；戰爭이 선전포고도 없이 기습적으로 감행했으며 그 전쟁을 일으킨 北韓이 재빨리 南쪽에서 北侵을 해왔다는 거짓선전을 계속하고 있기때문이다.

둘째；南韓은 北韓이 전쟁준비를 하고 있음을 감지하고 있었는데도 충분한 대응책을 마련하지 못했음을 지적하면서 의문을 제기하고 이를 北의 南侵을 유발했다는 論據로 인용한다.

셋째；政界와 軍部가 위기관리를 슬기롭게 대응하지 못하고 北進統一주장과 허장성세로 국민을 기만하고 있었기 때문이다.

다시말해서 政府는 北進統一을 주장하고 軍部는 아침은 서울에서 점심은 平壤에서 저녁은 新義州에서 먹는다는 큰 소리를 치면서 北韓을 위협했음을 좌경학자들이 北侵論理를 정당화하는데 인용한다.

넷째 ; 軍의 戰史(公刊史)의 신뢰성과 戰史교육의 헛점이다. 公刊戰史의 기록이 一般戰爭史와 어느정도 일치하고 있는가 하는 점도 간과할 수 없다.

例를 들면 公刊史와 一般戰史 저술가의 戰爭史와 一致하지 않는 경우 오히려 公刊史의 記錄을 不信하는 경우가 많다는 것이다.

다섯째 ; 北韓이 꾸며놓은 각본(公刊史)이나 이에 동조하는 일부 외국의 좌경학자들의 論說, 또는 각종 간행물과 뉴스보도등에 대한 비판 및 事實규명에 대한 노력이 부족했던 것이다.

이경우, 필요하다면 비밀문서를 인용 또는 공개하여서라도 그때 그때 잘못된 報道나 논설을 바로잡았어야 한다.

우리는 이런 점을 너무소홀히 했다고 본다. 그 이유는 논박의 여지가 없으며 일고의 가치도 없는 허위날조였다는 것을 강조한데서 묵살한 결과 이런것들의 일부를 시인하는 꼴이 되어 버린 것이다.

그러한 논리들을 일일히 반박하다보면 「긁어 부스럼을 만든다」는 反論이었다.

여섯째 ; 韓國戰爭 개전당시의 참전군인들 특히 최전선의 당시 소대장, 중대장, 대대장, 연대장급(살아남은 분들, 거의 장군으로 예편된 분들)의 지휘관들의 침묵 또는 과장된 기록의 묵인,내지 방치가 결과적으로 北의 公刊史를 믿고 南쪽의 公刊史를 不信하게 된 한 원인이었음을 간과할 수 없다.

일곱째 ; 北侵說의 중요한 논거를 제공한 것은 6월 26일 아침 「國軍의 海州돌입 !」이라는 國防部의 戰況報道였다.

특히 印度 칼카타 大學의 K. 굽타 교수는 海州돌입 報道는 변명의 여지없는 北侵의 증거라고 주장하고 있다.

그러면 「國軍海州돌입 !」 보도의 진상은 어떻게 된 것인가 ?

그 誤報의 진상을 추적해 보기로 한다.

1950년 6월 24일 太陽新聞社는 국방부 출입 崔基德기자를 38선에서 이상한 낌새가 있어 취재차 甕津지구에 특파했다.

그는 25일 새벽 요란한 포탄소리에 깜짝놀라 잠자리를 박차고 일어났다. 보통때와는 달리 重砲 소리가 들려왔기 때문이다. 그리고 부랴부랴 독립파견 연대인 보병대 17연대장 白仁燁대령(仁川善仁學院 이사장. 소장 예편)을 찾아갔다.

상항을 물었더니 北韓 人民軍의 대대적인 침공인듯 하다면서 全面的인것 같다고 했다.

그래서 어떤 대응책이 있느냐고 물었더니「海州로 진격하겠다!」고 대답했다. 이말은 陸路철수가 불가능한 경우 海州로 철수할 수밖에 없을 때 그렇게라도 철수하겠다는 뜻에서 한 말이었다.

崔記者는 잘 해보라는 말을 남기고 서울로 돌아왔다.

돌아오는 길에(오후 2시경) 말고개에서 우측 대대장인 吳益慶소령을 만났다. 그는 이미 후퇴명령을 받았고 철수중이라는 말을 듣고 서울로 돌아왔다.

25일 늦은 밤에 國防部에 들려서 보도과장 金賢洙대령을 만났다.

金大領은 崔記者가 甕津地区에서 돌아온 것을 알고「그쪽 사정은 어떠한가?」하고 물었다. 崔記者는 무심코 白大領이「海州로 진격하겠다」고 하더라고 대답했다.

이 말을 들은 金大領은 26일 아침 종합보도에서「國軍 海州돌입!」이라는 보도를 내보냈다.

그런데 정작 海州에 돌입했다는 17연대는 이 시각에 2척의 LST에 분승해서 仁川을 향해 海上 철수중이었다. (中央日報 발행 민족의 증언에서)

이것이 國軍이 海州에 進入했다는 誤報의 始末이다.

그러면 北韓의 國軍海州돌입 보도에 대한 반응은 어떠했나를 검토해 봄으로서 北侵先攻의 증거라고 논증을 펴낸 카루나카 굽타 교수의 논문이 얼마나 허황한 시나리오였음을 반증할 수 있을 것이다.

1. 北韓방송, 海州침공언급 없어

北韓은 25일 오전 金日成의 방송에 이어 26일 아침 韓國의 국방부 전황보도와 거의 같은 시각에 다음과 같이 전황을 보도했다.

「매국역적 李承晩괴뢰정부 군대는 6월 25일 38도선 이북지역에 대한 전면적인 공격을 개시했다.

우리의 용감한 공화국군대는 적들의 침공을 막아내고 격열한 전투를 전개하면서 李承晩 괴뢰정부군의 진공을 좌절시켰다. 조선민주주의 인민공화국 정부는 당면의 정세를 검토하여 우리 人民軍에게 결정적인 격전을 개시하여 敵의 무장력을 소탕하라고 명령하였다.

人民軍은 공화국정부의 명령에 따라 38도선 이북지역에서 괴뢰군(韓國軍)을 몰아내고 38도선 이남지역으로 10~15km까지 진격하였다.

人民軍은 甕津, 開城, 白川등 많은 도시와 촌락을 해방시켰다」고 방송했다. 그리고 25일 오전의 방송은「南朝鮮 괴뢰군이 불법으로 38도선 전면에서 침공하여 1~2km의 북쪽으로 침범했다. 金日成은 즉각 전투행위를 중지하고 38도선으로 물러나라」고 경고했다는 방송을 한 바있다.

또한 北韓의 공간사(公刊社)는 모두 6월 25일 새벽 남한군이 불법으로 38도선을

넘어서 北쪽으로 1~2km를 침범했다는 이외의 기록은 없다. (조선통사 25권 51 페이지)

저들이 韓國戰爭을 날조한 기록의 대표적인 조국해방 전쟁사, 61년도판, 72년 도판, 그리고 81년판등 모두의 공통된 기록은 6월 25일「南朝鮮 괴뢰군이 38도선 이북으로 1~2km를 침범했다는 점이다. 이는 海州가 38도선의 최단거리에서 10 km이상 멀리있다는 점을 감안할때「國軍, 海州돌입!」보도는 "誤報"였음을 北韓의 모든 公刊記錄들도 시인하고 있음을 말해준다.

따라서 거듭말하거니와 國防部의「誤報」를 론거로 先攻 北侵説을 굽히지 않고있는 K. 굽타교수의 수장이 얼마나 허황된 것인지를 다시한번 강조하고자 한다.

뿐만아니라 25일 아침 金日成의 방송을 믿어주자. 저들은「韓國軍이 38도선 이북으로 1~2km를 先攻으로 침입했다.」이 침략행위를 중지하고 38도선으로 퇴각하라는 金日成의 경고를 무시했기때문에 北韓이 反撃에 나섰다는 주장이다.

그리고 國軍의 진격은 저들의 38경비대에 의해서 분쇄저지 됐다고 했다. 이 보도내용이 사실이라면 흔히 있었던 소규모의 충돌이었고 國軍은 즉각 38선으로 되돌아 왔다는 이야기가 된다.

그런 결과라면 국군이 甕津지구와 (金川－海州방면) 鐵原지구에서 소규모의 충돌을 저질렀다는 이야기이다. (소규모라는 표현은 저들의 38경비대에 의해서 격퇴됐다는 보도를 근거로 확언할 수 있다. 국군이 아무리 빈약한 장비였다 해도 대규모의 전면전을 벌였다면 경무장한 38경비대에 의해서 격퇴당했겠는가, 따라서 2-3곳에서(북한사회 과학원 역사 연구소가 펴낸 1962년도판 조국해방 전쟁사에는 海州와 金川, 鐵原방면에서 38도선을 돌파 했다고 기술하고 있다)의 소규모 충돌을 과장하여「全面남침을 감행했다」는 것이며 이로인해 韓國戰爭이 일어난 원인이라는 괴변이다.

그리고 이러한 적반하장의 모순된 논리로 戰爭도발의 책임을 모면 하려고 역사를 날조하고 모략선전을 계속하고 있다.

韓國戰爭日誌

附 錄

資料 및 統計

韓國戰爭의 경과

中共參戰으로
勝共統一좌절

〈開 戰〉

남침준비를 완료하고 있던 北韓「人民軍」은 1950년 6월 25일 새벽 4시를 기해 일제히 38선 전역에서 기습공격을 개시, 남침을 감행하였다.

허술한 방어진지와 적은 병력으로 38선을 수비하고 있던 국군은 이들 「人民軍」의 공격을 받자 이를 저지하는데 전력을 경주하였으나 중과부적으로 그 적수가 되지 못하였다. 불의에 허를 찔린 국군은 혈전을 거듭하면서 최선을 다하였지만 도처에서 「人民軍」에게 격파되었다. 이날의

공산군의 침입으로 산산이 부서진 서울

전황은 다음과 같았다.

54km의 전선을 앞에 두고 背水의 진을 치고 있던 甕津半島의 국군 제17
연대는 5시에 竹川쪽과 海州 양 방향에서 「人民軍」제3경비여단과 제6
사단 제14연대의 공격을 받았다.

이리하여 제17연대 병력의 2.5배에 달하는 「人民軍」을 맞아 血戰을
거듭하였으나 1개 대대의 병력을 손실하고 2개 대대 병력은 그 이튿날(26
일) 아침 선박편으로 仁川에 철수하였다.

한편 開城—汶山地區에서 90km의 넓은 정면을 담당하고 있던 제1사단은
이날 예하 제12연대로 開城 前面을, 제13연대로 開城 동쪽 24km고량포
전면을 각각 경비토록 하고, 제11연대는 水色(사단본부)에서 부대를 정
비케 하였다. 이 지구에서 공격을 감행한 「人民軍」제1사단과 제6사단은
1개 연대로 하여금 開城 正面에서 제12연대를 강압하고, 여타의 병력으로
경의본선을 따라 開城시내에 우회 돌입하여 제12연대의 배후를 협공
함으로써 동 연대를 포위한 다음 9시 30분에 開城을 점령하였다.

이 무렵 제1사단의 우익 一線의 고량포에서는 6시 30분에 「人民軍」
제1사단이 「탱크」 40대를 앞세워 제13연대의 경계 진지를 공격함으로써
접전이 시작되었다, 처음에는 국군이 2.36인치 「로케트」포로 대전차전을
시도하였으나 효과를 볼 수 없게 되자 육탄 특공대를 조직하여 「로케트」
포탄과 수류탄으로 「탱크」 4대를 격파하는 등 용감히 싸웠다. 그러나
이 역시 중과부적으로 臨津江 남안으로 철수케 되었는데, 전선의 와해에
따라 급거 내원한 제11연대와 연계하여 이날 밤에 臨津江 남안에 제2선
진지를 구축하였다.

또한 議政府의 국군 제7사단은 당시 공교롭게도 부대 교대관계로 예
비연대를 보유하지 못하여 2개 연대로써 38선을 경계하고 있었는데, 그
방어 정면은 40km에 이르고 있었다.

사단은 1개 대대 병력을 38선 경비진지에 배치하고 제1연대를 東豆川에,
제9연대를 抱川에 배치함으로써 종심진지에 갖추어 「人民軍」의 주진로를
방어코자 하였다.

그런데 이날 5시 30분에 「人民軍」제3, 제4사단의 공격을 받게 되어
제3사단은 雲川에서 抱川으로, 제4사단은 漣川에서 東豆川으로 각각 이
동하였다. 국군 제7사단의 38선 경계부대는 개전과 동시에 2개 사단의
「탱크」에 의하여 진지를 빼앗기고 東豆川—抱川線으로 철수케 되어,
「人民軍」은 이날 8시 30분에 38선 요충을 점령하고 이어 포천과 東豆

川으로 공세를 강화, 국군 제1, 제9연대를 강화하기 시작하였다.

제9연대는 이날 저녁까지 抱川 북쪽의 고지를 고수하였으나 제1연대는 수 십門의 야포와 자주포 및 戰車의 집중공격을 받아 저지선을 돌파 당함으로써 저녁 무렵에는 東豆川이「人民軍」제4사단의 수중에 떨어지게 되었다.

그런데 이날(25日) 서부전선의 전황이 이렇듯 악화 일로에 있었음에 비하여, 중동부전선만은 국군이 선전하여 공격을 가한「人民軍」은 고전을 겪고 있다.

즉, 春川의 제6사단 전구에서는 『25일 오전 중에 春川을 점령한다』는 「人民軍」제2군단의 작전계획 하에 그 예하 제2사단이 華川에서 春川을, 그리고 제7사단은 인제, 洪川도로를 따라 洪川을 각각 점령코자 하였는데, 이때 국군 제6사단은 제7연대를 春川 북쪽에 배치하고 제8연대로 인제 ―洪川도로를 확보토록 하는 한편 제19연대를 原州에 사단예비로 두고 있었으며, 그 防禦正面은 90㎞에 달하였다.

그런데「人民軍」제2군단은 제7사단의 洪川 점령에 전차의 돌파력이 필요할 것으로 보고, 제7사단에「탱크」30대를 지원하는 반면, 제2사단에는 전차를 지원하지 않았다. 따라서「탱크」가 없었던 제2사단은 2개 연대로 이날 4시 15분에 공격을 개시하자, 국군 제6사단의 포병화력에 격심한 타격을 입게 되어 종내에는 그들의 예비병력까지 전선돌파에 동원하게 되었다. 이에 국군 제6사단도 예비연대인 제19연대를 제7연대의 전선에 급히 증원케 함으로써 종일 격전을 반복하였는데,「人民軍」은 別로 남진을 못하였다.

이 때 洪川쪽에서도「人民軍」제7사단의「탱크」공격을 받은 제8연대가 유리한 지형을 이용하여 육탄공격으로「탱크」9대를 격파하면서 진지를 고수함으로써「人民軍」제2사단은 昭陽江 對岸 牛頭平野에서 3일 간이나 출혈을 강요당하고 제2사단 병력 40％와 포병 화기의 대부분을 잃는 손실을 입게 되었다.

「人民軍」제2군단은 제6사단이 철수한 다음인 28일 아침에야 春川을 점령하게 되었는데, 이 作戰 차질에 대한 책임문제로 군단장 金光俠(소장)이 7월 10일 해임되고 金武亭(중장)이 뒤를 이었으며, 제2사단도 7월 초에 사단장 李靑松(소장)이 崔賢(소장)으로 편승되었고, 제7사단은 7월 3일, 제12사단으로 개편됨과 동시 사단장 全宇(소장)도 崔忠國(소장)으로 바뀌었다.

한편, 동해안의 國軍 제8사단은 제10연대에게 26km의 38선 군지를 수비케 하고, 제21연대로는 三陟에서 산업시설 보호와 대유격전에 임하게 하고 있었다. 동 사단은 제5사단과 함께 25일 4시 30분에 襄陽에서 注文津으로 침공한「人民軍」과 江陵 후방의 해안으로 상륙한「人民軍」제766부대, 제549군부대 등의 복배협격을 받는 불리한 상황하에서 고군분투하면서 선전하여 27일까지 잠시나마「人民軍」을 저지할 수가 있었다.

〈서울의 失陷〉

議政府의 제7사단과 春川의 제6사단은 25일 새벽에 돌발한「人民軍」의 전면적인 남침공격을 서울 육군본부 상황실에 긴급히 보고하였다.

그러나 육본 수뇌부는 전술한 바와 같이 6·25 전야의「將校俱樂部開設記念 宴會」로 인하여「人民軍」의 전면남침에 대한 대응 조처가 즉각적으로 취해지지 못하였다.

따라서 육군본부는 이날 6시에 甕津半島의 제17연대에 배치되었던 美顧問官「프랑크 브라운」(Frank Brown)중령이 서울의 KMAG(美軍事顧問團) 본부에『제17연대가 北韓軍의 맹공을 받아 위기에 처하였다』는 보고로 비로소 사태의 심각성을 깨닫게 되어 6시 30분에 전군에「비상」을 하달하여 영외 유동병력을 대기토록 하고, 후방 배치 3개 예비사단으로 하여금 전황의 추이에 대비케 하기 위하여 급거 서울로 이동케 하는 조치를 취하였다.

그러나 육군본부에 병력의 집결이 종료된 것은 이날 10시가 지나서였다.

육군 총참모장 蔡秉德소장은 직접 전황을 살피기 위하여 10시에 議政府의 제7사단을 방문하여 당면한 상황을 청취하였다. 이 때 제7사단의 실병력 2개 대대 정도에 지나지 않는 2개 연대로써「人民軍」의 주력 2개 사단을 대적하여 혈전을 전개하고 있었으나, 현격한 전력의 차이로 악전고투하고 있었다. 특히 국군의 대전차장비였던 57m/m 대전차포나 2·36인치「로케트」탄의 직격탄에도 파괴되지 않는 적의 T-34「탱크」가 抱川과 東豆川을 향하여 돌진 남하하는 위력앞에 제7사단의 전세는 결정적으로 기울어져가고 있었다.

이에 蔡秉德 총참모장은 제7사단으로 하여금 육탄공격 등 가능한 방책을 강구하여「탱크」의 전진을 저지토록 지연작전을 지시한 다음, 서울에 집결중인 예비사단으로 하여금「人民軍」을 반격케 하기로 하였다.

열차의 배차에 혼선을 빚어 수송력이 뒤따르지 못하여 예비사단의 병력배치도 여의치 않았다. 제일 가까운 大田의 제2사단도 선발대인 제5

연대만이 이날 14시 30분에 철도편으로 大田을 출발하였을 뿐, 사단 주력은 그 때까지 발진준비에 분주하였으며, 이날 중에 다른 사단의 서울 도착은 아예 기대 밖에 있었다.

이러한 상황 하에서 총참모장은 서울에 도착한 제2사단으로 하여금, 제7사단과 함께 그 이튿날인 26일 아침을 기하여 抱川地區에서 38선으로 반격토록 하였다.

이 날 밤, 제2사단은 반격부대로서 전선 투입에 대비하여 주력의 도착을 기다리게 되었고, 제7사단노 東豆川 남쪽에 사단 전 주력을 집결시켜 다음 날의 반격을 준비하였다. 이 때 제2사단과 교대키로 된 抱川의 제7 사단 제9연대는 제2사단 주력이 도착되지 않아 진지 교대를 할 겨를도 없이 東豆川 남쪽의 사단 주력에 합류케 되었는데 이 때문에 포천은 공백상태가 되고 말았다.

이런 가운데 26일 아침, 제7사단은 예정대로 東豆川의「人民軍」에 대하여 공격을 개시하였다.

이 때 전 날 東豆川을 점령하여 사기가 높은「人民軍」제4사단은 이날도 승세를 몰아 2개 연대가 議政府 공략에 나서고 있었는데, 제7사단은 이들이 미처 공격대형을 갖추기도 전에 기습적인 선제공격을 가함으로써 일시 반격에 성공하였다.

이에 육군본부는『제7사단이 적을 반격하여 1,580명을 사살하고,「탱크」 58대를 파괴하였다』고 제7사단의 승전을 과장하여 방송하면서 사기를 진작시켰다.

그러나 이 때(26일)「人民軍」제3사단이 공백상태인 抱川을 무혈 점령한 다음 곧 그들의 전차부대로서 議政府 동쪽 외곽에서 반격을 준비 중이던 제2사단 제5연대의 진지를 휩쓸고 議政府市 내로 돌입하여 왔다.

따라서 東豆川의 제7사단이「人民軍」제4사단의 공세초동을 분쇄하고 있을 무렵, 抱川쪽의 제2사단의 이렇다 할 반격을 시도해 보지도 못한 채 흩어짐으로써 이날 저녁 議政府는 完全히「人民軍」의 수중에 넘어가게 되었다. 이로 말미암아 퇴로를 잃게 된 제7사단은 중장비를 파기하고 議政府 서쪽으로 퇴각하게 되었다. 그리고 임진강선에서 이날 奉日川線으로 수차 철수하여 그 방면을 고수하고 있던 제1사단도 행주를 거쳐 金浦로 다시 후퇴함으로써 국군의 議政府 방어선은 무너지고 서울 방어의 주력을 잃게 되었다.

한편, 議政府戰線의 붕괴가 예상되자 육군본부는 議政府에서 후퇴한 제2, 제7사단과 제5사단 및 수도경비사령부 그리고 보병학교 교도대, 심지어는 士官學校 生徒까지 혼성, 편성하여 서울 북쪽 근교 倉洞─雙門洞 간의 구릉지대에 저지선을 구축하게 하고, 議政府 가도상에서 육탄 대전차 공격전을 개시하였다.

그러나 議政府─서울 간의 32km 도로도 이날 정오에 雙門洞의 최선단에 배치된 제5연대의 진지가 「탱크」의 공격을 받아 倉洞 저지선도 와해되고 말아 「人民軍」이 장악하게 되었다.

이에 육군본부는 다시 이날 17시 미사리에 수차 방어진지를 구축하였으나, 28일 1시 「人民軍」의 「탱크」가 미사리 삼거리의 「바리케이트」를 돌파하고 서울 일각에 들어 서게 되자 2시 15분에 한강교를 폭파하고 수많은 피난민과 철수병력의 중장비를 강북에 남겨 둔 채 서울을 포기하기에 이르렀다.

〈漢江 防禦線과「유엔」軍의 參戰〉

開戰 4일만에 서울을 점령당한 국군은 28일 오후 漢江 남안에 새로운 방어선을 구축하였다.

始興地區 전투사령관 金弘一소장(육군 참모학교장)의 지휘하에 낙오병으로 보충된 제7사단이 鷺梁津을, 수도경비사 2개 대대와 제5사단 일부병력이 永登浦의 방어를 각각 담당하였는데, 이들의 중장비가 漢江橋의 폭파로 말미암아 대부분 강북에 유기되었으므로 「人民軍」의 우수한 화력에 비하면 거의 도수나 다름 없는 실정이었다.

그리고 金浦地區에는 제1사단과 수도경비사의 1개 연대가 합동으로 강안에 방어진지를 펴고 있었으나, 이 역시 상병간격이 30~50m에 달하여 명색 뿐인 배치에 지나지 않았다. 또 漢江과 北韓江의 합류점인 兩水里에 제2사단의 1개 연대와 제3사단의 1개 연대가 人民軍의 동남진출을 저지하기 위하여 방어진을 폈으나 그 지구력은 의문스러웠다.

國軍의 이 漢江방어선은 당시 國軍의 대적 능력으로 보아 그 선에서 「人民軍」을 격퇴하는 것보다는 그들의 침공을 저지, 지연시키는 데 그 목적이 있었던 것이다.

즉, 「유엔」안전보장이사회의 결의에 따라 「유엔」군의 참전이 확실시 됨으로써 『3일간의 漢江線 고수 여부가 국운을 좌우한다』는 정세판단 아래 지원군이 올 때까지 최대한으로 시간을 벌자는 것이었다.

한편, 제1단계는 서울 공략에 성공한 「人民軍」은 제2段階로 美軍의

地上軍이 증원되기 전에 漢江을 도하하여 한강 남안의 국군 방어선을 돌파, 그 방어집단을 격멸한 다음. 平澤－忠州－堤川－寧越의 여러 지역을 점령한다는 점술목표를 세우고 漢江의 도하를 서둘렀다.

그러나 이 때 北韓軍은 도하장비를 갖추고 있지 않았으므로 평균수심 3m에 유수폭 300~1,200m에 달하는 漢江의 도하는 쉽지 않았으나 28일 저녁, 「人民軍」 제6사단이 金浦 북방에서 도하하여 국군 수도경비사를 강압하면서 金浦飛行場으로 진격한 데 이어, 30일 미명에는 제3사단 1개 연대가 서울 동남쪽의 서빙고에서 수영과 목선으로 漢江을 건너는 등, 산발적으로 시도된 도하작전 끝에 7월 1일 4시에는 제4사단이 麻浦地區에서 永登浦로 향하여 본격적인 도하공격을 개시하였다.

도하장비 관계로 「탱크」를 도하시키지 못한 「人民軍」을 맞아 國軍은 永登浦 시가전을 전개하여 소화기와 수류탄으로 저항, 2일간이나 치열한 격전을 벌인 결과 「人民軍」 제 4사단은 2,000여명의 병력 손실을 보게 되었다.

그러나 「人民軍」은 7월 3일 아침에 浮船으로 「탱크」를 도하시켜, 제4 사단을 지원하자 國軍은 永登浦 시가전도 더 지탱할 수 가 없어 水原 線으로 다시 남하하게 되었다.

한편, 國軍이 「유엔」군의 釜山도착시간을 감안하여 「3일 간의 漢江線 고수」에 주력하고 있을 때, 美國은 「유엔」 안보이사회의 결정에 따라 6월 27일 미 극동사령관 「맥아더」 원수에게 재한 美國人의 안전을 위하여 해공군의 동원 권한을 부여하고, 韓國에서의 美 군사작전을 관장토록 하였다.

이에 따라 「맥아더」 원수는 이 날 즉시 水原에 미극동군사령부 전력 지휘소(ADCOM)를 개설하고, 29일 오전에 漢江 방어선을 직접 시찰하 였다.

이 때 「맥아더」 원수는 韓國軍이 이미 방어능력을 상실하였으므로 美空軍이나 海軍의 지원만으로는 「人民軍」의 남진을 저지하기가 불가 능하다고 판단, 지상군의 투입을 결심한 다음, 그날 오후에 동경으로 귀환하여 「와싱턴」 당국에 『현 전선의 유지와 실지 회복의 유일한 방안은 지상군을 투입하는 길 뿐이다. 따라서 즉시 주일 미군 중 1개 연대를 韓國전선으로 이동하고 반격부대로서 2개 사단을 활용할 것』을 건의하여 6월 30일 「트루만」 大統領이 이를 승인하였다.

이리하여 「맥아더」 원수는 주일 미 제8군사령관 「워커」 중장에게 제24

사단(사단장「딘」소장)을 한국으로 이동시키라고 명령하였다. 이에 따라 7월 1일에 그 선견 부대로서 제21연대 제1대대(「스미스」특수임무부대)가 日本 판부(아다쯔게)로 부터 釜山에 공수되어, 7월 2일에 大田으로 향발하였는데, 이것이 美軍의 첫 출병이었다.

〈洛東江 防禦線〉

國軍의 漢江 방어선이 개전 6일만인 7월 3일에 붕괴되자 전선은 다시 水原선으로 남하하였다. 「人民軍」은 제2단계 작전계획대로 제1, 제3, 제4, 제6사단과 기갑부대로써 漢江선 돌파 여세를 몰아 水原으로 직행함으로써 7월 4일에는 水原선마저 무너지게 되어 國軍은 다시 鳥山선으로 수차 후퇴하게 되었다.

바로 이 무렵인 7월 5일, 美 제24사단의 「스미스」부대가 鳥山 북쪽에 진출하여 패퇴만을 거듭하던 美軍의 사기는 크게 진작되었으나, 「스미스」 부대 역시 「人民軍」의 전차군에 의하여 서전을 펴보지도 못하고 퇴산당하자 오히려 「人民軍」은 막강한 美軍을 격파하였다는 자신감을 갖게 되었다.

이리하여 「人民軍」의 주공부대는 7월 6일에 平澤을 점령하고, 原州를 거쳐 堤川으로 진출한 조공부대와 함께 堤川－寧越선에 도달하게 되었다.

그런데 이 때 鳥山 부근에서 예기치 않았던 美軍의 참전으로 당황하게 된 「人民軍」은 즉시 그들의 제1, 제2군단을 통할하는 전선사령부를 새로이 설치하는 한편, 군단을 집단군으로 개편하고 내무성 소속 경비여단을 정규사단으로 개정 확충하였으며 해안 방어 부대를 신편하였다.

한편 國軍은 7월 5일, 平澤에 집결된 전 전투병력 5개사단(수도, 제1, 제2, 제5, 제7사단) 가운데 2개 사단(제5, 제7사단)을 개편하여 3개 사단으로 재편성, 이로써, 제1군을 창설하였다.

이와 때를 같이 하여 美 제24사단 주력이 韓國 상륙을 완료함에 따라 (미군장「딘」소장은 駐韓美軍司令官을 겸임) 丁一權 총참모장과 「딘」 사령관의 협조 하에 화력이 우수한 美軍이 「人民軍」의 주공방향인 경부 간선도로를 포함한 그 이서를, 그리고 國軍이 그 이동을 담당하기로 전선을 정리, 「유엔」군은 지상군이 증원될 때까지 지역전을 벌였다.

7월 9일, 주일 美 제8군사령부가 大邱로 이동되면서 8군 주력도 속속 韓國전선에 투입되었는데, 7월 13일에 미 제8군사령관「워커」중장의 大邱책임과 더불어 「맥아더」원수(7월8일「유엔」군 총사령관으로 임명되었음) 는 이 날자로 제8군사령관에게 駐韓「유엔」軍의 작전지휘권을 부여하였다.

이에 李承晚대통령이 7월 15일에 국군의 작전지휘권을 「유엔」軍 사령관에게 이양하여 7월 17일부터 美 제8군 사령관이 국군까지 통할 지휘케 되어 비로소 「유엔」軍과 국군은 「유엔」의 깃발 아래 통일적인 대적태세를 갖추게 되었다.

이에 앞서 7월 12일에 美 제24사단은 錦江선에 방어진지를 구축한바 있었으나, 14일에 「人民軍」이 錦江을 도하, 錦江 방어선을 돌파하였으므로 이날 사단은 다시 大田으로 한걸음 물러나게 되었다.

그러나 19일에는 「人民軍」의 포위공격으로 말미암아 격전을 치룬끝에 제24사단이 「人民軍」의 포위망을 돌파하여 永同으로 철수함으로써 大田도 「人民軍」의 손에 들어가고 말았다.

이리하여 「人民軍」은 全州－大田－報恩－聞慶－豊基－盈德선으로 진출하였고, 38선에서 大田까지 220km를 27일만에 진격함으로써 일일평균 8km의 진격 속도를 나타냈다.

이런 가운데 國軍과 「유엔」군은 전력 보강에 박차를 가하여 國軍은 7월15일 咸昌에서 제6, 제8사단으로 제2군단을 창설하였고, 美 제8군 주력인 제1사단이 7월 18일에 浦港에 상륙, 19일에 永同으로 전진하여 美 제24기갑사단의 후방에 배치되었으며. 7월 10일부터 釜山에 上陸을 시작한 美 제25사단은 18일에 상륙을 완료하여 義城－尙州－金泉선에 배치되어 國軍의 지원능력을 갖추게 되었다.

이 무렵 「人民軍」측 병력은 10개 보병사단과 1개 전차사단이었으며, 「유엔」군측은 國軍 5개 사단(7월 25일에 수도, 제1, 제3, 제6, 제8사단으로 개편되었음)과 美軍 3개 사단(제24, 제25, 제1기갑사단)으로서 전력의 격차는 어느정도 좁혀지게 되었다. 그러나 「人民軍」은 金日成의 『어떠한 일이 있더라도 8·15까지 釜山을 점령하여야 한다』는 독전으로 총공세를 취하고 있었던 까닭에 전선의 주도권은 아직도 「人民軍」에 있었으며, 전선은 시시각각 압축 일로에 있었다.

美군사령관 「워커」 중장은 7월 26일, 洛東江 방어계획을 수립하여 전군으로 하여금 洛東江 내선에로의 철수를 준비토록 명령하였는데, 27일에 大邱로 급히 비래한 「맥아더」 원수는 『韓國에서 「던커크」(Dunkirk)의 재판은 있을 수 없다』고 韓國 방어에 대한 단호한 결의를 표명하였다.

이와 같은 「유엔」군 총사령관의 韓國 방어 결의는 「워커」 중장의 『洛東江 방어선을 고수』하는 작전계획으로 되어 8월 1일에 韓美 양군은 洛東江 내선으로 전략적인 철수를 단행케 되었다.

이리하여 이른바 「워커라인」(Walker Line) 혹은 「釜山橋頭堡」라 불리우는 洛東江 방어선이 구축되었다. 이 방어선은 馬山 서남쪽 鎭東에서 洛東江을 거슬러 올라 倭館-安東-盈德을 연결하는 선으로 倭館을 경계로 그 북쪽과 동해안쪽은 國軍이, 그리고 서쪽과 남쪽은 美軍이 각각 담당하였다.

이로써 韓美 양군은 동서 80km, 남북 160km에 지나지 않는 실로 보잘 것 없이 작은 구형의 땅 덩어리에서 「人民軍」과의 결전에 임하게 되었던 것이다.

〈「유엔」군의 반격〉

8월 초에 國軍과 「유엔」군이 洛東江선에 방어선을 형성하자 「人民軍」은 곧 전선 돌파를 위해 대공세를 감행하였다. 그러나 전선을 다소 압축하였을 뿐, 「人民軍」이 목적하였던 전선 돌파는 이루지 못하였다.

8월 중순, 「맥아더」 원수는 주일 美 제7사단과 신편 제1해병사단으로 상륙군단인 제10군단을 편성하여 仁川 상륙 작전을 준비하고 있었다. 이 計劃은 美 제10군단이 9월 15일을 기하여 仁川에 상륙한 다음 金浦 비행장과 서울을 탈환하고, 이에 호응하여 洛東江의 韓美 양군이 총반격을 개시하여 「人民軍」을 격파하면서 북진을 단행한다는 것이었다.

그런데 9월 초에 들어 서자 다시 「人民軍」은 공격을 시도하여 한 때 전선은 大邱 근교 12km까지 압축되어 「유엔」군은 위기에 직면하게 되었다.

이에 「맥아더」 원수는 仁川 상륙에 대비하여 승선 중이던 상륙군단의 일부병력을 洛東江전선에 전용하는 비상조치를 취하면서 전선을 고수, 「人民軍」의 공세를 분석하고 仁川 상륙작전을 결행하였다.

9월 15일 미명, 「유엔」군 함선 261척이 참가한 상륙작전이 예정대로 진보되어 상륙 부대인 美 제1해병사단과 제7사단, 그리고 國軍 제17연대와 해병 제1연대는 최초목표인 月尾島를 공격하여 28분만에 이를 점령하고 이 날 오후에 그 주력이 仁川에 상륙함으로써 仁川시가를 장중에 넣게 되었다.

이와 같이 仁川 상륙에 성공한 美 제10군단은 16일에 서울로 진격을 개시하여 17일에 金浦 비행장을 점령, 19일에는 永登浦에 돌입하였다.

한편 「유엔」군의 기습적인 仁川 상륙에 당황한 「人民軍」은 洛東江선으로 집결 중이던 병력을 京人地區로 전배시키는 한편, 신편 부대들을 급히 서울로 집결시켰다.

그러나 전세의 역전은 결정적이었으며, 美 제1해병사단이 서울을 공략하고, 제7사단의 일부병력이 永登浦에서 水原으로 남진하여「人民軍」의 후방을 위협하자「人民軍」은 洛東江선의 주력의 퇴로가 끊길 것이 두려워 9월 23일 총퇴각 명령을 내리게 되었다.

이같이 전황이 급전하는 사이에 서울을 공격한 美 제1해병사단(韓國해병 제1연대 배속)은 서대문의「人民軍」주저항선을 강타하였으며 이 때 漢江 남쪽으로 우회한 美 제7사단(國軍 제17연대 배속)이 서울의 동남쪽을 포위함으로써 9월 28일, 실함된 지 98일만에 수도 서울을 다시 탈환하였다.

한편 洛東江의 韓美 양군은 9월 16일 9시를 기하여 총반격을 개시하였다.

이렇듯 수세에서 공세로 옮긴「유엔」군은 9월 21일에 국군 제1사단과 美 제 1기갑사단은 多富洞 북쪽에서「人民軍」제13사단을 격파하여 돌파구를 마련하였으며, 북진을 계속한 美 제1기갑사단의 특별 기동부대는 적을 남북으로 협공하여 9월 26일에는 烏山에서 美 제10군단과 연계하게 되었다.

이리하여 美 제1기갑사단과 제24사단에 국군 제1사단을 배속시킨 美 제1군단은 金泉-大田-水原선으로 진공하고, 美 제2사단과 제25사단으로 편성된 美 제9군단은 湖南地區로 우회 전진하여 錦江線을 확보함과 동시에 후방 주 보급로를 경비하였다. 國軍 역시「人民軍」의 근각 징후에 따라 22일에 하달된 육본의 무제한 공격명령에 의하여 제1군단(수도, 제3사단)은 동해안선을, 그리고 제2군단(제6, 8사단)은 중동 부선을 각각 담당하여 38선으로 진출하였다.

파죽지세로 38선에 진출한「유엔」군은 9월 30일「맥아더」원수가「人民軍」총사령관 金日成에게 항복을 권고하였으나 묵살되자 10월 1일에는 38선을 돌파하여 북진을 계속하였다.

이리하여「유엔」군은 10월 17일에 元山을, 20일에는 平壤을, 그리고 같은 날 楚山을 점령하였다.

그러나 이 때 수 십만의 中共軍이 한만 국경선을 넘어 들어 韓國戰爭에 介入하자 戰爭은 다시 새로운 양상으로 확대되었다.

11월 24일「유엔」군이 국경전선에서 철수를 시작, 마침내는 1951년 1월 4일 共産軍은 또다시 서울을 점령하였다.

한동안 병력의 열세로 말미암아 지연작전을 벌이는 가운데 烏山-三陟線으로 수차 후퇴한「유엔」군은 1월 25일을 전후하여 전열을 정비, 다시

반격을 개시하여 3월 14일에는 재차 서울을 탈환하고 38선으로 재진격
하여 4월 30일에는 또다시 38선을 넘어 북진을 개시하였다.

전세가 불리하게 된 北韓과 中共軍은 6월 23일 「유엔」주재 蘇聯대표
「말리크」로 하여금 휴전을 제안케 하였고, 「유엔」군이 이에 응함으로써
7월 10일 開城에서 첫 휴전회담이 열리게 되었다.

1951년은 전황도 회담도 별 다른 진전이 없었으며, 그 다음 해인 1952
년에도 휴전을 의식한 국지 공방전으로 또 한 해를 넘기게 되었다.

그러다가 1953년 7월 27일 판문점에서 38선 근처를 군사분계선으로
하는 휴전협정이 조인됨으로써 전쟁은 「停戰」이란 이름으로 결말을 보게
되었다.

페렌바크의 韓國戰爭의 教訓

韓國 전쟁은 1953년 7월 27일 아무 것도 해결하지 못하고 끝났다.

이 전쟁은 그후 오랫동안 전쟁이라는 이름으로조차 불리우지 않았다.

美國 정부는 이 전쟁을 韓國動亂이라고 호칭하였으며 이 동란은 美國이 역사상 가장 망각된 전쟁으로 곧 퇴색해 버렸다.

이 전쟁에는 美國人의 감정에 호소할 이야기 거리가 별로 없었다. 거의 재앙적인 시작에서부터, 명예롭긴 하지만 불만스러운 종결에 이르기까지, 美國人의 감정에 호소하는 깃은 별로 없있다.

그러나 이 전쟁에 대하여 만족한 감정으로 회고하거나, 아니면 패배한 국가가 때때로 그렇듯이 망집에 가까운 자존심으로 회고할 요소조차 없었기 때문에 美國人은 이 전쟁을 아예 회상하려고 하지도 않는다.

그러나 인간이 망각한다는 것은 항상 위험한 일이다.

냉전과 동서의 경쟁, 그리고 韓國에 대하여 수백 만의 단어가 쓰여졌다.

핸슨·볼드윈 少領은 다음과 같이 쓰고 있다.

『한국 전쟁에 진 것이라고 헐뜯는 주장이건 이겼다고 하는 주장이건, 美國 안에서의 시끄럽고 분노에 찬 논쟁은 언젠가는 사라질 것이다.

그러나 그곳에서 싸우고 그곳에서 죽고 그곳에서 살아 남은 사람들의 행동은 그들 후손에 남겨질 것이다.

韓國이 역사의 기로를 좌우한 위치에 놓인다고 할지라도 무슨 논쟁이나 목적, 그리고 대 전략과 국가정책 따위는 장래의 세대에 있어서는 도발된 전쟁에 의해 야기된 韓半島의 진창 속의 시냇가, 그리고 벌거벗은 산허리에서 싸워진 삶과 죽음의 인간드라마에 비하면 아무 것도 아닌 것이다.』

아마도 스미스 기동부대가 비 내리는 韓國의 푸른 언덕 사이에 강력한 적군이 나타나는 불길한 광경을 처음으로 목격했을 때, 또는 제5·제7 海兵聯隊가 고립되어 엄동의 由潭里에서 포위된 것을 알았을 때, 그리고 리지웨이 將軍이 맥아더에게 『호기를 포착하면 공격을 해도 좋은가』라는 허가를 요청했을 때, 그와 같은 운명적인 순간, 그리고 그와 같은 죽음과 삶의 순간과 인간의 드라마는 국무회의에서 논의된 길다란 말이나 장황한 성명이나 봉쇄정책의 모든 정책보다도 더 큰 역사적인 의의를 가졌다. 한 국가나 국민이 그의 아들을 어떤 전쟁에 투입할 때마다 그 국가나 국민은 그 나라의 위신, 미래의 희망, 그리고 한 생활 양식의 존립 등을 시련대에 올리는 것이다. 나중에는 어떻게 되든 간에.

만일 美國의 지상군이 韓國에서 적을 저지하지 못하였더라면 美國은 두 가지 선택, 즉 파멸이나 치욕에 직면하지 않으면 안되었을 것이다.

사태를 수습하기 위한 최후의 수단인, 무제한의 원폭 전쟁은 美國人에게 그들이 목적한 아무 것도 달성치 못하도록 했을 것이다.

굴욕적인 패배와 韓國으로부터의 철수는 불가피하게 아시아를 공산주의의 거센 파도속에 내맡게 했을 것이며, 전 세계에 걸쳐 자유롭고 질서있는 사회를 실현시키려는 美國의 희망을 영원히 파괴하였을 것이다.

모든 형태의 전쟁에 대비하고 있지 않은 국가는 국가 정책의 수단으로서 전쟁을 할 생각은 말아야 한다.

싸우는 것을 준비하지 않는 국민은 패배할 도덕적인 마음의 준비를 갖추어야 한다.

제한된 피비린내나는 지상 전투에 대하여 군인과 시민들이 마음의 준비를 갖도록 하지 못한 채 그 싸움에 휘감긴다면 거의 범죄적인 어리석음을 저지르는 것이다.

五山에서의 급격한 후퇴로부터 淸山江에서 피비린내나는 후퇴, 그리고 芝坪里, 臨津江, 昭陽江, 포크·찹 고지에서의 영웅적인 저항에 이르기까지 있었던 일은 美國人이나 기타 국민들이 한국 전쟁에서 배워야 할 교훈이었다.

韓國 전쟁은 다른 대규모의 전쟁이 그런 것처럼 한 시대의 종언이 아니라 제2차 세계대전 후의 한 중간 시기에 있은 치열했던 소 전투에 지나지 않았으므로 이 전쟁에 대한 결정적인 역사는 아직 쓰여지지 않았다.

韓國 전쟁의 주요 인물들은 아직 살아 있고 그 중 많은 사람은 아직 권력을 잡고 있다.

게임은 아직 진행되고 있다.

공산국들 특히 蘇聯은 韓國 전쟁이 소규모의 내란 형태에서 세계의 강대국이 거의 다 참전한 대규모의 전투로 급속히 확대되었던 전쟁으로 기억하고 있다.

韓國 전쟁에서 그토록 격렬한, 뜻밖의, 서방측의 힘의 반작용을 가져온, 공공연하고 야만적인 무력 침략을 공산측은 그 후 피하고 있다.

그들은 주변 지역에 대해서 공산주의자의 목적을 달성하기 위하여 간접 침투, 침략, 그리고 봉기라는 전술에 치중하게 되었다.

그들은 다시는 韓國 전쟁에서처럼 서방측에게 참전할 도덕적인 구실을 주지 않으려는 전술을 쓴다.

韓國 전쟁의 교훈을 연구한 공산주의의 참모들은 만일 그들이 북한군의 몇 개 사단을 비밀리에 南韓에 침투시키고, 또 38선 이남으로 유동적인 보급을 실시하도록 했다면 어떤 결과가 나타났을까, 억측하고 있다.

그들은 이런 경우 서방측이 자신들의 이해 관계가 비록 위기에 빠졌을지라도 독재적인 李承晩 정권의 방어를 위해 참전했을까, 의심하고 있다.

인명의 손실에는 조금도 개의하지 않은 中共은 유·엔을 무시하고 서방측 군대를 저지하므로써 일약 극동의 강대국이 되었을 뿐 아니라 세계의 강대국으로 비약적인 발전을 하게 되었다.

中共은 현대적인 육상 전투에 대해 수련을 쌓았고 中共軍은 이 분야에 있어서도 그는 민병들이 하려고 하지 않는 일, 그러나 매우 필요한 일을 해치운다.

그의 일은 그를 파견한 명령에 따라 도덕적일 수도 있고, 비도덕적일 수도 있다.

그것은 인간이 생존 경쟁하는 이상 불가피한 것이다.

문명의 여명기부터 인간은 곤봉, 활, 또는 대포, 달러, 투표, 그리고 우표 수집 등으로 서로 경쟁해 왔다.

물론 인간의 대부분은 경쟁을 싫어했다.

그리고 경쟁을 싫어한 자는 연극의 주연이 못되고 조연을 해야만 했다.

미래에는 경쟁이 없어질 것이라고 말하는 자는 인간의 본성을 모르는 자다.

우리 시대의 커다란 이율 배반은 서로가 완전히 불신하는 양대 세력이 세계에서 서로 대립하고, 적어도 그 중 하나는 경쟁을 열렬히 희망하면서도 核무기로서 경쟁을 못한다는 데 있다.

결국 경쟁이라는 것은 조직된 활동이며 어떤 목적을 위해 통제된 폭력이라고 할 수 있는데 核武器는 사실 통제 불가능한 것이다.

그리고 核戰爭 속에서는 비록 先制 공격을 취하는 자도 아무 상을 받지 못한다.

그러나 인간은 경쟁해야만 한다.

인류의 한쪽 또는 양쪽이 아마 마지막 전투에 돌입하는 것도 아직 있을 수 있는 일이다.

그들은 이전처럼 보다 작은 규모로 다시 충돌할 가능성을 엿보이고 있다.

그러나 아무리 작은 규모라고 해도 전쟁에서는 이기고 질 수 있다.

우리는 적의 능력 때문이 아니라 우리 자신의 성질 때문에 질 수도 있다.

우리는 경쟁을 무시할 수 없다는 것을 이해하고 있고, 또 우리의 적을 섬멸하므로써 이 경쟁을 끝낼 수도 없다는 데에 불만을 느끼고 있다.

그러나 우리는 호랑이들이 기다리고 있는 절벽을 앞으로 몇십년 동안 걸어가야 한다는 사실에 기꺼이 직면하려고 하지 않는다.

韓國과 같은 주변지역에 있어서는 공산주의의 교리가 침략을 원하고 있기 때문에 더욱 위협이 계속될 것이다.

목적이나 도덕성은 박약하다.

그와 같은 위협에 대하여 값싸고 안이하거나 인기있는 대항책이라고는 없다.

우리는 감정적인 목표를 위해 제한되고 통제된 폭력을 선택하거나 게임을 끝내는 호각을 불거나, 두 가지 중 하나를 선택해야만 한다.

그러나 게임을 끝내는 호각을 분다는 것은 결국 인류의 종말을 의미한다.

포크·찹 고지에서 증명되다시피 적은 결코 초인은 아니다.

그가 할 수 있는 일은 우리가 하려고만 한다면 더욱 잘 할 수 있다.

사람들은 우리가 포크·찹 고지에서 우리의 전술이 아닌 적의 전술을 모방했다고 말한다.

그러나 사이공에서 베를린에 이르기까지 적의 전술은 항상 동일하다.

韓國 전쟁은 이 세상의 일은 모두 쉬운 것이 아니며 앞으로 이 세기가 끝날 때까지 사태는 호전할 것 같지 않고 악화될지 모르며, 심한 방사능에 의해 인류를 전멸시킨다는 절망적인 언사는 결코 문제해결을 하지 않는다는 것을 보여 주었고 또한 보여 주어야 했다.

만일 자유국가들이 어떤 종류의 세계를 원한다면 그들은 용기와 돈과 외교와 군대를 갖고서, 그 세계를 위해 싸우지 않으면 안된다.

韓國 전쟁은 우리의 군대를 거느리는 지도자에게 이 세상에 용이한 것은 없으며 호랑이에게는 방사능이 아닌 엽총으로서 대항해야 한다는 것을 가르쳐 주었다.

韓國 전쟁은 자유로운 정부는 자신의 파멸을 가져 올지라도 인기가 없는 일에 대비하여야 한다는 것을 보여 주었다. 중요한 것은 정부가 아니다.

중요한 것은 국가이며 또한 국가와 국민이 바라는 이상인 것이다.

지금은 자유롭고 올바른 사회가 자신의 군사력을 통제하는 것을 계속하고 또한 군인들에게 인생에 대한 자유주의적인 견해를 버리고 맹종하라고 요구하는 것을 포기하는 때다.

현대의 보병은 비행기를 타고 전투 지역에 진출하며 무기를 기계장치에 의해 조종하고 어마어마한 살상력을 가진 무기를 사용할지 모른다.

그러나 그들은 즉각적인 복종과 진흙 속에서의 죽음을 불사하는 구식의 마음 가짐이 있어야 한다.

만일 자유롭고 올바른 사회가 이와 같은 일을 감당할 수 있도록 훈련받지 못할 때, 그들은 세계에 아무 것도 기여하는 바가 없을 것이다.

그들은 오래 지속되지 못할 것이다. 아리스토텔레스는 말하였다.

『거의 모든 일이 일찍이 있었다. 그러나 많은 것이 망각되었다.』

美國人은 처음으로 크고 검은 T-34탱크가 비 속에 烏山 전선에 나타난 것을 목격한 브래드·스미스의 이야기, 軍隅里의 격전에서 전몰한 프랭크·무노즈의 A中隊 이야기, 오봉리의 마이크·싱카, 長津 부근의 흰 눈 쌓인 高地에서 실명한 채 돌아온 존·얀시의 이야기, 그리고 포크·찹 고지를 사수한 조우·클레몬스와 그의 전우들 이야기를 들었다. 이것이 바로 韓國 전쟁이다.

비참, 낭비, 위엄, 용기, 그리고 外傷은 아직 남아 있다.

그러나 수백 만의 美國人은 아직 그 속에서 아무런 교훈도 알아내지 못하고 있다.

인간이 역사의 교훈에 대하여 왈가왈부하고 있을 때 아직 그들은 그 교훈을 모르고 있다는 징조다. 韓國 전쟁의 교훈은 이 전쟁이 일어났다는 사실이다.

훌륭하게 싸울 수 있다는 것을 증명하였다. 中共은 蘇聯 이상으로 열심히 또한 번 침략을 해보려고 노리고 있었다. 그들은 어떤 모험을 해도 잃어버릴 것은 적기 때문이다. 그러나 中共은 공업국인 蘇聯의 도움과 동의 없이는 아직 독자적으로 움직이지 못할 것이다.

서방측이나 공산측 어느 쪽도 무제한 전쟁을 원치는 않는다.

왜냐하면 양쪽이 모두 그들의 주장에 있어서가 아니라 행동적인 현실주의자이기 때문이다.

그들은 저지당했으나 패배하지는 않았다.

불가피하게 그들은 韓國이 아닌 다른 곳에서 또 다시 침략을 꾀할 것이다.

韓國 전쟁이 끝난 일년내 그들은 越盟에서 성공하였다. 공공연한 침략은 아니었다.

韓國 전쟁에서 美國은 난처한 결론을 얻었다.

美國의 전쟁은 공산주의를 38도선 이북에 봉쇄하려는 것이었고 또 그들은 성공하였다.

그러나 처음에는 그와 같은 봉쇄정책이 얼마나 값 비싸게 먹히는지 아무도 알지 못했다.

이 전쟁은 美國人의 마음에 아시아 대륙에서의 육상 전투에 대한 염증, 항상 美國 정책의 기본이기도 했던 정책에의 그 염증을 재확인해 주었다.

그러나 이 전쟁은 아시아에 있어서의 공산주의의 침략에 대한 봉쇄가 핵무기나 핵무기의 위협만으로는 부족하며, 美國이 무제한의 공격을 가하지 않는 한 실효가 없다는 것을 증명하였다.

그러나 美國人이나 美國 군부나 지도자들은 일반적으로 전쟁을 공산주의에 대한 도덕적인 십자군 대신으로 사용한다는 데 대하여 별로 호감을 갖고 있지 않다.

참전은 하되 손해를 보는 것은 부당하다는 태도다.

韓國에 파병한 국가의 정부들은, 문제는 李承晩 大統領이 옳고 그른 게 아니라 그가 패퇴한다는 것이 美國의 위치를 위태롭게 하는 것인 줄 잘 알고 있었으며 그것은 부정할 수 없는 사실이었다.

선전술에 있어서 정부가 보인 서투른 솜씨, 그리고 투표에서 보인 정부의 패배는 여러 사람들에게 美國의 육군을 봉쇄정책을 위한 전투에 투입하는 정치적 위험성을 확신하게 했다.

그러나 제한된 병력을 지구 주위에 항상 배치하지 않고는 세계에는 질서란 것이 없을 것이다.

아니 항상 배치해도 위험이 있다.

세계는 군함이나 비행기, 그리고 폭탄만으로 질서가 유지되는 것이 아니라, 경찰도 또한 필요한 것이다.

韓國에서 전쟁이 끝난 지 불과 일년도 못되어 越盟은 공산측에 먹히었다. 그것은 주로 美國이 공산주의자의 또 하나 미해결적인 소규모의 전투에 25만의 육상병력을 투입하는 것에 대하여 美國人이 완전히 염증을 표시했기 때문이다.

그보다 더욱 큰 원인은 聯合參謀本部 議長이 보고한 것처럼 美國은 파병할 병력이 없었기 때문이다.

烏山에서의 스미스 기동대의 전투로부터 포크·찹 고지의 마지막 격전에 이르기까지 韓國 전쟁의 봉쇄정책은 직업적인 군대 없이는 유효하게 실시되지 못한다는 것을 보여주고 있다.

그러나 모든 민주주의적인 정부는 그와 같은 사실에 직면하는 것을 기피하고 있다.

예비군이나 민병은 어떠한 자유로운 국가에 있어서도 대전에 임해서는 국가를 위해 전투에 참가하고 죽을 마음의 준비는 갖추고 있다.

그러나 예비군이나 민병은 결코 대의 명분 없는 싸움에 나가서 죽기를 원하지는 않는다.

아무도 머나먼 타국의 국경에서 싸우거나, 혹은 까닭없이 징집되고, 아시아의 변경에서 위험한 보초의 역할을 수행하는 것을 원하지는 않는다.

냉전을 위한 집단 징집이란 수단에서는 집단 불만을 야기한다는 뚜렷한 징조가 나타난다.

美國은 이 세기의 중기에서 정책을 위한 전쟁을 수행하지 않으면 안 된다.

그것은 불가피하다.

왜냐하면 세계는 불만과 반란으로 들끓고 있고 그것은 아무리 옳고 당연한 불만이라도 공산주의자의 이용하는 바가 되고 공산주의자는 세계의 힘의 균형을 자기들에게 유리하게 유도하려고 하기 때문이다.

군사력만 가지고는 그 문제를 해결할 수 없다. 그러나 동남아시아나 기타의 지역에 있어서는 군사력의 사용없이는 서방측이 패배하고 말 것이다.

자유로운 사회에서는 아무리 호감을 사지 못할지라도, 주변에 있는 자유 세계를 방어하려고 기꺼이 나서는 자는 책임있는 민병이 아니다.

국기가 가는 곳이 어디든지 묵묵히 따라가고, 밀림이나 산악지대의 도깨비 같은 것을 헤아리지도 않고 싸우고, 믿을 수 없는 고난 속에 아무 불평없이 고생하고 죽는 자는 로마제국이나 대영제국 연방이나 민주적인 美國에 있어서는 변함없는 직업적 군인이다.

그야말로 직업적 군대를 구성하는 분자다.

그의 자랑은 그의 군기이며 그의 연대며 그가 직면해야 할 위험에 대비한 격렬한 훈련과 철저하고 비정하도록 현실적인 훈련, 그리고 명령에 대한 복종이다.

직업군인으로서의 그는 古典的인 세계에서 문명의 파수병 노릇을 한다.

그는 대평원에서 인디언을 쫓아낸 푸른 제복의 기병으로서 비롯되어 지금은 美國 해병대라고 불리워지고 있다.

韓國戰爭의 彼我무기해설

한국 전쟁은 제한된 성격을 가졌기 때문에 모든 전투원들은 주로 제二차 세계대전 때 남은 무기를 가지고 싸웠다.

무기나 전술면에서 별로 놀라운 발전은 없었다.

美國은 보급기술, 방한 복장과 의료활동에 있어서는 새로운 발명과 큰 개량을 실시했으나 완전히 새로운 발전이라고 할 수 있는 것은 전투에 제트 항공기를 투입하고, 헬리콥터를 정찰, 수송, 철수 등에 대규모로 사용했다는 것 정도다.

가장 현대적인 제트기인 F−86 세이버 제트기는 공산측이 제一급 현대 항공기인 MIG−15를 야전 실험용으로 처음으로 투입했을 때만 공중전에 사용되었다.

전쟁의 전국면을 통해서 무기나 라디오, 그리고 차량은 비록 양측이 무수한 개량형을 만들고 새로운 것을 생산했으나 대체로 제二차 대전 중의 것을 사용하였다. 이런 뜻에서 韓國 전쟁은 확실히 시대착오였다.

핵무기의 사용이 보류되었을 뿐 아니라 통신, 수송, 그리고 재래식 무기의 최신형의 사용이 보류되었다.

초기의 美軍에게 최신형 재래식 무기라고는 거의 없었다.

그것은 제二차대전 이후 육상 전투용의 군수물자 조달을 전혀 중지했다는 조달상의 큰 맹점에 기인한다.

그러나 공산측은 위성국가를 동원한 이 전투에서 노후하고 진부한 무기를 사용했다.

비록 진부하다지만 이 재래식 무기는 제조 연도가 최신이며 1950년의 美軍의 무기보다 좋은 상태하에 보존되어 있었다. 전쟁의 미래를 고려하고 있는 공산주의자들의 한 특징은 二차대전, 韓國戰爭, 그리고 현재에 이르기까지 핵무기와 운반수단의 발명 이외에도 재래식 무기의 새로운 타이프를 여전히 만들고 또한 발전시키고 있다는 사실이다.

최근의 미국 정부도 약간의 재래식 무기를 생산하고 있으며, 정치상 혐오를 느끼면서도 전략을 핵 저지력에 두고 있다.

韓國에서 사용된 보병의 주요 무기는 다음과 같다.

이 중 대부분은 지금 노후화되고 있다. (여기서 英聯邦軍의 무기는 제외되고 있다. 英聯邦軍은 英國製 무기를 사용하였다)

美軍 武器

1. 美 小銃 口徑 30M−1(反動이 적은 速射銃) 美軍, 韓國軍, 그리고 기타 유·엔군 소총부대의 主要 휴대용 무기

1930년대 중기에 제조되었으며, 개스 反動式이고 半 自動式

8發 連續 射擊이 가능, 重量 9.5파운드에, 銃劍까지 10.5

有效射程은 5백야드

1分間 約 30發 사격 가능

2. 美 小銃 칼빈 口徑 30

半 自動式 및 自動式 小銃으로 生産

M-1 小銃보다 가벼운 銃彈을 발사

射程, 精度, 그리고 殺傷力에 있어 M-1보다 못함

15發 내지 30發의 銃彈倉이 있음, 개스 反動式, 주로 中隊長級 將校들이 휴대 重量 6파운드

2次大戰 중 反動이 적은 速射銃으로 발전

3. 拳銃 口徑 45 M-1911 A-1

허리에 차는 銃, 半 自動式

有效射程 25야드

1次大戰 이전에 제조 개량됨, 野戰軍 장교, 신호병, 포병, 탱크병, 그리고 임무 수행상 小銃 휴대가 곤란한 사병이 휴대

4. 브라우닝 自動小銃, 1名 BAR, M-1 小銃과 동일한 彈丸을 사용, 半 自動式·自動式 2種이 있고, 휴대하거나 또는 2脚 固定으로 사격한다

1分間 5백發의 率로 發射할 수 있으며 小銃小隊의 主要 自動式 武器로 사용되어 各 小銃分隊에 1대 내지 1대 이상 配給

重量 16파운드이며 제1차 세계대전 때 브라우닝 原理에 의해 제작됨

5. 美陸軍 機關銃 口徑 30 M-1919 A-3(輕機關銃, 1名 LMG)

空冷式, 重量 32파운드, 完全 자동식 기관총

二脚付 브라우닝式 反動發射式, 1分間 450-5백發 발사, M-1小銃, BAR과 같은 彈丸 사용

步兵分隊의 機關銃, 1次大戰 때 제작

6. 美陸軍 機關銃 口徑 30 M-1917 A-1(重機關銃, 1名 HMG)

LMG의 大型化, 水冷式, 三脚付, 射程이 크고 構度높다, 殺傷力 多大,

步兵大隊에 配屬

1개 步兵師團에 約 5백대씩 배속

7. 美陸軍 機關銃 口徑 50 브라우닝式

重量 82파운드, 六口徑 機關銃, 이 총은 近接 白兵戰에 사용되지 않고 트럭, 탱크나 기타 車輛으로 운반, 空冷式

銃彈은 大型

이 機關銃은 1分間 약 575發의 사격이 가능, 射程 2천야드

1개 보병사단에 약 350台씩 배속

8. 로켓砲 口徑 3.5인치 내지 2.36인치(바주카砲)

2차대전 중 제조, 두꺼운 裝甲板을 貫徹하는 砲彈을 발사

口徑 3.5인치는 1950년에 2.36인치의 舊式과 대치

重量 15파운드, 砲彈은 8.5파운드

韓國에 배치된 일개 사단에는 약 六百門씩 배속

中級 裝甲板에 대하여 75야드 이상의 거리에서는 効力이 거의 없음

步兵의 對戰車砲로 널리사용됨

9. 57밀리, 75밀리, 105밀리 無反動式砲

57밀리와 75밀리는 步兵用 砲, 發射時의 개스 爆發力을 이용 발사

구식 57밀리 포는 휴대용, 다른 型式은 三脚固定式

步兵用, 참호용, 또는 진지 공격용

105밀리는 큰 射程을 포물선을 그리며 砲彈을 발사, 韓國전쟁 때 개량

10. 步兵用 迫擊砲 口徑 60밀리, 81밀리, 4.2인치

박격포는 주로 대인 사살용 무기로서 직접 화력이 도달하지 않는 계곡, 참호, 그리고 산병호에 도달할 수 있는 고각도(30°이상)로 간편한 장치에 의하여 고성능 포탄을 낙하시킬 수 있다.

60밀리 박격포는 소총 中隊에 의해 진지에 운반 발사되고 81밀리는 병기 中隊에 의해, 그리고 4.2인치 박격포는 연대에 배속된 특별 박격포 中隊에 의해 사용된다.

81밀리의 有効射程은 4천야드, 60밀리는 천팔백야드이며 무게는 백파운드 이상이고 지형이 험악한 곳에서의 보병에게는 운반이 용이하지 않다.

사실상 포병 무기인 4.2인치 박격포는 주로 차량에 의해 운반된다.

11. 쿠아드 口徑 50 重機關砲

2차대전 때 만들어진 車輛牽引의 口徑 50밀리 機關銃 4台를 한 세트로 만든것

처음 對空火力으로 만들어 졌으나 제트기의 출현으로 對人火力으로 轉用되어, 전진하는 보병을 지원하거나 夜間에 적의 보급로를 공격할 때 사용되는 集中 火力으로 有効하게 쓰여짐.

하루 十만 발 이상의 화력을 집중시키는 쿠아드 50은 진공소제기처럼 적진을 一掃하는 威力을 보였다.

12. 듀얼 40 大砲

당초 對空화력으로 사용된 듀얼 40은 보포르스 40밀리 對空 自動式 大砲 二門을 車輛에 固着시킨 것으로 쿠아드 50처럼 보병 지원 사격에 사용되었다.

韓國 전쟁 동안 포병무기는 2차대전 때의 미 육군의 표준 무기인 105밀리, 255 밀리, 그리고 8인치 曲射砲의 막대한 수량이 사용되었다.

方向 照準과 레이다 照準에 있어서 큰 발전이 있었다.

전쟁이 끝날 무렵 韓國의 전투는 주로 포병의 전투였고, 서로가 기동전을 전개하지 않고 진지 속에 깊숙이 파묻혀 포격전을 벌였다.

機甲 部隊

전쟁 초기의 美軍이 蘇聯의 구식 T-34 탱크에 대항할 탱크를 극동에 갖고 있지 않았다는 것은 큰 단점이었다. M-24輕탱크는 주로 정찰용으로, 엷은 裝甲板과 75밀리 砲를 적재하였으며, 이 輕탱크와 90밀리 大砲를 적재한 M-26型 中탱크가 1950년 8월과 9월에 韓國전선에 투입되었다.

그 후 점차 2차대전 때 쓰이던 구식의 M4A3E8型 셔먼式 重탱크가 나타나 76밀리 %射砲를 적재하고 韓國전선의 주요 무기로 되었다.

이 탱크는 重心이 높고 輕裝用이며 火力도 부적당했으나 한국처럼 험준한 지형에 있어서는 中將用 重火力의 영국 탱크 센튜리언型보다도 훨씬 機動性이 높았다.

輕탱크를 대량 생산하지 못한 것이 전쟁 중 美國의 약점의 하나다.

값비싼 탱크에 의지하는 것보다도 주로 유효한 對戰車 火力의 집중에 중점이 놓여 있었다.

共産側 武器

전쟁의 전 기간 중 敵은 美軍의 무기와 장비를 노획하여 사용하는 데 비상한 재주를 보였다.

전쟁이 일어난 후 3개월간 북한 인민군은 그들 자신의 몇 개사단의 장비로써도 충분할 무기를 美軍과 韓國軍으로부터 노획하였다.

그리고 참전 직후 中共軍은 美國이 2차대전 중과, 그리고 대전후에 國府軍에게 대여한 미제 무기로도 대량 장비하고 있었다.

그들은 대전 중에 그것을 입수한 것이다.

中共軍, 그리고 韓國軍도 마찬가지였지만 또한 일본군이 갖고 있었던 상당한 수량의 소총과 대포를 사용하고 있었다.

그러나 인민군과 中共軍의 주요한 무기는 모두 蘇聯製였다.

유·엔군이 소요한 전 탄약의 90퍼센트를 美軍이 부담한 것처럼 蘇聯은 모든 공산측 무기의 대부분을 만들고 또한 공급해 주었다.

美軍의 무기처럼 蘇聯의 무기의 대부분은 2차대전 당시의 제조품이다.

蘇聯製 무기는 蘇聯의 기계가 대체로 그런 것처럼 한가지 뚜렷한 특징이 있었다. 매우 견고하고 능률적으로 단순화되었고, 조작하기 쉬우며, 많은 경우에 있어서 부속품이 복잡한 美國의 무기보다도 훨씬 농민 출신의 신병들이 다루기 쉽도록 되어 있었다.

간단하고, 세련되지 못했으나, 성능은 좋았다.

1. 步兵 小銃

공산군은 소련제인 7.62밀리 口徑의 1944년제 기병총을 비롯하여 1945년 蘇聯에 의해 무장 해제된 日本 관동군이 가졌던 口徑 7.7밀리 소총에 이르기까지 잡다한 형식의 소총을 갖고 있었다.

공산군의 경향으로서는 소총보다 多發銃을 더욱 중시하였다. 그들은 정도는 낮지만 화력이 강한 多發銃이 미숙련병에게는 더욱 유효하다고   생각했다.

2. 多發銃 口徑 7.62밀리 PPSh 41

2차대전 때 제조된 이 소총은 정도가 높은 화력은 육상 병력에 별로 위력이 없으나 집중 화력이 오히려 필수 조건이라는 蘇聯軍의 신념을 뒷받침하고 있다.

제조비가 싸고 만지기 쉽고 어떠한 전투 조건에도 적합한 이 자동식 소총은 2차대전 중 이 종류의 소총 가운데는 최상의 성능을 자랑했다.

완전 자동식 내지 반 자동식으로 사용할 수 있는 이 총은 일분간 百발의 비율로 발사할 수 있으며 72연발의 탄창을 부착할 수 있었다.

근접한 거리 이외는 정도가 낮다.

전쟁의 후반기에 있어서 中共 보병은 공세를 취할 때 다발총이나 수류탄을 꼭 휴대하였다.

3. 토카레프 7.62밀리 半自動式 小銃

二脚과 기타 부속품이 있는 이 소총은 美軍의 BAR식 소총과 같은 용도에 사용되었다.

4. 데그타레프 40.5밀리 對戰車砲 PTRD-1941

이 길고 볼품없는 무기는 2차대전 초기에 對戰車砲로 사용되었다.

그러나 裝甲板이 두터워 지면서부터 對車輛 火力으로 轉用되고 長距離 對人 狙擊用 火力으로도 사용되었다. 인민군 각 師團은 이 대포를 36문씩 장비하였고 美軍은 이것을 〈코끼리〉 또는 〈野牛〉라고 불렀다.

5. 機關銃

砲架가 있는 코류노프型 중기관총과 더불어 여러가지 형식의 경기관총을, 인민군과 中共軍이 사용하였다. 蘇聯 기관총은 주로 7.62밀리 口徑이며 우수한 성능을 갖고 있었다.

6. 迫擊砲

공산군은 여러가지 口徑과 잡다한 형식의 박격포를 사용했지만 蘇聯製의 표준형 박격포가 주요한 부분을 차지하고 있었다.

人力으로 간편하게 운반할 수 있고 제조비가 싸기 때문에 박격포는 인민군과 中共軍이 가장 애용한 무기였다.

괴뢰군 일개 聯隊는 120밀리 박격포 6문을 갖고 있었고, 聯隊를 구성하는 3개 대대는 각각 9문의 82밀리 박격포를 장비하고 61밀리 박격포는 中隊에 배속되었다.

소구경의 소련제 박격포는 공산군이 다량 노획한 美軍의 60밀리, 81밀리 박격포 포탄을 사용할 수 있다는 잇점이 있다. 그러나 美軍 박격포는 그와 같이 轉用할 수 없다.

로켓砲나 無反動式 小銃 등 기타 步兵 지원용의 무기는 표준적인 적의 장비가 되지 못했다. 그들은 노획했을 때만 그것을 사용했다.

7. 大砲

當初 中共軍이 鴨綠江을 건널 때 重火力을 대개 滿洲에 두고 오기는 했지만 인민군과 中共軍이 장비한 대포는 주로 2차대전시 蘇聯의 師團이 장비한 것과 비슷했다 師團은 122밀리 曲射砲 12문, 76밀리 야전포 24문, T−34탱크의 車台위에 적재된 SU−76밀리 自走砲 12문, 그리고 45밀리 對戰車砲 12문을 장비하였다.

이 이외에 각 師團의 3個 聯隊는 76밀리 곡사포 4문을 장비하고 있었다.

122밀리 대포도 또한 蘇聯軍이 공급하였다.

日本軍이 남기고 간 대포의 예를 제외하고는 공산군의 대포는 蘇聯製이며 전쟁 후반기에 나타난 대포는 1945년 베를린 공격 때 대량으로 사용된 화력과 흡사할 정도로 대량 사용되었다.

152밀리 대포와 같은 大口徑의 長距離의 대포는 美軍이 大口徑(155밀리)의 대포를 대량으로 사용한 것과는 대조적으로 매우 아껴 쓰여졌다.

中共軍은 그들이 관측하지 못하는 目標物에 대하여 포격하는데는 분명히 탐탁스럽게 생각하지 않는 경향을 보였다.

8. 戰車

2차대전 때 蘇聯軍의 主力 탱크였던 T−34 85형 탱크가 공산군의 주력 탱크로 전쟁 기간 동안 활약하였다.

이 탱크는 1943−1944년 겨울에 등장하여 활약하였다.

무게 35톤이며 시속 34마일의 T−34는 우수한 牽引力을 가졌고 험준한 韓國의 지형에 있어서는 이보다 더 큰 美軍의 패턴型 重탱크보다도 훨씬 機動力을 발휘하였다.

85밀리 대포와 7.62밀리 기관총 2문을 가진 이 T−34는 1950년 경의 蘇聯軍으로서는 구식으로 여겨졌다.

보다 크고 보다 현대적인 重탱크, 즉 조세프·스탈린 3世 탱크같은 것은 위성군 군대에 공급되지 않았다.

전쟁 초기에 T−34형 탱크 150대가 인민군 침공의 앞장을 섰고 美軍과 韓國軍에 큰 위협을 주었다.

그러나 후기에 가서 美軍의 탱크와 공군력의 우위는 공산군의 탱크의 역할을 위축시켰다.

따라서 그들의 탱크는 주의 깊게 숨어 있어서 거의 사용되지 않은 셈이다.

참전국 양측이 모두 T−34나 셔먼형 M4A3E8탱크나, 혹은 1944년식 7.62밀리 대포나, 2차대전 전의 M−1소총 등 구식이며 노휴된 무기를 사용하였기 때문에 韓國戰爭에서 쓰인 양군의 무기를 비교한다는 것은 사실상 무의미하며 가치없는 일이다. 일반적으로 말해서 공산군의 장비는 적절하며 美軍의 장비와 거의 동등한 위력을 발휘하였다.

韓國戰爭에 관한 국민의식조사
(전쟁기념사업회)
6.25는 「南侵이다」가 63.7%

한국전쟁 40주년을 맞이하여 전쟁기념사업회에서 연세대 인문과학연구소에 의뢰하여 실시한 한국전쟁에 대한 국민의식조사 자료이다.

이 자료에 따라 우리 국민들에게 6.25한국전쟁이 얼마나 깊게 영향을 주고 있는지를 알 수 있다.

90년 8월 11일부터 17일까지 조사된 이 국민의식조사는 연세대 사회학과 柳錫春조교수팀에 의해서 실시되었다.

6.25전쟁 이후 이같이 광범위한 표본을 추출하여(표본추출방법 : 크기에 비례한 확률표집법) 남자 1,502명, 여자 1,498명, 합계 3,000명을 표본으로 한 것이다.

연령별로는 20~29세(813명/27.1%), 30~39세(798명/26.6%), 40~49세(549명/18.3%), 50세 이상(840명/28.0%)이었으며 혼인상태는 기혼자가 전체의 82.5%로 2,474명, 미혼자는 17.5%인 526명만이 조사대상이었다.

조사결과의 요약

1. 조사대상자의 일반적 특성 : 표본구성

인구적 배경변수들인 性, 연령, 혼인상태를 보면 性別분포는 모집단과 비교하여 거의 일치하고 있으나 연령별로는 6·25경험세대인 50대 이상의 고연령층이 다소 과다 표집되었다. 그러나 이는 본 연구의 특성을 고려할 때 오히려 분석에 유용한 결과라고 할 수 있다. 이러한 연령별 분포의 특성은 혼인상태에도 반영되어 기혼이 미혼보다 다소 많은 분포를 보인다.

사회경제적 배경변수들인 교육, 직업, 수입, 출신지 등의 분포는 모집단과 거의 일치하고 있다. 따라서 조사대상자 3,000명은 20세 이상의 국민전체를 충분히 대표하고 있다고 볼 수 있다.

조사 대상자들의 6·25 이전시기에 관한 사회적 배경을 거주지별로 살펴본 결과 이북출신은 전체표본 3,000명 중 161명(5.4%)으로 나타났으며 이들은 과반수 이상이 6·25전쟁 기간에 월남한 것으로 나타난다. 월남 이유는 크게 두 가지로 구분된다. 이념적인 이유인 '북한체제가 싫어서'는 39.8%이고, '전쟁·폭격'의 위험을 피해서라는 단순한 이유도 34.8%로 나타난다. 한편 응답자의 당시 직업은 농업이 65.6%로서 압도적인 우위를 차지하고 있으며 이들을 다시 토지소유관계에 따라 분류해 보면 지주는 17.4%, 자작·자소작은 69.2%, 소작·농토없음은 13.4%로 나타난다. 이는 당시의 객관적 상황보다 상당히 상향응답한 것으로 짐작된다.

2. 해방당시에 관한 사회의식

공산주의자들의 독립운동 기여에 대해서는 '기여한 바 크다'(24.2%)라는 응답이 '대단치 않았다'(56.8%)와 '전혀 안함'(19.0%)의 두 범주를 합한 응답보다 훨씬 적게 나타나 우리 국민들은 공산주의자들의 독립운동에 큰 의미를 부여하지 않는 것으로 나타났다.

美 軍政에 대한 평가는 절대다수인 80.0%가 필요한 편이었다고 하여 매우 긍정적인 의견을 보여주고 있다.

토지개혁에 대한 평가 역시 절대다수인 76.1%가 필요한 조치였다고 생각하고 있는 것으로 나타난다.

6·25직전의 南北韓 군사력 비교는 '북한우세'라고 응답한 사람이 절대다수인 77.2%를 보여주고 있다.

3. 6·25에 대한 경험과 의식

사촌이내 가족 중에서 6.25전쟁에 자의든 타의든 참전한 사람들은 응답자의 39.3%에 달하는 것으로 나타났다. 이를 다시 南과 北 중 어느 편의 군대에서 참전했는가의 기준에 따라 분류해보면, 가족 중 참전자 전체가 남쪽에만 참전한 경우는 34.3%, 북쪽에만 참전한 경우는 3.6%, 南北 혼합으로 참전한 경우는 1.2%, 그리고 가족 중 아무도 참전한 사람이 없는 경우는 60.4%로 나타난다.

자신의 집안이 人共치하에서 지낸 경험이 있다고 응답한 비율은 44.4%이며, 이들에게 가장 기억에 남는 일은 '인명피해'(27.3%)로 밝혀졌다.

6.25에 대한 인상은 '동족상잔'이 가장 높은 31.5%의 응답비율을 보여준다.

민간인, 군인, 그리고 전체적 피해에 대한 南北간의 비교에서는 모두 남한이 압도적으로 희생이 많은 것으로 인식하고 있음이 밝혀졌다.

개인적 차원에서 6.25가 남긴 피해가 자신에게까지 이어지고 있다고 생각하는 사람들의 비율은 53.1%로 나타났으며 이들은 피해의 구체적 내용을 '경제적 파탄'(38.3%), '가족의 사망·부상'(21.2%), '이산가족·실향'(16.5%), '배울 기회를 잃음'(12.3%)의 순으로 밝히고 있다.

민족적 차원에서 6.25가 남긴 피해는 '동족상잔'(53.7%), '분단 고착'(23.4%)에 대한 응답의 비율이 높게 나타난다. 한편 6.25가 남긴 상처를 치유하기 위하여 우리 사회가 노력한 편이었다고 응답한 비율은 74.5%로서 매우 긍정적인 평가를 하는 것으로 밝혀졌다. 하지만 전쟁의 상처가 아직도 아물지 않았다고 하는 비율이 74.1%나 되어 대다수 국민들이 6.25로 인한 상처를 치유하는데 보다 많은 노력을 기울여야 한다고 지적하고 있다.

4. 6.25의 원인과 성격에 대한 평가

6.25의 원인에 관해서 국민들은 63.7%가 '북한 공산 집단의 南侵', 23.1%가 '美·蘇간의 마찰과 대립'으로 응답하고 있어 北侵說, 南侵유도설능의 수정주의적 역사해석과 국민의 의식간에는 상당히 거리가 있는 것으로 나타났다.

6.25의 성격과 관련한 여러가지 쟁점에 대한 국민들의 의견은 6.25가 반공의식 고취에 기여했다(84.0%), 당시 北進 통일을 이루었어야 했다(83.7%), 유엔군과 미군에 감사해야 한다(79.2%), 6.25는 경제발전을 저해했다(69.5%), 이승만 정권의 부패와 무능에도 책임이 있다(64.9%), 역대 정부는 6.25를 정치적으로 이용하였다(49.5%), 북한은 이민족이다(18.4%)의 순으로 찬성비율을 보여주고 있다.

휴전협정의 책임자는 남한 쪽의 경우 미국과 유엔이라고 응답한 비율이 78.3%인 반면, 북한쪽의 경우에는 소련과 중공이라고 응답한 비율이 64.8%로 나타나 대부분의 국민들이 휴전과 분단의 책임을 외부에서 찾고 있는 것으로 밝혀졌다. 또한 이와 같이 외부 세력이 휴전협정의 책임자가 되것에 대하여 전반적으로 '잘된 일'이라고 평가하고 있는 것으로 밝혀졌다. 특히 '매우 잘못된 일'이라고 보는 견해는 약40%정도나 된다. 한편 '현실적으로 불가피했다'고 평가하는 사람들의 비율이 거의 과반수에 달하고 있다.

5. 전쟁 및 통일에 대한 의식

대부분의 국민들(75.3%)은 10년 내에 북한의 南侵이 없으리라고 응답하고 있다. 그러나 10년 내에 南侵이 있을것이라고 응답한 사람들 중에는 '남한의 내부적 혼란'(62.5%)과 '미군철수'(24.2%)가 북한이 남침하는 원인이 된다고 생각하고 있는 것으로 밝혀졌다. 또한 전쟁이 일어나면 기꺼이 나가 싸우겠다는 응답이 56.1%로 나타났다.

현재 우리나라의 안보는 불안정하다는 응답의 비율이 68.1%로서 안정되었다는 의견(15.6%)보다 훨씬 많으며 안보상의 가장 큰 문제는 정치적 불안정(60.4%)을 절대적으로 많이 꼽고 있다. 또한 주한미군을 제외한 남북간의 군사력 비교에서도 76.6%가 북한이 우위에 있다고 응답하고 있어 안보상 남한이 열세에 있다고 생각하는 국민이 대다수인 것으로 나타난다.

주한미군의 철수시기에 관해서는 과반수 이상(58.7%)이 '자주국방이 가능하면'이라고 응답하고 있으며 '통일이 된 후'라는 응답도 31.0%를 차지하여 대부분의 국민이 미군의 즉각적인 철수를 반대하고 있는 것으로 나타났다.

통일에 관한 전망은 '불가능하다'가 44.3%, '30년 이후'가 21.0%로 이 둘을 합한 65.3%가 통일에 대해 비관적인 견해를 가지고 있는 것으로 나타났다. 또한 반공교육이 통일에 저해가 된다는 의견은 42.6%로서 그렇지 않다는 57.1%와 약 15%정도만의 차이를 보여주고 있다.

南北관계에 관한 의견은 북한이 '동반자'라고 보는 의견이 49.7%, '적'이라고 보는 의견이 47.5%로 양분된 현상을 보이고 있다. 하지만 우리나라의 國是는 통일이어야 한다는 의견은 73.5%로서 반공을 國是로 해야 한다는 26.1%를 훨씬 넘어서고 있어 통일에 대한 국민의 기대는 통일이 '반드시 필요하다'고 생각하는 응답자가 84.3%나 되는 사실에서도 확인할 수 있다.

6. 6.25와 정치사회의식

현재 우리 사회의 민주화 정도를 100점 만점으로 평가해 보라는 질문에 대해 6.25경험세대는 66.72점, 비경험세대는 53.48점을 줌으로써 두 집단간에 정치의식의 차이가 상당히 있음을 드러내고 있다.

하지만 생활형편이 좋아지기 위해서는 무엇이 중요한가라는 질문에 대한 응답의 비율은 개인적 노력과 제도적 개선이라는 두가지 방안으로 양분되고 있다. 하지만 이 결과는 6.25경험세대와 비경험세대간에 동일하게 나타나므로 경제의식은 두 집단간에 큰 차이가 없음을 보여주고 있다.

학생운동의 좌경화에 대한 대처방안을 묻는 질문에 '강력 대처해야 한다'는 응답의 비율은 6.25경험세대가 67.6%이고 비경험세대가 47.1%인 반면, '思想의 자유를 보장해야 한다'는 응답의 비율은 6.25경험세대가 11.8%이고 비경험세대가 26.9%로 나타나 두 집단간의 사회의식의 차이를 잘 드러내 보이고 있다.

7. 전쟁기념사업에 관한 의견

우리 국민 과반수 이상은 6.25로 인한 사망자·부상자에 대한 사회의 보상이 '부족하다'고 생각하고 있으며 이에 대하여 경제적으로 보상을 해야한다고 생각하고 있다. 따라서 6.25전쟁의 상처에 대한 개인적 수준과 민족적인 수준에 치유 노력을 보다 더 기울여야 할 것으로 판단된다.

이와 같은 필요성에 대한 인식은 6.25를 기억하고 교훈을 얻는 기념관을 짓자는 의견에 74.2%가 찬성하는 것으로 나타난다. 또한 이 사업에 대한 범국민적 지원의 필요성에 대해서도 대부분(70.1%)의 국민들이 공감하는 것으로 밝혀진다.

조사결과

6·25당시에 관한 사회의식

6.25직전 남북한 군사력 비교

6.25직전의 南北韓 군사력을 비교하면 어느 쪽이 우세하였다고 생각하십니까?		
1) 남한	303	10.1
2) 북한	2317	77.2
3) 비슷하다	369	12.3
4) 무응답	11	0.4
TOTAL	3000	100.0

6·25에 대한 경험과 의식

6.25의 참전형태

본인 혹은 사촌 이내 가족 중에서 자의든 타의든 6.25전쟁에 참전하셨습니까? (참전했다는 경우만) 본인 혹은 가족은 정규군이셨습니까, 학도병이셨습니까, 경찰이나 자위대이셨습니까, 혹은 의용군이나 빨치산에서 활동하셨습니까? 1.____ 2.____ 3.____		
참전여부	명	%
참전했다	1178	39.3
안했다	1812	60.4
참전수	명	%

1명만 참전	1014	86.1
2명 참전	134	11.4
3명이상 참전	26	2.2
참전형태	명	%
남측으로 참전	1028	87.3
북측으로 참전	110	9.3
양쪽으로 참전	36	3.1

人共치하의 경험

"인민군이 점령한 지역"에서 지낸 경험이 있으십니까?		
1) 그렇다	1328	44.3
2) 아니다	1663	55.4
무응답	9	0.3
TOTAL	3000	100.0

(그렇다고 응답한 경우만) 그 당시 인민군 치하에서 가장 기억에 남는 것은 무엇입니까? 혹은 부모님이나 주위 어른들로부터 들은 이야기 중 가장 기억에 남는 것은요?		
1) 인명피해	363	27.3
2) 경제적 피해	196	14.8
3) 비참·굶주림·공포·은신	188	14.2
4) 인민군에 대한 기억	114	8.6
5) 좌경활동	88	6.6
6) 잔인·방화	85	6.4
7) 의용군 강제징집	76	5.7
8) 피난	66	4.5
9) 강제노역	39	2.9
10) 기타	113	8.5
TOTAL	1328	100.0

人共치하에서 경험이나 이야

기 중 가장 기억에 남는 것으로 응답자의 27.3%는 '인명피해'를, 14.8%는 '경제적 피해'를 14.2%는 '비참, 굶주림, 공포, 은신'을 들고 있다.

6.25의 인상

'6.25'하면 제일 먼저 떠오르는 것은 무엇입니까?		
1)동족상잔(민족적 비극)	946	31.5
2)살인만행	474	15.8
3)공산당	330	11.0
4)남침	326	10.9
5)피난	336	11.2
6)배고픔 등 고생	301	10.0
7)기타	287	9.6
TOTAL	3000	100.0

南北間 피해 비교

6.25로 어느 쪽 민간인이 더 많이 희생되었다고 생각하십니까?		
1)남한	2166	72.2
2)북한	175	5.8
3)비슷	654	21.8
무응답	5	0.2
TOTAL	3000	100.0

南北 군인 중 어느 쪽의 군인이 더 많이 희생되었다고 생각하십니까?		
1)남한	1673	55.8
2)북한	450	15.0
3)비슷	863	28.8
무응답	14	0.4

TOTAL	3000	100.0

어느 쪽의 피해가 더 컸다고 생각하십니까?		
1)남한	2232	74.4
2)북한	102	3.4
3)비슷	658	21.9
무응답	8	0.3
TOTAL	3000	100.0

6.25가 우리 민족에게 남긴 가장 큰 상처는 무엇이라고 생각하십니까?		
1)동족상잔	1612	53.7
2)경제파탄	253	8.4
3)분단고착	703	23.4
4)외세개입강화	123	4.1
5)정치적 불안	294	9.8
6)기타	15	0.5
TOTAL	3000	100.0

지금까지 우리사회가 6.25전쟁으로 인한 반목, 상처, 갈등 등을 치유하기 위해 어느 정도 노력해 왔다고 생각하십니까?		
1)매우 노력하였다	546	18.2
2)노력한 편이었다	1690	56.3
3)노력하지 않는 편이었다	645	21.5
4)기타	119	3.9
TOTAL	3000	100.0

6.25로 인한 우리 민족의 상처가 어느 정도 아물었다고 생각하십니까?		
1)거의 아물었다	617	20.6
2)약간 아물었다	1306	43.5

3)전혀 아물지 않았다	919	30.6
4)기타	158	5.2
TOTAL	3000	100.0

6·25의 원인과 성격에 대한 평가

6.25의 원인

6.25가 일어나게 된 가장 큰 원인이 어디에 있다고 생각하십니까?		
1)북한 공산집단의 남침	1910	63.7
2)이승만 정권의 북침	42	1.4
3)미국과 소련간의 마찰과 대립	692	23.1
4)소련의 세계 공산화 전략	305	10.2
5)미국의 남침 유도	36	1.2
무응답	15	0.5
TOTAL	3000	100.0

6.25의 원인은 '남침'(63.7%)이라는 의견이 다수이며, 그밖에 '美·蘇대립'(23.1%), '소련의 공산화 전략'(10.2%)등의 순서이다.

한편 위의 결과를 한반도 내부의 원인과 외부의 원인으로 나눠 보면 전체 응답자의 65.1%가 6.25의 원인을 내부문제(北의 남침 및 南의 북침)에서 찾고 있으며, 나머지 34.5%는 외부의 국제관계(美·蘇간의 문제)에서 찾고 있다.

또한 이 결과를 자유진영과 공산진영이라는 기준으로 분류하여 보면 자유진영의 책임(南의 北侵 및 미국의 남침유도)이라고 생각하는 사람들은 전체의 2.6%로서 극소수에 불과한 반면, 공산진영의 책임(北의 南侵 및 소련의 공산화전략)이라고 생각하는 사람은 73.9%로 절대적 다수를 차지하며 양쪽모두의 책임이라고 생각하는 사람들은 23.1%가 되는 것으로 나타난다.

고연령, 저학력에서 '남침'이라는 의견이 상대적으로 많은데 비해, 저연령, 고학력에서 '강대국 대립'이라는 의견이 많다. 특히 학생의 경우 6.25의 원인을 '南侵'(24.1%)보다도 오히려 '강대국대립'(52.9%)에서 구하고 있는 점이 주목된다.

분단책임

6.25로 인한 분단의 궁극적인 책임은 어디에 있다고 생각하십니까?	첫번째		두번째	
1)북의 공산집단	1488	49.6	231	7.8
2)남의 이승만정부	178	5.9	542	18.4
3)미국	882	29.4	379	12.8
4)소련	329	11.0	1459	49.5
5)중공	45	1.5	204	6.9

6.25로 인한 분단의 책임을 첫번째로 져야 하는 집단으로 '북의 공산집단'(49.6%), '미국'(29.4%), '소련'(11.0%)의 순으로 나타났다.

전쟁 및 통일에 대한 의식

앞으로 10년내에 북한의 남침이 있으리라고 보십니까? 없으리라고 보십니까? 있다면 어떤 경우에 북이 남침할 것이라고 생각하십니까?
남한내부 혼란 62.5, 미군철수 24.2

만약 전쟁이 일어난다면, 어느 쪽이 이길 것이라고 생각하십니까?		
1)남한	660	22.0
2)북한	518	17.3
3)둘다 망함	1800	60.0
4)무응답	22	0.7
TOTAL	3000	100.0

만약 전쟁이 일어난다면 기꺼이 나가 싸우시겠습니까?		
1)그렇다	1684	56.1
2)아니다	582	19.4
3)모름	732	24.4
무응답	2	0.1
TOTAL	3000	100.0

우리나라에서 다시는 전쟁이 일어나지 않도록 하기 위해서는 무엇이 가장 중요하다고 생각하십니까?	
경제성장	33.9

안 정	18.8
남북대화	19.4
국방강화	11.9
민 주 화	9.4

자주국방과 미군에 대한 의식

안보 및 자주국방

현재 우리나라의 안보가 안정되었다고 생각하십니까? 혹은 불안정하다고 생각하십니까?		
1)매우 안정되어 있다	25	0.8
2)안정된 편이다	445	14.8
3)그저 그렇다	486	16.2
4)불안정한 편이다	1699	56.6
5)매우 불안정하다	344	11.5
무응답	1	0
TOTAL	3000	100.0

'불안정하다'는 의견이 68.1%로, '안정되었다'는 의견(15.6%)보다 훨씬 많음을 알 수 있다.

우리나라 안보에서 가장 문제가 되는 것은 무엇이라고 생각하십니까?		
1)남한의 군사력 열세	117	3.9
2)국민의 안보정신 약화	443	14.8
3)정치적 불안정	1813	60.4
4)분배 불평등으로 인한 사회갈등	452	15.1
5)강대국간의 세력다툼	171	5.7
무응답	4	0.1
TOTAL	3000	100.0

현재 외국군을 제외하면 남한과 북한 중 어느 쪽의 군사력이 우세하다고 생각하십니까?		
1) 북한이 절대 우위	1015	33.8
2) 북한이 약간 우위	1164	38.8
3) 양쪽이 비슷하다	490	16.3
4) 남한이 약간 우위	246	8.2
5) 남한이 절대 우위	76	2.5
무응답	9	0.3
TOTAL	3000	100.0

주한미군

미군이 한국에 주둔하는 가장 큰 이유는 주로 미국의 이해를 보호하기 위해서라고 생각하십니까? 혹은 주로 우리나라를 보호하기 위해서라고 생각하십니까?		
1) 주로 우리나라를 위해서	425	14.2
2) 양국 모두를 위해서	1644	54.8
3) 주로 미국을 위해서	929	31.0
무응답	2	0.1
TOTAL	3000	100.0

주한미군이 현재 우리나라에 좋은 영향을 더 끼치고 있다고 생각하십니까? 나쁜 영향을 더 끼치고 있다고 생각하십니까?		
1) 절대적으로 좋은 영향을 끼친다	150	5.0
2) 좋은 영향이 비교적 많다	1130	37.7
3) 그저 그렇다	1122	37.4
4) 나쁜 영향이 비교적 많다	513	17.1
5) 절대적으로 나쁜 영향을 끼친다	83	2.8

무응답	2	0.1
TOTAL	3000	100.0

주한미군이 언제쯤 철수하는 것이 바람직하다고 생각하십니까?		
1) 즉시 철수해야 한다	187	6.2
2) (통일이전이라도) 자주국방이 가능하면 철수해야 한다	1760	58.7
3) 통일이 된 후에 철수해야 한다	929	31.0
4) 통일된 후에도 계속 주둔해야 한다	121	4.0
무응답	3	0.1
TOTAL	3000	100.0

통일에 대한 전망과 방안

통일전망

통일이 반드시 필요하다고 생각하십니까? 혹은 통일이 불필요할 수도 있다고 생각하십니까?		
1) 반드시 필요하다	2528	84.3
2) 불필요할 수도 있다.	469	15.6
무응답	3	0.1
TOTAL	3000	100.0

통일의 장애요인

통일을 이루는데 가장 장애가 되는 요소는 무엇이라고 생각하십니까?		
1) 남북한의 이질화	1062	35.4

2) 국제적 이해관계의 대립	306	10.2
3) 국민의 통일의지 부족	201	6.7
4) 정치 책임자들의 무성의	562	18.7
5) 정부의 일관된 정책이 없는 것	278	9.3
6) 남북한의 군사적 대립·긴장	557	18.6
7) 기타	34	1.1
TOTAL	3000	100.0

현재 남북한의 이질화정도가 극복 될 수 있다고 생각하십니까? 혹은 극복될 수 없다고 생각하십니까?

1) 극복될 수 있다	1301	43.4
2) 극복될 수 없다	1103	36.8
3) 모르겠다	595	19.8
4) 무응답	1	0
TOTAL	3000	100.0

북한이 동반자라고 생각하십니까? 혹은 적이라고 생각하십니까?

1) 동반자이다	1490	49.7
2) 적이다	1424	47.5
3) 둘다아님	69	2.3
무응답	17	0.6
TOTAL	3000	100.0

앞으로의 남북관계는 어떻게 될 것이라고 생각하십니까?

1) 무력통일이 될 것이다	84	2.8
2) 평화통일이 될 것이다	748	24.9
3) 남북공존상태에서의 교류	1455	48.5

4) 현재와 같이 교류없는 대립	699	23.3
무응답	14	0.5
TOTAL	3000	100.0

통일방안

어떻게 통일을 이루는 것이 가장 바람직하다고 생각하십니까?

1) 남한식의 사회체제로	1418	47.3
2) 남북한 혼합체제로	1131	37.7
3) 어떤 방식이든 통일이 되면 좋다	445	14.8
무응답	6	2
TOTAL	3000	100.0

민주화는 어떻게 이루어지는 것이 가장 바람직하다고 생각하십니까?

1) 신속하게 이루어져야 한다	691	23.0
2) 점진적으로 이루어져야 한다	2198	73.3
3) 더 이상의 민주화는 불필요하다	106	3.5
무응답	5	0.2
TOTAL	3000	100.0

운동권 학생들의 反美운동에 대하여 공감하십니까? 공감하지 않으십니까?

1) 전적으로 공감한다	209	7.0
2) 공감하는 편이다	915	30.5
3) 공감하지 않는 편이다	1094	36.5
4) 전혀 공감할 수 없다	778	25.9
무응답	4	0.1
TOTAL	3000	100.0

최근에 학생운동을 하는 일부 학생들의 좌경화 경향에 대해 어떻게 대처하는 것이 좋다고 생각하십니까?

1) 사상의 자유를 보장해 주어야 한다	676	22.5
2) 일시적이므로 걱정할 것은 못된다	731	24.4
3) 강력 대처하여 근절시켜야 한다	1578	52.6
무응답	15	0.5
TOTAL	3000	100.0

韓國戰爭日誌

附　錄

資料　및　統計

UN-參戰國 概要

1. 英國軍

北韓軍이 38線을 突破하여 南下한 지 2개월 후 "아질 및 수사랜드 하이랜드"(Argyll and Sutherland Heihland ein) 연대 제1대대와 "미들쎅스"(The Midle Sex) 연대 제1대대가 韓國에 도착하여 UN軍의 일원으로 최초로 전투에 참가하였다. 그후 세계적으로 유명한 英國 步兵대대가 부입되었다. UN軍司令部 휘하에서 근무하게된 원부대는 第27步兵部隊라고 命名되었으며 共産軍을 격퇴시키는데 조력하여 38線 北方 멀리 敵을 몰아냈다. 第28英聯邦旅團은 1951년 4월 26일 加平에서 편성되었다. 이 英國軍部隊는 "킹스 오운 스캇티쉬보더"(The Kings Own Scottish Borders) 연대 제1대대와 '킹스 시롭시어"(The Kings Shropshire) 경보병연대 제1대대로 편성되었다. 上記 2개 부대는 홍콩에서 내한하였다. 第29獨立步兵旅團은 1950년 11월에 편성되었으며 11월에 釜山에 도착하였다. 이 여단은 "로얄 노-삼 바랜드 휘샤-라"(The Royal Northum Borland Fusiliers) 연대 제1대대 "구수새스타 시르"(Glaucestersnire) 연대 제1대대 "로얄 알스타"(Royal Alster) 연대 제1대대등 3개대대를 포함하고 있었다. 支援部隊는 第45野砲聯隊와 "제8킹그스 로얄 아이리시 하사스"(The 8th Kings Royal Irish Hussars) 및 第55獨立野戰 工兵中隊가 있었다. 第25, 28, 29旅團은 1951년 7월 28일 第1英國聯邦旅團으로 편성되었으며 第25旅團을 豫備로 第28, 29旅團이 臨津江을 연해 있는 戰線의 一部를 담당하고 있었다. 1951년 10월에는 5~6마일을 전진하여 同旅團의 진지를 확립하였으며 수차에 걸친 共産軍의 攻擊을 격퇴시켰다. 그외 工兵中隊戰事中隊 救護部隊 그리고 工作隊 등의 完全한 部隊가 보충됨으로써 師團이 유지되었다.

참전부대

步兵大隊 : 12개대대   砲兵聯隊 : 4개연대   裝甲部隊 : 3개부대

2. 英聯邦海軍

1950년 6월 25일 인민군이 38線을 침범했을 당시 英海軍 極東艦隊는 日本海域에서 夏期渾航中에 있었다. 라디오로 뉴스를 듣고 艦隊司令官은 요꼬시카를 향하여 航海를 하면서 그의 艦隊에게 日本基地로 집결하라고 통보하였다. 당시 極東海域에 22척의 英國軍艦이 있었다. 第1英國艦隊는 6월 30일에는 벌써 美海軍과 같이 作戰을 개시하였다. 그들은 制海權을 처음부터 확보하였고, 英國艦 "쟈미이카"와 "블랙스 1"은 西海에서 北韓地域에 요란공격을 하고 있었는데 美海軍과 協力하기 위하여 東海岸에 파견되었다. 7월 2일 未明에 이 함정들은 최초의 海戰을 하였는데 당시 그들은 6척의 北韓水雷艇의 공격을 받았으나 1척을 제외한 모든 水雷艇을 격침시켰다. 그후 계속 擾亂射擊을 실시하였다.

西海에서는 "아라크리"號가 渾航을 계속하면서 西海岸 封鎖作戰을 계속하였다. 英國의 航母 "트라이엄프" 巡洋艦 "벨차스트" 및 구축함들은 美海軍과 연합하여 北韓地域에 맹포격을 가할 준비를 하였고, 美 7艦隊와 合同作戰을 하였으며, 英聯邦海軍의 總數는 10,000名에 가까웠고 그 중 약 7,000명이 韓國戰에 참가하고 있었다. 7월 5일 西海岸封鎖作戰과 더불어 日本을 왕래하는 兵力渾送船과 補給船을 호송하였다. 1950년 9월 15일에 실시된 仁川上陸作戰에 참가하였으며 美海軍과 함께 東海岸에 있는 元山, 淸津등에 대한 砲擊을 실시하였다. 또한 英國海兵隊와 水兵들은 海岸奇襲上陸作戰을 수행하였고 특히 英國 制41海兵 特別部隊는 많은 기습작전을 감행하는 한편 1950년 冬期에는 敵地에 진격했을 당시 興南 東北海岸上에서 地上戰鬪에 참가 하였다. 英國病院船 "멘號'가 日本海域에 있는 유일한 病院船이었다. 최초 항해일은 7월 14일이었으며 8월 24일까지 동선은 한국으로부터 부상자를 호송하는 임무를 수행하였고 이 기간중 1,316명의 부상자를 호송하였다. 航母 "트라이엄프"號가 귀국하고 "태세우스"號가 교체되어 1日 평균 50회 출격을 하였고, 西海에서 작전하고 있는 "오一선'號는 1日 123회의 출격을 하였다. 이 航母들은 3개의 機能을 가지고 있었는데 第1의 기능은 함대의 눈으로 偵察을 실시하면서 敵의 海上補給을 저지하면서 폭격을 실시하는 것이었고 第2의 기능은 西海岸의 偵察과 敵의 鐵道 및 道路 교량 部隊集結地 飛行場, 敵의 砲陣地를 파괴하는 것이었다. 第3의 기능은 地上軍에 대한 支援으로 砲陣地, 戰車에 대한 공격이었다.

韓國戰에 참가한 英國海軍 및 英聯邦艦艇은 다음과 같다.

① 輕航空母艦 : 5척   ② 巡洋艦 : 5척

③ 驅軸艦 : 15척   ④ 病院船 : 1척

⑤ 補充母船 : 5척   ⑥ 航空母艦 : 2척

3. 필리핀 部隊

1950년 9월 19일 파견된 필리핀 병사들은 UN軍의 일원이 되었다. 戰鬪大隊로 편성된 이들의 부대는 對韓필리핀 원정군으로 불리웠다. 韓國에서 戰鬪한 최초의 부대는 1950년 9월 19일에 釜山에 도착한 第10戰鬪大隊였다. 이 大隊는 1951년 9월 6일 第20戰鬪大隊와 교대하였고 第20戰鬪大隊는 第19戰鬪大隊에 임무를 인계하였다.

各戰鬪大隊는 機甲化된 獨立 부대로써 戰鬪할 수 있도록 편성되었고, 步兵部隊 이외에도 各大隊는 砲兵部隊와 搜索部隊 醫務隊 그리고 工兵部隊를 포함하고 있었다. 이들 부대들은 英第29獨立旅團 第25旅團 그리고 美第187空艇聯隊, 第1機甲師團, 第3. 25. 45師團 등에 예속되었었다. 第10戰鬪大隊는 倭舘地區에서 게릴라戰에서 최초로 敵을 생포하고 3월 24일 議政府 東方의 155고지로 향하여 反擊戰을 전개하였다.

4월 4일 英軍第29旅團에 배속되어 臨津江 북방에다 진지를 확보하여 春季攻勢를 개시한 中共軍과 交戰,한 때 敵에 포위당하기도 하였으나 철수하고 英國軍 2개 대대의 철수를 엄호하였다.

4월말경에는 金浦半島의 防禦에 임하였고 그후 臨津江 北方에서 3개월간의 소규모 전투를 전개하였다.

1951년 8월 병력교대를 실시하고 美3師團과 함께 10월에는 鐵原地區에 投入되었고 그후 美第1機甲師團에 합류하였으며, 1951년 11월 12일에 다시 美第3師團에 합류하였다.

10. 콜롬비아 部隊

콜롬비아 대대는 1952년 5월 21일에 韓國戰에 참전하여 1年間 任務를 완수하였다. 이 대대는 세계의 平和와 自由를 보존 유지하기 위하여 大統領 命令에 의하여 正規軍의 支援兵으로 편성되었다.

大隊는 "마이메 포라니아"(Maime Polania)中領이 指揮하였고 1952년 2월 金城戰鬪에서 부상을 당했을때는 "알톤소로버"(Altonsou rovoa)소령이 지휘하였다. 第10軍團에 배속되었고 제24사단에 배속되었었다. 콜롬비아 大隊는 戰鬪가 없는 동안에는 엄격한 훈련이 실시되었고 UN軍 砲兵에게 敵陣地에 대한 정보를 제공하고 搜索 및 매복작전에 고도의 機能을 발휘하였으며 인민군의 기관총진지와 참호를 분쇄하였다.

11. 호주군 部隊

호주연대 3대대는 韓國戰 발발당시 日本에 주둔하고 있었다. 당부대는 濠洲로부터 보강받은 후 1950년 9월 28일 韓國으로 출발하였다. 이 대대는 鴨綠江까지의 北進에 참전하였고, 1951년 4월 中共軍의 대공세시는 加平戰鬪에서 敵을 저지하는 임무를 수행한 바 있다. 韓國에 도착이래 英第27旅團과 같이 戰鬪에 임하였고, 1951년 4월 第29旅團이 창설되자 이 여단에 편입되었다. 1951년 7월에는 연방사단에 편입되었으며, 臨津江 北方의 戰鬪에 참전하였다.

12. 카나다 部隊

1950년 8월 7일 카나다 정부는 1個步兵旅團과 지원병과부대로 편성된 특별부대를 구성,1950년 11월 카나다 경보병여단이라고 명명하였다. 당시 第8軍의 戰線은 平澤～安城～長湖院里～原州를 연하는 선을 유지하고 있었으며 카나다경보병 제2대대가 釜山에 상륙하자 第8軍의 獨立部隊로 密陽근처의 훈련소로 이동, 다음해 1월 三浪津 東部 地域 5마일 지점에서 敵에 대한 작전을 개시 하였다. 재교육을 완료한 후 第27英聯邦 步兵旅團과 같이 驪州 북방 7마일 지점에 있는 전선에 투입되었다. 대대는 2월 21일에 敵과 최초로 접촉하였다. 2일후 419고지를 공격한 다음 532고지에서 치열한 전투를 벌였다. 3월 25일 美第24師團의 지휘하에 加平西方 10마일지역의 전투에 참가하였다. 이 戰鬪로 최초로 4월 7일 38線을 넘었으나 4월 22일 中共軍의 夜間攻擊으로 英聯邦旅團을 포함한 美第1軍團과 9軍團이 철수, 加平북방 8마일 지점에 있는 阻地陣地를 점령하였다. 中共軍에 포위당하였으나 완강히 저항하였으며 4월 25일에 美大統領 훈장을 수여받기도 하였다. 그러는 동안 카나다 第25旅團의 本隊는 5월 4일 釜山에 상륙하였다. 美第1軍團의 豫備로 5월 28일에는 38線을 북방 8마일까지 전진하였고 6월 6일에는 英聯邦第28旅團의 지휘하에 臨津江과 한탄강 교차지점에 진지를 구축하였다. 6월 18일과 7월 18일간에 3개대대는 鐵原北方 동방 지대를 탐색하였다. 7월 28일에 美8軍의 일부로 第1英聯邦師團이 창설되어 美第1軍團의 作戰指揮下에 들어갔다.

9월에는 開城 북동 20마일 지점에 있는 주요고지를 점령하였고 11월에는 敵의 강력한 공격을 받았으나 격퇴하였고 1952년 1월 19일에 戰線으로부터 교대되어 3월까지 사단 예비로 있었다.

13. 룩셈부르그 小隊

룩셈부르그소대는 1950년 10월 1소대장 "리차드 와그너 오브 하샐드"(Richard Wogner of Hasselt)중위의 지휘로 韓國에 도착하였다. 이 소대는 美第3師團 벨기부대에 배속되었다. 그 다음해 늦게 本國으로 돌아가고 1952년 3월에 제2소대가 "라디"(Rudy Lutty)소위 인솔로 韓國에 도착, 美第3師團에 배속되어 있었다.

14. 이디오피아 大隊

이디오피아(Ethiopia) 대대는 1951년 5월 5일에 도착하여 8월 15일에 전투에 참가하였다. 이 대대는 國王 "해일 사래세"(Haileselassie)의 근위대에 속하는 부대였으며 "카구뉴"(Kagnews)부대라고 불리워 졌다. 이 대대는 전투능력이 있고 또 용감한자 중에서 선발되었던 것이다. 1951년 9월 제한된 공격으로 크레바(Clea-ver)作戰을 통하여 共産軍과 처음으로 조우하였다.

카구뉴가 지휘하는 2개중대는 무명고지를 공격 1개대대의 中共軍을 격퇴하고 이를 추격 1개소대를 격파한 다음 제2의 목표인 무명고지를 점령하였다.

1952년 4월에 보충병이 도착하고 원 카구뉴부대원은 11개월후에 귀국하였으며 대대지휘는 "아스타 안도규"(Astaw Andergue)대령이 하였다.

15. 화란 部隊

1950년 10월 6일 화란 대대는 본국을 출발 11월 23일에 韓國에 도착하였다. 대대는 美第2步兵師團에 배속되었으며 1951년 1월 3일 포동리 계곡에서 적과 교전하였다. 原州부근에서 철수하는 UN軍의 후방엄호를 담당하였으며 2개월간의 전투에서 화란부대는 많은 희생자를 내었고, 1951년 4월과 6월간에 華川에서 夏季攻勢를 전개하여 銀星고지전투등 수개전투에 참가하였다.

16. 덴마크 병원선

덴마크 病院船인 "줄랜디아"(Jutlendia)號가 도착, 釜山에 위치하여 醫務임무를 수행하였다. 이 病院船은 헬리콥타 착함과 두대의 앰브런스 모-터보트를 갖추고 있었다. 통상수용인원은 350명이었으나 긴급시는 500명의 환자를 수용할 수 있었다. 3개의 수술실과 藥劑科 병리실험실眼科 齒科 外科 X레이등도 갖추고 있었다. 코펜하겐에서 뉴-욕간을 징기항해 하든 民間 경영인 "줄랜니어"號는 1951년 航海病院船으로 되었다. 덴마크 정부에 의하여 病院船으로 전환되어 1951년 1월 23일 韓國으로 항해하게 되었다. 이 병원선에 의하여 치료된 부상병은 3,000여명에 달하였다.

17. 인도 야전환자 수송대

2개 外科班과 1개 齒科班을 포함한 331명의 將兵으로 구성된 第60野戰患蚕輸 送隊는 1950년 11월 20일 釜山에 상륙하였다. 이 부대는 최초 美8軍에 배속되어 大邱에서 며칠간 머물다가 平壤으로 출발하였다. 平壤에서 UN軍部隊와 함께 임무수행중 UN軍이 철수하자 1950년 12월 5일 平壤을 철수하였다. 서울에 와서 英國軍旅團에 배속되었다가 2개 분견대로 분할 1개분견대는 "A.G. 랑가라주"(Ra-ngaraz) 중령 지휘하에 英國軍旅團에 배속하고 1개 분견대는 "베너지"(Banergea) 소령 지휘하에 大邱로 내려갔다. 이 분견대는 大邱에서 病院과 治療所를 개설하였다. 1951년 2월 大邱地域 UN民事援助處 代表들이 이 지역으로 들어오는 非戰鬪員 死傷蚕들의 救護를 요청해 왔으므로 1개 外科班이 民間救護를 위해 大邱市立病院으로 이동했다. 1951년 5월에 이 분견대는 韓國軍의 요청으로 大邱第1 陸軍病院에서 치료를 담당하게 되었다. 한편 前方에서는 第27英國旅團에 배속되었다가 第27旅團이 後方으로 이동하자 第28旅團에 배속되었다가 그후 美第1 軍團으로 이동하였다.

1951년 3월 23일에는 美第187戰鬪團과 함께 汶山里에 낙하하여 6日間의 치열한 전투를 겪었으며 10월에는 英國第1師團이 기습작전을 개시하였을 때는 희생적인 의료봉사로 印度政府로부터 훈장을 받은 바 있고 16명의 사상자를 내기도 하였다. 이 부대는 개별적으로 부대원들이 교체되었고 1952년 말에 완전교체가 이루어졌다.

18. 이탈리아 적십자병원

이탈리아 제68적십자병원 부대는 1951년 11월 釜山에 상륙하여 永登浦근처 學校에 병원을 설치하였다. 인원은 의사 8명, 간호원 6명, 장병기술자 75명, 통역관 9명 그리고 75명의 韓國人 보좌관으로 구성되었다. 이 병원은 업무를 개시한 이래 60,000명을 치료하였다.

在韓 UN군 참가 각국 및 전투참가 일자

1. 대한민국-전 부대, 1950년 6월25일.
2. 미 국-공군 및 해군, 1950년 6월27일. 지상군, 1950년 7월1일(전투참가 : 1950년 7월5일).
3. 호 주-공군 및 해군, 1950년 7월7일. 지상군, 1950년 9월28일(전투참가 : 1950년 11월5일).
4. 영국-공군 및 해군, 1950년 7월7일. 지상군, 1950년 8월29일(전투참가 : 1950년 9월5일).
5. 네덜란드-해군, 1950년 7월15일. 지상군, 1950년 11월24일(전투참가 : 1950년 12월3일).
6. 뉴질랜드-해군, 1950년 7월19일. 지상군, 1950년 12월31일(전투참가 : 1951년 1월12일).
7. 캐나다-공군(수송대), 1950년 7월28일. 해군 1950년 7월 30일. 지상군, 1950년 12월 18일(전투참가 : 1951년 2월15일).
8. 프랑스-해군, 1950년 7월29일. 지상군, 1950년 11월 29일(전투참가 : 1950년 12월10일).
9. 필리핀-지상군, 1950년 9월19일(전투참가 : 1951년 3월6일).
10. 스웨덴-병원선, 1950년 9월23일(釜山도착).
11. 터어키-지상군, 1950년 10월17일(전투참가 : 1950년 11월10일).
12. 태국-해군, 1950년 11월10일. 지상군, 1950년 11월 7일(전투참가 : 1950년 11월 23일). 공군(수송대), 1951년 6월23일.
13. 남아연방-공군, 1950년 10월4일.
14. 인도-병원, 1950년 11월20일.
15. 그리스-공군, 1950년 11월25일. 지상군, 1950년 12월9일(전투참가 : 1951년 1월27일).

16. 벨기에-지상군, 1951년 1월31일(전투참가 : 1951년 3월6일).

17. 룩셈부르크-지상군, 1951년 1월31일(전투참가 : 1951년 3월13일).

18. 덴마크-병원선, 1951년 3월2일(釜山도착).

19. 콜럼비아-해군, 1951년 4월30일. 지상군, 1951년 6월15일(전투참가 : 1951년 8월1일).

20. 에디오피아-지상군, 1951년 5월5일(전부참가 : 1951년 8월15일).

21. 노르웨이-병원, 1951년 6월22일.

22. 이탈리아-병원, 1951년 11월 16일.

UN군으로 참전한 터어키군, 하사관의 용전을 격려하는 여단장

韓國戰爭中, 主要 戰用명칭 일람

1. 의정부 전투
2. 문산 전투
3. 춘천·홍천 전투
4. 강릉 전투
5. 옹진 전투
6. 미아리 전투
7. 한강 전투
8. 오산 전투
9. 동락리 전투
10. 단양 전투
11. 진천 전투
12. 이화령 전투
13. 대전 전투
14. 영덕 전투
15. 화령장 전투
16. 영강 전투
17. 안동 전투
18. 의성 전투
19. 다부동 전투
20. 마산 전투
21. 영산 전투
22. 안강·포항 전투
23. 신녕 전투
24. 영천 전투
25. 인천 상륙작전
26. 서울 탈환작전
27. 원산 탈환작전
28. 금천 전투
29. 평양 탈환작전
30. 숙천·순천 공수작전
31. 회천 전투
32. 초산 전투
33. 온정리 전투
34. 운산 전투
35. 정주 전투
36. 비호산 전투
37. 혜산진 전투
38. 영원 전투
39. 덕천 전투
40. 와원 전투
41. 장진호 전투
42. 군우리 전투
43. 흥남 철수작전
44. 원주 전투
45. 수리산 전투
46. 횡성 전투
47. 지평리 전투
48. 사창리 전투
49. 적성 전투
50. 가평 전투
51. 현리 전투
52. 벙커고지 전투
53. 용문산 전투
54. 대관령 전투
55. 도솔산 전투
56. 향로봉 전투
57. 피의 능선 전투
58. 펀치볼 전투
59. 가칠봉 전투
60. 단장의 능선 전투
61. 백석산 전투
62. 월비산 전투
63. 949고지 전투
64. 크리스마스고지 전투

南北韓 國力과 軍事力 比較

南北韓의 國力比較

區 分	大 韓 民 國	北 韓	備 考
면 적	98,479㎢(45%)	122,370㎢(55%)	
농 경 지	60%(농가호수 : 2백 26만여호 : 1950년도)	40%(농가호수 : 72만5천여호 : 1946년도)	
인 구	2,100만 ※ 北韓 및 海外에서 300萬 流入	960만 ※ 北韓住民 200餘萬 越南	
공 업 발 전 량 연 료 광 업 야 금 기계제작 건축자재 화 학 방 직	 74,766kw(4.7%) 12% 22% 10% 28% 27% 30% 67%	 1,568,195kw(95.3%) 88% 78% 90% 72% 73% 70% 33%	1. 한국 발전량에는 美國이 원조한 發展盤에서 생산된 15,137kw가 포함되어 있다. 2. 北韓 공업생산량은 1946년도에 비하여 380%가 증가되었다. 3. 韓國은 자본, 기술, 원자재시설, 기업관리능력, 사회환경 등으로, 각종 제조업 43.9%, 광업 95.6%의 생산이 위축되었다.
경 제	自立不可 ※ 美國의 對韓援助額 5억8천백만달러 전액이 消費財로 반입되었다.	중공업의 발달로 自立 可能 ※ 소련의 對북한 원조액 5억4천6백여만달러는 중공업 및 군수용으로 충당되었다.	경제원조기간 1945~1950年

資料 : 金祥鶴 著, 朝鮮民主主義 人民共和國에 있어서 社會工業의 발달, 18면

병력구성요소와 훈련수준

구 분	국　　　군	북　한　군
지 휘 관	국군의 사단장급 지휘관으로서 正規戰에서 소총 중대급 이상 부대를 지휘한 경력자는 한 사람도 없었다. 　특히 총참모장은 兵器兵科 출신이기 때문에 作戰指揮에는 부적합 하였다. 　또한 韓國에는 정치지도자는 많았으되, 戰爭指導를 감당할 능력있는 軍指導者는 全無하였다.	북한군 지휘관 중에는 중공군 사단장급 출신과 소련군에서 實戰을 경험한 지휘관이 많은 편이었다. 　특히 소련은 金日成을 비롯한 소련군 출신에게 政治權力을 장악시키고, 그들로 하여금 戰爭을 指導할 수 있도록 지도능력을 배양하여 왔다.
전투경험	국군은 非正規戰(공비토벌, 38도선紛爭)을 통하여 實戰을 경험하였다. 그러나 正規戰 경험자는 극소수의 舊日本軍 출신밖에 없었다.	북한군은 獨·蘇戰에 참전한 韓人系 소련군 출신 2,500명을 포함하여 中國內戰에 참전한 韓人系 중공군 출신이 全體의 1/3이상을 차지하고 있었다.
특 과 병	국군은 장갑차 운전병, 통신병 등 특과병과 특기병에 대한 특별교육과정이 없었다. 다만 기초교육 과정을 이수한 특기병을 부대실무를 통하여 숙달시키고 있었다.	북한군은 1948년부터 1년간에 걸쳐 1만여명의 청년을 선발, 소련내 극동군사학교에 파견하여 戰車, 航空, 通信兵을 양성하였다.
훈련수준	국군은 전투부대의 24％가 대대전술훈련을, 나머지는 겨우 중대전술 훈련과정을 완료하였다.	북한군은 사단 단위 야외기동훈련을 끝마치고, 각 공격부대별로 韓國內 목표지역에 대한 地形分析과 圖上演習까지 實施하였다.
정신요소	국군장병은 赤色分子의 跋扈와 남파공비, 반란군, 38도선 충돌을 통하여 공산주의자의 正體를 파악하였기 때문에 反共精神이 투철하고 敵愾心에 불타고 있었다.	북한군은 注入式「政治學習」으로 洗腦되어 있었으나 공산주의가 확고한 精神的 求心點으로서 뿌리박지 못하고 있었다(아군 反擊時에 북한군 장병의 귀순).

(資料 : 合同參謀本部, 韓國戰史, 1984, 325면)

전투력의 비교(병력수)

군 별	국 군	대 비	북 한 군
지상군	합계 : 96,140 수도경비사령부(3개연대) : 9,221 제1사단(3개 연대) : 9,715 제2사단(3개 연대) : 7,910 제3사단(2개 연대) : 7,059 제5사단(2개 연대) : 7,276 제6사단(3개 연대) : 9,439 제7사단(2개 연대) : 7,211 제8사단(2개 연대) : 6,866 독립 제17연대 : 2,719 해병대 : 1,166 기갑연대 :	1 : 2	합계 : 196,680 10개 보병사단(30개 연대) : 120,880 제105전차여단(독립전차연 대포함) : 8,800 제206기갑보병연대 : 3,000 제603모타싸이클연대 : 3,500 독립포병연대(122mm곡사 포) : 1,300 제766부대(유격대) : 2,500 고사포연대 : 1,200 공병여단 : 2,500 통신연대 : 1,000 38경비여단(1,3,7여단) : 22,600 제549부대(육전대) : 9,000 군 및 군단본부(1,2군단) : 5,000
	전투부대 소계 : 68,582 (71%)	1 : 2.6	전투부대 소계 : 181,270 (97%) 군관학교(2개) : 4,000 보안대(각도, 철도, 평양) : 6,000 한만국경 경비대 : 2,800 중앙경비대 : 2,000
	지원 및 특과부대 : 27,558 (29%)	1 : 0.7	지원 및 특과부대 : 15,400 (0.3%)
해 군	6,956	1 : 0.7	4,700
공 군	1,897	1 : 1	2,000
총 계	104,993	1 : 2	203,380

(資料 : 韓國戰爭史 제1권, 국방부, 1967, 37～38面)

彼我 戰力 比較

兵力 · 主要裝備

區　　分		國　　　軍	北　韓　軍
陸 軍	兵　力	輕裝備師團：8 (21個 聯隊) 獨立 聯隊：1 其他 支援部隊 等 計 94,974名	重裝備師團：7 豫備 師團：3 (總 30個 聯隊) 戰車 旅團：1 其他 機械化 步兵 聯隊, 38警備隊, 特殊部隊 等 計 182,680名
	軌道車	裝 甲 車：27	T−34戰車：242 裝 甲 車： 54 SU−76自走砲：176
	曲射砲	105mm M₃：91 (3門은 使用不可)	122mm：172 76mm：380
	迫擊砲	81mm：384 60mm：576	120mm： 226 82mm：1,142 61mm： 360
	對戰車 火 器	57mm對戰車砲：140 2.36′로켓砲：1,900 (敵 戰車 破壞不可能)	45mm： 550
	高 射 火 器	全　　無	85mm： 12 37mm： 24 14.5mm 高射機關銃：多數
海 軍	兵 力	7,715名	4,700名
	艦 艇	警備隊：28	警備隊：30 海岸砲：多數
空 軍	兵 力	1,897名	2,000名
	航空機	L−4：8 L−5：4 T−6：10	YAK−9 IL−10 IL−2 等 計 210臺
海 兵 隊		1,166名	9,000名
兵 力 總 計		105,752名	198,380名

전투력의 비교(장비수)　　　　　　　　　　　　(1950. 6. 24 현재)

구 분	국　　　　군	대 비	북　한　군
지상화력	야포 : 　105mm(M−3)곡사포 　　　　　　　： 88 ※ 91문중 3문고장	1 : 11	야포 및 전차 : 　122mm곡사포 : 172 　76.2mm평사／곡사포 　　　　　　　： 380 　76.2mm자주포 : 176 　T−34戰車(85mm포) 　　　　　　　： 242 　소계 : 970
	대전차포 : 　57mm대전차포 : 140	1 : 4	대전차포 : 　45mm대전차포 : 550
	박격포 : 　60mm박격포 : 576 　81mm박격포 : 384 　소계 : 960	1 : 2.4	박격포 : 　61mm박격포 : 1,142 　82mm박격포 : 950 　120mm박격포 : 226 　소계 : 2,318
	장갑차 : 37mm포 : 24	1 : 2.2	장갑차 : 37mm포 : 54
	고사포 : 0		고사포 : 85／37mm고사포 　　　　　　　： 36
함　　정	전투함 및 소해정 : 28 수송선 및 기타 : 43	1 : 1	전투함(어뢰정) : 30 수송선 및 기타 : ?
항 공 기	연락기 및 연습기 : 22	1 : 9.6	전투기 및 연습기 : 211

(資料 : 韓國戰爭史 제1권, 1977, 국방부, 109～110면)

야포 사거리 비교　　　　　　　　　　　　　　　　(단위 : m)

국　　　　군		북　　한　　군	
무　기　명	사거리	무　기　명	사거리
105mm(M−3)곡사포	6,525	122mm곡사포	11,710
		76.2mm평사포	13,090
		76.2mm자주포	11,260
		76.2mm곡사포	9,000
		※ 120mm중박격포	5,700

(資料 : 合同參謀本部, 韓國戰史, 1984, 327면)

國軍 및 UN軍의 地上軍兵力

국 가 별		1951.6.30 현재	1952.6.30 현재	1953.7.31 현재
총 계		554,577	678,051	932,539
국 군*		273,266	376,418	590,911
미 군		253,250	265,864	302,483
기타 國聯軍	합 계	28,061	35,769	39,145
	英 연방(小計)	15,723	21,429	24,085
	英 본국	8,278	13,043	14,198
	오스트레일리아	912	1,844	2,282
	캐나다	5,403	5,155	6,146
	뉴우질랜드	797	1,111	1,389
	인 도	333	276	70
	프 랑 스	738	1,185	1,119
	터 어 키	4,602	4,878	5,455
	필 리 핀	1,143	1,494	1,496
	타 이 랜 드	1,057	2,274	1,294
	이디오피아	1,153	1,094	1,271
	콜 롬 비 아	1,050	1,007	1,068
	그 리 이 스	1,027	899	1,263
	벨 지 움※	602	623	944
	네 덜 란 드	725	565	819
	스 웨 덴	162	148	154
	노르웨이	79	109	105
	이 태 리	0	64	72

* 카츄샤(KATUSA), 해병대 등 미군에 작전 배속된 부대 포함.

비전투요원으로서 의무지원 부대만을 파견한 나라.

※ 룩셈부르그부대(약 44명) 포함.

(출처──美 陸軍省戰史監室 文書綴)

전쟁 기간중의 피해

북한의 남침으로 3년 1개월여에 걸쳐 계속된 한국전쟁은 한국군과 유엔군 그리고 인민군과 중공군에 대하여 엄청난 인적 물적 손실을 내었을 뿐만 아니라 전 국토의 태반을 초토화시켰다.

한국전쟁 기간 중 쌍방이 입은 손실 가운데, 공산군측이 입은 손실에 대해서는 정확한 통계가 밝혀진 것이 없으나, 1953년 8월 7일 유엔군 총사령부가 유엔에 제출한 휴전에 관한 특별보고시(S／3079)에 의하면 공산군(인민군·중공군)측의 인명 총손실은 150만~200만 명에 달했던 것으로 추정되고 있으며, 한국군 및 유엔군이 입은 피해도 50만 명에 달하는 것으로 밝히고 있다. 그 밖에도 한국은 약 100만 명에 이르는 민간인 피해를 입은 이외에 막대한 재산 피해도 입었다.

전쟁기간 중, 쌍방이 입은 주요 군사장비의 손실은 한국군 및 유엔군측이 항공기 1,992대와 전차 777대, 공산군측이 항공기 2,186대와 전차 1,178대를 잃은 것으로 집계되었다.

한국전쟁 중 한국군 및 유엔군이 입은 피해는 다음과 같다.

구 분	전 사	부 상	실종 및 포 로	합 계
합 계	95,800	294,280	89,262	479,342
한 국 군	58,809	178,632	82,318	319,759
유 엔 군	36,991	115,648	6,944	159,583
1 미 국	33,629	103,284	5,178	142,091
2 영 국	766	2,583	1,129	4,478
3 캐 나 다	309	1,202	32	1,543
4 오스트레일리아	304	1,040	72	1,416
5 그 리 스	196	543	2	741
6 터 키	721	2,493	409	3,623
7 프 랑 스	262	1,008	19	1,289
8 콜 롬 비 아	163	448	28	639
9 이 디 오 피 아	121	536		657
10 네 덜 란 드	120	645	3	768
11 필 리 핀	112	299	57	468
12 벨 기 에	103	340	1	444
13 타 이	125	1,139	5	1,269
14 뉴 질 랜 드	23	79	1	103
15 남아프리카공화국	34		8	42
16 룩 셈 부 르 크	3	9		12

國軍의 戰果(1950.6.25~1953.7.27)

종별＼군별	육 군	해 군	해 병 대	공 군
사 살	479,471	12,961	15,476	889
생 포	89,847	1,064	1,870	—
귀 순	3,533	2,148	137	—
전 차	2,008	1	6	1
차 량	1,484	75	86	420
박격포	3,282	7	123	—
로켙포	583	9	3	—
기타砲	2,968	12	37	32
기관총	13,231	82	19	—
소 총	122,073	1,602	2,200	—
선 박	—	619	29	—
비행기	—	2	—	—
건 물	—	—	—	1,770
집적소	—	—	—	1,251
포진지	—	—	—	521

(출처———國防部(韓國戰亂四年誌))

6·25結果 彼我 被害比較

(單位：名)

區 分		北 韓	韓 國 (유엔군包含)	備 考
軍 人	戰 死	1,420,000 (中共軍 90萬包含)	182,775	
	負 傷	406,000	958,504	韓國은 失踪者 (133,461名) 包含
	計	1,826,000	1,141,279	約 300萬
民 間 人	死 亡		373,599	
	負 傷		229,625	
	其 他		787,744	拉北者, 行不者, 徵發義勇軍 包含
	計		1,390,968	

* 避 難 民：240萬
  戰 爭 未 亡 人： 20萬
  戰 爭 孤 兒： 10萬
  越 南 家 族：514萬(6·25以前 越南家族 包含)

共産側의 兵力損失

구 분	전 투 손 실	비 전 투 손 실	총 계
북 한 군	520,000	—	—
중 공 군	900,000	—	—
계	1,420,000	46,000	1,466,000

民間被害

남 한		북 한	
총 계	860,000	총 계	2,000,000
사 망	230,000		
부 상	220,000		
실 종	290,000		
북한 의 학살	120,000		
가옥파괴(동)	594,190		

雙方의 捕虜

송환을 희망한 포로

국 적 별	1953. 4월 말의 病傷 捕虜 교환	1953.8.5.~9.6 휴전성립 후 本 交換	계
공산측이 아측에 인도한 포로	684	12,773	13,444
국 군	471	7,862	8,321
미 군	149	3,597	3,746
영 국	32	945	977
프 랑 스	—	12	12
터 어 키	15	229	243
필 리 핀	1	40	41
캐 나 다	2	30	32
콜 롬 비 아	6	22	28
오 스 트 레 일 리 아	5	21	26
남 아 프 리 카	1	8	9
그 리 이 스	1	2	3
네 덜 란 드	1	2	3
벨 지 움		1	1
뉴 우 질 랜 드		1	1
일 본		1	1
아측이 공산측으로 인도한 포로	6,670	75,823	82,493
북 한 군	※5,640	70,183	75,823
중 공 군	1,030	◎5,640	6,673

※ 실향 민간인 446명(그 중 여자 3명), 여군포로 18명 포함.

　남자 60,788명, 여군 473명, 아동 23명, 실향민간인 8,899명

◎ 여자 1명 포함.

출처———美 陸軍太平洋地區司令部 戰史處

송환을 거부한 포로

아측에 억류된 공산군 포로

처 리 결 과	북한군	중공군	계
합 계	7,900	14,704	22,604
판문점에서 의사변경, 공산측으로 귀환	188	440	628
탈출 및 행방 불명	11	2	13
印度軍이 억류중 사망	23	15	38
印度軍의 관리하에 印度로 이송	74	12	86
아측으로 귀환후 한국 및 자유중국에서 석방※	7,604	14,235	21,839

※ 1954. 2. 19일에 종결되었음.

공산측에 억류된 아군포로

처 리 결 과	국 군	미 군	영국군	계
합 계	335	23	1	359
공산측으로 전향	325	21	1	347
印度軍관리하에 印度로 이송	2	—	—	2
아측으로 귀환	8	2	—	10

포로 처리의 결과

구 분	한국군	유엔군	계	인민군	중공군	계
반공포로 석방				27,000		27,000
상병포로 교환	471	213	684	5,640	1,030	6,670
포로 교환	7,862	4,911	12,773	70,183	5,640	75,823
송환 거부(송환거부자 중 복귀)	335 (8)	24 (2)	359 (10)	7,900 (188)	14,704 (440)	22,604 (628)
계	8,668	5,148	13,816	110,723	21,374	132,097

韓美 군사원조협정

1950년 1월 26일 서명

서 문

美國 및 大韓民國 정부는 국제연합 헌장의 범위 내에서 국제연합 헌장의 목적과 원칙에 헌신하는 국민이 헌장의 목적 및 원칙을 지지하는 自衛를 위한 유효한 조치를 발전시킬 능력을 조장할 지위를 통하여, 그리고 헌장이 규정한 무력을 국제연합에 제공하기 위한 협정을 맺기 위하여 또한 그와 아울러 위반에 대한 충분하고도 신뢰할 만한 보장에 입각한 軍備의 일반적 규칙 및 축소에 관한 구성 국가 간의 협정을 체결하기 위한 최대 노력을 계속 다할 것을 방해함이 없이 국제적 평화와 안전을 촉진할 것을 희망하며, 침략의 공포로부터 생겨나는 불안을 제거하기 위한 조치로 경제적 발전을 증진할 것을 인정하고, 이들 원칙의 촉진을 위하여 美國 정부는 大韓民國에 대한 美國의 군사원조 제공을 규정한 바 1949년의 상호방위협조법을 제정하였음을 고려하고, 또 1949년의 상호방위원조법에 입각한 美國 정부의 원조제공과, 大韓民國에 의한 이 원조의 수령을 규율할 了解를 明定할 것을 기하여 다음과 같이 협정하였다.

제1조 (1)정부는 경제부흥이 국제적 평화와 안전에 필요한 것이며 또한 무엇보다도 그에 우선권을 부여해야 된다는 명백한 원칙에 따라, 원조를 제공하는 정부가 허가하는 장비, 물자, 역무 또는 기타 군사적 원조를 이 정부가 동의하는 조건에 따라 지방 및 타 정부에 이용할 수 있도록 제공하며 계속 공여한다. 이 규정 당사국 중 어느 한쪽이 허가하는 이 원조의 제공은 국제연합 헌장에 합치하지 않으면 안 된다. 이 협정에 의하여 美國이 이용가능케 하는 이 원조는 1949년의 상호방위원조법 규정에 준거하고 아울러 장차 유효하게 될, 기타 적용할 만한 美國 법률조항 및 최종 규정의 전부를 따를 조건으로 제공된다. 두 정부는 이 규정을 실시하기에 필요한 상세한 조치를 수시로 교섭한다.

(2) 大韓民國 정부는 이 조항 제1항에 따라 받은 원조를 이 원조의 제공 목적을 위하여 유효히 이용할 것을 약속하고 또한 이 정부는 美國과의 사전 합의없이 이와같이 제공된 원조를 제공된 목적 이외의 다른 목적을 위하여 공여해서는 안된다.

(3) 大韓民國 정부는 이 정부직원, 또는 대리인이 아닌 자, 혹은 이 국가에 제1항에 준한 장비, 물자 또는 역무의 권리 또는 소유를 美國과의 사전 합의 없이는 이전치 않을 것을 약속한다.

제2조 1948년 12월 10일 韓國 서울에서 서명한 大韓民國 정부와 美國 정부간의 경제협력협정 제3조가 이 협정 종료 전에 무효로 된 경우에는, 大韓民國 정부는 협정이 계속 유효한 한, 자국의 자원부족, 또는 잠재적 부족의 결과, 美國이 필요로 하고 또한 韓國에서는 입수가능한 원료 및 반가공물자의 생산 및 美國 정부에 대한 이전을 합의될 수 있는 기간, 수량 및 조건으로 용이케 한다. 이 이전의 조치는 韓國 국내사용 및 상업적 수출을 위한 합리적 요구에 타당한 고려를 행하지 않으면 안된다.

(2) 각 정부는 이 협정에 따라 타 정부가 제공한 분류된 군사물자, 역무 또는 정보의 누수 또는 위험을 방지하기 위하여 두 정부간에 합의하는 비밀유지를 위한 조치를 취한다.

제3조 (1)각 정부는 이 협정에 준거한 실시에 관하여 부단히 국민에게 알리기 위한 비밀유지와 양립하는 적당한 조치를 취한다.

제4조 (1)두 정부는 어느 일방의 요청이 있을 때, 이 협정에 따라 제공된 장비, 물자 또는 역무에 관련하여 법률상 보호된 考察, 가공법, 공예상의 자료 또는 다른 형식의 재산사용에 의거한 특허 또는 그와 유사한 청구권에 대한 책임에 관하여 양자간에 적당한 조치를 교섭한다. 이 교섭에 있어서는 각 정부가 자국 국민의 모든 여차한 청구권과 자국 관할권내에서 이 협정의 당사국이 아닌 다른 나라의 국민으로부터 여차한 청구권에 대한 책임을 질 약속을 포함할 것을 고려하지 않으면 안된다.

(2) 大韓民國 정부는 정당한 권한을 가진 美國 대표자에 대하여 이 협정에 따라 제공된 원조 이용을 자유롭고 또한 충분하게ᐟ관찰하기 위한 편의를 부여한다.

제5조 大韓民國 정부는 다른 합의가 있는 경우를 제외하고는 이 협정에 관련하여 그 영역에 수입된 상품, 재산, 물자 또는 장비의 수입 또는 수출에 무관세의 특혜와 내국과세 면제를 부여하지 않으면 안된다.

제6조 두 정부는 어느 일방의 요청이 있을 때 이 협정의 적용 또는 이 협정에 기인하여 실시되는 운용 및 조치에 관련하는 사항을 협의한다.

제7조 두 정부는 전쟁에 가능한 물자, 장비 및 실행가능한 한, 기술적 자료수출의 유효한 통제의 상호 안전 및 부흥목적과 양립하는 상호이익을 승인한다. 또한 두 정부는 이들 목적의 달성을 위한 조치를 취할 목적으로 협의한다.

제8조 (1)이 협정은 서명시 효과를 발생하는 것으로 하며, 어느 일방의 당사국에 의한 종료의사의 서면통과를 수락한 3개월 후까지 계속 효력을 발생한다. 이 협정은 批准을 위하여 韓國 국회에 제출한다.

(2)이 협정은 국제연합 헌장 제102조 규정에 의하여 국제연합 사무총장에게 등록하지 않으면 안된다.

1950년 1월 26일 韓國 서울에서 영어와 한국어로 2통 작성하였다.

韓國戰爭에 관한 참고문헌

한국전쟁사(1~11권), 국방부 전사편찬위원회, 1967~1980.
한국전쟁사연구(1~2집), 국방부 전사편찬위원회, 1966.
한국전란지(1~3권), 국방부, 1951~1954.
정훈대계, 국방부, 1956.
국방사(1권), 국방부 전사편찬위원회, 1984.
국방조약집, 국방부 전사편찬위원회, 1981.
한국전사, 합동참모본부, 1984.
6·25사변 육군전사(1~7권), 육군본부, 1952~1957.
육군발전사(상권), 육군본부, 1970.
북괴 6·25남침 분석, 육군 정보참모부, 1970.
부대약사, 육군본부, 1955.
중공군사, 육군본부, 1964.
판문점, 육본 정보참모부, 1972.
공비연혁, 육본 정보참모부, 1971.
대한민국해군사, 해군본부, 1954, 1961.
해병발전사, 해병대사령부, 1961.
공군사(제1집), 공군본부, 1962.
해방 22년사, 안철구, 서병일, 오소백, 서울문학사, 1966~1967.
주한미군 30년, 서울신문사, 삼보인쇄사, 1979.
판문점 20년, 김석영, 진명문화사, 1973.
좌익사건실록, 대검찰청수사국, 광명인쇄공사, 1965.
한국전쟁, 메듀 B. 리지웨이(김재관 역), 정우사, 1981.
한국문제유엔결의문집, 정일형, 국제연합한국협회출판부, 1954.
국제연합군, 최종기, 한국국제관계연구소, 1973.
다부동전투, 국방부 전사편찬위원회, 1981.
장진호전투, 국방부 전사편찬위원회, 1981.
38도선 초기전투(중·동부전선편), 국방부 전사편찬위원회, 1982.
용문산전투, 국방부 전사편찬위원회, 1983.
인천상륙작전, 국방부 전사편찬위원회, 1983.
신녕·영천전투, 국방부 전사편찬위원회, 1984.
백마고지전투, 국방부 전사편찬위원회, 1984.
38도선 초기전투(서부전선편), 국방부 전사편찬위원회, 1985.
청천강전투, 국방부 전사편찬위원회, 1985.

평양탈환작전, 국방부 전사편찬위원회, 1986.

맹호사, 수도사단사령부, 1980.

전진역사(제1집), 제1사단사령부, 1966.

백골사단역사, 제3사단사령부, 1980.

부대역사, 제5사단사령부, 1969.

청성전사, 제6사단사령부, 1981.

칠성역사, 제7사단사령부, 1970.

오뚜기역사, 제8사단사령부, 1980.

백마부대사, 제9사단사령부, 1982.

화랑약사, 제11사단사령부, 1975.

을지역사, 제12사단사령부, 1980.

사단역사, 제15사단사령부, 1955.

올빼미약사(제1집), 제20사단사령부, 1974.

Policy and Direction, James F. Schnabel, U. S. Government Printing Office, 1970.

South to the Naktong, North to the Yalu, Roy E. Appleman, U. S. Government Printing Office, 1966.

Truce Tent and Fighting Front, Walter G. Hermes, U. S. Government Printing Office, 1978.

The History of the Joint Chief of Staff, James F. Schnabel & Robert J. Watson, Historical Div. U. S. J. C. S., 1978.

History of United States Naval Operations, Korea, James A. Field Jr., U. S. Government Printing Office, 1963.

U. S. Marine Operatios in Korea, 1950–1953, Headquarters, U. S. Marine Corps, 1954~1972.

The United States Air Force in Korea 1950~53, Robert F. Futrell, Department of the Air Force, 1983.

The U. S. Military Experience in Korea, 1971~1982, James P. Finley, Headquarters, USFK／EUSA, 1983.

History of U. N. Forces in Korea(vol. Ⅰ~vol. Ⅵ), War History Compilation Committee, MND. ROK., 1972~1977.

The Limited War, David Rees, ST Martins Press N.Y., 1964.

Some Causes of the Korean War(1950), Jin Chull Soh, University of Oklahoma, 1963.

War in Peace Time, Lawton J. Collins, Houghton Mifflin, Boston, 1969.

The Encyclopedia of Military History, R. N. Dupuy & T. N. Dupuy, Harper & Row publisher, N. Y., 1970.

Mac Arthur Hearings, Committee on Armed Service, Committee on Foreign Relations, U. S. Government Printing Office, 1951.

The Kind of War, T. R. Fehrenbach, Pocket Books, INC. N. Y. 1964.

Red China's Fighting Hordes, Robert B. Rigg, The Military Service Publishing Company, Harrisburg, Pennsylvania, 1951.

The First Commonwealth Division, C. N. Barclay, Gale & Polden Litd. London, 1954.

Australia in Korean War, Robert O'Neill, Canberra, Australia, 1981.

The Korean Knot, Carl Berger, University of Pennsylvania Press, 1957.

Military Advisors in Korea, KMAG in Peace and War, Robert K. Sawyer, U. S. Department of the Army, 1962.

編著者의 글

　韓國戰爭은 우리 民族史上 유례가 없이 큰 재난인만큼 이 戰爭에 관한 文獻또한 대단히 방대하여 1만여종에 이릅니다. 新聞에 나는 단편적인 보도로부터 수백 페이지에 달하는 學者들의 연구논문이 포함됩니다.

　그러나 韓國戰爭에 관한한 많은 報告書들은 戰史가 아닌 戰爭起源論들이 대부분을 차지하고 있습니다. 특히 北韓편향의 修正主義學者들의 깊은 底意가 내포된 말장난들이 主宗을 이루고 있습니다.

　이들은 北韓이 날조한 「朝鮮人民의 解放戰爭史」를 밑바침으로 하는 主觀的인 의견을 추측으로한 것으로 믿을 만한 가치를 부여할 수 없는 것들입니다.

　이들은 再論의 여지가 없는 不法 南侵에 의해 일어난 韓國戰爭의 歷史的인 책임을 南韓에 전가시키려는 北韓의 음모를 도와주려는 底意인 것입니다. 6.29 민주화 선언이래 봇물이 터지듯이 쏟아져 나온 社會科學 서적들 속에는 修正主義 학자들의 저서, 특히 韓國戰爭의 起源을 왜곡한 것들이 고삐 풀린 南北統一論과 맞물려 아무런 여과과정을 거치지 않고 大量流入되어 社會에 큰 파문을 이르키기에 이르렀습니다.

　심지어는 국민학교 어린이들에게까지 의식화 교육이 자행되고 교사는 쇠고랑을 차고 교단을 떠나야하는 가슴 아픈일이 벌어지는 社會의 혼란을 빚기도 했습니다.

　이들의 論調는 韓國戰爭은 北韓의 도발이 아니라 南韓의 失政이 韓國戰爭을 유발, 또는 先攻 北侵에 의한 挑發된 戰爭이라는 것입니다.

　이와 같은 左傾 편향한 韓國戰爭의 起源論들을 國內의 극히 일부 同調학자들의 선동으로 젊은 학생층에 급속히 확산되어 北侵說을 공공연히 목소리를 높이고 있는 실정입니다.

　따라서 自由, 平和, 民主祖國을 수호하기 위해 목숨을 바쳐 韓國戰爭에 참여했던 參戰世代들을 侵略者의 앞잡이요 同族相殘을 자행한 民族반역자로 몰아 세우려 합니다.

　이와 같은 현상의 그 책임의 일부는 參戰世代에게 있음을 부인하지는 않습니다. 다시말해서 戰史의 올바른 記錄과 戰后世代에 대한 교육이 잘못되었다는 점 입니다. 戰爭은 再演이 不可能하며 戰史에 의해서 만이 배울 수 있을 뿐입니다. 이러한 의미에서 北韓이 전세계의 同調學者들을 동원하여 온갖 方法으로 韓國

戰爭史를 왜곡 날조하려는 것도 韓國戰爭의 眞實이 南韓의 戰后世代 국민들에게 잘 교육되지 못한 틈을 역용하려는 것입니다.

韓國戰爭이 끝난 지 40년이 가까운 오늘에 있어 戰爭史의 교육이 새롭게 요구되는 바 이에 따라 보다 정확하고 보다 풍부한 戰史資料가 필요하게 됩니다.

이러한 시기에 北韓의 對南統一前線戰略에 따른 平壤 편향의 저서들의 물량 공세는 그들로서는 시기에 맞는 戰術이 될 것입니다. 따라서 이와 같은 시기에 北韓의 對南攻勢를 막아 내는 일은 眞實된 戰史의 記錄정리와 보다 많은 資料를 개발해야 할 것이라 확신합니다. 또한 그것은 參戰世代의 使命이기도 합니다. 軍事問題研究所가 韓國戰爭日誌를 정리하여 發刊하게 된 것도 위와 같은 趣意에서입니다.

앞으로 10余年이면 韓國戰爭에 參戰한 證人들은 거의 他界할 것이며 韓國戰爭은 記 으로 남겨진 戰史만이 이 전쟁을 證言하게 될 것입니다.

보다 眞實한 戰史와 資料들이 더 많이 정리 보존되어야만 허구에 찬 北韓의 왜곡 날조된 歷史를 바로잡게 될 것입니다.

이에 韓國戰爭日誌는 우리의 기대에 부응할 수 있는 韓國戰爭의 史料로서 길이 보존되어질 가치가 있음을 확신합니다.

특히 이 日誌는 단순한 日誌만이 아니라 韓國戰爭에서의 주요 戰鬪狀況圖와 그리고 當時의 戰場을 눈으로 볼 수 있는 画報, 韓國戰爭을 보는 世界의 매스컴의 보도 내용, 그리고 UN의 對韓원조활동을 기록한 文書들, 特히 問題로 제기된 韓國戰爭의 起源論의 分析 등을 실었습니다. 그리고 전쟁의 개요와 주요한 戰爭統計 등 韓國戰爭 전반을 총망라한 韓國戰爭의 百科辭典的인 資料集입니다. 1988年 초여름 日誌 編纂을 착수한 이래 物心兩面의 支援과 激勵를 다해주신 吉典植 이사장님과 金仁俊 발행인의 出版의 勇斷에 깊이 감사드리고자 합니다.

또한 1년여를 資料정리를 위해 애써 준 姜貴花, 尹鳳淑 두기자와 崔英珠기자가 어려운 고비에서 편집을 도와 주어 끝마무리를 하게 되었음에 고마운 마음을 전하고자 합니다. 그리고 성경기획의 李室長께서 큰 도움을 주셨고 聖典文化 印刷社의 姜宰洙 사장님에게도 감사드립니다.

1991. 4.   編 著 者

韓國戰爭日誌

發 行 日 : 1991년 05월 10일

編 著 者 :　　　崔 鍾 泰

發 行 人 :　　　金 仁 俊

發 行 處 :　　軍事問題研究所

供 給 處 :　　연 경 문 화 사

서울특별시 강서구 가양동 449-21

한화 비즈메트로 2차 807호

TEL : (02)332-3923

FAX : (02)332-3928

등록번호 :　　　1-995호